中国科学社档案资料整理与研究

# 科学通论:《科学》百年文萃

上 卷

张 剑 编

上海科学技术出版社

**图书在版编目（CIP）数据**

科学通论 ：《科学》百年文萃. 上卷 / 张剑编.
上海 ：上海科学技术出版社，2025. 10. -- ISBN 978-7-5478-7415-8

Ⅰ. N092-53

中国国家版本馆CIP数据核字第2025C1095K号

**科学通论：《科学》百年文萃**

张　剑　编

上海世纪出版（集团）有限公司
上　海　科　学　技　术　出　版　社　出版、发行
（上海市闵行区号景路 159 弄 A 座 9F－10F）
邮政编码 201101　　www.sstp.cn

开本 787×1092　1/16　印张 60.25
字数 1083 千字
2025 年 10 月第 1 版　2025 年 10 月第 1 次印刷
ISBN 978－7－5478－7415－8/K・74

---

# 《中国科学社档案资料整理与研究》编委会

# 序　言

一百多年前，留美中国学生创办的《科学》杂志在上海问世，开创了将科学作为一种现代知识体系和创新文化形态在中国进行传播的事业。当时，中国国势衰弱、民族危亡，为办好这份刊物，《科学》创办人集结同志成立了中国科学社。中国科学社成为近代中国社会第一个以科学为目标的综合性学术团体，并在近代中国开创了各项科学事业，如出版科学书刊、开创学术交流、成立研究所、增设图书馆等等，为中国科学的体制化做了艰苦的探索，并对中国近代科学体制做出了卓越贡献。他们提出的通过发展科学来寻求国家富强之道的"科学救国"，影响甚大、甚深、甚广。

一百多年过去了，中国社会已经取得了巨大的进步。经过几代人的艰苦奋斗，中国现代科学也已进入新的历史发展阶段。追索近现代中国科学发展的百年历程，有助于我们承古创新，探究当代中国科学发展之道。中国科学社的档案资料是一笔珍贵的历史遗产，不仅可以从中了解中国近代科学社团的本身，诸如创建、发展乃至消亡的历程，理解它们在复杂多变的近代中国如何生存与发展；而且可以了解中国近代科学的发展与科学社团之间的互动关系，理解中国科学发展的艰难；还可以从科学社会学视角分析科学发展与制度创新、社会经济文化的互动。

国内外学术界对中国科学社的研究成果虽然不少，但中国科学社档案资料没有得到充分的利用。此次对相关档案资料的整理出版，具有重要的意义。它必将进一步提升对中国科学社研究的水准，也为进一步研究中国近代科学发展，特别是科学发展与科学社团之间的互动关系、民间学术团体与政府之间的关系，乃至中国近代思想文化史提供坚实而丰富的史料，为创建国家科技创新体系，特别是学术社团在万众创新中的独特作用提供借鉴。

衷心希望《中国科学社档案资料整理与研究》能够成为广大科学史学者和科研人员的益友，为中国科学事业的发展做出一份贡献。

（《科学》杂志编委会主编）

# 前言

## 剧变中的永恒——《科学》百年主题及其变奏

20世纪以来，世界政治风云突变、动荡不居，科学技术狂突猛进、革旧鼎新——这是一个剧变的时代。自1915年创刊以来，《科学》百年记载了人类科学技术的发展与演化、中国科学技术的萌芽与本土化，也见证了这个剧变时代。虽在不同的时代，《科学》关注点不一样，如创刊初期以宣扬科学与传播科学知识为主，后来逐步转向宣扬科学研究与如何发展中国科学；二战结束后面临核武器，主张国际科学合作、科学的合理利用与规划科学；改革开放复刊后更瞩目于国家科学发展战略、科学发展与人类生存环境、科学与人文关系探讨等；但无论时代如何变化，《科学》百年来的主题及其变奏没有改变，讨论“什么是科学”“科学的社会功用”“如何发展中国科学”“纯粹科学与应用科学协调发展”等一直贯穿。

### 一、科学是什么

《科学》在《发刊词》试图定义科学：“科学者，缕析以见理，会归以立例，有觤理可寻，可应用以正德利用厚生者也。”其后，通过发表一系列的文章，对什么是科学有一个比较全面而透彻的认识。第一，科学首先是人类认识自然的一种系统的知识体系。任鸿隽说：“科学者，智识而有统系者之大名。”“就广义言之，凡智识之分别部居，以类相从，井然独绎一事物者，皆得谓之科学。自狭义言之，则智识之关于某一现象，其推理重实验，其察物有条贯，而又能分别关联抽举其大例者谓之科学。”因此，历史、美术、文学、哲理、神学等不是科学。（《说中国无科学之原因》）指出科学并非当时朝野上下所认知的“奇制、实业”，而是“非物质的，非功利的”，对科学“当于理性上学术上求”。（《科学精神论》）

第二，科学有独特的方法。科学之所以不同于其他学问，就是因为它有独特的方法，即演绎法、归纳法和实验。胡明复说：“演绎者，自一事或一理推及他事或他理，……归纳则反是。先观察事变，审其同违，比较而审察之，分析而类别之，求其变之常理之通，然后综合会通而成律，反以释明事变之真理。”当然，归纳法也有其局限，“科学之方法，乃兼合归纳与演绎二者。先作观测，微有所得，乃设想一理以推演之，然后复作实验，以视其合否。不合则重创一新理，合而不尽精切则修补之，然后更试以实验，再演绎之，如是往返于归纳演绎之间”。(《科学方法论》)任鸿隽也特别看重归纳法，他认为中国之所以没有科学，就是因为没有归纳法。他们都特别注重“实验”，认为离开实验无论如何宣称“科学”都不是科学：“严格言之，惟应用科学方法之事物乃为科学。然此仅科学之名而非科学之实也。抵掌而谈，执笔而书，条理井然，逻辑周密，其言非不科学，进叩其思想所从出，则所根据者皆他人之陈言而已。此于科学之名则得之矣，循此道以求科学，造其极，举国沦为钞胥稗贩，其去科学之实且日以远也。”(杨铨《科学与研究》)

第三，科学具有独特的求真的“理性精神”。胡明复说：“科学方法之惟一精神曰‘求真’。取广义言之，凡方法之可以致真者，皆得谓之科学的方法；凡理说之合于事变者，皆得谓之科学的理说。”(《科学方法论》)任鸿隽说所谓科学精神，“求真理是已”：

> 真理之为物，无不在也。科学家之所知者，以事实为基，以试验为稽，以推用为表，以证念为决，而无所容心于已成之教，前人之言。又不特无容心已也，苟已成之教，前人之言，有与吾所见之真理相背者，则虽艰难其身，赴汤蹈火以与之战，至死而不悔，若是者吾谓之科学精神。(《科学精神论》)

一个人要具备科学精神，必须具备崇实、贵确、察微、慎断、存疑等特质。“求真”是科学的本质属性，秉志以为“科学以发见真理为唯一目的”。(《科学与国力》)对此求真、存疑的“科学精神”，1990年陈光曾予以扩展，以为包括诸如“对权威的怀疑态度，描述现象的不动情感，假设构架可被验证，数据可靠性可被测定，其理论结果可作出预言等等”。(《Scientist一词的社会承认》)

当然，要全面理解科学，还包括“科学能扩展生活”和“科学的社会组织”两个方面。改革开放新时期，《科学》也曾讨论“什么是科学”，几乎完全重复了当年《科学》理解科学的各个层面。廖正衡以为科学是知识体系，是“关于自然、社会、思维的知识体系”，是发展着的知识体系和知识管理活动；科学具有“观念上的财富”或精神财富上的价值，主要表现为科学精神，“即客观的、实事求是的、进取的、勇于创新的精神”，“是同主观的、迷信的、盲从的、保守的、落后的思想针锋相对的，从而也就必然可以成为反对旧思想、旧文化的思想武器”。科学的价值更重要的还在于它是“物质上的财富”，主要是表现为生产力的价值，具有不灭性、再生性、馈赠性和多层次性，在经济建设和社会发展中占有着举足轻重的地位。(《科学是什么?》)时东陆认为科学研究“对象是宇宙，手段是假说、实验、推理和质

疑，特征是唯一，目的是解译自然和社会。科学里没有权威，只有真理”。（《关于科学的定义》）

周光召说：“科学是人类在认识世界和改造世界过程中形成的正确反映客观世界的现象、内部结构和运动规律的系统理论知识。科学还提供认识世界和改造世界的态度和方法，提供科学的世界观和处世的科学精神。”科学精神可以概括为几个方面，诸如“科学追求的是对客观世界运动规律的认识，因此客观、求实是科学精神的首要要求。这表现在对待事物的态度上，就是严肃认真、一丝不苟、客观公正、实事求是”；“科学认为世界的发展、变化是无穷尽的，认识的任务也是无穷尽的。因此，不断求知也是科学精神的要求”；“科学要追求真理，不盲从潮流，不迷信权威，不把偶然性当作必然性，不把局部看作整体。……科学的怀疑精神也是科学精神的组成部分”；“科学是有组织的社会群体活动，因此团队精神、民主作风、百家争鸣都是科学精神的组成部分”；“科学已成为社会三大实践活动之一，不仅要认识客观规律，创造新技术和新知识，完成发现真理的飞跃；而且要参与社会变革，促进社会进步，完成从理性认识到变革实践的飞跃”；等等。（《科学技术和它对社会的作用》）

## 二、 科学的社会功用

《科学》发刊伊始，就十分关注科学的社会功用，认识到科学能扩展人类生活，提高物质生活水平而外，而且能陶冶情操，提高我们的精神境界，完善人格，并由此促进世界和平。《发刊词》说科学通过交通工具、生产工具等改变我们的物质生活；也可以通过抗灾、治病救人，提高人类的平均寿命；还可以通过祛魅宗教迷信，促进人类智识进步；更为重要的是，“科学与道德，又有不可离之关系焉”；等等。此后，《科学》发表《科学与工业》《科学与教育》《科学与商业》《科学与农业》《科学与林业》《科学与实业》《科学应用论》《科学与和平》《科学与知行》《理论科学与工程》《近代科学与文明》《科学的态度》《科学与国难》《科学与民族复兴》《科学战争与战争科学》等众多文章，对这一问题进行深入而透彻的讨论。

科学最重要的社会功用是能富国强兵从而达到“科学救国”，这是中国科学社发刊《科学》的原初目标，当时形成了影响极大的“科学救国”思潮。秉志说，“吾国贫弱，至今已极，谈救国者，不能不诉诸科学”，“科学造福人生，稍有知识者，类能言之，世界各国之富强，何者不由科学所致，举凡文明民族所需者，何者不由科学而来”。中国“急需科学以为起死回生之计”，通过发展科学，“人民之知识、技能、生活、体格、思想、道德均将之而日有起色，由衰老之民族，变为鼎盛之民族”。既然欧洲科学家能将“黑暗之欧洲，改为文化灿烂之欧洲”，中国科学家也能将“将老大之民族，改为精壮之民族”。（《科学与民族复兴》）发展实业是富国强兵的第一要义。任鸿隽以为科学是实业之母，实业进步有赖于科学进步，实业的推广也有赖于科学的发展。科学家应与实业家建立良好的互通关系，他很羡慕美国实业家们在公司所创立的研究机构和实业家们与大学科研人员的合作研究。（《科学与实业之关系》）

对于科学促进人类道德发展的功用，唐钺《科学与德行》说：“科学固无直接进德之效，然其陶冶性灵培养德慧之功，以视美术，未遑多让。”“科学之潜移默化，能使恃气傲物之意泯灭于无形”；科学可以使“为善者知其方，施政者探其本，去头痛治头脚痛治脚之劳，收种瓜得瓜、种豆得豆之效”；“科学精神磅礴郁积，故能宝贵真理以忘其身，为近世文明之先导”；科学可以使“个人服公之心切，社会团结之力强”；科学可以“绝苟得幸免之心，而养躬行实践之德”等等。何鲁讨论科学与世界和平的关系也注重道德建设的重要性。他以为科学能促进世界和平有两个原因，一是“科学为入德之门”，二是“科学能使人得幸福”，最终“科学无国界，无种族界，无意识界，一归于真理。夫有据，故无争，无争即和平”。他从科学是追求真理的事业，“凡在科学上，立论必有根据，推演必本条理，不能臆造盲从”来论证“科学能使人诚，能使人耐苦，能使有秩，能使人无欲，能使人自乐，能使人爱物爱群”，因此“科学为入德之门”。（《科学与和平》）

当然，由于科学发展导致的大规模杀伤性武器在战争中的使用、过度开发导致人类生存环境的恶化等，对于科学的合理利用，也成为《科学》讨论的永恒主题之一。《科学》第1卷第4期为“战争专号”，杨铨发表文章指出科学使武器越来越精密，杀伤性越来越大，促使人们更加慎重开战，这是科学促进世界和平的功能之一，科学是“战争之友”，战争则是“科学之敌”：“吾人之有近世文明，实科学、共和和寡战三物之功。科学与吾人以共和，而寡战乃得实行。……科学虽未尝明减战争，然使世界知战争非儿戏，因而慎重其事，不敢轻试，其功亦不可没也。……故科学者战争之友，而战争则科学之敌也。”（《战争与科学》）

竺可桢宣称：“科学可以为善，可以为恶，我们利用科学来祛除迷信，延长寿命，便利交通，减免灾荒，是于人类有益的。但军事家利用以制毒气枪炮杀人，就是作恶。一般商人政客不顾世界的需求，只图目前的利益，无限制的利用科学来生产，亦是有弊的。”（《科学研究的精神》）对于托尔斯泰指责科学家的发明是为他人做嫁衣，“科学发达，发明愈多，是使资本家愈富，劳工愈困苦”，杨铨指称“须知资本、劳动阶级之相悬殊者，由于社会分配之不均，政治之不良，非科学之咎也”。（《科学的人生观》）他还专文辨析托尔斯泰对科学的责难，最后说：“吾国科学尚无其物，物质文明更梦所未及，居今而言科学之弊与物质文明之流毒，诚太早计矣。然欧美物质势力集中于资本家，社会结构因以不稳，此又吾国习应用科学者所当引为前车，勿使未来之托尔斯泰复哀吾国也。”(《托尔斯泰与科学》)对于科学的不合理利用造成一战结束后的“科学破产论”“反科学”思潮，《科学》也曾有论辩：

欧洲大战既兴，全球震动，论者推原祸始，因国际资本主义之冲突而致怨于物质文明之过量发达，因物质文明而迁怒于科学，于是十九世纪托尔斯泰、尼采辈诅咒科学之论调复为当代救世之福音。昔之因物质文明而崇拜科学者，今则因同一之物质文明而诋毁之。潮流所被，中国亦沐其余波，此中国思想界之所以于今日学术荒芜民生凋敝之际而忽有反科学之运动也。……夫科学之为科学，自有其本身之价值，不因物质文明之有无而增减。即物质文明之本身，亦但知利用厚生，造福人类，未尝教人以夺地杀人也。人自无良，何预科学，因噎废食，窃为国人所不取也。(《科学与反科学》)

原子弹爆炸使人类面临被其制造物全面毁灭的境地，对科学的合理利用成为战后舆论与世界科学界的共同呼声。《科学》先后发表《原子能与科学界的责任》《科学工作者亟需社会意识》《科学与世界和平》《今日自由之危机》《科学与政治》《科学家的社会责任》等文章予以讨论，并在 1947 年年会专题讨论《原子能与和平》，会后形成宣言发表：

吾人以为科学研究，应以增进人类福利为目的，原子能之研究亦非例外。原子核可以分裂之发现，适值民主与独裁国家进行生死奋斗之时，科学家乃将原子能用之于战争武器，原子能之不幸，亦科学研究之不幸也。今大战既已告终，民主国家正在努力合作，吾人主张此种研究，应为公开的、自由的，向世界和平及人类福利之前途迈进；不愿见此可为人类造幸福之发明作成残酷之武器，更不愿见因原子能武器竞赛，或保守原子弹制造秘密之故，破坏民主国之团结或危及科学研究之自由。为此，吾人对于爱因斯坦教授所倡导的原子能教育委员会，及美国原子科学家所组织的同盟，愿予以支持。(《七科学团体联合年会宣言》)

当然，对于科学的误用，特别是科学借助政治造成“非科学甚至反科学”大行其道，《科学》也有一定的警醒。早在 1949 年张孟闻就发表文章说李森科事件是“在科学真理之外”“带上了政治的意义”，“科学的真理，不能以政治主张来歪曲、曲解”，“无论你是资本家也好，劳动者也好，也不论你信仰的是资本主义、共产主义或是三民主义，都得承认这个真确的事实”。因此他提出，“还真理于科学，让事实来证明是非，不要将政治主张或宗教信仰以及其他人事纠纷涂抹上去”。(《科学真理与政治教条》)当然，他们更警觉政客们对科学的滥用,张孟闻说:“照现状来说,与其由不懂科学也无科学素养的政客们来替世界人类谋取政治的安全,无宁是请科学家们牺牲一部分研究的时间精力来协助政治,以解决人类社会的各种困难,譬如防疫、救饥与水旱之灾。”(《科学与政治》)

至于改革开放时期因滥用科学技术造成的生态危机等讨论与论说,这里就不赘述。

## 三、如何发展中国科学

“联络同志,研究学术,共图中国科学之发达”为中国科学社成立宗旨,科学既然具有如此强大的社会功用,如何发展中国近代科学?鉴于鸦片战争以来科学在中国的发展历史,中国科学社充分意识到仅仅依靠技术引进与粗浅科技知识的普及传播无济于事,只有全面整体地引进西方科学,才可能使近代科学在中国生根发芽。

任鸿隽连续发表《发明与研究》《科学研究之又一法》等文章,鼓吹科学研究。他指出科学成果并不是偶然所得,而需要科学家呕心沥血的研究,所以“发明有待于研究,而研究又有待于历久之积力”。他介绍国外的研究机构有大学及专门学校之研究科、政府建立之局所、私家建设之研究所、制造家之试验场,但这四类研究机构各有其优点和缺点,他心仪的是像法国巴黎巴斯德研究院和镭学研究所那样“以科学上之大发明为中心,为研究特别问题而设立之研究所”。他总结说:“科学之发展与继续,必以研究所为之枢纽,无研究所则科学之研究盖不可能。反之,欲图科学之发达者,当以设立研究所为第一义。”

杨铨也为文鼓吹科学研究是发展中国科学唯一正途。他说:“科学非空谈可以兴也。吾既喜国人能重科学,又深惧夫提倡科学之流为清谈也,因进而言科学与研究。”呼吁提倡科学“当自提倡研究始”。他将西方科学研究机构从创建主体分由政府、工厂、私人、学校和学会创办五类,以之比对国内现状,认为上述五类机关,“政府工厂非旦夕可改良,私人亦困于环境不易实行。求其性质最近而又有改良机会者,厥惟学校与会社”。他认为当时国家正处于军阀混战,政府设立研究机构不可能,工厂由于自身发展缺乏设立研究机关的动力,私人更是没有传统,因而给当时中国科学研究指出了一条道路:大学和各科学社团联合起来组建研究所。中国科学社生物所在相当程度上可以说是这一道路的产儿——东南大学与中国科学社在人力资源上联合创建。(《科学与研究》)

创建研究机构实实在在从事研究而外,还有不少其他可以促进中国科学发展的途径。刘咸也有其方略,其中最为值得注意的是,他提出要确立国家科学政策——“树立科学国策,如科学教育应如何推行,国民科学常识应如何灌输,科学工业应如何建设,科学研究应如何施展，科学专才应如何培植，科学勋功应如何懋奖，以及作科学事业之经费，应如何固定，皆须放大眼光，通盘筹算，视国家之需要，作审慎之决定”。（《科学与国难》）他与卢于道更在1936年提出“政治科学化”、推行“科学年”和设立“科学实业研究部”三大政府科学政策主张。其中关于设立“科学实业研究部”理由值得注意，他们以为当时中国最急切需要是“解除国难”与“建设国民经济”，而“科学实业之研究”是“二者之基本”：“亟宜参考欧美各国过程，考量国家‘此时此地’之需要，于现有研究机关外，添设大规模、有计划、有目的、组织统一、指挥若定之科学实业研究部，专门担任复兴民族、保全领土、富国裕民之研究。”他们认为1936年是中国“非常时期中之非常时期”，是“民族国家生死存亡之关键”，只有采取“最有效应之科学”才能自救。作为救国工具的科学至此有了更为具体的目标与更为清晰的救国途径，利用科学的理性精神，使国家政治科学化，使政治走上科学化道路，同时利用科学研究成果，促进实业发展。（《迎民国二十五年》）

设立科学实业研究部的提议，深受当时苏联计划科学体制成效的影响。刘咸呼吁政府学习苏联，建立一个像苏联科学院一样的机构：“所望吾国政府，对于科学事业，应效苏联作大规模之建置，使之负起改造国家之重任，非徒为时代之装饰品；全国国民，应对于科学事业，尤应寄以极大之同情心与期待心，则十年之后，科学建设渐生效验，国家前途，有厚望焉。”（《苏联科学院》）这种计划科学或规划科学的吁求，随着大科学时代的到来，在战后形成了一定的舆论，并一直延续到中华人民共和国成立初期。《科学》先后发表《关于发展科学计划的我见》《科学研究计划之商讨》《前无止境的科学》《科学社团的效能》《工业与科学：座谈会记录》《欧洲研究组织的新动向：座谈会记录》《科学与社会》《全国科学会议》《中国科学的新方向》等。任鸿隽指出，由政府邀集专家制定的计划，要切实可行，切忌“少数人之私见，外行建议与官样文章”。计划应确立纯理研究与应用研究的界限；充分考虑科学发展的总体关系、各门科学之间的关系、现存研究机构的利用与联系、未来发展等；限定每一研究机关的研究范围，以分工合作而避免叠床架屋等。要确保计划实施，除独立科学事业财政预算与科学管理人员专门化外，高薪延请外国权威学者来华指导，并继续派遣优秀青年人才留学，以期中国科学的真正独立。（《关于发展科学计划的我见》）

当然，中国科学社作为一个综合性民间社团，也深知学术社团在科学发展中的作用。杨铨以为学生毕业离开学校，“科学事业告终，入而家庭，出而社会，举非无与于科学问之事”。学术社团是养成学者的平台，“培养训诱而使为有用之大器，则有赖乎师友；学会，师友也”。因此，创建科学社团是发展中国科学的重要途径之一，“忧世之士欲图学术之昌明者，其以学会为当务之急乎”。（《学会与科学》）

要使科学在中国真正发展起来，需要社会对科学家社会角色有正确的认知，对科学家的尊崇是其表征之一。竺可桢说："发明家之有功于人类，是永久的，是普遍的。所以自古以来，一部人类的进化史，就是一部发明家的历史。"（《近代科学与发明》）葛利普更是宣称：

> 只有科学家得到一般人的注意，承认他在任何进步的社会中占天然领袖的地位，那科学和国家才能发达。……世界上的事业，还有什么比推进智识的疆界，增加智识的总和再要光荣的吗？征服人民和土地的英雄，亚力山大、拿破仑、成吉思汗、塔吗仑，若和征服自然的科学家相比较，真是可怜得很。他们的名字，容许在历史小说上暂时存留，但他们的事业，却早已彼此相消了。但一个盖利略、一个牛顿、一个达尔文同其余无数的为真理及智识的进步而工作的科学家是不朽的，他们智识的势利，是人类进步的界碑。（《中国科学的前途》）

周光召也以为，"在一些对整个地球公民都有影响作用的全球性问题上，科学家群体通常比政治家有着更客观、更全面、更负责的观点。科学家依靠的不是权力、不是金钱，科学家依靠的是独立客观的观察与研究，是科学的分析和严谨的判断，进而达成在同行内经反复讨论和辩论过的共识"。（《科学家的责任》）

提出发展中国科学方略的同时，《科学》也深度反思中国为何没有产生近代科学，从第一卷第一期任鸿隽《说中国无科学之原因》，中间经过竺可桢《为什么中国古代没有产生自然科学》，到改革开放时期席泽宗《关于"李约瑟难题"和近代科学源于希腊的对话》、杨玉良《也谈李约瑟难题》等等。具体讨论这里不赘言，值得提及的是王琎以为中国科学不发达原因之一是中国的"学术之专制"。学术专制有"政府之专制，与学者之专制"，"因有政府之专制，然后有学者之专制"。因此他总结洋务运动的失败，"在社会与学者之心理，皆不视科学为研究真理之学问，不知其自身有独立之资格，固不必依赖富强之号召为其存在之保护人也"。他以为科学"其职务为搜求天然真理，维持人类文明，其自身之价值，固不在道德宗教政治下也"。（《中国之科学思想》）

## 四、纯粹科学与应用科学之关系

中国科学发展过程中，如何协调纯粹科学与应用科学之间的关系，一直是科学工作者十分关注而几乎一直无法解决的问题，也一直困扰着中国科学的发展。

1918 年任鸿隽发表《发明与研究》，将科学研究分为"发现"（discovery）和发明

(invention)两类，前者曰“科学之研究”，“其目的在启辟天然之秘奥”；后者曰“工艺之研究”，其目的在驾驭天然以收物质上之便利”。于此他清晰地区分了纯粹科学与应用科学，也指出其本质上的差别，并进而指出发现是发明的基础。邹秉文发表《科学与农业》宣称科学是农业改良的基础，“农业非科学莫由振兴”。侯德榜在中国科学社第三次年会演说《科学与工业》，指称“工业者应用科学学理之事业也”，从开办工业的六要素原料、资本、人才、器材、管理、销售方面论证了工业与科学关系密切，结论是科学是工业的基础，两者相辅相成：“无科学不能振兴工业，无工业无以促进科学，科学工业两者辅车相依，莫能脱彼此而独立。”其他人也相继发表一系列文章对此予以讨论，基本确立了纯粹科学与应用科学之间的关系，即纯粹科学是应用科学的基础，应用科学的发展也会反作用于纯粹科学。

作为后发展国家，因科学的巨大社会功用，往往注重科学的实用性即应用科学，而忽视纯粹科学的发展，并因而对中国科学发展造成相当的困窘。《科学》不断发文指出仅重实用不利于中国科学的发展，呼吁纯粹科学与应用科学并重。翁文灏在《为何科学研究 如何科学研究》中反对一味追求科学的实用：

> 试想中国自咸同以来，即重洋物，即讲西学，也就是现在所谓科学。设局印书，出洋留学，提倡甚是出力，但所谓西学者，仅视为做机器造枪炮之学。惟其只知实用不知科学真义，故其结果不但真正科学并未学到，而且因根本不立，即做机器造枪炮之实用亦并未真正学好。

秉志说：“无论研求科学与提倡科学，宜本末兼顾也。纯粹科学与实用科学，二者并重，无纯粹科学之根基，只求实用，难免落后。……有纯粹科学，而后实用科学乃得发展，吾国今日对此二者，宜双管齐下，不能因急切需要实用科学，视纯粹科学若等闲，亦不能只知纯粹科学，而毫不注意于实用。”(《科学在中国之将来》)

学者们的呼吁在现实面前自然乏力，抗战期间纯粹科学与应用科学的关系已成畸形状态。1940 年同济大学、四川大学、中山大学、重庆大学和西北大学等五所大学招生竟不能招到一名理科学生，而“所取全国学生至六千之多，工院竟占三千以上”，竺可桢“甚以基本科学即物理、化学在大学中之被蔑视为虑”，“则吾国科学前途大可悲观矣”。[①] 因此，1943 年 7 月由中国科学社发起的六科学团体年会中，专题讨论“如何发展国内科学”时，任鸿隽作为大会主席提出：“纯理科学为应用科学之基本，凡是深谋远虑要想把国家放在现代国家之林的未有不重视纯理科学的，至少纯理科学与应用科学应该同时并重。

① 樊洪业主编：《竺可桢全集》第 7 卷，上海科技教育出版社，2005 年，第 465 页。

但近几年来有一个特殊的现象，值得我们注意的，就是在大学入学考试中……理学院科系几有无人问津之感。由国家之需要与未来之趋势而言，应用科学较易发展，似乎不须我辈特别担心，而纯理科学则必须于此时注意提倡以免将来科学进步受到影响。提倡之法，如请政府派选留学生时增加纯理科学研究之学额与政府设置大学奖学金中，明列攻读纯理科学之学额。”会议决议“政府派遣留学生时，应用科学与纯理科学厉行兼顾”。最终六团体指称“纯理科学为应用科学之本，亦不宜显分轩轾”。①

中华人民共和国成立后，竺可桢在《中国科学的新方向》指明了三条发展道路，其中第一条“理论联系实际”：“必得使理论与实际配合，使科学真能为农工大众服务。”第二条“群策群力用集体的力量来解决眼前最迫切而最重大的问题”。这样，计划科学的发展与普及“呼之欲出”。计划体制下几十年科学的发展，“在集中力量完成国家任务、特别是国防科研方面发挥了良好作用”，但也存在一系列弊病，需要进行科技体制改革，纯粹科学与应用科学关系的讨论又再一次掀起高潮。（周光召《中国科学和技术发展的历史、现状和展望》）

新时期的科学研究分为基础研究、应用研究和技术开发。周光召认为基础研究“以认识客观世界的物质结构、各种基本运动形态和运动规律为已任”；应用研究目的“是为了进一步发展某门技术，提高生产效率，拓宽应用领域”，其中一部分“也要从认识规律出发”，属于“应用基础研究”；技术开发“是科技转化为生产力的主要环节”，主要“从事生产的技术改造、工艺革新、产品更新等”。（《科学技术和它对社会的作用》）李政道以水、鱼、鱼市场来比喻基础研究、应用研究和开发研究的关系，“没有水，就没有鱼；没有鱼，也就不会有鱼市场”。美国、日本因历史背景不同，其科学技术发展道路也不一样，但基础、应用和开发研究经费的比例，基本上都保持在15%、25%、60%左右。因此，他的结论是：

> 中国的历史和美国与日本都不一样，应该走自己的路，……根据中国的历史、中国的发展和中国的国情，来制订科技发展战略。美国和日本从完全不同的历史，发展到差不多的状况，这里面有一些共同的规律性的东西。我们可以把人家的经验借过来，加以研究，为我所用。关键是要处理好基础、应用、开发三方面研究的关系。经费的投入大致保持一定比例，才能协调地发展。（《水—鱼—鱼市场——关于基础、应用、开发三类研究的若干资料和思考》）

① 《社友》[中国科学社第二十三届年会特刊号(下)](1943年7月18—20日)，第5—6、9—10页。

张存浩认为基础研究有四个方面的巨大作用：人类文明进步的动力，科技与经济发展的源泉和后盾，新技术、新发明的先导，培养和造就高层次科技人才的摇篮。因此国家要重视基础研究，其运作要贯彻"竞争、择优、交流、协作、开放的原则，大力提倡创新，鼓励前沿意识并正确对待跟踪"，确定三个层次的目标："应用基础研究一般应有明确的国家目标；纯基础研究开展到一定阶段，常常也可有明确的国家目标，应善于捕捉这些目标；广义地说，取得高水平成果、培养高层次科技人才也是一项重要的国家目标。"（《关于中国自然科学基础研究的若干思考》）

随着时代发展，相关纯粹科学（基础研究）、应用科学（应用研究和工艺研究）协调发展的讨论将会继续。同样地，"什么是科学""科学的社会功用"与"如何发展中国科学"，也将是未来永恒的话题。

# 凡　例

《科学》发刊过程中，中国科学社也曾将其中“泛论科学性质”的文章结集为《科学通论》出版（1919 年初版，1934 年增订再版）。初版仅选文 19 篇，以任鸿隽《科学精神论》起首，《外国科学社及本社之历史》结尾，虽然没有分类，但有“总论—分论—科学学会”的逻辑线索贯穿其间；增订版选文 37 篇，以“科学真诠”“科学方法”“科学分类”“研究与发明”“科学应用”“中国之科学”“科学学会”等 7 编分类排列。为更为清晰地展示《科学》创刊以来“泛论科学性质”文字的时代变化，本选编以时间为序，将前 36 卷按照不同主持人划分为杨铨时期、王琎时期、刘咸时期、张孟闻时期等四个时期，1985 年复刊以后名为“改革开放时期”。值得指出的是，1943 年《科学》在重庆复刊，主编为代理总干事卢于道，但他仅仅负责了第 26、27 卷两卷共 9 册（第 26 卷仅两期两册、第 27 卷 12 期 7 册），1944 年底张孟闻接任；1957 年复刊没有明确的主持人，但应为任鸿隽。因卢于道、任鸿隽主持时间不长、负责刊期不多，一并归入“张孟闻时期”。

本选编整理，“凡例”如下：

1. 篇目作者在“目录”中尽量明确呈现，笔名、别名等署名能确定者直接以[ ]注明，正文中保持原样。

2. 极个别篇目根据内容改动，如“杨铨时期”第 5 篇原名《本期弁言》改为《“战争号”弁言》、王琎时期第 15 篇原名《发刊词》改为《“工程号”发刊词》，等等。

3. 文字与行文尽量保持原样，除明显的错字（笔误、音误、排版错误等）径改不注外，一律不改（正文中的数字也原样保留）。

4. 繁体字转为简体字，可能影响原文文意或人名等不改；通假字、异体字一般也不改。

5. 名词术语的审定统一有一个发展演化历程，为显示不同时期的历史原貌，外文译名（包括人名、地名、机构名等各种名词术语）一律不改。

6. 标点符号以现行规范处理。

7. 原文注释一律改为脚注，每页重新编号。

8. 不能识别的字词以□标识。

# 目 录



## 杨铨时期(1915—1921)

## 王琎时期(1921—1934)

## 刘咸时期(1934—1941)

# 杨铨时期（1915—1921）

# 1. 例　　言

——文明之国，学必有会，会必有报，以发表其学术研究之进步与新理之发明，固各国学界期报实最近之学术发达史，而当世学者所赖以交通智识者也。同人方在求学时代，发明创造，虽病未能，转输贩运，未遑多让，爰举所得就正有道。他日学问进步，蔚为发表新知创作机关，是同人之所希望者也。

——本杂志虽专以传播世界最新科学知识为帜志，然以吾国科学程度方在萌芽，亦不敢过求高深，致解人难索。每一题目皆源本卑近，详细解释，使读者由浅入深，渐得科学上智识，而既具高等专门以上智识者，亦得取材他山，以资参考。

——为学之道，求真致用两方面当同时并重。本杂志专述科学，归以效实。玄谈虽佳不录，而科学原理之作必取；工械之小亦载，而社会政治之大不书。断以科学，不及其他。

——科学门类繁赜，本无轻重轩轾可言。本杂志文字由同人分门担任，今为编辑便利起见，略分次第如下：(一) 通论，(二) 物质科学及其应用(physical sciences and their applications)，(三) 自然科学及其应用(natural sciences and their applications)，(四) 历史传记，(五) 杂俎，其余美术音乐之伦虽不在科学范围以内，然以其关系国民性格至重，又为吾国人所最缺乏，未便割爱，附于篇末。

——本杂志特设问答一门，欲以交换智识，作起兴味。读者于科学事理有不了解者，无论在本杂志内外尽可质问。同人当竭一得之愚为之贡献，如所问为同人浅陋所不能答者，当为代质各大学教授。唯所问不在科学范围内者，恕不奉答。

——译述之事，定名为难。而在科学，新名尤多。名词不定，则科学无所依倚而立。本杂志所用各名词，其已有旧译者，则由同人审择其至当；其未经翻译者，则由同人详议而新造。将竭鄙陋之思，籍基正名之业。当世君子，倘不吝而教正之，尤为厚幸。

——本杂志印法，旁行上左，兼用西文句读点乙，以便插写算术物理化学诸方程公式。非故好新奇，读者谅之。

[第 1 卷第 1 期(1915)第 1—2 页]

# 2. 发刊词

迩来杂志之作亦夥矣。愤时之士，进不得志于时，退则摇笔鼓舌，以言论为天下倡。抑或骚人墨客，抑郁无聊，亦能摅写怀抱，发舒性情，鸿文丕焕，号召声类。此固政客文人所有事，而于前民进德之效未尝不有获也。独是一物之生，有质而后有力。一事之成，有本而后有末。五石之瓠，非不庞然大也，以盛水浆，其坚不能自举。世界强国，其民权国力之发展，必与其学术思想之进步为平行线，而学术荒芜之国无幸焉。历史具在，其例固俛拾即是也。

抑欧人学术之门类亦众矣，而吾人独有取于科学。科学者，缕析以见理，会归以立例，有艑理可寻，可应用以正德利用厚生者也。百年以来，欧美两洲声明文物之盛，震铄前古，翔厥来原，受科学之赐为多。科学之为物，未可以一二言尽也。科学之效用，请得略而陈之。今夫吾人今日，陆行则驭汽车，水行则驾轮舟，绝尘而驰，一日千里，山陵失其险阻，海洋失其邈远，五方异族，往来如一堂者，此发明蒸汽机关者之赐也。趋利赴急，片时可寄千里之书，亲戚远离，睽居而得晤言之雅，则发明电力机械者之赐也。且也，机械之学，进而益精，蒸汽电力，以为原动。则一日而有十年之获，一人而收百夫之用，生产自倍，闾阎殷赈。近稽统计，远西名邦，若美、若英、若法、若德，二十年间，国富之增，或以十倍，或以五倍，或以三倍。假非其人好勤远略，縻财经武，则彼社会学家所理想“去贫”之说，未始不能实现也。此科学之有造于物质者也。

不宁唯是。生民之初，与天然战。其所恃者，唯是体力。洪水饥馑疫厉夭札之来，无以御之也。挽近科学大昌，风雨之变，测候既精，地形之利，相度必尽，不惟洪水饥馑之灾可免也。乃生物之理，辨极于微茫，药石之用，利尽乎金石。卫生之要，普为常识；疫厉之氛，消于比户。大耋可以坐登，寿考竟得力致。故千八百五十年，美国人平均岁数①为二十三岁零百分之十者；至千九百年，则为二十六岁零百分之三十三。千八百五十一年，英国人平均岁数，为二十六岁零百分之五十六者；至千九百年，则为二十八岁零百分之九。其增长之律，盖可睹矣。此科学之有造于人生者也。

不宁唯是。科学所影响于人类之智识，又有可言者。当中世纪之初，欧洲大陆，有宗教迷信，为人类智识进步之障碍。不独学说之背于教义者，莫由滋长也。乃谓听天敬神，则自然可任，桎梏人心，莫此为甚。使非科学家如加里雷倭(Galelio)者，本其好真之心，行

① 一国平均岁数，以其国人数除其总岁数算得之。

其求是之志，血战肉搏，与宗教争此思想上之自由，则至今犹蒙屯可也。文学复兴之后，人竞文彩，则赫胥黎、斯宾塞尔之徒，又主张以自然科学为教育学子之要道。乌乎！今人抵掌而谈地方，伏地而拜闪电，则三尺童子，知悼笑之矣。然非得科学上之证明，究何以识地之本形，与电之原理哉。此科学之有造于智识者也。

不宁唯是。科学与道德，又有不可离之关系焉。今人一言及科学，若啻属于智识，而于道德之事无与焉者，此大误也。管子曰："仓廪实而知礼义，衣食足而知荣辱。"此古今不易之定理也。故科学之直接影响于物质者，即间接影响于道德。且人之为恶，固非必以是为乐也。辨理之心浅，而利害之见淆，故有时敢为残贼而不顾。自科学大昌，明习自然之律令，审察人我之关系，则是非之见真，而好恶之情得。人苟明于经济学之定理，知损人之终于自损也，必不为以邻为壑之行；明于社会学之原理，知小己之不能独存，而人生以相助为用也，而人偶共作慈祥岂弟之心油然生矣。又况以科学上之发明，交通大开，世界和同，一发全身之感，倍切于畴昔。狭隘为己之私，隐消于心曲，博施济众，泽及走禽，恤伤救难，施于敌士。四海一家，永远和平，皆当于科学求之耳，奚假铄外哉。

乌呼！临渊羡鱼，不如退而结网。过屠门而大嚼，不如归而割烹。国人失学之日久矣，不独治生楛窳，退比野人，即数千年来所宝为国粹之经术道德，亦陵夷覆败，荡然若无。民生苟偷，精神形质上皆失其自立之计。虽闭关自守，犹不足以图存，矧其在今之世耶。夫徒钻故纸，不足为今日学者，较然明矣。然使无精密深远之学，为国人所服习，将社会失其中坚，人心无所附丽，亦岂可久之道。继兹以往，代兴于神州学术之林，而为芸芸众生所托命者，其唯科学乎，其唯科学乎！

同人不佞，赖父兄伯叔之力，得负笈远西，亲睹异邦文物之盛。日知所亡，坎然其不足也。引领东顾，眷然若有怀也。诚不自知其力之不副，则相与攫讲习之暇，抽日月所得，著为是报，将以激扬求是之心，引发致用之理，令海内外好学之士，欲有所教于同人者，得所藉焉。是则同人所私愿而社稷尸祝之者也。

［第1卷第1期(1915)第3—7页］

## 3. 说中国无科学之原因

任鸿隽

今试与洋人盱衡而论吾国贫弱之病,则必以无科学为其重要原因之一矣。然则吾国无科学之原因又安在乎?是问也吾怀之数年而未能答,且以为苟得其答,是犹治病而抉其根,于以引铖施砭,荣养滋补,奏霍然之功而收起死之效不难也。今欲论吾国科学之有无,当先知科学之为何物。

科学者,智识而有统系者之大名。就广义言之,凡智识之分别部居,以类相从,井然独绎一事物者,皆得谓之科学。自狭义言之,则智识之关于某一现象,其推理重实验,其察物有条贯,而又能分别关联抽举其大例者谓之科学。是故历史、美术、文学、哲理、神学之属非科学也,而天文、物理、生理、心理之属为科学。今世普通之所谓科学,狭义之科学也。持此以与吾国古来之学术相较,而科学之有无可得而言。

今夫吾国学术思想之历史,一退化之历史也。秦汉以后,人心梏于时学。其察物也,取其当然而不求其所以然。其择术也,骛于空虚而引避乎实际。此之不能有科学不待言矣。即吾首出庶物之圣人,如神农之习草木,黄帝之创算术,以及先秦诸子墨翟、公输之明物理机巧,邓析、公孙龙之析异同,子思有天圆地方之疑,庄子有水中有火之说,扬己者或引之以明吾国固有之长,而抑他人矜饰之焰。不知凡上所云云,虽足以显吾种胄之灵明,而不足证科学之存在。何则,以其智识无统系条贯故也。

虽然,欧洲之有科学,三数百年间事耳,即谓吾国古无科学,又何病焉。顾吾尝读史而有疑矣。欧洲当罗马帝国沦于蛮族,其学界之黑暗,殆非吾秦汉以来所可沦儗。迨十六世纪文学复兴,而科学萌芽同时并茁,弗兰西氏·培根(Francis Bacon)导其端,加里雷倭(Galileo)、牛顿(Newton)明其术,其后硕师辈出,继长增高,以有今日之盛。吾国则周秦之间,尚有曙光。继世以后,乃入长夜,沉沉千年,无复平旦之望。何彼方开脱之易,而吾人启迪之难也。谓东西人智慧不相若耶,则黄帝子孙早以神明著称矣。谓社会外像利于彼而毒于此耶,则吾国异端之罢斥视彼方宗教之禁制,方之蔑如矣。是故吾国之无科学,第一非天之降才尔殊,第二非社会限制独酷,一言以蔽之曰,未得研究科学之方法而已。

曩者哈佛大学校长爱里亦脱(C. W. Eliot)氏尝觇国于东方矣。归而著书告其国人曰:"关于教育之事吾西方有一物焉,是为东方人之金针者,则归纳法(inductive method)①是也。东方学者驰于空想，渊然而思，冥然而悟，其所习为哲理，奉为教义者纯出于先民之传授，而未尝以归纳的方法实验之以求其真也。西方近百年之进步，既受赐于归纳的方法矣。……吾人欲救东方人驰骛空虚之病，而使其有独立不倚、格致事物、发明真理之精神，亦唯有教以自然科学，以归纳的论理、实验的方法，简炼其官能，使其能得正确之智识于平昔所观察者而已。”谅哉言乎！足为吾中国无科学之原因安在之答解矣。

或曰论理学之要术有二，一曰演绎法(deductive method)②，一曰归纳法。二者之于科学也如车之有两轮，如鸟之有两翼，失其一则无以为用也。今独以无归纳法为无科学之大原因，亦有说乎？曰吾谓归纳法为研究科学之必要，吾固未言演绎法非研究科学之必要也。虽然，无归纳法则无科学，其说可得，请于下方明之。

第一，归纳法者实验的也。论理学上之定义曰，由特例而之通义者曰归纳，由通义而得特例曰演绎。其应用于科学也，则演绎者先为定例以验事实之合否，归纳者积多数试验以抽统赅之定律，其不同之点则归纳法尚官感，而演绎法尚心思。归纳法置事实于推理之前，演绎法置事实于推理之后是也。夫演绎法执一本以赅万殊，在辩论上常有御人口给之便，然非所以经始科学之道，盖以人心之简驭自然事物之繁，欲得一正确不移之前提固甚难也。难之则将废然无所用心，或奋其小智，发凡起例，应用于实物而不验，犹无例也。欲得正确之前提，必自从事实验始，实验积，关系见，而后相应之设论(hypothesis)生。设论者，依实验而出，又待实验而定者也。使所设者试之实验而不应，弃之可也。试之实验而应，而定例乃立。是故实验之后虽用设论，而其结论仍出于事实之归纳，而非由悬儗之演绎，故从事归纳则不得不重实验，有实验而后有事实，而后科学上之公例乃有发明之一日。善夫阿里士多德之言曰：“无官感则无归纳，无归纳则无智识，无智识则不足知自然之定律。”吾国学者之病端在不恃官感而恃心能，其钻研故纸高谈性理者无论矣，乃如王阳明之格物，独坐七日；颜习斋之讲学，专尚三物；彼固各有所得，然何其与今之研究科学者殊术哉。此吾国无科学之大原因也。

第二，归纳法者进步的也。科学为有统系之智识，唯其为有统系之智识，亦能为有统系之发达。即合众事实而得一公例，而此公例又生新事实，合诸新事实又发见新公例，循环递引，以迄无穷。此略翻一专门之书，而可得其兆迹者也。举其最近之例，如物理学者研究稀薄气体中电流传导之理，而得所谓阴极光线(cathode ray)。因研究此阴极光线之性质，而得电子(electron)之说。因此阴极光线之射触于试验管壁，而得所谓X光线。因研

① 按inductive method，日本人译为归纳法，侯官严氏译为内籀术，今以日译意较易瞭，从日译。
② deductive，严译为外籀，今从东译。

究X光线，而得所谓α、β、γ光线。因此三种光线而发见镭之放射作用(radioactivity)，而元素不变之说且因以震动焉。不特此也，一科学之进步常足以影响于他科，而挟以俱进。此任观一性质相近之两科学而可得其例者也。如数学上微积分法发明而后，物理学之进步乃益可睹，物理学上高压与低温之术发明而后，化学上之气体定律乃益确定，元素分析之法乃益精密。化学上光色分析(spectrum analysis)与物理学上光波长短之研究精，而后日球之质体①与空间恒星之进退②可推算而知也。夫事理联属，相引愈进，然非用归纳法以为研究，则前者于后者为无意味，用归纳法有时虽误，而亦有得。读者亦知化学之起原乎?当物质不变定律之未发明也，欧洲人士精心炼金之术，以谓黄金可以由他质变成，于是镕铸化炼，不遗余力，而其结果，则黄金未得，而化学以之始诞。此无他，以其发见种种新事实为研究之资故也。不由归纳法，则虽圣智独绝，极思想之能，成开物之务，亦不过取给于一时，未能继美于来祀。某说部言有西人适中国者，以吾指南针发明在数千年前，谓必精美逾彼所有，入市急购一具，则彼所见为数千年前之物无疑。凡若此类，其例宏多，岂特一指南针哉。故无进步之术者，必无进步之学，此可质之万世者也。

要之科学之本质不在物质，而在方法。今之物质与数千年前之物质无异也，而今有科学，数千年前无科学，则方法之有无为之耳。诚得其方法，则所见之事实无非科学者，不然，虽尽贩他人之所有，亦所谓邯郸学步，终身为人厮隶，安能有独立进步之日耶，笃学之士可以知所从事矣。

[第1卷第1期(1915)第8—13页]

---

① 以三棱镜分析日光成七色光带，此光带中，尝间有多数黑线。物理学上之证明，凡一种元素当白热时，以三棱镜观尝呈一种色光，而此色光通过其本质之气体，其温度较低于发光体时，则尝为此气体所吸收，而呈黑线。故日光光带中黑线由其光线经过包裹日光之低温气体为所吸收而然也，其被其吸收则日体中有此物质之证也。

② 观测星象时，其星之对地球而左右驰者易见，向地球而前后行者难见。今天文学家应用物理学上光波长短之定理，以此星分光带与其他七色光带相比较，设其星向人行者，其光波被促而较短，其光带之色彩常与他光带之色彩常有一定之差。若此星背人行者，其光波被引而较长，其光色位置之差适与前者左右相反。故观其光色相差之方向而可以知其星之进退云。

# 4. 近世科学的宇宙观

胡明复

举孩提之童，囚之一室，生于斯而长于斯，不令与外界往来。逮其长也，其心目中只有此一室之世界，其意想中之宇宙必甚狭小也。闭关自守，老死不相往来，则以为一城一乡足以尽世界，其意想中之宇宙必犹甚狭小也。是以宇宙之范围，随世界之范围而异。世界愈广，则宇宙亦愈广，而吾人宇宙之观念亦愈确切。考中西进化史，世界之范围与文明俱增，宇宙之观念遂因之而日进焉。

科学者，推广世界之利器也。夫自然界，犹一机器也，知其运行之规则，则知何以驱使之。欲谋所以驱使自然界，当先谋所以知其运行之规则。科学观动察便，集种种变动而成事实，集多数事实而成通律，有条有理，将自然界细细分析，至于至微，而自然界运行之规则见焉，则谋所以驱使自然界者非藉科学不为功。不有地圆之说，则新大陆之发见必不能如是之早；不有日为中心之说①，则八大行星运行之规则不能定；不有原子与分子之说，则物质之构造无由知；不有电之发见，则电信电灯等物无有。凡若此者，不胜枚举也。

科学之发达，以近世为最。即世界中至奥至微之物为昔人所未梦者，今已几成普通知识。千万万里外星球之动可推测也，日球外面气质所含之元素可知也②，天然产品可以化学方法仿造也③，电可驾驭也，即心理之组织可分析至微也，今且有元素变迁之发见矣④，有能力与物质互换之说矣⑤。无微不至，无奇不有，是皆科学发达之结果也，物质文明无论已。华盛顿诸人，手造美合众国者也，设有一美人不识华盛顿为何人，世必贱之笑之，以为愚人矣；设有一美人不知华盛顿所手造之美国者，世必不以有学识许之也。今者，科学为吾人开辟一新世界，吾人处此新世界而不知科学，可乎？人毋亦将以笑美人之不识华盛顿者笑我乎？明科学而不知科学的宇宙观，得乎？人将以有学识许我乎？必不然也。然则

---

① 中古时，咸信地为宇宙之中心，日月星辰皆绕地而行。柯波尼克(Copernicus)首倡日为中心，地与他行星绕日而行，今称柯波尼克说。然其时无充分之证据，并有宗教迷信之反抗，故无人信之。及开普勒耳(Kepler)、加里雷倭(Galileo)诸人实验后，其说始昌。

② 日球外面气质中所含之元素，可以光带(spectrum)验之。凡光射过一种质素，有一定之光带，其光色随质素之种类而异。

③ 今有人造蜡、人造丝、人造靛蓝等。人造靛蓝之销路且超过天然靛蓝矣。

④ 新近发见，化合量(combining weight)在二百以上之元素，常常变成化合量较低之元素，如镭之成氦是。

⑤ 一年前，英化学家兰姆席(Sir Ramsay)谓渠已于电流中取得氩质，是为自能力得物质之初步。然此尚未为多数科学家所承认。

科学的宇宙观若何？

世界至繁杂，其种种现象，恒于表面上似彼此毫无关系者。以常人乏科学之眼光，鲜能得现象间关系之真际。故一宇宙恒为多数彼此无关系之事物混合而成，而又以为事物间关系非事物存在之必要。譬如人与禽兽，舍其表面上同有之性质外，自常人眼光观之，殆无何等重要之关系。然论生物学者，谓人发育时，必经各种禽兽发育所经之阶段①。又如种种物质，有时其形状性质及结构俱不同，而论化学者，谓物质皆可分拆为八十余种元素，解析动植物至于微末，则其细胞之组织同，其生活同。电、热、光动力与化合力，于物理上同为能力，可以互换。即算学中，几何与代数无何等大区别。凡此皆常人所不能见者，而科学则独能之。自科学之视点观之，宇宙事物，莫不互有关系；而一物之存在，正以其与他事物有关系，故自科学之观点观察宇宙，有数事甚显著者。

第一，事物之相互关系，非临时的与例外的，而为不易的与共同的。每二物存在，其间必有不易之关系。一砖下落，则曰因地心有吸力，其力与其质量为正比；一笔下坠，则亦曰因地心有吸力，其力与其质量为正比。是以与地相吸引之性质，非一砖或一笔所独有，而为物所公有。昨日一砖下落，则亦曰因地心有吸力，其力与其质量为正比，是以与地相吸引之性质，非今日或昨日所独有，而为时间全体所公有。不特此种物性公之全时间内所有之物质，而其质量与吸力之关系且不以时与物而异。故一砖之运动，不论于何时何地，已为其各部分与地球之各部分间之相互关系所指定。苟地球之质量不如是大，或其一部分暂时失其效力，则砖之运动必又稍异，以地球之质量已变也。例如在月球上，砖落之速度应较小；在土星上，应较大。反之，砖之各部分亦各有其效力。是以一砖之运动，不过普通的质体运动之一例，即星球之运行，亦石落之类，而一石行动，全宇宙星球且受其影响。

更举牛顿物体行动第三定律言之。每一动力，即有一反动力。自一舟推他舟则两舟俱动，而其方向适相反。弹前进而枪倒退，球击墙则弹回，凡此皆反动之证也。今者汽机及水力工程中，且利用此反动力而运动机轮。凡动力皆有反动力，相等而适相反，不问其动力之来源、方法及大小也。若是，则一人向东步行，地球向东自转之速度必将因其人步行之反动力而略减，即全宇宙星球且受其人步行之影响。

空间中种种形体间之几何的关系不变。化学中元子间之相互关系皆有一定，人且因

---

① 生物学中，谓动物胚胎之始皆相似，而胎中长育之进序又相同。但下等动物，至一定时期，即不复长，而现其本形。上等动物则犹继续而进，愈上等者，其成长之时期愈远。人为动物中之最高等者，故其成长时期较他动物皆高，而必经过各动物育长之各阶段。

其相互关系而制造种种有用之物。生育进种学本人类遗传性之原理，欲藉生育之取缔而为人种之改良。教育学本人类心理之原则，谋教育之进步。经济家本经济原理，谋促进社会之生活程度。工程学利用物理化学之结果，作种种需用物。苟非自然界事物皆有不易之通性，则必无可利用之希望。故可利用，即事物有不易通性之证。

试更进一步而合全宇宙观之。各种科学研究之事物皆同，各科学表面上之不同，实因其各有之观点而起，非其事物有异也。然所谓事物者，种种关系之总称，不有关系，即无事物，则宇宙者，即种种事物关系之总称。合时间中空间中存在之事物成一统系，于其统系中有一不易之通律，凡事物皆其统系之一部分，凡事物之关系，皆其统系通律之一例。由是，因上来所说得下之公例：

第二，宇宙事物，严守通律。

唯宇宙为一个统系而有一个不易之通律也，故事物皆因果相承，苟知其通律则不难推测未来之事物。砖瓦为雷雨所坠落，雷雨因空气中所含之水量与空气之流动，空气之流动，因各地地面热度之不均，热度之不均则因布云、雨量、潮流，以及其他种种原因。上溯原因，殆无穷期。苟有一大数学家在，于太古时已早知个个质点之质量及位置与其公同而不易之通性，则预测将来某时某地某事之发现不难也。

宇宙之组织，若是其繁杂，而又若是其纯一。全宇宙事物之关系，可以一通律了之，此种纯一之特性，实为科学生存之原因。苟事物俱彼此毫无关系，则无关系之研究，无连络事物关系之必要，则无科学。然此种纯一之特性，并非设想上之必要，如谓设想上之必要，则吾人不难设想宇宙为多数彼此无关系的事物之混合物。然而事实之诏吾人者，适与后一设想相反，则事物纯一之特性，亦不期然而然矣。

第三，宇宙之组织，盖为有序的。事物纯一之特性，犹不足尽自然之奇妙，此外尚有一特种之倾向：大统系配列其各部分成比较的彼此无关系而较小之诸统系，而每一较小之统系又各自有其通律。每一较小之统系，更分作又较小之诸统系，比较的彼此无关系，而又各自有其通律。若是，每一统系包括数个较小之统系，每一较小之统系包括数个又较小之诸统系。如是以进，愈分愈小，然每分必成统系，而每统系必自有其通律。

何谓两统系比较的彼此无关系？两统系同属于一大统系，故其关系只限于通律之公诸二者。两统系各自有其通律，而其通律各限于各自统系，一统系之事物与他统系之事物间，只有二统系公有之关系，而无特种统系所有之特种关系。所谓比较的彼此无关系者，无特种关系之谓也。试举数例以明之。

物质界者，宇宙中之一统系也。日与八行星，又物质界中之一统系也。日系以外，尚有无数相等之他星球系，各依其自有之规则绕行。地球，日系中之一统系也，绕地球有月，绕他行星亦有月，地球自转，他星球亦自转，各有其规则。单就地面上物体论，则物体与物体间有公共关系，曰万有引力。物质又可下分为分子与原子，分子与原子皆有特性，分子间有结合力，原子间有结合力，则分子与原子可独自成一系，亦可合多数分子或原子各成一系。吾人可独研究一物或一性，而不问其与他物或他性关系若何也。

生物界者，宇宙中之一大统系也。生物有动物，有植物，动物界与植物界相对待，而比较的彼此无关系。吾人可研究动物界而不问其与植物界之关系也，甚至一生物下分至无数细胞，而专研究一个细胞之特性焉。

至如思想界，亦然。思想与思想之互相影响，理至明也，不有古代之思想为之基础，则不有今日之思想。文明之进步，实有赖乎思想之交相影响，则人类思想殆交相连琐矣。然吾人可分古代之思想与近世之思想，此地之思想与彼地之思想，或此人之思想与彼人之思想，何也？以其有统系故也。

唯以宇宙有统系故，吾人可就一特种统系而研究其特种之通律。宇宙虽大，吾人可分拆之为无数小部分，合无数小部分之通律，然后宇宙之真际得。近世科学之分门别类者，正以此也。

然此种有统系而可分拆之特性，果为设想上之必要乎？曰非也。吾人不难设想一宇宙为一统系，而同时设想其统系不能复下分为较小之统系，然而此设想适与事实相反，则此种特性，又一巧遇也。

自科学之观点观察宇宙，有上述之三特性。而上述之三特性，又为科学发达必需之原因，不有上述之三特性，则无科学。故欲有科学，则不可不先假设科学自己之可能为其起点，即不能不先假设宇宙之有此三特性。是以先有科学的宇宙观而后有科学，有科学而后科学的宇宙观有真正价值。则科学的宇宙观，科学之结果，亦科学之起点也。

［第 1 卷第 3 期(1915)第 255—261 页］

## 5. “战争号”弁言

方吾《科学》出现于神州大陆，而中欧战云已破空而起，漫延亚非，其形势之雄俊，几尽吸当世之聪明思想，心萦而不移，目注而不瞬。是殆吾《科学》之不幸乎，又岂特言科学者之不幸而已，即科学之为物亦且受战争之影响而阻其进步焉。虽然，科学之为用，犹布帛粟米也。今夫布在夏则为袷，在冬则为襦。今夫米，食之则为饩，饮之则为糜。唯科学亦然，常时则为灵机眇道利用厚生之事，战时则为巨炮利器杀人掠野之具。然则欲观科学之能事，战争其一方面矣。同人不佞，以上述眼光，观此次战争，得其与科学相关者若干事，以为于吾好科学而谈战事之国人不无微豪趣味也，爰以战争为本期总题，而由各方面纪述其事。不徒极其飞空潜水之奇，亦并及其理财治军之要，惜为篇幅所限，未克尽厥繁赜。其本期所未及，当继见于本志。好学达观之彦，末亦有取乎斯。若以书生言兵思出其位相讥，则非同人之所敢知已。

［第 1 卷第 4 期(1915)第 352 页，原名《本期弁言》］

# 6. 战争与科学

杨 铨

自千九百十四年欧洲之大战起，世界战史别开生面，拿破仑蹂躏全球之魔力不足以儗，而巴尔干最近之风云黯然无色。夫兵犹是欧洲之兵，地犹是欧洲之地，而今昔之悬殊如是，亦曰科学之发达有以使之然耳。战争者人类应用科学之始，铁器未兴而刀剑盛行，化学不存而火药先有，他如气象、地理之学，古人用之行阵者，尤指不胜屈。虽然，科学不以战争存也。十二世纪以还，自奥克斯福、巴黎诸大学成立，科学代兴，新理层出，蒸蒸日上，迄于今日，皆学者琢磨之力，未尝有战争驱使其间。故谓今日之战争为科学的则可，而谓今日之科学为战争的则不可，读者有疑吾言乎，请得而详言之。

今日战争之利器无一非科学实验室中之物，电机、铁路、无线电、飞行机之用于战争，此显而易见者也。然其他科学原理之用于战争者多矣，不深求之，不得而知：德工业之国，食粮依赖邻邦，惧战事或起，将有绝食之虞，则农工并重，肆力农学，不数年间，地无弃土，其糖芋之佳，远过专农之美；战事既裂，仓廪充实，无内顾之忧。制造爆裂物无硝酸则不成，而硝之来源为碱硝，英之产物也，德知一旦有事，碱硝源绝则不能制爆裂物，此兵家之大患。其化学家于是绞脑竭思而求所以不用碱硝制造硝酸之术，其卒也，也有取硝空气之发明，而此困以纾。火器既精，平常之钢板不足以御之；新式之无烟火药既出，其爆裂温度在四千五百度华氏表左右，两倍铁之熔点焉，于是而制枪之钢难乎其选；凡此皆使寻常含炭之钢成废，而新制之化合金钢如锰矽合钢、钨合钢之类乃逐渐发明。类此之例，不胜枚举，在文化未进之国视之，皆无足重轻之物，而其于今日战争之关系如是其密。夫德亦备战数十年，何为哉？欲求不仰给他人之军械粮饷与各种军用品而已。英法与他国或则已能自立，或则有所取给，至其计虑预备则莫不详至审密。故今之言战非朝令夕发咄嗟可办之事，而实数十年实验研究之果也。

不特攻战传达之器精进，防守调治之道与之俱焉。千八百七十年普法战于圣伯利伐(St. Privat)，法枪八十发，子弹合重六百六十磅乃能伤一德兵；四十四年后人以战器日锐则死伤之数当必有可惊者，不意满洲之役俄炮凡一百五十发乃能伤一日兵，此时之弹视千八百七十年加重，盖以二千磅之钢行一二里之远始能伤及一人。今欧洲之战据观战者云，其死伤卒之减少将为世界立一新标焉。开战之始，火器千发，死者不及一人。英将威廉·奥斯勒(Sir William Osler)云七百伤兵入奥斯福病院，六百九十九人得生，其一人之死且因他疾而非战创也。坡耳新将军(General Percin)之言曰:“伤兵之死亡率日以递减,大弗来得列克(Frederick the Great)的伤兵死亡率为百分之六,拿破仑为百分之三,千八百七十年普法之战时为百分之二,而满洲之战则减至百分之点五(0.5%)。”观此则近世战死人数的减少,固在我人意料之中。死者之数既减,而生命之价值乃日增高,盖以死者之数除战争消耗之金钱则得一命之价值也。俄土之战(1877—1878)此值为万五千金元,日俄之战则增至二万四百金元,循此以推,此次战死之命值可知焉。战争之程度与世界之文明俱进者也,一日有战争,则一日不能禁人用科学之新发明新学理于战事;函人惟恐伤人,矢人惟恐不伤人,攻者愈锐,防者愈坚,相生相克,无有已时。两虎遇则胜负不易言,此今之欧战也。论者谓今之战国食足兵众,未易疲乏也,能止之者其唯械尽乎。何谓械尽?枪之寿不发则无限量,既发则因弹之磨擦震动内部必受微伤,发之不已则必有不可用之一日,于是易新整旧乃不可少。自动车、转运车皆此类也。战期过久,伤兵累累,新卒日增,车辆穷于应付,而朽败之器械又皆庞然重大,非可手挈肩负,则势必不能修治,一旦周转不灵遂成械疲,至是而列国手无斧柯欲战不能矣。斯言也,强乎理想然两军之势均力敌可见也。虽然,使有国焉介然其间,不知科学为何物,其结果将如何乎?裸体迎刃,空拳搏虎,思之者心悸矣。善哉萨太尔(J. Mckeen Sattell)之言曰:“国以科学之器械战,则野蛮愚蠢之民不并立,无噍类。”

科学之为用于战争既如是其大矣。战争凶事也,而科学乃助之为虐,然则科学非病菌祸水乎?曰否,此知其一而不知其二也。有科学乃有今日,无科学则无今日,欲定科学之功罪当先求数百年来科学于人类之成绩。科学者其原理应用一本之大同主义者也。吾人之有近世文明,实科学、共和、寡战三物之功。科学与吾人以共和,而寡战乃得实行。自科学应用于农工商业,佣者无胼手胝足之劳而世界之财源日富,故生殖虽繁而不致有人满之患者,科学之赐也。马尔就斯(Marthus)人口之律云生者常众,存者常艰,不有饥馑大疫,则竞存之战不能免。然科学昌明之世则反是,萨太尔氏谓:“科学大进,则物质富有,生殖虽繁,不碍其存。生殖既繁则人才辈出,而科学乃愈进。故食用之供给实与人口增加之平方成正比焉。”

交通便而国际之通商兴,今世之通都大邑若上海、纽约、巴黎、柏林之属,何国无商业,战争起则胜负未分而经济先亏,睚眦小怨得不偿失之战争因此而消灭于无形者众矣。科学之理既大明,凡百事业,无不以效率为先。器械不精,设备不周,不战也,故战端未起先事筹备者数十年。今之兵士视死于枪弹犹误毙于铁轨,非其勇敢遂逊古人亦不欲为无益之牺牲而已。科学虽未尝明减战争,然使世界知战争非儿戏,因而慎重其事,不敢轻试,其功亦不可没也。战器之精进，于世亦有益焉。火药输入，城堡失其坚，而欧洲之封建制度毁。机械既兴而野蛮之武力无所用，成吉思汗不更见于今日者势不能也。且今日者国与国战，而非君与君战。战与否国民之公意，一人不得左右之，故非万不获已，则民无自杀之心而战不起，此虽政治之进步而实科学有以使之。科学者人类平等之基也，国际之交游广而彼此之情愫通，欺凌轻视之念因之以泯。今之欧美主张世界和平休兵主义者，其理论多根据科学。使科学之进行不已，则大同之梦终将有见诸实事之一日。

科学不以战争存也，战争之程度虽至文明，终不能为世结良果。美通俗《科学月报》预计设后十年纯粹与应用科学之进步因此次战事而减半，则人数死亡之数当增四十万，而财产之损失增五万兆金元。然此仅科学停滞之影响，而直接受诸战争之损失不与焉。

夫当承平之日以备战之故而荒科学者有之，日俄战后俄炮队之进步远过世界农器之发达，其一例也。大战告终，创痛之余，休养生息之不遑，而科学之被弃置者又若干年；且种既退化，则虽有研究之者其脑力心思薄弱亦不能有所建树，故科学者战争之友，而战争则科学之敌也。

大战之结局不可逆睹，和平之梦去今之世尚渺乎其远。欧洲之民既沉酣于铁血，东邻之虎亦狡然思逞其爪牙，吾神洲之民将何从乎。战以图存不得已也，然今之世无科学则虽有孟贲之勇、孙武之智，徒为枪鹄炮灰而已。盖今之胜负在器不在人，一机关枪耳，运者一夫，而死伤者百人，虽有众四万万何济于事乎。世有主战者必自科学始，然科学之用又岂仅为战争之预备已哉，科学自为物一万能必胜之利器也。百业兴，民智深，虽有强梁，不得而奴。故有科学然后可以战，有科学然后可以不战，孰舍孰从，唯国人自择之。

[第 1 卷第 4 期(1915)第 353—358 页]

# 7. 科学家人数与一国文化之关系

任鸿隽

近日美国《通俗科学》杂志载有《世界科学家之分配》一文，颇足兴人观感。其言曰："各国对于科学进步尽力之多寡，可自其所产科学家人数之多寡判断之。据最近《科学人物志》(*Who's Who in Science*)之调察，美国科学家之数，为千六百七十八人，而英国科学家之数，则为千四百七十二人。由此数观之，美较英为盛矣。此《科学人物志》为专记英美两国科学人物之作，故不及欧洲大陆各国。然使吾人取各国科学家之数计之，知无出美国右者。兹举各国所有科学家之数如下：

| | |
|---|---|
| 德意志 | 1 280 人 |
| 法兰西 | 423 人 |
| 奥大利、匈牙利 | 236 人 |
| 意大利 | 215 人 |
| 瑞士 | 214 人 |
| 荷兰 | 155 人 |
| 瑞典 | 109 人 |
| 俄罗斯 | 97 人 |
| 丹麦 | 94 人 |
| 比利时 | 90 人 |
| 诺威 | 88 人 |
| 葡萄牙 | 49 人 |
| 西班牙 | 41 人 |

"观上表可知德国科学家之数，三倍于法。据现在人口之数，德多于法，然使就此诸科学家初生之时计之，则两国人口之数，相差不远。现今科学家年岁平均约五十岁，绝无在四十岁以下者。而法国四十五岁以上之人数少于德国者不过百万。德国之小儿口数，乃二倍于法。是法国科学家人数之少于德国，不可以人口之数为之解说矣。

"欲使小国所产之科学家人数与大国所产之数相比较，不可不并计其人口之数。故吾人若计各国每百万人中所得科学家之数，则其次序如下：

| | |
|---|---|
| 瑞士 | 58 |
| 诺威 | 37 |
| 丹麦 | 34 |
| 荷兰 | 26 |
| 瑞典 | 20 |
| 德意志 | 19 |
| 比利时 | 12 |
| 法兰西 | 11 |
| 葡萄牙 | 9 |
| 意大利 | 6 |
| 奥大利、匈牙利 | 5 |
| 西班牙 | 2 |
| 俄罗斯 | 1 |

"由上表观之,可见国小者得数恒多。瑞士首出各国,而俄罗斯乃为后殿。一国所产科学家之多寡,乃其国文化之标志。吾人于此,不能不为俄罗斯有愧色矣。"

记者按:《科学人物志》为美国史获芬生(H. H. Stephenson)所编纂而纽约某书肆所印行者也。据其自序,其所谓科学者,只限于自然科学与物理科学之内,而不及社会科学与人心科学之藩。故生计学、教育学、心理及探险学者皆不在史氏《科学人物志》之内。唯上举各科大家亦有阑入者,则以其工夫与他科学相关之处甚多故也。又其取人之术,以其于科学上真积力久,有所著述表见为衡,而不取其一得之长。故志中小传对于英国皇家科学会会员及国家学士会(National Academy)会员之头衔,尤为注重,而其他学位称号,乃在其后云。

又据哈佛大学气象台长辟可灵(E. C. Pickering)博士所调察,各国科学家中其得外国国家学士会会员之荣号在两个以上者,于德得二十九人,法得十二人,英得十二人,美得六人,奥得四人,意大利、瑞典、荷兰、诺威、典玛、俄罗斯各得三人。

吾人观于上列各表所不能不怦然心动者,则世界上科学家全数六千二百余人中,无一人产于东方是也。说者将谓史氏所搜罗,只及旁行文字之国,故东方之人,不得入录耶。然以史氏取人之格绳之,则吾东方科学家其能入录者几何。夫今之科学家,非所谓闭门造车,出门合辙者,而必有其成事之肆,与致力之所焉。大学也,科学研究会也,公共之科学上调察所也(如国家所设之地质测量所及卫生试验所等),皆产生科学家之地也。而吾东方诸国中，其备具此数者又几何。若求其近似，日本于此数者尚具雏形，而吾中国乃瞠乎后矣。故在东方求科学家，日本人中或不无一二可齿数者，而吾中国乃正无一可举，此非吾东方民族之羞乎？

前表所列各国每百万人中之科学人数，为美国《通俗科学》杂志所算定，故于英美两国独觖焉不详，今就两国所有科学人数以其人口之数除之，美每百万人中得十八人，英每百万人中若仅就英伦三岛之人口计之，则得三十二人，若合其殖民之人口计之，则得三人。要之世界诸国，其文明程度之高低，与其国政之整紊，人民生计之乐苦（其中有数小国不以武力自著者，故不可以国力为比较），无不与其国内科学家之多寡为正比例。吾中国人口之数大计约四万万。若如瑞士之例，应有科学家二万三千二百人。若取法乎下，如俄罗斯之每百万人中得一人者，亦应有四百人。乃今遍问四万万人中，其敢毅然以科学家自任者（因无人为之统计，故不得不作此悬拟之词）几何人。来者吾不知，就现在言之，吾恐尚无一人也。此吾人所不能为吾国惶然大惧者也。

《通俗科学》杂志记者之言曰："科学家人数之多寡，为其国文化之标识。"吾人更推广其意曰，一国国政之整紊，与人民生计之乐苦，与科学家之数为正比例。假定此论理不谬，吾人乃于吾国生死问题上，得一最单简之答案。即欲富强其国，先制造科学家是也。夫一国之事，经纬万端，原非徒事物质科学者，所能尽办。吾人知美国有千六百余人之科学家，同时当知尚有数千百人之政治学家、生计学家、社会学家、文哲学家也。其于他国也亦然。然今日学界之趋势，则物质科学者之数，必远于社会科学者之数，此无可疑者。吾人若想象一国所需各科学者之数，当于科学家数中加以其他学者，不可谓有其他学者，而科学家遂可有可无也。然则科学家将由何法制造之乎，其略上已言之矣。请寻其本，则科学家罕有不由学生来者。今试以美国大学生之数与其科学家之数相比例。其学生之数，于千九百十二年，为三十一万九千四百四十八人。而千九百十三年科学家之数，为千六百七十八人，约一百九十余学生中而得一科学家也。如使吾国有四千科学家，则当有七万六千大学生。以每大学容三千学生计之，吾国当有二十八大学。今又试问吾国大学之数与其容量如吾所言者，有一存焉否。古人有言，百年树人。吾不知期以百年，能有二十八大学现于神州否。深思远顾之君子，奈何不急起直追耶。

［第 1 卷第 5 期（1915）第 484—489 页］

# 8. 学会与科学

杨　铨

今之科学昌明之国，莫不自有其学会为崇学尚能之劝，其选会员也唯谨无滥，故士之得中选者率为当世所推重之学者，而会员之身价因之亦十倍焉。俄之圣彼得堡之帝国学会(Imperial Academy)、美之国家学会(National Academy)、德之普鲁士皇家学会(Royal Prussian Academy)、奥之维也纳皇家科学会(Royal Academy of Sciences)、英之伦敦皇家学会(Royal Society)、法之法兰西学会(The Institute of France)、意大利之林切皇家学会(Royal Academy of the Lincei)皆此类也。诸学会之会员固不囿于国籍，他国之学者亦得被选为名誉会员。惟其选择视本国会员倍慎，故一会之中名誉会员至少，盖殊荣也。今日世界所号为大国者，舍上述之俄美七国外，则中国与日本也。中国之学术窳陋无论矣，日本亦小儿学语，初解咿语，其学会之程度去此尚远。今摘录《科学》月刊所载七学会之会员表三幅，比较而讨论之，世界学会之内情可得而见焉。

**第一表(以学会列)**

| 会　　名 | 成立年号 | 本国会员 | 外国名誉会员 |
|---|---|---|---|
| 俄-帝国学会 | 1725 | 70 | 97 |
| 美-国家学会 | 1863 | 133 | 49 |
| 德-普鲁士皇家学会 | 1700 | 37 | 78 |
| 奥-皇家科学会 | 1847 | 67 | 45 |
| 英-皇家学会 | 1645 | 472 | 47 |
| 法-法兰西学会 | 1795 | 77 | 125 |
| 意-林切皇家学会 | 1603 | 106 | 106 |

各学会中以意大利之林切皇家学会为最早，而美之国家学会为最晚。意于科学称先进，美为新建之国，非偶然也。本国会员之多首推英皇家学会，为数乃至472。选择外国名誉会员亦以此会为最严。奥之皇家科学会外国名誉会员为数虽最少，然其本国会员仅六十七人，不可与英皇家学会同日语也。表中国名位置盖循其国之人口多寡而定，至其国之科学程度要不得以所列本国会员之数衡其优劣。

**第二表(以国列)**

| 国　名 | 七① | 六 | 五 | 四 | 三 | 二 | 总数 | 本国学会 | 平均一会员应属之本国学会数 |
|---|---|---|---|---|---|---|---|---|---|
| 普鲁士 | 4 | 2 | 3 | 6 | 4 | 3 | 22 | 97 | 4.4 |
| 英 | 3 | 5 | 1 | 3 | 5 | | 17 | 83 | 4.9 |
| 法 | 2 | 2 | 2 | 3 | 8 | 1 | 18 | 74 | 4.1 |
| 美 | 1 | 2 | 1 | 2 | 4 | | 10 | 44 | 4.4 |
| 撒克逊 | 1 | | 1 | 3 | 1 | 1 | 7 | 29 | 4.1 |
| 意 | 1 | 1 | 1 | | 3 | | 6 | 27 | 4.5 |
| 巴维利 | 1 | | 1 | 1 | 3 | | 6 | 25 | 4.2 |
| 奥 | 1 | | 2 | | 2 | | 5 | 22 | 4.4 |
| 瑞典 | 1 | 1 | | 1 | 1 | 1 | 5 | 21 | 4.2 |
| 荷兰 | 1 | | 1 | 1 | 1 | 1 | 5 | 21 | 4.2 |
| 俄 | | | | 3 | 1 | | 4 | 15 | 3.8 |
| 挪威 | | 1 | | | 1 | 2 | 3 | 13 | 3.2 |
| 巴敦 | | | 1 | 1 | 1 | | 3 | 12 | 4.0 |
| 丹麦 | | | | | 2 | 1 | 3 | 8 | 2.7 |
| 瑞士 | | | | | 1 | 1 | 2 | 4 | 2.5 |
| 比利时 | | | 1 | | | | 1 | 5 | 5.0 |
| 苏格兰 | | | | 1 | | | 1 | 4 | 4.0 |
| 维耳登堡 | | | | | 1 | | 1 | 3 | 3.0 |
| 爪哇 | | | | | 1 | | 1 | 3 | 3.0 |
| 西班牙 | | | | | | 1 | 1 | 2 | 2.0 |
| 总数 | 16 | 14 | 15 | 25 | 40 | 12 | 122 | 515 | 4.2 |

读上表而知国之大小无与于科学之盛衰。普鲁士，德联邦之一耳，乃执牛耳；其学者之被选者至二十二人。而俄以强大之国仅得四人。撒克逊亦德联邦之一，蕞尔小国，人口不及美合众国二十分之一，乃得七人；而美之所得十人而已。今试以普俄美撒之人口与中选之数并列如下，其人口调查则根据 1912 年之年史也。表中所列人口最多者无过于俄，而其所得乃远不相称，吾人或将轻俄为不学之国。虽然，俄之人口固非世界首屈一指者。中国有众 325 527 830 而不得一人，吾人又将何辞以自解乎。更进而求其国内所设之学会，则几与中选之人数成正比焉。普为首，其学会之多乃至九十七；西班牙为殿，其学会之数为二。夫国之

① 此六行为兼入各学会之会员，例如七指兼入七大学会之会员，余类推。

学会多者则学者多切磋之益，有奖劝之途，故科学之人才如苗得土滋生不已。此岂有他故哉。

| 国　名 | 美 | 俄 | 普 | 撒 |
|---|---|---|---|---|
| 人口 | 101 110 000 | 167 003 400 | 40 165 219 | 4 809 661 |
| 中选人数 | 10 | 4 | 22 | 7 |

**第三表(以科学列)**

| 学名 | 七 | 六 | 五 | 四 | 三 | 二 | 总数 | 会数 | 平均 |
|---|---|---|---|---|---|---|---|---|---|
| 算 | 2 | 2 | 1 | 2 | 6 | 1 | 14 | 59 | 4.2 |
| 天文 | 3 | 3 | 2 | 3 | 4 | 1 | 16 | 75 | 4.7 |
| 地理 |  | 1 | 1 | 2 | 4 | 3 | 11 | 37 | 3.4 |
| 物理 | 2 | 2 | 3 | 4 | 4 |  | 15 | 69 | 4.6 |
| 化学 | 4 | 1 |  | 1 | 4 | 1 | 11 | 52 | 4.7 |
| 地质 | 2 | 1 | 4 | 3 | 4 |  | 13 | 62 | 4.7 |
| 植物 | 1 | 2 | 3 |  | 7 |  | 13 | 56 | 4.3 |
| 动物 | 1 | 1 | 2 | 3 | 6 | 2 | 16 | 60 | 3.8 |
| 生物 | 1 |  |  | 6 | 2 | 4 | 13 | 45 | 3.5 |

由此表而学会之功用又可见焉。天文学之中选者十六人而其学会之数乃多至七十五，其他如动物学会之数六十而所得亦十六人，物理学会之数六十九所得仅十五人，虽似例外，然所差绝微，不足反证吾说，固明甚也。表中苟以国论，则算学首推法，天文推美，物理推英，生物推普，各得五人。于各科中皆有中选之会员惟英一国而已。普于地质学无一人，法于地理学无一人，美于算、化、植物三学皆未曾中选。以由国民特长之不同而异，不得执以论文化也。

以上三表虽不足定世界大国之科学程度，然比较之高下可睹也。见防风而侏儒失其长，观沧海而细流失其势。今以中国与他大国较，且将视侏儒细流有愧色矣。侏儒虽短，尺寸之长固在；细流虽微，涓滴之量犹存；反视中国何有乎？既落人后，犹不急起直追，则相去日益远，更安望有及人之时。夫兴学以学校为重，尽人能言之。然学校不过科学之母，生之育之，学校之能事尽矣。培养训诱而使为有用之大器，则有赖乎师友；学会，师友也。今之学者一离学校则毕生之科学事业告终，入而家庭，出而社会，举非无与于科学问之事。不用则朽，物理固然，忧世之士欲图学术之昌明者，其以学会为当务之急乎。

[第 1 卷第 7 期(1915)第 707—711 页]

## 9. 科学与工业

任鸿隽

吾闻今之谈学术者有言:“古之为学者于文字,今之为学者于事实,二十世纪之文明无他,即事实之学战胜文字之学之结果而已。”斯言也,何其深切著明,而足代表科学之精神与能事也。自十七世纪培根、笛卡儿、加里雷倭、牛顿诸哲人降世以后,实验之学盛而科学之基立。承学之士,奋其慧智,旁搜博证,继长增高,遂令繁衍之事物,蔚为有理之科条。自然之奥窍愈明,人事之愿欲毕备。黉舍之中,百科灿然,授受精研,如恐不及。计自乡庠以逮大学,其人非愚钝,上达无碍者,必习明于几何代数之理,方圆形体之算;其在物理,必明于动力能量之定律,声光电磁之原理;其在化学,必明于八十三元子之化合,酸碱中性之变应;乃至有机物类之夥赜;其在自然界中,物植之生长,地质之构成,茫然无知,又学者之耻。甚哉,今日为学之道,诚与空言格物而坐俟豁然之一旦者,其难易繁简,不可同年语矣。是道也,不独先进之国为然,即步人后尘,遑遑然唯恐不及者,又何莫不然。读者试思吾国自以学校之制代科举,所遑遑然以求者,非此科学之移植,而坐收兴业之效耶。所殷殷然以忧者,非此学校之未足尽移植科学之天职,而奏兴业之实效耶,唯然,而言者不能无疑矣。

疑者曰,今之学校,以实验科学为教者,吾不知其何居。凡诸物理化学诸书所有者,既成之定律与已往之实验耳,自牛顿之动力三律以至最近质射之理,观之诚亹亹矣,而何有于利用厚生之事。化学上能制绿气与钠质矣,而取盐者必穿井凿山,煮炼以得之,不恃试验室而后备也。是故学问与事业,常不相合,所谓高等教育科学能事者,不过为饰己炫人之具,而于应用殖货之事无与焉。吾欲兴一业,制一器,吾但就市人而问焉可矣,安用殚精竭虑,驰骛于精征要妙之理论,事倍而功乃半耶。

上所云云,不敢谓代表一般学者之心理,然略窥科学之门径而未竟厥源委者,则往往有此疑。今欲明科学之应用,当先言今昔工业之异。昔之所谓工业者,约言之,则如村女之织纫,匠人之斧椓,与陶冶之范器。其治业也,无过四体手足之勤;其庸劳也,无过十室百夫之众;其出产足给初民日用之需;其周流唯限于乡邑邻里之近。是故其事业之嬗衍也,唯是箕裘之递绍,而无学问思想之事行乎其中。今也不然,机械之用兴而分业之效著,一业之佣工,动以千万计,一工之所产,又十百倍于前焉。环货山积,通市并海,财利之积愈弸,则兴业之情愈盛,而工业之进步,乃为时势所通拶而不容已。此谈生计者,所以划欧洲十八世纪学术之发明为工业革命时代。而西方百余年来物质之发达，国富之增进，胥由于此。吾且弗言吾国产业之迟顿不进，其原因安在。吾且与读者一观欧洲十八世纪以前工业之状态，盖若与我不相径庭。而百余年来彼方进步之速，发达之盛，乃使我望尘莫及临岩而返。何也，吾思之，吾重思之，十八世纪以前之西方，与今日之中国，其学术之未及于工业同也，故其沉滞不进之状亦同。十八世纪以后之西方，与今日之中国，其工业学术之发达异也，故其工业进退之状亦异。虽然，十八世纪以前之欧洲，科学虽未大昌，而种子则已萌芽于培根之归纳论理与牛顿诸氏之实验发明。今之中国，既无科学矣，而国人乃未梦及科学与工业之关系。学术之不修，原理之不习，贸贸然号于众曰，兴工业！兴工业！无本而求叶茂，见弹而求鸮炙，是不亦太早计矣乎。

是故古今工业之异点安在乎？一言以蔽之曰，古之工业得于自然与习惯之巧术，今之工业得于勤学精思之发明。古之工业，难进而易退。今之工业，有进而无退。何则，有学问以为后盾故也。今欲列举近世之工业出学问讲求之结果者以实吾言，其事无往不在，悉数之更仆未可终也。无已，则略举一二以见例。

今夫近世工业规模之巨与应用之无穷者，孰有如电之一物乎。电有四，一曰化电，二曰热电，三曰摩擦电，四曰磁电，亦曰感应电。数者见象虽殊，其原理则一，亦法勒第(Faraday)所证明者也。今日工业上所用之电力，大都出于磁电，以磁电能生强大之原动力，其力又易传达转移于各处也。磁电之发见，托始于厄斯台得(Oersted)而大明于法勒第。法氏之电学实验研究，盖科学上不朽之业也。读其《实验录》(*Experimental Research*)首章有云：

"感应电流之效，既有人知之而言之矣，如电之生磁①，安培耳(Ampere)之以铜版接近平螺旋与其复作阿喇戈(Arago)之电磁试验②皆是也。然，此数者似未足尽感应电之能事。且诸试验无铁则不验，而世间无数物质，对于静电而呈感应者，对于感应之动电而不能不无所动，可断言也。且无论安培耳之名论适合与否，而自电流所经辄生磁场之事实观之，一善导体在此范围以内，安知不以感应而生电流或与电流同类之力乎。吾以此理想而进为实验之研究，不独为阿喇戈之试验加一说明已也，或于电流上开一新途亦未可知耳。"

法氏之大发明，乃在其十日间之电学试验。彼先以二十尺之铜线十二枚缠于一木环上，各线之间，皆以线隔绝之。连 1、3、5、7、9 为一组，他为一组，以 A、B 表之(如第一图)。

---

① 此似指厄斯台得之发见电流之磁场言。

② 此指阿喇戈之发见以铜版置磁针而旋转之，则磁针随之旋动而言。

今置电流计(galvanometer)于A道中而置电池于B道中,迨电流忽通或断时,电流计即生影响。此互感电流之发明也。法氏又以铜线缠于纸作空柱上,而贯铁条于其中。此铜线中仍置一电流计,次用大磁石二,两异极合于一处,他异极则隔离相对,使成一马蹄磁石形。今若置此铁贯铜线环于两磁石之两极间,而忽断其一极,则铜线中之电流计即生影响。反之两极复连亦如之,此磁石生电之发明也。法氏于是设一器具如第三图,N、S为大磁石,n、s为软铁块,用以强磁极,且令磁极得远近自由。A为铜圆板,置n、s之间,有柄能自由旋转。板心与缘各有导线连之,中置电流计。今如旋动铜板,则电流即生于导线之中。① 法氏所以为阿喇戈试验之说明者,盖谓置导体于磁场中,而扰动其磁力,即足以生电。此实后世磁场发电之滥觞,而今日电机工业所从出也。

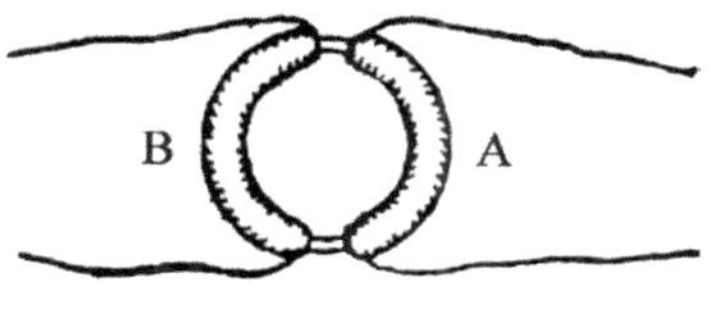


第一图

第二图

由磁电发生之工业,可略分为两类。其一应用发生之电力者。上言由化学、热力、摩擦而生之电,其量皆甚微,不足以供工业之用。唯磁电之理明,吾人乃有术以变天然或机器之力而为电力,而电力不可胜用矣。其变机力为电力之器,谓之磁场发电机(dynamo)。机力可以发电,反之即电力亦可动机。其假电力而动之机,谓之电动机(motor)。二者实一物,其构造皆本于磁电感应之理,其为用有互相依倚之势,凡今之电车、电扇与其他待电而动之机械,与用电最多之工业如电灯、电话与渐见流行之电炉,皆由此出者也。吾人欲观电业之发达,亦但计其发电机与发动机之价值而已。据1900年全美国所用之发电机,为值10 000 000金元,其发动机之值,为24 000 000金元,而各电厂之出产,乃至150 000 000金元,而电车、电话、电灯各工业尚在计算之外也。其二不直接应用发生之电,而用感应之机者,如电报之发明,盖在磁电初见之时(1820),其所用之电流,亦不为感应所生。然非藉磁电之理,则其记号机关无由构成,而何以致今日千里晤言之盛。又自蓄电池(storage battery)日精,而电力之用乃益宏,如自动车之用电,

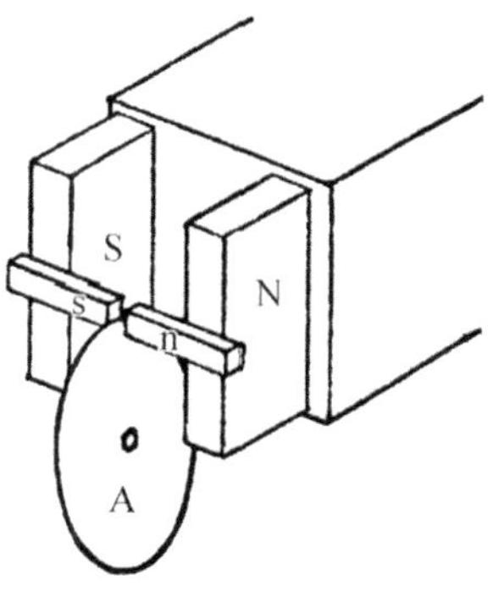


第三图

① 以上所述见法勒第之《实验录》第一章(*Experimental Research*, *Series I*)。

其一例也。据1900年统计,美国电报业之全数,为21 000 000金元,其资本之投于蓄电器者,亦11 000 000金元。不宁唯是,电学上之发明,方兴未艾,电画(telectroscopy)之用光以传画,光话(photophone)之用光以传言,皆在萌芽方始之际,而长距离之电话,与直接打字之电报,皆最近商业上之成功。循是以往,科学上之进步无穷,而工业上之进步,其又可量耶。

以上取证于物理学者也。今请再取例于化学。近来化学之最盛者,断推德国。德国化学工业之最耸人耳目者,莫如其人造色料。人类之知染久矣,蓝茜之用,远见于吾国古籍,而欧人之用靛,乃在十六世纪印度之靛传入埃及以后。盖先民所用为染之色料,无过草木之汁浆,即所谓天然色料是也。至1869年德人葛雷白(Graebe)与里孛曼(Liebermann)发见由纳夫色林(naphthalene)以造阿立沙林红(alizarin red),是为人造植物色料之始。迄今德人由煤膏(coal-tar)造成之植物色料,盖二千五百余种,为值125 000 000金元。以来因(Rhein)河上之一制色厂,而所用化学师至三百人。德国全国燃炭所得煤膏百分之八十五,皆利用为制造色料之原料,则其工业之盛可想见也。

人造色料中之最重者厥为人造靛。未有人造靛以前,世人所用之靛,皆取之于蓝草。其草产印度者英名 Indigofera sumatrana,产非洲西岸者英名 Lonchocarpus eyanescens,产中国者英名 Polygonum tintorium,要皆属于蓝草科(Indigofera)。其取靛之法,则取蓝叶渍于水中,蓝中所含糖质(glucosides)与靛质(indican),即溶入水。以微菌及空气中养气之作用乃养化而成靛精(indigotin),又名靛蓝(indigo-blue)。此时水作深蓝色,更俟之蓝质即沉淀而出。取压而干之,即市中所售之靛也。

天然靛之造法,如上所述,固觉单简易能,其为古人所偶然发见无怪也。独至以人力造成此靛,则所需学力智术甚巨,而令此发明足供工商业上之应用,其事尤非易易。盖综而言之,其相待为用者约有三事:(一)须先明物质之构造,(二)须求构成此同样物质之法,(三)所用于构造之原料必须价廉易购而制造之费亦不过昂,兼此三者而成功乃可冀。吾人皆知人造靛之法,发明于贝野耳(Baeyer)而大成于郝以曼(Heumann),而不知贝野耳之从事靛之研究也,盖十有五年,而后其人造靛之法乃出,又五年而郝以曼之法乃能蔚然成一工业。此二十年中所消耗学者之脑力几许无论矣,某公司以此而耗费之资本,亦不下四百万金。天下事岂有无劳之获哉。

今当略及人造靛之化学,以见此业之非甚容易。贝野耳1880之法,在以葡萄糖还元正硝养二盘基三炭欠四轻酸,此物又得于正硝养二肉桂酸。其化学变化如下:

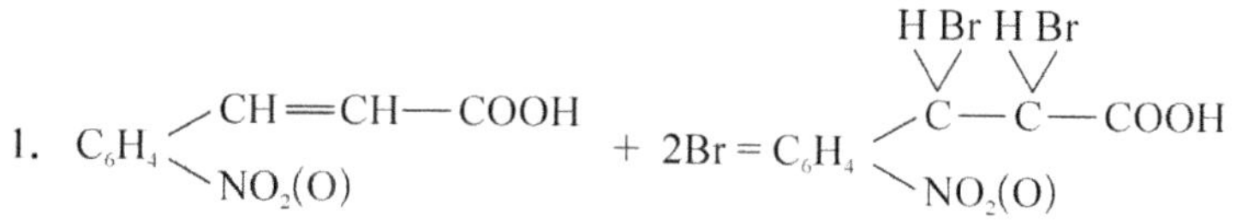

正硝养二肉桂酸 (ortho-nitrocinnamic acid)　　二溴化正硝养二肉桂酸 (ortho-nitrocinnamic acid bibromide)

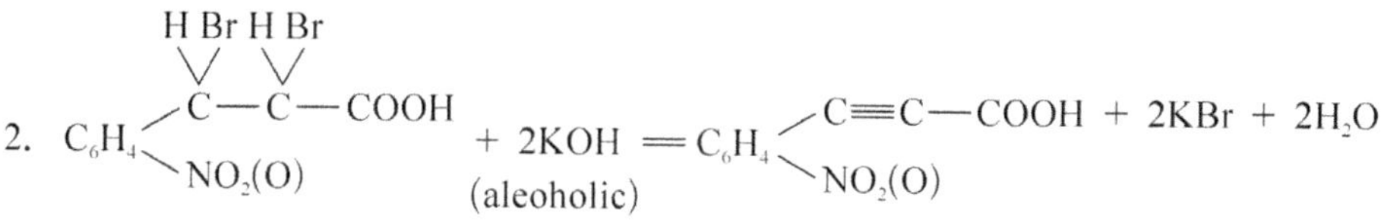

正硝养二盘基三炭欠四轻酸
(ortho-nitrophenylpropiolic acid)

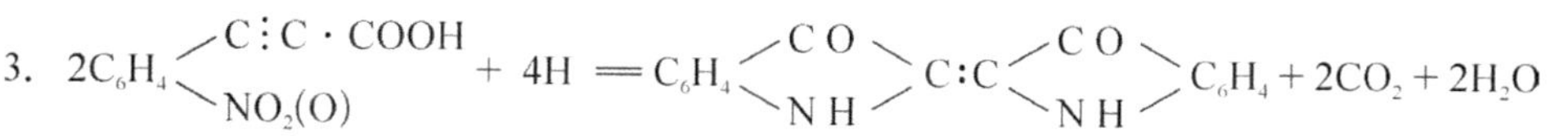

靛精
(indigotine)

后二年,贝野耳更发明一法,用煤膏中之陶卤(toluene)为原料,先以硝酸加之,得正硝养二陶卤:

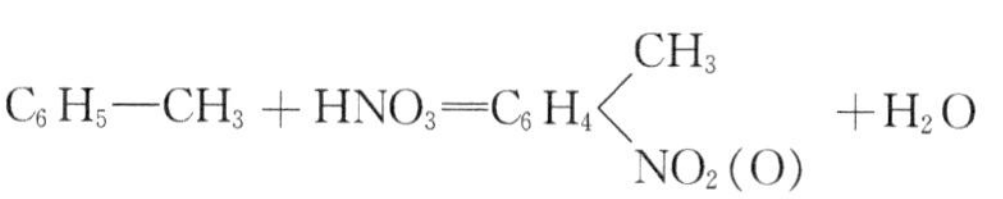

陶卤(toluene)　　正硝养二陶卤(ortho-nitrotoluene)

次以过锰酸钾养化正硝养二陶卤为正硝养二盘基欠酸:

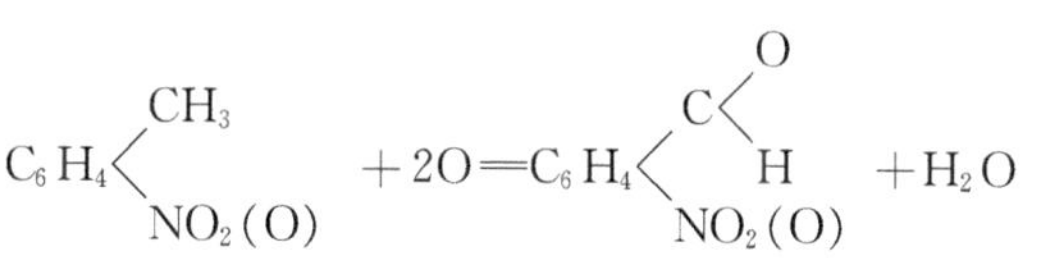

正硝养二盘基欠酸(ortho-nitrobengaldehyde)

正硝养二盘基欠酸与酢通(acetone)相结合而生下物:

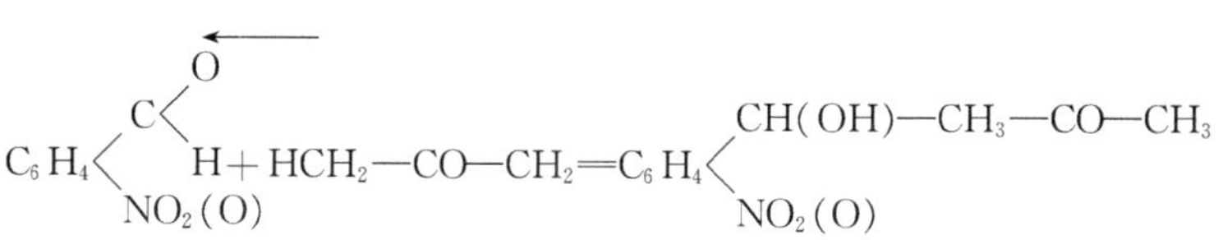

此物与碱类(alkalis)共热之即得靛。

以上两法中,尤以次法之出产为丰,然陶卤由煤膏取出为量甚少,不足供大工业之用。惟其少也,其价亦较昂,以是造靛,得不偿失也。

1890年郝以曼发明之法，在以安尼林(aniline，原于法文之anil，译言蓝也)与绿化酢酸相结合而得盘基硝轻二酢酸。

$$C_6H_5 \cdot NH_2 + Cl \cdot CH_2COOH = C_6H_5NH \cdot CH_2 \cdot COOH + HCl$$

安尼林　　　　盘基硝轻二酢酸(phenylamino acetie acid)

此物和碱类熔之即得靛精。由此变化而生靛，虽其原料较富而产量仍不甚丰。后乃知用盘基硝轻二酢酸之正炭基酸化合物，则生靛甚富，而前者可自煤膏之纳夫色林制造之，其物又甚贱而易得也，于是人造靛业乃有工业上之价值矣。今将其化学变化略举之如下：

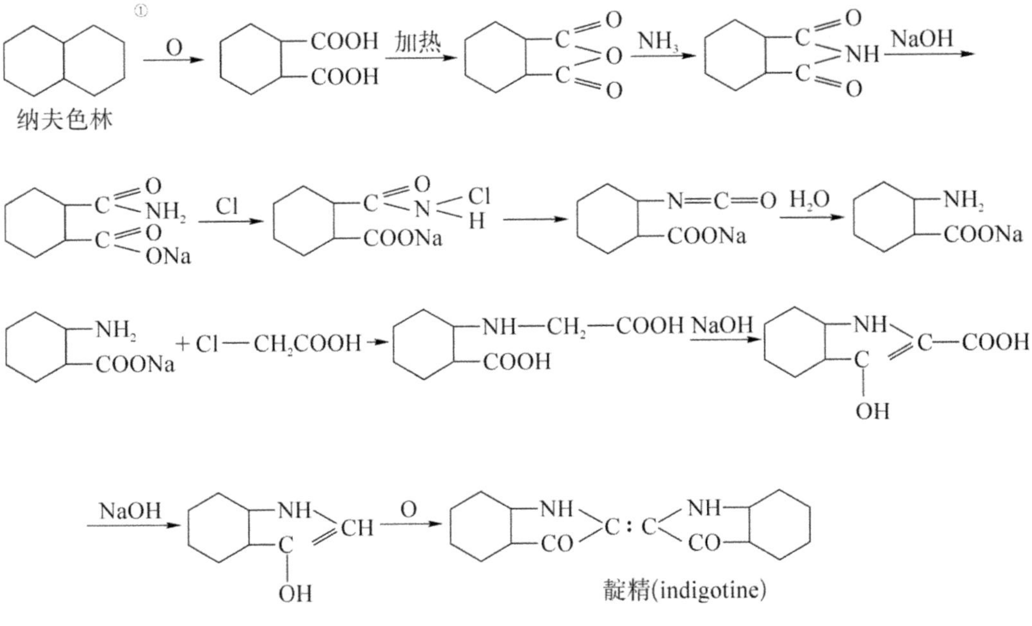


人造靛不独其价较天然者为贱也，其质又较天然者为良。盖天然靛中，杂质甚多，其纯粹之靛精，有时少至百分之二十，而人造靛则含有百分之九十靛精，故业染者多喜用之，而人造靛乃有代天然者而夺之席之势。今将近数年间人造靛与天然靛输入英国之比较，列表如下，以见一斑。

---

① 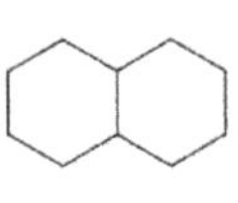 为 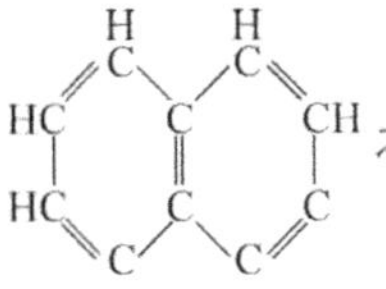 之略.

| | 天 然 胶 | 人 造 胶 |
|---|---|---|
| 1901 | 788 820 磅 | |
| 1904 | 316 070 磅 | 83 397 磅 |
| 1906 | 111 455 磅 | 147 325 磅 |
| 1908 | 136 882 磅 | 134 052 磅 |

世界用靛之全额，约值 20 000 000 金元，而 1912 年德国之商业报告，其人造靛之输出额，为值 10 769 900 金元，是已占世界全额之大半矣。去年开战以来，英美染业家之最感痛苦者，莫如人造色料之断绝一事。英政府至特立预算，投资五百万镑以谋国内人造色料工业之发达，而我国业靛者亦拟乘机以恢复我天然靛之地位（见四月《上海时报》），则德人化学工业影响之巨，于此可见矣。

十八世纪生计学始祖亚丹·斯密司（Adam Smith）创劳力即富之说（Labor is wealth），至今言生计者未之能易。所谓劳力者固不徒指手足之勤而言，彼殚精竭思以治自然物理之学而发明前人未辟之秘，以成开物成务之功者，乃真能劳者矣。以劳为之种，而福世利人之获随之而至，如响之不爽于声，影之无逃于形。今之人心之未浚也，而唯浚物之求；智之未广也，而唯广业之务。不种而思获，未施而望报，其反乎生计学上富之原理也甚矣，容有冀乎。

吾作此篇，将以明近代国富之增进，由其工业之发达，而其工业之起原，无不出于学问，因以见学校中科学教育之不容已。至于社会政治之组织，国民生计之情状，无不于工业有直接关系，然当从他方面观之，故其言如上而止。

（附记）此篇所用有机化学名词，既无旧书以供参考，又非融会贯通而后出之，恐不免有扺牾之处，容他日订正。

［第 1 卷第 10 期（1915）第 1089—1099 页］

# 10. 科学与教育

任鸿隽

余曩作《科学与工业》，虑世人不知科学之效用，而等格物致知之功于玩物丧志之伦也，为之略陈工业之导源于科学者一二事，以明科学致用之非欺人。虽然，科学不为应用起也。赫胥黎有言曰："吾诚愿'应用科学'之名之永不出现于世也。自有此名，而学者心中乃若别有一种实用科学知识在'纯粹科学'之外，可以特法捷径得之，此大误也。所谓应用科学者无他，即纯粹科学之应用于某特殊问题者是矣。即纯粹科学本观察思辨而发见之通律所推衍之结果也……凡今制造家所用之方术，不出于物理，则出于化学。将欲进其术，必先明其法。人非久习于物理化学之实验，从纯粹科学之简练，洞悉其定律，而心惯于事实，而欲明制造之法，收改进之功，其道无由。"①由斯以谈，应用者，科学偶然之结果，而非科学当然之目的。科学当然之目的，则在发挥人生之本能，以阐明世界之真理，为天然界之主，而勿为之奴。故科学者，哲理上之事，物质以外之事也。专以应用言科学，小科学矣。吾惧读者之误解吾前文也，故复以此篇进。

科学于教育上之位置若何？此半世纪前欧洲学者辩论之点也。赖诸科学大家如斯宾塞尔、赫胥黎之流，雄文博辩，滔滔不绝；又科学实力之所亭毒，潮流之所趋赴，虽欲否认之而不能，科学于教育之重要，久已确立不移。其在今日，科学之范围愈广，其教育上之领域也日益增加。设有人焉，居今之世，犹狃于中古之法，谓教育之事，唯以读希腊拉丁之文，习旧约神学之书为已足者，彼方五尺童子，知唾其面矣。还顾吾国，科学之真旨与方法，既尚未为言教育者所深谙；而复古潮流之所激荡，乃有欲复前世咿唔呫哔之习，遂以为尽教育之能事者，此其结果所及，非细故也。余不敏，请引据各家之论证，以言科学于教育之重要。

谓教育之本旨，在"自知与知世界"(to know ourselves and the world)者，此阿诺尔特(Matthew Arnold)之说也。其达此本旨之术，则曰"凡世界上所教所言之最善者吾学之"(to know the best which has been taught and said in the world)②。阿氏此说，曾为赫胥黎所诘驳。赫氏以谓阿诺尔特之所谓所教所言之最善者，文学而已。于是郑重言之曰："当今时代之特彩，乃在天然界知识之发达。"故无科学智识者，必不足解决人生问

① 见赫胥黎演说《科学与淑身》(*Science and Culture*)。

② 见阿诺尔特《论文学与科学》(*essay on Literature and Science*)。

题矣。

虽然，阿氏固文士，而其言教育本旨，则仍主乎智。既主乎智，其不能离科学以言教育明矣。第阿氏之所主张者，科学虽善，不足与于导行审美之事。导行审美之事，唯文学能之，故文学与科学之于教育，乃并行而不可偏废。是言也，科学者流亦认之。赫胥黎之言曰："吾绝不抹煞真正文学于教育上之价值。或以智育之事，无待文学而已完者，误也。有科学而无文学，其弊也偏，与有文学而无科学，其弊正同。货宝虽贵，若积之至反侧其船，则不足偿其害。若以科学教育造成一曲之士，其害有以异乎？"①

于是吾人当研究之两问题焉。第一科学果无与于导行审美之事乎？第二导行审美之事果唯文学能之乎？若曰能之，必如何而后可？

欲研究第一问题，当先明科学之定义。余前作《说中国无科学之原因》，曾略为之界说矣。曰"科学者智识而有统系之大名"，更证以贺默（Homer）之评论家伍尔夫（Wolf）之言曰，"凡有统系而探其原理之教训，吾皆谓之科学的"。盖科学特性，不外二者：一凡百理解皆基事实，不取虚言玄想以为论证。二凡事皆循因果定律，无无果之因，亦无无因之果。由第一说，则一切自然物理化学之学所由出也。由后之说，则科学方法所由应用于一切人事社会之学，而人生之观念，与社会之组织，且生动摇焉。今夫水，分之则为轻养二气。蜡，燃之则生水与无水炭酸。地球之成，始于星云。人类之祖，原为四足曳尾之猨猱。苹果之落，以物体之引力也。气球之升，以两质轻重之相替也。声之行也以浪。电之传也以能（energy）。此皆属于物质界。律以科学定理，所莫能遁者也。乃观科学之影响于社会者则何如？人皆知达尔文物竞天择之说出而人生思想生一大变迁也，而不知达氏之说，乃导源于马尔秀斯（Malthus）之《人口论》（*Essay on Population*）。《人口论》之大旨，谓人口之增，以几何级数，而食物之增，则以算数级数，食之不足供人而不可无有以阻人口增加之率者势也。阻之出天然者，曰饥馑，曰疫疠，曰争夺相杀。文化既进之国民，尝思以人治胜天行，则为之禁早婚，节生育，是曰人为之阻抑。马氏反对戈特温（Godwin）之乐观主义②，以为人生究竟，不归极乐，乌托邦理想，终不可达，为之钩稽事实，抽绎证例，以成此不刊之论。盖与亚丹·斯密司（Adam Smith）之《原富》（*Wealth of Nation*），各究生计之一方面，而同为生计学不祧之祖也。达氏取其说而光大之，推及庶物，加以无穷之例证，其风靡一世宜也。说者谓马氏之论，文学而非科学耶？吾谓凡文之基于事实而明条理因果之关系者，皆可以科学目之。而社会科学中适用科学律令之最多者，又莫生计学若。今请以一

① 见赫胥黎演说《科学与淑身》。
② 戈特温著有《政治正谊论》（*Political Justice*）及《疑问者》（*Enquirer*）诸书。

例明之，生计学上有一最奇之现象焉，则每近十年而金融界上生一恐慌是也。生计学者对于此现象之犁然有序，若风之有候也，则相竞为科学上之解释。其最奇者乃谓金融界之恐慌，与日中黑子相关。盖以金融界之恐慌约十年而一现，日中黑子，亦约十年而一现，而二者出现之年，亦先后略同，则安知非知此日中黑子，影响于吾地球上之气候，由此气候之变易，而生年谷之丰歉，年谷歉获，乃为一切制造懋迁不进之原，而恐慌成矣。近有科仑比亚大学生计学教授某者，求恐慌之原于雨旸，为之统计数十年气候之记录，较其雨量之多寡，既得，则欢忻鼓舞以告于众曰：吾得恐慌之真因矣。要之社会人事，原因复杂，执其偏因以释其全体，无有是处。然亦可见科学精神，与因果律令，无在不为学者所应用也。

不宁唯是，科学之研究，有直接影响于社会与个人之行为者，请以伐哀斯曼(Weismann)之论遗传性为证。伐哀斯曼者，德之生物学大家也。其论遗传，主张胚遭论(theory of germplasm)。其说以为父母之性质，遭传于其子姓也，唯能传其生前之本有，而不能传其生后之习得。此说近于达尔文之物种变异论(theory of variation)，而与拉马克(Lamarck)①之说，谓凡得于生后之新性，可传之后裔者，则正相反。要之，伐哀斯曼之说谓天性相传勿替者，虽尚待论定，至其谓习得之性不能递传，则证据充确，似可无疑。使伐氏之说而果确也，则吾人道德行为之判断，与社会对于个人之义务，皆当由根本上生一大变革。如使教育法律之积效，不足变易劣种而使之良也，如使优劣两种之胖合所得之子姓，其进种之功，不足掩其退种之害也，则吾人对于教育慈善诸事业之态度，当为之一变。吾人方今对于此等问题之判断，出于个人感情者大牛，其纯从科学律令为社会将来计者盖鲜矣。

科学教育之关系于社会问题者，既如此，乃观其影响于个人性格者则何如？达尔文谓其友曰："吾无所用于宗教与诗。科学研究与家人爱情，吾生平乐享不竭矣。"达氏天生自然学者，其用心专一，几凝于神，固不可与常人相提并论，实则真有得于科学者，未有于人生观反茫然者也。吾欲举法勒第(Faraday)②之致书老母，何其款然孺慕，阜娄(Wöhler)③之与朋友交，何其蔼然可亲，而人将疑一二例外，不足以概其全，则请试言其理。凡人生而有穷理之性，亦有自觉之良，二者常相联系而不相离。谓致力科学，不足"自知与知世"者，是谓全其一而失其一，谓达其一而牺牲其一也，要之皆与实际相反者也。人方其冥心物

① 拉马克(1744—1829)：法之大自然学家，发明生物变种四律，与达尔文齐名。
② 法勒第：电学大家，见本志前期《电学略史》及《科学与工业》篇。
③ 阜娄(1800—1882)：德之大化学家，有机化学之鼻祖。

质，人生世界之观，固未尝忘，特当其致力于此，其他不得不暂时退听耳。迨其穷理既至，而生人之情，未有不盎然胸中者。于何证之？于各科学之应用于人事证之。方学者之从事研究时，其所知者真理而已，无暇他顾也。及真理既得，而有可以为前民利物之用者，则蹶然起而攫之，不听其废弃于无何有之乡也。而或者谓好利之心驱之则然。然如病菌学者，身入疫疠之乡，与众竖子战，至死而不悔，则何以致之？亦曰研究事物之真理，以竟人生之天职而已。是故文学主情，科学主理。情至而理不足则有之，理至而情失其正，则吾未之见。以如是高尚精神，而谓无与于人生之观，不足当教育本旨，则言者之过也。

复次言科学无与于审美之事者，谓人生而有好美之性，而美感非琐琐物质之间所可得也。吾尝闻人言科学大兴之后，而诗文将有绝种之忧。窃谓不然。美术无他，即自然现象而形容以语言文字图画声音者是矣。吾人之知自然现象也愈深，则其感于自然现象也亦愈切。濯尔登校长(Jordan)之言曰："吾人所知最简单之生物，较吾合众国之宪法犹为复杂。"汤姆生(Thomson)曰："蚁之为物至微也，而其身体构造之繁复，乃视蒸气机关而有过之。"达尔文之言曰："世间最可惊异之物，莫蚁脑若。"而物理学家之告人曰："轻气一元子之构造，自其性质言之，盖类诸天之星座。其电子之樊然游动于一元子中者，盖八百有余云。"此自天然物体构造之美言之也。自其关系言之，"虱居头而黑，麝食柏而香"，此嵇叔夜之言也。虫变色以自保，蛇响尾而惊人，此近世博物学家之言也。如使吾人望海若而兴叹，风舞雩而咏歌，绝不因吾知海气之何以成蜃楼，与山腹之何以兴宝藏，而损失山海自然之美也。人能咎牛顿之解释虹霓①为杀诗人之风景，而无如沃慈沃斯(Woodsworth)②之得说法于石头何也。

上节所言，盖谓科学之于美术，友也而非敌。今请更以事实证明之。美术之最重者，孰有如音乐者乎？吾国自来无科学，而音乐一道，乃极荒落，终至灭绝，何也！西方音乐之推极盛，乃在十九世纪，亦以科学方法既兴，于审美制曲之术，乃极其妙故耳。即彼邦文学之盛，又何尝不与科学并驱。英之沙士比亚尚矣，十九世纪之诗人如英之沃慈沃斯、丹尼生(Tennyson)、本斯(Burns)、拜轮(Byron)，德之苟特(Goethe)、海讷(Heine)，法之嚣俄(Hugo)，皆极一时之盛。而苟特自己乃植物学大家，且于生物学中，发明生物机体类似之理，而为言进化者所祖述者也。返观吾国之文学界，乃适与音乐同其比例。学固未兴，文学亦颓废，间有一二自号善鸣，如明之七子、清之王宋施沈，亦所谓夏虫秋蚓，自适其适，方之他人，著作等身，蔚然成家，何足选也。

---

① 见本杂志本期《说虹》。
② 沃慈沃斯，英十九世纪之大诗人。

以上所陈，但就所不足于科学者言之，以见教育之事，无论自何方面言之，皆不能离科学以从事。若夫智育之事，自科学本域，言教育者当莫能外，无容吾人之重赘一词。今当进论吾之第二问题，即导行审美之事，唯文学能之乎？如曰能之，当如何而后可？

文学者，又统泛之名词也。泛言之，凡事理之笔之于书者皆得谓之文学。故论辨、辞赋、小说、戏曲之属文学也，而历史、哲学、科学记载之作亦文学。乃今所言，对科学以为说，则当指其纯乎文章之作，而科学历史之属不与焉。大抵文学之有当于教育宗旨者，不外二端：一文法。文法者，依历久之习惯而著为遣词置字之定律也。及其既成，则不可背。习之者辨其字句之关系，与几何之证形体盖相类。故西方学者皆谓文法属于科学，不属于文学。吾人则谓其为文词字不中律令者，其人心中必无条理。故文法之不可不讲，亦正以其为思理训练上之一事耳。二文意。文意者，人生之意而文字之所达者也。科学能影响人生，变易人生，而不能达人生之意。于此领域中，惟文字为有权。然吾人当知文字之有关于人生者，必自观察实际，抽绎现象而得之，而非钻研故纸，与玩弄词章所能为功。吾国周秦之际，学术蔚然，以言文章，亦称极盛，以是时学者皆注意社会事实也。汉唐以后，文主注释。宋明以后，则注释与记事之文而已，不复参以思想，亦不复稽之事实，故日日以文为教，而文乃每下愈况。思想既窒，方法既绝，学术自无由发达。即文学之本域，所谓以解释人生之本意者，亦几几不可复见。独审美性质，犹未全失耳。乌乎！自唐以来，文人学士，日嚣嚣然以古文辞号于众者，皆于审美一方面致力耳。至所谓“道”与“学”者，彼辈固不知为何物，亦不藉彼辈以传也。是故今日于教育上言文学，亦当灌以新智识，入以新理想，令文学为今人之注释，而不徒为古人之象胥，而后于教育上乃有价值可言。至于一切古书，亦当以此意读之，乃不落欧洲中世纪人徒读希腊拉丁之故步矣。

要之，科学于教育上之重要，不在于物质上之智识，而在其研究事物之方法。尤不在研究事物之方法，而在其所与心能之训练。科学方法者，首分别事类，次乃辨明其关系，以发见其通律。习于是者，其心尝注重事实，执因求果，而不为感情所蔽，私见所移。所谓科学的心能者，此之谓也。此等心能，凡从事三数年自然物理科学之研究，能知科学之真精神，而不徒事记忆模仿者，皆能习得之。以此心能求学，而学术乃有进步之望。以此心能处世而社会乃立稳固之基。此岂不胜于物质智识万万哉！吾甚望言教育者加之意也！

[第 1 卷第 12 期(1915)第 1342—1352 页]

# 11. 科学精神论

任鸿隽

余曩作《科学与工业》《科学与教育》，既于科学之效用于实业与智育者，有所论列矣。既其成效之如此其大且广也，待用之周也，成材之宏也，言学者孰不欲移而措诸亲戚国人父兄昆裔之中，与今世号称文明先进之国并驱争先，岸然自雄；而其事有非甚易者。第一，科学缘附于物质，而物质非即科学。见烛焉，燃而得光，而曰烛即光焉，不可也。其为物质者，可以贩运得之，其非物质者，不可以贩运得之也。第二，科学受成于方法，而方法非即科学。见弋焉，射而得鸟，而曰射即鸟焉，不可也。其在方法者，可以问学得之，其非方法者，不可以问学得之也。于斯二者之外，科学别有发生之泉源。此泉源也，不可学而不可不学。不可学者，以其为学人性理中事，非摹拟仿效所能为功；而不可不学者，舍此而言科学，是拔本而求木之茂，塞源而冀泉之流，不可得之数也。其物唯何，则科学精神是。

疑者曰：科学者，取材于天地自然之现象，成科于事实参验之归纳，本无人心感情参与其间，今言科学而首精神何故？答曰：凡现象事实参验云者，自科学已始之后言之也。吾所谓精神，自科学未始之前言之也。今夫宇宙之间，凡事业之出于人为者，莫不以人志为之先导。科学者，望之似神奇，极之尽造化，而实则生人理性之所蕴积而发越者也。理性者，生人之所同具也。唯其用之也不同，斯其成就也异；唯其所志也异，斯其用之也不同。人唯志于好古敏求，于是乎有考据之学。人唯志于淑身治世，于是乎有义理之学。人唯志于文采风流，于是乎有词章之学。人唯志于干禄荣官，于是乎有制艺之学（今暂谓制艺为学）。近二百年来，西方科学盖占彼洲人士聪明睿智之大半矣；而谓彼方人士得之偶然，如拾金于途，莫或乞向而骤臻巨富，其谁信之。故吾人言科学，乃不可不于所谓科学精神者一考之也。

科学精神者何？求真理是已。真理者，绝对名词也。此之为是者，必彼之为非，非如庄子所云"此亦一是非，彼亦一是非"也。世间自有真理，不可非难，如算术上之全大于分，几何上之交矩成方，是其一例；而柏拉图言人性有阐发真理之能，即以教人推证几何形体为之印证①。真理之为物，无不在也。科学家之所知者，以事实为基，以试验为稽，以推用

① 见《柏拉图问答》。

为表，以证验为决，而无所容心于已成之教，前人之言。又不特无容心已也，苟已成之教，前人之言，有与吾所见之真理相背者，则虽艰难其身，赴汤蹈火以与之战，至死而不悔，若是者吾谓之科学精神。昔者欧洲中世，教宗驭世，凡宗教家说，人莫得而非难之也。且以教宗势力之盛，凡教之所谓是者，学者亦从而为之说焉。其有毅然不顾，摧神教荒唐之伪言以开人道真理之曙光者，则晚近数十哲人科学精神之所旁薄而郁积也。宗教家言，神造世界，人始亚当。天之生人，以事神也。神造世界，以为人也。而达尔文、沃力斯之徒曰否。人与世界同为天演界中之一物。世界始于星云，人始于猨猱，举为天演大力所陶铸，而非有真神为之主宰也。宗教家言，地体居中，静而不移，日月星辰，各有天使主之，使放光明于大地，而加里雷倭、牛顿之徒曰否。日月星球，皆随引力之律以成运行。凡诸彗孛飞流，丽天樊然者，吾皆有术以测其往来，而善恶之说无所容也。宗教家言，世间末日，转瞬即至，生是间者，但当以救灵魂为务，无庸及他。物质创于上帝，人勿得而推究之，有为之者，是曰测神，其罪不赦。而二培根①之徒曰否。非格物何以致知，吾当精吾归纳之术，极吾试验之能，以阐自然界之閟蕴焉。之数公者，自今日观之，皆具左右一世思想之力，举世皆知尊仰其人矣；而当其倡学之始，宗教斥为背道，社会诋为妖狂。如达尔文人始猨猱之说出，当时论者罪其没上帝生人之神功，而同人类于禽兽。洛纣·培根将试验化学，奥克斯福(Oxford)学生奔走骇汗，以谓恶魔出世，人无所安息。之数公者，幸则百难众艰，卒收最后胜利，不幸乃瘐死黑狱，身为膏炬。吾人今日望古遥集，馨香俎豆，岂特以其学诣之足卲哉，其精神固当兴起百世矣。

上言科学精神在求真理，而真理之特征在有多数之事实为之左证。故言及科学精神，有不可不具之二要素。

(一) 崇实。吾所谓实者，凡立一说，当根据事实，归纳群象，而不以称诵陈言，凭虚构造为能。今夫事之是不是，然不然，于何知之，亦知之事实而已。吾言水可升山，马有五足，固无不可者。不衷诸事实，人亦安能难我。天演说与创造说，绝相冰炭也。持天演论者，上搜乎太古之化石，下求于未生之胎卵，中观乎生物之分布，证据毕罗，辙迹井然，若溯世系者，张图陈谱，而昭穆次序，不可得而紊也。而持创造说者则反是，荒诞之神话，传闻之遗词，以言证言，终无可为辨论之具，则谓创造说之不能成立，正以其无实可耳。加里雷倭地动之说，亦当时所疾视而思扑灭者也。顾以其手制望远镜，发明新事实，其说遂颠灭不破。其他新学说新思想之能永久成立，发挥光大者，无不赖事实为之呵护。近人有谓科

① 二培根指洛纣·培根(Roger Bacon)与弗兰西斯·培根(Francis Bacon)。洛纣·培根，十三世纪人物，精物理化学，以背教义得罪。弗兰西斯·培根，倡归纳论理学。

学之异于他学者，一则为事实之学，一则为言说之学，此可谓片言居要矣。故真具科学精神者，未有不崇尚事实者也。

（二）贵确。吾所谓确，凡事当尽其详细底蕴，而不以模棱无畔岸之言自了是也。弗兰西斯・培根有言："真理之出于误会者，视出于瞀乱者为多。"盖"误会"可改，"瞀乱"不可医也。人欲得真确之智识者，不可无真确之观察。然非其人精明睿虑，好学不倦，即真确之观察亦无由得。曩余作《建立学界论》，曾引兑维(Sir Humphry Davy)研究水质之法，以见彼邦学者为学之精。以其足证吾贵确之说，复为征引如下：

方培根高足弟子兑戴维氏之研究水质也，常时用否尔塔电池(Voltaic battery)以分析水，所得于轻养二气之外，其阴极常呈酸性，而阳极常呈碱性。当时法国学者已倡水中唯含轻养两元素之说，而以其酸性与碱性属于外来不纯之物。兑氏以为非实验上之证明，其说不足信也，乃继而试验之，以动物薄膜连结两玻璃管盛水，而置电极于两管中。迨试验毕，其得酸性与碱性如故也。彼疑其酸性与碱性来自动物薄膜也，于是易动物薄膜以洗洁净之棉，此时所得者，为少量之硝酸，而碱性物如故也。于是彼知此酸性之物，半来于动物薄膜，而疑此碱性之物来于玻璃也（因玻璃为碱性物质所制），于是代玻璃管以玛瑙杯而试验之，而酸与碱性之发见如故也。彼乃代玛瑙杯以金制小杯而试验之，而酸与碱性之发见仍如故也。至此常人将决定此酸与碱为水中所有之质矣，而兑氏不尔也。乃转而注意所用之水，彼疑前用之蒸馏水、泉水之不净者或得混入之，于是蒸发所用之水而得其滓，加于试验水中，而发见其酸与碱性之增加，与为比例。于是若可决此酸与碱性之物为水中之不洁者矣，而兑氏不尔也。于是复蒸馏其所用之蒸馏水，三四反复，至蒸发至干无滓而止。乃用此水与金杯以行试验，而所得酸与碱性复如故也。至此常人又将失望矣，而兑氏不尔也。彼乃进而试验所得之碱性物，知其为发挥性之安摩尼亚，而非固定质之娑达等，异于前者所得。于是知此娑达等之碱性物，来于玻璃与玛瑙，而发挥性之安摩尼亚与硝酸，必来自空气无疑，以此时与水为缘者舍空气外无他物也。于是置试验之水于抽气筒中，尽排其空气而试验之，而酸与碱性之微迹仍在也。彼知抽气筒之力，不能尽排除筒内之空气也，于是出空气于筒，以轻气换之，而又排出，而又换之，如是数次，至筒中绝无空气痕迹而止，乃通电流，分水质，而酸与碱性乃不复见于两极，至此水含轻养二元素之说乃定，而兑氏之精思亦可知矣。

以上所举，特其一端，水之研究，又非甚难之业，而其反复不厌乃如此。方法自其余事，而贵确之精神乃足尚也。吾人读书不求甚解，属辞比事，多取含混不了之说，自欺欺人，其去于科学精神也远矣。

幸也，谬妄教义，不产神州。偶有迷信，出于无识，得科学廓而清之，如日月一出，爝火自息。学术之兴，其易易乎？第吾返观内顾，觉吾旧有学术，主义上固与科学初无舛午，而学界风气有与科学精神绝对不相容者，不拨而去之，日日言科学譬欲煮沙而为饭耳。吾所谓风气之不利于科学者何也？（一）重文章而轻实学。承千年文敝之后，士唯以虚言是尚。雕文琢字，著述终篇，便泰然谓“绝业名山事早成”，而无复研究事实考求真理之志，即晚近实验之学，输入中土，读者亦每以文章求之，以是多不为人所喜。夫“言之无文，行而不远”。吾非谓谈科学者，遂可以学术之艰深，文其文字之浅陋，然当时学者之所须求，究在彼不在此。今有某先生者，偶然出其“申天回溯”之文字，移译数十年前天演说者之论文一二册，而海内学者，已群然以“哲学巨子天演专家”奉之，不知达尔文之发明天演学说，盖其平生研究生物之结果。其他一时作者，如赫胥黎、斯宾塞莫非生物学专家。近如发明种奇猝现论之突佛利①，与主张胚遑论之外斯曼②，皆各有其根据之学理事实，非向故纸中讨生活者也。以故纸雄文而成天演学者之名，则亦适成为中国之天演学者而已。（二）笃旧说而贱特思。“吾生也有涯，而知也无涯”。生古人后，诚有时宜利用古人所已知者以补岁月之不足。然非苟以盲从而已。初从事科学者，实验室中所行，皆古人作之于前，而学者复之于后。凡若是者，非但服习其术，亦不敢以古人之言为可信而足也。乃观吾国之持论者不然，发端结论，多用陈言。庄生贤者，犹曰“重言十七”。人性怯于独行，称述易于作始，自古然欤！然怀疑不至，真理不出，学术风俗受其成形而不知所改易，则进化或几乎息。呜呼！自王充而外，士之能问孔刺孟者有几人哉。凡上所举，皆无与于科学之事。然以证无科学精神，则辩者不能为之辞。夫科学精神之不存，则无科学又不待言矣。

要之，神州学术，不明鬼神，本无与科学不容之处。而学子暖姝，思想锢蔽，乃为科学前途之大患。吾国学者自将之言曰：“守先待后，舍我其谁。”他国学子自将之言曰：“真理为时间之娇女。”中西学者精神之不同具此矣。精神所至，蔚成风气；风气所趋，强于宗教。吾国言科学者，岂可以神州本无宗教之障害，而遂于精神之事漠然无与于心哉。

［第 2 卷第 1 期(1916)第 1—8 页］

---

① 见本杂志第一卷第一期《生物学概论》。

② 见本杂志第一卷第十二期《科学与教育》。

# 12. 科学范围与方法[①]

饶毓泰述

自然主义(naturalism)者，哲学的科学通义也。申言之，用科学之定理解哲学上问题是矣。哲学与科学二者，皆有其悠久成宪之殊性。彼其所资之故实也，所尸之巨子也，所召之徒辈也，举不相假也。将泯异而就同，俾科学之宪章与哲学共守，则自然主义之所欲为。此其事绵递欧人思想中，其义往往与时间出。如隆古之原子论，十七十八世纪之机体论，最近之能力论，皆若一代世界观之表见也。

真正科学家，人而为特种研几者也。其变为自然哲学家也，正以其行事就他术耳。实则对于哲学问题，彼本不执其责。彼所采用之术语也，是彼中能者所审定以为可者也；彼所欲决之问题也，是其先觉及同业所未决者也；彼所用之法也，是已证其有效而加以精细变通者也。空间时间之变幻，因果之性质，真理之意义，世界之醇一，如是等等，盖无间介焉。质家旁皇，不出智域，智域本体，彼固不问，侵且不觉。虽然，彼犹是人也，是以可为哲学家也。方其闲居深念时，诸等最终问题悬而待决者势将转其心之所向。计惟解此，必在取成于科学之发见。而又不能信其说于试验室，则惟有效哲家之故态耳。以质家之实侵入玄家之域，捆其家珍，载与之俱，望哲学阙庭而投止焉，斯自然主义之起原也。

固不仅起于一二强有力之科学家，科学普被又一因焉。方其泽润潜兹，蒸为常识，科学之流每每与哲学会。非谓科学行而哲学废也，盖两存之。学问万千，吐纳辞受，本非常识所能；抵牾当前，容与不较。创世宗乎，天演宗乎，总言生命，等量齐观；得自礼拜堂与得自通俗科学一也。大抵蒙心最易堕入自然观。以自然观与实用观有其相同之点，根于有机体习惯，初不在科学之浸润也。

上已言之，自然主义，第科学而侵入哲学。自十九纪以来，载席丰厚，声施灿然。此百年间，科学坌兴，生人想象，都为之震。由其泽逮萌庶，自非僿野之族，孰不食科学之赐者？若交通，若制造，若卫生，凡百事业御以形体者，改步易朔矣。此其便焉者也，此其适焉者也，此其效率最著者也，使生有所乐也。如其效用于日常，匹夫匹妇尤为感德。今是米盐琐细，咄嗟可集，则德律风为之也；趋市行贾，举不后时，则自动车为之也；层楼百尺，不步而登，则升降机为之也；若此类何可胜数，于以征其光在人间世世弥永者矣。

---

① 此篇取材于丕列氏《现在哲学趋势》(Ralph Barton Perry's *Present Philosophical Tendencies*)第三章。不曰直译者，以词旨语气未曾斤斤契合原作也。

既已施于世矣，乃若科学上发明与发见，感人尤为深至。夫其方方以进之，寸寸而积之；一度增高，十方光明，昨日眩奇，今已习见；盖天下之至奇已。斯所以能指挥视听，奋张血脉，并媒蘖新闻也。

人心倾向科学，犹有深理存焉。善夫培根之言曰："知识所在，权力所在。"晚来科学进步，斯言践矣。其所以能尔者，自有科学，人生动机不仅倮然自保；与之以必胜之具，策之以未觊之获，斯世为我之念油然而生，乐生自憙之情于以复炽；其有以弥自然形骸之阙而增后来无穷之望者为何如哉？夫惟排除外界之障碍，乃有以充天秉之能事，实近世之宗教观也。顾此种自信力，实渊源于科学，此科学所以为大也。

抑科学之显赫，更有一解，则以科学著作家名高当世也。若斯宾塞、达尔文、赫胥黎、天突尔(Tyndall)、杜罢雷蒙(Du Bois-Reymond)、恺尔文、奥斯伐尔(Ostwald)、亥葛尔(Haeckel)、阿雷纽斯(Arrhenius)之数君子者，要言妙论，徧诵于时，虽哲家领袖未能或之先也。其造诣浅者其名次焉，顾方之次等哲学家，则犹有菀枯之殊。是岂以其人之才学风流判哉？固皆有其可传者在。而有显有不显者，诚以科学意念与常人知解力相入，而哲学则否也。明乎此，乃可进而语科学。

闻诸名学家言名者有其"外别"(denotation)之帜，有其"内涵"(connotation)之蕴。比如"行星"，名也。即形以喻实，故水星、天王星等为"行星"之外别；即义以诠名，故"卫星与太阳之关系"为"行星"之内蕴。外别者历而可识，内涵者察而见意，此其辨也。于此乃得一重要事实焉，则科名外别，在在征实，于常识最为清晰不溷者。人皆知科学家所说何事矣。彼之所视可以目随，彼之所验可以手拊。若哲家所论之美、之真、之善，将何向矣。彼容而沈穆也，人且为之动；彼目而闪烁也，人且为之笑。顾哲学家望之犹然尘世中人，率直无以异于科学家也。无曰者诗人岸然之貌而习为傥佯难喻之语，不自招慢，便是恼人，各随其遇而已。是故属辞论事，恰中程式，疑若科学家独能，为其与常识无间郄也。方之语言，科学犹存乡音；哲学则杂殊语，震耳而滋惑，非无故矣。

迹其差异所自，则常识与科学同于不觉中承受一幅经历图，而哲学职志又正在取此图而批判之也。此图有时谓之"自然的世界秩序"。于此秩序，一事是一体，而此世界即为具体事变之空间的寄旅与时间的衔接而已。一字之帜，必当为一体或合体，着在何地，值于何时，能受处置，证正无疑。涉念如此，乃常识观物之习惯，亦即科学之法术也。

此种习惯，根蒂深固，非特见于具体的事为然也。即至真宰无上，亦若在天一方，死后灵魂归宿地。就其界义言之，灵魂本体魄之反，乃常人意象一若灵魂为体魄中之体魄，精洁澄莹，生附体而游，死离体自在。凡兹空间图像，绘事昭物时尤无可逃。古人有言，文为心画。是画也，交错日常谈论间，如蛛布网。是故卓之为言“高”也，信之为言“实”也，“千里”之差谓其大差也，“可捉摸”者最分明也。童而习之，谁复于临死时搁一思耶！

然此非傥附于常识也，抑岂科学之咎。人心之灵，其最初作用非以类族辨物耶？是居百用之首也。尝试论之，人心犹肺腑也，有官焉，循其所分，要在使一物因应其环境，有以相谋相剂者耳。此种对待作用，非特心之原始作用，固将于生之年，不能须臾离矣。培耳松(Bergson)曰：“吾人知识，当其脱于天手，最一祈向即在未有组织之实体。综观知识作用，吾人知解力殆如游丝荡空，非着实体，永无宁时；盖必在此而后吾行有依隐，吾劳有斧柯。”①然则分别物体，感其流变，斯知识矣。人之生也，其始脊脊自完也，浸而进取焉，而建设焉，则所恃以植权保泰者惟在控制身外物力耳。而科学则此种知识之陶钧也。有科学而后秩然有序，浑者画，忼者精矣。夫其接于五官则为受，传之于心则为知，约定俗成布于竹帛则为法，社会世守之，此以宜民便事矣。其或旁稽远衍，超出现时所求；而汪洋渟蓄，其积弥厚，其愿弥奢。乌乎！此自创力之泉源也。

夫然，则常识与科学虑途从同。其所领纳之经历分类图同，其所采用之位标同，其所有散别个体之观念同。是果罪孽，与生俱来，流为意根矣。此一孽也，即科学与常识䜣合之媒也；亦即二者与哲学时有龃龉之因，盖哲学时丁宁为科学与常识告曰：“诚守若说，固自可憙。第毋忘一事，凡若所憙之设论乃未经校正者是已。”

所以期命万物者，常识与科学同也。然则常识一事之总念(notion of a thing)果何如者？顷余第以“体”(body)与“形下之事”(physical event)诸名概指之。今将详论之，是科学主旨所在。顾分析此种总念非所望于常识或科学。彼析一体至于众小体，可见之体至于不可见之体；同则同之，异则异之，部居森然矣；顾终未徧举体性总量也。徧举自是哲学事业，有哲学家在，好自为之可矣。

凡可以措置移易者最审谛也，余前以此为科名外别清晰不溷之征。体也者，谓其可以指示或可以手拊也。除却一切偶然主观不言，此言一体有其空间位置(spacial position)，是必在何处也。方吾言“是必在何处”，吾不指其仅有地位而已，必有事焉相与处之，或于其所处有“占据”(occupancy)②之关系焉。不特此也，凡体皆有其历史，是以占空间并时间也。在何地尤必在何时矣。据之者于其所据空间之位与时间之位，其关系不出二种。空间之位常而时间之位变者，此体之静也。空间之位与时间之位相因为变，变且连续者，此

① *Creative Evolution trans*. by A. Mitchell, pp.153 - 154, ix.

② B. Russell 所著论，为言空间、时间、动、体之最佳者，参考“Is Position in Time and Space Absolute or Relative?” *Mind*, N. S., Vol. X, 1901，与 *Principles of Mathematics* Ch. LI, LIII, LIV.

体之动也①。最后一事,除却设想的体点外,体不特占地位,且连占几个地位,是以有外延(extension)焉,有形象焉。

"体"(body)与"物"(matter)何辩耶?曰徧举之则谓之"物",偏举之则谓之"体"。故分于物谓之体。易词明之,设任取物何部,其间诸小部分相互地位恒保不变,但其对他地位关系变者,此一部物乃得体名。故通常以体为"能单独运动为一么匿"也。既曰么匿,必有此么匿容量有以别于他么匿焉,此之谓体之边际。边际定矣,如其内外相与之关系不变则体之恒式(identity)亦不变。夫可能运动固不必即为散别个体之确诂。最要者,空间一席有一特别品性,不因时而变者为之识别耳。体义既明,物义自宣。其义曰,物是一种复杂量,斯量所函乃一据有空间并时间者也。谁或据之,毋劳计较;特此空间时间之占据(the space-time occupancy)成其物体品性耳。常用物字,又以指凡据有空间时间者。其义稍狭,顾非歧出,盖已排去确属于空间与时间的性质,非复复杂之总量矣。

然则"形下"(physical)一名函二性质:一属于空间与时间者(special and temporal properties),一属于充实空间时间者(space-time-filling properties)。若经纬、时期、形式、运动,前之例也;声、色、温度,后之例也。② 顾前者为主,以后者形下品性渊源于前耳。由斯以谭,形下之事大别有二:变属于空间时间者,变属于充实空间时间者;质言之,地位变化(change of place)与体态变化(change of state)是矣。凡此诸事,旦暮以求其解者,则科学事业也。

如何斯可谓科学上解释矣。夫所谓解,岂不曰将蕲于问题"何也"?而与一答焉。顾其事有宜辩者,在批萨斜塔实验以前,世以为物不皆坠也,坠不一率也。其说曰,清轻者"上"举,重浊者"下"凝,物固各适其"位",而适焉位焉之"权"乃操诸一种特别"势力"之手也。微论常人,恺柏勒与加里雷倭并世,其述行星绕运三律信矣,颇附以天神之说③,盖流俗渐渍深矣。自是以前,所谓解者多主权力说,以为有是权力,乃生是果;果之所在,权力所在,若魂之于体焉。夫以无生之物传之以有生之权,科学之术于是焉穷。加里雷倭与恺柏勒所以有大造于科学者,正在其于此种解释外特加一条真确实录,言物体与行星如何运动而已。物体与行星何以运动,科学所不答也。物体与行星如何运动,科学所必答也,正惟此种答解继长增高乃有今日之盛。孰钧转是,孰推引是,世有知其解者科学固所愿闻,

---

① "连续的"(continuous)意义,见于上举之《数学原理》第二十三章。

② 余未列举更普通之名学的、算学的及代数的性质,如"次序""数目"等等者,以此皆非特别著名之形下性质故。

③ Whewell, *History of the Inductive Science*, third edition, Vol. I, p.315.

特有之不益多，无之不益少耳。

若夫一事一物之缗，语其归宿，为祸为福，何可究诘。今是风雨时若，五谷咸登，吾知之矣；大水溢，火山流，疫疠时行，死相枕藉，吾何知耶。或谓天无不爱，今之所经容倚间接之福。柏拉图标旨于至善，基督涉想于天国，即此志也。然此种道德解释犹是有之不益多，无之不益少，科学等闲视之矣。科学公认目的，在列举所发生者，为祸为福，所不计也。

明斯二义（破除神权，不较祸福），乃知寻常解释与描写分别不能施诸科学。科学上所谓解释即是描写，特必合若干种条件耳。①

将有合于科学的描写，必须履行二种特定条件。第一，于所写事物必显示其通象与常则。特有之个性，肤出之现象，偶尔之新奇，不如一二基底共同性与其悠久常存者。诚以吾人思想始于分而趣于合，自然科学固主言变，其旨趣则不在是。乃其所在，固将于异而求同，变而求常。更进则通众异而为一同，纳万变而反之根。果可能者，示前者为后者一定之因易，虽百世可知也。

至此而第二条件在所必守。科学上描写之最终式，必精确，必分析。非谓强加此种式于自然界，诚以形下之事多属数度，而数度变迁，无论为外延量抑内涵量，能描写毕真者唯有数学名词。“外延”量（extensive magnitude）者如“一、二、三、四”，“长”“宽”“容积”“距离”等，为空间时间所有也。“内涵”量（intensive magnitude）者，如“光之强度”“温度”等，为充实空间时间者所有也。又若“关系”“次序”“连续”诸抽象品性，欲得一精确描写，亦惟有用数学或名学公式。今之科学未能一一有合于此，其能契合此格者，谓之“严密科学”（exact science），如物理学是。故此种科学，可为一切科学进行之模范。

总之，司科学描写之动机者，为整，为约，为以简御繁，为精密公式。凡科学的描写，稽之此法而合，施诸实验而验，谓之律。故发见定律为科学解释之极轨。其为科学就衰之兆耶，抑违彼名学应有之境，哲家论此多矣，今姑勿深考。著其关于科学律令上一二普通性质为发其凡。此种性质，在力学定律中最为明显，而后者又属比较的简单与重要也。余是以次述“变速率”“质量”“引力”与“能力”之意义与其关联事实。

今人有言近世科学“降自天上，循加里雷倭之斜面（the inclined plane of Galileo）以堕地者也”②。加氏为动学之初祖，不仅在其于斯学有特别贡献，其方法乃足尚也。其法维何？即加氏在科学上功绩马赫《力学》（Mach：*Science of Mechanics*，trans. by T. J.

---

① Cf. E. Mach, “The Economical Nature of Physical Inquiry” in his *Popular Scientific Lectures*, trans. by T. J. McCormack, p.186.

② Bergson, *Creative Evolution*, trans. by A. Mitchell, p.335.

McCormack)中论最善。奥斯伐尔之《自然哲学》(W. Ostwald's *Natural Philosophy*, trans. by T. Seltzer)、披耳生之《科学文法》(K. Pearson's *Grammar of Science*),论科学观念尤详尽,可供参考。

所谓特书一条精确实录,状物体如何运动是矣。变速率者,加氏新获之观念,用以写物堕地之状也。将欲明之,请从其所含之因子始。夫处连续变易之地,经连续变易之时,曰动,其说已见于前矣。谓一体动者,谓一充实空间时间之性质与一连续变易之路程 $d$(自元点之地算起),并一连续变易之时间 $t$(自元点之顷算起)相对称也。为求发见一常则,然后通常于变,科学家是以于二变数中想起一恒数,以为 $d$ 与 $t$ 虽变,其分数 $d/t$ 则常然也。易言之,距离与时间虽各变易,然其比率"速度"$v$,或常然也,此例不能施诸物体下坠时。微诸实验,虽 $v$ 亦变焉。同一程序,使加里雷倭得一繁复之比率 $v/t$,即所谓"变速率"也,由加氏实验知变速率是一恒数,即所谓"地引力"恒数 $g$ 也。

此一恒量变速率定律也,谛审之,实含严密科学上一切基本原理。此是描写运动,因其不过记载坠体行为,而不别索幽隐以信其当如是也。此是分析描写,因其以名之关系表动,若 $d$、$t$ 等,可以分析也。此是精确描写,因其名其关系皆出之以数学式也。此是以整治散,以简御繁,因其于异而得同变而获常也。过此以往,事或纷纶;然而扃钥在是,应用正自无穷耳。

加里雷倭变速率恒数写物体坠地之状,意谓坠于一有定之地也。此以地球为一特立单位,而天体运动与地体运动二者界限尚未泯除。顾此地球何以不可认为通例中一特例?加氏以变速率为"力"之证据。其实物体对于地球而动,其增速率乃有定量,不啻谓地球施一有定量之力于他物体也。既然,何以他物体即不施力于其邻之物体?重言之,何以不引起其邻之变速率也?无以为答,何不认力为物体通性而以对于地球而言之变速率 $g$ 为斯性一特定之值也?审是,则坠体施力于地球(即是引起变速率),而地球与天体亦有同一关系。物既各引起其邻之变速率矣,于此乃有一数量为物体所同具。此种数量,即是此物体引起他物体之变速率与他物体引起此物体之变速率之比。设如物体 $Q_1$ 与 $Q_2$ 互相吸引,吾人得一比率:

$$\frac{\text{物体 } Q_2 \text{ 引起 } Q_1 \text{ 之变速率}}{\text{物体 } Q_1 \text{ 引起 } Q_2 \text{ 之变速率}}。$$

此是 $Q_1$ 之质量以 $Q_2$ 为标准也。第就 $Q_1$ 之运动若一单位言,此比率是一恒数。

然则质量亦不过一体所有之变速率与他体或一标准体相对待之比率也。加里雷倭之通则，至牛顿而集大成。牛顿用此以定二体之实在变速率，即所称万有引力定律也。此律可以下式表之：

$$F = G\frac{mm_1}{d^2};$$

$G$ 为万有引力恒数，$m$ 与 $m_1$ 为二体质量，$d$ 为其距离。本平行力理，星体轨道可析为直线运动成分。故此定律实将天体与地体运动纳于一系统中。在此系统内，每一体或合体所有之运动皆可精确推算之。拉格琊士(Lagrange, 1736—1813)之论牛顿曰："牛顿，天下之至才，亦天下之至幸者也；盖吾人不能再得一世界系统而建立之。"抑又闻牛顿尝自述曰："斯世于我何如不可知；若吾自知，大类小儿拣拾海岸，间得其光泽者耳，而当前真海待探讨者至无涯也。"二者皆称心之语，可以慨而赋矣。然而此一系统，实不外一最简单最精确之物体运动描写，加氏信人杰哉。

凡兹所言，第就描写物体运动时所有之观念与公式立说，属于物体第一类性质范围内。若物体第二类性质，若光、若热，其变又何如？毋亦有其同焉常焉者，在使动与光与热三者互有一定关联耶？答之者有能量不变原则。①

从历史上言之，能量不变定律盖从牛顿公式 $ps=1/2mv^2$ 得来；式中 $ps$ 为力 $p$ 与向力行路程 $s$ 之积，即"工"之记号也，$1/2mv^2$ 为质量 $m$ 与速度 $v$ 之函数，即"动能"之记号也。凡体持在距地面若干程，倘令其下坠，即获有动能 $1/2mv^2$，与其距地之程与地所施之力成正比。此之所获，由于下坠，故吾人谓斯体在原始地位时据有"储能"$P$，当其坠时，储能递减，动能递增，迭相比例。设如今者体系绳端，左右摇摆，成弧弓形。当其坠至最低点时，将再升高，至于左右等度而后返。盖储能减至极度，即动能增至极度。动能减至极度，即储能增至极度。此言 $1/2mv^2+P=C$；一体之动能与其储能之和是一恒数也。此之谓能量不变。

设今者将绳截断，而令斯体下坠。当其击地时，彼所据之动能，如遇适当情形，固可回复其原有储能。顾在此例，未有此种转向运动发生(假定为非弹性体)；惟动似若消灭，而热随之以增。能量不变律之真实效果，即在以所增之热为类于回复其原有之储能。假定此类不谬，则在此新系统内动能与热之和宜为一恒数；即所失动能，可从所得之热回复之(遇适当情形时)。征之实验果然。同理，动能可变为光为电。此非谓电与光即是动能，特其间有一定量关联而已。

---

① 参考 Mach, "On the Principle of the Conservation of Energy", *Popular Scientific Lectures*, p.137.

然则能力一比率也。能量不变之义若曰，虽动变为热，热变为光，貌似乖离，中实关联，历万变自若也。动也、热也、光也，在一特定观点上，其数量同也。所谓特定观点者，自乙变至他乙，其和不变，而他乙之数必更可变回乙原有之数。易词明之，定性变化时，所失于此必有得于彼，量常然也。审是，能力亦不过与质量、变速率同为变项中比例而已。此诸变名，乃空间与时间或据空间时间者之函数；其间比例关联，皆可以算式出之，故为精确。

凡科学上一二代表公式之意如此，盖从直接考验其式与其所欲描写之事实关联处得来者。吾知多数读者至此必发一问，“究竟何谓质量与能力?”意谓质量与能力不能仅为比率或公式，是必事物也。虽或如是，然不见于科学的精确簿记上。或者事前悬想，事后重思时，质量是一实物，能力是一动作耳。第当列之公式，验之实验，质量与能力乃算学的关系。然则科学公式不能表实乎？曰，何为不能也。特所谓实乃定量的，非定性的。悠悠万事，惟此差可信耳。故恺尔文尝曰：“汝能举所知而表之以数，吾以汝为真知矣；若犹未也，汝所知者在悠昧之间。”此古今学术之较也。

今吾重申前说以终吾篇。凡动经描写后，与空间时间或据此空间时间者成为一定关联。此种纪录，非以已意偏颇其间。时而此，时而彼，两端之间，每一瞬时据一席隙，盖动体之品性也。从而微积之，乃其真信纪录，心所能为者耳。同理，速度为动体距离因子与时间因子之比。由此而上至变速率、质量、引力，更进而至能力，吾人第不过观察与纪录动体上更繁复方面而已。今夫事物纷纶，极吾人观察所得，犹太仓一粒耳。然即观察所及而能得其参伍错综之效，而科学之分析解释乃处处与之相称；斯乃科学真值，抑焉用穷高骛远为。余是以言科学动机第为描写与纪录物体变化，以求其通象与常则。

[第 2 卷第 3 期(1916)第 243—257 页]

# 13. 科学与商业

杨　铨

吾尝以为世之执业勤俭而不获报于社会者其唯商乎！操奇计赢，斟酌盈绌，初无不义之为，而世见其不织得衣，不耕得食，遂诟病之，目为贱行。虽计学名家如亚丹·斯密司(Adam Smith)之流且堕陋习，重农黜商①，纷纷者何足责耶！然英自十八世纪竟以商战雄飞世界，斯密司之言卒不中。吾国古未尝贱商。《周书》："农不出则乏其食，工不出则乏其事，商不出则三宝绝，虞不出则财匮少。"其等视诸业分工互赖之旨，溢于言外。管仲治齐，司马迁作《货殖列传》，皆能明商之功用者。自汉高而后商始日贱，重税苛法，不得入仕，盖不与齐民伍矣。夫商以通货均富，其职在社会与农工同其重要而术之难或且过之。白圭曰："吾治生产犹伊尹吕尚之谋，孙吴用兵，商鞅行法是也。是故其智不足与权变，勇不足以决断，仁不能以取予，强不能有所守，虽欲学吾术终不告之矣。"其言诚是，然吾不欲执此而谓商遂优于他业也。业有专学，人殊禀赋，斯密司言分工之利不及天资，其不能等视诸业者，其以此乎？

此篇之作，非欲为商人吐其抑郁不平之气也。十九世纪以还，科学既一日千里，商业亦睥睨一世。自浅见者观之，二者分道而驰，若不相属，实则科学与商业相提并进，乃有今日。取二者之历史读之，其间之蛛丝马迹固彰彰可寻也。吾将先述二者已往之关系，次言二者近世之趋势。以蠡测海，所得几何，读者或因是而进窥其余，斯则作者所忻愿焉。

科学何自而始乎？始于人欲。生民之初见，不越饮食男女，有所作，自为也，故人私其私。文化进而有群，群之利则谓为公，然从他群观之不过结体之私耳，故曰："天下熙熙，皆为利来；天下攘攘，皆为利往。"利者，一切人为之主动力也。有所欲，不惜以劳苦易之，以有利于己耳。人不能兼技，地不能百产，于是而有分工，生计之学由此始焉。既分工则不能无交易，于是而有商，商之鹄在因时地之宜均其货产。以布易粟人欲得当其酬，而度量以起。度量者，一切科学之基也。美科学家贝尔曰："能量一种现象，则一种科学之基础以立，实则科学不能离度量而独立。"②尤哉言乎！有度量则知用数，中国上古结绳记事；秘鲁(Peru)人以彩索记贸易出入，黄代金，白代银，青代粟，一结为十，两结为二十，两连结为

---

① 见斯氏著《原富论·租篇》。

② 见本报第一卷第五期 496 页。

一百,余仿此;英催租吏当纸笔未发明以前,用长竿插地记租税收入;他如身毒埃及诸先民莫不自有记数之术,近世数学实由是萌蘖焉[①]。其后中国之算盘,巴斯加尔(Blaise Pascal, 1623—1662)、拔培迟(Charles Babbage, 1791—1871)诸人之算机。亦皆以商业日繁乃有省时便用之制。几何学始于埃及,其用则以量地[②]。西国首用罗盘针者为地中海之商船[③]。后世航海造船诸学之精进,列国通商与有力焉。更言地理学。好望角之得闻于世(1487),欧洲通身毒海道之发见(1498),成于葡萄牙人,其志在通商也。哥仑布信地圆之说,欲由欧洲西驶达亚洲之东岸,开欧亚通商之捷径,不意而得新大陆,为世界辟一金窟,地理学亦为之别开生面。凡此皆就科学之去商业疎远者述之,若农工诸学与商业有直接之关系者不遑论也。

凡事皆有精神与物质之激励。舆儓贱役毕生操作,劳苦不悔者欲得养生之具而已。然人之欲望不囿于饮食居处,故颜子有陋巷之乐,苏格拉底不以死生而易真理,是皆偏重精神者也。就极端言之,则商业之的在物质,科学之的在精神。然寻常事业往往介于两者之间,求其纯为物质或精神者鲜矣。发明家与学校教师其最著者。当发明家之弹精竭思以成一物,其心目中未尝有金钱也,然其计划预算必求至廉,以图商业之胜利。无他,商业之效微则其所成之裨益人类亦不广。发明电灯不自爱迭生始,然世多归功爱氏者,以其能普及耳。故发明家之精神在增进人类物质之幸福,人徒见发明家得物质之报,遂以贸利鄙之,误矣。学校教师在恒人必以纯粹之精神职业视之。然以知识而易束脩,以束脩而易衣食,溯其原委,仍不能外物质而独存。夫物质既为人类养生送死之具,则凡椭顶方趾者无得脱弃,不以其人在社会之地位而异也。以物质精神强定业之高下者,是皆心有所蔽者耳。

今日商业食科学之赐众矣,虽有巧历不能尽数。就其大者言之,有轮舶汽车,山海失其险阻;有电报电话,千里如处一室。世界商业盖如人之筋脉,息息相通。昔之商务限于一国,今则横五洲无在非交易之市。科学不仅与商业以交通之利器,更与以交易之物。今之商品不恃天然产物而重制造品,故必工业发达之国而后商业可操必胜之券[④],然工业之发达全恃科学,故三者具始可称霸商业,英美德之先例可证也。最近德人之染料业进步史[⑤]尤足为法。其先世界多恃身毒之天然靛为供给,德人思揽其利,穷七年之力,费

① 见 *Science History of the Universe* 第 VIII 卷洛克(L. L. Locke)著《算学史》1—6 页。
② 见洛克《算学史》109 页。
③ 参见兑伊(Clive Day)《商业史》(*History of Commerce*)73 页。
④ 犹太人虽能专恃商业致富,然操术卑诈,非正轨也。
⑤ 见美国商报(*Annalist*)第六卷 154 号 716 页。

金 5 000 000 元，卒得新法，成专厂，货出而身毒靛业为之不振，1913 年德之出口靛值金 13 000 000 元，虽产靛之英亦购入值 400 000 金元之靛焉。德之所以能期必胜者，固不仅恃工业学术也，其经商之法亦有足多焉。商厂重科学探讨，大学学生习化学有心得者厂辄不惜重资聘之，任其研究何物，凡实验室中用具罔不备，冀其他日或将为有益工业之发明也。厂之管理法至精，一物之成，凡与有力者各得相当之报，虽贩售之人与劳动者无向隅之憾，故人人乐为用。其成功之大因尤在择货之得当，代卖之得人。供必应求，然后其销也速。德之代卖使者遍世界，皆为青年学生，不时以其所居国人之嗜好需求报告本厂，故德人之商业根诸事实，不昧然从事也。莫里尼(M. Molinie)谓法人制货求市，德人应市制货，德法商业之巧拙，盖由是判矣。

二十世纪之商人所以能操纵一世富甲王侯者，其学识手腕有以使之然也。欧美大商店之供应对者多为大学之毕业生，其他司事者亦莫非专家。一举一动必先有详细之调查，深透之讨论然后行，故所为鲜失败。不特大商业行事如此，小商店亦然。某教授为余言美国业杂货者，其择地也先期至欲居之街隙地，静坐终日，计其往来之人数；如是者数日，又之他地，然后取所得之结果比较而定设市之地点。其谨慎将事，虽使科学家为之不能过也。自近世实验心理学出，商人即取而用之于广告，于贸易，于择人，其成效之著有出乎意料之外者。今诸学方日进不已，他日或化商业为应用心理学未可知也。

中国之商业尚在幼稚时代，数米而炊，量地而进，见不越锱铢，谋不外明昨，其遇西人一败涂地宜也。今人欲致富者不经商而入仕，则商之为商可知。虽然，吾人之商才素有声誉于世，其不适于今日无学为之辅耳。度量无定，市价各异，明明曰不二价，而买卖争持动辄数十分钟乃至数小时，其不坚信用多类此。小节不修，与言经商之大道有不怖为河汉者耶？夫商非今日强者所恃以亡人国之利器乎？身毒已矣，无数无形之身毒方踵相接也。吾愿爱国之商人矍然兴起进求科学之方法，师德人之成效，以与世界抗衡。则中国其犹有艾乎！

［第 2 卷第 4 期(1916)第 365—370 页］

# 14. 论　学

任鸿隽

昔吾尝怪自西力东渐，东方诸国被其潮流之震荡者，莫不肸向振董，翻然改图，期与时势相会。然因应虽同，而陈效则殊，如挂帆沧海，烟波茫茫，或乘风直驶，竟达仙乡，如日本是已；或彷徨雾中，瞢然莫知方向之所出，如吾国是已。此固由于国情万殊，治理不一，而一能吸取西方学术，一不能吸取西方学术，实其强弱情势所由判之原因。问其所以然，若有为之说者曰：东邻之国，本无所有，舍己从人，其道大易；若我神州古国，自有其相传文明，将欲学人，则必先顾虑其本来所有。庄生有言："寿陵余子学行于邯郸，未得国能，又失其故行。"此诚不可不虑也。若然者，无异谓吾国之不能吸西方文明而有所发皇，有自己国学之为梗。今欲拨除群障，令放乎盈科之进，其自调和东西学术始乎！

夫曰调和云者，必其物质根本上已具不同之点，有时不能不信彼诎此以剂于适。准此为言，则非所论于东西学术。东西学术诚具不同之点，然此不同之点，非根本上之不相容，而为发达上之完否问题。譬诸有机化学中物质，有完足分子者(亦谓饱和分子)，其变化也，必以一元素代一元素而后其他之新质生；有非完足分子者(亦谓不饱和分子)，其变化也，但取他质加入其内而已，不必变易其元子之数，而新质即崭然出现。是例也，是吾东西学术之大较也。明乎此，则以东取西，亦自缮其不备之点而已，而何调和之足云，而失其国能之恐惧，更不足言矣。

由吾之说，东西学术本无不相容之处，而笃旧者尝引之以为病，则以其于西方为学之意未能真知，而于学之范围又多所牵混故也。其一视西方学术之范围太广，凡宗教思想、社会道德、政治制度，皆在其所谓学术范围之内。于是与其旧说相柄凿，或于当时有不容者，皆一切以洪水猛兽目之。其二视西方学术之范围太狭，所谓东方人长于形而上之道，西方人长于形而下之艺，已成昔日策论家陈语。至近日某大师宣言"西本无学，唯工与商"，则并不认西方有学。其意以为运用脑灵之事，唯吾东方人能之，彼西人皆恃其手足之勤，以成技巧之极耳。夫所谓"道"者，既无界说可凭，亦不知实旨所在。吾国人宗教思想最薄，虑不以道属之宗教。今将言社会制度，如所谓周公以下诸圣人，所以立人伦之极者耶？则吾见他邦有民主者，无君臣之分(此自道德上言之，如吾所天泽之分者。在法制上，则上下之分，虽民主不废也)，等位之差，贵贱之别，而其人民之安豫丰乐，虽吾唐虞三代之盛未能过也。将言其道德，如所谓亲亲尊尊仁民爱物者耶？则彼邦以自由平等为基础之道德，其博施济众，视吾束缚驰骤枯槁之道德有加矣。抑此二者非吾所谓学。吾所谓学，盖指庠序之中学子之所讲习讨论，与深思之士之所倡义而立说者，区以别之，则有玄质两科。如以玄科兼赅文学，质科兼赅武术，则学之大体具于是矣。玄科高谈名理，推衍道术，虽彼析极于觤理，而不凝滞于物物。此在中华发育最先，九流百家，在庄生时已悲其往而不返矣。虽分表参稽之数久废，学之者或曼衍而无所极，方之挽近诸哲学，诚不能无跛完精粗之分；然其宗本领域既同，誉之者无所用其自损，毁之者亦不能熟视若无。至于质科之学，则异于是矣。其研究之主体，既不在吾人思想领域之内，遂有疑此科不属于学术范围之内，而为一二牟利计功之贱丈夫，奋其聪明技巧，偶然探索而得之者，此大误也。今欲明吾中西学术根本上无不相同之点，而发达上有完否之说，请举其要点如次：

第一，吾人学以明道，而西方学以求真。吾人所谓道者，虽无界说可凭，而可藉反对之语以得意义之一部分，则道常与功利对举是已。执此以观西方学术，以其沾沾于物质而应用之溥广也，则以其学为不出于功利之途亦宜。不知西方科学，固不全属物质；即其物质一部分，其大共唯在致知，其远旨唯在求真，初非有功利之心而后为学。其工商之业，由此大盛，则其自然之结果，非创学之始所及料也。磁电之理发明于法勒第，而后世电业之利非法氏所知也。有机化学之钥启于阜勒(Wöhler)，而后世工业化学之盛，非阜氏所及料也。且如行星丽天，电子成质，其于人之直接利害何在？而彼方学子，观测其运行，探讨其原理，钩深致远，不遑暇逸；此岂急功尚利之念驱之使然者哉？夫亦曰求事物之真理而已。是故字彼之真以道，则彼邦物质之学，亦明道之学。且凑乎而真已有次第发见之效，不犹愈于侈言道而终身望道未见者乎。

第二，西人得其为学之术，故其学繁衍滋大浸积而益宏。吾人失其为学之术，故其学疾萎枯槁，浸衰以至于无。吾所谓术者何？以术语言之，即吾曩所谓归纳的方法，积事实以抽定律是也。以近语言之，即斯宾塞所谓“学事物之意，而不学文字之意”是也。盖自培根创归纳之法，西方为学之本，一趋重于事实。其所谓事实者，乃自观察印证以得之。而不徒取诸故纸陈言。故西方为学之术，其第一步，即在搜集事实。学校中之讲习讨论，穷年累月，究其本意所归，不出乎使学者知所以搜集事实之方，与所以研究事实之法而已。夫搜集事实，有时诚不能藉乎文字。譬如学物理者欲知已明之公理，学生计者欲悉各事之统计，非搜寻于故纸何由可得。然所求者，仍事物之意，而非文字之意，得鱼而忘筌，非不可也。反是，谓文字之外无智识，后生必不及古人，穷年孜孜，唯以读古人书解释古人之言为事，则所学者文字之意，而非事物之意。吾国古人为学之法，言格物致知矣。今且置“格物欲致良知”之说，而取“即物穷理”之解。然理当穷矣，而穷理之法，未之闻也；知当致矣，而致知之术，未尝言也。要言之，即所谓格物致知者，但存其目而无其术。说者谓格致一篇之亡，则有以致之。然此已亡之术，诚有如今之所谓科学方法者耶？周秦间之学术，必有大异乎今之所知者，今吾人所称诵当时大师巨子，墨翟、禽滑釐、庄周、荀卿之辈，陈义则高，辩智则美，然可谓极一时人智之发皇，谓开百世学术之途径则未也。夫一国学术之成，各因其民族材性国势通塞而殊。其何道为长江大河，终汇于海，何道为绝潢断港，不免涸竭，非倡学者之所得知，其撷长补短，增益所无，以蕲至于光大之域，则后学者所当有事。吾人欲补格致篇之亡，舍西方重归纳尚事实之学术，固无以也。

以上两端，盖就根本上祛吾人胶己之惑，以明科学之入神州，为智识革命上不可少之事。然吾国学界，尚自有其沈痼废疾，不铲去之，新机将无由生。痼疾者何，好文之弊是已。夫徒学文字之意何以不足为学，以其流于空虚，蹈于疏陋，浸文字乃无意义之可言。吾国不但学不如人，即文亦每下愈况，以所重者徒在文字而无实质以副之故也。以愈重文，乃愈略质；以愈略质，文乃愈敝；凡吾国学术之衰，文学之敝之原因具是矣。乃者某建议欲复制艺取士之制，问其理由，则曰今之学校不能得能文之士。不悟为学本旨，不在能文，以能文为为学之唯一目的，兹吾国学术所以无望发达也。

[第 2 卷第 5 期(1916)第 489—493 页]

# 15. 科学方法论

胡明复

## 一、 科学方法与精神之大概及其实用

《科学》问世以来,迄今已一载有余,虽于科学大体之关系上屡有所贡献,然于科学之方法则未及,偶及之亦未详加讨论,岂以其非要而忽之乎？非也,正以其要而未敢易言耳。顾科学之领域大矣：若质、若能、若生命、若性、若心理、若社会、若政治、若历史,举凡一切之事变,孰非科学应及之领域,虽谓之尽宇宙可也。披耳生(Pearson)①曰:“夫科学之资材,盖与宇宙齐限：非仅限于现今存在之宇宙而已也,凡并宇宙以内生物所有过去未来之历史尽属焉。苟令过去未来现在之事变无一不经研究分析类别而与他事相联络矣,则科学可谓已造其极。然此非谓人生不绝,人史不辍,则科学其永无终期乎?”且夫事理之繁,变端之奇,种类之多,性质之异,在在增加科学之困难,学者目眩智迷,莫知所从,乃欲于无穷之中取其同异,通其变化,溯其通则,不亦难乎？则科学方法之重要,可想而知矣。

且夫科学何以异于他学乎？谓其取材之不同乎？则哲学与文学皆取材于自然,而皆不以科学称。且科学之中,每有彼此之间犹如南辕之与北辙,而有时反与非科学相关至密切者。夫取材相同而科学与非科学乃判然两分,物质不类而反同列于科学,是何故欤？盖科学必有所以为科学之特性在,然后能不以取材分。此特性为何？即在科学之方法。

披耳生曰：

> 苟科学方法能成习惯,则凡事皆可成科学,此为科学方法之特点。科学之范围无限,取材无穷;举凡自然之现象,与社会之生活,文化发展之过去未来,皆为科学之资材。科学之主体在其特异之方法,而不在其资材之为何种。有搜集事变而分析类别之以察其关联通理者,无论其事之为何物,概为应用科学方法,而以科学家名之。然此事变,可为人类历史之过去,可为通都大邑之统计,可为极远星球上之大气,可为蠕虫腹内之消化器,亦可为微生物之生活史。非所论之资材有以定其为科学与否,而其方法实为之。②

然则科学方法特异之处何在？在演绎乎？抑为归纳乎？先请一辩演绎归纳二法之性质。

---

① Karl Pearson, *The Grammar of Science*, Second edition, 1900, London, p.12.
② Pearson, 同上, p.12.

演绎者，自一事或一理推及他事或他理，故其据之事理为已知，或假设为已知，而其推得之事理为已知事理之变能或属类。归纳则反是。先观察事变，审其同违，比较而审察之，分析而类别之，求其变之常，理之通，然后综合会通而成律，反以释明事变之真理，故归纳之法，其首据之事理为实事，而其归纳之结果则为通理，即实事运行之常则也。自此性质上之区别观之，科学之方法当然为归纳的。科学取材于外界，故纯粹演绎不能成科学。此理至明。盖演绎必有所本，今所究为外界，则所本必不可为人造。是以演绎之先，必有归纳为之基。

虽然，纯粹归纳亦不能成科学。夫科学之原理必始于归纳固矣。然归纳有极点乎？严格言之，事变不尽，则归纳之理不立。日月东升西落，此人所习知，而归纳之结果也，然安知明日不西升东落乎？故虽日月东升西落之常理，亦不得谓为绝对之归纳，其理之永远确实与否终在不可知之列。然则宇宙之变无已时而人世有限，归纳之理其永不立矣乎！是以科学上之归纳，犹常事上之归纳，皆有其限制，盖仅能征集多数之事变而观其通则，非能尽宇宙中之事变也。以其归纳非绝对，故其归纳所成之理仍含有假设之性质，犹谓苟此归纳之理确为真理，则此理如真。易词言之，归纳之理仍不啻为假设之理，第其假设根据于事实，非凭空臆造之类耳。

科学之方法，乃兼合归纳与演绎二者。先作观测，微有所得，乃设想一理以推演之，然后复作实验，以视其合否。不合则重创一新理，合而不尽精切则修补之，然后更试以实验，再演绎之，如是往返于归纳演绎之间。归纳与演绎既相间而进，故归纳之性不失，而演绎之功可收，斯为科学方法之特点。

然余所欲特别著重者，为其归纳之性。不有此性，科学已失其为科学，遑顾其他，此所以科学之发达不在中古以前而在文化再兴（Renaissance）以后也。此理至明。科学之目的，在求自然界之真。自然既无求于人，则人必就之。欲解释事变，则不能不根据于事变，然后事实与理解乃能契合。归纳之性，盖使理论与事实常相接触也。

科学方法之大概，约如上述。其于科学自身上之重要，人所尽知，无庸作者赘述。然科学方法之影响，尚远出于科学自身发达以外。科学知识于人类思潮、道德、文化之影响视其有功人类犹远过之。于此遂不得不合科学之方法与精神二者而一谈。精神为方法之髓，而方法则精神之郛也。是以科学之精神，即科学方法之精神。

科学方法之唯一精神，曰“求真”。取广义言之，凡方法之可以致真者，皆得谓之科学的方法；凡理说之合于事变者，皆得谓之科学的理说；凡理论之不根据于事实者，或根据于事实而未尽精切者，皆科学所欲去。概言之，曰“立真去伪”。故习于科学而通其精义者，仅知有真理而不肯苟从，非真则不信焉。此种精神，直接影响于人类之思想者，曰排除迷信与妄从。考诸西国科学发达史，盖自科学发展以来，几无日不与旧迷信、旧习俗、旧宗教、旧道德相搏战，然其结果则不特科学自身之发展而已也，即风俗道德与宗教亦因之日进于纯粹，而愈超于真境。怀忒(Andrew D. White)谓自历史上观察之，凡科学与宗教之搏战，其结果无不为两利。① 赫胥黎论自有科学以后思想之变异，谓"中古之时，咸信地为宇宙之中心，而世界则为人类而设造。然今则谓自然为天然有规则之运行，非有外物之可为指使，故人类之职务在察求其运行之规则，利用之以自治其身。且古今崇信之端亦大异矣。古者泥于陈言古训，寻章摘句，今则以自然之真为唯一标准；且自知人类知识之残缺不完，而求真之诚益坚。立言而不以实事为之根，由今视之，非特伪诞，且罪孽也"。② 即此数事，其影响于吾人处世之态度，遇事之方术者至大，虽谓近世文明出于是焉，非过言也。返顾吾国，则犹如西国之中世纪，斤斤焉于古人之一言数语，而不察于实事，似以为宇宙中之大道至理皆可由此一言数语中得之。今日"复古"之潮流，犹是此心理之流毒。而此种寻章摘句之又一大恶果，则为其重于章句而忽于真义，是以往往言不由衷，言行相违，宛如两人。廉耻道丧，而文化亦日即衰落。学问道德政治社会，皆存其形仪而失其实际，可慨也已。然则有补救之方策乎？曰有，提倡科学，以养"求真"之精神。知"真"，则事理明，是非彰，而廉耻生。知"真"则不复妄从而逆行。此为中国应究科学之最大原因。若夫科学之可以富国强兵，则民智民德发育以后自然之结果，不求而自得者也。

且夫社会国家之康健稳固，全系于社会国家中个人之责任心。人类无群，无以自存，故有社会，有国家。故国家社会为民有，为民造，为民主，而国民对于国家社会遂有其应尽之责。科学审于事理，不取意断，而惟理是从，故最适于教养国民之资格。审于事理，则国家社会与个人之利害关系明。不从意断，则遇事无私。惟真理是从，故人知其责之所在。自反面言之，国民对于社会国家心切，故监察綦严，虽有败类佥壬而社会国家不为所倾覆。此科学精神之直接影响于社会国家之安宁与稳固者也。

且夫社会之事变，亦自然之现象也，何独不可以科学之方法解决社会上之问题？近世西国每数年必为一统计，每有一事则为调查，于是于社会上之倾向，之习好，之弊端，之优点，皆了然无遗，乃复依情设救，防患于未然，其成绩盖已昭著矣。复试举地方卫生、劳工生活诸事，孰非与社会全体有密切之关系而皆可以科学之方法解决者也。更进而言之，试

---

① A. D. White, *A History of the Warfare of Science with Theology in Christendom*, 1914, Introduction.
② Huxley, *Science and Culture*, New York, 1890, p.21.

论外斯曼性传之说。其说谓吾人习成之习惯而本非天授者,不能遗传。① 今姑不论其说之为完满与否,假令此说而实,则人之生性为善而习于为恶者,其子其孙不必即生性为恶。故苟以善良之教育与其子孙,而不令与恶社会相接触,则其子孙多能为善。反之,生性为恶者,虽偶习于善,其子其孙亦必不良,即可以直接或间接之方法阻滞其繁殖。此于无形之中增加社会之善良分子也。诚令外斯曼之说不尽然,此理仍不因之少减。盖吾人之行为,繁于生性者半,繁于教育者半,去其恶性而授以良教育,此不易之至理也。

今之论科学救国者,又每以物质文明工商发达立说矣。余亦欲为是说。虽然,科学不以实用始,故亦不以实用终。夫科学之最初,何尝以其有实用而致力焉,在“求真”而已。真理既明,实用自随,此自然之势,无庸勉强者也。是以“求真”为主体,而实用为自然之产物,此不可不辩者。自科学发达以后,凡阅三世者而后其功用乃大见,科学之先祖固未尝梦想有今日也。夫科学之最初,莫不始于至微,其最初皆无关紧要,而其结果则往往为科学界立新纪元,于社会上造一新思潮、新文化。如牛顿之万有引力,以石落与月转相合于一理;伽尔伐尼(Galvani)以死蛙与铁铜相接,其足乃自伸缩;达尔文之观察动植种子随境变宜之现象;又如巴斯多耳与他人之研究种种微生物。若此者,其始皆至微,绝无实用之可言,而其结果则不特科学界上辟新纪元,宇宙全体之观念为之大变,而凡吾人平日之生活态度、交通方法、社会行为、道德思想,俱受其直接与间接之极大影响。当其发见之初,无非出于研究者“求真”之一念,并未计及其有实用否也,故其精力智虑能集于至微,不以其无实用之价值而弃之,而其功乃不朽。苟令研究者孳孳以实用为主,诚恐其移无所获也。谁复预知伽尔伐尼之蛙足为今日海底电线之伏根哉!科学史上尤不乏其例也。

夫未知其有用而终竭终身之力求之者,其间殆有一种不可思议之精神在。朴完卡雷(Poincaré)曰:“彼乐之,故从事焉;彼乐之,以其为至美。苟自然而非至美者,则不值一知,此生亦复何趣。余为此言,非谓自然之能悦我耳目也,亦非谓其能致用于我也。是二者,我亦不谓恶,第非我所重耳。我所谓至美者,为自然界中事物纲理之和一,而此则惟纯智能察之。此为主体,其所为吾人所觉视而应用者为其霞光。苟此主体不存,则吾人习见之丽之美,皆将如梦魅而非久永。且纯智中之至美,为自存,为无待,为无上至珍。为科学,故科学家乐为捐生,虽人生之乐利犹为其次焉。”②

自然之美,在其简而通。人智可思之,可窥之,而不可尽之。简而通,故宜于知识;宜

① Weissman, *Essays on Heredity and Kindred Biological Problems*, Oxford, 1889.
② Poincaré, *Science and Method* (English translation), p.22.

于知识，故最宜于实用。是则自科学之实用，亦可略见自然之为至美矣。马赫(Mach)则谓科学之倾向取捷径，取其费力最少而收效最多，故最简捷而通微者则得认以为真律。然非自然之为至美，又焉能有此？论者慎勿以为今日欧美之文化为其有科学之实用也，此特为其近因近果而非其主因。其主因则在其民族之爱自然之至美。爱自然之至美，故乐于求真理。朴完卡雷以希腊文化之能独盛于古代，今日欧人之能优胜于世界，悉归功于希腊与欧民之爱纯智中之至美。① 岂过言哉！吾人可以知所重矣。

吾标题为科学方法而遂纵论及科学之精神与其实用者，盖方法与精神本为一体，不有其精神而求通其方法，末由也。其方法之实际，将于次篇言之。

## 二、科学之律例

科学方法，在征集事变而求其通则，前篇既述之矣。前篇大旨，于求真精神注重过甚，恐反引起科学律例即是自然真理之谬解，因作本篇，以明科学律例之性质。

事变之通则，谓之科学之律例。科学观察事变，辨其同违，比较而审察之，分析而类别之，得其事之常，理之通，然后综合会通成律例，此科学律例之由来也。科学律例，其即自然之真理乎？盖大有研究之地。夫所谓事变者，其为真界之真正事变耶？抑为外界事变印于吾人脑中之影象耶？是不可以不辨，外界变动，侵及五官，五官复藉神经之媒介传入大脑，乃生感觉。故凡有事变，自其起于外界之初，至其为吾人感觉之顷，其间所经间介物层数众多。是则吾人之所谓事变，殆吾人脑中所有外物之影象耳，其非其正之事变可断言也。第其诸层媒介之作用，各有定程，外界一举一动，于内必有相等之影象，故内外相应，无有错乱，若吾不审，则且认此影象为真物矣。然惟以其内外相应，无有错乱，故吾人感觉中之事变之通则，于外界亦有相当之事理与之对应。诚如此言，则科学之律例殆非真正之事理，盖吾人意象中之真正事理也。

不宁惟是，外界变动，亦得以间接方法感觉之，有时无从感觉更藉他事他理而推求得之；乃至有并无推求之可言，而凭虚臆造一理以与事变相合，于以求各理之联贯。若微生物之极小者，必藉显微镜而后见，吾人于此所得之事变与真正事变又远一层，因其中又多一媒介物也，此即以间接方法感觉之谓。若海王星之发见，地圆之证明，则并无感觉之可言，乃藉他种已知之事理推求得之。若夫化学上之分子原子说，今日物理中之电子说，皆

---

① Poincaré，同上，p.24.

意造之物象，为联络各种已知之事理使成系统之用。至于分子原子电子之究竟存在与否，实未可知，其物盖纯为吾人心目中之意象，其与自然真界之关系则亦为内外对应之类；外界有相应之物，吾谓之分子原子电子，然其物非必即为吾人今兹心目中之分子原子电子也。同理，科学律例与外界真理之关系，亦为内外事理之互相对应而已。

且夫律例者，必事理常则译成文言之谓。文言不能离人类而自立，故所谓律例者不与人类对待即无意义之可言。外界真理，或者长存，然不经人力，不成吾人之所谓律例。不宁惟是，外界事变不经吾人感觉之多层媒介，无由入知识之范围，是则无有事变不有待于人之官能。然吾人所欲知者，不过吾人所能知者而已。苟其物非吾能知，吾终求之不得，置之可矣。吾人所能知者，必为吾人所能直接或间接感觉抑或推求而得者也。诚然，则吾人之所谓科学事实与科学律例，其不得舍人类而言者，又昭然也。

抑犹有进者，科学律例不特有待于人类，而且为人类之所产出。夫所贵乎律例者，惟以其能以极短之文意代表外界众多之现象，使吾人见义思物，而无记忆众多事实之烦。是以科学律例者，自此观点视之，亦犹短书之法，用以省我脑力者也。职是之故，科学律例贵在简明，在通彻，在包罗广阔，且各律例之间必求其无相违悖，互通成系。简明通彻，则便于记忆；包罗广阔，则脑力省；互相联络，则得相依以为推求。总之，科学之目的无非欲于脑中构一简彻易通之意象的世界，以代表外方自然之真象，务求其毕肖而后已。凡如分子原子电子之类，无非为构造此种意象世界而设，苟用之而与物象事变相合，而且所包极广，则认以为真物可也；苟未尽合，或所包未广，则复别创新理以代之，今日电子几逐原子而代之，即其征也。故科学律例之作成，非徒征集事变而求其通则而已，必同时与他种相关之事理相比较而贯通之，以求推广其律例应用之范围。夫所谓贯通与推广者，亦惟假力于吾人意造假象之能力而已矣。由此观之，科学律例要为人造，人智之产物也。与其谓自然与人以律例，毋宁谓人与自然以律例矣。

推广科学律例之范围，实为今日科学上之惟一职务。科学之有进步，惟在其时有新发见；前之律例有未精切者则修正之，所包未广者则推扩之，不如是则不能利用律例以推求分析类别所未知之新现象。前有律例，未必即误，然其代之者则必为包含前律而复扩充其范围者也。试以行星环行之往事证之，最初解日之运行者曰：日落之后，绕行平地北方山背而复之东。其说固荒诞，然要为科学的解释之初步。渐进乃谓日球实自地下绕出，不复以地为平坦四达矣。又进则因日月星辰之皆运行，而有地球为天心，日月星辰皆环绕之之说。嗣见日球与他星之位置屡有更易，上说又嫌未合。托力密（Ptolemy，纪元后 140 年）乃进其说，谓日月绕地成圈，星辰亦运行成圆，而其圆之心则绕地而行，然地为天心之说犹未改也。中古之末，柯波尼克(Copernicus)始易以日球为中心之说，于理乃益合。持之又久，天文观象之事迹既多，恺柏勒(Keppler)氏之得是律也，实兼分析事实与意想假象二事，其所用事实类皆得之其师孛路奴(Tycho Bruno)氏既分析类别之，复加以自己之意象，以成此律。科学方法最著之例，此为其一。恺氏之后，牛顿复因坠物之事与地月之关系，本恺氏之三律得万有引力律。就此一事观之，每进一说，莫不根基于新发见之事实，复加以发见者自己之意象，故与实事益切而范围加广。然则得谓旧说之为错误乎？曰否，彼限于其所有之事实，就其所有事实之范围内论之，彼说固是，人不得难之也，谓之残缺不全则可，谓之错误则不可。且其说之为残缺不全，又非待新事实之发见不显，故科学律例皆积岁月经验与前人智虑而成，其偶然发见而享其盛名者，特其集大成者耳。于此乃益见科学律例之为假设的。吾人加入之意象之为假设，上已言之矣，然科学之进步方进未已，科学之律例在今日为真理者，明日又以得新发见而成残缺不全矣。则今日认之以为真者，又为假设的也。在今日已知事实之范围中，吾律与事符合，则谓之真，所谓真者，事与律相符之别号耳。

试以热力学之第二律证之，此理尤显。第二律曰：在一自动机之内，不藉外力，不能使热自低温之物传于高温之物。此律盖于物理学上极占重要之地位，而与吾人平日之各种经验尤切合者。然而克勒克·马克斯威尔(Clerk Maxwell)之论此律也①，曰：

> 热力学上今日已经公认之事实中，有一事焉，即在一完全紧闭之物素中，质量不变，热不能透，而内部之温度及压力各部平均，若不另加工，则不能使其各部生温度及压力之不均，是为热力学之第二律。苟吾仅论其物系之全体，而未能鉴别操纵其物之各个分子，则此律之为实殆无可疑。然使有人其一切官能皆与我同，惟其视觉之能力可见分子之至微而观察其运行之道途，则彼将能为我今所不能为之事。今我有一器，盛持空气，温度均一，然我知其中分子运动之速率各各不同，惟任取多数之分子，则其平均之速率大致为相同耳。今试设想其器两分为A、B二部，中间惟有一小门，令我上设之一人启闭之，务使惟有高速之分子能自A越门而入B，而惟有低速之分子能自B穿门而之A。则两部分子互易之后，其人可不假外力使B之热度高于A，而热力学之第二律将不复实矣。

观克勒克·马克斯威尔之言热力学之第二律，虽与吾人平日之经验符合，然设吾人之官能较今精微，则行见第二律之非实。何也？吾人平常之官能不及见各个分子也。故吾之所能经验者，为物体全体之平均变状，而第二律者则亦仅与其全体之变态相合也。若以

① *Theory of Heat*, 3rd ed., p.308. Longmans, 1872.

兽类言之，其识别之力犹逊于人，则彼所经验而以为真实之事理者，人类必以为非实，何也？盖以经验范围之广狭不同也。今吾人类已有之经验极有限，其官能未精，则事变之常则，毋亦终为机数（probability）之类乎？昔日如是，今日如是，明日又如是，则后日可料其又复如是。后日而诚然，固甚佳；然后日而不然者，则与今日之律例仍可无悖也。若夫热动之说，则其全理根基于机数。彼重在物体全体平均之变态，而忽其各个分子之行为。各个分子之行为，虽与平均变态相违，而其律则仍无少移矣。是则科学律例之真妄，视吾人经验之范围为定，舍人类而言其真妄，断断无谓也。

科学律例，既不能须臾离人类而成义，故非绝对可恃。然昔拉孛拉斯曾以机体视自然界，为文详论之，谓苟我能尽通宇宙之理，则无论何时何地某事之发生不难预知。譬如数千年以后之星球，天文家可预测其位置，此固非不可能之事也；凡属自然界之通例，毋亦类是乎？虽然，其说终为科学上之一假设，未可以为定论，虽拉孛拉斯犹认此为人类之永不能期者矣，以人类知识之终有限也。夫科学律例，无非为过去事实之通理。其能基过去以预测未来者，纯为假设之理。惟据过去之经验，则机数甚大，为可恃耳。夫所贵乎科学之律例者，即此机数之可恃也。

## 三、几率论

昔吾言《科学律例》，谓不过过去事变之通理；夫科学之价值，诚在其可据以为未来之预测，然其所以可据以为预测者，纯为假设之事理，非科学律例所固能。易词言之，科学律例之效能，仅限于过去，其得以应用于未来者，属于几率（probability）之范围，故次论几率。

几率者何？以银币一，向空上掷，及其堕地，则必有一面向上。此向上之面，或正或反，非能预断。苟其形式整齐，重量均一，掷法无偏倚，则以意度之，两面向上之机会均，盖无特种理由可使其面必向上也。然实际上终有一面向上，其向上也，必有种种复杂之原因在。如上掷时原来之方位侧度，上掷之速度，下坠时空中之阻力，落地时地面之情状，种种原因皆与最后之结果有直接与间接之关系。然其原因虽甚复杂，吾人纵不能确知其与最后结果之实在关系，要能决其影响之存在。何也？盖无特别理由，则正反两面向上之机会均等也，若令1代表机会之总数，则正反两面向上之机会各为1/2，是曰几率。几率云者，数事同时有发现之机会时，以数量表示机会大小之谓，与百分数之用意相同。通常以机会之总数为标准，命之为1，而以分数表各事之机会，故有一事必定发现时，其几率为1，若必不发现则几率为0。

譬如掷骰,如其形为正方,重量相均,则六面面上之机会相等故总几率为1,而六面面上之几率各为1/6。又如黑球一,白球三,赤球四,同置一囊中搅和之,任取其一,各球被取之机会相等,其几率各为1/8,但各色数目多寡不同,故一色数目多者其被取之几率亦大。球之总数为8,赤占其4、白3、黑1,故被取球:

为黑色之几率=1/8

为白色之几率=3/8

为赤色之几率=4/8

又设有银币三枚,同时上掷,及其堕地而观其向上各面配列之法,则有八种:

正正正　正正反　正反正　正反反

反正正　反正反　反反正　反反反

每种发现之几率各为1/8。然若不计各个银币之正反,但观其各面之略同,则

三物皆正之几数=1/8;

二正一反之几数=3/8;

一正二反之几数=3/8;

三物皆反之几数=1/8。

计算几率之法,先求其有均等机会发现之各事之总数,以之作各几率之公分母,然后以某事可以发现之数目为分子,即得其事之几率。譬如上举一例,其有均等机会发现各事之总数为8,而二正一反可以发现之数为3,故其几率为3/8。

几率之学,于算学中自为一门,定理极多,非本篇所能及。兹所欲注重者,在其与实事之关系。复以掷银币之例论之,试连掷数百次,记其各次之结果而比较之,则正反两面之数辄不相上下,与上算各有之几率相吻合。若以百分数算之,则次数愈多,其差愈微。读者不信,请自试之。昔步丰(Buffon)曾令一幼童试之,得正面2 048次,反面1 992次,以百分数算之,正面50.7%,反面49.3%,其差为1.4%。后棣摩根(De Morgan)之徒某复试之①,其数更切,得正面2 048,反面2 041,以百分数算之,各为1/2。故数百掷中,两面所得之数应相等。但实际上则种种情形各次不同,其结果自不能与理论尽符。有时轻重失均,或掷法不公平,则一面优胜于他面。譬如骰子戏,每有狡者于一角上隐嵌铅粒,使其轻重失均而令各面之机会不等者,然此种系特别情形,当作别论。若轻重均匀,掷法无偏倚,则所得结果辄与理论之几率相差无几,此屡试屡验者也。请再举二例。

---

① De Morgan, *Formal Logic*, p.185.

该德来(Quetelet)以 20 黑球与 20 白球同置囊中而搅乱之,然后任取其一。试验数千百次后,其结果得黑者 2 030 次,白者 2 066 次,两者之比为 1 与 1.02①。

秩文斯(Jevons)以银币 10 枚,同时上掷,而观其堕地后各面之异同。共掷 2 048 次,分为两起,每起 1 024 次,得结果如下②:

| 种类 | 理论上应得之数 | 第一起所得 | 第二起所得 | 平均 | 平均数与理论数之差 |
|---|---|---|---|---|---|
| 10 正 0 反 | 1 | 3 | 1 | 2 | +1 |
| 9　1 | 10 | 12 | 23 | $17\frac{1}{2}$ | $+7\frac{1}{2}$ |
| 8　2 | 45 | 57 | 73 | 65 | +20 |
| 7　3 | 120 | 129 | 123 | 126 | +6 |
| 6　4 | 210 | 181 | 190 | $185\frac{1}{2}$ | −25 |
| 5　5 | 252 | 257 | 232 | $244\frac{1}{2}$ | $-7\frac{1}{2}$ |
| 4　6 | 210 | 201 | 197 | 199 | −11 |
| 3　7 | 120 | 111 | 119 | 115 | −5 |
| 2　8 | 45 | 52 | 50 | 51 | +6 |
| 1　9 | 10 | 21 | 15 | 18 | +8 |
| 0　10 | 1 | 0 | 1 | 1/2 | −1/2 |
| 总数 | 1 024 | 1 024 | 1 024 | 1 024 | −1 |

秩氏之实验,用银币 10 枚,共掷 2 048 次,若就每一银币计之,共得 20 480 掷。理论上正面应占其半,即 10 240 次。而氏实得共 10 353 次,第一起中 5 222 次,第二起中 5 131 次。理论与实得之数,亦甚相近。然以其所掷次数之多,相差仍不可谓小,意必有未可考之原因倾向于正面之故也。

上举数例,皆所以示理论几率与实事之契合。而因其与实事之契合,吾人亦可根据实事以求理论上之几率。如秩氏之例,就氏所用之十银币而论,吾人可云正面之几率约 10 353/20 480,强于反面之几率。又如骰子一角嵌铅,各面之几率非复相等,其实在几率可自实验得之。盖几率之理,基于各事有均等发现之机会。若有特别原因,使某一事发现独易于他事,则其事之几率固应大于他事;而实际上一事发现之次数独多者,又必有其特别原因在。是则根据实事以求几率,盖亦不背于学理也,且实际上种种原因甚复杂,其存在每至微不易见,而其影响又每至大。今据实事以求几率,凭几率之大小以为预料,则其原因纵至复

① *Letters on the theory of Probability* (Downes 译), 1849, pp.36 - 37.
② Jevons, *The Principle of Science*, p.208.

极微，吾人可不必知其原因之究竟而得预知某事之发现矣。天油然作云，农夫知雨之将至。云雨之关系，农夫固不知也，然习之既久，则以为理之当然矣。无形之中，已有几率之理在，特常人不之觉耳。此仅一例而已，苟论吾人平日之生活，何莫不然。若历史，若科学，若一切学问，皆根据于经验，故虽谓以几率之理为其基础可也，而科学律例尤为其最著之例。

自表面观之，"科学律例"与"几率"似相悖不并立。科学律例为通理，机会为偶然，虽然，余已言之矣，科学律例为过去事实之通理，对于未来之事无相合之必要，特吾人以其几率至大，遂信以为真耳。

抑有进者，根据实事以求之几率亦未必为绝对之几率。盖绝对几率，包括所有可以发生之事项而言之。如本编首举数例，皆属绝对之几率，以凡所有可以发生之事项皆包括在内也。今据事实以求几率，则其事实仅限于过去之事实，以理论言之，其几率之可恃与否仍在未可卜之列。譬如掷银币之例，但掷一次，偶见正面在上，遂曰凡掷必得正面，此不言而知其妄也。但事实愈多，则根据事实而得之几率与绝对之几率愈相近，故愈可恃。科学律例，殆此类耳。

然则几率与偶然之机遇何以异？事实之发生，皆偶然机遇乎？曰然，而又不尽然。夫所谓偶然之机遇者，非事件之能绝对偶然发生。在科学上机体的世界中，事件不容无中生有，必有致之者。特吾人不知其发生之缘由，而谓为偶然之发生耳。是以偶然机遇者，吾人无识之别名，非机体世界中固有之名词也。以此眼光观之，则凡事实之发现，皆得以偶然机遇目之。今人以为科学的事实，可以理解者，于古人则偶然之机遇也，于野蛮民族亦偶然之机遇也，于愚昧乞子亦偶然之机遇也。今日吾人以为不可理解而以偶然机遇称之者，安知数千百年以后不亦为科学的事实乎。吾故曰，事实之发现，皆偶然之机遇也。

以例证之，有圆锥体一，其底面与锥轴垂直。若倒立地面，其轴与水平面垂直，苟体之四周轻重相均，仅受地心之吸引，而无空气与他物之相扰，则其体理应直立不倒，然实际上此为无有之事。第一，实际上四周重量未必相均。第二，即重量均匀矣，其轴又于实际上未必能与水平面真正垂直。第三，即其轴亦垂直矣，一有空气或他物之相扰，其轴即失其垂直之地位。其倾倒之原因至多，其量又每至微，然其所生之效果则固有一定也。丝毫之因，成极大之果，在在皆是。吾人不知其原因之底蕴，以偶然机遇视之可也。

虽然，事物发生，必有致之者。故偶然机遇之中，亦有通理可寻，吾人不得借口于"无识"二字而遂置之。易词言之，偶然之机遇，亦不可谓纯粹为"无识"之别名。无识之中，无知识可求，而偶然机遇之中固有理可寻也。例如人寿保险，投机事业也，其对于个人之生死，公司未由预料，投机而已。然而人寿保险，固最稳事业之一，此断不能但以气运解释之者也。盖人寿保险公司未设以前,必先有其地逐年人口生死人数与年岁之统计,调查各种致死之原因。与其所占之分数,再及人民之富力与职业等情,然后根据其结果以定营业之方策,而万无一失矣。保险事业,特其最明显者而已。他如制造业、运输业、银行业,以及一切零售批发商店,莫不皆然。于大戈壁中,以百万之资筑一大旅馆,楼高十级,富捋王宫,虽三尺童子笑其愚矣。然置之纽约伦敦或巴黎①,胜利可操券也。此无他,几率为之耳。

科学律例之含有几率的性质,余已言之再矣,然犹未足以尽几率理论之妙用。科学之理论,更有纯粹依据几率之理而立说,而所得结果仍与实事相符者。气体热动说曰,气体者,多数分子所合成,分子有平均速度,其大小依热度而异,各依直线流动,故时相冲击而变其流动之方向。此说为今日物理公认之理论,凡气体之性质皆可以理解之。例如执热动说以解释气体之压力曰,气体分子流动时,与外物相击撞,如热度均匀,其击撞之次数与力量,各面平均大致相若。于个位面积内,此平均撞击之力,谓之压力。依此解释,则热度愈高,分子流动愈速,而压力愈大,与事实相符也。夫气体内部之组织,吾人不得而知也。今为种种假设,谓气体由分子组成,分子常流动,又常相冲击,热度与速度有一定之关系,然后复应用几率之理,曰分子与外物击撞之次数与力量,各面平均相若。凡此皆假设之理,而假设之中又复采用几率之理。然而所得结果,竟与气体之真现象悉相符合,此不得谓其偶然者也。盖假设之理,当其创始之时,大半直接与间接受事实之提示,非凭臆造者可比。易词言之,假设之理,亦必根据于事实。苟假设之结果与事实不符,其理自然不立,或尚待修补。若幸而合,则其理为暂时可通。故假设之理,亦犹科学律例,含有几率之性质焉。至于假设之中,又复采用几率之理,则尤其特色者矣。

**参考书:**


K. Pearson, *The Grammar of Science*, 3rd.ed., Vol. I, ChII, III. London, 1911.

W. S. Jevons, *The Principle of Science*, ChXXXI. MacMillan, 1887.

Jevons, *The Principles of Science*, Chapter X.

H. Poincare, *Science and Method*, Book I, Chapter IV.


[第 2 卷第 7 期(1916)第 719—727 页、第 9 期(1916)第 957—963 页,第 3 卷第 3 期(1917)第 261—269 页]

① 欧战方酣,民生凋苦,伦敦与巴黎之大旅馆多数闭歇。故在今日,虽在伦敦与巴黎,亦万无获利之希望。上言盖指欧战以前之伦敦与巴黎也。

# 16. 科学之分类[①]

唐钺译

**分类之便利及其困难** 科学以已知宇宙之全体为其领域。凡经验之事实，可检验而足以传达于人者，莫非科学之所取材。其范围之广漠如此，则类而分之，于事必便。不宁唯是，善悟之士非受谬罔之教育，固必对种种之事实皆具科学之兴味。然嗜好人各不同，则知力分工之兴亦自然之势。笃而论之，无一科学不有待于深长之训练，则以常人而欲于二科以上极其高深，盖事之不可能也已。

类分科学固为实用上及知力上之便利，惟其事难点甚多，每有深邃之问题随之而起。使分之过繁，则知识一贯之理，将湮没而不彰。使分之过略，则各科之自治权为其主题特性之所保有者，将沦澌以尽。欲尽二者之利而无其弊，则不得不调停于其间。试举其例。今夫植物学动物学之无庸过为固执剖而二之也甚明，合斯二者而称之为生物学(Biology)，固无大谬也。至若强纳生物学于物理化学之中以为后者之一支部，则见称荒谬绝伦，非无故矣。

教学之难，有类是者。专攻(specialization)太过则流于衒学，专攻不及则流为浅尝。使吾人志在得科学之方术，则止于一隅取某一部事实而穷探之，视好踏遍亦合，作神智之汗漫游者，其成功当较可必也。虽然，使吾人之所欲者，在于别开生面之观点，与激发科学想象之新动机，则所需者非知识之广博及各种训练之切磋莫属。

类分科学之举，若别具魔力足以动人。古今大智多劳神焦思，求此难题之解决。赫胥黎年十有七，已兴思及此。其言曰："吾于知识之分类，深思之者有日矣。吾之计划，盖首分一切知识为两大部：一部属物(objective)，凡知识之受自外界者属之；一部属我(subjective)，凡知识之得自内省者属之。"其所陈之计划如下：

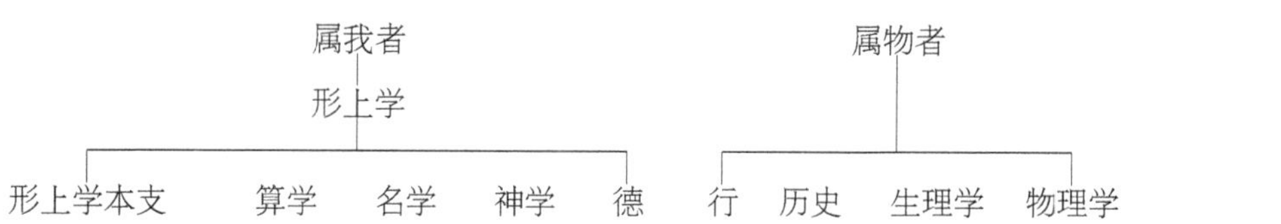


科学之分类，已见者多至数十种。教授弗林忒氏(Robert Flint)论列之。[②] 其说殊精

---

① 本篇为汤姆生所著《科学向导》之第四章(Chapter IV, *An Introduction to Science* by J. Arthur Thomson)。

② 参观 R. Flint's *Philosophy as Scientia scientiarum, and a History of the Classification of the Sciences* (1904)。凡篇中插注所谓弗氏 1904 书者皆指此。

细，本篇限于篇幅，不能逐一讨论，惟取其足以说明特旨者数种而已。

**培根之分类**　弗兰息斯・培根（Francis Bacon，1561—1626）之著《神智球》（*Intellectual Globe*）也，分人类学问为三大部：历史、词章（poesy）及哲学或一切科学（philosophy or the sciences），是已。历史者基于记忆（memory），分为“自然”（natural）、“民事”（civil）二类。前此苏格兰教职之称号有曰“自然及民事历史”者，即本此意。词章者以想象（imagination）之心能为基。哲学基于推理（reason），包括二类：一为神道（divinity），究天神启示（revelation）之事；一为自然哲学（natural philosophy），以天、物、人（God，nature and man）为其论题。论物之部，算学、物理（言有质及次起之因）、形上学（言范式及最高因）属焉。培根之所分如此，居今以观，其简陋诚为易见。顾学之分科非如共毂之众幅，而若同干之诸枝，“其干本为一体，继长增高之后而始分为枝柯者也”。披耳生（Prof. Karl Pearson）教授以培氏当日已见此理，谓为极饶趣味之事，良然。盖培氏之分析法，于科学一贯及演进之理并发其端矣。

以科学之部别如枝条之共一干也，则“构一大全科学以为余科之母，且为探寻歧出众科之总道，实首要之图”。此“大全科学”（universal science）者，是为“元始或总要之哲学”，而包考索“超绝体，或万有之外来缘境”之事者也。此培根之所擘画，而为后来法国学典家（Encyclopedists）鸿著之所本。实则学典家宜有愈此之分类。盖培根之意以为记忆、想象、推理为判然各异之心能，因而知识之部别起。据此为分，其根本先已谬误。迹其所为，如摒历史于科学之外，分人与物为二之类，以吾侪今日之眼光观之，欲不谓之乱杂支离，不可得已。

**孔特之分类**　奥格斯特・孔特（Auguste Comte，1798—1857）则以为基本科学有六：曰数学、曰天文学、曰物理学、曰化学、曰生物学、曰社会学，而以德行之学为其峰极或究竟焉。孔氏谓是诸科者相承为一系，表其演进之顺序；盖其意谓较为简单、抽象、独立之科，恒视较为专门、复杂、有待之科早出也。氏之所陈有二义焉，而皆言之过实。一曰“科学全体之会归点”在于德行，故凡百科学当以指导人生行谊为职志。易词以明之，即谓学之所有事，在植为生之术之基，是已。二曰各科之组织，如教会阶级之制，讨论复杂事实之科，待探究简单事实之科而成。自吾人观之，谓人生事故可以物理化学之公式表之，抑或谓人群问题之筦钥操诸生物学家之手，其说殆不可信；然以理化之研究，而吾人于此身之见解及操纵之之能大进；与夫生物学之事案足以提撕群学家者随在多有；之二者事实具在，不可诬也。孔氏对于各科学相须相维之意见，可谓信而有征矣。

虽然，孔氏谓众科成系若线，就辞寻义，不无误谬。征诸往事：生物学非自理、化演展而出；天文学不能离理、化而自为一基本科学，亦未尝为物理学之所基；算学固可谓之最属基本之科，然其学属于抽象，不与物理、化学、生物诸科之铺叙事实者同类。至心理学本自为类，乃列为生理学（属生物学）之一部，夺其自治之权，可谓之怪诞失实矣。

**斯宾塞之分类** 赫帛忒·斯宾塞（Herbert Spencer, 1864）则注重于抽象科（abstract sciences）与具体科（concrete sciences）之分。抽象科究科学描写之范式，若方术、名学、算学是已。具体科者无他，科学法描写而已。略举其例，则算学者可施诸万类之物，而未曾问其物之为何类者也，其为抽象科也，显而易见。

"斯氏谓科学最大之天然分界，在学科之究现象所以呈之抽象关系者与学科之究现象自身者之间。易词以明之，即谓科学之讲求众有之空白格式者，与夫科学之讲求众有本身者，其间有鸿沟焉"（见弗林忒氏 1904 年之书第 227 页）。斯氏分后者为二类。一为间科（abstract-concrete sciences），如力学（mechanics）、物理学、化学之论一一实物之元素及某类事实所牵连之真关系者是；二为具体科，天文、地质、生物、心理、社会诸学，论一一实物之完体或众现象之合体者是。

斯氏谓"方其始也，抽象科、间科、具体科，一致进行。抽象科以解余二科所呈之问题为事，亦惟以解此题故而其科始长成。间科非为会同抽象科，解具体科之问题，亦无从发达。此三类科学者，自始至终交感互应，无时或息者也"。斯宾塞之统系如下：

第一属：抽象科——名学及算学。

第二属：间科——力学、物理学、化学。

第三属：具体科——天文学、地质学、生物学、心理学、社会学。

"此三类之科学，如以简语定其分界，则可各以范式（forms）之律，因子（factors）之律，结果（products）之律，表之。"

"第一属者，为探其余二属之器；而第二属，又探第三属之器也。"

"第一属之题材，仰给于第二第三两属；而第二属之题材则仰给于第三属。然第三属所含之理实，无一可用以解第二属之问题；第二属所列之理实，亦无有能解第一属之问题者也。"

弗林忒教授谓："斯氏斥孔特之分类法为理之所无，而就其规划观之，则与孔氏所立之科学系同类。孔特谓一科于他科有名理上之依赖也，不过谓在前之科为在后之科之途术，而后者不为前者之途术耳。使诸科所究现象根本不同，而是诸科之关系，在前者无一非治在后之科之途术，而在后者无能为治前科之途术：则表各科名理上依傍之科学系，已为成立。斯氏始不认有此种级系，卒乃隐示有此级系之意。其分类之法，与其文见诸上述者，实与其极诋孔特统系之言自相矛盾。靡特未能颠覆孔氏之统系，即谓修改，极其所至，所更盖亦仅已。

“诸科之学实有名理上之依傍，此无他，以众现象有天然之依傍故。算学所论之数量关系，视物理学所明之力学律为概括。化合之现象，无不有物理上性质为之缘。生活之机能，未有能离化学变化而独行。未有生命，则意识无自起。现象之阶级制奇妙若此，为抽象言词或入微思考所蔽者，容一时有所不睹；然事实如是，断非言词思考所能抹杀抑或久堙。现象之阶级制既如是其彰明矣，而谓科学之阶级制为乌有，其谁信之。”（见弗林忒 1904 年书第 231 页）

上二节所引，盖为宗师之见。其人以善究哲学问题负盛名者也。惟自吾人观之，其言不为无病。生物体中固有物理化学之变化，吾人谓有机体之物理化学，亦非失当。然生物之理化学，非即生物学，亦非能直接为解生物学问题之助。生物学之首务，在究生物行动之状态耳。

斯氏之分类法，有一事最为人所指摘。即列力学、物理学、化学及光、热、电、磁诸学为一类，而名之为“抽象具体”科［“Abstract-concrete”sciences（前译间科）］，是已。其事笨拙已甚，宜其招人指摘。力学何以谓之“抽象具体”科？光、热等科何以不归诸物理学？如斯之类，殆莫明其妙矣。

**培恩之分类**　亚历山德·培恩（Alexander Bain）教授别基本（或抽象）科学及因依（或具体）科学二类。其名称姑置不论，其所分视斯氏已大有进。譬如地理学（因依科学之一）系自他学引伸，其学复杂琐细，以视物理学（基本科学之一）之具独立之资格为学简单而概括者，迥不侔矣。

培恩以名学、算学、力学（mechanics or mechanical physics）、分子物理学（molecular physics）、化学、生物学、心理学为基本科学。其言曰：“是诸科者，各有其特部之现象而不相蒙。诸科聚而一切现象皆在其中矣，诸科排列之顺序，自名学以至心理学，皆自简单而入复杂，自独立而入因依，于以示研究及演进之序焉。”若总诸科于一体，则“宇宙间一切已知事变，无论其属心属物，其定律皆为诸科之所包。且其发露此等定律之次序，最与定律之研究理解为宜”。

因依科学则包括矿物学、气象学、地理学、植物学、动物学、语言学、社会学。其定界之义则以“是诸科中，随举一科，其所含作法，皆已为基本或司部科学（fundamental or departmental sciences）所已明”也。

培恩又建一类，谓之实用科学（practical sciences）。然培恩于此，心思之明澈颇减于前。盖培氏取伸缩自如之带,举吾人今日之所谓"应用科学"(applied sciences),与数种美术如建筑类,乃至亚科(sub-sciences)如审美学(aesthetics,自是心理学之一支)类,而悉缚之;伦理生计二学,更不待言矣。其特设第三类之意则是,而其类之内容则不免于"矫揉庞杂之堆积",如弗林忒所云也。弗氏又以孔特、斯宾塞、培恩三子之不收玄学与神学为非。然渠亦承认若就正当之科学分类言之,则培恩之统系,"良可谓匡孔特之不逮而远胜斯宾塞之所为者矣"。

**披耳生之分类** 挽近知识之分野图,其最明晰者卡尔·披耳生(Karl Pearson)之擘画,见于其所著《科学文法》(*Grammar of Science*)者,实居其一。披氏亦先立二大类:以讲求区别之法式(modes of discrimination)者为抽象科,以讲求知觉之内容(contents of perception)者为具体科。抽象科所包有名学,与其他方法学上(methodological)之纪律及算学。算学分支甚多,统计学(statistics)亦其一也。

具体科含二属:一为物质科学(physical sciences),究无机之现象;二为生物科学(biological sciences),究有机之现象。披氏又分物质科为精确(the precise)及概要(the synoptic)二种。精确之科增,则概要之科减。天文学之大部,已居精确之列;气象之大部,尚是举其概要。"吾人于天文科,不特有合理之事实分类,且能想吸力定律之简式以絜其事实之纲要而不爽毫厘。以意想的微尘之助,而吾人得造一概念的机括以写天文界之变迁。至于气象,则斯学已有完全之事实分类与否尚未论定,然有可断言者,则吾人尚未能以一种机构,或概念的运动,表所接受于气象界之经验是已。"

(1) 物质科学即究无机现象者,披氏分之如下:

(a) 精确物质科学(已约为理想的运动者)。

以太物理学(physics of the ether),例如热、光、电、磁诸学。

原子物理学(atomic physics),例如理论化学、光带分析法(spectrum analysis)。

分子物理学(molecular physics),例如弹性之理、声学、结晶学(crystallography)、水分学(hydro-mechanics)、潮之理论、气之运动说(kinetic theory of gases)。

完体物理学(molar physics),例如力学、行星说、月说。

(b) 概要物质科学(未约为理想的运动者)。

化学、矿物学、地质学、地理学、气象学、大地及行星统系之无机天演说。

精确及概要物质科学各"与现象之已约于概念的模型,其模型为吾人以有理想的运动之原点所构成者,及现象之未有此等概念的描写者,彼此相当"。"是故概要物质科学者,不过精确物质科学之未蒇事者而已,非其性质之有异也。概要科所包之诸大类事实,皆吾人所穷年矻矻求约之以简单之公式或定律者。此等定律无他，即常用之动律是已。实则概要科之已精确或将成精确之部分，已属不少；此征诸化学、地质学、矿物学，而彰彰可睹者也”。

(2) 生物科学，即究有机现象者，披氏分之如下：

生物科之第一类，乃究空间之关系或生物所受于地方之影响。披氏纳二科于此类：一为研究生类之分布者(chorology 生物分布学)，一为研究生物习惯与环境之关系者(ecology 生物环境学)。“是两科者，实占昔之所谓自然历史(natural history)之大部”[披氏此处分类，不免过于胶固，以动物行动之特性非其空间之关系也，明甚]。生物科之第二类，讲求时间之次第，即究生长变化之事。非循环之变态为天演(植物、动物与人之天演)，循环之变态则为生长。讲求非循环之长成者，为历史；讲求循环之生长者，为狭义之生物学[此处似又胶执太过。自吾人观之，种族天演之枢机因于种变、选择之变形(transformation through variation and selection)；个体天演之枢机，为辟、翕(differentiation and integration)二者，殆非可拉杂纳诸生长概念之中者也]。

披氏又分生物学为三大部：(a) 言形式(form)结构(structure)者，如形式学(morphology)、解剖学(anatomy)、组织学(histology)之类；(b) 言长成(growth)生殖(reproduction)者，牝牡属性之天演、遗传性之学说及胚胎学(embryology)是也；(c) 言机能(functions)及动作(actions)者，自形体方面研究之则有生理学，自心灵方面研究之则有心理学。心理学中讨论合群之人者曰社会学，德行学(science of morals)、政治学(science of politics)、经济学(political economy)、法学(jurisprudence)皆社会学也。

**披耳生之统系(提要录之)**

抽象科学：名学、算学、统计学，应用算学及抽象具体二类间之连环。

具体科学：(1) 物质科学。包括精确物质科(以太物理学、原子物理学、分子物理学、完体物理学)及概要物质科(化学、矿物学、地质学、地理学、气象学等)。

(2) 生物科学。包括分布学、环境学、狭义之生物学(研究结构之学、研究长成生殖之学、研究机能之学、心理学、社会学)及历史(并包各有机物及人类之天演而研究之)。

(3) 生物物理学。披氏又欲于其科学目次上增设一门，为物质科生物科之联锁，而锡以生物物理学(bio-physics)之名。此科特能诱发吾人之兴趣，盖虽其性质茫昧难明(即披氏亦自谓此科“在今日似尚未甚发达”)，然其意则颇足挑拨学者而起争端，于是而科学分类之问题愈不容缓矣。

披氏谓“生命之呈也，莫不与感官印象相联，其印象与无生物体之印象相似”，且“有机体似有化学上物理上之结构与无机之结构比，舍复杂之差外无他别者”。惟吾人之感想有未敢苟同者，以谓复杂之差度中，有种类之别存焉。惟有此别，故有机体之长成与活动、发育与演进，非物质科学之解释公式所能描写。生类为历史之物，其作用与无生物之运动判然不同。此则研究生物者所当知者也。披氏复云：

> 谓吾人以机械之名加诸生体之原点也。其义每游移不定，义既未确，则生命之机械非吾人今日所能断言，是固然矣。然物理学之概说，固有足以描写吾人所接受于生体之经验者，纵不能写其全，必能写其一部。能力不灭之说，其例之尤著者也，事实如此，盖无疑。

披氏所云，与夫生体有物理化学变象可以理化公式表之事实，固吾人之所共信，然此等事实非生物所独有。生体中之理化变象如消化类，可离生体而自呈，试验管中所现即其一例。总之，吾人不因有此类孤立条目之知识，而得以物质科之名号，写生物之生命动作发育演进诸现象也。

虽然，披氏以谓必立专科以施无机现象律（即物理学）于有机体之发育，此科将明生物学之事实（即形式学、胚胎学、生理学之事实）乃物理定律之实例，不过前者偏及，后者统举而已。旧称此科为 Etiology①，然 Biophysics 之名似较宜。

惟是 Etiology 为研究有生天演之原因如种变、遗传、选择、隔离等之学，久为学者所共认。虽以物理律描写天演之举无成，而此科之为生物学之一支，固自若也。

披氏之意则异是。以为生物物理学（Bio-physics）之志在联锁物质生物两大类也。其理与应用算学之为“以意象的单纯运动解析无机现象之方术”，而联锁抽象具体两科也同。

披氏表列其意见如下：

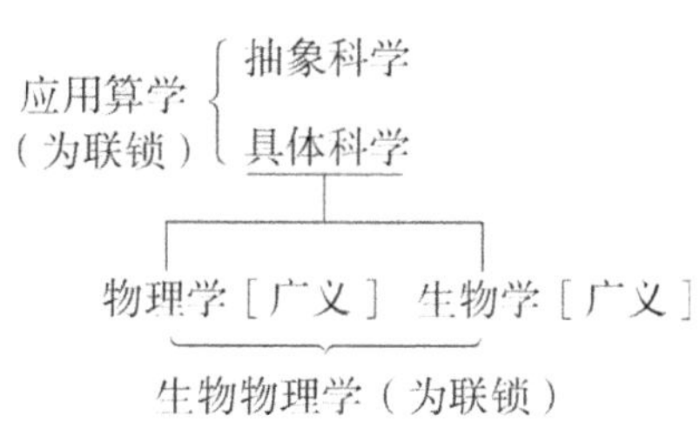


> 应用算学与生物物理学之为科学三大部之两联锁也。如是，吾人必于斯二者尽穷其底蕴，而后能由博返约，概想一切科学公式一切自然定律为动律，如海尔姆霍次（Helmholtz）之所预言。然居今以言，此鹄之远哉悠悠，固无可讳。

① 译意为“原因学”。

不宁唯是，以吾人所知之生物物理学不过有机体各变象之理化研究也，生活机能之未经以生物物理学名号重行描写也，生物物理学法之分析倘未能使吾人领悟生物长成活动发育演进诸现象(此等现象宜有特别解释，不与物理之解释同科)也，窃谓生物物理学即完成，而生物学或尚在萌芽，亦无不可。

巴脱列克格笛斯(Patrick Geddes)教授近类分科学，其统系精细明晰，前无古人。惜其未发刊，无从称引。下列之人种学(anthropology)统系，为哈屯(A. C. Haddon)教授1903年之所发刊。哈氏成此，得力于格氏之处甚多。读者观其统系，可以窥格氏分类之一斑矣。

| | 言历史者 (historical) | 言形制者 (morphological) | 言机能者 (physiological) | 言原因者 (actiological) |
|---|---|---|---|---|
| 人种学 (ethnology 或称社会学 sociology) | 考古学 (archaeology) | 社会辨类学 (social taxonomy) | 生计及政治 (economies & polities) | 历史之理学 (philosophy of history) |
| | 制度及工艺之天演 | 制度及工艺之解析 | 职业及制度之功用，语学(linguistics) | 制度之批评 |

| | | | | | |
|---|---|---|---|---|---|
| 人类学 (anthropology) | 关一种者 | 古民学 (paleontology of man) | 人种分类 | 人类环境学 (anthropological ecology) | 理论的传演学 (rational phylogeny) |
| | 关一人者 | 比较人类胎学 (comparative human embrylolgy) | 比较人体解剖学 (comparative human anatomy) | 比较人体生理学 (comparative human physiology) | 理论的发育学 (rational ontogeny) |
| 生物学 (biology) | 关一种者 | 古生物学 (palaeontology) | 辨类学 (taxonomy) | 环境学 (ecology) | 理论的传演学 |
| | 关一物者 | 胎学 (embryology) | 解剖学 (anatomy) | 生理学 (physiology) | 理论的发育学 |

**严密科学** 披耳生教授别精确物质科学于概要物质科学：前者如完体物理学、分子物理学，一切变象可以意象的运动描写者也；后者如化学、地质之类，仅一部份可以如此描写者也，而概要科学之部份化为精确者日多，此则吾人所已论者也。

至于“严密科学”(exact science)之名，则其范围视所谓精确科学者为广，凡学科之兢兢著手于“测量”(measure)者皆是。测量者兼包一切精确记录而言，近世心理学之工夫，精密者盖几无有，然心理学之的鹄固不在以理想的运动描写其题材也。

吾人所以许天文为严密科学而于生物则迟回犹豫不敢即与者，其故有二：一自内，一由外。内因维何，则生物学所钻研者为有生之物是已。有生之物者，有特操之主动体，变化无常，行动由己，而恒有几分不可预测者在。是以生物学所论之现象，其复杂实过天文，而吾人生物知识之不精密，有与之为比例差者矣。

其在外之因，则天文学已成老宿，而生物学尚属少年是已。天文家譬如技师，生物家则不过艺徒而已，魏尔屯(W. F. R. Weldon)教授尝于遗传性讲说中论此意甚晰。其言曰："一切经验之最佳描写，即描写之独足以促后来之进步者，当举所已得之结果而尽包之。非仅明一曲，置不相容之观测于不顾者之谓。天文家、物理家、化学家所以能忽视不相容之事实而不贻讥笑者，由其致力悠久，知矛盾发现之范围，故经验之全体为所动摇者，渺乎其小。生物家则不然，其进程较少，其经验中不能确定之界域倘甚广漠，其每发一言无不须踌躇顾虑者，亦势之不得已也。"

然魏尔屯氏关于种变、遗传、选择，诸理之成绩，已为生物学各部力求精密之征，即推究天演诸部其事至难，亦不外此例。比较解剖学及生理学其所含严密学理，久已不少。而近年生物测量家(biometrician)及实验动物学家之所以促进天演问题使即严密之功，尤非浅鲜矣。

**本篇探用之分类**　自吾人合前举分类诸法之长，而献如下之统系：

(A) 抽象的、范式的、或方法学的科学(abstract, formal, or methodological sciences)。凡科学之研究推理方法，供亿神智之器具以资探索，而验科学描写之贯串完备与否者是。

算学，包统计学(statistics)。

名学(以广义言)。

形上学(metaphysics)。

(B) 具体的、描写的、或经验的科学(concrete, descriptive, or experential sciences)。凡科学之研究经验之事实，及由此事实所得之推论是。此类含普通或基本科学五，其特别或引伸之科则为数甚多。

1. 五大基本科如下：

| 有生属 (animate order) | | | 纯粹物质属 (purely physical order) | |
|---|---|---|---|---|
| 社会学 | 心理学 | 生物学 | 物理学 | 化学 |

社会学者，究团之结构、生活及长成、演进之科学也。

心理学者，究人及他动物动作之主观方面之科学也。其在人类，较诸他科特饶兴味，盖“探究之器具，同时即为所探究之物也”。

生物学者，究一切有机体(人类在内)之构造、活动及发育、演进之科学也。

物理学者，以大部言，则究能力(energy)变相之科学(能力学 energetics)也。

化学者，以大部言，则究各种物质及其变相、化合及交感之科学也。举其重要，则分子、原子之科学也。

化学物理之领域，其间实无划然之界线：如光色系分析法(spectrum analysis)及原子之电性构造说之类，其为是两科之交会，尤为显然。然物理、化学之别，于事良便，或当相承弗替也。

| 抽象科学 | 具体科学 | | | |
|---|---|---|---|---|
| | 普通科 | 特别科 | 联合科 | 应用科 |
| 形上学<br>(峰极的) | (五)社会学 | 民种学<br>制度之研究 | 人类历史学 | 政治学<br>内政学<br>(civics)<br>生计学 |
| 名学 | (四)心理学 | 审美学<br>(aesthetics)<br>语学<br>心灵物理学<br>(psycho-physics) | 人类学 | 伦理学<br>教育学 |
| 统计学<br>(statistics) | 演育学　形式学<br>生理学　原因学<br>(senology)<br>(三)生物学 | 动物学<br>植物学<br>原生学<br>(protistology) | 生物界通史 | 生育进种学<br>(eugenics)<br>医药学<br>森林学 |
| 算学<br>(基本的) | (二)物理学 | 天文学<br>测地学<br>(geodesy)<br>气象学 | 大地通史<br>地质学<br>地理学 | 航海学<br>工程学<br>建筑学 |
| | (一)化学 | 析光定质法<br>(spectroscopy)<br>立体化学<br>(stereo-chemistry)<br>矿物学 | 海洋学<br>(oceanography)<br>日局通史 | 农学<br>冶金学<br>采矿学 |
| | (篇幅有限仅能举例不克徧列) | | | |

或疑分立社会学于心理学等科之外，于理为未安。实则社会学为科，方在幼穉，领域界说，听其自为。确定其界，匪特非今日之所急，亦非今日之所宜，吾人静观其所至，可矣。社会之科，视群体为具体的有机个体(此等个体各具特性，非仅其诸部份之总和也)，而以

科学法研究之。其势不得不与人类学、史学、生计学(要在考究实业组织)、政治学(要在考究国家政务),诸科相交错。然其为科,实自有其位置功用,不容强纳诸他科之中也。

2. 引伸科之最要者,可本五大基本科之别而列为数属。于此有不可不审知者二事,请举例以明之。(a) 生物学为普通科,植物或动物之种类,非其所问。植物学、动物学则为特别科,动植之种类,乃其致意之处。(b) 引伸科多为复杂或会合之学,兼采数基本科之方法概念以达其特别之目的,人类学、地质学其例也。地质学合数科之所得以究大地之构造、活动、历史,彼分地为四重:大气圈(atmosphere)、水圈(hydrosphere)或海洋、石圈(lithosphere)或地壳(crust)、中圈(centrosphere 或 nucleus)是已。吾人倘欲立此四者为四特别科,亦无不可。地质学家之讨论,其大部为地壳,然以是自限者盖寡。吴特沃(R. S. Woodward)有言:"地质科示物质诸现象派别之多,相关之切也,其深切著明,当非他科所能望。举物质科之全部,自物理化学以至天文学、天文物理学,其所有事变、结果、原理为特立、为樊淆,其不粲然见例于大地息息进行之实事,抑或地壳代代留遗之实录者,殆未之有。伟哉大块,人类所能利用之试验室博物馆,以是为巨擘矣。"设亚科(sub-science)以别于专科(special science),似亦不可少之着。请以生物学明其例。(i) 基本科之别于他科也,半以题材(subject matter),半以观点(point of view)。生物学之题材为生存之有机体,其观点亦异于理化学。合而言之,基本科者,自有其界画明晰之主题,而又于其主题施特异之方法概念者也。更有进者,则基本科以概括问题为事,特别描写非其所务,生物学考一切生物共有之现象,只举平均而言,个体差别,非其所问矣。

(ii) 生物学为大标题,位其下者则有植物学、动物学,平分有机界为二而各以特别描写及普通公式为事。微细简单之有机体,介动植物之间者,似宜立原生学专科以容之。此外欲更立专科,亦无不可,总期便事而已。

(iii) 然就生物学本科言之,已有数种判然各异之问题,答解之责,是在亚科。生物家未事推概之先所当解答之问题,乍观若甚纷繁淆异,然审度之,不过四端:此生物之形式构造如何、作用何若、从何而来、由何道而有今状,是已。

(1) 此物之形式、构造、对称(symmetry)及内部建筑何若乎?斯问也若甚简易。然进而求之,自外形而至内构,自器官而至组织(tissues),自组织而至细胞,显微镜也,解剖刀也,钥子也,薙刀也,细切刀(microtome)也,定形料(fixative)也,着色也,凡可以少助吾人者,无不历试,而犹病其不足,然后知其难矣。此物之自体如何?各部如何?孤立时何若?与同类相较何若?种种问题,扩而弥大,钩而弥深,而形式学亚科之原料具矣。

(2) 次于明体者则有达用之问题,"其为理之所应有而势之所不可无者盖相埒,自有生物学以来，两者未当远离。其进也每齐驱并驾，互相策励而精益求精。此征诸最近百年而尤可见者也。彼之题殊为形制，为机构，而此则为功能，为作用。前者取生物而分解之，以观其构造，今则组合之以见其运行。是有机体者如何而感觉，而运动，而生长，而蕃衍，而消耗，而补复，而死亡，此皆吾人之所当问者也。然而主要则不在是，生物之活动，及其善应天行变动之能，其秘机何在乎？此则吾人之首务已”。欲答此类问题，于是乎有生理学。

生理学者，究有机体作用之科学也。生理学讨论动植之活动方面，有事于习惯功能，正如形式学之讨论静止方面，有事于形式结构。于此有表焉，不知其诸部之运用，则虽解拆谛观，无由覩其机构，不知其结构，则虽深思穷索不能识其功能。生理形制两科之必当携手同行，比物此志也。

二科之进程有相准之平行焉。形式学者之研究，始于有机物完体之形式，次而各器官，次而构成器官之组织，次而构成组织之细胞，终至生质本体之构造。生理家始则以生物为有某种习惯之个体而研究之，继则以为各官构成之机器，继则以为组织构成之密网，继则以为细胞之团体，而以生质之旋涡终焉。

(3) 何自而来之问题，实含二事：探究个体之发达则为胚胎学(embryology)，探究生类之历史见诸瘗藏隆古之殭石者，则为古生物学(paleontology)。以二者之均为历史或演育之研究也[言个体之发达者为发育学(ontogeny)，言生类之演进者为传演学(phylogeny)]，则有演育学(geneology)以为二者之共名，于事焉便。

(4) 上举之第四问题，自达尔文以来，累经探讨，日进有功。是生物者如何而成今状乎？何物为天演首起之因，何物引之而进乎？进化之原料即所谓种变(variations)者，如何而能于京垓年代之中永永效用乎？体合日进，变异无穷，此原料者何道而起适宜之形式与功用乎？此类问题之答案，树原因学(aetiology)之基矣。

如是则生物学之首要亚科有四：

形式学究静的关系，为形式与结构之学。

生理学究动的关系，为习惯与机能之学。

演育学究个体之生成(胚胎学)，或究古石所留之生类史迹(古生物学)。

原因学究生类演进之各因。

此类亚科，亦为动物学植物学等专科之方法，自无待言。

为便事计，则宜存应用科学之名以为专科之某部直接施诸美术技艺者之称号。例如医学(medical science)者，应用科学之对于治疗术为精密经营者也。医学之有合于科学，不让他科。其合之之度，与其所得于解剖生理化学诸科之基础之坚脆及其自身之科学的精勤为差。然即笃好医学之士，未尝谓其学之职志为欲于其所本诸科而有所增益也。虽间有惊人之增益，要为偶然，非其本务，斯其所以当应用科学之称也。

农学(agricultural science)，亦为应用科学之明例。农学之布置，以耕种、园艺、畜牧等为务。其有科学之性质，抑可有此性质，亦不下于他科。其所得于化学、植物学、动物学、地质学、生物学之基愈固，其自身之科学的探讨愈勤，则其有科学之性质也弥甚。然谓农学欲于其所本诸科有所附益，虽笃奉是学之士不敢作是言也。虽报本之事已肇其端，然非其夙心也。

外此可举之例倘多。教育学、工程学介于普通科特别科(通称纯粹科学 pure science)与方术技艺之间，均为应用科学。其彰彰可观觑之特性，则二者各含大部知识，布置精微，以备实用，是已。

**类分科学之兴趣** 或者必以为类分科学，实文学院内之问题，本书篇幅有限，不宜言之冗长若此。然此事自具真实之趣味，请得而略陈之。(a) 采用何种分类，殆与宏旨无关，所不可忽者，乃在胸中必有一种分类，足利吾事者耳。藏弆智识井乎有条，则思想易于明晰。然分类之用不止于是，使心目中之知识图系，灿若列眉，则与得哲家石(philosopher's stone)无异。有此图系以示各种知识之相互关系，而验其自完一贯与否，斯知识之功用加宏。柏拉图(Plato)谓真爱学问者必以其题之全局为事，洵吾人所当永佩勿忘者矣。

(b) 类分科学之第二大用，则引起最大最深之问题是已。吾人不能不认类分之法实自成一系哲学，生物学、心理学之为自主抑为附庸之断案，生力说(vitalism)与惟物论(materialism)难题之论定，皆见于类分之界线。社会学之列为普通科(孔德)，或为生物学之一部(披耳生)，彼此取舍之间，而种种之差异生焉。玄学之列于算学之侧而居抽象科之位也，实吾人深意之所在，非手民之偶误而然也。

使吾人深察科学分类各法之所以互相冲突，将见其轇轕常由欲画一定之分野而起，此其咎坐误会各科所以成立之方。盖科学之界域，不在其取材之不同，而在其所以处材之范畴(categories)之有异。两科之材料可同，不同者乃在其所赴之的鹄，基本之概念，方法之条目耳。

请以例明之。人种学者或穷数年之力以研究一特别之群制，然其所获之果每不属于社会学，而属于生物学。心理学家或笃专于猫狗之研究，然其结果每于真正生物学无所贡献。筋肉收缩时所起之电力变化，物理或矻矻穷年以探讨之，然彼虽无时不有事于有机体，而其收获每为物理学之所专，而生物学则无与。花中含香之质，化学家或殚毕生之力以穷探之，然其目的在于化学之发明，生物学问题，未尝致意也。

**群科学之相关**　条分缕析之事终，而群科一贯之理见，吾人于此大有快慰之情焉。虽讨论异其书，讲演异其师，试验异其居，然此特为便事计而已。若究其极，则凡百科学均为一种训练之各部，一种方术之异例。其致力虽殊而赴的则一，此的无他，使自然秩序之大难题日趋明了(不曰解决者，盖此难题或永无解决之日也)而已。群科合而成真理之完体，科科之相剂愈殷，则其价值愈峻。哲家石也，学典也，大学也，最近之科学会通也，其蕲向莫不在是矣。请得从各观点一审谛之。

方吾人之想一生物而历历在目也，重要之印象了然于心中者，有数事焉。其第一事则此生体之为一也。官骸虽多而身躯则一，动作虽繁而生命则一，若发育，若长成，若变异，若活动，皆一体之作用而已。由是观之，此生物虽应为解剖、生理、胚胎诸科，与夫化学、物理乃至心理学等之题目，然使各科探究之结果未通，此物为一之事实未晰，则对于此物之科学的真理无由知，此则吾人所敢断言者也。

其第二事，则吾人不能孤悬此生物而研究之，是已。彼与无生之环境有不解之缘，而又于多数他生物之生活有所援系，则欲知其真相，不可不究其与他物之关联。为此而有成，非多数科学之交会不可。众科近于绝对完全之程度，视其会通之深浅为差矣。

其第三事，则过吾前之生物实维历史上之大观，是已。彼盖洪荒之苗裔，自京垓年代以还，若机械的，若化学的，若物质的，若生活的，是恒河沙数之因合而委为今形。亿万劫之阳光烟雾风霜雨露，皆其所取精者矣。是故欲知其情状，非统一群科不为功。盖彼之为物，非如典礼队里之行人可于炬火明灭中考其情状者，而实亘古不息之质能循环系中之一物而现相为个体者也。今古相承，不断流注，时譬则川，而彼则川上之一旋涡也。总是三者而观之，则群科之联合愈密，斯其有当于科学之旨趣也弥深。此理万有莫不同，而于物之贵者为尤易见，于人固为最甚，然即就无生之物言之，众物相牵亦如纲目，非合群科，莫能明其理也。大块之上，野马尘埃，皆生气之所吹嘘磅礴，谁能不察其所载之寓公，而洞见坤舆之情状乎。

试取海中有机体之生理学及应用其学之渔业改良言之。欲探此题之底蕴，非合化学、物理、植物、动物、气象、地理诸家之力不为功，各科学相颔之殷也如是夫。

颇有笃于墨守之教育家，谓地理学不能自成一科，不过集合数科应特别之用而已，因斥地理之不中教科。此其持论，殆坐不思。夫谓地理学为交割多数他圆之圆，其形容诚当。然此正为其科之特色，盖各种交相为用之训练，其会通之效，见于此学矣。

吾人之纯智的世界观，实以科学的姱修为根据。各种科学训练之取材愈博，相得愈深，则其所养成之世界观愈贵。太阳之耀，非一线之光所能成，通达之观(吾人谓此通观为

"中和"sanity)，亦非一科之学所能造。苟特(Goethe)之眼光，铸物理、生物、地理心灵而为一，其所以名垂不朽者，非无因矣。

谓专攻力学之士取比较心理学而读之以领受新印象，而其素抱之自然界观不为所促进者，吾不信也。谓物理化学之阐释，其所成之自然观，不有待于生物、心理、社会诸学以订正之者，非虚骄恃气怀科学之党见者不作是言。人纵长颈，亦安能穿牖外观而靓穹苍之全体乎。

化学之有造于生理，吾人之所熟知也。一身之中，含无数之化学作用，若者养化，若者还元，忽而加水分析(hydrolysis)，忽而发酵。凡此种种变化之如何相济，如何指挥，即为生机之特性，使无化学，又安能见之若此真切乎。然化学之助生理固矣，而生理要亦有施于化学。梅约(Mavow)之发见养气(1764)，先化学者之分离养气也百年，即其例矣。

吾人所当见之深切著明者无他，同一现象可供数科之研究而无思出其位之虞，是已。一朵蔷薇，而化学、物理、生理、心理之问题皆于是在。吾人特为四科方术器具公式不同，故分立以便人事耳，若言其实，则四科者不过同一穷理事业之殊式而已。

**综要**　类分科学，以其条目言之，直可各行其便，惟心中有一种明晰之知识图系，则实用上之利益实多。类分之大界线，每随吾人之科学的或哲理的见解而转移，如生物学之独立，心理学之与生理学分离之类，是已。入手之始，似宜先立抽象科具体科二大类，前者专言方法，而后者则以经验之事实为题。抽象科中，算学为植基，而玄学为会极。普通具体科(亦可称经验科，或描写科)有五：曰化学、曰物理学、曰生物学、曰心理学、曰社会学。五科之内，各有亚科，生物学之分为形式学、生理学、演育学(即胚胎学与古生物学)、原因学，是为其例。依普通科而起者，为多数之引伸科(或称特别科)，如植物学、动物学之类引伸科颇有集数科以究一题，具错综会合之性者，地质学、地理学，其显例也。普通或特别科之某部，直接谋人生之发育演进，而有事于美术技艺者，则立应用科之名以表之，于事为便。虽自然科学为一为多，今兹尚无定论，然各科之价值与其进程，不能不随其相剂相维之多寡为变，则学者之公言也。

[第 2 卷第 8 期(1916)第 835—849 页、第 9 期(1916)第 964—977 页]

# 17. 吾国学术思想之未来

任鸿隽

一新时代之将至，必以思想变迁为之先导。人亦有言，思想者事实之母。欧洲十五世纪为文化复兴时代，十六十七世纪为宗教革命时代，十八世纪为哲学勃盛时代，十九世纪为科学当阳时代。当其时之未至，人心思想固已沉困积郁突决于常轨之外而求所以宣泄。有一二大师哲人者起，以新说为之倡，则人心靡然从之，风气变而新时代成。昔者曾涤生作《原才》曰："风俗所趋，势之所归，虽有大力，莫之能逆。"夫平常风俗之变迁既如此，矧夫学问思想之事，有方术以肄其派衍，有圭极以经其汇归；其必有鰓理经脉络可寻，而非汎漫无序，偶然出现于是，固甚明也。

今夫思想之为物，其变幻若蜃气云雾而不可方物，其幽眇若人鬓鱼网而不可析理；人之用思想，则不出乎两途。有用于主观者，以一人之心知情感为主，而外物之条理不与焉。有用于物观者，以外物之条理为主，而一己之心知情感不与焉。属于前者，为人生之观念，为性理之启瀹，属于后者，为物性之阐辟，为智识之泉源。要言之，属于前者为文学之事，属于后者为科学之事，其介于两者之间，以谋物我之调和，求事物之真一者，则哲学之事也。是故人生思想之大剂约之，可别为三：文学也、哲学也、科学也。以此论衡，而大共可得而言。

虽然，思想者人而自异。虽限以方域，断以时期，其繁赜不可规画犹自若。然以材性地齐政教习尚之不同，其思想之发越，用心之结晶，常不能无所偏。其偏也，常与人以共见。昔者桐城姚氏之论文，谓"有毗于阳与刚之美者，有毗于阴与柔之美者"。一文字中已有是阴阳刚柔之异矣，矧在文学。六朝之趋骈俪，唐宋之尊古文，文学上又不无变迁之可言矣，矧为人心归之学术。特是等变迁，皆囿于一方域之中，如生物学上异类偶现，种源自同，不足生非常之结果。欲得非常之结果，必其变迁在根本之殊，而不在枝叶之异。必自所无以进于有，自其所同以进于殊。自吾上列思想之三大剂言，则必由文学以入科学乎，抑由科学以入文学乎？而介乎其间之哲学，盖可无论矣。

吾国思想之历史，属于何者，此问题可不待再思而答曰，文学的也。神州学术，于晚周号称发达。然九流皆出王官，则亦历史的滥觞也。诸子古书，间有陈述器数物理者，虑多取之方策，非参稽事实循序剖析而得之。则与希腊安纳息曼特(Anaximander)之说大地生成，地摩克利拢(Democritus)之论原子，虽有合于科学家言，而未足尽科学之意。秦汉以后，人守一经，发言论事，必以古义为依归，则历史的文学，于斯为盛。魏晋之间，清谈转盛，其思想所托，率以一人之情感为主，而客观格物之意少。其文学则渐趋骈俪，乃至重文词而贱思想。唐以后文学返古，思想则不出乎历史的范围。宋世则有理学，别开生面，然其讲学之旨，主静存诚，杂糅禅宗。所推扬者心理之精微，其事盖等于太空之鸟道。虽于哲学上不无一席位置，于物理之推阐，犹是千里万里也。自元以后，异族迭主，民坠涂炭，救死不暇，其思想之无进步，又不待言。综观神州四千年思想之历史，盖文学的而非科学的。一说之成，一学之立，构之于心，而未尝征之于物；任主观之观察，而未尝从客观之分析；尽人事之繁变，而未暇究物理之纷纭。取材既简，为用不宏，则数千年来停顿幽沉而无一缕曙光之发见，又何怪乎！易曰："穷则变，变则通。"吾中国社会制度，既经变更，且日在变更之中矣。其思想之变更，自有不可避之势。质言之，吾国社会制度，既经根本上之革命矣，而学术思想之革命，将何出乎？此今日最有趣味而最重要之问题也。

诗云："他山之石，可以攻玉。"当吾人讨论此问题之前，且略观欧洲学术思想变迁之历史。欧洲文明，导源希腊。希腊全盛时，思想发皇，如安纳息曼特、赫喇克来挞(Heraclitus)、恩贝斗克里(Empedocles)言进化之理，地摩克利挞倡原子之说，皆为近世言科学者所宗。至阿里斯多德乃熔自然科学、玄学为一冶，卓然为后世宗师。中间经黑暗时代，至十五世纪文学复古，十六世纪宗教改良，而后新思想渐出。1543 年柯波尼克(Copernicus)之《天体生成论》(*The Revolution of Celestial Bodies*)出为地动说之鼻祖，亦实宗教家言天之大彗。1616 年哈维(Harvey)发明血液循环之理，1620 年加里雷倭(Galileo)与恺柏勒(Kepler)更求物体运动之理，以明天体星系之组织。凡此皆足破当时宗教迷信之说，而为实验哲学不祧之祖。同年弗兰息斯·培根之《新工具》(*Novum Organon*)出世，标归纳之法为为学圭臬，举当时凭心穷理之术，廓而清之，而以官感为知识之媒，进化为物质之例。其后霍孛斯(Hobbes)更大倡物质主义(materialism)，主张人之思想不能离物质而独立。其哲学要旨，在明现象之本源。彼尝自言其用思也，盖"本其生人天赋之理性，往来上下于群生之中，而探其秩序与因果"。是盖近世自然科学之定义矣。同时在法则有加散地(Gassendi)，重张爱辟鸠喇(Epicurus)之无灵魂说。而拜尔(Pierre Bayle)亦攻击笛卡儿之二元说，不认神之存在。经此破坏的物质论之后，而洛克(Locke)之建设的经验论出焉。其《人生识解》(*Essay Concerning Human Understanding*)，由哲学上证明人生观念由官感生，而培根之实验主义，乃得完全成立，领思想中一方域矣。

培根之哲学方法，诚足变易欧洲千余年之旧思想而制造一新学术。然其时科学方法器械，皆未臻完美。即培根之思想，亦终毗于哲学，去科学尚远。凡培根所不及，得牛顿而后条理备，根柢固。其“*Principia*”一书，文理密察，审思明辨，盖与阿里斯多德、佑克立(Euclid)之书，同为千古研几之楷模矣。其首利用牛顿氏之学以转移当时思想者，厥为法兰西人。牛顿宇宙构造之大意，入于福禄特尔(Voltaire)之手，遂为推倒当时迷信之利器，而拉孛拉斯(Laplace)之“Mécaniquecéleste”(天体力学)及“Systèmedumonde”(世界体系论)，乃尽探牛顿之隐赜。是时法人学术，趋于数理实验之一途，算术理化之发明，烂然为世界冠。盖尊奉培根、牛顿二氏之结果也。

法人之科学思想，不但为本国学术之渊源，浸假且影响于他国。是时日耳曼群邦中，哲家辈出，如康德(Kant)之明理性(reason)、菲喜脱(Fichte)之造“科学原理”(Wissenschaftslehre)、黑格尔(Hegel)之述“现象原理”(Phenomenology)，皆外取物象之纷纭，内推意识之成现，以期物我之调和。然菲黑二氏皆畸重于所谓志向(ideal)者，为一切知识之本。流风所扇，遂有所谓自然哲学(Naturphilosophie)出焉。彼视自然界之现象，为天心之所发见，亦犹人之思想言语，为人心之所发见也。于此盖有缒虚索隐，沦于无底之惧，而法之数理质化之学入而拯之。于是十九世纪特产之科学，乃浸淫固植于欧洲大陆矣。综观西方学术思想之变迁，始之以旧学陈言之不满意，继之以先知大哲之开辟新径，植人智于膏腴之区，而不以修旧起废为已足。及其望道有见，则又竭全力以赴之，而不听玄言眇论，玩愒岁月。其结果则物观之学，既已日新月异，跻乎美盛之域；主观之学，今日所研究之问题，犹是二千年前研究之问题，曩令去此物观之学，则今日之西方，有以异于二千年前之西方乎？是未可知矣。

今试返观吾国思想之趋势，第一当问吾国承学之士于旧有之学术，遂已满足乎？吾必应之曰“否”。如其“然”也，吾人何不以钻研故纸为已足，而必汲汲于所谓新学新智识也。第二当问吾承学之士，值此道丧学敝之余，将遂坐视其僿野退化，与榛狉未开之族同伍乎？抑尚有振起学术中兴文化之决心也。吾观于当今学子之皇皇焉以教育为务，无学为忧，而知吾人向学之心，盖隐然若灯之在帷矣。第三当问欲救旧时学术之弊，其道何从？欲得此问题之答解，则当知吾国旧时学术之弊何在。吾既言之矣，吾国之学术思想，偏于文学的。所谓文学者，非仅策论词章之伦而已。凡学之专尚主观与理想者，皆此之类也。是故经师大儒之所训诂，文人墨士之所发舒，非他人之陈言，则一己之情感而已。人之智识，不源于外物，不径于官感者，其智识不可谓真确。无真确之智识而欲得完美之学术，固不可得之数矣。是故循物极则反之例，惟有开必先之言，思想之变迁，既有然矣。其变也，必归于科学。请得而毕其说。

第一，科学为正确智识之源，而正确智识之获得，固教育之第一目的也。哲学家之谈智识，谓有得于推理(rationalism)者，如算术几何之定理曰，凡定圆之半径皆相等，曰切线惟交于一点是也。有得于实验(empiricism)者，如水热至百度则沸，冷至零度则冰，其冰其沸，无名学上必然之结果。吾人之得此智识，则有待于实验，康德所谓物之与心绝对无与者，不能据推理以得之是也。故欲得心外之物之智识，舍培根之归纳论理法，推理与实验并用，其道末由。上举算术几何以为推理之证，其事犹有数迹可寻，介在玄著之间。又进于心知理性之微妙，则辨论虽极于豪芒，是非终难于諟正，即算术几何，不附著于物象，亦无所恢弘其能事。是故不借径于实验，其所得之智识，非偏而不全，即茫而不析，则何以充人性之灵，而尽为学之能。今之科学，固不能废推理，而大要本之实验。有实验而后有正确智识，有正确智识而后有真正学术，此固为学之正鹄也。而当吾国文敝之后，尤眩瞑之药，不可一日无者也。

第二，今之科学，不当但作物质主义观而已。其发达既久，影响于人生者亦不可胜数，不举以为为学之鹄，则不足尽人之性。今且勿论舟车海陆之便利，沟华离国洲而通之。地球天然之形势，既已一往而不返矣。即吾人社会之组织，人生之观念，亦岂二三百年前所可同日而语。今试问吾人何以不持黄虞三代无为而治之义，而急急谋进之不暇？曰，由科学进化之说，知返古之不可能也。又试问吾人何以不信郊天祇地之虚文，而奉彼旒冕者以天赋作君之权？曰：科学天文之理明，知迷信之言不足凭也。至于平居养生之事，风俗习尚之节，因科学之发明而生变动者，又不知凡几。生斯世也，非洽然于科学之性质与成就，而与其精神为徒，则吾人之生且不能与时境相谐和，终不免于信理之人而已，何学者之足云。

说者曰：科学者，物质之学也。今日吾国士夫孜孜为利，不恤其他，物质主义之昌明有日矣；有心世道者，方当以道德之心压胜之，奈何为之推波助澜乎。曰：谓科学为物质之学，对心灵之学而言，盖谓其不离于物质，犹吾所谓实验，非物质功利之谓也。且物质亦何足诟病，科学以穷理，而晚近物质文明，则科学自然之结果，非科学最初之目的也。至物质发达过甚，使人沉溺于功利而忘道谊，其弊当自他方面救之，不当因噎而废食也。若夫吾国今日，但见功利上之物质主义，而未见学问上之物质主义，其结果则功利上之物质主义，亦远哉遥遥而不可几。或人之忧，亦杞人之类耳。

[第 2 卷第 12 期(1916)第 1289—1296 页]

# 18. “年会号”弁言

任鸿隽

今之为学者必有会。会者非徒所谓团体之组织而已，必将有握手之欢，讲论谈笑之乐，而后有以尽其情，而砺德铄智之事，亦于是出焉。世之学会，皆于冬夏暇日，为会以聚其俦，盖以此也。我忧深思远之学子，欲图中国科学之发达，既有中国科学社之组织矣。中国科学社成立之次年，乃得开常年会于美国安陀阜（Andover）。社员来会者凡三十余人，辰有社务之讨论，午有学术之讲演，晚则以艺文之绪余，心能之发舒，相竞为戏。繁而有理，辨而不乱，竞奋而悦怡，庶几于会之二义各有合乎！惜山川悠渺，同侪远隔，未能尽联合之盛；而本社年来进行之迹，不可不暴之国人之前，以慰好我者期望之心也。于是都其讲说报告纪事之文，裒为是卷，名曰“年会号”，刊而布之，盖犹是仿他国学会之旧例，或亦爱读诸君之所乐也。抑吾闻之，科学之事，以试验为重。事之属于创作者，不试验固无以定其成败，即事之属于模效者，不试验亦无以知其合违。吾《科学》文字之横行，试验也。用西文句读法点乙，试验也。翻译名词多所改作，试验也。乃至此次之常年会，本社之组织，何一而非试验。试验者，不敢自信，归倚于事实，是即科学之精神。推斯志也以读本志，则于本期之少少吊怪非常，又何责乎。民国五年九月中国科学社社长任鸿隽序。

［第 3 卷第 1 期第 1 页］

## 19. 外国科学社及本社之历史

任鸿隽

我们中国有一件最光荣的事，我们时常拿来夸口的，就是我们有四千年的历史。但是这四千年的历史中，没有一段学社的历史，却是我们应该抱愧的。诸位听兄弟这话，或者有点不服，以为我们中国历史上，设教讲学的，何代无有。第一就是孔老夫子，设教杏坛，讲学洙泗；当时受教者，贤人七十，弟子三千，此等学会的盛概，就是现今欧美的大学，也有些赶不上。其他同时还有老、庄、杨、墨之流，也是广集学众，号召生徒，流风余韵，历久不衰。到了汉代，政府既设九经博士弟子，其私家讲授，如马融、郑康成之徒，势力反比学官为大。宋时周濂溪、二程、朱晦庵、张横渠、陆象山之伦，各立学派，风靡一世。明代的王阳明，清初的顾习斋、李二曲等大儒，莫不设教讲学。四方闻风而往的，多则几千少亦数百，比较现在的学会，也就未遑多让。诸君这话何尝不是，但兄弟所讲的学社，与我们历史上的学会，性质有些不同，未便指鹿为马，借来充数。兄弟请先讲我们历史上学会与现在我们所讲的学社不同之点在甚么地方。第一，我们历史上的学会，专讲古书、经史、道德、伦理、正心、修身、齐家、治国、平天下之事，现在我们所讲的学社，专讲实验科学及其应用，一个偏于德育，一个偏于智育，其不同之点一。第二，我们历史上学会，是由一个大学者、大贤人，因其学问既大，名望也高，大家蜂涌云集前去请教而成。现在我们所讲的学社，是由多数学问智识相等的专门学者，意欲切磋砥砺，增进知识，推广学术的范围，互相结合而成。一个以人为主，一个以学为主，其不同之点二。现在我们要问我们历史上学会的方法，何以不适于现在学社的用处？其最大的原因，就在现在的科学与从前那种空虚的哲学不同。其理由且等兄弟大约言之：第一，科学的境界愈造愈深，其科目也越分越细，一人的聪明材力断断不能博通诸科。而且诸科又非孑然独立，漠不相关的。有人设了一个譬喻，说世界上的智识，譬如一座屋宇，各种科学，譬如起屋筑墙，四方八面，一尺一寸的，增高起来。但是若不合拢，终不成屋宇。一人的力量有限，只好造一方的墙壁，不能四方同时并进。今要墙壁成为屋宇，除非大家合在一家，分途并进，却是共力合作。此现今的科学社，必须合多数人组织而成的理由一。其二，现在的实验科学，不是空口白话可以学得来的。凡百研究，皆须实验，实验必须种种设备。此种器具药品，购买制造，皆非巨款不办。研究学问的人，大半都是穷酸寒畯，那里有力量置办得来。所以要学问进步，不为物质所限制，非有一种公共团体，替研究学问的人供给物质上的设备不可。此现今的科学社不得不合群力以组织的理由二。第一个理由,是科学性质上,不得不然。第二个理由,是科学情形上,不得不然。西方学术的发达,其学社的功劳为多。其学社之所以发达,则由彼国人士,看明上述两种理由,直捷做去。非但“西方人能群,东方人不能群”两句话,可以尽其底细。照上所说,我们所讲的学社,是我们历史上所未有的了。但诸君不要因为历史上未有的,便为失望。诸君须知历史是人造的,历史这物件,虽不比化学室中的药品,物理室中的机械,是有意造成的;却也如地质上之石层,生物上之种别,为自然进化的陈迹。西方科学的历史,不过二三百年,其科学社的历史,最古的也不过二三百年;我们急起直追,尚未为晚呢。

现在当讲外国科学社的历史。兄弟曾经说过,外国科学社之多,实在指不胜屈。大概凡少有文化的国度,其国民少知科学的重要,皆有科学社以图其国科学之发达。如今要一一讲来,不但兄弟无暇去调察,诸君也无暇来听。兄弟现在且用一个擒贼擒王的手段,把世界上最古而最有名的科学社讲两三个,其余都可以类推了。

世界上最古而最有名的科学社,不消说要推英国的伦敦皇家学会(The Royal Society of London)。伦敦皇家学会成立于1660年,但是此会的胚胎,在早已经萌芽。据魏尔特博士(C. R. Weld)的《皇家学会史》引有沃力斯博士(Dr. Wallis)自记的话甚有趣味。他说:“当1645年我居伦敦时候,英国内乱不已,大学都关起门了。我于谈论宗教之外,常爱与彼间之一种学者来往。此种学者,深通自然哲学及人生哲学,但于当时所称的新哲学或实验哲学,尤深嗜笃好。我们相约每星期聚会一次,以讨论这新哲学中的问题,如物理、解剖、形学、天文、航海、磁学、化学、机械等事。当时在会诸人,有Dr. John Wilkins、Dr. Jonathan Goddard、Dr. George Ent、Dr. Glisson、Dr. Marret、Prof. Samnel Foster、Mr. Haak等。会地有时在Dr. Goddard的寓所,有时在树林街(Wood Street)。……至1648—1649年间,有的迁居奥克斯福(Oxford),于是我们的团体,分成两段。在伦敦的仍旧聚会,在奥克斯福的,也时常开会,且加了许多新会员,如Dr .Ward、Dr. Ralph Bathurst、Dr. Petty、Dr. Willis等。我们这样讲求学问的方法,居然成了风气。”①上面所引的话,作史的人据为伦敦皇家学会及奥克斯福皇家学会的起原,兄弟想来也是不错。还有化学物理上鼎鼎有名的鄱伊尔(Boyle),也是皇家学会发起人之一。1646—7年二月间,鄱伊尔写信与人,说“常与无形学校(Invisible College)之础石相往来”。这无形学校,有时又叫哲学学校(Philosophical College),就是指当时聚会的学者小团体了。

① Weld's *History of the Royal Society*. Vol. I p.31－33.

兄弟暂且搁下皇家学会的事迹，与诸君一探索此会理论上的根据。诸君晓得凡言近世科学的历史，必推英人培根(Francis Bacon)为鼻祖。因为他注重归纳的方法，主张凡学须从实验入手。这实验两个字，就是近世科学的命根。实在讲来，这创立学会，聚集许多学者以研究各种学问的意思，还是培根发的。他所作的 *New Atlantis* 书中，有一段讲他胸中想象的学校，说道：

我们建设的目的，在求因果的智识，事物的秘奥，以扩充人智的界域，使其无物不到。此种建设所要的预备及器具如下：大而且深的洞，以为冻结、凝固及保存生物之用。高塔以观天文。大湖蓄咸与淡水以养鱼禽。急流瀑布以发动力。掘成之井，人造之泉，大屋多空地以为试验卫生之室，节制变通其空气之状况，以养病及卫生。花园及旷地蓄养各种禽兽。酿酒室、烘面包室、厨房、药铺、火炉、望远室、听声室以练习表示声音及由声音产出之物、空室、机械室、算术室等等。其中设职员及职事如下：十二人航行外国以采集新出书籍及试验的器具，是为采光之商(merchants of light)。三人搜集书中所有之实验，是为求智者(deprecators)。三人搜集机械上科学上及实用上之实验，是为不可思议之人(mysterymen)。三人从事于新试验，可称为开路先锋，或开矿者。三人搜集上四种人所得之经验而编成表册，使其一目了然，是为编辑人。三人合同视察其同事之人，并视其试验中何者有用于人生智识，何者可用以表明事物的原因，自然的秘奥，以及发见物体之机能及价值，此等人可称为作事人或作德人(benefactors)。然后于全体职员屡次聚会讨论已得的经验已集的事实后，由三人出而创拟更深更精的试验，务以深入事物之本性为主，此等人我们可称之为灯(lamps)。再有三人，实行此创拟之实验，我们称之为接花者(inoculators)。最后三人，更以试验增进以上的发见以得包罗众理的通律，此等人可称为自然界之解释者。①

培根这种建设的思想，实在与他的实验哲学相辅而行。他死于 1626 年，他的 *New Atlantis*，于次年出版。到皇家学会成立之时，此书已经十版，其为当时学者所推崇，及其影响，可想而知。有了此种理论在当时学者胸中，才有科学，才有皇家学会出现。四年前为英国皇家学会二百五十年週年纪念，此会印了一本书，名叫《皇家学会实录》(*Record of The Royal Society*)，分送各国学校学会。其第一句话便道："皇家学会的建设，盖培根哲学工夫实效之一。"可谓数典知祖，归美得当了。

现在我们言归正传，仍讲皇家学会的历史。兄弟上面已经讲过，当时有一种新哲学

---

① 见 *History of the Royal Society* 所引 Vol. I p.59 - 60.

家，时常相约聚会，讨论自然哲学及实验的方法。1651年在奥克斯福这一班人，已经起了一个会，名哲学会，其在伦敦的，仍旧在格雷山学校(Gresham College)聚会，到了1659年，英国因克林威尔死后，国内大乱，他们的学会，也就中止。到1666年，查理士第二复位，国内渐归平靖。这一班新哲学家，仍旧开起会来。他们渐渐觉得非有一种正式的组织，不足以维持久远。于是就当时所有会员四十一人，组织一会，大诗人犒力(Abraham Cowley)也在其内。此是1660年冬天的事。但会虽成立，还没有会名。当时英王查尔斯第二，也是个好学右文的英主，对于这一班新哲学家的聚会讨论，极表钦仰之意，自命为发起人之一。有时还到会听他们讲演试验。于是当时这班学者，对于查尔斯第二，也极爱戴。这皇家学会的名字，就由此来。至于这学会的注册，于1662年七月十五日盖印。现在大家都以1662年为皇家学会的成立日期了。

大凡一个学会的重要历史，在其成就的事业，不在其学会的本身。我们且不管皇家学会初立的时候，财用如何困难，会所如何不定。何时由格雷山学校迁到阿沦特尔舍(Arundel House)，何时迁到克雷恩院(Crane Court)，何时又迁到索牟赛舍(Somerset House)，何时迁到现住的勃令顿舍(Burlington House)。单说他们所办的这皇家学会，第一个目的，是用实验的方法，以谋自然哲学(自然哲学是当时常用的话，意思就是现在物理学)的进步。所以此会成立之始，其最重要的事业，就是施行实验。此种实验，或由会员自任或由会中推几个会员专司其事。于每次常会中，对大众施行，以供会员的参考研究。此种实验，乃完全自成一事，不像现在名人讲演的时候，以实验为陪衬，助解释的。其实验中之最有名的如鄱伊尔的抽气筒，牛顿的分光试验，皆于科学上大有关系。第二件事，是辅助政府，改良国内学术上的事业。如格林维志(Greenwich)的皇家观象台，从1710年起，归此会管理。直到1906年，这气象台的七个管理员，皆是此会推举出来的。英国的国立物理试验所(National Physical Laboratory)，也归皇家学会管理。至于有疑难问题出来时，这皇家学会就是政府的顾问。如房屋船只的避电法，监狱的通风法，纬度的测量法，定秒时钟摆的长短，比较英法两国的长度之法，全国地形的测量，属地磁力的测量等等，皆出皇家学会的手。诸如此类，不胜枚举，上面不过随意举以见例罢了。现在英国政府每年给与皇家学会四千金镑，以供研究科学之用。1893年，英国国会又决议给皇家学会每年一千镑，以供科学书籍出版之用，这可见英国政府对于此会的态度了。第三件事，是搜集各国图书标本。诸君晓得这世界有名的不列颠博物院，到了1753年始得成立。在这博物院未成立以前，世界所有的新奇物件，都送到皇家学会去。不但如此，此会有时也派人在国中各处搜集自然历史上的标本。不到几十年，这标本的搜集也就可观。在当时伦敦城中，可算独一无二的了。到了1781年,皇家学会迁往索牟赛舍的时候,除了许多器具,于历史上有关系,仍保存于学会外,其余所有的珍藏,都送与不列颠博物院了。第四件事,是出版物。皇家学会所出的期刊有两种,一种名 *Philosophical Transaction*,于1664—5年三月出版。起初是各书记编辑,1750年之后,另有一编辑部经理其事。到了1887年,这 *Philosophical Transaction* 又分为A、B两种。A种专载算学物理的著作,B种专载生物学上的著作。再有一种名 *The Proceedings of Royal Society*,这种不过是 *Philosophical Transaction* 的选录,每年约出三册。这两种期刊出世以来,不知多少新学说,曾在其中发表。世界上的科学期刊要算无出其右。近年皇家学会,更逐年刊行世界各国科学著作的目录,更可谓体大用宏的著作了。

上面所说的四件事皆是显而易见的。至于这个学会对于英国,对于世界的贡献,已经是有目共睹,用不着兄弟再为赞美。但有一件,兄弟要请大家注意,就是英国在十七世纪的时候,虽然有奥克斯福、肯孛列基几个大学,当时学者的头脑,也极顽固。他们所讲求的,不是希腊、拉丁,就是神道哲学,从不肯留心自然哲学。所以虽有培根这个大人物出来,创立新学派,注意实验哲学,总没人肯去实行。这一班创立皇家学会的新学家,看见当时的学者守旧太甚,无可如何,才出来创立这个"无形的学校"。英国的科学,从此下根,从此发芽,从此长成枝叶扶疏的大树。诸君试看看英国在早的大发明家,如鄱伊尔、兑维、法勒第、达尔文,都不是学校的教授,但都是皇家学会的会员。可见要是没有皇家学会,英国科学的发达,不知要迟许久呢。

皇家学会的组织,有可供参考的,也不可不略讲一二。此会的管理团体,有议事会(Council)员二十一人,每年改选十人。会长、书记、会计,皆由此会选出。副会长则由会长推任。书记共有三个,两个管开会纪录等事,一个管外国通信的事。另有一个副书记,系雇佣的,会员不得充任。其他各事,各有特别委员。其会员定额,本国每年举十五人,外国五十人。因为外国的科学家,合而计之,总比英国一国多,这也可见学会的大同主义了。至会员选举的方法,须有六个会员介绍,得议事会之承认,方得为候选会员,候选会员之通过,则由全体投票表决。又会员入会费为英金十镑,常年费四镑。兄弟讲到此点,是为诸君有皇家学会会员希望的,早早预备这一项巨款,免得临时周章。

诸君!兄弟讲皇家学会,费的时间已经不少。不过诸君不要以为皇家学会是英国独一无二的科学社,英国科学社中,后起之秀尚有皇家学社(Royal Institution),为汤柏生(Benjamin Thompson)所发起,成立于1799年二月。此社的宗旨,在提倡工业会进步及新发明的应用。代维、法勒第,皆是此社中有名人物。后来与皇家学会联络起来,有人称他为皇家学会的实修场，照此看来，可见两个团体的关系及性质了。又有不列颠科学促进会(British Association for the Advancement of Science)，成立于1830年。这科学促进会的宗旨，在洞察当时如科学的情形，以成有统系的科学研究。有特别问题出时，此社可组织一个委员会，合各科学家研究之。这两个学会，皆足补皇家学会之不及，于英国科学的进步，大有关系。

法国的科学社(Académie des Science)成立于1666年，比英国皇家学会约迟四年。其未成立以前的历史，也与英国皇家学会相似。当时一般新哲学家，常常聚会讨论哲学问题。有名的人，如笛卡儿、伽散地(Gassendi)、巴斯加尔(Pascal)、霍白斯(Hobbes)，皆在其内。后来各尔培耳(Colbert)想出一个正式的组织。到了1666年十二月，乃在法国皇室图书馆开第一次会。当时法王路易十四极赞成此举，凡在科学社的社员，皆给与薪俸。又有特别款项，为此社社员试验用费。到1699年，复行组织全社社员定为二十五人。十个是名誉社员，其他十五个是受俸的社员。分形学、天文、算术、解剖、化学五股，每股三人。其正副社长，皆由法王钦派。书记、会计则由受俸的社员中选出。照此看来，当时法国的科学社，竟是一个贵胄学堂。所以当时的人心，颇为不平。到了1793年，法国大革命之后，平民得志，就把这科学社封闭起来。当时有名的社员，如拉瓦谢①(Lavoisier)等一班人，都送上了断头台。但法国的科学，却是由这个科学社制造出来的。有人说“要详细讲这社的历史就同作一部法国科学史一样”。我们现在但想法国有名的科学家，如拉伯拉斯(Laplace)、步丰(Buffon)、拉格瑯士(Lagrange)、达郎倍儿(D'Alembert)、拉瓦谢、叙秀(Jussieu)，都是此社的社员，也可见一斑了。现在的法国科学社，是1816年重新组织的。市民政府解散老科学社之后，于1795年，另组织一个国家学社，包括各种学会在内。这科学社就是国家学社的一部。其后法国有名的科学家如嘉诺(Carnot)、弗赖奈尔(Fresnel)、安培耳(Ampere)、阿喇戈(Arago)、比约(Biot)、盖吕撒克(Gay Lussac)、底那耳(Thenard)、居维叶(Cuvier)、芍弗喇(Geoffroy)、圣的来耳(St. Hilaire)，皆是此社的社员。

德国最大的学社，要算柏林科学社(Akademie der Wissenschaften zu Berlin)。此社创设于1700年，系普王弗赖特列克第一(Friederich I)用大哲学家来孛聂兹(Leibnitz)的计划建设的。到了弗赖特列克第二，又照法国的组织法，加以改造。现在的组织，乃系1812年所定。其中分两种四门，即物理、算术、哲学、历史，是也。诸君请注意德文*Wissenschaft*的意思，包括有哲学历史在内，其范围比英文的*Science*较大。德国的大学最多，发达也最

① 参观本月刊第二卷第三期《拉瓦谢传》。

早，所以其国学会的重要，比不上英法两国。至于德国学会的事业，有点分功的意思行乎其间。譬如芒漠科学社（Akademie des Wissenschaften zu Maunheis）专研究气象学，蒙欣科学社（Akademie des Wissenschaften zu München）专研究国民教育及自然历史，皇家科学社（Königliche Akademie des Wissenschaften）专研究应用科学皆是。

美国的科学社，算菲拉待尔费求进有用知识哲学会（American Philosophical Society Held at Philadelphia for Promoting Useful Knowledge）为最古。这学社为弗兰克林所发起。弗氏于1743年著了一篇小小文章，名《增进美洲植民者有用知识之提议》。这篇文章一出，大家立刻热心赞成，就在这年设立了一个会，举弗兰克林做书记。到了1769年，又与弗兰克林创设的菲拉待尔费求进有用智识会合并，所以有上面这长而难读的会名。这会范围甚广，其所研究的，专以科学为主。其次波斯顿的美国文艺科学社（American Academy of Arts and Science）亦甚古，成立于1780年。至于美国的全国科学社（National Academy of Sciences），系1863年注册。此社与政府略有关系，其组织亦甚完备。中分六股，即算学天文股、物理工程股、化学股、地质古物学股、生物股、人种学股。其社中出书，亦由政府印行之。又有菲拉待尔费的自然科学社（Academy of Natural Sciences of Philadelphia），成立于1812年。美国科学促进会（American Association for the Advancement of Science），设立于1874年。各会皆刊书出报，各有所长，于科学的发达，贡献不少。

兄弟所讲的各国科学社历史，疏略已极。因为世界上有科学社的国，不只上说几个，几国之中，所有的科学社，也不只上举几个。但是时间有限，兄弟要节省一点，为我们中国科学社的地步。我们的中国科学社，发起不过三年，正式成立不过一年，比起世界上的大科学社来，真是“培塿之于泰山，行潦之于河海”了。但是古语说得好，“譬如行远必自迩，譬如登高必自卑”。我们这社二三年的历史，安知不是以后二三百年光荣历史的发端。今天讲讲本社的历史，或者也不是无谓的哓舌。

我们的中国科学社，发起在1914年的夏间。当时在康奈尔的同学，大家无事闲谈，想到以中国之大，竟无一个专讲学术的期刊，实觉可愧。又想到我们在外国留学的，尤以学科学的为多，别的事做不到，若做几篇文章讲讲科学，或者还是可能的事。于是这年六月初十日，大考刚完，我们就约了十来个人，商议此事。说也奇怪，当晚到会的，皆非常热心，立刻写了一个原起，拟了一个科学的简章，为凑集资本，发行期刊的预备。当时因见中国发行的期刊，大半有始无终，所以我们决议，把这事当作一件生意做去。出银十元的，算作一个股东。有许多股东在后监督，自然不会半途而废了。不久也居然集了二三十股，于是一面草定章程，组织社务，一面组织编辑部，发行期刊。诸君记得1914年夏间，就是欧洲大战开始的时候，当时我们派回国的总经理黄伯芹君，看见时事不好，几乎要停办。还是在美的社员热心，决意坚持到底，我们的《科学》第一期，才得于 1915 年正月出版。诸君晓得我们科学社的宗旨，是要振兴科学，提倡实业，仅仅一个期刊，要想达到这宗旨，岂不是梦想。后来社员中觉得此事要紧的，也日多一日，就有邹应莞君，正式提议改组本社为学社。即由董事会发信问全体股友的意见，得一致赞成，再于 1915 年六月，由董事会派胡明复君、邹秉文君及兄弟三人，为新社总章起草员。此章程于 1915 年十月由社员全体通过。从此中国科学社遂告正式成立。照现在所引的章程，本社社内的组织，有一个分股委员会，这分股的意思，是将全体社员，略照所学的科目，分配各股，以便有问题出来时，大家研究。现在分有农林、生物、化学、机械工程、电机工程、土木工程、采矿冶金、物理数学及普通九股。分股委员会的章程，于今年通过。现在各分股长正在从事分股的组织。其他各部，有期刊编辑部，此部自本社未改组以来，已经有了。现在本社所出的《科学》期刊，都是此部的出品。其次有书籍译著部，此部组织的目的，因见国内所用的教科书，大半浅陋不堪，意欲调察现在国内所需的书籍，就本社同人所知以为最适合的善本，或编或译，以供学界之用。又欲编定各科辞典以为编译之基础。此部已经成立，现方进行编译各事。三图书部，设立此部的意思，是要收集图书以为将来建设图书馆的预备。诸君现在美国，各校皆有很大的图书馆，甚觉方便。后日一入国门，除了自己所带几部书之外，要翻阅参考书，可就难了。本社创设一个图书馆，确是当务之急。现在收集图书的章程，及流通书籍的办法，已经在《科学》第二卷第八期上发表。请诸君留心察阅，可行就行，不可行，还可修改。其四经理部，现在专经理发行期刊的事宜，以后译著书籍出版时，也是此部的事。此部与期刊编辑部同时成立，也是本社最老的干部。尚有一个最重要的部分，是董事会。本社的新董事，选举须时，从前的董事，是由旧社来的，勉强支持，实在无事迹可言。诸君若必要问个所以然，兄弟只得求各部职员恕恕，说一句话。凡各部的进行，董事会皆与有力焉。现在本社的社友，至八月底止，已有一百八十二人。不但国内及美国，就是英、德、法、日本等国，皆有本社的社员。现在外面已渐渐明白本社的意思，也有自求入社的。期刊的销路，也逐渐推广。诸君！这就是本社的略史。本社方在草创之际，自然没有非常的事迹可言。但本社这两三年的历史，虽无特别光彩，总可算前进未已，是我们所可自信的。

诸君已经听过世界上的几个科学社及本社的历史了。现在我们且比较彼此同异的地方，以实行他山攻错的主意。现单就英国皇家学会而观，兄弟所最喜的，是分股、期刊、编辑等事，皆是彼此所同。我们组织本社的时候，并未参考皇家学会的章程，也可谓“闭门造车，出门合辙”了，但有一件，为他国科学社所最注重，进而言之，为他国科学社精神所在，而我们中国科学社所尚未议及的，就是自己设立实验室以研究未经开辟的高深学问。诸君或者说他们的科学社发起的时候，大学尚未发达，所以学社不能不出于自行研究之一途。若在今日，学校既已发达，到处都有实习室，本社何必急急于此呢？不知目下的中国，也与十六世纪的欧洲差不多。对于近世的新哲学，尚在莫名其妙的境界。高等以上的学校，可算名副其实的，真有几个？若专靠这几个不中不对的学校，不从他方面开一个直捷有力的门径，想要科学发达，恐怕是俟河之清了。诸君或者又说，学会的组织有两种，一种是专为自己研究学问的，一种是为开通民智的。我们的学会，若是专为开通民智起见，自己研究学问的事，可以不必问及。这也不然，大凡一个组织，必须有体有用。然后其组织不是无根的木，无源的水，可以继续发达。外国的学社，但有以谋科学的进步为宗旨的(如英国科学促进会、美国科学促进会皆是)，却没有但以开通民智为宗旨的。因为能谋科学的进步，这开通民智的结果，是自然而然的了。科学的进步，不是做几篇文章，说几句空话，可以求来，是要在实习场中苦工做出。诸君若以兄弟这话为不大错，兄弟倒要请诸君做一个短梦，看一看中国科学社未来的会所。这会所盖在中国一个山水幽胜、交通便利的地方。外观虽不甚华丽，里面却宏敞深富，恐怕比现在美国麻省工业学校新建的校舍不相上下。其中有图书馆、有博物院，其余则分门别科，设了几十个试验室。请了许多本社最有学问的社员，照培根的方法，在实验室研究世界上科学家未经解决的问题。本社所出的期刊书籍，不但为学校的参考书，且为各种科学研究的根据。由现在的中国科学社，到我们想象中的科学社，须经几多岁月，全看我们社员的热力，与社会效公心了。

[第 3 卷第 1 期(1917)第 2—18 页]

# 20. 科学应用论

叶建柏

科学一途，自古不受我国之欢迎。专制君主利用淫威以钳制科学家之行止，故“勿或作为淫巧以荡上心”①之政策以雷霆万钧之力颁告于国民。夫人苟非丧心病狂，其孰肯轻其生命以撄人主之逆鳞而兆不测之祸。故虽生有科学家之资，亦将因势异途，况庸庸众庶大半受鼓舞而受作。苏洵②谓有勇士之讥，千金之赏，猛虎之迫，勇者怯者及勇怯半者，皆跳而越之。今政府以钳制之策代鼓舞之术，安怪国内科学家若凤毛麟角，而其能洞悉通常科学者亦寥寥若晨星哉。

自习俗以文字为谋生之阶，而社会心理遂目科学为荒诞异说，一二天才之士偶从事于科学，亦多为好奇之念所激发，而少有殚精竭虑，求有所发明以增进人类之幸福者。“众议”之为物无形可见，无音可闻，无体可持，而为人类所必不能逆之以行事者。故主尊奴卑，“众议”为之也；男可再娶，而女耻再嫁，“众议”为之也。今“众议”以科学非君子之事，而从事科学者遂居极少数，况音问梗沮，交通障碍，一人之形声，仅及邻村近郊，即有所发明，知之者有几人哉。往往有父子祖孙一线相授受，终乃渐归澌灭者，非罕事也。科学一途，为国人所诟病者久矣。闭关自守，为计固得，而无如万国交通之路开，则我国无科学之害，乃愈久而愈显矣。

科学之于人类，其关系犹谷品水饮为生命之必要。科学造成人类之幸福，更罄竹难书。以美国言，若横贯东西三千四百英里之电话，一万英里之无线电话（一九一五年十月二十二日无线电话自美国阜金尼省 Virginia 阿陵顿塔 Arlingion Tower 横过大西洋，直至法国巴黎之爱飞尔塔 Eiffel Tower，同时太平洋中夏威夷群岛珠湾 Pearl Harbor，Hawaii 美国电话电报公司之代表机师，亦闻自阿陵顿至巴黎之电话，计所达距离为径一万英里之大圈；凡在此圈内者，如有相当机器，皆可受话），纽约城八百英尺之高楼，海底之铁路，以及凡所以便利民生增进幸福之施设，何一非由科学所造成。驯至万里之遥，缩于一室，吾人昔日所目为不能实行之问题者，皆为科学所战胜。倘无科学也，则穴居野处茹毛饮血之生涯，恐至今亦复尔尔。我国因旁及之惠，各大城市始受科学之幸福，即以电灯一端言，脱

---

① 《礼记・月令・季春》。
② 苏洵《谏论》。

非步人后尘者，则昔日之“油甑”“泪烛”，恐今日犹在我国居民之几上耳。①

科学于承平时日，为功既已如是。今至弱肉强食之战争时代，尤为保存生命之利器。飞艇、巨炮、潜水艇等赫赫称名于今日之战场者，非科学何由造成。美国海军部某近更提议造六万吨之战舰，十八英寸之巨炮，此等施设，皆科学进步之所致也。“世界有强权无公理”“惟黑铁与赤血耳”。彼万国和平之“阳春白雪”，恐尚在理想界中，而阴贼险狠之东邻，且兽伏以伺我国之隙，然则苟不自卫，尚欲图存耶。大凡战争利器之建造，绝无任外人之旁观者②。故苟非以科学方法自创战争之利器，则永不能战胜外人。购入军械火药战舰等之政策，殆犹掩耳盗铃。知此则科学于战争之必要，不辨而自明矣。

科学大类有二：曰实用科学，曰理想科学，类之所归视其研究科学之目的而定。如同一化学也，设有人注意工业一端，则为实用科学；设注意游电(ions)一面，则为理想科学。如同一电学也，设有人注意电子(electrons)一面，则为理想科学；设注意电浪一端，则为实用科学。然有时因理想而引起实用，故骤观之，似实用科学为救国之急需，然理想科学亦不可置而不顾。实用科学，犹水也，谷也，肉品菜食也；理想科学，犹茶也，糖也，果品零食也。

科学之为物，以人譬之，犹自高声价者也，故必求之而后至，考之而后得。不如是，虽枯坐百年，科学之至，终杳如黄鹤耳。当爱迭生(Edison)之改良其第一留声机也，历五日夜之苦工，无眠无休(时在一八八八年六月十六日)，而后有所得。凡声誉盖世之大发明，皆由苦心孤诣而来，绝无守株待兔之巧。我国苟不欲有科学则已，倘仍欲图以科学救国也，则经之营之，孜孜不已，始可望有效耳。

说者曰：“我国今日之急需，应竭力提倡商务工业，先富之而后强之，资财足而后军械备也。今子以科学应用为言，岂将驱吾人尽入试验室中，左瓶右灯，而维精维一耶。抑将延吾人皆至图书馆内，手披目读，而博识多闻乎。二者而有一于此，吾知其缓不济急也。此外又非吾所能更设科学应用之解也。”应之曰，呜呼，迂哉！科学应用之真解，岂如是乎。科学二字，所包至广，其义至精。英文有所谓“科学精神”者(scientific spirit)，谓作事当井井有条，而谨慎无误。又如所谓科学管理工厂法(scientific management)，其布置次序，出品时间，应用器械，作工方法，皆有定规，求以最少之耗废，得最多之结果。若以上二者，安有所谓试验室书馆之必要。今申言之，如二国交际，非有精密之科学政策不可。失之毫

---

① 此就大城言，如就小城或乡村论之，则今日仍用油烛者恐在百分之九十九以上！

② 如美国辟次堡城(Pittsburg, Ps)韦斯丁好斯电业公司(Westinghous Ellectri and Mfg Co.)之军火制造一部分，参见者禁止入内，此即军火秘密之一证，余可类推。

厘，谬以千里。倘我国昔日之政府诸公而稍有科学精神及科学智识也，则断不致左揖右让，握发含哺，拱手以大好山河轻焉割送，又断不致条约由人，太阿倒持，而九十九年之借租某省，不准让与他国之铁笔。此等奇耻，真有生以来所未闻，而我昔日政府诸公当事之际，效古贤之模棱；事去之后，又群相优哉游哉，聊以卒岁，坦然无所动于中。夫诸公为子孙作牛马，已窟藏多金矣，而诸公所造之罪孽，国民有知，其能率尔舍去耶。呜呼！政府稍一失计，国民担负十倍，国债日增还之者谁，我国民也；国耻日增受之者谁，仍我国民也。不幸而土崩瓦解，作无国之民，永不见自由之天日，何人当此，仍我国民也。夫我国民以身家性命，委诸政府诸公，而政府诸公以无科学精神及科学智识，遂铸神州之大错，来日方长，后患弥深，因循愈久，施治愈难。往事已矣，今日亡羊补牢，仍在我政府诸公。科学之应用，正救国之要策，诸公曷一慎思此意，以避往日之覆辙哉？

夫政府以科学应用为救国之策既已如是，今更言科学应用，对于普通国民之真解。试执铁工而语之曰，唯！子应知科学应用之必要及行之之策。彼将击其钻而怫然曰："去休！我倚艺以为生，劳力以糊口，上不闻于总统，下不侪于乞丐，售吾器，得吾值，易吾食，日出而作，日入而息，吾不窃不淫，不为非法，无所求于人，亦无负于人，吾之职尽于斯矣，安计科学应用之云云。子有知，当趋在上者而告之耳。"应之曰，请毕吾说。夫科学应用与尔之职业，初若风马牛之不相及，然子苟专心此业，有所发明，于全国铁工业，增进新法，以一人铁工言，所关不过区区，以全国铁工言，则影响所及远非初念所易料。美国某省某地有铁工焉①，发明火星试铁之法（spark test of iron and steel），任取钢铁，置旋转之磨石上，观其火星之形状颜色大小疎密，即可知或为钢或为铁，炭之成分几何，所含杂质成分几何。精确简捷，得未曾有，其法将大用云。故工虽极贱，位虽极卑，苟能忠于所业，则关系必不限于一人一处。科学应用，其义之普通，盖有若是者。

吾人习俗，闻科学而色然惊，或以为深奥超凡，或以为迂阔无当。不知科学之为物，最为通常，非必为牛顿，而后可言科学，亦不可以科学为矫揉造作，而置不屑言。常人之耳目，有所不见，有所不闻。如污水中之微虫，传染之细菌，皆耳目观察之所不及，惟待科学而后知之。今试夏日行我国之城市郊野，其注意于此等卫生者几何。故夏日之传染病，盛行我国，死者相继，脱人人信科学之所言，更孰肯明知致死之机而故蹈之哉。又若我国之生产率号称最盛，然详考小儿之死亡及致病者，其百分数出人意表。夫怀之生之育之，父母之劳望儿之成立也，今夭殇病疾，其损伤个人之精神资财时日，已非微细，倘以全国计

① 其人现在某工业大学作铁工教授。

之，则全国之损失，宁在无庸核计之列？试以他国言，未生之前，预为之防（如论及遗传性择相宜之婚姻等事），怀孕之际，重卫生，遵胎教，既生之后，养育如法，抚护得宜。故生产率甚低，然每一小儿皆能成立，且为强健之国民。以较旋生旋死者，孰得孰失，必有能辨之者矣。人数之多，以我国最，种族之弱，亦以我国最，科学与一国之关系有如是者。所谓科学应用，此仅一端耳。

商务工业为我国救危之良剂固也，然二者舍科学莫能从事。美国百年前以农立国，殆与我国同，后以贫弱不支而从事于工商，然国民鞠躬尽瘁而工商终不兴者何也，无科学以维持之耳。迨后科学家迭兴，争先致力于发明，而美国今日遂为世界最富之国。据一九一二年之调查，全国富力约为 187 739 100 000 美金，以个人计，平均每人得 1 965 美金。全国出品之价值在 23 000 000 000 美金之谱，而全国人口仅我国四分之一。一九一五年之末，美国全国之电话共 10 500 000 号，平均全国中每九人有电话一号；全国铁路 400 000 英里，电车路 41 100 英里，工业制造之建设凡 270 000 处，公司之大者用人 230 000。凡此诸端，皆由科学人材以科学精神造成科学事业，而后工商日趋发达，彼至纽约（New York）、希加戈（Chicago）等大城者，观其建筑之高大，翳蔽天日，白若玉阙，仰首以望，数百尺矗接霄汉，窗户若星点耳。此等天际线为全球各国所不及，非工商发达之盛，莫能至此。然而皆由科学应用而来也。今夫大宗制造之利益，尽人皆知，而大宗制造恒需多数工人，又必需精巧机器。聚数千人于一厂，而无科学方法以管理之，将见其鱼烂而不可收拾。至精巧机器之必待科学而后发明，更不言可知矣。世界趋势，由汽力而变电力，然苟交流电机不出，则今日之用电工厂，永不能立。科学之于工商其亲若是，加以机器之发明，日新月异若自动封信机（每分钟封信一千以上）、计算机、自接电话、易钱机、长途打字（单线每分钟三百六十字），苟欲尽述此等科学发明，虽万篇仍属缺漏。1846 年全美专利权共 4 348，至 1915 年则为 1 158 211。若爱迭生一人得专利权 977，其余每人得三百以上者更五人。以此等科学人材，以科学精神，造成科学事业，安怪工商之不兴。更如工商事业中之省时法，又非科学莫能办。夫工商所以富国，国富而后能强，科学应用所以发达工商，工商发达而后国富。然则科学应用乃救国之上策，至此将如天经地义，为永不磨灭之论矣。

科学之分目无虑数十，细目无虑数百，倘一一言其应用之范围，势所不能。以上总括而言，读者谅其疏漏可矣。

问者将曰："科学应用，吾诚服其说矣，厥闻实行之策。"曰："自今而后，人人应视科学为普通必要之品，勿以迂阔或深奥目之，其策一。不必尽人求为牛顿，亦不必尽人求为达尔文，现操何业，即忠于此业，用心既专必有所得，其策二。力足者力之，财足者财之，智足者智之，故如有人自信有建学会之才而财不足，则财足而才不足者出其财，然后学会能成，但求尽我所有，慎勿探我所无，其策三。有志之士，振臂高呼，改良‘众议’，以去阻碍科学普及之大梗，其策四。人人求有普通智识，知时间之可贵，去无益之行事，其策五。竭力教授小儿以完全真正精确之普通科学智识，以为将来成事之基，其策六。人人怀纳言之诚，知贫弱之惧，悟凌削之耻，冷眼观人，细心察己，然后科学能进行，其策七。以上皆荦荦大端，无暇分支细论，其实行之细策，因地适宜，非片言所能尽也。”

吾述科学应用论将终，而欲专造资财家一言。夫资财家者，一国之命脉所系，全国原动力之所由出，犹汽机之飞轮也。苟无资财，英雄虽勇，无用武之地，故日本向日之索我赔款，迫之维亟，直欲竭我血髓，盖以一旦战胜，乃千载一时之机，决不肯轻易放过也。今聚全国之资财而汇集于少数之资财家，则此少数之资财家应若何善用其财，以为国民福，而国民对于此少数资财家之仰望，又且甚于大旱之望云霓也。夫资财家对于国民之天职既如是其重，则安能独善其身而不顾国民之肥瘠。呜呼！一国而急公好义之资财家，国民之福也，有自私自利之资财家，国民之祸也。何者，以自私自利之资财家，吸取一国之精华，有置诸死地，使国民无行事之余力也。今美国以富力称雄于全球，其资财家以百万美金为单位谓之百万家(millionaire)，全国人民所受于此等百万家之幸福，如急公好义之捐欺，以万万美金计。其中关于科学一面者，亦以万万美金计。美国人民封于其百万家，含亲爱意。我国人民封于我国之资财家，含奋怨意，非由我国人民之道德心卑，乃纯由我国资财家不能急公好义所自取也。呜呼！夫资财家而苟不能急公好义，专于自私自利，为子孙作牛马，则一国亦何乐有此等资财家为。今即为资财家本身计，能急公好义而善用其财，不使重金滞于一隅(如以重金存外国银行之类)，则其财愈增，其名愈高，国民之敬仰心亦愈固。试问美国全国人民虽乳臭小儿垂髫弱女，何人不知卡内祁(Andrew Carnegie)。卡内祁一人急公好义之捐款，共达美金350 000 000之数，其纪念物遍全国，卡内祁之名，将与美国国史相终始焉。举此一人，可例其余，美国资财家之爱国，于此可见一斑矣。夫救国非科学应用莫办，已如上述，科学应用又非资财不兴，更为彰彰易见之理，则我国民所仰望于我国资财家者厚矣。我国资财家，曷亦踊跃输，将以救尔父母邦之危急哉？

至此，而我国资财家将支吾曰：“吾非不欲救国也，特患无所用力耳。”应之曰：“昔有人死见冥王，冥王曰‘奈何不为善？’曰‘吾穷极，搜索苦，无善可为’。曰‘然则奈何不为恶？’曰‘吾亦穷极，搜索苦，无恶可为’。冥王曰‘皆欺人之言也，烹之！’”

今我国资财家，非患无所用力，患有力而不用，其说安在？曰，设有沉痛救国之士，欲振兴某工业，声明召股，而应者尠尠，因未见信用也。资财家苟袖手旁观，则平民更嗫嚅不前，即幸而草创兴办，亦不旋踵而失败，其信用乃愈失，此后兴办亦愈难。设有资财家，取其存储外国银行之巨款，先认资股，为平民倡，则基金既足，日后之发达可立可待也。又若有志之士，倡兴学会，从事译著书报，以期救国，资财家于此苟能助以巨款，其影响当远及全国之前途，此又用力术之一也。况我国百端待兴，需财维亟，以铁路一端言，全国已成者不过六千英里，而真可称为已有者更少于此数。我国倘欲富强，至少应有铁路二百八十倍于现有者(1 680 900 英里)。我国资财家如之何其坐视政府或商民借重息之外债，增将来之担负，举一切修筑管理权尽付外人之手，而不一施救哉。其余百端商务工业，无不待举，我国民之仰望也，若涸辙之鱼，独怪资财家于此孰视若无睹也！今吾更大呼告资财家，凡尔等有所用力，必有相当之报偿，为己身计，为全国计，无不攸宜。某国某人曰："中国者万国之殖民地也。中国有最佳之植棉地，而不知用；有最富之矿产，而不知探；数十万里之铁路，倘待建筑。此真我国(其人自称)资本家最佳之投资地也。"夫果使投资而无重利，则外人孰肯借我以巨款，今设以我国资财家之财，代外债之用，将来之重利不归外人而归我国之资财家，同时所有兴办管理维持之权，我国自有之，所有幸福，我国民自享之。此等施设，与借外债以振兴工商之策，孰得孰失，不辨而自明矣。此外内政教育慈善各大业，在我国俯拾即是。资财家从事于此不有金钱之报偿，必有名誉之报偿，故曰我国资财家非患无所用力，患有力而不用耳。

科学应用，其术无他，以上七策，至简且明，人人皆能行之，皆能永行之。然求最速最准之功效，则惟我国资财家是赖，此吾所以哓哓不休，以求我国资财家之动力也。

呜呼！科学应用，乃救国之良策，无疑义焉。成功与否，惟我国民好自为之耳。异日者大之富强我国，小之亦洗"无发明"之羞(爱迭生谓全球各国皆于科学有所发明，惟中国无之)。然则我国今日虽几于绠短汲深，日暮途穷，安见将来世界之牛耳，不为我国民所执哉？

[第 3 卷第 2 期(1917)第 135—146 页]

# 21. 科学与德行

唐钺

科学者求真之事，德行者立善之名，其涂术不同，其的鹄亦异。笃而论之，二者实无因果之可言。细之为小己，大之为国群，其学识高者其道德未必进，此察诸寻常人事而可见者也。然生人之业以成德为归宿，苟可以助进吾德者虽至微之事物，犹当罗致而利用之。科学固无直接进德之效，然其陶冶性灵培养德慧之功，以视美术，未遑多让。彼图画之庄严，乐歌之和美，世之士夫无不知取为涵泳德性之助，而于科学养德之功，则在将信将疑之际，则此篇之作，殆非无病之呻。若以为溺爱科学，恣为夸张，则科学真值在于描写自然钩索真理，纵其于其进德之事，无微功之可论，科学之为科学固自若也，奚待尺幅之颂词以增其声价哉。且科学之运，无乎不在。读者深造而自得之，以验吾言之信否，可矣。以科学求真之法，觇科学进德之功，是亦天下之至乐也，人亦何惮而不试乎。

《颜氏家训》称“文章之道，标举兴会，发引性灵，使人轻伐”。夫岂独文章而已，其他美术亦如是矣，特不若文辞为甚耳。何则，美术之为物，不若科学之凭据确凿可以衡量。美术家、文学家以其标准之难明也，每有各美其美之趋势。方其暂得于己，快然自足，莫不以为己之佳制足以惊风雨而泣鬼神，而持示同道之人，则以为不值一钱者往往而有。科学则不然，一例之真妄，一说之废兴，待事实以为验，非丝毫私意所能羼乎其间。惟其不能逞臆为谈，是以不至悍然自足。科学家如牛顿，亦云伟矣，而有真理浩如烟海所得不过海滩石卵之叹。故科学之潜移默化，能使恃气傲物之意泯灭于无形。此科学之有裨于进德者一也。

《大学》言正心诚意而推本于格物致知。是说也，骤观若迂阔而实有至理存焉。吾国孝子有亲病而刲股合药以进者。夫人身皮肉，难保无病菌存乎其间。以食老病之人，殆矣。且不谙脉格，操刀妄割，设有不测，势必震惊病者而其疾且以加笃。以是为孝，其心诚可敬，而其术则已疏。更一披往史，则以宅心公正之人而为误国殃民之举者时时有之。惟不学无术，故虽正心诚意，不致祥而致殃。是故小之一身一家，大之邦国世界，无论所举何事，必格物穷理之术精，而后为善者知其方。施政者探其本，去头痛治头脚痛治脚之劳，收种瓜得瓜种豆得豆之效。近世交通卫生通商惠工诸政之条理粲明成效昭著，非科学之力焉能至此。此科学之有裨于进德者二也。

科学以求真为惟一之天职，故浸渍之者久，则宝爱真理之心油然而生。科学家之未得真理也，不避艰险以求之，其览得之也，不避艰险以守之。方其求索之时，察观试验，惟日孜孜，不以常见测，不以臆想拟，步步踏实，期得事理之真相而后已。真积力久，其精神见于修己接人之间者则为处事以慎，为出言以诚。法勒第自谓自潜心科学后，议事论人每不敢轻下断语，是其效也。及其真理既明，证据确凿，则敷布宣扬，不遗余力，非圣无法之名所不避，缧绁鼎镬之酷所不辞。孛路哪(Giordano Bruno)以主张柯波尼克天文说及其他哲理新论，至为罗马教会焚死而不悔。加里雷倭以昌明地动诸说备受酷刑，志不少挫，卒以耄年癃病不堪酷刑，始认自忏。然其坚忍之力，已足振衰起懦矣。惟其科学精神磅礴郁积，故能宝贵真理以忘其身，为近世文明之先导。此科学之有裨于进德者三也。

余杭章氏之作《四惑论》也，太息痛恨于今世之侈言公理"以陵藉个人之自主"，而盛称"庄周所谓齐物者非有正处正味正色之定程，而使万物各从其好"，为持世之极轨，是则不认有公理矣。然异日章氏之论《公言》也，则曰："夫物各缘天官所合以为言，则又譬称之以期至于不合，然后为大共名也。虽然，其已可譬称者，必非无成极而可恣膺腹以为拟议者也。"是则认有公理矣。何其言之前后相反也，盖前者之所谓公，特教士政客辈以己意律人者之言，而后者所谓则科学定理也。然公理一也，而见诸人事者，往往为小我(或一身，或一家，或一国皆是)之异所羼杂。人各以其所私为公，而公理遂为天下裂，此其弊惟科学为能救。科学者，以客观之事理为题，不与宗教政治之参术主观见解者同科。虽科学者所持学说间有不同，然学说者其过渡，非其终点。终点维何，事实是已。科学事实，如万有引力律之类，为科学者之所共认，而亦一切椭顶方趾之伦所同认者也。是故科学定理，以人类为公。人惟于此有所浸润，而后服从公理之心切，而一切以私见为公理，与夫不认有公理之蔽可以祛。个人服公之心切，斯社会团合之力强。此科学之有裨于进德者四也。

科学者以因果律为其基本定理。石之转，水之流，花之乘风，果之坠地，非偶然也，必有其因焉。水旱之洊至，疾疫之不时，风教之陵夷，民生之憔悴，非气运也，必有其因焉，是无无因之果之理也。使当国者知此，必将去涂饰耳目之计而致力于善政明民。使立身者知此，必将息驰骛声华之为而笃专于进德修业。某天文家告人曰："吾人一举手一投足，而地球之运行为之变异。"是无无果之因之理也。嗟夫，使刘禅知此，则乃父"勿以善小而不为，勿以恶小而为之"之言当较有提撕警觉之效，而蜀之亡或不若是其速也。观于今世士夫明知时事艰难而引避不顾，托一木大厦之言以自庇，而不肯尽匹夫之责者往往而有，则知此理不明，斯个人之责任心无由奋发。虽因果之律非科学之所独，其见诸寻常日用之间者随地可察，然惟得科学之精意而后见之深切著明，于以绝苟得幸免之心，而养躬行实践之德。此科学之有裨于进德者五也。

盲从冥动者下等动物之事。人类则不然，一举一动，必求其所以然。置一中人于此，使其为某事而不告以故，则彼必不从欲其从之，则非威迫势劫不可。夫人当为善者，古今中外之通行，而其所举以为根据者殊。或托神权，如谟罕默德是已。或尊天理，如宋儒是已。卒之其说模糊影响无可证实。法哲学家孔德(Auguste Comte)谓人智进化循三级律，其解释事理也，始以神学(Theological)，继以形上学(Metaphysical)，终乃实证(Positive)。实证者，谓止于科学的根据也。自生物学实证群性为保种之要件及其他事实以来，人知道德律令乃自然律令，既非圣人之制作，亦非上帝之权衡，而道德乃有科学的根据。唯其有科学的根据，而后人生循理处善出于心悦诚服，而非由外铄我。此科学之有裨于道德者六也。

近世欧美，人道势力日就衰微。笃旧者大有世道交丧之戚，而其所最为担忧者实惟科学家，以其不信神道也。是固杞人之忧，而为识者所不屑道。虽然，人之德业固非必赖神道教律以为维持，而欲其勇猛精进，则非有高尚情操为之阴驱而潜率不可。欲收信仰宗教之利而又无迷信神道之弊者，其惟科学精神所酝酿之情操乎。密勒尔(H. I. Mitchell)之言曰："方吾人之探究自然抑生命之自体也，其心在在为当前事物之浩瀚瑰玮所缠著。时间如此其悠久也，空间如是其无穷也，大宇能力之摩荡回旋，如是其猛厉也，自然界之积蓄变化如是其无限也，有机生活之形式如此其繁衍也，与夫天演之运行如此其雍容可必也，自然之律例如此其一成不易也。其所以启迪吾人之神识，以领纳新思想新感情者，日进无已。吾盖视之为宗教感情之范式，度亦其他多数科学者之所同然者也。从吾界说，则宗教者非他，即亥葛尔(Hasckel)之所谓'世界的感情'(cosmic emotion)是已。"海尔姆霍次(Helmholtz)之言曰："吾视声明文物为常进常存之完体，其年寿永永无极。此种思想(虽吾年少时未当有)，实为玉我于成之最高旨趣。吾之所徇于知识界者虽微，然以其为长存之人类效力故，其服务乃有神圣气象。服劳之人，觉其身与人类全体之间有爱情为之联系，而其劳勤因而庄严。虽从理论上领会此情，夫人而能，然欲其成为发强贞固之动力，则非历久体验，其道无由。"二公皆科学家，而其言如此，则知科学所养之高尚情操，其至诚恳挚不亚神教之所蕴酿，而明通公溥无所凝滞，则过之。其所以使学者发民胞物与之情，而举仁民爱物之实者，有自来矣。此科学之有神于进德者七也。

吾述科学助进德业之方如此，读者将以为吾爱而不知其恶，肆为溢美之辞。揣读者之意必曰："科学进德之力大验未闻，而其败德之害则所关至巨。请以生物学言之，自达尔文倡物竞天择之说以来，德士尼敕(Nietsche)张之，造为扶强抑弱之说。其崇奖强权，不啻为虎传翼，灭绝人道，莫此为烈。且科学家立说竖义，悉主前定之说(determinism)，谓意志不得自由。损人类责任之心,使道律失其根据,而放僻邪侈之夫有所借口。由斯以谈,科学败德之罪,过于其进德之功远矣。今奖饰逾扬若此,是亦不可以已乎。”

应之曰,微论物竞天择,非生物界惟一之公例也。纵使其然,亦非强权者所得援为口实。盖人类一方为自然势力所驱率,一方复具驱率自然势力之能,非真“不识不知,顺帝之则”,与草木昆虫埒也。赫胥黎有言:“治化愈浅则天行之威愈烈。惟治化进而后天行之威损。理平之极,治功独用而天行无权。当此之时,其宜而存者,不在宜于天行之强大与众也,德贤仁义,其生最优……排挤蹂躏之私化而为立达保持之隐。斯时之存,不仅最宜者已也,凡人力之所能保而存者,将皆为致所宜而使之各存焉。故天行任物之竞以致其所为择,治道则以事为逆节,而以平争济众为极功。”(见严译赫氏《天演论·群治篇》)明此意则以达说奖强权者可以息喙矣。若夫前定之说,则主张之者何止科学家。孟子谓民“逸居而无教则近于禽兽”;又云“圣人治天下,使有菽粟如水火。菽粟如水火,而民焉有不仁者乎?”是伦理家之主前定说者也。《礼》曰“悼与耄,虽有罪不加刑焉”,而近世法律亦不罪白痴,是法律家之主前定说者也。夫伦理、法律,以意志自由为根据者也,而施教行法,犹不能不探前定说。其他人事,更无论矣。诚以事理万端,各有攸当。使科学而不主前定说,则是疾可不药而愈,饥可不食而疗,而一切自然大例永无发见之价值矣,有是理乎。至于以前定说概论一切道德问题,自是滥施是说者之罪,于科学乎何尤。

或者曰:“甚矣,子之张科学也!信如子言,则科学之为物有百利而一害乎?”曰,是何言欤!夫水火至利民用者也,而有时杀人。仁义至美德也,而徐偃王以亡其国。天下事物,在为之用之得其道与否耳,科学何独不然。有因科学而进德者,科学不任受德。有因科学而丧德者,科学亦不任受怨。凡吾所为覙缕者,不过欲人之利用科学以为进德之资耳,非谓朝研科学夕成善人也。吾侪生当科学昌明之世,纵其无益于修身,犹当为养求真之精神,从事涉猎。矧其有益,而交臂失之,殆非智者之愿为。世有深思之君子,当不惊怖吾言以为犹河汉而无极也。

[第3卷第4期(1917)第403—410页]

# 22. 发明与研究

任鸿隽

## 一

人类之所以进化，由僿野而文明者，其必由于发明乎。荒古无史以前，人禽蜕化之迹，窅矣，不可稽矣，然而富媪之所蕴藏，石史之所昭示，莫不有其发明之事。盖自灵明发舒，知器具之为用，而人类遂首出于庶物。继兹以往，由石器而铜铁，易皮革以冠裳。巢穴也为之宫室以安之，险阻也为之舟车以通之，鲜食而代以树艺，结绳而易以书契，极至养生送死繇俗交易之事，莫不大备，灿然为近世之社会。若是乎人无论其文明程度若何，盖无日不在进化之中，其无日不在进化之中，以其无日不有发明之事。所谓进化程度之深浅，特此发明多寡之表征而已。发明绝，则进化或几乎息，而失所以为人之具矣。然则发明之为重，不于此可见耶？

上古发明之所由起，解之者不出二途。其一，谓草昧之世，浑浑噩噩，有天纵之圣者出，神明独运，左执造化之橐钥，右开浑沌之窍奥，而正德利用厚生之事，于是出焉。《易·系辞》言庖牺、神农、黄帝、尧、舜之王天下，而推本其观象画卦，作结绳而为网罟，斫木为耜，揉木为耒，舟楫弧矢衣服宫室，重门击柝之制作。所谓"天相下民，作之君，作之师"者。盖以备物制器以为民用，固首出庶物之圣人所有事，而非凡民所得几焉。此一说也。其二，则以为大凡发明之事，皆得之偶然。创作者特利用当前之经验，以开启此后之便利，如甄克思作《政治小史》①，谓原人之识树艺，乃由前岁遗种于地，发荣滋长，结实可食，有以成其播植待获之观念。而兰姆(Lanb)亦言，中国人唯知食生狙，厥后有豢狙者，家毁于火，群狙饿焉，其子偶探燋余，因识烧狙味。他日欲食狙，则筑室聚狙而焚之。此虽寓言，是以代表偶然发见说之大意矣。由第一说，发明之事不可视以为易。由第二说，发明之事不可狃以为常。则发明之寥寥，与人类进化之迟迟，无足怪也。

沃力斯(A. R. Wallace)作《奇异世纪》(*The Wonderful Century*)，曾历数十九世纪中发明之最要者，约得十二，曰铁道也、汽船也、电信也、电话也、自来火柴也、煤气灯也、电灯也、照象也、留声机也、伦得根射线也、光系分析术也、麻醉药也、防腐剂也。十九世纪以前

① 即严译之《社会通诠》。

得重要之发明凡五，曰望远镜也、印字机也、指南针也、亚剌伯数字也、拼音字也，加以挽近发明之蒸汽机与气压计而七。沃氏于十九世纪则多所予，于前世纪则多所夺，意存乎轩轾，而蔽中乎权量取舍虑未协也。盖语发明之轻重，不当专取其事之新奇，如文字印机之效用，岂自来火煤气灯照类所可同日而语耶。然近百年间之所发明，远跨乎有史以来数千年而上之，则固事实之不可掩者，虽欲为前人曲护而无如何者也(如前人所用色料，无过十数，近自人造色料发明，乃达数千百矣)。若然者，非今人之智突过前人，亦非今人承天眷佑，所遇之幸运独夥。盖有其发明之术焉，发明之术者何？曰，研究是矣。执环枢以临无穷，而后造物秘藏之奥欲遁而不得也。

人类幸福之增进，必有待于三类人之力。三类者何：一曰真理之发见者，研究天然界之现象；二曰真理之传播者，普及智识于畴众；三曰真理之应用者，发明制造之新法以供人生之需求。是三者，其有造于人类之幸福同，而取程各殊。有第一类人以为之前，而后第二三类人有所据以立事。譬之开创草昧，第一类人为新地之发见者，第二三类人则筚路蓝缕以启山林，为子孙生聚之地。故研究之性质，大别之又可为二：一曰科学之研究，其目的在启辟天然之秘奥；一曰工艺之研究，其目的在驾驭天然以收物质上之便利。细别之，属第一类者，可称之为发见(discovery)，属第二类者，可称之为发明(invention)。发见与发明为用不同，其有待于研究又同也。

今人习闻牛顿见苹果坠地而悟重力之理，瓦特见蒸气动壶盖而发明汽机故事，以为发明之事，皆得之偶然，而无所用其苦思力索，此大误也。此念不去，研究之功不至，则发明乃终无望。吾不谓发明之事，遂无得之偶然者，特所谓偶然者，亦一时惊异之云尔。苟今其前后观之，虽偶然而非偶然，何则？非孜孜兀兀好学不倦之士，断不克遇此种偶然之事，即遇之亦将熟视无睹。且偶然之发见，不过如抽丝得绪，求雏得卵，为一种隐微之表示而已。将循之以有成，仍有待于讲求。闻者疑吾言乎？吾请举发明之出于偶然数事以明之。

其一，征之电信之发明。电信者，藉电力与磁之作用，而成记号以通意息。当千八百十九年，厄斯台特(Oersted)方教授于科奔亥根大学(University of Copenhagen)。一日于讲室中以铜线导电，线下有磁针，忽自转动，出是知电流于磁针有影响。安培耳(Ampere)继之，精究其蕴，遂悟用电力与磁石可传消息于远方。至千八百三十三年，德学者篙斯(Gauss)与维勃(Weber)乃于戈丁恩(Gottingen)短距离间，行电信之实验。故今日横绕地球二百五十周之电线，皆厄斯台特偶然之发见启之也。

其二，征之胶状炸药之发明。胶状炸药者，用可溶棉和以硝基甘油(Nitroglycerin )，方今最有力之炸药也。硝基甘油，为炸药中之要品，顾其物为液体，不便取携。曩日造炸药者，常以轻石粉和之，俾成固质。然轻石粉为非燃质，大足减杀爆发力。瑞典化学家哪培尔(Nobel)欲有以易之久矣。一日伤指，因以溶棉敷伤处，既视瓶中犹有余沥，乃注之硝基甘油瓶中，硝基甘油得溶棉即凝成膏。于是哪培尔大惊，以为此问题之答解在是矣。盖溶棉即无烟火药之溶于酒精以色合剂者，与硝基甘油合，不唯无损其爆发力，且足增之，而又能达变流为凝之目的。哪培尔益加研究，遂成胶状炸药之发明，溯其原因亦得之偶然而已。

其三，征之煤气灯罩之发明。燃煤气于空气之中其焰不明，不适于暗室之烛，故当煤气灯罩未发明以前，煤气灯几有被逐于电灯之势，发明以后，煤气工业乃复与电灯竞雄于市矣。大凡焰之有光，以有固体质点在焰中热至自热故，此习化学者所习知也。煤气灯罩之构造，即在以稀金属钍 Th 与铈 Ce 之硝酸盐溶液，浸之棉网中而烧之，以得此稀金属之养化物，为煤气焰中之发光体而已。当威斯拔赫(Welsbach)在化学大师黎别希(Liebig)试验室中研究稀金属也，一日以钍与铈之盐类溶液浸棉布，纳之焰中，乃大发奇光，且棉质焚去而钍质不毁，其光因得永久。于是进研何质能发光最强，何术能保持烬余使历久远，此即现今通用煤气灯罩之起源，而亦得之偶然者也。

吾于千百发明中，而独举是三者，以其物为吾人所习见，且甚为重于工业界故也。抑是三者之发见，虽若出于偶然乎，吾人所不可不知者：(一) 厄斯台特、哪培尔、威斯拔赫之三君者，皆硕学耆宿，精研不倦。当其发明未至以前，耗送于试验室中之光阴，已不知几何，于千百试验中而得一二意外之结果，与其谓之天幸，吾宁归之人力。(二) 由发明以至成功，其所经之程途又几何，有厄斯台特之发见，而无安培耳、盖斯维勃之研究，则电信无由成。有哪培尔、威斯拔赫之发见而无后此之研究，则胶状炸药与煤气灯罩仍不过学者之梦想。由后之成功，以观前之发明，譬犹豫章种子，虽具参天之势，而不得所培养灌溉，则句萌无由达，而枝叶更无论矣。是故发现有偶然，而发明无偶然，即此偶然者，乃亦勤苦之结果，吾人言发明而不先言研究，岂得谓之知本者耶?

发明之出于偶然者，既有如是矣，其不出于偶然者则何如? 科学之最大职任，在据已知之事实，以测未来之结果，然则应用科学之知识，以达所向往之目的，乃真发明家所有事，而侧身科学之林者所不可不勉者也。发明之属于兹类者，其事至夥，细数之不能终其物。略而言之，则有如兑维(Davy)之发明全安灯，先研究矿穴中气体著火之性质，而后据铜丝传热之理，以成安全灯之制。造舟以铁，铁足以影响磁石，而舟中指南针失其用，则有乔治(Sir George)与开尔文(Lord Kelvin)算明磁力相消之理，以得机械的纠正之术，而大海乃非迷途。且夫言发明于近世，其足以激发吾人之神志者，孰有如固定空中硝素之法也耶？方一八九九年，克络克斯(Sir William Crookes)发表其食麦问题之论也，历指五十年后世界人口之增加与所须于食麦之量，而惴惴然于智利硝石之垂尽。智利硝石者，种麦必须之肥料也，硝石乏则肥料缺而食麦之出产减。以减缩之麦产，供方增之人口，欲人类之免于饿殍难矣。克络克斯于是为之言曰，发明固定空中硝素之法，以拯世界人类于饿殍，此当今化学家所有事也。① 克氏此说出，大惊当世学者，其热心者乃从事于固定硝素之研究。今则发明辈出，固定硝素之事，已成工业上之成事。欧洲交战各国，且赖以给军事制造之供矣。凡若此类，皆先具其意，乃进而求达此之术。此术无他，即由科学律例，据已知之事实，而定解决实际问题之法是矣。虽繁难之业，或非一蹴所就，然凡事皆由渐次积累而成，发明何独不然。一年所不能成者，以十年、二十年乃至百年之时间为之。一人所不能成者，以十人、百人乃至千万人为之。泰山之溜穿石，以其日滴不已也；淤流之土成丘，以其日增不止也。启之辟之，其术弥广，钻之劚之，其蕴弥彰，发宏光大，日进无疆，物用攸赖，世运文明，其斯皆为研究之功，而发明之赐乎。

夫发明有待于研究，而研究又有待于历久之积力，然则研究将由何术以继续不辍耶？曰，是有组织之法在。研究之方法，非本篇所欲及也，研究之组织，可得而略言之。外国学术研究之组织，概别之可为四类：一曰学校之研究科，二曰政府建立之局所，三曰私家建设之研究所，四曰制造家之试验场，兹请依次道其大概，而各举一二例以明之如下：

**一、大学及专门学校之研究科** 学校者，学术之府，而智识之源，研究之行于学校久矣。顾其成效之著否，亦视其组织之当否而异。凡学校中之研究，可分为二类。

(1) 纯粹的科学研究，其行之也以(a) 教师。教师者，专门名家，于其本科固已坚高毕达，而钻研之能又尝为人所共见者也。故研究之业，是其专职。现今最进步之大学，其名教师多不复多任讲授之事，而致其全力于某问题之研究，或为他学者研究之导师。盖用其所长以为他人所不能为之事，自学问经济上言之，固应如是也。(b) 毕业高材生。此辈大多聪明才俊之士，于毕业后复求深造，立于某教师指导之下，而研究某业，于学术上之贡献最为有望。方今有名大学，皆于此等学生有特别助贽之例，使此等有望之才，不至以无资辍业，所谓饩友费(fellowship)者是也。助贽之法，有由公家年出经费者，有由私家捐款若干存校中用其利子者。捐款之人，并得指定此项助费，专为研究某项人才之用，他项无得越取。一举其例，美国哈佛大学文艺一院，得饩友费凡三十九，支费凡二十三万余金。以类分之，科学三、政治四、教育一、音乐一、古学三、文学三，其余无所专属凡二十四。此特

① 参观本杂志第三卷第六期拙作《空气中硝素之固定法》。

其一院耳，其他各院莫不有之，其他著名之各校又莫不有之，则彼邦奖学之盛可以见矣，赫胥黎有言："无论何国，苟能费十万巨金，发见一法拉第，置之高明之地位，使尽其所长，则所获必且倍蓰。"谅哉言乎。

(2) 工业上之研究。其行之也，或以教师，或以学生，与上无异。唯其研究之问题，或出于学者之本意，或出于实业家之嘱托，故其教师或同时为实业家之顾庸，学生或受特别助费。此种办法，在实业界程度已高，知学术研究于增进实业之效率为必要时，固屡见不一见者也(参观下节私家建设的研究所)。

**二、政府建设之局所** 近代社会进化，山林虞泽兵农工商之事，莫不各有其专门之奥义。政府欲为之增进事业，整齐法制，则不得不有特设之局所，以从事科学的研究。此等局所，于美国为最盛。盖其国家闲暇，财力充裕，而中央政府又能脱然于地方行政之烦苛。其中央各部之某某，与其谓之行政机关，无宁谓之科学研究所之为确切。略举其例，如农林部分科凡十七，曰部长事务科、曰畜产科、曰林政科、曰林产科、曰化学科、曰土壤科、曰生物调察科、曰度支科、曰出版科、曰收获概算科、曰图书科、曰气候科、曰州交科、曰家计科、曰道路及乡野工程科、曰市场及乡市组织科。全部事业大别之可分为三，曰日常科学事业、曰特别研究、曰教育事业。凡农业上改良之事，莫不验之于实习场，而后布之于大众，盖官署也而不啻全国农夫之师资矣。此部1915年之用费，凡26,650 000美金，用人一万五千，其从事科学研究者约二千云。

次言其标准局(Bureau of Standard)。标准局之职志：

(1) 保管各标准度量，并以科学的研究保持其常值。

(2) 比较各州各市所制之度量而正其差谬，凡用于商工业及学术上者皆及之。

(3) 制定新标准以应科学与工业进步之需。

(4) 定量物之器以为制造者法，使校正其出品，并使用物者本之以为较量。

(5) 关于标准问题之专门研究。

(6) 测定物质之物理的常值及常性。

局中分科凡七，一衡量、二热及热量、三电力、四化学、五建筑物料、六工程研究、七冶金。用人凡四百，其中约四之三皆科学专家。其常年用费约625 000元，其建筑费1 000 000元，设备费425 000元也。此局之效果，一足以助工业之进行，二足以辅学校之讲求，三可以为公私机关之顾问，皆于学术发达有益者也。

以中央政府之机关而从事于学术之研究者，尚有如矿务局(Bureau of Mines)、公共卫生局(Public Health Service)，本篇限于篇幅，不及备详。其非行政机关而为公家事业者，则有斯密生学社(Smithsonian Institution)。此社以英人斯密生(James Smithson)之遗产为之基,而美国国家拨公帑助之以供其建设。其社之目的有二:

(1) 增进智识。其行之之术亦有二:

(a) 置重奖以励新理之研究。

(b) 划进款之一部以供研究之用。

(2) 普及智识。其行之之法为刊布书报,其出版物凡三类:

(a) 年报,以表科学之进步。

(b) 专报,以发表专门著作。

(c) 杂报,荟萃各重要科学上之著作,探险家之报告与其他重要书目而刊布之。

此社事业所及,又不仅学室之研究,与文字之传布而已。方今美都华盛顿所有之公益事业、学术机关,如博物院、美术馆、动物园、气象台、飞机试验场等,莫不以此社为之母,而此社于气象与飞机事业之开创,厥绩尤伟。

**三、私家建设之研究所** 研究所之由私家建设者,如英之皇家学社,尚矣。求之于美,亦复指不胜屈,今举其一二以代表之。

1. 卡内祁研究所(Carnegie Institute):此所为美国钢铁大王卡内祁所创建,其捐款凡美金二千二百万,年可生息一百十万。此社之目的,就其注册所言者曰,将以奖劝研究与发明,以谋人群之进步。其达此目的之术有三:(一) 所内自立之研究,以行研究之远大者。(二) 所外研究之资助,以行研究之简易者。(三) 出版事业,以发表(一)(二)所得之结果,并刊行不经见之书籍。全所组织,可略分为四部:(一) 管理部,(二) 出版部,(三) 研究部,(四) 所外研究部。其研究部内容,博大繁赜,部中分股凡十一。

(1) 实验生物股,成于1903。

(2) 植物研究股,成于1905。

(3) 胎形学股,成于1914。

(4) 海中生物股,成1903。

(5) 营养试验室,始于1903。在波斯顿之试验室,成于1908。呼吸热量计即此试验室有名器具也。

(6) 地上磁力股,成于1904。1909年,无磁舟名卡列基者成,而海上磁性之测验,始与陆地无关。

(7) 地质试验室,成于1904。1907年,特别试室成,备诸化学物理器具以研究矿质,且令矿质在高温高压下与地球初成之状相等,以验地壳生成之情况。

(8) 赤道天文股,以测南半球星象。

(9) 威尔逊太阳观象台。

(10) 生计社会学股。

(11) 历史研究股,搜索历史秘传,旁及各国宝书与目录刊布之,以为史家研究之助。以上皆所内之研究也。所外之研究,则有所谓所外研究员之设,于所欲研究之事,择他处之能者使之从事。其人数或独任一人,或同数人共任一事。年资若干,有时竟与学校之延聘教授无关,其年限亦无一定。

卡列基研究所之财政,以董事二十人主之,三分董事之数,一由法团中人出之,一为工商业中人,一为科学家。董事年会一次,以定进行之计画,及财政预算。平时所内事务,以管理部主之,管理部之组织,以所长、部长、书记及其外五人。董事会议时,由所长报告其意见,以定进行之方针焉。

2. 梅伦工业研究所(Mellon Institute of Industrial Research)。是所为辟次堡大学之一部,亦私立研究所之一,而其用意及组织为尤善。其目的有二:(一) 研究工业上未解决之问题;(二) 养成研究之人才。其组织之特点,在所谓工业饩友制(industrial fellowship system)。何谓工业饩友制? 今使有人于此,于某种工业问题须待研究,乃出金若干于是所,以为饩食一人或数人之资。此研究所则用其资,为择相当之人以研究其问题,其研究所须,由所供之,研究所得之结果,则归诸出资者。

所中之饩友凡两种,一为单,一为众。单者一人作一事,自对于研究所负责任,众者数人合作一事,其首者对于研究所负责任。其行事次第:一问题至研究所,主者则择一曾在毕业院才能昭著之人,使任其事,其人既受任,则往出资者之工场,宽以时日,以察其问题之要点,且使与工场情形相悉熟,新法成时,不至有扞格之患。既乃返所,遍搜书报,观前人于此问题有所研究否。既尽搜讨之功,乃自出研究之术,于试验室中行之,以所得结果上之研究所长。如所长以所得有商业之价值,乃于附近设一小工场,以试验其法果足用于制造业否。如历试之而皆有效,出资者乃进而设立工场,以新法从事,而一新制造业出焉矣。此制于各方面皆有利,略举之。

(一) 属于出资者,(a) 得研究所器备图书之便,以小资而收巨效。(b) 得所中教师之指导,而收专门人才之用。

(二) 属于研究者,(a) 得以科学方法研究工业问题。(b) 研究之后即见实行。(c) 青年寒畯,得因实际之研究而自成实业家。

(三) 属于学校者,得多数专门人才聚于一堂而研究各种问题,求精之学风,不期而蔚然。

(四) 属于有众者,研究所得之结果,以特别规定,得公布之永为公共产业。

据去年澳洲政府调察报告[①],此制施行以来,不过五年,制造家之以问题来求解决者凡四十七,置饩友凡一百有五,出资共三十六万元,而所中所费亦十七万五千元。问题之得圆满解决者,凡百分之七十,所发明之新法,用于制造上者,不下二十云。

**四、制造者之试验场** 以近世进步之速,竞争之烈,业制造者,势不能故步自封,而必时时以改良为务,欲图改良,则研究其首务矣。各国大制造家,皆自设研究所而延有名专家主其事。德之(Badish Soda Fabrik)公司,以制造人造靛著名于世,乃得之二十年之研究。近又以发明固定硝素及合成安摩尼亚法为学界所称道,吾前作他论[②]已道及之矣。美国大工厂之设有试验场者凡五十家,其最著者,如 The General Electric Co.、the Eastman Kodak Co.、the H. K. Mulford Co.、the Dupont Powder Co.、the Edison Co.、the Westhouse Electric Co.、the Pennsylvania Railway Co.、the Vacuum Oil Co.、the American Rolling Mills、the National Cash Register Co.等。

凡制造家之设试验场,其目的不出下列三者:(一) 以分析法定所用物质之成分,因得操纵制造之方法。(二) 以工业的试验,求改良制造方法与出产,并减少制造之成本。(三) 研究科学上根本问题之与工业有关者,盖工业之进步,必有待于科学智识之发达也。今举一二以见例。

1. The Eastman Kodak Co.以造照象器具著名者也,其研究所约分两部:一为制造部,以行制造新器之试验;一为科学部,则专由学理上研究用于制造上之物质。其科学部又分溷液化学、无机化学、有机化学、物理、原色照象、分光镜等科,其所得结果,多由各科学杂志公世,于制造学术两有裨益也。

2. The General Electric Co.以制造电力机械著于世,自1901年即组织化学物理试验研究所,迄今设备之费逾五十万元,而常年经费亦二十余万元。所中从事研究者约二百人,试验室散在各地,分分析化学、物理试验、分光镜试验、电灯试验、伦得根射线应用、绝缘质试验、炭素刷及他合金与稀金属钨硼铜等元质之试验等。试验室之职务,有为:

(a) 纯粹科学上之研究无一定目的者。

(b) 改良制造方法及所用物质者。

---

① *Memorandum on the Organization of Scientific Research Institutions in U.S.A.*, by Australia, Science and Industry Commonwealth Advisory Council, 1914 - 15 - 16.本篇多据引之。

② 参观本杂志第三卷第六期。

(c) 发见特须之物品者。

(d) 用研究室所得之结果以制造商品者。

此其大较也。此公司之新发明，得于纯粹科学之研究者为多。如近今行用之电灯线，中实以硝气，非如从前之真香，乃研究细线失热定律与钨质蒸发之结果。电灯线之用金属线以代炭线，又为真香炉中高热研究之结果。又伦得根射线管之制造，此公司亦多所发明。其庸为研究者，大概大学专门学校之毕业生，一二化学物理学界中之宗匠硕师，亦居其中。如是公司者，岂得但以制造家目之哉，盖技也，而进于道矣。

以上所征引，特为每类见其例，而已累牍连篇，更仆未尽，则他国科学研究之盛，亦大可见。其发明之众，进步之速，又不得委为天之降才尔殊明矣。吾国近年以来，震惊于他人学问文物之盛，欲急起而直追之久矣。顾于研究之事业，与研究之组织，乃未曾少少加意。兴学已历十年，而国中无一名实相副之大学；政变多于蜩螗，而国家无纳民轨物之远猷；学子昧昧于目前，而未曾有振起新学之决心；商家断断于近利，而未曾有创制改作之远志；茫茫禹甸，唯是平芜榛莽，以供楛窳民族之偷生苟息而已，所谓文明之花者，究何由以产出乎？当吾《科学》之初出也，不佞尝为之言曰："临渊羡鱼，不如退而结网；过屠门而大嚼，不如退而割烹。"今作此篇，亦欲为羡鱼者授之以网，过屠门者进之以肉而已。世有进而结之割之者乎？成规具在，其则不远，藉攻玉于他山，成美裘于众腋，作者之幸，当无过于此者矣。

## 二

曩吾作《发明与研究》，意在告人发明非幸获之事，而欲求发明者注意于研究，因举美国关于研究事业之组织，以为有心学术者取法。虽然，研究事业之组织，研究之所托以行，而非研究之所以为研究也。凡孳息地球之上，号称文明之民族，各有其学术，即莫不各有其研究之方法。而考厥历史，其发明之数，或相倍蓰，或相什伯，或相千万焉，或者其研究之术不同，故其结果亦异耶。不佞曩言研究而未及乎研究之术，甚虑贻买椟还珠之诮，因不揣谫陋，而有此篇之作。

今欲言发明与研究，请先下研究及发明之定义。

发明者，由其所已知及其所不知，由所已能及其所不能之谓也。知与能范围甚广，则孺子舍乳而就食，亦足以为发明也乎？曰不然。吾所谓知不知能不能，就人类智能之全量言之也。于人类智能之全量有所增益者，始得谓之发明。据此为准，得可以为发明之表征七事如下：

（一）由觉察而得新观念。

（二）由观察而得新事实。

（三）比较两事实而得其同异之点。

（四）比较两论点辨其同异，而得一新理。

（五）分析一复杂之观念，得其较新而简者。

（六）联合二个以上之观念而得一新观念。

（七）应用已有之智识，变不可能者以为能。

七者各以例明之。（一）如牛顿之发明重力定律，达尔文之发明天演学说，此由觉察而得新观念者也。坠物无不向地，生汇莫不演进，事实日在吾人之目前，而吾人莫悟其意。牛顿、达尔文二氏之发明，非事实也，特事实之意而已。若是者吾人谓之新观念，科学上发明之最简而范围最广者，此类是矣。（二）由观察而得新事实。科学上之发明多属此类，最著者莫如知疫疠之生于微菌，谂彗星之具有轨道，一藉显微镜之力，一藉望远镜之力，皆足为观察二字之定解，全部质科科学皆由此类发明出者也。（三）比较两事实而得其同异之点。如雷立（Rayleigh）比较空气中硝素之比重，与用化学法所得硝素之比重，而见其差异。兰姆右（Ramsay）因之遂发明空气中之氩氦等质。最近哈佛教授列敕迟（Richards）发见铅之由辐射体（Th）变成者，其原子量常较平常之铅为重。此特由比较而见其异点，尚未及其他新发明，然即此比较之结果，欲不谓之发明，已不可得矣。（四）比较两论点辨其同异而得一新理。如曰物质之极点为不可分之微粒，或为不可断之丝缕，此两说也。得其同异之点焉，曰如为微粒，则有羼和互入之能，如为丝缕，则将纠绕纷纭，分之不易合，合之不易分，而自物质之常性言之，殊不如是，故学者宁取微粒说，而原子之说由此出焉。（五）分析一复杂之观念，得较新而简者。如火之熊熊，为热为光，吾人对于火之观念，一复杂之观念也。顾分析之，则火者无过物质剧烈化合之一现象，其热即化合力之表现于外者也，其光则热力之及于他物而使之然者也。然则化合现象之观念，不视火及光热之观念简而易知乎。又如取水以吸筒，拴动而水升，常人曰此吸力也，吸力之观念，犹是复杂。分析之，则因筒拴上升而筒成真空，于是有真空之观念。水受筒外空气之压而上升，于是有空气压力之观念，分析愈密，则观念愈明，科学之基础，其在是乎。（六）联合二个以上之观念而得一新观念，最显著者莫如化学上之气体定律，所谓压力与容积之相乘积，与绝对温度成比例（PV＝RT）者，乃合鄱伊尔（Boyle）、盖吕撒克（Gay Lussac）二律而成。又加物理上热之正确观念，乃得于能力不减及能力可互变其形二观念既明之后，皆此类也。（七）应用已有之智识变不可能者以为能。则晚近工业上之发明，胥属此类。入彼邦大市之图书馆，披览其发明注册者之夥赜，未有不舌挢目瞪，叹其人竞求进步之烈而富强之效有以也。虽工业上之发明，多待科学上之发明而后成，谈者若有不屑之意，然无此种发明，恐今人所能之事出于古人者亦几希矣，故以殿焉。

上来所说发明之表征凡七，覆按七事之中，所可认为发明之根柢者有二，即（一）与（二）所谓有觉察而得新观念，由观察而得新事实者是也。以下各条，就其为术言之，则进而愈繁，就其取材言之，则仍不外乎观念与事实二者而已。根据此说而吾研究之定义可得而言。

研究者，用特殊之智识，与相当之法则，实行其独创且合于名学之理想，以求启未辟之奥之谓也。研究之表征，亦有二事如下：

（一）研究必用观察与试验，其结果必有新事实之搜集。

（二）研究必于搜集之事实与观察所得之现象，加以考验，使归于一定之形式，而成为新智识。

由此观之，研究与发明，于次则有首末之殊，于律则有因果之别，而实具有一不易之鹄，作始之点焉，则所谓新事实是也。当其向此鹄而行，则谓之研究，及其既达此鹄，则谓之发明（观念虽与事实并重，然非先有事实以为根据，其观念即为悬拟虚想而无科学价值）。故研究之第一步，莫要于搜集事实矣，而搜集事实之术将何出乎？

今夫事实云者，谓其事诚有迹象可寻，而非意想中之悬拟推想，如烟云蜃气之不可覆按者也。其诚有之事实，与意想之悬拟所由异，则一必经乎视听嗅味触之五觉，一则不经五觉之官知，而但纵心灵之鼓动是矣（虽科学上定律之发明，如原子说分子说等，盖未尝经官感之实验。然此说之成，乃研究所得之结果，非以是为研究也。矧原子分子等说，自严格言之，犹是假设。近世学术愈进，则原子之存在有能证之者矣）。譬如吾言日中有氦（He），此非悬想之言也。以分光仪当日而取其图，则氦之橙黄线在焉，视官可得而察也。今如又言日中有人，则纯为虚拟，吾诘以迹象，而其立穷。凡事与虚想之分具此矣。是故研究之事，经纬百端，揆其作用不过两事。

**一曰观察**　观察不限于目前之应用而已，凡耳之所听，鼻之所嗅，舌之所味，四肢之所接触，肌体之所感受，外物之形态性质，运动变化，足以起吾人之感觉者，皆观察所有事也。或者将疑人有目孰不欲视，有耳孰不欲听，有鼻舌四肢孰不欲嗅味触受，而何以观察独为研究之事？吾不欲作已甚之言，谓世固有具目而盲，具耳而聋，有心知百骸而不知用者。唯用之也，有其故而后不纷，有其术而后不妄。不纷则有条贯，不妄则可征信。有条贯，可征微信而后可成有用之智识。凡观察之有当于研究者准乎此。反是，与研究无与者，不得谓之观察也。

**二曰试验**　试验与观察，非二物也。当行试验时，手营目注，何一而非观察，无观察是无试验也。而必别试验于观察，亦自有说。盖观察多就自然现象言，而试验则以人力变更其缘境而观其结果。观察不足尽研究之能事，其故凡三：(一) 观察只及于自然现象，因之所得之事实亦至有限。而非先得多数事实，不能得正确之结论。(二) 观察但及于已然之现象，不能分析组成此现象之各因子(factor)，而权其轻重之次。(三) 观察但及已然之现象，可以得事实，而不足以证理想。易言之，适于归纳之论理，而不适于演绎之论理是也。用试验，则三病皆除。其除第一病奈何？曰，试验者为之在人，试验之数无穷，而吾所得之事实亦无穷。悬死蛙焉，接以刃而股动，因以他金属试之，不俟偶然之再遇也。其除第二病奈何？曰，试验之情形，变之以意，而不泥乎一方，则构成此现象之因子可定。有气体焉，在某温度以上，无论压力大至何许，不可液化，故欲压气成液，温度之因子为尤要矣。而所谓"临界温度"(critical temperature)者，大半甚低，非由特别试验，何从得之。其除第三病奈何？吾心中有一理想，以为可以实现，而欲其实现，必先得理想中之境缘。若是者求之于天然或难遘，求之于试验室则易为功。空气可以制硝，行之于天然界，已不知其几千万年，而得之于试验室，不过晚近十数年间事。则以硝养存在必要之境缘，至近十余年前而始发明，得依之以为试验故耳。观于以上三者，则研究之不能一日离试验，彰彰明甚。无惑乎今之从事研究者，其全神所注，未有出乎试验之途者也。

或者曰，试验既与观察相联系而不可分析，然则言试验以包观察不可乎？曰，不然。发明之中，亦有不须乎试验者，如地质上古物之发明，发掘富蕴，缒幽凿险，尽观察之能事而止耳。亦有并不须观察者，如算术上定理之证明，伸纸握笔，布画量度，尽心能之能事而止耳。然此特占学术之一小区域，未可据为典常。或者又曰，观察与试验即有所得，未必遂足厕发明之林，然则研究之事，岂遂以观察与试验止乎。曰，何为其然也。观察与试验为研究之第一步，吾故重言以申明之。事实既陈，材料既备，乃可进施研究之术。将类别之以观其同，或比较之以著其异。将分析之以窥其微，抑综合之以会其归。要之一说之成，当不戾于名学之理，不反于科学之律，而又可以覆按旁证，颠扑不破，如是之谓研究有成，而其用术固不可以一例拘矣。

以上所举研究之要点，自纯粹为学术真理者言之也。至求工业上之发明，则研究之术有以异乎？曰，奚其异。工业上之发明，既以应用科学知识为根柢，研究之法，自不能与科学异其步趋。特科学家与工业家所对之问题既殊，故其注目之点亦有不同耳。一物质之变化，行之于玻璃杯煤气灯之下者，移而置之工场石池汽锅之间，而未必能指挥如意，盖即此物量多少器具大小之差，而境缘之殊异以生。试验室中之可能是一事，工场中之可能又是一事，移试验室中之可能，以为工场中之可能，工业上之发明大半在是矣。信如斯也，工业上之发明，亦岂能于观察与试验之外别有途术。盖吾言试验，固以变更当前境缘以求所欲之结果为其特长，变更其境缘使合于工场之情况，所得即工业上之发明。德人以色料工业冠绝世界，而不虑为人所夺，非特以其学理之密，亦以其制法之精耳。然则工业上之发明，亦乌可不唯日孜孜而能望其有获耶？

若夫研究之不属于工业，而直接为工业所托命者，其例至繁，不可枚举。昔者法兰西之蚕患黑点病(pebrine)，丝业大受损，不得已请巴斯多耳(Pasteur)研究其病源。巴氏于养蚕术向无经验，顾其精锐之眼光则有以察蚕身小黑点为其病根所在。于是自取蚕养之，察其生长孵化，知其病由遗传，非尽去病卵，其害无由绝。于是发明以水验卵之法，病者毁之，无病者存之，蚕病去而法之丝业乃复振矣。自克洛克斯(Crooks)发表食麦问题论，深思远虑者，共惕然于肥料之将绝，而人食之不可保。然化学上气压与化合平衡之关系未发明以前，固定空气中硝素犹是不可得之数。今则有化学上之发明以为之前，而固定硝素遂成当世一大工业，且为战时诸国争存之所托命，是又可见研究之必要，而发明之不可已也。

吾言发明而归重于物理上之发明，以其直接为科学之所寄也。言研究而归重于观察与试验，以其为学术之所始也。入学艺之圃，观讲习之林，老师宿匠蛰居一室，图史满前，奇器绕右，水奔火腾，穷年矻矻，疑若神秘玄奥不可究诘，诚能升其堂，入其室，则知一器一物，一举一动，莫不有其意义。彼盖既尽人间故纸中之旧知，而持此观察与试验之橐钥，与自然界争未发之奥蕴故耳。有天赋之能，杰出之材，其由颛蒙以进于创作之彦，程途所历，犹可以想象得之。假设其人初入高等大学，尽数年之力，通各科之要义而习其方术，是为博涉时代。次则独取一科，专究其蕴，于崖涯无所不极，是为专攻时代。次则积力既久，渐见他人所钻研者，罅漏尚多，有待弥缝，于是根已往之智识，出独创之新裁，以为研究之张本，是为预备时代。次则其所谓独创之新裁，未必果有当于研究之目的，而能得所期之结果也，于是就其道之老师硕匠而就正焉，或处老师硕匠指挥之下而行其实验，有谬误而为之匡正，有不及而为之补益，是为试行时代。行之既久，用思之道愈密，实验之术愈精，谬误粗疏等弊举无由侵其所事，于是自信之念亦油然生，而独立研究之材于是成矣。吾不谓承学之士，人人能臻此境，吾尤不谓欲达此境者，人人必经此数阶级。特陈行远自迩之序，定中人与能之途，大体所归，当如是耳。夫为学之术，莫要于发展学者之本能，与以相当之训练，使遇新问题出，得用正确之方法以行独立之研究。若是者，岂独科学为然哉，岂独发明为然哉，凡欲昌明神州之学术，而致之于可久可大之域，靡不可不以此为帜志矣。

曩读格雷戈列(R. A. Gregory)《发见》一书，引汤姆生教授(Thomson)之言曰："There are three voices of Nature. She joins hands with us and says Struggle, Endeavor. She comes close to us, we can hear heart beating, she says Wonder, Enjoy, Revere. She whispers secrets to us, we cannot always catch her words, she says Search, Inquire. These, then, are the three voices of Nature, appealing to Hands, and Heart, and Head, to the trinity of our Being."爱其文有诗意，作"三声"以译之，请诵之以终吾篇。其辞曰：

谁能听无形，有声常在耳。
造物意良殷，所语非一指。
首言汝善竞，不竞乃邻死。
携手向战场，克敌力是视。
惺惺复惺惺，彷佛声可聆。
岂唯声可聆，如闻心忡怔。
大块多奇伟，不乐复何营。
亦有细语声，隐微难尽解。
但道穷探索，真理如烟海。
人身有三灵，曰手、心、脑髓。
汝不听无形，何以异鹿豕。

[第 4 卷第 1 期(1918)第 1—17 页、第 2 期(1918)第 105—114 页]

# 23. 科学与工业

（本篇系 1917 年在科学年会演说辞）

侯德榜

鄙人本年在外实习七阅月，所见工厂十数所，兹谨将在厂观察结果与诸君讨论，惟时间短促未能涉及其详，是可憾已。鄙人本题系《科学与工业》，即讨论科学与工业相关之密切。

科学有以专指纯粹的科学或狭义的科学而言，皆非其全也，科学不必限于物理化学，亦不必限于生理哲学，科学乃有统系的思想之意也。凡人生事业，天然界现象，用心思考察之，将所得结果条分类别，皆得称科学，故今日论政治之书称政治学，论家国富源之书称经济学，论教育之书称教育学，论商业之书称商学。质而言之，一项事业有能细费心思，察其关系，求其因果，即该事业之科学。

何谓工业？工业者应用科学学理之事业也，工业家精于科学学理，且具有应用该学理之才干者也。科学家求科学之律令，工业家应用科学之律令。科学家作试验于试验室，工业家作试验于工业场。科学家所为小而精，工业家所为大而约。然其所究者皆天然界之法理也，科学家能将其所得施诸实用，即成工业家；工业家在其事业考求新法，发明新理，亦即科学家。科学工业体同而用异耳。

今欲证科学与工业相关之密切，请将实业中之要素抽绎而略论之，始知两者实节节相关。凡具办工业必具下开之六要素：1. 原料，2. 资本，3. 人才，4. 器材，5. 管理，6. 销发。

1. 原料。兴办工业须先有原料，而原料非随手拾得，必须人力探求。又原料往往须先经多少理治，方可用以制物品。例如地中之矿砂，何以采求之则矿师之事。矿师必须精于矿学，矿学者科学学理应用于矿业者也，既得矿砂，则此矿砂非即可用以制成商品也。又必待锻冶，而何以锻冶之，则冶金家之事。冶金家必须精于冶金学，冶金学者科学学理应用于冶金者也。其他原料以此类推，此科学与工业之关系一也。

2. 资本。原料既备矣，无资本则实业仍不能举办，矧近今事业需本极重，断非一人一家所能独任，必也合夥乎！集股乎！向银行借贷乎！资何以合，股何以集，借贷照何例，公司如何组织，赢利如何支配，种种营业问题非精通经济学、商学、银行、簿记诸学之人，不克胜任。而经济学、商学、银行学、簿记等亦即科学也，此工业与科学之关系又一也。

3. 人才。凡开办工业，制造一品必用精通该品制造之人，此项专门人才即今所称某某制造科工程师是已。其人精学理，富实验，凡关于制造之法悉由其人监督。厂内另设有试验室，凡物料在制造中各阶级均须由该试验室稽验。遇一法不甚完善，则由该试验室研究，别求新法，期或节省工力，或促短时间，或改良品质，或减轻成本，国中非科学精进，学科美备，不能养成此项人才，此科学与工业相关又一也。

4. 器械。近今工厂每廿四小时出品之多，为数千万只，为重百十吨，则非机器不能为功。且欲求货品精致，小大划一，尤非用机器不可。机器之行必赖动力、或汽力、或电力、或水力不一，然制造此项机器，发生此项动力，乃器械工程师、电机工程师、土木工程师之事。而此项之人各精于力学、电学、水学者，此类之学又皆应用的科学，此科学与工业相关又一也。

5. 管理。管理初视似与科学无关，其实关系至为重要，欧美之人初亦忽之，今已见及此。甲乙两工厂所用原料同，器械亦相埒，及至出货售卖甲厂享大赢利，乙厂则小有盈余，无他，管理之法善与不善也。在于一定时间，如何求最多出品；由定量原料，如何得最多成品；造作应照何种规则；举动各定若干时间；工人如何鼓励；如何督导；何以省工力；何以节废弃；种种研究，一面有利于工人，一面大造福于工厂，是以今日学校设商业管理专科(Business Management)、工程管理专科(Engineering Administration)；而工厂则行科学管理之法(Scientific Management：Taylor System 等)。此等之事在昔视如无足轻重，今则立为专科，此科学与工业相关又一也。

6. 销发。既有原料、资本、器械、人才，得制出成品矣。若货品不能及时销售，或壅积不易畅销，则工厂终归失败，况近今工厂每日出货既多，若无科学的办法，必有停滞之虑，故今日各厂设有广告处，专管登发广告之事；批发处专管招徕购买之事；此外，设诸办事处于国中大埠(如美国各大厂皆有办事处设于纽约)，又延聘若干经理人，分遣国内外各埠为本厂说项，赞数本厂货物之特色，劝人购用(如本厂制造机器，则其经理人往往到顾客之家，察其详情，劝其用若干马力之机器，教其如何安置，如何作用，而不取分文)。此种布置有如有机体物，其机关之灵巧，办理之完善，非有科学的办法莫克臻此，此科学与工业相关又一也。

不特科学与工业有密切之关，而且工业每从科学而生。昔之青靛(indigo)由青靛草叶滴取，今之青靛用化学法制造，则人为的青靛之工业，科学之所产也。昔之土耳其红(alizarin or turkey red)由茜草根滴取，今之土耳其红用化学法制造，则人为的土耳其红之工业，科学之所产也。其他如樟脑、橡皮等，昔由天然出产，今因科学昌明，以人为代之，此类工业不能毕举。盖自正面言之，有科学即有工业。何则？科学具，自有以科学用于实业者，则是工业具矣。有工业亦不至无科学。何则？求工业之精美，必须精究该业之科学，由是科学亦兴矣。自反面言之，无科学不能振兴工业，无工业无以促进科学，科学工业两者辅车相依，莫能脱彼此而独立。

[第 4 卷第 1 期(1918)第 38—42 页]

# 24. 科学教授改进商榷

郑宗海

兹言科学教授，请先举吾心目中所视为美善之科学教授法者，举例以明之如下：

（一）春日风和，儿童酣嬉，飞鸢戾天，见而慕效，于是有风筝之制。穷巧尽智，争奇斗妍，孰得高举，孰为丽观。有人于此，见其富有教育之价值也，则因势以利导之。吾今言科学教授，请但举科学知识之得，借以为研究之中心者如下：

(1) 可以明风力之作用，且明能利用重学之理，使重于空气之物浮游上举，因是而可导学童以索飞艇飞鸟之理及其构造。

(2) 可以搜索(a) 纸(b) 线及(c) 竹条坚韧之度，及纸线韧度之影响于制造原料者。

(3) 因需用之著采颜料，教者可诱学童比较德国颜料与本国颜料之优劣，及悟化学之重要。

(4) 因其在空中所发之音，可以讨究发音之故。

（二）孳虫化蛾，吐丝成茧，万千锦簇，民利在焉。蚕桑之业，偏于数省，出口虽减，产利犹溥。今试引儿童观蚕蛾一生之变化，暨其影响于民生者。但就科学论，似亦可有下列之教育价值：

(1) 关于昆虫变化之知识，蜜蜂、蝴蝶为他惯例。

(2) 可以知晓蚕及蚕蛾之生活状况暨其普通疾病，蚕种及分量、温度湿度之关系，科学育蚕法之重要，及各处蚕学馆之成绩，蚕种之改良与丝质关系。

(3) 缫丝法之比较，机织之胜于人工处，蚕丝实业、商业上购买人心理研究之必要。

(4) 各国生计竞争之剧烈，意法日本与中国丝业上之竞争，中国丝业不竞之原由，科学之必要。

其他平常事物足以诱起儿童好科学之心者犹夥，兹不赘述。因此等例而得科学教育商榷数点如下：

**（一）科学教授当以使学者能得科学精神为鹄，其进行之方，以图表之如下：**

科学事实⟶科学定律⟶科学方法①⟶科学精神②

---

① 英语 scientific method or technique，如归纳的或演绎的等。

② 英语 scientific attitude or spirit，析之似含以下数种态度：1. 兴味，2. 肯思索（富想像与决断，或怀疑），3. 学术上之诚实无欺，4. 虚己不惮改。

事实(连及问题者)者科学之原料,科学精神者,普通科学教育之极轨。缺乏事实,则为蹈空之论,缺乏科学精神,则有不达之忧。故事实虽不可缺,而要以底于具科学精神为科学之的,其理由有三:

(1) 精神努力之撙节。定律者,所以合诸事物之通理而简言之,其用为心力之撙节。精神者,则兼有考察事实定律与方法之用,有其精神,智识纵不全,而基础已具,于他事理之研求已甚有望,否则以有涯之生,逐无涯之知识,定律科纷,方法繁多,不明取舍,疲于奔命,博而不约,劳而无功,宁有取耶?

(2) 自动力之养成。欲明此节,请就下三项讨论之:

(a) 所谓科学定律者,特一时极研究之所至,未必皆能历万世而不移。现时科学上之定律,有时亦当以此眼光观之,然后乃有进步之可言。科学方法亦然,亚理士多德死后数世纪,遗书散佚,其存者,不幸而仅为其演绎方法。适值其时人心守旧,学者咸奉之为圭臬,莫敢异议,至培根始大昌归纳与试验之法,何也?以其有科学精神,故知审察科学方法,而为世界开一新纪元也。有此精神,随事察度,乃放光明。徒记旧则,墨守成规,求其进步难矣。

(b) 世界事物,至为繁赜,欲以肄业学校之短时期中尽网罗新知而有之,势所不能。纵使能之,而事物变迁,境遇更易,有非人所能逆料者,若具科学精神与方法,则有随机应变之能,胜于徒事记忆者多矣。

(c) 近时教法,重在学者之问学,而不重在教者之授与。教师之于此点,正宜尽其指导之责。诚以学者他日终须离校,事事倚赖,而无问学之心,则难以自立于世。故普通学校中科学精神之养成,与方法之熟谙,或较关于科学定律与天然物事实之知识为尤要。

(3) 社会寻常事物之科学解释。科学之定义为有统系而可覆验之智识,故科学之为科学,不在知识种类之自身,而在其探求之方法。或者不察,以为科学但限于天然物象,不知人心作用及社会组织,分子繁杂,试验较难,顾遂谓其不能以科学法则治之,恐有未然者。诚得科学教师循循善诱,以使学生进于科学精神,则处事接物,条分缕析,不偏不倚,唯以真理为断。能若此,则国家政治之进行,社会气象之丕变,其庶几乎?

此精神之现于寻常事物者甚夥,略举数端以见一斑:

(一) 出言造语,适合其度。凡若此者,用“最”字常不多,即不肯为过分之论衡也。

(二) “知之为知之,不知为不知”。吾国学校学生,误以教员为尽识教科中之事物,或不惜千方百计以诘难之。教员之不肖者,不肯直认其不知也,亦漫然揑饰以应之。如此者,是教员学生相饰以为诈伪也,恶乎可?他犹不可,况身执教鞭者呢?

（三）于辩论争执时，悟其过之在己也，则直认之。是非善恶，不肯以口舌争胜，崇尚真理，是亦科学精神之表现也。

顾科学精神非可以口舌教授也，即非可自外铄也。其步骤似宜以问题为介绍，然后审察事物，合为定律，陶育之以至于法则之熟练，再进而至于科学精神之养成。故事实不可废也，定律之所由抉取也。昔日我国之学者，往往博而不约，鲜成统系，或随意评断，无所依据。今日学校教授，先示学生以定律，然后再求理解，本末倒置，于科学法则及精神之训练，其效亦微矣。凡百学问，有一问题后，便以搜求事实为探索起点。教授能循此理修学既多，导之入于科学精神当不难也。

**（二）教师于教授一问题时宜引学生以见事物之相属相关，不宜时常局守于科学之一隅。**知识互相关连，本无界限之可言，其分类但为研究便利起见。年事渐长，知识愈进，则分类教授渐可无害。然高小普通格致科中及中学各理科中，似亦宜有一二广大问题如上举之例者，使儿童悟各种知识之恒多关节以避褊狭之流弊，且于平日应用上，亦不至无所措手也。美国乙级中学校（儿童年岁约自十二岁至十五岁）已变格致各科为普通理科，闻其甲级中学校亦有推行之势，即此意也。

**（三）宜注重实地研究。**审问笃辨，贵求诸己，故研考试验，先尚实境，书籍记载虽可资，而不可盲从。沈心思索未尝废而不欲虚骛，曰"为己"，曰切实能为此，然后科学精神乃可得而言也。晰言此旨如下：

（1）直接与事物接触（纸片之事业乃次要者）。

（2）自己之推考重于他人之推考。

（3）接触实验推考重于纯然抽象的推考。

卢梭关于十二岁至十五岁之儿童（男）教育，曰摒除一切书籍，惟《鲁滨逊飘流记》可读。岂非以鲁滨逊飘流荒岛，辟草莱，驯野兽，徒手战胜天然，足为儿童师法者欤？惟有从实地研究，然后格致之真理之大用，乃可见。返观吾国，病疫时报，饥荒频闻，大水或发，荡析离居，货弃于地，怀宝危身，不能制胜天然，反为天然所制。物质文明不兴，则精神文明难期发达。故制胜天然，当为科学教授之一大宗旨。欲达此旨，非纸片学问所能为力，亦非寻常实验所能奏功，其初步教授，宜导学生以观察真实事物（若河流、土岗、蚕桑业，交通便利处可导观火车轮船之汽锅等），用其自己之心思以判断书籍记载及他人之所讨论。能若此，自强不息之机在是矣。格物致知之心，利用厚生之愿，舍此其奚由致耶？

**（四）问题宜为教授之始点，此等问题宜切合于学生之旨趣者。**各种知识之本源，悉起于一难点。近年台威氏大昌此旨，以为教授之本则，谓之"问题教授法"。凡事物之足以兴起儿童旨趣以解决一难点者，皆有启发其智慧之功。学生实验室中，亦未尝无所谓“问题”者。然如“试证明鄱依尔定律”之类，于纯粹科学家方为真问题，于幼年或壮年之普通学生，则不成问题。何也？为其不合此等学生之旨趣也。凡若此者，能于教授时拣一问题与寻常事物相丽者，以为绍介之具，则最善。问题之包含手制实用器具（如风筝、寒暑表等）者为尤佳，因人心乐观其动作之效果也。

“自来火”亦平常日用之物也，则于教授磷时，曷先用为导引之具？自其制造以至于磷素磨擦发火之性质，意味多而了解易。“自其所已悟者以导引入于未悟者”，此诱起兴趣上之一原则也。若先泛言磷质，然后及于应用，则学生关于磷质之大半，先已遗忘矣。教科书中每节之终，往往有练习发问，似宜拣其稍易者，先为试验之用，导引以见真理，然后以其余问题为试验或熟练此真理之用，胜于此等问题之全部，仅为习练之用者多矣。前者有求真理之心，后者不过学习他人之陈言，其态度固自不同也。

上言凡足以诱起儿童兴趣之问题，恒包含学童或社会日用需要之事物。其问题之适合与否，须视学校、缘境及儿童之年龄与个性以为断，此则又在教者之活用也。

**（五）推此原理试验物品亦以切于社会上或儿童所需用者为贵。**例如教比重时，其试验资料宁为寻常之一瓶，或他种平常日用而易等量之物。若以试验室中之木块一整方，或金属物一整方试之，则于儿童日用所见者，迥不相类，似嫌造作矣。

况吾国学校经费支绌，仪器之属，价又昂贵，凡学校中有手工教授者，有粗品仪器可以制作代用或添用时，正公德教育之一良好机会也。虽不能精确，然儿童兴趣上之增加，或足以补其缺陷乎？

此一原则，于动植物教授，甚易措手（某君言吾国学校，有併蝴蝶标本亦多购自日本者，可见办学者之漠不经心），原野田间，尽足搜罗。于物理稍难，然如力学热学之原理，亦不难得适当之资料，农夫之水车，苦力之负担，冻裂之预防，空气之流转，皆足为教授之起点。特宜有坎然不足之思想，以推考进步改良之方法耳。于化学似最难，但如酒曲豆酱之用，烘炉之卫生，以及飞车等玩物之制作，皆有化学原理在，可供研究之资也。

顾吾国科学教授，较诸今日文明先进国难点自多，略言之，则有三：

（一）缘境少科学资料。工业不兴，政治窳败，缺专家以为公私之研究，动植物园及博物馆不多见，接触少则兴味少而难永。

（二）传布通俗科学之文学少，故中小学校学生之参考书籍，缺焉不备。

（三）关于既有之工业及日用事物之科学知识尚不备，故中小学校之得取资也寡。例如吾国食物之化学分析，尚甚缺乏，女学校烹饪科恐不易得益。解析此等难题，专家之事，是有所望于真正大学及科学社会者。

就教育真理言之，则科学教授改良之问题，似宜注意于下两端：

(1) 于教员养成时，宜注意活动，切实及“问题教授法”(与问答教法或讲解教法不同)。

(2) 于教科书之编纂时，亦宜注意于上数点，但教科书亦贵教员之活用，无论教科书如何美善，以吾国地方情形之不同，正有待于教员之随地变通方可。

**结论。**除专门学校暨大学纯粹理科高级以外，凡科学教授之各点，皆须以切于学生或社会实用，为学生所悦事研究或解决之题为起点，然后导之以研求实事实，从实事研求真理，以师友书籍为补益事实，及考察真理之所。陶育既久，习于法则，谙其精神，以此精神，见于行事，则中小学校科学教授，庶有裨乎？

[第 4 卷第 2 期(1918)第 115—123 页]

# 25. 科学与农业

邹秉文

世界之有农业，实自有生人始。惟科学的农业，则百年内事耳。此新纪元之第一人，当首推黎别希(Liebig)，氏为德之化学名家，于一千八百四十年发表其土壤化学研究，证明植物在土中所吸取之养分及以人造肥料补给地力之方法。继之而起者，于作物学则有奈尔孙(Nilson)、费尔摩林(Vilmorin)诸子；于园艺学则有培蕾(Bailey)、杯半克(Burbank)诸子；于畜牧学则有百克惠路(Bakewell)、安士比(Armbby)诸子；于农具学则有倍尔(Bell)、贺西(Hassey)、麦康密克(McCormick)诸子；于病虫害学则有悌把利(De Bary)、科黑(Koch)、康斯脱克(Comstock)诸子。凡兹学者，及其他数千百之农学家，皆应用科学以研究解决农业问题者也。顾其结果则何如耶？曰，不外乎农品之日进于优良而产额倍增而已。不观乎世界之小麦产额乎！二十世纪世界栽麦之地，较之前世纪之增加，不过四分之一，而产额则增至二分之一。又不观乎科学的农业最发达之美国乎！据其一九一七年之统计，在一八五二年，其输出农产品之价值为美金七千余万元；至一九一七年则骤增至美金一万万四千余万元，较之前者实增两倍。而究其所以能达此优越之成绩者，则皆应用科学于农业之功也。诚哉霍特斯(H. J. Waters)①之言曰，此五十年中之农业进步远胜于五十年前四千年内之进步。虽然，霍氏之言，固仅对于能应用科学于农业之国而言耳。若吾中国，则今之农犹古之农也。他人食近世科学之赐，农家经济异常发达，我则只知拘守成法，农人终岁胼手胝足，而不足供事畜。欧美之农业无论矣，试一比诸东邻，犹觉瞠乎其后。吾国之丝茶，在数千年前，得非称雄世界者乎？今则每岁输出之数，且远不如日本。②此无他，一以能利用科学而进步，一以故步自封而退化。关心于农业者，亦可以思矣。作者爰就农业以科学而发达之事实，举其数者以告国人，俾国人知农业与科学关系之密切，而能对于科学及科学的农业有所提倡也。

**一曰应用科学以改良动植物种类也。**动植物之改良，自古农人已行之，惟其方法非科学的，故其收效至迟缓。自门特尔(Mendel)与外斯曼(Weismann)等在生物学上发表其动植物遗传性之研究，而农业上进步之事业，乃有一日千里之势。美国农部专家海斯(W. M.

① 霍特斯为美国某农业大学校长(Kansas State Agricultural College)，请参观其 1915 年所著之 *The essentials of agriculture* 之第一节"新农桑"。

② 中国之丝在 1912 年其出口总额为一千九百余万磅，日本为二千三百余万磅。至 1916 年，不过四年之间，日本增至二千九百余万磅，中国则退至一千五百余万磅。

Hays)乃谓就美国农业出产而言，若仅就选种方面改良，十年之内，可增加产额百分之十，值价约金洋二万万元。① 斯言非虚诞也。即以美国衣诺奈省之玉蜀黍而言，在一九〇二年前，二十年内之产额无所增进。自一九〇二年，其试验场以五年之时间，用新法选得佳种，每年产额增加，使该省每年多二千万元金洋之收入。欧洲以甜菜为重要农作物之一，以世界之食糖，一半取之于甜菜根。而世界甜菜出产最多者，为德俄奥三国，占全世界产额四分之三，则甜菜在欧洲之重要可知矣。一八五一年，费尔摩林分析甜菜根之糖液，其所含糖量，平均为百分之八，至高者不过百分之十四。后用新法进种，不数年其平均糖量增至百分之十六，而其至高之百分数有至二十六者，每年增加收入，不啻数千万元。其他如奈尔孙之于瑞典谷食类作物，杯半克之于美国园艺作物，均于进种方面建有奇特之功效，每年增加农人收入均以千万元计。凡此皆以科学改良作物种类之事实也。至若动物方面，其成绩亦不逊于植物。美国为世界畜牧事业最发达之国，今姑就美国之畜牧事业言之。近三十年间(自千八百八十年至千九百十年)，以采用新法进种，其事业之进步，诚有足惊人者。就其畜兽之数目而言，三十年间增至两倍，价值增至五倍。更就其每种之畜兽言之，役用之马，三十年前最重者为一千磅，至近今则有重至二千三百磅者。每羊之毛量，在三十年前为二四磅，至近今则有增至六九磅者。家禽之在三十年前者，每年每鸡生蛋之普通数为六十个，至近今则一百二十个为最普通数，而佳者每年生蛋之数且能在三百以上。凡此皆以科学改良畜牧之事实也。

**二曰应用科学以防治动植物之虫病也。**农业之动植物，莫不各有其病虫，每年世界上所受虫病之损失，不啻数百万万元。今仅就美国言之，据其农业报告，谓每年农作物以病害所受之损失为美金五万万元②，以虫害所受之损失为美金十万万余元③，而畜兽之死于传染病者年约金洋二万万余元④，其为害亦可谓烈矣。惟今人对于病虫之观念，与古人之对于病虫者迥然不同。古人不明生物学，于动植物之被病虫害者，皆诿之神鬼，归之天命，谓非人力所可挽回者，故一遇灾害，则束手无策。一八四五年爱尔兰患马铃薯晚疫病，是岁乃大饥，其人民多流离至外乞食者，即其例之一也。今则不然矣，所有各种之病虫害，均以科学研究证明其致病物及其致病方法，而大多数之病虫害，亦经科学家发明其防治之术，非若前之不可以人力挽回者矣。例如玉蜀黍黑穗病，在一九〇二年之前，美国农民每年损失约在美金五千万元至四千万元之谱；近则以发明病菌生活史及治病方法，每年损失

---

① 参见 W. M. Hays, "Progress in plant and animal breeding". *U. S. D. A. Yearbook*(1901)。
② 见 B. M. Duggar. *Fungous Diseases of plants* 第八页。
③ 见 G. W. Herrick. *Insects of Economic Importance* 第六页。
④ 见 Edward B. Mitchell, "Animal Disease and Our Food Supply", *U. S. D. A. Yearbook*(1916)。

已减至一千万元。而其农部专家尚谓将来农业推广事业发达，农夫采用科学方法日多，此病之损失可使减至零数云。① 又如棉之枯萎病，为昔年美国南方植棉区之重要病害，每年损失约在美金五十万元至二十五万元之间；今亦以发明病菌之生活史，改种能御枯萎病之棉类，现已不复为患矣。虫病亦然，例如桃之蠕虫病(pech worm)，昔年美国加省(California)以此病每年损失约值美金五十万元，今则亦以发明治病方法，农人不复受其害。至若兽医之成绩，尤著人耳目，畜病之最烈者，果甚于猪瘟(hog cholera)。就美国而言，昔时每年损失在七千五百余万金元，近因发明血清，此病已不足为害。据美国农部报告，一九一二年某村中有猪二十余万头，其年未用血清，死于猪瘟者共六万余头，约占百分之二十八。一九一五年该村有猪三十余万头，是年均用血清，死者仅六千余头，约占百分之一有奇。② 以科学上之发明而损失之减少为一与二十八之比较。科学之为用，诚大矣哉！

**三曰应用科学以制造肥料也。**土壤中之养分，以栽培作物而日见其缺乏，故施用肥料以补救地力，实为必须之事，农业发达之国，尤多采用人造肥料。在一九〇九年，人造肥料之耗用于美国者，为一万万余元。肥料中之重要品曰氮，曰钾，曰磷。磷之大宗来源，出美国之磷石中。氮之肥料，大宗出自南美洲智利之硝石，现在已经掘去者为四分之一。科学家恐其终有缺乏也，乃以电力取用空中之游离氮气以制肥料。现在设厂制造者，欧美已不乏其人③，将来农业上之氮肥，可无虑或缺。钾肥出自德国，初，德人于一八四五年在Magdeburg Halberstadt取盐，发见一种苦味之盐，初以为废物弃之。后经化学家黎别希之试验，知为钾与镁之化学混合物，乃利用之以制钾肥，每年出产在五百万吨之多。近则美人于其沿太平洋各地发见藻类植物，其学名为 Nereocystis biekecana 及 Macrocystis pyrifera，亦含钾甚多。现方设厂捞取，制成钾肥，从此钾肥又得一种之大宗来源矣。④ 凡此皆应用科学以解决肥料问题者也。

**四曰应用科学以改良农具也。**世界农具至十九世纪中部尚多为手用之农具，今则下种机器，耕耘机器，收获机器，无不具备，诸农业之工作，不须手工为之。至运用农具，最初以人力，继用牛马，今则用汽力电力者比比然矣。此五十年内农具上之改良，诚非前此数千年所能望其肩背，而其影响于农业上亦至深且大。据美国农部洪麦士(Holmes)之调

---

① 见 B. T. Galloway, "Industrial progress in plant work", *U. S. D. A. Yearbook*(1902)。

② 见 Edward B. Mitchell, "Animal Disease and Our Food Supply", *U. S. D. A. Yearbook*(1916)

③ 参考 F. W. Brown, "The sources of our nitrogen fertilizers", *U. S. D. A. Yearbook*(1917)。

④ 参考 F. W. Brown, "Importance of developing our natural resources of potash", *U. S. D. A. Yearbook*(1910)。

查①,谓在一八三〇年,每一英斗小麦之出产,须费人工三点零三分钟;至一八九六年,以有机器之发明,每一英斗小麦之出产,仅须十分钟。以工价计之,前者所费为美金一角七分,后者所费则仅美金三分。一八五〇年,每一英斗玉蜀黍之出产,须费人工四时半,在一八九四年,仅须四十一分钟。一八六〇年,每吨牧草之出产,须费三十五小时半之人工,至一八九四年,则十一时半足矣,至今日则仅须一小时半足矣。设就工价计之,则一八九四年每吨牧草须费工价八角三分,今则只须工价一角六分矣。凡此皆所以示农具改良之影响于农业发达也。

**五曰交通之便利有以影响农业之发达也。**近者汽船铁路盛行,世人但知商业赖以发达,不知其影响于农业者尤甚。据安祖罗斯(F. Andrews)之调查,在美国铁路未盛行时,由西部赶牛至东部之市场,每七百英里之地,须时一月;而每百头牛须三人运送,方能尽管理之责。今则每七百英里之地,以铁路运送,一二日足矣。而每次火车可运牛至一百四十万余头,羊九百四十余万头,较之前者之进步,奚啻天渊之别。② 与输运农产有关系者,交通便利而外,当为近世发明之冰藏事业及罐头事业。此两种事业,均以化学上微生物学上之发明,而益臻完善。罐头事业取一地之农产品制为罐头,便于携带,便于保存。冰藏事业则可储藏新鲜之农产品,使历久不变,舟车中均用之以为转运新鲜农产品之用。中国之鸡蛋可以运至美国市场,中国之肉品可以运至欧洲各地,皆冰藏事业发明之功效也。

综以上数端观之,如作物,如园艺,如畜牧,何一非科学上之发明,乃能增加产额。如土壤问题,农具问题,转运问题,亦何一非科学上之发明,乃得有如许圆满之解决。故农业非科学莫由振兴,实为人所共晓,而今日之提倡科学的农业,在吾中国尤有不容少缓之势也。

[第 4 卷第 7 期(1919)第 615—622 页]

---

① 参考 Davidson & Chase, *Farm Machinery and Farm Motors* 第五页及 *International Encyclopedia*。

② 参考 Frank Andrews, "Cost and methods of transporting meat animals", *U. S. D. A. Yearbook* (1908)。

# 26. 何为科学家

任鸿隽

我同了几位朋友，从美国回到上海的第二天，就看见了几家报纸，在本埠新闻栏中，大书特书的道，“科学家回沪”。我看了这个题目，就非常惶惑起来，你道为什么原故呢？因为我离中国久了，不晓得我们国人的思想到了甚么程度。这“科学家”三个字，若是认真说起来，我是不敢当的；若是照旁的意思讲起来，我是不愿意承受的；所以我今天倒得同大家讲讲。

我所说的旁的意思，大约有三种：一种是说科学这东西是一种玩把戏，变戏法，无中可以生有，不可能的变为可能，讲起来是五花八门，但是于我们生活上面却没有甚么关系。有的说，你们天天讲空气是生活上一刻不可少的，为甚么我没看见甚么空气，也活了这么大年纪呢？有的说，用了机械，就会说机心；我们还是抱瓮灌园，何必去用桔槔呢？有的说，用化学精制过的盐和糖，倒没有那未经精制过的咸甜得有味。有的说，“不干不净，吃了不生毛病”，何必讲求甚么给水工程，考验水中的微生物呢？总而言之，这种见解，看得科学既是神秘莫测，又是毫无实用；所以他们也就用了一个“敬鬼神而远之”的态度，拿来当把戏看还可，要当一件正经事体去做，就怕有点不稳当。这种人心中的科学既是如此，他们心中的科学家也就和上海新世界的卓别麟、北京新世界的左天胜差不多。这种科学家，我们自然没有本领敢冒充的。

第二种是说科学这个东西是一个文章上的特别题目，没有甚么实际作用。这话说来也有来历。诸君年纪长一点的，大约还记得科举时代，我们全国的读书人，一天埋头用功的，就是那代圣贤立言的八股。那时候我们所用的书，自然是那《四书味根录》《五经备旨》等等了。过了几年，八股废了，改为考试策论经义，于是我们所用的书，除了四书五经之外，再添上几部《通鉴辑览》《三通考辑要》，和《西学大成》《时务通考》几种。那能使用《西学大成》《时务通考》中间的事实或字句的，不是叫做讲实学、通时务吗？那《西学大成》《时务通考》里面，不是也讲得有重学、力学以及声、光、电、化种种学问吗？现在科学家所讲的，还是重学、力学以及声、光、电、化这等玩意。所以他们想想，二五还是一十，你们讲科学的，就和从前讲实学的是一样，不过做起文章来，拿那化学物理中的名词公式，去代那子曰诗云、张良、韩信等字眼罢了。这种人的意思，是把科学家仍旧当成一种文学家，只会钞袭，就不会发明；只会拿笔，就不会拿试验管。这是他们由历史传下来的一种误会，我们自然也是不认的。

第三种是说科学这个东西，就是物质主义和功利主义。所以要讲究兴实业的，不可不讲求科学。你看现在的大实业，如轮船、铁路、电车、电灯、电报、电话、机械制造、化学工业，那一样不靠科学呢？要讲强兵的，也不可不讲求科学，你看军事上用的大炮、毒气、潜水艇、飞行机，那一样不是科学发明的？但是这物质主义和功利主义太发达了，也有点不好。如像我们乘用的代步，到了摩托车，可比人力车快上十倍，好上十倍了。但是"这摩托车不过供给那些总长督军们出来，在大街上耀武扬威横冲直撞罢了，真正能够享受他们的好处的有几个呢？所以这物质的进步，到了现在，简直要停止一停止才是"。再说"那科学的发达，和那武器的完备，如现在的德国，可谓登峰造极了，但是终不免于一败，所以那功利主义，也不可过于发达。现在德国的失败，就是科学要倒利的朕兆"。照这种人的意思，科学既是物质和功利主义，那科学家也不过是一种贪财好利、争权狗名的人物。这种见解的错处，是由于但看见科学的末流，不曾看见科学的根源；但看见科学的应用，不曾看见科学的本体。他们看见的科学既错了，自然他们意想的科学家也是没有不错的。

现在我们要晓科学家是个甚么人物，须先晓得科学是个甚么东西。

第一，我们要晓得科学是学问，不是一种艺术。这"学术"两个字，今人拿来混用，其实是有分别的。古人云，"不学无术"，可见学是根本，术是学的应用。我们中国人听惯了那"形而上""形而下"的话头，只说外国晓得的都是一点艺术，我们虽然"形不下"的艺术赶不上他们，这"形而上"的学问是我们独有的，未曾不可抗衡西方，毫无愧色。我现在要大家看清楚的，就是我们所谓"形而下"的艺术，都是科学的应用，并非科学的本体；科学的本体，还是和"那形上"的学同出一源的。这个话我不详细解释解释，诸君大约还有一点不大明白。诸君晓得哲学上有个大问题，就是我们人类的智识是从什么地方得来的？对于这个问题，各哲学家的见解不同，所以他们的学派就指不胜屈了。其中有两派绝对不兼容的，一个是理性派。这派人说，我们的智识，全是由心中的推理力得来。譬如那算术和几何，都是由心里生出来的条理。但是他们的公理定例皆是正确看实，可以说是亘古不变的。至于靠耳目五官来求智识，都就有些靠不住了。例如我们看见的电影，居然是人物风景，活动如生，其实还是一张一张的像片在那里递换。又如在山前放一个炮仗，我们就听得一阵雷声，其实还是一个炮仗的同响。所以要靠耳目五官去求真智识，就每每被他们骗了。还有一个是实验派。这派人的主张说，天地间有两种学问，一种是推理得出来的，一种是推理不出来的。譬如上面所说算术和几何，是推理得出的。设如我们要晓得水热到一百度，是个甚么情形，或冷到零度，又是个甚么情形，任凭你是天纵之圣，也推想不出。

除非把水热到了一百度，或冷到了零度，举眼一看，就立见分晓。所以这实验派的人的主张，要讲求自然界的道理，非从实验入手不行。这种从实验入手的办法，就是科学的起点。(算学几何也是科学的一部分，但是若无实验学派，断无现今的科学。)我现在讲的是科学，却把哲学的派别叙了一大篇，意思是要大家晓得这理性派的主张，就成了现今的玄学，或形上学(玄学也是哲学一部分)。实验派的主张，就成了现今的科学。他们两个，正如两兄弟一般，虽然形象不同，却是同出一父。现在硬要把大哥叫做形而上的，把小弟叫做形而下的，意存轻重，显生分别；在一家里，就要起阋墙之争，在学术上就不免偏枯之虑，所以我要大家注意这一点，不要把科学看得太轻太易了。

第二，我们要晓得科学的本质是事实，不是文字。这个话看似平常，实在非常重要。有人说："近世文明的特点，就是这事实之学，战胜这文字之学。"据我看来，我们东方的文化，所以不及西方的所在，也是因为一个在文字上做工夫，一个在事实上做工夫的原故。诸君想想，我们旧时的学者，从少至老，哪一天不是在故纸堆中讨生活呢？小的时候，读那四书五经子史古文等书，不消说了。就是到了那学有心得，闭户著书的时候，也不过把古人的书来重新解释一遍，或把古人的解释来重新解释一遍，倒过去一桶水，倒过来一桶水，倒过去倒过来，终是那一桶水，何尝有一点新物质加进去呢？既没有新物质加进去，请问这学术的进步从何处得来？这科学所研究的，既是自然界的现象，他们就有两个大前提。第一，他们以为自然界的现象是无穷的，天地间的真理也是无穷的，所以只管拼命的向前去钻研，发明那未发明的事实与秘藏。第二，他们所注意的是未发明的事实，自然不单单读古人书，知道古人的发明，便以为满足。所以他们的工夫都由研究文字，移到研究事实上去了。唯其要研究事实，所以科学家要讲究观察和实验，要成年累月的，在那天文台上，农田里边，轰声震耳的机械工场，奇臭扑鼻的化学试验室里面做工夫。那惊天动地，使现今的世界非复三百年前的世界的各样大发明，也是由研究事实这几个字生出来的。就是我们现在办学校的，也得设几个试验室，买点物理化学的仪器，才算得一个近世的学校；要是专靠文字，就可以算科学，我们只要买几本书就够了，又何必费许多事呢？

讲了这两层，我们可以晓得科学大概是个甚么东西了。晓得科学是个甚么东西，我们可以晓得科学家是个甚么人物。照上面的话讲起来，我们可以说，科学家是个讲事实学问以发明未知之理为目的的人。有了这个定义，那前面所说的三种误会，可以不烦言而解了。但是对于第三种说科学就是实业的，我还有几句话说。科学与实业虽然不是一件东西，却实在有相倚的关系。如像法勒第发明电磁关系的道理，爱迪生就用电来点灯；瓦特完成蒸汽机关，史获芬生是用来作火车头。我们现在承认法勒第、瓦特是科学家，也一样承认爱迪生、史荻芬生是科学家。但是没有法拉第、瓦特两个科学家，能否有爱迪生、史荻芬生这两个科学家与否，还是一个问题。而且要是人人都从应用上去着想，科学就不会有发达的希望，所以我们现在不要买椟还珠，因为崇拜实业就把科学家撇在脑后了。

现在大家可以明白科学家是个甚么样的人物了。但是这科学家如何养成的，这个问题也很重要，不可不向大家说说。我们晓得学文学的，未做文章以前，须要先学文字和文法，因为文字和文法，是表示思想的一种器具。学科学的又何尝不然，他们还未研究科学以前，就要先学观察、试验和那记录、计算、判论的种种方法，因为这几种的方法，也是研究科学的器具。又因现今各科科学，造诣愈加高深，分科愈加细密，一个初入门的学生，要走到那登峰造极的地方却已不大容易。除非有特别教授，照美国大学的办法，要造成一个科学家，至少也得十来年。等我把这十年分配的大概，说来大家听听。才进大学的两三年，所学的无非是刚才所说的研究科学的器具，和关于某科的普通学理。至第四年、第五年，可以择定一科专门，加以研究，穷至前人所已到的境界，并当尽阅他人关于某科已发表的著作（大概在杂志里面）。如由研究的结果，知道某科中间尚有未解决的问题，或未尽发的底蕴，就可以同自己的先生商量，用第六、第七两年的时间，想一个解决的方法来研究他。如其这层工夫成了功，在美国大学就可以得博士学位了。但是得了博士的，未必就是科学家。如其人立意做一个学者，他大约仍旧在大学里做一个助教，一面仍然研究他的学问。等他随后的结果果然是发前人所未发，于世界人类的智识上有了的确的贡献，我们方可把这“科学家”的徽号奉送与他。这最后一层，因为是独立研究，很难定其所须的日月，我们暂且说一个三年五年，也不过举其最短限罢了。这样的科学家，虽然不就是牛顿、法勒第、兑维、阜娄、达尔文、沃力斯，也有做牛顿、法拉第、兑维、阜娄、达尔文、沃力斯的希望。这样的科学家，我们虽然不敢当，却是不敢不自勉的。

［第 4 卷第 10 期（1919）第 917—924 页］

# 27. 科学方法讲义

（在北京大学论理科讲演）

任鸿隽

## 一、引　　言

科学是欧洲近三百年前来发明的一件新东西。这件东西发明以后，不但世界学术上添了许多新科目，社会上添了许多新事业，而且就是从前所有的学术事业也都脱胎换骨，迥非从前的旧态。总而言之，自科学发明以来，世界上人的思想、习惯、行为、动作，皆起了一个大革命，生了一个大进步。因为这个东西如此重要，所以我们要去研究，就是不能研究的，也须要懂得他的意思。但是要懂得他，须用甚么方法呢？

设如现在有一件机器，就说一个发电机罢，要懂得他，须用甚么法子呢？第一就是把这机器拆开，看他的构造，第二再要看他构造的方法。把这两件事的弄清楚了，才晓得这件机器的运用。现在我们要懂得科学，先讲科学的方法，也是这个意思。因为要懂得科学，须懂得科学的构造，要懂得科学的构造，须懂得科学构造的方法。

## 二、科学的起原

科学的定义，既已言人人殊，科学的范围，也是各国不同。德国的 Wissenschaft，包括得有自然人为的各种学问，如天算、物理、化学、心理、生理以至政治、哲学、语言，各种在内。英文的 Science，却偏重于自然科学一方面，如政治学、哲学、语言等，平常是不算在科学以内的。我们现在为讲演上的便利起见，暂且说科学是有组织的智识。从这个定义，大家可晓得科学是纯粹关于智识上的事，所以我们讲科学的起原，不能不讲智识的起原。

诸君晓得在哲学上有个极大的问题，就是智识起原论。因为古来的哲学家，对于这个问题意见不一，所以哲学的派别也就指不胜屈。现在取他们两个极端的学派作为代表，一个是理性派(Rationalist)，一个是实验派(Empiricist)。那理性派说，世间一切现象的真际，是不易懂得的，我们要是靠了五官感觉去求真智识，最容易为他们所骗。譬如看电影中的人物风景，活动如生，其实还是一张一张的象片在那里调换。又如山前放一大炮，耳里就听了一阵雷声，其实还是一个炮仗。反而言之，我们要是用心中的推想去求真理，倒还靠得住一点。譬如我们下一个定义，说凡由一点引至周边之半径相等者为圆。这等定义，无论何时何地，皆可定其为真，这不是真智识吗？那实验派说，世间的智识原有两种，一种是理想的智识，如几何算术等是。一种是物观的智识，如物质世界的现象，我们不能不认其有客观的存在。要研究这客观的现象，除了用五官感觉，实在没有他法。譬如但凭心中的理想和先天的知觉，我们断断乎没有理由去断定水会就下，或是水热到百度是个甚么情形，冷到零度以下又是一个甚么情形的。属于第一派的哲学家，就是柏拉图(Plato)、莱奈不理慈(Leibnitz)、石宾洛渣(Spinoza)、笛卡儿(Descartes)、黑格儿(Hegel)、康德(Kant)一流人。属于第二派的，就是培根(Bacon)、洛克(Locke)、休姆(Hume)一流人。现在不过略讲智识起原论，以见科学的起原，实由实验派的主张，为正确智识的哲理上的根据。至于两派的优劣得失，那是哲学上的问题，我们现在无暇讲及了。

## 三、科学与逻辑

哲学家讲智识起原，是要想得正确的智识。这逻辑的用处，就是为求正确智识的一个法则。理性派与实验派对于智识起原的意见不同，他们所用的方法自然也不同。换言之，就是他们的逻辑不同。那理性派所用的是演绎逻辑(deductive logic)，又谓之形式逻辑(formal logic)，那实验派所用的是归纳逻辑(inductive logic)。我们现在讲逻辑的，都晓得亚里士多德是演绎逻辑的初祖，培根是归纳逻辑的初祖。说也奇怪，那亚里士多德不是很反对柏拉图的哲学，自己又很研究实验科学的吗？但是他做起逻辑方法，却只得演绎的一半，可见当时逻辑与思想，原来不甚联络，无怪中世纪的时代这逻辑就成了一种形式了。形式逻辑何以不中用呢？(一)因为形式与实质是决然两物，形式虽是对了，实质错不错，逻辑还是不能担保。譬如说：

凡当先生的是学者，

某君是先生，

故某君是学者。

这个演绎的形式，可谓不错了，但是其理是否确实，还是一个问题。(二)就算实质形式皆不错了，但是应用这种逻辑来解释事理，仍旧靠不住。譬如我们通常说“气之轻清上浮者为天，气之重浊下凝者为地”。古希腊人也说“物质的自然位置，重的居下，物有反其本位的倾向，故下坠”。用逻辑的形式讲起来就是：

凡物皆有归其本位的倾向，

重的本位在下，

故重物下坠。

这个说法，本来和引力说有些相像，但是“物有归其本位的倾向”同“重物的本位在下”两句话，请问是否先天的理想可以定其为正确？若其不然，就是全篇的论理无有是处。

上面所引的两个例证，非常简单，但是所有的演绎逻辑，总离不了这个法门。这个法门为何？就是先立一个通论，然后由通论以推到特件。只要把通论立定，这逻辑的方法就成了一种机械作用。譬如车在轨道上，自然照着一方向进行，至于方向的对不对，逻辑是不管的了。现在要挽救这个弊病，自然唯有反其道而行之。一方面是暂时不下通论，而从特件入手，由特件以推到通论。一方面是用观察及试验，先求特件的正确。这从特件以归到通论的办法，就是归纳逻辑。归纳逻辑虽不能包括科学方法，但总是科学方法根本所在，我们须得详细研究归纳逻辑的真义。

## 四、归纳的逻辑

讲到归纳的逻辑，我们自然不能不先讲培根，因为培根是主张用归纳方法最早而最力的。培根说：“推理之为用，不当限于审察结论，及结论与前提之关系，并当审察前提之当否。”此已视演绎的逻辑进一步了。第二，培根的主义，是要为自然界的仆人或解释者，而不愿为前人的仆人或解释者。所以他的 *Novum Organum*，开篇就说要去四蔽(four idols)①。四蔽为何：(一) 是族蔽(Idols of Tribe)，(二) 是身蔽(Idols of Den)，(三) 是众蔽(Idols of Market Place)，(四) 是学蔽(Idols of the Theatre)。去了四蔽，然后可去观察自然界的现象。培根说“我们第一个目的，是预备研究现象的历史”，这预备的方法，就是观察与试验。培根看得这种预备的工夫，非常重要。他说：“若无这种自然界事实的历史，就是把从古至今的圣人聚在一堂，也没甚么事好做……但是只要把这种历史预备好了，自然的研究及各种科学的发达，总不出几年的工夫。”

培根的归纳方法，有所谓三研究表，即(一) 然类表、(二) 否类表、(三) 比较表。又有消除法、辅助法。但方法虽多，却不适用，所以培根自己于科学上并无发明，他的方法也没人去过问了。但是他的功劳，就在主张实验、搜集事实。这两件事究竟是科学方法的基础。我们现在讲科学方法，还得要把创造始祖的名誉归他。

---

① 近见《新潮》有译作“偶像”者，但培根此字讬始于柏拉图之 Idols，盖谓心中之幻想或假象耳。

归纳逻辑，在培根的时代，虽然是草创，没有甚么实用的价值，到了后来弥勒(Mill)、黑且儿(Herschel)、柏音(Bain)、惠韦而(Whewell)、觉芬(Jevons)一般人出来专讲方法，一方面有加里处倭(Galileo)、客勃劳(Kepler)、牛顿(Newton)、拉克谢(Lavoisier)、拉勃那斯(Laplace)、兑维(Davy)、法勒第(Faraday)一般人由各科学方面实地应用，这归纳的方法，才渐渐有轨道可寻，详细可讲了。如弥勒的五法(five canons)，无论甚么逻辑，书上皆有的。现在也无暇讨论，我们且说这归纳逻辑，究竟是一个甚么意思。

1. 据惠韦而的说法，归纳逻辑是由许多事实上加上心中的意思，使众多的事实成了一个有条贯的知识。譬如我们何以知道地是圆的呢？就事实上说，设如从相距很远的两点，同时直向北走，走到近北的地方，他们两个人的距离，比较在南边的时候，一定近了许多。有了这两个事实，再加一个地球呈圆形的意思，就使兹两个事实联结起来，成了一种知识。这以心中的意思联结许多事实的作用，就是惠韦而的归纳逻辑。

2. 弥勒的说法，归纳逻辑是由实验以得通则，由特殊以推到普通，由现在的情形推到未来。因为现在的事实，是因为有现在的境缘而后出现，将来若有同样的境缘，我们可以决定同样的事实仍旧出现。可见弥勒的意思，和惠韦而的意思不同。惠韦而重在以自己的意思，加入事实，弥勒重在就现在事实，去推测未来的事实。所以能推测将来，因为现在事实，正是普通规则之偶现故。

3. 觉芬说，归纳法是自然现象之意思的发见。如凡欲研究之现象或事实皆经考察过，谓之完全归纳。如未经完全考察的，其归纳则为不完全。譬如言鸦是黑的，此为不完全归纳。因为鸦之必黑，无先天之理论可为判断，设如明日见一白鸦，则我们的论理立破。故不完全归纳，只有数学上或然之价值，而无逻辑上必然之根据。

4. 近人魏而敦(Welton)说，归纳逻辑是方法的分析。此方法起点于各个特例，由此分析的结果，可得自然现象实际的通则。因为搜集事实，易生错误，所以实验之数，以多为贵。但使周围情形能确然自定，就是一次试验，亦可据为判断。有时因为他种困难，其现象的周围情形极难确定，在这个时候，不能不多行实验。但是这种实验的结果，仍旧不能算为归纳，不过是算学上的或然数罢了。

照上面所说的看来，就是科学方法的专家，对于归纳逻辑的意义也是人持一说。但是他们有个共同的论点，是要从特殊事件中间发见一个通则。世间上事实既不能一一考察，而又新发见通则不至于错误，这其中必定有个方法，现在我且把这方法的大概写出来，以下再详细解说。

归纳法的大概：

1. 由事实的观察而定一假说。

2. 由此假说演绎其结果。

3. 以实验考查其结果之现象，是否合于所预期者。

4. 假说既经试验，合于事实，乃可定其为代表天然事实之科学律。

## 五、 科学方法之分析

科学的方法，既是从搜集事实入手，我们讲科学方法，自然须先讲搜集事实的方法。搜集事实的方法有二：一曰观察，二曰试验。

观察。凡一切目之所接，耳之所听，鼻之所嗅，口之所尝，手之所触皆是。我们对于外界事物，能有正确的观念，皆由五官感觉，所以观察为搜集事实第一种利器。但是人人虽有五官感觉，能用这种观察以得正确事实的却不容易。上面所引看电影听炮声诸例，有的是生理上的缺点，有的是物理上的现象，在科学上虽是不可，在常理上尚不能怪人。还有一种单为官觉未经训练，致观察不得正确的。相传化学大家徐塔儿(Stahl)，一天到课室去，一手托了一杯碱水，把中指放在水内瞧了一瞧，却把食指放在口内，与学生看，叫学生照着他做。学生个个把食指放在碱水内，复又放在口中，自然都疾首蹙起来。徐塔儿先生才说，我说你们观察不仔细，你们不服，你们不见我放在碱水内的是中指，放在口内的是食指吗？这观察事实，是科学方法的第一步。要是观察不正确，不得正确的事实，以后的科学方法就成了筑室沙上，也靠不住了。

试验。试验是观察的一种预备。我们试验的意思，还是要看他生出的结果，不过这种观察，在人为的情形之下施行了。试验有两种特别的地方，(一) 试验可以于天然现象之外，增广观察的范围；(二) 试验可以人力节制周围之情形，以求所须结果。以第(二)目的而行试验时，我们有一个规则，道一次只变动一个因子。譬如要试验养气是否为生命之必要，我们就把一个玻璃罐装满香气，又用一枝蜡烛把罐内的养气燃尽，然后把一个老鼠放进去。但是这个法子不对，因为罐内虽没有养气，却还有他种气体，老鼠要是死了，我们何以知其非因他气的存在而死，不是因为养气之不在而死呢？

试验这事不是容易的。大凡学科学的，平生大半的精力，都是消耗在这试验上。学科学的不会行试验，就同学文学的不讲字一样，我们可以说他不是真学者。

有了观察与试验，我们可以假定有正确的事实了。照上面所讲归纳法的大概，有了事实，不是就可以定一假说以求天然现象的通律么？但是事情没有那样快，中间还有许多步骤要经过的。

分类。有了事实之后，我们须得找出这事实中同异之点，然后就其同处把这些事实分类起来。这分类的一属在科学方法上也极重要。因为要不分类，所有的事实便成了一盘散沙，不相联属。科学是有统系的智识，这有统系的性质，就是由分类得来。有些科学，如动物、植物等，其重要部分全在分类。即以化学而论，各种原素的分类，也是化学上一个重要的研究。化学中最重要的周期律，也是先有分类而后能发见者。

分析。分类之后，若在单简的事实，我们就可以加以归纳(generalization)。若是现象复杂一点，还要经过分析的一个手续。分析的意思，是要把一个复杂的现象，分为比较的一个单简的观念。譬如声音是个复杂的现象，我们若是分析起来，就有：

1. 发音体之颤动，

2. 颤动之传导于介质，

3. 耳官之受动与音觉之成立。

所以这音的现象，可以分析成“动”与“感”的两个观念。这两个观念，在现在可算最简单不能分析的了，我们分析的工夫，可以暂止于此。后来科学进步，或者还可分析，也不定的。

归纳。归纳的作用，不是概括所有的事实，作一个简写的公式，是要由特殊以推到普通，由已知以推到未知。譬如我们看见水热则成气，冷则成冰，有气、液、固三体的现象。又看见水银也有这三种现象，又看许多旁的物件，原来是固体的，加热就成了液体，再热就成了气体(如蜡糖等皆是)。我们就简直可说，凡世间上的物质，皆可成气、液、固之体，不过是温度和压力的关系罢了。

照这样的归纳，先有事实然后有通则，这通则就是事实里面寻出来的，比那演绎法中间所说，因为重物的位置在下，所以向上坠的说法，迥然不同了。但是科学上这种明了的事体却很少，每每事实的意思还未大明白，我们就要去归纳他。在这个时候，不能说归纳所得的道理就是正确的。所以把所得的结论，不叫做确论，叫他做假设。这假设的意思就是心中构成的一个图样，用来解释事实的。

假设。假设的作用，虽然不出一种猜度，但猜度也要有点边际，方才不是瞎猜，所以好假设必要具下三个条件。

1. 必须能发生演绎的推理，并且由推理所得结果，可与观察的结果相比较。

2. 必须与所已知为正确的自然律不相抵触。

3. 由假设所推得之结果，必须与观察的事实相合。

何以须有上三条的特性,方为好假设呢?也有几个原故。

(一)要定假设的对不对,仍须事实上证明,所以有了假设,必须由假设中可以生出许多问题来。这由假设生出的问题,就是演绎的推理。解决这些问题,仍旧要用实验,仍旧还是归纳的方法。譬如化学上的原子说,是由定比例之定律及倍数比例之定律两件定律得来的一个假设。有了这个假设,我们就可断定许多的化学变化。又据试验上所得的化学变化,果然相符,我们才说这种假设有可存的价值。要是试验多了,只有相符,没有相忤的时候,我们简直可把这假设的地位提高来,叫他做学说(Theory)。要有假设不能演绎出特别的问题来,岂不成了永久的假设?这种永久的假设,有没有是不紧要的。

(二)因为我们的假设,不过是一种猜度,讲到他的价值,自然不能比得已经证确的自然律,所以我们止可拿正确的自然律来作我们的向导,却不能牺牲自然律来就我们的范围。譬如现今有人说鬼可以照像这个说法,非把物理上一切定律推翻,是不通的。

(三)假设原是因为证明或解释事实而设的,若其结果与事实不合,便失其为假设的理由了。

讲到此处,我们可以评论培根的科学方法何以不能成功。因为他过于主张实验,得了事实之后,只去列表分类,求他们的异同,要在异同之中发明一个通则,却不知用假设,由演绎一方面去寻一条捷路。正如运算的,只知加减,不知乘除,遇着 25×25,他便要去加二十五次,方得结果。况且有许多通则,并不是仅仅分类比较,所求得出的。

再说上面讲归纳逻辑的时候,曾列举惠韦而、弥勒、觉芬、魏而敦几个人的意见。一个说归纳是把所有的事实概括得来一个通则,一个说归纳只是据特例以推到通则,要是特例是靠得住的,就是一个也不为少,特例要是靠不住的,就得多找几个。我们现在晓得研究科学,不是仅把那明白简单的事实搜集拢来,做一个简写的公式,可以了事的。有时现象的意思既不甚明白,事实的搜罗还不甚完备,我们也不能不下一个解释,求一个通则。这种办法,难道就不是归纳,不算科学方法吗?所以我说他们所说,皆各有所当。就现在的科学的情形看起来,他们的话正是各得一端呢。

可是诸君要问,既是现象的意思还不甚明白,事实的搜罗还不甚完备,我们何不留等一等,到那明白完全的时候再去归纳,何必急急忙忙的瞎猜呢?这话我说不对。因为假设的职分,还是科学方法的里面,并不在科学方法之外。何以故呢?因为有了假设,然后能生出更多的试验,然后能使现象的意思越发明白,事实的搜集越发完备,所以假设这一个步骤,倒是科学上最紧要的。现在科学的方法,所以略于极端的实验主义的地方,也就因为有假设这一步,可以用点演绎逻辑。

学说与定律。假设经若干证明后，可认为学说，上已说了。学说是经过证明的，所以可引来证明他种现象，假设则只能用为解释，不能为证据。如电解说为现在物理及化学上的重要学说，其所以成为学说，正因化学上的电气当量等实验把个电解说巩固得颠扑不破。原子说虽然没有甚么例外，但总觉得虚渺难测一点，还不算学说的。至定律乃是由事实中老老实实归纳来的，并不加以丝毫人为的意思。譬如质量不灭之定律，能量不灭之定律，引力之律，定比例之律，倍比例之律，皆是直切简明说一个事实，并且是说一个"甚么"，并不说是"怎么"。所以论理学上曾说，如问物何以下落，答云因为引力之律，不算答解，就是因为未说"怎么"的原故。但是定律虽未说"怎么"，他在科学上却是根本观念，大家不要看轻了他。

假设与学说，既是为研究方便起见，拿来解释现象的，所以没有甚么一成不变的理由。大天文家客勒劳研究火星运行，因发明椭圆轨道的学说。但他未得最后的学说以前，已经起了十九个假设，都因与事实不合弃去了。法勒第也说过："书中所有的学说，不过科学家想到的百分之一，其余的许多，都因不合事实，随生随灭了。"这种说话，最可以表科学家的真精神及方法。

科学方法讲到此处，可以略略作一个结束，我们现在且把归纳逻辑和演绎逻辑来比较比较。

1. 归纳逻辑是由事实的研究，演绎逻辑是形式的敷衍。

2. 归纳逻辑是由特例以发见通则，演绎逻辑是由通则以判断特例。

3. 归纳逻辑是步步脚踏实地，演绎逻辑是一面凭虚构造。

4. 归纳逻辑是随时改良进步的，演绎逻辑是一误到底的。

## 六、 科学方法之应用

今世所以有科学，因为有科学方法。但是学科学的，却不大觉科学方法的所在。庄子说"鱼相忘于江湖，人相忘于道义"。试看古今有名方法学家，大半皆不是专门科学家。他们何以要这样不惮烦的讲来？大约他们的意思，倒不是为科学家说法，他们的意思，是要把这科学的方法灌输到他种思想学问里去。就实际上讲来，现在的学问，那一种不带几分科学的色彩，如心理学，本来是个空空洞洞的学问，现在也变成了一种实验的科学。至如生计学，自从玛尔秀(Malthus)人口论，说明食物生殖以算术级数，人口生殖以几何级数，供求相因的定律也由一种想当然的议论变成一种事实的数量的学问。社会学处处以统计为根本，以求社会上利病祸福的原则。譬如研究犯罪者之多少，与不识者之多少成比例，还不是科学的方法的应用吗？至于教育学，现在更是趋于实验一方面。譬如我们不晓得两点钟接连讲下去，学生得益多些？或是把两点钟分成三门讲义，学生得益多些？我们很可以拣两班，资质年岁同等的学生，用一个先生，分两样教法，一个星期以后，试验他们成绩，就可以知道那个方法好些。这种方法，是美国教育界研究教育的始终在那里进行的。就是现在写实的文学派，实用主义的哲学派，那一件不是与科学方法有关系的？所以我说科学方法在一般学者，比较在科学家还紧要些。

## 七、结　论

从前读哈佛大学校长爱理阿（Eliot）君的演说，有一段讲归纳逻辑的用处，讲得甚好，等我把他引来作我的结论罢。

> 归纳哲学的特性，在甚么地方？何以能有那样大的变化力，把实行他的人类的习惯、行为、风俗、政治、宗教，及一切人生观皆改变了呢？归纳哲学，从观察具体的及实际的事物入手。所重的是事实，既不想那种虚理乱测，也不靠上天的启迪。所研究的是实在的事物，可以是植物，或动物、矿物，也可以是固体、液体、气体，或以太，总要实有其物，可以眼见、耳听，或手触；或实有其事，可以称衡或权量所求的是空理，即是事实。既以眼或手或其他官觉观察即得事实，更以事实与事实相比较，或一群事实与一群事实相比较。比较之后，于是乎有分类；分类之后，于是乎有概括；是为第一进步。但此概括亦极有限制，既不是上极青天，下入原子，不知纪极的推测，也不是完全自是的学说，不过观察事实以后的最近的一步罢了。于是谨慎小心，把观察分类概括之所得，记录起来。这方法上的用心，也与观察同其敏锐，与记录同其正确。这就是归纳的方法。现在我们就说现今世界行事，一切新方法，一切新实业，一切新自由，一切团体的能力，及社会的平等，皆是由归纳方法生出来的，也不为过。近世经济学就是用归纳方法而成功的第一个好例。
>
> 你们要说这是把物质的或机械的眼光来看人类的进步么？不然不然。因为经过这许多观察、记录、概括的法则，那人类思想上发明的及先知的力量才能够发生。你们以为爱迭生（Edison）平生的事业，单单的是由手或眼作成的，或是由不出可见可捉的事实的推想造出的么？其实皆不然。爱迭生君的最高的本领，及其最贵的特质，就是他的发明及创造的想象力。此不独于爱迭生为然，大凡于纯粹或应用的科学的进

步上有所贡献的，亦莫不然。有许多人只会做那刻板一定的事，但要的确做点有进步的事体，其人必定要有很亲切、自由、活泼的想象力，并且要有确实逻辑的与有秩序的思想，及笃实应用的本然。所以我们在这里赞赏归纳哲学的美果，叹异归纳方法于物质世界的非常成功的时候，不要想我们就把那智理及精神的一方面抛弃了。我们正要从这最大而最有益的地方的门口找人类的理性及想象呢。

[第 4 卷第 11 期(1919)第 1035—1051 页]

# 28. 说“合理的”意思

任鸿隽

“合理的”三个字，是现今新发明的形容词，我们看书阅报和有点学问的人讲话的时候，常常遇见的，因为他的字面，没有甚么新奇出色的地方，所以注意的人很少，但是他的意思，却很重要，要是大家果然明白了他的真意，处处去求一个“合理的”，也就是思想的进步了。

和“合理的”相当的英文是 rational 一个字。这“合理的”三个字，是否英文 rational 的确译，我们暂且不管，不过使用起来，总是合英文的 rational 同意的。英文的 rational，是从 reason(理性)这个字孳乳出来的，意思是说凡是经过人生的“理性”考验一番，见为合宜的，都可称为“合理的”。所以“合理的”的“理”字，简直可以作“理性”的“理”字解。我们中国人说，“人为万物之灵”，外国人说，“人是有理性的动物”。这“理性”既是人类异于禽兽的所在，我们就把来作一个鉴别好恶的标准，想来也没有甚么不可以的。

但是理性又是个甚么东西？就哲学方面说，那理性派的人，简直把理性当作一切世间智识的根源，他们既不认神的存在，又不认官感可以得一切事物的真象，所以他们主张，凡经过理性推理出来的，方才合乎真理。这种理性的说法，对与不对，是哲学上的问题，我们可以不管。就是他们的意思，也似乎精微奥渺一点，平常“合理的”三个字的意思，当然不是说合的这个理。就心理学一方面说，推理就是反感(reflection)和判断(judgment)的一种连续作用。这反感和判断，都含有前识在内，所以推理结果的善恶，也就不能一定。譬如孟子说：“孩提之童，无不知爱其亲也；及其长也，无不知敬其兄也。”这爱亲敬长的观念，孟子说是良知，其实还是推理的结果。有人驳孟子的话，说“孩提之童，所以爱其亲者，爱其乳也”。我们就不说爱亲的观念，是由爱乳生出；但是孩提之童，知道爱亲的时候，必定先有一个和我最亲的人的反感，加上种种原因，生出一个可爱的判断。总而言之，这爱亲敬长的观念，决不是简单的。既然不是简单的，我们竟可以说是推理的结果，不过这种推理的结果，是归于善的一方面罢了。也有推理的结果，是归于恶的方面的，如庄子述盗跖的话说：“妄意室中之藏，圣也；入先，勇也；出后，义也；知可否，知也；分均，仁也。”这种圣勇义知仁的美行，那一件不是由推理得来的？不过这些美行，在盗跖手中都变了恶德，所以单就推理，来决定行为思想的合不合，也是靠不住的。

推理的结果，虽然不能拿来作善恶的判断，但是推理这个机能，到底是人类特有的。

有了这个机能，造出来的东西，是好是坏，那全看他所用的原料，和运用的方法罢了。所以我说“合理的”未必就是合于推理的意思。“合理的”意思，是说合于推理所得的一定方式。换一句话说，“合理的”并不是合于推理的主观观念，乃是合于推理的客观的结果。这客观的结果，又是个甚么东西呢？

客观的结果，为推理所寻求，最重要而且有价值的，只有一件，就是天地间事物的关系。或这件事有时为那件事的原因，那件事有时为这件事的结果，我们也可以说是原因和结果的关系。明白事物的关系，何以就是“合理的”？等我举几个例来讲一讲。比如现在东北数省在闹疫症，一般的人不去从清洁卫生和防止传染的方法讲求，却成日的拜佛求神，打醮驱鬼。要想防止疫症的流行，这个事情，我叫他不合理。又如信风水的，把他家祖先的骸骨，当作小菜种子一样，想找一块好土栽下，以求后嗣的发达，这个事情，我们也说是不合理。又如信风水的人，有一天去找一个瞎人，摸一摸他的骨头，说道你这块骨头生得好，将来可望做总统，那块骨头差一点，日后只有督军省长的希望，这个事情，我们也说他是不合理的。我们说这些不合理，有甚么理由？要说他是迷信吗？这个话不足以服迷信的人。因为我们说他是迷信，他们却有许多理由，许多不正确的理由。若是我们拿事物关系的话来说，他们可就无言可答了。

世间上有一个普通的定理，无论什么人都得承认的，就是凡事皆有一个历史的关系，断不是突如其来的。既承认了这种关系，我们就可以考验前举诸例的合理不合理所在了。疫症是由微菌发生的，和鬼神的关系在那里？祖宗的骸骨，又不会生根发芽，怎么会和后嗣的荣枯有关？你身上的骨头，大一点，小一点，除了于你身体的重量略有关系之外，和你后日的行事还有什么影响？总而言之，这几件事情的结果，和那根据的原因，是没有关系的。既是没有关系，我们就叫他不合理。

我们再掉转来，举几个正面的例，这“合理的”就是明白关系的意思，越容易领会了。比如作农夫的，要想他种植的繁盛，五谷的丰收，他们第一要晓得植物所须的养料是些什么物质。第二要考察他的田地土壤，所含的是些什么物质，所缺的又是些什么物质。第三方才决定种何种谷类，须加何种肥料。这种办法，我们叫他做合理的农业。为什么呢？因为我们明明的晓得，这下在土中的肥料，经过空中的养化或土中的微菌作用，就变成一种可溶性的盐类。这种物质溶在水中，被植物吸收，加以他的生理作用，就渐渐变成枝叶果实了。我们明白了这种关系，才去用那个方法，所以叫做“合理的”。又如讲教育的，他们先研究了儿童的心理，晓得人类智慧的发达，要经过许多阶级，又审察社会的大势，知道以后的趋势，应该走个什么方面。又还要研究教育的方法，以何种为最有效。方才起了一个教育的系统，定一个学校的课程表。这种办法，我们叫做合理的教育。因为这样的教育，是把教育与社会的关系，以及教者和受教者与社会的关系，弄清楚了，才去着手进行，与那些莫知其然而然的教育，是不同的。再说我们的饮食，平常人只是喜欢吃甚么就吃甚么。那"合理的"食谱，是把人身的生理作用，考察得清清楚楚，知道一人一天，须若干蛋白质去变血化肉，若干脂肪淀粉糖类去发热生力，几多水，几多盐，都是一个人营养上所不可缺的。倘若有人说辟谷食肉，用酒代饭，可以长生不老，我们简直可以骂他"不合理"，因为他们于食物和生理的关系，完全是糊涂的。

上面说了许多话，我希望这"合理的"就是明白关系的意思，可以大略了然了。但是这"合理的"意思，还有几个紧要的界限，等我提出来，请大家注意。

一、"合理的"和迷信反对。迷信就是不合理的信仰，这话我在前已经说过了。再进一步说，迷信的事，就是不明原因结果的关系生出来的。比如我前面说的鬼神风水相命种种迷信，都是于本来没有关系的事物，由心中想象成一种关系，至于这种关系，在事实上成立与否，他们就不深问了。这"合理的"意思，却要事实上明明白白寻出一个关系所在，所以"合理的"态度，和迷信是不并立的。

二、"合理的"不盲从古说。有许多人对于古人传下来的言语思想，都奉为天经地义，从来不敢起一点疑问，这也是和"合理的"意思相背的。这个道理很容易明白，因为人心进化，时势变迁，古人所见为"合理的"，未必现今还是合理。我们若是凡事仰承古人的遗传，不自己打量一番，何以见得古人所说，一定不错呢？所以"合理的"态度，对于古说是不盲从的。

三、"合理的"不任用感情。人类的感情和理性，本来是两种机能，各不相蒙的。有时感情激烈的时候，遂不免将理性抹煞，所以任用感情的人，每每看不清事情的前因后果，他的所行所为，便都成了不合理的了。这个毛病，号称为文人的，最易犯着，所以我们和人家辩论的时候，最当提防，不要为感情所动，犯了不合理的弊病。

照这样看来，这"合理的"字源，虽然和理性有些关系，"合理的"意思，却完全属于客观的结果，明白事物的关系。哲学家的理性说，固然不算真诠，文学家的感情论，也当退避三舍。果然事事求一个"合理的"，那种徒作糊涂盲从妄冀的意念，都可一扫而空，岂非思想的进步吗？至于这事物的关系，要如何才能明白，则有科学方法在。

民国八年九月

[第 5 卷第 1 期(1919)第 1—6 页]

# 29. 科学与和平

何　鲁

自《科学》问世以来，国人谈科学者日众，希望科学之发达者亦多，拘泥附会之陋习若自然汰除者，斯科学将普及之先兆也。欧战告终后，和平声浪，弥播世界，亦以吾国人谈之者为多，希冀之者为甚，凝心以为吾国之能否生存，即决于今日之和会，而一时主持之人又皆口人道而文公理，则吾国之能与列强相安也固甚明。厥后种种不平，种种失意，远出国人意料之外；故愤激悲痛，亦视往时外交失败时为烈；然无实力与抗，又无援助，其能裨事实与否，或万一决裂其不遭螳臂当车之诮与否；不待明智，皆能预道其结果。

今吾以一“与”字联合最熟二名词“科学”“和平”，实欲使希望科学发达和平永久者，有所用其力也；实欲使从事科学者，有所一其志也。何言乎？吾以为科学能致和平：故希冀者，当用力于学，从事于学者，当以和平为最终之目的也。请实吾说。

吾以为科学能致和平，有二道焉：

其一科学为入德之门。

其二科学能使人得幸福。

何言乎科学为入德之门也？曰，科学能使人诚，能使人耐苦，能使有秩，能使人无欲，能使人自乐，能使人爱物爱群，故也。

1. 科学何以能使人诚？曰，科学家爱真理者也。爱真理故能诚，爱真理何以能诚？曰，爱真理，必有真评判力，有真评判力，斯能诚矣。何以谓之真评判力？凡在科学上，立论必有根据，推演必本条理，不能臆造盲从。不特此也，科学之有待于实验者，所得结果，必假为学说以统系之。此学说之价值，视其范围广狭而定。如甲说能赅 A、B 两理，乙说取 A 而遗 B，则甲说之价值大于乙之价值。惟学说之初成也，往往所遗甚多。有能得全赅之说，则科学家无不弃彼从此。评判既确后，不能不为之心折也。今人于学则袭肤，于事则听道途之说，故事与业一不能成，且以致社会之纷扰，譬如据一时之空言，而曰，某也能。群亦和曰，某也能。某亦矜然自诩曰能。一人唱，十人和；百千人唱，千万人和；所谓某也者，居然伟人矣。丁兹纷乱，无不属望贤豪以宁斯土。使属望者不过尔尔，岂有济哉！一二贤者，思扬谠论以变此浇风。然动与习俗龃龉，口未开身已被谤。攻讦相寻，不至是非尽淆不止也。余既忧之，又不欲与今之贤达争。故主张就事论事，一本科学方法，推论必求谨严，评判必求切确，庶不失言，亦不失人也。人当受学之时，其亲与师未有不教之诚者也。然能诚者实鲜，盖自我发一念“必诚”，不知何以践之也。善教者为之取譬，如某人行某事几于诚矣，较易学步矣，然焉得某事而实行之耶？施教之由于主观之不易益人也如此。善读科学者，其平日之习于严确皆其能诚之资也。有实践之机，无戕贼之苦，寓德于学，其利于学子实不可胜言也。虽然评判有未易言者，如普通几何谓三角形三角之和等于二正角，非欧派(Non-euclidian)几何，或谓三角形三角之和小于二正角(罗派 Lobatchvesky主之)或曰大之(黎派 Riemann 主之)。一理而三说，孰为是？善乎！朴氏(Poincare)之说曰，“诸几何相比，无是非之可言，而有便不便之分也”。何也？一种几何，有特有之自理，其几何形所附丽之空间亦不同。一理而数说，非由在同一空间之形与用同一自理所推出，则无刺谬之可言。故曰，无是非。实际上普通几何距实验近而较易，故为用较广，以其便也。于是欲判非欧派几何某定理之是非，当深明此派基本原理，依条理推证，不可以习普通几何眼光论之也。今之社会，对于过去人物，往往好以现在之思想求备于其人，甚非持平之道也。有改造社会之英雄，有社会产出之英雄，境遇一变，其个人身价每为之大减，斯英雄之不幸矣。甚者取而辱骂之，并不计其人所处之社会何如，亦不问所受学说影响何如，实不值识者一哂也。

2. 科学上事理之发明，出于偶然者甚少，其余未有不耗无数学者之心力。从事者，非有坚忍之志，非具强毅之精神，断难有所建树也。今之科学家，均承认太阳面上黑子之多寡与地球磁力成正比例。未成此说以前，吾不知天文家之如何苦心孤诣记太阳之黑子无日或缺也。又不知磁学家之如何时时详志磁力之变动也。吾更不知何以有人者出而比较黑子之多寡与磁力之强弱也。既成此说以后，吾不知有若干天文家、磁学家之日日从事于此，以实证此说之真也。他如定地球密度(比重)有至数千次而取其中数者，皆坚苦卓绝之明证也。

3. 谭浏阳有言，人即不治数学，然不可不读几何，以为办事条段在是，是真能读几何者之言也。几何次序，无二条互相羼越者。有所始，故有所继，有所终也。继之于始，条贯之也。再继之于继，亦条贯之也。推而至于终，莫不有秩焉，有必不可越之阶级焉，有健确之理论焉。其于事也，始之必有其始之之故，非可任意者也。终之必有其终之之故，亦非可任意者也。今人每缓其所急，而急其所缓。民乱不知所以安之，民穷不求所以富之，惟侈言强国而已。无位者，习于浮动，于个人之实在学问技术，不加之意，于个人之独立生活不计及，日惟痛哭流涕急呼救国而已。存心虽不同，其酿社会未来之乱则一也。盖剥削人民者，即无正当生活，无实在学技者之化身也。

4. 英人恺文迭喜(Cavendish)，科学家中之巨富也。有人为之专理其财产，一日恺氏正研究某理时，其会计入白某银行倒去，所存巨款达百万，恺氏置之若不闻。某又白之，氏怒命之出，其视金钱之重，实远不若重科学之真理也。今日金钱时代，如氏者有几人哉。氏发明甚多，尤以精巧称。科学家道及，未曾不叹服，氏为不大朽矣。视彼为富不仁，日事攫取，既得之后，用之既觉可惜，贮之又虑盗窃者，诚不可同年而语矣。说者或以为此乃个人之特性，非因研究科学去其世俗之欲也。此实未深治科学者之言也。治天文者，日与星辰周旋，初究行星之运行，次及各星之体质、之大小、之远近，知地球之于太空也，不过如太仓之一粒，沧海之一滴耳。人之于地球也，亦若是矣。惟覃思精研，乃能揭造物之隐，亦所以寿也，其不屑于趋逐末利与不知廉耻为何物者角长审矣，惟求适生而已。又非因而自足也，将进求真理以觉同类也。或以为治应用科学者，日事于利，实非无欲者也。不知科学之应用，大都利用物力以增多人类生活，亦所以利人也。自享较奢，不亦宜乎？

5. 人生于世，求乐而已。惟孟子之仰不愧于天，俯不怍于人可称真乐，此精神之快乐也。故昔人有读书最乐之语。治科学者亦有斯乐，偶得解一难题，心中为之愉快久之，此学子人人皆有之感触也。阿启美德（Archimedes）因浴而悟及物体入水必失重，跃出欢呼，忘其裸体，是自乐之不可以抑者也。欧美学者，日处试验室中，素衣淡食数十年，无倦色怨言，非自乐其乐者能如是乎。

6. 利之所在，人所争也。权之所在，人相倾也。凡此皆人群和好之梗也。惟真理之所在，则人人求所以阐明之。欧美科学团体，林立星罗，声誉隆然，牖相人类，社会阶级以及国界均自然破除。人类智识有限，宇宙事理无穷，不如此不足以有为也。科学界开万国会者累矣，其成效卓著可按其报告得之，吾国以数千年古文明之邦，反不预其盛，此吾人所引为深耻者也。本社同人，不以庸陋自馁，毅然肩发展科学之任，将欲小之以利民福国，大之以跻人群于大同，实按级可拾非无冀求飞也。邦人君子，盍兴乎来！

科学何以能使人得幸福？曰科学能改进人类生活，能利用物力，能抗外害，又能使人群接近故也。

1. 改进云者，改其粗恶，进于完美也。科学改进人类生活之证，甚多而明，要以至今日而大著。如电学之于电灯也、电报也、无线电也；化学之于人生日用品，如颜料香料之类，不可悉举，皆由致用成科之学获效者也。其余一器之精，一物之良，莫不殚制作者之心思，竭改创者之智虑。及其成也，未曾叛夫科学原理，吾以为自有生以来人群物质进化亦莫不暗受科学之支配，特以未成统系之故，人莫观其通而难为之说耳。

2. 人类繁殖，生活以艰，惟利用物力，可以救之。渔、樵、陶盐，最古而著，法易利多，至今不衰。其次，煤、铁、金、银。其次，水力、风力均有大补于人类生活者也。苟善取而善用之，皆足致富。吾国地大物博，应能自给，然自海禁开后，日觉趋于贫困者，则相形之间，不善取之过也。何以为善取？曰以科学方法取之者为善取，反是则否。煤、铁者，日用所亟需者也。吾国又富于是矿，而究其所出则逊于人远甚。余闻自新加坡历西贡、海防、香港以至上海，各国轮舶往来如织，需煤极多，皆日本所供给，吾国不能自足，乌能与之竞哉？考其原因，吾国除汉阳、开平等数煤厂以外，仅以土法人力掘取近地面之煤而已，其为量无多可以想见。欧美各国于采煤极为研究，如考察地质、煤井工程、预防水火，及采掘机器诸端，皆以至精深之科学纬之，故其获多而能速也。其他各矿，无不称是，惟繁简之不同耳。在工业发达之国，煤之大用，供锅炉之燃烧。于以发动，全厂机器赖焉。自电学昌明，以电机代汽机者日益多，要皆不如利用水力之廉，近来水电之说，腾于全国，即利用水之位能以变为电之工作耳。瑞典、美、德，最得其利者也。吾国以工业不发达之故，虽有水力，无所用之，坐看滔滔者之逝，殊可惜也！尤奇者！近来利用空气，以极强冷凝法，取淡、取养，及其他罕见气体，如氩、如氪。欧战延长，德国乏硝即用香气取得之淡以制硝酸，虽成本较贵，而可取之无尽，又不仰他人鼻息，斯已难矣。科学能利用物力，此其大略也。

3. 人生之大害，莫甚于水、火、疫厉。古者常委为天灾，除祈祷，或救济一时被难者以外，实别无良法。黄河、淮河，为害最久而大，迄今尚未有根本之解决，此在阶之宜劳虑也。余闻之杨君铨曰，仆见某美国人所著书，谓北方树木太少，故泥土不固，河亦易溃决，横流松土，而不可收拾。夫树木，其根蔓延深入于土，可以固泥，可以吸收水分，又可以调剂气候，不致晴雨太过，民亦可以时得材，是两利也。余在里庸时，所尼理科大学，临隆江(Rhone)，水流湍急，不利行舟，雨久或雪融，山流暴发，水陡高丈余，其势汹涌奔腾，望之心悸。然未闻有溃决之患者，则以所筑堤防极其坚固故也。余尝沿堤行数十里，皆砖石所砌筑，未尝不叹其工程之大且坚也。余将去法时，又闻庸政府倡浚隆江之说，以通舟楫，亦以防淤塞也。吾国素以黄河、淮河为患，然于浚导、堤防、树木，均若不以为为政之急务者，民欲求宁也难矣！繁盛城镇，消防最要，办理完善者，实不多觏，故延烧之祸，犹数数见也。欧美经济力日趋发达，不幸一炬，则损失匪轻，故于防火一端，恒穷究极研，一本科学之理，其简而易效者，见本杂志《防火篇》(第一卷第八期)，兹不赘。疫厉之流行也，常于数日之间，传遍一村或一城之人！前东三省之鼠疫，近日欧洲之流行伤寒症，皆最可惊惧者也！其所杀之人与大战死士相埒。苟非今之医学发达，严为预防扑灭，则其为害，何可胜言哉！病之传染，微生虫实为之介。自法人巴斯德(Pasteur)发见疯狗微生虫，及羊疫蚕病微生虫后，至今各大城均设有巴斯德学院，专研微生物学。其可以种浆预防或疗治者，皆由此种学院制浆出售，造福人类甚大。吾国以四百兆人之众，而竟无一研究微生物学之处，实生民之忧，而科学界之耻也！

4. 人以相识而熟，既熟而相亲，人之恒情也。政教风俗不同之民，往往因误会而启衅端。吾国前之数受创惩，实因过轻外人；今之数召侮辱，则因过畏外人，皆非也。吾以为凡立一国，必有其立国之精神。中外人士往还，宜平心输通考求，并尝互取长而摒短。惜夫！今日欧、美、亚、澳、非诸洲，交通尚未便，故多所隔阂，民族好和之情，不能达也。今日之交通，政治上之交通也，外交上之交通也，一二豪商之交通也，三数游客之交通也，而非平民之交通也。平民既鲜交通，民族感情，何由而生哉？唯发达科学，能便交通。交通便，则人群以接近，盖大同之基也夫！往者，无轮舶火车之用，陆畏险阻，水惧风浪，今以交通便利之区域，地失其险，海洋失其浩漫，前之累日月不能达者，今于旬日之间可至。前之冒万死一生者，今则如履平地矣。轮舶火车之发明，科学之用也。吾国科学最不发达，故交通亦最不便利。异省之民，已多隔膜，况于外人乎？此吾国之宜注重内地交通与海洋交通也。循兹以往，交通能日趋发达，俾平民可以接近，则庶几乎大同之世也。

结论。自今日之时势观之，凡民族之贫富强弱，均可于其国科学之发达与否占之。科学之为用，可谓大矣。顾余以为科学之能致和平，不仅在乎能为人谋幸福，而实在其能引为人善也。即吾所谓科学者，为入德之门是也。如以科学纯为谋幸福之具，凡人能自活、自逸、自乐者，莫不为矣。奢靡之风，倾轧之习，其将由是成乎？强有力者，将利器以逞。近之德国，其处心积虑数十年，即欲假武装科学以达其为世界主人翁之奢望也。此一念差，遂酿数千万人命之祸，又遭挫衄。甚矣，君子之宜慎其思也！吾为斯言，亦为东邻告也。和平而欲永久也，非均势和平所能也。两力相当，数力相峙，可成均势，一时亦可免决裂。然一力稍偏倚，或变略轻，或变略重，均可破坏均势。和平而欲永久也，亦非强迫和平所能，如今日之局是也。强者逼压弱者使不能与抗，强者可一时得志，然迫之愈甚者，则恨之愈深，而报之愈烈。故其决裂也亦愈险，在弱者胜与不胜所不计也，必与之一拼焉。和平如欲永久也，必真正和平而后可。真正和平，不计强弱，但求相安。子舆氏畏天乐天之说庶几近之。此政治和平之极诣，而非民族之真正和平也。民族真正和平，其惟科学所致之和平乎！科学无国界，无种族界，无意识界，一归于真理。夫有据，故无争，无争即和平。吾人如穷经老儒，与所业相习，借以养其心，壹其意，然后发其所蕴以与世之君子讨论，推其所用以福我同类，或笑其愚，弗之辨也，曰，断于事。或嗤其妄，弗之争也，曰，吾之志也，求践而已。

[第 5 卷第 2 期(1920)第 119—124 页、第 4 期(1920)第 325—329 页]

# 30. 发明与机遇

张铁僧

世界科学家，往往穷精竭力，尊吾理论之所谓是，行吾实验之所能及，早暮砥砺于其间，务期必有所发明以为快。其间得志与不得志之士亦多矣。吾人每赞美称羡某某大伟人之发明，然亦未尝不为科学界中无数无名英雄，太息悲惋于无穷也。发明事业，万弗能以儿戏轻忽视之固矣，然事之由偶然识破，中途不期而获者，亦非属罕见。柏利斯力(Priestley)之取得养气，与哪倍尔(Nobel)之考得炸药，利用煤胶以制造染料之发明，与人造青靛之得终成商品，在在俱由随时随事，处处留心而得。往往消息甚微，所关实大。格雷罕(Graham)之考得气体交和律(the law of diffusion of gases)，雷立(Rayleigh)与兰姆席(Ramsay)之取得氩①(Argon)，已往之事，固历历如在目前。苟时机所至而任意错过，不独为人所轻视，即己亦不免于后悔。吾读里比希(Liebig)之误臭素为绿化碘(chloride of iodine)，窃深疑化学实验事业上之类此者之比比皆是也。事有不可解者，理有不能喻者，不妨重思再三，庶几我心一旦有所感悟，或即姑作疑案，敬谢不敏可耳。勉强解说，用以敷衍了事，最足坐误事机。固执成说，藉以随声附和，亦事之毫无价值者也。考"火质"(phlogiston)之说与"变金术"之设论，可以知之矣。请历举以上所述说明之。

(一) 柏利斯力之取得养气，实于无意中而得之。一日柏氏偶谋得一凸面镜，殊甚喜也。乃持此镜集日光于实验室中之各种化学品内，汞养与焉。汞养之为物，经热则易分析而变作其分子，水银与养气是也。柏氏于试验此物品时，见有一种"气"分出，颇以为奇。于是用器收藏之，不使外泄。后又烧烛于其内，觉其光较在寻常空气中，愈烂然可观。驱鼠入其内，见鼠亦能生养其中，较在空气间更活泼。因大惊叫奇，谓己亦茫无定绪，不知将何以解之。此"气"性质，与寻常空气绝对一样，不过愈形"完全"耳。② 此养气发明之小史。当日柏氏虽百计谋取得各种"新气"，然演此试验时，并不期有所谓养气分析而出也。故于其既取得此气后，复倡言语人曰："以吾今日之所得，用以说吾曩昔之哲理，将必愈显然而可考。此种事业，全靠所谓'机会'与吾观察之能力若何耳。固不必先有精义奥理，然后始有发明也。"③

(二) 哪倍尔之发明炸药(dynamite)与爆烈药(blasting gelatine)俱由偶然而得之。先

---

① Argon 旧译作"元"，任鸿隽君译作"氩"。
② 见 *Romance of Modern Chemistry*, by J. C. Philip, 1910, p.336.
③ 见"Priestley", *The Encyclopedia Britannica*, 11th edition.

是化学士疏不雷罗(Sobrero)用硝酸,与格里斯林(glycerine)化合,得一种液体,名硝养格里斯林(nitro-glycerine)者,性极猛烈,不特不易制造,且极难于转运。微有不慎,灾祸随之。哪氏设厂制造此药之初,火车轮船鲜有担任代转运者,盖以其危险不堪也。哪氏因是郁郁不得意,颇思弃此弗为。当日搬运硝养格里斯林之法,系将盛此液体之瓶,一一装置于一箱内,用沙弥补于其间,所以防各瓶相磨击,致相毁坏也。一日哪氏见箱中一瓶破裂,内中液体遂尽行逃出。不料箱中沙之吸收此液体,恰如吃墨纸之吸墨水。取此已吸有硝养格里斯林之沙试之,知其亦俱有爆炸之性资,不过仅四分之一于寻常硝养格里斯林而已。然此物不若液体之危险,故转运较易。吾人所知之平常炸药(dynamite)即硅藻土之吸有硝养格里斯林者,亦即由此而发明。硅藻土(kieselguhr)之为物,系一种多孔轻土,无爆炸性质,能吸收硝养格里斯林三倍于己身重量之数。①

哪氏于既得爆炸药后,亟欲发明一物,其吸收性质,须与硅藻土类似。吸收硝养格里斯林后,亦易于转运,惟爆炸性质须不减于寻常轻养格里斯林方可。一日哪氏方试验此液体,偶伤指,于是即自造一种膜质(collodion),用以护伤部。此膜质由棉花、火药、酒精与以色(ether)混合而成。因酒精与以色挥散最速,此膜质经空气作用,不久即成一种膜皮。于护伤部时,偶与硝养格里斯林混合,不料制成一种胶质物品。此即吾人今日所用之一种爆烈药也。性极猛烈,非寻常炸药所能及。由九分轻养格里斯林与一分可溶解的棉花火药制成。②

(三) 煤焦之得见重于时,实开始于波金(Perkin)之取得摩污紫(mauve)。然摩污紫之所以得发明,亦实于无意中研究而得之也。吾人皆知化学史中有大人物名霍夫曼(Hofmann)者矣。波氏即其当日得意门生之一也。其教诲之恳挚,试验之简捷,波氏言之凿凿③,令人敬仰不已。波氏年十四,即从之学,三年以后,其学大进,霍氏因聘之作助教,其器重之也可知。一日霍氏属伊谋所以取得人造 quinone 之法,渠用一养化剂(oxidising-agent)与安尼林(aniline)化合,期能成事,顾未得如愿。霍氏劝其弃此另设法图之,波氏犹豫未决,渠观适才所得之化合品具有紫色,颇以为奇。于是加意研究,其后用铬酸钾($K_2Cr_2O_7$)为养化剂,与安尼林($C_6H_5NH_2$)相化合,得一种美丽紫色颜料,即今之所谓摩污紫也。此煤焦颜料实业发明之开始。波氏设厂制此颜料时,亦止十八岁而已。④

(四) 青靛向由耕耘而得之。然自 1897 年以来,则有化学室中之人造青靛出现,此近世化学史中,最可惊羡之事也。然中间不知经多少艰难困苦,始得有今日之成功。1870

---

① 见 *Modern Chemistry & its Wonders*, by G. Martin, 1915, p.64.
② 见 *Explosives*, by Arthur Marshall, 2nd edition, Vol. I, 1917, p.364.
③ 见 *The Transaction of the Chemical Society*, 1896, pp.596 - 600.
④ 见 *Chemical Research in its Bearing on National Welfare*, 1912, p.56.

年，有拜耳（Beyer）与爱末令（Emerling）者，考得从 Isatin 取得青靛精华（indigotin）法。1890 年，候曼（Heumann）又考得由 phenylglycol 取得青靛法。日后研究者众，其法乃愈夥，顾俱不能与天然青靛相抗衡，因所费过昂也。直至 1902 年，其法乃大进，于是大张旗鼓，一战以取威。印度、中国一带所产之青靛，遂俱扫地以尽矣。

考人造青靛之得终成商品，亦于无意间研究而得之。先是化学士之取得 phthalic acid 也，用气硫酸与 naphthalene 混合而共热之。顾其作用极迟，取之太难。一日某某方试验此法，冀有所改良，所用一温度计，于无意中在此硫酸与 naphthalene 混合器中打破，故水银得尽行逃出。彼方责自己之漫不经心，孰知水银既与此液体混合后，phthalic acid 之分析而出也，加倍容易。自此以后，取 phthalic acid 之最简便法，遂由斯而发明。phthalic acid 者，人造青靛之所由而出也。请将制造青靛之法，略述于下：

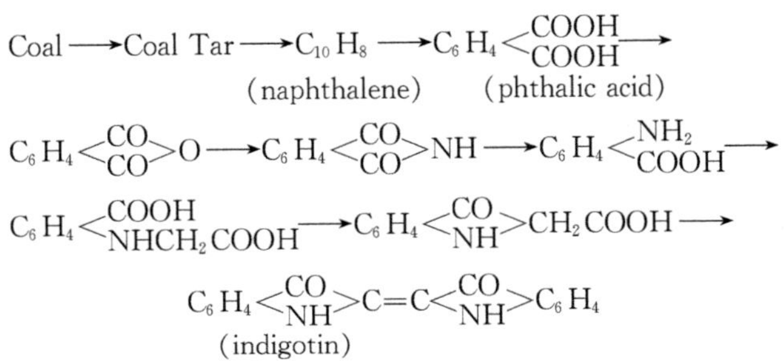


（五）气体交和律之得解说于世，则由观察微有损坏之试验器具而得之。先是有刁氏（Döbereiner）者，取轻气一瓶，覆置一水盆中。不幸此瓶有微痕，漏风，故轻气得渐渐逃出。照理如吾人藏轻气于一完好玻璃瓶内，覆置水面上，如使内里之水平面，与盆里之水平面等，则无论经多少小时，其间必无大变更。孰知刁氏所得之结果则反是，水之由盆中侵入此破瓶也，十二点钟之内，上升有 $1\frac{1}{2}$ 英寸之高，二十四小时后，则达 $2\frac{2}{3}$ 英寸之高。刁氏颇奇此试验之异常，顾不知所以解之者。其后有格雷罕（Graham）出，为解其理由，而著所谓气体交和律。

格氏曰，轻气为原质中最轻之物体，能由玻璃瓶伤痕间外逸。外间空气，亦得由斯而侵入，不过较轻气之外逃为迟耳。故经许多小时后，轻气之外逃也，既逐渐加多，空气之侵入，则不能如轻气外逃之多之远甚，内中气体之压力，因大加减小，故水得乘其乏，而上升于瓶中，由是气体交和律，因之以推出。①

① *The Romance of Modern Chemistry*, by J. C. Philip, 1910, p.338.

（六）氩(Argon)之义，出自希腊，作“懒惰”解，以其落落寡合，从不与他项原质相化合也。天地间之有氩，十八世纪末，即有人略示端倪者矣，特世人多不察耳。考恺文迭喜(Cavendish)分析空气所得之结果便知之。恺氏先用寻常空气与养气混合，然后通电于其间，使空气中之淡气，尽与养气化合而无余，其终有一二细胞，竟无法可使之养化而去。恺氏之意，以为纵有他项原质之存在，然至微小不堪言，故慢忽之，未之介意。孰知百十年后，有雷立(Rayleigh)者，重试前法，始知此一二细泡，即今之所谓氩气也。①

雷氏所以重试前法，则亦有故。渠考淡气之从空气中取得者，较淡气之从化学品中而得者略重，颇以为奇。于是悉心研究之，先用法向空气中取得一种纯粹的淡气，凡空气中所含有的养气、水蒸气、炭养二种种，皆先后设法排除之，勿使与此纯粹的淡气混杂。此淡气即盛满于一玻璃球中，权之得若干。后又用法向化学药品中取得纯粹的淡气，装于同一之玻璃球中，权之得 $35\frac{1}{2}$格林(grains)，较空气中所得之淡气轻$\frac{1}{7}$格林。雷氏颇疑从空气中所得之淡气，必另有他杂质与之混合，故百计谋所以离间之者。其后得化学家兰姆席(Ramsay)之助，将从空气中所得之淡气，迫令经过烧红之镁，使镁与淡气完全化合以去，所余即氩气也。氩之性质，与淡气类似之处甚多，不独不易区别之，亦极难以离间之也。惟可考者，氩气较淡气略重耳。然无雷氏一流人物之不惮烦劳，看区区$\frac{1}{7}$革兰之不同，不啻如常人看千斤万斤之上下，则氩气虽至今犹未得发见，亦未可知也。毫厘丝忽固可忽视哉。②

（七）里比希(Liebig)亦近世化学史中有名人物之一也。渠一日取得一种液体，其性质多与绿碘类似，然间有不同之处，甚以为奇，顾未暇加意研究之也，仅标题盛此液体之瓶为绿碘，略加注解，而高阁置之，以为此物可作绿碘看待也。孰知数载以后，有法人拔拉而(Balard)考得溴素之事发晓，里氏始悟向日所取得之一种绿碘，即拔氏今日所考得之溴素，因自叹向者之漫不经心，作一种杂志以自警：

> 友人某某，于某年某月，曾考得一种绿碘，以一时忽于所事，遂不知彼所得者非绿碘，实溴素也。自拔氏考得溴素之事发晓，某某能立刻将溴素与铁、炭、铂，种种化合作用赓续发刊。盖拔氏所考得之溴素，固依然在彼肘腋间，不过误题作绿碘耳。自此

---

① 见 *Historical Introduction to Chemistry*, by T. M. Lowry, 1915, p. 191; *General Inorganic Chemistry*, by A. Smith, 1907, p.435.

② 见 *Introduction to Modern Inorganic Chemistry*, by J. W. Mellor, 1915, p.99.

以后，某某非确有所根据，不敢妄为臆说。①

(八)“火质”之说，为德国哲学家倍歇(Becher，1635—82)与施塔尔(Stahl，1660—1734)二人所倡。先是哲学家柏拉图(Plato)曾著有一说，谓大凡燃烧一物体，即有一种物质由此物体飞逃而去，观其火光之凶猛，热度之增高，即可证明此物质飞逃，宛若有争先恐后急不及待之势。倍氏施氏名此物质曰“火质”(phlogiston)，谓物之能生锈，或能燃烧者，皆含有此质。方其外逃也，即燃烧现象成立之时。及其既去也，则此已经燃烧之物体，性质遂因之完全变更。或者谓铁生锈后，火质既已经逃去，则其重量宜减。然适得其反，何也？倍氏施氏固执成见，复为说以解之，谓火质之为物，不独无重量，且较无重量之物为轻也。故于此既逃以后，生锈之铁因以加重。当时之人，随声附和许为真实理由，而不复过问。直至 1774 年，法人拉瓦谢(Lavoisier)用天秤权锡一方，置一知重之空气内。其后锡生锈加重，空气则因锡之生锈而减轻。但锡生锈后所加之重，即空气于锡生锈后损失之数，则锡因吸收空气中之成分而增重之说无疑。由是“火质”之说始寝。然自雷氏(Jean Rey)于 1630 年倡说铁生锈加重之由于“吸收于空气”，至拉瓦谢燃烧原理(theory of combustion)通过后，中间百五十年，化学上未见其发达者，“火质”之说，恐不免有阻碍之咎也。②

(九)中古时期中，“智者石”(philosopher's stone)之惑人，亦一种随声附和之误。虽当日炼金术士之一举一动，在在皆有功于化学上之发达③，然智者石之存在，终是一种幻想，又安从而得之。考倡此说之始祖，为一亚喇伯人，名盖勃巴④(Geber)者，亦一学问深邃之人也。渠谓天地间金属品，都由硫磺与水银所构成，不过分量之多寡各不相同耳。金含水银最富，寻常金属含硫磺最多，水银则较少。使吾人能于寻常金属更变其硫磺与水银之分量，则铅铜之类，不难变作黄金也。有智者石，则此更变之举，不难矣。此当日之一种奇谈。天下学子，信仰是说，遂尽专心壹志而惟智者石之是求。直至十八世纪开始，有识之士始稍稍疑智者石之莫须有。此亦由于八百年中，炼金术士之徒劳无益，有以警戒之也。

十七世纪中有著名医士名范海尔孟(Van Helmont)者，言将水银用智者石变作黄金，渠曾躬自为之⑤。其后又有一皇家医士，名海尔微丢斯(Helvetius)者，著书立说，谓将铅变

---

① 见 *Historical Introduction to Chemistry*, by T. M. Lowry, 1915, p.242.

② 见 *Historical Introduction*, 1915, p. 26 - 32; *General Inorganic Chemistry*, by Alexander Smith, 1907, p.9.

③ 见 *Von Helmont's Works*, translated by J. C., 1664, pp.751 & 732.

④ 见 *The Encyclopedia Britannica*, 11th edition, Vol. Xi, p.45.此人生死日期疑无可考或云为八九世纪间人。

⑤ 见 *Von Helmont's Works*, translated by J. C., 1664, pp.751 & 732.

作黄金,亦实有其事。① 此种消息,自非吾人所能信从。例如置铁器于硫酸铜($CuSO_4$)溶液内,则铁器不久即可具有铜器之形状。此非设想,历史上实有其事。当日矿工某置铁器于泉水,未几而器现金色。彼辈解说,则谓铁化作铜无疑,距金已近一步。其实不过一部分铁与泉中之铜交换作用所致,并非完全变更面目与性质也。当日之公子皇孙,往往奢荡无度,故亟欲得变金术以救穷(与秦始皇之求炼金术同一目的)。见学子之苦形瘁神于斯者,不惮罄囊以相助,冀庶几门下术士有能铸金之一日,因可任意挥霍而无所忌惮也。十六世纪中,竟有利用此时机,佯言知变金术,藉以苟图功名富贵者。1565 年,突拉奴瓦(De Lannoy)愚弄英国皇后之故事,某书②言之凿凿,读之令人捧腹不置也。

当日又有迷信智者石之能使人长生不老者,能令已竭之金矿,日久复作旧观者。种种谎谈,更仆难尽。大人物如罗结·培根(Roger Bacon)亦复随声附和,倡言智者石之功用,能使百万铜,变作黄金而无所底止也③。巴剌赛尔色(Paracelsus, 1493—1541)者,瑞士人也,知智者石之终勿能得,于是立学堂,首先标榜宗旨,谓吾人治化学,非变金之谓,乃讲究医药之意也④。一时天下之人,望风景从,智者石之说,始稍稍湮没而不复闻。

按科学理论愈明,则发明愈有条理,愈有把握,而偶然发见之事比较的少数。此所以本篇所述之例,多属化学而少物理,以后者理论较备也。然发明虽出自偶然之机遇,亦必有柏利斯力、哪倍尔等眼光精深平素注意细事者方能发见,常人所不察。读者幸勿以时势之造英雄,而忘英雄之必先可造而时势乃得造之。故本篇并绝无轻视“无意发明家”之意也。(编者识)

[第 5 卷第 3 期(1920)第 229—239 页]

① 见 Alchemy, *Ancient & Modern*, by H. S. Redgrove, 1911, pp.83-89.
② 见 Alchemy, *The Shakespeare's England*, Vol. I by R. Steele, 1915, p.462.
③ 见 Roger Bacon, *The Mirror of Alchemy*, 1597, p.1.
④ 见 Alchemy, *Ancient and Modern*, 1911, p.60.

# 31. 托尔斯泰与科学

杨　铨

托尔斯泰(Lev N. Tolstoy),十九世纪之大改革家,而亦文学界思想界之巨子也。厌弃贵族生涯,从事平民呼吁,茹苦尝辛,以身作则,其言行无不以人类幸福为归宿。睹当世平民之颠沛流离,中上社会之骄奢淫逸,不劳而食,深慨宗教沦夷,近世文明流毒之甚,因抨击一切文化殆无完肤。矫枉过正,在西国为对症下药,改革家固当如是也。其著述风行全球,感人至深,吾国近年思想家亦渐被其影响。惟托氏语多有激而发,读者不察或不免断章取义之失,其攻击科学之言尤易滋误解。吾国科学方在幼稚时代,苟以大宗师如托氏者之言而抨击之,诚以石击卵,无复存长之望矣。作者窃为此惧,因取托氏责难科学之言加以答解,以为国人读托氏言论者之参考,或亦介绍托氏学说者所许也。①

托氏不满意今世科学之处随在流露,综括之,可归为四大要点:

(一) 科学不能解释生命之意旨。其言曰:

(A) "吾生之中是否有一意旨,虽此不可却免之死不能加以毁灭?……一切科学确定明了之度乃与其应用于生命问题之能力成反比例"。②

(B) "实验科学之问题,在求物质现象之因果。使其不以最终之主因入其研究,实足与吾人以正确之知识,且足表现人类心智之宏大"。③

(C) "欲以人类形下需要之研究,以释此主要唯一之生命问题,是为不可能"。④

(D) "此辈(指科学家)坚谓生命起源于物力与机力之作用"⑤。

托氏此点可分为两意:(一) 科学无解释生命之能力。(二) 科学家强以科学解释生命之荒谬。吾人于此点所当察者,第一为"生命"一名词之命意。托氏所指实为精神界之生命,此属于宗教与哲学之范围,科学当然不能过问也。科学所研究之事物以吾人官能知觉所能及为限,超乎官能知觉以外者,既非科学方法所能证验解释,则科学亦惟有自认不知而已。故披耳生(Pearson)曰:"科学对真正神学(此对自然神学如基督科学之类而言)与默

---

① 参观《新教育》二卷一期蒋梦麟博士作《托尔斯泰人生观》,及《民心周报》二卷五六期胡宣明、聂其杰两君同译之《托尔斯泰名言》。

② Leo Wiener 英译托氏全集(以下简称托集)第七册"My Confession",第 25 页。

③ 同上,第 30 页。

④ 同上,第七册 *On Life*,第 338 页。

⑤ 同上,第 332 页。

示皆无所置答，以科学之事业完全在别一平面也[①]……论科学涉及官能知觉以外事物之权利，实无争点可言，以科学固明白自陈无此种权利也”[②]。汤姆生(Thomson)亦曰：“科学与宗教不可以同器衡，其间亦无真冲突……宗教所求致实者，在超乎官能知觉以上之事物。”[③]强科学以答宗教之问题，诚如汤姆生所云，欲于同一时间操两国语言矣。托氏非不知此也，味其第一点B说之意，则其所攻击者非科学本身而为科学涉及题外之非。

科学果涉及题外以强解生命问题乎？此又不得不先定“生命”名词之命意。使生命而指有机体质之现象也，是为科学范围内之事物，不得以题外讥之。使其所指为精神界之生命也，则当然不属于科学，虽有科学家强为之说，不成科学，但能视为其个人所发表之哲学观念而已。托氏亦知所言厚诬科学，其自注曰：“真科学知其位置与题案者，谦而有力，从不作此论调。”[④]是其所攻击者非真科学明矣。

（二）科学不以人类幸福为目的。其言曰：

(A)“今之科学家自谓研究一切事物，无所偏颇。然事物之数无穷，欲尽研一切，无所偏颇，尤为不可能；故其言纯属理想。实则渠辈所研究者绝非一切事物，尤不能曰无所偏颇，惟择己所视为最重要与最当意者研究之耳。此辈属上流社会，故最重要莫过保守现状，使此种社会得长享其特权，其所最当意者，则为易举无用而又能餍其闲惰好奇性之事物……欲有以自解其选择事物之道，因复创为‘科学尽力科学’之理论”[⑤]。

(B)“吾人曾发明电报、电话、留声机等物矣，然于生命及平民之劳苦果何益乎？”[⑥]

(C)“苟社会之结构不良，如吾人今日之多数人受压制于少数者；一切征服天然之胜利，徒以增加此压制之力而已”[⑦]。

托氏此点亦可分为两意：（一）科学不能尽研一切事物，又不欲以人类幸福为其标准，故惟便利于己者是择，而以“为科学尽力科学”之理论自解。（二）科学虽有可供实用之发明，然受其惠者仅为少数人，故有害无益。

科学是否当以功利为鹄，是为哲学问题，非吾所欲论。惟就科学之真象言，则其研究材料既非随意选择，亦不能以眼前之利定其去舍。科学之职务在类分事实，明其关系与比

---

① Karl Pearson, *The Grammar of Science*, p.108.

② Karl Pearson, *The Grammar of Science*, p.110. 迷信鬼神之谈以物质现象为其左证者，仍为科学所当研究，以其不出官能知觉范围也。此节当别论之。

③ Thomson, J. A., *Introduction to Science*, p.193.

④ 托集第七册，*On Life*，第252页，作者小注。

⑤ 托集第十一册，*What is Art?* 第335页。

⑥ 托集第九册，*What Shall We Do Then?* 第262页。

⑦ 托集第十二册，*Preface to Carpenter's Modern Science*，第115页。

较的重轻。科学之功用则在能以简确之律例而驭无涯之经验。故事物虽浩如烟海,科学家则信其间必有条不紊,可供有意识之选择。不然,纷如乱丝之宇宙何从类分事实,更何关系重轻可言,不特科学之律例不能成立,即科学之本身亦不复存在矣。吾人既明科学之目的在求事物之统系,而以简明之律例表其变化,则其选择事实之程序当然由简入繁,由常及异。繁为简之合,明乎简,可得事物异同之点变化之律。常为当前之物,故应用最广,常物既尽纳于律例,再进而求非常之事物以推广此律例之范围,而此律例之真伪完缺亦于是见焉。① 是故生物学之研究细胞,化学之研究原子,一切科学之研究新奇问题,非好为玄妙无用之求,亦非以遂其闲逸好奇之性,盖本科学之宗旨而逐序进行也。然当科学家研攻之际,其心目中未必时时有此观念,而终不踰此轨辙者,则宇宙之纯智至美有以诱其衷也。请引朴完卡雷(H. Poincaré)之言以释吾说。朴氏曰:

> 科学家之研究自然,非以其有用也,彼乐之,故从事焉;彼乐之,以其为至美。苟自然而非至美者,则不值一知,此生亦复何趣。余为此言,非谓自然之能悦我耳目也,亦非谓其能致用于我也。是二者,我亦不谓恶,第非我所重耳。我所谓至美者,为自然界中事物纲理之和一,而此则惟纯智能察之。此为主体,其所为吾人所觉视而应用者为其霞光。苟此主体不存,则吾人习见之丽之美,皆将如梦魅而非永久。且纯智中之至美,为自存,为无待,为无上至珍。为科学,故科学家乐为捐生,虽人生之乐利犹为其次焉。②

朴氏此言实对托氏责科学忽略人类幸福而发,故终曰:

> 希腊人之能优胜野蛮民族,其后裔欧人之能优胜世界,正以野蛮人惟浓厉之色与粗嚣之鼓声,足以震荡其耳目者是好;而希腊人独能爱此潜隐于耳目之美中之纯智至美,此纯智至美乃大足坚厚吾人之智力。
>
> 诚然,吾所谓优胜者,托尔斯泰必且大惊;彼亦必不承认其有真用。然此因爱好至美不为权利之求真,实为至当,且能益人。吾固知所言不能无误,亦知思想家未必尽能得此和平之天机,且知世间不乏败德之科学家。然则吾人其将尽弃科学而研究道德乎?是何言?君以为道学家下讲台后,遂无瑕疵供人指谪乎?③

科学之本值因如是矣,然科学之功用固不囿于智育一隅,十九世纪之物质文明皆爱好此纯智至美所获之枝叶果实也。吾人已熟闻赞颂科学实利之言,无重述之必要。所不可忘者,应用为枝节,而根株则在理论。昔人培植理论,吾人乃食应用之赐;使今日束理论于

---

① 参观《科学通论》第 11—20 页,胡明复博士作《科学方法论一》。
② 见 Poincaré, *The Foundation of Science*, p.336.此用胡博士译文。
③ 同上,p.338.

高阁，不特科学无进步之望，后之人欲求新发明新应用亦不可得矣。

托氏又谓一切科学发明仅为少数人所利用，无益于平民之生活。是说也，虽近社会党人之论调，然自有其片面之理由，多数发明因经济之利益，谨宜于多量制造，故需大资本遂为资本家所垄断。又发明事业各国均有专利权，此专利权不特与少数人以控制发明之权，且常增高发明品之物价，使平民无力享受。然此由于政治社会与经济制度之不良，不能以责科学也。且发明之有益与否，当以社会所受之绝对利害为衡，不当以各级社会所受之比较的利害定之。使印刷机、火车、电灯、电报诸物不能增加今日平民之物质幸福，反增其痛苦，则发明诚有害无利。若曰少数人所享发明之利优于多数人，遂谓为发明之罪，此但可作改革社会之辨辞，非持平之论也。托氏亦自知其持论过偏，易为人误解，故于答否履景(P. V. Vorigin)书中曰："传播此真理(指合群)之意旨，其道至多，通商也，电报也，征服也，旅行也，书籍也，铁道也，及其他种种均是。其中除征服一途为吾所拒绝外，他如书籍及各种交通利器，吾不特无拒绝之理由，且欲不自弃其服务上帝之利器，势不得不用之"。①

(三) 科学与迷信相伯仲。其言曰：

(A) "科学与迷信，所异者不过其知识时代之先后。科学为程度较高之知识，故势所必至……提倡科学为不可能，犹时期未至，不能劝人添须也"。②

托氏此言始仅从人类知识之广狭着想。人类知识之进化诚如由孩提而至成人，吾人不能劝儿童添须，与不能在原人时时高谈十九世纪知识，其理一也。然科学与知识有别，科学之要素在其方法，科学知识不过用此方法所得之结论耳。故披耳生谓："一切科学之能和一，不在其材料而在其方法。"③何为科学之方法？即征集事变类分之，简析之，律之以假设，证之以实验，假设与实验符合，则律例成立。科学之知识可变，而方法不可变。自镭之发见出，科学之知识经一大改革，然发见镭之方法则不异于牛顿之时也。今试一察迷信之内容，则知两者之不可同日而语矣。迷信之定义不一，金斯来(Rev. C. Kinsley)谓为对于所不知之畏惧，巴雷脱(Sir W. F. Barrett)则谓："凡指定之原因与悬拟之影响无关，所发生不根事实之信仰，及因以信仰可以祸福而行之迷信举动，均为迷信。"④因愚而生之畏惧也，不根于事实之信仰也，其为愚昧之现象则一。使无科学之方法，虽益以新知识，不能变迷信为科学也。今试携非洲土人环游地球，其知识必大增，然不能使成科学家。迷信与科学所异不在知识之广狭，而在方法之有无，明矣。

(四) 科学既为职业，则不得谓为裨益人类。其言曰：

---

① 托集第十二册，*Letter to P. V. Vorigin*，第 327 页。
② 托集第十册，*Thought & Application*，第 145—146 页。
③ Karl Pearson, *The Grammar of Science*, p.12.
④ Barrett W. F. , *Psychical Research*, p.15.

(A) “从事科学亦一种职业，以自遣闲时而服务他人者，与制造面食、灯件诸物相等。吾不幸之青年乃以道德行为加之，此其所以谬也”。①

(B) 科学与美术固尝造福人类矣，然所以致此者，不因其徒从之不劳而食，而在彼中曾有上智者放弃权利以益人类”。②

(C) 加里雷倭之事业不可与田达尔(John Tyndall)之事业同日语，亦犹最初基督徒之生活不可与教皇之生活同日语也”。③

托氏之意以为凡人苟由其事业而得衣食，则其在此业所成就均不得谓为有功人类。使科学事业而如制造鞋帽之可以按出品多寡而定工食之高下，使科学家在社会之地位如教皇教士之以宣教为生，则托氏之言虽过激，尚得成立，然非今日之事实也。吾人试一览科学名人传与当世科学家所处之位置，则知科学家所恃以为生者，非科学而为教育工业诸职业。加里雷倭、牛顿诸人无论矣，即以托氏所指斥之田达尔而论，田氏毕生为大学教授，未曾因发扬科学排除迷信而得物质报酬也。他若达尔文、厄斯台特、安培耳、法勒第、恺尔文诸人之发见发明，为世界之公物，文化之基础，无与于个人之衣食，更彰彰在人耳目，无待言矣。不特此也，即使科学家而以科学为职业，苟其功业有益人类，远过其所食社会之报酬，仍有受社会崇拜之价值。譬之仆役职司洒扫，一旦盗侮主人，仆格退之，主必慰劳逾格，非以此仆所为远过与其工值相当之职务耶！科学家之在社会亦此仆耳。今乃谓其毕生精力所成之利世事业，因食社会之面包牛乳，遂无功可言，不亦过乎！林肯以政治为生涯，托氏亦尝著书自给，世之崇拜林肯功业、托氏思想者，未尝因此稍异也。

托氏抨击科学之言固不仅此篇所引，惟以其他非一意重见即无关宏旨，故不论。总之，托氏以人类幸福为生命之鹄，一切科学、美术、哲学、文学皆所以达此终鹄之途径，盖纯乎宗教改革家之言也。说者以卢梭以后一人称之，良不为过。然宗教改革家之言每因时地而异，卢梭之返自然，托氏之重人道，所处之社会不同也。十九世纪欧美物质文明之进化一日千里，社会道德常有奔驰不及之势。托氏欲挽狂澜不惜屈理求之，其迹可谅，其人格益不可及矣。吾国科学尚无其物，物质文明更梦所未及，居今而言科学之弊与物质文明之流毒，诚太早计矣。然欧美物质势力集中于资本家，社会结构因以不稳，此又吾国习应用科学者所当引为前车，勿使未来之托尔斯泰复哀吾国也。

[第5卷第5期(1920)第427—436页]

① 托集第十册，*Thoughts & Aphorisms*，第145页。
② 第九册，*What Shall We Do Then*? 第256页。
③ 第九册，*What Shall We Do Then*? 第253页。

# 32. 科学与实业之关系

任鸿隽

有人问:“我们中国人和欧洲人程度相差有几多呢?”我答:“至少有三百年。”这个话怎么讲呢?欧洲科学未发明以前,他们的学术思想社会情形,也同我们现在的中国差不多。有了科学过后,才有他们那些天文、地理、物理、化学的学问。有了这些学问,才有那机械、制造、轮船、火车、电灯、电话的新发明。所以讲到近世欧洲的文化,简直可以把这科学的出世,作为一个新纪元。这新纪元开辟以来,算到如今不过三百年罢了。如今先要讲科学究竟是个甚么事体。

我们要认识一个人,不但要知道他的姓名,并且要知道他的来历。兄弟今天要说科学是个甚么事体,自然也得把科学的来历讲一讲。诸位晓得欧洲中世纪的时候,宗教势力甚大。大学校中所研究的,不是希腊拉丁就是亚里士多德逻辑。古人所不曾说的,他们便不敢越出范围一步。所以当时思想界也是极其守旧,而且枯槁。到了十六世纪的后半期,有位英国哲学大家培根先生出世,著了许多书,极主张求学的人所当研究的不是古人遗留下的故纸,却是那天地间自然的现象。求学的方法,也不是徒然背诵古人的书能记得用得便了,是要自己去观察与试验求那切实可靠的事业。他创的这种为学的方法,现在我们叫做归纳法。归纳法的意思,就是凡事先从事实入手,由许多事实中再抽出一个公例。这个话看来容易,做起来却是极烦难的。比如今年某处养蚕,还未到成茧的时候,便通通病死了。要研究这病死的原故,平常人第一的想头是蚕神菩萨没有供得高。但是他把蚕神供过,他的蚕还是不好。有点智识的人,就要想到或是地方太潮湿了,天气太寒冷了,桑叶不适于养饲,蚕室不合于构造。但是他把各种都改良了,他们茧子还是生病,而且用他种茧子来饲养,便有十分收成。于是想到这是蚕种上有病。他把显微镜拿来一看,果然看出病点所在。于是他可断定有病的蚕种,是无论如何不能得好收成的。这种先研究事实,然后断定结果的办法,就是归纳法。

对于自然界或人为的现象,能用这种归纳的方法去研究出来他的结果,便是科学。譬如空中闪电是天然界最常见的现象吧,但是中国自来的圣贤哲人,没有一个懂得这闪电的真理的。摩擦生电的事,东西的古人都已知道,但是没有拿来解释空中的电。随后伏尔塔发明用金属与酸生电之法,弗兰克林用风筝引空中的电,才渐渐晓得空中的电和试验室中的电实在是一个物件。近来的电学发明过后,我们竟把电来点灯、行车、打扇、传话,几乎无所不为,那空中的电更失其神秘的特性了。但是电究竟是一个甚么东西?有人说他是气,他何尝是气?如其是气,何以能用金属传导呢?有人说他是力,他也未必是力。如其是力,何以能起化学分解呢?化学方法发生的电,和用机器发生的电,是一是二。人力造成的电,和天空中的电,又是一是二。这种问题,本来不易解决,但是现在却有几分眉目了。现在电子的学说发明,我们可以说电是一种有形质的物体,那电池中的电,和发电机中的电,与摩擦而生的电,只是一种电子在那里活动。空气中的电子,有时因为雨点关系,降下地面,上层的空气便成了阳性。上层的阳电和下层阴电相中和时,就是空气中的放电了。兄弟刚才讲这许多电的话,意思是要证明这闪电的一个最平常的事,经了中国几千年的学者未曾说明,及至科学发明以后,又经了百余年的研究,才略有眉目。可见这格物致知读书穷理的几个字,是不容讲的,而科学的能事,也可以略见一斑。

兄弟想人类智识的进化,要经三个阶段:第一是迷信时代,对于各种事物现象,以为有鬼神主使,只是听其自然,并不知其能然;第二是经验时代,对于各种事物现象略知其因果关系,但是知其然,而不知其所以然;第三是科学时代,于各种事物现象,不惟能明其因果关系,并且明其原理与主动之所在。在这三个阶段,可举一例以明之:譬如有一人患疟疾,在第一阶段的人,只是求神祷鬼,再也不去求医治。第二阶段的人,便用些小柴胡汤,或金鸡拉霜去医治。他们晓得这类药可以疟病,却不晓得是甚么道理;第三级的就是现在的科学家,用那实验的方法,证明疟疾是由蚊子传染的,他们便去设法剿灭蚊子,蚊子灭后,疟疾也自然没有了。

兄弟上面所讲的是科学与人类智识的关系,但是兄弟今天的题目,是科学与实业的关系。诸君或者要说兄弟讲的离题太远了。其实近世的实业,无有一件不是应用科学的智识来开发天地间自然的利益的。所以说科学是实业之母。要求实业,不可不先讲求科学。这科学与实业的关系,若一件一件的讲起来,便同做一部发达史一样,今天断乎做不到。兄弟且把重要的关系提出几件来,和大家讨论讨论。

第一是科学与实业发生之关系。近世实业和旧时实业不同之点,是近世实业多用机械,旧时实业多用人工。因为有机械,所以用力少而成功多。从前用手纺织,一人几十天方能成布一匹。近时用机器纺织,每人一天能成布十几匹。因为这种变动,欧洲自机器发明以后,竟起了一个工业的革命。工业革命的意思,就是说新工业出现以后,从前那种师徒相传一家仝作的工业,竟无立足之地了。这种机械的发明,自然也是由科学来的。与机械连类而及的就是蒸气机关和电力发动机的发明。大家晓得机械没有原动力是不能作工的。蒸气机关和电力发动机,是供给发动力最重要的器械。一部蒸气机关,可当百千万人的力量。吴稚晖先生常说大家只晓得中国有四万万人,不晓得英国有几百万部蒸气机。比较起作工的力量来,比中国人还多着呢。其三是化学上的发明。这化学上功用,在能化腐朽为神奇,化无用为有用。近来实业属于化学的居其大半。有个最显著的例证:纽约城中人家所弃的渣滓食物,有人集了一个公司收去取油,每年纽约市政府不但省了一笔垃圾费,还得三四百万的收入呢。

第二是科学与实业进步之关系。诸君晓得中国是文明最古的国,有许多东西,几千年前已经发明了。譬如罗盘针相传是黄帝发明的,西方诸国古代的航海家,还在中国来购买此物。但是中国的罗盘针,还是从前的旧样,现在西方海船上用的罗盘针,讲究精细之极了。又如火药,也是中国发明最早,但是现在所用的火器,不是购自外国,就是仿造他们的。要和现在欧洲打仗所用的比较起来,更是天渊之别了。请问中国的工业,何以无进步?是因没有发明。何以没有发明?因为是没有科学的研究。讲到发明这件事,兄弟还记得在美国的时候,有一天到纽约书馆的发明注册室,不觉惊叹不置。满室中所藏的,皆是美国专利特许。就美国一国而论,每年以新发明得专利权的,已不下数万。有许多的发明,实业焉得不进步呢?

第三是科学与实业推广之关系。一地的实业,彼此有互相的关系,本来可以逐渐扩充的。唯必先有科学,方有扩充的方法。譬如用硫铜矿作原料来造硫酸,得了硫养气体之外,剩下的养化铜,用科学的研究,竟可拿来炼铜。于是乎因制造硫酸兴出炼铜工业了。又例如制盐的时候,先用食盐和硫酸造成硫酸钠,一方面得的盐酸气体。这个气体放在空中,最为有害,但是能设法把这气体收集起来,就成了盐酸工业。据英国的历史,这造盐工业、造纸工业、造漂白粉工业,竟是连汇类而及的。不过科学未发明以前,有许多工业都是不可能。于是由他种工业而生的副产物,也不免于废弃于无用之地了。

照上面所讲的,科学与实业的关系,可以略见一斑了。但是科学家未必就是实业家,实业家也未必是科学家。要求科学与实业有关系,必须先求科学家与实业家有关系。这科学家与实业家的关系应该如何呢?据兄弟所知,外国讲求科学家与实业家的联络,有几种办法。第一,设如创办实业的就是发明科学的人,两者合而为一,这可不必论了。其次,外国的大公司,每每自己设有试验室,请了许多专门家在那里替他们研究改良实业的方法。例如美国普通电机公司、卫司特好斯电机公司、以石提满照象器具公司,皆有很大的试验室,请了许多极有名的科学家在那里研究。在常人看来,这种费用简直与实业无关,但兄弟曾亲听他公司的经理说,这请专门家来研究改良工业的办法,是一件最有利益的事体。其三,更进一步,有许多公司简直向那边的大学校交涉,每年出费若干,在大学校中特设一科，就请大学校的先生及学生替他研究他的工业问题。有时学生的费用，也由公司贴给。若是研究的结果，有了新发明，须归公司专利。照此看来，外国的科学家，不但同实业家很有联络，而且实业家也很信仰科学，颇有相依为命的意思。无怪乎他们实业的进步发达，日新月异了。

我们中国现在的实业和科学的程度都还未到那种特别研究的地位，但有一件兄弟要望各位教育家实业家注意的，现在在外国留学实业的，也渐渐多了。兄弟觉得国内的实业家，和在外留学的实业学生，尚欠一点联络。兄弟曾经在外国住了几年，把自己的经验略说一说。在美国大学毕业过后，再进毕业院，正是可以专门研究的时候了。但是在外国多住了几年，国内的情形便有些隔膜，不晓得要研究何种实业，回国方才能适用。由他方面看来，国内有许多企业家想办实业，却苦于无人为之计划。这两面间隔，若不联络起来，中国实业的振兴就不知要迟延多少时日。兄弟前几年就发一个议论，要在外国留学生中设立一个机关，把留学生各种专门人才调察出来，报告国内。一面国内要办实业而须相当人才的，也可以把想办的事体，及各种实业情形，报告国外，使留学的得据以为研究的资料。将来归国过后，就可本其所学举而措之，岂不胜于在外辛辛苦苦研究几年，回来仍是一个高等游民么？今天商学两界及科学社的朋友皆在此间，兄弟提出这个问题，请大家讨论，倘有可以尽力之处，科学社是不敢惮劳的。

单就实业一方面而言，兄弟觉得有几种普通心理，若不除去，也是实业的障碍。第一是求利太奢。常人的意见，以为办实业就如开金矿一样，一锄头就要挖一个金娃娃。其实实业上的事情，皆是刮毛龟背，积少成多的。比如从前欧洲的生银，常含有一千二百分至两千分之一的金子。这样少量的金子，用平常方法取出来，是不合算的了。但是用电气分解的法子，这千分之一，便足敷用费，还有几百分之一，可作利息。这提金的事，也居然成了一种工业。可见实业只要可以获利，并不在利厚。现在中国的利息太高，正是实业不发达的原故，不可狃以为常的。第二是求效太速。常人的意见，今天拿资本去经营实业，明天就要他见效。其实越是远大的事体，见效越迟。德人从前的人造颜料公司，费了四十万马克，请了许多化学家研究了二十年，才能造成。成功之后，就能垄断世界的市场，岂是区区计较朝夕之利所能做得到的吗？第三是不能持久。凡人创办一种事，鲜有不经挫折，立刻成功的。唯挫折之后，重张旗鼓，再接再厉，方能转败为成。若一有失败，便心灰意懒，不复前进，那就终于失败了。兄弟曾听说南通张季直先生，初办大生纱厂的时候，折了本没钱过年，跑在上海去作秦庭之哭，方才敢回南通。现在可成了中国的实业大家了。兄弟在科仑比亚的时候，有一位先生来讲演，手中拿了一个玻璃瓶，装了半瓶石炭酸。有人去看他的瓶子,他说莫摸,我这瓶药水花了两百万金元的。可见他们把这一二百万的失败,看得并不着重。

兄弟的话讲多了,现在请说几句总结的话。兄弟不信儒家的话说,甚么正其谊不谋其利,明其道不计其功。兄弟以为现今的社会上应该有个利字的位置,但是兄弟所说的利字,是从天然界争来,把无用的物质变成有用,无价值的东西变成有价值。不是把你囊中的钱抢来放我的囊中,算为生利。我们中国现在的大患,岂不是抬包袱打起发,把人家的钱拿来放在自己包中,便为发财么?其实弄来弄去,钱财既不加多,生产愈形消耗,社会焉得不贫苦呢?所以兄弟今日的希望,就是学界中人越是多讲点学问,实业界中的人,越是多办点实业,真正的兴点利益,使那一般抬包袱打起发的朋友,也通通来做这生利的事业,我们中国的事情就渐渐有希望了。

[第 5 卷第 6 期(1920)第 533—541 页]

# 33. 科学与研究

杨 铨

自吾人以《科学》问世以来，今已六年。六年之中，吾国思想界由静而动，由旧而新，其变迁不可谓不巨，现象不可谓不佳。今则登高而呼者亦渐多提倡科学之声，吾道不孤，真理终胜。继今以往，我鼓吹科学之言论将不胫而遍国中矣。虽然，科学非空谈可以兴也。吾既喜国人能重科学，又深惧夫提倡科学之流为清谈也，因进而言科学与研究。

科学果何物乎？我们所提倡科学之标准又将何若？科学之定义我闻之矣，泛言之，为一切有系统之知识。严格言之，惟应用科学方法之事物乃为科学。然此仅科学之名而非科学之实也。抵掌而谈，执笔而书，条理井然，逻辑周密，其言非不科学，进叩其思想所从出，则所根据者皆他人之陈言而已。此于科学之名则得之矣，循此道以求科学，造其极，举国沦为钞胥稗贩，其去科学之实且日以远也。吾为此言，非轻当世提倡科学之士。今之国内言科学者殆无一能出此范围。文字为事实之母，处今之世，思想界之榛莽未辟，遑言科学，不得已而诉之空谈，自然之趋势，亦必由之途径。然遂谓此而已足，从文字而求科学，吾知世无其人也。

科学者，以性质言，实验之学也，离研究则科学不立。宇宙之真藏无尽，故科学之进行亦无已。世有一成不变之宗教，而无一成不变之科学，科学盖以实验探讨为其生命者也。无培根(F. Bacon)、牛顿(Newton)、鄱伊尔(Boyle)诸人之研究，则无十七世纪之科学；无兑维(Davy)、赫歇尔(W. Herschel)、柏利斯力(Priestley)诸人之研究，则无十八世纪之科学；无达尔文、法勒第(Faraday)、恺尔文(Lord Kelvin)诸人之研究，则无十九世纪之科学；无雷立(Lord Rayleigh)、居利夫人(Madame Curie)、恩斯旦(Einstein)诸人之研究，则无二十世纪之科学。故一时代必有一时代之特殊研究，然后有一时代之特殊科学，不可以世袭得也。不特时代如此，国际亦然。今人每言科学为世界的，不知此仅就科学成绩之应用而言。一切知识皆为世界公物，随人应用，不仅科学为然也。就科学本身论，一国必有其特殊之研究，然后有特殊之科学。执途人而询之曰何者为科学国，必以英法德美诸国对，不曰世界各国也。英法德美之得为科学国，非由假借钞袭，实百余年以至数百年之独立研究有以致之。其特殊之国民性往往于科学成绩见之，盖好尚所趋有不期然而然者。英人富独立性，冥搜孤往，摆脱一切，遂为科学新纪元之产生地。十九世纪后叶科学之主要学说凡三：曰能量不变律，曰达尔文物种由来说，曰法勒第电磁学说。达尔文、法勒第皆英产也。能量不变律虽成于德人海姆次(Helmholtz),然乔尔(Joule)与恺尔文(二人皆英产)之研究实有力焉。德人富互助性,其研究多以少数科学名家之主张为中心,全国学者分工合作以期大成,故一学说一经德人研究则面面俱到,巨细无遗。十九世纪以来科学贡献以数量言,德人最多,未始非其团结精神之成效也。法之国民性介于英德之间,独立与互助兼重而皆不趋极端,故其科学之成绩亦均配得度,文质并美,为百世所宗。其人尚理想,深得严格科学之精神,说者谓十九世纪首叶巴黎为科学精神所居,非过誉也。美人于科学为后进,然其财力雄厚,富进取性,战后方急起直趋以谋抗衡英德诸国,前途未可限量。就过去之成绩言,其人偏于实用,故工业之发明独多。

吾所以不惮辞费纵论各国科学特色者,以见诸先进国之能以科学名世,纯出特殊之研究而非偶然也。今请更为简括之言曰,无研究则无科学,中国是也;研究之人不多则科学成绩亦较浅,瑞典、俄、比诸国是也;有特殊之研究遂成特殊之科学,英、法、德、美诸国是也。吾人果欲提倡科学乎,则当自提倡研究始,尤当自国内求研究之材料。人皆知中国矿藏丰富,而不知此四百万方英里之内,下及地心,上及星辰,无在而非科学研究之材料也。自美哈佛大学威尔逊教授采集吾国西部植物标本归国后,植物学界添一宝藏。今闻威氏已在美培植所采植物,制造标本出售。① 又美煤油大王洛基菲罗氏岁以巨金供研究中国疾病之费,其所捐建中国医科大学行且成立。夫植物与疾病吾以为至寻常者,人乃以科学研究材料之珍品视之,国人亦可以兴矣。

提倡科学既当以研究为终始,然研究非尽人可能也。必有专家、有书报、有仪器、有金钱与时间,然后可行。考西国之科学研究,大率寄托于下列五种研究机关:②

(一) 私人实验室。此为学者自设,大抵附于居屋,其经费完全由个人担任。能办此者,非科学名家,即财力充裕者。易言之,其人必于衣、食、住之外有余钱、余力、余时,然后有设立私人研究室之资格也。英之科学发明大都由此产生。

(二) 学校研究科。东西洋大学与专门学校多设之,所以便利教师与卒业高材生之高深研究也。其设备之多寡完缺,视学校之财力而定。此种研究科以德为最盛,英美法次之。盖德实业界往往以其难题托大学研究而自任经费,即有似与实业无关之研究亦常能得实业界之资助,此不能不服其眼光远大也。

(三) 会社设立之研究所。学社与实业联合会常有设立研究所以解决其范围内之问题

---

① 吾国教育团体今年已集资遣送专家至云、贵、川诸省重采威氏植物标本。虽后人一步,然于此学术消沉之日有此壮举,已属难能可贵矣。

② 任鸿隽君尝作《发明与研究》,于研究机关之组织言之甚详,载《科学通论》第 30—50 页,读者可参观。

者。英国皇家学社研究所、美国卡尼基与韦斯特研究所,均其例也。其经费或得之一业或得之个人,惟管理则由会社负其责,而聘专家任研究之役。

(四) 制造厂之研究部。欧美大公司往往于其厂内特设研究部,聘名家主持,以解决与本业有关之各问题。美之奇异电机公司(G. E. Co.)、德之 Badish Soda Fablik,其最著者也。

(五) 政府建立之局所。研究事业,其范围广,经费巨,非一人一团体所可举行者,政府往往设立专局任之。以公家之力谋全国之益,事既易举,所得成效尤易普施,法至善也。美之标准局(Bureau of Standards)、矿务局(Bureau of Mines)及最近设立之国家研究会(National Research Council),均为此类之显例。

上述五种研究机关,其组织与主动力虽异,要皆为振兴一国科学之利器。其所得结果,无论公私机关,均刊成报告,公诸世界,故蒙其利者不独一国一业一人也。今试返观吾国研究之现状何如乎。政府方党争未已,分内之政治不修,何论学术。伟大之工厂举国不过二三,又皆腐败因循,无革新之望。少许学社非名不符实,即经济不裕,力与心违。实业联合会为数不多,能重科学者,纱业而外无嗣响矣。学校则方视教师如小工,计时给值,锱铢必较,一若教师授课始为生利,课堂之外更无学问。其结果则教师授课之时间日多,自修之时间日少,大好光阴消磨于进退课堂之间。故有在国外以研究能力称者,归国从事教育,不年余已成教书机器矣。教师如此,学生可知,虽有研究种子,又将于何时何地容其滋长哉。私人研究更复无望,微论研究之设备非中产以下所能办,即以时间论,一人之精力几何,既为衣食住而从事违心之职业,安有余力更事研究。其能以产业自给而又有科学精神研究能力者,环顾国中,殆难其选,即在欧美亦惟非常之天才能之,不可以责常人也。一言蔽之,吾国今日各方现象绝无发展科学之余地,非有根本之改革,空言提倡终难收效。上述五种机关,政府工厂非旦夕可改良,私人亦困于环境不易实行。求其性质最近而又有改良之机会者,厥惟学校与会社。屈指国中此类机关亦不多,或困于人才,或困于经济,皆难独力研究,与其分而无成,何若合组研究所,以互助精神谋科学发达。综其利有三:

(一) 仪器书报完备。高深研究之仪器书报需费极昂,合则可省复置,以余金更求精备。

(二) 分工合作。科学问题往往不限于一科,常有一科之问题而涉及数科者。合则专门人材聚于一地,可收分工互助之效。

(三) 经费节省。机关愈多则管理费房屋费亦加增,合则此费可省。

或曰:吾国人最不能群。合组研究所于理则当,恐不易行。曰:不然。科学界惟知以学问为标准，能研究者则任研究，不能者或出资，或鼓吹，无所用其争也。争则根本上已失科学精神，合固无成，分亦岂能有为哉。国人果有意科学乎，则研究不容缓。无研究，无科学，无科学则无以立国于今之世。有志者当不河汉吾言也。

［第5卷第7期（1920）第651—656页］

# 34. 中国科学之前途

何　鲁

一国科学之发达,恒视其国人提倡研究之力否而决,时机材料其次也。然时机未至,提倡者每罄墨嘶声而不能使读者听者有所彻悟。材料不丰,研究者或无所致力,或虽致力而无以为继,皆弊也。如有时可乘,有材可取,而听其失弃,斯又惑之甚者也。吾国人迩年深知欧美各国之富强由于科学,故腾为口说者,著于书报者,无不极力推崇科学。疑窦阻力,一扫而空,斯真发展科学之好时机也。不宁惟是,吾国地大物博,动植物及地质足资研究者不可悉举。又以气候、习惯、嗜好之特殊,疾病疫厉,亦有异者,欧洲医生皆见之为绝好研究材料。吾国医生尤宜注意,为无足疑。其他特有物产所生之特有制造,能供求改良者,皆极繁夥。科学材料丰富如此,虽欧美视之有逊色矣。吾人对于科学前途抱无穷希望者,职是故也。欲使吾人所抱希望,不成梦幻泡影,则力事提倡研究为不可缓。

提倡之道为何?一为言论之导喻。本社于此,恭为先驱,凡所立论,多在明科学真义及其本旨,并及方法应用,而未尝矜奥眩奇。诚以科学为学问中之最有系统者,苟研之弗懈,人人皆可升堂造室,其便利人类处,于理无背,于义应尔,亦皆可寻常视之故也。反是立说,或易轰动一时,而拟入事实难继,转使群意失望,科学本体因而受损,殊不值也。近以社会倾向故,人莫不喜高谈科学。语云,“临渊羡鱼,不如退而结网”,可以思也。一为实力之辅助。科学之发达,必先有事业之兴举。事业之兴举,必待经济之扶持。欲图我国科学之发达,最急者,莫如立科学图书馆及研究所,然均非仓促可成。以事既重大,又属草创,既费经营,复须得各方面之实力赞助也。在今日群咸知科学为药贫弱之良方,必不乏人首捐巨赀以为倡也。吾国前后所遣留学生,无虑数万,其间不少富学之士。而归国后在学问及本分事业上罕有所建树,国内科学界亦因之永无起色。其实非尽学者之过,乃国内无相当地位,及研究所以容纳此种人才,又无图书馆以供其参考也。如是亦何怪吾国未能收维新之效乎?有力之士,宜知所谋矣。

研究纯为科学家事:必有图书馆及研究所后,而后能着手。研究者,必深通基本科学,深明科学方法,及深悉该科学现状,乃可望有得。不通基本科学者,不可以语精深;不明方法者,不能成律;不悉现状者,不能有重要之发明。譬如 n 物之互换式为 n!,必知归纳法者而后能得之。不知者,仅能有结果:n 物互换数,等于 n 倍(n−1)物之互换数而已。居利夫妇(Met M[me] Curie)镭之发明,因研究铀而得。拉姆塞(Sir Ramsay)因原质周期表有所缺，思寻出以补之，其时全宇宙皆可供彼操索，氏遍验辐射性矿质所放气体而无获，后以强冷凝法得于空气中，即罕见气体如氪是也。氏自嘲曰："吾初以为彼等深藏潜伏，不意即在终日围绕吾身之大气中，真所谓戴着眼镜找眼镜也。"其他因研究现状致发明类是者尚多，不能尽举也。吾人如欲国人不必远游欧美，而能继起研究，则应于研究之余，从事于编纂各种基本科学全书、各科现状集，及各科专门杂志。吾国图书馆不发达，出版科学书籍亦甚少，学者参无资。如得全书读之，胜读外国文书十余种者，时间经济，两有所益，此亟宜实行者也。各科现状集，由专家分任纂辑，择最近研究问题，折衷众说，寻其统系，使读者手此一卷，已知问题之大要，足以引起其研究兴趣。专门杂志，供研究之披露，予以交换智识，及与世界学者通声气，庶不自绝于科学之世，而能发生特立之科学也。要言之，舍研究不能有科学，舍图书馆研究所等不能有研究，舍社会之辅助不能有图书馆及研究所。吾将于图书馆研究所之成立观社会之进步，是在热心提倡科学之诸君子。

[第 5 卷第 8 期(1920)第 759—761 页]

# 35. 战后之科学研究

杨　铨

欧洲大战之第二年，本月刊曾出“战争号”①，专论科学在战争上之重要，以见此次之战争为科学的，最后之胜负不在兵卒之多寡强弱，而在两方应用科学能力之迟速大小，欲国人憬然于图存今世，绝无不修学术而可达富强之鹄者也。今大战告终且经年矣，科学在战争之成绩国人已习闻之，然科学之功用不与战争相终始也。记者尝曰：谓今日之战争为科学的则可，谓今日之科学为战争的则不可。② 今者大战已过，弱者元气凋伤，国贫人少，谋休养生息之不遑。强者财足力厚用不胜用，则谋出奇制胜经营域外，以执世界工商之牛耳。目的虽殊，其致之之道皆不出提倡科学研究之一途，而科学于和平之功用至是乃益彰。

吾国之参战既徒有此名，则于战时科学之影响自无所感。假酷爱和平之名，不为根本之军事预备，犹可说也。至人方竭全国之聪明才智尽力科学研究，为不流血之工商战争，以学术为利器，文化为藩篱，而吾乃熟视无睹，以阋墙自豪，苟且求幸，不学不劳而欲坐享二十世纪之文明，斯诚自弃之民，不可为说矣。吾为此惧，因述各国战后提倡科学研究之计划，以供国人借镜。世有以国是为念者，盍亦知所返乎。

曩余论科学与研究，尝分研究机关为政府、实业、会社、学校与私人五种。战前凡与战之国五种机关皆备，战后以五种机关亦各谋扩张其范围。惟兹篇所言仅及政府之提倡计划，以其为全国公意所寄也。与战之国以英、美、德、法、意、日六国为最重要。德之改造计划，外间知者甚少。法则谋教育与实业之扩张，于科学研究，尚无具体之规划，惟法国学院新增应用科学会员六人，为数百年所无，可以知其趋向矣。今仅就余四国言之。

美之科学研究计划，以全国研究公会(National Research Council)为其执行机关。此会成于1916年，由国家科学社组织，以全国各科学工艺会社之代表为会员。其目的凡四：

(一) 联络全国研究机关解决关于战争之问题。

(二) 提倡科学研究。

(三) 应用科学知识。

---

① 见《科学》第一卷第四期。

② 同上，第353页《科学与战争》。

（四）传播科学知识。

至1918年五月，由美总统命令改组为永久机关。其目的大致与前相同，惟范围推广，由联络一国者，进而联络世界之研究事业，尤于战争及实业问题特别注意。其组织分为两大部，（一）普通部，（二）专门部。

凡联络事业之属于普通性质者，均归普通部。此部内容又分六系：

（1）政府系。以政府管辖之科学局所组织之，专谋政府设施与科学事业之协助。

（2）国际联络系。以各省局所、国家科学社、美国促进科学会、美国哲学会各代表组织之，专理属于国际性质之研究问题。

（3）各省联络系。其职务在联络一省内各种研究机关，以谋科学知识之发达与应用。

（4）教育联络系。以各大学各会社与美国教育部代表组织之，专谋发达新研究人材，俾研究事业得继长增高，不致中断。

（5）实业联络系。以政府局所、海军顾问会、工业研究所与化学师、工程师，及商人各代表组织之。其目的有二：（一）使实业界了解解决实业问题应用各种科学之必要，（二）使实业界维持实行各种基本科学之研究，以加增今日之科学知识。

（6）研究通信系。专供关于研究仪器、方法、问题与结果之消息。

专门部职务在实行上述四大目的，其内容共分七系：（1）物理学系，（2）工程学系，（3）化学与化学工业系，（4）地质与地理学系，（5）医学系，（6）生物农林学系，（7）人种与心理学系。

以上两部仅为办事机关，使无研究人才则事仍不举，故又设国家研究员额若干名，收罗新卒业有为之博士，使能继续研究。洛基菲罗基金委员会捐补助五十万金元，专供六年内化学物理研究员之经费。此会虽为政府机关，而经费则自各方筹集，不欲以研究事业受政治潮流之影响也。

英于1915年七月由枢密院（Privy Council）任命处理科学用款委员，专理经议会议决一切推广科学研究之款。1916年此委员会改组为永久政府机关，定名为科学工艺研究局，对内阁总理直接负责。此局支配之款为数在五百万金元以上。其现定计划约分三大项：

（一）组织协助研究会，使需用同类原料之团体设公共研究机关。

（二）鼓励研究人才。

（三）组织国家研究机关解决关于全国利害之问题。

现在正式成立之实业研究会凡八，已呈报而尚未立案者为数亦八，其在组织中者尚多，英属地之研究机关不计也。

意大利1916年曾于军械部中设立发明研究局，今仍继续其以前计划，而全国研究公会之组织亦方积极进行。内容分科学为七系，与美之专门部相似。

日本近亦设立国家实验室，从事科学与工艺之研究，已由国会议决以二百五十万金元供此所十年之用。

综上所言，美、英之计划最大，经费亦最充裕，而意、日次之，然无不量其国力而为充分之预备也。中国贫弱，自不敢望列强项背，然能岁掷二万万金元供养乌合之军队，独不能以少许金钱谋科学研究之发展耶！西谚有云"知识即势力"，观于此次大战结果而益信。有学术者虽败而人不敢侮，比利时与德是也。无学术者虽委屈求全仍无往而不辱，中国是也。美人某君曾曰："中国地大物博，天府也，列国无不垂涎。苟中国不自谋发展，必将为第二次世界大战之祸胎。"谅哉言乎。发展之道唯何？曰自提倡科学工艺研究始。大同之世去人岂远，惟不学之国望之终如三神山耳。

[第5卷第9期(1920)第857—861页]

# 36. 科学与知行[1]

黄昌穀

诸位来听科学演说，已经有了三天，大概都知道本社已办的事件，有《科学》月刊；现在所办的事件，有图书馆与科学讲演；将来拟办的事件，有研究所与博物馆。自然明白本社目的，是在介绍泰西的科学于我们中国。但是在本社没有成立以前，中国停科举、办学堂，讲算学、物理、化学诸科的时间，已约近十五六年。本社已经成立以后，发行月刊介绍科学大意与各科方法的时间，至今亦有五六年。由是总算前后，中国研究科学的时间，已约有二十余年，何以泰西所享的科学幸福，如国民的好学力行，社会的陈设完备，物质的发明，日新月异。中国不但未曾享受这种幸福，并且虚费无数有用的金钱，空掷多少有用的光阴，养些败坏国民、扰乱社会，不能得物质生利，徒受物质分利的祸害呢？岂是科学利泰西，不利于我们中华吗？以某的眼界将中外情形过细比较，科学本体，原来是好的，不过我们中国初次所讲的科学，是科学上枝叶末节的皮毛，不是科学上根本的精神。所以今天特把这科学的精神提出来对诸位谈一谈。

我们要谈科学的精神，请先把科学的来历和意义，略为谈谈。欧洲的文明，在十三世纪以前，比中国还要守旧，人民所研究的学问，不是宗教的圣经，就是古人的陈籍。当时思想，不敢越古人所已说的雷池一步。及到络纣・培根(Roger Bacon)出世以后，极力反对此项求学的法则，主张除古人已有的学说以外，凡属现在一草一木一禽一兽，是应该研究的。但当时从者极少，故这一种求学的方法，尚没有实行。迟到十五与十六世纪之交，弗兰西斯・培根(Francis Bacon)继出以后，更因络纣・培根的学说大行扩充之，于是著了许多书，极力主张学者所当研究的，不是古人遗留下的陈籍，却是天地间自然的现象；研究的方法，不是专读古人的书，能记能用，便算完事，却是要自己去观察与试验，求那真确的事实。由是欧洲学者附和的日多，及加里雷倭(Galilei)、牛顿(Newton)、达尔文(Darwin)诸人降世以后，科学的系统，遂完全成立。而伍尔夫(Wolf)更扩大其意义，大声疾呼说："凡有系统而探其原理的教训，吾都叫做科学的。"所以到了二十世纪，科学的范围，不但是专说自然现象的学问，就是把一切哲理与政治诸学问，都包括在内。大家更认定科学的精神，有两项特性：

---

① 民国九年八月二日，在南京科学社演讲稿。

1. 须根据事实，以求真理，不取虚设玄想以为论据，不放言高论，以为美谈。

2. 认定求知求用的宗旨，力行无倦。

科学的来历与意义，大概不外乎如上文所说。至于本题中知行二字，其来历与意义，又若何呢？此二字为我们中国人每日所常用，不必详说，但是可简单举其来源，是傅说告武丁“知之匪艰，行之维艰”二语得来。以后中国遂相沿有知易行难的一说，知行歧为两途，养成了学者言行不必尽是一致的习气。到王阳明出世以后，想改正这种习气，遂说“即知即行：知而不行，是为不知”，成立一个“知行合一”的学说。民国以来，国人有说孙中山的理想不能实行，孙氏痛恨此说，更倡“行易知难”的学说。

由是中国讲究知行，便附有难易二字。如科学已经发达的泰西各国，从来不注意于知行难易的问题，只患知而未全，行无可行，若是知了，便即勇往直前，力行不倦。此种精神，恰与王阳明所主张“知行合一”的学说相合。因为有了此种精神，所以国民勤于求学，勇于任事，力求进取，不尚虚言。其结果非但学问和事业日渐发达，而道德人生方面亦间接受其影响。中国“知行”的问题，本来是一个道德的问题。中国对于道德一层，向来极看重，崇拜圣贤的思想比他国人发达得多，非圣贤之书不读。然而数千年来何以道德无进，反而日退一日？近来学者更是无行了：重名利，言不有信，行不顾言，比诸欧美远不如了。这又何故呢？可见改良道德，决不是单讲道德可以成功的。人的生活是一个复杂的生活，其种种方面多有关联，断不是可以单纯从一个方面着想的。兄弟以为就是这个知行问题，论其所以在泰西与在中国不同之原因，还须在有科学与无科学上着想。我们细究上说科学的两种特性，可说完全代表“知行合一”的精神；再进一层说，此种“知行合一”的精神，在泰西可说是科学的产物。因为泰西未有科学以前，社会情形与中国是相仿佛，假使不是科学，断不能有今日的。因为要讲知行合一，须求如何可以行，故须先致知。要求致知，故须格物。格物故须观察，须实验。观察实验犹不足，故又佐以理论，理论不全则复辅以实验。理论既立，则物理自明，即可进求应用，实行理想了。所以科学非特具求知求行的精神，且具致知与致行的能力：惟其有此能力，故其精神能常保存光大。此种精神，更镕化于教育中，渐渐推行及于社会生活上，即成了一种“知行一致”的美习惯。这样讲来，科学的功大矣。物质上的文明，学问和事业的发达更不必论了。所以本社极力提倡科学，正是中国救贫救病唯一的根本方法。

讲究中国的学术史来，中国亦未尝不有科学上的发明和著述，亦未尝不有科学的致知致行的精神和方法。阳明的学说，也已经有了几百年了。却是何以今日中国的学问和事业仍旧这样不发达？这就是因为科学的致知致行的方法尚未得门径，所以求知求行之精神遂无从发育，无从光大。至于教育的方法，则更未研究，于致知致行的方法和精神上均不加注意，所以无致知致行的习惯。这两层就是我们中国根本的大弱点，兄弟要详细申说的。

第一，没有致知致行的方法。中国自与泰西没有交通以前，数千年讲学的方法，与欧洲十四五世纪以前，大略相似，就是除求古人遗留下的言行以外，自己毫不敢有所建白，所以致知的方法，专是死记古人的书籍罢了。且更有一种普通弊病，便是从蒙学起，都有“好读书，不求甚解”的恶习惯。就是推之孔子求学的方法，致知须本之格物，然物究竟要如何始可以格，他复没有说出。他若神农习草木，黄帝创草术医药，后稷明稼穑，禹知水道，墨翟、公输之懂物理机巧，邓析、公孙龙之析异同，子思天圆地方之疑，庄子水中有火之说，不是偏而不全，没有系统，就是语而不详，没有证据。因之中国的学者，或者是埋没一生，始终不知，或者是自作聪明，所谓“一知半解”。致知的方法没有，自然更不能致行了。至于科学的致知方法，从弗兰西斯·培根主张研究自然界的现象须行观察与试验二法推求真理以后，遂演成现在所谓“归纳法”。至与这法则相对待的，更有所谓“演绎法”。应用前种的法则，便能够发明古人所未梦有的新知，应用后一种的法则，更能推扩古人不完全的旧知。且因为当研究的时候，先行之以观察现象，于是乎得真确的事实，继行之以试验事物，于是乎得合理的证据。更因观察与试验的时候，须有条理与统系，故其结果为有比较的选择。事实真确，证据合理，结果复有选择，所以用这种方法所致的知，才算得是“真知”。推而言之，科学家本自己的“真知”，来判别天地间的事理。其所谓是的，不是似是而非的是，乃是真是；其所谓非的，不是一时感情好恶的非，乃是真非。因为泰西人人具有科学根底，故真知灼见，事理分明。更加以勇进力行的精神，所以他们的学问和事业，日见发达而光明。中国人人向来少有科学根底，故事理难明，是非鲜有一定的标准，复怯于进取，所以我们的学问和事业，日见退步而黑暗。所以我主张补救中国的学问和事业，须先求致知致行的方法，致行致知的方法在应用泰西观察和试验的科学。

第二，没有致行的习惯。依上文所说的，中国学者，固然有一生都不知的，但是也有“一知半解”的。如果把所得“一知半解”的思想，若孔孟所说“不患寡，而患不均”两句话，实地做去，就是现在的“社会主义”也不过如此。“四海之内，皆兄弟也”两句话实地做到，就是美国现在所讲的“人道主义”，恐怕没有这样好。其他如“行者让路，耕者让畔”，“道不拾遗，夜不闭户”，与夫“天视自我民视，天听自我民听”诸说，实地做到，纵然泰东物质上的文明赶不上泰西，但精神上的文明当然可以与泰西比一比赛。为甚么自东西交通以来，讲到学问和事业，无论是精神上的，或物质上的，只有中国人学西洋人，没有西洋人学中国人呢？推求原因，就是我们中国人自幼至老，毫没有养成实行的习惯。俗话说“习惯成自然”。根据这个道理，来推论中国人的习惯。如从蒙学起，只知道想法则要儿童把古人的遗言如何在脑中能记忆，口内如何能背诵，笔下如何能表述。至于古人的遗言，究竟是好的，或是不好的，全不想法则要儿童来如何能实地领悟证明。就算是好的，又不想法则，要他们如何能实地模仿做到。因为受这种求学的习惯，故中国人虽是口内能诵，笔下能写，他们还是“一知半解”的，不能实行。所说的话，是否合理，是否可行，毫不问及。因之古人的嘉言自嘉言，懿行自懿行。至于今人的言行与自己的言行，尽可不符。日人德富苏游历中国，回国后，即下一断案，说“观支那之文化，其理想与实行，当分作两途看”。把我们中国“言行不一致”的弊病，真是看得极清极楚。

至于泰西的科学教育，在小学校的时候，就把天然现象的标本，给与儿童细看，令他们知道要如何观察事实，复每日教以实物的游戏，以养成他们好动作的性情。在中学校的时候，所教的除观察事实并审求其美恶以外，同时复教以与事实相合的职业手工，以养成他们好模仿与实行的美德。及到了大学校，更教以有条理和统系的理论，同时复教以试验，令他们自己求知求行，以养成其爱实行的习惯。所以西洋人到了问世以后，就把社会上的作事，同学校内的游戏当作一样看待。且知道于作一事之先，须推求所想作的事是否可作。既作事以后，复知研究其作法。到了研究有得，始放大规模，为所欲为。由这一样说起来，西洋人在受教育的时候，便有好行动的习惯。在做事业的时候，复知道先注重学理以统筹全局，继注重试验，以证明其可行与否。所以他们所致的知，焉有不能实行的理，所有的实行，又焉有失败的理。推究这项教育的良因美果，莫非是近二百余年来，根据科学精神，反复研究而得。故我的意思，以为把中国数千年已有的知，一一施之于实行，更想推出未有的知，达之于实行，来与各国的学业相竞争，非主张科学方法教育国民，在小学的时候注重游戏，中学的时候注重手工，大学的时候注重研究以养成国民能知能行的习惯不可。

就上文说来，诸位固了然于中国早得求学的原理，未得求学的方法。想补救这个弊病，独一无二的法门，自然非利用泰西的科学不可。正是如孔子所说的，“工欲善其事，必先利其器”。然而科学最发达的国家如德意志，何以不能久享其文明，致一败涂地呢？又有据科学原理改造的国家如日本，何以全国学者若有贺长雄等，不归功于泰西的科学，而归功于中国的“知行合一”呢？我想这两个疑问，也是诸位应有的。第一个疑问，牵涉于科学应用的范围。科学最大之功用固在应用，但是应用太重，其流弊遂至于专尚功利，不顾及道谊。因为这个原故，德意志的科学，固然是发达到了极顶，但是注重功利太过，其弊到了“质胜文则野”的境界，故在本国所收的功利虽大，同时所受外界疑忌亦多。所以一旦国际外交失调，遂干戈相见，四面楚歌，致一败而难于收拾，此并非科学的过失。至于日本的维新，则受阳明学说的影响极多。其对于科学研究的特别注重，亦阳明学说当然之结果。故受科学之赐，亦未尝不可归功于阳明学说。现在我们中国，正宜效法日本，从事研究科学，力求致知致行，急起直追。这个重大的责任，全在我们青年。愿诸君与仝人共勉之。

[第 5 卷第 10 期(1920)第 959—967 页]

# 37. “年会论文专号”发刊词

中国科学社之有年会，自民国五年始。每年皆有会，每会皆有论文。曩者以篇幅较少，或与纪事并载而成年会号，如《科学》三卷一期；或散见于《科学》月刊，如四五卷诸期。今年(民国九年)年会论文独多，因有专号之刊。考世界学社莫不以论文为重。英皇家学社于成立之第四年(西历 1664 年)即出论文专刊，当时科学如日初升，而刊行论文之重要已见。今则先进诸国，凡学会几无不岁刊论文一巨册以至十数册，学者视为鸿宝，科学藉以日新，其功可谓伟矣。然非可倖致也，论文为研究之报告，研究非图书仪器不为功，空言不足尚也。兹篇所载，非有新知创论以饷国人，聊举同人研究所得，以与吾国学者相切磋而已。年来国人皆知提倡科学之不容缓，然惟研究乃真提倡，亦惟研究然后知吾国科学之不足。兹篇之刊，窃取斯意，或因是而得促进吾国科学研究于万一，则斯刊为不虚矣。

九年十一月三十日　杨铨

[第 6 卷第 1 期(1921)第 1 页]

# 王琎时期（1921—1934）

# 1. 科学教授底原理

特惠士著[1]　董时译

## 第一章科学底意义

**十九世纪科学**　十九世纪常被叫做科学底世纪，这是对的，因为在这个时期里，科学的知识和种种的发明技艺，比到先前，定成是格外的迅速，分播是加几倍的速度。而且这科学的方法，也是在十九世纪里，才应用到各种知识底范围。倍根·佛兰司（Francis Bacon）所律定的"探索物质物力以利人类"底那个主义，便开始在文明各国人群间的哲学和行为上，占得了卓越的努力。

同时内汽力、电力所致的机械发达，和在制造运输上一种分工分业的倾向，使科学的发达，不但在思想界，而且在各种经济社会的状况上，也起了大有势力的变化。其中有许多变化，包括众多人民麇集在一极局促地方的一种现象仍然莫明其理，他们都是二十世纪所必须解决的最大问题。

**二十世纪问题**　例如：如何在农业上发明，应用那好一点而更有实效底方法，如何改良各种机械，如何策进各种运输，和分配燃料、食物、原料、熟货底方法，如何使旅客更为安便，增进那海陆电话电报的消息传递。又发生光、热、力方法，也常要求改进，而且都是直接和节省自然物力底问题有关系的。

那人类生活节省底主义，引出了许多个人和公共卫生的问题，如关于卫生的、摄养的和自来水的，关于清洁食物和药料的和关于庶民麇集在城市之利害的。同是这个主义，又要求能决那些问题，如每年在铁路、海道、制造开矿上，因为"无妄之灾""偶尔不幸"，杀戮残废了数千万的人命。在那些或者已经晓得，或者由科学一考究他的性质和原由之后，可以防止的疾病上，又送死或伤害了无数的生灵。

那实效主义引出了关于工厂制造和商业售货上科学的组织指导问题。这个主义又指出了改良工商人生活状况的方法，做替他们谋幸福的金针。

那机会均等主义引出了许多问题，如关于商业组合和经济底管治的，资本和劳工之关系的，过高之生活物价的，对于残废幼弱和犯罪者之正常对待方法的，和这种人民若不限

---

[1] George Ranson Twiss, *A Text-book in the Principles of Science Teaching*, 1917.

止反助他们遗传那些残废劣种下来,将要大为社会之恶孽的。

最后,因种种改变的状况,我们自又遇到了哲学和教育的、物理的、知力的、道德的、宗教的各种新问题。要是他们没有成立的价值则已,否则便从此事多,后世将更起而解决一切。

**科学对于文化底关系** 发生那些问题的变化既大概是无数科学发明底结果,科学本身的发达大都也因为求解决这些问题的方法而起的,实在这些问题舍科学是不能解决的。请读下面所举的例,便能够明白这句话了。

科学和创制。如钟、风雨表、电流池、蓄电池、发电机、发动机、有线和无线的电报和电话、电光——各种都是为近代纯粹科学和实业上不可缺少的。飞机和飞船也是如此。这种东西,先都是为纯粹科学家发明的,他们又都靠科学家、真学家和实习的技工底群力,才达于完全的地步。

在测量家和土木工程师所用最要紧的器具里面,他们的实际应用都是直接靠着望远镜的。那显微镜也是在工业化学家、医学家底实验室里,和生理学家、动物学家、植物学家、微菌学家底考验室里不可缺的。这些器具,是同为纯粹科学和应用科学必要的工具,先实为磨眼镜的人所创制的。这不过是技工试验的结果,他们或许从实际工业上的兴趣引起了一种纯粹知力上的兴趣,才动了那推究发明的念头。大概那些器具底原理,先是研究纯粹科学所获得的,以后一般的科学家、真学家和技工再共同求进,一直到现在完全地步。

汽机和瓦德(James Watt)。瓦德哲姆士在1760年,虽然职业是一个创造仪器的机匠,他的心却是一个科学家。他正在设法改良那呆笨而且多消耗的气压汽机(atmospheric steam engine)。这个机器在半世纪之前,因为有的在那解决从科学兴趣发生的问题,别的觉得这样一种机器在那个文化时期里是切要的,用了他们几个人的劳工,是被发明了去代替用马力提取在煤矿里的水的那种高价方法。瓦德先头是在革拉司古(Glasgow)大学底物理实验室修理一个牛苛门(Newcomen)机器底模型,经过了多年底思想和劳工,发明了、制造了有实用而较经济的机器。这机器差不多包括现在所用顶好顶强的固定汽机里各种科学的原理。因为是一个创制家,他那时节要用来指导工作的种种物理原理,是还没有存立,可以把他应用,所以他不但被他的科学兴趣,又被那实用的需要,逼迫去研究纯粹物理学,他不得不发明关于实写那汽在一个实用的汽机里工作状况底法则原理。

研究底需要。从汽机底发端,引到汽动机底发明,结果便开了"实业的革命"。那新的工厂便赶出了一般的手工店。那机管车和汽船便赶出了驭车咧、航船咧、运河船咧。在那些大城里的市心后街便挤得满满的居民。我们的各种社会和经济状况便一天一天变得太复杂，教我们没有方法可以去管治的了。如果我们还不去求助于那社会底忠仆，那个科学，用着他的新式发明、新式应用，来解决他们，恐怕那些所谓慈善、政府、财政，要是一样的无能为役哩。

幸而这个趋势是启程了。有许多的大制造公司都设备了实验室，在那里头继续研究种种纯粹和应用的物理学、化学、生物学等。那各州和中央政府也设备了他们的农业和工程试验场和地质测量处，并且维持了许多机关，如合众国标准局、史密森林研究所、国家天文观测所、地质测量局、海陆测量局和农业部底各种科学局。

凡百实业问题，从那田庄、工厂、城子里送到这些机关和大的大学校里要求研究的，是不但关于那已经晓得各种原理的实际应用，而且也用表查出至今还未发明而很需要的原理哩。

科学教授和每日生活。照这样看来，近代的科学和近代社会的、实业的生活是连接不分的，而且他们是由互助而前进的。他们是必须手携手的同时进步，否则那社会的状况弗说改好，是愈趋愈恶的了。所以纯粹科学和应用科学，即抽象和有形的，理论和实用的，在学校外的实际生活里既是不能分开，那么教师就不可不悟到在课室和实验室里他们也是不分教的。学校底科学研究，是必须和每日生活底行动接近的，而且尤以极近男女学生急迫的兴趣底各种活动为最。

**科学当作材料和当作方法**　上文的讨论，其实已经暗指出了科学底意义，他兼包材料和方法两样。他的材料从广义看起来，是包含人类知识和经验底全体。他的目的是教我们认识那些事实和现象，并且按照了适当的暗示的观念，分类造成统系，使他们互相的关系因此便很容易悟解了。他又常要将这些关系用简单的语式实写出来，成一种法则和原理底形式。这样一来，那些得到如此组织成功的知识可用来再求新知识，再求新系统。到末了，他又注意在伦理观念和科学方法的联合，要他这知识应用到各处，为人道主义上谋种种的进步。

所以科学底方法是有统系的，有次序的考究。他是一个解决问题底方法。他包括那种“他们是这样是那样”的事实和现象底观察，和按照了他们的意义关系，分别成类成属底方法。他又包括了思考，或者从单独的各种事实归纳到一般的关系法则原理，或者从法则原理演绎到他们里面所含各种单独的事实。

在造成种种法则和一般原理的过程里面，那科学的方法，先是立定一种臆说或者说，一种暂时的纪述，用了他来实写某种，或几类，互相可有关系的情形，然后用演绎的思考，去显出那臆说里面所含各种单独的事实。假使这臆说是真的，那必定是按步不易的。等到他里面所含的结论和各各事实都经适合，那末他就是证实了，便按照了他应用的广阔和证实的完全之程度，升到了法则、理论或原理底地位。至于那臆说底内容，往往有分量和数目的关系。在他逐步发达的时节，科学方法利用算学很多。在试验他确实不确实的时节，是常求助于实验——就是，遇到可以观察的时节便观察，在先前布置、管理的情状下面，那些和臆说和解决问题有关系的有意志的现象，能够从那些无意义的中间拣拾出来，加以注意。

末了，那科学的方法是常常把现象底实写在一种较广较简单的一般记述或形式里表示出来，例如运动底、引力底、物质不灭底、能力不灭底各种法则，星云的臆说，声底、光底和电的波浪说、电子说、进化说、门特林(Mendelian)的遗传说等等。因为这种实写底简洁而有意义的语式，能够帮助学者洞悉那自然的各种作用，所以在一个已知情状里去推测将来发生的变化是可能的。正是从这样的预测，我们才引到了那各种新的发明创制和智力的满意上去。他们的结果，是不但因为用了知识能够有权力管治那自然界，而且能寻出那世界的意义和他的次序。

科学方法例解。牛顿(Newton)怎样可以用了那大统合的科学原理来再求知识，牛顿法则是最配做例解了。牛顿既经熟识了堕体底事实和性质，月亮和各种行星底运动，便悟到这些天体都是互相摄引的，而且使他们能够在一轨道里运动的这种力是和我们解释石头向地下跌的重力或地摄力同一性质的。他应用他的算理到这个问题，能够发明，这个力假使和月亮中的质量是成正比，和从月亮到地球距离是成平方反比，那末他的可以使月亮绕行地球，和天文观察上所指示的一致样式而同等速率。他其中必须的意义既然和事实吻合，他的臆说于是乎证实。这位大物理天文家，用了他的运动法则和引力法则来解释月亮运动既有成效，便再从事研究，末了更证明，他们不但可用来解释各种行星底运动，也可以说明春分秋分潮汐和地球扁圆种种现象。

这个工作，经那班继牛顿而起的人不断的考究，差不多到一世纪之久，当时事实和观察既逐渐积集拢来，他们便按照了这些法则分类起来。不料后来，一个“负例”被他们查出了，就是一种事实明明不能和这些法则和合的。有一座行星叫做天王星，按观察上他的地位，和计算时候上的不对。已经晓得的种种行星底结果虽各各没有错误，但是在此地这一部分的运动，这个理论竟失于推测，不能够说明那观察的现象，难道这个理论，不管他有许多事实和他是这样的完全和合，竟就此打消吗？一种和理论矛盾的事实已经完全成立，那理论必定是或者打消，或者修改，或者增广。但这个事实是这样的一种矛盾吗？难道是牛顿法则不真或不确吗？难道是计算不对，或者是因为有未经查出的事实存在，一等到查出，归纳在法则里面后，那负例便能和合吗？

在这种情形里，考究的人靠着逻辑底引导，不就此舍弃了这理论，因为既有了许多证据赞助他，不妨应用那“残留底方法”去按寻一种新原因或事实，按照了这理论来解明那现在所知各原因不能解明的那一部分现象。在有纪律的思想家，到了此地，若熟悉各种事实，这正当的推论似极明了。然而在1845—1846年，爱特拇司和勒佛而李(Adams and Leverrier)得到这个推论的时节，是须要有天才的人，才敢用他做一个臆说，去试验他出来。这两个天文家说道：“这未解的扰乱，或者是为天体里一座别的行星所致的，这行星或者我们至今还没有看见或想及的。”他们两个人独立研究，心目中都不忘了这个问题，就是假使牛顿法则是真的，那么生出那观察上天王星运动底扰乱的行星，应该是何等质量，多大直径，怎样轨道，他和太阳的是多少距离，又他在一个特别时候，应在天中什么地方？

两个人从事解决这个问题，而且都有成效。勒佛而李写信给柏林天文台的加里(Galle)，请他寻找在某经度一座未知的行星。在1846年九月二十三日，就在勒氏信到的那一日，加里用他的望远镜看见了这座星，果真寻到了。

这同一座星，纳端(Neptune)在剑桥(by Challis at Cambridge)照了爱特姆司的计算正在找他的地位，也看见了：不过他还没有拿他的地位和那些已经晓得的星来比较，所以没有认证他。九月二十九日，在他听见加里的发见之前，他照了勒氏的指导，依了这星的平圆式(disk shape)在那面考查，竟同时看见而且认证了这座行星。

所以这些实写的单纯语式，现在被叫做牛顿的运动法则和牛顿的世界引力法则，起先是经牛顿底想象才能制成的。然后经过他自己和一批后起者花费了差不多一个世纪的时光，不折不挠，辛辛苦苦，试验出来，才从臆说的时期进到理论，而最后变成事实的时期。他们现在竟已经在种种根本法则里占到了地位，凡百复杂的现象，和隶属天文、物理、化学底各种材料，都靠他们成有系统，“解释明白”。

兑维(Sir Humphry Davy)和水的组成。兑维研究水底组成，在科学史里，也是一个说明科学方法很惊奇的例解。在1781年克樊迭虚(Cavendish)已经发明那纯氧和纯氢能化合成水，而且在1800年加里瑟儿和尼古儿逊(Carlisle and Nicholson)又发明那水如经电流通过之后，两种气质便从他放了出来。但是不久查出，在这纯水分解作用里，有一种碱集拢在负的电极上，有一种酸集拢在正的电极上。兑维从他所有的化学知识里推查出来，以为这碱和酸不是从水，是从别的源头来的。假使试验的时候非常小心精确，或者能够证明那水可把纯氧纯氢并在一起便得。反而言之，在分解纯水的时节，假使把外来的物质屏去，他便能分为纯氧纯氢。在他早先的种种试验里，他用了两个盛着蒸馏水的玻璃试管，和一条动物物质的薄膜做他们中间的电连。那时候从电池发出的两个电极是分开浸在试管里，他查出，在试管里的正极上有些氢氯酸，在负极上有一种定碱。他立刻疑心到酸和碱是从普通的盐类来的，这盐或者是含在薄膜里的，所以用了洗净的棉花纤维来代替他做通过两管电流的引渡。照这样的试验，经过好长久的时候，他又在正极上得到氧气，负极上得到氢气，但是没有氢氯酸。不过在一个管子里，有了硝酸，在另一个有了碱。这样看来，那薄膜是酸底一部分源头是明白了，但这碱和其他部分的酸究从那里来的，仍是一个问题。

他晓得那碱是玻璃底一种成分，便推论到电流或者可以分解玻璃的，所以就用了两个玛瑙杯子来替代那玻璃试管。后来照旧通过电流，他又发见了酸和碱，因之设想这些不净物是存在或附在玛瑙杯子上的，所以便用了两个金圆锥体，但是所得的结果还是一样。可是兑维对于他的这个臆说，是很有信仰心的，而且他也很觉得这臆说还是还没有好好的经过试验。现在水就变做他疑心的目的物了。水是已经被蒸馏过的，但是当水蒸馏的时光，那挥发的物质便从水汽里通过，再可溶解在那凝结的水里。于是乎他先试验水，在一个银杯里面蒸发起来，得到极少量的干燥残留物。把这些残留物加到盛在金圆锥体里的蒸馏水，然后重复试验，兑维便查出碱和酸底分量比到先前加多不少，所以他证明那在蒸馏水里的不净物是碱和酸底源头。而且他的逻辑和他所有实验的技能，是一样好的，他很晓得那水果不必是碱和酸唯一的源头。

于是蒸馏复蒸馏，一直等到在蒸发的时候没有残渣了，他就用了这样的纯水，盛在金圆锥体里试验，然而还是有碱和酸发现。不过仔细考验，这时候所得的碱不是一种固定的，而是阿摩尼亚。然后再转回来，用玛瑙杯和玻璃试管，重新实验，结果也和之前相似。这样，他就此证明，这不纯的"蒸馏水"是固定碱的唯一源头，然而硝酸和阿摩尼亚依然不能解释。那时光兑维的化学知识又暗示他那硝酸和阿摩尼亚所含的元素是氮、氧、氢，这些元素在水里、空气里都是有的，所以立刻空气被疑心了。那空气里的氮或者和水里的氧在负极上化合成了硝酸，他有几分或许也和水里的氧在负极上化合成了阿摩尼亚。要想试验这个臆说出来，他用了一个玻璃钟罩，拿一个空气唧筒将里面的空气抽出，在这罩里重行试验。这结果是依然查到了硝酸和阿摩尼亚，不过比到先前，他们的分量极少极少。现在兑维当然知道那空气唧筒是不能将全部空气抽尽的，所以他推想到假使多灭一分空气即多减一分酸和阿摩尼亚，那么空气全移去后，或者酸和阿摩尼亚也可以完全移去了。于是乎他依了这个意思做去，先从空气筒里抽出空气，放进那纯氢气，后再抽出这氢气。

试验多次，一直等到一点儿空气底痕迹都没有了，才把水盛在纯金杯里，把杯子放在钟罩里通过电流。那时候兑维好不性急，他把这电流通过，经过二十四小时，照这样就是有一息的酸和阿摩尼亚放出，也不难辨识。末了他开了试验器具，试试酸和碱都没有了。他的逻辑，他实验的技艺，和他有的毅力，最后竟得了完全证明，当作大大报酬。这个很明白的结论，就是酸和碱是从水里、空气的不净物来的。那纯水所含的物质无非氧氢两样。他的臆说这样就已经变了事实。

**科学底意义总结** 把科学底意义总结起来，我们可以说，他是“分类成系，可用来求别种知识的知识”，他是不仅包含了这样分类成系的内容或材料，而且也是一个研究或解决问题底方法。他里面包括观察和计量，实验和逻辑的推论。这推论是兼归纳和演绎两样，用他来组成材料底系统和预测、发明、创制的。他的材料是常不变的逐渐发长，消纳到较为单纯而广博的实写语式里面。那全人类的经验，都是为研究底合法的质料。他是从人类需要的、物理的、实业的、社会的、感情的和智力的各种问题里面发长出来的。而且因为他和实业发达的关系这样密切，所以他们两个是不能分解的。

范围底分类。科学所到的范围这样广大，就是在各部研究的人，也不得不变成专门学家了，因此他们所论的材料大都不过几起有限止的现象，那里面几起分子互相的关系，和他起分子的关系，比较起来是更简单而且明白。

所以我们有算理的科学，如数学、代数、几何、三角、解析几何和微积分，他们都是离开了物本体底本性或其他的性质，论到他的空间、质量和时间关系的。在一种事体上可以用确定的单位计量，而且他的统量可以用这种单位底数目表出来的时候，他们是代表一种思考底简洁形式和法式，他是在已知情状里，从那已知事体，推论到结论的。所以算学家研究用这种单位表出的量底估计，和考定那各量在不同情状里彼此数目的关系，是当作他们主要的事体。

第二起的科学，被叫做物理的科学，和第一起的关系是非常密切的。因为研究他们的时节，有许多地方须要用算学的手续，才能得到关于他们所论各种材料和现象底结果。这是可能的，因为这些科学所考究的是不限于物体底性质，如颜色、硬性、软性等等，很多也论到大小、形式、运动、温度、电磁情状等各种变化，这些都是能够用了那明确通晓的单位，精确计量的。如长用尺或厘(即法国一米突之百分之一)，体积用方尺、方厘，质量用磅和克兰姆，温度用百分表度数，电压用电单位等等。这些物理的科学，是不但论到上文所说的这种物体底性质，和其他物体在各种情状的特性，却特别考究那发生的现象和物性变化时节所存在的关系，所变化的各关系，力底动作的能力从一个物体到别个的运转的，或者那能力底变形，如从一种机械的运动式电力底运动变到别种热或光或化学的分解。这一起包括的物理学和天文学，基本上论到那些相互作用和能力变化，是不改变所关物体之组成的，和化学是论到那些物体中间的相互作用，物在能力运转或变形的时候所经过化合作用，或分解作用，或互调成分，形成几种物质的特别性质和能力变化起来之前所观察的，是不同的。

别一起叫做地球科学，是包括地质学和地志学。地质学是包括地球全体底一种学问，如他现在的构造，和在海的在陆的在岩石的在物理和气候情状的，在动物和植物生活的，各种变化底历史，显出他从太古到现在在形态一步一步发达底特性。他又考及和这些变化有因果关系的各种动因。至于地志学是一种按照现在所有地球表面底实写，而且特别注意到他和人和影响人类幸福、管治人类行动的那有机生物底原始，物理情状底发达和他的分布。

第四起科学是生物类，讨论那些有关生物形式和发长、呼吸、循环滋养、繁殖各种作用的物质能力。这起包括植物学研究植物的，动物学研究动物的，一般的生物学研究那动植物共有的各种构造、生活作用和发达底法式，人类解剖和生理学研究人体底构造和生活作用。

和生物科学最有密切关系而且依生物学的事实为根基的就是心理学底科学，他是研究心志生活底各种现象，如感觉、本能的动作、知觉、思维、意志和感情，和这些现象所从发生的种种情状。

末了，有一起社会的科学，像心理学，大都是论及人类的行动而且很多是根据于生物的事实的，不过对于那人类合作和交互团体底行动发达，和定他们的幸福进步情状的各种研究，特别注重。在这起里面，所有的是人类学，就是把人当作一种动物或一个自然史底现象来研究。社会学，研究那种社会团体底组成、现象、发达和彼此间的关系。经济学，研究那物质的财富，他的生产、分配、消费，而且特别注意在他和个人、国家的兴旺和人类的幸福。历史学，研究过去的人类情状、关系、体制，而且更着眼在人民、国家底发达和进步。

“科学”这个字底三重用处。照这样看来，“科学”这个字有三重意思。他可以解作统总有系统的知识，或这种知识底有限几部分；他可以解作那科学的方法；或者他可用来指任一种特别科学。至于在学校里和市井上所通行的言语中间，他是常常指物理的诸科学、生物的诸科学和地球诸科学的。

[第 6 卷第 11 期(1921)第 1095—1110 页]

# 2. 科学的人生观①

杨铨讲　卫士生笔记

人生观之意义　于波涛汹涌茫茫洋海中，航海者终能达彼岸者，赖有指南针也。人之一生事业靡穷，以言行业何止千余种，以言学问更无涯际，前人谓一物不知，儒者之耻，自今以言之，不可能也。是故处今之世，无目的必无所成。人生观，生命目的之指南针也，其需要至大。使有生命之目的，职业虽多，有不觉其多者。若夫徘徊歧路，毫无方针者，熙熙攘攘，阻碍交通，真若有人满之患也。美国某新闻纸载一极有趣味之故事曰："人有学医者，或谓之曰'医生已太多，何必学此'。曰'予志已决，愿世之学医者与我战耳'。"斯言足喻学业之有目的者无拥挤之患也。有人生观，然后可言生命之目的，亦犹行舟者有指南针然后可言欲往何方也。

人生观之种类　人生观异常复杂，大别之约有下列数种：

宗教的人生观。此种人生观，悲天悯人，以救世为怀，在现代之势力殊薄弱，然在十九世纪之末如托尔斯泰辈尤极力主张之。

美术的人生观。趋重感情方面，以美术的眼光解释人生，如安诺德(Arnold)、如葛尔德斯密斯(Goldsmith)皆主张此说者也。我国之诗人墨客大都具有此种美术的人生观。

战争的人生观。达尔文之物竞天择论虽为生物学说，然引用于人群，则为战争的人生观。尼采谓战争为人生重要之原素，战争绝迹能使优秀者退化，此说影响于德人甚大。

实利的人生观。作一事立一说均求实用，此种人生观触处以利为先。实际上言之，具此种观念者当推中国为最。综观我国古今各书以人生观为宇宙观，专求致用。其所研究之学问不能轶出政治社会之范围，求其超然于人事之外纯粹研究宇宙现象者几不可得，壹是以利为归，此所以科学幼稚，始终不能发达也。

科学的人生观。此与上列各种不同，且可以补救上列各种之弊病。兹述如下：

何为科学的人生观？科学的人生观乃客观的、慈祥的、勤劳的、审慎的人生观也。何谓客观的？不以一己之是非为是非，凡一切事物俱以客观态度觇之。曷云乎慈祥？即与宇宙之形形色色表有同情。见动植之外表，同时念及其种子之如何传播营养，土地气候之影响如何；能知动植物生活状况而了解其生存之艰难，且发生同情之观感焉。曷云乎勤

① 十年十月初四晚在南京高师附中补习班讲演。

劳？以求真理为毕生之事。求真无终止之日也，故科学家亦无作工休止之日，从无家拥巨资或手握大权得富贵而即停辍者。如历来发明家，只求真理，不知实利，有至死不休者。曷云乎审慎？凡有所闻，必详其事之原委条件，无囫囵入耳之言，亦无轻率脱口之是非。盖科学家对于一切事物俱存怀疑态度，忍耐求之，不达到真理目的不止也。

欲明科学的人生观，当先明科学之精神。英国科学家福斯塔（Foster）论科学之精神，有下列数端：

1. 好真。用科学的方法求可证明之知识，"为真理而求真理"，抱百折不回之志，非外界事物得而阻之也。

2. 敏捷。每就一事寻其线索，然后按步就步，用全副精神以赴之。如牛顿从微光研究而得七色光带之结果。总之，察微知几，见人之所未见，闻人之所不闻，此种敏捷能力为人人所必需，固不仅科学家也。

3. 勇于为是。不知难，不畏葸，见理勇为。作一事，又有一事，无终止时，亦无退让时也。

当代生物学家汤姆生教授（Prof. J. A. Thompson）之论科学精神，也分为四项，兹述如下：

1. 敬爱事实。常人对事物每趋重于我见，指墙曰黑墙，而墙之色实白也。顾以自我主张，必百方以证明之，墙之果为白为黑非所欲知也。科学家则不然，重事实，具有客观的态度，敬之如孩提之见父母，爱之如饿莩之得饮食。试读科学家传记，其字里行间，殆无不为此种精神所弥漫。世谓达尔文之最大贡献于科学界，即为敬爱事实。其搜集研究材料有至数十年而不得其结果者，然达氏之学问事业，大半由此敬爱事实以成也。

2. 科学的审慎。以客观的、审慎的态度判决事实之结果，如侦探见血不能断为杀人，必须聚各方面事实以证明之，然后始下一断语。赫胥黎最尊重天演说者也，然其先固为反对此天演学说最激烈之一人，痛诋达氏之证据为不足。及达氏之《物种由来》一书出版，赫氏乃大为叹服，信仰备至，且出其全力以助达氏宣传此学说焉。又如达氏一己喜记录反对者之言论，虽一言不遗，以为将来证明学说之参考。尝谓反对之说最易忘，故不可放过。汤姆生谓不转下断语为智育之最大成功。凡此皆足证科学家之审慎态度焉。

3. 眼界清楚。吾人读书观物往往不求彻底，甚且以陶渊明之读书不求甚解自慰。不知陶氏之意仅谓不屑于章句之间用功夫耳，非谓不求其真意也。科学家眼光明了，事事求彻底了解，不含糊混乱。恺尔文男爵（Lord Kelvin）每恨英文名词不准确，不足代表科学真意，如"声之和谐"与"色之和谐"两者，自物理性质言之，绝对不同，而名词则一，混淆甚矣。

恺氏有所发明，无适当英字足代表者，必煞费苦心创造新字。其意谓前人之经验所得远不如今，其字不足代表我意。科学家之眼界清楚，不肯含糊，有如此者。

4. 关联观念。此种观念为人生观所应有者。坠粉笔于地，同时联想及地心吸力，地球之构造如何，是否为矿物质，并其原子性质如何等等。见植物并思其构造、生长、气候等等。世无无果之因，亦无无因之果。宇宙间关系极深，故关联观念实足供吾人以搜寻真理之线索。今人喜谈社会问题，每言改造中国。顾非先研究其政治、经济、社会及其种种有关系者，且探索其关联处，不能轻易下断语也。达尔文尝作文论土虫与世界面包之关系，及猫与苜蓿之生长，穷二十余年之研究成之。在吾人视之，土虫与面包、猫与苜蓿，诚风马牛不相及，然一经生物学家之研究，则知其间影响至大也。实则宇宙之大观即在事物之互相关联，人类之知识亦即在发明了解此种种关联而已。近人往往以脑筋简单责人，所谓脑筋简单，实即缺乏关联观念之谓耳。

科学的人生观之特色。

(A) 科学的人生观与德谟克拉西。德谟克拉西一名词，在我国除不辨之无者外，几于无人不知。有谓今人之动辄曰德谟克拉西，殆与昔人之诵“南无阿弥陀佛”相似，其势力之大可见。科学的人生观颇有德谟克拉西之精神。无强弱，有是非，不似世之人情，“只许州官放火，不许百姓点灯”。其拥护真理也，无宗教、无阶级、无国家，惟知有真理而已。爱恩斯坦，犹太人之居德国者也，既发明重力新说，欲于 1919 年五月日全蚀时试验之。然全球惟南美之巴西及非洲之勃林塞勃可见全蚀。是时欧战未已，爱氏困于德不得出，英皇家学社乃遣人往两地为之测验。爱氏学说之震动一时，由于英人之测验结果佐证其说至大。夫英之于德，仇敌也，而于其科学家之事业不特不反对，且协助推崇之不遑，可见科学精神之大同矣。又如英王查尔斯二世(Charles II)以伦敦市夥葛雷恩恃(John Graunt)于统计学说有所发明，因绍介之入皇家学社。社中欢迎之诚绝不因其执业微贱而异。可知科学的人生观无阶级、无虚荣心，至平等、至高尚也。兹更列举少数著名科学家之出身，以证斯言之非虚。

一、巴斯脱(Pasteur)，病理学始祖，微生物发见者，为治皮匠之子。

二、柏利斯洌(Priestley)，养素发见者，本业成衣。

三、康德(Kant)，哲学家，心理学先进，本业马鞍商。

四、瓦特(Watt)，蒸汽发明者，业修理机械。

五、斯密司(Smith)，经济学始祖，本业农。

六、法勒第(Faraday)，电学始祖，为银匠之子，本为商店艺徒。

七、佛兰克令(Franklin),电学家,本业印刷。

上列均以贫贱之家而致令名成伟业者。

(B) 科学的人生观之实事求是。科学家尊重真理,不怨天,不尤人,不以处境微贱而易其志。若法勒第为皇家学社实验室之助手,得接触仪器观察实验之机会,潜心探究,遂成物理学大家。瓦特为格拉斯戈大学之修理仪器匠,研究机械,遂有蒸汽机之发明。此两人终其生未尝改业,视今人之见异思迁、徒骛虚名者,相去何以道里计。法氏又尝为学社司账,以统计的方法得精确之结果,大为人所叹服。牛顿尝为英国造币厂长,以其科学知识与方法改良造币,成效卓著。皆都足代表科学家实事求是之精神也。

(C) 科学的人生观之甘淡泊。抱实利主义者只知金钱,不知其他。科学家之研究科学,其所希冀之报酬即在科学之进步。故美生物学家约丹(Jordan)曰:"研究纯粹科学者,不为名,不为利,但求真理之愉乐而已。自古以来,研究自然之学者皆誓以贫终。彼辈目中之金钱,无论自有或他人者,仅视为可以增加或改良其工作力之物而已。"吾国人与西方文化接触,精神之改革未见,物质之嗜好日增,鄙俭德安贫为不足道,是以洋货日高,穷民之苦日深。新学者习于西方之物质文明,维持衣食住之不暇,无怪乎学术事业少贡献也。陶渊明谓"道胜无戚颜",又曰"君子忧道不忧贫",颜回一箪食,一瓢饮,不改其乐,实足以代表科学家之淡泊精神。就吾国目前状况论,尤当竭力提倡之、培养之。

反对者之言论。科学的人生观果有利而无害乎?托尔斯泰与尼采均为反对科学的人生观之最烈者。托氏攻击之意可分为二。(一)"玩物丧志"。大旨谓见蚂蚁而研究其身体,于人何用,天地间事事物物须以人类之福利为指归。(二)"为人作嫁"。科学发达,发明增多,是使资本家愈富,劳工愈困苦。电报、火车等物,实资本家生财之具,非平民所得享用也。托氏之言似是而非,失之偏激,有可为解释之者。谓"科学家为玩物丧志"也,则美术、音乐、文学何一不可谓为玩物丧志。况人类之大利,往往得之于纯粹科学中无足重轻之发明乎。电业今日造福人类甚大,而发原于法勒第之电磁研究,是其明证也。谓为"为人作嫁",须知资本、劳动阶级之相悬殊者,由于社会分配之不均,政治之不良,非科学之咎也。

尼采则谓科学训练造成客观之人,事事无主见,遂成无已之人(selfless man),依赖守分,使出类拔萃之精神消磨净尽。斯说也,亦有未尽然者。科学精神虽重客观,然守真求是,不屈不挠,不畏艰险。惟其依赖观察,故能屏弃成见,遗世独行。实验室中正足以养其浩然之气也。

结论。科学的人生观足以救今日中外人生观之失,在今日中国之时局尤当痛下针砭。

年来中日感情日恶，顾日人不足畏也，所可畏者国人多不守本分，逾越范围，侥幸之心日甚，苟且之术日工，实效不求，虚声是务，卒至事业不举，学术扫地，亡无日矣。波兰人亡国后科学人才辈出，犹太人亡国后于世界之学术实业贡献极多，人皆不敢侮之，是国亡而人格未亡也。今日我国最重要之问题，无过太平洋会议问题，吾人并力争之甚是。然会议之胜负，仍不过一时之胜负耳。苟中国犹是旧日之中国，无进步，无改良，则终不能自立。惟国内有学问家，有事业家者出，于世界之幸福与真理有所贡献，然后可以得人敬助，然后可以不受人侮。吾人当知武力之威权虽足以亡人国，而不能灭人格，惟学术之破产则人虽不亡我，而我且自亡矣。今日所以言科学的人生观者，以诸君皆抱学术救国之志，故愿以此互勉也。

[第 6 卷第 11 期(1921)第 1111—1119 页]

# 3. 发展科学之又一法：法国人之好模范

任鸿隽

欲发展科学必先以研究，此如云求食必先耕获，求衣必先纺织，审矣无所用其讨论也。欲行研究必先有研究之机关，此如云耕获必先得田园，纺织必先具机轴，亦审矣无所用其迟疑也。今世诸国，收科学之获最丰者，必其于研究机关之设立最完备者也。吾曩作《发明与研究》①，历数研究科学之机关，而别之为四大类：一曰学校内之研究，二曰政府建设之局所，三曰私家组织之研究所，四曰制造家之试验场。是四者皆学术之生产地，而无数发明所从出之泉源也。顾学校内之研究，既以教科之故而不免分歧，政府之局所亦以意主实施而未能深造，其他私立之研究所与制造家之试验场，又各以组织或原动力之不同，而各有其相当之限制。求其于研究科学最为相宜，而有互相感应、相引弥长之效者，则莫如以科学上之大发明为中心，为研究特别问题而设之研究所。此种研究所，直接为科学研究之产物，而同时复为研究科学所不可少。如花落结果，果复开花，汇水成泽，泽又衍流，则科学之发达，宁有既乎？吾故表而出之以为国人告。

吾所谓此种研究所非他，如法国之巴士台研究所(Pasteur Institute)及最近之镭质研究所(Radium Institute)是也。鲁意·巴士台(Louis Pasteur)者，法人所尊为十九世纪之最大人物也。② 其微生物学之发明，发酵作用之研究，传染病菌之发见，及防疾种痘法之发明，无一不嘉惠人类，流泽无穷。至其关于酿酒与蚕病③之研究，皆足挽法国垂败之工业，使复于兴盛之域。赫胥黎有言，巴士台一发明之所得，已足偿 1871 年普法战争法国赔款之五千兆法郎而有余。而其在科学上之贡献，则在证明微生物之存在与其作用，俾吾人明于物质腐朽与疾病传染之原，而为后来者开研究应用之无数门径也。

法人以感谢此人类之恩主与继续其未尽之业故，乃有巴士台研究所之建设。其建设费，则出于普通捐募。此研究所开幕于 1888 年，彼时募集款额，盖三百五十八万六千六百八十法郎。此数在今日视之，诚不为巨，而自所代表无数人心倾向与赞助观之，其数目乃足多也。

此研究所之成立，乃为科学上一重要事件。计此研究所成立后十年间，所愈疯噬之病

---

① 见本志第四卷第五期。

② 1907 年，法国行销最广之杂志名《小巴黎》者，尝请其读者投票公举其前世纪法国大人物之相互的重要，巴士台于一千五百万票中得一百三十余万票，为最多数。其次为嚣俄(Victor Hugo)，少十余万票。

③ 法国是时酒业出产年值 500 000 000 法郎，蚕病阿拉一府年失 120 000 000 法郎。

在二万以上，而发明白喉、噤口寒、肺病诸病之预防法，皆为此研究所之成绩。迄今世界文明各国中有此研究所之支部者凡三十余。其关于医学上贡献之大，不问可知也。

与巴士台之死（1895）相去不久，法国科学家复有一重要发明，为科学界开新纪元者，则居利夫人（Madame Curie）之镭[①]之发见是也。镭为放射质之一，其出此之动机，虽起于1895年X线之发见，实至1903年，经居利夫妇之精密分析，始得证明为独立之一原质。此原质发见后，在科学上则生物质构造之问题，在医学上亦奏杀病治疡之效用，其含义之广、应用之宏，此时尚不得尽窥。巴黎之镭质研究所，共分两部，即以研究此两部分之问题而设。其研究镭之性质与其关系者，由居利夫人与得柏列教授（Professor Debierne）主之，其研究镭之医术上应用者则由理高得博士主之，实即巴士台研究所之分枝也。

吾人观此两研究所之设立，所得之教训为何？第一，科学之发展与继续，必以研究所为之枢纽，无研究所则科学之研究盖不可能。反之，欲图科学之发达者，当以设立研究所为第一义。读近世科学发达史者，每以法国近时对于科学上之贡献不及其百年以前为憾。抑知巴士台、居利两人之所发明，皆足为科学开一新纪元，所谓以少许胜人多许者。而法人能就此两者发挥而光大之，其科学上之贡献谁得而少之耶？第二，欲一般人知科学之可贵，必使科学于人类幸福确有贡献。当巴士台研究所设立之际，解囊相助者，上自列强之皇王，下至穷巷之编氓，莫不踊跃输将，唯恐或后，则以巴士台之发明，足以人类社会造福无穷，已为当时众人所共喻故也。第三，为科学而研究科学。为人类爱真之念所驱迫，不必以其实利与应用而始为之者，如镭质研究所，其一例也。镭于医术上之应用虽渐见发明，然决不如巴士台在医学上贡献之重且大，而法国人对此之趣味与热心则殊不以是而减杀，则以镭之为物，实于科学问题有重大关系，不以其与人类日常生活之疏远而遂忽之。抑吾更有进者，凡科学上之发明，皆为研究之结果。故于希望普通人类身受科学之赐益而发生其热心前，必使科学有展布其能事之机会。此事既非可望之于人人，则社会上明理达用之少数人，当暂负其责任。使法国在巴士台、居利未出以前，绝无他项之设备与研究之机会，则巴士台、居利终何由以自见？故巴士研究所与镭质研究所虽为继续发展科学之最良方法，而待是谋科学之诞生，则未免鸡先于卵之病，愿提倡科学者深加之意也。

［第7卷第6期（1922）第521—524页］

① Radium 亦译作“鈚”。

# 4. 科学与近世文化[1]

任鸿隽

《科学与近世文化》，这个题目是近人时常讲的。[2] 我今天开讲之前，先有两个申明。第一，这个讲演，是本年科学社讲演的总帽，所以不免普通一些。第二，我所讲的近世文化，并不包括东方文化在内，因为我们承认东方文化发生甚古，不属于近代的。那吗我们所讲的是西方文艺复兴以后发生的文化了。近人对于这种文化，至少有几个普通观念。一说近世文化是物质的。譬如从前人乘骡车马车，今人乘火车电车，从前人点菜油灯，今人点电灯之类。一说近世文化是权力的。例如征服天然，驱水使电，列强相争，弱肉强食之类皆是。一说近世文化是进步的。例如机械发明日新月异，学术思想变动不居，从前几千年的进步，比不上近世几十年的多。这几种意思，我承认他都可以代表近世文化的一部分，但是不能说可以总括近世文化的全体。要一个总括全体的说话，我们不如说近世的文化是科学的。诸君注意，我说近世的文化是科学的，和近人所说近世文化的特点是科学发明、科学方法等等，有点不同。因为前者是说近代人的生活，无论是思想、行动、社会组织，都含有一个科学在内，后者是说科学的存在和科学的结果，足以影响近代人生活的一部分罢了。

我们现在要说什么是文化。文化和文明少许有点不同。我很喜欢梁漱溟先生说的"文化是人类生活的样子，文明是人类生活的成绩"[3]。不过吾想单说人类生活的样子，还不能尽文化两个字的含义，我的意思，要加入"人类生活的态度"的几个字，来包举思想一方面的情形，文化两个字的意思才得完备。照这样说来，文化有种类和程度差别，但是没有绝对的标准。我们可以说某种人的文化是甚么样，程度是甚么样，但是不能说某种是文明人，某种是野蛮人，因为照我们上面所说的文化的定义，是讲不通的。但是我们提出近世文化，我们的意思却很明白的确，因为近世人生活的样子和对事物的态度，是很明白的确的。近世的文化和近世以前的文化，是极有分别，极容易看得出来的。所以我想把一切文明野蛮的话头打扫净尽，再来观察近世的文化。

说到近世与前代分界的所在，我们晓得欧洲史上有一个极重要的时代，就是文艺复兴

---

① 民国十一年中国科学社春季讲演第一讲，在南京科学社讲演。

② 看《科学》第四卷第三期麦翟科弗教授(Prof. Metcalf)在欧柏林大学讲演及黄昌穀君近出之《科学概说》。

③ 见梁漱溟著的《东西文化及其哲学》。

时代。文艺复兴这个字，英文是 Renaissance，本来是“复生”的意思。欧洲的文化，在中古时代，简单没有甚么可言，所以历史家又叫中古时代是黑暗时代。到了十三世纪的时候，为了种种的原因，那黑暗沉沉的中古人心，忽然苏醒过来，文学、美术、宗教、政治，都先后起了一个大改革，开了一个新面目。科学的复兴，也就是文艺复兴的一个结果。但是别的改革和开创，自然也影响近世人的生活，并且为生活的一部分，可是终没有科学的影响和关系于近世人生的那么大。这有个原故。这个原故，就是科学的影响，完全在思想上；科学的根据，完全在事实上；科学的方法，可以应用到无穷无尽上。有了这几层原因，我们说近世文化都是科学的，都是科学造成的，大约也不是过甚之言。

近世的文化，可谓复杂极了，要举出几件来，证明科学和他们的关系，可不容易，并且不免有挂一漏万之讥。但我们可以把中世纪的思想和研究学问的方法，举一两件，和近世的比较，科学和近世文化的关系，就愈加显明了。

第一，中世纪的人，相信上帝创造宇宙事物，都有一定的计划。人在宇宙间，也是计划的一部分，所以有的生而为王公，也有的生而为奴仆，都是天命有定，人对于己身的地位，是不负责任的。因为这样，当时的人心，都归向宗教，只想求死后天堂的快乐，生前的痛苦，他们略不在意。打破这样的宇宙观，最有力量的，是哥白尼(Copernicus)的地动说。哥白尼的地动说，在当时出现，有两种意思。第一，表示当时的人心，对于宗教上以地为中心的说法，已敢于起怀疑的念头。第二，地动说的最后胜利，是科学战胜宗教的起点。那已经动摇的人心，得了这种自信力，自然愈趋于开放与自由方面了。

第二，中世纪的时候，学术界所崇奉为宗主的，只有两部书，一是圣经，一是亚里士多德的哲学。亚里士多德的书，未经文艺复兴以前，还是从阿剌伯文翻到拉丁，残缺不完，和晦乱羼杂的弊病，是不可免的。当时的学者，正要利用他的残缺晦乱，来造成一种纠绕诡辩的学问。后来文艺复兴，学者都讲究读希腊原文，又竭力去搜求遗稿，亚里士多德及许多希腊罗马的学术，才渐渐彰明起来。还有一层尤为重要的，中世纪的学者，凡研究甚么学问，都是根据书本，绝不去研究实物。比如说到一个动物，他们只说圣经上是怎样怎样，却不想圣经上说的在千百年前的帕勃斯坦(Palestine)，他们所说的在当时的欧洲，时间和地域都不同，何以见得可以引为证的？当时有个首出的科学大家，叫罗皆·培根(Roger Bacon，1214—1294)，最反对这种研究法。他说：“研究一天的天然物，胜读十年的希腊书。”又说：“我们不可尽信所闻所读的。反之，我们的义务，在以最仔细的心思，来考察古人的意见，庶几于其缺者补之，误者正之，但不必粗心傲慢就好了。”罗皆·培根虽然这样的主张和实行，但当时的人还不肯听信他。后来哥白尼的地动说，也是用这种方法的结

果。哥白尼写信给他的朋友,说他的地动说成立的经过,历了五个阶级。这五个阶级是:

1. 对于陀伦密(Ptolemy)旧说的不满意。

2. 搜索所有的书籍,看有没有比他更好的学说。

3. 自己研究的结果,成立了一个地动的假说。

4. 用种种观察来证明这假说的对不对,对了才承认他成一个学说。

5. 用这新学说,把从前晓得的许多事实都连贯起来,成有条理有统系的智识。

这个方法,就是现在所说的科学方法。但当时的人,如像罗皆·培根、哥白尼、盖理略(Galileo)等,虽是用了这种方法,研究自然界的现象,已经有了许多贡献,他们不过是自辟蹊径,各行其是。到了弗朗西斯·培根(Francis Bacon, 1561—1626)才大声疾呼,主张两个根本的重要观念。一个是征服天然,一个是归纳方法。他说"知识即权力"。又说:"人类的责任,是要把他的权力推广扩大到自然界上去,在自然界上建一个新国家。"又说:"要征服天然必须先服从天然,就是用科学的方法,发明天然的律令。"他又把当时的学问分成三类,一是奇术(fantastic learning),二是辩论(contentious learning),三是文采(delicate learning)。他说这三类都不是学问的正当方法,都不能得真智识。要得真智识,只有一个方法,就是用归纳方法。归纳的方法,简言之,是用事实作根据,推出一个通则,再用观察和试验证明那通则的不错,这就是科学方法的大概。现在科学的门类虽多,研究的方法,总不出这个范围。培根这种主张,算是给科学一个很好的基础。所以培根自己虽然不是科学家,我们说到科学的创造者,总要数他呢。

上面所说的,是科学的一点起源,就是对于文艺复兴这个时代,我们觉得有两个意思。一个是科学的发生,或者说是复兴,一个是近代和古代的分界。这两件事情并不是偶然遇合的,是有第一件才有第二件的。我们现在要看科学与近世文化的关系是怎么样。

前面已经说过,文化这两个字是空洞的,就是我们说甚么物质的文化,精神的文化,也是空洞的。所以我们要谈近世文化,最好拿几件具体的事体来说。玛尔芬(Marvin)说得好,有三件东西最足以表示人类的进步。一是智识,二是权力,三是组织。① 我们现在就拿这三样来看科学有甚么关系。

第一讲到智识,我们晓得现代的智识,不但是范围比较的广,就是他的性质,也比较的精确些。现在很平常的事理,如像蒸气的应用,电力的制造,生物的演进,疾病的传染,都非中世纪以前的人所能梦见,固不消说了。就是古时圣哲所发明,历代学者所传述,如希

---

① Marvin, *The Living Past*.

腊人的物质起源论，中国人的五行生克说等，虽是沿习多年，并且用作说明一切事理的根据，但是照现在看来，还是不算智识。我们拿现在的化学上所发见的八十余元素，和希腊人的水火气土四元质相比较，自然看得出他的笼统不精。拿现在化学上物质的变化分合，和物理学上因果相生的定律，和中国人的五行旧说相比较，才晓得他的胡涂无理。这是因为甚么？因为有了科学而后我们的知识得了两个试金石，要经得这试验的，我们才承认他是智识，所以那些不够成色的，都立不住脚了。我所说的试金石，一个是根据事实，一个是明白关系。希腊人说甚么东西都是由水，或火，或气，或土变成的，但是我们晓得他并非事实。在炼金化学（Alchemy）的时代，大家都信水可变土，但是我们晓得并非事实。我们晓得他不是事实，也是从实验得来的。讲到关系一方面，我想许多迷信都是由不明白关系发生。比如我们说"础润而雨"，我们晓得础润并不是雨的原因，不过因为雨还未降以前，温气先在础石上凝聚了，所以有润的现象。照这样说来，础润虽不是雨的原因，却也可做一个雨的先兆，因为他中间是有共同的关系的。但是信那风水五行的说法，说祖坟葬得好，后人就会发迹，京城多开一个城门，天下就有兵乱，请问那关系在甚么地方呢？科学的贡献，就是把事实来代替理想，把理性来代替迷信，那智识的进步，也正是从这点得来的。

第二，讲到权力，自然是就我们所能驾驭的力量和那力量所及的远近而言。历史家说石器时代的人能掷石子在几丈外的地方去击杀野兽，他的文化已经比石器时代以前的人高了许多，因为他的权力，已经远到几丈外了。照这样看来，近代人的权力，比从前的人大的地方，至少有几处。一为征服天然，最显著的例就是距离的缩短。我们古人看了长江，就说"固天所以限南北"，现在轮船火车到处通行，就是重海连山，也不能隔人类的往来了。再则物产的增加，因为机器的应用和天然障害的战胜，也是近世的一种特别现象。如 1810 到 1865 五十年间，世界上煤的产额，由每年九百万吨增到一亿四千万吨。由 1850 到 1882 三十二年间，世界上铁的产额，由每年四百万吨增到两千万吨。又由 1830 到 1880 五十年间，欧美的商务，增加了八百倍①。这都是前四五十年的统计，到近年来，增加的数目必定更要大了。再次则各种病菌的发明，人类生命的延长，也是征服天然的一个好例。由 1851 年到 1900 年英国人的平均寿数由二十六岁零五六增到二十八岁零九，美国人的寿数由二十三岁零一增到二十六岁零三三，我们战胜天然的权力，不是可惊吗？又不但战胜天然，我们并且能补天然的不足。再举两件事为例。我们平常所希望不到的，不是插翅而飞和长生不老的两件事吗？不晓得到了 1896 年，美国的蓝格列（Langley）竟在华盛顿颇陀玛

① Seignobos, *History of Contemporary Civilization*.

克(Potomac)河上，用机械的力量，把一个比空气重一千倍的飞机，飞升起来，从此空中的飞行就逐渐进步，现在竟成了普通的交通事业了。返老还童的问题，据最近奥国医士斯坦那黑(Steinlach)的报告，也从生理学上，寻出了可能的方法，并且屡试有效。我们这种权力，岂不是自有人类以来所未曾有的吗？但是这些权力都是由智识的组织和应用得来，自然又是科学的产物。

第三要讲社会组织。我们晓得近代的社会，除了组织复杂，这非从前所可比拟之外，还有几个特采，是我们不能不注意的。一是平民的特采，就是所谓德谟克拉西。这平民的倾向，有两个意思。一是政治上独裁政制的推倒，与参政权的普及；二是社会上机会的均等，和阶级制度的打消。这两个意思的发生，一方面因为机器的发明，生了工业革命，又因工业革命过后，物产增加，一般的人有了产业和势力，自然发生了权利的要求；一方面也因近代的人心，趋于合理的，对于天然的势力，尚且不肯贸然服从，要求一个征服的方法，对于人为的组织，自然也有一个合理的解决，那些"天赋君权"的说话，自然不能拘束他们了。弗兰克令(Franklin)的墓志说他一只手由自然界抢来了电力，一只手由君主抢来了威权，最能表明这一种意思。可见平民主义和科学是直接间接都有关系的。第二个特采，是他范围的广大。从前的社会组织，仅限一地一域或少数人的，现在的组织，不但非一地一域，就是国界种界，也不能限制了。如像近来各种团体的国际组织，各种主义的世界同盟，都是大组织的表示。这几个原因：一是交通进步，空间时间的距离比从前缩小了好些。二因各处的生活有趋于一致的倾向，因此他们的问题也有些大同小异。三因学术经验的证明，知大组织的利便与可能。这三种原因，又是大半和科学有关系的。第三个特采，是效率的讲求。我们晓得近世工业的组织和机器的应用，是要用力少而成功多。以少量的用力，得多量的结果，就是高的效率，反之，效率就低了。这种讲求效率的意思，不但用在工业上，就是社会上一切组织，也都是这个意思所贯注。大概做到这一步的，我们说他是新组织，不然，事业虽新，组织还是旧的罢了。但是一件事业效率的高低，非从那件事业极小的部分加以研究，不会明白。这种分析研究的方法，也就是科学方法。所以现在有所谓科学的工场管理法，就是这种特采结晶了。

我们现在把上面所讲的总结起来，在智识、权力、组织这三方面，近代的进步，都比较从前最为显著，最为特别，那么，我们就说这三种进步是近世文化的表现，可不可呢？又因为这三种进步都是科学直接的产物或间接的影响，我们若是拿他们来代表近世文化，我们要说明的科学和近世文化的关系，是不是可算做到了呢？我对于这些问题的答案是：我们上面所说的智识、权力、组织，都是生活的样子，我们还有一个生活的态度。生活的态度，是我们对物的主要观念和作事的动机。我们晓得科学的精神，是求真理，真理的作用，是要引导人类向美善方面行去，我们的人生态度，果然能做到这一步吗？我们现在不必替科学邀过情之誉，也不必对于人类前途过抱悲观，我们可以说科学在人生态度的影响，是事事要求一个合理的。这用理性来发明自然的秘奥，来领导人生的行为，来规定人类的关系，是近世文化的特采，也是科学的最大的贡献与价值。

再有一些人说近代的文化是权力的文化，竞争的文化，所以弄到前几年的世界大战争。科学既是近世文化的根源，也应该负这个责任。对于这个非难，我们可以引法国大医学家巴士台(Pasteur)在他的巴士台学社开幕时候的一段演说来解释，也就作我这次讲演的结论。他说：

> 眼前有两个律令在那里争为雄长，一个是血和死的律令，他的破坏方法，层出不穷，使多少国家常常预备着在战场上相见；其他一个是和平、工作、健康的律令，他那救苦去痛的方法，也层出不穷。
>
> 一个所求的是强力的征服，一个所求的是人类的拯救。后者看见一个人的生命，比甚么战胜还重大，前者牺牲了千万人的性命，去满足一个人的野心。我们奉行的律令，是后一个，就在这杀人如麻的时代，还希望对于那前一个律令的罪恶，略加补救。我们用了防腐的药，不晓得救活了多少受伤的人。这两个律令中那一个能得最后胜利，除了上帝无人知道；但是我们可以说，法国的科学是服从人道的律令，要推广生命的领域的。

"服从人道的法律令，推广生命的领域"，不只法国的科学是这样，世界真正的科学是无不这样的。

[第 7 卷第 7 期(1922)第 629—640 页]

# 5. 科学精神与东西文化

（八月二十日在南通为科学社年会讲演）

梁启超

一、今日我感觉莫大的光荣，得有机会在一个关系中国前途最大的学问团体——科学社年会来讲演。但我又非常惭愧而且惶恐，像我这样对于科学完全门外汉的人，怎样配在此讲演呢？这个讲题《科学精神与东西文化》，是本社董事会指定要我讲的。我记得科举时代的笑话，有些不通秀才去应考，罚他先饮三斗墨汁，预备倒吊着滴些墨点出来。我今天这本考卷，只算倒吊着滴墨汁，明知一定见笑大方，但是句句话都是表示我们门外汉对于门内的宗庙之美，百官之富，如何欣羡，如何崇敬，如何爱恋的一片诚意。我希望国内不懂科学的人，或是素来看轻科学、讨厌科学的人，听我这番话，得多少觉悟，那么，便算我个人对于本社一点贡献了。

近百年来科学的收获，如此其丰富。我们不是鸟，也可以腾空；不是鱼，也可以入水，不是神仙，也可以和几百千里外的人答话。诸如此类，那一件不是受科学之赐。任凭怎么顽固的人，谅来科学无用这句话，再不会出诸口了。然而中国为什么直到今日还得不着科学的好处，直到今日依然成为非科学的国民呢？我想中国人对于科学的态度，有根本不对的三点。

其一，把科学看得太低了、太粗了。我们几千年来的信条，都说的“形而上者谓之道，形而下者谓之器”“德成而上，艺成而下”，这一类话，多数人以为科学无论如何高深，总不过属于艺和器那部分，这部分原是学问的粗迹，懂得不算稀奇，不懂得不算耻辱。又以为我们科学虽不如人，却还有比科学更宝贵的学问，什么超凡入圣的大本领，什么治国平天下的大经纶，件件都足以自豪。对于这些粗浅的科学，顶多拿来当一种补助学问就彀了。因为这种故见横亘在胸中，所以从郭筠仙、张香涛，这班提倡新学的先辈起，都有两句自鸣得意的话，说什么“中学为体，西学为用”。这两句话现在虽然没有从前那么时髦了，但因为话里的精神和中国人脾胃最相投合，所以话的效力，直到今日依然为变相的存在。老先生们不用说了，就算这几年所谓新思潮、所谓新文化运动，不是大家都认为蓬蓬勃勃有生气吗？试检查一检查他的内容，大抵最流行的，莫过于讲政治上、经济上这样主义那样主义。我替他起个名字，叫做西装式的治国平天下大经纶。次流行的莫过于讲哲学上、文学上这种精神那种精神，我也替他起个名字，叫做大餐式的超凡入圣大本领。我并不是说这些学问不该讲，但讲他须把他建设在科学基础之上。我们看倒了那些脚踏实地平淡无奇的科学，试问有几个人肯出去讲求，学校中能彀有几处像样子的科学讲座。有了，几个人肯去听。出版界能彀有几部有价值的科学书，几篇有价值的科学论文。有了，几个人肯去读。我固然不敢说现在青年绝对的没有科学兴味，然而兴味总不如别方面浓。须知这是积多少年社会心理遗传下来，对于科学认为艺成而下的观念，牢不可破。直到今日，还是最爱说空话的人，最受社会欢迎。做科学的既不能如别种学问之可以速成，而又不为社会所尊重，谁肯埋头去学他呢？

其二，把科学看得太呆了、太窄了。那些绝对的鄙夷科学的人，且不必责备。就是相对的尊重科学的人，还是十有九个不了解科学性质。他们只知道科学研究所当结果的价值，而不知道科学本身的价值。他们只有数学、几何学、物理学、化学等等概念，而没有科学的概念。他们以为学化学便懂化学，学几何便懂几何，殊不知并非化学能教人懂化学，几何能教人懂几何，实在是科学能教人懂化学和几何。他们以为只有化学、数学、物理、几何等等，才算科学。以为只有学化学、数学、物理、几何等等，才用着科学。殊不知所有政治学、经济学、社会学等等，只要彀得上一门学问的，没有不是科学。我们若不拿科学精神去研究，便做那一门学问也做不成。中国人因为始终没有懂得“科学”这个字的意义，所以五十年前，很有人奖励学制船、学制炮，却没有人奖励科学。近十来年学校里都教的数学、几何、化学、物理，但总不见教会人做科学。或者说，只有理工科的人们才要科学，我不打算当工程师，不打算当理化教习，何必要科学？中国人对于科学的看法大率如此。

其三，把科学看得太势利了、太俗了。科学的应用近来愈推愈广，许多人讴歌他的功德，同时许多人痛恨他的流弊。例如一切战争杀人的器具，却是由科学发明出来。又如有了各种机器，便惹起经伦上大变动，富者愈富，贫者愈贫。于是欧美有些文字……等等，发为诡激之论，说社会不得安宁，都因为中了科学毒。我们中国那些不懂科学、讨厌科学的人听着这些话，正中下怀，以为科学时代已成过去。人家方且要救末流之弊，我们何必再走那条路呢？这流弊完全和科学本身无干，殊不知这些话，本来和庄子“浑沌凿窍”的比喻一般，窍该凿不该凿另是一问题，但我们能有法禁止他不凿吗？已经凿了又怎么样呢？这些无谓的辩难，且不必多管。就令如他们之说，科学果然有流弊，须知流弊完全和科学本身无关。瓦德因为天地间有蒸汽这种原理，自己要去发明他，他并不管你大生纱厂要利用他来织棉花。奈端因为天地间有引力这种原理，自己要去发明他，并不管你放四十二生的炮要利用他测量射线。要而言之，科学是为学问而求学问，为真理而求真理。至于怎样的用他，在乎其人。科学本身只是有功无罪。我们摭拾欧美近代少数偏激之谭，来掩饰自己的固陋，简直自绝于真理罢了。

我大胆说一句话：中国人对于科学这三种态度，倘若长此不变，中国人在世界上便永远没有学问独立，中国人不久必要成为现代被淘汰的国民。

二、科学精神是什么？我姑从最广义解释，有系统之真智识，叫做科学。可以教人求得有系统之真智识的方法，叫做科学精神。这句话要分三层说明。

第一层：求真智识。智识是一般人都有的，乃至连动物都有。科学所要给我们的，就争一个真字。一般人对于自己所认识的事物，很容易便信以为真；但只要用科学精神研究下来，越研究便越觉求真之难。譬如说"孔子是人"这句话，不消研究，总可以说是真的，因为人和非人的分别，是很容易看见的。譬如说"老虎是恶兽"，这句话真不真便待考了。欲证明他是真，必要研究兽类具备某种某种性质才算恶，看老虎曾具备了没有？若说老虎杀人算是恶，为什么人杀老虎不算恶？若说杀同类算是恶，只听见有人杀人，从没听见老虎杀老虎。然则人容或可以叫做恶兽，老虎却绝对不能叫做恶兽了。譬如说"性是善"，或说"性是不善"这两句说真不真，越发待考了。到底什么叫做"性"，什么叫做"善"，两方面都先要弄明白。倘如孟子说的性咧情咧才咧，宋儒说的义理咧气质咧，闹得一团糟，那便没有标准可以求真了。譬如说"中国现在是共和政治"，这句话便很待考，欲知他真不真，先要把共和政治的内容弄清楚，看中国和他合不合。譬如说"法国是共和政治"，这句话也待考。欲知他真不真，先要问法国这个字所包范围如何，若安南也算法国，这句话当然不真了。看这几个例，便可以知道我们想对于一件事物的性质，得有真的灼见，很是不容易。要钻在这件事物里头去研究，要绕着这件事物周围去研究，要跳在这件事物高头去研究。种种分析研究结果，才把这件事物的属性大略研究出来，算是从许多相类似容易混淆的个体中，发现每个个体的特征。换一个方向，把许多同有这种特征的事物归成一类，许多类归成一部，许多部归成一组，如是综合研究的结果，算是从许多各自各离的个体中，发现出他们相间的普遍性。经过这种种工夫，才许你开口说，某件事物的性质是怎么样。这便是科学第一件主要精神。

第二层：求有系统的真智识。智识不但是求知道一件一件事物便了，还要知道这件事物和那件事物的关系。否则零头断片的智识，全没有用处。知道事物和事物互相关系，而因此推彼，得从所已知求出所未知，叫做有系统的智识。系统有二，一竖，二横。横的系统，即指事物的普遍性，如前段所说。竖的系统，指事物的因果律。有这件事物，自然会有那件事物。必须有这件事物才能有那件事物。倘若这件事物有如何如何的变化，那件事物便会有或才能有如何如何的变化。这叫做因果律。明白因果，是增加新智识的不二法门，因为我们靠他才能因所已知推见所未知。明白因果，是由智识进到行为的向导。因为我们预料结果如何，可以选择一个目的做去。虽然，因果是不极容易谭的。第一要找得出证据，第二要说得出理由。因果律虽然不能说都要含有"必然性"，但总是愈逼近"必然性"

愈好，最少也要含有很强的“盖然性”。倘若仅属于“偶然性”的，便不算因果律。譬如说“晚上落下去的太阳，明早上一定再会出来”，说“倘若把水煮过了沸点，他一定会变成蒸汽”，这等算是含有必然性。因为我们积千千万万回的经验，都没有一回例外，而且为什么如此，可以很明白说出理由来。譬如说“冬间落去的树叶明年春天还会长出来”，这句话便待考。因为再长出来的并不是这块叶，而且这树也许碰着别的变故再也长不出叶来。譬如说“西边有虹霓，东边一定有雨”，这句话越发待考。因为虹霓不是雨的原因，他是和雨同一个原因，或者还是雨的结果。翻过来说，东边有雨，西边一定有虹霓，这句话也待考。因为雨虽然可以为虹霓的原因，却还须有别的原因凑拢在一处，虹霓才会出来。譬如说“不孝的人要着雷打”，这句话便大大待考。因为虽然我们也会听见某个不孝人着雷，但不过是偶然的一回。许多不孝的人，不见得都着雷，许多着雷的东西不见得都不孝。而且宇宙间有个雷公，会专打不孝人，这些理由完全说不出来。譬如说“人死会变鬼”，这句话越发大大待考。因为从来得不着绝对的证据，而且绝对的说不出理由。譬如说“治极必乱，乱极必治”，这句话便很要待考。因为我们从中国历史上虽然举出许多前例，但说治极是乱的原因，乱极是治的原因，无论如何总说不下去。譬如说“中国行了联省自治制后一定会太平”，这话也待考。因为联省自治虽然有致太平的可能性，无奈我们未曾试过。看这些例，便可知我们想应用因果律求得有系统的智识，实在不容易。总要积无数的经验，或照原样子继续忠实观察，或用人为的加减改变试验，务找出真凭实据，才能确定此事物与彼事物之关系。这还是第一步。再进一步，凡一事物之成毁，断不止一个原因。知道甲和乙的关系还不彀，又要知道甲和丙、丁、戊等等关系。原因之中，又有原因。想真知道乙和甲的关系，便须先知道乙和庚、庚和辛、辛和壬等等关系。不经过这些工夫，贸贸然下一个断案，说某事物和某事物有何等关系，便是武断，便是非科学的。科学家以许多有证据的事实为基础，逐层逐层看出他们的因果关系，发明种种含有“必然性”，或含有极强“盖然性”的原则。好像拿许多结实麻绳组织成一张网，这网愈织愈大，渐渐的涵盖到这一组知识的全部，便成了一门科学。这是科学第二件主要精神。

第三层：可以教人的智识。凡学问有一个要件，要能传与其人。人类文化所以能成立，全由于一人的智识能传给多数人，一代的智识能传给次代。我费了很大工夫得一种新知识，把他传给别人，别人费比较小的工夫，承受我的智识之全部或一部，同时腾出别的工夫，又去发明新知识。如此教学相长，递相传授，文化内容，自然一日一日的扩大。倘若智识不可以教人，无论怎样智识，怎样的精深博大，也等于人亡政息，于社会文化绝无影响。中国凡百学问，都带一种“可以意会不可以言传”的神秘性，最足为智识扩大之障碍。例如医学，我不敢说中国几千年没有发明，而且我还信得过确有名医，但总没有法传给别人。所以今日的医学，和扁鹊仓公时代一样，或者还不如。又如修习禅观的人所得境界，或者真是圆满庄严，但只好他一个人独享，对于全社会文化竟不发生丝毫关系。中国所有学问的性质，大抵都是如此。这也难怪。中国学问本来是由几位天才绝特的人"妙手偶得"，本来不是按部就班的循着一条路去得着，何从把一条应循之路指给别人。科学家恰恰相反，他们一点点智识，都是由艰苦经验得来。他们说一句话，总要举出证据，自然要将证据之如何收集，如何审定，一概告诉人。他们主张一件事，总要说明理由。理由非能彀还元不可，自然要把自己思想经过的路线、顺次详叙。所以别人读他一部书或听他一回讲义，不惟能彀承受他研究所得之结果，一并承受他如何能研究得此结果之方法。而且可以用他的方法来批评他的错误。方法普及于社会，人人都可以研究，自然人人都会有发明。这是科学第三件主要精神。

三、中国学术界因为缺乏这三种精神，所以生出如下之病。

（一）笼统。标题笼统，有时令人看不出他研究的现象为何物。用笼统语，往往一句话容得几方面解释。思想笼统，最爱说大而无当不着边际的道理。自己主张的是什么，和别人不同之处在那里，连自己也说不出。

（二）武断。立说的人既不必负找寻证据说明理由的责任，判断下得容易，自然流于轻率。许多名家著述，不独违反真理，而且违反常识的往往而有。既已没有讨论学问的公认标准，纵然判断谬误，也没有人能驳他。谬误便日日侵蚀社会人心。

（三）虚伪。武断还是无心的过失，既已容许武断，便也容许虚伪。虚伪有二，一语句上之虚伪，如隐匿真证，杜撰假证，或曲说理由等等。二思想内容之虚伪，本无心得，貌为深秘，欺骗世人。

（四）因袭。把批评精神完全消失，而且没有批评能力，所以一味盲从古人，剿窃些绪余过活，所以思想界不能有弹力性，随着时代所需求而开拓，倒反留着许多沉淀废质，在里头为营养之障碍。

（五）散失。间有一两位思想伟大的人，对于某种学术有新发明，但是没有传授于人的方法，这种发明，便随着本人的生命而中断，所以他的学问不能成为社会上遗产。

以上五件，虽然不敢说是我们思想界固有的病证，这病最少也自秦汉以来，受了二千年。我们若甘心抛弃文化国民的头衔，那更何话可说？若还舍不得吗？试想二千年思想界内容贫乏到如此，求学问的途径榛塞到如此，长此不去，何以图存？想救这病，除了提倡科学精神外，没有第二剂良药了。

我最后还要补几句话。我虽然照董事部指定的这个题目讲演，其实科学精神之有无，只能用来横断新旧文化,不能用来纵断东西文化。若欧美人是天生成科学的国民,中国人是天生成非科学的国民,我们可绝对不能承认。拿我们战国时代和欧洲希腊时代比较,彼此都不能说是有现在这种崭新的科学精神,彼此却也没有反科学的精神。秦汉以后,反科学精神弥漫中国者二千年,罗马帝国以后反科学精神弥漫于欧洲者也一千多年。两方比较,我们隋唐时代,还有点准科学的精神不时发现,只有比他们强,没有比他们弱。我所举五种病证,当他们教会垄断学问时代,件件都有。直到文艺复兴以后,渐渐把思想界的健康恢复转来,所谓科学者才种下根苗。讲到枝叶扶疏,华实烂熳,不过最近一百年内的事。一百年的先进后进,在历史上值得计较吗?只要我们不讳疾忌医,努力服这剂良药,只怕将来生天成佛,未知谁先谁后哩!我祝祷科学社能做到被国民信任的一位医生,我祝祷中国文化添入这有力的新成分再放异彩。

[第7卷第9期(1922)第859—870页]

# 6. 中国之科学思想

王　琎

中国立国数千年,自命为文物之邦,然科学之发达,则远不如欧西。今日之国弱民贫,亦由于科学不振之故。论者推测其因,或归咎于吾国学者之不知归纳法①,或言吾国素鄙视物质科学,不加注意。此二说者,皆理由充足,针砭得当。惟除此二说之外,窃意吾国学术思想,受吾国历史与民性之影响甚巨。历史之影响,即专制之影响,而民性之影响,乃依赖之影响也。曾考吾国科学思想有可发达之时期六,一曰学术原始时期,二曰学术分裂时期,三曰研究历数时期,四曰研究仙药时期,五曰研究性理时期,六曰西学东渐时期。在此数时期间,一部分学者,或注意于宇宙之物质构造,而加以思索;或致意于创造或实验,以求天然能力之利用;或受外来新思想之刺激,而生新反应与见解。苟能善用此等机会,则科学之发达,亦复不难。惟其来也如潮,其去也如汐,旋见旋没,从未有能持久而光大之者,细索其故,似觉专制与依赖实有绝大之关系。今试论之如下:

以政治专制而言,欧洲中古君主之专横者,实远过于汉唐宋明之帝王。惟以学术的专制而言,则全世界无逾于中国者。学术之专制,有政府之专制,与学者之专制。因有政府之专制,然后有学者之专制。开吾国政府学术专制之端者,厥为吾国之"先王"。有吾国"先王"神道设教之学术专制,然后有秦史治学术之专制,然后有汉阴阳家学术之专制,然后有唐宋词赋学术之专制,明清八股学术之专制。吾国数千年来,学风之隆替,学术之变迁,全视朝廷之提倡与否。而朝廷之政策,每援引"先王"为证据。吾国"先王"魔力之大,为全世界各国历史所无。推原其故,盖由吾国原始时期之酋长,如伏羲、神农、黄帝、尧、舜等,其智慧高出于民众者太甚,其能力之巨,不但与人民以物质之文明,如宫室、衣服、舟车、耒耜、网罟、弓矢,推而至于指南车之制造,度量衡之审定,其发明之多,为近世以前所未有(此实吾国最早之科学思想发生时期)。而且与吾人以奇异之哲学。此哲学为何,即今之《易经》是也。其哲学汇聚天然现象之观察,心理之感触,人事之休咎,玄理之探索于一炉而熔化之。制成一种神道设教之学说,而强迫人民以听从。其力量至为伟大。世人有谓《易》不过为古人卜筮之书而轻视之者,不知古人之藉以控制人民者,一为历数学之真科学,与易学之伪科学。历数学言天之常道,使民信。易言天意,使民惧。能使民信,能使

① 《科学》杂志一卷一期,任鸿隽君《中国无科学之原因》。

民惧，而专制之能事毕矣。吾国古代凡一新朝代之君主出，必修整历易以振动人民之视听①。故《书经》曰："平秩敬授，作讹成易。"古代人民视君主不但视为君，并视为师，且视为神。盘古，古代神话时期之君主也，谓其有开辟天地之功。女娲，亦古代之君主耳，而谓其有补天之能。反观欧西古代之神话，虽同一荒诞，至其最早之宇宙观，则言天造人，而不言人造天②。观于此即可知吾国君主专制之力，迥非泰西君主所及也。至于周时，则凡百学术，俱掌之官。学校之教师，无一而非官吏。学校之课程，以六艺之人事学为主，于易历之天道学，则秘焉不授。故周时学术虽盛，而普通人民之学，皆但求能行，不求能知，如无源之水。故一至战国时，中央政府衰，而学术遂呈分崩之现象矣。此吾国科学思想原始时期，即受专制束缚之证据也。

自周室东迁后，王室衰微，不但政治失中央之重心，学术亦失中央之重心。于是庄、列、杨、墨等诸子，蜂起云涌，各持异说。此亦学术专制失败后必有之反应。此为学术分裂时期。此时期间，学者之思想，较前更为丰富亦较为科学的，其与前不同之点即为思想尚分析而不拢统。庄子评论周末诸子之缺点曰："不偏不该，一曲之士也。判天地之美，析万物之理，察古人之全，寡能备于天地之美，称神明之容。"③由是观之，周末诸子以前之学，即在备天地之美，称神明之容，即为合天然思想、宗教思想、玄学思想为一之易学。此种学说，为妨碍科学思想的，而非激发科学思想的。至于诸子之学，大概为判析的思想，其与近代科学思想，有极相同者数点。

(1) 定名之严确。吾人欲研究物理学者，必于物理学名词有准确之观念。此点墨家与名家颇极注意。《墨经》对于形学及名学之名词，其定义之严密，为吾界思想界所绝无而仅有。例如圆之定义，则曰一中同长；平之定义，则曰同高；又如倍，为二也；力，形之所以奋也；皆确当无比。

(2) 天然现象观察之微密。诸子中如庄子等，对于天然现象之观察颇广，故其书中所举虫鱼鸟兽之名极多。其"久竹生青宁，青宁生程"，近人且附会之，谓之为吾国之天演学家。固属牵强之论，惟庄子之"风之过河也有损焉，日之过河也有损焉"二语，不能不叹其观察之精密。其余诸子与此相类之语正多。

(3) 于常人不注意处下严密之思索。虚渺之思索如玄学、易学者，固无当于科学之进步。惟切实之思想，视之似超妙而极合理者，则为科学进化之必不可无。牛顿、里布尼茨、

---

① 参观章实斋《文史通义·易教篇》。
② 耶稣圣经旧约。
③ 《庄子·天下篇》。

恩斯坦，皆此种人物。周末诸子中之惠施即具超脱及合理之思想。惟惜其驳杂不醇，有时好为强辩，以至瑕瑜相掩，令人失重视之心。例如惠施言“飞鸟之影，未尝动也”；又如“镞矢之疾，而有不行不止之时”；又如“一尺之棰，日取其半，万世不竭”；皆有至理存焉。

(4) 贵思想之实地应用。墨翟、公输班之徒，皆实地应用机械原理以制攻守之器具。由以上所举观之，吾人不妨称学术分裂时期之思想，为吾国科学思想之黄金时代。惜其不能永久，但如昙花之一现者，盖由于两种专制力有以摧残之。其一种即为秦始皇之政治专制，又其一则为孟轲、荀卿之学术专制。始皇之敢于焚书坑儒者，实有睹于“先王”时学说之统一，故欲袭其故智以实行其统一。孟子、荀卿之攻击异己者，俱不遗余力，而斥之为洪水猛兽，以驱除为己任。使之为君主，则其挞伐“异端”之手段，或亦类始皇之严厉。苏东坡谓始皇之暴，实原于荀卿之学说，其语亦不无片面之理由也。自秦以后，学术专制，遂为君主控制天下之不二法门，思想界遂惨淡而无彩色矣。

两汉及魏晋数朝，皆为阴阳家盛行之际。学术思想之受其害者，既深且广。惟于天文历数二科学，不能谓无大进步。科学中在吾国之稍有根底者，即为天文历算。而成其端者即两汉张苍、落下闳、司马迁等，皆精于历算，而后汉之张衡、贾逵研究尤深。吾国天文学之杰出可首屈一指者，即推张衡。衡之地动仪与浑天仪，皆备具精巧，为吾国后世所莫及。其对于宇宙构造之观念，详见于彼所著之灵宪说①。至于思想超脱，不为俗见所束缚者，当推王充。其所著《论衡》一书，能辟当时纤纬术数之谬见，而抱一怀疑态度。其讨论之颇合于科学方法者，厥有数点。(一) 不认前人之说为全是而无非，故有问孔非韩刺孟诸篇。(二) 讨论贵有合理之推测，与最近之证据。例如谈天、说日诸篇，欲言女娲炼石之必不可信，从物质上时间上与能力上三点着想。比较天质与石质，比较共工、女娲之力与天之力，比较尧舜之时与开辟之时，而决其事之万无可能性。又如批评邹衍大九洲之说，先取最近之证据，如张骞使西域之经验，而觉邹衍之说之无稽。再就理想方面设想，因太阳出地与北极关系之观察，觉世界地面之大，必远过中国所有者数倍，而断邹衍之说为合理。可称有讨论真理应有之精神矣。(三) 除去儒家及俗人虚增之习惯②。以上诸事实，实不可谓之汉代之科学思想及成绩。然其思想究不发达，成绩不丰富，且不久遂沉寂无闻者，亦复有故。即汉代无论何学派，皆依赖于阴阳五行学派也。儒家与道家，固始终不相容者也，汉时虽文景尚道，武宣尚儒，而阴阳学说，则无时不极盛。且为阴阳学说推波助澜，用力更巨者，儒家且过于道家。《前汉书》曰，汉兴承秦灭学之后，景武之世，董仲舒治《公羊春

① 《后汉书·张衡传注》。
② 参观《论衡·书虚·变虚·语增》等篇。

秋》，始推阴阳为儒者宗。宣元之后，刘向治《穀梁春秋》，数其祸福，傅以洪范。于此可知儒家之重阴阳学说。且观前后汉书天文志，皆不过一二卷，而五行志皆多至五六卷。灾异术数之说，上下风行，其影响于学说者，即使学者乏分析之能力。于是宗教与物质之研究不能分，人事与物质之研究不能分，思维术一混乱，而真理无由明矣。其影响于政治者，为方士求仙，巫蛊惑主，而汉且亡于道教之黄巾，学术依赖之祸亦烈矣①。

阴阳五行分配之学说，实滥觞于易学，然经一朝代，其说即变本加厉，而愈深固。其说之所以不易颠仆者，在于其学说之可以活动应用，且未曾一受实验之考试。其稍与以实验之尝试者，即南北朝及唐代之仙药家，即吾国之点金术家(alchemists)也。仙药家中品之较高者，专以养生为主；其品低者，则谋利欺人，无所不为。惟养生与谋利，皆必有物质之根据，而不可全凭空言，于是不可不稍为金石草木之研究。因有仙药家草木之研究，如陶弘景、苏颂者，于是吾国之本草学以传以盛。因有仙药家金石之研究，如魏伯阳、葛洪之徒，于是有铅汞之学说。充铅汞说之量，应足以发吾国化学之端，因其术与欧西中古之点金术，固极相类者。若一细读《抱朴子》《参同契》《钟吕传道记》诸书，则见仙药家对于金石之实验研究，实颇有所得②。今略叙其所得之结果数则如下，虽以今日化学全盛之时观之，其所成就与观察所得者，皆不啻儿戏。然当时固极人主及富贵者之威权财产以求者也。

(1) 汞与汞之化合物有升华性，铅之养化物有沉降性。

(2) 烧丹砂而得水银，烧铅而得金银(因铅内杂有金银故)。

(3) 植物灰能助金石于烧炼时得流动之功用。

(4) 烧水银复得丹砂。

(5) 水银与金属能结合成干汞(即汞金)。

(6) 硫黄之能伏金属(即成硫化物)。

(7) 胆矾与铁之放铜。

(8) 雄黄水之制造。

(9) 胡粉之还原与养化等等。

以此等毫无统系之试验，解决人力万不能之长生与点金术，其失败固毫无足惜。惟欧洲之点金术失败后，真化学就此萌芽。而吾国之点金术失败后，道教迷信之风不因此而衰，真科学仍不发生。探索其故，又不得不归咎于阴阳五行之学说，而怪其同化力之巨。盖仙药学说之发源由于阴阳五行论，故其归根仍入阴阳五行论，而不生其他新影响。仙药家之自

---

① 张衡与王充亦主张阴阳五行论。

② 参观《科学》杂志五卷三期《东洋古代文化之化学观》及五卷七期《中国古代金属化合物之化学》。

命造诣较深者，其入手时，即不自认其目的为点石化金，更不认服食金石炼成之丹药有长生之功效。其视丹药之成不成，铅汞之法当不当，固无一种恳切企望之志。其炼丹事业，几如吾国文人之焚香弹琴，为一种消遣寄意之举。故朱熹云："养生无非在魂魄水火（意谓身中之水火）之互相周济而不相离，所以能永年。养生家说尽千言万语，说龙说虎，说铅说汞，说坎说离，其术止是如此。"①《钟吕传道记・铅汞篇》亦云，"真气隐于人之内肾，所谓铅者此也"。又云"心液中有正阳之气，所谓朱砂者，心液也，汞者，心液之中正阳之气"。观以上之论说，彼仙药家固以文人作诗赋用比兴之意视铅汞术，于是宗旨方法之根本，皆完全动摇，而实验之必要，亦遂为人所轻视。此欧洲点金术之所以能为化学研究之先锋，而在吾国则影响极微也。

宋儒研究性理，自谓为儒术之正宗，排斥佛老，然其学实依赖于释家、道家、儒家，混合同化而成。黄宗羲且谓周敦颐之无极太极图，乃得诸陈抟②。其言不为无据。但言中国科学思想者，不能不及宋儒。一则因宋儒言格物致知，二则因宋儒对于宇宙及各天然现象，有时亦加以详细之观察及思虑。案宋儒之所谓物，不但指物质与天然物体，大概俱指人事。故朱子对宋孝宗论格物，有"陛下未尝随事以观理，即理以应事"之言。然有时亦指天然物体而言，宋儒邵康节等，于历算天体颇致研究。有时其思想颇深，例如程伊川见邵康节，伊川指食棹而问曰，此棹安在地上，不知天地安在何处？康节为之极论其理，以至六合之外。伊川叹曰："平生惟见周茂叔论至此。"又朱子对于山川成就之感想有云："天地始初，混沌未分，想只有水火二者。水之滓脚便成地。今登而望群山，皆为波浪之状，便是水泛如此。只不知因甚么事凝了，初间极软，后来方凝得硬。"又云："尝见高山有螺蚌壳，或生石中。此石即昔日之土，螺蚌即水中之物。下者却变而为高，柔者却变而为刚。此事思之至深，有可验者。"此等言论，不得不称为朱子之地质学。但宋儒虽言格物致知，惟在吾国仍绝少科学之贡献，其显明之原因有下列数项。（一）宋儒之所谓物，既无定义，故其研究极泛博而寡要，且无方法。（二）宋儒言天道，即陷入阴阳家分配之说，而邵康节、周濂溪等尤甚。因其喜分配，故程伊川有天地万物之理无独必有对。夫胸中既存有对之成见，则必陷于牵强，而观察难确矣。（三）宋儒之心法，大概脱胎于释氏，有所谓内观之学说。故其格物，每不就物格，而但尚心内玄想之格。故邵康节云："夫观物者，非以目观之也，非观之以目，而观之以心，非观之以心，而观之以理。所以谓之反观者不以我观物也。"③此等论

① 《朱子语类》。
② 《宋元学案・濂溪学案》。
③ 《宋元学案・邵百源学案》。

调，完全用直觉入手，鄙视实验与观察，欲其于天然科学及物质科学有所贡献难矣。

在以上所述之数时期间，科学在中国皆有发生之机会，而卒不能发生者，或由于专制之摧残，或由于依赖之断丧。迨西学东渐之后，科学在泰西之已有根底者，输入中国，此等外来之科学，是否亦受此二事之影响，此固非一人一言可预断。然一细观往事，大有使人不能不失望者在。案欧洲科学输入中国，大概可分为三时期，一为明清之交，一为同光之交，其一则为今日。明清之交，西方天算之科学，由利玛窦、南怀仁、汤若望等输入中国。吾国人之阐扬而光大之者，在明有徐光启，在清有梅文鼎，而清帝康熙亦为西算护法之一人，其学似宜可大盛。惟实际观之，天算之学，在清非但不若经学之盛，乾嘉以后，且有将成绝学之虞。其狡而稍窥西学者，尤复取天文实用之书，杂以中国五行生克之理，至堪舆家言，亦取地图经纬度等言，以足其书。刘献廷言："术数之书，大抵太公、子房、武侯、药师辈，无一幸免。今又及泰西之学矣。"①可知阴阳五行之学说，在清代之时其势力已成强弩之末者，对于泰西之科学犹欲摧残其独立。苟无鸦片战争以后之局面，则西算在中国必为绝学，固无疑也。同光以还，吾国怵于欧洲之船坚炮利，于是复言科学，设译书局、制造局、船政学校，派遣留学等等，名之曰"洋务"，如是者几五十年，而全国之鄙弃科学者仍如故，科学事业之不发达者仍如故。而输入泰西科学比我较迟之日本，反能极力推广利用，一日千里，吾国已望尘莫及。论者揣测其故，皆云同光间吾国之言科学在提创者不知科学为何物，但悬一富强之目的，以官僚之政策，行科学之事业，初固不视科学为一种独立之学术，可与经史并立。及屡次外交失败，战争失败，对于科学之信仰心遂弱，在学习者，亦视科学研究为出身之一途，其精神已不若研究经史者之纯粹，加以见闻狭隘，兴趣索然，故亦不久即弃之如敝屣。故同光间科学在中国之失败，即在社会与学者之心理，皆不视科学为研究真理之学问，不知其自身有独立之资格，固不必依赖富强之号召为其存在之保护人也。时至今日，其形势复一大变。国内"科学""科学"之声，洋洋盈耳。社会中教育界实业界之望科学，如饥渴者之望饮食，此后科学在中国，或将培植得宜，耕耘不替，庶良禾不致复为稂莠所毁也。惟杞人之忧，以为学术专制及学术依赖之风，在中国今日犹未全灭。一般学者之视科学，或但以方法视之，或但以技术视之，立论稍一不慎，即能使科学丧其独立之资格，以至于退化。须知科学者，其职务为搜求天然真理，维持人类文明，其自身之价值，固不在道德宗教政治下也。

[第 7 卷第 10 期(1922)第 1022—1033 页]

① 《广阳杂记》。

# 7. “科学教育号”发刊词

自十九世纪科学昌明以后，教育之方法焕然一新。凡所以启发学者之道，皆求其合乎科学原理。所谓心理测验，所谓设计教育，所谓自动主义等等，无不以科学为依归。惟教育学之兴盛虽赖科学方法，而科学之传布亦不可违背教育原则。盖教育方法，即科学方法。若科学方法，为一般言教育者所采用，而真从事于科学①者反不自行研究其教授之方法，默守成规，阻滞进步，必渐至谈教育者将越俎代庖，斥授科学者为不谙教育原理，言科学者斥谈教育者为崇尚高调，不求切实。先因误解，渐至背驰，科学教育前途，遂难祈坦荡矣。

数年以来，吾国社会渐知注重教育。美洲教育大家，如杜威、孟禄诸人，相继来华。讨论教育之文字，亦如春笋怒生，络绎不绝，诚教育界最有生气之现象也。科学在学术界占紧要之位置，为全世界人所公认。其教授法之良否，实可以断科学在吾国将来之命运，更不容不急为讨论。孟禄博士“吾国中学科学教育不良”之言，吾人岂可不急起补救。本社同人本此宗旨，对于科学教育问题，思有以激起国内学者及教育家之讨论，故或译欧美名篇以资借镜，或考国内情形，妥为商酌，集成“科学教育专刊”。挂一漏万，偏缺不全，岂不惧贻讥海内。惟本刊所提及者，为讨论之始，而非讨论之终。若读者不弃，肯继续讨论，使科学教育问题，变成国内教育讨论之焦点，则本刊之出，固不虚矣。王琎志。

[第 7 卷第 11 期第 1119—1120 页]

① 专指物质科学与天然科学，盖狭义言之。

# 8. 中国科学社之过去及将来

任鸿隽

## 绪　言

（一）科学之重要　言近世东西文化之差异者，必推本于科学之有无。盖科学为正确智识之源，无科学，则西方人智犹沉沦于昏迷愚妄之中可也。科学为近代工业之本，无科学，则西方社会犹呻吟于憔悴枯槁之途可也。科学又为一切组织之基础，无科学，则西方事业犹扰攘于纷纭散乱之境可也。吾人纵如何情殷往古，而于近代智识、工业及社会组织之进步，不能不加承认。吾人纵如何回护东方，而于西方智识、工业及社会组织之优越，不能不加承认。若是乎，东西文化及国势强弱之分界，一以科学定之，然则科学之重要，不于此而可见耶！

（二）科学发达之条件　夫以科学之有无，其结果之截然不可假借，既有若是矣。吾人诚不欲以昏愚、枯槁、纷乱终，则返而求诸科学，亦何难之有与？虽然，事不若是之易易也。科学之发达，至少必具下列诸条件：

（1）研究精神。同一苹果堕地也，他人第熟视无睹，而牛顿以悟万有引力之理。同一蒸气冲盖也，他人以为平常无奇，而瓦特以神发动机关之用。海王星之发见，观测几及十年，天演论之成书，搜材亦近一世。凡此孜矻之不已，实"即物穷理"之精神所表现。夫所谓物者，不限于前人著述之所已及，即所谓理者，实有以发天地自然之奥妙。而且无所为而为，唯真理之是求，不为利夺，不为害怵。必此种精神弥漫于学人心脑之中，而后科学萌芽乃有发生希望。

（2）共同组织。研究精神固属个人，而研究之进行，则有待于共同组织。盖科学之为物，有继长增高之性质，有参互考证之必要，有取精用宏之需求，皆不能不恃团体以为扶植。是故英之皇家学会，法之科学院，成立于科学萌芽之时，实即科学发生之一重要条件。盖研究精神为科学种子，而研究组织则为培养此种子之空气与土地，二者缺一不可也。

（3）社会赞助。今人言及科学发生之历史，则联想及于布鲁诺、盖理略之受迫害，若以是为科学家之唯一运命者。实则科学之初诞，压迫者仅出教会，而赞助者仍在群流。如皇家学会初成时，英国政府尝给予年金以资补助，英王查理士亦自为发起人，法国之科学院，则为路易十四所倡设。余如德、奥、意、美，莫不各有国家设立之科学机关以图科学之发展，故科学之进步亦一日千里，不可限量。盖科学家虽不必待外界之尊崇以为重，而科学之发达，则必有待于社会之赞助，有断然者。

（三）学社与科学之关系　观乎此，则学社与科学之关系，大可见矣。其始也，学者以图共同研究之便利，而组织学社；其继也，以学社之种种便利愈促进科学之发达。至学社本身之能否发达，则一视其组织分子之热力，与社会对之之同情为断。吾人观于西方科学发达之历史与其学社林立之盛况，而不禁为之踌躇满志也。

（四）现今科学教育的缺点　现今我国教育界，竞言重科学矣，顾其所谓科学教育者，至少有两大缺点。一则专注重科学之传授，而不问科学之研究；一则仅以研究之事，委之学校，而不别求直接有效之途径是也。夫研究为科学之所由出，未有不提倡研究而能奏提倡科学之功者也。若乃研究科学，虽亦当今高等大学所有事，特学校职任，首重教课，其于研究，亦行有余力之类耳。故非于学校外别设研究机关，欲科学之油然勃兴，不可得也。故谓学社为发达科学所不可缺，在当时之西方有然，在今日之东方亦有然，在学校未发达之国有然，在学校已发达之国亦有然也。

## 中国科学社成立之历史

观上种种，则中国科学社成立之必要，已不待言，今所言者此社成立之经过及其将来计划耳。本社发起于民国三年夏，时发起诸人多在美国，尽力从事于《科学》杂志之编辑。民国六年三月，在中央教育部呈准立案，当时呈文所列本社应举事业，与本年修改后总章所列者，虽文字略殊，而实质无改。兹举其条文如下：

（1）发刊杂志，以传播科学提倡研究。

（2）著译科学书籍。

（3）编订科学名词，以期划一而便学者。

（4）设立图书馆以供参考。

（5）设立各科研究所，施行科学上之实验，以求学术、实业与公益事业之进步。

（6）设立博物馆，搜集学术上、工业上、历史上以及自然界动植物矿物诸标本，陈列之以供研究。

（7）举行科学讲演以普及科学知识。

（8）组织科学旅行研究团，为实地之科学调查与研究。

(9) 受公私机关之委托,研究及解决关于科学上一切问题。

观上所列,则本社宗旨不言可喻矣。至本社于所揭橥之事业,实行至何程度,则当于下方明之。

本社以民国七年由美移归中国,始设事务所于上海及南京,继在财政部请得南京成贤街文德里官房,乃设总事务所于南京,同时于上海、北京、广州皆设有分社事务所。本社之科学图书馆、生物研究所,则以房屋上之便利故,皆设南京。其他各种事业,则拟就各地之便利随时举办。本社社员名数,现在五百以上,皆曾受专门高等教育,或在社会上办事著有成绩之人,说者谓国内团体分子之纯粹,与程度之齐一,无如本社者也。兹将民国九年本社书记报告所载社员统计转录如下:

**一、以学科分**

| | | | |
|---|---|---|---|
| 1. 普通 | 150 人 | 7. 化学 | 32 人 |
| 2. 土木 | 46 | 8. 生计 | 29 |
| 3. 矿冶 | 41 | 9. 物算 | 29 |
| 4. 机工 | 39 | 10. 化工 | 27 |
| 5. 电工 | 39 | 11. 医药 | 24 |
| 6. 农林 | 35 | 12. 生物 | 8 |
| 共　计 | | 503 人 | |

**二、以现在地分**

| 国　　内 | | | |
|---|---|---|---|
| 江苏 | 108 人 | 哈尔滨 | 4 |
| 上海 | 64 | 香港 | 4 |
| 南京 | 94 | 广东 | 4 |
| 其他 | 13 | 山东 | 2 |
| 直隶 | 74 | 奉天 | 2 |
| 北京 | 55 | 云南 | 1 |
| 天津 | 19 | 山西 | 1 |
| 四川 | 28 | 安徽 | 1 |
| 湖北 | 14 | 湖南 | 1 |
| 福建 | 6 | 广西 | 1 |
| 江西 | 6 | 陕西 | 1 |
| 河南 | 5 | 未详 | 5 |
| 共 17 省 | | 276 人 | |

续表

| 国外 | | | |
|---|---|---|---|
| 美 | 201人 | 英 | 2人 |
| 法 | 11 | 瑞士 | 1 |
| 日 | 11 | 新加坡 | 1 |
| 国外共227人 | | | |
| 国内外总计503人 | | | |

## 中国科学社之现在事业

本社成立之始，即以九种事业自程，今实行者已过大半，请单简述如下：

(1) 出版物。又分三种：

(A)《科学》月刊。自民国四年出版，迄今已出至第七卷第十期，为国内专设科学之唯一杂志。其在学术界上之价值，已有定评，兹勿具论。英美学会与本社交换杂志者亦不下十余处。

(B) 通论特刊及单行论文。本社曾刊行《科学通论》及他种特刊多种，谋灌输科学正确知识，颇承学界欢迎。又印单行论文数十种，皆极有价值之作。

(C) 科学丛书。本社现正编纂科学丛书，使读者得有统系的高深科学知识。

(2) 图书馆。本社科学图书馆，成立于民国九年，现有中西书籍一万六千余册。西文书籍，多系本社就新出科学书中，妙选择购，其无关重要之书，为他处所易得者，概不入录。各专门杂志为研究参考所不可缺者，在中国尤不易获。本社购置各国专门杂志约计一百三十余种，在中国各处图书馆中，未有及此宏富者也。

外国学社所出之书报，对于同类学社皆有赠送及交换之例。本社近承美国斯密素林及卡列基两学社寄赠其所出书籍报告等二千余册，其他交换之书籍杂志亦数十种。又美国斯密素林学社之国际交换书籍，其赠诸中国者，已由本社呈准外交部及上海交涉使署，由本社图书馆保管，此足引为荣幸者也。

(3) 研究所。本社之生物研究所，于民国十一年夏间，仍就南京总社所设立。所中办法，约分两部：一方面搜集国内动植物标本，分类陈列，以备众人观览；一方面选择生物学中重要问题，开始研究，以期于此中有所贡献。至各种研究中，所以独先生物者，则以生物研究，因地取材，收效较易，仪器设备，须费亦廉，故敢先其易举，非必意存轩轾也。

(4) 讲演。本社讲演约分两种：一为常期讲演，每年一次或数次，每次数讲或数十讲，皆就各演题特加组织，为有统系之陈述。行之已数年，听者踊跃。一为临时讲演，遇某科学大家莅止或某特别机会时行之，如杜威、罗素与班乐卫之讲演，是其例也。

(5) 名词审定。名词审定，原为本社事业之一。自民国八年以来，本社参与科学名词审查会事，则各科科学名词，多出本社社员之手矣。

(6) 年会。本社每年开年会一次，开会时除讨论社务及特别问题外，社员于科学上有研究发明者，亦得作成论文，在会中宣读，此固学术团体之旧例，而他种集会所无者也。

本社现在事业之可为国人告者止此。以本社同人之绵力薄材，处科学重要尚未为国人了解之际，虽竭蹶经营，而陈效犹尠，当为识者所共谅。然吾人怀抱所及，则不以为是限也。今请述本社将来之计划于下。

## 本社之将来计划

(1) 杂志。拟分专门及通俗两种，专门者以发表社员研究之新得，通俗者以传播科学之常识。有专门著作而后可图世界学术之联络，有通俗论文而后可望科学知识之普及。

(2) 图书馆。拟办理下列诸事以推广图书馆之功用。

(A) 印行书籍目录，使各处有借阅权利之人，皆得使用书籍之便利。

(B) 刊行杂志论文节要，使国中学者不必观外国专门杂志而知当今科学界之现状及进步。

(C) 添设分馆于各重要地方，以图科学书籍之普及。

(D) 整理中国书籍。

(3) 研究所。至少须有下列数种：

(A) 理化研究所。

(B) 生物研究所。

(C) 卫生研究所。

(D) 矿冶研究所。

(E) 特别研究所。

生物研究所现虽已成立，而规模狭小，亟待扩充。至其他各种研究所，为研究各种科学问题所不可少，其设立亦不可缓。盖以科学问题，有属于吾国特有者，有应由吾国学者担任与世界学者共同研究者，皆有待于研究所之成立，乃能由空言而进于实行也。

(4) 博物馆。拟设两种:

(A) 自然历史博物馆。

(B) 工业商品博物馆。

以上所陈,特其大概,至今进行次序,则拟分年分地,次第举行。如总图书馆及自然历史博物馆宜设于北京,理化研究所及工业商品博物馆宜设于上海,生物研究所及卫生研究所宜设于南京,矿冶研究所宜设于广州,其余分馆及特别研究所等,则随处可设,要视本社社员之能力,及社会赞助之热心如何耳。夫英有一皇家学会,实开科学之先河,美设斯密生学社,亦树华国之宏规。吾人处筚路蓝缕之后,当康庄大启之时,尚不能从当世学者之后,以为世界学海增一勺之量乎?我言及此,吾心怦然,吾尤知海内外期望吾社之贤达同此心理也。

民国十一年,冬至日。

[第 8 卷第 1 期(1923)第 1—9 页]

# 9. 发明之母

曹梁厦

西谚云，“理想者事实之母”，至理名言，为人所公认。又谚云，“需求者发明之母”，盖谓有所需求而后有发明。斯言也，发明家不尽以为然。数年前发明鱼雷的爱尔兰人勃莱能(Brennan)氏语人曰，“发明之母”什九为幸运，以需求而发明者，殆无其事也。今欲举确切之统计以辟其言之谬，固不可得，然可举之例足以攻其说者亦甚多，即以最近之俄国调查所得，已足见古谚之有征矣。俄国自政体变革以来，日用材料之缺乏，日甚一日，于是制造火柴以废纸代木而为柴枝，以洗濯羊毛所余之油脂代石蜡，而为引燃之料矣。其以需求而有发明者，如齐立金(Chilikin)兄弟之创三种掺合麻棉之法，可使用于专纺棉纱之机。凯尔文(Kelvin)之对于航海器械，多所发明，如改良指南针、量水器及海岸灯塔等，亦由其自购航船，始知精良之器械在所必需，而后造意创制之也。

勃莱能氏之言，大都本其个人之经验而发。其发明鱼雷也，非先存欲于此方有所发明之意，盖其职业本为修表匠，曾于工场中见动铇平机之皮带，察其动作，忽有所触，乃知机械上之作用，可有欲扬反抑之事，即欲使机器之前进，可由挽之后退而成者。彼既明此理，谋有以应用之，历试无所成，最后乃得鱼雷之意象，一旦有所悟，则其成功乃意中事也。

事实之与勃莱能发明鱼雷相类者固甚多，其初必为觉察非常之现象，或寻常所不经意之事物，而后猝然有所悟，由理想而见诸实用。然此非常之现象者，每因不慎之过失而生，如某纸厂中工人忘加胶料于纸浆，于是造成之纸不坚韧，弃为废物，适有人拾取之，作书其上，乃知其有吸收墨汁之性，此即吸墨纸之所由发明也。又管理石印机之工人，印刷时未及衬纸于印机轴下，故字版直接印于机轴上，留有痕迹，及加纸复印，则纸面印有字版之墨迹，纸背亦有由机轴直接印成之墨迹，适有人在旁见此甚寻常之现象，由是而有间接印刷法之发明。

有淀粉厂设于河滨，一日失火，有人发现炙焦之淀粉与水相调，有粘合性，于是胶浆之用始大明。德国某试验室研究实验进行之际，温度计忽碎裂，水银外溢，流入辟瘟脑及他种物质混合之热溶液中，由是有成硫酸汞，乃大可促进辟瘟脑氯化之作用，于是得人造靛青之第一步，向日之难题至此立解矣。

机会之来，出于偶然，遇善用智力者，乃能辨其有益而利用之。如孟谷尔菲(Montgolfier)于其妇因事他往时，一日亲取其妇之衣而曝之，乃觉衣服为气所张，气热则有上升之倾向，及其妇归，已见其制纸成球，放入空中，此即为轻气球之发轫。

有时所观察之现象，不必与所发明之事物同为一事，惟其作用必有相类之处，在寻常人视之，似绝无关系者也。数年前美国侯海河商人某以所营之业不甚发达，日夜焦思，不得良策，乃赴欧洲旅行休养。渡海时见船中机器间有推进轴旋转计数器，忽触悟商店贸易之数，亦必可以机器之方法而计之，结果乃有门市记账机之发明。西人服用硬领，仅数十年来之事，其初在 1825 年有铁匠之妇，为其夫洗濯里衣，斯时领与衣连，式似吾国现时之衣服，彼觉衣领较之他部为易污，彼即开始专制衣领出售，嗣后日见推行，渐成今日之硬领。又英国兵衣肩章有钢练者，其始亦由某军官之妇，于其夫出征时，曾缝练条数行于其衣肩之下，以防不测之刀刺，果有保护之实用，后遂为英国兵队中正式之装束矣。

然亦有因懒惰取巧而能发明者。在 1846 年，一铁路掌开闭车轨之工人，独管两处信号，以来往奔走颇烦，乃取长铁丝缚于转轨之横杆，通于所居之室，以旧铁椅为锤量，于是在寒夜可得安坐室内不必出门一步，而尽其职务矣。其后为铁路管理人所知，责其偷懒而赏其智巧。自是而后，掌开闭车轨之工咸受其赐矣。

[第 8 卷第 1 期(1923)第 25—27 页]

# 10. “科学通俗讲演号”发刊词

科学社举行通俗讲演，今年是第四次了。但从前没有把讲演稿聚在一处编成专刊。今年因讲演诸位及纪录诸位的勤敏，同讲演委员会竺藕舫先生的尽力，能将他凑成一期登载，这是应当感谢的。不过当初的计划，原有十多个演讲，后来因天气太热，时间不敷，删去四五个，不但将胡刚复先生的物理，孙洪芬先生的化学演讲删去，就把爱恩斯坦的相对论影片表示也作罢，使本期失去许多好材料，这是极为可惜。

科学演讲的目的很多，有时可极其专门，譬如发表新发明，讲解新原理，绍介新应用。这一种演讲是专门家藉以交换智识，却不容易得到一般人的兴趣。有时科学演讲，亦可极其普遍，如科学常识，科学方法及科学影响。这一种演讲不但专门家乐听，并且可引起社会对于科学的了解同兴趣。若一般社会对于科学表同情，则科学事业进行便无阻碍，且多帮助，所以各国对于普通科学演讲俱极注意。即以伦敦一处而论，差不多每日总有一个。例如自本年三月五日起至三月十五日止，此十日便有十四处的通俗演讲。并且他所讨论的范围又极广。今试把他讲题摘录下来看看，想亦是有兴味的事。1. 锡兰岛之生活工业及植物。2. 西印度农业大学之事业及目的。3. 统计学在欧战时之应用。4. 古代时欧洲同东方之交通。5. 对于科学同工业关系之感想。6. 建筑学与图画。7. 大海蛇。8. 卫生行政之原理及实施。9. 欧战前后之食物供给。10. 原子物理与电场。11. 科学之影响。12. 建筑学为必需物或为奢侈品。13. 格林兰之夏季。14. 中古时代之旅行。15. 大虾之天然史。

本社的演讲大半由本社社员担任，固然不敢和世界名家的演讲比较。不过我们的目光，却与他们相同，就是想把科学普及，且要人晓得他的重要。现在所做的，都不过登高自卑，行远自迩的初步，不过表明我们在那里努力罢了。

编者志。

［第 8 卷第 6 期(1923)第 579—580 页］

# 11. 科学之势力

赵承嘏讲演　王义珏笔述

国于天地间，必有与立。所以与立者，乃系一种有增无减有进无退之特殊势力。一国之军备、外交、民气、公理等皆有一部分之势力。然与此特殊之势力遇，则或失其存在，或失其效力，如卵击石，强弱立判。此特殊之势力何物乎？曰科学势力。在科学未发达之时，世界赖以维持秩序者，厥惟专制势力，或曰个人势力。谚曰，"英雄造时势"，即此之谓。试观历史上，汉高祖、明太祖之辈，皆能以个人势力，维持社会秩序。个人之势力，在使人信仰。苟一旦滥用其势力，则他人之信仰心减少，社会之秩序因之以乱，而个人之势力亦随之以减。吾国现时所有者惟民气势力。政体由专制改为共和，即此势力之结果。然此势力甚薄弱，就近而言，对于日人之二十一条，虽有民气，亦无根本办法。吾非言民气可不必有也，乃吾人舍此外，无他种势力之可言。譬如一病夫，手足已不能运动，惟一息尚存，如并此而无之，则斯人早毙，吾族已亡矣。

现在之科学势力　在二十世纪，具有最大之势力者，厥惟科学，吾既言之矣。吾今且言各种科学势力之存在。科学如算学、光学、电学、力学、化学，矿学、医学等，其进步一日千里，其势力亦与之俱进，将社会上所有之旧习惯根本推翻。所有之工业、农业、商务、卫生、医道等根本改造，使社会上发生一种神出鬼没之新现象。有如下列数则：

瀑布是流水，吾人能用之为原动力，使之代人工作。

藉飞机吾人可飞行于空中，有潜艇吾人可游于水底。

人之思想、声音、笑貌可传达至千万里外，几世纪后。

光线能使之成美术品，吾人之言语能使永久存在。

无形无声之空气，能使之成流质或固体或肥料等。

天然之采色、香味、染料，可用人工造成之。

吾人之心肝五脏，均可洞见其位置及构造。

以上所述种种，其势力之伟大为何如耶？有能与之相颉颃者乎，曰无有也。

未来之科学势力　科学势力之有增无减，有进无退，既如上述。试闭目而思，未来之科学世界，其现象又将何如耶？据今日之科学家言，物之原子中含有无量能力。二磅之铀(uranium)，能发生与五百吨煤同量之能力。苟吾人得其道而利用之，则充其能力之所至，虽奔山倒海，亦将有法以御之而不足惧。

若有人能发明一新原子，较今日具有特殊势力之铣(radium)更为重要，其余各种科学同时更有特殊之发明，则社会上又将发生极大之变化。吾人之习惯，又将根本推翻。吾人所作之事业，又将根本改造。是非科学之大革命而何？

今日之竞争为科学势力之竞争　一八九九年之七月二十九号，海牙万国和平会声明战争时不得施用毒气，然至一九一五年四月，德人在比利时一方面即始用绿气进攻。所用毒气之最重要者，共十八种。一与之触，有目不能见，有肢不能动，皮肤焦烂，呼吸不灵，或使人毒入骨髓，或使人麻木不仁，即有精锐之军械，亦不能用，况公理乎。

德人更充其科学势力之所至，以空气作肥料，以废纸造衣服，以矿物质成蛋白质，使战争延长。然英美法等国之科学势力，亦素称不弱。两势力相等，战争告终。虽今空前之大战已成往事，然谁能言将来不发生同样之战争，或愈加猛烈。谁胜谁负，视此科学势力之大小以为断。吾人思之，谅亦不寒而慄。

科学势力，能使人默化于不知不觉中，入其势力范围。今日吾国民生计日蹙，穷困益甚，斯何以故。盖以吾人之生活程度，已为此科学势力增进若干，而吾人之生产力不能与之俱进。衣服之华美，宫室之壮丽，电灯电话之敏便，汽车汽船之迅速，在在能使人发生一种奢侈之嗜好，养成一种奢侈之习惯，以增高生活程度。在科学发达之国，生活程度增，生产力与之俱增，在吾国则否。质言之，吾人已入他人科学势力范围之内，而不能脱。

近代欧美各邦，对于科学，无不为积极之研究，以谋国家根本上之发展。欧战方殷之时，美国有辅助比利时团(League for Relief of Belgium)慨捐一千万元美金，作为研究科学之用。又一九一九年六月，美国工党在大西洋城开一重要会议，所讨论者无他，即系科学势力问题。其大旨如下：

一、科学之研究和应用，为发达各种实业之根本。

一、科学之进步，即实业之进步，亦即人类幸福之进步。研究科学之费用虽大，将来之收获有什佰千万倍于此者。

一、人之生活程度日高，惟科学能增加其生产力。

一、无论在和平或战争时代，一国之强弱贫富，皆以科学势力之大小以为断。

议决上条陈于美总统及议院，责其对于科学为积极之提倡。

工党也，其眼光之精锐，思想之远大有若是者。吾人对之其感想为何如耶？愿吾国民群起研究科学，群起研究应用之科学。

[第 8 卷第 6 期(1923)第 581—584 页]

# 12. 科学与反科学

杨　铨

海通以来，国人对于西学之态度，约可分为四时期。洪、杨以前，国威未损，见西人艺术之精奇，但以淫巧目之，不屑一顾。庚子以后，怵于西人枪械之锐利，痛定思痛，因有设军工厂、遣留学生之动机。光绪中叶，赔款与外债日增，输入之舶来品亦充满市场，感于漏卮之巨，始努力于改良工艺，仿效西法。光宣时代之留学生多有必习实科之限制，张之洞“中学为体，西学为用”之语足以代表当时一般人之态度。故终清之世，讲求新学者六十年，皆不出工商军政之范围，所谓纯粹科学者绝未尝梦见。民国成立，政治设施虽多失败，而学术自由则远过清代，学者因性之所近习纯粹科学者渐多，社会人士亦渐知科学为工商百政之本，而稍稍推重之。故科学之入中国，六十年中，由淫巧而军工，而工艺，几经顿挫，始获以其真面目与国人相见。大势所趋，循序而进，绝非少数人偶然提倡之功也。然国人之重视科学虽在今日，仍有慕于西方之物质文明，而非为科学而爱科学。此观于国人称颂科学之言论与坊间之出版物可得而知也。欧洲大战既兴，全球震动，论者推原祸始，因国际资本主义之冲突而致怨于物质文明之过量发达，因物质文明而迁怒于科学，于是十九世纪托尔斯泰、尼采辈诅咒科学之论调复为当代救世之福音。昔之因物质文明而崇拜科学者，今则因同一之物质文明而诋毁之。潮流所被，中国亦沐其余波，此中国思想界之所以于今日学术荒芜民生凋敝之际而忽有反科学之运动也。年来国事日非，风俗奢靡，工商业复一蹶不振，人心消极，对于一切新政新学皆抱怀疑之态度，宗教玄渺之思想遂乘之而起，此反科学运动之原因于国内者，又其一也。故分析言之，今日反科学之思潮受国内国外之影响者各半，而其根本原因则皆起于误认西方文物为科学本身之一点。果如西国已食物质发展之惠，而蒙战祸，犹不能罗织株连归罪科学，而况中国之倒行逆施，自甘暴弃，本于科学风马牛不相及乎。夫科学之为科学，自有其本身之价值，不因物质文明之有无而增减。即物质文明之本身，亦但知利用厚生，造福人类，未尝教人以夺地杀人也。人自无良，何预科学，因噎废食，窃为国人所不取也。

虽然，反科学运动于科学未始无功。打破盲从科学与附会科学之陋习，使科学之真精神因以大明，唤起提倡科学者之觉悟，知空言鼓吹清谈研究之无益于事，此皆今日从事科学事业者之药石也。国人方醉生梦死，安知有学，好科学者亦空言自娱，行与心违。果能因反科学之刺激而使科学实验研究无为而为之精神得以实现，则反科学之功岂鲜浅哉。诗云，“他山之石，可以为错”，吾于反科学运动亦云。

［第 9 卷第 1 期(1924)第 1—3 页］

# 13. 科学教育与科学

任鸿隽

科学教育，此迩日学界最注重之一问题也。既聘“专家”以司调查，又设科学讲习会以培养师资，而调查科学教育之推士先生复对于中小学校科学教育有所建议，如减少讲演时间，增加实验时间，注重个人之实验练习及采集训练等，皆可谓具体的改良计划。诚以吾国中小学之科学教育，有彻底改造之必要，而不科学的科学教育，固不能谓之科学教育也。

虽然，科学教育重要矣，而科学本身之尤为重要，谅不待言。乃观于学界对待科学之态度，使人不能无惑焉。盖推士先生尝语记者：“今日中国之所需者，乃多数熟习教学法之教师，若独立研究之人才，于今日中国之教育界非所急也。”此言但就“教育上”着想，而不从“科学上”着想，固不可谓无相当理由。何则，吾人不能希望中小学之科学教师，皆独立研究之大科学家也。虽然，问今之科学教育，何以大部分皆属失败，岂不曰讲演时间过多，依赖书本过甚，使学生虽习过科学课程，而于科学之精神与意义，仍茫未有得乎？则试问今之科学教师，何以只知照书本讲演，岂不以彼所从学之教师，其教之也，亦如是则已乎？如此递推，至于无穷，然后知无真正科学家以导其源，欲科学教育之适如其分，不可得之数也。换词言之，即有科学乃有所谓科学教育，而国内学者似于此点，尚未大明了，此一事也。

其二则为对于科学之误会。数月以前，我国学界忽有所谓“科玄之战”发生。其辩论之结束，至少足证明吾国思想家之一小部分，对于科学之真义犹不免有所误会。故对于科学之价值，遂不能不加以怀疑。夫当十五世纪时代，科学曾一度战胜神学而为学术界开一新纪元。当十八世纪时代，科学又一度战胜古典文学而为教育界辟一新领土。今则战事已完，胜负已定，而谈者若曰，历史可重制，当屏科学于教育课程之外。此种精神，不能与科学教育同育并茂，不待言矣。其所以有此现象，正以科学研究尚未深造，故于科学真意，动觉隔膜。则言科学教育而不可不先言科学，又其一事也。

本志在两年前，即有“科学教育专号”之作，迩来对于科学教育未遑论列。阅者或疑本志于此问题淡漠置之，而不知非也。记者以为欲科学家言科学教育易，欲一般人知科学难，愿科学教育家及科学家知此意也。

［第 9 卷第 1 期(1924)第 3—4 页］

# 14. 纯正研究与实用

程延庆

研究科学的目的不外两种，不是要发见新事实或创立新学说，便是要利用科学知识以解决实用问题。凡研究以发见新事实或创立新学说而不以其结果之有直接实用为目的者，谓之纯正研究(pure research)。应用已有的科学知识以解决实用问题的研究，谓之应用研究(applied research)。纯正研究虽似乎是一种无实用的研究，而其结果却并不是常无实用的。本篇的目的即在表明此点，但在表明此点以前，要先举几个纯正研究之例以示此种研究之大概。

在 1895 年，Röntgen 氏发现阴极射线①(cathode rays)冲击真空管之管壁或其他放在管中之物时，能发生一种目不能见之射线。此种射线名为 X 射线或 Röntgen 射线。X 射线是和日光相似，但其浪长大约仅等于钠光浪长的万分之一。阴极射线自己虽不发光，而能使阴极射线管的管壁发生绿黄色的磷光(phosphorescence)，所以磷光似乎与 X 射线有关系。Henri Becquerel 氏曾研究这个问题。他把所有能发磷光的物质都细心考察了，因为他要知道这些发光物质是否都能发出 X 射线。X 射线对于照相片所生的效果是和日光一样的，但 X 射线能通过不透光的纸，因此 Becquerel 氏就试验发磷光的物质对于包在黑纸内的照相片的影响。他发见只有一种物质能使照相片起变化，这个物质就是 potassium uranyl sulphate [$K_2UO_2(SO_4)_2 \cdot 4H_2O$]。此铀盐不独于发磷光时放出能透过黑纸并能使照相片起变化的射线，即以在黑暗中所预备的铀盐作此试验时照相片亦起变化。且不独此铀盐能自已发出射线，即露于日光中后不发磷光的其他铀之化合物亦是如此。由此看来，铀之化合物所发的射线与磷光无关系，此种新射线是此等铀之化合物中的铀原质所发的。Becquerel 氏称此种目不能见的射线为铀射线(uranium rays)，但以后改名为 Becquerel 射线②。阴极射线或 X 射线通过气体时均能使气体成伊洪而变为传电的良导体，此种射线通过气体时亦能使气体变为导体。

Becquerel 氏发表他的发见的时候是 1896 年。因为有他的发见，Curie 夫人亦就研究所

① 阴极射线是由阴极表面射出之阴电子，电子是阴电之最小而不能分解的质点。阴极线由阴极表面射出时，其速度甚大。

② Becquerel 射线中实含有三种不同的射线，即 α 射线、β 射线、γ 射线。α 射线系带有两个单位阳电荷的氦原子，此等质点系由原质的原子之核射出。β 射线为电子，系由原子之内层射出。γ 射线与 X 射线很相似。此等射线的性质《科学》所载关于放射性的论文中已经说过几次了。

有原质中是否尚有能发 Becquerel 射线者,她就知道钋原质亦有此性质。她又考察种种矿物,并发见有些矿物的放射性乃超过牠们所含的铀量。例如,有些 pitchblendes 的放射性大约四倍于铀,chalcolite 的放射性超过牠所含的铀量二倍。Curie 夫人曾由纯净的铀预备一 chalcocite,并发见此人造 chalcocite 之放射性远不如那矿物的放射性。由此等事实推想起来,那 pitchblende 等矿物中必含有新物质,且此物质之放射性必较铀之放射性为强。Curie 夫人曾根据此臆说而进行实验,此实验的结果就是钋(polonium)和鈤①(radium)的发见。

在 1900 年,Ernest Rutherford 氏起始研究钍(thorium)之放射性。此紧要的研究之结果,就是他在 1902 年和 Soddy 氏一同提创一种原子分解说(theory of atomic disintegration)。照此说,原子是一种很复杂的构造,那些有放射性的原质之原子②是不稳定的,牠们能自行分解,放出 Becquerel 射线,而变为新原子;所成性质不同的新原子容许亦有放射性,能再发出射线而变为他原子。例如,鈤放出一 α 射线③就变为氡(niton);氡亦有放射性,能再放出一 α 射线而变为鈤 A;鈤 A 亦是不稳定的,又能放一 α 射线而变为鈤 B;鈤 B 又放出一 β 射线而成鈤 C。如此逐渐变化,遂得多种之原质。现在所有放射性原质共成二系,即铀系(the uranium series)与钍系(the thorium series)。从前的锕系(actinium series)现时知道是铀系之一枝而已,但其由铀系分出的情形尚是一个未完全解决的问题。照现时所知道的,此分出的情形可有两种如次:

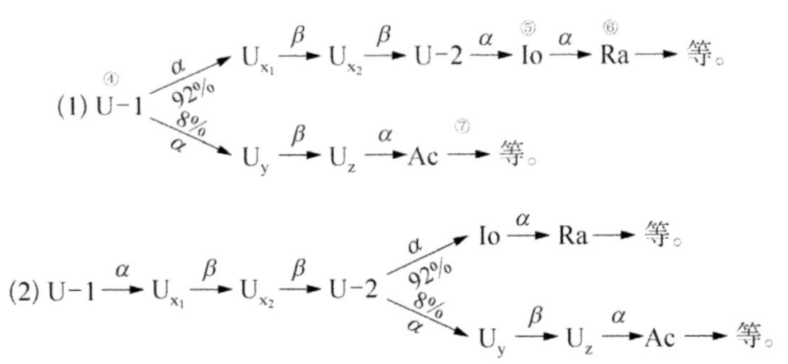


由以上所说种种我们可以知道原质是能变换的,但此变换是原质的自己变换。至于

① 纯净的氯化鈤的放射性比同量的铀盐之放射性强二或三百倍。

② 有放射性的原质之变化完全不受温度变更的影响,故此变化不能是分子的分解,盐类的放射性之强度与该盐类所含放射性原质之量数成比例,而与该盐类分子之他部分无关系。此等事实表明放射性是原子的性质。

③ 一种放射性原质放出一 α 射线而变为他原质后,则原子量减四而原子价减二。如放出一 β 射线,则原子量不变而原子价增一。

④ U 系铀之符号。

⑤ Io 为镤(ionium)之符号。

⑥ Ra 为鈤之符号。

⑦ Ac 系锕之符号。

化学家能否有法使原质发生变换,又是一个紧要的问题。Ramsay氏曾试验氡对于硫酸铜溶液所生的效果,他发见器具内无氦(helium),但是有氖(neon)与氩(argon)。试验完毕后,又发见硫酸铜溶液内有很小量的锂(lithium)。他又曾用很纯净的硝酸铜以作此试验,用分光镜考察时,每次能发见有锂;但若不使氡和硝酸铜溶液接触,则其他试验的情形虽完全相同,亦不能有锂。Ramsay及Usher二氏又试验氡对于硝酸钍溶液所生的效果,他们发见有二氧化炭发出。试验氡对于锆(zirconium)、矽、钛(titanium)、铅四原质之化合物的作用时,亦每次有多量的二氧化炭放出。Ramsay氏以为氡之作用是使铜的复杂原子分解而成与铜同属的[①]原质中之最轻的锂;钍、锆、矽等之原子亦因受氡之作用分解而成与牠们同属的[②]原质中之最轻的炭。Curie夫人与Gleditsch曾重作Ramsay及Cameron二氏之锂铜试验,她们用铂器以代玻璃器及二氧化矽器,但她们不能发见有锂。Collie氏及Patterson氏曾作种种阴极放电试验。由此等试验的结果看来,似乎氢受阴极射线之作用时能变为氖及氦,使原质发生变换是一个很紧要的问题。虽有此种种试验和他种研究,这样一个紧要的问题当然不能算已经解决了。

以上所说的都是纯正研究。其他若同位原质[③](isotope)之研究(例如,放射性矿物中的铅之原子量[④]之研究,和同位原质之分开等)及X射线与晶之构造之研究等,亦均为近来很紧要的纯正研究,此等纯正研究似乎可以表明此种研究的大概情形了。现在还要举例以明纯正研究与实用的关系。

Moissan氏曾制一个电炉(弧炉),因为他要利用炭电极间的电弧之热以使各种原质化合,此一是种纯正科学研究而已。他又见石灰与炭同在电炉中加热时,牠们能起作用成一种含钙与炭的物质,又此物质和水起作用时能放出一种气体(二炭炔,acetylene):

$$CaO+3C \longrightarrow \underset{\text{炭化钙}}{CaC_2}+CO_2$$

$$CaC_2+2H_2O \longrightarrow \underset{\text{二炭炔}}{CH \vdots CH}+Ca(OH)_3$$

此结果亦似乎只有科学上的趣味而已,但是那二炭炔燃烧时,其火焰极明亮,牠是一个有实用的气体,而Moissan氏之研究就成为制备此气体之一个最便利的方法。电炉之制造

---

① 周期表中第一属。

② 周期表中第四属。

③ 凡原质之化学性质相同而不能用化学方法分开,并在周期表内占同一位置(原子数相同)者谓之同位原质。例如銖、钋及放射性钍(radiothorium)即为同位原质。

④ 由几种放射性矿物所得之铅,其原子量不相同(自206.08至207.694),故此等铅亦为同位原质,然铅非放射性原质。

不贵，制炭化钙之原料(焦炭与石灰)亦非高价物，故若电力之价值公平，则炭化钙之制造自然是经济的。炭化钙之制造既是经济的，则用炭化钙以制二炭炔当然亦是一个经济的方法。电炉之用不止制炭化钙而已，如石墨(graphite)及炭顿(carborundum)等亦均为电炉中之产物。电炉在工业上的紧要，是大家都知道的。

当氯化炭通过热的镍或铁(研成粉末的)的时候，能成一种由氯化炭和镍或铁所成之化合物。此是一种研究上的发见，亦似乎仅有科学的趣味而已，那知道牠亦就成了由矿石中提镍的一个很经济的方法。如先将含镍的矿石加以适当的处理，并使其中的镍成为不化合的镍，而后使受大约十五气压的氯化炭通过之(温度系 80℃)，则氯化炭就和镍化合成炭氯化镍[nickel carbonyl, $Ni(CO)_4$]：

$$Ni+4CO \longrightarrow Ni(CO)_4$$

因此那矿石中的镍遂被提出了。所成的炭氯化镍可以把牠热至 200℃，以使牠再分解而成纯净的镍与氯化炭。

$$Ni(CO)_4 \longrightarrow Ni+4CO$$

此氯化炭又可使之和矿石中的镍化合成炭氯化镍，所成的炭氯化镍可再使之分解以得纯净的镍。

我们知道化学原质中有所谓稀少土金族原质(rare earth element)者。此等原质即为鐮(scandium)、釶(yttrium)、锒(lanthanum)、铈(cerium)、镨(praseodymium)、釹(neodymium)、鎷(samarium)、铕(europium)、钆(gadolinium)、铽(terbium)、鈥(dysprosium)、钬(holmium)、铒(erbium)、銹(thulium)、镱(ytterbium)、镏(lutecium)及(celtium)。这些原质的化学性很相近，所以若要把牠们分开只能用分别结晶(fractional crystallization)等方法。因为牠们的盐类的溶解度不同，所以使此等盐类由溶液中结晶多次就能把牠们分开。此等研究当然是纯正科学研究，但 Auer Von Welsbach 氏在进行此种研究的时候曾见有几种物质在本生灯之火焰中加热时能发明亮之光，他因此再进行试验，最后就发见那二氯化钍($ThO_2$)和少量的二氯化铈①($CeO_2$)之混合物能②发最明亮之光。现在煤气灯上的发光罩(incandescent gas mantle)即含有此两种氯化物之混合物者，所以这个发光罩是由纯正研究发生的。

① 关于二氯化铈之作用，虽有几种学说，而尚无满足的解释。阅者如欲知此等学说之大概，请参阅 Rideal and Taylor, *Catalysis in Theory and Practice*，第 124 页。

② 能发最明亮之光者为二氯化钍 99.1%及二氯化铈 0.9%之混合物。

直至十九世纪之中间，煤黑油为煤气厂中之很讨厌的副产物。虽可把牠作为燃料，用牠保存木料，并可把牠的低沸点部分用作溶媒，然此等用途并不是牠的完全的或很有利的应用。在1843年，Hofmann氏发见煤黑油中有铔基困(aniline)。因此他就进行铔基化物(amines)之研究。在1845年，他又发见煤黑油中有困(benzene)，因此就能预备多量的铔基困及类似的合物。在1856年，他的学生William Perkin氏在研究氯化剂对于未提炼的铔基困油的作用时预备了一个染料，这个染料他就把牠名为mauve。他预备这个染料后，虽然他的先生劝他仍从事于纯正科学之研究，他就离开学校而起始制造mauve和其他染料了。以后就有人仿效他的办法，那染料之制造遂渐渐发达起来，所以Perkin氏之纯正研究实是那煤黑油染料工业①的起始。染料虽是煤黑油之最紧要的产物，而从煤黑油所预备之他种有用的物品亦甚多。现在的煤黑油工业实在是很紧要，但此工业是倚赖科学研究而发达的。

从纯正研究所得的实用实属不少，但以上所说的几种大概已能表示本篇的目的，所以不再举例了。

[第9卷第1期(1924)第33—41页]

① 现时所制的煤黑油染料大约有九百个之多，其中约有三百个为很需要者。

# 15. “工程号”发刊词

吾人称二十世纪为科学时代。欧美各国,近百年来政府与社会对于科学事业极力提倡,工业界与学术界对于科学学术悉心研究,举凡关于人生问题之不易解决及未解决者,皆思仗科学之力以解决之。然科学何以能受此崇拜与钦仰,则吾人不得不认工程学之发达有以致之也。

科学之应用虽极广,然其最显而易见与直接影响于人群生活者,莫工程学若。自蒸汽机发明以来,机械工程学、土木工程学、电机工程学、矿学工程学、化学工程学等,俱相继发达。于是昔日所谓险阻辽远者,今日皆易至如门庭。昔日所谓奇技淫巧者,今日皆惯见如泥沙。昔日帝皇力所不能致者,今日齐民皆得享用之。社会之思想习惯俱随之而变迁。故今日之世界,吾人不妨谓之工程学所造成也。

本社留美同人,现方肆力研究工程者甚多,鉴于工程学之紧要,特编“工程号”以饷读者。虽工程学之范围极广,而本期所讨论者,未能域于一部,但举隅所以示意,述一冀以引百耳。至于北美分社同人对于社务之热心,及关于编辑之肯分劳,尤国内同人所宜深感者也。

编者志

[第 9 卷第 2 期(1924)第 119 页]

# 16. 理论科学与工程

曾昭抡

何谓工程？工程者，利用物质科学之原理以达人生之欲望，简而言之，与实用科学不相出入。工程之根据于理论科学，固无可讳言。惟近年一般学者，有谓工程最要在于经验，理论方面，只须明了大纲；精深之研究，殊为枉费时光，不适实用。此则大谬不然者也。何则，理论者，实用之先驱，科学日新月异，欲求工程之发展，必先从理论始。当马克司威(Maxwell)初发明无线电浪时，有问此种电浪，有无实用之价值者，彼答以永无此事。曾几十年，而无线电报、无线电话徧于全球。今日研究电机者，莫不归功于马氏。可见理论科学之价值，非可以目前有实用与否而定。

或谓理论上之研究，收效太缓，与其费精力金钱于此，不如用以求工厂急须之改良。此论亦不尽然。工厂固有目前急须之改良，然此种改良，不过治标，根本上之改革，仍须本于理论上之研究。二者并重，庶无偏陋之患。

又有谓现时理论科学发展程度已颇高，能利用已知之事实，即可有重要之发明，不必再求高深之理论。此亦不知确情者之言。现有之事实，虽有发展之余地，然理论上之知识愈富，则实用之途愈广。现在煤油业、纸业等等之进步均为理论上知识缺乏所限。作者曾与美国数位化学家谈及此事，均云美国煤油业甲于全球，而对于煤油化学之知识甚少，以致进步太缓，甚为抱愧。惟近年研究煤油化学者，颇有其人，或可补救于万一耳。

或曰，理论科学之研究，学校教授之责，与工厂无关，业工程者，只须利用各教授研究之结果即足，不必自行研究。如此言论，皆放弃责任者之言，非在工程业者应取之态度。理论既为实用之基，理论科学之发达，自应由工程界负责。学校财力有限，且与工厂隔阂，不知何项理论急须研究。从事工程者，往往对此能有补助，且从事工程者，同时亦能作理论上之研究。昔日英国染料家伯根(Perkin)氏，本从德人赫福门(Hoffmann)受业，作理论上之研究。后来伯根转入染料业，赫大不谓然，以为一人精力不能两分，以伯根之才而入工业，甚为可惜。然以后伯根不仅成为染料界泰斗，且于纯粹化学大有贡献，盖同为科学，理论实用，实二而一也。

美国各大公司，如奇异电气公司(General Electric Co.)、美孚油公司(Standard Oil Co.)、杜邦公司(Dupont de Nemours and Co.)，其实验室均有人专作理论上之研究。可见美国最近工程界之趋向矣。

我国近年国事不振，教育经费尤为困难，以致理论科学甚少进步。国内工程界，能否坐视？愚见各大公司应请人专攻理论科学，小公司可联合维持此类机关，或与各学校合力。庶乎理论实用，可以并进，不致实业终落于世界潮流之后。若不作根本计划，惟知抄袭外国工厂成样，彼步我亦步，则前途无厚望焉。海内学者，以为然否？

[第 9 卷第 2 期(1924)第 120—122 页]

# 17. 向研究路上去

王 琎

近数年来，我国对于科学教育，渐加注意。关于其加注意之显而易见者，既有二端。一为科学教学法之讲求，二为各大学科学馆之建设。言科学教学法者，自推士君来华后，渐见繁盛。今岁清华学校，且于暑期间特设科学教学研究所，以冀聚集海内从事于科学教育者于一堂，以讨论改进科学教育之方法，洵不得不谓之空前之盛举也。惟一国中科学之能否发达，一方面固赖推广与普及，一方面尤赖乎有深入之研究。盖自身无研究，则终无亲切之趣味与多方之应用，而终为智识界之寄生虫也。年来国内诸大学有鉴及此，先后俱建筑科学馆，以备讲习科学之教师与学生研究之用。此事现虽萌芽，然其将来之影响必极大且佳，则固可预言也。俄国自欧战以后，财政困难，百事俱废，而对于科学研究，则仍猛力进行。昔日皇宫之一部且改作为生物研究所。俄国如此，他国可知。吾国如果亦欲处于科学自给之地，则除向研究路上去，固无他法也。虽然，科学研究，非易言也。人才、设备与时间三者，缺一不可。即有人才、设备与时间矣，其所得成绩，又未可遽责其必即可利用。盖发明无不可应用，然应用未必即在目前。先执应用之目的以求发明，反能阻碍发明之进行。当法拉第发明感应电流原理时，岂知今日电机应用之广。其进行也，一依其求真渴望的冲动，与兴趣的引导而已。故吾国社会对于研究科学者，务当养其求真之欲望与兴趣，而不急急乎责其空言之提创，则庶乎有成效之可观矣。(梁)

[第 9 卷第 3 期(1924)第 243—244 页]

# 18. 太戈尔与科学

杨　铨

自印度诗人太戈尔来华，中国思想界顿呈活泼气象。欢迎者几举国若狂，万人空巷，反对者亦剑拔弩张，如临大敌。或迎或拒，见智见仁，自由所见之不同而生，然不求甚解、耳食盲从的社会群众，则已目迷五色，无所适从矣。或谓崇拜含利用之意，或谓攻击失敬宾之礼，反唇互讥，舆论界几于满城风雨。记者不敏，窃谓皆不足虑。太氏自谓诗人为无可利用之人，欲利用诗人，其杀风景、违自然，与欧战时以鸽传递战地消息等耳（太氏在沪慕尔鸣路张宅欢迎演辞）。以一亡国之诗人，在英美贵官富豪之眼中不为遁世之逸民，则一风雅之清客而已。本无势力，何所利用。吾知崇拜太氏者之无所求，亦犹太氏之崇拜美与自然也。至反对太氏者，其重视太氏之思想，实不下于崇拜之者，因所见不同，发为卫道之言论，亦心所谓危不敢不告之义耳。多敌多友，英雄本色，太氏既有所主张，自非阿世沽名之徒，苟一味违心谄谀，不特非敬礼诗人之道，亦非光明磊落之国民所以自处之道也。故今日纷纷以口舌笔墨争论太氏思想之利害者，岂非陷于书生好辩之习。惟记者之意，宁愿举国为争论是非之书痴，不愿国人皆成模棱两可之乡愿，故于今日思想界之争，不特不以为多事，且认为我国思想界之进步。

吾题为“太戈尔与科学”，而泛论国人对于太氏思想之争执乃及数百言，良以国中学术辩论态度往往失当，一涉意气，转滋纠纷，故略贡是非并尊之说。太氏言论最为人所称道与批评者，为其反对物质文明之主张。因反对物质文明时复涉及科学，说者遂谓太氏反对科学。就吾所闻太氏之言论皆无反对科学本身之说，但谓“科学为真理，真理不当利用，故科学亦不当利用”（在东南大学演辞）。其在北京之演说，且有“科学含理至深吾人皆当敬仰”之说（似在师大演说，大意如此，恐与译文略异）。是太氏所反对者为物质文明而非科学之本身也。太氏为诗人，其思想颇近神秘主义，果反对科学亦无可惊异。托尔斯泰、尼采辈皆尝持非议科学之态度，吾人固不欲独强太氏以信仰科学也。惟其所反对者，止于物质文明，则亦未可厚诬抹杀一切科学。其所自办之曼谷大学有科学及农林等科（太氏之秘书恩厚之君即为主持农科者），更非痛绝科学视同洪水猛兽之中国顽固学者可比也。吾非谓太氏之言皆是，特谓其守旧复古尚不至如吾人所料之甚耳。

科学本无意于应用，研究科学者，不特不为一己之富贵，亦不为人类之功利也。此稍读科学史者类能言之。然利用非科学之罪，亦犹山水本不为人类而设，然人有饮流食薇者，无害于山水之高洁优美也。且即此利用山水者，苟其以慈悲普渡为怀，不为自私自利计，吾人亦但当嘉其善念，不能罪其利用真理也。真理自具不可磨灭之价值，不因人之利用而异。科学亦然，吾人岂能因物质文明而薄科学哉。且物质文明亦何有功罪之可言。一切物质皆为生命之工具，其效用有一定之量，过多过少皆足为害。饮食至简之物且然，何况宫室玩好之奢侈品哉。今日欧美物质文明之弊，一在过高，一在不普及。少数人享用无度，多数人衣食不足。多则丧志，少则戕生，此正今日国际战争生民疾苦之源也。太氏所反对者为少数人之过多物质文明，吾人所提倡者为多数人之过少物质文明。结论虽异，动机则一，为针砭流俗计，正可并行而不悖，实无绝对不相容之处也。或者以太氏反对物质文明而仍乘汽车、居大洋房，讥其言行不一，此则不谅太氏矫枉过正之心，遂有此吹毛求疵之言也。夫太氏以一亡国之诗人，于举世纷纷逐利之时，独发挥其博爱赏美之言论，视列强之武力与金钱如粪土，人亦不以其为亡国诗人而争相讨论其思想，此其痛快难得，足为被压迫民族吐气，实不亚于爱恩斯坦之过沪。吾愿国人之崇拜与反对太氏者，各从太氏之精神批评其言论，诗与科学本非不能共存之物，吾人但就其性之所近致其努力而已。(佛)

[第 9 卷第 3 期第 244—246 页]

# 19. 科学研究之准确程度

王　琎

自沪江大学化学教授梅佩礼君分析江宁造币厂银币，在《大陆报》登载，云该厂银币成色不合标准以来，引起吾国科学界与实业界之轩然大波，于是有宁厂之否认与抗议及请覆验之举，于是有在上海总商会举行公共化验之事，于是有证明梅氏分析差误及宁厂要求赔偿名誉金之言，于是有梅氏不自安拟去华返美之说。夫以吾国社会，对于科学事实之争执素不注意者，今对于此事，俱群起而观，必欲一明真相。虽曰以事关于国家信用，当事者不得不彻底研究，然使此事发现于二十年以前，吾敢断其必无人过问也。吾人于此正可藉以证十余年来国内科学之进步，而深引以为幸。

虽然，科学研究准确之程度，非易言也，不有倡者，则莫知其要；不有行者，则莫促其成；不有正当之设备，则是器不利而求事之善；不有严密之训练，则是识不足而求断之明；皆必不可能者也。吾国科学实业，现均在萌芽之时，将来负改进之责者，俱不可无切实之训练。负此训练人才之责者为学校，负提倡此种训练之责者为政府，负指示训练之模范及标准者，有名望之学术团体，如美国政府之标准局(Bureau of Standard)是也。学校之职务，在于诲学者以求准确之方法，而非使初学者立准确之标准。吾人不宜以梅氏此次分析之差误，即认为梅氏化学智识之薄弱。惟梅氏之误，乃在以普通实习之结果，认为标准之结果。其冒昧之失，殆不容辞耳。美国二三十年前，各工厂所用之化学分析法，各不相谋，对于方法任意选择，初无标准。即方法相同者，而进行情形仍未能一致。故每每同一物品，而其分析之结果，乃相差颇远。美国化学会及政府标准局有鉴于此，于是有化学分析标准委员会之设。其职务在于慎选最佳之方法，及其最佳进行之情形，于是用此方法，进行化验，详细谨慎，以求得标准之结果。凡各工厂学校，欲自觇其化验准确之程度者，即向标准局索取曾经分析之材料，依所学法加以分析。于是将其结果与标准局之结果互相对照，而其准确程度即显然可见矣。今试引一水泥成份之标准分析与他化学家分析结果之比较，而知一致之不易，及非十分谨慎之不可也。

又如同一水泥令二化学家分析，得最高结果与最低结果者，每相差颇远。今复举一例明之。

**水泥之分析Ⅰ**

| | $SiO_2$% | $Al_2O_2$+$Fe_2O_3$ | $Al_2O_3$ | $Fe_2O_3$ | CaO | MgO | $SO_3$ | 焚烧可去之部分 |
|---|---|---|---|---|---|---|---|---|
| 标准分析 | 21.93 | 8.34 | 5.98 | 2.35 | 62.92 | 1.10 | 1.54 | 2.91 |
| 分析一 | 22.10 | 8.72 | 5.78 | 2.94 | 63.44 | 1.23 | 1.52 | 2.71 |
| 分析二 | 22.86 | 9.21 | 6.15 | 3.06 | 63.96 | 2.82 | 1.56 | |
| 分析三 | 21.29 | 9.04 | 6.67 | 2.37 | 63.13 | 1.39 | 1.58 | 2.48 |

**水泥之分析Ⅱ**

| | $SiO_2$ | $Al_2O_2$+$Fe_2O_3$ | $Al_2O_3$ | $Fe_2O_3$ | CaO | MgO | $SO_3$ | 可燃损部分 |
|---|---|---|---|---|---|---|---|---|
| 得高结果者 | 22.86 | 9.68 | 6.46 | 4.30 | 64.43 | 2.82 | 2.26 | 4.50 |
| 得低结果者 | 20.50 | 8.36 | 4.88 | 2.26 | 62.14 | 0.95 | 1.38 | 0.98 |

夫同一物而化验相差若是之巨，若无标准，又乌得而正之。美国如此，吾国可知。且吾国近日学术喜以空言相号召。科学较他学为不易以空言胜，学者已多视为畏途。即言科学矣，不为实验研究者，较为实验研究者为易。即言实验矣，不求准确者较求准确者易。然科学研究之生命，系于准确。苟准确可牺牲，即无科学之可言。化学如此，其他科学何独不然。惟国内若无标准程度之提倡与表示，则断难收若干之成效，此则政府与学术团体之责也。(梁)

[第 9 卷第 4 期第 371—373 页]

# 20. 科学的态度

王　琎

科学的态度，简单言之，即客观的态度而已。因抱主观之故，古人遂言人为万物之灵，与天地并立而为三才。及用客观研究，方知人不过由下等动物进化而成。因抱主观之故，古人言地为宇宙之中心。及用客观研究，方知吾人所居之地球，在宇宙中不过如沧海一粟，环绕太阳而行，而此太阳之巨，亦不过普通恒星相等。盖用主观判断者，每为"我"字所蔽，其所论每与真正之比例相反。即不相反亦必与真相完全不同。推其弊之所至，每能迷理惑众，贻误无穷也。吾国近年来渐重科学，而国人科学态度之缺乏，尚足以令人失望者。夫言生理之人，未必肯言足较要于手，习科学之人，未必肯言物理学要于生物学，因其效用职务，各不相同，而有相需之处，固不能以一言定其优劣与缓急也。去岁国内乃有农业救国与工业救国之辩。虽立论之人，皆"仁者见仁，智者见智"，持之有故，言之成理，而辩论之结果，每不以理胜而以文胜，且多属主观之言。一般社会之人，对于此种言论，不至受何影响。惟办学者或因此对于学科生轩轾之见，遂不察国情之实际需要，而擅行兴废。当此吾国财政困难之时，兴者未必能实现，而废者已见诸施行。此则我国学术前途之厄矣。(梁)

［第 9 卷第 6 期(1924)第 611—612 页］

# 21. 小学教师与科学研究

王　琎

吾人无不以科学研究为大学及高等学校之专利品，而中小学无与焉。为小学之教师者，亦每自以为其所讲授者为科学之最浅近之物，无研究之余地，而甘于自划。不知小学之自然科教师，其有研究之机会与研究之责任，与大学之教师等。以研究之材料言，吾国自然界之产物极为丰富，各省县之草木鸟兽昆虫鳞介或有其种类为世所未前知者，或有其习惯用途为人所未周悉者。乡村之小学教师，因其见闻较为亲切，略一调查，即可有所发明。纵使其发明于学理上无紧要之价值，然足以增进教师之修养，添加学校之教材，其为益已多矣。更以教育之情形言，吾国小学教师尤不可不致力于研究。欲除去数千年书本学问之习惯，而养成实验的兴趣，则不可不急致力于儿童，使其多为实地之观察，而少作课本之空谈。且其观察之范围，亦不当但局于常见习用之物，而当令其于平日不注意者加以注意。美国小学校中，研究自然科之儿童，每有野鸟俱乐部、野花俱乐部之组织，以研究野鸟野花之生活，加以识别，施以保护。其足以养成儿童科学之兴趣，与美感之思想者，殆有不可限量者。吾国小学尚无此等活泼之现象，教授自然科与教授国文修身无异，以主观的见解，为发挥之材料，在教师不过聊以塞责，在学生已听之生倦。吾国人对于科学兴趣，本极薄弱，若在幼稚时期，复如是多方窒碍之，则欲冀吾国之为科学国，必不可能也。然欲儿童之能活泼观察，必为教师者其平日之观察颇广，研究有素，方能尽指导之责，否则仍等于空言。由此观之，吾国小学教师，实不可不急为科学研究。我国科学前途或即利赖于此乎。(梁)

[第 9 卷第 6 期(1924)第 612—613 页]

# 22. 科学的农业与中国之改造

董时进

世之言改造中国者夥矣。然大抵千篇一律，同药异汤，且往往累纸连篇，不知所云。盖时人建议，本在应出版家之征求，或仅好为耸听之文字，事实真理，原不挂怀。则又乌能望其方式之有验，或可以一试行哉。

大而无当之题目，时流所喜道，而为愚所深恶。刊物如《科学》，尤忌空论。吾题颇似大而无当之空论，今选择之，亟应有说。吾常谓习政法者，病在多言，专科学及农工业者，病在不言。前者以多言而不力行，为世诟病，后者以缄默自守，遂乏进步。今所见之救国方式，大都出于前者，或纯属枝节，或过于笼统，以故喧嚷至今，迄不见效。是欲改造中国，不得不另觅途径明矣。吾人以科学及农学家之资格，亦应发抒意见，供众采择。万一有补，宁非幸甚。况在科学十分幼稚之国家，关于鼓吹科学之功用之文字，足以引起国人对于科学之兴趣，而为科学树立基础，故其重要，正不让于纯粹叙述科学之技或术也。

所谓科学的农业者，即农业之经营，须合乎科学之法则(至于何谓科学，读者大都解其意，此处正不必在界说上为无聊的讨论也)。惟农业不过农民之产物，故欲农业进于科学的，不可不先有具科学的精神与智识的农民。中国之农民，可谓尽为迷信的，而无一人可当“科学的”三字。迷信与科学，乃绝对的相违背之二事；其一不能容其他，正如物理学中所谓物体之不可入性也。中国农民，充满迷信，推其迷信天灾、旱潦、虫害之心理，以迷信人生观、社会、政府，以及一切世事。故时流高谈民治，而三万万之农民，方且祷祝真命天子之出生。领袖自领导，而和随者无人。是欲国事之修明，岂不等于梦想耶。

愚尝探求中国与欧美各国根本上之异点，而究察中国所以不如人之原因，得一结论，颇与见相左。世人所谓教育不振、实业不发达、交通不便利等等，均属枝叶，而非根本。中国与西国根本不同之处，实在于科学之有无。读者将谓吾为研究科学之人，故持此论调；正与他之论者同一“不离本行”乎。然吾试问今之号为富强文明之国家，何一非科学发达者；贫弱之国家，何一非科学不发达者。又试问各国之所以富强，与其人民之所以较为进步，何莫不由于科学之昌明。当科学未萌芽之时欧陆，其黑暗混沌，岂非十百于今日中国之情形。及其科学之研究渐著成效，百般事业，无不本科学的精神，用科学的方法，以图改善，乃有今日灿烂之成绩。然一考其政治、思想、教育、实业，甚至一切琐事，殆无一不系建立于科学之上。虽各国之诸般事业，亦不得谓为尽美尽善，然吾人已不能望其项背。且其将随科学之进美，而日臻完善，又属断然无疑者也。吾是以谓西国之交通、实业、民治等等，均为科学发达之结果。惟建设科学的中国，乃为根本上改造中国。

第欲建设科学的中国，当采用何种方法乎，将从何方下手乎。概言之，吾人应用任何方法，从诸方面下手。惟在农言农，愚窃以为特宜注意于科学的农业，其理由有可得而略述者：（一）农业不但为中国之最大产业，且为中国之惟一产业。能以科学改造农业，则中国已改造一最大部分。反是如农业不能改造，则中国亦永不能改革。（二）中国除寄生阶级及极少数之农工商者外，尽为农业者。不谋革新农民之头脑，则一切有益之建设的运动，必止于浮面，不能奏效。此事实乃近年所恒见者。（三）中国农民，迷信最深，流弊最多，不可不施对症之药，此药即科学是也。

此文注意，在阐发科学的农业与中国之改造，有何关系。至于科学的农业之学术的贡献，及如何引入于中国，则吾同学同志诸君子，研索精深，各有陈述，兹不赘及。

［第9卷第7期(1924)第738—740页］

# 23. 美国政府之科学事业及其影响

王　琎

凡国家政府之为人民谋幸福者，无不致意于科学研究。其注意之法，不但当思有以鼓励与提创学校与私人之科学研究，且必自行设立国立省立研究所，而为极专门或极大规模之科学研究。此事在欧美各国无不行之有年，成效卓著，惟其中机关最多，研究最广，收效最明者，当推北美合众国。美国以新启之邦，地大物博，富源未开，凡人民之所赖以利用厚生者，无不恃研究其本国固有之天然原料及能力而得。故时至今日，美国政府之科学研究已成其政治事业中最要之一部分，而与彼国民之生活，有极密切之关系。即以华盛顿一城而言，国立之科学研究机关，已不下数十处。且每处皆无不惟日孜孜将其所研究得之结果，散布于农工商学各界以图各方面之改变，而增进人民之幸福。吾人曾闻美国"标准局"(Bureau of Standard) 每日与各界往返讨论科学之书札，多至三百余封，则其活动与有功效可知矣。

今岁四月间，美国国立科学院(National Academy of Science)及国立研究会(National Research Council)之新建筑告成，美国总统柯立芝(Coolidge)亲自代表政府致颂词，有言曰："吾美国如有何种特性，足以夸示天下者，则必为其'追求真理之特性'。哥伦布发见新大陆之旅，即此精神之表现。自初殖民以至今日，美国历史中皆以此求真之冲动为其进步之方针。或则见诸政治之举动，或则见诸科学之造就。今日之有此盛举，乃求真之精神，特现诸科学事业者也。"柯氏此言，不执科学之用，而赞求真之宗旨。此诚探本之言。盖欲言致用者，必先明体。言应用于真理既明之后，则其用殆不可胜举。若固执一用以求理，则或至有所蔽而难成。此纯粹科学与应用科学之所以不可偏废，而言研究者不当略有所轩轾于其间者也。

美国政府之科学研究事业，虽种类繁多，然亦不妨略举数例，以明其研究之趋向。一曰海岸线与地面之测量也；二曰度量衡标准之确定也；三曰天象之观察也，时历之规定也；四曰农林各问题之研究也，其所包含者至广，有如森林之保护，植物昆虫及其他生物之调查，土壤气候道路畜牧等之研究，无不该焉；五曰食物问题之研究也；六曰公共卫生与医药之研究也；七曰矿物与地质之调查也；八曰关于海陆军科学问题之研究也，此问题之所包含者，亦复极广，如炼钢、制药、炮火、毒气、航空、无线电等等，其与科学原理皆有密切之相关，而与他工业之进步，亦不能相离；九曰纯粹科学各问题之研究也，此等研究每须行种种困难而为费颇巨之物理的及化学的实验,以证明某原理,以测定某性质,以推求某常数。此等原理性质常数虽未必有目前之用,而为研究科学者必不可不知之物。美国标准局之主要事业即此。其用人最多,从事于研究者约八百人。其有益于美国之科学界者亦最巨。即欧洲各国亦无不仰其研究之精,可谓盛矣。

吾国之地大物博,与美国同,其天然之富源须待人力以发展之,与美国同,欲发展必自科学研究始,亦与美国同。所不可知者,吾人民求真之精神是否与美国人同,吾国政府之目光与政策是否与美国同耳。有相同之因,方有相同之果。吾国将来之地位,吾将于其科学研究之前途卜之。(梁)

[第 9 卷第 8 期(1925)第 865—867 页]

# 24. 中国科学社对庚款用途之宣言[①]

退还庚子赔款之议自美国倡之于前，英日俄诸国相继为同一之表示。就中除日本对于处理此款之态度至今尚未明了，俄国已指定为教育基金外，美国则由柯立芝总统声明此款专办中国之文化与教育事业，英国议会亦提议以此款专充办理中英互利事业之用。而所谓互利事业者，据英国朝野及中国留英学界之表示，亦不外文化与教育两途。惟文化与教育之范围至为广泛，而英美赔款之可供此用者，自民国十三年起，每年不过三四百万银元，款极有限，势难兼顾。与其多营而无成，孰若择要以从事，此最近各团体所以有规定用途之主张也。所惜各方意见尚不一致，同人念兹事关系吾国文化之前途至巨，用之不当，既失千载难得之机，且负友邦退款之意。因综合各方意见，草拟英美退还赔款用途计划，以供国人之采择。幸海内外之学术教育团体赞助而促成之。

(一) 用途。海内外对于各国退还赔款用途之主张，无虑十数。言分配最均者莫如分摊各省，论生利持久者莫如导淮筑路。然分摊各省，苟无集中一定之用途，则势散而无可为，虽均何益。导淮筑路，诚为直接生利间接兴学之善策。然当此政局不宁之际，国民早失监督之力，应得之国家及地方教育经费且不可得，何能责政府之必导淮筑路，与导淮筑路收入之必用于兴学而不流入他途，此虽愚者知其无望也。同人管见，以为此次英美退还赔款数本不多，各方与其为枝节片面之争，贻外人以聚讼纷歧无所适从之口实，何若以全国利害为眼光，先定一最根本最得多数赞同之原则，然后根据此原则以定事业之范围，则群言可归一致，而当事之政府知公意所在，亦有所遵循。就各方所发表之意见观之，此原则所包含者，至少当有下列三要点。

一、当尊重友邦退还赔款之意见。

二、款数不多，宜集中谋全国公共事业之发展。

三、所办事业当为(甲) 于中国最根本最急需者，(乙) 能为中国谋学术之独立建立永久之文化基础者，(丙) 能增全世界人类之幸福者。

综上数原则归纳之，惟学术研究最当。学术之中，尤以科学研究为不可忽，以科学研究为一切文化与实业之基，在中国最缺乏最需要，而又为今日国家人民能力所不及也。

(二) 事业。退款之用途既定，乃可进论事业之范围。学术事业万端，就其性质言之，

① 英文稿见七月十六日《大陆报》。

不外提高与普及两类。能兼顾两者，则高深之学术与群众之知识可以并进。今日国内已有之教育机关对于此两事非无相当之贡献，惟限于性质与财力，不能为大规模之设施。故兹所列者，专就今日应办而现有能力所不及者而言。至国家与地方应办之教育事业，为一国对人民应尽之义务，本有的款，或本应就地设法，不待他国之退还赔款而始举行，故不复列入。

(甲) 关于纯粹研究者。

1. 设立大规模之研究所(包括理化、生物、地学、实业等部)及津贴已有成绩之研究所。2. 津贴各公私大学之研究设备。3. 派遣已成材之学者留学各国。

(乙) 关于辅助研究及普及知识者。

1. 设立图书馆。2. 设立博物馆(如自然哲学馆、自然历史馆、工业馆与历史博物馆)。

(丙) 关于沟通国际文化者。

1. 在英美有名大学设立中国文学哲学讲席。2. 交换中外学者任教授及讲师。3. 在中国有名大学中设额若干，备英美人来华留学。

以上所举，仅就已发表之主张择要而类列之。所以不厌求详者，欲国人知即就学术研究一途而论，求其有成，举英美退还之款尽用之且患其不足也。

(三) 管理及办法。退还赔款应由中外政府会派之委员会管理，已成中外人士一致之主张。惟委员会之权限与人选，关系至重，不可不有明确之规定。

1. 中外政府应先征集各有资望之学术与教育团体之意见，协定事业范围与办法之大纲及支配款项之原则，为两政府会派委员会管理及支配之根据。委员在协定之范围内有完全自由处分之权。

2. 委员须完全脱离一切政治及外交之关系，以两国之纯粹学者及教育界实业界之领袖组织之，学者占半数。委员人选，由两政府征集有资望之学术及教育团体之意见派定之。规定任期，期满改派。

以上为同人对于管理办法及委员会组织之根本主张，亦为中外人士多数所赞同。所以先定事业大纲而后组织委员，与既有大纲而仍须慎重委员会之人选者，以无大纲，则委员会将因漫无标准，疲于应付考虑之繁，此大纲之所以必先于委员会也。然虽有大纲，运用之当否与成绩之优劣，仍存乎其人，故委员会之人选，终不可忽。以万民血汗之资，为百年树人之计，重之以友邦仗义之情，其事之当慎重，不言可知。故非富于学识经验之学者及教育家、实业家，万不足当委员之选。此虽本历次国人宣言之公意，而亦中国政治现状与社会环境之自然结论也。

今者英美政府方日盼吾人正当公意之表示以定退款用途之取舍，彼军人官僚之筑路主张，由甚嚣尘上之宣传，且进而为实行之要求，政客复从中操纵，吾代表全国之学术教育团体岂能默尔而息，急起联合，为公大一致之主张，此其时矣。同人谨贡刍荛之见，以供国人参考之资。海内明达，幸共起图之。

［第 9 卷第 8 期(1925)第 868—871 页］

# 25. 九卷三期社论《向研究路上去》书后

李书田

本杂志九卷三期之“社论”，大书特书曰《向研究路上去》。又申言之曰：“吾国如果亦欲处于科学自给之地，则除向研究路上去，固无他法也。……其所得成绩，又未可遽责其必即可利用也。盖发明无不可应用，然应用未必即在目前。先执应用之目的以求发明，反能阻碍发明之进行。当法拉第(Faraday)发明感应电流原理时，岂知今日电机应用之广。其进行也，一依其求真渴望的冲动，与兴趣的引导而已。……”

科学社以中国惟一包罗万有科学之组织的资格，以《科学》杂志为传播言论与共同研究之媒介，有指导国人之研究科学者宜向何方进行之责任。而适于士子研究工夫尚在薄弱之时，大声疾呼曰：“向研究路上去。”予不禁嘉其言之中时病而论之得当也。予以兼闻麦迭逊氏(Michelson)数语，并忆及昔日法拉第之言，于是作书后。

西历1924年十月初，美国最老之因色雷莱工程学院(Rennsselaer Polytechnic Institute)举行百年纪念会时，各国大科学家大工程家咸集。大物理学家麦迭逊氏以代表美国科学院(American Academy of Sciences)之资格而讲演曰：

> ……在一聚餐席间，我曾坐在某富翁的旁边。他看我不谙商务的事业，遂下就而谈科学。极力称赞电气工程与制造之发达，电动机(motor)也，发电机(dynamo)也，及其他裨益人类之电机等等。吾讲吾们或者当推功于法拉第。他惊谓：“法拉第！谁是法拉第？”

麦迭逊氏此种论调，意在鼓吹研究纯粹科学也。应用科学及工程学，不啻纯粹科学之弟子行。其所以实业家制造家悉推崇之欢迎之而不遗余力者，因其对于人群，对于实用，对于经济上之价值较为显著也。自实业家制造家之眼光看来，研究纯粹科学，似乎迂阔。彼等不就全局而统观之，不以分析的脑筋去想想纯粹科学与应用科学及工程学间之关系，第见其实用较疏，遂仅口头称赞，而不予以实力的扶助。

此种现象，在国外实业界制造界中，已由来久矣。近年各国大制造厂中，虽渐设专员研究，然惟利是视，事出勉强也。吾国旅外留学生，每多抱资格主义、出身主义、文凭主义，而寡研究之精神。吾们科学社应负责任去寻一个方法以增进科学之研究。盖如欲文化向前进，科学之研究亦必须向前进。科学界中之能真正极深研究者，须设法保留之；与以设备，给以资助。现在实业之报酬昂，利诱大，彼能在科学上有所贡献者，往往遇善价而售其全副精神。如此视利若狂，何以谈科学哉！

麦迭逊氏又谓："研究科学者，如不视其工作为一种兴趣的事，若美术家之视其绘画然，则鲜有能成功者。"现实业家及制造家，每思苦恼研究，以发展其事业；大学中之副教授及助教，每借书籍之出版以谋高升。此种勉强工夫，如与有兴趣之研究相较，何啻天壤之别。然不可概而论之。实业界及大学校中，犹有磊落光明，富于思想，视线远阔，而不拘拘于利禄者。人类之一线曙光，其在斯乎。虽其研究之结果，或永不实用；然如无人作学理上深奥之研究，则文化如逆水行舟，不进则退矣。

法拉第曾谓其某英国贵族朋友曰："吾所作之磁学实验皆电学发展之基础也。"其友慨然叹曰："斯等实验有何用处呢？"法拉第答谓："一个小孩子有何用处呢？"斯语殆千古不易之对于指责蔑视科学的研究之辩护也。法氏之意，谓此一小生命，实有无限的希望，如养之、教之、训练之，则可为人群之大用也。中国如欲脱离寄生于欧美科学之中，端赖深入之研究，以建设私学独立之基础，而免永世北面称科学弟子国也。信笔作《九卷三期社论〈向研究路上去〉书后》，拉杂成篇，毫无次序，尚望阅者谅之。十三年十一月二十二日草于美国康乃尔大学研究院。

［第 10 卷第 5 期(1925)第 553—555 页］

# 26. “无线电学专号”编辑引言

朱其清

无线电学之重要，在今日几尽人知之，无待赘述，故各国咸竭力提倡，竞相经营，多方奖励其人民，使其潜心研究，积极制造，发扬国产，以杜塞漏卮，抵制专售，以免人垄断，美哉旨乎，此诚所谓治本亟要之图也。窃尝考我国之无线电事业，其情形则大异焉。统计全国所有之大小无线电台，为数在三百所左右(详后全国无线电台一览表)，亦不可谓不多矣。顾兹三百所左右之电台，无一而非为外货(亦详该表中)，欲求其能通信裕如者，今且十不得二三焉(新建设之电台，当然除外)。何则？盖自无制造之厂，电台电机，有时而需修理、调整、添配、试验等等，亦有所不能故也。以致机件日益不灵，报务日益不振，良可慨哉！夫我国电台，建设早者，远在十七年前，以十七年之经营，苟能从事根本之图，仅以向外国购无线电机值一座之费用——外人以吾国无无线电制造厂，国人无无线电常识，容易欺弄，故意抬高其值。按区区一二十余启罗瓦特之电台，需费竟至数十余万金之多，即以三四启罗瓦特者言，亦需在二三万以至四五万金之谱——移以从事设厂，奖励自造，迄今工厂规模，当可粗具，制造成绩，亦定大有可观矣。顾计不出此，日事购置外货，以致数十年来，国内无无线电事业之可言，岂不大可痛哉？岂不大可痛哉？今者广播无线电事业发明，各国人士，咸视为无上之娱乐品，竭力提倡发展，我国对于无线电，向视为禁品。但外人年来于租界内，未得吾政府之许可，自由设立广播收发电台，且尽力推广其营业，以致装用之者日众。我政府无权干涉，无法取缔，于是为情势之所迫，亦将不得不予以开放。惟是斯物新奇，颇饶兴趣，一旦弛禁，装用之者必众。奈内无国货以应求，惟赖外货之供给，设不早为之谋，则来日利权外溢之巨，与夫发展前途困难之多，均将有不堪设想者矣。编者鉴于此而忧之，爰于本志发展专刊，蒐辑国内专家宏论，以供研究无线电学者之参考，增进国人研究新科学之兴趣，并促专家互相切磋竞争之心，而从事制造，俾应来日我国社会之所需而挽回利权，是为编辑本刊之旨意，期将来能收效果于万一也。第本刊篇幅有限，编辑时间短促，不克将国内诸名家之鸿论，一一集载，此良为编者所抱歉，而希读者鉴亮之也。讹误之处，还祈海内明哲有以教正，幸甚！

［第 10 卷第 7 期(1925)第 799—800 页］

# 27. 为何研究科学　如何研究科学①

翁文灏

说起研究科学，往往有人想到为什么要研究科学。有的说：研究科学只为的探讨真理，为学问而学问，为研究而研究。有的说：研究科学为利益人生，增进人类之智识，即所以改善人类之生活。这个问题虽已成老生常谈，但今年（即 1925 年）英国科学会（British Association for the Advancement of Sciences）会长演说犹且以此为题，反复讨论，累数百言。中国科学方才开始发展，学者心目中此种问题恐亦不免。即如今日南开大学科学馆开幕纪念，外界观念对于庄严建筑欢喜赞叹之余，总不能不希望就此能够产生一些于人生国计实在有益的结果。但是纯粹的科学家听了此说，恐有一大部分反对，以为此等实用主义的论调，对于科学是外行的，是不明而且浅量科学的。试想中国自咸同以来，即重洋物，即讲西学，也就是现在所谓科学。设局印书，出洋留学，提倡甚是出力，但所谓西学者，仅视为做机器造枪炮之学。惟其只知实用不知科学真义，故其结果不但真正科学并未学到，而且因根本不立，即做机器造枪炮之实用亦未真正学好。而且只知读他人之书，不知自己研究。结果译书虽多，真正科学并未发生。例如江南制造局三十余年间，成书一百七十多种，其用心之勤，至今犹有人称道以为不可及。其间如华蘅芳诸人之尽心编译，诚亦可敬。但试想此等事业曾否养成几个专家，于真正科学有所贡献？平心而论，可谓绝未发生效力，不过供人抄袭，作为《时务通考》《格致课艺》一类的材料罢了。从此可见不明科学的真正意义，且不从真正研究入手，虽肯极力提倡，亦是不得效果的。所以我们讲学，工科之外别有理科。工科重实用，理科重研究。理科研究又复只知探寻真理，并不问其对于人生日用是否直接有用。

但实用与学理二说似若反对，实非矛盾。科学目光固不能专注重目前利急就之功，但因科学研究之结果，对于自然公律逐渐明白，则自然界种种势力及物类自然的容易供我们的支配与利用。设一譬喻：譬如十九世纪初英国电学名家法拉第（Faraday）等研究电学及磁学的时候，用一张厚纸，盖在磁石棒的上面，将铁屑撒在纸上，振动纸片，铁屑即排成曲线，证明磁力的方向。诸如此类，研究完全是学理的，绝未想到后来发电机由此发明，电车、电灯、电报都由此发生。再举一例：三年前天津曾有人为他大做百年纪念的巴斯

① 此文为翁文灏君在天津南开大学科学馆闭幕时的讲演，曾载《南开週刊》第一卷第八号。记者喜其属词比事，大可鼓舞学者研究精神，故请于翁君转载于此，并谢《南开週刊》。—— 记者识

笃(Pasteur)用很简单的试验证明空气中有微生物的种子，微生物只能因种传种，不能凭空的自然发生，亦是就事论事，谁也不想到现在医学上卫生学上种种应用，因此救了无数人的性命，延长了许多人的寿数。所以科学应用往往出于意外：现在以为有用，研究下去也许无甚结果；现在以为无用，也许研究下去，可以生出惊天动地的结果。所以研究科学的人，不管他无用有用，也不知什么叫有用，什么叫无用，但只知道我可以研究的东西拿来研究。研究的结果便是研究者最高之奖赏。莫说这种纯粹科学的精神是无用的，天下最大的善，莫过于能信真理，使天下人人皆能信仰服从真理，则人类和平早已实现了。天下最大的乐，莫过乎能得真理，试想科学给我们的知识，大至无外空间最大的望远镜所望不到的地方，小至原子电子顶强的显微镜所显不出的东西，我们都能推想得到，于人生的扩大有何等重要意义，也可说即此便是他的大用。

但是也不能说纯粹的科学家，是只知研究不管实用的。刚才所说的法拉第是一位纯粹学者，大家知道毫无可疑的。他在 1836 年曾受 Trinityhouse 公司的雇用，研究用弧光做照海灯的方法。他受极微的薪水，在惊风骇浪中辛苦工作，于身体健康大受损害，他从未懈怠，亦从未要想别的酬报。在七十岁上犹自去海边看察。自谓但能使航海的减少危险，保全生命，便是自身无上的奖赏。这便是科学家的实用精神，科学知识便是人类的照海灯，须要照得人类平安才见他的用处!

现在要说如何研究科学，科学学生读的是科学教科书，教科书所教的都是前人研究已得的结果：读了之后，——尤其是在物理学一类的科学，——往往觉得各种事情都已研究完了，既已尽善尽美无以复加，从何再做新的研究？再不然便觉得天下事物浩如烟海，一部十七史，都不知从何处说起，天下事物之繁，叫我们从何下手研究呢？我们于科学初入门径的人，恐怕都不免有这二种感想，因此徘徊瞻顾，不能进行。

研究科学入手工夫，自然各种科学各各不同，既贵有天才，又须有指导，万不是一言可尽。知识偏隘如我，更不敢强不知以为知，但是从个人经验所及，或者可以对学生诸君贡献一些极粗浅的意见，作为参考。

我以为入手研究的次序，大约可分三步：第一是找问题。须要先知什么问题尚未解决，然后可以下手研究。我曾想现在专门教科书以及高等教授——中外都说在内——都有一普通缺点：就是只教人什么是已知的，但不大肯说什么是未知的。因此所以使学生生出尽善尽美无可研究的感想，不能激发他们好奇探胜的兴味。但是我们当学生的——凡是研究科学者，年纪虽大也都可叫做学生——也尽可独具眼光，用心去寻他们的漏洞。譬如学地理学的教科书上正面的说直隶省某年统计人口多少，我们就要反面的想西藏的人口没有统计，不知到底多少。又如学重力学的，听人说伦敦的巴黎的重力加速度是多少，我们便要问他是否知道天津的是多少。凡是未知的问题，都应该也是可以研究的。

第二步就是找方法：有了问题，须要想方法去解决他，有的问题是可以用现成方法解决的，那最容易，把已知的方法去研究未知的东西，一来就有成绩了。也有的问题现成方法不甚适用，须要因时制宜，或因地制宜，加以改良的。那便要研究如何改良，如何适用，便已引上研究的路了。更有的问题须要想新方法来解决的，如果能想得出，便是更有价值的发明了。

第三步——也许就是第二步的变相——是找材料：研究一个问题，第一要知人家对于这个或与他相似的问题曾否研究，结果怎样，所以参考书是不能不充分的。科学书的做法大抵渊源有自，征引有据，所以我们从这书便可引到那书，逐一寻去，参考的书就完备了，这是一种材料。研究一个问题往往须要取得研究的东西，譬如研究动植物须要先采动植物的标本，研究物理化学也要有适当试验的物质，这又是一种材料。再加试验的仪器，也须一一设备，所以材料的设备便成了研究科学的要素，也就是现在科学研究不能个人的闭户独修，必须设立专门机关的理由，但是设备的次序尽可照研究的需要次第做出。有一部分人以为必先有完全的设备，然后可以着手研究。我以为必先有研究的题目，研究的方针，然后尽必要的或有益的范围内极力设备，方能容易成功，事半功倍。否则不问是否有用、是否能用，样样都要设备，到那一天才算完全呢？

照以上次序做去，是否就能做到科学发明，得到重要贡献呢？当然不能完全保险。须知科学发明不是轻易的事，得些新的贡献亦非十分容易。而且科学愈进步，发明愈难了！试读西洋科学发展的历史，在十八世纪之末及十九世纪之前半期，科学界草莱初辟，光焰万丈，从极简要的事实便得极重要的发明。譬如见水沸而知蒸汽的力，因苹果落地而悟重力之理，虽是过份说的简单，但在现在科学眼光看来，总也觉得是很便宜的事。拿爱因斯坦相对论的证明来与牛顿的重力律来比较，难易繁简，相去得多少！就是起头所说的法拉第、巴斯笃一流的试验，在现在看起来，亦岂不是十分简单？容易工作已作去，现在的工作便繁难了。所以由今思昔，觉得当时真是科学发明的黄金时代！

但是我请诸君不必以错过了黄金时代自馁。现在的问题固是愈难，现在的方法却是愈精，所以我们的研究能力亦是愈大。况且我们中国真叫作地大物博，各种事物未经科学方法研究者很多很多，一经研究必有所得，凡有新得即是贡献。所以我们即使不承认还在科学发明的黄金时代，我们也不能不庆贺尚在科学发明的黄金世界。

我们不听见近年美国博物院亚洲调查队在外蒙古研究古物的成绩么？许多人都说他

们三年调查的结果,胜如欧美数十年的成绩。就是我们中国人的研究,记得去年中国地质学会开年会的时候,有北京大学及地质调查所人员的许多论文,有一位法国地质学会的副会长听了,告诉我说:“我们法国地质学会三年的贡献,也没有你们这一年的多。”这固然是他太恭维了,但也要有些实在所以然的理由: 并不是我们的研究能力高,实因为我们的材料太多太好太容易了。欧西二万分之一的地图都已做得不少,我们的整座的大山还有没调查过的。所以研究材料俯拾皆是,就是所谓科学发明的黄金世界了。

用这一种眼光,或者可以许我推己及人,添别种科学来上一个找问题研究的条陈。我们不是想物理学理论高深,方法精密,一时间不容易做什么新的研究么? 但如果从地域观念着想: 在中国黄金世界里找题目,那就容易了。姑且举一个我所想到的例: 从前人想地面上各地重力的加速率是跟纬度高度定的。既知某地的纬度高度,便可算出他的重力。便是精密测量的结果,却往往与算得的数目不同。二者都很可靠,其间的差异乃是另有一种极重要而从前设想不到的现象,就是地壳的疏密轻重各处不同,而且大致是高山区域疏而轻,大洋区域密而重。但是在中国这么大的地方——除了喜马拉耶山以外——究竟是否如此,抑另有别的变化,至今没有测验过,这岂不是现成的一个很好问题? 我提出这个问题,并不定认他是物理学上最重要的一个——物理学我是不很高明的——但由此可以说明虽具普遍性质如物理学的科学,也可以用地域关系帮助我们来找问题。而且这是于地质学极有关系的,所以格外关心,那就所谓三句不离本行了。

至于其他科学地域关系更深了,如生物学之类,机会更多,可以不必一一尽说。

诸君须知黄金世界是人人羡慕人人要想利用的。所以中国的科学材料我们自不利用,外国科学家就来利用了。各国每年来华的探险队、调查团,先后相接,是来作什么的? 就是因为中国是科学发明的黄金世界,都来叨些光罢了。从世界科学的眼光来看,学术无国界,我们应该欢迎他们来早些发明尚未发明的宝藏,促进人类知识的进步。但是就中国人的地位着想,我们自己的材料,自己的问题,不快快的自己研究,以贡献于世界,却要劳动他们外国人来代我们研究,我们应该感觉十二分的惭愧,应该自加十二分的策励。

以上所说,都是很粗浅的话,我的意思无非想要鼓起科学学生奋起研究之热心。我们须记着眼前科学上未开辟的荒地尚是甚多,专待我们来耕耘来收获! 我们应该大家努力!

[第 10 卷第 11 期(1925)第 1309—1316 页]

# 28. 如何发展中国科学

## ——为中国科学社十一次年会作

翁文灏

中国科学社例于夏间举行年会，此为其十一次。旷观近来科学界之大势及吾国之特别情形，殊不能不有一种应时感想；而此后如何进行，如何发展，更不能不有所希望。敢就个人思虑所及，略贡管窥之辞，窃附赠言之义。

吾人所处时代，实为科学历史上极可纪念之秋。科学界重大进步如相对论之发明，不过近二十年内之事。相对论之价值不仅在其理论之精辟，而尤在其能有事实之证明。爱斯坦氏尝自言相对论之能成立或失败，全视乎三种天文现象之能否实验。三者维何：一曰行星绕日轨道之变化；二曰日光分光象之趋近红色；三曰星光受日球吸力之偏倚。此三事者，第一事未几即已证实，次者若望(Dr. C. E. St. John)博士亦在维尔孙天文台证明之。第三事今又于1922年九月日蚀时在澳州观察实验之矣。由理想之推论而得事实之证明，此诚科学家最高之快慰，抑亦人类思想无上之光荣也。又如化学原子之研究，由物质单位之旧观念进而达到原子之破碎，遂以打破质力之分界。从前科学家对于以太(ether)的假想，能力(energy)的探讨，非不言之津津，具有至理，而按之实际，终嫌空虚，不脱假设。今之物理学及化学乃由原子进而研究电子(electron)，其重可量，其速可测。验之物质，则元素之变换既已成功，证之能力，则质力之互通，无复疑义。此诚物质科学极大之胜利，可谓宣泄造化之秘者也。而吾人躬与其盛，及身见之，抑亦幸焉。

即就个人闻知较亲之科学——地质学——言之，向者所学，盖犹为康德(Kant)或拉普拉斯(Laplace)之绪余，冷凝缩绉海陆迭乘之成说；今则因经纬度及重力之精测，地壳均衡(isostasy)已成证明之事实，海山变迁之原因，遂得较确之说明。而如若里(Joly)地壳放射能之研究，惠格纳(Wegener)大陆漂流之学说，诸地震学家地球内部弹力密度之测量，此皆为地质学开辟新蹊径征获新疆域者也，而其发明进步皆不过近三十年间事。吾辈出校未久，鬓毛未衰，而环顾学术潮流，早已澎湃直前，一瞬千里。苟非捷足穷追，即成落伍疲卒，可不慎欤！

当此世界科学猛进之中，我中国学术界贡献几许，位置如何，言之良堪愧怍。今试证之旁观者言，或可藉为借镜之用。1924年英国老地质学兼地理学家格电哥利(Prof. T. W. Gregory)曾于《自然周刊》(Nature)中著一文曰“中国之科学复兴”(The Scientific

Renaissance in China)。其中列举事类，大要可分为二类：(一) 关于教育及文化者，格氏列举国语之统一，注音字母之实行，教育课程之讨论及各大学之创立，以为皆于中国文化大有影响。(二) 专门学术机关之成立，格氏所手屈一指者，在北为协和医学校，在南为香港大学，此皆为外人经营者；中国所自办者，格氏于教育机关则首及北京、东南、厦门、清华诸校，于研究机关及团体，则举及地质调查所、工程学会、化学会、地质学会等。格氏所论自系局外者言，不无误会挂漏之点，然亦足以代表外国一部分学者对于吾国科学事业之大概观念。

格氏复缀以结论曰："中国政治纷乱，以上事业，或竟不克善终，种种计划未可遽抱乐观，然中国历史足以鼓励对于将来之希望。…… 现时乱状，或尚有数年，然和平终当有恢复之日，虽暂时困于政治之混乱，军阀之摧残，而新中国之复兴，仍极有进步之望也。"

"It may be felt that the outlook of these schemes is not promising and that the existing political chaos in China may bring them to naught. But Chinese history encourage confidence as to their future ...Though the present disorder may last for years, peace will assuredly be restored. In the near time the new Chinese Renaissance promises to make good progress in spite of the political turmoil and military misgovernment."

吾国近年来所发生之科学事业，实尚不止格氏所列举，语其要者，如医学、生物学、气象学、工程学之研究，皆已有一部分之贡献与相当之成绩，故吾国科学事业谓之幼稚草创诚无可辞，若欲一概抹杀而漫曰"中国尚无科学"，如间有一部分人所云者，则此自暴自弃之言，吾人所绝不愿承认者也。惟当此时局泯紊，方始萌芽之科学事业，诚有岌岌不可终日，如格氏所虑者，斯则大可惜耳。试回顾以往之历史，民国以前，国人之言学者，只知言翻译外国之成说，而不知自图新鲜之贡献；只知重路矿枪械之造作，而不知为自然真理之探求；偶有科学名著之译印，如《天演论》等书，亦不过供文士揣摩抄袭之资料，而未有以为实际观察试验之针导。当此之时，诚可谓未尝自有科学。今则有志之士，排万难耐艰苦以从事于研究事业，而冀有所贡献于人类知识之进步者，大有其人。徒以时期未久，环境不良，重要绩效尚不甚多。然研究功效，固非可期于旦夕之间，专门研究即有重要结果亦未必为尽人所能喻。惟近十余年来，中国人科学精神之渐次发达，世界科学记载中渐见有中国学者之新鲜贡献，而此类贡献中，亦间有为世界学者所倾服而称引者，此则不可掩之事实，而足可引为民国以来历史的纪念者也。

当此科学研究方始发轫之期，幼稚缺憾之处，自所难免。则试更引旁观之论，借为吾人警惕之资。

洪廷栋(Ellsworth Huntington)者，美国著作极富之名地理学家也。近作《太平洋之西》(*West of Pacific*)一书，中有一段述其参观福州造船厂后之感想，言该厂正在制造飞机，有中国技师告之曰："吾辈力求新式，时读专门杂志，惟苦不易了解，竟不知应仿何式为佳。故就大概而论，惟有俟制造方法见之教科书后始能利用，尤以英国教科书为最善。"洪氏乃系以论曰："夫制造飞机有数时期，研究试验其第一期也。苟不自行研究试验，即不能有最新制造。第二期则以研究试验之结果表之公众，使他人亦能仿造，非有此第二期，则航空事业不能望有新发展。第三期则所有发明成立已久，著书者采入教本成为常识。在此时期，较新发明又复纷出，若抱此自足，则必后于人矣。中国今日去教科书时期犹或未至，盖中国人不自著书，仅用他国人之书而已。中国程度大抵不脱此时期也。"其后数语原文如下：

Chinese are, scarcely in the textbook stages, for they do not make their own books, but merely follow those of other countries. In most things, the Chinese are in this stage. 洪氏因此即谓中国革新，非有外国人指导不可。(Another illustration of what I fear will happen if China tries to modernize herself without external guidance.) 此其所讥，诚不过甚，然其所谓"教科书时期"也者，则吾亦尝有同感焉。大学毕业之士，固不乏以能了解讲义或教科书为尽求学之能事者，不可谓非一部分中国学者重大之迷误也。有中外学者二人于此，学相同，年相若，业复相似，乃数年或十数年之后，外国学者研究著述卓然名家，而中国学者则拘守师说，故我依然。若此之例，盖尝屡覩，诚大半由于环境使然，然亦半由求学观念不无歧误故耳。

学问意义有两种：了解前哲研究之结果，享受既得之知识，复传之于后人，此其一也。就前人所未解决或未注意之问题，从事研究，有所发明，于学术有贡献，即为人类知识求进步，此其二也。二者固各有所宜，不可偏废，亦因人之性质而各有所近。然在今日中国则亟应提倡自动研究之精神，庶有学术发展之希望。美国某专门学者近为予言："中国留学生曾从为学者，颇多头脑明晰，读书能得要领，以为教授常颇相宜。然多不好为实物之观察，并不屑为琐细之注意，则学术研究希望甚少。"此诚洞中肯綮之谈，而吾辈所当闻而自警者也。夫使有学问而不研究，仅求现成知识之传习，而无自动发明之精神，则充其量不过如洪廷栋氏所谓"读他国人之书" 而已。中国科学，岂有能自立之一日哉。而况科学理论，不验不明，不用不显。吾侪毕业大学者，在初等教科书中尽多不能彻底了解之处，往往因经过新问题之研究而旧理论之意义始克充分明了。以闻托夫(Vant Hoff)氏之天才硕学，而自言对于化学中亚弗格德罗氏律(Avogadro Law)且历久未能了解。故不自起研究而仅知读书受课者，不特不能自有贡献，即对于现成知识是否真能精通，恐亦有未易遽言者，于是皮相文饰之风因之以起，而学问之真意寝亦失矣。

中国一部分青年学者有时对于学术贡献视之过高，以为发明新得此何等事，我侪初学讵能希冀，而不知行远自迩，登高自卑，科学问题随在皆是，奋起研究非异人任也。惟科学研究既贵精确，又贵有恒，不可以一得自满，不可以琐屑见轻；浮光掠影之谈，不足以称实学，机械模仿之作，亦不足以当研究；实事求是，诚心求真，始克有济。昔德国名化学家奥斯华德(W. Ostwald)氏尝作科学名人传，分科学家为二大类：一曰天才者，思想奋发，著述丰富，触处皆机，随在有得，于短时期内所得知识突越前人，鸿篇巨著陆续不绝，然兴会易竭，意念时迁，早出倦勤，有如才尽。二曰力学者，守一定之范围，研少数之问题，矻矻孜孜锲而不舍，不轻于发表，不好为空谈，以此终身不厌不倦。奥氏以此分类，历证前贤，若皆默契。而于二类学者对于科学贡献之功，实不能有所轩轾，盖一则勇往直前，一则强聒不舍，各尽其能，各致其力，此其精神皆有足为吾辈取法者。

吾人对于学术研究不必视为过难，然亦不可视为过易。视之过难，则妨进取之心，视之过易，则轻于发表而错误过多，失一己学术之信用，增他人研究之困难，甚可惜也。关于此点，外人之在中国研究科学者，似亦往往不能无所遗憾。盖外国科学家或有成为科学家之志望者，来至中国，殆莫不抱有一种发见热，以为新鲜材料俯拾即是，凡所接触皆是发见，此则吾向所谓学术的黄金世界之观念之流弊也。因此心理，凡所观察研究，若在欧美非经过详密之考证，专精之参研，所不敢遽为发表者，在中国则对国内既不虑专门之评判，对远方复易为新奇之宣传，遂不免意存夸大，掉以轻心。实则科学研究务在真实，苟有错误，虽足以涂耳目于一时，决不能泯是非于永久。其间错误诚大抵出于无心，且以参考缺乏种种困难大可原谅，然历观往史，好名废实者，盖亦非无其人。证之地理，例如俄国普理无华尔世基(Prejevalsky)抹杀中国元清两朝探察河源之前功，而改名扎陵、诺陵二湖曰俄国湖(Russian lake)及探险湖(Expedition lake)以自矜其发现，此可谓学术界之笑谈。证之地质，有如法人戴普勒(Deprat)之于云南地质竟至有故意伪造之嫌(此系据法国学者所证明，其故意之程度是否如其所言之甚似不无问题)。此可谓学术界之不幸事，而中国学者所应取以惩毖者。研究惟以求真，宣传不宜失实，而况中国学术研究发轫方始，信用未立，更宜惟精惟确，实事求是，始足与世界学者相见，而确立中国科学之基础。即发表文字，亦必须参考精详，记载确实。研究精神固须注意，著作形式亦宜讲求。吾国昔贤著书有数易稿而犹不敢问世者，外国从前科学界对于科学著作亦极慎重。恺文迭喜于物理化学造诣极精，发明甚多，而其著作及身公表者不及百页。达尔文(Darwin)对于生物进化之研究经过二十年继续不断之观察，始行著书发表其天演学说，其所以能风动一时者，不惟以其理论之坚实，抑亦因其文字之精审。近代印刷较易，发表较速，益以学术之研究仍不免国际之竞争，难忘好名，争思捷足。然高等学者对于重要著作亦仍再三校读，始肯付刊，青年学子之初执笔为文者，尤必就教于较有经验者阅读指正始敢发表，亦必如是始能得重要刊物为之登载。真理价值不因发表之旦暮而大异，研究精神却视记载之得当与否而不同。承学之士，不可不勉。吾国科学成绩，必赖外国文字为之宣达，既已多一困难，而排印西文制造图版，又复缺乏经验，难臻完全，虽似末节，实亦我国科学界之一大问题也。

尝闻之比国地质学者谷乃(Cornet)氏言一国地质学之进步，可分为三期：一曰开创时代(heroic period)；二曰紊乱时代(chaotic period)；三曰整理时代(synthetic period)。盖言初研究一地方时，新发见新观察殆触处皆是，学者因其新奇，争先发表，错误之处，在所难免，紊乱情形因之而起。凡此程序各地皆然，故吾尝曰：发见者创造者(pioneer)应尽本份，而错误亦即开创者必有之副产也。迨粗略之观察渐周，则精密之研究即起，于是而入其所谓整理时期焉。此其所言，凡各自然科学皆可适用之。然以此衡量中国现在情形，则颇有数种学科似并紊乱时代而尤未至也。就吾所知，如生物学、气象学、地质学，今已颇有研究之人，于谷氏所谓开创或紊乱之程度，亦或庶几近之。而就吾所知较近者，则地质学中近年研究如太原系之确实时代，上新统之确定界线，黄土之成因，造山之时代，人主一说，各不相谋，虽在宿学难免反对，而颇有紊乱之象焉。岂诚有不可免者乎，然亦未可尽以为轻率者解也。尚有数种学科则似尚少为新创之研究以作开创之工程者。至于所谓整理工作，则无论何科最多不过十居一二偶见而已。而且就进步程度言之，必先多有详细的观察而后能作精密之归纳，归纳过早容易致误，或亦非所尚也。

十余年前吾国对于科学仅知有教科有编译，而不知有研究。近数年来则公私团体渐知以自动研究为事，其为进步夫何待言。惟研究之人既渐多，研究之机关既相继设立，则彼此间相互关系必须完满愉快，始能望充分发展，则合作精神为必要焉。

昔者美国古生物学初兴时有哥布(Cope)与马世(Marsh)二氏，辄在同一地方争相采掘动物化石，互相侵夺，各不相下，科学家至今惜之，引为深戒。反之如英国达尔文费二十年之研究始发明“物竞天择”之理，同时沃拉斯(Wallace)亦悟及“适者生存”之义，达氏不顾争名欲让沃氏先为发表，经友人之劝始同时印行，而沃氏亦充分承认达氏研究之广博，雅量互尊，科学家引为美谈，莫不钦仰。盖学人研究固不妨有竞争之心，以鼓其进取之气，然竞争有道，绝非攘夺倾轧之谓，必互相尊重然后有真正价值可言也。

近代科学机关愈设愈多，凡一机关之设立，莫不对于同类或相关机关间之关系郑重考虑，以免冲突。对于性质相同者必尊重优先而力避重复之工作，或商定界线而各守应尽之范围。盖分工则用力专，合作则成功速，二者相成非相反也。卡迺吉学院(Carnegie Institution)，美国学术机关规模最大者之一也。其创立宗旨在设法使美国在学术发明中能得领袖地位，并期利用新能力以造福于人群。达此目的之途径，复定为积极及消极二项。属于积极者(A) 提倡新创研究，(B) 促进高等教育。其消极方面亦经正式议定具体原则：有可注意者如(a) 他机关已进行之事业勿复办，(b) 他机关较适宜之事业勿争办，(c) 现在机关之已有设备者或能有设备之事业勿侵入。

a. Not to do anything that is being well done by other agencies.

b. Not to do that which can be better done by other agencies.

c. Not to enter the field of existing organizations that are properly equipped or are likely to be so equipped.

盖学术之范围甚广，研究之方法甚多，群趋一途，则途径隘而挤轧起，分流并进，则致力易而绩效多。吾故曰相互尊重他人之工作，而各自发展特有之精神，实为科学机关间必守之要则，抑亦其成功之秘钥也。消极原则明文规定者如卡迺吉学院虽不多见，然其分工合作之精神，则为近代科学界一般所公认。虽同一国内科学机关间有外表或名目视若类似者，然其性质组织办法事业则大抵绝不雷同，绝不侵犯，各就他人所未举事而特致其力，或共就一方所未能充分发展之业而合助其成焉。夫如是始能多一种组织即多一种效用，而不致因互相冲突而彼此抵消也。

中国学术机关及团体现尚不为甚多，但近者风气既开，发展可期，尤可注意者如各国退还之庚款，大抵以全部或一部份提倡学术研究为原则。用之得当，则合助一定之事业，或分举各异之研究，固于中国学术大有裨益。用之不得当，则各自分立同类之机关以相角逐，或互为重复之研究以相侵陵，种种流弊将不可胜言。此有识之士所应早为觉悟思患预防者也。

美国著名物理学家米立根(R. A. Milikan)尝论美国科学组织曰："美国科学机关诚已甚多，而合作精神则殊嫌缺乏……换言之，必须设法使美国科学家互相合作，携手进行。"在美国且有此言，况在我国可不引为前车乎？

米立根氏同时并详论提倡科学研究之方法，其言洞见本源，识见之高，迥出一般美国学者之上。撷其要点，可分数项：一曰，多设机关，多增设备，不如多养成更能研究之人才。复论之曰：

"I should regard it as a calamity if the research funds available in America went exclusively or even primarily in the founding of central research laboratories. The country already has scores of magnificently equipped laboratories which produces one tenth as much as European laboratories one-fourth as well equipped. We do not want more bricks and mortars ... we want more and better men."

二曰,养成研究人才之法,在多设立研究奖励金及研究教席。三曰,大宗研究经费之用途及各机关间之分配,应由至少五人以上最高科学家或工程师组织之委员会就各机关研究计划审查补助。其言曰:

"If the allotment of research funds within each state can be placed in the hands of men who know what research is and if the institutions of a state can be stimulated to a rivalry in the development of research programs there will develop in existing laboratories of which we have already an abundance, an atmosphere of research which is now wanting. It is only through the creation of such atmosphere that research men can be developed."

此其所论,固专为美国救偏补弊而发,按之吾国容不尽同,然其根本精神实为吾国有发展科学研究之责者所应取法。盖我国科学界之最需要者,亦犹是此 research atmosphere 也。

[第 11 卷第 10 期(1926)第 1333—1345 页]

# 29. 科学研究之机会

吾国科学之不发达，说者谓缺乏研究之机会，实有以致之。夫所谓研究之机会者，当自两方面着想：一则有研究之环境，而无相当人才以利用之。譬如机器已具，而动力不存，则不能有所工作。一则有研究之人才，而无相当之位置。譬如原动力虽在，而不与机器相联属，亦终归于无用。故欲提倡研究，一在造成研究之环境，一在保护研究之人才，舍此无他道也。

吾国学界倾向研究亦既有年，顾成绩终未实现，则以研究环境尚未造成故。以无研究环境，于是即有具研究能力之人才，亦相与随波逐流，销磨于他种活动之中，不及数年，遂与研究事业格格然不相入矣。然则欲提倡研究，则保护人才，视制造环境尤为重要。何则，研究环境之造成，仍以人才为中心。但使能得少数学者，积极致力于研究事业，则研究空气自然浓厚，研究环境不期然而自成。不然，日日言制造研究环境，亦徒然耳。

吾人以此见解，对于中华教育文化基金董事会最近发表之科学研究补助金及科学研究奖励金两项设置，甚表欢迎。据该会所发布之通告与规程以观，此两项设置，有一重要目的：即使具有研究能力之人才，不受经济与环境之压迫，而致其全力于研究事业之途而已。吾人试观国内有研究能力之学者，每为教课所困，而不得不暂时放弃其研究之生涯。又或毕业伊始，热心向学之青年，为环境所迫，不得不舍研究之途，转而为他顾者，比比皆是。有中华教育文化基金董事会研究补助费之设置，庶几至少此少数智识领域之开辟者，得以发展其天才，而不至有半途而废之叹耶。

复次，该会所设之科学研究奖励金，自荣誉及金钱数目言之，诚与世界著名之科学奖金，如所谓“诺贝尔奖金”者，不可同日而语矣。顾在吾国，此种奖金之设置，尚属创举，则其结果或竟能发生意外之效用亦未可知。盖自科举停废以来，吾国之聪明才智失其倾向之重心久矣。学校继科举之后，虽号称为聪明才智所归宿，但办理未得其道，启迪后生之职犹未能尽，遑论其能网罗全国之才智使出于研究学术之一途。无已，则唯有希望以诱动方法，鼓舞倾向学术之兴趣。但使国内之心思才力有一部分向此道以发展，将来收效之巨，将不可以数字计。操豚蹄而祝满篝，大似可笑，吾人于此，固不免抱无穷希望耳。

抑有一层吾人尚不免怀疑者，即以吾国目下研究设备之缺乏，学术机关之不发达，此多数未来之研究员，即有甚美之计划，将于何处得以实施是也。兴言及此，似乎欲提倡研究，则设立研究所尤为当务之急。中华教育文化基金董事会既设立研究补助金与奖励金，何难再进一步为研究所之设置,以成此学术开创之盛业。吾人甚望该会董事诸公早为留心,不必俟失败之教训而始为之也。兹将该会所发布之通告并规程三种,并录如下(见本期附录),以供科学研究家之观览。

[第 12 卷第 10 期(1927)第 1319—1321 页]

# 30. 中国科学的前途

（葛利普先生在民国十八年八月二十五日中国
科学社年会公宴的演说词）

任鸿隽译

在现今各大国中，中国最近始加入世界科学团体。中国古时的学问，偏重于文哲两科，最后始承认科学在学课中的位置。在这方面，中国亦循着西方智识发展的路径，因为在西方的学术界，科学也是最后方得插足的。百年以前，欧洲主要大学的课程，不外哲学、神学、法律、医药四科，或者容忍算学与天文，做一个其他某重要科目的附庸。

渐渐地，自然科学成了医学的伴侣，及后自然科学到了成熟时期，慢慢的得到一个自己的地位。就是这个时候，自然科学还是算学的附属品，或至少可说是与算学有关的，因为在那时任何的重要学术院中，都有一个算学与自然历史组（Mathematisch-Natur Wissenschaftliche Klasse）。化学与物理学也包括在这一组之中，后来才分离起来，成了一个物理化学组(Chemische-Physikalische Klasse)。十八世纪的学术研究，也和以前的时代一样，即使不受神学的束缚，也免不了古典学的影响；就在现代，这两个人心的专制魔王，尚未完全失掉西方的领域。科学，特别的自然科学，只让了玩意家即科学的爱好者去照管，现今凡研究过这些科学的，晓得我们目前所崇拜的科学殿堂，有好多地方是由这些自告奋勇的研究家出力造成的。诚然，世界最古的科学会即独逸皇家科学会（Kaiserlich Deutsche Akademie der Naturforscher)，在一六五二年即约三百年前已经成立，但直至最近，它才得到一个永久的会所。这个学会系学医的所创设，虽其目的自始即为自然界的研究，实则说是自然科学家的学会，可说是一般知识界的学会亦可。在它的会员中有不少的自然科学家，如摄尔西(Celsius)、李理亚(Linnaeus)、方洪博慈(Alexander von Humboldt)、贵特(Goethe)、倍随理斯(Berzelius)、布徐(L. von Buch)、德康多尔(de Candolle)、方柏耶尔(Karl Ernst von Baer)、居维耶(Cuvier)、方德邻(Escher von der Lind)、布克兰（Wm. Buckland)、布朗几亚（Alexander Brongniart)、米纳（Johannes Müller)、亚嘉祉（Louis Agassiz)、费尔周（Rudolf Virchow)、达尔文（Charles Darwin)，赫尔薛（Herschel)、赫胥黎(Huxley)、乃耶尔(Charles Lyell)、阿文(Ricards Owen)、丁达耳(John Tyndall)并其他等等。即至现在，其学会对于其“研究自然以利人生”之目的仍甚活动，并为现存世界最古科学会之一。

诚然，约一百年前即一五六〇年，在意大利曾有研究自然科学会的设立，但不久即为钳制一切智识的宗教家所解散。英国的皇家学会，成立于一六六二年，即在十年以后，虽然这皇家学会前身的私人团体在一六四五年，已在奥斯福聚会，比德国科学会的聚会还要早些。巴黎的科学会成立于一六六六年，即英国皇家学会成立四年之后，其余的各科学会，则在十八世纪或十九世纪方才逐渐成立。

美国科学的年纪，仅仅不过一百年，虽然做美国科学领袖的西里曼（Benjamin Silliman）在十九世纪的前半，已经在耶鲁大学教授化学，并且在十九世纪的初年，已经采集矿石标本了。但自然科学的有系统的教授，直到十九世纪的四五十年中方才开始。最初的一个自然科学学校，以教授地质学及植物学为主要的，系伊东（Amos Eaton）在杜雷（Troy）所设立，时为一八二七年。美国的许多老辈地质学家、植物学家，皆曾在此受过训练。不久这个学校就发展成一个工程学校，名列斯勒高等工业学校（Rensselaer Polytechnic Institute）。在这学校中尝有地质、矿物两科，在成立之后约七十年，我曾做这两科的主任。可注意的，这个最老的美国地质学校，不过比地质学始祖、科学教授第一人有名的维尔纳（Werner）曾经教授的欧洲最老的地质学校，即萨克孙里（Saxony）的弗来堡（Freiberg）矿业学院，年轻约五十岁。

但美国自然科学得到的真正激进，是一八四六年亚嘉祉的来美，及次年哈佛大学洛伦斯科学院（Lawrence Scientific School）、耶律大学习非而（Sheffield）科学院的成立。波斯顿的自然学者在一八三〇年已经成立了波斯顿自然历史学会，即推奉亚嘉祉做他们的领袖，全美国各处的青年也群涌到康桥来，在这些大学者领导之下研究自然科学。大半美国的科学领袖，都是他的试验室出来的。

我最幸运，曾与多数的美国科学领袖认识，虽然不曾认识这个最大的主教。实际说来，许多亚嘉祉的有名弟子，如古生物学家的赫梯（Alphaeus Hyatt），地质学家的席列尔（Nathaniel Southgate Shaler）、克莱斯贝（William Crosby），算学家的伦克耳（John Runkel）都是我的业师；其余如摩尔斯（Edward S. Morse）、石卡德（Saumel Scudder）、费利耳（A. E. Verril）及亚力山大・亚嘉祉（Alexander Agassiz）都于我的科学生涯大有影响。当我想着我的“大先生亚嘉祉就是居维耶的门人，觉得我们离开欧洲比较解剖学及古生物学的始创者，还是不远呵”。

即在我做学生的时候，康桥与波斯顿尚是美国科学的中心，而在亚嘉祉的时代，则为美国科学家的训练所。在他的四围，充满了热烈的学生，他们的言谈，使他们的热心愈加坚固，并且使他们的能力成熟，可以四出到全国去设立科学中心。但是我们要记着，这些人不是由讲堂毕业的青年，他们乃是有经验的作者，是由现今学生所不易通过的实验室方法养成的。他们在离开他们的领袖和同道的朋友以建立自己的科学社会以前，已经有坚固的智识与热念。即在多年以后，只要可能的话，他们总得回到他们的老源头去和他们同道或不同道的朋友谈话，以期得到一些重新的神助。正是为了彼此交际的需要，才引得伊东学校的地质学家和与亚嘉祉同来并热心的自然科学家们，于一八四七年发起美国的科学促进协会(American Association for the Advancement of Science)，正如在几多年前，因彼此友助的需要而引到发起英国的科学促进协会，及近年来中国科学社以同样的目的而发起一样。

但是有一个不同的点不可轻轻看过。亚嘉祉的学生在美国的各处去散布科学之光时，他们已经是成熟的科学家，他们曾经长久在一处，使他们研究的习惯坚固确立。在中国，科学的年纪尚属幼稚，青年的危险乃是分散太早。他们最初的训练，一经完了，便分头去干自己的工作，不曾有一个机会使他们得到相互的交际，科学的友谊和在老辈指导之下，强健他们研究的能力，使他们的热念生下一个深根，即使他们将来遇见了不幸的事情或孤立的智识生活，也不能使他们灰心懒意，而继续不断的抵抗奋斗。

我曾经告诉过你们美国的科学尚在青年时代，说到平常人对于科学的尊敬，他更是幼稚。当一八四一年乃耶耳爵士到波斯顿在洛维尔学社(Lowell Institute)讲地质学，间接的引起亚嘉祉到美国成了美国的自然科学始祖的时候，地质学在美国还不大为一般人所认识，就在以文化自诩的波斯顿城内，还有人嘲笑如乃氏的大科学家以敛钱的。波斯顿城里有一家专做笑剧的戏园，把他的演员除了一个之外，全体解职了，这一个就是曾经假扮乃耶尔，学他的讲演地质学以引逗听众笑乐的。

但一般人虽对于自然科学不知尊敬，有些人却看这个英国大地质学家的来游，是一个空前难遇的机会。他的讲演不但为注意的同情的众人所乐听，青年热心的人，并觉得无论出什么代价与牺牲，这个机会是不能失掉的。即在乃耶尔未到美国以前，洛维尔学社的科学讲演，已能吸引热心求智的人众了。

有一个故事，并且是可靠的，说有一个青年，在离波斯顿不远，名叫亨宁(Hingham)的乡村，步行二十英里，到波斯顿去听西里曼的地质学讲演。听完了，在晚间步行回家，因为他太穷了，没钱买代步。就是此人，在一八三〇年，步行二百二十英里到杜雷去进伊东的自然科学校。此人终究成了美国古物学及地质学的领袖，今日世界上研究这两种学术的人们，没有一个不熟悉他的名字的。他就是郝尔(James Hall)——你们都认识他——做了美国最大的省的地质调查——纽约省的地质调查——六十年。我很幸运，在一八九六年，曾在水牛城到过美国地质学会及美国促进科学协会的联合会，那时这两个团体正庆祝郝尔服务纽约六十年满期，我在这个会里宣读了一篇论文，并很幸运，得这个美国古生物学名师，为我听众之一。

当我对于地质学及化石发生趣味的时候，在大西洋海岸以外，没有教授这些科学的学校。一八九〇年，麻省工科学校设立地质学系时，我也是最初入学学生之一。但此时已有铁道，我不须步行全途了。

麻省工科学校于一八六五年开门，比哈佛、耶鲁的科学馆迟十八年。但美国最老的学校，为促进高深的教育及研究而设立，并承认所有的纯粹及应用科学，都该与文学及其他人文立在同一地位的，要算康乃尔(Cornell)大学——他比我恰长一岁。

你们晓得西方脱离神学的羁绊，不过是最近的事体。我还记得一八五九年间达尔文的《物种由来》所激起的争论，那时我才是一个小孩。十九年后我很愉快的和耄年的赫克尔(Ernest Haeckel)在他的有名的耶拿书斋内讨论自他在欧洲宣传达尔文以来科学的进步。你们晓得压迫科学的神学毒龙还不曾完全制服，他们最近在美国的某处，抬起头来，藉着官方，把有些学术机关的真科学压抑下去。

幸而你们在中国没有神学的拘制，虽然你们有你们的迷信应当铲除。我所谓神学并非宗教，这一点我和康乃尔大学的创立人惠特博士是一致的。中国科学社对于传播科学智识于中国尽了不少的力，我自己是一个社员，觉得是很光荣的。这个社也可以称为Chinese Association for the Advancement of Science(中国科学促进协会)，简写为C. A. A. S.，恰合美国的科学促进协会简写A. A. A. S.，英国的科学促进协会简写B. A. A. S.，成了一个科学运动的大A. B. C.。这些，和其他有同样目的的组织，都是要解放人心的束缚的。

让我现在把我心中所认为这样学社的重要工作大概举出来。我们或者可以把本社及同样学社的工作，分为三种，依着他们的重要和天然的次序，分列如下：

(一) 科学环境的造成，其道在唤起一般人众对于科学的兴趣及领会。

(二) 科学教育的统一、普及及其范围的推广，并科学教育的改良。

(三) 科学研究的奖励以及全世界科学家的合作。

我们且就此三项略加讨论。

科学在逆境之下不能发达，正如其他人类的努力一样。往昔神学教训的恶影响，阻碍科学的发达的，幸而已成过去了，这种影响在你们国内自来即不存在。但是你们国内普通人对于科学的冷淡和政治实业对于科学的藐视，于科学的发达也颇不利，是和西方一样的。一个国家，如其认科学为无足轻重，只有能力低弱、够不上希望实业政治高位的人才去投身其中，那么科学在这些比较的野蛮势力繁盛之下，只有日即于萎顿的一途。只有科学家得到一般人的注意，承认他在任何进步的社会中占天然领袖的地位，那科学和国家才能发达。如其科学家和教员对于他们的生活费都有朝不保暮的顾虑，那科学的进步以及世界的进步是无希望的。

德国在科学上的领袖地步是无可置疑的，他所以能如此，正是因为德国人的崇拜科学，虽然金钱的报酬常常不见得正确，但较高尚的智识领袖的荣誉总是可靠的。

在美国教员和研究家虽然薪入较丰(也不是常常这样)，至于应用纯粹科学发明的人，其报酬尤为丰厚，但是科学家常被认为实业家或政治家的佣仆。实业家和政客们，靠了他们占有的力量，使他们自己及在一般人心目中都处于优越的地位，因之对于智识的出产，也能有大部分的宰制。

当化学大家范霍夫(Van't Hoff)到美国某大学来讲演，在欢迎席上他坐在洛克斐尔(John D. Rockefeller)的右手，某报记载此事，说范霍夫不胜荣幸之至了。这可以见得在捐资兴学盛行的国度中，普通人对于科学家的尊敬还不如大富豪。但如我们大量一点，也可以说这大富豪得招待世界最大智慧者做他的客人，才真正是他的荣幸呢。

要使实业和政治领袖尊崇科学家及科学事业，必须先使一般民众称赞此等工作及对于此等工作负责的人。

欧洲有一句古语说：“民众的声，就是神的声。”(Vox populi set vox dei)也可以说：“民众的声就是君主的声。”若是君主晓得什么于他们有利的话，实业家及政治家虽然有时自以为超人，实则他们还是人，他们对于民众的声是不能不注意的，因为民众是他们最后的倚赖者。

一个大小说家或大音乐家，常能得到民众充分的认识，因为他们即使不能了解他们的艺术，至少还能评价。何以一个大科学家在自己国内或国外不能得到相当的荣誉。若使民众能崇拜他的工作，即使不能了解，他就不会那样了。安斯坦全世界都知道尊崇了，牛顿的时候就不如此，但现在活着的人类中，不过一两打能够了解安斯坦的工作罢了。自然，安斯坦从来不曾得到如飞过大西洋的飞行家林德堡那样的欢迎，但此时的人众是为他的冒险勇气所激动，至于智识的成功，他们无论如何的赞服，总是冷的。

但是科学家绝不希望做一个民众的英雄。他所要的，也是他应得的，只是对于他的工作的领会与尊敬，这在民众知道他的工作的重要以后，是必定与他的。

唯其如此，所以如中国科学社这样组织的最大义务，即在传播科学知识的重要于民众，并且造成他们的兴趣。要达到这个目的，莫妙于在中小学校中设立自然研究科，但学生不可仅靠标本读本，必须和活的自然相接近。此时能引起学生对于自然的爱好，将来自然有智识的收获。这个收获是培养世界所必需的，但老辈的人也不可放过，因为只要他们能了解这种收获的价值，他们也能帮着耕稷这智识收获的田地。

在这里，我提议的方法，是在各处设立博物学会，鼓励他们都来入会。这些博物学会，必定要非专门的，而且主持会务的人，必须记着他们必须与普通人发生兴趣，同时又不至于离开正确的科学的基础。北平博物学会这几年来的成功，是他处同样的学会所值得效法的。

现在说到我们的第二种工作，即科学教育的改良。关于这一层，我们必须晓得设一个机关添一个试验室是不够的。我们必须先有人。要造就人才，必须有深刻的长期的训练。一个青年，在四年大学教育之后，便能做其他青年的有能耐有精神的教师，是绝无仅有的事情。大学生四年毕业，并非教育的终了，乃是教育的开始。所以美国的大学毕业叫做"开始"(Commencement)。无论何人，设非对于他的专门完全了解，他教授这门功课必不能成功。设如叫一个好英文教员去教算学、历史、物理学，甚至于他学，他对于这些功课的大多数——即使不能全数——非失败不可。因为学生不久就觉得反嚼式的书本学习的可厌，特别的他们晓得教员所预备的功课，比他们的仅多一课。又如学地质学的叫他去教语言，设如他不久便对于功课失去热心而成一种无精神的故辙，使他与他的学生一样的吃苦，我们能怪他吗？

你们智识界的领袖某君说得好，中国的教育——旁的地方也是一样——必须从顶上做起。你们必须先制造好教员，他对于他的专门学科有彻底的了解；他选择他的学科，不是因为他要靠以谋生，乃是因为他喜欢这门工作，比甚么都多。一个人在他的专门要成功，必须先爱他的专门学科，你既对于你的专门学科有甚大热心，又有机会去教人，你虽欲不做成功的教员而不能，至少在你能收发同样热心的几个人以内。

但此处有一个紧要的关键，你必须有机会去教你自己的专门学科，这一层中国科学社是应该尽力的。

我所知道的智识的耗费无过于强迫一个人去教他无趣味的功课，而同时又使他对他有热心、能力、能有领袖资格的学科无暇从事研究。

所以我们不但应该阻止我们的科学家，对于他还不曾纯熟并且还不曾得到独立裁断的权利(注意！我说的是智识上由修养得到的权利，不是机会)的学科，去做负责的教师；但我们也应该注意，既得到这种权利的人，必须有机会去传授并且增加应用他们得到的能力，而不至强迫去在陌生的石田上工作，使他们在智识上不能有所生长。

但要训练一个人成为一个有用的科学家，我们必须避免偏狭与限制于几个特别科目。把有用的能力分散于全国，是一件大错。中国的大学，我不能说是太多，但名不副实的大学，实在是太多。美国也曾经过这样的阶段，中国可从他的经验得到一点好处。最好的办法，是先有一两个真正的大学，校内各科都有最好的教授，学生来学的，也可以得到十分深广的训练。除非这种人才已经训练出来，旁的学校对于这些科目，可以不必开办。如你在某一机关，有一个好矿物学家，一个好化学家，一个好物理学家，你可以在这几种科学里训练出好学生，但你不能训练出好地质学家或生物学家来。再说，你如有一个好的动物学专门家在一个学校，一个好的地质构造学家或石学家在另一个学校，而任何学校没有受过相当训练的物理学家、化学家、植物学家、矿物学家，或古生物学家，你不能造成全副本领的地质学家或生物学家。最要的，是最少每一重要科目有一个很好的教授，如所有的好教授不敷分配，那么，你先以一个学校为满足，数年之后，你将有人去充实第二个，以后就可以照几何级数进步了。如你在一个学校有了那样一群的好教授，你再留心，他们不会他适吗？他们的环境好吗？他们的经济充裕吗？他们的设备足用吗？

集中你的力量，靠了这个方法，只有靠了这个方法，你才造成智识的杰构，他的影响，行且普及于全国，而且孳生百倍，以为国家的光荣。

现在说到我们的第三种工作：研究。

研究是智识努力的光荣结果。世界上的事业，还有什么比推进智识的疆界，增加智识的总和再要光荣的吗？征服人民和土地的英雄，亚力山大、拿破仑、成吉思汗、塔吗仑，若和征服自然的科学家相比较，真是可怜得很。他们的名字，容许在历史小说上暂时存留，但他们的事业，却早已彼此相消了。但一个盖利略、一个牛顿、一个达尔文同其余无数的为真理及智识的进步而工作的科学家是不朽的，他们智识的势利，是人类进步的界碑。

大科学家是天生的，非人力所能造成，但他们的出现，也没有我们想象的稀少。只要有了适当的环境，有了机会，他们就会出来。诚然，出群的天才，即最浊的环境，也不能把他埋没。但如你看见一个天才在挣扎出头的时候，你的义务就在助以一臂，把他的横身的束缚解放了，给他一个机会，使他得到他相当的地位，如让羡慕与妒忌，夺去他的能力，使他不能不屈就苦役，你要记着，他一旦回复了他的能力，定要弄得栋折榱崩，把你们这些俗物的头一齐打坏。

我们不要死等超人由我们中间出现，我们人人具有相当的能力。我们所需要的不过是计划、方法和成功的愿望。一个人把他的能力分散在许多小事体上，决不产生有永久价值的结果。也许一个教员替初入门的学生选出一个问题是应该的，但是有经验的科学家，应该晓得他要研究的问题。如你已经选得一个专门,就得锲而不舍。许多年前美国地质调查所所长、斯密生学会秘书、古生物学家瓦尔可提君(Charles D. Walcott)告诉我说:"选定你的专门,并且粘着不放,如我粘着寒武纪(Cambrian)的化石,自从起始由寒武纪岩石采集第一个三叶虫一样。"在那时候,我正从地阿尼(Devonian)地层中采集了第一个化石,研究这一类的化石。到现在,我听了瓦尔可提的话,还在研究地阿尼的化石。

这不是说你须绝对的把你自己限制在一个学科以内。一个单调限制的知识菜单,不能令人生活,正如一个人只食米饭一样。若是这样,你的心上容许要生脚气病,那是不得了的。但正如米饭或面包是生命的正粮一样,一个专门也是你知识生命的正粮,不管后来你加入什么作料,只要你记着,过于丰美的肴馔,太吃久了,是一样有害的。

直捷言之,一个研究家应该把他研究的地方和研究的方法,正正确确的计划出来,但你的计划中不要太谦逊了。要是你是一个鱼类学家,作一个研究中国所有鱼类的计划,你容许不会完成你的计划,大分你仅能做到计划中的一部分,但你有了计划,你就可有统系的进行,即使你自己不能完成,他人可以继续你的工作。而你的这见阔视,也可以永垂不朽了。我所谓有统系的鱼类研究,并非仅指鉴定学名、胎生学、分类学、生理学、分配情形、习惯、对于人类的效用,及其他你可能发见的问题在内。你研究的结果,最好以正当的形式在一个丛刊里面发表,使将来有继续刊布的可能。换言之,不要把你的结果,在那一千二百零一种的动物学杂志上分散了,这个数目,是秉农山博士告诉我的。

我可以奖励一个有望的青年古生物学家,不要把他的兴趣限制于两手蚌类,但对于珊瑚类、斧足类或三叶虫类,也不妨试一试。但我也劝他对于一个科目必须完全了解,如他对于长身贝比任何生存或死去的人知道的多,他在古生物学会中就是一个较大的光荣和较好的资产了。

我现在要对于所有的研究家说几句话:专精一科,对于一科无论如何狭隘,须绝对的了解。自后,如你能不失这个目的,你可以旁行斜出,在路上遇见美味你可任意取食,只要你的眉来眼去,不把你的真爱抛弃就得了。

关于合作的问题又怎么样?没有科学家或一群的科学家可以说能绝世独立的。科学是国际的,科学家比什么人都应该为国际的人。科学家的结合,没有国家人种的隔阂。科学家应该以科学的进步而非以一国或一群人的光荣为目的,如因达到他的目的,同时也使他的国家或城市得到光荣,那吗,他的国或城应该高兴,并且去尊敬他。但是他们不要忘记,他的成功是建筑在一群工人所做的基础上,这一群工人是由世界各国智识共和的团体中找出来的。

现在我要对于将要离开智识的襁褓，即他们的母校的青年们说几句话。不要想做培根，把所有的知识都放在你的范围以内，这样的事在培根的时代容许可能——我仍不能无疑——在现在是绝对不可能了。不要如某青年的计划，划出一年来重新审定所有的物理学及化学上的定律，并且重新把他们改定使合于你的深奥的思想。我不信培根觉得他一生光阴能做这样的事，虽然培根的时代科学律并不多，而你虽然有过人的能力，至少须要好几年才能把这样巨大的事体做了。试想自培根以来科学上的发明又有几多了。老实说罢，不要圈定不可能的范围，认定你车上的南针，但先须注意你车辐与车轴，并且不要忘记了车轴的油。

从一个问题的一小部分着手，用你的全力去从事，你若能详尽的叙述一个古珊瑚虫及一个生的星鱼，并且尽你的力量找出他的底细，比你用哲学及逻辑作引导而写一本古生物学或动物学，或在图书馆寻些材料写成一本进化论好得多。不要写教科书。等你教过一二十班学生之后，再问问你自己是不是知道的够写教科书了。即使书馆的人要求你写，你自己也应该顾全名誉，等到你有成功的把握，再写不迟。我也曾经受过书馆编辑人的引诱，订约写一部地质教科书，但我答应之后，几年不敢动笔。我希望我能等到现在的几年以后，更可以把中国的地质放些进去。现在只好等到再版的机会，加以订正，要是我有时间的话。

最后的一个劝告，今天听众的大多数，是用不着的，但你可以传递给旁人去。不要匆遽及肤浅，在你的徒弟还未做完以前，不要就自命是师父。这个话看似卤莽，实则是由好意流露出来的。因为我晓得你的各方都有引诱，所以不能不警告你。有许多重要的地位正等着你。你或者被请去做某学府的教授，因为你是一个有望的青年，并且除你之外没有第二人。你或者就接受这个请求。若是情境逼迫你非去不可，我也不能劝你不接受，但不要忘记，一个头衔并非就是成绩的索引。你容许有成大人物的可能，但若是你的选任，使你觉得已经成了大人物了，那我想你还是辞去的好。

如你能使地位成为发展你的能力的机会，当然不迟疑的接受，但不要以为地位就是你的成功，使你同在此道中长久工作的前辈们同等了。如是可能的话，暂时不忙，等到你有了机会用功深造，真正成功了领袖之后，再行接受不迟。

对于此次到会的各位同事、同道及学生们，你们此次到北平来报告一年来科学的进步，和鼓励大家前进，我谨举自己有关系的一个世界最古的学术团体——独逸皇家科学会的一句格言，作为临别赠言："不断的努力。"

我们须不断的努力，去推进我们每一种专门智识的前线，因为如此，才不愧为科学先进的继承者。我们尊敬过去的成绩，同时不要为前人的传述所束缚；我们若幸而发见新真理，须要猛勇无畏的去拥护他；我们也要不迟疑的去承受反乎传述的新理论，若是我们的研究证明他的无误。

新境教我们新义务，
过时的美物都成了古怪；
你若要和真理并驾，
必须不断的前迈。

［第 14 卷第 6 期(1930)第 759—777 页］

# 31. 科学对物质文明的三大贡献①

竺可桢演讲　何元晋记录

二十世纪的文化为科学的文化——依据世界学者的意见，如威尔司(H. G. Wells)、罗素(B. Russell)和蒋海(Whitehead)统说中国的文化，如美术、文学同哲学，均不弱于外国，中国人个人的知能，也和外国人相伯仲。蒋海而且说："世界上各国的文化的悠远和广大没有一国赶得上中国。"②照这样看起来，中国的文化应该在世界上首屈一指，然而中国何以近来各项物质文明会一点都没有进展，和西洋各国比较，就觉得相形见绌呢！推考其原因，就是因为科学没有发达。

欧洲近代科学的发达，开始在十六世纪，所以近世西洋科学的发达，也不过近三百年的事情。英国的牛端(Newton)，意大利的加利倭(Galileo)，他们两位可说近代科学的鼻祖。牛端是在一千六百四十二年生的，加利倭是在一千六百四十二年死的，西历一千六百四十二年是近代科学史上极可纪念的一年，西历一千六百四十二年在中国历史上，是明朝崇祯十五年，即清朝入关前两年，在中国历史算是很近来的一桩事了。但是讲到科学的应用，到近百年来暂发达的，像轮船、火车、电报，是近一百年的事情，电灯、电话是近五十年来的事情，飞机、汽车、无线电是近二十五年的事情，所以中国物质文明的比不上人家，也不过在近三百年而已，但我们要晓得科学并不是欧美所特有的，科学是属于全世界的，我们只要用脑力，费时间去研究牠，科学自然而然的会进步的。

科学对于世界上物质文明的贡献很多，最重要的有下列的三项：

(一) 延长寿命。

(二) 便利交通。

(三) 增加财富。

(一) 延长寿命——延长寿命是一般人生的极大希望，所以"福禄寿""长命富贵""万岁"，就是祝颂的话，百龄机就是利用牠来做广告的。然而人生百岁并不是一个昙花的幻梦，只要科学发达的时候，可能办到的。我们只要看一看过去的成绩，就可预料将来的状况。据近四百年来的统计，欧美人民平均寿命，延长得不少。如欧洲瑞士日内瓦人民平均寿命在十六世纪为廿一岁，到十七世纪加至廿六岁，十八世纪时加至三十四岁。在美国麻

① 本篇系十九年九月四日在南京中央党部广播无线电台之演讲稿。

② A. N. Whitehead, *Science and the Modern World*. Macmillan, 1925, p.8.

省十八世纪末叶平均寿命为三十五岁，十九世纪末叶加至四十五岁，到近来民国十年，已经达到五十八岁。可知欧美各国人生的寿命，不但近四百年逐渐增长，而且愈到近来，寿命增加的速度也愈快，和科学的进步成一个正比例。从十六世纪到十七世纪只增加五岁，十七世纪到十八世纪增加八岁，从十八世纪至十九世纪增加十一岁，到近来三十年中增加了十三岁。据美国 Irving Fisher 的推想，到西历二千年美国人民平均寿命可至八十二岁，至二千一百年，可达九十四岁。① 这并不是毫无根据的猜想，乃是依据学理上的预期。拜佛、念经，以求长生不老，乃是缘木求鱼，要求长寿的惟一途径，只是讲究卫生与医术。

在中国人生平均寿命尚无确切的统计，照上海同济大学 Oppenheim 的推算，说中国上中等家庭生下的子女只有三分之二能够长成到二十岁，又照北平英国医院（British Charitable Hospital）四千六百人的调查，说中国工人的子女，只有百分之四十九至五十能够活到廿岁的②。但在英国人口四分之三可以活到四十岁，全人口二分之一可以活到六十五岁，全人口四分之一可以活到七十五岁，可见得我国人生寿命的延长，前途正是无量。只要科学昌明，卫生讲究，不但天花、虎疫可以消灭，就是伤寒、喉症、猩红热也可以绝迹。从前一般人相信阎罗王能操纵人生寿命，现在我们晓得操纵生命就是我们自己，H. M. Biggs 说得好："在一定限度之下，一个城邑里的死亡率，可以用卫生工程的好坏来定的。"③

（二）便利交通——我国自从有历史以达近五十年来，交通的进步，非常的迟缓。我们读《孟子》"速于置邮而传命"这一句，就知道当时邮便已算迅速了，递信的方法不外乎用捷足和驿马，可见从孟子到了前清咸同的时候，两千多年递信的速率并没有增快了多少。就在欧美也到了十九世纪火车轮船电报发明以后，交通的速度方始改进的，这不能不归功于科学。前几天接到西北科学调查团从甘肃肃州寄来七月廿五日发出的一封信，统计路上走了三十八天才始收到，肃州和南京相距不过三千五百里，照火车速度两天就可到，若用飞机半天就可到，若用无线电立刻就可收到了。现今轻便的信件，尚须三十八天，至于笨重货物的运输，更要耗费时间。甘肃、陕西几省，闹灾荒是司空见惯，去年不是又大旱吗？当光绪三年至四年的时候，陕西、山西、河南、山东、直隶大旱，灾荒的中心面积有十万方哩之广，收成一点没有，当时消息传到各处，从各方把粮食运到天津，因为内地道路不良，运输不便，结果等粮食到达内地时，一般人多饿死，粮食大半损坏。据当时赈灾会之估计，饿死者共九百万到一千三百万人④。诸君试想九百万是一个极大的数目，民国三年至七年欧

① 见美国华盛顿司密松社民国十六年年报 Irving Fisher "Length of human Life", pp.535－554.
② F. Oppenheim, "Birth and death ratio of the Chinese", *China Journal* Vol.2, pp.468－477.
③ C. E. A. Winslow, "'Health' in 'Whither Mankind'", edited by C. A. Beard, p.194.
④ W. H. Mallory, "China Land of Famine", American Geographical Society, N. Y. 1926, p.29.

洲大战，在前线死的兵士两方总算起来，也不过一千三百万，光绪初年北方五省旱灾，死人的数目与此相仿，可见得中国这样人口密而灾荒多的地方，交通的便利不容缓图的事情了。中国现在只有七千五百英里长的铁道，照美国人 Baker 的计算，在这七千五百英里铁道上，一年中运输的货物，若是雇苦力来搬，就要用到二千五百万工人。美国的铁道有二十六万英里，若是美国一年中火车所运的物件，也用人工来搬，那么就要十二万万苦力，换句话说，就要中国人口的三倍，一年做三百六十五天，方始足够呢。

（三）增加财富——应用科学的发达，在世界上要算美国了，现在把美国和我国工人的工资，同收入比较一下子，就晓得相差的悬殊了。据华洋义赈会的调查，在直隶、山东、安徽、江苏、浙江五省普通农夫和工人，一年内每家的进款不达五十元的在北方要占百分之六十，在长江流域也要占百分之十八，可见普通人家收入之少。又照北京经济讨论处在山西的调查，每人每月的工资不过二元至七元，平均每年只五十四元，较诸美国在民国十四年人民平均工资每年一千二百八十美金，美国工人的收入要比中国高二十四倍。若将美金变成中国钱，则相差更大，要到八十倍以上。这收入相差的原因，就是美国用机械工作的，而我们用手工工作的。据 Julean Arnold 说，美国平均每人有二十五架至三十架机器，为他们工作，但是中国每人还分不到一架，只有一架的四分之三。① 譬如在农业上一部机器，可使一个农夫管理三四百亩，绰有余如，如在中国用老法，一个人管十亩田都是很忙碌的。此外凡是开发富源的事业，如同开矿、纺织以及各种制造，统是要靠机器的。利用机器就要应用科学。

［第 15 卷第 1 期(1930)第 1—6 页］

① Julean Arnold, *Some bigger issues in China's Problem*.

# 32. 近代科学与发明[①]

竺可桢讲　房明明记

今天很对不起诸君，因为路上有一点耽搁，所以迟到了十几分钟。“近代科学与发明”这个题目，牠的范围本来是很大的，就是费了两天的功夫，也讲不完的，现在就讲一点大体的意思，请诸君注意。十九世纪法国有一位很有名的科学家叫拍斯托(Pasteur)的，他说：“现在世界的进步，并不靠政治上的作为，乃全在科学的发明。”我们想一想，自有人类历史以来，最重要的进步，的确是靠几种发明。就中国而言，古代帝王都是发明家：如燧人氏钻木取火，有巢氏营造居室，伏羲氏画八卦，神农氏尝百草，树艺五谷，都是与人类的进步有极大的关系。茹毛饮血，在现在时代，以为是很奇怪的，如近来上海大世界以重金聘一日本人，这一个人专吃生鸡活蛇，人家就目为怪人。但是在燧人氏未发明钻木取火以前，我们人类那一个不是吃生鸡生蛇，茹毛饮血的呢？又在有巢氏未发明营造居室以前，我们都不晓得营造房屋，就山穴而居，所以都成了穴人(cave men)。及有巢氏发明宫室后，当然不致再在山穴中过生活了。所以古代的三皇五帝，不但有功于当代的人类，而且人类得到他永远的好处。明太祖、唐太宗、汉武帝，在中国历史上，虽占有光荣的一页，对于中华民族有极大的功劳，但是终赶不上古代的三皇五帝。因为明太祖、唐太宗、汉武帝，开疆拓土，征服夷族，是暂时的，不是永远的，是一方的，不是普遍的。至于发明家之有功于人类，是永久的，是普遍的。所以自古以来，一部人类的进化史，就是一部发明家的历史。所谓发明者，就是和天然相抵抗，换句话说：就是以人工制造一样东西，来征服自然。

中国的发明，不但于我们中国人有好处，而且使全世界统受其惠。如纸的发明，影响于世界的文化很大。当东汉和帝元兴元年(公历一〇五年)，蔡伦发明以破布造纸，是全世界空前的大发明。在未发明纸以前，刻字于竹片上，当然是不方便，有了纸的发明后，不但中国的文化受其极大的影响，并且于世界人类的进步，有密切的关系。据前美国哥伦比亚大学卡德(T. F. Carter)的调查，在二世纪西域楼兰等地，已有中国纸的发现，四世纪传至吐鲁番，五世纪传至新疆，八世纪传入阿拉伯，十世纪传入埃及，埃及即用中国法制纸，十二世纪绕道非洲，入西班牙与法兰西，十五世纪始传入英国，而纸遂盛行欧洲，故中国纸传入西班牙，隔了有一千余年的功夫。同时活版印字发明于欧洲(北宋沈括之《梦溪笔谈》中

① 民国十九年十月十七号在首都中央政治学校讲演。

已述及活字版之应用，故中国活字版之发明在欧洲前四百年)，平民才有识字的机会，而欧洲的英语、德语方言，才成为正式文字，这是智识上一个极大的进展。又如中国航海者使用指南针，在北宋朱彧著的《萍州可谈》之纪录中，是第一次发现。据日本人桑原隲藏的考据，在欧洲和阿拉伯的文献中，至十二世纪末才有关于罗盘针使用的记载；所以他断定指南针于十二世纪传入阿拉伯以及欧洲。在从前南北美洲未经发现以前，大家所知道的世界很小，因为欧洲的航海者不敢远离地中海，及阿拉伯人将中国的指南针传入欧洲后，于是意大利人和西班牙人才敢离开了地中海，而哥伦布竟发现了新大陆。哥伦布发现新大陆，倚赖指南针的力不少，凡是读过约翰·弗斯克(John Fiske)所著《北美洲》这部书的统知道的。如果哥伦布没有指南针，他在茫茫大海之中，不能知道一定方向，而新大陆也无从发现。所以有了指南针的发明，才有新大陆的发现。在中世纪欧洲历史中最重要的一页，就是新大陆发现，与政治上和商业上有极大的影响，不过这都是从指南针得来的。

火药也是中国发明的。大家只知道火药是杀人的利器，而不知道他的旁的应用极大，如炸药和无烟火药统是古路地安(Collodion)所制的，我们敷创伤的火棉胶，也是同一物质造成。即近来照相用的软片，和风行一时的影片，也是同一成分。中国的火药到十四世纪才传入欧洲。到如今开矿筑路，统要利用火药。以上三种中国的发明：纸、指南针、火药，对于世界文化大有贡献。历史家韦尔斯(Wells)在他著的《史纲》中曾说："中国在世界上确曾有一长时期保持其先进之地位，直至千年以后，第十六、十七两世纪，西方有美洲之发现，并得印刷术而广布其书籍及教育，科学上开一新纪元，而中国方瞠乎其后。"(见《史纲》下卷，四百八十八页)但是诸君已经晓得美洲的发现和欧洲印刷术之所以得广布，全靠中国人发明的物事。可惜中国人富于保守性，不知改良，所以到如今，纸、指南针和火药统要仰给于外国。近年来单是外国纸的输入，每年约值二千万两。

近二三百年来欧洲物质文明的进步，真是突飞猛进，反顾我国还是依然故我。欧洲文化所以有长足的进步，就因为科学发达，所以有卓越的发明。近二三百年来欧洲已换了一个面目。从前的欧洲，还是神权时代，无论做甚么事，都祷告于神，求雨祈晴，除邪却病，都不从气象上、医学上着想，完全在上帝的面前，做祷告功夫，那时候欧洲人的迷信，比中国人还要厉害。直到现在，虽是奉行耶稣教，不过近代的欧洲人，再不如从前那样迷信于神权了，已由神权的时代转到科学的时代。二三百年以前的欧洲和中国现在一样，还是苦力时代，无论甚么统用人工，无论是种田、运货、上山下水，样样统用苦力，现在则无论甚么，统用机器，已由苦力时代变为机械时代。这改造欧洲面目的魔力，就是几件大发明。不过现代科学的发明，与古代的发明不同，古代的发明，是出于偶然的，而且迫于需要的急切的而生,所以很是简单;近代科学的发明,不是偶然的,有许多且超出于人类日常生活以外,使人类多享受舒服和便利,所以很是复杂,这是古今发明不同的地方。眼前就有一个明显的例,现在南京北极阁造一所房子,需用数十万块砖头,最初用十个工人接连的把砖头搬到顶上,很费时间,因为人力有限,每次只能挑着二十块砖头,每天上下山十六次,一天十个工人只能挑三千二百块砖,一个月功夫才能搬运一万块砖。如今马路造好了,汽车可到顶上,汽车上山不消十五分钟,每次可装五千砖,所以只要两个车夫,一天功夫可以把十万块砖运到山上了。人工和机器能效的不同就此可见一斑。但是汽车中的摩托,能够如此轻便,汽油的力量能够充分应用,这并非一朝一夕之事,经过一百多年的时间,许多工程师和科学家的努力,才能成就眼前轻巧而又灵便的汽油引擎。

近代科学与发明,于人类关系很多,影响最大的有三种:(一)工业上,(二)交通上,(三)医药上。关于第一点,欧洲工业革命,起始于棉织业的发达。我们日常所衣的都有棉花在内,近年来我国进口以棉织品位列第一,每年总在二万万两左右,即每个中国人要消耗七角钱左右。但棉花在中国和印度知之甚早,轧棉纺缕和织布的旧法,中国向来有的,欧洲到十五世纪才有棉纱纺缕机。欧洲的天气不适宜于产棉,因此欧洲在十八世纪,棉布还很贵重,比现在的丝绸还要贵,当时欧洲人穿羊毛、麻和革,而大家都以棉为奢侈品,所谓棉织品,大概都以羊毛假充的。当时以手工纺纱,每人只能纺一管,到了一七六四年,好而辩夫氏(Hargreaves)发明纺纱机后,一人同时乃能纺数管纱。到了一七七一年,阿尔克伟脱氏(Arkwright)发明水力纺纱机,从前织布的患纱的不足,到此时反而嫌太多。应了这个需要,一七八七年,卡脱韦脱氏(Cartwright)发明织布机,于是织布也就快了。但纺纱织布既快,棉花就供不应求,因为棉花和棉子非常难分,从棉花拣去棉子用手工,每人每天只能拣得两磅。西洋有句俗语说道:“需要是发明之母。”所以到一七九三年,灰脱奈氏(Whitney)就发明轧棉机,棉花中棉子可用机器来轧清。这几种发明,使工业上就起了一个大的革命。自一七八五年至一八一五年,三十年中,英国棉织品出口的数量,增加二十二倍,从每年一百万金镑增至二千二百万金镑。至今英国的棉织品,还是占英国出口品的第一位。自纺织机器发明后,各处的工厂纷纷设立,工厂资本伟大,人才多,他的产品价格低廉,一般家庭工业不能抵抗,所以不久就从手工工业时代转到机器工业时代。不只是棉织业如此,其他如羊毛及丝麻业等,也受到很大的影响,不但是影响英国一国,而且影响于全世界。这机器应用于工业的影响,一方面增加产量减少出品的价格,一方面增加工人工资,提高生活程度,减少工作时间,到如今饮水思源,欧洲生活程度之高,莫不是由于上述的几种发明么?

第二点关于交通上。近一百年来，世界的交通事业，非常进步。当十九世纪之初，拿破仑攻打俄罗斯，俄罗斯人退出莫斯科，坚壁清野，拿破仑以迫于饥寒，不得不由莫斯科退回巴黎，一路惊心吊胆，草木皆兵，受尽苦痛，从莫斯科到巴黎，竟费三百十二小时的功夫。在这个时候的交通，是何等的不便。实际在十九世纪以前的二千年中，即自中国汉朝直至清朝道光年间，交通事业一点没有进步。到了一七六四年瓦特(James Watt)发明蒸汽机，一八〇七年弗而登(Fulton)在黑迪圣(Hudson)河开行轮船，一八二九年斯蒂文生(Stevenson)发明火车机头后，在世界的交通事业上，开一新的纪录。到了一八七六年奥托(Otto)发明内燃机，一八八三年迪美尔(Daimler)发明自动脚踏车，乃造成二十世纪初叶的汽车事业的发达。一八九六年兰克莱(Langley)举行飞行试验，经继起者赖忒(Wright)兄弟等之努力，遂使人类不翼而飞，以迄于今日航空事业之成功，开世界交通事业的新途径。从前自莫斯科至巴黎，须需三百十二小时，现在火车只需四十八小时，而飞机只需十二小时，这与从前的交通，完全不同。其次在通讯的交通事业上，也有显著的进步。在十九世纪中叶，德国科学家芳汉姆霍尔(Von Helmholtz)说道："从一七八〇年瑕文耐(Galvani)发现电流，到如今为期不过八十年，而电线能够网布全欧，是谁也料不到的。"殊不知最近七十年电学上的发明，应用到通讯交通事业上远胜过芳汉姆霍尔所说的八十年之间。近来电学上发明于应用方面最重要的是：一八七六年爱迪生(Edison)发明留声机，同年白尔(Bell)发明电话，一八八〇年爱迪生发明电灯，一八九七年马可尼(Marconi)发明无线电。最近无线电尤有长足的进步，使世界的通讯事业，又开一新纪元。譬如民国十七年美国改选大总统，共和党和民主党的候选者，就以无线电发表他们的政见，使美国全国人民从这两位候选者亲口所说为政的方针，来决定他们投那一个的票。所以近代无线电的发明和中世纪纸的发明一样的重要。但是最近电学的应用，能够如此伟大，追究起来，要归功于十九世纪的许多科学家，尤其是英国的法勒台(Faraday)、马克司韦(Maxwell)和德国的黑芝(Hertz)。

第三关于医药上。我们的病，许多是从微生物来的。最初发现微生物的是一个荷兰人，名叫里凡好克(Leeuwenhoek)，不过于微生物学最有贡献的，要算十九世纪的拍斯托(Pasteur, 1822—1895)，本是一个法国的化学家，他生平有三件最大的发明，这三件发明是：(一) 凡各种东西发酵统是因为有特种微菌的作用，(二) 各种传染病统由特种微生物带来，(三) 各种传染病都可以预防的，预防的方法就是以毒攻毒，来打预防针。当时法国所酿的葡萄酒，常有坏的，每年的损失，总在数百万法郎以上。后经拍斯托的化验，发现葡萄酒内有各种微菌，有的能使葡萄酒发酸，有的能使葡萄酒发苦。拍斯托教他们把酒蒸至一定热度,蒸后四面固封,这叫消毒法,使酒不至发酸或变苦,如此以后法国的酿酒业才能立足。这个消毒的方法,到如今还以拍斯托法命名。到一八六五年,法国南部的蚕丝业,因为蚕有一种传染病受极大的打击,一般丝商即请拍斯托去医治,先后费了六年的时间,才把蚕病消除。到如今蚕桑界选蚕种的方法,还是应用拍斯托的原理。拍斯托到了暮年,他的发明还是层出不穷,一八七一年发明牛羊疫(anthrax)预防法,挽回每年二千万法郎以上的损失。自一八八〇年至一八八五年,六年之间,拍斯托研究当时法国盛行的癫狗病,卒告成功。欧洲各国,甚至美洲被疯狗所咬的人,统跑到巴黎请拍斯托来医治。到了一八八六年的三月间有十九个俄国人被疯狼咬伤,也到巴黎来医治,经拍斯托打针后,有三人因为时间隔得太久,过了二星期后,不及医治,其余十六人都完好如初,所以俄国人对于拍斯托非常感激,而俄皇亚历山大特赠予十万法郎,来捐助当时将要成立的巴黎拍斯托研究院。

自拍斯托证明微菌对于制酒和生病的关系后,医药上就起了一个大革命,各类的病菌先后发现:如一八七九年哀白斯(Eberth)发现伤寒症微菌,一八八二年德国人戈雪(Koch)发现肺病微菌,一八八三年戈雪发明霍乱病微菌,同年德国人克拉魄(Kleps)发现喉症病菌,一八九四年拍斯托的弟子叶新(Yersin)发现黑死病菌。比拍斯托稍早有一个美国人玛尔登(Morton)于一八四六年发明麻醉剂,减少了世人多少痛苦。和拍斯托同时而直接受他的影响的,尚有英国人李世德(Lister)以消毒的方法,应用于外科。从此以后,医药界大放光明,人生的寿命延长了不少。依照美国的统计,就晓得人生的寿命,因受现代科学与发明的影响,日益延长,美国人平均寿命,在十八世纪末叶三十五岁,十九世纪末叶四十五岁,近年来已加到六十岁。

上面所讲的不过举几个例,现代科学愈进步,发明愈众多,影响于人生也愈大。近二三百年来,尤其是近一百年来,欧美物质文明之所以能超过中国,完全是靠几个科学家和发明家如法勒台、拍斯托、爱迪生等的努力。他们的成功并不是偶然的,是耗了无数的心血,才到有志竟成的地位。中国本是文化先进之国,到如今变成科学落伍的国,所以我们不能不如从前的苏秦刺股、董子下帷,这样的努力赶上去。

[第 15 卷第 4 期(1931)第 489—498 页]

# 33. 一年来之中国科学界

王　琎

科学为近代一切新建设之根本。欧美之近代文明,无一不以科学为基础。我国为四千年古国,文化最早,惟因轻视科学,故近数百年来,日见贫弱,遂为列强所侵略,几至不能自存。先总理有鉴于此,故欲以实业计划实现三民主义,而以科学研究促进实业计划。其见识之深远,规模之宏大,实非凡人所能虑及。民国十三年,总理离粤北上之时,主张召集国民会议,解决国事,并拟设中央学术院为全国最高学术研究机关,立革命建设之基础。民国十六年,国立中央研究院之设立,即根据于此。国民政府既提倡于上,于是其他政治、教育、实业各机关亦俱闻风而起,以科学化相号召。民国十九年一年中,国内一切事业,俱现蓬勃气象。文化事业亦于此时显露生气,此固吾人所常引为乐观者也。

科学研究以发现宇宙新秘奥,创造人类新事物为目的。其真正发明,乃人类思想之结晶品,即穷年累月,孜孜不舍,亦难多得。欧美科学先进诸国无不如此,何况吾国方在萌芽时期,岂可苛求?故欲叙述民国十九年一年之吾国科学界,不在于列举所谓"发明",而在于表示其趋向与工作。简括言之,此一年来之趋向,可谓之向上之趋向,而其工作可谓之努力之工作。则在最近数年中可有相当之结果,殆可断言也。

民国十九年度,国内之科学事业,足以表示其有若干进步者,可于下列数端观之。一曰新研究机关之设立与新研究场所之建筑,二曰各种科学调查团之成立与进行,三曰各种科学团体之组织及集会之踊跃。中国对于研究机关,素鲜设立,即或有之,亦俱规划简陋,停顿时虞,令人时有兴废之感。此数年来,公私各界,眼光思想,俱已转移,在此时期所设立者俱有可大可久之性质。即以十九年而论,政府方面科学研究机关之新设立与新建者,则有中央研究院天文研究所之初步建筑、气象研究所之图书馆及地震仪室之建筑、工程研究所钢铁试验场之落成、化学研究所应用化学工场之落成、中央工业试验所之成立、北平研究院理化研究所之落成;学校方面,有中央大学生物馆之落成、清华大学生物馆之建筑、交通大学工程馆之初步建筑、武汉大学科学馆及水电厂之新建筑;团体方面则有中国科学社明复图书馆之落成与生物研究所实验室及陈列室之建筑、北平图书馆之落成与静生生物调查所之建筑等。其余类此者颇多,不胜枚举。他如海洋研究所之成立、四川中国西部科学院之成立,皆足以明中国在此一年内,无论腹地与沿海诸省,皆认识科学研究之紧要,而有急起直追之意也。

科学事业首重调查。吾国地大物博，历史悠久，其天然材料，人文古物，足为建设用品及文化左证者，遍地皆是。惟因货置于地，顾问无人。天产无开发机会，国粹无整理工作，徒供东西洋学者之探讨，以遂其文化侵略之野心，可叹孰甚！近日国内学者有鉴于此，一方面自行组织调查团体，至国内各处观察及搜集标本，一方面对于外人之在本国为科学调查工作者，亦俱设法参加。盖既可利用东西学者之学识经验，以整理本国之材料，而可贵物件，又因有监督之故，不至尽流异域，此即吾国科学进步之一证。十九年度中，科学调查之事，种类颇多，例如中央研究院自然历史博物馆有贵州之采集，中山大学有川边疆域之调查及采集，中国科学社生物研究所及静生生物调查所有四川之采集，中央研究院社会科学研究所有通古斯族之调查。其余公私团体零星调查者，更指不胜屈。其外人团体在中国调查经吾国派人加入者，例如西北调查团新疆等处之考查，由中西科学家合组而成，中央研究院之派人加入。又如美国纽约天然博物馆蒙古探险队之调查，有古物保管委员会之交涉，及北平地质调查所等机关之加入。又如英人斯坦因中亚之调查，亦经吾国之严重交涉，美人斯密斯赴滇黔等处采集标本，亦经中央研究院与之订定办法，限制条件，结果皆圆满。于此可见一年内科学调查事业之发达矣。

学术进步全赖旨趣相同者之互相切磋。欧美各科学先进国学术团体极为繁多，集会之多年不胜载。吾国近来此风亦盛，其中虽亦有与文化前途无关紧要者，但此种组织其足以翼助文明之进步者，究属多数。十九年度中，国内学术团体集会之荦荦可数者，则有全国气象会议、中国地质学会第七届年会、中华工业化学会年会、全国社会科学会之成立、新中国农学会第六届年会、中国经济社第七届年会、厦门之暑期生物研究会、中国科学社之第十五届年会、中国工程学会之第十三届年会、中国合作社会年会、中华学艺社年会及中国气象学会等等，尚有其余集会不胜枚举。在此种集会中，每多新论文发表，以贡献学者所心得于社会。更有各种委员会之组织，以促进各科学事业之进行，其影响于国内思想界颇巨，固可断言也。

观于以上各节，可知一年来吾国科学界普通活动的趋向。惟真欲知吾国一年来科学界一般的造就，当观察各种科学各个的造就。科学门类甚多，固不能一一枚举。若吾人选数种紧要自然科学，而考察其一年来大约研究之状况，则对于吾国在科学之地位，可有一较准确的观念。今试取天文、气象、物理、化学、地质、生物六科学为例而简单言之。

天文学在中国古代发明与应用俱最早，惟以其墨守旧法，参杂迷信，故历代之天文学实不过一星占学。前北平观象台所有仪器虽饶有历史价值，然完全不适于近代研究之用。在中国如欲言研究天文，其第一步即为建立新式天文台与购置新式天文仪器。本年中所可告慰之事，即为国立中央研究院紫金山天文台之开始建筑，与广州中山大学天文台之完成。紫金山天文台目前所完成者，虽不过道路，然其计划已定，不啻已行开始。其所定购之赤道仪、子午仪、变星观测照像镜等，皆为国内之较新较大者，其将来观察之易有成绩，自不待言。中山大学天文台成立于民国十六年，完工于十八年，正式工作则在十九年，其研究范围为测验变星及太阳斑点，中国天文学会之变星观察委员会即附设于该台内。近来工作颇见紧张，此皆吾国天文学前途之曙光。本年中央研究院第一次年会决议，请全国各大学尽先设立天文学系，此事如能见诸实行，则吾国天文学之猛进，可立而待。吾国现有之研究机关，除以上所举及佘山天文台、青岛天文台外，其余学校之有天文学系者，不过齐鲁大学、东北大学、中央大学、厦门大学诸处而已。昔日各省所办之测量局，每附置天文观察之仪器与建筑，然皆已败坏不可复用。故天文学在十九年度中，可谓其有复兴气象也。

气象学为一较新之科学，在吾国现虽在萌芽之时，但其应用甚广，故其发展颇速。吾国各地之略有测候仪器者，为数颇多。然素乏有统系之研究与相当之联络，故其纪载每致失科学上之价值。自中央研究院气象研究所成立以来，与本国气象学一促进之媒介。故一年来气象学在中国颇呈活泼之气。其最足注意者，即四月间之全国气象会议。在此会议中，将全国气象通讯预告，及设立测候所之办法，俱一一规定。此后联络遂可减除困难，其影响颇大。现内地测候机关，已与气象研究所有联络者，则有山东、江西、黑龙江、汉口、南通、常熟及南昌、湖口、鄱阳、星子、赣县、吉安、樟树等观察站。至于接收西北各测候所，训练测候人才及研究高空气象与航空关系，皆该所本年之工作而极有希望者也。

物理学之科学，包罗颇广，研究亦较不易。吾国各大学俱有物理学系，除授课外，研究尚不多觏。近年以来注意研究该科学者，人数较多。例如十九年度，中华教育文化基金董事会补助研究者，其中有研究纯粹物理者七人。中国科学社及中华学艺社开年会时，俱有物理论文多篇。大学中如清华、北京、中央、中山、浙江大学诸校，俱渐注重物理学。中央研究院有物理研究所之设立，及北平研究院有理化研究所之成立，皆足以促进该科学之进步。虽本年度中此二处所进行者，尚以筹备工作为多，然物理研究所之 X 光研究、地磁研究、无线电研究等，皆已确定计划，将来发展必有可观也。

化学因在工商业及医药方面应用较著，故其受本国人注意亦较物理学为多。学术团体中有化学会及工业化学等会。各大学之为化学研究者，其数亦较多。公私之农业及工业机关，每附设有化验处，惟但每为应付一种要求而非研究性质。其专从事于化学研究之机关，有中央研究院化学研究所、北平研究院理化研究所及中华工业化学研究所。吾国地大物博，国产原料无不待化学方法之考查。近来各处化学研究每多注意及本国之食物与药物，此固与民生极有关系者也。

科学之较有地方性者，当推地质学与生物学。故此二种科学，在中国较易发展。地质学在中国自北平地质调查所成立以来，呈长足之进步。及中央研究院地质研究所成立，二者先后相辉映，更能使该科学生光。地质研究所在十九年度中所进行之研究，有秦岭、皖北、宁镇、浙省诸山脉之调查，北平地质调查所则有川滇黔诸省之地层矿产调查，而北方地质之研究仍继续进行。去岁周口店人猿头骨之发明，为世界学术之大贡献。十九年仍继续研究，将来成绩或更有可观也。地质研究机关中之“后起之秀”中，其较为努力而有成绩者，有湖南地质调查所与两广地质调查所。此二所所在地，十九年度中，皆受军事影响，乃俱仍能进行调查与研究工作，并刊行报告多种，殊属不易也。至于生物学在中国亦近年来进步颇多。各大学生物系内容充实者，颇有数处。其专以研究国内动植物为事，而贡献较多者，则有中国科学社之生物研究所、静生生物调查所及中央研究院之自然历史博物馆等。中国科学社生物研究所自成立以来，成绩卓著。本年为四川等处之动植物采集，将来对于新种必多发现。加以新所建筑即将落成，研究效率当更可增加矣。关于中国植物，近来各研究机关皆知注重。编撰本国各处植物图谱之举，进行者颇多，如广东之农林植物研究所、北平研究院植物学研究所、静生生物调查所、自然历史博物馆皆有此举。化学研究所亦有新本草图志之著。对于吾国植物学皆极有价值之物也。

以上所举者，不过择数种纯粹科学，以表明一年来各学术进步之例。他如农林、医药、工程诸应用科学，俱与国计民生有重大关系，在训政时期急当注意者。其一年中可纪之事，如中央研究院工程研究所钢铁试验场落成等等，俱非短时所能悉举，故一概从略。盖本文之意，但欲使学者明了一年内吾国思想界努力之趋向，使知吾人对于科学，已在作登高自卑、行远自迩之初步工作。如继续不舍，则不难于十数年后与欧美科学先进国并驾齐驱。惟一国科学事业之发达，全赖有相当之风气与精神。此则视政府与文化先导者之提倡，而不可求速效者也。

[第 15 卷第 6 期(1931)第 833—840 页]

# 34. 科学对于农业之重要

## ——八月二十三日中国科学社在镇江开年会时演讲

洛夫博士讲　陈燕山译

此次贵社在镇江开年会，鄙人被邀莅会演讲，殊深荣幸！今日与诸位所讨论之题目为《科学对于农业之重要》。此问题对于世界人类，非常重要，尤其是在农民占人口大多数之中国人。

在人类事业中，无论何项，必须凭借科学以求解决，甚至有认为人力所不可能者，亦能由科学得相当结果。近代科学已逐渐推广，应用于各种事业，且常得新奇之贡献。如在物理中化学中医药中公共卫生以及农业中，皆因充分应用科学，而发现甚多之新结果。

吾人固已感觉科学应用于农业之重要，或有许多人犹以为在农业中，作科学之研究，似非重要问题。盖以农民已有数千年相传之经验，勤恳经营，训练有素，其能力已可生产优良丰富之作物，在此情况之下，似无再加改良之必要。同时亦有人觉得如以研究科学之勤苦精神，用之于农业上，必能改良许多品质，增加许多产量，以增进人类之需要，且农民生活亦可因之改善，俾其满意愉快，而安居乐业。

此虽一般人之思想，而一般国家，亦何独不然：有特别注重农业之国家，以政府力量促进全国农业之发展；亦有国家以为农业尽可自然发展，无须助以国家力量，因人类必能出产其所需食物，虽所用器具仅一弯曲之木杆，亦能从事耕作而有所生产。殊不知如此思想，实由于古代地广人稀，需用食物既少，耕地又可随意更易。今则大不然，一方面人口在逐日增加，而新农地又极少发现，惟有在现有农地上，求其生产如何增加，此问题将随人口增加而日见其重要！

世界各国对此问题之应付方法，虽有不同，但未有能如美国以全国及省政府力量积极发展农业以解决此问题者。鄙人兹将美国农业发展历史，略述大概，以为正在努力改进农业之中国，聊资参考。

美国发展农业之起始，即在省立大学内附设一种农业课程，使一般人注意农业教育之重要。同时在教授农业课程之经历中，又感觉有试验与研究之必要，此乃极好现象，无论任何学科，如欲教授完美，皆须有试验与研究，以证明学理也。此种农业试验工作，起始范围虽小，而使人发生兴趣，且欲从事于各种研究，并须有优良设备，其结果由国会通过一议案，拨给巨款，于每省设一试验场，同时各省政府亦加入若干款项，从事于农业试验，并包含森林园艺在内。最初各种试验研究，仅限于切要实用之问题，此固为新事业起始之自然现象。至于省立大学所以教授农业者，无非俟农场设立后，可供给已受训练之人才，以从事试验工作。

自各种农业试验逐步发展后，已能得相当结果，使农民目前问题可以解决。因此社会人士更感觉农业研究之格外需要，除有许多问题可用已知之方法，立即解决外，尚有种种问题须从根本研究，方能解决，故此种基本研究，又随之而兴起。于是国会又通过一条例，拨支专款扩充此研究工作，各省亦增加研究经费，特限制此款只能用于基本研究，而不能用于普通试验仅作示范工作者。此法通过后，除科学智识外，至少有两种结果：第一，使一般人对于农业研究，更发生兴趣，并能吸引以前无意研究农业工作者，亦加入研究工作；第二，使一般农业大学生与各试验场之工作人员，感觉有多加预备之必要，以求将来工作之满意，因此使农业大学生兴趣增厚，而人数增加亦特别迅速，于是更需要农业之精深学问，与较好之农业设备，使农学程度与地位格外提高而有进步。

当省立大学与试验场日渐发展，而被社会人士见重之际，中央政府亦发展其对于农业之规划，视农业与内政财政军政同一重要，特任农业部长，成立农部掌全国农政事宜，并聘请人员从事研究全国或关系数省之农业问题。当时农部中计分植物工艺、畜牧事业及其他各部分。现在农部范围已极大，包含农业之各种研究工作，如推广、检验以及家庭组织等等。至于各省从事于各种农业研究者及农业教员已有数千人，自当有许多事实及智识之贡献，为农民造福利。最初即散播农业小册子，及演讲示范等工作，以增进农民需要帮助之心，进而组织农业教育之推广，此乃各农业大学及其他部分设有专家作此推广工作。迨后各县即设立农业顾问，为各该县农民解决种种问题，并注意农业书籍有无相当供给，最新农业知识曾否传到，有时并请专家或从事研究工作人员，到各该县帮同解决一切专门问题。

现在美国农业组织情形：各省农业大学有青年男女受农业教育，或继续从事于农业之研究，或回到乡间为有用之农民；尚有农业试验场专从事于各种农业研究，或粗或细，更有许多农业推广员，将农业知识推广与农民，使其出产增加，品质改良。

除各省工作人员外，美国农部亦有研究与推广之人才，从事各种研究工作，亦往往与各省合作，将研究结果推广于各处。此外即为检验工作，使各种农产品均适合于一定之标准。

既有如许之教员、研究者及推广员，其成绩如何？恕于此不能尽述，仅将其所得之结果，略述数点而已：

第一，美国农部已得甚好结果，即其中有一部工作人员专搜寻世界各地优良种子或植物，引进美国种植，如美国小麦区即引种许多优良品种，高粱、棉、稻与果树蔬菜及其他种子由引种而来者颇多，皆足使产量增高，品质改进(不过引进之外国种子，必须经确实之试验，俟有良好结果，方能推广。因能适合本地风土而结果优良者，常不多见，然苟能于数百或数千品种试验中，得一二特优品种，亦可补偿所有之损失矣)。农部中尚有许多专家将已经改良之农作物推广于新地方，研究作物对于各地风土之适应，并研究旱地作物种种问题，使以前不生产或少生产之地，皆能生产良好之作物。

又农部鉴于小麦锈病，使小麦出产大受损失，经研究结果，知此菌越冬所寄生之植物为伏牛花，于是联合各省代表在重要产小麦省份作消灭运动，现此种伏牛花已消灭殆尽。

美国动植物育种家亦有许多贡献：家禽类及猪牛已育成许多新品种，因用育种及较好之饲养法，故鸡多生卵，牛多生乳，及其他种种优良结果。尚有许多小麦、燕麦、高粱、玉米之新品种，亦较前品质增进，产量增加。至经育种后之棉种亦较前纤维细长，其他蔬菜果树亦得颇多之新品种，并育成许多抵抗病害之品种。因现在从作物遗传上研究，发现许多新知识，如有充分时间，定可育成许多理想之新植物。动物亦然，此类结果，皆根据遗传学精密研究而来。

关于动植物之病理亦得甚多良好之结果，有许多病害，在以前颇受损失，现在均可预防避免。并发明各种血清及药液与药粉，以除治各种病害，有许多果树与蔬菜，皆可不受病害之影响。

昆虫研究亦有许多成绩，发明许多简单方法，以除治虫害，亦有用药液或药粉者，尚有培养专喜寄生于害虫之动物，以消灭害虫，如蚊子已有良好除法，不能如以前为害之甚。现在虽仍有许多害虫为害动植物，但研究工作亦仍在继续进行中，以寻觅适当消灭方法，现在美国并有极严密之检查机关，此项工作，亦足减少动植物病虫害之侵入。

关于土壤问题，亦有很多研究，如某种土壤应施某种肥料，施肥量若干方为适当，以及栽培法、轮种方法与其他种种研究，皆为增进同一土壤面积中之生产力。

微生物之研究，对人类亦有极大帮助，并解决许多问题，如牛乳与肉类能用科学方法贮藏或运输，使人类得卫生之食物，以减少疾病。

森林方面，亦从研究上而得有许多造林法及管理法，于森林上有相当保障，经济上不致受重大损失。

现在灌溉及排水，亦有很多精细研究，对于各种植物需要水分，亦研究有相当结果，此项智识在美国某部地方颇为重要。

上述种种研究事业，皆关系于生产方面，因农业研究与教育，在起始时，当然注重农作物之生产及品质。吾人固承认尚有许多问题急待研究，方臻于美满之境，此急待研究之问题，即农业经济与农业之买卖，所以此类研究在近几年特别发达，盖农场之规划，最经济之土地利用及各农作物出售方法，皆与农业经济及农业上之买卖有关系。

此类工作，并非一蹴即就而完美无错误者，盖错误在任何事业之起始，皆不能免，世间只有一种人无错误，即终日无所事事者。故在设置农业大学或农业试验场之地位时，每易发生错误，有将此种机关设于交通不便之处，亦有所在地点之土壤、天气等并不能代表一省或一区域内之一般情形，亦有服务人员之随意任用，不问其有无特别训练、是否适合其位置，每因人情友谊或老职员之故，随便委任。

在研究者规划某种研究设计时，常因大意或缺乏相当训练，以致发生错误，而尤以缺乏训练之错误为多，此虽为过去之事实，但足为吾人今日设计改进农业时之殷鉴，可不致再蹈覆辙，能自他人之过去经验中，而求得较好之规划也。

综观美国农业情形，虽不免有错误之处，大概而论，亦可谓颇有进步。其所用之方法，大有补助其他各地之农业研究工作，吾人正可利用他人试验之结果，作研究之计划。因各种农事既已有精密之研究，其结果亦有许多足资引用，倘于同样情形之下而引用之，则时间之经济，金钱之节省，实深裨益，吾人只须将前人研究之结果为根基，即由此累进，庶可简捷。故对于已往研究者之试验方法与技术，必须明了，不然即难着手矣。

兹将中国农业上之问题，略为述及，以观科学对于中国农业之补助为如何？姑以中国重要之农作物而论，在同一范围内如能用改良方法，以谋品种之改进，则产量品质必大有进步。如以稻作而论，其中可以改良之处甚多，吾人在稻田观察之际，或在大多数选种试验区内，即可见稻之各种形态，固有许多不合用而劣于寻常之稻种，然在大多数之中，必有一二特别优良者，如能精密选择，加以正确之试验，则较劣之品种可以淘汰，优良之品种可以选出，以为将来新品种之基本，如能假以时日，则品质与产量，均可同时改进。其他品性，如早熟、强秆、病虫害之抵抗等亦可改良。

又如小麦，现今已有相当研究结果，已得到很多品种，足以证明经选种育种之手续，其新品种之产量与品质，超过普通麦种多多矣。又小麦常因病害每年致极大之损失，鄙人曾见一大麦田内，竟有百分之四十五发生病害，而此种病害极易预防，只须用极简单之拌种方法防除之。如用选种与育种方法，以求根本之抵抗病害性，亦属可能之事，现在中国研究者，已有数种抵抗病害之新品种产生。至于其他作物中，亦可得同样之改进结果，欲增加其产量百分之十五至百分之二十或以上，以及品质之增进，如棉花之增加纤维长度，均属可能。

在中国需要研究之问题颇多：如土壤与栽培问题，对于土地之管理与改良当如何进行？用何种肥料可以得益？化学肥料是否适于稻田？抑有损害？对于耕地之深浅在数种地方亦有研究之必要，因深耕利益，已甚显著也。

对于畜牧事业亦有颇多问题，当以科学方法研究之。家禽之中亦可设法育成优良品种，如鸡当以选种及杂交法，以求鸡种之改良，以增加产蛋额。此外对于猪羊品种之改良，及渔业之研究提倡，以及其他种种畜牧问题，皆须科学方法改良之。

动植物之病理学亦有颇多问题可以研究，前已述及植物病害对于农作物及蔬菜果实等损失极大，所以于病害之防治法，不得不加以精密研究，动物之病害亦然。

对于虫害之防除，亦一重要问题，如在果树上有许多害虫以损坏优良之果子，在稻作有螟虫，亦当加以精密之研究，谋正确之防除法，尚有蝗虫之为害亦极烈。凡此种种虫害，必须经深切之研究，始能得确实可靠之防除法。

其他如森林、灌溉、排水、旱地农业等问题均需精密研究，以及农业经济与贩卖等，亦须有相当研究与解决，如农民银行、乡村信用合作、贩卖合作等。如能相当解决，则对于农民经营农业上，定有极大之补助。

此时无须将应研究之事业一一说出，因在一时期中决不能一一研究，起初只能将其最重要之问题加以研究，尤贵有受过充分训练之人，而能从事于精深之研究，庶可得到相当之效果。

中国如不欲仰赖他国供给食物，则农业问题必需设法解决，将如何可以解决此重大问题亦当加以讨论。

欲发展一强有力之全国农业改进计划，必须有适当训练人才与经济，及行政人员之决心，与国内领袖人物之赞助，同时人民亦须同心协力，以资改进计划之实现。不然，中国农业即难于供给中国人民所需要之食物，况农业改进包含问题极多，如水旱灾之防除，交通之便利，盗匪之消灭等，对于实行全国农业计划时，皆有极大之关系。

对于各种问题必须有相当训练之人才，方可从事于研究工作，此应特别注意者。现在中国已有农业学校及大学教授农业知识，惜所有训练尚不足为精深之研究工作。鄙人以为此项能作精深研究之人才，可不必专赖于外人或留学生，应在中国国内积极造就，此时应设立极健全之大学，以最好之材料教授学生。鄙人并不希望如美国之每省设一大学，以中国今日情形观之，应有五个极完备之大学，有完美之设备，充分之经济，所需经费，当规定时期照数支付，不可拖延。每一大学可以收纳数省之学生，而其经费亦可以由国家与有关系之省份共同担负。因有人主张中国每省设一大学，照现在中国经济状况，与缺乏极有训练之教授人才，鄙人并不主张此计划之实现。

此五个健全之大学应有完备之教材与训练，此般学生应慎重选择，四年之后可以给学士学位。五大学之中，应有一个有极好之教授人才，使学生毕业后，能得从事于更深研究之机会，因此所研究的问题与对象，皆为实在之环境，研究结果即能用于适当之地方，此即在国内造就高深人才之效益。或者请外国专家来教授此辈学生，从事各种研究，俟得经验后，再择其中优良者，由政府资遣留学。现在一般中国留学生多因年纪轻而经验少，不能充分利用外国求学机会。

要发展中国农业研究事实，希望中央政府能颁布一种农业法，由此法产生中央农业研究所，且规定试验场之设立。试验场之数目，可随需要而增加，各试验场之设立，所以规定于中央农业法者，乃使适合全国农业改进之整个计划耳。此种试验场最好能设于每种种植区域之中心地点。如此种试验场再能与中央研究所共同合作，则有许多问题可用共同力量解决，如此事力可集中，必能得许多重要满意之结果。

试验场之经费，应有相当保障，不受政治上任何影响，最好能预付三月。如研究工作经费，不能继续维持，则不能得好结果。至于职员位置，亦应有适当保障，使有恒心，而能努力其工作。此为最重要，因研究有继续性，须经几年继续之研究，方能得相当结果。故职员如经政府之考试而任定后，无论机关领袖或政局上有何变更，均不应随之动摇。

除此国立中央机关以及地方各区域之研究机关外，现在各省立之试验场，如于农业问题有相当贡献与帮助，仍当继续存在，并加以鼓励，此乃无可疑意者。其余因事业重复或位置不宜等类情形，自应斟酌裁并，以求允当。总之，宁可少设数处试验场，而使经济、人才、设备（如藏书楼等），事业均能集中，不独省经费，且可充满共同研究之精神。

各中央试验场欲将优良结果推广于农民，必须推广人员作示范工作，及指导农民解决问题。推广范围，可以县为单位，较小之县分可以二三合并，推广员虽在各县工作，然必须与中央试验场时常连络，因此般人不能作独立研究工作，仅限于示范工作，同时必受研究者之指导与视察。

在今日欲实行范围极广之农业计划，诚有许多困难，因人才、经济，皆是问题。鄙人所希望者，在政府能接受全部计划，而先从现有之人才、经济，于可能范围内，逐步进行。

鄙人未能将各种工作如何作法详细讲述，惟希望先将重要问题，加以解决，然后再从事于根本研究工作。换言之，先以应用科学着手，而后至于抽象科学之研究。凡于试验事业应根据设计方法，规划大概情形。此项设计，必经主持人员通过后，方可实行。对于各种研究工作，必先决定而后再选择人才，若事犹未定，即选聘人才，殊属不宜也。

兹作一简单之结果：吾人于此可见别国人对于研究农业已有相当成绩，而其结果亦甚佳，吾人正可利用他人之经验，以发展中国农业改进之计划。

现欲完成此种事业，最好能有几所强有力之大学能得政府之充分补助，以训练农业人才。对于研究事业而论，希望中央有一组织健全之研究机关，并与各种植区之中心研究机关合作，先研究解决各种最重要之问题，省立农业试验场亦可加入共同合作。此外于设备地位，及其他种种，亦应有适当之改良，或重新组织。现在应注意者，即凡设一研究机关，必须适合吾人所需要，以求试验地址适中，同时其所需经费亦应有相当保障，能源源供给。吾人并非必需极多之金钱，方能做改进工作，惟望有相当金钱，足能维持必需进行之研究事业即可。对于职员方面，应注意位置是否适宜，同时保持其恒久性，使能努力其工作。如此种农业改良计划，尤须不受政治影响，尚望各位科学家多多帮助！

[第 15 卷第 12 期(1931)第 1917—1929 页]

# 35. 从战争讲到科学的研究

（二十一年三月二十一日在南京金陵大学讲）

竺可桢讲　朱炳海记

我国对于科学研究，平时鲜加注意，一旦战事开始，方感科学研究之重要！西人有言："今日之战争，科学之战争也。"（Modern warfare is a scientific warfare）此次上海之役，十九路军之勇敢善战，非但为全国所共钦，且亦为外人所赞许，惟所用战具，远在日军之下，如烟幕、如毒气等等，我军完全付之缺如，日军有之，即占许多便宜。其根本不同之点，即科学与非科学耳！此种教训，英国在欧战时即行受到，深知打胜德国，非再向科学上用功夫不可，故于1916年立即创办久所梦想之科学工业研究部（Department of Scientific and Industrial Research）。战争与各种科学，如物理、化学、地质、气象等皆有关系，即地震之学于战争上亦颇属重要，利用地震仪器可测知发炮之地点。苏俄近年厉行节省费用，但每年化五万金镑之巨款，以设立一地震研究所，其目的即在为战争时之利用。真我国所谓"十年生聚，十年教训"，西人所谓"预备战争，要在和平时期"（In time of peace prepare for war）矣！但科学研究之目的，并非专在战争，不过至战争时期，科学研究之功效，更得以明显而已！犹人之讲求卫生，其目的在求健康，并非单为与人角力，但与人角力之时，讲卫生者，可占便宜耳！

科学研究之要素，不外二端，即经济与人才。有充分之设备及适当之人才，科学研究始有进步，兹分述之。

综观世界各国，科学研究经费之来源，约可分为五种：

1. 政府　全力主持，或部分补助。

2. 学校　由学校出资设立研究所。

3. 公司　资本巨大之公司，为求其出品之改良，营业之发达，而设专门之研究所。

4. 学社　由志同道合之私人组合而成。

5. 个人　个人对于科学有兴趣，或作为一种慈善事业，出资创办研究所。

现在就经费的来源，将中国情形与外国比较之。

1. 政府　由政府之力量，主办研究事业，世界各国要算苏俄最普遍、最伟大。① 苏俄

① 关于俄国科学研究状况，根据英国人 J. G. Crowther 著 *Science in Soviet Russia*, London, 1930.

之五年计划，即以应用科学为其中心，其目的欲使全国城邑乡村完全工业化电气化。全国设一国家技术局(National Technical Office)，此技术局集合全国工商界科学界之领袖，来主持全国之研究事业，凡各研究机关事业之进行，经费之筹划，均归技术局。在莫斯科及列宁格勒均设有理工研究所。在莫斯科之研究所，第一部建筑已花去一百五十万金镑，莫斯科尚有大气动力实验室(Aerodynamical Laboratory)、X光研究所及物理生物研究所等。列宁格勒则有电气研究所。农部办之应用植物研究所(Department of Applied Botany)，该所年费三十万金镑，从事于植物品种之改良，各区域土壤之调查等。即满洲之大豆，亦为其研究资料之一，今于国内已广事种植，现正在研究全国各区域之最适宜植物，以求生产率之增加。其事业之伟大，尚过于美国之农部也！各项研究事业，由政府主持，可免重复竞争而不经济之弊，如昔年我国政府管辖下之交通部与建设委员会，同时设立无线电台，即不应有之事也。在苏俄则政府、科学、工业、教育，已合而为一矣。

世界上科学的先进国，要算德意志。过去三十年中，得诺贝尔奖金(Nobel Prize)者，单就物理、化学、医学三门而论，就以德国人为最多。物理二十九奖，德得八个；化学二十六奖，德占十二；医学二十四奖，德有其四。① 德国政府奖励科学最早，故其得果也最先。德皇威廉研究所(Kaiser Wilhelm Gesellschaft zur Förderung der Wissenschaften)成立于1911年，创办时政府拨助基金五十万镑②，迄今已有二十四个研究所，爱因斯坦(Einstein)即其物理研究所所长③。德国研究所和俄国不同，他的范围不以应用科学为限。英国政府主办之科学研究事业，远在德国之后，当1870年德法战争时代，德国于柏林、拉䏭锡(Leipzig)、北恩(Bonn)、爱拉休䏭(Aix-la-chapelle)，得政府之助，均已有研究机关之设立。是年英国政府委派皇家委员会(Royal Commission)，出任考察当时国内科学研究之情状，考察结果建议政府设立一科学部(Ministry of Science)，但未得实现！自欧战开始，英政府为需要所迫，于是拨出百万金镑，创办科学工业研究部(Department of Scientific and Industrial Research)，性质与俄国之技术局相近，管理已经成立之国家物理研究室(National Physical Laboratory)、地质测量局(Geological Survey)，此外尚有四五十个委员会，研究关于物理、化学、工程、煤炭、建筑等等，每年经费约四十万镑，只科学研究津贴一项，年达三万镑。④ 日本东京之物理化学研究所，亦成立于欧战时期(1918)，最初基金六十

① 据 Victor Junk 著 *Die Nobelpreistraeger, dreissig Jahre Nobelstiftung*, Leipzig, 1930。又本刊十五卷五期第799—803页《三十年来诺贝尔奖金国际间之分配》。

② "Kaiser Wilhelm Society for the promotion of Science", *Nature*, March 16, 1911.

③ 据 *Minerva, Jahrbuch der Gelehrten Welt*, 1930. Emser Band, S. S. 283－285. Kaiser Wilhelmgesellschaft zur Förderung der Wissenschaften.

④ 见 *Nature*, 1927, 第779—780页。

万镑，迄民国十六年，发明之专利品已有一百四十多种之多！研究事业亦多注重于实用方面，如制酒、维他命、电磁等等。法政府自拿破仑时代，即注重科学。法国科学研究之特性，在于含有国际性，如国际衡量局、国际低温研究所、经度局、海洋研究所，均设在巴黎，即其明证也。

2. 学校　作科学研究者，以大学教授为多，故于大学中设立研究所，最为相宜。过去三十年中，得诺贝尔奖金者亦以大学教授占大多数。英国剑桥大学之 Cavendish Physical Laboratory，美国加省工业学院之 Norman Bridge Laboratory，法国巴黎大学之地球物理研究所（Institute de Physique du Globe），皆为大学所办而世界闻名者。再如日本之研究机关，与大学皆有密切关系，如关于地震之研究所，东京、东北、京都三大学均设立之，东京帝大且有日本唯一之天文台。于学校办研究所，其缺点即在乎教授于教课之余，时间有限，难专一从事于研究工作。所以当 1911 年一月十一日，柏林德皇威廉研究所行开幕典礼的时候，德国名化学家费休（Emil Fisher）说道："过去德国对于科学研究有贡献的，统是大学和专门学校的教员。但是过去十年中虽则群众教育发达而后，学生方面得到实验科学的训练为益不少，不过学生太多，使教员难以应付，此所以近年来，研究科学的人们大声疾呼要创办新实验室，庶几他们可以安心研究，不致再分心于教课方面。"这恐怕不但德国如此，其他各国的大学教授，亦有同样的情形。在同时期英国各学校教员，统须授课的。科学研究机关当时只有皇家学院（Royal Institution）的教授不兼课①。到近年来，各大学始纷纷设立研究讲席。

3. 公司　外国之各大公司为求出品之精益求精，无不特辟研究室者。如美国的奇异公司（General Electric Co.）及德国的贝迪许颜料公司（Badsobe Anilin und Sodafabrik）均有研究室，成绩著闻于世。又如有声电影之发明，乃 1928 年之事，当初为华纳兄弟电影公司（Warner Brothers Co.）与西方电气公司（Western Electric Co.）订立合同，制造成功。不过三四年，因各家公司互相竞争，在很短时间内，已达完美之程度！② 公司研究的事业，进步固速，为其优点，但其太偏于本身利益，无整个国家的或世界的观点，则其缺点也。

4. 学社　学社之最早者，首推英国皇家学会（Royal Society），成立于 1662 年，次为法国之科学社（Académie de Science），成立于 1666 年，德国柏林之自然科学会（Akademie der Wissenschaft），成立于 1700 年。学社本身往往并不进行研究工作，惟常代理政府或其他机关，经营及计划研究事业。如英国皇家学会自 1850 年以来，英政府每年给予科学研究

---

① 见 *Nature*，1910，第 31 页，November 3 号出版。

② 据 F. Green 著 *The film finds its tongue*，P. Putnam 1929 出版。

奖金，初仅一千镑，又如国立物理研究室之成立与管理，最初亦由皇家学会决定(1902)。此外如寇岛气象台(Kew Observatory)、罗山农事试验场(Rothamsted Agricultural Experimental Station)，亦曾一度经该会之监理或代管。①

5. 个人　由个人捐资创办之研究事业，于美国最为发达。如司密松学社(Smithsonian Institution)为1846年司密松(James Smithson)捐资美金五十万元所创办。最初每年可得利息三万元，至1900年其基金已增至九十余万元，民国十六年达一百三十八万元，但民国十六年该社用费已达百万元，盖大半得诸政府及社会所捐助也。② 司密松学社所办事业有七种，如国家博物院、动物园、天文台、美术馆，其与中国有关者，一为书籍之交换(Smithsonian International Exchange)，一为人种之研究。卡纳奇学社(Carnegie Institute)成立于1902年，为卡纳奇(Andrew Carnegie)所创办，先后捐资三千美金，每年费用亦达美金百万元，内分胚胎、优生、植物、海洋、生物、历史、地文、天文、营养、日球、地磁等十一门。与中国亦极有关系，前清光绪时曾派专家至我国各地测量经纬度，威尔生天文台(Mt. Wilson Observatory)尤闻名于世也。但基金最富者，首推洛氏基金，为洛基番罗所创办，成立于民国二年。迄民国十八年，有基金一万四千七百万美金之巨。其目的在研究与人生有利益之科学，如医学、教育及自然科学之各方面，均属其研究之范围。北京协和医学院即为洛氏基金所创办。

在我国由政府经费主持之研究机关，成立最早者，当推北平地质调查所，已有十七年之历史，成绩卓著，可与外国相抗衡，其事业除地质图幅之测制、西南地质之调查、全国矿产矿量之统计、古生物之采集而外，关于考古学，人种学亦有很大的贡献，近年在北平附近周口店地方发掘人猿，且能确定其年代，为世界人种学上多一新考证③。地质调查所最近又着手于地震之研究，及全国土壤之调查。中国以农立国，此项调查，将来当能有益于民生。自国府成立，对于研究事业稍稍注意，在南京、上海、北平设立中央研究院，在北平设立北平研究院，中央研究院内分天文、气象、物理、化学、工程、地质、社会科学、历史语言、心理、博物十部，基金仅百万库券，照现在市值所值，不过十一而已！北平研究院完全在北平，地质调查所近来成为北平研究院与实业部合办之事业。此外实业部尚设立有工业试验所、农事试验场等。中国学校方面，清华大学对于物理学，南开大学对于社会科学，广州

① 据 *The Record of Royal Society*, 3rd Ed. London 1912 出版。

② 据 *Smithsonian Miscellaneous Collection*, Vols 42 & 43, "The Smithsonian Institution, Origin and History"及近年来该所出之年报。

③ 参考北平地质调查所《最近工作报告》(十八年一月)，见本刊十四卷六期864—866页。又葛利普著《十年来中国地质研究之工作》，本刊十五卷六期841—850页。

中山大学对于教育学,暨贵校对于农业,均已着手研究,且多有相当成绩。北平协和大学为洛氏基金所设立,对于生理、病药等项之研究亦颇有成绩,最近北京大学复大规模的设立研究教席。学会方面,如中国科学社有生物研究所,经费虽然有限,但十年以来造就之生物人才,颇为不少,专刊论文已达三十种,植物标本一万,动物标本一万八千余[①]。私人设立者,有纪念范静生先生之静生生物调查所,设立于北平北海。中国大公司有限,故由公司设立之研究所亦属无几。在塘沽有久大与永利两公司合办之黄海化学工业研究所,商务印书馆近年已进行设立研究部,可惜近被日人所焚,遭此巨劫,暂时不得不停顿。中国现有研究事业,如地质调查所、中国科学社生物研究所、静生生物调查所及北京大学研究教席,皆仰给于美国退回之庚子赔款,即中华教育文化基金委员会所管理者。[②] 遂使美国赔款成为中国科学研究事业经费之重要来源。说者谓中国科学研究事业,全受昔日拳匪迷信之赐,亦可见国人之奖励科学,不及外人之热心也。

关于人的方面,国人往往误认科学是舶来品,非欧美人不可,其实中国人的头脑,并不见弱!华德海(A. N. Whitehead)在他所著之《科学与现代世界》(*Science and the Modern World*)一书,亦谓中国人于科学,过去虽无贡献,但以中国人天赋之智慧观之,必能有所成就。[③] 东方人如日本人、印度人,于科学已有成绩。如 Noguchi(野口英士)之于医学[④],Nigado(长冈半太郎)之于化学,皆为世界所推崇。印度 Srinivasa Ramanujan 本为马德来一商人,只受过中等教育,但富有天才,对于算学颇有心得,于民国二年,英人偕之赴伦敦,不久即被选为皇家学会会员,不幸中年夭折,若得享永年,则成为二十世纪算学界之泰斗,亦属可能![⑤] 去年物理学上之诺贝尔奖金,亦为加尔各塔大学教授 Raman 所得,可知科学家本无种别,在好自为之耳!我国两汉魏晋姑不论,即唐宋以来,在文学上能出苏东坡、李太白、韩昌黎,哲学上有朱熹、王阳明等;则于科学上,将来未必无牛顿、拉伯拉斯、爱因斯坦之流也。

有人问爱迪生(T. A. Edison):何谓天才?彼之答案谓:"天才之百分之九十九为苦工,百分之一为神通。"(A genius is 99% perspiration and 1% inspiration)但是神通非偶然的,必经许多努力方能应运而生。十九世纪德国有名化学家开格儿(Kekulé)在伊发明本生分子构造式(ring formula for benzene molecule)二十五周纪念会(1890 年)中,伊说明其

① 据《中国科学社概况》,民国二十年一月刊行。

② 《中华教育文化基金董事会第六次报告》,民国二十年十二月刊行。

③ A. N. Whitehead, *Science and Modern World*. Macmillan,1925 年出版,第 8 页。

④ *Noguchi* by Gustav Eckstein, Harper and Brothers,1931 年出版。

⑤ "Nationalit IInd Research", part 23 of *Possible World* by J. B. S. Haldane,Parper Brothers,1928 年出版,第 165 页。

发明之经过，谓此年在伦敦过夏，研究本生分子构造式久思不得，一晚自友人家乘街车返寓，在街车上梦见许多分子跳舞于前，忽而如神龙衔尾然，成一大环，时车已抵寓，骤为车夫所叫醒，归即彻夜不寐，搜索枯肠，卒仿忆梦中所得，草分子构造式。① 瑞士考古学家阿噶息(Louis Agassiz)，研究一鱼骨之化石，意欲由一骨之探索而绘出鱼之全形，恨苦思而不得，一次于梦中见鱼跃于前，但醒后已忘，第二夕又如是的，第三夕则将笔纸置于枕上，待清晨起身，鱼像已留于纸，但不知何时所作②。法国有名算学家魄英喀来(Henri Poincaré)之解决 Fuchsian Functions 亦经长时间之思索不得，而于无意中获之。③ 所谓"踏破铁鞋无觅处，得来全不费工夫"！但所谓不费工夫，亦是水到渠成耳！此种神奇思想，于美术家文学家亦常有之，如十九世纪文学家司蒂芬孙(Robert Louis Stevenson)之小说 *Dr. Jekyll and Mr. Hyde*，其中情节，多得诸梦中。④ 德国音乐家佛格讷(Wagner)梦枕流水，醒而谱 Rheingold 一曲⑤。在我国《南史》载江淹梦笔生花，传为佳话。欧阳永叔《归田录》谓彼一生佳作，完成于枕上、厕上、马上。苏东坡之《破琴诗》，为其由杭州返汴梁途中梦境所作(据苏东坡《破琴诗引》："元祐六年三月十九日，余自杭州还朝，宿吴淞江，梦长老仲殊挟琴过，余弹之有异声，就视琴颇损，而有十三弦，殊诵诗云：'度数形名本偶然，破琴今有十三弦，此生若遇邢和璞，方信秦筝是响泉。'余梦中了然，既觉而忘之。明日昼寝，复梦殊来，理前语，再诵其诗，方惊觉而殊至，意其非梦也。问之，殊盖不知。"云云)。其事与阿噶息之梦鱼，如出一辙，惟神通之来，决非偶然，必经许多酝酿，始克出现。管子有云："思之思之，又重思之，思之不通，鬼神将通之。"信乎其言也！开格儿当未成名时，其师李皮(Leibig)训之曰："汝必须先毁坏汝身体，方能有成就。"真所谓少小不努力，老大徒悲伤也。中国研究科学，如欲与欧美并驾齐驱，一方面固须有稳固而充量之经费，一方面须造成科学研究之空气，使有志少年，均思努力研究，不求仕进，不谋尊荣，而愿尽毕生之力，抱苦攻之决心以发明真理。惟如是，则中国科学研究前途，庶有希望乎！

[第 16 卷第 6 期(1932)第 859—870 页]

① "Inspiration in Science", part 17 of *Chats on Science* by E. E. Slosson, G. Bell &Sons, London 1924 年出版，第 49 页。

② 本刊二卷第 581 页《阿噶息之奇梦》。

③ H. Poincare, *Science and Method*，第 53—55 页。

④ E. E. Slosson, *Chats on Science*，第 54 页。

⑤ R. H. Marray, *Science and Scientists in the nineteenth century*, the Shelden Press, 1925, p.396.

# 36. 科学与国力

秉　志

外患肆焰，祸逼眉睫，锦绣河山，日削月蹙，而内地之人民，瞢瞶如故也，各处之盗匪，焚掠自若也，宵小壬佥之贪污，未尝因之少艾，百万生灵之流离，迄未得有救济，处今日之世，惨目伤心，未有不以国祚沦亡为惧者也。然窃以为有一术，可以转危为安，要视国人之努力如何，此术维何？曰科学是也。

欧洲十七世纪以前，为极紊乱之时期，宗教势力，愚蒙人民，使各国陷于黑暗，专制之暴君，强横之贵族，奴役其人，杀虐朘削，无所不用其极，而国际之战祸，又无时无之，所谓百年战争、三十年战争、宗教战争及其他各种战争，全欧人民肝脑涂地，火热水深，奄无生望矣。然自十八世纪以来，科学日见发达，优秀之民族，努力研究，其致力愈多者，科学之发达愈甚，而其国亦愈富愈强，如英如法如德如意皆是也。其次或因国土褊小，人民较寡，未能如前言数国之强盛，然以能努力科学之故，其国势亦因之日昌，虽处列强虎视之间，而能保全其疆域，发达其实业，远胜于吾国今日者，如荷如丹如比如瑞典如瑞士皆是也。或因政治窳败，积恶太深，科学纵已发达，人民之痛苦难除，然卒因科学之力，能于创巨痛深之后，成统一之局，力图繁荣，有向上之势者，则俄国是也。

以上所言各国，其科学发达之程度如何，我国稍习科学者，类能言之。我国今日之科学，其发展之程度，能与其任何一国相比乎？此我国之所以贫弱而紊乱无已也。为今之计，惟有国内从事科学之人，咸努力竞进，以求有所贡献，凡可以为助之人，竭力提倡，如欧美各国人民之赞助科学，奋进不已，国家必受其益。以今日我国情形而论，当务之亟，约有五端，无一不需乎科学也。

(一) 国防　吾国之受外侮，乃因缺乏实力，无以固其国防。然吾国之兵士，非不能喋血沙场，与敌人抗衡奋斗，徒以器械窳劣，致人之能加于我者，而我不能加之人。敌有重炮，可以射远命中，而我之军械阙如也。敌有飞机，可以千百来袭，而我之空军藐如也。敌有巨舰，可以攻击我口岸，而我之海军蔑如也。至若要塞乏精固之防御，枪械子弹之不充实，及一切战具之不能自造，仰给于人，战事一生，我立陷于危迫之境。即使将帅得人，士卒用命，咸怀必死之心，而敌人恃其利器，轰炸我城市，荼毒我人民，我不能痛摧其锋，凭苦战之力，而驱之境外，我之损伤，亦不可胜计矣。假使我国科学发达，自然科学之研究日新月异，有精奇之发明，凡国防需用之具，恃物理化学工程之进步，皆足以供给补足之，而兵士之训练、卫生、军事学、医学，皆使圆满无缺，举一切海陆空所恃以固疆域者，皆用科学解决之，实力既充，国防何患不固乎？

（二）民力　何谓民力，爱国之心，与自立之智识是也。吾国之大乱二十年，及外侮之频乘，乃因民力缺乏之故。然民力何以发达，必须教育，教育发达，则人民知国家与个人有密切之关系，爱国之心，必然强挚，人人有相当之智识，可以自立，则同仇御侮之精神，自然发生，改良社会，充实国力，亦易于着手。总而言之，民力之发达，非有学校不为功。然一言及学校，则必需乎科学，盖教育本身，乃科学也。其高深者无论矣，即以最普通之教育而言，凡所以开发民智，灌输常识，如地理、生物、社会、卫生，及一切自然之现象，无一不本诸科学。处竞争之世，一国之人民，必皆知生存之道，然后不至灭亡，则天演之说，尤宜家喻户晓，生物之浅说，尤为普及教育之不可无者。吾国先知之士，奔走于政治之改革者已数十年矣，其成功乎？其失败乎？无暇论矣。若以此数十年之努力，尽用之于普及教育之一途，则今日国人之文盲，绝不至如此之多，多数人民，爱国心切，自立性强，绝不至有内乱，召外侮。惜吾国上下，尽注意于政治之一途，而国家之根本，反为所忽视，人民无国家之思想，危亡之祸，日逼日近，为今之计，莫如急行教育之普及，而以科学之方法推广之，普通人民，皆有科学之常识，国家庶政，易于改进矣。

（三）政事　吾国人民之大病，即轻率盲从也，二十年来之紊乱，皆人民眼光短浅，缺乏稳健之态度之所致。欲医此病，必需科学。知识阶级，若皆有科学之训练，实事求是，则一切感情之冲动，可以减少。普通人民，若皆有科学之常识，处处能平心观察，则盲从之害，亦可以无。举国上下，养成科学之习惯，国家之事，皆开诚布公，脚踏实地，以应付之，一切内政，何者不可使攸往咸宜。然人民能达此程度，殊非易易，要在科学家之努力耳。吾国之从事科学者，处此国难日亟之时，宜奋力竞进，以身作则，使个人所研求者，足以贡献社会，提高教育之程度。并使科学之空气，日益浓厚，科学之势力，日益扩张。而其担任教授普通科学者，无论其在中学小学，尽力以灌输科学知识为务，使普通社会，皆得吸收科学之空气，国人轻率盲从之病，庶有瘳乎？数年前英国曾有一种主张，国内被选举者，无论其位置高下，非有科学知识者，不为合格。此种主张，虽未曾经议院通过，定为国家常典，而今日英国之选举，自首相以至百司，无有不以曾受科学教育而当选者。英国人民，在世界以沉毅稳健见称，然犹如此注重科学，况吾国人之如此轻躁乎？今日国人疾首蹙额于政治之不良，其亦自审其病源之所在，急图改革，以科学医之乎？

（四）实业　科学为实业之本，人人知之。吾国实业之不发达，即科学不发达之实证。农也、工也、商也、矿也、交通也，无一不恃乎科学。无如吾国之科学，至今犹是舶来之货，少数人民，藉以为装饰之品，其能见之实用者，在国内虽有一二处之可言，而吾国疆域之大，人民之众，偶有少数事业，施用科学者，直如沧海之一粟，不能发生较大之影响也。二十年来，国家患疗贫之无术，知识阶级憬然知实业之宜兴，于是学校授课，特注重于理化工商等门，青年之负笈海外者，群骛于实业之学，而欲速见小，持志不坚，一见国内紊乱情形，实业之机会过少，遂志丧气灰，或暂藉教课，以图糊口，或混迹宦途，以图显荣，又或膺外人公司之职，充买办书记代表等事，只求温饱，了此一生。国民之性，如此脆薄，国家所以衰弱也。在贫弱不振之国家，欲使任何一事之成，必经种种困难，绝不能如在强盛之国家，机会既佳，资本又富之易于从事。然以困难之故，遂放弃而不为，则国家终无望矣。无论何事皆如此，实业亦何独不然。吾国人宜以坚毅忍耐之态度，百折不回，研求基本之科学。今日吾国习科学者，其数已不为少，其有研究经验者亦渐众，徒在外国大学得高等学位，博荣誉者，无补于国家之危亡。徒在学校授课，贩货卖货者，不得谓尽其天赋，其余舍弃本行，而图升官牟利者，更不足以对国人父老。有志者宜雪此耻也，勿谓设备不足，而不能研究也，勿谓授课过忙，而推诿也，勿以生活困难，机缘太少，而遽舍去也。破釜沉舟，努力奋斗，务以所学贡献于国人，倘吾国治科学者，皆具此种精神，则科学何患不发达，科学发达，则实业自然兴起。任何问题，皆可以科学方法研究之，国家何复患贫乎？

（五）生活　吾国人民之穷困，几非人类所宜有。国内除少数富有者外，百分之九十，皆困于生活，其尤甚者，乃饥寒交迫，颠顿流离，奄奄一息，展转待毙。以通国之人民，穷困者居其大半，匪祸如何不炽，外患如何不来，人民愈穷则愈愚，愈愚则国愈弱，滔滔不已，必至于亡。今日者吾国人生死存亡之关头，日益迫近矣，有知识之人，勿再存观望之心理，谓谈科学救国者之迂缓，不足以救燃眉之急也。吾国唯以不能发达科学，致人民生活如此困窘，欲救此害，唯有本诸科学而已。有科学训练者，宜奋力于研究，期以所学济国之贫，有普通科学知识者，宜奋力于普通教育，期以所知者灌输于社会，致力之久，影响必深，实业也，教育也，不难因之而有希望。国内有实业与教育，则人民之知识与技能，必因之而增，则穷愚之人数渐少，生活问题，可以解决。吾国以贫瘠之故，致人民之衣食住行，皆不能与他国比。然人民以缺乏科学知识之故，家纵小康，而于饮食起居之宜于卫生者，亦不知加以讲求。腐败现象，到处皆是，国家既有贫乏之忧，社会复有陈腐之象，觇国势者，可以预卜其国运矣。欲救陈腐之弊，无他法，唯有施行科学，使社会至于科学化，人民生活，无一不根本于科学，则人民之程度，可以抬高，社会当有日新之气象。

上列各项，不过其荦荦大者。吾国今日之困难，指不胜屈，然无论其为何种困难，未有不可由科学解决之者。盖科学者，解决困难问题之利器也。现在科学虽未臻于万能，然其发达，固日进不已也。久而久之，终有至于万能之一日。吾国今日之所患者，曰弱曰贫。然试观美国未独立以前，不过数州之殖民地耳，其贫其弱何尝不甚于吾国之今日，今则其国势何如。试推求其致强致富之由，亦无不因科学之发达。吾国科学最幼稚，故其贫弱亦最甚，今日几不能自保。吾国之号称科学家者，勿再借此虚名，以愚国人，其各努力研求，以赴国家之急，不可再行推诿，徒事搪塞也。顾或者疑纯粹科学，多无关于实用，纵研究有得，以之成立学说则可，以之应国家人民之急需，则无直接之裨益。此说也，不独非科学者，持为口实，即从事科学者，亦多信之。故有谓某种研究为无用者，某种研究为空虚者，此盖未究乎科学之关系，未明乎科学之历史者也。科学以发见真理为唯一目的，而天地间之真理，每与实用发生关系，真理发明，实用即因之而出，此科学上最奇异之事也。奈端研究苹果坠地，其时何曾思及力学之发达，噶文尼研究蛙足触铁杆而动，其时何曾思及电学之发达，其后力学电学，影响于世界人类之文明者何如，稍有知识者，人人知之。科学发达史中，关于重要发见，与人类生活极有关系者，其初或由极细极微之问题，为人所不注意者研究而来。其例甚多，不可悉数。故科学家研究一问题，似与实用毫无关系，迨其研究既深，触类连类，终有裨益实用之处，旁观者无容讥其空虚无用也。今日世界人类之幸福，何者非由科学所致。吾国之弱不足忧，倘能使科学发达，则转弱有方也。吾国之贫不足虑，倘能使科学发达，则疗贫有术也。吾国一切困难，皆可诉诸科学，以图解决。目前虽危急万分，欲得救济之法，亦惟求诸科学而已。吾政府社会，其亦明乎此义，速返本源，努力为科学之建设。吾国之习科学者，倘爱国心切，不忍听国家人民为人所亡，其亦勇猛精进，发展科学之研究，实行科学之教育，以靖内乱而御外侮乎？

［第 16 卷第 7 期(1932)第 1013—1020 页］

# 37. “爱迪生专号”发刊辞

王　琎

人类最大的损失，没有过于发明家的凋谢。发明家将他思想与实验的结晶，化成空前之创造，去为全世界和社会谋幸福，并促进人群的进步，这是何等可贵。所以一切文明，俱可说是发明家所造成，而伟大发明家实在值得我们纪念。中国历史上所载神话式圣人如伏羲、神农、黄帝、燧人氏、有巢氏等等，大概多是古代纪念发明家的意思。

近百年来世界最大发明家中，爱迪生要算紧要的一个。他一生在应用科学上的贡献，本专刊《爱迪生小传》中已有详细叙述，此间不必赘述。本社前已设有爱迪生奖金去纪念爱迪生，现在又发刊“爱迪生专号”，所以对于爱迪生特别注意的原因，可以分下列几点来讲。

第一，爱迪生一生所发明的东西，不亚数百种，完全切于实用方面。他最大的四个发明：第一是电报之改良，第二是炭质电话传导体之创造，第三是留音机之发明，第四是白热电灯丝之改进与电力发生和传布方法之完成。像这种伟大创造，只要有一件便可使发明人不朽，今有这许多，他对于人类的利益，深远可知。有人偏要说爱迪生的发明专属应用方面，对于理论方面太感欠缺，不能自成学说，故不能算做真正科学家。不知科学所以可贵，就在使人生充实与丰富。就物质方面或就精神方面讲，科学多能使人生充实与丰富，不过精神物质孰先孰后，却要看本国时代之需要。美国在五十年以前，工业尚未发达，最需要的就是交通运输，及其他增加工业生产效率的条件。爱迪生那些发明，多能够适应需要，可说是应运而生，作发展美国的利器。我国今日工业的落后，较美国前五十年，实在有过无不及。这种应用科学发明的需要，极为急迫。我们极希望有像爱迪生一样的科学家赶紧出来，发展中国的工业。

第二，科学家和发明家要使人钦佩，不但靠他科学上的贡献，也在乎他人格的伟大。大科学家如法拉第(Faraday)、麦克斯威尔(Maxwell)、巴斯脱(Pasteur)等俱富于人类应有的美德，例如谦逊、直爽、简单、有目的的努力、诚实、同情心的富有、高尚和对于社会有责任心，这种优美品格在爱迪生都可寻到。贫穷和失学不能挫折他上进的毅力，妇孺皆知的名誉和著名大学最高的学位，不能引起他一毫的虚荣心，耄耋的年龄和巨万的资产，不能懈怠他要探讨新学说和做新实验的锐志。而他爱国的热忱尤其在欧战时期，可以看出。他在祖国困难的时期，将他的学识精神和他设备完美的实验室，俱贡献于政府，作国防研究之用。这种精神在我们中国正要极力提倡,所以我们又要纪念爱迪生,把他来做我们的榜样。

第三,科学社同人想多在《科学》杂志中看见爱迪生赠给本社的本人半身小像,和他写给本社的信。他对于科学在中国的前途及本社的将来,抱有绝大的兴趣和希望。科学与实业在中国落后,不但是中国的损失,也是世界的损失。真正的学者、思想家、科学家,没有一个不希望中国急起直追,去利用文明新利器——科学——来解决她自身的困难的。不过直到现在,我们仍是落后,——一个不努力的落后——我们真正惭愧,所以我们更要纪念爱迪生和发刊这"爱迪生专号"了。

[第16卷第10期(1932)第1427—1429页]

# 38. 我国最重要的几个科学问题

胡博渊

目前我国最重要而急须研究者，莫如民生问题，而民生问题之基础，则在科学。盖任何一问题，如建筑房屋，或防止疫病，不以科学方法处理之，必无系统上之成效，可断言也。我国物产丰富，文化久远，惟数千年来未经科学之研究，致货弃于地者有之，不能尽其用者亦有之，遂致国有其材不得其用，反使外货充斥，财源外溢。虽云我国迫于经济之竞争，一切生产事业难于发展，殊不知须先有科学之解剖与试验，使一种问题得达相当把握，然后在发展时循途径以进，始有成效可观。又如我国农工业旧有之成法，至今尚有可奉为规范者，苟再以科学之分析并诠释其应用之理，使万国公认为良法，则于科学之贡献，民生之裨益，当更远大。凡一问题如此，凡百问题皆然，如继续研究，数年间可期其发达，然此固非一学术机关所能毕举，是在数学术团体共同研究，通力合作，以赴成功。中国科学社成立至今，将二十年，其已往成绩，斐然可观，所谓科学者由社会科学以至实用科学，皆在范围之列。此次举行年会，谨就我国重要之学术经济问题，认为必须以科学研究者略述二三，将来或由科学社研究，或由其他学术团体研究，发明物质真理，阐扬中邦文化，其裨益于我国民生，岂浅鲜哉！

一、木料　我国每年耗用美国松木，多至亿万，即如铁路枕木一项，大都采用美松，然吉林所产柞木，颇合枕木之用，东北各省铁路枕木，俱用吉林柞木，因从吉林运输，尚属便利。我国内地森林，颇多佳良木材，惟以运输困难，致美松得畅销无阻，但将来增设铁道，其运输问题总能解决。此时对于各项木材，宜研究其物理性质，若者可供何用，若者可代何木，为有系统之试验，庶几我国木材，可以利用，不仅恃舶来木材已也。

一、我国特制之丸丹医药　兹值正兴国医之际，对于国制药品，尤须注意。查各大埠药肆有特售之丸散膏丹，如六神丸、行军散、保赤万应散、冯了性药酒、虎骨酒等，均本历代相传之秘方，由一家专制，服之者往往有效，而外人亦颇有信之者，是宜以科学之分析，穷其究竟，证以近今学理，明其功效，庶我国古代方剂，亦有大昌之一日。从前科学社拟将中国本草一书，译为西文，贡献于全世界之医学界。今西医颇重视中国本草，从前西药多用矿物，今则趋重于植物，故从植物内研究所得之药品与注射物甚多。近代医学之趋向如此，未始非中国本草导其先声，故我国特制之丸散膏丹，于近时医学界必大有价值，宜以科学方法研究之也。

一、油料　就上海一隅统计，每年煤油、汽油、机器油（即润滑油）进口数量，不下二千万加伦，计其价值常在三千万元以上，其由各地海关进口者尚不在内，此诚中国每年一大漏卮。但各项油料，为日用及工业所必需，现且价值剧增，苟不亟谋补救，将来外国来源缺乏，我国实业当大受打击。查我国川陕一带，煤油矿素称丰富，近又在热河境内发现油页矿，从此种油页可以提取汽油。如奉天抚顺煤矿之油页，近由日人试验，吸取油料，已告成功，现已实行设厂，为大规模之提取。又如麻子油经制炼后，可为上等润滑油，不必纯恃外国油料。故我国对于自有油料之来源，须以科学方法详为研究，而提取方法及其应用之效能，均须有详细之试验，庶可以臻改良而挽权利。

一、燃料　与人民生计关系最要者莫如燃料问题。我国煤矿素称丰富，然以兵祸相乘，交通不便，致国产之煤，不能运销，而外国煤炭，反转运进口。如今夏抚顺煤在上海倾销，每吨价格较市价低落二三两，制国煤之死命，殊可浩叹！兹以江南各省而论，人民日常炊爨所用燃料，向恃木柴、芦草，近则柴草之产额短绌，其价日昂，每百斤有售至一元以上者，尚不若改用煤炭之价廉。查苏皖浙各煤田，煤质均不甚佳，苟加以研究，如系柴煤或半烟煤，可与他质混和压为煤球，如系烟煤可用缓蒸法（slow carbonization）使变为无烟炭，以供家庭燃料之用，较上木柴芦草，实可廉贱。此种问题，虽属工业范围，然须以科学方法研究，其混和材料以若者为最善，又热量以若者为最高，比较柴草其效能增加若干，价值低廉若干，又用缓蒸法其热度压力，须达何点，始为合宜，是皆须经有系统之试验者也。

一、植物纤维　我国每年向外洋购入纸料，数额不赀，欲自制造，终无相当的纸浆（pulp）。即如新闻纸一项，我国现尚不能制造，盖因纸浆原料缺少。考纸浆多为木材纤维所成，今宜将我国木材详加试验，而对于其他植物纤维，亦须同时研究，以期得有相当原料。例如树胶一项，向来系取诸橡树，然爱迪生博士费尽数年之心力，竟能从草类中提出胶质，制成橡皮，故我国造纸业之发达，不能不研究植物纤维。

一、食品　我国之以植物为食品者如瓜类、豆类、菜类、蒿类，不下数百种，较诸欧美各国食品极为繁杂，但其中颇有充满滋补原料，或含刺激性质，合乎卫生者。且我国蔬食均按时变换，于口味上亦极调和，兹宜将各种蔬食，按科学方法详加分析，将所含滋养成分，及其他特质，编成表谱，俾国人晓然于若者为合宜，若者为不适，知所取舍，明其究竟，于卫生一道必大有裨益也。

一、五彩磁釉　我国五彩磁器，西国视若奇珍，而尤以釉之颜色今不如古，此固我国美术，亦即我国特有之工艺，未可任其湮没。釉之彩色，如霁红、霁青等，从前系以何质配成，原料产自何地，烧制手续方法若何，皆大有研究之价值，如今日依科学原理，配合釉油，其精良或可超越古代。兹宜将各色磁釉经研究后立一系统表，及配合表，以及热度反应等如何，与颜色深浅变化之关系，编为专书，当可促成陶磁业之进步。

一、我国旧有建筑方法　近来我国王宫式之建筑，盛行欧美，不特此也，即如园榭之布置，石塔之构造，亦以我国为独出匠心，西人每称赞不置。此种旧有图样，多以巨价收买，今宜竭力搜罗，或复制图样，按力学、材料学、建筑学诸原理，分绘工作详图，并于须更改之处，加以改良，如是则我国建筑方法，既可以垂永久，又可推广于各国。

以上所述八端，不过仅就临时观察所及者言其概略。此外诸待研究之问题尚多，是待诸同志之分别提出也。

[第 16 卷第 12 期(1932)第 1715—1719 页]

# 39. 科学研究的精神

（本文系民国廿二年十一月六日在南京中央大学大礼堂演讲稿）

竺可桢

今天承罗校长要我来报告一些到欧洲和北美洲去的见闻，这一次到欧美共计四个月，但在路上已经费去五十六天，实际在欧美考察的时间不过两个月，到过加拿大、美国、英国、德国和诺威。所谓走马看花，所得极少。所见到的只是欧美各国经济衰落的现状，譬如德国汉堡从前是商船贸易络绎不绝的地方，现在几十万吨的船停在那里没有用，在英国有许多大工厂都关门，美国旧金山、支加哥失业工人在饭厅里等吃饭，这食物是政府所供给，可以见得各方面经济恐慌的现象。

科学研究机关自然也是感困难，美国标准局是很有名的研究工业、物理、化学的机关，本年度经费减少了百分之四十，华盛顿司密松社预算减少三分之一。学校经费的困难也是如此，如支加哥大学是素称富足的，近年基金的利息减少百分之二十五，至于省立学校如倭海倭等大学一年前就打折扣发薪水了。

不景气的现状所以造成功，原因很复杂，但其中最重要的一个是供过于求。这次在欧美考察的历程中有两个地方可以见到过度的机械化。在加拿大落机山 Trail 地方参观一炼铅与锌的工厂，这厂从一九零七年冶金学家 Braylock 发明了净起法，很能赚钱。到如今算是世界上顶大炼铅和锌的工厂，每日可以出铅和锌各三百五十吨，但厂中一切均用机械，全厂只用六七个人而已。世界著名的尼亚格拉瀑布供给电力，在美国方面已经可发五十万马力的电，在加拿大方面也是五十万匹马力，但美国方面发电厂只用二十个职员。所以到这种大工厂只听见机声隆隆地响，看不见人们的只影，安能怪几千万人的失业呢？但最矛盾的现象是欧美各国失业人数众多，物价低落，而同时在希特拉下的德意志，穆索里尼下的意大利，就在竭力提倡应用科学，来提高工厂效率、农业生产。这样不顾世界的需求，而只顾目前利益的生产，结果一定是经济衰落要变本加厉的。于是就有许多人把现在经济衰落的状态，归罪于科学的过于发达，这是错误的。因为科学可以为善，可以为恶，我们利用科学来祛除迷信，延长寿命，便利交通，减免灾荒，是于人类有益的。但军事家利用以制毒气枪炮杀人，就是作恶。一般商人政客不顾世界的需求，只图目前的利益，无限制的利用科学来生产，亦是有弊的。

我们中国近五十年来醉心西洋，就因为一般人震惊于西洋军事的利器，和商品的精巧。曾国藩就提倡制造枪炮火轮，张之洞在《劝学篇》主张“中学为体，西学为用”，最近的摩托救国、飞机救国等等口号，也是提倡应用科学。我以为只讲科学的应用，而不管科学的研究是错误的，这样的错误，是应该矫正的。

譬如飞机救国，不是只买一千架两千架飞机就可以救国。美国三家飞机公司的经理，想和中国订合同，美国出资本在中国造飞机厂，但是所造的飞机的图样，一定要先得美国政府的允许。这样的飞机要想和别国抗衡是不能的，因为所造的飞机的式样，一定不是最新式，飞机的速度升高的极点等一定赶不上人家。而且自己要造飞机，就牵涉到原料问题，造飞机需要铝，若和别国开战的时候，我们不能向外国去购铝。要铝的原料，就需要地质学家，铝是不甚硬的金属，要它和钢一样硬，须变成合金，这又是要问冶金学家和化学家。改良飞机，需要风道(wind tunnel)作研究的实验，英美德各国不但政府研究机关有风道，甚至大学中亦有风道的设置。美国麻省理工专校、加省理工专校均有风道的设置。用这种工具可以来研究风对于飞机有什么影响。飞机的发明全靠几个科学家的研究，用两手持一张纸的两角从纸的上面一吹，则对方两角不但不下降反而升上，升上的力和吹的速度二次方成比例。这条定律发明以后，人才能飞。发明这定律的人是美国司密松社前任总干事兰格莱，他是物理学家，到如今我们要改良飞机的构造，还要靠学物理的人，尤其是学大气力学(aerodynamics)的人来研究。欧美所有最大的飞机场和气象台是有极密切的联络的，驾驶飞机的人在空中继续不断的可以得到气象台的报告，知道要去的地方的天气。所以飞机造成以后，气象观测所完密的组织也是不可少的。照这样看来，我们要讲飞机救国，就得非从研究地质学、冶金学、物理学、化学和气象学着手不可。

但应用不是研究科学的最重要目的，科学的研究，一方面在求真理，一方面在求如何征服自然。开白儿(Kepler)仰观宇宙间众星的运行，觉得太阳绕地说不可靠，遂毅然附和哥白尼地球绕日之说。当时的人以为大逆不道，开白儿说，真理必能得最后的胜利，百年以后，吾道必有大白的一日。果然六十年之后，出了牛顿，阐明他的道理，演成科学上第一个大革命。现在电灯的应用，视为家常便饭。饮水思源，是法拉第发现电磁感应现象。法拉第幼年是一装书学徒，他到 Royal Institution 听达孚的演讲，后来到达孚的实验室作事。一八三一年八月间法拉第表演电流感应的实验，成为电工业的发展的基本。达孚年老时，人家问他一生的发明中什么是最重要的，因为达孚也是一位发明家，如他发明平安灯一类，达孚说，他一生最大的发明，就是法拉第。法拉第的发明不但和应用方面有关，和相对论也有关系，因为法拉第力线磁场之说，才有麦克斯威磁电力场方程，到一九零八年明悫斯基(Minkowski)依据二人学说阐明空间与时间为二而一。此说一出，世人对于宇宙的眼光就与前不同了。

法拉第对于世界供献很大，但他本人终身安贫乐道，临卒时家徒四壁，他的门人丁台儿(Tyndall)说他很有机会可以坐拥巨万，但为富不仁，为仁不富，富与仁二者不可得而兼，他情愿终身研究科学，贫亦不减其乐。

今天特别提出开白儿和法拉第二位，是想把两位来代表研究科学的人们应持的态度。不但他们研究的成绩值得我们钦仰，他们的人格更值得我们崇拜。现在中国正在内忧外患，天灾人祸连年侵袭的时候，我们固然应当提倡科学的应用方面，但更不能忘却科学研究的精神。他的精神就是孟子所谓“富贵不能淫，贫贱不能移，威武不能屈”。而开白儿和法拉第就是这精神的榜样。

[第 18 卷第 1 期(1934)第 1—4 页]

# 40. 论研究有地方性科学之基本工作

（第十八次年会论文）

杨钟健

## （一）何为具有地方性之科学

何为有地方性的科学？数年前愚曾约为述及，现在不必重叙。节要言之：生物学与地质学等，均为有地方性的科学，而物理化学等，即为无地方性科学的代表。前者亦可概括为狭义的自然科学（natural science）。

虽然我国科学的研究落后，虽然欧西的科学研究的进步十分显著，然对于研究有地方性过程上所经的路，和未来的趋势，却是一样的。今愿就所见略一申论。

## （二）非科学的传说或猜谜时期

无论何种自然科学，更无论在中国或在外国，最初都经过一度非科学的时期。这个时期大半都特别长，因为真正科学的昌明，用科学的方法记述及说明自然界的事事物物，也不过一百年左右的事。在此时期中，旧势力往往异常伟大，虽偶有见识特殊的人，或偶由真正的观察得到科学的结论，却往往为旧传说抑压下去，不能抬头。甚且不但受社会的评骂，且往往有性命的危险。

再进一步言，非科学的传说或猜谜，与科学的研究两时期中间，不能用横线来划明，因即在欧西，到现在还有许多问题还在传说时期。把所有自然的一切现象，全用科学方法解释研究，尚须吾人大大的努力。不过我们中国，传说时期似占多数，科学的方法，不过正在萌芽罢了。

如今我们当进一步探讨什么是不科学的传说，什么是科学的解释或研究。这个更为简单，毋待详述。明明大气中的电和雷，或是地震，却偏偏视为灵异。明明是过去的哺乳动物化石，却偏偏当作龙骨。明明是一种变态的或病理的人或动物，却硬说他为妖怪，或祥瑞。凡此种种，不胜枚举。后者便是不科学的传说，前者便是科学的解释。

## （三）研究自然科学的三个时期

如今我们置非科学的方法的传说于不顾，而专讨论研究的三个时期。这三个时期(野外之观察采集，尚不在内)都是科学的，但发生往往有先后，不过无论何种科学，也无论何国人研究，似乎这三个时期，都要经过，且均顺序经过，不能躐等。不过因人才之多少及其他关系，有快有慢之不同罢了。今依次述三时期于下。

1. 记述时期

凡自然科学首重观察及采集，但已观察之事实，及已采集之材料，必须作一度有系统之整理，始有价值，否则等于未做。就生物言，既采集之标本当加以整理，依其生物系统，别其门类，冠以名称。如为地质当将所观察之地层见后，山川情形，地质构造，岩石性质等等逐一罗列，并作简明的叙述。凡此等工作，均可名之为记述时期的工作。此层工作为一切以后工作之基本工作，否则一切的一切，均无从谈起。正同我国现尚在手工时代之人，大谈劳资主义一样。近虽有人鄙视此等工作，然率多有观察不明，或挟有偏见之故，无深责之必要。

2. 讨论与整理时期

再进一步之工作即在将各比较零碎或片面之叙述材料，加以综合的整理，更因此可发生若干问题，而加以讨论与解决。原来科学初期之发育，往往免不了下述的毛病，而这个毛病必须经下列所述手续与方法始能解决，因此这一个时期也是免不了的。

自然科学之庄严的楼阁，乃由积年累月而成，非短期间所能成功，且严格讲来，科学进步日新不已，此庄严的楼阁很难有完成之日。因之最初所得来不过一砖一瓦一点一滴的东西。就地质讲，一山一岭或一县或一城的地质，不过全球地质中之一部分，全地史中之一页，须由各许多地方都如此研究，始有希望完成全豹。但因各研究者对全部的认识之缺少或因同时而不相连的研究，所以重复的名词，错误的引征，不恰当的结论等等，都是免不了的。生物的科学，也是如此，不再赘举。因此非经一度的整理不可。愈整理愈可见出错误，愈见出错误，愈可发生问题，愈发生问题，愈可鼓起研究的精神，而科学的进步，乃因之无已时。

3. 特别问题研究时期

由上一期的进步，当然可以进一阶段。因为整理之后，自然发生许多问题，或者以前科学家不注意的问题，此时可以找出些特殊问题来研究。如近见某君对于耳骨的研究，又如动物因生长而影响骨骼之变化，又如体内石质结核之研究等生物上的问题，常在欧西科学杂志上，可以看到。

以上所述三期，虽有时期先后的关系，但无明确界限。如我国科学可以说十九仍在第一期，仅有极少数者可入第二期，至第三期者则诚如凤毛麟角，为数更少。在西洋各国，多在第二及第三期，但第一期之工作似是不少。此三期为研究工作必经阶段，并无好坏褒贬之意存乎其间，不能说做第一工作之人，比第二第三者原始些，再进一步言，各各科学也不大相同，有的第一期工作多，有的第二第三多者不等。

又此三期工作不但无高下之别，虽有先后之分，而却具有连环性。因有记述而成整理，因整理而发生新的问题。由研究特殊的问题，又可发现新的记述的必要，可补旧的记述之不足。如此永无止境，而新材料之加入，又为此项研究之生力军，尤为明显，无须细述。

## （四）四种工作或发表的方法

科学研究的结果，必须发表，以公之世，而为以后研究之基础。否则成为“祖传秘方”，于人于已，都无益处。发表之形式有多种，且往往因此可测知其研究方法，再由统计各种形式之出版品，亦可测知该科学进步的程度。概括言之，发表方法不外下列四种，兹约述之。

甲. 零碎的发表

为科学研究之最初步工作，即将向观察之材料，加以整理，公之于世，使知该部分之情形。无论上述之记述的作品，整理的作品，或研究特别问题的作品均可用此方法发表，而尤以第一项为最多，今举例于次：

王竹泉著 《江西修水流域地质矿产报告》

张春霖著 《浙江一新鳅》

乙. 区域研究（横的研究）

与前类相似而范围较大，在各种发表程式为最基本之一类，即为一区域或一时代认为主体而研其一部分之自然材料。如此可使人对于该一部分知识有充分的认识。此项亦可为第一期之作品，而亦可为第二期之作品，兹举例如下：

巴尔博著 《张家口附近地质志》

赵亚曾、黄汲清著 《秦岭山及四川之地质研究》

斯罗塞著 《满蒙脊椎动物化石》

维曼著 《山东白垩纪之恐龙类化石》

中国各自然科学研究机关之出版大部分,可归此类,不多举。

丙. 每小组材类综合而精密的研究(纵的研究)

此步研究自然更进一步,大半须在上步工作之后,就地质说,既将各大区域地质弄得清楚,但须要连合起来,惟全体连合又一时尚办不到,于是每一时代作一时代的整理。生物科学此种工作更为要紧而明显。因以区域为单位,该区内之各种种类虽悉皆列入,而与其他各区难免重复,鉴定上亦难免有谬误,且于分布上亦不能得一统概念。经此一番工作,一切乃了如指掌。故此等工作大半为上述第二期之产物,在我国尚甚少。以下所举例不限中国出版品。

黄汲清著 《中国南部二叠纪地层》

斯罗德著 《海狸之研究》

嚇特著 《鼫类之研究》

丁. 特别问题研究

此类与第一种零碎记述不同,多为一大问题或一小问题之特别研究,或以前人忽略或视为不重要之问题,今则精密探讨,以促理论之进步,或实用程度之增加,此等工作在我国亦少,惟亦有一二。若在欧洲科学出版物中,此等题目,却触目皆是。兹举例如下:

翁文灏著 《中国石炭之分期》

谢家荣著 《煤中之植物组织及其他地质上之意义》

寇黑著 《牛骨格因年龄而成之变异》

## (五) 四种工作中之两种基本工作

以上四种工作略有先后之分(第一为初步,第二三为整理,第四则为特殊工作),但均为切要之工作,缺一不可,无所轩轾。不过零星之发表仅为研究之初步,而特殊问题之发见,又多在整理讨论之后,所以最基础之工作,即第二第三。此两种工作为任何具有地方性科学研究不可少之工作,故再申论之:

一. 以地方为经,以所研究之对象为纬,做出一套基本工作。为明了起见就地质古生物及生物各个说明,其他科学可以类推。

甲. 地质　如秦岭地质志、西山地质志等工作，在中国有一二十处，则中国之地质工作不啻作了大半。

乙. 古生物　如周口店哺乳类动物化石，如中国南部二叠纪珊瑚类化石、中国北部奥陶纪化石等，不胜枚举。

丙. 生物　如河北省之鸟类、河北省之木本植物等，倘就此等研究推及全国，其成效必甚宏大。

二. 以某一小部分研究对象为经，以全国乃至连同外国者为纬。

甲. 就地质言　如中国南部的二叠纪，前已提过，但若能就此一问题推于全国兼及世界，当更谋完美。

乙. 就古生物言　如中国长身贝科化石，中国尖齿类化石等，再进一步，如能将生物系统之范围更缩小至于一属一种，地域更扩大，其成效当更可观。

丙. 生物　如中国蜻蜓志，中国蕨类植物图谱等，其应有之趋势，亦当如上古生物所述，方为完美。尤当注意者，此等研究，绝不当限于呆板式之记述，如一类(即前一类亦不当限于呆板式之记述)，而当进而探讨其分布之状况，彼此之关系，演化之过程等。如此所研究之科学，始能活跃纸上，呼之欲出，而不使人看去如上菜市，如上市场，但有珍馐杂陈的感想，而乏合作比较的兴趣。

## (六) 国内地方性科学出版物之分析及今后努力之方向

现在我们若把国内有地方性科学之出版品，加以分析，除古生物及地质外，显然关于零星的发表(第一种)特别多，而整理一方面的(如第二第三)特别少，第三种尤为稀少，至第四种竟在生物科学中少而又少。此等情形当然表示我们的科学尚在幼稚时期，我们应当知所警惕，而大加努力。

我以为凡是有地方性的科学，如植物研究所之于植物，动物研究所之于动物，应自行斟酌情形，定一定计划，起码在若干年以内，做出若干第二种工作，就现在生物讲尤为容易，不妨将中国划成若干生物区，如沙漠区、海滨区、山地区、平原区等，起码在若干年内，每一区中至少有一种代表作品，如蒙古之某类植物、西藏之某哺乳类等。再进一步，在若干年内，须做出若干第三类工作，如中国之牛、中国之犬等。等待若干年后，这些工作作完，或至少作了一大部分，然后我国之具有地方性之科学始可云具有基础。我并非反对或鄙视零星的作品，零星的作品与此等作品有同等之重要，不过如砖瓦木石等零星材料，而前者为宫殿楼阁，我们当用材料做房子，不当只限于材料而使庄严的科学宫殿总是建设不起来。无论如何，我们的目的乃是解决所研究对象的整个，不可只局守于一隅，一隅的研究，也要推广到像第三种那样工作，才有可观。即目下或有困难，不能马上办到，但我们无论如何当朝这个方向做去。

至于第四种工作，当然也很重要，不过如第二第三工作均有根基时，第四种工作自然会应运而生，用不着特别提倡。

## （七）结　论

具有地方性科学之研究可分以下时期：

- 地方性科学
  - 非科学的传说时期
  - 科学的研究时期
    - 1. 记述时期
    - 2. 讨论整理时期
    - 3. 特殊问题研究时期
- 研究或发表的方法
  - 1. 零星的发表（多记述）
  - 2. 区域研究（以地方为经，对象为纬，横的研究）
  - 3. 小组研究（对象为经，区域为纬，纵的研究）
    （以上二者多限于前述第二期）
  - 4. 特别问题研究（多为上第三期）

在我们中国，整个社会似乎大半尚在非科学的传说之空气中，仅有少数机关，少数人士作科学工作，但仍大半在零星发表中基础之工作。如第二表之中间两种而最为重要，为大家应当努力之方向。

［第 18 卷第 1 期（1934）第 5—11 页］

# 41. 科学在中国之将来

（在成都宴会演讲）

秉　志

敝社来川开会，备受当道诸公之欢迎，凡属同人，无不感激，此在敝社历史中，乃一荣幸之纪录也。科学系格物致知之学，其功效至广，凡属利用厚生者，无不由科学而来，吾人试就欧洲历史一观，其中古之黑暗，不可言喻。耶教肆行，摧残一切学术无论已，而政治之混淆，贵族之专横，各国人民，无日不在水深火热之中，当时所谓百年战争，三十年战争，横尸盈野，流血成河，严刑峻法，草菅人命，暴敛横征，朘削民髓，地主有奴役人民之权力，佃户无迁徙婚娶之自由，时值两维相袭，为佃户者，驱若犬羊，以饷锋镝，欧洲人民，宜死亡净尽，无有焦类矣。乃因少数科学家，奋力于冥心孤往之中，科学渐形萌芽，其知识潜滋暗长，弥漫于社会，其势力竟如河决东注，一往直前，酝酿日久，政治因之改革，经济因之渐裕，人民遂得享自由之幸福，而国势亦蒸蒸日上。迄今欧洲各国，其最称兴盛者，必其科学在国内最为发达者，其人民亦必较他国最自由最怡愉者，然则科学关系国计民生，不綦重乎。

欧洲如是，吾国何如乎，吾国古昔，未尝注意于科学也，近世西力东渐，国人始憬然于旧学之不足恃，思采人之长，以为御侮固圉之计，如创设江南制造厂、马江船厂，继之招商局、汉阳铁厂等，未尝不以科学方法，救我呰窳，然其时科举之势力太大，士大夫尽骛于无用之学，政府未尝努力提倡科学，社会亦鄙夷而不屑道，且其时兴办一二事业，亦不过袭人成法，只求习其技艺，以为治标之计。其结果也，国势日就贫弱，终于不可收拾。今日国势之危，不堪言状，国人所从事之事业，几无一不失败，欲挽回厄运，舍科学别无他途。国人习科学者近数年来，日见其众，然以此为标帜欺人者，亦实繁有徒。如习某种科学者，在国外作学生时，则成绩甚佳，外国大学之教授，交口称赞，以为必为中国将来有用之才，乃归国之后，旷日长久，未见其有任何工作，盖在外国学校肄业，有教授以监视引导之，复有高等学位之虚荣，有达到目的、一劳永逸之一日，故为博教授之欢心，得荣誉之心理，及夫有一段成绩，为归国后谋得位置之必需也，乃不惮格外奋勉，以期有所贡献。至于归国后，其精神已远不如前，以为数年辛苦，已有畔岸，此后乃我享受报酬之时期矣。无教授之督促，无学位之可求，吾何必终年勤苦，孳孳不已耶。夫国内事事皆不易为，欲从事研究，苦无设备，欲从事实业，又无机会，国人科学之知识，既极浅薄，同道中之深造者，又极寥寥，在此科学极形幼稚之中国，吾所学者，尽足敷衍一切，不妨暂行休息，谋个人物质上之安愉，于是借其留学之资格、高等学位之虚衔，于教育、实业、政治等界，占一较优位置，为计甚得，至于受困难，竭心力，仍在科学中解决一切无经济价值之问题，未免太愚，可以不必也。此种心理，要足代表一班今日国内之所谓科学家者。吾国科学之难以发展，亦以此为原因，此吾同人所当引以为耻者也。

中国人民知识之落后，既已不堪，知识阶级之不肯奋勉，又复如此，政府与社会欲提倡科学，以图转弱为强，岂非常务之亟，然为国难所迫，人人尽注意于实用之科学，对于根本计划，视为无足重视，视纯粹科学，以为无所需要。唯知速求一术，以救贫弱，此与昔日之仅求治标之计者，相去几何，恐纷纭数十年，仍归无效而已。故为今日计，欲求科学在国内发展，其唯一途径，则望习科学者努力研求，求能在国内有所贡献，而有力提倡科学者，尽力辅助，使国内研究科学者，减少其困难，得以与时俱进，庶几上下一心，共赴一的，科学有在国内发展之一日。然复有三点，为国人所宜注意者：(一) 无论研求科学与提倡科学，宜本末兼顾也。纯粹科学与实用科学，二者并重，无纯粹科学之根基，只求实用，难免落后。世界各国，研究科学者，车载斗量，不可胜数，其施之于实用者，尽由纯粹科学奠其基础。有纯粹科学，而后实用科学乃得发展，吾国今日对此二者，宜双管齐下，不能因急切需要实用科学，视纯粹科学若等闲，亦不能只知纯粹科学，而毫不注意于实用。(二) 一切成见，宜捐除也。尝见国人不习科学者，不知各种学问，皆彼此关系密切，而习科学者，亦不免此陋习，辄好是丹非素，以为某种科学宜学，某种不足学，某种科学重要，某种科学甚无趣味，或偶见某种科学甫形萌芽，进行稍较顺利，以为此学易成功，既已发达，可以不必提倡，而某种科学，徒以习之者之不肯努力，无有工作，发生于国内，即谓此学最难能可贵，当竭力提倡，时时欲优厚之。其实各种科学皆重要，皆不易为，皆有关于国计民生，皆为国人所宜注意，皆在国内极形幼稚而等于零者也。国人习之者，日夜致力于研究，提倡者牺牲一切以求其发长，方可期将来之有结果，此时绝不容稍加区别于其间。(三) 国人对于科学，宜有充分之信仰也。吾国人对于学术，近来态度极形冷淡。当此学荒之时，欲提倡科学，造福民生，此冷淡之态度，当彻底改除。即使对于科学，具有热心矣，而欲速见小，急功近利之思想，亦万不容有。若今日从事于科学之研究及提倡，阅时未久，见未有成效，即生厌弃之心，则科学永难在国内发达矣。欧美人士从事于科学之研究者，其中不知几千百人，皆努力于极小极微之问题，一似毫无关于实用者，其提倡科学者，亦不知牺牲多少金钱，供给学者之设备，而毫不责其当有如何贡献于社会者。学者有极端之兴趣，甘心于干枯微小之问题，社会有坚强之信仰，竭力于此等工作之辅助，其科学所以发达，实业所以振兴也。吾国人欲得科学之利益，宜先为科学尽其义务。

川省当道诸公及社会名流，欢迎敝社来川开会，提倡科学之精神，令人钦佩无已。唯望努力于科学之教育，培养科学之人才，川省人士之习科学者，尽力于研究，当道之热心科学者，极力提倡，勿只注意于实用，而基本科学，宜加意振兴，则本末可以兼顾。勿于各种科学，强加歧视，则科学之发达，不致发生障碍。勿于甫行着手之时，即存朝耕暮获之心，则信仰坚强，态度恳挚，将来成效，必有可观。以如是之精神，竭川省之全力以赴之，则科学教育，必然勃兴，科学人才，亦必辈出，科学建设，何难程功。愿吾川省当道集中其心思眼光于科学之一途，敝社同人，既感诸公之盛意，甚愿效其一得之愚，而借箸之筹焉。

[第 18 卷第 3 期第 301—304 页]

# 42. 科学与女子教育

（在重庆女子中学讲演）

秉　志

鄙人所讲之题，乃专指自然科学。至于社会科学，非今日所涉及。自然科学，包括数学、物理学、化学、生物学、地质学、天文学等等，皆格物致知之学也。习自然科学者，用功既久，其思想必有条理，有科学之训练，能使用科学之方法。其处世应事，必能有系统、有步骤。而其生活起居，必能合乎卫生之原则。其与宇宙万物之关系，亦必能明了。总而言之，有科学教育之人，必知所以为人也。女子教育，关系家庭教育者至大且深，关系家庭生活者尤非浅鲜。办女校者，宜于自然科学多所注意。女生者，更宜勉强学问，期于将所有自然科学之各门，得一较完备之训练根基，与相当之知识。

女子天性，与天然美术相近。学术之含有机械性质者，每为一般女子所不喜习。数学在科学中发达最早，其为各种科学需用之处亦最多。然此学系定量之学，其学理之深者，通于玄理哲理等学，而其中一大部分，实带有机械性。故少数天性聪颖及生性与数学相近之女子，或喜习之，而多数女子，或以习此学为苦，深觉其干枯而扞格不入焉。物理学基本于数学，未有数学不佳者物理学能有成就也。物理学亦多少含有机械性质，女子习之亦与数学相同。天文以数学、物理学为根柢，少数女子或可习之，非普通女子所能专攻。化学虽不尽恃乎数理，而与此二者之关系，极形密切。女子中有能习之爱习之者，非必人人尽性近之。地质学借重数理化之处虽多，然此学之性质与之相异，如研究各种矿产之构造，山脉河流之变迁，各种化石之演变，有美术哲理寓乎其间。好学深思之士喜习之，而女子之有学者态度者，亦易于入手。其就大地观察，作地势之测量，登山涉水，极其辛劳，多数女子或病未能也。此外则生物学，以鄙意揣度，女子习之，当较以上所言各门为易。其所以为女子所易于入手者，以此学富于天然之美术，可以于消遣游戏之中，得许多知识。诸君皆知此学，系研究动物与植物之学，动植物之中，其美丽可观者，所在皆是。故甫能行走之幼儿，皆喜摘花捕蝶者，以天然之美丽，激励其神经，使发生爱好喜悦，遂乃欲捉获玩弄。女子之性，与男子天然相异。在男子或喜于钻研枯干困难之问题，而女子未有不喜近美丽而有生趣之现象者。习生物学者，必就其环境所生之动植物，作观察实验等工作。此等工作，可以赏心悦目者，实属无穷。高等植物之花，彩色斑斓，乃宇宙间最美观之物。而下等植物，如苔藓、菌藻等，苟详观其构造，天工之巧，有不可以言喻者。佳木荫秀，绿草葱茏，处处皆予人以怡悦心趣之机。植物如是，动物之可观赏者亦所在皆有。吾人试就亭园中一观之，春秋佳日，蜂蝶纷飞，其颜色，其姿态，至美丽，至超逸，鸣禽翔于树，游鱼泳于池，实天然至乐之景象。古人以濠上观鱼，安得不乐。又云入山泽，观鱼鸟，俯仰而有至乐，非无故也。以如此可怡悦心目之现象，而成为学问之事，苟肯细心探讨，即可得无穷之见闻，岂非天地间之至美乎。然愚窃谓生物学之长，不独在此也。女子教育，与家庭生活，既极有关系。而家庭之幸福，则健康为第一要素。女子习生物学者，可知卫生之原则。盖一般生物，可以为人病害。又有许多生物，足为人利用，以维持增进人生之健康。习生物学者，可以知之。无生物学常识者，往往失其易得之利益，而于不识不知之中，反受许多病灾之痛苦。此为个人卫生，家庭卫生起见，生物学之常识，万不可缺乏，为女子者宜知之。女子教育，为母教之根基。女子能通生物学，当其子女孩提之时，甚易灌输许多自然界之知识。为幼儿最喜自然之美观，斯宾塞尔谓每一幼儿，乃一天生之自然学家(Every child is born as a naturalist)，为其母者，乘其爱好自然之兴趣，为之解释善诱幼儿之知识，自然增益，而毫无费心力焉。且生物界时有奇闻出现，如世所传猪生象，蚕将驹，鱼朝龙王，地下起蛟，蚕子可化金鱼，九头鸟，双头蛇，鸱鸮之鸣为人死之兆，鹈鹕之见称为大老妖等等，或为生物极普通之现象，其理有可寻者，或为生物绝无之事，纯属捏造而不必信者。为女子者，若有生物学之知识，为其子女说明之，幼儿之迷信，自然可除，而其科学之知识，自孩提时已奠其基础，将来更扩充而光大之。其子女之中，将来可成人才，即为将来之社会增加许多科学专家矣。此为家庭教育计，生物学之常识，不可缺乏，为女子者又宜知之。人类为生物之一，社会亦一生物。人与生物之关系，习生物者，能得其真谛。生物所以能生存，皆足为人处身涉世之借鉴。女子服务社会，有其应尽且优为之之责任，而非男子所可及者，苟能深明生物生存之道，则于女子应尽之责任，不致堕弃，在中国今日之社会，岂不造福甚大乎。此为服务社会起见，生物学之常识不可缺乏，为女子者又宜知之。以上系就纯粹科学而论，生物学之教育，与女子关系甚为密切，今复就实用科学论其大凡。实用科学之门类甚繁，今就其要者言之，曰土木工程、曰机械工程(汽电机电均在内)、曰建筑、曰化学工程等等，此皆属于数理化者。曰探矿、曰冶金，此属于地质而兼需用数理化者。曰农林、曰医药，此皆属于生物而亦兼需理化者。然农学及医学，实无处不需用生物学，此二者即实用之生物学也。各种工程之学，如上所言者。女子可以习之乎，以女子身体之较弱于男子，冒险耐苦，皆非所长。即使勉强为之，恐亦不如男子远甚。故论及建筑制造驾御，机器架桥修路开矿等事，总以男子任之为宜。至农业之各门，虽有非女子所宜者。然园艺蚕桑家政等学，女子为之，甚属相宜。医学之中，几无一门而非女子所宜习者。且其中有数门，女子习之当较胜于男子者，如妇科、孺科、产科、看护等等皆是。女子若欲从事于实用科学，不必好高骛远，出奇立异，只于农学、医学二者，择其相宜而易于成功者，潜心习之，即足以裨益社会，至大且深。是此二学较宜于女子，非若工程矿冶制造等之去女子教育之太远也。然其所以如此者，乃此二者属于生物学，以生物学之宜于女子教育，此二者亦遂为女子所易习。

科学之各门，如上所述，乃其最要者。就中以生物学，关于女子之教育，最为密切。女子之求教育，无论其只求普通之训练，以为家庭生活之需也，或欲力求深造，成专门人材，以备在社会服务，担任较大较重之工作也，最好先就各门纯粹科学，得一普通根柢，俾有相当之训练。然后就其性之所近专攻一门，庶几用力约而成功博矣。然一言及各种科学为女子所性近者，生物学之重要，昭然可见。诸君今日方求受教育，请于此学注意焉。

［第 18 卷第 6 期(1934)第 737—740 页］

# 刘咸时期（1934—1941）

# 1.《科学》今后之动向

岁月不居，时序如流，本社主编之《科学》杂志，自发刊以来，忽已完成十八卷。在科学幼稚之中国，本志堪称为最老之科学杂志。十余年来，举凡国内外科学家用国文写著之科学论文，大都在本志发表，计先后登载之各种纯粹及应用科学文字，及有关科学记事，都二万九千零四十二页，论题以千数计，依其性质，汇别为三十三大类，所以记世界科学之进步，及吾国科学家之贡献。而《科学》之得有如许成绩，一方面固由于本社社员诸君之努力著述，勇于发表，一方面更承国内外科学界同人热心赞助，惠赐鸿文，本志遂有此绵延发长之生命，弥足庆幸！

本社自民国四年成立以来，本年适届二十周年，本社方有纪念会之筹备。试就此二十年短期中之科学进步言之，其突飞猛进之成绩，有令人惊异者。任何一门科学，均有活跃之进步，而以物质科学为尤然。说者谓近二十年来之科学进步，较之过去一百年为尤速，良非虚语。再就吾国科学事业论，更为近二十年来所有事。在此二十年中，虽以政局之梼杌，国家经济之穷困，国民思想之紊乱，教育方针之靡定，而科学事业之建设，赖有苦心孤诣，筚路蓝缕之少数领袖，提倡于上，志愿纯洁，躬行实践之有为青年，努力于下，遂有此稳健之进步。方之欧美，虽有未逮，然此乃限于人力财力，无足为虑，苟政府对于一切科学事业，能宽筹经费，优予奖励，提倡科工实学，则二十年后，吾国科学成绩，必可与欧美各国，并驾齐驱。论者谓二十年来，吾国人研究地质学、生物学之成绩，差足与东邻日本媲美。准现在以测将来，自强不息，则吾国科学之进步，正方兴未艾也！

另有一事，亦足表现吾国二十年来科学之进步者，即各种专门学会之成立，如地质学会、地理学会、气象学会、天文学会、植物学会、动物学会、民族学会、物理学会、化学会、工程学会、水利工程学会、统计学会、航空协会、药学会、各种医学会、各种农学会等，皆第次成立，并各应时势之需求，近年来多有会报之发刊，所以记各该学科在吾国发展进步之成绩，此大好现象也。

年来科学在吾国之进展，既渐趋于高深及专门化，具如上述，则以本志为发表各种专门论著之喉舌，以时代衡之，良非所宜，为避免重复，及联络各门科学，互通消息计，今后本志之动向，亟有改弦更张之必要。时代推移，分工合作，理有必然，兹当本志十九卷开始，愿将今后编辑方针，条举于后，唯读者察焉！

## 一、本志主旨及读者对象

本志前以范围广漠，无所不包，读者对象，至难定夺，论题之旨趣既异，斯文字之高下悠殊，往往一篇论著，为某门读者所喜悦，未必同时能得其他学者所欣赏，因此不免顾此失彼，难得一般读者所同趣。复次，数年之前，国内纯粹言科学之杂志，寥若晨星，本志以历史及地位关系，只得兼收并蓄，论文程度，虽有不齐，然亦难严选择之标准，致有时未免稍嫌偏专，难餍多数读者之望，编辑同人，引为遗憾！

往者不谏，来者可追，本社鉴于时代之需求，谨将本志贡献于国家社会，作为科学舆论之喉舌，广播科学知识，提倡科学建设，自兹以往，本志以力求通俗，而同时能除去时下言科学者粗疏浅薄之弊病为目的，取材务求适宜，以合下列标准之一者为上：

(一) 能使读者发生科学兴趣。

(二) 能记述科学进步。

(三) 能传播科学消息。

易言之，本志除保有原来特色外，同时力求科学知识之普遍化，以深入浅出清顺畅达之文字论述各种科学问题，务使初学者读之不觉深，专门家对之不嫌浅，各得所需，则本志之使命达矣。故吾人对象中之读者，首为高中及大学学生，次为中等学校之理科教员，再次为专门学者，最后为一般爱好科学之读者。

基于上述主旨及读者对象，本志此后除保有其独立性外，兼谋与其他同宗旨之科学杂志密切联络，共图吾国科学事业之发展。方今国内科学杂志，其编辑内容，取材主旨，为供给初学及一般民众阅读者，有本社主编之《科学画报》、中华自然科学社发行之《科学世界》及中国科学化运动协会发刊之《科学的中国》等刊物，其程度可与本志相衔接；超乎本志之程度者，有国内外各种专门杂志，故本志实居中心枢纽地位，承上启下，既能通俗，又存高深，其宗旨略规抚英国之《自然》(*Nature*)周刊，美国之《科学》(*Science*)，德国之《自然科学》(*Die Naturwissenschaft*)等杂志。总以能俯瞰科学——纯粹及应用——之全部，而得权威的(authoritative)、准确的(accurate)、专题的(topic)记载，为最后之目的。

## 二、内容取材及编辑体裁

本志主旨及读者对象，既经确定，则内容取材及编辑体裁，自须与之吻合，兹分述旨趣于下：

（一）社论　每期登社论一篇，由编辑部敦请国内科学界名人担任撰述，阐论科学与近代生活，及公众事业之关系，以期唤起科学界之舆论，指示建设我国科学事业之途径，以及树立研究科学之风尚，文字以简明动听为主。

（二）专著　每期选登三五篇，或为论著，或为学说，以记叙科学上之新贡献、新发展，性质以浅显明了为主，特约国内专家担任撰著，其有关系我国及世界学术大势之译述，亦所欢迎。

（三）科学思潮　本栏范围颇广，凡短篇论著，题旨新颖之作，概入此栏，科学界之名人讲演，亦选载之，意在记述科学上不断的进步。

（四）科学新闻　为谋国内外科学界之切实联络，及互通消息起见，特设此栏，并特约通讯员若干人，分驻各重要学术中心，专司科学界之情报。举凡科学机关之新猷，科学家之言行，教课情形及研究状况，以及科学团体之活动等，皆在记载之列，俾分居各地之从事科学同志，可以互通消息，务期迅速灵通，顾及时效。

（五）书报介绍　科学进步，日新月异，新出书报，与日俱增，个人一一购读，势所难能，即便购得，亦难遍读，兹本科学服务(Science Service)宗旨，拟分别将国内外新出书报，在可能范围内，请由专家分别介绍，或节录研究报告，或作书评，以节省读者之时间及脑力，甚望国内外出版家，或作者，能将新版书籍杂志、研究报告，随时惠寄本志编辑部，以资介绍，而广宣传。

（六）科学通讯　本栏之设，非为读者解答疑问，意在使各地科学家，对于某种科学问题有疑问，或研究有心得时可用以发表意见，如英国《自然》周刊“通讯”一栏，占篇幅甚多，盖寓有商量学问之意，真理辩而愈明，意至善也。以前吾国人对于此种科学通讯，甚少注意，希望以后善用本栏篇幅。

（七）科学拾零　上述六栏，各有规定材料，其他无所隶属者，概纳入“拾零”栏，如来件、专载、附录、通告等等，皆属之。然此项材料不必每期皆有，宁缺毋滥。

以上所举，粗陈梗概，悬为鹄的，以为编辑之轨范，至于实行上有无困难，暂不可知，如其有之，则随时改善，读者如有其他高见，可资借镜者，至祈随时见示，以匡不逮。

## 三、编辑部之组织

本社编辑部向系由年会中公举编辑员若干人组织之，由编辑部长总领其事，惟以编辑员散处各地，复以事牵，集会困难，对于编辑职务，每难兼顾。上届庐山年会议决，编辑改由编辑部长商准理事会分门聘请之，以近在京、沪者为原则，俾得随时奉商，藉收集思广益之效。兹将理事会通过已经聘定之本年专门编辑姓名及其职位列下，藉当介绍，其他各门，仍当续聘。

(1) 范会国　上海，国立交通大学理学院数学教授。

(2) 严济慈　北平研究院物理研究所所长。

(3) 倪尚达　南京，国立中央大学物理学系教授。

(4) 张江树　南京，国立中央大学化学教授。

(5) 李珩　青岛，观象台技师兼山东大学天算教授。

(6) 张其昀　南京，国立中央大学地理学教授。

(7) 吕炯　南京，中央研究院气象研究所技师。

(8) 杨钟健　北平地质调查所技师兼北大教授。

(9) 伍献文　南京，中央研究院动植物研究所技师。

(10) 钱崇澍　南京，本社生物研究所植物部主任。

(11) 吴定良　南京，中央研究院历史语言研究所人类学统计学组主任。

(12) 卢于道　上海，中央研究院心理研究所技师。

(13) 陈思义　上海，中法大学药学专科教授。

(14) 李垕身　上海，仁记路97号大兴建筑事务所。

(15) 杨孝述　本社总干事。

(16) 陈茂康　上海，中央研究院物理研究所技师。

(17) 陆志鸿　南京，国立中央大学工学院教授。

以上各位均系各科专门学者，极一时之选，热心社务，肯为本志担任编辑，感谢之余，深庆得人。

复次，本志为谋科学界互通消息起见，特约通讯员若干人，专司科学情报之事，具如上述，兹拟定南京、上海、北平、天津、青岛、开封、武昌、长沙、成都、安庆、杭州、厦门、广州、梧州、昆明等处，各约请通讯员一人或二人，择由各该地高等学术机关有职人员任之，每月至少作报告一次，凡各该地有关科学之新闻，皆在报告之列。每年视投稿字数多寡，酌致薄酬，另赠阅《科学》全份，订有通讯员简则，可以参详。通讯员姓名及通信处，当陆续露布，以便各方通讯。再如承各方读者，同情此举，热心科学事业，随时将所在地科学消息投寄本志，无任欢迎，一经揭载，当酌赠本志，以酬雅意。

凡所揭橥，皆其荦荦大者，为本志今后依循之进向，第编辑事务，头绪纷繁，琐细之处，不遑靡举，编者谫陋，见闻有限，深恐无以副读者之望，尚祈海内外贤达，科学界同仁，不吝玑珠，惠赐鸿文，或示以周行，俾作准绳，则群策群力，众擎易举，斯不仅本志之幸，中国科学，实利赖之！

［第 19 卷第 1 期(1935)第 1—8 页］

# 2. 科学与国难

刘　咸

自九一八国难发生以来，忽忽四年，在此时日之内，举国上下，奔走呼号，咸以收复失地相号召，或讲演宣传，高呼口号，或设坛诵经，祈求和平，然天不厌乱，弱肉强食，正义不存，空言奚补，四年以来，不仅东北寸土未复，而华北警报频传，唇亡齿寒，弥用戒惧。职是之故，国内高瞻远瞩之士，爱国有心诸公，咸凛然于危巢之下，必无完卵，与虎谋皮，终且亡身，国难严重，亘古稀有，欲挽劫运，非实事求是，作根本良图，将无以内安国本，外抗强权，而此中首要，莫如兴科学，重技术。盖格物致知，利用厚生，为建设现代化国家不二途径，方向一定，加以努力，自然有效果可期，年来有力者提倡于上，群相注重于下，大学生之弃文就实者，实繁有徒，学风丕变，此诚国家前途之一光明现象，差堪自慰者。惟当此提倡科学甚嚣尘上之际，愿本所见，为千虑一得之陈述，唯读者察焉！

**（一）科学国策之宜树立也**　吾国自清季倡兴科学以来，垂四十年，因国民智识之短浅，社会环境之混沌，政府复靳于经费，鲜加重视，致科学事业，始终未入正轨，科学教育，更属漫无标的，及一旦强邻压境，运用现代科学战争，以杀害吾民，竟致无能抵抗，沃野千里，拱手让人。非民之弱，战具无灵，虽长城喋血，悲壮有余，然大刀究不胜坦克，吾人惩前毖后，为国家百年大计，应以解除国难为中心鹄的，重新树立科学国策，如科学教育应如何推行，国民科学常识应如何灌输，科学工业应如何建设，科学研究应如何施展，科学专才应如何培植，科学勋功应如何懋奖，以及作科学事业之经费，应如何固定，皆须放大眼光，通盘筹算，视国家之需要，作审慎之决定，盖根本大计一定，则以后可逐渐谋其实现，而课成效，积之三五十年后，国家之科学人才，技术专家，俱足有为，再伸和平正义于世界，谋复故土入版图，易如反掌耳。观今日德国之成事，吾人可以闻风兴起矣！否则徒然呐喊，枉费喉舌，木鱼念经，为人窃笑，科学国策一日不立，即有计划之科学工作一日不行，时不我待，未可一误再误。

**（二）清查国富之科学研究宜实施也**　吾国目论之士，动谓吾国地大物博，足以自豪。地诚大矣，然不胜强邻之蚕食鲸吞，日蹙百里，所谓物博，博于何在，此不能不深研者。否则徒夸物博，而不明所博者何属，是犹巨富之家，不知宝藏何在，此在一家为子弟之不肖，在一国为国民之无能。反之，外人方面，则处心积虑，秘密调查，了如指掌，慢藏诲盗，讵可不慎。故吾人今后科学研究之方针，首应实施清查国富之工作，开发富源，利用厚生，以救贫困。吾人均知一国真正富源之所在，为动物、植物、矿物三者。生长于地面者为动物、植物，蕴藏于地下者为矿物，斯三者为国家之至宝，国民之生计资之，国家之富强系焉，一切农工商业皆利赖之。吾国以前对于此等国富之泉源，从未作精密的科学调查，动植种属，究有几何，矿苗产量，总有若干，概不明晰，何者有经济用途，何者为立国根本，均无稽考。为急起直追计，首宜组织大规模之清查团，分赴全国各地，采集所属之动、植、矿物标本，依次加以精密之研究，作有系统之分类，及化验工作，注意其经济用途，何种动植物有关民生，宜广为畜植，何种矿物有关军用，宜广为开采，何者为工业之原料，何者为医药之所需，皆宜优加利用，广为生产，夫然后国内产物了如指掌，裕国民生，筹建国防，均可因时制宜，有所资赖矣。

十余年来，吾国先进之生物学家，对于动植物分类学之研究，不遗余力，标本采集成绩斐然，所以然者，盖感于斯学关系国富之重要，复为研究生物学之基本学科，非先将本国动植种属调查清晰，将无以正本清源，而讲求本国动植产业之利用者，更舍分类学而无所依归。浅见者流，昧于斯学性质之重要，妄自毁薄，以为释虫、鱼、鸟、兽、草木之名，乃雕虫小技，无关宏旨，且成过去，可不追求。吾以为此其人非愚即妄，愚者悯其不明生物学发达史，妄者度其缺乏爱国心，盖生物学有地域性，欧美所产之动植物，未必为我国所具备，我国所特有之种属，往往为他国之所无，在生物学先进之欧美各国，此项动植物分类工作，早已完成，学者研究，可趋于另一方向，然今日外国分类学专家，固犹比比皆是也。反顾我国，科学事业，方在萌芽，有若干之基本工作，万不能躐等求进，而分类学即其一例，此略具生物学发达史之常识者，类能道之。矧斯学关系清查国富之重要，握利用厚生之机缄，岂可拾外人牙慧，舍本逐末。其在矿物学亦然，现今国内南北各生物、地质、调查所、研究所之筚路蓝缕，初为国人所不重视者，已为国家作一部分极重要之清查工作，痛国难之未已，叹宝藏之待发，吾人于此抱有救国目的之根本事业，宜如何加之意也！

**（三）国防建设之科学研究宜注重也**　现代化之国防建设，经纬万端，头绪纷繁，直接的、间接的，资赖于科学者，十之八九。吾国幅员广大，疆土辽阔，自清季迭受帝国主义者侵凌之后，无论海岸陆边，直无国防之可言。当此国际风云紧急，东亚事态突变之时，国家危急，已如累卵。当此世界二次大战尚未爆发之前，诚宜急起直追，赶速作国防上之种种建设。而此种建设在在须从科学着眼，直接与国防有关系者，如海陆空之军事上的设备，交通之联络，军火之制造，地理、气候之勘测，食粮之供给，以及其他种种军需上之需要，皆须作精密之科学研究。间接与国防建设有关系者，如国家重工业之设置，农作物之栽培，国际贸易之盈亏，各地风土人情，社会组织，经济政治等诸般情况，皆与国防建设有莫大关系，宜作未雨绸缪之科学研究。故为解除国难计，为巩固国防计，吾人今后之科学研究，宜以国防建设之诸般科学问题为研究中心，盖吾人深信惟科学能救中国也。

**（四）社会人士应赞助科学事业也** 吾国一般人士，以未习惯科学为何物，平素缺乏科学训练，更无科学思想，自然不知科学事业之重要，故提倡科学者，每有难深入民众之困难。盖有若干科学事业，端赖社会人士之赞助，方克有济，在欧美各国，可以举办之科学事业，在吾国每有“此路不通”之感。每见富豪之家，因缺乏现代常识，对于迷信事件，牢不可破，持斋念佛，随缘布施，一掷千金无吝色，求其赞助一科学团体，或举办一科学事业，则一毛不拔。又或有达官巨贾，积资千万，遇有劝助基金，作福国利民之科学事业者，则拒之惟恐不远，而以所有之资产，遗之子孙或妾媵，子孙贤者，固不须此等不劳而获之遗产，其不肖者则转恃此遗产，不务正业，为非作歹，造尽人世罪孽，及一旦家财荡尽，转无以自存，是爱之适以害之。其尤下者，以巨款遗妾媵，往往主人骨肉未寒，妾媵已挟款随人而去。又有往往因争产不均，而涉诉讼，家丑外扬，身败名裂，其愚诚不可及也。

世人又有好作慈善公益事业者，每捐巨款于孤儿院、赈灾会，此种恻隐为怀，固属美德，然受惠者究系少数，且为效不大，不过为消极的、有限的、小果的善行，倘能以此种有用金钱，赞助科学机关，以推进科学事业，迨至若干年之后，大之全世界人类蒙其庥，小之一国获其福，是为积极的、广博的、生产的、救国的雄图，不惟个人名垂不朽，国家民族，实利赖之。两利相衡取其重，社会热心人士，爱国同仁，应知所从事矣！譬如同一金钱，以所使用之时地不同，效果自异，与其修庙造佛，不若设立科学机关，永为社会、国家、人类谋福利。如美国煤油大王洛克菲禄（Rockefeller）、钢铁大王卡南奇（Carnegie）等，出巨量之私人资财，作科学事业，以造福人群，为世界所称颂。其他科学团体，因私家资助得以发达稳固者，不遑靡举，方之妄费金钱，或施小惠者，其得失轻重，何啻霄壤。吾国不乏资产乐善之家，与热心爱国之士，处此世界潮流撼动，国难严重时期，倘能效欧美人士之良法美意，踊跃输将，有大力者独力建设某种科学研究所，次焉者可资助已有成绩之科学研究机关，斯乃救国救民之壮举，真百世不朽之盛业，不亦懿欤！

**（五）私立科学机关宜奖励也** 吾国以地大物博，见称于世，科学问题，至为繁复，以科学在吾国历史之短浅，诸般问题，均待解决。就目下科学建设情况言，尚在极幼稚或正发轫时期，从事纯粹研究科学机关，实属太少。国家又以财政困难，未能作大规模之科学建设，则不能不希望社会人士，慷慨解囊，设私立科学机关，共同负研究吾国科学之责任。欧美各国，科学机关林立，亦多由私家设立，如伦敦、巴黎、柏林、纽约，在同一城市，有相同性质之科学机关，不知凡几，各自研究，相辅相成，从不闻有工作重复之弊。良以科学问题太多，分工合作，犹恐不逮，何患有竞争之事，正不必以某种公立科学机关成立，即谋将有历史、有成绩之私立同类机关设法吞并或消灭之。使欧美各国之私立科学机关，不令其存在，则其今日之科学成绩，未必有如是之发皇。英国牛津、剑桥两大学，为举世所称道之学府，然系私立之学术机关，所出之科学人才与所贡献于科学者，为何如耶？又如美国施美生研究所(Smithsonian Institute)亦私立科学团体，代办国家科学事业者，其成绩又何如耶？吾人敢正告国人曰：吾国今日所需要者，为多数的科学机关，无论公立私立，凡以纯粹研究科学为职志者，皆应竭力维护之，政府更宜优予奖励，社会宜多方赞助，使之发扬光大，为国宣劳。盖吾人深信，只有用科学实事求是之精神，作福国利民之研究，庶可以解除国难，臻国家于富强之域，如巴斯德(Pasteur)研究蚕病之成功，尽偿国债之往事，可以为师矣。

**(六) 科学人才宜保障也**　今人竞言统制，如经济统制、货币统制、贸易统制等等，不一而足，浸假而有科学专才之统制，此在欧美科学发达，人才称盛之国家，加以统制，亦固其宜。反顾吾国科学专才，为数至少，以之改建新中国，使成现代化，极感人才之缺乏，预料在二十年之内，吾国科学专才，似不至有过剩之虞，为国家急于专才计，只有奖励保障，使专才辈出，为国服务。查吾国各项新式法规，尚未完备，各项技术人才，大学教授，专门学者，均无保障，升迁既乏定则，奖励更无明文，且学术机关，技术局署，均难免政治影响，往往长官更调，属下随之，系派为先，学术次之，任事之成绩如何，专门之技术如何，在所不问，党同伐异，非我者去，此在提倡科学救国之今日，实为一大障碍。为减少此种弊端计，政府对于大学教授，研究专员，各种工程师，以及其他一切技术人才，宜有法令之保障，使之安心服务，多作成绩，不必以有用精力，应付环境，更非有重大过失，不得更换。欧美各国之大学教授，技术专员，服务于一机关，动辄垂数十年，或竟其终身，盖国家有保障之法令，不依长官为进退故也。吾国大学教授，或技术专员，在一机关服务满二十年者，为希有矣，此中损失至大，非物质所可比也。

复次，科学家之从事科学工作，亦如战士之临阵，生命亦极危险。例如化学工程师之制造毒气，矿学工程师之地洞采矿，飞机师之高速飞行等，偶一不当，均足丧生。他如动植物学家之采集动植物标本，人类学家之研究野蛮民族，地学家之调查地理地质，以及其他作野外工作，带有探险性质者，多远涉边荒，深入不毛，旅行所至，偶有不慎，或水土不服，疾病相寻，或待人接物，稍欠周详，在在均有丧失生命之危险，如数年前北平地质调查所赵亚曾君之在川殒命，即其一例。故国家对于此种具有冒险精神之科学家，倘遇有不幸事件发生，更应优加恤议，用彰贤劳，以励来兹！

以上所举六端，为个人平居深念，认为于发达我国科学，与由科学途径解除国难，均有密切关系。在政诸公、社会贤达，诚能一一加以注意，俾能实现，则今日提倡科学救国之风声，为不虚矣，有厚望焉！

［第 19 卷第 2 期(1935)第 151—159 页］

# 3. 科学与民族复兴[1]

秉　志

吾国贫弱，至今已极，谈救国者，不能不诉诸科学，顾科学何以能救国，科学究属何物，请为诸君一言之。

科学为格物致知之学，其功效可以利用厚生，科学之方法有六：(一) 曰观察，谓研究之初步，首宜就自然之现象，作彻底之查勘。(二) 曰实验，谓于观察之后，复用种种方法，以作考验，如普通科学实验室中之各种工作，或分析，或测定等等，由因以求果，或由果以求因。(三) 曰比较，各种现象或同或异，彼此较量，可得其性质之范围。(四) 曰分类，既得各种现象之异同，更从而类别品定之，使明析而不相混。(五) 曰演绎，论理学之一半，即讲此法，几何纯用此法，由甲以求乙，由乙以求丙，甲若等于乙，乙复等于丙，则甲与丙必相等，此其浅显易见者。(六) 曰证实，既得其结果，复往返推求，以证明是否详确。此六者，乃科学必不可少者。今人谈科学者，往往不知科学之真谛，以为研究自然现象，即是科学，然自然现象，何以研究，非用此六者无从入手，有谓有系统之学问，即是科学，然科学以前之学问，何者无有系统，其不需用此六者，究不能谓之科学，治科学者须将范围画清，明晰此六种方法，则科学与其他学问，可以区别矣。

科学造福人生，稍有知识者，类能言之，世界各国之富强，何者不由科学所致，举凡文明民族所需者，何者不由科学而来，在科学不发展之国家，天产纵极富饶，其人民无有能力利用开发，听其湮没弃置，反受饥寒交迫之忧，颠顿流离，死亡载道，而科学发展之国家，其民族乃梯山航海，探险凿空，寻富源于数万里之外，侵占攫夺囊括而已有之，将原有人民之利益，剥削净尽，亡国灭种之惨，重演叠见。观于列强之对吾国，其过去现在及将来，令人骨颤心悸者也！故吾国今日最急切不容稍缓之务，唯有发展科学以图自救，然以上所言之六种方法，果足救国乎？曰此六者不过治科学之径途，能用之以发达科学，则集大多数之专家，以解决国家之急需，科学之效力甚宏，国家必能渐脱杌陧之状态，入于健全之境况，故能于推行科学之教育，培养科学之人才，则以下数项，必有成效可睹。

**(一) 人民之知识，必因科学之发展而日高。**吾国人民之知识，视欧、美、日本高下不可同日而语，人能使科学知识普及社会，而吾则社会中毫无科学知识者，几于触目皆是，以如

---

① 在南京本社生物研究所讲演。

是之知识落后之人民，与外人相遇，当然失败，即在一国之内，对于国家，对于社会，甚至对于个人之家庭，以缺乏知识之故，不徒未能尽其天职，而无意识之中，演出种种罪恶者，亦时时有之。然使科学发展，则此患可以渐除矣。

**（二）人民之技能必因而日增。**吾国一遇外敌交锋即败，国人皆谓外人技术精绝，非吾人所能敌，然外人技术之精，何尝不由科学发达之故，倘吾国能努力于此途，人民既有科学之知识，其技艺亦必日进，他国人民所能者，吾亦渐能之，且更精益求精，以与人竞，凡国家所需者，自行应付，有胜任之愉快，则人民之权利，何至听人侵蚀乎？

**（三）人民之生活，必因而改进。**吾国人民之生活，就其穷苦者而言，已非人类所应有，人民若有科学之知识及技能，谋生之术，必因之而精。处此天产繁盛之国土，何患不能自自致饶裕，疗贫有方，又富于科学之常识，其衣食住行，不至视各国人民所享者，相去过赊，生活较佳，作乱为非者可以渐无，社会之秩序可以增进，国家之治安，可以保存，国势亦日趋于稳定矣。

**（四）人民之体格，必因而加壮。**吾国人民，因无科学之知识与技能，又不得适当之生活，贫苦者死于饥寒，死于疾疫，性命尚未能保，更何能言及体育乎？其富裕者亦因无科学常识，关于卫生问题，婚姻问题，瞢不之省，复有家庭及社会之种种不良习惯，恶劣之嗜好，沉湎陷溺，深入人心，牢固而不可拔，国内青年，弱不胜衣，中于女性，疾病延缠，风吹即倒者，无处无之，以如是之民族，而思与列强相抗，不亦傎乎？欲救此患，只有求诸科学，缘科学之知识与技能，一旦普遍于社会，贫病者可免饥寒，疫病之患，富者亦知健身进种之方，人民之体质不患不能不健壮，而冲繁辟难，遗大投艰之事，亦可当之而胜任矣。

**（五）人民之思想，可因而进步。**吾国人民思想之幼稚，实为数十年来紊乱之最大原因，人民受科学之熏陶，知以科学方法应付一切问题，轻举妄动，可以避免，其态度能稳健沉着，贞固有恒，眼光既已远大，思虑亦复深周，无论大事小事，不为感情所动，不为浮议所摇，一国之内，多数之人民能如是，求国家治理，犹反手耳。

**（六）人民之道德，可因而日新。**既有知识技能之增长，与生活体育之改进，与夫思想之成熟，则人民之道德，尚有不因之抬高者乎？唯因以上数者之退化，道德遂亦堕落，今日奋斗于科学，用科学教育，解决以上数者之困难，人民由暮气沉沉之中，蝉蜕变化，渐有朝气蓬勃之趋势，对于国家，对于社会，有尽力爱护之热诚，如是其公德日强，私德亦即日盛，吾国先圣昔贤之遗训，无美不至，今人诚能履此不懈，不难使国家有郅治之隆，然卒不能如是者，盖因无科学以解除民生之痛苦，知识、技能、生活、体格、思想皆馁败不堪，道德早已毁弃，而国家遂陷于混乱矣。近人谓物质文明之缺乏，精神文明亦因之堕落者，非无故也。科学之本身，不徒为知育之渊薮，亦实道德之根基，人之在社会上有大供献者，其道德之高尚，亦非常人所能及，噶利留(Galileo)、奈端(Newton)等之坚卓贞信，各有孤诣无论已，达尔文(Darwin)、巴斯德(Pastea)、赫胥黎(Huxley)等之卓绝纯粹，广大高明，尤足为世之楷模。然则科学者，实精诚博爱，修已治人之学术也，科学精神，浸渍于社会，谓人民之道德，不因之刷新者，孰其信之。

总而言之，吾国人民急需科学以为起死回生之计，吾人能发展科学，人民之知识、技能、生活、体格、思想、道德均将之而日有起色，由衰老之民族，变为鼎盛之民族，忧国之士，宜知所从事也！

然吾国利用科学以复兴民族，究非难事也。试观欧美中古时代，其政治之恶劣，经济之枯竭，宗教之黑暗，文化之堕落，人民之涂炭，有非意想所及者，然哥白尼(Copernicus)、博郎诺(Bruno)、噶利留等，奋力于科学之研究，未几遂有多数之后进，如补利梯力(Priestley)、奈端、笛卡尔(Descartes)等，继续奋斗，欧洲各国乃渐有进步，迨后达尔文、赫胥黎、韦司曼(Weismann)辈出，欧洲已进于科学昌明之时代，其政治、实业、教育及一切设施，无不光辉日新，云蒸霞蔚，是欧洲之科学家致力所学，影响所及，竟将欧洲改造之矣。现代欧洲各强国人民，享自由康泰之幸福，无非科学之赐，吾国人民本极自由，吾国政府原以敬教劝学为尚，吾国人提倡科学，绝不至如欧洲中古时代之横遭摧残，吾国从事之科学者，若能如欧洲科学界之先河，努力奋进，其继而应响者，当不乏人，其影响所及，当较欧洲为更速。欧洲科学家能将黑暗之欧洲，改为文化灿烂之欧洲，吾国科学家独不能继美前贤，将老大之民族，改为精壮之民族乎？

返老还童之说，世人饫闻已久，其能成事实与否，尚待证明。俄人弗郎诺夫氏(Veronoff)，就年齿已老之人，取其睾丸以青年猩猩之睾丸放入，其精力已衰者，因此而大有变化，遂与壮年之人相埒。弗氏所言者如是，科学家对之不免怀疑。弗氏之工作是否真确，乃另一问题，遂以科学改造民族，就历史观之，要足征信。吾国科学家以科学为民族返老还童之具，必能救国家于险危也。吾国社会向为不痛不痒，对于国家之急需，不知牺牲以赴之，今处国家多难之秋，宜痛除向来之恶习，速急国家之难，全国一致，以收众擎易举之益，社会有力者宜尽力提倡，俾已有之科学事业，曾著成效者，获其辅助，更形发展，其尚未产生之科学事业，为国民所需者，获其力助，速行成立，科学家努力研求，期所贡献，更灌输科学常识于社会，有力者或牺牲金钱以助工作之进行，或奔走提携，以速事业之发展，勿生偏嫉之见，勿存吝惜之情，勿持漠视之态度，勿带观望之心理，举国同心勠力，图斯学之发达，其专门研究之结果，必足以应国计民生之需求，其普通知识之灌输，亦必影响社会之改进，为国家、为人民，祈天永命，所以解除来日大难者，无有急于斯者矣！望国人加之意焉！！

［第 19 卷第 3 期第 317—322 页］

# 4. 科学的文化建设

卢于道

近来国内有十教授《中国本位的文化建设宣言》,不久引起各方讨论,一时风动,与以前新文化运动颇呈先后辉映,此乃知识界之自觉,知我国文化之落后,与建设本国文化之责任,非但外人不能代谋,即本国人欲一味抄袭欧美,亦等于张冠李戴,可为崇拜西人,抹煞民族本色者之捧喝。然吾所欲言者,为该宣言之本身,既未提出文化建设之具体方案,而响应及批评者亦少中肯之理论。或曰中国需要基督教式的文化(刘湛恩氏),或曰中国须继续清末文化运动之余绪(黄炎培氏),或曰中国需要资本主义之文化(李麦麦氏),或曰中国需要社会主义之文化,议论纷纭,莫衷一是,虽各有见地,而于文化之畴范及意义,与如何建设"中国本位文化",则皆未有明白之指陈。

四十年来,吾国关于文化运动及文化建设之事甚多,最初有张之洞之"中学为体西学为用"说,继有康梁之维新运动,入民国后乃有陈胡之新文化运动,及梁漱溟氏之农村建设运动,要皆不失为谋中国文化建设之运动也。至于以前李鸿章之设置海军,兴办兵工,造船诸厂,敷设铁路诸要政,以及近年之修筑公路,建筑无线电台,复兴农村,禁止鸦片等等,亦莫非文化建设之表现。今徒以少数文人之呐喊、号召,曰文化建设,而无具体方案之制成,是与以前之各种文化运动何异?最后待笔战终了,文化建设运动亦将随之消沉。

然则文化建设,如之何而后可?曰惟科学为最要图耳!何则?科学者,准确之智识也。无论其为纯粹科学,为应用科学,真理惟一,白为白,黑为黑,古今中外,新旧皆然。一加一为二,二加二为四,是无待于中西之辩,新旧之争也。飞机飞行,江海航舟,有待于气象之报告。鱼产种类,繁殖时季,是为业渔者所不可不知,又胥赖乎生物学之调查。再推之于军事、交通、农业、工业,莫不各以现今之科学知识为基本,分工合作,各尽其能,中国之科学日益发达,文化之建设可期,科学界各致力于所学,政府复从而赞助之,是乃"迎头赶上"之上策。故与其谓提倡文化建设,不若曰提倡科学建设之更为直截了当。夫如是,方言之有物,行之有方,结果效验可期,而中国文化可得而建设也。

吾人且试举一二浅例,以明科学与文化建设之直接的、与间接的关系。不久以前,浙江省昆虫局长张巨伯氏答记者之问,发表关于检查病虫之一段谈话,据云:

……挽近世界各国,对于植物病虫害之防除工作,极为重视。一方面悉心研究歼除方法，切实指导农民，一方面厘订检验法规，执行进出口植物之检验，办理週到，成绩斐然，直接消遏病虫祸萌于无形，间接确立植物生产之保障，意义之重大，概可想见。顾我国固有之病虫，已成极端严重亟待解决之问题，每年所受损失，恒在四十万万元以上，几占中央政府岁入六倍左右。而国外输入之植物，仍复不加检验，自由运销，漫无限止，于是国外危险虫菌，乘机而入者不知凡几。例如红铃虫、棉产介壳虫、小麦黑穗病等，均系海外传入，近来流行颇广，几于无地无之，为害之大，有非一般人意想所能及者。至若其他有输入可能性之虫菌，亦在在堪虞。即以棉铃象鼻虫及甘蓝根肿病而论，在美国异常猖獗，农民损失不赀。如不幸传入我国，则今后棉作蔬菜事业，宁堪设想？抑有不能已于言者，既异地输入之病菌害虫，其为害之烈，每驾原产地而上之。盖各国之环境不同，气候各异，虫菌之在原产地者，往往受天敌与气候之制裁，或因当地寄生抵抗力之强大，而不能猖獗，一旦传至异域，顿失其天然平衡状态，每致酿成巨灾，如法国由美国传入之葡萄霉病，美国由中国传入之舍来寿介壳虫，皆其明证也。

此事由表面观之，似与文化建设风马牛不相及，然细加推敲，关系于国计民生者，至为重大，姑无论我国因病虫害每年所受损失达国库收入之六倍(四十万万元)，其数已叫人惊绝，而人民所资赖以为生之食、衣、住、行等根本供给，病害虫害均能致其死命，此系何等严重且切肤之问题，是诚中国“本位”之本位也。最近十教授在《我们的总答复》一交内，提出(1) 充实人民的生活；(2) 发展国民的生计；(3) 争取民族的生存三点[其实(1)(2)两点颇嫌重复]，亦曾思及此等病虫问题为文化建设之要图否？然此舍科学不为功。

又戴天右氏(见《医学週刊》第九十期)统计我国儿童死亡率为 24.2%，即每千小儿在一岁以内死亡者，有二百四十二人之多。而世界其他文明各国，只一百左右，我国超过各国一倍以上。儿童为新中国未来之主人翁，今死亡率如此之高，即一旦中国富强如英美，又岂能厕身于文明国之列而无愧？今之高谈文化建设，争取民族生存者，亦曾注意及此否？

不久以前，江北黑热病猖獗，一百七十二户中有一百十一户感染之，感染人数占当地人口 29.64%(见《医学週刊》第八十一期《全国经济委员会卫生实验处寄生虫学系报告》)，苟非急切以医药方法救济之，其为害当更烈于此。此又为建设中国本位文化者所当急切建设之“本位”也，然此舍科学又无济于事！

故吾辈习科学者，以为吾人首须确切了解者，为文化建设之对象，及其时代之背景，吾国今日所急切需要者，为科学建设。解除国难，复兴民族，皆惟科学是赖，其详细本刊已屡次剀切提论之矣。① 所谓文化原为适应民族生存之资源,为历史之积聚物,吾人殊不必斤斤于何者为中,何者为西,何者为新,何者为旧之辩。凡有裨益于我国家民族之强大繁盛者,皆可采用之。西洋各国并不以采用中国之指南针为中国化,吾国采用西洋之火车轮船亦并非西化。吾人更不必因求全盘西洋化而放弃中国原有之指南针等之固有之发明。吾国今日所急需者,为图存保种之科学文化(scientific culture),既为吾国人所公认之,然则尽力作科学文化之建设可也。国人尽力于科学,凡食衣住行皆以科学知识充实之,则届时中国本位文化不建设而自建设矣。古人有言"好学不如力行",甚望今之倡言文化建设者,不必徒托空言,作"中""西""新""旧"或"主义"之辩,但能实事求是,钻研实学,努力于建设可也。方今国内有若干科学家,皆在"埋头苦干",期以所得救国家民族之亟(如最近汽油代用品研究之成功,矿产、生物之调查,皆是其例),将来为"本位"文化建设之功人,盖无疑也。

吾书至此,有不能已于言者,即吾科学家,即以建设文化之责任自肩,下列数点,不可不深切注意,因并论之。

**1. 诚意** 凡科学家展其所学,以贡献于社会,既当以事业为重,俾所以造福人群,切不可藉此沽名钓誉,谋利贪奢。今之社会人士,对于留学生已啧有烦言,谓重视物质享受,而未见伟大成绩。汽车洋房,在西洋固极普通,在今日中国社会经济状况之下,则未免奢侈。若个人之目的只在于是,则未免忘却本国经济情形,一旦目的不遂,既丧志败行,未免影响于工作之进行。吾人固不欲唱高调,作虚伪,口口声声不求名,不为利,盖在合理范围之内,名利亦人之正当欲望。但若见利思迁,惟名是钻,或如俗语所谓"出风头主义",则非但最后一事无成,反有玷名誉。卖国贼之行为,即为贪利所致;趋炎附势竞尚时髦,亦为识者所不取。社会上因鉴于国家社会之福利所在,常勤俭刻苦以赴之,乐其所业,成败不计者,亦大有其人在。一般科学家,其所受之教育训练,皆由于国家社会之赐植。我国大学教育经费,占全国经费约四分之三。又况年费巨万,派遣留学,其目的即希望将来为国家社会服务。今训练成熟,一旦忘本,惟个人之名利是图,又何颜对社会?倘人人如此,则中国之文化更何从建设?

**2. 知本** 今若诚意作文化建设事业,而不明本国状况及环境需要,结果既枘凿不相容,于国家仍无所补。例如纽约百数十层大厦,是西洋之文明也。今欲在中国亦建筑如是高屋,而不顾社会需要与否,经济之能力如何,一味固执行之,势必失败。中国教育家

① 刘咸《科学与国难》(本刊本卷第二期)、秉志《科学与民族复兴》(本刊本卷第三期)。

之抄袭西洋学制而遭失败者，即其一例。他如西洋之民主政治、独裁政治……甚至极端机械化之工业，欲行诸本国亦必须审度国情，切忌模行盲从。孟禄教授之所谓中国必须寻自己出路，亦既斯意。是故科学家之从事科学研究，亦不可不慎其方向。倘昧于国情，高谈阔论，不作根本工作，则国家又何贵有此科学家？例如生物学及地质学，考察本国之动植物与地质矿产，凡此等含有地方性之科学，本国科学家必须先从事研究。今若本国之少数生物学家及地质学家仍不肯先从事此等本位工作，一味作其世界最新最时髦之研究题目，博个人之名誉，固尽善焉，然于国家何补？吾人当时时刻刻，念中国今日为非常时期，国难严重，文化落后，社会窳败，民生涂炭，应以热诚之心，用专攻之学，拯救祖国，各尽其责，中国本位之文化建设庶几有望。决不可以此自馁，更不可因此蔑视本国民族之特征，而盲目崇拜白人为超人。初回国之青年科学家，常易蹈斯弊，深望能注意及之。

**3. 分工合作**　国家须有组织，国家之建设事业当然亦以组织为首要。科学之文化建设工作亦不能例外。非惟全国之科学家当有完善之组织，俾收分工合作之效，即全国之科学研究机关亦应彼此取得联络，尤以今日国内人才缺乏经济拮据之时期为然。而最坏现象，则为党同伐异，重意气，争势力，或自犯之，或诬于人，皆足以使有用之精力与宝贵之光阴，消耗于无益之境。若科学家亦如军阀之争地盘，别门户，则国亡之痛不远。何则？科学家为国家最珍贵之人才与最高尚之国民，若不能以身作则，善自组织，分工合作，从事建设，则普通社会之紊乱，更不待言。科学研究机关之设立亦然，最好每年各机关之领袖，暨各项科学专家，有集会之机会，共策进行，则集思广益，收效必宏，而文化建设亦可待矣。且此种分工作，凡科学机关及科学家，可自动为之，不必专倚赖政府之提倡，既可免卷入政潮，亦所以助政府能力之所不足。如是一方面自己分工，一方面与政府社会合作，是乃建设文化之康庄大道，事半而功倍。非然者文化之建设虽仍有之，或则互相攻讦，或则工作重复，其损失何可计量。

**4. 高深研究与普化科学**　过去吾国之治科学者，于提倡高深研究，倘有其人，而主张普化科学，使之深入民众者，反被疏忽。吾国科学不能发达，此实一大原因。盖科学建设，需赖社会辅助之处正不亚于政府，苟一般社会人士不认识科学之重要，姑无论经费筹措，不易得社会之赞助，即进行工作，亦多掣肘。故发展国家科学事业，一方面在提倡高深科学之研究，一方面则为科学知识之普及。使民众获得科学常识，以改善其生活。本社年来有鉴于此，举办《科学画报》及举行通俗科学讲演，亦即所以为社会服务，并贯输科学知识于大众。以《科学画报》之畅销，及参听讲演者之踊跃观之，益证此种普化工作需要之亟切。所望国内教育文化机关，或纯粹科学研究团体，皆能出其一部分力量，注意此普化之工作，则所造于民众者至大，斯诚提倡本位文化建设者分内所应为之大事也。闻驻华之洛氏基金会(Rockefeller Foundation)近变更计划，除专办协和医学，从事高深科学之探讨外，同时以大宗经费，注重农村教育，贯输科学知识于农民，可谓烛见吾国之实情与需要。盖中国一般农民，仍在过中世纪之生活，淳厚古朴虽有余，而知识则异常缺乏。故纵令吾国都市发展，能追随纽约、伦敦，或多出得诺贝尔奖金之科学家，以中国全体论，其无补于大多数民众，仍然如故。而文化建设，倘离开大多数农工阶级之民众，其不切实际，而非“本位”，盖可断言。办党者，注重“下层工作”，不离开民众，颇有至理，吾以为办科学事业亦然。近年苏俄谋科学普化于农工商军各界，以图实现五年建设计划之成功，即其明证。斯真文化之建设，为我国所应效法者也。

反之，若只知普化工作，而不进行高深研究，亦不足以建设永久之文化。苏俄五年计划之成功，重工业之日益发展，盖除普化之外，后有伟大之科学研究院及多数研究之专家在。以目前中国物理、化学、工程之研究未兴，各种独到之军事工程即未能进步，故“深研”与“普化”，乃科学一物所具之两方面，二者不可偏废，否则吾未见其是也。

以上所述诸端，皆科学家自励之辞，并示文化建设之路。今若根本昧于科学之重要，而只以提倡文化建设运动相号召，则虽再过五十年一百年，文化之建设仍不可得也。所谓文化建设非纸上谈兵，乃在社会民间之设施，而社会民间之事业，在在非科学不为功。现代文明，为科学之文明，已尽人皆知，谈文化建设运动者，若不以科学是尚，而徒逞言词之辩，是无异于缘木求鱼，结果不为海市蜃楼者几希！

[第 19 卷第 5 期(1935)第 639—647 页]

# 5. 科学团体举行联合年会之意义

迩年以来，吾国科学人才辈出，科学团体相继成立，此实国家科学进步之一端，至可庆幸事也。为应声求，各团体复有年会之举行，利用假期余暇，集各方会员于一堂，切磋观摩，共商学问，此乃饶有意义之举动，未可等闲视之。本年八月初旬，国内有六科学团体——中国科学社、中国工程师学会、中国地理学会、中国动物学会、中国植物学会、中国化学会——在广西南宁举行联合年会，桂省当道，预筹款待，甚为重视，其通启云：

盖闻以文会友，集思广益，嘤求共韵，志切观摩。比年以来，学会林立，为应声求，用集年会，而联合年会之举，当以去年中国科学社、动物、植物、地理诸学会庐山之会为嚆矢，所以聚群彦于一堂，剖疑析难，会豪俊自四方，广友多闻，意至宏也。本年承广西当道，雅意招邀，定于八月十二日起，在南宁赓续联合年会，除去年旧有四团体外，复有中国工程师学会及中国化学会与会，组织扩大，分子增新，学科之方面愈多，斯广益之机会愈便，分工合作，盛举空前，弥足纪也。夙维岭峤风光，粤西最胜，桂林山水名甲天下，雄浑峻峭，渊薮人文，毓秀钟灵，名贤代有，子厚谪居，流风未歇，阳明讲学，教泽犹新，考岷峇战迹，狄武襄之遣规犹存，揽镇南雄关，冯将军之威风宛在，人杰地灵，由来尚矣。近年以来，桂省当局，勤求治理，建设发皇，生产激增，整军经武，政举民和，治安巩固，交通便利，矿产丰饶，农林发达，苗猺向化，一视同仁，凡游是邦，交口称誉，然百闻不如一见，卧游奚若亲躬，此次年会，实假机缘，既足以游目骋怀，周览名山大川，复可资观摩研究，广证旧学新知，所裨益于同人者至厚。所望同道友好，无惮跋涉，及时游观，共赴盛会，行见隋珠交辉，楚璧互映，感东道之嘉惠，宾至如归，览南国之风光，眼底尽收，岂不懿欤！聊布短简，敬迟高轩。

窃以为年会之举，其主旨诚不外通启所云，切磋学问，联络感情，周览山川，然引深其义，似不止此，请略论之，以供善用年会时机者之参考。

**1. 藉年会商讨科学国策**　比年以来，我国提倡科学事业者，以见仁见智，有纯粹科学与应用科学孰先孰后之辩，各执理由，迄无定论，此于国家科学事业之进行，不无影响，允宜集全国各方面之专家，共同讨论，视国家之需要，作审慎之决定，而联合年会期间，实为讨论此项问题之最好机会，如救亡图存之科学事业，应如何赶速建设，开发利源之科学事业，应如何努力推进，扶助国脉之科学事业，应如何永久树立。诸端皆关系重要，应作通盘之筹划，倘能于大会期内制成议案，条陈办法，既足以供政府之采择，亦可为同人努力之标准，吾人凛国难之严重，唯一有希望之解免要术，端在科学，再不可因循徬徨，致蹈清末倡西学之覆辙。

**2. 藉年会团结科学团体** 近者世界二次大战，甚嚣尘上，各国科学事业之加紧进行，不遗余力，如英国化学界，为应国家亟需起见成立化学合作集团，无论公立机关，或私人团体、研究所，或制造厂，皆为团中一份子，互取联络，以通声气。又澳洲联邦之各种科学团体，近亦成立联盟会，其主旨在取得各团体间之合作，用以决定澳洲及新西兰之科学政策、研究趋向及训练人才之目标，各团体虽仍保有其独立性，但须受联盟会之统属，其意旨如何，可以想见。吾国公私科学团体，方之外国，不能谓多，在此发轫之初，正宜互助互惠，密切联络，以谋政策上、技术上之共同合作。年会既为各团体各机关份子之总集合，个人于此固可藉以广晤旧雨新知，联络情愫，团体与团体间，亦可于此时共同策划，以图全国科学事业之发展。诚能效法英澳之联合组织，使全国科学家成为一有组织之有机体，智力大集团，则群策群力，共赴国难，定有成效。

**3. 藉年会作考察工作** 年会每年择地举行，如本社年会，前年在四川，去年在江西，今年在广西，此三省自然环境，均不相同，所供给之科学研究资料，及待解决之科学问题，亦自各异，年会既为各方面科学专家之总集合，不远千里而来，诚能利用此难得机会，各就所长，作当地实际问题之考研，如地学家研究地理地质，生物学调查动植品种，矿师采探矿田煤苗，工程师考察工程设施，农业家计划农林开发等等。虽短期之内，难窥全豹，然从此可得大概，一方面可以增加一己学识，另方面可贡献意见备本省政府之采择，以解决当地之实际问题，是则于周览名山大川之余，兼作有益之科学工作，一举两得，可谓不虚此一行。

以上所举，粗陈三义，本属卑无高论，然能于年会冗短期间，分别实行，较之空言切磋学问，联络情愫，或徒事周览山川者，为更切实益，更有意义，善宝光阴机会者，其毋忽诸。（演存）

［第 19 卷第 7 期(1935)第 999—1002 页］

# 6. 中国科学社二十年之回顾

任鸿隽

中国科学社之成立,迄今已二十年。此二十年中,经过空前之世界大战,经过中国之国民革命,经过无数无数社会思想之变迁,然而本社事业不唯未受此等影响,且继长增高以有今日之规模局面。吾人回顾之余,固不仅为本社庆,且为中国科学前途庆也。

溯二十年前本社成立之始,不过少数学子,目击西方文化之昌明,与吾国科学思想之落后,以为欲从根本上救治,非介绍整个的科学思想不为功。于是秉毛锥,事不律,欲乞灵于文字的鼓吹,以成所谓思想革新之大业。此《科学》月刊之作,所以为吾社所最先有事也。此报今已出至第十九卷第十期,于宣传科学进步与提倡科学研究不无微劳足录,当亦吾国学界所共认者。

其次则以为欲图科学进步,与其载之空言,不如见诸行,事之深切著明,于是民国十一年秋乃有生物研究所之设立。此所成立,实为国内私人团体设立研究所之嚆矢。然当时吾社竭蹶经营之情形,言之有令人失笑者。此研究所成立之始,研究员皆无薪给,常年经费不过数百元。今则合社外之补助与社内之经费计之,每月支出当在五千元以上。至该所之出品与成绩,在世界生物学界中,已有定评,无须吾人更为申说。今所欲言者,吾社提倡科学,而以研究所树之规模,或与其他之空言无实者异其趣耳。

更次则欲发展科学与便利研究,图书馆之设,实为必不可少,而亦学社所首当注意者也。吾社于民国八年开始组织图书馆,其时仅就南京社所辟室数椽,为社员公共庋藏书籍之所。今则上海建有明复图书馆,藏科学书籍以万计,藏中外科学杂志种类以百计,俨然为东南文化添一宝藏。近更添设科学图书仪器公司,努力于出版及供给仪器工作,将来对于发展科学之贡献正未有艾。如近年出有《科学画报》半月刊,为出版界满足一久经感到之需求,其一例也。

然则本社以一私人学术团体,而能继续发展至二十年之久,且能蒸蒸日上,若有无限前途者,其原动力安在? 约而举之,厥有数端。

一、社会之同情。本社发起之时,作始甚简,设非社会上先觉前辈优予同情,其不易于发荣滋长明矣。举其要者,如蔡孑民、吴稚晖诸先生自民国四年旅居法国时,闻本社之发起,即来函加以鼓励。稍后则梁任公、马相伯、汪精卫、孙哲生诸先生亦于精神物质各方面各有重大尽力。而历年以来,各方友人以金钱或书籍赞助本社者,尤为指不胜屈。吾人敢断言，设无社会上许多深厚之同情与鼓励，绝无今日之本社，此吾人所当铭记不忘者也。

二、社员之努力。本社成立伊始，即以各个社员之努力奋斗为唯一自存之道。记在美国时，亡友杨杏佛君为科学总编辑，常以打油诗向赵元任君索文，赵君复以一诗云："自从肯波①去，这城如探汤，文章已寄上，夫子不敢当(杨原诗有'寄语赵夫子，《科学》要文章'之句)；才完又要做，忙似阎罗王(原注云 Work like hell)，幸有辟克历，届时还可大大的乐一场。"犹可想见当时情趣。又胡明复君以天才绝学，以《科学》事业故，宁固守沪上，效死而勿去。稍后则研究所成立，努力于研究事业者更多。如秉农山、钱雨农诸君，无冬、无夏、无星期、无昼夜，如往研究所，必见此数君者埋头苦干于其中。迄今社内外工作人员所为孜孜矻矻穷年不已者，盖犹是此精神之表见耳。

除上二者之外，吾人以为尚有一较为重要之原动力，有以躯策社外之赞助人士及社内之工作人员共同努力于发展科学之途者，则以科学真理浩如烟海，凡具有文化之人类，即有向此烟海探求奥藏之义务，而且生存竞争，演而愈烈，凡生存繁荣之民族，必与其发见此奥藏之成绩为正比例。此真理朗列吾人目前，无论对于科学为崇拜，为怀疑，均不能加以否认。又况空前国难，相逼而来，吾人必须以研究科学者为解决民族问题之一重要途径。然则吾人二十年以来之努力，其未可遽以为满足，而必须再接再厉，以求更重大之贡献，岂待言哉！岂待言哉！吾人甚愿就本社举行二十周年纪念之机会，以此意为本社祝，更为社内外工作之同志勉也！

［第 19 卷第 10 期(1935)第 1483—1486 页］

① Cambridge。

# 7. 利害与是非①

竺藕舫先生讲　黄启汉速记

主席，各位先生：今天兄弟要讲的题目，是《利害与是非》。为什么我要讲此题目呢！

三年前国联派了几位教育专家到中国来考察，考察的结果，他们出了一本报告书，在这本报告书里面，有几句话很值得我们注意的，就是说："中国普通一般人以为欧美社会的文明统是科学造成的，所以中国只要有了科学，就可一跻而达于欧美的文明了，但实际只有欧美的社会才能造成今日的科学。"这几句话，我觉得很重要。在四十年前曾国藩、李鸿章辈讲求新法，要造船制炮，以为这就可以与西洋文明争抗，所谓"中学为体，西学为用"，这见解是很错误的。近三十年来，一般人提倡科学救国，以为有物质科学，就有百废俱兴可以救国了，其实这亦正同"中学为体，西学为用"一样的错误。因为科学是等于一朵花，这朵从欧美移来种植必先具备有相当的条件，譬如温度、土壤等等都要合于这种花的气质才能够生长。故要以西洋科学，移来中国，就要先问中国是否有培养这种移来的科学的空气。培养科学的空气是什么？就是"科学精神"。科学精神是什么？科学精神就是"只问是非，不计利害"。这就是说，只求真理，不管个人的利害，有了这种科学的精神，然后才能够有科学的存在。

我们试看西洋科学发达的历史，就可知科学精神的重要。西洋科学的发达，不过是近三百年来的事。十六世纪的时候，还是教皇神权的时代，那时一般人相信地球在宇宙之中，太阳绕地而行。但是后来天文学日渐发达，波兰的 Copernicus，丹麦的 Tycho Brahe 从实地观察，断定地球并非在宇宙之中，且系绕太阳而行。这种论调，在中世纪的教育看起来，是大逆不道的。因此意大利的 Bruno 就焚死于十字架上，著名科学家 Galileo 因之下狱。但当时研究天文的学者，并不因教会的淫威而畏缩。Tycho Brahe 的子弟 Kepler 费了二十年的功夫，将他老师毕生所观测的太阳系与各行星月亮位置的观察，尽心研究，结果是将地球太阳的疑问解答了。Kepler 的一生，本来很有机会致富的，但是他一生潦倒，一直穷到死，死在偏僻的地方，而他发现的各行星运动三条重要定律，还没有人赏鉴。可是他生前坚决的说，我可以等一百年二百年，将来一定有人赏鉴的。后来不到数十年，英国牛顿就从他的三条行星运动的规则发明了万有引力，造成近代科学的基础。吾们饮水思源，不能不归功于上述几人。像他们这样杀身成仁，安贫乐道，正是孟子所谓"富贵不能

① 在南宁六学术团体联合年会讲演。

淫”“贫贱不能移”“威武不能屈”一样，这种就是科学的精神。到了十九世纪，欧洲思想界，又起了一重变化，那时许多科学家如 Lyell、Larmack、Darwin 等所受到威吓利诱，不亚于十七世纪的先进。但是各科学家，能不断的努力，求取真理，才有今日欧美灿烂的科学。所以要发达科学原要先看有无培养科学的空气，科学空气就是“只问是非，不计利害”。知道了欧洲科学发达的历史，再看我国的情形。

中国思想从来最占有势力的是诗人与文豪，但诗人文豪往往不顾事实而顾自己的便利的。譬如唐诗里有“二月黄莺飞上林”之句，在长安二月间决无黄莺。可见他们诗人是不顾事实，到现在诗人习惯，仍然如此，去年有位诗人，二月间在杭州探梅遇雪，回来便做一首诗，说如何在梅花盛开积雪之下，看见黄鹤来去。

我们要知道“真”“善”“美”三者，是无论那一种大杰作，必须兼顾的条件，单讲“美”而置“真”于不顾，无论如何必不能称为杰构。中国古代最有科学性的还是史学，因为中国的太史，一向是主张秉笔直书，所以春秋时代崔子弑齐君，齐国太史就直书不讳，结果接连被杀者三，各国太史统要跑到齐国去写崔抒弑其君，崔子才没法只可承认，这种精神却与科学精神相同，即后世史学家如司马迁、司马温公都是良好的史学家。所以中国别的科学不行，历史学还有相当的供献。如 Gibbons《罗马之衰亡》一书，即脱胎于《资治通鉴》。可惜中国文豪诗人的影响太大，历史家秉笔直书的这种精神，影响是极少的。所以一般人每逢到“是非”与“利害”相突冲的时候，就是“利害”之心，胜于“是非”之心。譬如说到调查，调查是许多科学的初步，但是许多调查的数目字，却很不可靠，大多是随意造的。就是我个人研究气象，各省对于气象中有若干纪录，亦不甚确的。往往贪于个人的便利，不顾事实如何，这种习惯一日不改，中国的科学就一日无望。科学如此，政治亦然，若不以是非之心，而以好恶之心来治国家，也不行的。中国人最爱讲情面，情面就是与科学精神相反的。所以一讲情面，就什么事情最后非失败不可，故“是非与利害”的辨别，是很值得我们注意的一件事。

[第 19 卷第 11 期(1935)第 1701—1704 页]

# 8. 科学研究与建设①

胡刚复讲　张惠充 亢真化 梁上燕笔记

兄弟今日在此演讲，所讲的题目是《科学研究与建设》，因为在事前没有准备，说话很简单，所要说的话都是我个人对于建设上发生的一种感想，和一点意见，请大家原谅。大家对于科学和建设都知道是重要，但是究竟科学是什么，建设是什么，我们对于科学是要怎样去运用，对于建设是要怎样去研究，怎样去实施，是比较重要的问题，把我个人的一点意见随便提出来和大家讨论。

科学的范围甚广，什么是科学，很难下一个精确的定义，但是我们要讲建设这个问题，我们是不得不讨论的，因为凡做一件建设的事业，有了目的，必要有相当的方法，有了方法，必要有相当的准备，始得将整个科学上的知识应用到建设上面去。科学的本身不外是格物致知，即是利用各种学问去了解自然，再进一步去运用自然，所谓学问即是一种有系统的经验，经过有系统的整理后，得到的一种知识及法则，而后依照合理的方法应用之，如此则谓之为科学。

我们应用科学，一方面可求学问之进步，一方面求其种种之运用。有人说科学是偏于物质的，前清末年，士大夫承认了外国的坚甲利兵大炮为唯一的科学，故有中学为体，西学为用的话，科学好像就是富国强兵的法宝，一般人所谓现代的科学万能，或者就是这个意思，然而科学断不是仅限于物质的，因为各国之所以能富强，决不光靠枪炮，亦自有其立国的道理，我们要把国家弄好，要把政府弄好，物质方面固是要注意，于国民之政治基本训练，亦属不可歧视，这样说来，科学并不是偏于物质，凡任何基本的成一系统的学问，俱当在科学范围之内可无疑义。其次对于研究，其问题有大有小，有具体而容易的，有抽象而复杂的，有些是我们可以看得见的，有些是我们看不见而全属理论的，不过其基本之精神和方法都差不多的。其最简单的，固然是将各种事实经过调查后即可立下判断，得到一种结论，但是在复杂的问题中，往往很难得到其结论。近代的自然科学中，可举之例甚多，因为事实是个别的，要从许多完全不相同的事实认识他的异同来是很不容易的，若果真能把他最主要的公共观念抽象的提出来，这就是归纳法的成功，若能将这个公共观念再应用到各个个别的事实上去而求其应有之结论，此则谓之演释法。没有中心观念，诸事就无从着

① 本社第二十次南宁年会讲演。

手应用或比较，不过要得到一个中心观念，往往很费工夫和天才，而中心观念的对不对，只有事实可以证明或否认，因为有了中心观念，就可以作某一个假定，若事实与演释的推论不符，则此假定为不可靠，反之若推论常常可靠，则此中心观念与假定就成了定理，所以科学上是归纳与演释法不断的互相合用的，这种方法，就是科学方法。

我们对于一个问题，都是很想立刻得到解决，要求解决这问题，必先持着科学的态度一步一步去做，经过种种的试验，而后得到其结论，否则往往欲速不达。物体的下坠，究竟是轻重各别的，抑是由于地心吸力的呢，加里利倭与牛顿之所以伟大，就是不急急乎求其所以然，而先求其如何之事实，这就是说我们要立定脚跟，先将事实的本身认识清楚，不止的照科学方法去干，则一切问题就可以解决，有些问题是可以立刻解决的，有些问题不是立刻可以解决的，但是我们总以科学的事实为根据，假使将来发觉是错误了，只是其原始假定的不对，事实决不会错的。科学的研究，有了假定的根据为起点，如证明原有的假定是错误，则可另立一条路线去进行，故在高深的科学中往往因假定的不容易，而另立几条路线，同时并是十年八年，或二三年，其问题亦有仍不能解决的，然而日积月累，逐渐接近真理，故终究有彻底澄清的一日。至于科学革命这句话，我们是常常听到有人说，爱斯坦推翻牛顿的学说等等，说这句话的人，对于科学是未有深切的了解，就普通来说，一个社会制度是好的，用不着去革命，社会制度变成坏了，才需要革命，所以革命是指本身不好，然后发生扫除全部向前直进的特殊手段。但就科学方面来说，科学的基础极其稳固，科学的定理，在相当的范围内，既不会错，则科学决没有所谓新的旧的，在他的应用上即使稍有错误，尚可以把他原来的假设收回来，另立路线再去探研，所以革命这两字在科学上是不适用的。

现在是讨论到建设的问题了。什么叫做建设，普通一般人以为建设就是一种工程，如开辟公路，修建房屋等。其实建设的范围，并不是这样的狭小，建设的事业，有许多是属于思想方面的，或者是属于习惯方面的，这种思想的习惯的建设，总称之为心理的建设，所以建设的范围很广，物质的建设心理的建设，都包括在内。我们现在所讲的建设，就是以心理物质两方面建设一个新的环境，求国家的本身得到一种新的力量，使人民得到一种舒服安定的生活。换言之，我们建设是期望人类有进步，人民得到幸福，在军阀时代也或许有一二军阀未必存有此种观念，但是他们也懂得要负责保境安民，要减轻赋税，这种虽算不得为建设，但是总比其他不知保境安民的军阀好得多。一般小百姓原不知什么叫建设，他只知不要加重其负担的赋税，他就以为政府是好的，对于这点我们不能怪民众，因为他们的要求总是欲得一种较善的生活，由此我们可以明白建设的目标，是以人民利益为出发点。那么我们要建设，各方面都要顾及，不可看得见的工作就作为建设，或许看得见的建设多了，反而人民担负更重，这种建设，是否称得起建设呢，即就开筑公路言，公路开通了，人民交通利便，国防亦可利用，但若不审度情形，是否需要而徒耗巨量的金钱，结果也只是增加了人民的负担，或是使人民增加其消耗罢了，人民的利益，那里谈得到呢。在二十世纪，正是科学竞争的时代，机器是占了生产最重要的工具，当然机器是好的，但是人民没有机器，亦未尝不可生活，若因利用机器而省下来的时间，再行消耗于无谓的赌，则农夫的闲暇，未能利用，又有什么好呢。同样我们建设公路，须先体察其情形是否需要公路，开辟后是否会得到相当的价值。公路不兴，是否应该要筑铁路(因运货需要铁路故)，但若无天然产品出来，则铁路纯变为输入外货的最好工具，又有何好处呢。

由此我们晓得做建设的事业，非认清楚目标，分别缓急不可。现在中国人所犯的毛病，就是对于建设的事业没有认清楚题目，及没有相当的诚意，假如题目认清了，而且有了相当的建设诚意，步步去留心，利用科学的精神，想出种种方法去做，任何问题是总可以解决的。科学本是有理论与应用，但是光讲科学的应用，除非极有经验的人去做是不能的，否则有一诚心做事的人，虽无充分之经验，只须努力虚心去考察研究，将来总有成功之一日，故确切的目标，科学的知识，与忠诚的人才，皆为建设成功的重要条件。

既有清楚的目标，必再有相当的知识和准备，如水利建设一事，十分重要，事前非有详细的研究，定下精密的计划不可，因此科学研究实为当务之急。他如气候这个东西，于植物之生殖有很大的影响，对于某种植物适宜于某地，皆应知道或研究的，如此定下了目标，就可以应用科学的方法去进行。又譬方有些植物经不起一次重霜，故气象学上往往可以省了许多千万的损失，而气象的研究，即甚为要紧。

广西当局对于建设，已认清了目标，且很努力地去建设。在别的省份，对人民心理上的建设，我们从未看见，但在广西人民心理建设，已得到相当的成功，吾国人体格很不好，又无勇敢的态度，若要建设一个能自卫的国家，非从根本上去做心理建设不可，广西当局在此环境下，能够以身作则去从事心理建设，且已得到相当的成功，我们对此是万分的钦佩的。希望对于其他的建设，亦能以诚意从事，并认清目标，努力做去，则其余问题为此种科学知识与科学研究之应用，自可迎刃而解。科学方法与精神，实为做事不可少的最低条件，否则虽有知识或经验，仍无所用也，诸君亦以为然否?

[第19卷第11期(1935)第1769—1773页]

# 9. 迎民国二十五年

卢于道　刘　咸

驹光如驶，又是一年，吾人懔国难之严重，逢兹岁首，本无可说，更无足庆，唯是古人有言"多难兴邦"，时贤亦云"科学救国"，然则吾人终年埋头从事科学事业者，宜体会时艰，发奋迈进，以期达到"科学救国"之鹄的，履端集庆，亦不能作几许之期望，爰摅所怀，指事陈意，以迎新年。

## 1. 政治科学化

吾人以为本年首可庆幸之一事，为政府之重用科学家鞅掌国务，与夫科学家之肯直接参与政治，以谋国事之改善。近月以来，中枢改组，罗致各方人才，共谋政务之调整，物色所及，科学界先进翁文灏先生荣膺行政院秘书长之选。民国以来，科学家实行执掌中枢要职者，此为嚆矢。翁先生从事科学事业垂二十年，办理中国地质调查所，成绩卓著，道德文章，能力志趣，中外具瞻，前此政府征为大学校长、教育部长等要职，皆固辞不就，即在代理清华校长任内，亦系兼职不兼薪，高风亮节，举世同钦。此次怀共赴国难之决心，抱科学救国之大计，毅然决然出任中枢，吾人转不能不佩其爱国之诚，与赴事之勇。所望今后中央政务，在翁先生指导之下，以其学术能力，一新局面，应用科学方法，严密政治机构，发挥其最大效力，务求达到"政治科学化"地步，以洗从前踏泄散漫之积习，如此树为风声，上行下效，推及全国，收效必宏，中央地方，同为一体，首动尾应，机缄在御，以之赴国难，御外侮，将无往而不利矣。观近日翁先生以行政院秘书长地位，接见京市请愿学生之谈话，有"政府当局，对于维护国权及领土，已深切注意，正在努力工作，对于应有责任，决不推诿"等语，此较之自来作官者，但知以敷衍为能事，而不肯说负责话者，有霄壤之别矣。学生诸君闻之，当可大慰，而有以信任政府也。又新任行政院政务处长蒋廷黻先生，亦国内有数学者，据谈施政方针，亦谓"竭力作事，而不作官，并本科学训练精神，处理政务"云云。可信翁蒋两先生，此次以学者清望，应政府最高当局之征，服务中枢，均抱定以科学训练精神，处理政务，吾人于此，对于此后政府宜寄以最大信任与期望，而吾国政治科学化之嚆矢，请自此卜之。或以科学家作官而非之，此特见其一而未见其二，世界各国以科学家而居官者，其例至多，最著名者如已故法国大数学家班纳卫，迭任揆席，屡迁阁员，有声于时；现任波兰大总统莫锡基为著名科学家与工程师，良以科学家头脑冷清，并不热中，思想绵密，见解深远，鞅掌国事，谁曰不宜？

## 2. 推行“科学年”

吾人以为本年应推行“科学年”以为发展科学之助。近年以来，社会上凡欲提倡某事者，辄以“某某年”名之，过去如“国货年”“儿童年”等等，不一而足，而“科学年”之提倡，迄今犹未见有建议者。吾人试一推敲吾国积弱之原因，强邻之所以敢欺侮吾人者，并非我国天时地利之不厚，劳力之不足，特以缺乏科学技术，未能物尽其用，人尽其才，保卫疆土，士兵尽忠勇有余，视死如归，无如器械窳败，未能采取有效之科学机械战术，故终不免为人所制。倘吾人亦能自制自造精良之现代化科学器械，与之周旋，则武装和平，孰敢作无理之要求，侵夺我土地，屠戮我人民乎？为补救计，仍只有加紧提倡科学使国民了然于科学之重要，对科学发生信仰，其最善方法莫如采用本年为“科学年”，加紧宣传。卜其效果，一方面可使科学常识，深入民众，如防毒面具之如何用法，飞机大炮之如何避免，等等，皆为现代国民应有之常识。另一方面，可促进科学建设事业，如年来国内公路、铁道、民航、工厂之种种科学建设，均在进行，然犹虑其缓不济急，能加紧提倡，则在事者容易奋兴。再一方面，关系尤大，方今学生爱国运动，如潮如涌，关系当局，大都采劝告方式，希望学生守纪律，重学业，准备实际工作，以成救国大业。在当局息事宁人，固所应尔，然何如提倡“科学年”，以新视听，指示救国之实在途径，同时政府对于各级学校之科学设备，应宽筹经费，急事补充，俾怀抱“科学救国”之青年，得有潜心钻研之便利，庶几“切切实实与继续不断的注意问题，讨论问题，裨补国家”，方不致成为虚语，方可不致失信用于青年。盖吾国现今之科学教育，尤其在设备方面，有亟待改善者，尚至多也。

## 3. 设立科学实业研究部

吾人以为吾国今日更有一迫不容缓，而为政府所急应办理之一事，即设立“科学实业研究部”是也。凡具现代眼光，以觇国是者，莫不注意一国科学实业发达之程度，举凡提高人民生活，建设国民经济，充实国家防务，莫不唯科学是赖。苏俄有见于此，在第一次五年计划之内，设立科学研究机关二百余所，其预算超过军事费与国防费，十年以来，即收安定国家经济，充实国防之大效。英国在大战之后，元气大伤，失业者众，政府仍不惜课人民以重税，以为科学研究之用，借谋恢复帝国向有之经济地位，控制海上霸权。再如德国于大战之后，财政破产，处境困难，达于极点，然仍由国民节衣缩食，削减教会及慈善机关不急需之经费，以为恢复向日科学研究之用，不数年后，马克赖以安定，商业大有进展，至于今日，德国又称雄世界矣。他如意大利、日本之强，亦均以科学为根基，此中成例，不必多赘。反顾吾国，危若累卵，近年虽亦有科学研究机关之设立，然以经济人才所限，未能作大规模之建树，当然难课以有立效之成绩，同时复以组织未能统一，以致精密之“研究网”尚待筹划，因此研究机关与国家之需要关系，未能显出其最密切之程度，发挥其救国效能。窃以为吾国今日最急切之需要，无过于解除国难，与建设国民经济二大端。而科学实业之研究，实为二者之基本，急宜参考欧美各国过程，考虑国家“此时此地”之需要，于现有研究机关外，添设大规模、有计划、有目的、组织统一、指挥若定之科学实业研究部，专门担任复兴民族、保全领土、富国裕民之研究，如英国之 Department of Scientific and Industrial Research 然，分设若干研究所，管辖若干研究会社(英国研究部现有研究所二十个，辖属专门研究会二十三个)，其研究范围，纯粹与应用兼筹并重，上自极高深极理论之声、光、镭、电、天文、地质、生物、人类，下至极普通极寻常之日用所需，如洗衣、制鞋、烹饪、居处、糖食、果酱等，无不在研究之列。换言之，“三百六十行”，行行需研究。总而论之，吾人诚欲解决民生问题，脱除当前国难，与夫建立真正之“本位文化”，跻国家于列强之林，舍科学实业研究之外，别无他道，亦只有提高科学水平，谋自国实业生产之独立，方可致国家于富强，为人民谋幸福。

以上所举三端，卑无高论，然语其需要，实不容缓，确系复兴民族，拯救危亡之大道，亦即建设现代国家必经之阶段。回顾民国肇造，已四分之一世纪，现届少壮之年，理应奋发有为，去依赖之习惯，树独立之规模，不容再事玩忽，虚掷光阴，毫无长进。吾人试一念“1936!”之警号，更当惕励奋勉。现在欧洲风云日急，俄日警报频传，日美关系未许乐观，姑无论一发牵动全身，以吾国地当东亚之冲，强邻环伺，断难脱身事外，矧谋我者日益急迫，步步进逼，由肢体而心腹，吾人处此大难时期，唯有采取最有效应之科学，急图自救，庶可免坐以待毙，故本年不仅为吾国非常时期中之非常时期，直吾民族国家生死存亡之关键。语云“天助自助者”“自强不息”“有为者亦若是”，吾人于民国二十五年之献岁，有厚望焉！(道·咸)

[第 20 卷第 1 期(1936)第 1—3 页]

# 10. 国难期间科学界同人应负的责任

曾昭抡

“国难时期”“非常时期”等等名词，现在已经变了很时髦的名词。在这种时期内我们应该怎样的工作，也是大家认为很迫切的问题。所以从我们科学界同人的立场，也值得拿这问题来探讨一下。

第一，当然没有问题的，我们在这非常时期，还是应该继续在专门工作上努力，并非更要加倍的努力，因为这是我们的专责。说句公平话，自从九一八以后，到今四年半当中，我们科学界，在中国各业当中，可算是比较的对得起人的。虽然和西方先进国比起来，我们这几年来的成就，还是差得太远，但是和我国以前比起来，却是进步多了。有几门科学(像物理、化学等)，这五年来的进步，实在比过去五十年还大得多。在危迫的情势下，许多研究科学的人，还是埋头工作，不受动摇，实在是很好的现象。不过我们绝不可以此便自满足。我们还需要更大的毅力和更大的自信，才能够不辱我们的使命。我很希望我们同人，能和 Archimedes 一样，在敌人刀剑架在我们颈项上面的时候，还能说“不要弄坏我的圆圈!”

第二，我以为在这个时期，积极的训练科学人材，是一件非常重要的事。我国在近代建设上，事事落伍。要把国家积极的建设起来，求一线生机，那就非要大批的科学人材不可。我们能有少数的科学家，苦心孤诣的做一点比较好的专门研究，替国家争一点名誉，固然也是一件极好的事。但是这并不是我们目前所最需要的，我国现在所要的，是要有较多数受过科学训练的人，可以分别担任各种专门工作。这样在平时固然可以使各种建设事业加速率的进行，在战时也不致因为一部份人为国牺牲而受重大的影响。按现在国内情形说，每年受科学训练的人，不算太少，但是积极的，认真的训练，把他们造成真正专门人材的地方，恐怕并不见多。所以这点似乎有特别提出的必要。

第三，我以为站在科学界同人的立场，我们不应该忘记我们也是国民的一份子，所以对国家有一般国民的义务。有了专门学识的人，往往以为他们对于国家，应该在专门事业上负特殊的责任，要是做普通百姓所做的事，未免太是可惜。这种的观点，我以为很不对。假若我们有了这种“特殊阶级”的思想，那便是我们的末路。我们对于一般国民应尽的义务，不但千万不可规避，而且应该自告奋勇的担负。在现在的局面下，我以为我们应该积极的敦促政府，快下最后的决心。将来有了报国的机会时，就应该赶快的投笔从戎。只有我们大家拿碧血来贡献给国家,我们的民族,才不致做敌人的奴隶。世界上任何重大的科学贡献,它的价值不能超过殉国。我很愿意把这点来勉励同人,并且自勉。

[第 20 卷第 4 期(1936)第 255—256 页]

# 11. 论社会宜提倡业余科学

胡先骕

自好之士，鸡鸣而起，惟日孜孜，不可不有职业，已为不刊之论，独不知副业之重要，亦仅次于职业也。孔子曰："饱食终日，无所用心，不有博弈者乎？"是谓博弈亦贤于无所用心也。而在一般游手好闲之徒，于正业无所容心，而独博弈是嗜者，亦正所以求用其心耳，绝对饱食终日，无所用心，殆非常人所能堪也。间常闻一悲剧：美国工程家某君，出身寒微，少年力争上游，中岁为某大工业之总经理，数十年中，舍其本业外，无所容心，及至老年，功成业就，积赀百万，告老致休，乃觉闲不可耐，始而购一汽车，日日飙行电驶，不久即厌弃之，继而购一留声机，以素无音乐之陶冶，不感兴趣，亦不足破其岑寂。欲读则无文学之兴趣，从事运动而筋力又衰，卒至无一物可以寄其身心，不期年竟至闲死！又如梁任公先生挚友某公，为赞襄倒袁世凯密谋而大有造于民国者，晚年亦以一无嗜好可以寄其身心，乃沉湎于酒，卒至酒亦厌弃，竟至自杀！此二例者，固属罕见，而在彼若有所嗜好，甚至嗜好为博弈，亦不至为闲所苦，而至丧其身。若苟有正当有益之副业，无论其为艺术或学问，则不但有以娱其暮年，甚或在学术或艺术上，有所成就也。

吾国人士之嗜副业，以及在副业上有大成就者亦夥矣。姑先就士大夫言之，自国家以科举取士，除以帖括词章书法为猎取功名之敲门砖外，所望于士大夫者盖甚寡，殷民社者甚至政治法律亦不需研习，而但委之于幕僚，一切学问几皆为副业之产物，若条举之如经史百家诗文，词典训诂校勘，医药历算博物考古之学，书画篆刻音乐之艺，其有大成就垂名竹帛为国家民族光者，皆视为副业之产物也。甚而至于收藏善本图书以及金石书画，虽未必在艺术或学问上有何贡献，然使历代珍品异书得以保存，以贻后人而不至失坠，其有功于一国文献者亦极重大，不可以玩物丧志讥之也。盖副业者殆为人生所必需，而导之以正，则为益滋大，有如此者。

在吾国科学素不发达，故以科学为副业者殊寡，然亦非绝无其人，如晋之张华在自然科学上有重要之贡献，即其最好之例，又如远宦而志其方物，漫游而研其民俗，如范成大之作《桂海虞衡志》，顾炎武之作《天下郡国利病书》皆是也。而李时珍、吴其濬之于植物与本草，徐霞客之于地理，尤为世称，甚而至于以万几余暇，而精研数理之学如有清之康熙帝，则尤天亶聪明矣。独国人性嗜文哲之学，喜静而恶动，喜玄虚而恶实际，故以科学为副业者盖寡，然苟社会知以此为提倡，则业余之科学家不难辈出，而科学亦可渐臻发达矣。

最宜为副业之科学，首推动植物等，盖多识鸟兽草木之名，实尽人有此愿望，而博物学之研究，虽精专则颇艰深，而研几殊为简便，若研究高等植物之分类，除一扩大镜外，不须任何器具，苟知参考正确之图书及就正于专家，则仅须有暇豫之时间、研讨之精神与跋涉山水之精力，即可采制腊叶标本，而从容研究矣。若喜研几下等植物，仅须购一显微镜，则藻类菌类以及苔藓之离奇美丽之构造，皆可呈现于目前矣。若研究动物则稍繁难，然采集昆虫与贝类标本，亦极简易，研究高等动物和鸟类兽类者，固须习剥制标本之术，然亦无甚困难，至于鸟歌鸟卵以及其生活习惯，一切一切，莫非科学，而皆可为极有趣之副业研究。友人某君为银行家，以其平生好奇之心，少年时曾为一种研究，即吃鸟肉，大而至于鹰鹯，小而至于麻雀，每猎得，必烹而食之，此亦以为副业而研究之之精神也。由此更进而为鸟类分类之研究，或研究其歌其卵其巢其食品其生活移徙之习惯，则成为中国之拉都希（La Touche）不难也。若有绘画天才者，则研究动植物应尤觉有趣，盖动物如鸟类、昆虫、贝类、花卉、树木、菌类、藻类，皆足成为最美之图画也，且精确定名之标本，不但为私人之宝藏，且有商业之价值，外国以卖标本为生之人亦有之，采集标本既可供业余之消遣，亦可造成有商业价值之标本室也。

吾国人性喜花卉，园庭之美为世所称，嗜好甚者，有时不惜重金，以购嘉种，如梅兰菊之类，皆有专好之人，而苏州人之嗜兰，不仅不惜重金，且精研其莳养之方，与细录其谱牒，骎骎乎有科学精神矣。惜仅墨守故常，所骛不广，且不求与现代科学接近，艺兰者虽不惜重金购求异种，然中国野生花卉美丽绝伦如杜鹃报春之类者乃不知栽培，苟能推广其栽培之范围，不但可增加其庭园之美观，且异种罗列，能一一举其名称，斯亦可满足其求知之欲望矣。

除动植物外，其他学问，亦足为自娱之副业，如秋高气爽之夜，天无片云，万星灿烂，孰为箕，孰为斗，孰为廿八宿，孰为九大行星，行星之部位如何，一秋之中，流星之数奚若，坐观天象，冥想宇宙之大，纪其运行与变迁，宁非最可乐之副业，最足以遣有涯之生乎？若性喜漫游，则登山涉水，验其崖层，辨其矿石，以及考其风水侵蚀，桑田沧海变迁之迹，采取三叶虫、恐龙或种子蕨、封印木之化石，亦足以寄遐情于荒古之上矣。再进而研究质与能之变迁，而升理化之堂奥，或涉猎纯粹之数学，亦非绝对不可能者，报载印度法官苏理门爵士（Sir Shah Sulaimen）能提出重要论文冀推翻爱恩斯坦之相对论，即其一例也。

以上所举之副业多为一般非科学家说法，实则科学家亦可在其所视为职业之科学外，以他种科学为其副业，亦更换环境休养身心之道也。治物理化学者可以博物学为副业，治应用科学者可以纯粹科学为副业，治生物学者可以天文、算学为副业，如此不但增加其副业之价值，且足以增厚其一般科学之基础，于其专业亦有裨益也。

提倡科学副业之道，首在用文字或讲演鼓吹，并多办博物馆、陈列所与业余科学研究会，外国各学会之会员颇多以科学为副业者，而吾国则不然，此各学会所宜特别注意者。然自本社《科学画报》发刊以来，销行已逾万份，具见有科学兴趣者，非尽以科学为专业之人，则苟鼓励有方，业余科学之研究必能逐渐发达于全国矣。

[第20卷第4期(1936)第256—258页]

# 12. 公开科学图书之利益

刘　咸

吾国向不乏藏书家，每以能搜罗海内孤本，佚卷残籍，以取声名，古书善本以价值连城，往往秘而不宣，鲜愿公开，以供众览，此盖视藏书为玩古，以典籍为奇货，其不愿公开也宜矣。惟是私人收藏，保管难週，天灾人祸，每多不测，稀贵珍籍，横遭散失者，所在不免，此征之近事，如聊城海源堂藏书之毁散，既其一例。

时代巨轮，不断迈进，藏书事业，亦应俱新，方免落伍，良以现今印刷精进，一书之出，无虑千百部，凡有财力者，俱可争先难致，不仅"海内孤本"之名，无由成立，既欲秘而不宣，亦不可得。且图书不过为治学之工具，贵在能多加利用，不善利用，等于废物，此于文哲典籍然，于现代科学图书为尤信。盖科学进步，一日千里，图书杂志，惟新是尚，无取于古，故世之善藏科学图书者，以能公开借阅，复利学者为上，盖如此即所以扶翼国家科学之进步，然此非有远大眼光，热心赞助科学者，不能为也。

吾国科学晚兴，仍待提倡，虽近年政府深切注意，而社会人士之能热心赞助者，究不多观，以故科学图书之购置，除少数研究机关，大学及规模大之图书馆，略有收获外，仍甚缺乏。复以管理上之种种关系，研究机关及大学所藏此项图书，多不公开阅览，以致局外人告借为艰，治学者极感不便，结果影响于国家科学研究之进步者，至大且巨。吾人以为今后计，凡公私机关无论为研究所为大学，为专门科学图书馆，在某种规限之内，理应将图书一律公开，图书馆与图书馆之间更应实行馆际借阅，俾社会上一般爱好科学人士、研究专家，均可有充分利用之机会，达到以书籍为工具之目的，不必视同古董，徒壮观瞻。同时更应鼓吹公开私人藏书，及奖励捐赠，援引教育部捐赀兴学条例，励奖激劝，图书既可得公众机关为之安全保藏，藏书家之名复可永垂不朽。独乐乐，不若与众乐乐，事之美善，孰逾于此。

本社为吾国科学家组织之纯粹科学团体，论性质为私立机关，论服务则义取公开，自成立明复图书馆以来，庋藏科学图书数以万计，就中尤以专门西文杂志为多，前有周美权先生捐赠大批算学书籍，特辟专室以资保护。最近又承吴兴金叔初先生以价值五万余金之全部贝壳学图书见赠，其搜罗之宏富，推东亚第一，此外复储专款，添购新书，俾能继续增益，不断收集，其主要目的在使此项珍贵图书，得以公开阅览，俾好学之士，钻研有资，意至善也。本社除辟"叔初贝壳学图书室"以纪念外，并于四月十九日由董事会理事会在蔡

孑民先生主持之下，郑重举行接收礼典，金先生亲自出席，成兹盛举，盖所以酬金先生嘉惠之至意，兼所以为社会人士劝也。(咸)

[第 20 卷第 5 期(1936)第 339—340 页]

# 13. 科学战争与战争科学

刘　威

自然界中，众生芸芸，图存保种，竞争至烈，语其极端，是为“战争”。人类为生物界之一员，基于好斗本能，亦未能逃此公例，说者谓战争为生物界现象，良有以也。

世人一闻战争，每谈虎色变，视为不祥事件，或诋为残暴行为，人类理智高于其他动物，应设法避免，使战争不至发生。为此说者，固具相当理由，但从另一方面观之，战争诚为残酷惨剧，不合人道，最好能设法消灭之，然须知战争乃进化之重要动因，生物界进化不已，生存竞争即无时或息，斯战争无法幸免。盖战争为本能所促成，往往非理智所能控制，战争可以培养爱种族爱国家之思想，战争可以激劝牺牲精神，战争可以促成团结情绪，能善用之，为集体行动，一致对外，固非不祥事件，乃国家民族必须讲求之道，但出死入生，以生命相搏斗，其代价至巨，故采用之不可不慎。

关于生物界战争之方式，复杂巧妙，限于篇幅，未能多详。兹就人类进化所经过之各种战争阶段，约略言之，以见战争本身进步之一斑。

人类最初战争方法，乃赤手空拳之直接搏斗法，凭体力强弱，数量多寡，以定胜负，其方式与一般动物之斗争无甚差异，大抵邃古洪荒时代之野蛮民族，其战争方式，多属此类。

迨后人类知识渐开，文明初启，战争方式随之进步，前之赤手空拳相搏者，至是渐知用器具，如石器时代之人类，即知发明石刀、石斧、石簇等，以为武器，以与当时之禽兽斗、异族争。再进则知揉木为棍棒之类，以为斗争之工具。此征之现存之澳非未开化土人，今犹如是，即在高化文明之民族中，棍棒仍不失为便捷有用之武器。

人类进化不已，斯战争之无穷尽；而战具亦与时俱新，棍棒之外，复有剑、戟、干、戈、弓、箭等之发明，铜铁亦作为兵器，样式既多，种类复繁，向之短兵相接者，至是为器械之战争，体力而外，更加技术。

自枪炮火药发明之后，战争技术更进一步，渐入于科学战争之一途，经千百年之长期采用，进步不已，至近百年来，更见迅速，迨上次欧洲大战时，发明尤富，兵器增多，枪炮战舰之外，复有飞机，可谓入于正式之科学战争时期。复在大战期内，因实际需要，战具更突然进步，种类量数，为之激增。例如野战大炮，战前仅有小射程者数种，大战期内，德国竟有能远射百五十公里之长射程大炮出现，曾一度遥射巴黎，幸未命中，良足惊人。

欧战迄今，方二十年，国际风云日益紧亟，帝国主义者互相争夺，弱小民族亦欲抬头，利害冲突，战祸难免。于是备战之风，日甚一日，而利用科学研究，改良杀人工具，亦日新月异，种种发明，前所未有，令人惊异。上次欧战之所无者，现今有之，且富有之，当时兵器之欠佳者，现今精绝，由相对的科学战争，入于绝对的科学战争。交战国借其精锐之科学、利器，以为杀敌致果之能事，以智力胜体力，以器械代人工，故现代战争，往往不必决胜负于疆场，而在试验室即已判其优劣，盖一切战具，均系利用现代科学之尖端，最新奇之发明。科学愈进步之国家，于未来战争愈占胜势，观乎此次义阿战争之事，即其明证。义国为科学先进国家，工业发达，阿国文明未启，以中古时代之干戈为利器，以与欧洲五强之一之义大利相周旋，是何异螳臂当车。阿人虽悲壮激烈，勇敢耐战，然如无情之毒气何！如飞机之威迫何！如大炮之扫射何！纵有人肉坚阵，无所用之。天时地利，亦何能为弱者之助。故胜负之数，宁待蓍龟？再观“一二八”淞沪之役，中日长城之役，吾国士气奋发，悲壮万状，然卒不免败北者，亦以武器窳败，不足与强敌之新式武器对抗，否则胜负之数，固在未知之天也。

由上所述，吾人可以恍然大悟者，即现代之战争，非军队与军队之战争，乃武器与武器之战争，为科学战争、智力战争，非体力战争、血肉战争。欲指挥若定，出奇制胜，端在平日倾科学家之全智全能于战争科学之研究，发明新奇之科学杀敌利器，方为有功。吾人处此弱肉强食时代，满天云霾之秋，为争国家民族生存计，对于日新月异之战争科学，诚不能不加以深切之研究。就吾人所知，战争利器，大别可分为攻击的与防御的两大类，语其性质，或为机械的，或为化学的。军队又可分为陆海空三种，各以环境不同，所用战具亦略有别，然利赖科学，则根本相同。现今武器种类之多，与威力之大，令人咋舌，试略举科学战争所用之科学武器，以示一斑。

欧战以还，化学战具进步最速，发明尤多，现在各国能制造之已知未知(因保守秘密)毒气，其确实情形，虽未能知，然就上届国际军缩会议时，各国代表讨论禁用某种某种毒气，与细菌炮弹之提议观之，可见此等杀人利器，业已制造成功，未来战争行将采用乃属必然之事。毒气无情，倘不顾一切，一经采用，则罹害致死者，将不只战场上之军队，而后方居民，亦必被波及。更有利用炮弹炸发之浓毒气，可以在空气中经久不散，使防毒者更感困难。近年毒气化学之制造，因事关军事秘密，吾人不得知其底蕴，由各国训练人民使用防毒面具之紧张情形，与挖掘地窖工事之急进观之，又可间接想见将来毒气使用范围之广泛，及为害程度之猛烈。观乎阿比西尼亚国王于去国之时，向新闻记者谈话，谓出亡原因，由于不愿见人民受毒气之攻击。可知毒气之猛烈，与范围之宽广，虽有坚如铜墙铁壁之兴登堡阵线，亦无所用之。言念及此，诚有令人不寒而慄者！

飞机在欧战时，虽已出现，然种类之多，战斗力之强，与制造之精进，远非现在可比。现在之战斗机、轰炸机、驱逐机等，为天空战争威力最大之战具，一切之战时侦察、袭击、运输等工作，飞机均优能为之。此次义之胜阿，飞机奏效最大。淞沪之役，吾国亦困于飞机之攻击，说者谓未来战争，空军将居主力地位，各国大量的扩建空军，夺取优势，可见趋势之一斑矣。

复次，坦克战车亦有惊人之进步，陆行者外，有两栖者，俄国最近更发明可以航空而入敌人后方之战车，种类既多，造法更精进矣。坦克车为冲锋陷阵，跨越城池之唯一利器，风驰电掣，可以摧毁战场上一切障碍物，使战壕失其效用，实现代战具中之大无畏恶魔，各国编队操练，大小毕具，战斗力之凶猛，可以想见。

现今大炮射程之增加，为炸药化学、冶金工业、机械工业发达之结果。大炮为海陆军重要战具，现在野战大炮有达四十公分之口径者，其威力较曩日德国射巴黎之大炮又远过之，由单响变为机关炮(连响)，由平射炮变为曲射炮及高射炮，可以适应各种战术的应用，而新发明之罗克特式炮，犹同火箭，利用炮弹喷出之加速力，达到射程最远之距离，又有以远射程为目的之电气炮，不久即将出现，实为大炮界之大革命。

电机工程，近年最称发达，在科学战争上，应用尤广。除上述之电气炮外，尚有电气听音机，所以助人类肉耳灵敏之不足，用以防远方敌机之来袭，利用音响科学精华之微音器，音在发电之后，而变为光，用此观光之电气听音机，以听取肉耳不及之远距离所谓不可听之音波，以明敌机之方向。此外战场上音源之探索，于空袭发炮等均有关系，因人类肉耳之不足恃，必须利用现代科学，创造种种听音机，以录记大炮发射音、炮弹行空音、飞机飞行音等，俾可测定其位量、距离、炮种及音源等项以资应付。他如窃听战壕内敌人耳语机，潜水艇电气测声机等，皆为声学上之产物，而有裨于战事用者。

战争上利用光学之处亦不少，将肉眼视力提高至若干倍。如高倍望远镜之使用，甚为普通，而潜望镜、黑夜望远镜、烟雾透视镜、赤外线照像镜，多为光学上之新发明，而应用之于窥探敌情，成为重要战具。

不宁唯是，尚有所谓空中电波战者，即利用各种有线、无线高音波电、超短波电或光线电话等，作各种样式之秘密通信，一方面用以侦察敌情，报告后方司令部，一方面藉离奇消息，扰乱敌阵，在战场空间电波混乱状态中，此种虚虚实实之情报，与消息之迟早，可以影响战争之胜败。此外用无线电操纵飞机、战车、大炮等之使用，亦在尝试成功之期待中。总之，电为现代科学之王，用途最广，亦最神秘，预料在最近之将来，电不仅可间接利用，或即提升为直接的杀人利器，取火药炸弹等而代之，如怪力电波、怪力电子、眩惑光线等之新发明，或将成为未来之最可惊异、最堪恐怖之新武器。

总而论之，现代战争纯为科学战争，而战争科学，乃应用自然科学尤其物理科学中之声、光、化、电各科门之最新发明，以巧妙匠工，制成杀人利器，用以向不人道之途径，发挥其伟大威力，前途进展，未有限量，未来浩劫，实有非人类本身所能想象者。谁实为之，孰令致之，至于斯极！

我国科学晚兴，而战争科学素无研究，处兹强权世界，为保全国家领土完整，拒抗帝国主义者之侵略起见，亦唯有以力抗力，以毒攻毒之一法，急起直追，从速研究战争科学，筹设重工业，讲求制造，以备最大之牺牲，而寻出路。唯预备未成熟以前，只有埋头苦干，发奋迈进，以最大忍耐，沉着肆应当前时局，万不可因对方压迫，不权轻重，不审利害，孟浪从事。盖对方利在速战，我则贵有预备，战事迟一日发作，我即多有一分预备。盖科学战争，唯恃实力，切不可存幸胜之心，而审势度时，知己知彼，尤为重要。简言之，为国家民族争最后之生存，最大之牺牲，万不能免，但必须有充分预备，更须举国一致，为集体行动，庶几首动尾应，可收捍卫国家，战胜强敌之效果。凡我国人，具有科学常识，科学头脑者，不应作如是观耶？

［第 20 卷第 7 期（1936）第 531—534 页］

# 14. 苏联科学院

刘 咸

苏联自第一次五年计划成功，第二次五年计划开始以还，新型的科学建设，遂为各国所注目，举世之人，莫不惊讶其建设之迅速，规模之宏伟，与其人民之苦干精神。殊不知为谋社会主义理想的实现，与新的社会秩序之建设，除利用政治力量之外，一切谋犹筹划，苏联科学院（Academy of Sciences）实主持之。该院为全国最高科学机关，所负使命及内部组织，国人或不尽明了，爰述所知，以当介绍，或足为吾国未来发展科学之借鉴也。

考俄国之有科学院，远在二百年前，大彼得帝（Peter the Great）时代，约在1724—1725年之间，曾经参照法国规制，成立俄罗斯科学院（Russian Academy of Sciences）于圣彼得堡新都，经过两世纪之长期积聚，各种博物馆、研究所均蔚然可观，并在都城中心泥洼河（River Neva）畔，建立壮丽院舍，依法国成规，全院院员（Academician）只限四十人，因其名位崇贵，政府年给岁俸，以示优异。

然各院员并非尽为著名科学家，因受帝室之管辖，有若干名额，用以酬庸嬖幸臣僚，故帝俄科学院之性质，韦布仁（Thorstein Veblen）曾予以最妙之解释，谓系有闲阶级之自炫场所及无谓之靡费而已。原大彼得设立科学院之意，亦以为非此不足以表示其国家之富强与学术之深邃，彼自身对于科学工艺，亦颇爱好，并信发展科学，可臻国家于富强之域，唯科学院设立之主要目的，系为沽名钓誉，则无可讳言。

革命之后，该院为新政府所接管，组织方面，仍多保存旧时面目，故在革命后之前十年，工作方面，并无彻底之更张，至第一次五年计划开始时，科学院之组织，遂不能不有所改革，盖苏俄因欲建设社会主义之国家，对于科学与工业上诸问题有待急切解决者，政府于是不得不期待该院为之顾问，并指导各机关之合作，以期造成新型的社会生活。社会改造者，既将若干重要问题，期待该院为之解决，则所需要之科学与技术，自非渐鲜。

因第一次五年计划造成之形势，遂将以该院为太平盛世之装饰品的残余观念，全部摧毁，该院遂不复为有权力者的护符，再不能作有闲阶级的自炫场所，一变而为创造新社会之主要推动者。故在过去六年中，该院在此种环境之下，有不少的根本改革。

按照新组织条例，该院首一义务，为计划及指导科学研究及其应用，以供改造社会之需求，更须养成社会主义的秩序。

以前该院院员中，并无技术专家，现为免除此种缺憾起见，多增接近社会势力之院员，名额较前亦增加一倍，现在约有院员九十人，计分物理、工程、化学、地质、生物、经济、语言、东方学、哲学等门，就中要以化学占名额最多，计有十八人，地质、语言各十人，生物、工程各八人，其余分别有差，此外罗致荣誉院员约七十人，通信院员三百余人。

研究事业计分三大部分，即自然科学、社会科学及工艺科学是也。此外附设各种大规模的博物馆，计有动物博物馆、矿物博物馆、社会科学博物馆、人类学博物馆、生物学博物馆及宗教史博物馆等，另有一完善植物园，院中图书馆藏书三百五十万册。

全院约有科学家四千人，分别在所属之各研究所及其他较小机关从事科学工作，院长为著名地质学家卡宾斯基(A. P. Karpinsky)，生于1846年，1886年被举为院员，1916年升院长。乃噩耗传来，卡氏于上月初旬因病逝世，全苏哀悼，盖在彼任院长期内，经过许多极困难之奋斗，而彼能以全副精神，处理院务，鞠躬尽瘁，死而后已，殊堪赞叹。

副院长克尔济流汉纳夫斯基(G. M. Krzhizhanovsky)为五年计划主要起草者，对于电化苏联主张甚力，由拟议而计划以至实行，彼之贡献最大。此外科学院著名领袖向有布哈林(N. I. Bukharin)、傅士门(A.E. Fersman)、文纳格拉多夫(I. M. Vinogradov)、觉斐(A. E. Joffe)及华维洛夫两昆仲(N. I. and S. I. Vavilov)。以兄弟同入居最高学府，并擅时誉，为该院有史以来第一个例子，华氏兄弟亦可以自豪矣。此外已故著名生理学家巴夫罗夫(I. P. Pavlov)本亦为该院著名人物之一。

该院第二次五年计划，即1935—1937年之研究工作，除注重科学理论外，包括下列各组问题。

(1) 物质构造及其对于天文学、物理学、化学物理学及化学上之供献。

(2) 调查及利用苏联的自然资源。

(3) 调查及开发苏联的重力资源。

(4) 由建设而发生的分配问题、建筑材料、卫生问题等。

(5) 化学在工业上和农业上一般的采用问题。

(6) 生物进化之研究，及其结果影响农业及轻工业材料上之诸问题。

(7) 搜集历史的及社会的理论，以驳斥资本主义的理论，废去存在人类脑府中及由初型社会遗传下来之阶级观念。

该院于组织探检队极为活动，在1932年中派出140队，考研之科学计30门，所用队员都600人。政府曾有报告，谓由科学院之探检工作，与地质探矿所获之结果，将全国所蕴藏之资源概念大加改变，因此开发全国之意见亦随之而增强。

组织探检队及研究全国生产力，系由院员组织一董事会主持其事，顾普金(I. M.

Gubkin)任主席，其他会员有布哈林(Bukharin)、大华维洛夫(N. I. Vavilov)、觉斐(Joffc)及傅士门(Fersman)诸人。

该院在1930—1932年间，曾经改组一次，1934年复经大改组，即将全院由列宁格勒(Leningrad)迁至莫斯科(Moscow)。此种变动，其进行之艰重，不难想见，盖科学空气之培养，在列宁格勒已有二百年之历史，各种研究机关及事物之积聚亦大有可观，今一旦迁移，在前辈科学家心目中，以为系莫大损失。然有几种重大理由，不能不决定将全院迁移。第一，列宁格勒已非苏联首都。第二，科学院因在开发国家事业上占极重要位置，院员专家须不时备政府顾问，今若聚居于离政府甚远之地，当感不便。第三，政府欲以莫斯科为全国知识中心。第四，列宁格勒之一般知识空气，似于新政推行向未能十分混同；今若将知识中心移在政府所在地，则因接近新政的精神泉源关系，知识界空气容易廓清，而无隔阂之弊。第五，列宁格勒为苏联边城之一，易受攻击，一国知识泉源之重心，应立于难受攻击之安全地带。

基于上述各种理由，又正当第二次五年计划下半部工作文化建设开始之重要时期，该院迁移莫斯科之议，遂依焉决定。第一次五年计划系为建设全国工业文化之基础，且已完全达到成功目的。现在所注意者，为在此基础上更建立一大规模之科学的及文化的超机构，以保文化之永存。

莫斯科可供科学用之建筑可谓绝无仅有，该院移来之后，势必新建大量的研究所及职员住宅。设计绘图事先均有预备，唯建筑多采新兴时髦之新古典式，全院建筑已经建议聚在一处，即在莫斯科建一学院新郊，近在文化与休憩公园(Park of Culture and Rest)，如柏林郊外之大蓝模(Dahlem)规模。唯新建筑之落成，至少需相当时日，现在赶先建造全院行政处，会议厅则假用新郊之某小宫，各种科学研究所亦各在附近觅得相当房屋，临时使用，此种纷扰，当然不免阻碍若干研究工作之进行，但组织上仍能维持良好状况，颇出预料。现在所最感急切之需要者，绝为职员住宅，因所居不能离学院中心太远，故初由列宁格勒迁来时，许多职员因无相当房屋可住，多于实验室之旁自搭帐幕，暂时居住，其精神殊可佩服。

该院于全部迁至莫斯科后，于1934年12月举行第一次会议，各种科学小组会议均在宫中别室举行，宣读论文四十八篇，精神异常良好，宫旁近处设一餐馆，以便院中人员之餐会。

又在城内某大厦中，该院设有半公开之会所一座，是为该院俱乐部。傅士门(A. E. Fersman)、大华维洛夫(N. I. Vavilov)等常不时在该处作半公开讲演，借以报告该院工作之目的，及其自身研究成绩。故生理学家巴夫罗夫(I. P. Pavlov)八十五岁生日时，院中同人曾假该处开一盛大庆祝会，同时并宣读有关生理学近年进步之通俗论文若干篇。

该院内部组所之详细组织，限于篇幅，未能多详，大致系视每门科学之分类内容，分设若干研究所，所又分组系，各设研究室或实验室从事研究。综合之，则全部科学均包括在内，冶自然科学、工程科学、社会科学于一炉，而对于所谓纯粹科学、应用科学，根本不能分开，更无所用其轩轾。

由上述苏联科学院之发达简史观之，其规模之宏伟，使命之重大，与乎其政府人民对于科学之信崇心与期待情绪，至堪赞叹。吾国需要科学，较之苏联尤为迫切，良以拯救危亡，复兴民族，舍科学莫由。所望吾国政府，对于科学事业，应效苏俄作大规模之建置，使之负起改造国家之重任，非徒为时代之装饰品；全国国民，应对于科学事业，尤应寄以极大之同情心与期待心，则十年之后，科学建设渐生效验，国家前途有厚望焉。

[第 20 卷第 8 期(1936)第 619—622 页]

# 15. “七科学团体联合年会专号”前言

刘　咸

吾国科学团体每年举行年会，以资观摩，既蔚为风气，而联合年会之举行，自庐山成例以来，亦习为时尚，至于本年，为第三届，仍由本社居先发起，联合中国数学会、中国物理学会、中国化学会、中国动物学会、中国植物学会、中国地理学会合为七科学团体，于八月十七日至二十一日，在故都北平举行联合年会，盛举空前，意义重大，语其特点，约有四端：

第一，此次之会，充分表现吾国科学界之更大合作。吾人犹忆去岁国内科学界有广西年会之举行，当时参加者有六学术团体，本年则增为七个单位，到会人数，本年都四百余人，数量上较去年为多，斯不仅为吾国科学界发长进步之象征，亦且为我国科学家精诚团结，努力不懈之好现象。良以各学会之历史、组织、对象各有不同，会务亦有繁简之别，举行联合年会，本不免困难，乃能适此就彼，水乳无间，具征科学家之能大事团结。吾人希望由科学家团结之精神，树为模范，使全国上下，一律效之。

第二，此次之会，具体表现吾国学术界对于文化中心之北平的重视与关怀。考北平为吾国元、明、清三代故都，历史悠久，人文渊薮，现今仍大学林立，科学研究机关丛集，实吾国唯一之文化重镇，近年虽以一时政治关系，被视为所谓国防前线之古城，然自吾辈观之，北平乃吾民族知识之重要泉源，研究学术之圣地，断不容他人之觊觎。此次各科学家甘冒溽暑，不远千里，来集年会，其意义之重大与关怀之情切，可以概见，固不仅观光故都，游览名胜已也。

第三，由此次年会，具见社会上之重视科学，年有进步。吾人慨年来国难日深，解免乏术，而科学救国，乃认为不二法门，故社会人士，对于科学事业，亦渐多认识。以前吾人举行年会，报章除登载新闻之外，向无其他表现，以引起国人之注意，乃次年会，《大公报》首议发行“特刊”，专记其事，继有《北平晨报》《世界日报》《天津益世报》，皆在会期之内，用名贵篇幅，发行“特刊”，自八月十七日至二十一日接连五日，详载大会情形，各学会概况成绩，及论文贡献，以谂国人。此外重要会闻，皆用电报发出，此前此之所无，本届所特有，吾人认为此乃社会上重视科学之有力证据，盖报纸者，舆论之喉舌也。

第四，吾人于此次大会，藉知吾国近年之科学研究，确实大有进步。近来常闻人言，吾国科学颇有进步，然并无实证。观于此次各学会所提出论文之多，可以确信，如动物学会有论文一百二十篇，致为会期所限，未能卒读，化学会五十余篇，余如物理学会、植物学会、地理学会、数学会，亦各数十篇不等，总计不下三百篇，皆一年来各科学家研究之心得，科学上之新贡献，洋洋大观，突破前此各届记录，以后诚能孟晋不已，则发扬光大，更可预卜。同时并证明吾国人之富有科学创作天才，与适宜于从事科学研究，一雪外人讥吾人不科学之耻。吾人研究科学既渐有成绩，自可跻于列强之林，而科学救国之雄图，亦非徒托空言矣。

由上所述，可见此项联合年会，不仅结果圆满，成绩斐然，而科学界之充分表现合作精神，尤为可喜现象，于吾国之政治统一，实有莫大影响，值得吾人之追记与赞扬，在吾国科学史上，足备新章。兹为存史实，备文献计，特将本届年会经过情形及其成绩，汇而刊之，由本志发表，别为专号，盖所以记七科学团体之活动，与吾国科学家之贡献。后之视今，犹今之亲昔，世之修科学史者，其或有所观览欤！

[第 20 卷第 10 期(1936)第 788—789 页]

# 16. 中国科学发达之展望

胡先骕

中国科学社与中国数学会、物理学会、化学会、植物学会、动物学会、地理学会于民国廿五年八月十七日至廿一日在北平清华大学与燕京大学举行第三次联合年会。其第一次联合年会，前年在江西庐山举行，第二次联合年会则于去年在广西南宁举行，去年适为科学社成立第二十周年，今年为第二十一周年，亦即为各学会联合开年会之第三年，由创始而继承，用以期诸久远，其可纪念，殆不烦赘言也。回忆廿一年前少数学子留学异国，斗室聚谈，爰有创办科学社之议，二十年来基础日固，事业益多，在言论上则《科学》杂志继续出版，迄今未断，而内容益精，《科学画报》销行尤广，不期年竟成为社会最流行刊物之一，在实际工作上则生物研究所研究工作与日俱进，允为国内生物学研究之一重心，明复图书馆为中国唯一之科学图书馆，内容亦逐年充实，为东南各省图书馆之重镇。而自前年与各专门学会联合开年会以来，中国科学社之领导地位益以著明，其在国内提倡科学之目的，亦逐渐可达，征诸近年中国科学发达之成绩，适与各学会之发达合符节，此溯往瞻来，大可乐观者也。

吾国近年之各种科学研究，首以有地域性者最为发达，地质学之研究肇始最早，二十年来，日有长足之进行，尤以古生物学之研究蜚声于世，北京人之发现，堪称为中国科学界最大之贡献焉。生物学发展虽稍迟，而以从事者众，进步之速，有非一般社会所能臆及者，如方炳文先生之于中国之爬崖鱼，秦仁昌先生之于中国与喜马拉耶之蕨类，欧阳翥、卢于道二位先生之于神经学，林可胜、吴宪二先生之于动物生理，汤佩松先生之于植物生理，皆已世界知名矣。气象学虽少重要之发明，而测候所遍于全国，材料搜集日多，成绩之多可以豫卜，至于有普遍性之科学，虽难与先进诸邦争一日之短长，然物理学界人才辈出，化学家贡献亦多，天文学最为后起，然亦粗具规模矣。凡此种种岂二十年前所能梦见者耶。

至于应用科学之研究最有成绩者，当推稻麦之育种。此类研究，东南大学与金陵大学导之于先，中央农业实验所继之于后，今日则研究已入正轨，著手之高，亦为纯粹科学如地质学者然，竟在日本之上。目前之成绩已见，他日之卓效堪期。昆虫学亦经提创有年，螟虫、蝗虫、仓谷虫之防治，皆已收显著之成效。森林学方面，则木材学研究之初基已奠，他日之能发扬光大，不待蓍龟，而造林学研究，亦已肇其端，且有极有深造之学者，将来必能在中国林学史上开一新纪元也。工业方面以黄海化学工业社之对于应用化学之贡献为最巨，中央研究院之工程研究所与中央工业试验所，成绩亦极昭著，而兵工署对于兵工研究有惊人之成绩，则又非一般社会所及知矣。医药学方面则以协和医学校之提倡研究最有特殊之成绩，尤以陈克恢、赵承嘏二先生在药学上之贡献为最大，经利彬先生对于国产药物之生理研究亦可称述焉。

至于近年科学所以发达之故，半由于少数科学家之努力，半由于科学研究机关之设立。中国地质学之有今日，完全由于丁文江、翁文灏二先生二十年来不懈之努力，而生物学之发达，则以秉农山先生倾导之力为多，至中国之气象学之设施，则全为竺可桢先生一人之事业也。中国之物理学家多出胡刚复先生之门下，而杰出之数学家则多推姜立夫先生之门徒，三四大师之影响有如此者，然苟无近十年来科学机关之设立，则中国科学之发达亦不克臻此也。北伐成功以来，政府既已设立一规模之中央研究院于南京，复设立北平研究院于北平，而私立之研究机关，如中国科学社生物研究所与静生生物调查所，十年来亦有长足之发展，静生生物调查所与江西省农业院合办之庐山森林植物园成立虽仅两年，而进步之速，规模之大，至为可惊。他日对于植物学、森林学与园艺学之贡献，殆不可以臆计也。关于应用科学则中央政府既设立大规模之中央农业实验所，复设立中央工业试验所。而地方政府如江西者，虽在兵燹凋敝之余，尚不惜巨金以设立农业院以为农业研究与推广之机关，在私人方面则以范旭东先生之独立创办黄海化学工业社最为足称。同时各大学亦先后设立研究院与研究所，而协和医学校以亿万之资金，尽美之设备，以网罗人才专事研究，其能得优越之成绩，则尤在意想之中矣。

中国科学研究最大之希望，尤在青年科学家之努力与成就，其不避艰苦，公以忘身之精神，每每非外人所及知，如地质调查所之赵亚曾先生，竟以珍护研究材料至以身殉，使葛拉普先生认为中国莫大之损失，他如何琦先生之深入海南五指岭瘴疠之区以研究疟蚊之生活史，几丧其生，则社会上几无人知之。而王启无先生迄今仍在滇南瘴乡，藉 Plasmoquinine 以与疟蚊为性命之相搏，以图深入不毛，采得大宗珍异之植物标本焉。至于青年科学家之成就，则各学会之先进皆能觇缕，无庸列举。要之此辈青年皆天资颖异，卓有锲而不舍之精神，著手既高，成绩自见，苟能长此自强不息，则平视东邻，仰追欧美，殆非难事矣。

然事亦有未可过于乐观者，今日政府当局虽号称提倡科学，然征诸事实尚未能以充分财力以兴办维持各种科学研究事业，国立中央研究院为吾国科学研究最高机关，然以研究所林立，至研究经费甚感不足，且时赖庚款机关补助，北平研究院之经费尤为支绌，地质调查所以研究成绩蜚声于世，而庚款机关之补助费竟两倍于主管机关所给与之经费，工业研究所关系国家命脉者极巨，而每年经费仅有二十余万元，各省政府太半无款以供科学研究机关之用，偶有一二此项机关，大都人才经费两皆不足。至于私立研究机关除受各庚款机关之补助外，政府殆无任何之补助。此外尚有极多与国计民生有关之科学研究，皆无机关人才或经费以研究之。换言之，即政府对于与国家命脉攸关之科学研究事业，无通盘之筹划，与扩充之决心，丁兹以科学研究角胜于物竞天择之场之时代，政府不知急起直追求以一当，而欲求得达复兴民族抵抗外侮之目的，殆犹缘木而求鱼也。苏俄革命较吾国晚几十年，而国力之膨胀远非吾国所能望其项背，宁非彼知奖励科学而我不知耶？对于欲求深造之青年科学家，政府亦不能资助之，昔年尚多留学异国之机会，今则除清华大学留美学额、英庚款会留英学额、中华教育文化基金会研究补助金名额及各省尚有少数留学名额外，青年科学家出国求学之机会极少，甚且政府所办之研究机关，虽痛感人才之缺乏，亦无法以资助青年出国深造。前岁作者曾向中央研究院评议会建议请政府每年设立科学研究补助金额百名，虽教育部长允与政府接洽，而至今未能实现，治三年之病不蓄七年之艾，效果宁可期耶。

至于中国社会，素不知提倡科学研究之重要，陈嘉庚先生以独立创办厦门大学，可谓前无古人，而竟因其个人商业失败，致大学亦岌岌乎不能维持。此外独力创办研究机关者，只有范旭东先生创办黄海化学工业社之一例，四川卢作孚先生所创办之西部科学院亦困于经费支绌不能发展，反之无谓之慈善事业如兴修庙宇等，则踊跃输将者大有人在，以视欧美诸邦之富豪，每以巨款捐助教育与研究机关者，其智量之相去殆不可以道里计矣。殊不知科学发达，国力日增，国家之福亦即私人之福，甚且资助科学机关之研究，即能直接增加个人营业之收入焉。英人喜园艺，每不惜以巨资捐助园艺研究机关以求得分润优良之卉木，英人喜赛马球，竟设一研究所专门研究铺地之各种草皮，其所以有此者，盖深知科学研究与个人有切身之关系也。

回溯科学界以往之成绩，可以豫卜吾国科学研究将来之成就，若政府与社会深知科学研究之重要，以全力提创而扶助之，则此后之进步将益有一日千里之势矣，政府与社会贤达，幸勿河汉斯言。

[第 20 卷第 10 期(1936)第 790—793 页]

# 17. 七科学团体联合年会的意义和使命

顾毓琇

本月十七日到二十日，中国科学社、中国数学会、中国物理学会、中国化学会、中国动物学会、中国植物学会同中国地理学会七个科学团体，在北平举行联合年会，集全国科学专家于一堂，各出心得，共同研讨，诚为盛事。近年以来，中国各项科学都有长足的进步，各专科学会便先后组织起来，这次年会论文，在质与量方面，都可以说是空前，实足以表现国内科学家研究的成绩，值得我们欣慰的。

关于这次年会的意义，我们愿意提出下列三点，以引起国人的注意：

(一) 这次科学团体联合年会，包括数、理、化、动、植、地六个专科学会，范围的广博，组织的精密，可以代表中国科学界空前的大集合。往常科学社亦开过不少次年会，而且到会的会员，于纯粹科学应用之外，还包括社会学同文学、哲学的专家。但是，这一次的年会与前不同的两件事实：第一，这次联合年会，不仅由科学社负责人员主持，并且各专科学会的主干分子，亦都积极参加。推而广之，这次到年会的人，不仅是科学的热心分子，而且包括各专科学会的中坚分子。第二，这次的论文，都是注重专门性质，不但量很多，而且质亦较好。近年各专科学会都有专门杂志，程度比较高，所以现在年会论文的质地亦就跟着提高了。量的增加，则可表现国内研究工作的进步同国内学者对于科学年会宣读论文的重视。

纯粹科学的专科学会，还有地质学会、生物学会、心理学会等，这些学会大都有较久的历史和很好的成绩，我们希望下届年会能够一同加入。

(二) 这次开会的地点在国防前线的北平，亦是有很大的意义。这古老的故都当然是我们的，而且我们亦决不愿意放弃。这次全体科学家的大集合，很可以昭告天下：北平乃是我们的，而且我们亦决不愿意放弃。我们相信许多与会的人到了北方以后，一定觉得这古色的旧都，决不仅是供游客凭吊的所在，而是象征着灿烂中华文化。这里是前方，或者隔一夜便可以变成人家的后方。但是，我们决不甘心认作前方，我们愿意嚷着：长城不是我们的边疆。

科学团体每每到边远的地方去开会，东北的沈阳去过，西北的西安亦去过。近年曾到四川和广西开过会，或者可以说是为着“准备西南”。这次到北平来开会，我们认为乃是全国科学界对于政府“保障华北”的迫切请求。

(三) 这次开会的时期，乃在中央研究院评议会第二次年会通过了“研究工作，应特别注重于国家及社会实际急需之问题……”等原则之后，我们希望这次开会的各科学会在检讨各会员学术研究成绩以外，还同心合意的接受中央研究院评议会所通过的各项原则，并且更进一步，研讨国家目前需要实际问题。

“九一八”的五周年就在目前。到北戴河避暑的人，或者可以不经意地闲步到“天下第一关”去凭吊。我们中国的科学家，难道没有报国的心么？我们敢担保科学家虽然从事于理智的工作，但是爱国的情绪，亦是不会后于人的。唯其他们的训练是科学的，他们决不会夸口说大话。唯其他们的知识是科学的，他们知道新式国防所需要的是什么。我们希望短期的集会中间，他们可以共同体会时间的紧迫，共同确定工作的方向。

* * *

前几天中央公园有几个老人在闲谈，一个人自负的说："我知道——科学便是赛恩斯，赛恩斯便是天地人。"

以上我们亦只就天地人三方面指出这次科学团体联合年会的意义来。我们希望这次年会不要辜负了天地人所特别赋与的使命。

二十五年八月十五日

［第 20 卷第 10 期(1936)第 794—795 页］

# 18. 关于科学论文的管见

袁翰青

近年来国内科学研究的空气日益浓厚，发表的研究论文也一天比一天多。例如就化学讲，十年前国人所发表的创作论文(Original papers)，每年不过寥寥数篇。而去年的论文，单就在《中国化学会会志》所发表的说，已有五十二篇之多；当然还有在别种杂志里登载的，为数亦不在少。化学如此，别种科学的情形也相类似。这种学术的长足进步，处在国家万分危难的时期，未尝不是一件足以破涕为笑的事。有创作性的科学论文是研究工作的纪录，最为世界学术界所重视。现在科学是已在中国生长了，也渐渐引起国际的注意了，我们在这时候对于研究论文，在各方面稍稍检讨一下，也许是一件应有的自省工作。因此作者不揣谫陋，谨就个人观感所及，略述管见，不过是野人献曝而已。

第一点值得我们注意的，似乎过去的发表颇有分散的毛病。比起各先进国家来，中国的研究论文，无论那一科，并不特别多。如果在国内，每科有一种专门杂志，大家集中起来发表，当然容易引起整个学术界的注意。否则各自为政，有的出丛刊，有的出报告，结果是材料都不算丰富；发表之后，因为篇幅太少，很难引起别人的重视，简直有石沉大海之感，同时也很不经济，徒然使许多学校，许多机关多花印刷费。老实说，一国学术地位的提高，决不是一个学校，或一个机关所能单独做到的，非得大家通力合作不可，事实上在国内，各种专门学会大多已有刊载创作文的杂志出版，大家何不来集中发表呢？一方面可以帮助学会的发展，把新兴的可以代表全国的会志一类的刊物扶植起来。而另一方面，会志一类的刊物，比起机关的刊物来，销路较大些，传布较广些，读到的人也比较多些，庶几不失去发表论文的目的。并且由发表的集中，更可形成国内学术界步骤的一致。消除门户之见，是我们从事于科学工作的人，应有的共同努力呀！

近年来，似乎还有一种不易得人同情的心理，颇有人喜欢把论文送到外国杂志上去发表，一经登载每有身价十倍之感。这种情形，多少还是过渡时期的变态。中国科学落后，无可讳言，但是要说，国内刊物里的论文都是要不得的，外国刊物里的文章都是了不起的，这句话恕我不敢承认，并且相信任何有常识的人，都不能作肯定的答复。我就知道在国内发表的有好些论文，被别国的杂志书籍所引用，可见发表之在国内与国外是一样的可以引起注意。以后我们希望造成一致的舆论，来矫正并消灭这种变态的心理。

第二点值得我们讨论的，就是一篇论文既经在刊物发表之后了，当然就已公之于世，自然会有人来做提要，来参考，来引用。在这里，没有任何理由既发表了的论文，重又送到别种刊物上去发表。一篇论文重复登载，为世界学术界所最不取。不幸的很，这种一文数登的现象，在国内虽不是司空见惯，却也不是绝无仅有(我这里所说的是科学研究论文，别种文字自然又当别论)。最近有一个例子，某一刊物向来把标准提得相当的高，绝不登载已发表过的文字。忽然一位还在外国读书的某君，寄来一篇论文，就内容说，有相当的可取，当然采登了。不料印好之后，先一月出版的外国杂志也早刊载了。结果这位总编辑先生受了许多朋友的责难，而投稿者却为多人所齿冷。在目前，我们从事于科学工作的人，是应当报了扎硬寨、打死仗的决心，绝不应急近功，图近利。如果一文数投，想以此骛虚名，恐只有为识者所不取。

第三点我要提出的，就是在中国科学的历史是这样短，环境是这样的不顺利，当然谁都不能希望有什么了不起，或惊天动地的工作，但是，我们也不能不有一个最低限度的标准。据我个人意见认为工作的大小，题材的难易，绝不必去计较。不过要千万记着，所做的既然是科学工作，就得绝对的谨严，一点不含糊，做了多少说多少。要从实验的事实里得理论，万不可歪曲了事实去凑理论。所以一篇科学论文的最低限度的标准是“事实不错误”。

做科学工作的，切忌对于前人的或是同时期旁人的工作，没有完全了解，以致在暗中摸索地重复别人的工作。这是徒劳无功，并且失去了科学研究的意义。是不是有一点新东西在里面？有没有重复了别人的工作？这也是最低限度标准之一。注重实验的描述，少作理论的推敲，避免重复的记载。这也是我国做科学论文的所应该注意的。

以上三点拉杂写来，原都不过是老生常谈。倘国内从事于科学工作者能不视此为无病呻吟，而于发表论文之时，百尺竿头，更进一步，又岂但是作者之幸呢！

[第 20 卷第 11 期(1936)第 937—938 页]

# 19. 发明家应有的社会道德观念

黄人杰

一种新发明的机器，莫不以减轻人类劳作，造福人群，有利社会为目标。近世纪以来，各种科学发明、机械发明诚然如雨后春笋，所以过去百年中人类文化的进步真有一日千里的形势。人类文化既有猛晋，人群的享受也应该有增加，人们的生活也应该丰裕，社会也应该安定而有秩序。科学的最后目的，发明的目标，也就是要造成这种现象。然而我们向四围一看，人群的享受非但未普遍的增加，反而显出贫者益贫富者更富，国际间危机日甚一日，社会中纠纷愈多，安宁更无保障，而人们的生活大多数皆益艰难不易维持。有些人多把这种矛盾的现象，归咎于科学发明及机械发明的过分发展。其实科学与机械的发明本身并无疵可求，无罪可言，最大的罪过实在利用发明的那些人。例如诺贝尔之发明炸药，本无罪恶，但野心家则利用之以毁灭人类。莱特发明飞机并无过失，但军事家则用以轰炸城市。这都表示科学进步太快，而人类社会的道德未能跟随着一般的前进。我们的科学已走入二十世纪，而我们的道德仍停留在十八世纪中。假使科学仍似现在的在加速度下迈进，而道德仍纡缓不进，则科学将离社会愈远，所造成社会的不安定将比现在更甚，结果将不堪设想。

不过像炸药及飞机一类的发明，在发明家本人固没有摧毁人类危害社会的意念，而其被利用为危及人群的工具既不关发明家的本身，也非发明家所能控制，我们当然也不应责备发明人。但常有一些机械的发明，其目的在节省劳力与人工，如纺纱机、收割禾谷机等等，这类发明成功后，势必将替代若干从事那些工作的劳工。在造成这许多劳工失业后，社会对于他们未能有补救方法时，定然与社会的安宁以极大威胁，这是人人可以见得到的。在劳工缺乏及工商业十分繁荣时，这类机械的发明，虽是很需要而很有益，但在寻常一般的情况下讲，至少在当时是危及社会安宁的。所以此种机械的发明家应具有一些社会道德观念，不能为一时的成功及金钱的利益，而不顾他的发明对于失业工人及社会安定的恶影响。尤其是在现时生产过剩消费低减的世界中。不然他的发明则失去其原来为造福人群的目的，反成为有害当时社会的东西。最近发明采摘棉花机的人即顾虑到这一层，他的发明已经实验成功，然而他不肯立刻大规模制造出售，必须等待到对于失业的采摘棉花劳工有相当救济方法后。这种深具社会道德观念的发明家是值得现时所有机械发明家效法及一般人钦佩的。

美棉以质佳著名于全世界，棉田多在美国南部诸省。其耕种虽大致利用机械，但收获采摘棉花时仍依赖劳工手采，故赖以为生活之黑人及白人劳工达一百万人以上。美国最大之制造农业机械公司，曾费去数百万元研究制造一采棉机，终未见成功。美国专利局曾登记请求专利之采棉机达七百余种，尚未有一个能切合实用，有罗士特者(John Rust)生于种棉区，幼年亦曾赖采摘棉花以为业。常因曲身采棉至腰背酸痛难忍，感觉此种工作之辛苦烦恼，誓欲发明一采棉机以替代人工，此二十余年前事也。罗士特有弟妹各一人，幼失怙恃，家庭即遭离散，后曾参加欧战，欧战后被遣归，每日寻零星劳作以维生。曾为各种机械修理工匠达五年之久。然心中总不断计划他欲发明的采棉机，至一九二七年他忽由内心的一种启示，见到采棉机应如何构造法，即赴其妹棉田中从事实际制造与试验。是时其弟亦卒业大学机械科，正在奇异电气公司服务，闻讯亦弃职前往共同研究。其兄之理想参以其弟之机械知识，研究试验几达十年，卒完成其采棉机之发明。

以往采棉机所利用的原则，多为在一旋转的小旋柱上，加上许多短小钉刺，旋柱由棉花苞上过时，即将棉花卷在柱上。用此法确可将棉花采下。罗士特认为此种方法固然可将棉花由棉丛上摘下，但是再将棉花由卷裹在有钉的旋柱上取下来，用什么方法呢？历来采棉机之所以失败全在未能解决这个问题。有一夜，罗士特正在床上辗转反复未能入眠，忽忆及他在少时采棉景况。在清晨多露之日，棉花被露水浸潮，用手指探下棉花后，潮润的棉花多黏附在手指上不易脱落。罗士特猛由床上跃起，急寻得一长铁钉，润湿之，在棉花苞中一旋转，苞中棉花果然依附在铁钉上，等铁钉徐徐干后，棉花即自行脱落。于是罗士特立刻决定他的采棉机当利用此原理。

在十年的试验与研究中，罗士特的采棉机即本此原理制造，其最后成功的机器，状如一割禾机，装在大的橡皮轮上，由棉花树上跨过。在车之一边有一长筒，由筒的下方有长条开口，由此开口处伸出若干徐行旋转的旋柱，这许多旋柱又依在一无头的皮带圈上转动。旋柱在未与棉花接触时，先经水润湿，待遇成熟之棉花苞即将棉花卷里于其上。此附有棉花之旋柱即顺皮带圈上转，被干燥后，棉花即自行脱落而堕入斗口，收入斗下附有之筐中。旋柱再随皮带圈转出，再卷棉花。故此采棉机由棉丛走过后，犹如梳子一般将已成熟的棉花全梳去，而未熟之棉花苞仍留在枝上不受影响。

罗士特兄弟共用十年之久，费去达五万元美金之试验费，此款皆由预售股票而来。现时他们的采棉机，于一小时内可采棉田一英亩。于七小时半的时间中其能采棉花量，等于一采棉工人三月之工作。在适当情况中一架采棉机可在一小时采半包棉花，费用仅美金一元半。将来如大规模采用后则采花价格可由现在每磅之十一分半美金减低至五分，同时增加美棉之出口。而最不幸的，则将破坏美国南部诸省的经济社会状况，造成一百万采棉劳工的失业恐惶。

此种巨大的社会影响使罗士特兄弟大感惊惧，故至今他们仍不肯大规模制造彼等发明成功的采棉机，虽有若干机械厂出巨资购买其制造权亦不为动。他们特别呈请政府计划出一种救济这种失业劳工的政策后，再作大量的制造。他们现在自己也想得出一种救济这些劳工的基金，使他们加入合作棉田制度以谋生活。现在已制成的采棉机只有十部，八部在美供人参观，两部则由罗士特售与苏俄政府，因苏俄的棉田正缺乏劳工采棉。

发明家像罗士特之兼顾劳工失业的社会道德观念，实令人钦佩不已。不然罗士特竟可实行大规模制造其采棉机，又谁得而阻之，正可立刻成为富豪，对失业劳工在法律上并不负任何责任。惟一念及百余万工人之生活将无着，且将造成社会的不安，故不忍出此不人道行为，仍保存其发明权。故凡机械发明家都应具有一种社会道德观念如罗士特者，则发明方不负其造福人群社会的本旨。

［第 20 卷第 12 期(1936)第 1017—1019 页］

# 20. 科学研究为建设国家的始基[①]

林　森

总理在《民族主义》第六讲当中，曾经说过要恢复我们民族的地位，除了恢复我们固有的道德和智能外，还有去学外国的科学，才可以和欧美并驾齐驱。这当中的道理是很关重要的，因为恢复我们固有的道德和智能，只是振起民族精神的要件，如果再进一步，要图民族的永久生存，当然还要在科学上加一番努力。这是因为一个民族的生存，同时要有充实的物质做基础，而物质的发达，就要靠科学来促进，所谓科学，就是一种有系统的学问，换句话说，大凡世界上一切的现象，用我们的知识把他的原因和结果研究一种有系统的理论出来，这便是科学。所以科学的范围，是很广泛的，所有天地间一切现象，都是科学的对象。至于把这些科学分门别类起来，这就叫做科学的分类，对科学分类很有贡献的学者，有法国的孔德和英国的斯宾塞等。但是现在普通一般采取的科学分类方法，大体是分为自然科学和社会科学两类，所有一切科学，都可包括在这两个系统当中。科学对于人类的功用是很多的，第一科学是促进社会进化的工具。依总理的民生史观说来，社会所以有进步，是由于人类求生存，换句话说，就是人类求生存，乃是社会进化的动力，但是人类要求生存，便要奋斗，奋斗又是要工具的，科学可就是人类用来奋斗的工具，因为人类能够利用科学，才容易满足生存的要求，人类的生存获得满足，社会才有不停的进化。譬如现在社会所以能够由农业时代，进步到工业时代，固然是产业革命的结果，但是产业革命，又完全是由科学应用发生出来的，所以科学发达，社会就有进步，科学落后，社会便停滞不前，这是一定的道理。第二科学可以改造人民生活上的享受，因为科学发达，物质建设当然完备，因此人民的生活也就可以得到改善。譬如从前我们走路用步行，现在就有各种交通利器，像轮船火车等来代替，时间既可节省，又可以减少旅途的痛苦，此外在衣食住各方面，也都是一样，科学愈发达，设备就愈完全，人民的生活享受也就愈有进步，所以科学又可改善人民的生活，使人民的幸福增加。第三科学是物质建设的基础，近代物质建设的进步，都是科学的结晶，所以要讲物质建设，有离不开科学的，因为有科学才不至废时失事，而能收事半功倍的效果，尤其是在我国将来要谋物质建设的发达，更是需要多量的科学人才，用科学方法来计划推行的。第四科学是建设国防的动力，要立国在世界上，国防自然是不

① 民国二十五年十月二十六日在国民政府纪念週讲演。

可少的,但是要建设国防,又要靠科学做基础,现代各国的国防设备,日新月异,无非都是应用科学的结果,要是因陋就简,不在科学方面多用工夫,便不免有被淘汰的危险。总之,科学在现代不单是人类文化的泉源,并且是民族生存的保障,这是我们不可忽视的。本来科学的发展是有必然性的,这是因为科学原是满足人类生存要求的一种工具,而人类的生存要求,又没有一刻停止,所以人类在很早的时代,差不多就有科学的萌芽,我国也当然不能例外。总理在《民族主义》第六讲里说,从前中国人的能力,还要比外国大得多,外国现在最重要的东西,都是中国从前发明的,这可见从前我国的科学本不弱于外国,但是现在又为甚么这样落后呢? 这当中的道理固然很多,但是国人不知道科学的重要,不注意科学的研究,要算是最大的原因。所以我们不求国家的向上发展则可,要是不然,那么以后对于科学的研究,便要格外重视。第一我们从上面所讲的看来,知道世界上万事万物,都是科学的对象,都可用科学方法来研究,所以以后我们就要随时随地,具有这种研究精神去从事各种事物的研究。譬如我们服务于政府,都有一定的职务,对于职务范围以内的事情,如何可以使他的效率增加,就可以用各种方法来加以考究,这就是行政学。第二研究科学,本不是少数科学家的专责,必须人人都有这种热心,从来许多新事物的发明,并非一定都是科学家创造出来的,我们知道近来苏联有所谓斯泰哈诺夫运动,这个运动就是一般农工劳动者,利用自己的工作经验,自动去研究改良方法,以增进工作的效率,结果他们便往往有许多新工作方法发明,修正了一般科学家的理论。可见科学的研究,是任何人都能做的,我们一定要有这种信心。第三科学的研究,应该和实际工作连系起来,不要单靠理想,像这样研究出来的结果,才有实用,才于社会人类有益,否则就不免有闭门造车之嫌。总之,现在我国已经统一,此后要举办的建设事业,实在是很多,这都要科学帮助,所以希望大家一致兴起,发出研究科学的热心和自信力,就自己工作范围内的事务,去做一番科学研究,不要再把这种工作看做一部份人的责任,能够这样,那么我国一切建设事业,才可以很快的完成。

[第 21 卷第 1 期(1937)第 1—2 页]

# 21. 科学与迷信

刘　成

近年吾国交通建设，颇多发展，而铁道方面，尤见成绩，因修筑铁道而建造之桥梁，所在多有，乃往往因桥梁工程艰巨，非一蹴可几，于是种种迷信传说，应运而生，其最足骇人听闻者，莫如最近建造南昌中正桥，与湘潭湘江铁桥时所发生种种无意识之谣传。

当南昌中正桥正行打桩工事之际，因事先未作绵密之地质调查，致所拟桥基处所，河底岩石坚厚，久不得手，即偶植一椿，因河流湍急，随之浮起，同时岩洞中之大群龟鳖，因受惊扰，相率迁居，成群而出，漂浮河面，顺流而下，于是谣言蜂起，不谓镇压城底之龟神，因不堪惊扰，已相率他去，南昌城不久即将有陆沉之惧，即谓有白发老人夜来托梦，谓工程师有力植椿，予即有力拔之，桥必不成，椿之浮起，即予所为云云。于是一唱百和，不胫而走，一若真有其事者然。后因避免岩石，改变工程计划，将桥址稍向下移，现桥已成，而迷信加深，南昌无识人士，犹乐道之。此因兴建科学工程，而造成之迷信传说一也。

本年一月十九日，《大公报·读者通信》栏内，载有长沙通信一则，更可骇人听闻。谓湘黔路之湘江铁桥，正在建筑时，竟发生杀人祭桥之种种谣言，一人传十，十人传百，疑神疑鬼，捕风捉影，不久竟传遍湖南，结果致令铁桥所在之湘潭大东门外一带，天未入黑，即路断行人，顿成阴森世界，而深夜叫喊及用手电成为两大禁忌，稍一不慎，即可引起人命惨案，修桥工人，亦因胆小怕死，多怠工不前，影响桥梁工事进行者甚大。湘潭县政府以事关地方治安，职责所在，乃出示辟谣，告诫民众，毋得轻信谣言，致生事端，否则一经拿获，定当依法严办。此因兴建科学工程，而造成之迷信传说，又一事也。

吾人由以上两种绘声绘影之谣传，可知吾国民间迷信之深，至今并不因二十世纪之科学昌明而稍减，且其势力之大，直足阻挠现代科学之建设，宁非可骇人听闻之事，千古奇谈。因此吾人从事科学事业，及一般负有教育责任，及训练民众使命者，于浩叹之余，不能不痛感责任之重大。盖发展科学固为当务之急，而启迪民智，破除迷信，尤属刻不容缓之图。须知科学与迷信，势不两立，有科学则无迷信，有迷信则无科学，世界断无科学发达之国家，迷信势力能久存者，反之迷信甚深之民族，其科学知识必极肤浅。大凡国家愈古，迷信愈深，因迷信之过甚，转不暇从事实际生活，惟以求神拜鬼为能事，迷不知返，因而亡其国者，世固有之。说者谓印度之亡，虽关系多端，而人民迷信过甚，要为一大原因，宁不可哀！我国数千年来，缺乏科学，人民遇事不求甚解，养成以耳代目之风，结果迷信百出，无奇不有，而怪诞不经之事，史不绝书，弊之所至，遗害无穷，至今西人戴格鲁(J. J. M. de Groot)、多勒(Henry Doré)辈，集吾国迷信事实与文献，编成卷帙浩繁之巨著，以传播于世界，是亦吾民族羞耻之一端也。

考迷信之起源，大抵不外乎人民之无识，遇事不知察其真伪，辨其是非，驯至杯弓蛇影，信假为真，而好事者故为宣传，以耸听闻，别具用心者，更从而利用，无识之徒，盲从附和，而迷信之事遂层出不穷，即以上述因造桥而发生之迷信传说论，亦不外此例。盖一则因不明河底岩石地层坚厚及龟鳖栖息岩洞受惊迁移之理，一则因有小乞三人，由桥工戏问能扛起此铁桥否，小乞摇头咋舌，连称未能，谓非二三百人不可，于是一念之差，谓须二三百人祭桥，方能架此铁桥。结果均以似是而非之疑念，构成此怪诞不经之妄说，影响所及，至桥梁工程被其阻挠，地方治安为之不宁，不信工程师之能力，而重小乞之一言，天下滑稽之事，宁有过是者。民智如此，何以为国，湘赣之民号称革命中坚，犹且迷信如此之深，其他素称保守省分之民众，不更可推而知耶！

今日之世界，乃科学世界，科学万能，已为时代之标语。吾国以前因缺乏科学，故事事落后，现在急起直追，相需尤殷，举凡一切救国、建国大业，最后莫不唯科学是赖，故足为科学发达过程中障碍物之“迷信”，虽根深蒂固，有数千年之历史与背景，吾人誓必破除之、廓清之，使不为科学之累，否则障碍一日不去，即科学一日不得自由发展，亦即国家科学化、现代化，不能迅速实现。故吾人以为凡吾科学界同志，于图发达吾国科学事业之际，同时宜担负破除吾国迷信之责任，无论何时何地，无论演讲著述，凡遇有破除迷信之机会，即宜多方开导，设法消除，同时更宜贯输科学知识，解释科学现象于一般民众，使向之迷信者，恍然大悟，民智既开，风气自转。更望负各级教育责任，以及以训练民众为职志者，对于破除迷信，多加之意，即所以间接助科学之发达，则在不久将来，吾国科学事业蒸蒸日上，福国利民，身受其益，而迷信阻挠科学发展之事例，将永远绝迹于中国矣。英儒赫胥黎有言“科学生，迷信死”，愿为吾国人诵之。

[第 21 卷第 5 期(1937)第 349—350 页]

# 22. 论科学团体之年会

重　熙

年来吾国科学进步，各种科学会社相继成立，每年多于暑假期内择地举行年会，或合数团体开联合年会，宣读论文，切磋学问，意至善也。同时更因年会之举行，引起社会人士对于科学之注意与兴趣，而增其信仰科学之心理，此于发展吾国科学，普化科学知识，影响至巨，良足称也。

唯就吾人过去所闻及观察所得，以为科学团体之举行年会，其方式、办法不无可改进之处，爰就管见所及，略论如次，亦野人献曝之意耳！

第一，科学团体之举行年会，其主要目的，不外乎集合各方硕学专家，晤对一堂，各出教研所得，著为论文，到会宣读，俾得多数同道之讨研，获切磋观摩之实益。乃在过去若干年会中，对于宣读论文，郑重其事者固不乏人，而忽视者，亦非绝无，故每当举行论文会时，首一二次出席者尚多，厥后渐渐厌烦，到会者往往寥寥可数，而每篇论文宣读之后，应当继以讨论，乃吾国学者，多存客气，对于论文内容之是非，鲜有作热烈之评述者，此与科学家求真理之精神，殊多违背。吾人希望今后到会会员，就其所加入之一会或一组，踊跃出席，固不必人人须有论文宣读，然可人人参加讨论，俾可交换知识，获切磋之实益，否则徒事观光游览，殊失参加科学年会之意义。

第二，科学年会中，除宣读论文外，吾人以为同时对于国家科学建设事业，应有所建议。年来政府着意科学建设，所成就者尚不过极小一部分，而重要之科学建设，与整个计划，则仍有待。各专门学会，人才济济，诚能各就本门科学范围，衡以国家需要缓急，议定若干详细计划，用年会名义，建议政府，以备采择，必多裨益，较之政府于欲举办某种科学事业时，委托二三专家匆促草具计划者，自属此胜于彼。例如各种工业建设，如关系国防基本之重工业，工程师学会可以建议之。开发资源之种种计划，动、植、矿、地、农、林各学会优能为之。他如边疆探检、人种研究、民族调查、考古发掘等等，地理学会、民族学会、考古学会宜可借箸。盖各种科学建设，分之为各门科学之发展，合之则为吾国科学文化建设之成功。学会为国家最高文化团体，年会又为学会多数会员之集合，理应对于国家科学建设事业，有所献替，以团体之力量建议，当胜于个人之呼吁也。

第三，年来各种年会，尤其联合年会，往往因参加人数众多，路途辽远，招待极属不易。以致开会地点择定之后，筹划往往费时，筹备者固须节节准备，而地方当局、公私团体，喜嘉宾之莅止，往往作盛大之欢迎，宴会之外，继以游览，招待所费，动逾巨万。在东道主人以为非此不足以表招邀之诚意，而赴会者则因人事繁忙，已不胜酬应之劳，加以酒食征逐，山水游览，结果疲于奔命，而时当溽暑，长途远征，稍一不慎，疾病随之，劳民伤财，毋乃太过！吾人以为今后年会宜以简单为主，不必铺张扬厉，注重学术讨研，对于一切可避免之酬应，在会期之内，一概谢绝，庶几不致因人事之繁忙，影响会务之进行，而地方当局，对于此种一年一度之集会，亦不必过事重视，逾分招待，只须予以旅行游览上之便利，普通之应酬足矣。如此公私两便，不失学术团体集会之意义。

第四，过去各种年会，例承当地公私机关团体之招待，而赴会者复有舟车票价之优待，遍览所经，区域甚广，以故赴会者甚为踊跃。在学会本身，固希望会员多多参加年会，讨论学术，共襄盛举。然就过去所闻，赴会者除会员外，并有若干人士，为欲享受种种权利及优待之故，多有临时介绍加入者，而冒名顶替之事，亦曾发生，盖醉翁之意不在酒也。吾人以为会员赴会，除得携带眷属外，其他人士之欲参加者，宜稍加限制，否则因人数太多，目的不一，不免增加办事上之困难，此虽小节，亦宜注意，总以科学年会能保持学术团体之精神，而不杂其他动机也。

以上四端，似乎无关宏旨，然细加推敲，于年会会务之推进，与保持学会本身之声誉，不无关系，当兹科学年会盛开之时，特提论于此，维读者察之。

[第 21 卷第 8 期(1937)第 603—604 页]

# 23. 科学研究与计会福利

刘　咸

## （1）引　　论

今之侈谈社会改造，关心民生者，莫不曰改善社会环境，增进大众福利，庸讵知此事至为艰巨，非徒托空言所能奏效，而人生生活所资之"食""衣""住""行""安""乐"六大需要，乃人生幸福之所本。此六大问题在物质上、精神上，如有法增进，或能使之丰满，则社会环境自易改善，民生福利自可增进，否则徒唱高调，无裨实际，识者不取。吾人试本科学立场，就今日科学研究与社会福利之关系，加以检讨，即可知科学效用之宏大，及关系人生之密切矣。

凡具现代知识者，莫不知吾人今日所处之时代，乃人类进化史上最奇特之一期，与以前各期迥不相同，且难比拟，是即现代科学有惊人之进步，影响所及，使人类生活感受莫大变迁，盖不仅因科学发展之过程，使社会机构受深切震荡，同时更因科学知识日益扩展，与乎科学方法之多方应用，使人类思想显有激发，甚且对于历史、伦理、哲学、宗教，以及文化之各方面，顿生新念。

吾人既处于科学思潮澎湃，科学势力万能，科学进步无穷之今日，倘犹顽钝不灵，保守自安，于科学发展之可能性，盲然无睹，不加接纳，将不旋踵被科学之盲目势力，时代巨轮，扫荡以去，盖科学为物，如善用之可以作仆役，不善用之将傲压主人。吾国科学落后，无可讳言，然欲随时代潮流向前推进，藉免为落伍民族者，非彻底憬悟，努力于科学之培养与建设不可。

科学进步，端赖研究，推陈出新，由微而著，其目的本在探求真理，勘破自然，谋人类知识领域之开拓，然同时亦不讳言应用，以求人类生活之丰满。兹姑就人生生活所需之食、衣、住、行、安、乐六大问题，与现代科学研究之关系，举例说明以见一斑。

## （2）科 学 与 食

人生呱呱坠地，首一不可或缺者，厥为食物，此乃社会的需要，同时亦为生物学问题，以前世人对于食物虽会作种种尝试，然只在味的方面，加意讲求，而于食物之真正营养价值，昧然无知。自近世科学研究食物以来，不仅注意食物之清洁，尤注重其营养价值，化学中新兴之营养化学，即专门从事研究食物者。如食物中所含发热量之多寡、蛋白质、碳水化合物、脂肪等之成分，维生素之种类，以及配合方法、分量等，皆在研究之列。不问食物性质是否为山珍海错，稀贵异味，抑或园庭产物，家畜所出，但问其有无最大营养价值，能否滋身补体。例如乡村农家，生活质朴，食无兼味，倘所进食物配调合法，富有营养滋料及维他命，殊不失为有价值之食物。反之，富有之家，虽日进珍馐，价值万钱，然配置不当，营养缺乏，虽靡巨金，无补身体，此吾人所以常见乡村野老，身体健壮，而城市富家子弟面有菜色者，良以此故。

科学研究食物之另一方面，为增加食物之产量及其运输贮藏方法。多年以来，吾人惯闻世界人口过剩，食物不足之呼声，于是科学家进而谋农业之改良，应用生物学上种种原理，改良育种，研究遗传，以及耕种、树艺、畜牧方法，防止病虫害，并利用机器耕种，收获，使农作出品、畜牧、蚕桑大有进步，或动物食物均获大量之增加，同时更应用物理、化学原理，研究存贮方法，使食物能经久不坏，复因近代交通方便，食物运输无远弗届，故美国水果，澳洲羊肉，可远售欧亚。即以吾国而论，现在铁路、航运四通八达，全国农产，可以调剂，以有余补不足，民食可不患缺乏，凡此种种皆科学进步应用于食物改良之效果，而社会上无形中受其福惠。

## (3) 科学与衣

衣为人生第二需要，就现在而论，其来源亦系取诸动物与植物。动植物之改良为农业科学所有事，具如上述，除供给食物之外，其次即为衣着之原料，如羽毛蚕丝、各种皮货为动物所自出，棉麻之类为植物所产生，乃衣着原料之大宗。在产量方面，应用科学原理，如孟德尔(Mendel)遗传定律，以改良育种，汰劣留良，在动物、植物双方均得显著成绩。即如吾国近年改良棉作，亦有进步，而美国棉种优秀，纤维细长，较吾国品种尤佳，他如经过科学改良之蚕种富抗病力，茧大丝多。此外如欧美妇女所服用之花狐皮领，亦能用科学育种方法，获大量生产，其他可以想见。

衣着材料之制造，应用科学之处最多，在昔丝、毛、棉、麻之纺织，概系用家庭手工法，自英人柯克莱德(Arkwright)发明纺织机后，不久即形成工业革命，影响所及无与比伦，其原因乃系应用科学研究于纺织问题，进步不已，至于今日，遂造成完全利用机器之大规模工厂纺织工业，大量生产，使有社会的需要之衣着问题，不虑供不应求。不宁唯是，衣着材料上之花样图案，本系美术设计，亦能用科学方法加以改良，日新月异。此外如衣着之防虫、防霉，可用科学杀虫剂与杀菌剂，漂白染色，完全应用化学方法，甚至如洗濯、熨平、压折，亦用科学技术为之，如某种材料之衣着应如何洗濯，沸煎时间若干，用何种肥皂去垢，如何压折熨平，皆有一定方式。再如衫裳鞋袜之剪裁测量，亦采用科学方法，伦敦、巴黎缝匠之所谓科学化裁剪，确有其事。又如捷克之拔佳鞋厂（Bat'a Shoe Factory），用大量生产方法制造皮鞋，虽式样百出，尺码俱全，然均经过相当研究，有标准化之模型在。世人不察，以为此乃手艺工作，似与科学风马牛不相及，然一经推敲，处处不能离开科学。

更有进者，近年以来，人造丝制造大见成功，引起衣着原料上之大革命。然推源溯始，实为应用化学方法，将某种生粗原料，经过化学程序，造成精细有用之衣着材料。现在意大利之科学家获人造羊毛之成功，将来影响更大，科学竟有方法改变“羊毛出在羊身上”之成语，不能不使人惊奇。

## （4）科学与住

千百年来，建筑问题均委诸匠工，不与科学，所谓土木之事，多本经验，匠心独运，以意为之，成为一种建筑艺术，但求外观之美，至于是否舒适卫生，则未遑多顾。自近代科学进步，渐知注重应用科学于住的问题，以谋住宅之改善，如地基应如何选择，则安全稳妥，住宅应如何建造，则冬暖夏凉，光线应如何采取，则有益卫生，空气应如何流动，方免窒塞，声音应如何避免，始得安静，潮湿应如何防范，可少病痛，园庭应如何布置，始增美观，凡此种种，皆为现代科学建筑工程师所有事，房屋未建之前，必先悉心计划，绘为图案，制为模型，经过种种考虑，然后决定。至于建筑材料之采取、配置、衡度、试验，更为土木工程之任务，虽一钉一砖之微，要必计算推敲，不得有丝毫差错。此外科学对于建筑上之另一贡献，为材料货件之力求标准化，在不久的将来，吾人可希望达到房屋之建筑，有如汽车装制之简便。凡建住宅者，可开具一定尺码，向建筑公司或机器工厂，分别购配材料，旬日之内，即可将住宅建筑完成。倘一旦迁居，并可将住宅一同拆移。在充分应用科学于建筑条件之下，今后价廉物美，舒适之住宅，不难为大多数人所享有。

现今世界人口，日益增多，住宅需要之程度，正不减于食粮问题，观于近年来一般大都会房价高涨，即其证明。而在吾国一般人生活，向在水平以下，贫苦者固无屋可住，即勉强有屋住者，亦简陋不合卫生标准，求其能享受现代化之住宅舒适，如水电俱全，夏有冷汽，冬有暖汽者，千不得一。住宅问题关系社会大多数人之福利甚大，求其改善，虽关系经济，然能多方应用科学建筑原理，价廉物美之住宅，不难实现，是有待于关心国民福利者之努力。

## (5) 科 学 与 行

科学与行，关系最为显著，范围尤广，而进步最速。若干世纪以来，陆上交通惟赖马力，水上交通则凭帆船。自英人瓦特(Watt)发明蒸汽机，情势大变，陆上交通则有火车，海上则有轮船，自内燃机再进步，于是有汽车，其速度超过火车，复有飞机之发明进步，空中交通别开生面，其速率之猛，足叹观止，自横渡大西洋、太平洋航行成功，在最近将来，吾人可望能于一周之内，环游世界，此乃前人梦想不到，而今人得享受者，然非科学研究，曷克臻此。

凡此所言，轮船、火车、汽车、汽船、飞机，皆为行具，为科学产物，固不待言，同时道路修筑，以及交通制度管理方法亦因应用科学而大有进步，大都会人口稠密，街道拥挤，至有地下铁道，高架电车之设立，皆用极精密之科学方法计划与管理之。

吾人倘再将“行”字扩大其意义，作为一般交通解释，则由科学研究而发明之事物更夥，且至足惊人。首有电话，次有电报，更进而有无线电、广播、电传等等，可谓神乎技矣。吾人现在传递消息，即可以藉电之作用通讯，交谈见影，不“行”而达，无远弗届，事之奇妙，孰逾于此？且电之研究，进步至速，将来止于何境，无敢预言，或者除地球六合之外，能进而与其他行星，互相交通，亦意中事。总之，科学贡献于“行”者至显至奇，有超出人类本身想象之外者。

## (6) 科 学 与 安

世人多以为食、衣、住、行为人生之基本需要，此外别无所求，然试加虑考，“安”“乐”实为人生幸福之所关。盖前四者不过物质上之享受，而“安”“乐”则精神之所寄托。人类自野蛮社会进至文明国家，常度不安生活，一方面难免自然力之危害，如风、雨、雷、电，地震等皆是，同时又不免疾病之厄，与人类因争斗而自残之祸，语其极端，是为战争。科学所贡献于保全人类安全者，在自然力危害方面，则发明种种方法，力求避免，或预防之。如避雷针发明之后，可免雷电之触击，飓风为灾则设天气预告，设法防备，他如严寒酷热旱潦为灾，亦可设法救济，惟地震之祸，至今仍难预防，是诚憾事。

疾病为人类之大敌，此世人所熟知者，幸现今医学昌明，治疗之方，日有发明，危害人类幸福之程度大减，将来医药再有进步，人人讲求卫生，此种危难必见减少，甚或可全部幸免。惟人类自残，愈演愈烈，至于今日曾不因文明进步而少杀，昔日小组织之部落格斗，倘不过肉体械斗，进至今日，则大规模之国际战争，无所不用其极。战争固为不祥事件，然为保护国家安全，维持民族生存起见，吾人决不可讳言战争或畏惧战争，迫不获已，亦只有作重大之牺牲，以求最后之胜利。近代科学发明，种种杀人利器，大炮、飞机、潜艇、毒气，无所不有，帝国主义者固资以为侵略弱小国工具，然在弱小国家，则亦恃此为保安利器，吾国因自卫工具不如他人，致国家安全、民族生命，时受威胁，故欲以力抗力，以战止战，仍惟有向研究战争科学之道途迈进。

## (7) 科学与乐

科学研究应用于社会享乐方面者，可谓与时俱进，纯粹娱乐之事，因科学进步，而获新发明者，所在多有。例如音乐一门，乃至高尚之娱乐，前此只有亲炙亲闻，方可一饱耳福，自留声唱片术发明而后，世界任何有名歌曲，均可得而闻之，且能传之后人。自无线电广播术成功，吾人更进一步，可以足不出户，能周知世界之事，听远方音乐，习异国语言，亲名人言论，以及其他种种可由听觉而得之耳福。再自有声电影告成，则更耳目并娱，达到科学娱乐之极峰，并能增加知识，具教育意义，凡前此世界之不经见常闻事物，吾人能于此方丈之地，刹那之间，目覩耳闻，言人物则如同晤对，数名胜则有若卧游，名山大川，珍奇异迹，莫不尽收眼底，加以清歌妙舞，游戏漫画，更尽人生幽默情趣，令人发噱。总之，银幕所表，神情活现，虽可望而不可即，然以言娱乐人生，则以目下而论，尚无有能出其右者。此外娱乐方法、设备、管理，利用科学之处正多，难以备述。人生精神至易疲乏，惟有正当娱乐，可资调剂，吾国人以前多不知注意及此，对于儿童游戏，辄加阻责，实属大错，盖世间惟有快乐心情，饱满精神，方可作出伟大事业。娱乐一项，关系人生至大，未容忽视也。

## (8) 结论

以上概论人生六大需要与科学关系，虽未能详尽，然已可概见一斑，欲求此项需要之充分满足，更非藉科学研究不为功。近百年来，欧美社会福利之增进，人民生活之富裕，何一非由科学发明得来，故世界文明进步之国家，对于科学研究，莫不努力从事，广为利用，结果不仅国富民强，文明日进，人人得享所需，更造成此灿烂光明之世界，至可钦羡。吾国科学晚兴，社会人士狃于习惯，对于科学造福人类之真正鹄的，尚未能尽情了解，以致信疑参半，毁誉不一，求其如欧美人士之热心赞助，竭力提倡，或踊跃输将，以谋科学进步，造福社会者，尚不多觏，而富有之家，高年前辈，更往往迷信佛鬼，宁愿不惜巨款，造庙修佛，以求超脱，而对于有实效之科学事业，则靳于相助，知识固陋，目光短浅，固无足贵，独惜有用金钱，作无益事业，是可慨息！吾人念国步之艰难，感民生之穷困，在此生死存亡之秋，敢忠告国人曰：吾国人苟欲保有中华乐土，续祖宗余绪，不甘作亡国奴，为社会谋福利者，宜扶助科学之发达，有力者出力，富财者输财，政府提倡于上，民众赞助于下，急起直追，迎头赶上，使吾国科学事业在最短期内，可以独立，跻于科学先进国家之林，如此不但可免强邻侵略。而再造国家，复兴民族，实利赖之。德俄先例具在，可资借镜，所望全国有心人能发奋为雄也。

［第 21 卷第 11—12 期合刊(1937)第 785—789 页］

# 24. 科学与大众[①]

麦唐纳(J. Ramsay MacDonald)原著　刘咸译述

予首愿将予心目中此时所有之两重要事件向听众报告：第一，吾人对于本讲演之创立者马塞先生(Mr. Radford Mather)之善意，均应感谢；第二，大英科学协进会(British Association)董事会邀予作第一次讲演，甚感荣幸！马塞先生鉴于科学家工作对于大众日常生活——尤其当此时代——之重要，复本其生平对于科学与社会事业之兴趣，深知重视此种工作，非仅由于科学家本身之故，并可助益社会大众利用科学家所供献之各种利益。

读科学发明史及应用科学知识于人群活动之各方面，有同读传奇小说。予并敢断言，凡爱好科学者，对于科学事业必感深厚之兴趣，而养成科学兴趣及了解其重要，又不仅在实验室及教室内为然，必须视为现时代之主要创造势力，举凡国民经济之改善，国家政制之权限及形式之演变，以及创造及稳定社会和谐及合作之努力等等，若能依据科学方法进行，必能获受极大之裨益，用以减免许多无谓之试验，不须要之错误及不能实行之建议。故无论政治家或教授，持家主妇或工厂经理，工作时不仅须顾虑大众感情之反应，同时且须兼顾事实与方法之无误，一若科学家在其专门范围内工作然。通常所谓人类"活动性"之缺点，确有其事，但矫正此种弊端，则尚未研得满意方法，因此欲图补救，每感极大困难。

在各种公务方面，予自承为一无可悔恨之演化论者(evolutionist)，予遇事多所改革，非好为如此，乃因社会和谐及进步有此需要之故。苟不如是，文明将成赘疣，而吾人所处之社会，将永无进步之可言。且将因时代不断演进，结果必至崩溃之阶段，以其不适合于新环境故也。而此种新环境，实为现代社会进步之泉源，且文明不是静的，而是动的，最需要有方向之活动，凡最可持久及最成功之改革，常由现状失败中或未全成功处得来，为求适合真正科学观点，吾人以为凡创造者所未完成之事业，正有待吾人之赓续努力，纵不能立时完成之，亦可悬此鹄的。

吾人均知鞋不适足，其受痛楚之处，将为最先溃烂之处。补救之道，并非咒鞋之不良，或说脚痛为可了事，重在将鞋妥加修缮，使之适用(原来即求其适用)，俾不致再压脚而予吾人以痛苦。此理应用之于人类社会亦然。凡个人之痛苦等于大众之不安定，痛苦及不

---

① 原著载 *Nature*, Vol.140(1937). pp.756－758。为英国前首相麦唐纳 1937 年 10 月 22 日在伦敦皇家学院(Royal Institution) 所作之 Radford Mather Lecture 第一次讲演。麦氏于同年 11 月 9 日在赴南美航行中逝世，本篇为其最后之公开讲演，畅论科学与社会福利之关系，颇多精辟言论，特译出以飨读者。——译者附志

安定均为被害之征象，有用科学精神研究与处理之必要，俾能防止更严重之后患，此种后患，在个人为疾病，为死亡，在社会为革命，为崩溃。

采用科学方法以防止痛苦及变乱，是为可能之事，惟欲求其迅速实现，则端赖大众对于实验科学之工作有关切之兴趣，并能依据科学方法与精神而处理自己之事业。予为此言，并非夸扬科学家而箴贬政治家，盖政治家之哲学，固莫善于柏拉图(Plato)，予所欲言者，为实际民治主义(democracy)说法，民治主义诚欲逃脱现今所遭受之非难，而获最后之胜利，则不可不讲求方法。予深信唯有采用科学家工作之成绩及其工作之方法，以廓清大众之混沌思想，将不仅可作辩难之根据，且可收非常之效果。

现今科学又被认为修养教育之一重要部分，且与人文教育并列，认为有同等价值，但有须注意者，即科学不仅为发现事实，且须提高生活之价值，不仅授人类以权能，并且须改善人类之思想，俾能善用此种权能以为人类造幸福求进步。科学家应以公民资格，严切关注其发现之事实，如何被世人所利用。霍格本教授(Prof. Lancelot Hogben)曾于大英科学协进会在勃勒克波年会(Blackpool Meeting)时提出意味深长之论文，郑重声述"科学在文化生活上所作之呼声，乃根据社会需要而来，科学之被善用与否，立时可以影响现代社会中每个公民之日常生活"。

假设在一时期之末，科学对于社会生活之伟大贡献，徒产生破坏力，而于人生之痛苦是非，漠不相关，则现在科学家之努力，可谓危险之至，且将造成永远不可补偿之缺憾。此种事实，现已为一般科学家所公认。反之，现今为谋社会幸福及安全之一部分的科学研究，专赖世人对之有明晰见解并认识此种科学研究及其应用之价值与特色。

现在生活标准显被提高，工资亦随之增加，工人休憩时间延长，工作状况虽尚有若干缺点，但较之以前大有进步。工人在工作时情绪之张弛，既为心理学上考研之焦点，因此职工务求能适合其职业，藉以减少其痛苦或失望，此种谋改善工人待遇之趋势，虽有增无已，但决未达到尽善之地步，为增进生产效率及维持生产不致中断起见，仍只有不吝增加工人之利益，用以减少其现今尚不能全部控制之各种困难至最低限度，庶几生产与劳力可资调济。

此种科学研究之需要，所包含之范围至广，如科学工业研究部(Department of Scientific and Industrial Research)及国立物理实验所(National Physical Laboratory)年报所示，至为明确，于此可见有组织之研究，发展至速，而科学家与工业家之合作，遂成为今日工业生命上之要图，工业界前此之偶尔咨询科学以决疑难，现时显感不足，必须尽量采用科学，研究如何增进工业之效率及职工之安全，一如科学工业研究部上次年报所指陈。

复次，工业家现已承认科学效用渐次增广，双方合作精神亦已发展至美满程度，此由效力伟大之新兴工业及其发达情形，可以证明。

泛论至此，予现应专述近代科学发展对于大众之影响。关于此事，上次大英科学协进会在勃勒克波开会时，曾有许多有兴趣之论文提出，并且引起不少激昂辩论文字，散见于各科学刊物中，科学家想多见及，兹不复赘。最近（英国）工团会议（Trade Union Congress）亦通过一有意义之议案，即赞成组织一科学委员会（Committee of Scientists），以俾大会咨询有关应付特种工作之政策、展望及方法，故科学阵线（scientific front）业已成立，与各阶级之利益合作，鼓励科学研究，并利用之以增进社会之福利。

然而科学研究之进步，并不受普遍的欢迎，其理由为科学与机器在世人心目中常混为一事。更因近年来科学所造成之惊人奇迹，尤引起世人对于机器之两种责难：第一，世人大都怀疑此机器时代究竟已否给予吾人以些许利益，且认为吾人已进入世界史上之一不幸时期，盖世人因追逐机器而失去自身灵魂及种种特性，此种有关美的大问题，此处限于篇幅，不能多详。予以为本问题之大部分，乃因误解科学所致，科学家实爱莫能助，亦无法逃此谴责。但有进者，予不知科学家犹有解免之术？意者在悠闲与修养情况之下，能否重新发现现代社会所认为已经丧失之生命要素！

人类因欲度自给自足生活，在若干方面科学已被视为人类之公敌，此在工业生产之大改革下为尤然。但吾人根据由历史上所得关于劳工之经验，不难作一明白解答，即机器代替人工，系暂时的，只须一国国富增加，则其劳工之要求，亦随之增加，此种经验，今日正在不断重演中，可资论证。至于因机器工作效率宏大，工人被淘汰不得再为矿场工厂之生产者，而致失业，当然心感不快。即令此事之必有，然以机器代替人工，作此艰险之工作，正前此求之不得者。又机器能增进人类技能之效率，亦莫此为善。工人之保障及利益应从他方面得来，最主要的应由增加闲暇得来。至于如何享乐及利用此闲暇，实为今日社会问题中之最应急速研究者。如何能减轻生产消费，而不致降低生活标准，予深信唯有将科学发明，加以正当利用，方能予吾人以解决此两大问题之机会。

科学之其他可疵议处，为一般人所认为迫切者，即吾人每日由读报章所得关于因科学之突飞猛进，所予世界之破坏力日益加强，如现在中国及西班牙所表现之事态，即其证明。无论战争在何处爆发，其惨酷状况必非笔墨所能形容。如果世界大战不获幸免，则凡战争中所遭遇之悲运，亦无可幸免，惟此等问题，可在科学范围以外之各方面加以补救或阻止之，盖科学所增添之威力，固可以应用于死亡与生存之两途。例如吾人一方面有空军之设备，同时亦有民用航空之发展，苟大众不能保守和平或一味盲从其政府之侵略行为，无论为民治的或独裁的政治，将来所造成之惨祸，大众不能逃其责任。假使和平不由外交取得，不经各国共同保障，而徒谴责科学家，工程师之发明，此乃虚伪之论断与怯懦之自辩。农人种植食粮，以备战时之用，其行径与工程师制造飞机正复相同。故战争或和平，除极特殊情形外，科学家并不负其责任，盖科学之发明，虽亦能用作战争工具，然其本旨固在增进人类之和平与幸福。

现在有若干科学家，感觉科学成果有被误用之危险，思以公民资格，发动各国民意以防止之，使科学工作不致无故滥用于荼毒生灵之一途。

予曾主席多种化学家、工程师之国际会议，深知对于上述各问题，各会员咸感兴趣，并愿衷心赞助，以尽个己之义务。科学家想均能记忆，由亚模斯德丹著名科学团体之皇家科学院(Royal Academy of Sciences of Amsterdam)曾经通过一议案，此案后于 1936 年 4 月经过国际科学联合会董事会(International Council of Scientific Unions)大会讨论后，即组织一委员会，专理其事，并规定次述要旨，以为进行方针：

> 本委员会应在相当期内调查各种最重要之科学研究结果，并须指陈物理、化学、生物诸科学之新观点，及进步趋向，尤注重：
>
> （一）彼此相互关系，及全世界各该门科学发达之一般状况；
>
> （二）实际应用科学成果于大众生活。
>
> 本委员会之工作，纯以科学事业为限。

凡此所论，关系公民之政治组织，包括科学家在内，而不专限于科学家。吾人无论应付何事，均应小心翼翼，务使不致发生错觉或眼光短浅，以致不能逃免所受之浩劫。吾人固不难诉诸武力，但战争并不足以解除各国之厄运，或有助于建立开明外交政策以保持和平，使无一国受不公平之待遇。抑吾人又不应误认此时科学家可以制止战争，盖唯有军事领袖善用科学优势，方能排斥战争。迫不获已，诚如卡泰尔(Carlyle)之警告，科学家只有“假上帝之名以行之”而已。使战争果开，人类将普遍的受其荼毒，此种罪恶，科学不能治其末，必须穷究其根源。

吾人兹再以历史及生物学精神试一观察现在状况。科学之伟大进步，及应用科学于社会及政治之方法，良足称述。予常闻人诉称，英国一般科学家每以其艰辛之科学发现，直接有益于大众福利，而不获政府之奖励，常感失望。既有此等事实之存在，各级政府理应设法消除此种缺憾。上述科学工业研究部之设立，即为此种改善意义及前瞻之开始，于行政上业已获得有益之效果。此外政府各部院与科学界之接触，应扩展其范围，不可或缓，而印度与帝国间——尤其吾人负有直接责任之殖民地各政府——尤不宜忽视此种关系。例如孟逊(Manson)与罗士(Ronald Ross)之科学工作,虽为若干人士所共喻,但未必为帝国各地政府所深知。

总之,科学研究之进步,对于社会之影响,应为人人所共识,亦即所以增强社会科学之声价,吾人就过去经验所及,深信科学家、工业家及事业家之合作,有迫切之需要,所以丰裕人类生活,消除社会之破坏力,以及增进社会连系,实利赖之。凡此皆为人类进步及幸福之泉源。

[第22卷第1—2期(1938)合刊第1—5页]

# 25. 科学与伦理

康克龄(Edwin Grant Conklin)教授原著　刘咸译述

译者按：近半世纪前，英儒赫胥黎(Thomas Henry Huxley)以垂老之年应牛津大学(Oxford University)之请，作罗曼尼士讲演(The Romanes Lecture)，以《演化与伦理》(Evolution and Ethics)为题，畅论物竞天择与人治之功，指陈世人对于达尔文主义(Darwinism)之误解，浅譬深喻，立论精辟，一时传诵，学者宗之。良以此次讲演为赫氏晚年精心之作，不仅义理宏富，亦且文赡典雅，为言演化论者奉为经典。我国严几道氏远在四十年前，见其说大有造于吾国当时之世道人心，不辞怀铅握椠，辛苦迻译，以飨国人，曰“天演论”。原文之外，附以案语，属辞典丽，不亚原著，为吾国介绍演化思想首出之书，至今为学人所称许。

世之曲解达尔文学说者，以为如其所说，则世界人类与人类，国家与国家间，只知争夺相雄，惟力是视，强凌弱，众暴寡，无复正义公道之存心，此其所见，实乃大谬。须知人类之所以异于禽兽者，不仅体格构造有演进，同时其他各种性质，如智慧道德，亦各有演进，而个人道德之修养，群众伦理准则之确立，皆为人类演化中所欲达到之最高目的，至于物质文明之进步，不过人文进展中之一端，诚善用之，固可跻人类于幸福，否则足以破坏世界文明而有余，而操此中关键者，实系乎人类之伦理观念若何？道德心如何？

自自然科学进步之全体观之，吾人不能不承认科学已达到减除人类痛苦，增进人类幸福之地步。今者世界少数野心家，不惜冒天下之大不韪，思以政治努力，利用科学贡献，以逞其私欲，迫令科学家舍正途而不由，惟以备战为亟务，此其所为，实违犯人类演化之原则，必遭世界爱好文明、和平及民治国家之一致谴责，吾人并可断言，此种企图，必遭最后之失败。

康克龄教授兹篇所述，乃为世人忽视科学最高使命者说法，不惜反复晓喻，以为世之误解科学者告。康氏为美国科学界硕望，才赡学富，群流宗仰，专门之外，最能注重科学与社会大众之关系，名言谠论，为世所重，尤善以浅显文字，述科学重要问题。说者谓自赫胥黎以来，科学家既博且约，复于普化科学多所尽力，康氏允当其选。本篇《科学与伦理》(Science and Ethics)系康氏于 1937 年 12 月 27 日在美国印地恩那波丽(Indianapolis)举行之美国科学协进合(American Association for the Advancement of Science)所作会长退职演说辞，原文分载于美国之《科学》(*Science*) Vol. 86, pp. 595 - 603 (1937) 及英国之《自然》

(*Nature*)Vol.140，pp.101－105(1938)。惟在《科学》上刊布者系全文，在《自然》上发表者系节录。为减省篇幅计，译文从《自然》。原文明白晓畅，词意并美，译笔拙劣，容多疵谬，严氏所称译事三难，信达雅，译文信达或有之，尔雅则未也。

——译者附志

曩者本会退职会长之年会讲演，要以论科学与宗教关系之题目，最受听众之欢迎。现今大多数科学家，对于以科学为神学之附庸，大都不以为然，惟宗教中有一门学问与科学有重要关系，或可称之为“科学之宗教”，是为伦理学。

吾人均知科学为可试验、证明，及有组织之学问，而伦理学所重者为理想、行为与德性。凡为人类谋幸福，无论所采之方式若何，科学与伦理均不可或缺。有系统之宗教与有组织之科学，诚能彼此切实合作，以求伦理之实际进步，则世界受赐多矣。

宗教的伦理学与科学的伦理学之区别，大半为起源问题，而非由于内容或目的之差异。前者以为伦理之基础为超自然的，伦理之规律直接得诸神意之启示，为神所授予；后者则视伦理之基础为自然的，伦理之规律基于种质、内分泌及社群本能，发自人类天性与社群效用。除起源不同外，内容绝无差异，盖伦理精义无论书之于石，或盟之于心，至德斯为德行，死罪仍为罪恶，不容含混。人类由至善之本能，发为正义、真诚、美、爱、同情、勇敢诸德性之伦理学，与善体神意，敬爱上帝，爱人如己之伦理学，初无二致。换言之，科学的新伦理学与宗教的旧伦理学其内容无所差别，不过一则自内心接受上帝之教义，一则由外表发挥人类之天性。

科学中之最足削弱伦理学地位者，当首推人类自然演化论及伦理系统说。人类为大自然之一部分，乃现代科学上业已基本确立之一事。凡人类之体格、知识及社群关系，在人类悠久历史过程中，均经过长时期之演化。此非臆说，乃系事实，并有肯定之证据。当远古人类型态尚未发达完善时，其体格、知识以及社群关系，均甚低下，去禽兽未远，不足与现代人类相比拟。唯伦理观念亦然，当时甚为幼稚，几经演进，由原始之家族而部落，而国家，而国际；由野蛮而文明；由有仇必报之铁律进而至于爱恕之理想，至于今日，此种高尚观念，遂成为伦理学上之金科玉律。但有不容误解者，伦理观念之演进，亦如体格然，无论个体或种族，其间万有不齐，落伍者去进步者，不可以道里计，非各种民族均守同等之伦理标准也。

由于伦理规律，在各民族间及各文化阶段上之不同，说者遂谓世间并无伦理准则之可言，所谓伦理行为者，不过一己、一群或一国所认为是者是之，非者非之。然事实有可解释者，即伦理规律之意义，有广狭公私之分，不全具同等之价值，因之亦难确定其完善之标准。生物世界中，由变形虫(Amoéba)至人类，其间组织之等级至多；由卵子至成人，所经过之阶级如许；由野蛮至文明，其步骤亦至繁赜，凡此所经过之程序或阶级，对于人类不能视为有同等之价值，故真、善、美为相对的，而非绝对的，智愚不可以概论。

达尔文演化哲学之精义，为自然选择(natural selection)，此世人所週知，毋庸赘述。达氏于研得家畜动物与栽培植物可用人工选择(human selection)而生效验后，即进一步研求自然界中此种类似实例，而实际上不须人工为之指引，不久达氏即于马尔萨斯(Malthus)之人口过剩学说中求得之。汰不适而存其宜，以作生存之竞争，达氏虽知环境——无机的及有机的——为其主要因素，然仍认为生物本身之某种功能，实司选择或淘汰之机缄。此种现象，尤以性择(sexual selection)方面为显著。他若知识、道德、社群诸演化现象中，自择之说，尤占达氏哲学之重要部分。

世之人道论者，每非难达尔文主义，责其破坏高尚之伦理思想，只为残暴之极，自私之尤，只知生存，罔顾道德，但求成功，不择手段，生存竞争，弱者先亡，强者独存，至于今日，犹不免为蛮横军阀、独裁政客利用之以为强权即公理之张本，认冲突战争为进步，军事训练为最高之教育。

虽然，持此说者，根本误解自然选择学说之真义。达氏为免世人误解起见，曾剀切声述其学说不能应用于人类种族与国家间之竞争。世人之欲引用此义于智识、社群、道德诸方面者，应牢记"适之标准"在此种范围之内，截然不同。自体格言，最适者为最善生活及最善抚育后代者；自智识言，最适者为思想最合理者；自社群言，最适者为最合伦理者。今欲以体格适应之标准，应用于智识与社群方面，未免有张冠李戴之嫌，盖此三方面之演化，各有其不同之途径，人类则因有此多方面之演化，故得在自然界中占有特殊之地位。体、智、群三种进化因素，虽曰互为平衡，然非互相排斥。

然则所谓人为选择者，是否亦合乎自然之原理？其答案须视"自然"之定义如何。倘自然之定义为正常、合法，非任意或非法者，则人为选择亦属于自然之范围。吾人由研究下等生物之行为，及人类由婴孩至成人所经过之各个发长阶段，即知选择机能固无时不在进行中。例如单细胞动植物知避免酷热或严寒，趋附或拒抗某种化学物质，摄取或舍去某种食物，即微小如种细胞，亦具此同样之特性，由此可得一结论，即凡生物皆具此种感觉性及反应性，更经过"尝试错误"而达到"尝试成功"之地步，不美满之反应抛弃之，美满者保留之，此乃达氏学说之真谛。生物既具此反应作用，可知生物本身为选择或淘汰之主宰，不完全为环境所左右。

动物与人类之智识亦同样由试验之方法得来，经过无数"尝试失败"方始达到"尝试成功"之境地，追忆过去失败与成功之教训，方可免重蹈失败而获成功。今有猫于此，经过数次"尝试失败"，得知开鸟笼之门；有马于此，足能举闩，此无他，运用智慧于学习该动作而获得最后之成功故也。推而论之，人类之获得智慧亦不外此方法，可知智慧能由经验而增加，而综合经验之能力，即吾人所谓抽象思想，或理解是也。

1893年赫胥黎于其著名之罗曼尼士讲演《演化与伦理》(Evolution and Ethics)中，论伦理学之主要，在能以人类之智慧行人为之选择，以反抗天运中之自然选择。应以人类之同情合作，替代加诸小弱无助者之无情残暴。赫氏更喻示人为选择之优异性。譬之树艺园庭，日加修治，则奇花异卉，各遂生机，若一旦委诸自然，不假人力，则曾几何时，蔓草荒榛，羌无蹊迒，不复存园庭之佳趣矣。又或有人为之铲刈秽草，斩除恶木，缭以周垣，则衡从十亩，又不难复旧观矣。从可知用人类之智能，足以改变自然盲目势力之运行，藉以满足人类之要求。

凡此所论，其为真理，固毋庸疑，吾人继续努力改善自然势力之运行，即所以求达吾人本身之目的。凡农、工、医、教之事，皆为改善自然而发，所谓"自然无疵"之说，殊不可信。而"返自然"(back to nature)之呼声，更为退步而非进步之象征。世人如以为人类之智慧、同情、合作及其他伦理规律为非自然之一部分或自然演化之结果者，诚属大谬。吾人以善用智慧，故能控制环境，故能改善自然界之盲目努力。智慧为演化中之一重要因素，是又无可或疑之事也。

个体行为，或伦理思想之形成，其责任应由全社会负之固矣，然选择不能不有其自由。无选择自由，则无责任，无义务，无伦理之可言。科学家之具严格机械观者，深信自由，责任及义务皆属妄诞，意以为人类之一切动作、思想、感觉、行为，早由遗传与环境所决定，本身并不能加以控制。此种运命之说，大都由自然宿命(determinism)演绎而来，见诸数学、天文、物理、化学各科学。近来更有一部分生理学家引深此说，以作各种生命现象之解释，人生亦在其内。此种虔诚宿命论者，有时不免持论过当，谓人类全部历史早于宇宙初成时决定之，如国家之兴亡，文化之盛衰，现在世界及未来之运命，皆由无可摇撼之法则早为决定之。虽然，研究动物行为之多数生物学家，对于动物行为仅视为机械动作之说，未敢苟同，而研究人类行为之学者，对于人类决于运命而无以自拔之逻辑，亦终觉有其缺点，难以解释。盖宿命论者，一方面在逻辑中否认人类之自由及责任，同时在辩证时又承认圣人及罪犯、慈善家及残暴者，同为戏剧中之傀儡，受某种不可控制势力之支配，自相矛盾，莫此为甚。

物理科学中之“未辟宇宙”(closed universe)与人类经验中之世界,大不相同。信此说者谓经验乃虚幻,严正逻辑及真实科学均不能承认之。在此“未辟宇宙”中,人类所作所为,乃被迫而然,无自由、责任、义务,亦无所谓教育、伦理或宗教。为免趋极端计,一般受无机自然界宿命论影响之数学家及物理学家,多采卡德二元论(Cartesian dualism)以解释之,俾有生机或性灵之生物,尤其人类,不致为严正之宿命论所范围。反之,研究生命现象之学者,对于此二元论之存在,并未发现其有何充分之证据,故就生命与人类而论,生理学家及心理学家,不约而同,成为较物理科学家更坚决之宿命论者。

近来有科学家多人,认为海森堡(Heisenberg)所倡之次原子物理学(sub-atomic physics)中不定原理,可视为新奇、创造与自由之解释,一如生物中所显示者相同,但实际如何,则尚无人能语其详。复次,生物学家大都不承认生物之行为有任何基本之不固定性,奇异、创造、自由诸性质,姑无论其起源是否业已明悉,其为旧因素经新组合所致,殆无疑义。此种因素为原子、分子、基因、染色体、细胞、器官、功能,或为感觉、记忆及意识皆可也。此旧因素经新组合,结果出现许多具新性质之化合物,更由基因、染色体及环境刺激新组合之结果,多种新奇之遗传与发长,次第发生。不宁唯是,心灵特性如意识、智慧、愿望,因经特种物质与心灵之配合,其发展过程亦以次出现,此中真谛,诚极演化哲学之大观。换言之,宇宙全体,包括人类及其种种智能活动,乃变换之结果,而非新组合,为推陈出新,而非创新。

自由非无故活动之谓,愿望非脑府之主宰;反之,乃种种物质,心灵活动之总和,尤指多种反应,约制的及记忆的经验,藉此种反应与经验之刺激,以发出并指使多种行为,可见愿望并非不固定,无原因,或绝对自由的,实系生物本身组织及经验活动之结果。换言之,愿望为决定行为之一因素。由此言之,吾人固不须假借次原子物理学中之不固定原理以解释自由意志之发生。又人类在相当范围之内,能约束自身之行动及身外之诱惑,此种事实,固不必电子中有小主宰,或人心中有大主宰也。

百年之前,武瓷华士(Wordsworth)诗云:

在昔人昧弱,
惧畏不自胜,
今日富权能,
力能制环境,
科学踏步进,
人性逐善未?

[见《杂咏》(*Miscellaneous Sonnets*), Part 3, 41, Jan., 1838]

此诗在今日诵之，较之当时更觉亲切，盖就吾人控制自然势力之能力论，吾人正生长在另一新世界也。但爱恕之心究较前增益否耶??

人类天性与社会关系之进步，均未能与科学取得一致之步骤，此非科学之罪，而过在人类与社会。科学之惊人进步，世人往往利用之于自私自利之一途，而不以谋社会福利为目的。吾人均知医药与卫生科学之进步，远在社会大众能利用程度之前，但需要与利用之进步，则甚迂缓。吾人深信以合理及和平之手段，以解决阶级斗争及阻止战争，必较罢工与扩军为经济而有效。然而罢工与扩军之事，仍进行不已者，此中症结，乃因社会进步较科学进步为迟慢之故，致世人有以为科学进步愈速，社会愈停滞之误解，因此有思想之辈，不免发生"创造吾人现代文明之科学，仍将毁灭之乎"之疑问。

推源其故，问题之根本在人类天性之进步不能与控制自然界之学术，保取同一步骤。现今人类知利用语言、文字、印刷、广播，及其他一切交通利器，为保存学术之方法，将每代创获传至后代，而人类天性之进步，则不足以语此。

现在之科学文化，乃人类过去经验与积聚之总和，代代相承，递进不已。反之，个人生命之起点，则仍须步祖先之后尘，由种细胞开始，而发长，而成熟，而衰老、死亡，然社会生命继续不断，其进步系由极峰至极峰，故科学与文化之一般进步，均超越个人遗传之所得，因每代学术及其成就，可由社交接触，而不能由种细胞遗传至次代。本此理由，进步不已之学术，当然超过人类天性之遗传。

然则人类天性进步较科学与社会进步落后之现象，亦有方法补救之乎？善种学(Eugenics)曾被认为解决此问题可能及必由之途径。观乎家畜动物，与栽培植物，因应用进种原理，结果有显著之进步。诚能应用此原理以图人类遗传之改进，其将大有效果，可无疑义。遗传学家对于利用选种方法，以造成更健全、更长寿、更聪明、更温和之人种，亦深信其可以成功。但欲实行此种改良人种方案，其中仍不免有种种困难，良以现在人种至为混杂，世界残至无纯种之可言，欲施行善种法则必因社会地位、种族歧视，及伦理观念，发生种种障碍，或因自身不愿参加，或由政府加以阻挠。即令此种种障碍，有法解除，依照方案步步施行，然欲求人类全体有显著之改良，恐非万千年不为功。

社会进步与生物遗传之不协调，现幸有其他便捷方法，可资补救。吾人熟知遗传仅决定生物之性质与潜能，潜能之实现在发育，发育则受环境、激素、健康或疾病，用进废退，约制反应或习惯之绝大影响。每一个体常因缺乏适当刺激，致有若干性质不能发展，此种可遗传之潜性，可好可坏，或有益或无益，故开明之社会常以助长前者，退止后者为目的。在人类遗传中，许多可能之性质，何者能实行发长，则全视发长时所受之刺激而定。若吾人发长时之环境不同，则吾人所获之生命亦不同，或较现在为佳，或不及之，内分泌学家及营养学家，已能在发长程序中，阻止或免除若干缺点，在此诸方面，科学贡献于人生之福利及实际伦理者，至为伟大。

就各种改良社会状况之迅速方法论，伦理教育或最有希望。根据发长学原理，从事改善各阶级、种族、国家间关系为职志之教育，诚为社会进步之主要希望。教育之永久效能，为习惯之养成，良好教育之内容，大部分为养成良好之体格、智识及道德，遗传为第一天性，习惯为第二天性，但就性质养成及社会价值言，习惯与遗传有同等重要。凡完全信赖遗传以改良人类或社会者，乃遗忘遗传性质系可善可恶，及忽略人类天性可由人工营养改良之普遍经验。

本此立场，有不少人道论者，主张在教育课程中以艺术、文学、历史、政治及道德哲学代替科学。其理由系认科学唯物，无伦理，缺乏高尚理想，足以忽视或破坏人生之真正价值。支加哥大学(Chicago University)校长宣称科学在教育上之功效，业已失败，倡议恢复哲学以替代之，认为此乃达到健全训练及真正修养之唯一稳健途径。凡从未受过科学训练，及不认识研究之崇高效能者，咸惧畏科学将破坏吾人之文明，而呼吁教育家仍恢复古时之经典教科。未讨论本问题之先，有须声述者，即过去文明之衰败，非由于科学发达之故，而挽救此后文明于不堕，亦非古时艺术、文学、哲学所能为力。现今世界诚无其他学问能如科学之善别真伪、虚实、情理，亦无能指示真理之所在，并勉励吾人努力研求如科学者。哲学企图综合世间所有学问，诚然伟大，然真实之哲学，必须以可以证验之科学为基础。武资华士诗又云：

自然圈地，
坚而且实，
维吾智力，以建以立。

由此言之，以发展人类体、智、德育为目的之教育，乃人类进步中唯一有希望之事。即其他任何改良方案，凡关系遗传人类之天性者，如人类遗传之原理，善种方法之实施，皆唯教育是赖。换言之，由良好社会以求人类现有性质之更优发长，即可致莫大进步，而改善人类天性，固可不必经过善种学之迟缓途径也。更就事实言，由野蛮进至最高文明所经过之各阶段，与遗传上之进步，其程度并不相等。

自吾人之祖先由野蛮进至文明，吾人之遗传性质虽未有若何增进之实据，然于自身智慧之进步，及所获思想之自由，则崇信之念，有增无已。凡吾人曾受思想、言论、出版、自由之传统利益者，凡信任自由与责任为进步之要素者，应竭力保障智识自由，使不致灭绝于今日之世界，盖此种自由为科学进步所必需。且时至今日，科学应有绝对自由尤其在黩武穷兵，好战以逞之国家有其必要，彼仗一时威权，迫令学者信从政治上、社会上或科学上之指定主义者，乃罪大恶极。

人格之不能彼此强同，犹之各民族与国家之不能强迫信奉同一政治或社会思想。惟有可信者，伦理之基本概念，则可望彼此相同。盖人类之需要、情操、本能、满足，大抵相同。科学之目的与方法，无往不同，则利用科学之联系，可致世界之大同。结果共同之基本伦理观念，可以形成。当前人类之最大问题，为如何增进社会之合作，如何增加对于真理之信心，如何增进公道与友爱之精神，如何扩展伦理于全人类，此乃科学、政治、教育、宗教之共同问题，所亟应解决者也。

伦理科学视追求真理为人类最高尚义务之一，视高尚之人性为演化最善之产物，服务人类为莫大之善行，人类天性与人类教育可以改善，理性可以克服悖谬，合作可以制止竞争，而人类未来之进步，可以增进人类之智慧及生活之目的。

总而论之，伦理科学之范围甚大，包含有关人类福利及社会关系之各方面：如善种学由应用遗传学原理以改良人类之遗传；由社会学以最善方法琢育最宜之人群，并保存之；更由试验生物学、医学、内分泌学、营养学及儿童研究，以谋体格及智能之改进；此外如科学的经济政治之研究，尤其以养成合理思想，宽仁风度，及勇敢行为等习惯之教育学，皆在伦理学注重之列。

以上各门科学之研究，现今虽显有进步，但关于人类天性及社会不安宁之原因，则犹嫌知之不足。诚能应用试验科学方法以研究之，将来必有极大之进步。例如疾病一事，古时视为鬼魔作祟，莫能或治，自医学进步，人类疾病大见减少。社会之疾病亦然，亦有自然原因，发现此种原因而控制之，斯获疗治。

学理超越事实，理想先于实践，此千古不刊之论。然则如之何人类方可达到理想之生活？如之何可化私为公，以德报怨，以理制情？此绝大问题，虽千百年来经学者之努力，仍未获迅速之解决。意者其惟有科学、宗教、教育三者互相合作，庶有望乎！

［第 22 卷第 3—4 期合刊(1938)第 87—94 页］

# 26. 科学之厄运

刘 咸

年来国际局势杌陧不安,匪特政治经济被其影响,而科学亦遭厄运,推原其故,无非世界三数国家,在独裁者及军阀宰割之下,狡焉思逞,冀遂其侵略之野心,阿比西尼亚之沦亡,西班牙之内争,奥大利之被并,以及中国之英勇抗战,皆独权国家暴戾恣睢有以致之。世界集体和平已受威胁,国际道德一落千丈,末流所趋,势必引起全世界大战,使每一国家均将陷入漩涡,利用科学发明尖端,竞为杀灭破坏之能事,科学原以福利人群为职志者,乃被误用以加害人群,事之可痛,孰逾于此,斯诚科学之厄运,不能不作是非之辨也。

## 1. 科学被误解

吾人居尝论之,科学之目的在寻求真理,造福人类,开拓知识领域,勘破自然秘奥,科学文化为人类所共有,亦为千百年来积无数科学家之思想精力之总和,留传至今,至可宝贵,非任何国家,任何党派,所得而私之。科学真理最称具体,是是非非,不容假借,所谓小不真胜于大错。科学精神以客观为主,不挟成见,重自由探讨,无国界,无种族,无好恶,凡此基本事实,本为科学界所共喻,原无用其阐明,乃近年独权国家,尤其科学发达之德国,因执政者狃于党派主义之成见,别具用心,不惜改变科学固有之目的,歪曲科学真正之内容,摧残科学之忠实精神,迫令科学为政治之附庸,主义之工具。换言之,不顾科学之真理如何,但问与一党一派之主义适合与否,合则利用之,以为宣传之资料,不合则排斥之,抹杀之,禁锢之,入主出奴,倒果为因,此种现象,见诸社会科学,人文科学者尤多。例如诺底克种(Nordic)不必尽优,犹太人(Jews)未必皆劣,而在德意二国,则不顾事实,一味鼓吹种族歧视主义,引起国民仇视犹太人之心理,以遂其政治之作用。更可哂者,凡犹太人在科学上之成就,如爱因斯坦(Einstein)之相对论,亦一概抹杀视为无足轻重,并否定其价值,必日尔曼人之贡献,如勃兰克(Planck)之量子论,方有重大之价值,值得宣扬,提倡所谓德意志民族科学,民族文化,凡杂外人之贡献者,均为不善不美。诚如所说,则不仅一般久已确立之科学理论,概须推翻,而一部科学史,亦必须重新修订,事之荒谬,孰过于此,斯诚科学本身之大不幸,亦独权国家科学界之羞耻!

## 2. 科学被误用

科学研究之成果，除能增益人类知识外，更可作种种实际上之利用，诚善用之，则为人类造幸福，谋生活之丰满，不善用之，则可以杀人类，毁灭文明而有余。试思吾人今日所享受之各种物质文明之便利，何莫非科学之赐，此种利用科学成果于正当途径，理宜鼓励推广，使人群大众均蒙其庥，庶不负科学家、发明家辛苦钻研之苦心。

乃事有大谬不然者，现今黩武穷兵国家之军阀政客，好乱成性，肆意侵略，不惜倒行逆施，利用种种科学上之新发明从事战争，以逞其残杀无辜，毁灭人类文明之野心。例如飞机之发明，本为便利交通，乃军阀用之以轰炸平民，及不设防城市。1863 年诺贝尔(Nobel)之发明炸药，原意为开矿山、地道之用，不意后日野心家利用之作战争之利器。各种毒气之发明，亦多为偶然之事，例如西元前 79 年意大利之维苏维乌斯火山(Vesuvius)爆发，喷出多量之二氧化硫气($SO_2$)，博物学家白林尼(Pliny)因以致死，于是世人遂知此气能杀人。140 年前氯气(chlorine)之发现，乃化学家研究食盐必然之结果，初非有意研求杀人之毒气。他如芥子气(mustard gas)、烧夷弹，均为现时军火中最猛烈有剧毒之武器，考其发明之初，无非科学家因好奇心之驱使，偶然遭遇之结果，并未思及后人将利用之于战争之场合，以为杀人放火之工具。

由此可见科学发明，多系偶然之机遇，初无一定之目的，故现今许多被利用为战争时杀人之利器者，虽为应用科学发明之结果，然科学本身并无罪过，科学家发明家亦不负其责任，所应尸其咎者，乃误用科学发明及其成果之野心军阀及无聊政客辈。现今西班牙及中国之惨遭屠杀，即坐此故。倘爱好和平国家，主持正义人士，犹不及时奋起，设法制裁此种疯狂行为，则全世界人类将无噍类，人类之文明，亦将从此斩矣。

## 3. 知识被禁锢

独权国家之另一政策，为民治国家所不取者，为厉行知识之禁锢。集会、言论、出版无自由，固无论矣，即科学问题之研究，及所读之书籍，亦须受党派之统制。倘所研究之问题与现行主义相枘凿，概在禁锢之列，苟有违犯，则科罪系狱，杀无赦也。然吾人以为禁锢知识自由，在行之者自以为根绝异己，莫善于此，实乃至愚至下之策略，吾人须知任何具体事件，均易统制，唯思想知识变化莫测，万有不齐实无法禁锢，亦非任何强有力者所得而禁锢之。且人类文化之所以日积月累，年有进步者，全赖思想之自由，知识之无限制，方能推陈出新，方有创造发明，此在科学然，在各种学术亦莫不然。吾国秦始皇逞专制淫威，焚书坑儒，以可从此以后，天下莫予毒也。然不旋踵而亡，为天下后世所窃笑。乃不谓二千年后，此种现象重见于号称二十世纪文明之今日之东西独权及军阀国家，吾人由读报章杂志所得，在此等独权国家之内，人民既无言论、出版、集会之自由，而阅读书报亦受统制，凡涉及社会主义、共产主义以及倡导自由思想之书报皆在绝对禁止检查之列，固不难想见，最可笑者，英国之自然（*Nature*）週刊，乃一纯粹之科学杂志，曾以批评禁锢知识自由之故，竟为德国当局禁止进口，并由德国教育部通令各科学机关及各学校禁止订阅此刊物，其他禁锢之严密，手段之毒辣可类推矣。

我国"芳邻"，亦东施效颦，对于论自由思想，及谈主义之书籍，无论新旧，无论为本国文字或外国文字，皆悬为厉禁，美其名曰"国民精神清洁之动员"，如穆勒（J. S. Mill）之《自由论》（*On Liberty*），罗素（Bertrand Russell）之《到自由之路》（*Road to Freedom*）等书，皆在禁止之列，可笑孰甚。其他谈主义及思想左倾之书则绝迹于书肆（但秘密发售者，仍多有之，索价较平时高数倍）。此种愚民政策，在昔帝王行之，已遭失败，矧二十世纪之今日，思潮澎湃，防不胜防，犹师故智，何异于自掘坟墓，亦徒见心劳日拙而已。

## 4. 学者被放逐

德国自国社党执政以还，本牵强之人种学立场，盛倡排斥犹太人之运动，不分皂白，不计功过，凡属犹太族概在放逐之列，名儒硕望，亦不获免。据英国学者救济会之调查，五年以来，由德国放逐之犹太族学者，包括科学家在内，不下六千余人。单身或挈眷逃往英、法、俄、美诸国者，比比皆是，就中赴美国者尤多，而前来吾国者，亦不乏人。出亡之科学家有甚多为国际著名学者，如爱因斯坦（Albert Einstein）即其著例，现已入美国籍，归化为美国公民，美国如获至宝。最近德国并奥后，又有大批犹太学者惨遭放逐，著名心理学家佛乐德（Freude）以八旬高龄，亦在其列，仓卒之间，逃往英伦，卜居伦敦，以尽余年。其他文学家、医师、律师等之遭受同样运命者，更难仆数也。

被放逐之犹太人中有不少于上次欧战时，为德国效命疆场，卓著勋劳者，科学家中更多学界泰斗，蜚声国际，平时并不与闻政治，今不念前功，不分顺逆，一概放逐，此在德国实为一不可补偿之损失。盖就吾人所知，德国各大学中，自犹太族教授被黜后，继任者多为后辈青年，不仅学术经验两未丰富，而声望资格，尤感不孚，因此各大学之声名地位，立时降落，例如哥丁根(Göttingen)大学向以数学著称于世，自犹太族之数学教授多人相继罢免后，即丧失向日在数学界重心之地位，盖一校声誉之隆替，与教授之声名极有关系。且德国此种人才之损失，乃无价值之损失，学术盛衰，关系人才，而国家强弱，又系于学术，德国前此之强盛，非偶然也。

总之，当此独权政治盛行之今日，群魔起舞，科学被误解、被误用，科学家被冤屈，乃属最不幸之遭遇。然邪不胜正，虚伪不敌真理，天道好还，不远而复，在不久将来，全世界整个科学体系，必可随政治势力之变迁而复旧观，不致久被独权者所劫持，一本为人类谋福利之高尚目的迈进，终将造成有秩序、有规律之和平世界。吾人相信真理能战胜一切，解放一切，此项重大任务，正有待于吾人对于科学之共同努力也。

[第22卷第7—8期合刊(1938)第269—271页]

# 27. 科学方法与治事精神

——5月23日在成都广播电台讲演

李晓舫

我们时常听人说，现今是科学时代，我们需要科学。的确因为自然科学的进步，人类的生活大大改变了一个方式。就某种意义上说，我们现在的生活，比较一百年前人的生活，实在有显著的进步。就交通方面说，因为交通工具的发明，我们所居住的地球好像缩小了许多。譬如前几十年由成都到香港要走好几十天的路，现在乘飞机，只须五小时便可达到。世界上任何地方发生了一件事，不到一小时，凭着无线电，便传播到世界各地。再就疾病治疗方面说，因为发明了血清疗法，可怕的传染病，如天花、霍乱，在文明国家里，几乎绝迹，无流行死人的危险。欧美各国人民的平均年龄，比较一百年前，有延长十余岁至二十岁的成绩。可见科学使我们享受更长的，而且更康健的生命。此外在食衣住行一切生活里，我们都可以看出科学给我们的贡献，与我们的福利。

喜欢用思想的人，必定要问为什么科学有这样大的成功？我们下细研究，才知道宝贵的科学发明后面，还有更可宝贵的科学方法。我们若研究为什么人类在过二三百年，比较从前四五千年进步还快？我们不怀疑的说，是因为我们现在找到了方法。

我们现在试讨论一下，什么是科学方法呢？

第一，科学是实事求是。从搜集事实入手，而不是单凭玄想。这步功夫常是很繁难，需要长时期的工作。譬如达尔文写《物种原始》(*Origin of Species*)一书，费了三十年的功夫，从自然界搜集材料。

材料搜集许多，若不加以整理，仍是一盘散沙。我们必须做一番披沙拣金的工夫，将材料加以分类的研究，辨别异同，寻出事物现象间的关系，以抽出支配事物现象的规则或定律。

由观测实验寻得定律，是科学研究的重要进展，而不是科学的终局。因为到了这一步，我们仅明白现象怎样进展，倘须进一步追求为什么有这些规律。探本求源，便寻得支配这些定律后面的一些基本原则。于是我们再根据这些原则，用演绎的方法，推出已知或未知的定律。

若是由此推出来的结论，与事物现象发生矛盾的地方，那便暴露我们所根据的原则或理论是有缺点。于是我们便当修改旧的理论，或重建新的原则。这样看来，用科学方法所推出来的道理，非一成不变，而是时常演进，前进不已的。

总括起来说，科学方法是事实现象之搜集、整理、归纳、求律、寻源、演绎、推阐、预测与应证。

这种方法，在自然科学上应用起来，既然得着许多伟大的成就，我们以为用到其他的事情上，也会得着成功。所以我们时常听见人说，我们需要科学方法整理国故，我们需要科学方法管理工厂，我们需要科学方法治理国家，我们需要科学方法调整国际纷争。

的确，科学方法里所表现出的几种精神，是我们人类一切活动应当备具的精神。小至个人修己为人，大至“治国平天下”，我们都应当应用这些方法。

科学精神的第一种表现是诚实。科学家本诚实的态度，追求真理，是一切发明与发现的基本条件。我们古圣先贤劝人修己为人，都很看重这个诚字。所以说“不诚无物，是故君子诚之为贵”。又说“诚之所至，金石为开”“至诚之道可以前知”。治国平天下，须先从诚意、正心、修身入手。西方谚语亦说“诚实为无上政策”。我们试想现在小至个人纷争，大至国际冲突，那一样不是因为缺乏了这个诚字？

科学精神的第二种表现是真实。科学家对于事理，是则是，非则非，绝无依违两可的见解，不抱骑墙的态度。一般人因为利害的关系，对于是非，便不是这样的看法。利害当前，有些人不敢主张，噤若寒蝉。这些是一般人誉为明哲保身的乡愿。大多数的人，因为利害的关系，有利于我的，不惜非而是之，有害于我的，不惜是而非之。现在社会所需要的，便是只问是非，不顾利害的刚强好汉。这种人便是孟子所说的“富贵不能淫，贫贱不能移，威武不能屈”的大丈夫。

科学方法的另一种精神是合理化。所谓合理化，是我们一切举动须当合乎事理。与事理相违背或矛盾的，皆有背科学方法，而不会得到成功的。

我们现在若果考察一下，便很容易看出我们现在的世界，是如何的不合理化！就各国的开支表看，几乎每个国家把一半的支出，用在军备上面。那是说人类将其辛勤劳苦所得的一半，用来自相残杀。这是何等的不合理化！

再看经济的组织。劳力的人终岁胼手胝足不得一饱，承揽资产的纨绔子弟，或剥夺他人的资本家，穷极奢华，恣意享受，而不知什么叫工作。以号称“天府”，产物丰富的四川，而乞丐遍地，盗贼纵横。白居易在唐时便已很愤慨的咏道：“朱门酒肉臭，道有饿殍骨。”这又是何等的不合理化！

那么更看产业发达的国家，因为国际的商战，为着提高价格，在智利每年有若干万吨的咖啡用作燃料，或沉之大海。美国大果园里的葡萄、苹果，也常因为同样的原因，让其自行腐坏。苏俄的面粉不足自给，而常大量的贬价向外倾销。工业化的国家，人人忙碌异常。但仔细调查他们工作的性质，像美国在三人之中，有一人之工作，是无益或有害于社会或人群的。

由以上种种看来，我们现在世界岂但是不合理，而且简直是发疯狂！

暂且不谈社会国家，而单就个人说，有几何人的生活说得上做到了"合理化"三字？自饮食、起居、用钱、度日，以至待人接物等等，试反省一下，至少有许多是当用科学方法加以改良的。

若是我们能应用科学方法，单就经济组织说，据一位经济学家计算，每人每日只须工作四小时，每星期工作五日，每年工作五十星期，世界人类个个丰衣足食。若是更将余暇的时间加以合理的使用，或研究学术，或尽力社会事业，那吗世界不难变为天堂。

这样看来我们需要科学方法，使我们人类的一切活动，小至个人日常生活，大至国际关系，皆趋于合理化，是我们现今急切的需要，而无丝毫可以怀疑的。

各位不要以为自然科学上的法则，不能应用于修身与治事。我国的先哲素以组织国家施行政治，使合于天地造化之理法为最大的理想。《易经》上不是说："古者伏羲氏之王天下也，仰观天象，俯察百政，远取诸物，近取诸身。"孔子亦以"致知格物"——即使用科学方法——为治国平天下之本。

鄙人是习自然科学的人，相信个人、社会与国际种种问题的根本解决，最好是尽量使用科学方法，本真诚的精神，向合理化方面做去。不要让这宝贵的方法，仅为少数科学家在实验室里使用，便是我们这篇讲演的希望了。

[第 23 卷第 10 期(1939)第 565—567 页]

# 28. 科学之发长[①]

秋浦译

科学一名词之含义，为自然界知识，如宇宙星辰，地球及其所包容之生物与非生物，以及一切控制恒常变化之势力，演现于天地间者均属之。然科学并不包含如何利用此项知识，如蒸汽机、船、飞机、X线、无线电等，均系科学之应用，其用法可分为智与不智，为慈善动机或系自私目的。科学之正当用途应以道德与宗教为皈依，科学本身亦即系知识而已。此种区别，极为重要，俾世之责备科学为罪恶所在者，不应归咎于知识之猛进，实由于缺少道德心之故，是不可以不察。

科学无时不在滋长中。一方面由于人类之天然好奇心理，喜于探索未知，解释奥秘或发现天然间新事物，为莫大乐趣所致。另一原因为时常需求更丰富之知识。

医师欲知病之内部性质，或解决关于公共卫生问题。制造家欲解释意外之缺陷，甚或寻觅新建造之方法。工程师需要更佳材料，以资建设。农业家欲其收获丰实，如何方能防御敌害及气候土壤之研究等等，每天总有成千累万之新知识增入世界知识宝库，漫无止境。

然吾人有须记取者，每项知识殆可应用于多方面，一随发明者之意志而定，或依其标的而实施，毫无拘束。例如现代战争使用之毒气，初非因斯而发明，吾人早知利用，苟废除之，则举世事业将受严重阻碍。

试向光明方面着想，则又可欢欣满意。社会之卫生逐步改善，痛苦与窘乏日渐减少，世界之奇迹愈益显露，惊羡赞赏之机会愈多。吾人所知愈多，领略知识赋与吾人之权力，以及利用知识于良善一途，则更易矫正知识之被误用或恶意使用。予兹叙述一二重要有趣标的，现时科学正向之迈进。

余首愿申述者，为介于生物学、化学与物理学领域中，正在进行之工作，即活细胞与组织之研究是。于此有新奇之发现，足以增进吾人了解活躯体之机械观并改善处理之道。

复次，更有新方法可凭之以探究金属合金结构之奥秘，研知其各种特殊性质之起源。近年来冶金科学完全革新，而所以获得新奇之成功，实由于窥破其惊奇构造得来，此渐为吾人所熟知。

---

① 本篇系伦敦皇家学会会长 William Bragg 爵士为科学通讯社(Science Service)在美国 Columbia 广播站讲演词节略。原文载 *Science News Letter*, Vol.35, p.282(1939)。

电之奇妙固然永无止境。然另一方面最有趣者为关于食物之保藏，增加不少新知识，且关系社会尤为重要。果实之气藏法，及选择温度以保藏食物，均甚新奇，可勿赘述。

现当论及最关重要之一点。吾人应如何对付当前世界物质方面所增进之知识？余深信大众将遵从基督教之基本教规，但余并不争辩是否唯基督教始有此规律。于此吾人将获有正义行为之激励，继之以智慧，根据了解自然知识曾施于及将施于吾人生命之影响。吾人必须习得技术，以运用吾人所发现，而技术又非一时所能获得。

余以为一般人杞忧吾人遭遇之困难，系由于道德进长之不速不足与科学并驾齐驱，实乃大误。道德原不能以如此之速率长进。然吾人苟留心及此，吾人可获得此种技术，使科学之发长用于正当之一途，吾人务须赶速学习，因科学发长极速故也。

科学赋与吾人广大机会，以改进控制我人生命诸环境。世界上亦不乏善意之人，予深信必较吾人所见所闻者为多，吾人诚宜就日常经验所得，信赖吾人之邻人。但当此智慧与谅解心缺乏之时，吾人目下最大需要之一，即系学习如何利用已获得之知识。

吾人尚须记忆者，玄想并非知识，玄想固属需要，但贵得当。吾人能运用之以为创建未来知识之助固善，否则即藉提示吾人所已知者较之所未知者犹沧海之一粟，亦甚有益。世有神秘主义而为愚蒙之自供者，尚不足为害。倘亦有神秘主义系建立于不可控制之幻想上，则不免危险耳。

［第 23 卷第 11 期(1939)第 645—646 页］

# 29. 科学与战争[①]

J. D. Bernal 著　陈燕贻译

近来我们渐渐发觉不少科学上的努力被误用于纯粹破坏的目的。同时我们又觉得由于科学发明的应用，现代战争已呈现着空前未有的可怖面目。

科学和战争常被很密切的联系着。的确，科学和技术上的重要发明，除了十九世纪的一部分外，大部分都是直接由于战争的物质需要而开始的。

火药(研究盐类混合物的产物)的发明，对于科学有多方面的帮助。爆炸的化学作用，使人们探究燃烧的本性和气体的性质。结果筑成了十七、十八两世纪近代化学的基础。

爆炸现象引导人们去研究气体的膨胀和蒸汽机。虽然蒸汽机的研究还有它更直接的原因。人们看见推动子弹的巨大力量，很自然的便想到利用气体的力量来发动机器了。大炮的制造刺激了金属和采冶工业。结果促进了无机化学和冶金工业的发展。

炮弹的疾飞改变了力学的观念。在大炮未发明以前，动力学的现代意义就根本无立足的地位。从前人都以为运动的物体不是自由落下，便是不断被力推动。自从大炮发明以后，这观念便改变了。人们看到投射体涉及了一种新的力。

战争的规模日渐扩大了，大炮的需求也日渐增加了。十八、十九两世纪技术上的最大发展，特别是蒸汽机的发明和大规模用煤熔铁，都是直接应这个需要的。Wilkinson 应用钻凿炮筒的经验来钻凿蒸汽机圆筒，把蒸汽机大大的改良，使瓦特(Watt)的蒸汽机在实用上完全脱离了旧式空气引擎的窠臼。Rumford 也因此发现了热的功当量，奠定了一切热引擎的基本理论。

大规模炼钢对于现代机械文明影响最大。炼钢技术的发展，也是直接由于战争的需要。1854 年，正当克里米战争(Crimean War)的初期，Bessemer 发明了一种旋筒大炮。但他找不到适当的铁，足以抵抗高度的应变。因此便开始了他的伟大的炼钢研究。

同时交通和运输方法的改良，电话、无线电、汽车运输以及飞机的进步，在在都使百万人的迅捷调动和指挥成为可能。医药和粮食贮藏方法的改良，更使大群人聚集一处，虽经数年，也不至受饥饿和疾病的摧残。

这些事实对于战争的重要性，到了上次大战才完全明白。大战是那样的需要科学和

---

① 本文译自 1939 年 9 月份 *Science Digest*。原题为"Science, War, and Civilization"。

技术上的准备，使人们深深感到这些准备的不充分，不足以适应当时的局面。从此科学家已不是政府的奢侈品而是必需品了。起初科学家是被浪费了。Moseley便是一个很好的例，要不是他死在Gallipoli，他或许会成二十世纪英国最大的实验物理学家。但是战争继续下去了，科学家就完全留在后方工作着。

多少的物质浪费了，无数的生命失去了。联军方面为要报复德军的毒气侵袭，牺牲了无数化学家和工人，尽量加紧毒气的制造。

不久联军方面便感到科学发展的不充分，尤其是熟练科学家的缺少，实在不足以应付当时军事上的需要。德国的天然资源远少于英、法，然而在战争的大部分中，她都能占技术和军事上的优胜。她能够以一个兵士和二敌人对拼，以一架飞机换六架敌机。

英国科学研究的费用，实在有三分之一乃至一半是直接间接用于战争的目的。这还是在和平时代。至于战时，不用说，差不多所有的科学研究，都是为战争而设的。

为战争而设的科学研究太多了。于是尽量减少这些费用，便成为当前的问题。结果是设法把军事上的科学研究尽量应用到商业上，使之有利于社会。例如应用爆炸的研究于开矿，应用毒气的研究于杀虫。不过刀剑可以铸成耕犁，文明的科学研究当然也可以应用于战争。事实是这样的，从前战争不过是一种特殊的事业，其影响仅及于社会的小部分。然而我们已经到了另一时代了，现在的战争，每个种族、社会、国家中的分子，都是当然的战斗员。在现代工业情形之下，战争已不再是少数兵士在战场上的事，整个国家都在作战的。

世界大战的一个特色是战争的机械化。这特色在战后特别强化。发动战争不但需要步枪和大炮，并且还要机关枪、坦克和飞机。这些战具的运用，需要大量的炸药、汽油和毒气。要在战时供给这些军需品，必需消耗更多的金钱。还要一个敏捷而有效的工业，雇佣比军队更多的人工。结果，只有工业发达的国家才有把握参与现代战争。因此一个国家的胜败，全看牠平时正规工业的规模和效率。世界上只有七个国家——美、苏、英、德、法、日、意——具有这种特长。

凡是能够加强国家工业，改良它的效率和组织的，都能加强它的军力。因此一切国家工业的研究，就是战争的科学研究。这一点在德国格外显著。在那里全部平时工业研究的仪器，用最小的改变，就可以供战时的应用。

有许多巨重运输工具，货车以及曳引机等，差不多可以无分别的应用于和平和战争的目的。因此我们不容易估计到底有多少科学研究是专为战时工业的需要而设的。

至于飞机，那就完全两样了。飞机的发展和奖励，完全是由于军用的目的。就在最近军备竞争之前，英国的飞机也有四分之三是军用的。在德国军用飞机是被禁止的。但是所有民用航空完全是在必要时可以一下变成军用航空的条件之下发展着的。

因此各国的航空研究在军事上具有特殊的重要性。我们看到各国间航空研究的合作，日渐困难，便可知道。当然国际间航空研究，并不是完全没有合作的表现。新的机器设计被公布出来，牠们的特殊价值被利用着。然而最好的设计却保守秘密，直到牠们实际上已变成废物，才被刊布出来。总之，每个国家都想在战争开始时比别的国家进步几年。

飞机工业是完全科学化的工业，所以牠比任何旧式工业需要更深的研究。事实上，大多数国家的航空研究，都比其他工业研究更发达，更受奖励。

化学工业供所供给之军用品，有炸药、毒气、橡皮、汽油及其他马达燃料。这些军用品在战时如不能有更大量的供给，战争就无法顺利进行。好在牠们都是平时有用的东西。只有毒气因为平时不常用到，除了战时，很少大量制造的。炸药常用于开矿和土木工程。橡皮和油类骤看似乎不在化学工业范围内。但是这些天然资源分布很不均匀。因此，大战后，用人工方法制造这二种天产品，变成科学研究的主要题材。几百万镑的金钱是这样的花于科学研究和实验设备里。结果当然会有新的制法产生。制品的成本自然不能比天产品的高出太多。有时甚至比天产品更好的燃料也发明出来了。这里我们应该指出有多少的科学研究表面上看好像是商用的，实在是完全由于战争的需要而存在的。

炸药、毒气以及比较直接的战争化学品，牠们的制法和原料，都不是牠们所特有的。炸药的基本原料是硝酸、硫酸、各种纤维质和煤焦油的衍生物如甲苯等。这些物料在平时都有很大的用处。但是为要供应战时的大量需求，科学研究不得不从事于新制法的探求。

制造硫酸的硫，原是取自上等矿苗黄铁矿或天然硫藏。但是要靠这些少数地方的特产来维持战时的需要，是危险的。世界上只有意大利、西班牙和美国拥有由硫矿直接产生的硫块。因此大家不得不设法从分布很广的次等来源如石膏之类取硫。用现在所通行的方法，差不多没有一个大工业国家会感到硫酸的缺乏。

硝酸的充分供给曾经成为一个很大的问题。差不多全部硝酸盐，都是从智利来的。所以只有能统治海上的强国，才能保证战时硝酸盐的供给。但是从上次欧战时 Haber 发明利用空中氮气的制法以后，这情形就完全改变了。用这个方法能够制造极大量的硝酸盐。甚至由于竞争的结果，天然的硝酸盐在战时和战后，有一个时期差不多完全没有用了。

毒气的情形完全一样。制造毒气除上述天然原料外，还需要氯和砷。氯可从盐或海水中取得。砷的分布很广，也不难得到。制造毒气的中介物，都是很普通的商品。因此在制造毒气时，只要把最后一步的研究改向军事上的目的就可以了。至于其他各步骤制造家只要应用他的日常化学经验已足够了。

和平时代的化学工业容易在短时间中变为战时工业。这个特性使化学工业比其他工业具有更直接的军事性质。制造大炮和战船的机器，不能够很快做成。就是制造大量的飞机，也需要几个月的时间去布置必需的工具和机械。但是化学工业最多只要两三星期的工夫便可完全改变，以供战时之用。

为战争的需要而发展生产力，不限于工业。在现代战争中，粮食供给的维持也几乎有同等的重要。于是科学被应用去完成一种重要而有补助的工作了。那就是在不很适宜的天然环境之下，增加动植物的产量。例如在英国种植甜菜，或把山坡变成草地，来培植小麦。

制造新兵器所应顾虑的问题，和制造生产工具时完全不同。能耐粗暴的使用和技术上的完整比经济重要得多。因此军械设计者有时可以比较自由的应用他的理想。但是金钱虽非重要的因素，时间却必需计及。探求新兵器的工作，要不是以高速度进行，则必有落伍的危险，以致前此花于研究的钱完全成为浪费。

因为不时髦而变成废物，是寻常工业上常有的事。但在军事上这情形更严重，常常会引起研究上的更大浪费。不但战具日新月异，使许多兵器变成无用，军火商的活动，尤足以促使这个结果的增加。在商业上如果一个新的发明会使宝贵的设备变成废物，那么这个新发明尽可以保留不用。但在军事上废物越多越好(译者按：有废弃的旧军器，必有更有效的新军器产生)，反正有纳税的人民代还货价。对于制造家新的设计就是新的定货单，反正政府有权废弃旧式军器。当然，相反的影响也是有的。军界权威的传统的保守主义会抑制新兵器的发展。但是一旦某个国家采用了这些新兵器，其余的国家也就不得不跟着采用了。

现代战争的危险，不在于一切文明生活的突遭破坏，而在于长期不分胜负的破坏争斗中，饥饿、残害和疾病，以及伴着这些而来的社会风俗之败坏，可以像洪水一样的把文化无情的破坏。

[第 24 卷第 1 期(1940)第 1—4 页]

# 30. 科学与青年

骥　千

## 1. 科学与穷苦之青年

吾国今日事事需用科学。一般人士皆以为科学与他种学问不同，必有教师为之讲授，有相当之设备以便实习，方能有门径之可寻。于是社会遂认科学为贵族化，与金钱问题有密切关系，一若穷苦青年虽天性于科学极属相近，对科学最感兴趣者，徒以家境贫寒，竟无研求科学之机会。

然就科学之历史观之，此等观念亦不尽然。研求科学之机会在富有之子弟固甚多，而贫寒之子弟亦非竟为金钱所限，不得登其堂而哜其胾，要在人之努力不懈，随时随地而利用之耳。即以英国之法拉第(Faraday)而论，其幼年之时，极属贫窘，在一化学室充仆役，而能勤学好问，时时从德伟(Davy)教授领教，其后竟有惊动全世之贡献。美国之大发明家爱迪生氏在科学上之发明造福人类者，几于人人皆知，而其始乃系穷苦之幼儿，不能入学校肄业，恃沿街卖报以资糊口，其一耳为人所掴，竟至终身聋聩。凡读其传者皆知其幼年颠连之状况，而能一意以求科学，终能有空前之成就，为历史上之伟人。

由是观之，法氏尚有可以向人领教之便利，而爱氏并此亦无之，全恃个人之奋斗，遂得有志竟成。尝见美国有小杂货店之商人，于暇时研究昆虫，成为有名之昆虫专家，著述等身；花园之园丁成为植物专家，后竟充任大学教授；博物馆中之仆役成为地质学古生物学专家，后竟为该馆之高等技师；化学室之仆役成为化学专家，后任大学教授；此一类之佳话，不可胜数。欧美各国受科学之赐，其国内之大学及研究所固甚有功，而其穷苦青年，由下层而奋斗，为助亦实大也。吾国清寒子弟今日方主张自学，其勿因环境困难，对于科学而趑趄哉。

## 2. 科学与富有之青年

穷苦青年宜努力于科学，且有发明成业之可能，具如上述。兹愿对于富有之青年，谨贡愚见，以为劝勉。富有之青年，席父兄余荫，生活既无问题，读书求学，毫无困难。穷苦者能立志钻研科学，尚可成为专家，造福国家社会，享大名于不朽，若以饶有资财，机会便利之青年，倘肯有志进求，其在科学上之树立，当更不可限量。

英国之戈尔登氏(Galton)即系由富有之青年而成为科学历史上之伟人者。戈氏幼时因家计富裕,不需亟亟谋生,而对于科学渐喜自修。最初研究地理学,尝在欧洲大陆及南非洲作汗漫之游。旋又研究气象学、生物学、数学等,最后专攻遗传学。在此学中奠定人种改良学(eugenics 即俗译优生学),在人体测量学上,贡献尤大,竟与达尔文、赫胥黎、斯宾塞尔诸人齐名。欧美各国之富有青年,在科学上成大功显大名与此相类者,不胜枚举,要皆善用自己之机会,利己利世者。吾国富有之青年当以之为模范也。

俄国改革之后,昔日之贵族富豪皆家产荡然。其中有精于各种科学者,现分布各国,充任大学教授或专门技师,生活安定,声名益著。而其席丰履厚,懒惰无能者,竟至无以自存,流落异邦,沦为乞丐,此乃吾人所目睹,富有之青年宜引为戒者也。

吾国今日遭遇空前之大难,前线将士,不惜捐躯成仁,肝脑涂地,争取民族之自由。政府领袖发动全国之精神总动员,富有之青年不乏热心爱国之士,其各崛起奋斗,利用稀有之机缘,致力于科学之造就,或在学校肄业,或在家中自学,将资财、时间、精力用之于科学工作,必有裨益于国家之前途。望有志者,勿以吾言为河汉也。

[第 24 卷第 2 期(1940)第 87—88 页]

# 31. 科学家之长寿与大器晚成

骥　千

吾人试翻阅科学发达史，或科学名人之传记，所得最深之印象，即科学界之伟人，皆寿命甚长，如牛顿（Newton）、达尔文（Darwin）、巴斯德（Pasteur）等无不年逾古稀。然尚有不止于是，直享寿至九十以上，而聪明犹强，著述不辍者，如英之沃来斯（Wallace）、德之安格勒（Engler）与翁德（Wundt）等皆是。其余凡在科学界有伟大成就，纵不能人人克臻遐龄，然以平均而论，其享长寿者，要居百分之七十以上。若就其平生事迹以考究之，则知其所以能如此者，诚非无因，盖科学家尽终身之力，从事于格物致知之功，其思想乃极纯洁，道德自然高尚，精神遂日形矍铄，此其一；所从事之工作有一定常轨，其一切作休、起居、饮食，皆有条不紊，最合自然之规律，换言之，即最合乎卫生之道，此其二；研究日深，窥自然界之奥妙，功力既至，左右逢源，有极大之愉乐，此其三；科学之中有无穷尽之问题，一问题得以解决，又有新现象连带发生，既解决一问题，得相当之快慰，更进而研究新问题，朝朝暮暮，长有无限之希望，其兴趣乃愈养愈浓，此其四；科学家最宝贵其时间，爱惜其精力，一心从事于研究，不愿妄费其力于无谓之事，凡社会上之足以断丧人生健康之娱乐，皆不能波及之，此其五。有此数原因，科学家工作愈久，成绩愈宏，因研究科学而得长寿，亦唯因长寿而能成大科学家，此乃互相因果者。近世生物学发达，卫生营养之常识，尤为治科学者所习闻，兹后科学家之登上寿者，将更指不胜屈矣。

科学家有伟大贡献，垂光史册者，必竭毕生之力，经过种种困难、挫折及失败，而不屈不挠，奋斗到底，始能得最后之胜利。兹有科学界两大人，其事迹饶有兴趣，吾国治科学之青年，不可不知：一为法国之拉马克（Lamarck），系动物大家，在天演学说中，自成一派，开达尔文学说之先声。氏幼年曾习神学，不感兴趣，旋在军中充士兵，在战场受伤，退伍后习医，又习植物学，至年已五十，始习动物学，以后三十余年研求不息，著述等身，在动物学上有开创新纪元之功，为斯学中永垂不朽之伟人。二为美国之詹谟士（James），系心理学大家，幼年在大学习医，又习动物学，复专攻生理学，曾在哈佛大学之博物院中充专门技师，后任生理学副教授。三十岁以后，以其兴趣广泛，尝徘徊于医学、动物学、生理学三者之间，欲择一而终身从事，苦不能自决。至四十岁左近，始决定研究心理学，兹后三十余年之中，在美国首创实验物心理学，其著作蜚声于全世界，蔚然成斯学之泰斗。此二人之早年从事于各种学术，殊乏定向，迟迟不决，虽属离奇，然其各种尝试，适所以造成广博之基础，以便后来专攻一门时之利用，故于中年后一旦有固定之兴趣，其以前所有之经验，均助其专精猛进之成功。且其费数十年之精力时间，务必寻其真正兴趣之所在，亦足见其锲而不舍之精神，所谓“行之以不息，要之以至死”者也，卒能有伟大之成就，不亦宜乎！吾国人之治科学者，观于此二人之故事，当亟宜解免速成之心理。

[第 24 卷第 4 期(1940)第 259—260 页]

# 32. 我国科学教育今后应具之方针

王志稼

原来教育的目的，简单地说，就是要训练吾人如何适应生活的环境。而科学教育又无非是要把已经成立了的科学事实、法则和意义，用学校教育方式，或社会教育方式，灌输于一般大众，使他们的生活更加愉快，知识更加丰富，最低限度，要使他们对于科学能有相当理解和趣味。我国科学教育之不完善，毋可讳言，年来虽有不少改进，然而可商讨的问题，仍旧不少，作者不揣固陋，深觉科学教育关系吾国前途盛衰至巨，亟应改善，俾于复兴民族，抗战建国，有所裨益，用特提出下列各端，以资商讨，惟读者察焉。

## 1. 科学教育应注重"生活化"

居今之世，无论何人，在一生之中，无时无地不与科学发生关系。食、衣、住、行，固息息与科学相关，他如行为、思想，亦何尝能离开科学，所以要求生活合理化，我们就不能不有科学的训练和修养。而这些训练和修养，大都首先得自在学校时所受的科学教育，举凡科学知识之获得，科学方法之运用，科学态度之养成，科学精神之培养，科学技术之熟练，科学本体之认识，科学生活之欣赏，以及科学福利之享用等等，都是充实人生的科学教育之基本项目。不过现在学校里所实施的科学教育，往往未能按照生活的实际需要，而有偏重残阙之弊。小学的科学教育之不完善，有待充实，姑不具论，即以中学言，以往的中学科学教育，多着重于学生升学的预备，而忽略了训练学生了解科学的本体，认识科学的发展可能性及其对于人生的意义。结果在若干以提高程度相标榜的中学里，科学课程务必刻意模仿或抄袭大学的轮廓，以自鸣高深。我们以为这样的好高骛远，结果也许有少数天才学生成绩优良，但学校施教应以大多数学生为对象，更须顾到一般中学生的理解力、学习兴趣和生活环境，而向适切的方向进行，所以在理论上，中学的科学教育不应"高深化"，而应注重"一般化"。

再就实际上说，现在的普通中学确是专为学生升学而设的。一切课程也就依此目标订定。但是中学的科学教育成绩，历来却都感到失望。据许多大学教授，尤其是有机会和大学初年级新生接触者的意见，科学设施仅仅为升学起见，可说是劳而无功得不偿失。此种论调似乎不近实情，然而事实告诉我们：(1) 全国历届高中毕业会考，科学成绩并不算好;(2) 各大学入学考试,科学分数不及格的很多,尤其是数学,而数学在中学是最注重的;(3) 各大学一年级新生,对于科学的学习能力也很差,不及预期的标准。这些都是事实,不容抹煞。此中原因当然很多,而主要的却是教材深浅和选择不当,教师资格和经验检定不严有以致之。故仅仅知注重为学生升学预备一件事,同时却减少了学生许多其他学习的兴趣和实益,是不应该的。

更进一步说,中学毕业生能有机会升大学的,究有多少?据教育部近年的统计,每万人中约有中学生十二人,专科以上学生二人,从可知中学生中只有百分之十七的人可以升学,百分之八十三的人都要失学,或入社会就业了。又此少数升学的人数中有多少继续习科学?此多数改业的人能应用以前在中学所受的科学教育,以解答人生与科学关系的问题的有几人?作者以为他们受了这些为升学预备的科学教育,现在要望拿来和他们的日常生活打成一片,恐怕不是一件容易的事。因此我们可以看出:已往和现在大部的施教方针,是与社会一般的实际状况是无甚关联的,甚至是矛盾的。所以中学校现阶段的科学教育——教材的选择和教学的方法——急应加以改进,多多注重"生活化",方不至一误再误。

## 2. 科学教育应注重"大众化"

科学并非少数专家,或若干研究机关,以及各种会、社、所、团所独有的。科学教育也非各级学校的专利品。一切科学事业和大众生活是分不开的。科学不仅是与少数人有关系,和广大的社会群众也有密切的关系。我国科学晚兴,科学教育落后,尤其是大众的科学教育,所以急应提倡和推进。学校是科学教育工作的中心,一定要推广到一般社会中去,使大众得到科学的滋粮,才有意义,才有效果。国内科学的应用和科学的研究已有相当进步,何以社会仍腐败陈旧,新气象不易开展?凡是含有科学意味的产生事业,还免不了要受反科学思想的障碍,这显然因为大众的科学知识是太缺乏了,社会上的病根太深了。倘若我们要希望整个社会,跟着世界潮流进步,那就非把学校中关闭着的科学教育开放,充分辐射到大众不可。科学教育的实施原不限于学校,前面曾说过,可用社会教育的方式,使科学知识普及于大众。目的就是要社会上各人都和科学发生进一步的关系,从科学的进程,不断地革新他们的生活。近数年来,很有几位热心学者,发动"科学化运动"。他们的口号是"科学社会化,社会科学化",反映出社会上已经有人在提倡,只要群策群力,向共同目标进行,这句口号犹有实现的可能。

十数年来我国社会教育的设施，颇见进步，在实行的工作中，传播了不少的科学知识。例如苏省之利用教育电影，阐明自然界各种现象，灌输科学知识。闽省指定省立科学实验馆，派员分赴各县市及省会近郊各乡，讲述科学常识，并开映科学电影。又各省民众教育馆之举行科学教材展览会和演讲，也很普遍。又中国科学社常常举行定期通俗科学演讲，都是值得称道的，并且是非常有价值的。可是这些工作的成就，比广泛的非科学的环境势力，相差得太远了。杯水车薪，究竟不足济事。所以我们盼望政府要有更大的计划和普遍的实施，才易收效。

作者以为科学教育注重“大众化”，最好由中小学(或大学亦参加在内)与社教机关合作进行。学校既是此项工作的中心，就该辅助社教机关推行一切科学方面的活动，如此实施力量既大，收效自宏。最近教育部通令各省中小学兼办社教人员讲习会，又令各级学校成立社教推行委员会，用意至佳。我们深望当局及学校与社教机关的负责人员，对于推行科学教育到大众的工作，多多努力。我们还希望科学专家、大学教授以及研究人员，都能分出一部分的精力和时间，共负巨艰，使广大的民众“科学化”起来。

社会上很有许多人以为科学是一种高深的学问，非在学校研习，不易成功。其实科学人人可学习，随时随地能学习，只要有勇知方。大发明家爱迪生幼年穷苦颠连，且聋瞶失其健全，因其兴趣所在，一意追求科学，终成科学界之伟人。类此的佳话，欧美各国颇多。倘使国内能切实提倡和推行科学教育工作，如作公开演讲、电台播音宣传、刊布浅近科学小册子、放映科学电影、编排科学戏剧、展览科学事物、作种种流动宣传，并提倡业余科学等，造成兴趣浓厚、意味深远的科学环境，又何患科学知识不易灌输于大众，科学事业，自不难发达，社会生活自有改进之望。

数十年来，我国的科学教育仅限于少数学生，失之于“贵族化”，实在是一种错误。国内研究科学的人虽渐渐增多，然往往有人把所学居奇，不肯轻于教人，因此之故，社会上虽有若干热心研求科学之青年，或努力举办科学事业之企业家，往往以指导乏人，终觉事倍功半，甚或障碍当前，无法解决，不能进行，殊为可惜。故今后的科学教育急宜扫除“贵族化”“专利化”，务使“科学大众化，大众科学化”。盖社会上若无“科学盲”，则挟术自私之流，浅学欺世之辈，势必无所用其伎俩，整个社会自能跟着科学的进步而前进。

### 3. 科学教育应注意“中国化”

现代科学发达的结果，可以使人类生活丰满，社会进步，国家富强，文化增高，所以各先进国家无不努力发展科学事业，且能视本国之需要而注重特种科学之研究，此点至关重要。国人提倡科学已久，初则一再失败，继则进行滞缓，此中原因不外以前从事于科学工作的人，对于本国情形及需要，以及许多与我国有特殊关系的科学问题，无彻底的认识。近年来国内有许多学者主张“科学中国化”，可谓切中时弊。盖移植科学，倘不合国情，不但于国无补，且足减少民族自信心，所以我们负有科学教育责任的人，对于注重“中国化”的一个问题，实未可忽视。吾人试将吾国现行之科学教育办法略加检讨，就可发现许多不合理之处，试分论之。

第一，有不少学校喜用西文教本，教师惯讲外国话，一切偏向西化，忘记自己立场，以前如此，至今此种风气仍未全改，以中国的青年学子在这种学校里受熏陶，结果所得的是西化的科学教育的皮毛。须知各种科学定律或原理的说明，务必要用本国文字叙述，本国事物作为例证，方才容易了解。西文书中的事物是为着西洋学生而写的，于我国情趣本多未合，勉强采用，在学习上已经有一重阻碍，还要加上语言的困难，更不易于明了。这种“洋八股”的教学法是有妨害吾国科学教育进步的。作者曾经调查过几处科学教师的概况。有一种很普通现象，就是本非研习科学的人而滥竽科学教师。他们用西文教本，无非藉以藏拙，上课时依照文句翻讲一遍，就算了事，根本自己也不懂得这门科学，实无充当科学教师的资格。深望教育当局，加以取缔。倘使校里请的教师是西国人，而不能读中国书，讲中国话者，最好不要请他，以免有误彼此的前途(唯大学研究院，在特种情形之下，当有例外)。

第二，教材是学生获得知识的泉源，何等重要。现在学校中流行的教本，或讲义，有几种是根据本国国情，学生的需要和兴趣而写的？此中不乏改头换面的著作，从外籍抄袭而来。其经过编写人的选释、消化、改造而成的，尚可勉强合用。要是变相的西书，就极不相宜。然而坊间何尝没有此种书籍，各学校中何尝没有为了书商的人情起见，而采用的呢？又何尝没有因着教师一己之便而采用西文本呢？

例如二十年前的中学动物学教本，叙述蚯蚓时，无不取材于外籍，用一种蚯蚓名 Lumbricus sp.者作为实例，述其构造，论其生理。一般教师和学生也就以为是中国最普遍的蚯蚓了。十余年来研究此物者不少，大家现在才知道国内最普遍者，要推一种名 Pheretima sp.。可是还有许多教师，一面尽管用着后一种的名称，一面所讲的内容还是舶来品。牛头马面混为一谈。近来我翻阅一本《新中医刊》，药物方剂栏载述蚯蚓的药物作用，学名就用了这样的一个“Lumbricus Spencer”，我不知此系何物。是否有此实物，经过专家检定的呢，还是抄录书籍而发生的错误？若指鹿为马，混乱是非，未免遗误读者。此等情形，也许就是二十年前的动物学未能注重“中国化”的遗害吧！

第三，比较设备完善的学校，教授科学时，有示范，有实验，自然很好。可惜有许多学校(或许因为经费比较宽裕些吧?)选购仪器、药品、标本、图表等物，非舶来品不用。当然在国内有好多物品是买不到的，或有而教学价值较为低微，不合于用。但是未必少数普通物品或是代用品也办不到。格外是中学设备方面，近数年来国产品着实不少(如中央研究院的物理仪器和许多学术机关的生物标本)，而且有许多物品的质量和用途并不见得比不上舶来品，或且过之，一般有洋迷的人对于任何国货就摇头不信任，这种偏见的劣根性是反“中国化”的。我们希望他们今后除万不得已外，尽量采用国产品，以利教学，以塞漏卮。

诸如此类的事实，限于篇幅未能尽述。即以上数则已足说明科学教育忽于“中国化”的弊害，科学如此，其他学科又何独不然呢！

科学教育注重“中国化”的意义，在能适合国情，有裨益于社会一般大众，助长民族文化，同时更于抗战建国立下坚实之基础。

总之，我们需要科学，更需要科学教育，尤其需要“生活化”“民众化”和“中国化”的科学教育。今后我们的目标，应该是：

(1) 切实改进“生活化”的科学教育。

(2) 努力推行“大众化”的科学教育。

(3) 迅速建立“中国化”的科学教育。

[第 24 卷第 5 期(1940)第 347—351 页]

# 33. 脑与种族之关系

欧阳翥

世界上各种民族，无论现尚仍存在或已归绝灭，必有其代表之文化。文化之发达，视各民族智力之高下以为断，虽气候对之不无影响，然究非决定之因素。脑者智力之枢府，而民族文化之物质基础也。中华民族之文化至为悠久，其有历史可考者且五千年，自三皇五帝夏商周秦，中经汉唐以至于现代，其间递嬗之迹显然可寻，先渔猎而后畜牧而后稼穑。有稼穑而后有居处，乃为土著。于是有固定之社会，交易频繁，乃有书契以进于文字，而崇高之文化于以胚孕焉。自黄帝战胜蚩尤榆罔之后，定居中原，遂为东方民族之冠冕。降迄清季犹执牛耳于东亚。当周秦之世，中国文化，虽不必超出希腊文化之上，要亦足以与之并驾齐驱。孔老庄墨诸子，著书立说，思想高深，推理正确，如曰："狗三月生，豕四月生，猴五月生"，"丁子有尾，山有口"，"轮不辗地"，与"一尺之棰，最其半，万世不竭"之类，实数学、物理与生物学之精义也。史云隶首作算数，今不可考。然中国古时历算之精，则不能否认。《尧典》所称三百有六旬又六日，虽今之西历无以加焉。管子之论矿苗，迄今犹多可用。至于当时流行万物化生之说，则属观察一间之差。如云"腐草为萤"，是不知萤卵之发长于腐草也。而庄子所倡马生人之说，虽与事实不符，亦含进化之意，凡此皆可与希腊学术抗衡。盖中国古代科学思想之极盛时期也。至秦皇焚书，汉武尊儒而后，偏重六经，下视科学为畴人方技，于是中国文化与西方文化殊途。二千年来一仍旧贯，今日中国科学之落后，非偶然也。

自十九世纪中叶以后，东西交通渐繁，国人之经商异邦，与异邦人之传教并设立医院于我国者渐众，于是欧美学者始从事于中国人脑之研究。诚以脑为身体一切机能之所宅，而思想智虑之所归，其构造繁复，变异特甚，又为全身各器官之冠，求其共同之点，则长脑、中脑、圆脑以分。盖以大脑之长轴与短轴相衡，准短轴对于长轴之百分数之大小而定其比率焉，所谓大脑指数(brain index)也。脑之形状既有长圆大小之殊，其重量自亦随之而异。自下等脊椎动物以至人类，脑之构造愈趋复杂，重量亦愈增。然以同种类中，身体大小不同之动物相比，其大脑系数(cephalization coefficient)之差异，视异种者为小，此又同种内脑系数与异种间脑系数之所由分也。自社会人类学言，聪明才智之士，其大脑恒较常人者为重，是以人类学家谓人种之脑重者较脑轻者为优，然脑之优劣在大脑内部构造之发达与否，而重量亦次之。故人之聪明才力不能专视脑重以为断。非洲黑人，澳洲土人与马来人之脑较黄种人与白种人者为轻，其智力固不及吾人。然欧美杰出之士，其脑亦有甚轻者，载籍所书斑斑可考。反之，中亚之布利阿人其脑重为世界冠，而至今专事游牧，未见开化。昔匈牙利有一妇人，生前智力不异常人，死后解尸其脑特小，重仅九百八十克有奇，而其细胞构造（cytoarchitecture）则与常人者无以异。以吾人所知，聪明特出之士，细胞发达迥出寻常，而患精神病者则不及常人远甚。是知智能之物质基础，在此而不在彼矣。又况中国人之绝对脑重虽微不及白人，而比较脑重有过之者乎？中国之文化，赫然光被四表，使吾人之聪明智力，果不如人，岂能臻此上乘。美国大学学力测验，与小学智力测验，中国人皆居前列，大学生固国内之上选，而小学生则为侨美工商子弟，多出中人之家，犹复如此，岂非中华民族优秀之证乎？

人脑以遗传及生前生后环境营养之殊，其各部之构造与发达程度，显呈各个差异，因而影响其外形。欧美学者未能祛除种族偏见，唯种族特征之是求，则以劣点归于人，而优点属于己。近百年来中国承屡战屡败之余，凡百不振，战胜者乃摭拾优胜劣败之说，蔑视吾人，谓黄种为劣等民族。其体质人类学家，更虚构证据，谓中国人之胸腺在成人退化不如白人之甚，大脑猴沟（affenspalte）与岛回（insula）之外露，次数较白人为多，故以为中国人脑之发达不及白人之高。且其结论均远轶出科学范围之外，如谓“一种民族在体质上尚保有原始特征如猴沟者，则其在种族竞存中之命运可想而知矣”。凡此所云，纯属信口雌黄，不足置信，吾人于国际人类学会及国际神经学会中早加辩正，诚以人之所据以诋毁吾人者，吾人于英德法荷诸国人脑中曾亲见之，而英美德法俄奥瑞士瑞典荷兰诸国学者所见关于人脑之变异与猴沟之出现，其见于记载者指不胜屈。爱科乐摩（Economo）曾见人脑中有猴形之横纹区，吾人亦于白人脑中见相同之构造，即脑盖（operculum）发达不全岛回显露于外，而不掩藏者在欧洲人脑中，亦数见不鲜焉。盖“人心不同，各如其面”，身体上无论何种器官，在不同个体中其构造绝无相同之理，虽孪生兄弟（或孪生姊妹）之脑，构造亦甚悬殊。同种内各个变异既如此其大，则异种间之不同，又何足怪，不得因此肆然崇己而抑人也。至根据保存不良之材料，强谓中国人脑中某数区域不及白人之发达者，如俄人斯退夫科（Stefko）之所为，则高博思（Kappers）早已认为不当，是知无理之言虽白人亦不之许也。然高氏仍不免囿于种族偏见，谓中国人脑在形态上不及荷兰之成人，仅可与其儿童者相比，因倡中国人脑落后之说，顾此说之无当，实际与波尔克（Bolk）所倡中国人脑胎化说正复相同。夫头脑长圆之度，各人种间显有异同，即同种内之个别差异亦甚大，欲求比较可信之结果，非解剖多数人脑，比附同异，解其汇通不为功，而中国旧为宗阀社会，中上之家决不容人解剖死者之尸体，则凡异邦人士所获关于吾国人脑之材料，胥出下流，不足以概中国人脑之全体。欲据此而下断论，其不足恃，无待赘言。又况其为统计学上之作伪乎？且以四万万五千万众之民族，同种内各个变异之大，可想而知，而欲以数十百人之头脑为之代表，纵其材料可据，亦难免挂漏之讥，又况其立言之态度，非科学家所宜取乎？

欲知中国人脑构造之究竟，及其与他种人脑之异同，莫如从事大脑皮层之显微解剖，而以显微解剖之难，与人脑之不易得，旷日持久，非一蹴可几，又况所须解剖之人脑材料甚多，费用极大，非一人之力所能胜任乎？抑尤有进者，人之聪明才智，固有赖于遗传，而生前生后之营养，对于脑之发长与功用，实有极大之关系。故近来学者对于脑血管之研究甚嚣尘上，如濮淮沥(Pfeifer)证明大脑皮层内功用不同之区域，血管之分布不同，功用重要者血管较多，反是则较少。又兴泽(Hindgé)证明大脑表面血管树之分布，具有进化意义，自低等猴类以至人脑动脉管之数，逐渐增加，而人脑中血管之分布，亦因人而殊，聪明者较多，患精神病者则远少，盖血管本身对于大脑除形态外，无甚重要，而血管中所输运者为血液，血管多则脑得血液之供给亦多，代谢作用较盛，而脑之功用可以增进矣。此外血液本身所含之化学成分，对于脑之功用，亦有极大之影响，此则与食物直接发生关系，膳食较优者其所含之养分亦较丰，取精多者用物宏，故脑之作用较能持久，而不易疲劳，对于工作效能之功效甚大。反之，营养不良，脑易疲劳，而工作效能大减，甚且可引起神经衰弱焉。其关于脑质本身者，则除大脑皮层中细胞，纤维与血管之构造外，灰质与白质之系数(economo)及灰质与白质对大脑总容积之百分比，亦极为重要。系数小或百分数低者，其在系统发生史上之地位必较低，而吾国人脑与白种人脑之百分数，实无差异(kappers)，是知吾人大脑之发达，绝不后于任何人种也。倘能更用化学分析法，定吾人脑中所含化学成分之性质与分量，从而决定吾人脑中化学分布之状况(chemical topography of the brain)，以与白人者相比，则人脑种族问题之研究，庶几可臻极诣，欲竟斯业，则有待国家之资助焉。

[第 25 卷第 9—10 期合刊(1941)第 495—497 页]

# 34.《科学》第二十五卷完成感言

编　者

本社创立之初，首先举办《科学》杂志，以传播世界最新科学知识为职志，只以当时吾国科学方在萌芽，凡所论著，未敢过事高深，只求源本卑近，解释详明，俾全国承学之士，能行远自迩，登高自卑，获得一般基本科学知识；其已具高深科学知识者，亦可取材他山，以资参考；同时更希望将来蔚为发表新知创作之机关①。持此宗旨，努力不懈，自民四创刊以来，月出一册，年完一卷，以迄今兹，正届完成二十五卷之期矣（以年计之，应得二十七卷，中有两年，共刊一卷者）。

自人类历史观之，二十五年之光阴，实不过一刹那，然"人生不满百"，二十五年之时间，又似非一暂短时期。西人且有二十五年为一世（generation）之说，凡事达成二十五年者，谓之"银禧年"（silver jubilee），例可庆祝，依例而论，本卷完成，应出专号，以资纪念，只以时值非常，未遑多举，心志之而已。

科学传入中国，远在明季，复见于清末，然或以转输贩运，未获真谛，或以本末倒置，根基未立，均不旋踵而夭萎。民国肇造，复兴科学，惩前毖后，基本是图，首重研究，次讲应用，循序渐进，急起直追，本志创刊，适当斯时，鼓吹提倡，不遗余力，用能广开风气，为天下先。继续编辑，不断努力，成此卷帙，弥足珍贵，虽方之欧美之同类杂志，卷帙浩繁，瞠乎后矣，然在吾国堪称魁首，近年一般科学杂志，所在多有，然体大范广，年数久长，宗旨一贯，不激不随，鲜有出本志之右者，宜为学人所爱护，齐之于英之《自然》（*Nature*）②，美之《科学》（*Science*）③之林，实至名归，非偶然也。

三十年来，吾国科学事业，无论在数量方面，或质量方面，研究方面，或应用方面，均有长足进步。本志职司发表，旨在传播，除刊有创作性之专门论文外，兼记载现代科学进步，尤重国内情况，故本志不啻为吾国一部科学进步史料，举凡吾国之重大科学发现，及科学建树，弥不具载，逐年覆案，脉络井然，后之修科学史者，将有所采览焉。

复次，就本志本身言，进步之处，亦复可征，无论论文选择，精益求精，稿件取舍，大公无私，而编辑体例、印制方式、字体配备、插图制版、印刷用纸诸端，亦在在讲求，不断改进。

---

① 见《科学》创刊号《例言》及《发刊词》，民国四年一月。

② *Nature*, Vol.141, p.954. May 28, 1938.

③ *Isis*, Vol.XXII, I, p.199. Dec. 1934.

至于封面简朴、格式清雅，有目共赏，而“科学”二字，已成不注册之商标，为读者所共识，时下杂志颇有仿行之者，有荣幸焉。

本志截至本卷止，虽仅仅发行二十五卷，实为国人一般科学论文之结晶，先后刊布具创见性及介绍科学文字近二千五百篇，都36 000余页，投稿者数以千计，多国内科学名家，社员中任历届编辑者，亦以百数，均极一时之选，总编辑凡四任，为杨铨、赵元任、王琎、刘咸四君，此外胡明复、任鸿隽、秉志、胡先骕、竺可桢、唐钺、路敏行、曹惠群、卢于道、范会国、曾昭抡、严济慈、杨钟健、李珩诸君，于编辑工作，赞襄最力，至足称道。

方本志创刊伊始，正值欧战弥漫，今兹二十五卷完成，又逢世界大战方酣，一若本志与战争相终始者。近五年来，环境特殊，物价腾贵，本志倍受经济支绌、稿件缺乏之影响，然在职同人均愿尽最大努力，以维本志不绝如缕之生命。兹以环境愈趋困难，物资愈感匮乏，致令本刊不得不暂时停止在沪发行。永久事业，一旦停顿，殊堪浩叹，然实逼处此，谓之何哉！唯天道好还，不远而复，精神不死，恢复有期，希望不久将来，本志仍可以崭新姿态与读者相见。二十五卷之完成，正不过一小结束而已，庸何伤！善哉，赫胥黎《天演论》曰：

> 吾辈生当今日，……固将沉毅用壮，见大丈夫之锋颖，彊立不反，可争可取而不可降。所遇善，固将宝而维之，所遇不善，亦无慬焉。早夜孜孜，合同志之力，谋所以转祸为福，因害为利而已矣！

[第25卷第11—12期合刊第591—592页]

中国科学社档案资料整理与研究

# 科学通论：《科学》百年文萃

下　卷

张　剑　编

上海科学技术出版社

**图书在版编目（CIP）数据**

科学通论 ：《科学》百年文萃. 下卷 / 张剑编. 上海 ：上海科学技术出版社，2025. 10. -- ISBN 978-7-5478-7415-8

Ⅰ. N092-53

中国国家版本馆CIP数据核字第20251NE972号

# 目 录

## 张孟闻时期(1943—1960)

## 改革开放时期(1985—2015)

# 张孟闻时期（1943—1960）

# 1. 中国科学之前瞻与回顾

任鸿隽

中国科学社同人于民国四年发行《科学》月刊，当时定此杂志之目的有二：一为提倡科学，一为传播新知。盖以此时第一次欧战开始未久，科学社同人悚然于科学与现代国家关系之重要，知抗战御侮需要科学，和平建国尤需要科学。故欲以短绠之汲，作野人之献。其提倡科学云者，盖以当时国人对于船坚炮利之威，"声光化电"之术，虽若有所憧憬，而于科学在学术领域之地位，尚缺乏正确了解也。其传播新知云者，盖以知识之事有赖于沟通、激励而后可得进步也。案头适有《科学》杂志创刊号，偶观其《发刊词》，有云"世界强国民权国力之发展，必与其学术思想之进步为平行线，而学术荒芜之国无幸焉"。是当时同人所蕲向之目的固已跃然纸上，无待烦言。

计自《科学》杂志发行以来，于今二十有八年矣。此将近一世之长久岁月中，科学社同人所悬以企求之鹄的究竟达到几何？在今日《科学》月刊经历大难垂绝复苏之会，略为回溯之讨论，当非毫无意义之举。第一，"科学"二字在吾国一般人心目中已成普通常识，此可于今日常语中之好用"科学化"三字见之，如云"生活科学化""工作科学化"之类。而科学化运动尤可谓集科学蔚为常识之大成。此与"格致入门""格致大成"时代之以格致二字代表科学之意义已不可同日而语。盖言格致犹近于以中印西，言科学乃代表一种新精神新态度也。此其一。复次，科学研究机关之成立，在近三十年中亦颇夥颐可观。如民国三年成立之中央地质调查所，民二十八年甫庆祝其二十五周年纪念。其展览会成绩之繁富使参观者莫不赞叹称美。民国十一年中国科学社在南京成立之生物研究所，继之以北平之静生生物调查所与广东中山大学之植物研究所，而生物研究之范围与工作，已有追踪地质调查所而树全国规模之势。惜乎在理化科学方面，研究机关久付缺如，仅一黄海化学工业研究社，以私家公司之努力为吾国理化科学略事点缀焉。民国十七年，国民政府成立以后，以发展学术为国策，赫然有中央研究院之设置。其中设研究所十，而属于科学者已占其八(天文、地质、气象、物理、化学、工程、心理、动植物)，尤足表示政府重视科学之深意。近来各大学相继设立研究所，亦以属于科学者为多。设如吾人以此近三十年来对于科学之设施与民国以前之三十年相比较，将见不但为量之增加而且有质之增进，此可为进步之一大标志者也。此其二。复次，因各种科学之发达，科学家人数之增多而有各种学会之设立。故学会之多少，亦可为科学发达之量度计。学会之名目，遽数之不能终其物，言其大概，则属于纯粹科学者，有数理学会、物理学会、化学会、地质学会、天文学会、气象学会、生理学会、心理学会、动物学会、植物学会，几乎应有尽有焉。属于应用科学者，有工程师学会、土木工程学会、电机学会、机械工程学会、动力工程学会、矿冶学会、化学工程学会、农学会、医学会，亦几乎应有尽有焉。回忆在科学社成立之前，国内仅有一詹天佑氏所组织之中华工程师会代表近代学会之组织。科学社成立后三十年，而学会已呈风起云涌、枝叶扶疏之观，此又不可谓非科学发达之现象也。此其三。

若于以上三者之外，再求一科学进步之表征，则各种科学杂志及专刊之出现，殊不容吾人忽视。上节所举之各学会皆发行一种会报，其中不乏极有价值之著作。而各研究所所出之报告期刊，发表新事物新结果尤夥，极为世界学术界所重视。此固斯世所公认，非一人之私言。要而言之，我国科学界在以往三十年间，已骎骎入世界学术之林，而非以负贩他人之所得为已足。此吾人所可引以自慰者也。以上所举之科学情形，如其在小土寡民之国家，未尝不可以周世用而支国运。不幸中国拥有一千一百二十万方公里之土地，四万数千万人口之民众，以数千百科学家居其间，真所谓大海之一滴、太仓之一粟，其不能发生多大影响，固无足怪。不宁唯是，中国正当中西文化接触之际，新旧制度交替之时，所需要于科学家者又至重且大。设无人十己百，人百己千之才能，则必有此同倍之数量而后可，而不幸事实乃适与此相反，此吾人不禁为科学前途忧，且为我国建设前途虑者也。

过去我国学术界关于发展科学之讨论，大致从思想方面着想，或从方法方面着想。其所证明者为我国学人之心思才力并无不适于研究科学之处，而且我国若干旧有学术在方法上亦与科学甚相接近。此种结论，于绍介科学与我国诚具有根本重要性质，但如证明其可能之后，而遂听其自然，不为之谋所以发达增进之道，则是临渊羡鱼，不知退而结网，过屠门而大嚼，不知退而割烹，何补于实际之有耶？本此观察以测我国科学之将来，吾人以为应有以下数项之注意：

第一，吾国科学事业必须大量推进，科学人才必须大量养成，此非重量不重质之谓，盖唯其量多，始有美质从之而出也。试举一例以明吾说。吾人皆知科学上有名人物以北欧三国为最多，实则北欧三国之科学家人数亦视欧洲其他各国为众(参观《科学》第一卷第五期鄙作《科学家人数与一国文化之关系》一文)。近来国内许多科学工作皆有人才缺乏之患，于是不得不此争彼夺，至不得已则滥竽充数，以下驷当中驷，中驷当上驷，如此欲科学事业之有成效，又安可得？就教育言，设如吾国科学人才众多不可胜用，今日之教大学课程者可移以教中学，教中学者可移以教小学。如此，科学程度必可提高，科学进步必非今日所可比拟。故吾谓科学之质的进步当于量的增加求之。无如自来政府及社会对于此事之重要与范围似皆未加注意,以一国家对于科学设施之经费,设与他人用于一公司一事业者相较,且觉瞠乎其后。操豚蹄,祝满篝满家,欲不为淳于髡所笑,其可得乎?

第二,科学事业必须为有秩序有统系的发展。科学之为物,条理众多,范围博大,设非为有秩序有统系之组织筹划,则易流于重复、肤浅、急功近利、取悦流俗之为,而难期远大之效果。我国科学研究,除少数具有地方性之事业自然有其分工合作之限度外,其他具共同性之科学,则多停滞于浅近易达之阶段而少特殊独立之贡献。此无他,缺乏有统系有秩序之计划故耳。设以为此后不谋科学之发达则已,如其否也,每一科学之研究计划必须经过专家会议之缜密讨论与设计。此项专家,如不能得之于国内,不妨借材于异国。要在谋定后动,纲举目张,庶几昔日各不相谋与暗中摸索之弊病一扫而空之,而后科学事业乃有循序渐进之可期耳。

第三,科学事业不当偏重应用而忽略根本之纯粹科学。应用科学以易收切近之功效常易为人所重视,纯粹科学反之,故常易为人忽略。此在平时已然,在战时及战后为尤甚。实则自应用科学四字观之,已知必先有科学而后可谈应用,设科学先不存在,更何应用之有?故作《天演论》之赫胥黎氏常言,应用科学四字,吾愿其自来即不存在。吾社翁咏霓先生亦云与其言应用科学,不如言科学应用之为允当。此皆一语破的之言。此次世界大战,凡参加战争之国家自无不乞灵于科学以磨砺其杀人之工具。然或则专用前人科学之遗产,或则用产与造产同时并行,其效果之差别不久当皎然共见耳。

言至此,吾人不能不提及一吾国科学眼前之重大危机。据近一二年来各大学招考新生之统计,投考学生以经济学商科占最大多数,应用科学之各种工程次之,纯粹科学几有无人问津之感。此种趋向,虽不过代表抗战期间之一种特殊现象,然如不为矫正,五年至十年以后,必有感觉科学人才缺乏之一时,而此时又适为抗战后建国之重要时期。彼时欲加补救,已无及矣。若夫整个科学所受之损失,似尚不易以数字计。甚愿有责任之教育当局及早图之。

[第 26 卷第 1 期(1943)第 1—4 页]

# 2. 国际科学合作的先决条件

任鸿隽

科学是有国际性的。这句话的意思要从两方面看。一方面是说科学是人类智慧的公共产品。科学智识应该公开出来为全人类谋幸福,不应由少数国家或少数人据为独得之秘,阻碍人类的进步。另一方面,科学的本身,须靠了国际间学者的合作方能得到迅速的发展。若专靠一国学者的努力,不但许多重复,迟缓是免不了的,有些工作的进展简直是不可能。最显著的例,如爱恩斯坦的普遍相对论完成于一九一五年,而其结论的正确,则待至一九一九年英美学者就日食观测的结果加以证明后,方为世界学者所公认,当时第一欧战方告终结,设各英美学者不愿与德国学者(是时爱恩斯坦系德国威廉研究院的教授)合作,那末相对论的真理可以至今无法得到实验的证明。科学之有国际性,观此当益明了。

由各国学者共同努力以发展一件科学之先例很多,我们不妨再以无线电的发明来作一个说明。一八六四年英国剑桥大学教授马克斯威尔(James Clerk Maxwell)在皇家学会宣读了一篇关于电磁波的论文,是为无线电理论上的根据。电磁波的存在,则于一八八七年德国赫尔慈教授(Heinrich Hertz)及一八九〇年英国洛治教授(Oliver Lodge)用实验方法加以证明。以上可以说是英德两国人的合作。无线电检波器的发明者休斯(Hughes)是英国人,而锐感检波器的发明者柏兰列(Branly)则为法国人。最后一八九六年意大利人马可尼(Marconi)完成无线电收放机的装置,使长距离的通电成为可能。最近美国人李得福(Lee de Forest)发明三极真空管,更使无线电的效能得到最大进步。可见在不满半世纪的时间中,使无线电由学者脑筋中的理论成为近代第一的交通利器,全靠汇集英、德、法、意、美各国科学家工程学家的天才以从事而后得此。科学之迅速发展有待于国际合作,这又是一个最好的证明。

过去国际间的科学研究虽然已有不少的合作事实(如上面所举的几个例子),但其合作的动机或出于私人的友谊或由于自然的趋势,故其结果尚未能达到希望的完美。其所以如此,则有以下的几个原因:(一) 一部份研究结果的不公开;(二) 各国文字语言的阻碍;(三) 国际间科学组织的缺乏。此刻要谈国际科学合作,我们以为须以解决以上三个问题为先决条件。

何以说一部份研究结果的不公开可以阻碍国际合作呢?我们晓得目下科学智识的传布,大部份要靠各国学会所出的杂志,而这些杂志所发表的结果则大部份限于学院

(academic)中研究。其不属于学院中的研究,如在工业试验室或某些国家特设的实验室所得的结果,则往往视为秘密永不发表。其实这中间有许多是探究自然奥妙和增进人类幸福所不可少的智识。若隐秘不宣,不知阻碍了人类多少进步。例如第一次大战前德国关于有机颜料的制造,及光学玻璃的制造,其方法及研究经过始终是科学上的秘密。其他各国同样的秘密当然也不在少数。若要国际科学合作成为有效用有意义的工作,则研究结果的绝对公开,应当是第一个先决条件。

第二,各国语言文字的不统一,也是阻碍科学合作的一个大原因。科学是有国际性的,但发表科学的语言则恰恰与国际性相反而常保持其狭仄的国家性。故语言的阻碍可以减少国际合作的效能。显著的例,如此大战前苏联的科学研究仅用俄文发表,以至各国对于苏联近年的科学皆有问津无从之感。此后科学的传布,应有一种共同的普遍的工具,方能增加国际合作的效能,实为最明显的道理。故我们以为扫除语言文字的障碍实为国际科学合作的第二个先决条件。

第三,国际间科学组织的缺乏,当然也使国际科学合作增加困难。在目下世界交通突飞进步,各种国际性的组织纷纷成立的时候,科学的国际组织还未曾出现,不能不说是一个可怪的事。按目下的情形,科学学会的组织可分为二类:一是专门学会的组织,如化学会、物理学会之类是。一是普通推进科学的组织,如英国及美国的科学促进协会(The British or American Association for the Advancement of Science)之类是。这两种组织都有它的用处,但两种组织地理的范围都以一国为界。虽然在某些特殊场合,未尝没有国际学者共集一堂以讨论学术问题的事实(如太平洋科学会议近年在爪哇及美国加利福尼亚所开之会议,以及几年前的世界地质学会及世界植物学会召开的会议),但这究竟仅限于一事一时,要达到科学合作的目的,恐怕还有成立常设国际性的科学协会的必要。我们以为为增加国际间科学的交流与促成国际间的科学合作起见,国际间的科学组织必须先为推进,即无论专门学会或普通性的科学组织,皆当由国家本位推进到世界的组织。有了这些组织之后,不但国际合作实行时可减少许多困难,且可使国际合作不至于成为有名无实的空洞机构。所以我们认为发展国际间的科学组织,为实行国际科学合作的第三个先决条件。

以上是就一般的科学合作而言。若单就我们中国说,也有几个先决条件值得我们注意。

第一,我们要与人家合作必须要有与人并驾齐驱的科学。民国以前,我们只知道有西方的坚船利炮,知道西方的奇技淫巧,并不知道什么是科学。所以就近代的意义说,中国可谓无科学,有之则为外人代办的科学。例如里希霍芬(F. V. Richthofen)之于我们的地质学,威尔逊(E. H. Welson) 之于我们的植物学,安德鲁(Roy Andrews) 之于我们的考古学，都是以中国材料供人研究的结果，不得称为中国人的科学。犹之外国人以中国的原料制成工艺品，不得称为中国的工艺一样。民国以后，首先是有地方性的科学渐渐由中国人建立起来了，就中如地质学方面、生物学方面、古生物学方面、气象学方面，我们都有很好的成就。外国学者要在这些方面探究中国的科学，必须到中国人方面来请教，再不能有越俎代庖的思想。这是中国科学大大的光荣。至于有普遍性的科学如像物理学化学之类，我们的地位便没有那样幸运。虽然在这方面我们科学家的贡献已相当可观，但和西方先进的国家比较起来，不能不说仍是瞠乎其后。这是我们应该并力以赴，迎头赶上的。科学虽是人类共有的资产，唯对于这个资产的总量有贡献的始有参加的资格。这个很平常的道理，想来我们的科学家不至于忽略过去。

其次，是科学研究的机关应该从速增加与充实，尤其重要的是每一科学至少须有一个研究的中心，在进行国际合作的时候方能收提纲挈领之效。我们不难想象在和平恢复、各种科学事业重上轨道之后，国际间的科学合作，必不限于文字的宣传与书札的往来，而须有人事上的接触与事业的交换。如其我们科学设备不够，或他国同道的朋友不远千里而来，仅仅做了些讲演或应酬的工夫而去，那末不但要令远人失望，就是我们也很难得到合作的利益。反之，如其我们先有了许多科学研究的中心，在平时固然可以发展我们的科学事业，在国际合作的时候也自然可以成为交换智识或交换研究的场所。这样学术上的国际平等庶几可以取得，而国际合作的效果也必定格外宏大。

有了科学有了研究中心之后，上面所说的国际间的科学组成只要我们科学家略为注意当可迎刃而解。《大学》说“知所先后，则近道矣”。不知我们科学家以为何如?

［第 27 卷第 1 期(1944)第 1—4 页］

# 3. 两 种 科 学

卢于道

现在世界上，分明有两种科学，一种是福利的科学，一种是权力的科学；或者我们可以说王道的科学和霸道的科学。

福利的科学，是将科学知识用以造福人群的，例如解除疾病痛苦的医药卫生，生产食粮的农业，制造生活用各种工具的工业，以及农工医后面的数理化、生物、天文、气象、地质、地理等。科学家们在实验室里绞着脑汁，追寻宇宙间运动规律，研究、发现、创造、发明，他们看见这些工作的结果，已泽被人类，没有不笑逐颜开。这是一种至高的安慰，亦是最大的兴奋。

但是还有一种权力的科学，这种科学是将一切成果，搜集在疯狂的独夫手里，用作战争侵略的工具，和盛势凌人的依身符，例如希脱勒将艰苦卓越的德国科学成就集中在战争武器上面，而犹自诩曰我有新发明科学武器，并在战场上赌博，破坏惨淡经营的建设，残杀千万无辜的生灵，科学家们看见他们研究发明的成果如是，那是没有不为之叹惜恸伤，这是科学家的悲哀，亦是科学家的耻辱。

现在问题就是，为功为罪，科学家应当负责么？我们说应当的！可以负责么？我们说可以的！

第一，怎么说科学的为功为罪，科学家应当负责呢？我们知道造福人群及为害人群的科学发明，用之者是社会事业家及政治家，但是供给事业家及政治家用者，正是科学家，这是“只此一家，别无分号”。既然作祸作福的科学发明，皆取之于科学家，则科学之为功为罪，科学家怎么不应当负责呢？

其次，怎么说科学的为功为罪，科学家可以负起责任来呢？我们知道为功为罪的科学发明，既是取之于科学家，只要科学家除实验室工作之外，兼负起应用实施的责任，凡利用科学发明于造福者则供给之，利用科学发明于作祸者则拒绝之、攻击之，由被动地位转移至主动地位，由孤立地位转移至觉醒地位，这就是说负起科学功罪作用的责任，以科学家的头脑，怎么不可以负起责任来呢？

现在我们要进一步说，科学家非但可以负起科学功罪作用的责任，并且必须要担负起来，这是因为我们已厌烦了战争之祸。世界上已有了一次二次大战，我们不愿再见第三次大战了。这是政治家的要求，是科学家的要求，亦是全人类的要求。

最近全世界科学家业已开始觉醒，本社曾接到英国科学工作人员协会1943年一月在英国举行的科学计划讨论会，他们以有组织的活动，企图和政治家携手合作，消灭战争，永奠和平。同年八月二十二日，该会西中区会议，讨论“在法西斯主义和民主主义下的科学”，曾经有下列的议决案：

本会为考虑科学在法西斯主义及民主主义下之地位，特向共同联合为打倒法西斯主义各国内之科学家及技术家致以最诚挚之意。我们特别对于占领区及敌国内自始即冒生命危险以坚决反抗法西斯之压迫个人自由者，要致祝贺并鼓励之意。

科学的合作组织，参加战争，将使吾人向轴心强权取得胜利。我们相信同样经过科学及技术事业之合作，可以供给我们武器，以毁灭匮乏、疾病、愚昧之罪恶，这些罪恶，在战事胜利之后，还是在吾人之前。

本会十分支持将要来到的大规模而具有决定性之欧洲登陆。吾人特号召一切科学家及技术家，无论你们在工作室或医院、实验室或前线，都要充分贡献你们的能力。

最后，在未来的建设期中，我们要请各国的科学家及技术家，都要将他们的知识及技术，确实是用在全体人民的福利的。

这是英国科学家的觉醒。我们对于他们的议决案，是十分同情，并愿给以拥护，特别是“将他们的知识及技术，确实是用在全体人民的福利的”。这就是说我们需要福利的科学而不要权力的科学；我们需要王道的科学而不要霸道的科学！

中国五万科学家及技术家，固然应当尽他们的力量；同时英美苏以及其他爱好和平正义国内的科学家，皆应当尽他们的力量，以保障王道的福利的科学，以实现正义和平的世界。

[第27卷第1期(1944)第5—6页]

# 4. 工业建设与科学发明

卢于道

去年六月二十八日,重庆各报上载有国防科学技术策进会悬奖征求研究答案的广告,其中包括有十个问题,即(1) 直接镀镍于钢铁之方法,(2) 旧胎橡皮之复原,(3) 合成橡皮及橡皮代用品,(4) 铁路机车钢胎之制造,(5) 高温度汽缸油,(6) 尿素大量提取,(7) 汽油精,(8) 防火涂料,(9) 耐酒精涂料,(10) 各种汽焊条。自广告刊出后,已半年有余,不知该会曾接到若干答案否(我们的意思,英美苏三国既是我们并肩作战的同盟国,我们向国外科学家去征求,或购置专利权,以应我国之需要,亦未尝不可,这是科学技术的合作,并不是我们存依赖之心)。接着九月十二日各报载十一中全会通过战后工业建设纲领十六条,其中第十四条说,政府与社会应以有效方法奖励发明,并加强利学技术策进之运动;第十五条说,全国与工业建设有关之研究机关,应集中力量作实际问题之研究,以求工业技术之进步,并协助解除工业上所遭遇之困难。十一月一日,重庆市各发明人又组织中国发明协会。这些事实,充分表示中国需要工业建设,而工业建设则需要科学发明。

我国工业建设之需要科学发明,这是很自然的;但是以科学技术事业还不曾有丰富经验的我国,这种要求亦是很天真的。我们所谓天真的意思,就是说我国科学技术界还不曾考虑到由发明而达到有利于工业间的距离及其必须作的联系工作,因为即使一旦有了科学发明,要将这种用之于工业建设,还需要相当的努力。

以工业先进者如美国,要将科学发明立即用之于工业,行之于市面,亦并不是一件简单事。美国政府的技术趋势报告中,基非伦(S. C. Gilfillan)有发明之预计一文,该文特别指出发明和应用间需耽搁许久时期。他统计自 1888 至 1913 年间最有用的十九种发明,由首先想到这种发明至作成专利,平均需 176 年,由成立发明专利至第一次应用平均需 24 年,由应用至商业成功平均需十四年,由商业成功至日常重用平均需十二年。所以总算起来,由认识这种发明到见诸实用,约五十年。他又说在 1930 年以前,重要的发明,由领会到至商业成功,其间平均要隔三十三年,最快者亦在十年以上,很少在二十年以内。照这样说起来,如果由发明至应用成功要隔三十三年,则我国即使有美国国内同样的科学风气,今日有所发明,其应用有效之日乃在三十三年之后。现在我们工业建设势在即行,欲在立即见诸实行的工业建设中期望着立即可用的发明,鉴于上述情形,我们说这种期望是很天真的。

有一种情形，可以促使发明快些见之于应用，那就是战争。因为在战争期中，胜利第一，有所发明，如果可以帮助战争胜利者，其国家政府，必将不惜工本，快些应用，以取得胜利。但是在这样情形之下，其欲克服科学发明，工业制造，与实际应用间之困难与障碍，亦是需要细心而坚忍的努力。这种努力之苦，殊非局外人所能想象，亦非发明家及制造家所及意料。

我们不妨举此次大战中一个重要发明的例子，那就是无线电侦察器。

根据于裘勃脱博士(Sir Philip Joubert)在一九四三年一月间英国科学工作人员协会“科学的计划”讨论会中所报告，英国早在一九三五年，皇家空军即组织大英防空委员会(The Air Defence of Great Britain，简称曰 A. D. G. B.)。在这个委员会之下，又组织了两个小委员会，其一作生理研究，由生理群家希儿(A. V. Hill)主其事，又一作技术研究，由替萨德爵士(Sir Henry Tizard)主其事。至一九三九年欧战爆发，这些委员会已工作了四年，以一般成效而言，诚然甚佳，其中最佳者，当推警报网中所用的无线电侦察器。

裘勃脱爵士报告中指出，这个仪器当初发明的时候，科学家非常得意自豪；但是体质呆重，形状笨拙，与防空部队所用的一般仪器，太不相称，部队里面甚至于大家拍桌制止其应用，这对于科学发明家，真是大煞风景。因为科学家和军事家间之不协调，所以在一九三九年另外组织施用研究组(The Operational Research Section，简称曰 O. R. S.)，以附属于战斗指挥部。O. R. S. 的作用，就是照顾警报网及其所用的各种仪器；其内有飞行修理及服务工程师，任何地方，一旦仪器发生障碍，即让这些工程师前去修理调整。经过这样一个组织的活动之后，各种科学仪器，方在战斗指挥部里被军事人员所信任。

裘勃脱爵士特别指出，科学家和军人在一起工作，时常有许多困难，甚至于会发生摩擦。军人当然知道有科学家在一起，其工作对于战斗力的贡献是极大的；但是军人所要者是事实，而科学家所长者是理论。往往军人提倡一个问题，其所希望的答案是简明的事实判断，而科学家给予答复者则是理论，结果是军人不能满意于其答复。这种事情有时因为军人对于问题的提法不清楚，会使科学家的答案更不清楚。因此要使科学家和军人间充分合作，还需要上面领导者的简明决断，而科学家反需要军人的领导。

照这样看起来，现在英国皇家空军部队内所用极重要的新发明仪器，即无线电侦察器，其所以能有今日的有效应用，其间实在经过了这样曲折而煞费苦心的努力，这个努力，是用在科学家和应用者之间，作为联系工作，这是一般科学家和应用者两方面皆未及深切体会的。

现在我国需要工业建设如此急迫，而工业建设需要科学发明也同样急迫。那末如果技术应用和研究发明之间，没有一个适当的联系，听其自然，如上面基非伦所说，则发明和实现应用之间，将隔三十三年。反之，如果希望科学发明能够很快地用之于工业建设，则我们不得不取法乎英国皇家空军 O. R. S. 的办法，将科学和工业技术家密切联系起来。这种联系，将不仅限于时常举行讨论或私人会谈，还需要科学家能和工业的技术机构相接触，工业界迅速连带建立研究室，以及领导善于调整双方意见，并予以决断。

［第 27 卷第 2 期(1944)第 3—5 页］

# 5. 自然科学与工业之关系

倪尚达

## 1. 界　说

要说明甲乙二物之关系必须将二物之内容意义，先为说明，再加比较而后此二物之关系自然是很明白，今欲说明自然科学与工业之关系，同样的先要说明自然科学与工业之界说。

何谓自然科学？

自然科学，研究天地间各种实物之学问也，此实物具有实质或即质量，与事物之属心理的、论理的或伦理的迥乎不同。就英语言，自然科学曰 Natural Science，其界说"The science of things physical and distinct from things psychological, logical and ethical"。

故自然科学即是《大学》上所谓致知在格物，因此旧译 Natural Science 曰格致，Science College 曰格致书院实甚切当。其范围甚广，凡天文、数学、物理、化学、生物等等皆属之。

何谓工业？

简言之，凡从事生产之各种职业也，就英语言"A practical occupation"。

《辞源》上所载工有四义。一曰巧，善其事也；二曰官，嗟嗟臣工；三曰匠，凡执艺事成器物以利用者皆谓之工；四曰功，天工人其代之。

时下之所谓工业，乃集大量之资本，多数之人力，建厂设场，而勤勤于某项器物之生产者是也，故大言之如电器工业之制造发电机、电动机、电扇、电车、电池、电灯等等，又如化学工业之制造硫酸、盐基、食盐、炭酸钠等等，又如冶金工业之炼钢、炼铜、炼银等等；细言之如木工业、竹工业、陶土工业、家庭工业、手工业等等，名目繁多，一言不尽，我人恒曰士农工商，故工为四民之一，此等工民所服之职业，统可名之曰工业。

十七世纪以来，科学昌明，而工业革命，推动此等新工业者，除一般技工之外，尚有所谓工程师焉。工程师者，运用天然之物力以供我人之服务者也(An engineer as one who applies the force of nature to the service of man)。

## 2. 关　系

明乎界说，则知自然科学之对象为物，而工业之成就亦为物，等是为物，其关系之密切可知。但自然科学偏于物之理论而工业则在乎物之实用，理想为事实之母，苟无理想，事于何来，举凡现代化之各种工业，莫不先由自然科学家之研究、探讨、实验、扩充而来。我人皆知十七世纪之工业革命实由于瓦特氏之发明蒸汽机，但于瓦特之前早有牛河氏(Newcomen)与勃兰氏(Black)等之科学家，先将热学中各种重要现象，如水之蒸发、汽化、膨胀、凝结等等，为有系统之研究，苟无牛勃二氏，瓦氏之能否发明蒸汽机，亦是疑问。又如马司氏(Morse)之发明电报，裴耳氏(Bell)之发明电话，苟不有佛兰克林氏(Franklin)之静电实验，奥瓦脱氏(Oersted)之电磁现象及法拉台氏(Faraday)之电磁效应，电报电话能否发明，亦未可知。再如马可尼氏(Marconi)之发明无线电报，早有麦克司惠尔氏(Maxwell)之电磁波理论，继有赫志氏(Hertz)之电磁波实验，无线电报幸运而成。故就大体言，所谓新发明以形成今日之新工业者，所有基本原理，皆由先辈科学家，早于科学方面立有基础，彼从事工业者，不过运用天灵，巧拾应用，以利人群而已。

由此观之，自然科学为近代工业之母，苟无科学即无工业，其言然乎？曰又不然。燧人氏之钻木取火，乃由摩擦能生热，木热能发火，而物理学上之摩擦与化学上之燃烧早有燧人氏之工作启示其浅理矣。又如有巢氏之构木为巢已奠近世建筑工程上及土木工程上采用木材之基矣。洎乎近代，自然科学上之进展，莫不利用新工业之制造，以宏成就，例如罗盘针之于测量，望远镜之于天文，显微镜之于生物，辅车相依，相得益彰。或问自然科学与工业有轻重乎，别其轻重，无异于旧社会识别男女之有差等，中庸大道，轻重云何。或问自然科学与工业有先后乎，有卵而后有鸡，有鸡方始有卵，卵鸡孰先，迄成疑案，此间生物上之进化，自不必细究其先后也。故自然科学与工业亦为人类文明之演进，奚必定其先后为。

## 3. 时　　病

目前我国人之研究自然科学者，要以各大学理学院之已毕业或未毕业之优秀学子为最多数，“当然科学教育是抄袭的，科学研究亦是抄袭的，西洋科学有研究这么一回事，我们亦有研究一回事，西洋科学研究是研究那一类题目，我们亦跟着研究那一类的题目，一切皆以西洋为表率，所以西洋有原子物理学之研究，我们亦赶紧作原子物理学之研究，西洋有实验生物学之研究，我们亦赶紧作实验生物学之研究”(见《思想与时代》第四期卢于道著《我国科学之新时代》)。基本不良，设备不充，终日惶惶，无异闭门造车，当此抗建业宏，正是渴望一般自然科学家发生威力之时，所可计量，微乎其微，且又举止高昂，自称为自然科学家者，轻现实，鄙应用，苟谈工业，则为俗夫技工之所为，亦无需乎我辈之硕学通儒也。近观一般从事近代工业者，只知生产，热中谋利，材料之如何选择，技术之如何改进，货品之如何精良，举凡可以利用自然科学上已有粗浅之原理而有利于本身工业之前途者，或则不遑顾及，或则不知顾及，欲与西洋之新工业抗衡，夸父逐日而已。故曰二者之所为皆非也。欲拯此病，当使自然科学家趋向实用，对近代工业发生兴趣，从事近代工业者勿忘理论，与近代自然科学家，携手同行。盖世界上从无新工业发达而自然科学落后之国家，更无自然科学昌明而新工业不振之国家，明乎斯则二者之关系彰彰矣。

[第 27 卷第 2 期(1944)第 6—8 页]

# 6. 科学的国际组织

卢于道

本社重庆社友会于今年三月十九日举行集会，会中曾讨论到本社今后对于国际科学联络工作事(见本期消息栏)。此事实不容忽视。

按第一个国际间科学组织，据希儿所称(见 Hill《国家及国际科学》一文，载英国《自然》週刊 147 卷 3722 号)，为 1873 年之国际度量衡局。以后有国际测地学会，1903 年有国际地震学会，1898 年德国慕尼黑及维也纳学院、哥定登及莱勃齐皇家学会、英国伦敦皇家学会等，曾企图组织国际学院联合会。以后该会告成，共举行五次会议，1914 年在圣彼得堡所举行的第六次会议，为最后一次，以后即未举行。1918 年以后，各国学院代表，又集会于伦敦及巴黎，企图再组织新国际科学组织。1919 年七月，国际研究会不鲁塞成立，但各国间略有误会。至于各门科学，如生理学、物理学、地质学等，国际间学术性会议，已有数十年历史，在学术方面成绩很好，但是和政治事业相联系者，则尚未有成就。

此次战事起后，大家似乎有不同的感想。大家觉得科学事业应当除学术性集会之外，还应当有政治作用；此所谓政治作用，不一定和政府有关，例如希儿氏即主张离国家而独立。所谓政治作用，意思是可以包括国际救济和平建设等问题在内。

去年夏，六学术团体在北碚举行会议，曾讨论及科学的国家性与国际性；讨论结果，大家认为科学中有国家性亦有国际性，其国家性，对于中国尤为重要。就实际而言，我国需要国家性的科学，这是因为我们需要科学建国；但是我们亦需要国际性科学，这是因为我们需要着国际的合作。我们本社固然将往前努力，同时亦希望各友邦科学家及科学团体予以协助。

[第 27 卷第 4 期(1944)第 3 页]

# 7. 中国科学社成立三十週年宣言

中国科学社，发起于民国三年而成立于民国四年。其时适值第一次世界大战初起，同人等怵目惊心，知处此列强角逐之时代，非有自强自立之能力，决不足以自存。此能力从何得来？培根所谓“知识即权力”一语，实一正确不易之答复。科学者□□智识之泉源。从研究自然而了解自然，又从了解自然而宰制天然力以供人类之利用。所谓近代文明，实以科学为一大原动力。无科学而求文化之进步，国力之增强，不可得也；有科学而欲文化之不进步，国力之不增强，亦不可得也。

溯西方科学之起源，不过三四百年间事。在近代科学未出现以前，中古时代之欧洲，其异于东方古国者盖亦无几。迨文艺复兴之后，哥白尼、盖理略诸人启其端，牛顿、惠根士之徒植其础，而近代科学遂在人类进化史上开一新纪元。继是以后，科学本其犀利无前之方法，循其逻辑应有之途径，继续不断为智识开辟新领土 。于是在纯粹方面，则物理、化学、天文、地质、生□、生理、心理、社会，凡属于物质与生物之各部门无不□；施之于应用，则工业、制造、工程、交通、医药、卫生、农产、树艺，凡可以满足人类生活之需要而增进其福利者无不厘然改观；推而至于军事设备，防守工具，上天入地，攻坚摧锐之术，凡可以出奇制胜、杀敌致果者，亦藉科学之发明而层出不穷。总而言之，今之世界，一科学之世界也。居今之世而遗弃科学，是犹鱼之离水，鸟之离空气，生存且不可能，遑云国际竞争哉。

吾国与西方学术之接触，远在三百年前利玛窦等来华传教时期。其时西方科学方始萌芽，吾人对之不能有真正认识，固无足怪。其后则为一百年前鸦片战争时期，此时西方诸国方挟其坚船利炮以临我，我即以坚船利炮代表西方之科学。此种见解直至前清末年未曾廓清。夫船炮也、机器也，言其至，不过科学之应用耳。以科学之应用，代表科学本身，并由是以求科学效用，是所谓拔本塞源而求木之茂、水之长也。其不能有得，更不待言。

本社同人知科学乃整个知识系统之事，不可以急功近利者也，知科学应用乃有本有源之事，不可以颠倒本末致也；爰于民国四年有中国科学社之组织，以格物致知，利用厚生为共同努力之目标，以联络同志，研究学术，为达到目的之途径。而尤要者，乃在促进普通一般对于科学之认识，与提高工作同志实地研究之兴趣。为实现第一项志愿计，吾人刊行之杂志，有《科学》月刊，目下已出至二十七卷，为国内历史最久之科学杂志。有《科学画报》，亦出至八卷以上。此外出版科学书籍数十种，论文丛刊十数册，而历年举行之科学讲演，听众□□数万人。为实现第二项志愿计，吾人于民国九年设科学图书馆，后改名明复图书馆，藏科学书籍数万册，杂志数百种。十一年设立生物研究所，刊行动植物研究论文各十五卷，与国际交换千余处，养成专家百余人。凡此种种，不敢云于科学有何贡献，然吾人之黾勉从事者，则既三十年如一日。幸以社会之扶持，同志之努力，不惟本社事业得以继续不坠，即以吾国科学情形与三十年前相比较，亦觉此一世之中真令人有隔世之感。此则吾人于回顾之余，所欲与国人共慰者也。

唯当此本社成立三十週年之期，适为我英勇抗敌已入第八年之时，亦即第二次世界大战已进入第六年之际。国际竞争之剧烈，国内抗战之艰苦，以及战后建设之迫切与紧要，皆使吾人对于科学发生更急切深远之希望。兹特敬谨宣言：(一) 吾人承认科学为智能权力之泉源，为建设现代国家，必须全力以赴。(二) 吾人承认科学在我国特别落后，为求与先进诸国并驾齐驱，必须以人一己百，人十己千之精神进行。(三) 吾人承认凡世界文明人类皆有增加人类智识产量之义务，因此，吾人对于科学必须有独立之贡献。(四) 吾人坚信科学系为人类谋福利快乐而非为侵略残杀之工具，因此，对于科学之应用，必须严定善恶之标准。信能行此四者，不唯本社格物致知，利用厚生之宗旨，非托空言，即明日之世界，亦将以吾人之努力而愈进于光明。同人等为之执鞭，所忻慕焉。

[第 27 卷第 9—12 期合刊(1944)第 3—4 页]

# 8. 中国科学社卅週年纪念暨中国十科学团体联合年会开会词

任鸿隽

今天中国科学社开成立三十週年纪念，我们第一感觉愉快的，便是和科学社联合举行年会的还有其他十个科学团体。这使我们感觉到科学在中国，已到了枝繁叶茂的境界，而不是三十年前科学社成立时的孤掌难鸣情形了。关于其他学术团体自有其本会代表报告，兄弟现在先报告一下科学社成立的历史及事业概况。

科学社成立于民国四年，但发起则在民国三年。当时适值第一次欧战初起，留学康乃耳大学的几个同举，深感武装和平局面一破，今后的世界唯有具有自卫自立能力的民族方能自存于世界，而这种能力唯有从研究科学方能得到。科学的应用虽然表现于许多物质上的发明，科学的本身却只是一种学术思想的系统，我们必须把科学的根本移植过来，方能使科学成为我们学术思想的出发点，方能使科学与其应用在我国发荣滋长。这是我们提出科学这个题目的第一个理由。第二个理由，是感觉人类进化必须由世界各民族各尽一部份的责任，对于智识的总量各有一部份增加。若只知利用他人的发明，而自己无所贡献，便是放弃责任，对于当今文明民族不免愧对。我们中华民族文明首出，对于哲理文学美术等，久有独出的贡献，难道科学就甘居人后吗？从前中国所以没有科学，原因是不知科学方法，现在既得了方法，只有埋头热心去干，安知我们于科学不能有同样的成就呢？这是我们要组织学会以提倡科学的第二个理由。

中国科学社就在这样的动机下成立。牠以格物致知利用厚生为目标，以联络同志研究学术为达到目的的途径，而尤其重要的是唤起一般人对于科学的认识，与提高同志学者研究的兴趣。为了第一个目的，我们在民国四年即发行了一种《科学》月刊，以发表研究论文及通俗的言论。目下此志已出到二十七卷，为国内最悠久的科学杂志。民国二十二年又出一种《科学画报》，现在也出了八卷，这都是为普及科学的。为了第二个目的，我们在民国九年既成立一个科学图书馆，开始收集科学杂志图书。民国十一年成立生物研究所，由社内生物学专家实施研究，现在动植物论文专刊各十五卷，与国外学术机关千余处交换出版品。其他科学丛书、论文丛刊，也各出了数十册。至每届举行年会宣读的论文总计起来不下四五千篇。现在本社有社员二千余人，皆曾习专门科学的学者。分社有成都、重庆、北碚、乐山、贵阳、遵义、湄潭、昆明、桂林、上海、纽约等十余处。总办事处原设上海，自上海陷敌后，已移于北碚与生物研究所同处办公，这是中国科学社三十年历史的大概。

中国科学社自成立以来，即深得社会的赞助。我们记得初发起的时候，我们曾写信与在法国的蔡孑民、李石曾、吴稚晖诸先生，蔡先生写回信来，“《科学》第一期以格理略肖像居首，可见深得正确科学本旨，弟等极愿为张目”之语。美国大发明家爱迪生也把他的照像送与我们，并有贺科学已到中国的信。《科学》的第一二期皆曾经再版，由此可见当时读者的热心。其后民国八年科学社在南京成贤街成立社所，其房屋乃江苏省捐给的，后又每月拨给经费数百元。兄弟回国后为科学社募集基金数万元，得各方赞助甚多。国民政府成立后，曾拨给基金三十万元，成贤街房屋一所。后来中基会成立，每年补助生物研究所数万元，以此在南京的生物研究所及上海的明复图书馆都改建成立，而书籍杂志仪器等亦陆续添置完备。因为有以上的种种赞助，科学社的事业得以次第进行，至今不辍。如其科学社同人的努力还有些少成就的话，一小部份固由于社员的努力，一大部份乃得于社会人士的赞助。这是我们要趁三十年纪念的机会向各界人士敬致谢忱的。

中国科学社同人三十年来的努力，是否于我国科学有相当的贡献，这只付之当世公论，我们不愿作主观的表示。我们所知道的只是科学社的社员曾有不少的人为科学而努力，数十年如一日。这如已故的胡明复先生、杨杏佛先生(两个科学社的发起人)及现在的秉农山先生、钱雨农先生、杨允中先生，皆在社中主持研究，或服务社中在二十年以上，而科学社待遇的清苦是国内所共见共闻的，因为他们真能笃信好学，守死善道，故能从普通一般言，科学已成为共晓的名词，就另一方面言(如生物学)已为科学打下了不拔的基础。而尤其重要的是他们树立了研究的规模，使人知道要如何才成一个科学的学者，这一点在纪念科学社三十週年时是值得注意的。

三十年在一个人是成立的时期。科学社成立了这么久，但没甚么特别重要的成绩向大家报告，我们实感觉惭愧。现今世界科学的进步，正在飞尘绝驰，而我们国家需要科学比任何时期都迫切。我们希望社友们继续努力，并且加倍努力；社会人士对于科学事业继续赞助，并且加倍赞助；那末，第二个三十年必定比第一个三十年有更光明灿烂的表现。兄弟虽不是占星家，对于这一点似乎是可以预言的。

以上是关于科学社三十週年的话。关于十一个学术团体联合年会，兄弟还想简单地说几句。

举行年会在学会活动中是一件重要的事。这是因为现代的学术研究不是可以闭门造车，出门合辙，而必须互通声气，互相砥砺。所以研习同一科学的人们必须一年一度有一个机会来宣读论文，以交换新知，讨论疑义。这样不但可以提高研究的兴趣，也可以促速科学的进步。记得科学社初成立的时候，在年会中宣读的论文不过数篇，但今年各学术团体提出的论文计有一百五十余篇，这可以表示即在艰难环境之中，我们的研究仍旧在继续进行。又近年各学术团体开会，每提出当地的问题作为专题讨论，以期于当世有所贡献，今年我们仍拟照行。总之，我们希望到会的各会员尽量利用三天的会期，来讨论学术上或社会上与科学有关的问题，期于科学事业之发展有更进一步的功用，庶不负各方的招待与期望。

[第 28 卷第 1 期(1945)第 3—5 页]

# 9. 中国与国际科学合作事业

卢于道

中英科学合作馆创办人尼德汉教授，于去年四月再度来华。吾人感于第一流实验室内科学家如尼德汉教授对于国际科学合作事业之热情及其成就，谨愿就中国立场，略为申论国际科学合作之意义。

前年(民国三十二年，即一九四三年)八月二十六日，《大公报》载有一条中央社消息如下：

> 据美新闻处，荷属西(?)威廉斯(?)二十日电：前哈佛大学教授奥伊尔，今日与哈佛大学教授哈斯，联合提出计划，以材料供给各大学、各图书馆及实验室，以补充其战时之损失，并重建其研究机关及罗致研究人员。美国务院，英国及若干同盟国之驻英政府，原则上均已接受于荷兰设立国际科学研究院，以为战后世界科学中心之计划。美境两大荷兰洋行，已允予经济上之协助。耶鲁大学亦允捐书一万本。

依照这个消息，在战后荷兰将有国际科学研究院出现。惟自从此项消息刊布后，至今已有一年半，并未闻有下文。吾人希望此项崇高的计划，不至于成为海市蜃楼。

现在我们所期望的国际科学研究院，虽尚未正式实现，但英美苏间国际科学合作之事，已不一而足。例如战事期中，在三国之间，科学家往返频繁，以视察各国间之工业医药及军事技术，交换情报，争取胜利。举凡般尼西林、DDT、雷特以及外科手术等，任何一国，有所发明，其他盟国，即派科学家去视察其事，甚至于共同研究应用。这种合作精神，为战前所不及。

现在试问作为盟国之一的中国，和英美苏间之科学合作，曾达到什么程度呢？

第一，中苏之间，科学合作之事，至今还不曾开始。

第二，中美之间，科学合作之事，有如下列：

1. 技术方面　美国先后曾派遣来华有下列技术专家：

| | |
|---|---|
| 水土保持专家罗德民 | 担任农林部工作 |
| 水土保持专家休哈特 | 同上 |
| 畜牧专家费立浦斯 | 同上 |
| 马铃薯专家狄克斯脱拉 | 同上 |
| 酒精专家斯托林 | 担任战时生产局工作 |
| 炼钢专家格汉拉姆等五人 | 同上 |

| | |
|---|---|
| 钢铁专家岳康与斯他福 | 同上 |
| 煤与煤焦专家克莱与斯各脱 | 同上 |
| 电力专家伊文思 | 同上 |
| 石油专家贾文 | 同上 |
| 化学专家李吉默与艾俭 | 同上 |
| 非铁金属专家蓝墨林 | 同上 |
| 机械运动与工具专家斯传与杰克布斯 | 同上 |
| 水利专家萨范奇与卡顿 | 由行政院聘请 |

就上所列，已二十余人，其中技术行政专家如纳尔逊和孔莱氏等，犹未列入。最近美国对外经济处，并代我国订定战后工业建设计划，计需美金十亿元，设立工厂958所。此外尚有美国科罗拉垦拓局萨范奇所领导研究之三峡水电建设计划。这些计划，尤尽了技术方面最大的协助。

美国在技术方面协助这么多，一方面使我们感激，他方面亦使我们惭愧，因为这是表示我国科学技术人才之贫乏，以及技术行政之落后。惟除去美国帮助我国之外，我国亦有帮助美国者。我国地理专家曾世英氏，被邀往华盛顿；而美国地理学家梅士敦氏，在我国尤搜罗不少科学资料，以利于军事之用。

2. 文化方面　除技术方面之外，美国国务院曾派遣地理专家葛利石教授来华，邀请我国科学家蔡翘、萨本栋、汪敬熙诸教授赴美，赠送我国图书影片（关于科学者）七十余卷；又美国医药援华部赠送有关医药方面图书影片约七十卷。美国驻渝大使馆并随时印赠各种科学论文提要等刊物约十种。

第三，中英之间，科学合作之事，几乎完全以尼德汉教授所主持之中英科学合作馆为中心，其工作则尽属科学文化方面。根据今年该能所发表之报告，去年一年中英合作事项，有如下列：

| | |
|---|---|
| 参观我国科学机关(并作讲演) | 99处 |
| 赠送图书影片 | 58卷 |
| 赠送书籍 | 289本 |
| 书报论文之交换 | 98起 |
| 代购仪器 | 77起 |

从上可见，中英间之科学合作，全属文教方面，而并不涉及农工医等技术之事。

第四，中法之间，科学合作之事，在今年初，方才开始。今年一月二十日，中法科学合作委员会才成立，并首先有高郎节教授来华。这是一个开始。

从上述看起来，在中国国内已有之国际科学合作事业，吾人可得下列的结论：

1. 至目前为止，中国之国际科学合作事业，以中英中美为主。

2. 中美之合作，以技术为主，文教为次；技术方面，以战事及建设事业为主，尚未涉及新发明之技术。

3. 中英之合作，以文教为主，并未涉及技术。

4. 中国和英美之间，英美所授于我国者，远超过其所受。

在吾人理想之中，有如尼德汉教授所倡导者，国际科学合作之事，其崇高性将超过于国际政治之关系。因此吾人以为中国所受多于授，这件事实，并无碍于未来合作之事业。英美苏间，技术文教研究成就之水平，大致相仿，因此他们三国间之合作，多属交换新发明之技术或新发现之理论。我国之技术文教研究成就水平，在质和量方面，皆在英美苏之下，因此若谈科学合作，所受多于所授，并且授受两方面，属于平常者多，属于新创者少。尼德汉教授，对于这一点，亦看得很清楚，所以他在《国际科学合作事业》一文内（见 *Nature* No.3917）有云：

> 这样一个国际服务处，有一个急迫任务，那就是将西方工业化程度更高的国家内，最进步的应用及纯理科学，输入到东方工业化程度较为落后的国家。

在这句话内，很显然地指出，我国工业化程度落后，在最近将来，所谓国际科学合作，吾人虽参与其事，其所受者势必多于所授。

国际科学合作之崇高价值，可以综合邱吉尔首相之语以表达之。邱吉尔首相有云：

> 科学给这一代以无限的灾祸工具，或无限的进步工具。此次战事胜利之后，吾人将避去灾祸。以后所留下来者，将为一种更大的事业，即引导知识，永远趋向于和平及人类福利之目的。在这个事业中，全世界科学家，由于超种族超语言的一个单纯目的所联系，将担任着处于领导而激励的地位。（见上述尼德汉文首所引）

这段话，表明了将来国际科学合作之必要，及其所负任务之重大。

从科学方面看起来，如果我们高见远瞩，细加考虑，就可以知道，人类福利之事，是全球性的，不能是区域性的。举例而言，有地方性的传染病，自全球交通频繁后，势将成为全球性。非洲的睡眠病，或将传至亚洲美洲；同样中国的恶性疟疾，亦可能传至印度澳洲。故在公共卫生事业方面，今日我们存一种观念，以为只要孤立的一国单独发展，不必和其他各国合作，犹如昨日的旧观念，认为只要我一家清洁，不必和邻居合作者，二者是同样陈旧，并且同样不可能。卫生事业是全球的，其他如天文、气象、测候、地质、地理、地磁等项，以至于理论成就，其为全球性，正和此相同。

因此我们要真正实现人类的福利，必须要全世界各国科学家共同合作。

我们再回顾中国情形如何？试仍以公共卫生事业为例。中国的公共卫生事业，是在英美之后，因之中国人民之往英美者，可以在出国前或在入英美港口前，予以检查，使不健康而带有传染病媒者，不入英美国境。但是假如中国医药卫生专家，不足以在中国国内控制传染病，结果中国充满着传染病症，英美国预防中英美间飞机轮船携带蚊蝇细菌传染病媒剂之工作必日趋繁重。与其英美本国这些工作日繁，不如中国本国医药卫生科学发达，后者是治本，而前者是治标。公共卫生如此，其他科学事业，如天文、气象、地质、地理、地磁等项，亦复如此。

为维持全球的人类健康起见，吾人不能忽略占全世界人口五分之一的中国公共卫生事业；为维持全球的人类生活水准及经济繁荣起见，吾人亦不能忽略占全世界人口五分之一的中国的购买力及生产力。最后，我们还有不能已于言者，即为促进人类科学进步起见，吾人亦不能忽略中国若干优秀科学家，对于研究创造之潜在能力。

上面足以说明邱吉尔首相所说，"………全世界科学家，由于超种族超语言的一个单纯目的所联系，将担任着处于领导而激励的地位"者，吾中国科学家亦义不容辞。因此我国医药卫生专家，我国生产技术专家，以及我国基本纯理科学家，对于国际科学合作之事，当认为有其必要。

就目前事实而言，中英中美间之科学合作工作，如协助梅士敦教授之搜集材料，吾人已尽了相当的努力，吾人只感觉到所能尽到之能力过于微薄。这些工作，只能称为互助，尚未达到合作阶段。所谓合作，必须合力工作。吾人之供给科学材料，固然是协助；即英美之厚飨吾人以科学书报、技术指导，亦是互助阶段之事，尚未达到合力工作阶段。

因此吾人既感激友邦协助我国生产技术及研究设备等项，在国际科学合作机构尚未成立以前，尤希望能开始合力工作——亦即吾人之所谓通力合作——事业。这种通力合作事业，有公共卫生、气候报告、高空研究、地磁调查、动植物调查、地质调查、地理测量、农作物品种调查、日蚀观察、科学史研究、海洋调查等项，皆有待于科学家共同计划进行；吾中国科学家既乐于参加这些事业，尤希望中英美科学家间，有机会共同予以商讨。

［第 28 卷第 2 期(1946)第 93—95 页］

# 10. 生物科学与战后建设

郑作新

生物无论其为动物抑为植物，皆与人生具有密切关系，凡稍具斯学常识者，类能言之，而生物学的研究对于人生的贡献尤为显著。近年来国内生物调查研究之所得，直接或间接的应用于国计民生者，已略见端倪。际斯抗战方酣，胜利在望之时，举国上下，莫不在筹思战后建设诸问题，无论重农重工，要皆与生物科学有不可脱离的深切关系。兹就管见所及，将近代生物科学对于吾国战后建设的贡献，约述如后。

（一）生物学与战后物质建设　吾人的物质生活不外乎衣食住行与保健，而物质建设的主要事业，就在供应物质生活各方面所需用的物品。就其性质而言包括农工医三大项。生物科学对于吾国战后此等物质建设的事业之具体关系，实值得吾人研思。

1. 农业　近代农业生产可分为植物的与动物的生产两类。前者包括农作、森林、蔬果、花卉等；后者含有蚕业、蜂业、渔业及畜牧等。无论其为动物生产或植物生产，无不在生物学范围之内。关于植物生产方面，选种工作显属农业界当前的要务。战前经营农事者，竞相输入外洋品种，而予以繁殖、推广。然国外品种多有不适于国内风土环境者，以致收获所得，常不及预期之理想，其质或量反不如土种之优良。以故外购品种，欲其适合国土，非经相当缜密的育种改进不为功。而农业育种则有赖乎遗传之研究，斯实为国内生物学界当前之所应致力者也。

我国对于益农生物如益鸟、益虫等，及害农生物如害虫、害菌等，迄无详确的调查。农业虫害病害的防除，益农生物的护殖，更与农业息息相关，未容轻忽。从前对于栽培植物之病虫害，辄皆因袭外法，施用药剂以防除之。惟在吾国工业不发达，农产品价格低贱之情形，利用购自外邦的工业制造药品，殊不经济，尤以战后财力贫乏，更难为谋。纵使绰有余力，而农业上之所需，动辄向外输入，终非良策。故吾人战后宜扶植与农有关的各种工业，尤其关于杀虫灭菌药剂的制造。且进而研究利用益农动物以防除为害植物的病菌害虫等，如益鸟之捕杀害虫，治蚊鱼之掠食孑孓，是即所谓生物防治，实亦最经济而最有效的一种防治法。若能大规模予以研究，以宏其效，则对于战后农业复兴，必有极重要的贡献。

至论动物生产方面，生物学的研究亦甚紧要，尤其关于寄生虫、选种、动物习性与生活史等问题。吾国东南滨海，海岸线北自辽东湾，南至广州湾，绵亘数千里，加以沿海岛屿星布，海产宝藏至为丰富，渔业之重要，不言而喻。今沿海一带遭敌封锁，损失之巨，自不待言。战后海禁畅开，究应如何促进渔业，开发海中富源，洵属急务；而对于所欲渔捞者之分类、分布、生活习性及生活史等，均亟待乎国内生物学家之详细探究，使从事渔业者有所准绳，并知如何促进水族的繁殖与增产。以言蚕业、蜂业及畜牧等，则蚕、蜂以及家畜等，亟需生物学的研究以图改进者，所在皆是。战后百废待举，从事动物养殖者，尤应利用生物学的智识，详究其各种习性、遗传与病害之防除，方克奏功。

2. 工业　近代各种工业，大多取材于动植物。例如皮革工业所需的皮料，取自动物；纤维及木材工业所需的木料，得自植物；纺织以及燃料、脂料、香料等工业，则兼取动物与植物的原料。动植物之供为工业原料者，首推木材。吾国境内山脉连绵，林木蓊翳，种类亦繁，尤以东北区僻远各地，尚有未经砍伐的原始林。如斯宝库，究应如何利用，种类若干，分布情形若何，何者适于造纸，何者适于制油制枪托或枕木，何者可供为纺织原料，以及何者亟待推广种植，皆为刻不容缓的调查，俾造林者有所遵循，而工业建设所需的木料亦知从所取材矣。以言动物原料，则吾国北地所产野兽众多，何者繁殖较盛，何者当设法护殖使之蕃滋，何者可供制革、作裘或其他需求，且所用原料若何改良，均属战后工业上亟待先决的诸问题。

至于各种土产工业所需的原料，犹如闽省之茶、漆、烟、糖、纸等，皆人民生计攸关，尤宜及早予以调查与改良，以供从事经营此等工业者的资鉴。茶的种植、选种与制法，尤值得研究改进，使得恢复国茶旧誉。吾国产茶早已驰名遐迩，今以战时外输困难，而遭衰落，战后宜如何奋进直追，实为整理贸易业务者之一要政也。

吾国素以地广物博著称于世，然境内动植滋育者之种属与其产地、质量等皆漠然不顾。欧美各国，对其国内的动植资源，莫不勤加探究，惟恐不周；且复设置专门学术机关，以司其事。凡民生所需者，无不以科学方法治理之，以广源增产，由调查研究而从事改进，以利用裕民。近如日寇进占吾国东北时，亦即着手进行生物采集与调查，举凡具有经济价值的动植物，以及其他有关的经济问题，莫不寻根究底，仔细研讨。国人对于东北，则反茫然无知。以往政治未上轨道，一切设施固不足深咎，在战后盛倡建设之际，为增进国家实利发展人民生计起见，政府对于国内生物资源的调查与利用，诚不容一日或缓。倘能于最短期内将我天产独厚的利源，一一开发，则富国裕民，计日可待，而农工各业的建设，亦得奠定其基础矣。

3. 医药　生物学对于医药的关系极其昭著，不待言喻。单就国产药材而言，率皆取诸植物。惜以未经详确研究，遂为新药界摈而不用。若能广为搜罗，鉴定其种别，从而大规模栽培而精制之，以宏效用，则将来普通应用药品，国内皆能自给，无庸仰给国外。即预防医药与血清之取自动物体者，亦宜力谋自给自足。

战时人民营养缺乏，抗病力减，益以卫生环境不良，以是罹病者日增。夏秋之开，疫病流行，死亡枕藉，尤以霍乱、痢疾、疟疾、鼠疫等之传染为最可怕，且几乎无地无之。此等营养及公共卫生问题，均与强种攸关，战后务宜特加注意，并鼓励提倡有关各种研究，以细菌学、寄生虫学、免疫学、卫生学、营养化学等，以期减低人民之死亡率，并增进其健康，延长其寿命。近日先进各国，均着重实验生物学的研究，藉以解决不少民生的实际问题。吾人亟宜提倡扶植，俾能赶上近代生物科学的潮流。

（二）生物学与战后心理建设　所谓心理建设，盖即指群众公共意识的一种建设。生物学对于吾战后的心理建设，至少有下列数项的概念，足以为一般民众的南针。

1. 生物进化的概念　十九世纪生物学最显著的一项贡献，可说是达尔文氏的进化论。由其启示，使吾人对于自然界与动植物乃至人类自身在自然界中所占的地位，得正确的见解。且由之而知一切生物皆有演化。人类为生物之一，又何莫不然？吾国素以文化悠久夸耀于世，今虽落后，但在此次战争中，已在国际上获得相当地位。这确是吾民族奋斗，千载一时的大时代。处今日科学的时代，吾人尤应学习西洋科学，采用科学方法，以革除向来流行的种种虚伪盲从与消极萎靡的态度，使全国民众变成有纪律、有朝气、有新生活的科学化民族；各竭所能，努力迈进，随时代而发展，创立吾国新文化，使得长与世上先进诸强并驾齐驱，以促成世界大同之实现。尤有进者，近年来以战争之扩大，饥馑与疫病之流行，人口因以锐减。战后宜如何奖励生育，充实国力，确系吾国内政的一大难题。不仅如此，当兹米珠薪桂之时，社会中智识阶级人士，因慑于生活的威胁，皆努力制限生育，以期减轻担负，而一般无智识者，则仍繁殖若昔，多子多孙。长此以往，则影响所及，劣增优减，吾国人种日趋衰劣化，何堪谋国？是以吾国战后不仅要奖励生育，增加人口，且应应用优生学原理与方法，以改进吾国人民的智力与体质，使之日趋健康优秀。至于政府方面，更应设法安定智识人员的生活，使对其子嗣得尽扶育的责任。此等问题，在高倡建国之今日，尤不容忽视也。

2. 机体组织概念　达氏的进化论，引马氏人口论之言，以为生物数目依几何级数增加，而世上可供生物食用物品，则为算术级数的增加。所以不消多少年代，生物繁殖的数目势必超过食料所能供给的限度，因为发生生存竞争，而致有优胜劣败弱肉强食的现象。目前黩武主义的国家，即引达氏学说以遂其侵略的野心。实则达氏学说所主倡的生存竞争，在自然界中，虽属不易的规律，而在人类的社会，则殊有未合。盖近代科学的智识，既可限制生育，并能增加物产。此次世界大战足使侵略者洞晓人类的进化，绝非互竞残杀所能为功。帝国主义的世纪,业已过去。现在的潮流已趋向于互助为公的时代。凡研习生物学者,莫不熟知动植物体均由细胞所组成,但其整体的构造与活动,显然超越其所由组成诸细胞之总和。且生物体原系整体组织,惟其体中的原形质以营种种特殊机能,遂分化而成各种细胞。是则非细胞造成生物,而实为生物体造成细胞也。由此阐明,更足以启示战后社会应摈弃个人主义,或孤立主义。战后世界当为大同之世,国际间亟宜互助合作,任何国家皆不能独霸天下,亦不能独立生存。吾国战后事业经纬万端,百政待兴。国内各阶级各派别苟能明乎生物学的真义,经此侵略痛创,尤应自警自惕,彼此和协合作,犹若生物机体的组织,方能成为有组织、有系统、有效率的健全社会,而跻吾国于富强之列。

3. 种族平等概念　此次大战的发端,原因固多,然以轴心国家强调着他们种族的优秀,狂想统治全世界,实为他们侵略野心的中心思想。但以生物学的立场而言,各国文化尽管有程度高低的不同,而在天资智能方面,却只有个体有程度上的差别而无整个民族的性质上优劣之分。战后世上各民族,都是世界的公民,彼此均应有充份而平等的机会,以谋发展。吾国境内各宗族人民,尤应各竭所能,各展所长,以贡献于国家社会。

生物科学对于吾国战后的具体事业,以及人民的具体生活,关系至为复杂。上文所举,仅其荦荦大者。文化建设的推行,尤其关于农工各方面,民命所系,国运攸关,实不容或缓。但欲从事农工的建议,而对于国内原料资源,动植物的利用,倘仍茫若云雾,毫无科学事实为依据,则任何计划皆不过空中楼阁而已,所以生物学的研究极应积极予以及时的提倡与推行。我侪从事生物学研究者,尤应下最大的决心,尽最大努力,负弩为科学作前驱,务使生物科学对于吾国的战后建设,得尽其应有的实践效用!

[第 28 卷第 2 期(1946)第 95—97 页]

# 11. 为什么中国古代没有产生自然科学?

竺可桢

为什么中国古代没有产生自然科学这个问题,近两年来很引起人们的注意。不但国人有许多议论发表,即欧美人士亦注意到这个问题。各人的意见虽有不同,但归纳起来,大多数统以为中国古代没有产生自然科学,并不是因为中国人先天的没有这种能力,而是由于我国历史上环境不适宜的缘故。在《科学与技术》期刊上,陈立先生《我国科学不发达之心理分析》一文里的结论是:"中国科学之不发达,我曾溯源于(一)拟人思想的泛生论,(二)没有工具思想的直观方法,(三)没有逻辑,(四)没有分工,(五)客观与主观的混淆,(六)理智的不诚实等等。但这一切我都指出,系反映着客观社会的组织。在宗法阶段的社会,便只有宗法社会的思想。"①去年浙江大学夏令讲习会,钱宝琮先生《吾国自然科学不发达的原因》演说里有这样几句话:"我国历史上亦曾提倡过科学,而科学所以不为人重视者,实因中国人太重实用。如历法之应用早已发明。对于地圆之说,亦早知之。然因不再继续研究其原理,以致自然科学不能继续发展。而外国人则注重实用之外,尚能继续研究由无用而至有用,故自然科学能大有发展。为什么我国民族太注重实用呢?实由地理、社会、文化环境使然。中国为大陆文化,人多以农业为主,只希望能自给自足之经济。"②同样,中英科学合作馆英国李约瑟博士,在民三十三年湄潭举行中国科学社成立三十週年纪念大会演讲里,亦以为近世科学之不能产生于中国,乃以囿于环境,即地理上、气候上、经济上和社会上的四种阻力。地理方面中国为大陆国,向来是闭关自守,固步自封,和西方希腊、罗马、埃及之海洋文化不同。气候方面,亦以大陆性甚强,所以水旱灾患容易发生,不得不有大规模的灌溉制度,而官僚化封建势力逐无以扫除。中国经济和社会方面,秦朝以来,官僚士大夫专政阶段停留甚长,社会生产少有进展,造成商人阶级的没落。使中产阶级人民无由抬头,初期资本主义无由发展。而近世科学则与资本主义同将产生。③ 抗战前数年,德籍犹太人维特福格尔(K.A. Wittfogel)在他的研究中国社会的著作中,有一段专讲"中国为什么没有产生自然科学"。④ 他开始提出一个问题。他说:"半封建主义的欧洲,

---

① 《科学与技术》第一卷第四期,第一页至十一页,民国卅三年七月出版。

② 《浙大湄潭夏令讲习会日刊》第七八号,三十四年七月出版。

③ 见本卷第一期《科学》李约瑟演讲及三十四年八月十日李约瑟在重庆星期五聚餐会上《中国工业化前途》演讲。

④ 《科学时报》复刊第一期,吴藻溪译 K. A. Wittfogel 著《中国为什么没有产生自然科学》,民卅三年十月一日出版。

在经营规模并不大于中华帝国，甚至往往小于中华工业生产的基础上，完成了许多的科学发明和贡献。这一切显然是表示了初期资本主义的各种特征，狂热地催促小资产阶级去积蓄势力的环境下所完成的。拉狄克[①]曾经指出欧洲产业革命以前的西欧社会关系，和中国的这种关系有某种根本的差别。若不承认这种见解，则中国环境既和欧洲产业革命以前的环境一样，那为什么不引起科学的萌芽和科学的发展呢？”对于这个问题他的答案是：“除了历史科学、语言科学和哲学而外，中国只在天文学和数学方面得到了真正的科学上的成就。而就整个情形看来，那和工业生产的形成有关的自然科学，不过停滞于搜集经验法则的水平罢了。……汉代或汉代以前的中国，为什么在数学上和天文学方面达到了较高的水平？假定这些科学的产生，是建筑在各种大规模的治水工程和水利工程上的社会秩序需要上，那末只有这个时代才是这些科学的成立时期吧？”接着他说：“中国思想家们的智力，并没有用在那可以形成机械学体系的各种工业生产问题上面，并没有把处理这些问题作为根本的紧急任务。这个远东大国的根本智能，集中到了其他的课题，即农业秩序所产生的，及直接和农业秩序有关的，或在观念上反映着农业秩序的各种课题。”他的结论是：“他们在这里还不能够从亚细亚社会和欧洲社会的关联中，检讨亚细亚社会为什么不能以解体过程中的欧洲中世纪的半封建主义那样的方法和程度，去推进大规模的工业经营。我们仅仅确认这个事实：即是精密的自然科学的停滞，是和这种工业上的停滞互相平行的。……中国自然科学各部门所以只有贫弱的发达，并非由于偶然，而是那些妨碍自然科学发达的障碍所必然造成的结果。”上述四位作者对于本问题的结论，统归根到中国旧社会之不适宜于产生自然科学。钱宝琮、李约瑟和维特福格尔三位先生一致主张是农业社会的制度在作梗，陈立先生的意见是由于宗法社会的组织。两者的意见实是二而一。因为宗法社会只有以农业为经济核心时才能维持，才能发展。据京都大学教授森谷克已的意见，宗法社会的功能是：(一) 祭祀祖宗，(二) 逢年逢节时合族的聚餐，(三) 亲族的丧服，(四) 同宗不婚的习惯，而最重要的是(五) 他的经济功能，——即古时所谓“兄弟异居而同财，有余则归之于宗，不足则资于宗”，一族内财产之有无相通办法。[②] 森谷克已又说：“在中国原始的姓之社会的诸职能，在宗法下是很多保存着的。在这里就出现了中国社会进化之一特性。”农民安土重迁，可以和邻县邻村的人老死不相往来，所以容易保持宗法社会制度。到了工商业逐渐发达，天下之大，随处可为家庭，宗法社会的制度，即无以维持。《吕氏春秋·尚农》篇对于这点说得很透澈：“民农则产复；其产复则重徙；重徙则死其处，

---

① 拉狄克(Rodek)著《中国历史上的根本问题》(*Grundproblemedes Chinesischen Geschichte*)。

② 森谷克已著、孙怀仁译《中国社会经济史》第 84 页和 87 页，中华书局，民廿五年出版。

而无二虑。……民舍本而事末，则其产约；其产约，则轻迁徙；轻迁徙则国家有患，皆有远志，无有居德。”人民到皆有远志无有居德的时候，宗法社会决难维持了。

我们若承认了中国古代自然科学之所以不发达，是由于中国社会农业势力之伟大，和工商业之不发达，接着就发生第二个问题：为什么在中国历史上农业社会能保持这种压倒的势力如此之久？英国拉斯基教授说：“政治哲学必须以历史哲学为基础。历史上一个国家，一个民族的兴衰存亡，治史者各有各的观点。类皆持之有故，言之成理。或者以为出于天命，或一种不可阻抑的势力，如黑格尔即作如此观；或者以为由于天气之变动，如热带宜于独裁，温带宜于民主；亦有把历史当作几个伟大人物的成功或失败事业史观者。……但是经济生产方法的改进，最足以左右一切历史上的变动。”①拉斯基又说：“历史上变动最快的时代，亦就是经济生产方法变动最大的时代；历史上稳定的时代，亦即是经济生产方法比较固定的时代。”②他而且举了文艺复兴、产业革命和二十世纪初叶几个时期作为欧洲生产方法变动最大时期，亦是思想最灿烂时期。我们从经济生产的观点来研究欧洲近世科学之兴起，方能了解十六七世纪欧洲科学之进步，决非偶然之事。一般人以为近世科学起源于伽利略牛顿几个伟大杰出人才，实是大误。自从 1492 年哥伦布发现新大陆以后，西欧工商业大为活跃。海洋中船只之驾驶，需要专门工程知识，贸易繁盛，金币不足应付，矿冶迅速发展，而开矿时又发生许多问题，急待解决。在十五世纪末，欧洲已有了十六种机器为矿中去水的用途。航行发达，望远镜与罗盘针之制造日趋于精密。经纬之测定，又要天文知识。到 1660 年左右，英国有一班学者，专门为了好奇心所驱使，来集会讨论研究一切事物，自宇宙以迄虫鱼。这就是英国皇家学会的起头。英国皇家学会之所以成立于十七世纪中叶，亦非偶然之事。因当时富商巨贾之特兴，造成了一个有闲阶级，时常往来旅行。他们的目的并不是孳孳为利，而是为求知心所驱使。这实在近世科学之开端。③

我们了解了近代科学和社会进化的关系，再来看我国历史上是否有一个时代可以奖励工商业的发达，初期资本主义的兴起，使中产阶级能起而与专制封建势力相抗衡，如同十六七世纪欧洲新兴势力之与封建宗教相奋斗呢？历览二三千年我国历史，只有在战国到西汉中叶一个时期有此可能性；而这个时期亦是中国思想史科学史上最灿烂的一个时

① 拉斯基著《理想与实际之国家》(Harold Laski, *The State in Theory and Practice*)第 106—108 页，民国廿四年伦敦出版。

② 同书 115 页。

③ 参考拉韦著《近世科学》(Hyman Levy, *Modern Science*)第四章与第五章，民廿八年伦敦出版。又竺可桢著《科学与社会》，载《思想与时代》第二十四期，第 5 页至 6 页。

期。马乘风《中国经济史》里说道："因为战国时代之经济发展，所以随之以政治组织和意识形态亦均活跃异常。在中国文化史上来看，除了近代欧化势力东渐以外，几乎找不出一个时代，能够与战国之百家怒鸣万壑奔流相比。"①张荫麟《中国史纲》中亦说："自从春秋以来，交通日渐发达，商业日渐进步，商人阶级在社会日占势力。儒家法家虽统主张加以严厉裁制，——但汉代统一中国后，一方面废除关口和桥梁通过税，一方面开放山泽，听人民垦殖，给工商业以发展的机会。此时牛耕逐渐推行，加以政府的放任，蓬勃之气象，为此后直至海通以前，我国工商界没有超出过的。"②在汉代文景二帝时候，商人的势力最大，当时富商往往也是大地主，专川泽之利，管山川之饶，他们的生活，据晁错说："衣必文绣，食必粱肉，……因其富厚，交通王侯；力过吏势，以利相倾；千里遨游，冠盖相望，乘坚策肥，履丝曳缟。"继文景而君临帝国的汉武是一位好大喜功的人。自从他即位后二年，即派张骞去西域。从建元六年到元狩元年，十六年间，专力排击匈奴，计九次出塞，所斩获人数在十五万人以上，把河西走廊改设武威、酒泉二郡。从元狩四年到太初五年，十七年中，又把南越、朝鲜、西南夷收为郡县。汉武开拓疆域，论时间与范围统是空前的。③ 与西欧相比，这正如哥伦布发现新大陆，开辟了广大殖民地，使工商业大可发展。据张荫麟云"张骞使西域以后，各国继续报聘，为郡国英豪或市井无赖辟了新的出路"。照理论讲，文景之世商人势力既如此庞大，而接续汉武又开拓疆域，使工商业更有用武之地，那末初期资本主义就应该产生，而近代科学亦应该见萌芽了。但历史告诉我们，事实并不如此。这其原因又何在呢？

地理的环境是有关系的，若是西域不是一片荒漠，而是一块沃土，如欧洲的乌克兰或是茫茫大海如大西洋，那大概我们历史上的发展就要大不相同。但这种推想，不能解决目前所讨论的问题。灌溉的制度，和君主专制政权之确立，是平行不背的，但不是树立君主专制政权重要的因数。从战国时代魏西门豹凿十二渠，韩郑国为秦凿泾水渠，蜀李冰等筑灌县水渠，直到汉武帝在关中凿六渠，这期间水利的事业的确大有发展。黑格尔、恩格斯、马克斯和马札尔辈统主张水利工事的统制，建立了中国专制政权。李约瑟和维特福格尔亦多少抱这种见解。但建立秦汉专制政权的因数，决不只此一端。马乘风举出(一) 财政的管理及田赋的征收，(二) 常备军之训练和调动，(三) 各地执行民法和刑法的衙门，和(四) 专门选拔为皇帝作愚民政策，为国家做辩护士的考试和选拔制度。这四者对于确

① 马乘风《中国经济史》第一册，第 176 页，商务书馆"大学丛书"，民廿六年出版。
② 张荫麟《中国史纲》第十章"汉初学术改治"，浙江大学出版油印本。
③ 同上第九章"汉帝国的发展"。

立秦汉专制政权统比灌溉水利事业更加有力量。①

但究竟那一种势力能最有效的建树了帝王的政权，摧残了商业的发展，毁灭了近代科学的萌芽呢？这我们不能不根据历史上的事实。在春秋时代，商业尚未发达，当时帝王并不感觉到商人夺取政权的威胁，所以《左传》有“务材顺农，通商惠工”之说；《国语》有“轻关易道，通商宽农”之语。那时农工商尚不分厚薄高下。春秋时代经商的子贡，不失为孔子大弟子，太史公《货殖列传》称：“子贡结驶连骑，束帛之币，以聘诸侯。所至国君无不分庭与之抗礼。夫使孔子名布扬于天下者，子贡先后之也。所谓得势而益彰者乎。”到了战国，铁器已普遍应用到农耕上，施肥的方法盛行，大规模的灌溉事业亦统建设起来，农业生产大大的增加，商业亦随之以活跃。自越之计然秦之商鞅以后，重农抑商，以农为本商为末之议论勃兴。汉代初期，工商业更有长足之进步。富商之衣食住，拟于王侯，收养豪杰，权倾人主。当时的知识阶级如贾谊、董仲舒之流，就统主张严厉的裁抑商人。② 但是裁抑自裁抑，舆论自舆论，而文景之世，商业势力仍然继长增高。所以晁错叹息道：“法律贱商人，而商人已富贵矣。法律贵农人，而农人已贫贱矣。”汉武开拓疆土，本可使工商业更形繁荣，但是相反的，商业于汉武之世反形凋落。这是因为根据了重农抑商的政策。武帝厉行了三种制度，使商人统濒于破产。第一是商人加算与听人告缗，始于元狩三年。明邱濬《世史正纲》卷四云：“古者关市之征，盖恶其专利，就征其税，非隐度其所积之多少，而取之也。武帝于元光五年，既算其行者之车，至是又并算民车，且及舡焉；凡民不为吏不为三老骑士，苟有轻车，皆一算。商贾则倍之。舡五丈以上者出一算。匿而能告者以半畀之。”匿而被告者称告缗。自告缗令施行后，据说中产以上的商人，大抵破产。第二是商人不得名田。汉初富商大贾，亦多为大地主，或投资农村，如蜀宛氏之规陂池。商人不得名田，即不得置产业，使商贾与大地主绝缘，商业资本遂以偏枯。第三是将当时最大的私人企业，盐和铁收归国营。这也是元狩三年的事，置盐官凡二十八郡，铁官凡四十郡，设有私铸铁器及鬻盐者，钛左趾，没入其器物。据《史记·货殖传》秦汉之交的几位大富翁，以职业而论，多为矿冶。我们把货殖传的几个富翁，列举起来。猗顿用盐起家；郭纵以铁冶与王者相埒富；巴蜀寡妇清传丹六，擅利数世，秦始皇为筑怀清；蜀卓氏用铁冶富秦破赵，……至僮千人，田池财猎之乐拟于人君。此外以冶铁致富者，倘有程郑宛孔氏、曹邴氏。惟白圭以善观时变，如今日之投机家，操纵市场。宣曲任氏以窖藏致富，乃今所谓囤积居奇。此外则

① 马乘风《中国经济史》第一册，第 191 页。

② 谷霁光著《战国秦汉间重农轻商之理论与实际》，《中国社会经济史集刊》第七卷第一期，民国卅三年六月，国立中央研究院社会科学研究所出版。

齐师史以运输致富，乌氏倮以畜牧致富。假定司马迁这统计可靠的话，那末以盐铁起家致富的，在当时富翁总数里，十一个中要占到七个。自盐铁归为国有，这类财产就要被收没了。从上面所叙述之事实看来，自春秋到汉初三百年中，我国商业有欣欣向荣的趋势，到汉武帝国势昌盛的时代，正应该继续发展，以达到像西洋初期资本主义的阶级，却为汉武帝重农抑商的经济政策所打断了。

从战国到汉初，一方面是工商业发达时期，一方面亦是中国思想上最灿烂的一个时期。诸子百家各种学说，统在此时出现，好比西方纪元前六百年到二百年时代的希腊。战国时代中国思想之所以突然解放，亦有其社会之背景。张荫麟说道："当封建时代的前期，贵族不独专有政权和田土，并且专有知识。闲暇和教育，是他们所独享的。在封建制度演化中，贵族的后裔，渐渐有降为平民的，知识遂渗入民间。"①马乘风亦说："战国时代以前，知识是贵族所独占的，贵族与农奴处于绝对不同的生活状态之下。到了战国时代，因为阶级关系的变动，昔日隶属关系之羁绊，已被打破，所以平民而求知识就成为可能的事了。"②因为求知识之机会由上层阶级推广至于中层，甚至于下层阶级，思想就骤然解放，而突然发生异彩，一时学说并陈。但何以在这思想解放的时代，科学的思潮不能发展？对于宇宙的观感，天然事物的剖析，中国赶不上希腊呢？对于这一点，张荫麟先生亦有很好的解答。在《论中西文化的差异》这篇文章里，他说道："中西文化的一个根本差异，是中国人对实际的活动的兴趣，远在其对于纯粹活动兴趣之上。以亚理士多德的《尼哥麦其亚伦理学》和我国的《大学》《中庸》来比，是极饶兴趣的事。亚理士多德认为至善的活动，是无所为而为的真理的观玩。至善的生活，是无所为而为地观玩真理的生活。《大学》所谓止于至善，则是为人君止于仁，为人臣止于敬，为人子止于孝，为人父止于慈，与国人交止于信。这差别还不够明显么？中国人讲好德如好色，而绝不说爱智、爱天。西方人说爱智爱天，而绝不说好德如好色。"③荫麟先生所指出这中西文化在价值意识的差异，是极重要的一点，荫麟先生很谦虚地说："我不知道有什么事实可以解释这价值意识上的差异。"据作者的意见，以为这也是因为中国社会一直以农业为核心的关系。希腊社会曾经经过游牧时代。④ 她是一个半岛，沿岸布满了无数的小岛，所滨的海是内海，而非大洋，和海外来往是很便利的，所以商业从头即易于发达。我们是一个大陆国家，长江以北沿岸极少岛屿，一入茫茫大海，就毫无归宿。从殷墟时候起，即以农为主要经济生产。中国有史以来，并不知用奶

① 张荫麟《中国史纲》第六章"战国时代的思潮"。
② 马乘风《中国经济史》第一册第 271 页。
③ 张荫麟《论中西文化之差异》，《思想与时代》第十一期。
④ 竺可桢《二十八宿起源之时代与地点》，《思想与时代》第卅五期第八页，民国三十三年出版。

略。天上星宿，只有龙、凤、牛、龟，而没有畜牧时代主要的产业，山羊或绵羊。中国古代是否经过一个畜牧时代是疑问。即使经过亦必年代很久远，或是时间很短促。从殷商到汉初，经过至少一千二百年以农业经济为核心的社会，其束缚人民的思想、习惯、个性的势力自然非常雄厚。以农业为中心的社会，他人民个性的好处是诚朴、稳重、和平和坚忍，他的缺点是愚昧、自私、乏冒险心和不能合作。到如今，我们民族还仍然反映这种优点和缺点。《吕氏春秋·尚农》篇云："古先圣王之所以理其民者，先务于农；农非徒为地利也，贵其志也。民农则朴，朴则易用，易用则边境安，主位尊。民农则重，重则少私义，少私义则公私法立，力专一。……民舍本而事末，则好智；好智则多诈；多诈则巧法令，以是为非，以非为是。"古代帝王就利用这理论来提倡重农抑商。农业社会势力大，求知之心不能发达，而科学思想亦无以发展。

照上面所讲，希腊古代求知之精神既如此充足，为何希腊亦只能发达科学到一定阶段，而近世科学亦终不能实现呢？这其中重要因数，是由于奴隶制度盛行于希腊。所以古代希腊一班哲人，如发明几何学之毕达果拉，主张原子论之德摩克莱特斯以及苏格拉底、柏拉图辈，虽有闲暇以沉思其高尚之理想，而不愿胼手胝足以作实验。而近世科学，非手脑并用不行。英国拉伟教授说："有闲阶级思想上之努力，可以得到理论上之发展，但有闲阶级不愿动手。奴隶阶级可以作实际之工作，但不敢奖励使之了解高深之理论，埃及、希腊、罗马之所以对科学上、机械上供献之有限度者，正以此数国社会上阶层之结构。"①故据伟大哲学家亚理士多德之意见，生产劳动者不具有公民资格。希腊社会组织是有阶层的。希腊人之奴隶，即希腊人之机器。只需奴隶之代价便宜，即不需另觅代替品。反观我国社会情形，亦和希腊相似。孟子谓劳心者役人，劳力者役于人。士大夫阶级是劳心者，而农民苦力是劳力者。这样阶层机构，迄今还存在。长衫阶级以及学农学工的大学生，仍认动手做工为可耻。这种观念不改变，中国自然科学亦难望能发达。

归根起来讲，中国农村社会的机构和封建思想，使中国古代不能产生自然科学。而此种机构，此种思想，到如今还大部遗留着。人民一受教育，就以士大夫阶级自居，不肯再动手。在学校所习科目，只问其出路之好，待遇之丰，更不校量科目之基本训练如何，个人之兴趣如何。把利害之价值放在是非价值之上。而社会上一般提倡科学的人们，亦只求科学之应用。怪不得维特福格尔说："在现在的日益走向解体过程中的中国，上层阶级和最高官厅，也对于自然科学发生兴趣，加以奖励。但他们所怀抱的意义，和西洋完全不同，这

---

① Hyman Levy, *Modern Science* 第 29 页。

是千真万确的事、谁也不能否认。”①据容闳所著《西学东渐记》，谓同治六年，曾文正公方初定捻匪回到上海，去就南京两江总督任，极注意于其亲自手创之江南制造厂。文正见之，大为欢喜。容闳因劝其设立兵工学校，以期中国将来不必需用外国机器及外国工程师，大为文正所赞许。② 从曾文正到现在，我们提倡科学已近八十年，而仍有人主张西学为用中学为体或类似的谬论。希望原子弹之发现，能打破这班人的迷梦，而使中国科学入于光明灿烂的境界。

卅四年八月廿二日完稿于遵义

[第 28 卷第 3 期(1946)第 137—141 页]

① 英国法灵顿教授著，程石泉教授译《西洋科学初期史》第 134 页，重庆建中出版社，民国卅三年出版。
② 何贻焜编《曾国藩评传》第 315 页，正中书局，民廿六年出版。

# 12. 科学与工业

## ——为纪念范旭东先生作

任鸿隽

要在眼前的时代办一个现代工业，他便与科学发生了不可分离的关系。但这关系有种种不同。有的是利用科学来做生产的工具，只要生产不成问题，科学智识是不在他计算之中的。有的是以科学来做工业的出发点，他要利用科学来改进生产的方法，增进物品的功用。在这类人心目中，科学终不免成为工业的附庸。还有一类人是要利用工业的力量来谋科学的发展，他是身在工业，心存学术，金钱的得失是不在他计算之中的。我们只要晓得科学为一切近代工业之母，便知道第一类人徒知贩用他人的发明，坐食其利，自可卑之无甚高论。第二类人虽也使科学与工业相得益彰，然其眼光犹不出功利范围以内。现代的进步工业家多优为之。至于第三类人，要以增进科学智识为造福人类的重要途径，不但急功近利不在眼中，即个人的生活康健亦置之度外。这种人，在科学界中时一遇之，在工业界中则真如凤毛麟角。而范旭东先生实为此类人之一。故其逝世，不但是工业界的大损失，也是科学界的大损失。

范旭东先生在化学工业上的成就，十足的代表他利用科学来发展近代工业的信心与毅力。我们知道他的化学工业，以久大精盐公司为发轫。据说，他在民国初年由日本西京帝大毕业归国，路过塘沽一带，眼见当地产盐的丰富，与盐中泥沙杂质占去成分之高，便慨然有利用化学方法来改良食盐并创立其他化学工业之意，久大精盐不过小试其技罢了。果然在久大精盐成功不久之后，继之以永利塘沽制碱厂的设立，不久更继之以南京附近硫酸铔厂的设立。在设立后两厂的过程中，自然遇见了无数技术上和管理上的困难，但皆以科学方法为之克服。如制碱法具有特殊的贡献，为此类工业解决了一些问题。这些，可以表示他所追求的目的，是在应用科学的技术来为中华民国开辟一点天然的利源，为学科学的人们吐一口学人无用的恶气，而决不是为个人谋金钱的收获。因为金钱的收获，靠了他的轻而易举精盐已经得了，何必去干那困难重重的碱与铔呢？他这种精神，一直到抗战军兴后，流亡入川，还是继续不衰。我们晓得他在四川的五通桥建设新塘沽，同时还费了一笔巨款，在五通桥附近的地方开掘深井，要探究该处地下的宝藏。从这些可以看出，科学在范先生手中，已经成了锐利无前的工具。设如他不即逝，还有多少化学工业建筑出来，谁能加以限量呢？即就现在为止，要在我国工业界中，找出一个完全依赖科学来创造新的工业的人，恐怕还无出范先生之右者。

其次，范先生要藉工业的力量来谋科学的发达，尤其是他的高瞻远瞩，不可及的地方。本来在近代的工业中，设一个试验室之类来做制造的管制与顾问，是极其普通的事。不过范先生的见解与作风，比这些普通办法要更进一步。他在精盐方告成功，制碱尚未开始之时，已成立了一个独立的黄海化学工业研究社。这个研究社，是范先生以他的久大和永利两公司创办人的酬劳金为经费而成立的，它是此类私立研究机关的嚆矢。当成立之始及其后，维持这个机关的困难，我们可以想象而知，但决不听见范先生以为它是一个不急之务而表示冷淡。事实上，我们晓得范先生对于研究社的期望，恐怕要驾乎他对于工业之上。他在《黄海化学工业研究社二十周年纪念词》中，曾有这样话，值得我们加以引述：

> 中国广土众民，本不应患贫患弱；所以贫弱，完全由于不学；这几微的病根，最容易被人忽略，它却支配了中国的命运。可惜存亡分歧的关头，能够看得透澈的人，至今还是少数。中国如其没有一班人肯沉下心来，不趁热，不惮烦，不为当世功名富贵所惑，至心皈命为中国创造新的学术技艺，中国决产不出新的生命来。

这一段话，句句警辟，字字沉痛，我们愿写千万遍，为一切自命为智识界学术界人们的座右铭。由此也可以看出范先生的最后目的，是要替中国创造新的学术技艺，而他的创办工业，也不过是达到目的的一种手段而已。

现在范先生虽已与我们长辞，但他创造的工业与研究所，幸得无恙，而且在复员以后，它们还要发荣滋长，是无可致疑的。不过范先生的精神——工业以科学为出发点，学术为工业的终于竟目的的精神，值得我们永远保存与效法，庶几范先生所希望的新的学术技艺，在中国有实现的一日。

范先生的崇高的人格与度越寻常的言行，值得我们记录的还很多，以不在此文范围之内，姑置之以待异日。

［第 28 卷第 5 期(1946)第 215—216 页］

# 13. 关于发展科学计划的我见

任鸿隽

科学对于抗战建国的重要,吾人既已耳熟有年矣。此次世界大战,以一原子弹之威力,使战事提早结束,则科学对于抗战之重要,既以事实为之证明。建国需要科学,更为日日呈现眼前的事实,无须吾人再为辞费。吾人目前的问题,乃如何能使科学加速发展,使能适应今日之需要是已。关于此问题,吾人拟首先提出两个根本原则:(一)吾国目前所处之局势,为空前未有之局势,故处理此局势下之一切事务,不可蹈常袭故,必须另觅有效的方法。(二)科学事业与其他事业同样可以适当方法促其进展。但若无具体发展的计划,而欲其从天掉下,则不可得。本此见地,吾人试一先观吾国科学事业以往的现状,而后进言发展科学应有的程序。

吾国真正研究科学之历史,大要不过三十年(参观拙著《五十年的中国科学》,载在《五十年的中国》书中,胜利出版社出版)。其从事的机关,不出(一)学校(二)研究机关两类。所谓学校,当然系指大学等高等教育机关而言。在大学未成立名副其实的研究所以前,科学只成为教育的附庸品。所谓研究机关系指公私立的某些特殊研究所而言。此种机关既各有其特殊任务,科学亦只限于应用一方面。近年以来,虽亦有少数研究所之组织,以研究科学为纯粹目的者,如中央研究院之某些研究所以及少数学会之研究所等,然为数不多,规模亦小,不能大有作为以担负此新时代之任务,皎然明甚。综上所言,吾国以往之科学事业,或失之浅(如在学校中者),或失之隘(如在特殊研究所中者),或失之分(如各研究所皆规模狭小不足有为),而其根本病源,则在无整个发展之计划,一任少数人之热心倡导,自生自灭,故虽有三十年之历史,而成效仍未大著。此非由于吾国科学家才智之不如人(吾国科学家之才智实有过人之处,已经许多事实证明),而实由于国家对于科学未加以注意与奖励。由今之道,无变今之政策,虽再历三十年,吾知其成效与今亦相去不远。然而吾国此后三十年之需要科学,决非以往三十年可比,此吾所以提出第一个原则,主引以非常有效的方法,促成科学之发展也。

吾人试思,设如吾国今拟兴复海军,则必为之筹定一笔相当庞大的经费,然后决定以若干部份定造船舰,若干部份创始船坞机厂,若干部份训练人才,而又厘定程序,在若干时间内完成某种组织,而后此海军乃能如期实现。今欲发展科学,其事既属于学术思想,其范围又远及于上天下地与一切人类之智识活动,故其繁赜精微,远非任何一种事业所可比拟。而谓不必有先事准备与整个计划，听其自然，莫之致而自至，其谁信之。此吾所以又提出第二个原则，以为欲发展科学必须有切实计划与准备也。

原则既定，请言计划。计划之出发点，吾人以为首宜确定：

## 发展科学为今后十年二十年国家的首要政策

国家任何事业，非待科学发展，皆难有预期之成效。如言国防，今日之飞机、原子弹、高空探测与海军潜艇，何一非科学之产物乎？如言经济，今日之工业制造、农业产品，有一不经科学之改进者乎？以言教育与社会事业，有不经科学之陶铸而能达到最高效率者乎？吾人今日言建立国防，发展经济与教育，而遗弃科学，是谓舍本逐末，不可得之数也。今日世界各国，无不以发展科学为立国条件之一，而在凡事落后之吾国，尤当以发展科学为吾国之生命线。盖得之则生，不得则死，其重要远超乎一切之上，不可无明确之规定以一新全国之耳目也。

本此政策以言计划，吾人以为有下列数点应予注意。

第一，科学研究必须成一个有效的组织。所谓有效的组织，吾人以为宜包括以下各项。

（一）目的　研究之目的不定，最足为前进的阻碍。例如纯理的研究与应用的研究的争论，在计划中应早为决定。吾人以为某种研究宜为纯理的，而某种研究宜为应用的，一经分别指定，即可不成问题，而在讨论的范围内，此问题可永远存在。

（二）组织　在整个计划中，组织最关重要，具体计划自然应随目的而决定。但以下各点应于组织中充分顾到。(1) 全盘学术发展之关系，(2) 各项事业进行之联系，(3) 以往研究机关之利用与联系，(4) 未来之发展。

（三）范围　每一研究机关应有一工作范围，以便配合而免重复。

（四）时间　每一工作皆应规定一完成时间，以便考成而求进步。

第二，计划之产生宜由政府特别邀集中外专门学者若干人，组织委员会，悉心厘定，期于切实可行。少数人之私见，外行建议与官样文章，皆所切忌。

第三，关于计划之实行，吾人以为下列两点应特别注意：

（一）国家宜有独立的科学事业预算。以往我国国家岁出预算，只立教育文化一项，其中有若干用于科学事业，无从查考。且其为数过小，不足以资发展，不问可知。为表示重视科学事业及保证其实行起见，国家宜于教育文化经费之外，另立一宗发展科学事业的预算。预算之大小，自然须视事业计划而定。但既定之后即不可拖欠与缩减。

（二）管理科学研究人员，必须为专门学者，用整个时间与精神以从事，不可成为政府要人之附属品，尤不可阑入官场习气，使成为一种衙门也。

第四，在开始研究时期，必感人才不足，吾人以为不妨卑礼厚币延聘外国威权学者来华引导，一面多派优秀青年至先进国家学习。此种留学政策，吾国虽已行之数十年，然人才一日不足用，即一日不能停止。尤其在高深学术方面，吾人今后数十年，唯有耻不若人，庶几有若人之一日耳。

在抗战结束建国开始之今日，言建国大计者风起云涌，而于此关系建国根本之要图，似尚少注意及之者，故略贡鄙见如上，倘亦当世贤达所乐闻乎。

［第 28 卷第 6 期(1946)第 247—248 页］

# 14. 科学研究计划之商讨

【编者附记】近见陶孟和、萨本栋两先生分别寄致中央研究院评议会讨论此后中国科学研究计划之函件两通，切实而扼要，爰征得两先生之同意，转载于此。

## (一) 陶 孟 和

(上略)(一) 研究所应与大学打通：按本院(指中央研究院，下同)规定，研究人员除兼任者外不得在大学授课。此项规定，旨在防止兼差恶习，用意未可厚非，惟据和年来观察，研究人员与大学隔绝，结果使双方蒙受损失。教授与研究不可分离。今日英美各大学教授不从事研究者居极少数，而从研究为专业者亦常担任授课。自研究方面言之，授课实有裨益于研究。如所讲授者为所研究之题目，则可藉授课而整理其思想，并获得与学生讨论之机会；如所讲授者为与所研究相关联之题目，则可以扩充研究眼光，补充所需要之知识；研究人员在研究所内虽有同人相切磋，究竟人数有限，青年人尤少，故如能在大学授课，则接触加广，刺激加多，同时复可诱掖后进，造就继起之研究人员。自学校方面言之，研究人员来校授课，可以解决师资问题之一部份，同时复可以提倡研究之空气。为打通研究所与大学，使两者发生关系，应任授研究员副研究员在大学授课(时间科目当有限制，其不愿授课者，自当听之)，同时大学教授亦可由研究所聘为兼任研究员或临时约请来所担任研究一二年。如此项建议得采行，则中研院各所可以充实力量，而大学之研究事业亦可以逐渐建设提高。

(二) 聘请外国第一流学者来华建设研究事业：按学术后进国家欲发达学术工作，不得不藉重学术先进国家，自不待言。美国即其一例：其最初发展科学即赖欧洲学者来美教授提倡；即在近年，其科学之长足进步，所赖于欧洲流亡学者亦甚多，如 Institute for Advnaced Study, Princeton 现今之大师 Einstein, Weyl, Pauli 等均为德国人或瑞士人，哈佛大学政治学、经济学、音乐学之主要教授均为德国人或奥国人，即如原子弹之发明与应用亦有外人参加工作(如丹麦之 Bohr，闻内尚有我国人担任某项工作)。以美国情形，尚须借才异域，我国今日发展科学，延聘外人，实更刻不容缓(人文科学社会科学因所研究之问题带地方性，延聘外人较为困难，须从长计较；然如关于人类学、考古学等科目，在技术及学理方面，有时亦有藉重外国学者之必要)。闻外人愿来华者不少，即如数学大家 Wiener,

前会在清华授课，即曾表示愿再来华。现战事已毕，各研究机关及大学均待发展，似应依发展计划选聘外国第一流学者来华主持并指导研究工作以建设我国研究事业。如此项办法得以充分实行，则我国学术进步可以加快多多。

（三）经常而有计划的派遣研究人员及教授赴外国从事研究或深造：年来国内机关因战事关系，多未能派员出国考察，致与国外学术进步相隔绝。今后应大量派遣人员赴英、美、俄诸国。惟派遣方法应为有计划的，即视国内机关之需要，为充实或增进其机关学术工作之某一部门而遴员资送。近年庚款会及清华考试留学，所拟定科目，虽云为按照我国需要，但似仍嫌空洞，致所派遣造就之人才在国内时本无工作地点与设备，及至学成归来，亦无机关容纳延揽。故表面上此项派遣虽系有计划的，而事实上与无计划的无异。所派遣造就之人才，归来恐仍无所用，故今后派遣人员，应由各机关、学校与研究所挑选，视其在原机关之工作能力，依据今后该机关发展之计划，决定资送。如此则每派一人即可获得派遣之效果，此乃真正有计划的派遣也。

（四）研究机关所进行研究之题目应为锁钥的、有大意义的（key and significant problems）：研究题目差别甚大，今日中外大部份之研究论文多为零碎，或重复他人之工作，或补充证明他人之发见或理论。重要之研究应从大处着眼把握住若干中心题目向前推进，此种研究进行诚然不易。故如本国人才不能胜任，则只得聘请外国大师，我国国立研究机关必须在国际上争到地位，而欲在国际上有地位，即必须能将其工作献诸世界，博得世界上专家之批评与欣赏。故我国研究事业之声誉在乎出品，而不在乎出品人为中国人或外国人。故今日欲提高各国立研究机关之地位，必需将出品提高，此项出品，能由国人自产最好；如不能，延请外人由国人协同生产亦可（如法国巴斯德研究所曾延用俄人Metchnikoff，镭之发明者为波兰人居里夫人，故中国研究用外国人，有先例可援也）。

以上数点是否有当，尚祈审察。但最重要者今后研究事业必须研究机关与大学相携迈进，同时仍须与国外第一流学者发生联系。战事时期，吾人受封锁八年，内外隔绝，今后交通恢复，学术与教育机关将图大事发展，亟负早日树立之重要原则，以为事业发展准绳也。

再者战事告终，我国纯粹科学研究当加速度的推进，谅早在洞鉴之中，惟不知已决定计划否，亟以为念。来美后得晤识成绩卓著之青年科学家数人，诸人或曾在国内机关任事仍须返职，或已受国内机关邀请对职业均无问题。诸人均极思早日归国对科学研究有所効力，惟所畏虑者如各人分散在研究所或大学，由一二人单独进行研究，即使设备充足，环境适宜，所能成就者恐也极微。由个人言之过数年即将落伍；由国家言之，如此办法，我国研究事业将永远赶不上诸科学先进国家。现代科学研究必须团体工作(team work),由若干专家共同合作对锁钥而基本的问题予以探讨,乃可收到显著效果。在我国科学研究的现阶段上,对设备上,也以集中合作的团体研究为最经济。团体研究最显著之例即原子弹之发明。现支加谷大学 Lawrence 教授对原子研究特优异者,亦以其团体工作组织最精强之故。美国行将成立之国立科学研究院,必也采用团体研究之原则。以近所知之青年科学家,如使其集中一处,进行 nuclear physics 及 micor-Wave physics 两门研究工作,所获结果,在质量上必也超过分散在多处工作。愚意今日中国科学问题,在如何使科学研究发展,即在何种方式下始能使科学研究尽量发展。而解决此问题,即集中的团体工作。今日学校及研究所均需材甚亟,上举诸人回国后固可对校所多所贡献,但欲集中人材,使其发挥最高度的贡献,则不得不另拟方式,兹拟有三种方式,不识可从采择否。

一、由一个以上大学共同开办并维持一原子及微波物理研究所,使诸人在一处工作,诸人分任各大学教授,其授课及研究工作由各校及研究所分别安排。

二、在中央研究院或北平研究院之物理研究所内设原子及微波物理研究两组或另设所。

三、由中央研究院、北平研究院及某某大学共同维持此研究所,至于此所主持人,无论在任何方式下均须为前辈之物理学家。

弟于自然科学研究,本无发言资格。惟从我国今后发展科学绝非一校或一机关所能负担,必须群策群力,共同合作,集中人材与设备而同时使各机关均得分享其利,故思及上述方式,经与在美之其他科学家讨论均以为可(在美国由一个以上学校或机关维持之学术机关乃常见的),故特以奉商,如承采纳,无任感幸。(下略)

## (二) 萨本栋

(上略)奉读大函,语重心长,敬佩无似。弟返国途中,道出英伦,曾与英国科学及工业研究局长 Appleton 爵士晤谈,论及中国研究事业时,深感中央研究院以学科为组织之单位一节,殊有研讨之必要。洎承骝先先生坚邀到院相助为理,在数周内,复经与各方面洽谈,更觉此次复员之后,洵属中国研究事业树立巩固基础,不可多得之良机。惠书所示各点,弟大体赞同。近来尝与院内外关心中国高等教育及研究事业之人士商谭,特就管见所及,提出数点,如经学术界同仁精细讨论修正之后,即可作为本院工作进行之方针。

一、凡属纯理学科的研究必须与大学取得联系。此即先生函内之第一项意见,兹特补充数点如次：其实科学研究本不应有纯理与应用之分，二者乃互为表里，相得益彰；惟本院分所情况与大学之分系甚相类似，故弟特提出“纯理”二字，以便本院现有各所容易与大学各系取得合作。合作原则自当视人才与学科之重要性为去取，诚以本院经费有限，必须先就已有之人才着手作起，在目前势不能面面顾到也。例如在物理学方面分光学、超短波无线电与原子核各部门，数年来国人研究已具有心得（现在国内及尚未回国者均有）而又可以指导后生者颇有其人，此等部门，似即应先与一二大学合作，使人才集中，更易获得进展；纯理研究之范围，只须付托得人，对其选择之问题等等，均愿采放任主义（即不加以限制），此与下一节所述之计划的研究者自属不同。

二、在不更改本院组织之大前提下本院自办之研究务各有其中心目标（即先生所谓有关键之问题）。

此等问题大约可分为有国际性的与有地方性的两类。有国际性者须适应国际潮流与近代趋势，以谋迎头赶上；其有地方性者固当以适合国情为主。问题之选择，拟由本院评议会组织四个委员会分别拟定，并监督其进行程序。此种研究为计划的，与前节所述本院同各大学合作之研究采取“自由”方式者截然不同。四委员会如下：

（甲）物理的学科——包括物理、化学、数学、天文、气象及工程等等。

（乙）生物的学科——包括医学、生理学、动物学、植物学及农学等等。

（丙）大地的学科——包括地质、大地物理及地磁等等。

（丁）社会的学科——包括历史、语言、考古、人类、经济、政治及社会学等等。

此四委员会之人选应以熟习国情对研究工作曾有成绩，并具有指导能力者为准（中外学者均可）。

本院自身所从事之研究工作，似应以题目为组织的经纬，不应如现在以学科为组织的经纬。如以题目为经纬，则每一题目之范围内可以有各种不同学科之人参加，有组织的集体工作（team work）之精神更可在此种场合内充分表现。

三、本院应以研究成绩使国人对于我国有为之科学家具有信仰之心并对科学之真面目有正确之认识。

查本院之目的固为领导学术研究以提高我国在国际上之学术地位，但目前之较迫切者似为使政府及一般国民对于本国科学家之优良成绩具有深刻之信仰心。依据抗战八年之经验，国内科学家多致怨于无适当机会以报效；而在另一方面，政府及社会亦感觉中国科学家并无办法为中国解决当前之困难问题。是以形成一特殊之现象，即此次战争为科学的战争，而我国不少之优良科学家反纷纷放洋，向国外寻求适当工作。其在外国之工作著有成绩为外人所尊重者亦颇为不少，楚材晋用，识者多为之感叹不已。国内环境不良，条件不足，固为其重要原因；然国家、社会人民对于中国科学家缺乏信仰而未能纳之囊中以见其锋，则亦不容讳言。为坚定国人对于中国科学家之信仰起见，弟以为本院之研究人员，于其本身之研究工作以外，尚愿分出一部分精力以兼顾下列两事项：

（甲）应代农工各企业机关解决其技术上之困难

查应用科学之研究，特别关于农工方面，必须与民营或国营企业机关取得联系，此乃不易之原则，否则必有闭门造车之讥。此等应用问题之探讨，名之为“研究”，殊不如称之为“发展”（development）之较佳，英国之 DSIR（Department of Scientific and Industrial Research）虽用工业研究一词，而美国之 OSRD（Office of Scientific Research and Development）则已用“发展”一语；盖此因“工业研究”中之问题有时只为应用已知之科学原理，而非寻求基本学理也。在我国幼稚工业之情况下，此种问题或为国外已获得圆满之答案，但在国内依“法”炮制，常仍须若干人之埋头努力，方知其“法”何属；为求达到此目的，本院似应设立一推广科学应用之咨询机构，代无力自行从事研究之农工机关解决其遭遇之困难。

（乙）应有定期的精到之科学讲演以启发民智。概括言之，现在国内并无人昌言反对或限制科学者（在国外因原子弹之威力，颇有认为科学工作应加限制之人士，此亦可视为中外环境之一对照）；但自另一方面言之，亦可谓现在国内只有少数人明了科学为何，过去及现在从事于写作通俗科学文章及大声疾呼提倡科学，以建国者虽不乏人，但实实在在真懂得科学之人依然甚少，甚至于提倡科学之人，其行为有时反犯不科学的病。故弟以为如欲使国人对科学有正确之认识，并了解各种科学之联系性，则本院应仿效英国皇家研究所（Royal Institution）之新法，每月有定期之科学讲演若干次，在讲演中应注重利用仪器图表及电影，使听众因目睹自然现象而明了某一问题之内容及其发展之涵义等等。此种讲演总期其能使小同行之人听之不觉其太浅，大同行之人听之不觉其太深。每次讲者或仅一人，其时间仅一小时或一小时半，但协助准备讲演者可达数十人，所费之准备时间可至数月，务期每回讲演可使社会感觉中央研究院对于科学研究，不但确得其人，且确尽其责，因而了解中央研究院所需之经费设备均系合理之要求，而国内科学之基础方不至因经费困难设备简陋而受打击。

以上所举各点，乃关于本院复员后之工作三基本原则。至于详细实施办法，尚须另拟。

至于延聘外国学者来华从事研究及遴选人员至国外观光一节，原则上弟亦认为非常重要；惟目前国内之经济状况尚未臻稳定之程度，任何第一流之学者，无论其为国人或外人，似均尙无用武之余地。吾人当然希望明夏以后，国内情况即可以容许本院立能聘请外国学者来华助我建立学术基础。惟弟所忧虑者，即有关国际性之问题，殊不易聘得第一流之人员，甚至并第二三流之人物均无法请其长期来华；至于属于有地方性之问题，则因我国幅员广大，可有甚多之材料与特殊之问题供外人之研究，故延揽外宾尚不致有何困难。弟近来已与外国友人通信言及此事，惟一人之交游有限，见闻狭窄，至望学术界同仁之在国外者每遇有意来华服务之外国第一流学者时，即转达此意，同时来函见示，以作将来揽聘时之参考。

关于我国现在国外研究而有成绩之科学家，弟亦希望其了解目前国内情况尚未恢复至有利于科学研究之地步，目前最好先作随时回国之准备，不必过急于即返。因恐返国后目睹各种不快意之情况，反致有害于其热情也。国内局面一达稍稳之后，各研究机关确能实施研究计划之时，吾人自当邀请其回国，共策进行，届时亦望"生力军"均勿踌躇观望，不愿首途言旋。

派遣研究人员至国外深造事，弟十分同情，其办法最好亦由上述之四种委员会统盘计划。近年之公费留学考试较诸以往虽已为进步，但实际上恐仍有可以改进之处。先生在外遇及热心于国内研究工作者，乞将鄙意代为说明，并请其不吝赐教，迳行与弟通信，毋任企幸。(下略)

[第 28 卷第 6 期(1946)第 267—270 页]

# 15. 前无止境的科学

任鸿隽

这个题目是美国新近发表的一本政府报告。报告的作者蒲胥博士(Dr. Vannevar Bush)是美国的战时科学研究发展局局长(Director of the Office of Scientific Research and Development),他在去年十一月接到故总统罗斯福的一封信,要他做以下的四件事:

(一) 在军事秘密及军政当局许可之下,把战事期间对于科学知识的贡献公开。

(二) 对于疾病的科学战争,有什么方法使已经有功的医药科学研究继续下去?

(三) 对于公家及私人组织的研究工作,政府现在及将来用什么方法加以补助?

(四) 关于发现及发展美国青年的科学天才,能否提出一个有效的计划,使将来的科学研究,能够与战时工作在同等的水平上继续不断?

根据罗斯福总统所提出的四个问题,蒲胥博士于是组织了四个委员会分头研究。研究的结果,作成这个极有意义的报告。可惜这个报告提出时,罗斯福已死了。但它仍可表示罗氏目光远大巨细靡遗,使我们感觉到大政治家作风是怎样,同时也可以作我们谈科学建设的一个借镜。

这个报告除了前面三十三页为蒲胥报告的正文以外,以下一百三十余页都是各个委员会对于各个指定问题的报告。事实上前面的报告正文,只是各个分报告的提要与正式提案。但即在这个简单提要中,我们可以找到许多有价值的意见与可供参考的资料。现在我们选译数节于下:

(一) 科学与国防。在此次战事中,科学于国防的绝对重要,已显然无疑,我们对于潜水艇的苦斗,乃系科学技术的搏斗,且几几乎难于制胜。雷达所给予战斗部队的眼目,不久即为另一科学方法所盲昧。袭击伦敦的飞弹,最后也被在战事中发明的三种新法所克服,而 V-2 则仅恃发射地的夺取以制胜。

现代战争需要最进步的科学技术。发展雷达的许多领袖,乃在战前即探讨原子核的物理学家。陆海军人的科学训练固属重要,但他们不能自成科学家而必待民间科学家与军事人员成立职业的合夥。故军事的准备,需要一个永久独立的民间管制的机关,它与陆海军密切合作,但由国会直接支款,而且有权发动军备研究,以补充并加强陆海军自身所管制的研究。

(二) 科学与国民生活。战事结束后,我们有一个希望,就是国内人人有职业。要达到这个目的,全美人民的创造力与生产力必须尽量使用。要生出多的职业,我们必须有新的更好更尽的出产。但新出产与新方法不是生来即有的,它们是成立于新原理与新观念上的,而后者又是由根本的科学研究得来的。根本的科学研究,即科学的资本。科学的资本如何增加?第一,我们必定要多数受过科学训练的男或女,因为只有他们才能产生新知识与其在实际上的应用。第二,我们必须加强根本研究的中心,即独立学院、大学以及研究机关等等。这些机关,供给一种对于制造新的科学知识最为相宜的环境,而不受主要眼前结果的压迫。除了少数例外,大多数的工业及政府机关的研究,只都是把已有的知识应用到实际问题上去。只有学院、大学及少数研究机关,把它们的力量放在推进知识的途径上。

(三)研究的性质。研究可分为以下三类:(甲)纯理的研究,(乙)基素的研究,(丙)应用的研究。纯理的研究没有特殊实用的目的,它的结果则是对于自然律的发见与自然界的了解。这些知识可以答解多数重要的实际问题,但也许不能解决这些问题的任何一个。纯理科学家对于他的工作的实际应用,也许全不热心。但许多新工业的发展,大概要依靠纯理科学的进步。

纯理科学的特点,就是它有无数的路径可以引到生产道路上去!许多重要的发见,乃是以不相干的目的作试验所得的结果。因为纯理科学这种难于预测的性质,所以它的研究必须有特殊环境。它的工作者必要保持心灵的自由,从不熟悉的角度去看熟悉的事物。它也不一定与有组织的力量相调和,不受在上的指挥。质言之,要有重要成就,再没有别的地方比纯理科学需要自由的了。

如正确的地质与地形图的测绘,气象材料的搜集,物理化学常数的测定,动植矿物种类的叙述,药物、生殖素、X线医疗标准的规定,以及与这些同类的科学工作,我们把它归为一类叫做基素科学。这种基素的知识,是纯理及应用的科学进步的重要基件。与纯理科学比,这种研究的目的与所用的方法皆颇明了,因此一个完备的工作程序可以确定,而由相当多数的科学人才共同工作。此种工作应由政府机关担任,方易收整齐划一之效,不辩自明。

近来合成化学与工业生物学技术的进步,生产了无数的新化合物与物品,致使目前的试验室来不及加以编目。许多将来有极大用处的物品,或完全不为人所知悉,或性质的叙述不够正确。此时所需要的乃是对于这些物品可能性的知识,使一般人对于它们的应用上愿意投资。所以政府机关应组织此类工作,而将其结果有统系的加以发表。

应用的研究与纯理的研究不同之点至为明了,即应用研究的目的常可先事确定,如其可能的话，它的结果必定是有实际或商业上的价值的。在私人企业上投于应用研究的资本，必定希望加利的收回。但如收回的希望不大，则政府必须加以鼓励或自作。如美国的农部各研究是其一例。

有许多应用的研究，不能与纯理的研究截然划分，故有些工业科学家也从较宽的根本的观点来处理特殊问题。但我们不要忘记一个关于研究的定律：即在追求眼前结果的压力下，除非特别注意预防，应用研究常赶走纯理研究。

这个结论很明白：纯理研究需要也应该受到特别的保护与支持。

(四) 根本研究的中心。此处所谓根本研究，系指纯理的研究而言。公立或私立的学院大学及研究所，乃科学知识与科学人才的泉源。它们因有特殊的传统及特质，极适宜于担任此项任务。它们是已往知识的保存所，传授此知识于未学，并贡献一切新的知识。在这些组织中，科学家能在一个自由而不受金钱俗例及成见的压迫空气中工作。

要发展新知识，科学家的团结、稳固与高度的个人知识上的自由，是必要的。要使这个中心成为有效，这些组织强固与健全，它们必须能引诱最高的人才来做教师与研究者。它们必须能提供研究的便利与待遇，俾能与工业及政府竞争上等科学人才。

在由一九三〇至一九四〇之十年中，美国的工业及政府科学研究经费增加再一倍以上，学院及大学的此项经费则增加一半，而私立研究机关的经费反而逐渐减少。所以要学院大学与研究机关能适应急剧增长的要求，不可不以国家的经费加强其根本的研究。

(五) 国家补助研究的五个原则：

(1) 无论补助的程度如何，补助经费必须有长时间的稳定性，俾得有长期的计划。

(2) 管理此项经费的机关，必须由依其兴趣与能力而选出的公民组织之。他们必须对于科学研究有宽广的兴趣与了解。

(3) 此机关仅可用特约或补助方式，在不属于中央政府的组织中，促进科学研究，尤不可自己组织研究所。

(4) 补助学院大学及研究机关，切不可干涉其内部政策，用人行政，以及研究的方法范围等。此层最重要。

(5) 此机关仅对于总统及国会负责，以维持科学对于其他政府机关的适当关系。

根据以上的原则，蒲胥提议组织一个全国科学研究董事会(National Research Foundation)。它的组织大概如下：

(一) 目的：

(1) 发展一个科学研究与科学教育的国家政策；

(2) 补助非营业组织的根本的科学研究；

(3) 用奖学金及研究金的方法，发展美国青年的科学天才；

(4) 用特约及其他方法，支持军事设备的长期研究。

(二) 董事。董事九人，由总统就兴趣及能力两方面择适当的人才任命之。他们经过总统与国会对于国民负责。他们既非官吏，亦不代表任何特殊利益。

(三) 组织。为完成所负荷的使命计，董事会应设以下各部，对于董事会负责。一、医药研究门；二、自然科学研究门；三、发展科学人才与科学教育门；四、出版与科学联系门。各门设会员若干人，由董事会选任之。

(四) 董事职责。原案列举职责极为详细，兹举其重要者如下：

(1) 规定董事会的大政方针。

(2) 在政府机关所能贡献的限度以内，获取并利用它们的服务。

(3) 密核各门的预算，并提每门需要的预算于总统。每门各有一预算，但董事会对于各门的用途得改易之。

(4) 对于合约的研究的特约或补助，应出于彼此协商，不用广告竞争方式。

(5) 对于现存便利所无或不足的研究计划，应创始或补助适当机关进行之。

(6) 设立自然科学的奖学额或研究金，包括生物学与医学在内。

(7) 促进科学与技术知识的普及，并发展国际交换。

(五) 预算。预算极难拟定，但为表示此项事业的规模，及其发展应有的程度起见，他曾拟定如下的预算。

| 事　业 | 第一年 | 第五年 |
|---|---|---|
| 医药研究门 | 5 000 000 美元 | 20 000 000 美元 |
| 自然科学门 | 10 000 000 | 50 000 000 |
| 国防科学门 | 10 000 000 | 20 000 000 |
| 科学人才与教育门 | 7 000 000 | 29 000 000 |
| 出版与科学联系门 | 500 000 | 1 000 000 |
| 行政费 | 1 000 000 | 2 500 000 |
| 总计 | 33 500 000 | 122 500 000 |

我们叙完这一本报告大略之后，不禁发生几种感想：

第一，以如美国科学发达的国家，他们在计算科学研究与科学的进展上，仍是遑遑然如恐不及。像我们科学落后的国家，应该怎样。

第二，在他们整个的计划中，极力看重纯理科学与根本科学的研究，没有为了国防或生产的应用上，把大学或独立研究机关的纯理研究费置之脑后。

第三，他们发展科学，先要就已有的机关补助充实，或使其彼此联系，互相补助，成为一个分工合作的机器；不使政府与政府的机关，或政府与私立的机关，重复竞争，而减少效率。

第四，他们的计划是按年发展，经费也是按年增加，不使其一成不变，或奄奄待毙。

以上这些，似乎已经够我们取镜了。

【编者附记】按蒲脊博士报告发表于去年七月，任先生此文则于今年3月30日刊载于重庆《大公报》，以其与科学研究计划有关，特为附录于此。美国科学促进协会(AAAS)在圣路易开会时以223票对10票之压倒多数通过拥护参院第1850提案即主张设立国家科学董事会之法案也(The National Science Foundation Bill)。去年11月24日，美国科学家五千余人上书总统为蒲脊张目，今年4月23日，又有鲍曼(I. Bowman)等三十余人代表协会上书总统与国会促此案之实施，以为"惟有遵循此案，科学始有保障而前进，以造福人群"。谓"案旨在设立国家科学局，与原议不尽符合；而愿予赞同者，在求易于实施；且要点在于总统任命局长，其人选必就委员所推选者；一切施政大纲与其预算皆取决于委员会；会内分组，各分组之主席即为本局委员，而分组之委员人选，又必须经科学局委员通过；凡与国防无关者，绝不能更有额外委员。对于科学研究与科学教育，该会实赋有创立与执行之权力，以利其政策之推行。法案中虽有不能尽如人意之处，宁当忍而求大政之施行。同人等深信国家科学董事会之设立，实为科学研究与教育科学家之根本要图，亦即为谋国家安全与国家前途亟要之务。夫既服膺斯义，而又身为科学从业人员，了然于一己所负于公家社会之资，尤宜赞助国会，献替可资实行之法规，于是乃有1850提案之形成，凡签署函末者皆望国会能于本届议会休会之前促此案之实施"。此可见美国科学家对科学研究计划之重视也(原文详本年5月3日美国《科学》周刊103卷2679期页558)。然本年7月19日，国会小组审查遽将提案否决，国家科学董事会暂无成立之望。

[第28卷第6期(1946)第270—272、264页]

# 16. 编 后 记

本期刊载了四篇有关于科学计划的文字，都在半年以前就收齐了；陶、萨两先生的文字而且在去年中研院评议会里就经提出过。因为复员与印刷的困难，直到现在才发刊出来；却想不到这次该会又轻轻放过不论，诚如汪敬熙先生所云“使大家失望”。以科学先进的英美两国而论：英国战后复兴的工作，都依照了科学计划在着着实施，近年出版的英伦刊物，有的是计划科学的文字；美国的情形，就本期所刊《附记》可见一斑。苏联的新五年计划，国内已有译本。我们要不急起直追，就难免于长留在落后的地位了。这件大事应该让大家先来公开讨论，希望得到各方的注意，使政府遵照执行。不过将来主持这件大事的人选，希望也如英美两国一般，交给科学家们自己来办，别饶上个外行的名流；也期望科学家们真正保持了科学态度，为国家前途学术前途打出光明来，不让丝毫的门户出入之见来操纵统制，嚷着什么大学出身才好的混话来污没了这件大事。

［第 28 卷第 6 期(1946)第 266 页］

# 17. 原子能与科学界的责任

张孟闻

当八月六日美军在日本广岛投掷了第一枚原子炸弹以后，全世界立刻为这个杀人无比的新武器之爆炸所惊动起来。科学研究的成果其关涉于人类幸福之密切，有了这么显著的事实说明，科学家即使再想推卸责任，以为只消自己躲在实验室里关起门来，可以与世无干，也已经无法自圆其说了。英美科学界感觉到自身对人类运命所负责任的沉重，接连地提出管制原子能的说帖来。就在那枚原子弹在广岛爆炸后的第五天（八月十一日），伦敦出版的《自然》周刊（*Nature*）第一篇社论就申论到国际共管的必要。美国则早在七月里的《科学》周刊（*Science*）上就有了蒲胥博士（Dr. Vannevar Bush）的论文，主张应有国际协议使科学的智识沟通无阻。蒲胥是与闻原子弹计划的人物，事先发表了这个提议当然是有其预见的。果然在日本投降战事结束以后，原子能的管制问题立即引起了国际的不安。当杜鲁门总统声称"神圣的托付"时候，美国科学家们却郑重地提出国际共管与秘密公开的请求来。我们从后面所举几项的事实，不难想见这些科学家们的心头重荷。在洛士·阿拉摩（Los Alamos）原子弹厂服务的四百个科学人员，因为于原子弹制造过程中实际上分担了工作，格外感觉到对社会与政治负有特殊责任，在十月十三日，联名签署发表了一个通启，主张原子弹秘密公开——因为秘密必被揭露，而此时保守秘密的效果，将召致战争，比现在这次更为野蛮残酷的战争。比这个更早，九月杪，田纳西州橡树岭（Oak Ridge）的克林顿厂，即是研究实用鏞原质（Plutonium）的工厂，在里面工作的技术人员，有百分之九十以上，联合声称两事：其一，英美制造原子炸弹，并无特殊秘密的化学公式；其次，原子炸弹之运用，在国际间造成恐惧而不是信托。所以此事应由国际共管。因为倘由一国掌持，势必引起前所未有之军备竞争而使国际间互不信任。主持洛士·阿拉摩厂原子弹制造的负责人沃本哈谟博士（Dr. J. R. Oppenheimer），于十月十七日在华盛顿议会中公开告诉政治界的人物："原子弹的惟一防御方法是由妥当的国际机构来管制。"而橡树岭那个工厂的技术主持人物寇迭斯博士（Dr. H. J. Curtis）也以为原子能问题惟一的解决办法是交给国际机构。

原子弹秘密之不易保守，是物理学家以及一般科学家所公认的事实。美国战事部在1940年所刊布的关于原子能之《史密斯报告》（Smyth Report on Atomic Energy）已经揭示了原子能应用的理论概要。这以后的发展，都不难从此推测，这就难怪于美国的上议院先生们要指责这个报告的刊布了。然而即使不刊布，别的国家里原子物理学家就不会有所得吗？最早提起原子能使用的不正是欧陆的科学家吗？白林勃尔(L. J. F. Brimble)很明白地指点出来，英美两国保持原子弹秘密的政策之无效：因为没有方法可以阻止其他国家的原子物理学研究之进展。他说：如果这个政策居然能有效果，不外是窒息科学与阻碍文化之发展而已。裴约尔教授(Prof. J. D. Bernal)也以为原子弹的秘密，实际上无法保守。此外，支加哥的原子科学家联合会也指出原子弹作用之微弱，特别申说到秘密政策之危险。在杜鲁门与阿特里会议以前，英国内阁方面已经赞同科学家的观点，以为原子能之发展与使用应由国际共同处理。英伦《每日邮报》十月三十一日说明"原子弹之秘密目前仅系于一端，即装导火线法"，"英国科学家继续研究，必能发现此秘诀"。而且原子能之在工业上应用，迟早必为世界各国科学家所完成。英国原子能委员会主席安德逊随艾特礼赴美，在纽约告合众社记者："人类设非疯狂，佥信(于成立国际协议一事)，势必有所发展。"

然而会议的结果却仍是"暂守秘密"。短视的政客们并不了解科学家的忧虑，尤其不知原子弹秘密之无法保守。他们以为这个神圣的付托凭藉了这个恐怖的武器可以控制世界和平——即优势地统辖整个世界。这可悲而又可笑的愚妄，格外引起科学家的忧虑。因为世界可能立刻步入原子能武器的竞争局面，科学家研究的成果，将造成何等不幸的人类灾祸呀！世界对此协议的反应如何呢？

如上所述，可见英美的公正科学界底意见，尤其是与原子弹制造有关的科学家们底意见。而苏联则在英美加协议的前一日，十一月十四日，宣布了卡必查教授(Kapitsa)于卡拉格尔湖滨之阿拉吉兹峰(Mt. Alagez on the shore of Lake Karagel)建设了一个海拔 3 250 公尺的强力磁场以分析宇宙线，藉以考知其内含事物的潜能。莫洛托夫十一月六日的演说，又明白宣称原子弹的秘密绝不能为一国或某一集团的国家所私有。而卡必查教授的观察研究，又发见了阴性核的原子。在苏联很可能也已经窥测到此中秘密，因为苏联也正像英美一样有成立了相当久的原子能研究所，而且莫洛托夫的演说里还提到"我们也就将有原子能与别的许多东西"。其实，现在所保留的秘密，有如奥立棻教授(Prof. M. L. Oliphant)十一月三日在伯敏罕演说中所言，只要工业化的国家六个月之努力，便可获得。为了补救这些错误，政治界倘能听从科学界的诤言，不难挽救过来。英伦十一月二日学者们联席会议的议决案，很可参照。议案是"本会佥信科学智识之无法保持秘密，亟望原子能智识之发展应即时交予国际共管；且须取得科学家之合作，使其全为举世福利而服务"。

这种呼声现在已由国外经过科学工作者的传递而要求我们来共同发言了。美苏英诸国的科学家，以集体努力而使用原子能，世界已进到原子能时代了；科学家与社会政治的关系也越发紧密起来,他们而且联合起来向世界提出共同的政治意见来,为全人类争取正义与福利了。我们当然也应该急起直追才是。

时间过去了一年半,而今日世界的形势却越发紧脚地向原子武器的竞赛路上奔去,与科学家们的意见正巧逆向而行,即趋向于人类灭亡的绝路,真使人思之“不寒而慄”。就随手检得的报导看来,原子武器的竞赛已经很热烈了。

十月十九日上海《大公报》载纽约讯:苏联在外蒙贝加尔湖附近建立原子城,其第一流科学家正在此中研究宇宙线炸弹,其力强于原子弹千倍;近该城之 150 哩半径,陆空皆被封锁。另有物理学远征队往帕米尔高原,拟立宇宙线实验室云。

十一月十日,同报载:孟哲斯德大学物理学系主任勃辣孟脱称,经一年来实验,知六七里之高空有流星群散出之大量能力。现在建造一器械以备侦查高空中宇宙线发射能力。但今日已测得太阳现日斑时所发射之能量,较平时增一万倍。又十四日同报载:发明原子核心分裂之德科学家哈恩,获得 1944 年之诺贝尔化学奖金。其人会与其他德国原子能科学家被带至英国以调查德国原子能研究进步之程度。

十一月十九日,同报载:加州大学新造之最强原子分裂机十七日试验成功,发生电子二万万伏特,其能力与宇宙线相等。

这一个月之间三大强国对于原子能与宇宙线能的研究比赛,大可惊人。如果这些研究都是朝着毁灭——即是战备一方面走,人类整个地被毁灭的命运就迫在眼前了。

科学家的新责任,决不仅限于实验室内的研究,而是应该为拯救全人类免于灭亡负担起大部的道义与实际的责任来。因为没有科学家的合作,这些新式杀人的凶残武器,就无法制造,也无从实用。新武器的施用,实际上已经做到了“名城为墟,白骨成丘”,而防御祸害的方法,据宾州大学教授雷德诺(Louis N. Ridenour)的推究,却是杳不可得。英美两国的假想战争,时常提起苏联,而世界制造这种新武器的国家也以苏联的可能性最大。参预了苏联科学院 220 周年庆祝会返美的蓝缪庵(I. Langmuir), 1932 年诺贝尔化学奖金的获得者,以为苏联在短时期内即可造成原子炸弹;而在原子弹厂服务的两位科学家,萨芝与贝赛(F. Seitz & H. Bethe),认为两年之间,以卡必查、蓝滔(Landau)、佛仑凯(Frenkel)诸人之学术造诣,必能制出原子弹来,而且甚可以超过美国的成就。综合这些学者们的意见,都以为只有国际和谐合作,赤诚相见,才能免于战争,销去了人类灭亡的命运;要是凭政治的诈伪或强权的影响,则势必导入于毁灭绝途,举世文明,同归于尽。

就科学家的立场,凭其学识远见,以与执政当局争辩是非的努力,美国科学家们的齐心协力,实堪钦佩。蒲胥在论文以外,另有设立国家科学董事会(National Science

Foundation)的建议书上呈总统,主张一切科学设施,无论其有关国防与否应该由科学家们自己来定决策,不可让外行人硬作主意。这建议以后又在参议院众议院里提出各种提案,经过修改,小组审查等等的拖延而终于在1946年7月19日正午被否决而撤销了。在建议案被修改的拖延期间,美国科学促进协会再三再四地提醒大家注意,在其机关杂志的《科学》周刊上,好几次以冗长而醒目的地位,催促科学家们共同推进这些提案的通过。6月21日出版的2686号,特辟长栏登载了史密斯(H. W. Smith, 纽约大学教授)、华莱士(H. A. Wallace, 商业部长)、梅耶霍夫(H. A. Meyerhoff,科协会总干事)、张伯时(R. Chambers,生物科学学院教授)诸人的文字,竭力鼓吹科学董事会成立之必要,以为不论遭遇何等阻抑,科学家应联合一致以期此一提案之实现。虽然政治的短视力量,反面超过了进步的科学见解,然而美国科学家争取科学政策之主动的奋斗努力想扭转政治趋向以造福人群的趋诣,已足使吾人感佩无已。

也许原子炸弹是从美国科学家手中造成的缘故,所以美国科学家们对于原子弹所造成的人类文明的新威胁,格外感到责任之重大。除向国会与政府争取政策的主动而外,原来制造原子弹的科学家们,又特别结成同盟发表宣言,印行期刊,大声疾呼,为人类命运前途发出宏亮的警告来。在国会里,另有关于原子弹的提案,艾其森与蒲胥等的五人小组报告引起了国内国外的舆论;原子科学家又有几种刊物专就原子能问题,指责秘密政策之错误,"神圣的托付"有碍于世界和平,甚至危害了人类的安全;而国际和谐共处,废除原子武器,乃至废止战争,则是惟一的安全大道。九月间,又集合了各国专门学者与新大陆的各方学人,包括了政论家与军事人物十七人,合撰《大同与灭亡》(*One World or None*)一书,郑重地提出明晰的总合意见出来,说明原子炸弹对于世界前途的整个意义。

从原子能发明以来,科学的成就已经远超过了这个时代的政治。传统的政治政策不足以应付这个原子能时代了。要是科学家们不起来号召而仍让这些旧人物搅下去,世界一定被引入于毁灭的歧途。所以这个时代的科学家,既经撒手放出了原子能来,就应更负起责任来引导原子能向建设人类幸福的大道上走,而不使其为害人群。这就是说,现在应该用科学方法与科学精神来处理人类社会的事情,也即是用科学来领导政治,而不是让科学去盲从政治。(三十五年十二月一日)

[第29卷第1期(1947)第1—3页]

# 18. 研究组织的单位问题

卢于道

萨本栋先生曾有函致陶孟和先生,讨论科学研究的计划问题,里面提到有一句话,说:“……曾与英国科学及工业研究局长 Appleton 爵士晤谈,论及中国研究事业时,深感中央研究院以学科为组织之单位一节,殊有研讨之必要。”(见《科学》二十八卷第六期 268 页)关于科学研究组织是否宜以学科为单位这个问题,自从萨先生提出了以后,中央研究院方面不曾听到有什么讨论,在国内亦似乎不曾予以注意。如果我们仔细一想,此问题实在有考虑之必要。

科学研究的目的,本来是要解决未知的问题,所以研究工作是以问题为中心而不是以学科为中心。就以研究原子核的制造这个问题而论,这个问题就可以作为研究工作的出发点,说这个问题是物理学的问题,这是对的;要说它是化学问题,甚至于说是数学问题,亦均无不可。我们普通将科学分成许多学科,这是在学院内为教授方便起见而分的。教者因为要将已得的知识,授给学生,于是将某些知识,有系统地整理起来,称之为某种学科,或物理学,或化学,或比较解剖学,或组织学等。学科之意义既为的是授受方便,所以某种知识,往往可以放在两种不同的学科里面,例如关于原子知识,既见之于物理学学科,又见之于化学学科;同样关于消化道构造的知识,既见之于比较解剖学,又见之于组织学。甚至于同样的知识内容,我们可以不同的学科名称称呼之,例如比较解剖学亦可以被归属于脊椎动物学,现在我国教育部规定大学生物学系,有脊椎动物学而无比较解剖学,亦就是将比较解剖学的知识,并在脊椎动物学一科内,这亦未始不可。所以所谓学科也者,是我们人为的方法,将某些客观知识有系统地整理在一起,以便学院内授受而已。

明白了学科的意义,我们可以进一步讨论研究组织的单位,是否宜以学科为标准这个问题了。

我国之有科学研究组织,当以地质调查所为嚆矢。在民国二年的时候,章鸿钊先生创办地质研究所,丁文江先生创办地质调查所,二所皆隶属于当时的工商部,其成立的动机,是以地质调查及地质学研究,去发展工矿事业。以后地质调查所由翁文灏先生继续主持,其宗旨仍在辅助工矿事业,直至今日,还是如此。在这样宗旨之下,非但中国的工矿事业,受了实惠,即对于地质科学本身,亦产生了不少的辉煌成绩,此为国内外所共见(见黄汲清著《三十年来之中国地质学》,载《科学》二十八卷第六期)。

在地质调查所之后，继之而起者，有中国科学社在民国十一年创办的生物研究所。此所成立之宗旨，和地质调查所不同，其创办人如秉农山、胡步曾、钱雨农诸先生，当时都在大学生物学系担任教职。他们感觉到：(1) 科学研究风气及方法亟待提倡；(2) 当时生物科学教材亟需就地采取，俾我国有独立的生物科学，教课时不必勉强讲述外国课本上所引用的国外教材；(3) 国内亟需造就第一流的生物科学人才。因为他们感觉到这三种需要，乃创立生物研究所。如果我们简括地说起来，此所当时成立之宗旨，在辅助生物科学的教育。自从成立以来，二十余年，亦已获得国内外的重视，并已有很大的成就。

近二三十年来，国内科学研究机关之设立，不一而足，如黄海化学研究所等，这些研究所，皆各有其本身确定的宗旨。比较规模宏大的，如中央研究院，如北平研究院，各设若干研究所，至今亦皆有十余年历史。就其宗旨而言，如中央研究院创办人蔡孑民先生、杨杏佛先生，非但其本人多年从事教育事业，且研究院之成立，正在他们试办大学院之后，故显然是纯学术性的、学院性的，亦即是高过于当时没有设立研究院之大学程度性质的。如果我国大学程度逐渐提高(今日已在逐渐提高)，达到若国外第一流大学那种模样，则研究院亦就成为大学之一部份，其性质亦将更明显地为教育性的，而不是工矿医药等技术事业性的。

综上所述，我国已有的各种科学研究机构，可以说有两种性质：一种是技术事业性的，如地质调查所、黄海化学研究所，以及农业实验所、工业试验所、矿冶研究所、卫生实验院等皆是；又一种是教育性的，如生物研究所及各大学附设之研究所即是。

现在我们不谈现实存在的研究机关，如北平研究院或中央研究院等，其内部各所究竟应当是以学科为单位，抑以其他标准为单位；我们试从理论方面来谈，如果我们要办科学研究所，究竟应当以那一种标准为组织单位？我们如果提出这么一个问题，就应当先查看究竟此拟办之研究所，其宗旨何在？如果宗旨是在教育，那末这个研究所应当是纯学院性的，是可以以学科为单位的，因为学院内分有许多学科，如生物学、物理学、化学等单位，拟设立之研究所，应当和这些学科相辅而行。如其不然，是技术事业性的，其宗旨在辅助技术事业之发展，则组织单位就不宜以学科为单位，而宜于以问题为单位。我们可以举几个例，如果我们要辅助液体燃料事业，我们就可以液体燃料为单位，而设立液体燃料研究所；如果我们要发展工业用原子能事业，我们亦可以原子能为单位，而设立原子能研究所。

研究是一种方法，研究所是发挥这种方法的机构；我们不能为研究而研究，我们是为某一种目的而研究。英国为了改善公路起见，其科学工业研究局设立了一个公路研究室，这就是将研究方法，活用在这么一种事业方面。我们是研究工作的主人，不是研究工作的奴隶，我们得活用研究方法。瞻望国家前途，教育事业固然重要，农工商医以至于行政管理国防军事，那一项不是重要的？那一项不应当科学化？亦就是说那一项不应当用研究的方法，去辅助其发展？如果我们这么设想，则将来国内各种研究组织，除了以学科为单位之外，势必还应当有多种多样以问题为单位之研究机构出现。

[第 29 卷第 2 期(1947)第 33—34 页]

# 19. 论中国科学技术之发展与中断

朱伯康

科学在我们的理解，即为欧洲近代之科学，以对自然之认识为中心。科学之产生，实出于欧洲之近代文化。其一极显明之特征即在人生已脱去宗教色彩，万事万物之权衡，均以人世现实为标准。其一切入世思想，演为城市化之欧洲文明，城市为文化之中心，城市文化殆为欧洲近代文化之标志。城市文化以理智为中心，凡人之一切行为，均以人之理智为依归，不复具有前此出世色彩或伦理标准。理智出现后，人之自由地位已被发现，人格已获得解放，人对自然操纵之权力意志，亦已增加，已深信“人之所欲均能自致之”，不必依赖神力或其他力量。盖人之行为价值，其意义即在行为之本身，不复以任何宗教或任何传统信念为鹄的。换言之，人生之行为，是非善恶，全取断于人生自身，及其理性，不复受任何教条所束缚。

入世思想之发达，功用主义(principle of utility)随之发展。其影响所及，乃促成文化各部门之独立，举凡哲学、文学、艺术、宗教、天文、物理、化学、数学、生物、政治、经济等等，均各自为谋，划分采别，不相统属。在各部门中，人类均思了解自然，控制自然，欲使自然于已有用及有利，乃使世界技术化。所谓技术，不过为各部门科学知识之实际应用而已。简言之，技术等于工具。近代文明时代，亦可名为工具时代。现代之一切优胜劣败，乃取决于工具，亦即取决于技术。

中国最大的特殊处，至今尚无一种像欧洲近代文化一样的文化。科学技术发达的条件，尚付缺如。故现代意义的科学与技术，在中国历史上，无法寻求。至于中世纪或中世纪以前的所谓科学技术，则颇发达，兹约略论之。

我国学术思想，最发达的时代，当推东周末年的春秋战国时代(孔子作《春秋》，始于鲁隐公元年，即纪元前七二二年，终于鲁哀公十四年，即纪元前四八一年之获麟绝笔止，为春秋时代。自此至秦皇政廿六年灭六国止，即纪元前二二一年止，皆为战国时代)，诸家争鸣，其派别千头万绪。至汉，而有著录者甚多。据《汉书·艺文志》所载，大类有六，小类有卅八，兹录其大要如下：

1. 六艺：易、诗、书、礼、乐、春秋、论语、孝经、小学九种。

2. 诸子：儒、道、阴阳、法、名、墨、纵横、杂、农、小说十家。

3. 诗赋：屈原赋、陆贾赋、孙卿赋、杂赋、歌诗五种。

4. 兵家：权谋、形势、阴阳、技巧四种。

5. 术数：天文、历谱、五行、蓍龟、杂占、形法六种。

6. 方技：医经、经方、房中、神仙四种。

又刘向刘歆父子合著之《七略》，记太古至西汉末现存之载籍，总五百九十六家，万三千二百六十九卷。《汉书·艺文志》之目录，大多本此。其中大半为春秋战国时代之著作。其六艺、传记与诗赋，多汉人述作。陆贾赋、杂赋、歌诗三种，则托始于汉。术数、方技，有托名宓羲、神农、黄帝者，亦大多为先秦及汉人之述作。汉时各有专门之学术，即以校书而论，亦分门类。例如，刘向校六艺诸子诗赋；步兵校尉任宏，校兵书；太史令尹咸，校术数；侍医李柱国，校方技。可知在纪元前一二世纪时，我国专门学术知识，已分科独立。其中天文历数医药等，可为自然科学发达之始祖者，中国早已发达。不能说中国古代之科学技术为落后。

至于纯粹技术，著名者如冶金术，在西周时代已很发达，那时遗留下来的钟鼎彝器，可作充分证明。如建筑营造术，在秦代已极进步。秦代的阿房宫，在文字记录上，极华丽宏伟之能事，虽无实物可作说明，但中国西北部的长城，则至今犹存，可作证明。如水利技术，在战国秦汉之际，更为发达。《汉书·沟洫志》云：

> 荥阳下引河东南为鸿沟，以通宋、郑、陈、蔡、曹、卫，与济、汝、淮、泗会。于楚，西方则通渠汉川云梦之际，东方则通沟江淮之间；于吴，则通渠三江五湖；于齐，则通淄济之间；于蜀，则蜀守李冰凿离碓，避沫水之害，穿二江成都中，此渠皆可行舟，有余则用溉，百姓飨其利。至于他，往往引其水用以溉田，沟渠甚多。魏文侯以史起为邺令，引漳水溉邺，以富魏之河内，民歌之曰，邺有贤令兮为史公，决漳水兮溉邺旁，终古舄卤兮生稻粱。其后韩使水工郑国，间说秦，令凿泾水，自中山西抵瓠口为渠，并北山，东注洛三百余里，渠成而用溉，注填阏之水。溉舄卤之地，四万余顷，收皆百亩一钟，于是关中为沃野，无凶年，秦以富强，卒并诸侯，因名曰郑国渠。

又例如冶铁之技术，在战国秦汉之际，已有大规模之发展。《史记·货殖传》有云：

> 邯郸郭纵，以冶铁成业，与王者埒富；蜀卓氏之先，赵人也，用铁冶富；宛孔氏之先，梁人也，用铁冶为业。

《管子·海王篇》云：

> 一女必有一针、一刃；耕者必有一耒、一耜、一铫；行服连辇者，必有一斤、一锯、一锥、一凿；不尔而成事者，天下无有。

可见在战国时代之铁器及冶铁制铁之技术，已甚发达。其次煮盐技术，亦同样发达。《史记·货殖传》称“猗顿用监盐，与王者埒富”。桓宽《盐铁论》称“往者豪族大家，得管山海之利，采铁石鼓铸煮盐，一家聚众，或至千余人”，其技术尤以井盐之取制为进步。再例如工艺方面，其技术更不可胜举。《考工记》一书，为战国时齐人所作。所载之工，有三十种。关于攻木、攻金、攻皮、设色、刮磨、搏填诸工，无一不具。其所述分工之多，定名之密，雕刻之精，在在可知其时工艺进步之情形。即如《考工记》云：“粤无镈，燕无函，秦无庐，胡无弓车。粤之无镈也，非无镈也，夫人而能为镈也。燕之无函也，非无函也，夫人而能为函也。秦之无庐也，非无庐也，夫人而能为庐也。胡之无弓车也，非无弓车也，夫人而能为弓车也。”亦足以推知当时此等工艺之普遍。

至于“淫技奇巧”之类，在中国历史上，更史不绝书。约在纪元前四五百年左右，有公输般者，为楚国造云梯，用以攻宋，墨子自鲁闻之，即令弟子禽滑厘等携守御器械，在宋国城上布防，墨子本人则步行至楚，在楚惠王面前，解带为城，以衣为械，与公输般演攻守技术。公输般之机变用尽，而墨子之守器有余。在《墨子》一书中，亦称“公输子削竹木以为鹊，成而飞之，三日不下”。《韩非子》书中则云：“墨子为木鸢，三年而成，蜚一日而败。”（《韩非子·外储篇》）再向后观察，生存于纪元七八年至一三九年（汉章帝建初三年至顺帝永和四年）之张衡，对于中国古代科学与技术之贡献，史无前例。《后汉书·张衡传》云：

> 衡善机巧，尤致思于天文、阴阳、历算。为太史令，妙尽璇玑之正，作浑天仪，著《灵窗》《算网论》，言尽详明。阳嘉元年，复造候风地动仪，以精铜铸成，圆径八尺，合盖隆起，形似酒尊。饰以篆文山龟鸟兽之形。中有都柱，傍行八道，施关发机。外有八龙，首衔铜丸，下有蟾蜍，张口承之。其牙机巧制，皆隐在尊中，覆盖周密无际。如有地动，尊则振龙，机发吐丸，而蟾蜍衔之，振声激扬，伺者因此觉知。虽一龙发机，而七首不动，寻其方向，乃知震之所在。验之以事，合契若神。自书典所记，未尝有也。尝一龙机发，而地不觉动，京师学者咸怪其无征。后数日驿至，果地震陇西，于是皆服其妙。

张衡此等发明与创造，不能谓中国古代无科学技术。其同时代人崔瑗，称之谓“数术穷天地，制作侔造化”，张衡实当之而无愧。又《太平御览》七五二引《文士传》云：“张衡尝作木鸟，假以羽翮，腹中施机，能飞数里。”再往后看，《三国志·魏志·方技传》云：

> 马先生（钧）天下之名巧也。……为博士，居贫乃思绫机之变，不言，而世人知其巧矣。旧绫机五十综者五十蹑，六十综者六十蹑，先生患其丧功费日，乃皆易以十二蹑。……居京都城内有地可以为园，患无水以溉之，乃作翻车，令儿童转之，而灌水自

覆，更入更出，其巧百倍于常，此二异也。其后有人上百戏者，能设而不能动，帝以问先生，可动否？对曰可动。帝曰其巧可益否？对曰可益。受诏作之。以大木雕构，使其形若轮，平地施之，潜以水发焉。设为女乐，舞象，至今木人击鼓，吹箫。作山岳，使木人跳丸，掷剑，缘絙倒立，出入自在，百官行署，舂磨，斗鸡，变巧百端，此三异也。……马先生之巧，虽古公输般、墨翟、王尔，近汉世张平子，不能过也。

凡此类"古怪"之技巧，历史中材料甚多，不及细举。至于医学，在中国古代亦颇进步。类乎今世西医之手术，在汉代(东汉末)已有之。兹举华佗为例：

佗精于方药，处剂不过数种，心识分铢，不假称量。针灸不过数处，裁七八九，若病发结于内，针药所不能及者，乃令先以酒服麻沸散，既醉无所觉，因刳破腹背，抽割积聚；若在肠胃，则断截湔洗，除去疾秽，既而缝合，傅以神膏，四五日创愈，一月之间，皆平复。(《后汉书·华佗传》)

华佗死而烧其书，其手术遂不传于后。后世中医，多恃方脉之术，其始传者，为张机，字仲景，亦东汉末人。所著《金匮玉函要略》，上卷论伤寒，中论杂病，下载其方，自宋以来，传为医典。依法诊治，多有效验，此又为中国古代学术之一种。

降至唐代(618—905)，天文历算诸多进步。隋时关于历数、天文、漏刻、视祲，各有博士及生员司其事。唐承其则，设官更多，而算学则列为京师六学之一。唐初有王孝通为算术博士，著《辑古算经》，算理深奥，为后世借根方代数(立天元术)之本。太宗时有李淳风为太史，尝制浑仪，并著《法象志》，详论前代浑仪得失之差。玄宗时有浮图一行及梁令瓒二人，更铸浑仪，并制黄道游仪。令瓒更造水运浑天仪，上具列宿，注水激轮，每昼夜自转一周，半入木匮以准地平；另立二木人，每刻击鼓，每辰击钟，机械即藏于匮内。其作用与西洋之时钟无异。当时论者谓其制精巧，虽张衡灵宪不能过也。一行则制大衍，最为精密。各地测影，已立里差之法。恒星之移动，亦为一行所测见。由是乃得岁差之实。这可以说，中国学术在唐代亦未中断。

宋人精于天文算术者，以沈括(1030—1094)、苏颂(1020—1101)二人为最。沈括于熙宁七年(1074)上浑仪、浮漏、景表三议，诸多特见。苏颂《新仪象法要》三卷，绘图极精。元祐中(1086—1092)苏颂与韩公廉别制浑仪，较唐代为进步。又秦九韶于南宋末，著《数学九章》，发明立天元一法。元初(1277—1294)李治又著《测圆海镜》，言之益精，为今世代数学之先驱。郭守敬(1231—1316)又制简仪、高表、候气仪、浑天仪、玲珑仪、仰仪、立运仪、证理仪、景符、窥几、日月食仪、星晷、定时仪等器，种类之多，为前此所未有。守敬又奏请忽必烈汗广设测验所，于是元主逐设监候官一十四员，分道而出，东至高黎，西极滇池，南逾珠崖，北尽铁勒，四海测验，凡二十七所。守敬又建观星台于河南登封县周公庙，创四丈长表及景符，为我国古代规模较大之天文台。其所撰之《授时历》，行之垂四百年，“自三统以来，为术者七十余家，莫之伦比”。（见《元史·郭守敬传》《天文志》及阮元《畴人传》二五《郭守敬传》）

中国古代科学技术之进步，不仅在天文气象历算，其他方面亦有不少令人惊奇之处。就其对于世界史之发展有影响者而论，则指南针及火药之发明与应用，对于人类贡献之功绩实不可磨灭。

我国知有磁针，时代最早。张衡、马钧、祖冲之等皆会造指南车。在宋时已知利用磁针航海。朱彧《萍洲可谈》中云“海舶舟师识地理，夜则观星，昼则观日，阴晦观指南针”，可作证明。欧人谓指南针（compass）于一三一〇年由 Flavio Gioja Von Amalfi 所发现，但经过详细研究后，则其来历已甚清楚。系在元代时，由中国经阿拉伯人而传入欧洲者（见 Friedrich Kahler Auszug der Weltglschichte, S.229）。火药之情形亦相似。中国在隋唐时，已有火药。南宋初，史载虞允文与金人在采石矶之战时，用纸为霹雳砲，中藏石灰硫磺，炸裂后，石灰散为烟雾，迷敌方人马，因而取胜。此办法即取自爆竹。又魏胜曾创刺砲车，施火石，可二百步，其火药用硝石、硫磺、柳灰为之。至元代蒙古人承前代之法，又得回回人阿喇卜丹、伊斯玛音等，制造大砲，其法益精。此等火药与武器之制法，逐由元代而传入欧洲。此两种器械，对于欧洲近代史之创造，实关重要。盖有指南针，而远洋航海始有可能。在十五世纪，人们既知地球为圆形，则凭指南针，在茫茫大海中直向东行，必能发现东印度。新大陆之发现，虽出意外，实可说为指南针之所赐。如无指南针，则一四九二年哥仑布之发现美洲为不可能。美洲发现后，土人到处与欧人敌抗，土人之体力，往往在欧人之上，如无以火药为基础之枪砲，则占有美洲使成为白人之殖民地，更不可能。新大陆发现后，世界地理改变，欧洲之政治、经济、文化等，一切均突然改观，历史家名此时代以来之时代，曰“新时代”。此新时代之造成，中国的指南针与火药，实为有力之因素。其作用，与原子炸弹之对于第二次世界大战之胜利，有同等之意义。

此外中国技术之表现于工业者，更不一而足。汉代之丝织品，辗转而西，使罗马（大秦）人惊奇，呼中国为 Seres（犹言产丝国）。当时罗马贵族之珍品，亦大多来自中国。宋元时代，中国之瓷器，与绘画相联合，尽美极妍，使整个欧洲为之倾倒。贵族家庭以有中国瓷器为荣。各国皇家设厂仿造，终不及中国之万一。又今日之印刷术，始于活版排字，而活版排字，始于德人戈登堡（Gutenburg, 1394—1468）之发明。而中国之有活字排印，始于宋仁宗庆历元年（公历 1041 年）布衣毕昇之发明（见江少虞《皇朝事实类苑》），较之欧人，则早约四百余年。

综合以上所述，中国古代之科学技术，若与欧洲同时代比较，则中国并不落后。在若干方面，且较欧洲为进步。中国所最痛心者，为历史发展之不长进。明清以来，并无进步，亦少新发明。在欧洲已由文艺复兴、宗教改革、启蒙时代，而进步至科学时代时，中国自身反“今不如古”，一切退化。故在新式科学技术方面，留下了一张白纸，因此，吾人可得一结论：近代之科学与技术，中国人除裨贩西洋者外，自己并无贡献。中国只有古代的科学与技术，而无近代的科学技术。此与中国自身只有上古史、中古史，而无近代史之意义相合。

中国何以无近代科学技术？一言以蔽之：中国并无可以发展科学技术之条件，及有利之环境。科学需要文艺复兴以来之思想解放，中国并无此条件。科学需要城市文化之培养，而中国只有乡村文化及伦理文化，而无城市文化，亦无此条件。理性主义、功用思想、征服自然之意志，……如是等等在中国都比较缺乏。至于技术之发达，完全基于时代之需要而来。无此需要，即无此技术。例如最早发生于英国之产业革命，即是一种技术革命。技术革命首先发生于纺织业，次乃及于煤铁矿工业、机械工业及化学工业。为什么如此？英国在十八世纪中，正是海外商业蓬勃开展，争夺海外殖民地最热烈的时代。重商主义的经济政策，均盼望造成顺势的国际贸易，多输出制造品，以便获得原料粮食及金银的进口，以增加国富。但是英国在 1780—1790 年之人口，仅为九百万左右，约占法国当时的人口三分之一。此九百万人口，又多数散居农村，到下种及收获时，许多工场便因缺乏劳力而停工。当时英国曼詹斯特(Manchester)的棉布，在海外及国内有新市场，供不应求，对于棉纱的需要亦异常迫切，工人不易觉得。若提高工资以与羊毛业争工人，便要增加成本，于利润有影响。如能应用蒸汽动力及机械，以代替人工，则自然最合理想。瓦特(James Watt)之发明，及此外 Hargreaves、Arkwright、Cromption，许多人之发明适当其会，亦可以说此种发明由于实际需要所促成。观乎许多纺织机之发明与改良，在皇家重奖征求之下，多半由织工所发明与完成之事实，便可证明。煤矿业之采用机器，因为蒸汽机需要大量燃料，家庭亦需要燃料，而英国当时木材缺乏，人工掘煤又不足供应，且煤矿中常被水浸没，影响生产，抽水机乃首被应用。而掘煤与运煤，亦次第应用了机器。因为对机器需要的增加，于是钢铁业及机械机亦应运而发展。工业是有机的循环，由一种需要，便引起他种需要，如是扩展，互相吸引，于是工业技术，便不断的向前发展。中国在明清之际，根本无此需要，既无重商主义，又无开明政治，其他奖励条件亦付缺如。此则与当时之国家环境有关。

明代宦官之残酷专权，在历史上达于极点。朝廷严刑酷罚，以待人士。廷杖之残暴，史不绝书。胡惟庸之狱，株连被诛者三万余人；蓝玉之狱，株连一万五千余人；靖难之变，方孝孺夷十族，坐死者八百四十七人。“京官每旦入朝，必与妻子诀，及暮无事，则相庆以为又活一日”（见《草木子》一书）。史载成化以后（一四六五年以后），大凡审狱，太监赍敕，张黄盖于大理寺，作三尺坛中坐。其他司法官吏捧牍下立，唯诺趋走惟谨。所有轻重，俱视中官意，不敢稍忤。遂使全国人命，悬于家奴宦官之手。而宦官又能监军、监市、监税，一切俱受中官之统制，人权物权，俱无保障。党祸纷起，民生焦瘁，养生送死，倘成问题，何得有新发明，及对于技术有新需要？

清代承袭明代的制度。满人当权，压制汉人。烧毁禁书，禁止八股以外的思想，文字狱屡兴，超脱实务的风气渐盛。学术仅只笃古琐屑之一途，谈不上有新思想新发明。经济上闭关自足，政治上腐败自私。宦官家奴之害，不亚于明代。既无新需要，自然无新技术之发展。同治以来，虽有新技术之应用，然皆来自西土，并非出于中国人之创造。世衰道丧，科学技术便亦黯然无光。

［第 29 卷第 4 期（1947）第 97—100 页］

# 20. 科学工作者亟需社会意识

卢于道

本年四月间中国科学工作者协会在南京中央大学举行年会，这是很难得的一个盛会。看到这样一个盛会，不禁有许多感想。

今日中国科学界的好学之士，从小就沐浴在国内文人雅士的传统教育里，使他们陶醉于学问之乐，口头里从不怨诉生活之苦，所谓“一箪食一瓢饮，回也不改其乐”。自从学习了西洋科学之后，还是以简朴为学的精神为主，以精致的仪器设备为次，认为“最大科学家是以最简单的仪器作最有意义的研究”。并且他们由于历史传统的熏陶，热爱祖国，认为他们在国际科学界的成就，就是祖国的光荣，对于现实政治是不闻不问，对于统治者向来依照孔子的伦理学说，无论执政者的政绩是好是坏，只是顺从，如有不当的措置，除微言之外从不据理批判。像这样素朴天真的科学界人士，是太可爱了。

可是尽管目前国内这样的科学家非常可爱，而他们实在的遭遇委实是太惨了。

第一，科学界人士尽管安贫乐道，可是生活却被压在油盐柴米里，甚焉者其职业是在教人而自己的子女受不到教育，整天在研究营养而本身营养不足，专长是研究心理而本人就精神萎靡以至于神经衰弱。孟子说过，“无恒产而有恒心者，惟士为能”，照目前状况而言，这些科学之士，并不是恒产有无问题，而是身体热量够不够问题，这种惨遇，孰令致之？

其次，在过去科学史上，确有不少科学家用最简单的仪器作最有意义的研究。事实上科学研究是创造性的，既是创造性的，那末今天所用的各种仪器如显微镜、切片机、照相机、原子轰击器等，当初都是由科学家自己创造出来，并非从制造厂买来。就是今日作科学研究，无论是生理学化学或物理学，研究室里都得附有吹玻璃室及车床室等，以供研究者自己设计自己制造那些不是市场上所可以买到的新仪器之用。所以今日视为很精致的仪器，在设计创造之初是简陋的；而今日视为草创简陋者，他日亦将有若干会在市场上出现，成为精致仪器了。仪器之进步，就有赖于科学家这样不断地创造。

可是今日我们在此地作研究，有许多仪器为过去科学家所已创造成功，市场上已有供应，我们可以现成购来应用，如显微镜切片机等皆是，这些仪器已成为今日实验室里的基本设备了。倘使现在要我们不购置这些仪器，徒然再重复以前科学家已成功的努力，即使能作出和他人同样进步的研究，也就未免太迂，而且是不智，而且是不可能。

现在国内的情形是怎样呢？试举汪敬熙先生的一段话为例。他说：

> 更进一层,今日的科学需要复杂费款的设备。以前稍有款项,便可工作,现在不成了。现在非有国家的力量不能设备起来一个实验室。而我国近来只有钱打内战,而没有钱奖励实验科学。据我所知,只有经济部曾经以二十万美金补助黄海化学工业社。这是应该的。孙学悟先生几十年的努力,应该得一个有近代设备的实验室。中央研究院今年得有美金预算。至于各大学便是可怜极了。……政府可是有款送一些党国要人出国考察。
>
> 政府不仅给款吝惜,而且购买外国设备的手续至为烦重。现在似乎不必由中央信托局统购了。但是申请输入许可证种种程序也够麻烦了。(见本年 3 月 15 日《大公报》《救救我国的实验科学》)

这一段话所叙述的事实,真使我们痛心。譬如中国科学社切身所受到的痛苦,亦是一个例子。中国科学社因为在上海的明复图书馆和在南京的生物研究所,有七百八十四种国外科学杂志,已因战事关系十年停购而急待补购,此外还有新的图书待购,研究仪器待买,于是去年十二月间得到行政院好意补助了一点为数很小的美金,可是就这个小数目,经过我们追随公文旅行,最后得到上海中央银行国库局给我们一张法币支票,要我们向该行业务局结购美金。业务局和国库局就在隔壁,我们拿了公文和支票向业务局取美金,上自行政院公文,下至中央银行国库局通知单和支票都齐全了,可是业务局说还要最后向行政院请示。我们等待这个请示,由一月等到二月,由二月等到三月,由三月等到四月,还未见复示;而且据业务局说,即使批准了,现在只好照新税率兑给我们,那就是说已由 3 850 法币改作 12 000 法币购美金一元;亦就是说我们补助费已贬值至四分之一了。而且就是此四分之一的美金,还不知道什么时候可以拿来去换得图书仪器。这显然他们太不重视科学研究用的科学仪器费用了。像这样的事实,实在不能不令我们痛心,甚至于灰心了。

这样就更使我们看到国内善良科学家的第三种意识,就是传统地对于政治不理会的态度,是需要改变了。

科学家对于政治从来是顺从,不只国内儒者风度式的科学家如此,即国外者亦是如此。科学家像羔羊,政府不要用的时候,就让你在实验室里;可是一旦要用了,如战事发生了,政府就会征调你(在中国还不曾这么作过,相反科学家要投效还无从投起),要你去研究杀人武器,你就得听命,不管这个战争是正义的或是非正义的。不只在政治方面如此,在经济方面亦是如此,譬如被资本家雇佣去作研究,为私人牟利,科学家亦就作了,甚至于将研究结果不发表以保持雇主的利益,他们亦听命了。像这样的实验室里科学家,名为独立研究,实则为政客资本家的雇员,他们不过借此在糊口而已。

科学家有创造的能力,他们当有自觉的一日,因此近来科学家就要考虑他们工作的意义了。如果他们的工作足以造福人群，他们就可以努力；如果他们的工作足以制造贫乏或扰乱和平，他们就会拒绝工作。在经济方面是如此，在政治方面亦是如此：如果他们工作是帮助民主战争胜利，他们就努力研究，发明创造；如果是助长独裁，残杀人群，他们亦会拒绝。《大公报》本年2月20日所载《一个科学家反抗了》一文，美国诺贝德·魏纳拒绝参加控制投射器研究，就是一个例子。魏纳氏慨乎言之如下：

余愿藉此国唤起其他科学工作者之注意，余信彼等若遭遇类似之情形，除应明了底蕴，而作彼等自己的独立的决策外，恐别无善策矣。

魏纳氏在此地说，恐别无善策，这就是表示一般科学家还是孤立无援之故。如果科学家团结起来，组织起来，随时省视他们研究工作的社会作用，那末科学家不但可以像魏纳教授那样，有独立的决策，拒绝不利于社会的研究工作的邀请，并且还可以加强科学"载舟"之用为防范其"覆舟"之祸。

事实已昭示我们，科学家应当有独立的人格，但不是孤立地工作，并且是不能孤立了。怎么说不能孤立的呢？就是因为他们是在社会，是能影响社会，并且亦受到社会影响的。我们亟需要这种觉醒，亟需要社会意识。我想要提高国内科学家的社会意识，则以中国科学工作者协会的活动为嚆矢。

［第29卷第5期(1947)第129—130页］

# 21. 被遗忘了的中国科学家

孙守全

在第一次世界大战时，有人问卢德福爵士(Lord Rutherford)是否愿意暂时停止原子的研究，而将充分时间用来研究防制潜水艇的计划。他底回答是："先生，我正在试验原子分裂的工作。若是我完成了牠，那将会比战争还更为重要。"而到1919年他终于成功了，对这件事的重要性之估计，他是对的。

第二次世界大战后，亚柏特·史丕尔(Albert Speer)，前任的纳粹德国的军需部长，在国际战犯法庭前诉述道："不幸得很，两个最精通原子能的科学家都离开了德国。"他并不认识科学家，但是他指出科学家之所以远遁，乃是为了政治的和种族的压迫的缘故。很明显的，这两位科学家是被尊为原子炸弹之母及原子炸弹之父的丽史·曼脱耐博士(Lise Meitner)和亚柏特·爱因斯坦教授。

雷达，这被认为击败德国的一种最有效力的武器，是美国麻省理工学院雷达研究所经过五年的研究工作所创造。这项研究计划，延聘了九百位卓越的科学家，花费了两亿美金的设备费。今日的战争是发明家的战争。机械占据了战事的最大部分。国家倘使没有本国的科学家，就不能自卫。①

**研究为平时所必要** 基本科学的研究不仅有利于国防，而且对于平时的人类福利也是重要的。科学发明的运用人类原可选择，或是把行星改造成荒凉的沙漠，或是把牠改造成丰富的乐园。最近，2月11日那天，美国热烈庆祝大科学家爱迪生，因为由他的发明使世界改了形。② 今天，也正如百年以前的一样，全世界科学家们正从事他们的研究工作：将原子能利用到工业、医药和其他方面；用在肺病和癌疾的治疗上；人工肥料与人工雨的制造上；③发明化学上的新化合物④用以代替木材、金属品和橡皮；从木质纤维中提取食料和衣料；制造汽油、染料、焦煤；提炼煤气；并且力求土木学、机械学、航空学、采矿学、冶金学、生物学、地质学以及所有各种工程学上的革新上。一言以蔽之，他们正为改善世界而工作。

---

① Sidney Shalett, "Six Scientists Aid U.S. Defers Plans", *New York Times*, January 8, 1947.

② W. Kaempffert, "Scientist Magician Who Reshaped A World", *New York Times*, February 9, 1947.

③ Edmund Stevens, "Russia Exploits Land of Frost", *The Christian Sc. Monitor*, April 20, 1947.

④ H. W. Blakeslee, "New Chemical Compounds Like Wood, Metal, Rubber", *New York Times*, March 6, 1946.

我们之中，很少人会充分觉察到环绕着我们底这当代工艺与文明，是有一长串的进化连锁，承袭着像牛顿、马克斯威尔、法拉第、巴士德、居里以及爱尔力喜(Ehrlich)这些人底纯粹科学与理论科学的工作所发展过来的。生活在这个世界，要是没有了电力、药物与交通，必致一筹莫展。可是从事这些基本发明因而使全部工艺都发展的人是谁？工程学家们是人类的恩人，而事实上，他们仅仅“汲取了他人的心血”而已。

我素来就主张：自然科学家应当负担起来现代文明的全部业绩，而不当与工程师及社会科学家去“分功”。我仅是呼吁革除那种在中国流行的观念，以为中国是一个尚未工业化的国家，不应分散精力来培养保护中国的科学家。

**中国需要工程学家与科学家**　研究可分为应用研究与纯粹研究两类。中国之工业化和建设，不仅需要工程学家，而且需要研究实用科学与纯粹科学的工作人员。一个现代工业的建立，要是没有先前实验室里的试验做依据，是很难策划设计的。即使在实施期间，也有许多意料不到的技术上困难，需要从实验室中加以检查和解决。纯粹科学研究的重要性在于牠是实用研究的脊梁，而又是发明的背景。

中国人不应该受那种乐观思想的欺骗，以为我们的国家单凭一些工业程序的模仿或是延聘几个外国的工程学家就可以工业化起来。这种样子的工业化要牠不落伍过时究竟能够延长几久呢？没有研究者的新创指示与鼓励怎样能够与世界科学的进展并驾齐驱呢？为了自卫和为了商业的利益，没有一个国家会把科学的新发明借给我们用的，除非那些业已过时的东西。因此，没有那种供我们自己研究利便及研究员的机构，我们的工业和科学就永远赶不上其他国家。

现代的研究工作不仅能即时解决工业问题，而且也能创造出深邃的学理结论，这些论断在眼前虽是无用，但后来会在某些不及料的情状下证明它是“有用的”。研究者对工业进步的重要，事实显然，现代工业不仅要有自己的研究室和研究员，而且要花费千百万元在许多大学及研究院里来推动研究事业。没有继续不断的研究来支持的话，就没有那种工业能够在今日世界竞争中存在下去。

**各国都寄热望于科学家**　这是一个发明的年代。为求在国际家庭中人民生活水准及国家地位的提高，几乎每国的政府都寄热望于科学家，而且愿意花费大量的款项作研究用途。

A 美国：纳粹德国的科学家们怎样了？他们装备了第三帝国(Third Reich's)的生产机器，配置了德国空军的双翼，设计了飞箭 V－1 和 V－2。大家都知道他们已成为贵宾宠客了，正在美国、苏俄、英国境内许多实验室里工作着。美国陆军部还在进攻德国以前，已经探明了这个诀窍。① 军部已经深知德国科学家之重要，而且知道在那里大都可以找到他们。依着美军每一次的进展，有时在进占之前，先遣一批精巧熟练的人物，专事罗致科学家。结果有许多优秀科学家被苏联和英国罗致了去，但是也有许多现在俄亥俄州的戴通城(Dayton)、新墨西哥的白沙城、德克塞斯州的具利斯堡(Fort Bliss)和其他地方的巨大实验室中工作。他们当作赋有特权的贵宾招待，他们的家庭也都受优待。② 美国内政部且已着手部署使他们便利于归化为美国的公民。③ 据称可能有一千名德籍和奥籍的科学家在美国境内工作。这批科学的战利品将为美国节省了十年的研究工作与成千成万的金圆。

科学智囊(brains)对于一个国家的生产和军事实力之必要，由后述事实可为指证，美国政府史无前例地大步跨进到这条路途，大量来收买与训练这批最优秀的科学智囊。在这次大战期间，麻省理工学院、加利福尼亚理工学院、哈佛大学与哥伦比亚大学接受了总数超过二亿美金的研究合同。约翰·霍布金斯(Johns Hopkins)学院就获得了每年二千万美金专为海军研究投掷瞄准器(guided missile)的费用。这所说的还没有把那笔花费在各大学里发展原子炸弹的费用包括进去。原子炸弹的研究费用或者远超出一亿美金了。

战前美国政府每年花在研究费用上不到五千万美金，但在1946年一年中所花的研究费几近十亿美金。④ 当然这些研究工作不仅在许多大学中进行着，而且也在许多私人企业的研究所里施行着：例如通用电力公司(General Electric)、西部电力公司(Western Electric)、西屋公司(Westinghouse)、RCA和杜邦公司(Du Pont)等。由于研究的高度发展，四位美籍科学家因而获得了1946年的诺贝尔奖金。⑤

B苏联：应该指述出来的是：苏联正在各方面尽力来保护与培养她的科学家。苏联全国的研究人员与大学教授，在今日成了国内俸给最高的一群，受到比世界上任何其他国家更好的报酬。⑥ 除了钱多而外，其他的特权例如特种的食粮和衣服配给，精致的生活住宅，优先的车辆配给以及其他物品，一概由国家供给。不仅如此，苏联且进一步极力拉拢许多德籍科学家不离开苏联科学界。强迫服役对科学未免太无价值了，因为思想是无形的。因此莫斯科的政策是给他们一笔巨额薪金，还辅以许多特别奖金与特权。⑦ 现在已经

---

① *Time Magazine*, Dec.9, 1946, p.67.

② Frederick Grahan, "Nazi scientists aid army on research", *New York Times*, Dec. 4, 1946.

③ Earl Richert, "Alien scientists to be offered U. S. citizenship", *Pittsburgh Press*, July 7, 1946.

④ Henry Wallace, "Science & the Military", *New Republic*, Feb. 3, 1947, p.26.

⑤ Anon, "Six Americans Win Nobel Prizes, Dr. Mott & Miss Balch for Peace", *New York Times*, Nov.15, 1946.

⑥ Edward Stevens, "Soviet swells pay & rights of Natural Science Profession", *Christian Sc. Monitor*, April 17, 1946.

⑦ Associated Press, "Soviet said to buy German atomic men", *New York Times*, Feb. 24, 1947.

晓得有许多德国科学界人员都在为苏联从事各种研究工作了①,譬如威廉皇家研究院(The Kaiser Wilhelm Institute)、柏林大学、蔡司光学研究所(The Zeiss Optical Works)以及其他许多地方,如留勒(Leuna)、布赫(Buch)、德骚(Dessau)等。

去岁外长莫洛托夫宣称苏联不久就有自造的原子弹了,这话并不是空洞的夸大。苏联有的是科学家和资源。② 现今他有好几百位科学家在国立镭学研究所、物理工艺研究所与乌克兰物理工艺研究所(在卡丽可夫 Kharkov),做着最优秀的研究工作。在政府强有力的支持之下,这些第一流的苏联科学家现在都有了那些为他们研究所必需的物质条件。远在 1934 年,原子冲击器(cyclotrons)就输入了苏联,到 1937 年又装置了一座 Van de Graaff 原子分裂器。克斯特教授(Prof. Kerst)刚刚发表他的大号冲击器(betron),苏联人士就动手自己制造了一部。宇宙线的研究,有希望发挥比铀原子的分裂所产生还更大的能量,这项工作当第二次大战时在美国几乎停顿了,然而苏联的科学家却继续他们的工作不辍,并且完成了一些确实的进展。③

C 英国:英国政府已清除了国内科学界在研究方面所顾虑的财政问题了。④ 科学工业研究部特别为科学家设置了奖励金,为原子物理以及其他研究工作,供给他们以世界上最好的设备。英国科学家们已经在许多大学里及研究所里活跃地工作了。

D 加拿大和法国:加拿大美国的联防新约于科学上有特别重要关系。战前有些加籍科学家为着优厚的薪金和更好的研究室的利便,多在美国工作。但由于加拿大政府及昂泰厘阿基金会(Ontario Research Foundation)⑤的有力援助,今日的加拿大科学家所得的薪资及特权已远较昔日为优。为了便于各种科学的和工业的研究,研究所已大事扩充而且重新添置了设备。原子研究主要的部门在昂泰利湖的加尔克河(Chalk R.)⑥进行,这地方因为前次加拿大原子间谍案而著名。

法国的科学家们在欧玲娜·居里乔利埃夫人,诺贝尔奖金的得主、著名的玛丽居里夫人的女儿的领导与鼓励之下,已经从他们的战争底苦难中恢复过来了,现在他们正从事于

---

① Karl H. Von Weigand, "Fat salaries lure many German experts", *Pittsburgh Sun Telegraph*, July 29, 1946; Anon, "Arms, Atomic Research in Soviet Zone is Reported in Detail at Berlin", *New York Times*, July 13, 1946.

② Waldemar Kaempffert, "Soviet Russia has the men & resources to make Atomic Bombs within five years, Science in Review", *New York Times*, June 23, 1946.

③ H. B. Nicholes, "Researchers head for new frontiers", *The Christian Sc. Monitor*, Jan. 22, 1946.

④ J A. May, "Political front fused by British Physicists", *The Christian Sc. Monitor*, May 23, 1946.

⑤ Anon, "Research foundation lights way for Canadian Industry", *The Christian Sc. Monitor*, 1946.

⑥ C. L. Sulzberger, "Atomic strockpilling race to overtake U. S. doubted", *New York Times*, February 24, 1947.

承平时代的研究。①

**黯淡的中国科学家** 中国拥有广袤的土地和丰硕的天然资源，却仅有寥若晨星的科学工作者。中国的科学家过去大部分都在中央研究院和各大学里工作。他们的薪给通常可以大学教授的待遇为代表。参照下列第一表：由此表可见从1935—1936一年间(即中日战争前一年)，他们还能够勉强维持一个中等水平的生活。自从1936—1944年间，他们的薪给百分比突然迅速地降落到11%，而最后到了1946年前头，跌到了3%。事实上他们的收入已经比不上一个人力车夫了。人力车夫从来就被认为是一种最低收入的职业，而现在的收入也已经几倍于那些在中央研究院里的研究员和大学校的教授所能赚到的了。这样戋微的收入已不够维持一个人的生活，更不够去负担家庭以及给子女受教育了。

**第一表 昆明区大学教授平均月薪表(据杨西孟之调查)**
**《观察》1卷3期(1946年9月14日)**

| 年　份 | 月薪(国币) | 与战前法币比值数 |
|---|---|---|
| 1935 | 349.7 | 349.7 |
| 1936 | 300.0 | 219.6 |
| 1937 | 300.0 | 86.7 |
| 1938 | 315.0 | 39.7 |
| 1939 | 588.5 | 29.95 |
| 1940 | 1 101.5 | 13.0 |
| 1941 | 3 438.5 | 9.45 |
| 1942 | 13 642.0 | 10.35 |
| 1943 | 84 700.0 | 17.4 |
| 1944 | 141 660.0 | 27.3 |
| 1947 * | 700 000.0 | 35.0 |

* 本项由编者附加，依物价两万倍计，京沪区大学教授薪津每月平均七十万元，应得战前币值三十五元正。

虽然中国科学家抱有信念，以为纵然在这种非常情势之下，他们仍当为国家服务，可是他们的物质底支持力就委实不能比拼上他们的精神底力量。食用箪瓢，衣不蔽体，子女教育费的拮据，吃不饱，睡不足，没有一些宽弛的时间，他们的健康一天比一天衰退下去；没有研究室和图书馆的利便来满足他们的愿望使他们能从事研究，运用脑力；一片不安定、不宁静、恐怖、破坏的围氛纷至沓来。在这种种体质羸疲、营养不足、医药欠缺和精神

① S. B. Anthony, "Mms. Curie—Joliot Scores U. S. on Atom", *New York Times*, Sept. 29, 1946.

萎靡底交战之下，他们之中有些人已经倒下去了，像一个战场上失败的士兵一样。

中华民国建国三十六年来的一部历史，除了不息的内战与内乱以外，就一无所有了。所谓领袖者，一心只从自私自利方面打算，从不曾分心力去注意到培植教育，保护这为数甚少的国内科学家们。全国的教育经费，拿来与70—80%军事费相比从来就没有超出政府预算4.7%过。这就说明了为什么在中国科学家和科学成就会这样零落荒凉。

像所有其他科学家一样，中国的研究员也知道科学就是牺牲；一个科学家不能纵心奢侈而且必须像一个宗教徒似的，致力于他底心爱的工作。即使在这种情况下，他们也必需靠那低微的薪水来顾到衣着和书籍；他们而且相信，凭着忍耐和继续奋斗，胜利终必属于他们的。从战时政府的宣言来推测，他们果真相信战后一定是和平、民主、建设、工业化、有理想的环境了。因为这些都是推动工程和科学的要素。在抗战胜利日到来不久之后，这种乐观的想念突然之间化为泡影，因为一个新的内战又出现了。它一来就是大规模的，用时新的武器，将比以前任何一次内战都要打得更久。

站在冷酷的现实面前，有些科学家已经弄得逐渐抛弃他们一向抱负着的而毫无所得的科学事业了。以他们的教育资格做背景，并不难使他们一变而为政府官员或商业经纪人。这种职业的转变可能使他们赚钱、享福、有势力并且有社会声望。其他一些人遇到许多现在国外底旧日师长和朋友的恩惠，现在都在英美加拿大等国家工作了。这许多苦难的中国科学家都是些年青的或有资格的科学者，因为他们业已在世界最著名的大学里受过训练。他们底风霜的面孔，衰弱的身体，和渴望工作的热诚在在清楚地反映着他们受着长时期的艰难困苦而正在热望着一个和平优美的环境。像许多失败了的英雄一样，辛酸的经历教会他们更现实更练达了。

让我们都祈愿着，尽我们所能为力的，去建设中国的和平、民主和科学吧！（王迪纲译）

（本文作者孙守全先生系美国宾夕法尼亚大学矿冶学博士，现任该校副教授及矿物实验室代理主任之职，近撰此篇寄来，不啻为今日科学界之呼声，因请王迪纲君迻译以飨读者。——编者）

［第29卷第6期(1947)第161—164页］

# 22. 中国科学化的社会条件

李晓舫

近代的科学研究，已经不是少数学人在实验室里寻求真理的勾当，由于它的发明与发见，世界上每个角落的人们，无一不受它的影响。但看蒸汽机发明，西方产业革命以来，政治、社会、经济、国际以及整个人类在这百余年所感受的剧烈的变化，便可以知道科学怎样改变了世界。科学实在已经成为人类社会中一个主角，具有决定人类前途命运的力量。我们所处的这个时代的显著特征，无疑地是知识——特别是自然科学的知识——的非常进展。翻开历史，找不着任何一个时代可与现在相比拟的。培根说知识就是能力。我们这时代的人凭着科学的助力，所具有的能力，实是非同小可。我们的可能性，为善或作恶，建设或破坏的可能性，迥非前人所能望其项背。这样看来科学影响社会之巨，所谓"科学的社会功用"，实在是任何人应当注意，而且特别是科学工作者不可忽略的问题。

科学的发明与技术常被少数人利用或垄断，黩武主义者假它以为侵略的工具，资本主义者假它以为剥削的工具，可怜的科学工作者便无意的或有意的变为他们的鹰犬或爪牙。像过去这两次世界大战，凭着科学的力量，再继续打起下去，整个文化和人类，很有全部毁灭之可能。这是我们任何人——特别是科学工作者——所应考虑的问题。

欧美各国的科学工作者因见于问题的严重，与乎他们所处地位的重要，为着争取他们所应享的待遇，与他们所需的物质的和精神的条件，早已在专门学会、研究院和促进科学的团体以外，创立所谓"科学工作者的联合"（Union of Scientific Workers），属于一种职业组合（Trade Union），是与工会同其性质。英国的科学工作者协会在这次大战中，便显出它联合的力量，对于战争发出了它伟大的贡献。我国的科学工作者在这次战争中没有发出什么力量，原因虽多，但是我们自身没有组织，也不能不是一种原因。

我们在胜利来到的今天，才组织了一个科学工作者协会，已终算是一种亡羊补牢之计。我们固然要追踪欧美先进国家的科学工作者，争取我们应有的地位、应享的待遇和避免黩武主义、资本主义的野心家的利用，我们尤要联合起来解决我们国家自身的问题。

说来非常惭愧，科学输入中土虽然已经具有八十年悠久的历史，可是直至今天还未在这土上生根，说好一点也尚在萌芽时期。至于应用科学的技术，对于国家从事经济建设，所谓工业化，虽然也是已经谈了几十年，仍然是未能见诸事实。主要的原因绝不是我们的智力不足，学不会西方的科学，也不是手指不灵，学不会西方的工艺。反之，我们国家实不缺乏对于学术颇有贡献的科学研究者和工程师。但是我们的留学生继续不断地上外国去念书，学了几十年，数万留学生之中很少有人在回国后，是人尽其才，才尽其用的。反之，我们许多优秀的科学家和工程师常是因为无用武之地，而放弃了他们的岗位。于是科学在中国便成了“橘逾淮为枳”的现象了。

最大的原因自然是我们的社会条件不利于科学的发展。近代西方科学的发达是受着新地的发见和海外贸易的刺激，直至工业革命以后，科学和社会生产结合起来，方得到迅速发展的条件。因此我以为今后十年之内我们的主要工作应当以科学教育配合工业建设，以工业化推进科学化，第二个十年之内，才说得上以科学领导工业。总之，这二十年内我们这般科学工作者的责任固然重大，但是给予工业化和科学化以适当的发展的条件，却是每个公民不可忽略的问题。

胜利到来，建国开始，当前两大重要课题，无疑地是民主化和工业化。但是我们已经说明工业化不仅是一个技术的过程，而且是一个社会的过程，仅仅备具了科学的技术条件，工业未必能够顺利的发达。科学的技术必须在适当的社会条件之下，始能转化为工业发达的推动力。我们在上面已经就西方科学史上的例证和我国的事实加以说明。再如抗战以来，后方环境好转，工业曾经一度欣欣向荣，生气蓬勃，因之我们的科学在各方面有了进展。可是科学技术的这些发展不能阻止近几年来的工业转趋衰颓。由此可见社会条件不具，工业岂能发达，而工业没有出路，科学便无前途。所以单纯地提倡科学化，不一定保证工业化的顺利进展。

工业化所需要的社会条件：第一当是官僚政治的澄清和民主政治的从早建立。自甲午战争以后，工业建设开始，就为官僚资本所掌握。许多工厂虽名为官督商办，但创建和主持的人多半是大官僚。例如张之洞、盛宣怀等的名字常和早年的许多伟大企业联合在一起。但是官僚无经营能力，失败的居多数，复引入外资，种下喧宾夺主的祸根，终且被外资所控制。抗战时期的工业虽暂摆脱外资的影响，但官僚资本依然有控制的地位。国营事业固受官僚政治的影响，未能作彻底的改进，即省营企业公司和地方公营的工业，大多数仍为官僚集团所操纵，甚至许多重要的私人企业也还是为官僚资本所经营。这样看来，阻遏官僚资本的发展，实是当前的要务。否则官僚政客利用其特殊地位经营工业，使国营企业无法成长，而民营企业亦深受其害。自然，官僚资本的阻遏，有待于政治的澄清，及早走上民主的道路。

其次，由近代科学而来的公共事业，不当单独归功于科学的技术，亦且是近代“社会化的道德”的产品。我们谈振兴实业几十年，而无结果的一个原因，当是我们缺乏经营与使用公共事业的精神。得着友邦的助力，也许数年之间，我国不难走上工业化的道途，但是我们一般人若仍保持农村经济自足自给的传统，与乎极端的个人主义，亲公物如私产，而不能拔除贪污的恶习，所谓工业化者，将是一场空话，不能见诸实际。我们终久在贫穷、愚昧、受人侵略之中，过着可怜的奴隶生活。这些恶习的铲除，也须得先有清明的政治，用刑罚加以制裁，始能逐渐收效。

此外如废止各种不合理的经济管制，确立发展私人资本的原则，改革财政，安定物价，扶助民间工业，改善工人生活、提高生产效率……皆是实行工业化必须遵循的道路，但这一切的实施，皆须先停止内战，恢复秩序，始能谈得上着手建设。

总之，为着使学术建国得成事实，而不让我们的努力因被人阻扰或摧残，付诸流水，我们应当怎样联合起来，铲除上述的种种阻碍。这不仅是科学工作者自身的生活——亦且是整个民族的生活——的保障。

［第 29 卷第 7 期(1947)第 193—194 页］

# 23. 七科学团体联合年会的意义

任鸿隽

本年八月三十日至九月一日中国科学社与中华自然科学社、中国天文学会、中国气象学会、中国地理事会、中国动物学会、中国解剖学会等七个研究科学的团体，将在上海举行联合年会。这种事在我国科学发展的过程上有甚么意义？现在请略陈我们的一点感想。

第一，中国科学社是我国最老的科学团体的一个。它有三十三年的历史，本年的年会，是它的第二十五届。它在抗战期间和其他的学术团体一样，经过敌人炮火的摧残，经过流离迁徙的痛苦。现在抗战胜利结束了，它能收合余烬，把从前的学术事业整顿起来。此刻回到老家所在，集合新旧同志，来商量旧学，启发新知，图谋将来科学的发展。这种不懈益励的精神，即我国学术复兴的保证。此其一。

第二，此次联合开会各团体，除了中国科学社已经在上面略为说明外，大都皆有甚久的历史，如中华自然科学社、天文学会、气象学会、动物学会、地理学会是，而解剖学会则正在组织成立之中。我们回溯近年的年会历史，可以说每次科学年会，都有旧的学术团体参加，新的学术团体发生。这可见我们的科学发展已经到了甚高的分工程度；同时大家对于科学问题，不论是普通的，专门的，一样予以深切注意。这当然是科学发展的好现象。此其二。

第三，研究科学和其他文艺哲学有一个不同之点。即其他学术，可以闭门造车，出门而求合辙。科学必须群策群力，通力合作，而后容易收到结果。这是因为科学的范围甚大，真理的发现无穷。科学家必须把他新发见的智识，迅速地传播于同学同志之间，使其得以解决疑难，激扬兴趣，而新的研究问题又以发生。所以十七世纪初年盖理略的林舍学院，及十七世纪中叶英国的哲学院或看不见的学院（Invisible College），皆是帮助科学发展的重要组织。英国的看不见的学院，后来即成为皇家学会（Royal Society），它对于科学的贡献，是尽人皆知的。盖学术理想的自由流通，乃科学发达的必要条件。历史上此类之例，不胜枚举。如牛顿重力学说的成功，得力于惠根士（Huygens）、哈列（Halley）诸人关于圆运动的讨论，达尔文的物竞天择学说，乃启发于马尔萨斯的人口论。学术理想交通的工具，不外两种，一是刊物，一是集会。各学术团体之有年会，正是学术交通的重要组织。我们对于此次聚会的各学术团体。不但钦佩其已往的努力，更将期待其将来贡献。此其三。

以上系就科学家的组织言。说到科学家本身，我们便不容许十分乐观。先说科学家的数量。据巴克斯台的《科学家与时间竞争》书中说，1941 年，美国有物理学家 6 800 人、化学家 60 000 人、化学工程师 3 400 人、电机工师 57 800 人、放射学工师 2 500 人、数学家 5 500 人，这些大约是就有关战时工业者而言。其他科目，虽未言及，亦可推想其大概。至于学会会员，动以万计。如美国科学促进会(American Association for the Advancement of Science)会员三万余人，化学会会员一万余人。我国全国科学人数恐尚不及万人，此就教育部发表之全国教授总数可以见之。据民国三十四年教育部统计，全国大学及独立学院教授为九千余人，设其中半数为科学教授，亦不过五千人。其他机关之科学家则更寥寥可数。故我国科学家的总数，必不满一万人。其次谈到质。人家已经在制造原子弹，而我们尚没有看见一付原子冲击器。人家已经在利用雷达，而我们尚未看见几付放射短波器。人家在用化学方法合成橡胶与奎宁，我们没有几个化学实验室可以供研究者的实验。所以我们的科学家，即使数量如人，而程度的落后是无可否认的。这样，要想使中国思想科学化，中国生活现代化，能乎不能？这是我们说到科学前途，不能不唤起国人注意的一点。

也许有人说，我国科学设备不够，固为不可否认的事实。但有些科学，并不需要精美的仪器设备，也可以进行研究。如地理学、动物学，就属于这一类。关于这一点，我们要指出的，乃是此类科学仍需要大量的图书设备与旅行采集等费。这使我们想到发展科学的经费问题。科学研究和教育事业都是一种投资。有投下资本而收不到利益者矣，未有不投资本而妄意收获者也。再举一个外国的例来比较。据英国裴纳尔教授的《科学的社会机能》书中说，战前欧美各国的科学研究费，英国为四百万镑，约等于国家收入千分之一；美国为三万万美金，约等于国家收入千分之六；苏联为三千六百万英镑，约等于国家收入千分之八；德国的科学研究费约与美国相等。战后美国的国会，且有特设科学研究基金的提议。这些都表示世界强国知道科学是他们致强的基础，故国家对于科学研究认为一种重要事业。战前我国的科学研究费合在教育文化事业经费之内，共占国家预算百分之四或五。纯粹科学研究经费能占国家收入的几分之几恐怕只有天知道。这样，要想把科学发展起来与世界列强并驾齐驱，岂不等于痴人说梦？这是我们要趁科学团体开会的时期，唤起国人注意的又一点。

战争结束之后，世界大势在急遽转变之中。科学也随世界大势的转变而愈增其重要性。读者幸勿误会我所说的重要性，是因为预备第三次世界大战，要靠了科学来发明超乎原子弹的武器；而是因为要增加生产，解决经济困难，提高生活水平，也非科学不为功。我们的科学家，在艰难环境中坚贞卓绝地奋斗，我相信，除了希望发明自然界的真理以为人类谋福利外，别无其他自私自利的目的。要如何使科学的任务得以顺利进行，使国家与人类并受其福，却是社会的责任。我们趁各科学团体开会的机会，阐明此点，愿与社会人士共勉之。

[第 29 卷第 9 期(1947)第 257—258 页]

# 24. 科学与世界和平

（卅六年八月三十日上午十时在中央研究院上海办事处礼堂

中国科学社等七学术团体年会大会讲演稿）

竺可桢

有人称第一次世界大战为科学家的战争，第二次大战为物理学家的战争。无疑的近来发明的战争利器如同原子弹、雷达、飞弹、火箭、超声速度的飞机和优越力量的炸弹全是科学家，尤其是物理学家的把戏。因此国防科学成了一个专门名词，尤其在纳粹时期的德国，一门科学是不是值得提高，有没有什么价值，全要看他和国防关系之大小。因此科学和国防便成立不解之缘。好像科学的可贵全在他能供给人们以残杀同类的利器。这并不是科学本性是凶恶的、狂暴的或是好杀的，而是因为我们人类的不争气，内心怀了夺取霸占的心理才会发生这类现象。若是人心统是善良，那末科学很可以帮助人类，增进国际间情感，排除列强的困难，建立永久世界的和平。诸位，这并不是一个乌托邦的梦，我可进一步说，若是我们不要人类绝种，地球毁灭于这宇宙之内，我们必得利用科学来造成一个和平的世界。

过去科学上的发明，已经对于建立世界和平有很大的贡献。中国历史上的革命和混乱是有周期性的，而中国历史上的人口增减也有周期性的。这在十七八年以前，中国科学社南京年会演讲里已经由马君武先生指点出了。李仲揆先生在上海苏韦培主编的《科学文艺》月刊上亦曾说明中国历代兴衰存亡的周期性。大抵每朝开始的时候必有一期的初安和小康，继之以较长的承平时期；年久以后，人口增进，一遇到水旱灾荒，就会弄到遍地土匪，不久到处流寇酿成革命，而开创另一朝代。自汉以迄明清，统是如此。明末的徐光启早于英国的马尔萨司(Malthus)一百多年已经指出人口的增进是依几何级数的，他的速度较食物的增进来得快，不加控制必会造成人口过剩的现象，而酿成混乱和革命。中国历史上之多混乱，人口过剩不能不说是一个很大的原因。但在科学昌明的今日，马尔萨司的学说已须加以修正。一方面人口的增加可以人工之方法来限制，而食物的产量可用选种肥料来增加。马氏《人口论》的错误在十九世纪中叶，已由安格平指出了。科学不但可以免除地球有人满之患，而且可以增加财富，使家给人足，这于避免战争是不无小补的。

其次卫生常识的增进，医药知识的进步，如维他命之发现，日光之利用等，对于人生健康大有裨益。精神之健全,必需先有体魄之健全。精神失常如希脱勒者,一旦得志,便可为所欲为而以全体人类生命为孤注。故世界卫生营养知识之增进,亦足以使人民趋向于和平大同之道。

近代科学尚有一大贡献。亦足以拯救人民于水火使登衽席之上。这就是交通与通讯的改进。老死不相往来,闭关自守之民族往往流为夜郎自大。在山岭多的地方,相隔数十里言语即不能相通,易于引起误会。交通方便可以引起言语的统一。通讯方便了可以引起意志的统一。无线电广播是一个统一意志极大工具。言语的统一和意志的统一,均可免除言语上的误会,意见上的纷歧,使人民与人民,国家与国家减少冲突的机会。

所以科学对人生的三大贡献:增加生产、改进健康和改善交通与通讯,照理统能使世界趋向和平。但是近三十年来科学进步最快,而此时期中我们这辈子就眼见了两次世界大战,不久第三次大战也许就要爆发。这是什么缘故呢?有人就怀疑到科学进步太快了,我们人类控制物质的力量远胜于我们控制自己的力量,物质科学该休假一二十年使我们人类有喘息的机会。这种观念是错误的。我们所需要的倒并不是科学的休假,而是发展更多门类的科学,更多的人知道科学,科学家更能本其科学的精神来研究科学。

(1) 什么叫做科学家更能本其科学精神来研究科学呢?第二次世界大战可以说是两种学说所造成的。在东方是日本人的八弦一宇的学说,在西方是纳粹的领袖主义(Führer prinzip)。八弦一宇的学说以天皇相号召,支那人是劣等民族,大和魂是负天的使命来拯救到共荣共存的地位。领袖主义以日耳曼民族相号召,说日耳曼民族是天之骄子,其余的民族统好像我们古代的南蛮北狄,从虫从犬(犹太人的犹亦从犬)只配作奴才。二者可称异曲同工。这种领袖民族的学说赫胥黎(Julian Huxley)、哈同(Hardon)、卡桑德(Carr Sannder)三人合著《欧罗巴人》一本书里早经道破其不合科学原理。但在日本和德国,不但有人类学家和生物学家随声附和,甚之物理学家、数学家也来助纣为虐。日本的生物学家把教科书修改了以符合时行的学说。德国生物学家 Karl Brohmer 著了一本《国家社会主义生物学》说社会组织要以纳粹德意志为榜样。德国的物理学家 Lenard 著了一本《德国物理》(Deutsche Physik)说犹太人绝对不能作科学工作,但事实上德国人得 Nobel 奖金 25%是犹太人。又说爱因斯坦相对论绝对不符事实。德国科学家当中,不乏守正不阿的人如同 Heisenberg、Jordan、Sommerfeld 统被称为白犹太人。但有地位的科学家如 Lenard 亦会埋没良心投机如此,这真可为科学寒心。往者已矣,来者如何呢?在本年二月号 *Discovery* 月刊上英国著名遗传学家 Darrington 做了一篇文章叫《科学的革命》,讲到苏联列宁学院院长 Lysenko 近来的著作把 T. H. Morgan 的遗传学说完全蔑视。科学是研求真理的，歪曲事实以迎合潮流取容于世，这是投机取巧。抗战未结束以前，美国 MIT 数学教授 Norbert Wiener 做了一篇关于飞弹(controlled misseles)的文章。到抗战胜利后，有人向他索看此文，他就拒绝了。他说道："我知道了广岛、长崎两枚原子弹，杀死了数十万无辜生灵以后，才觉得科学家已经把生杀予夺的权操在手上。发表科学上的消息，其责任如何重大，我不能不郑重加以考虑。"(详见本刊第九期 278 页)若使每个科学家能如 Wiener 那么郑重，世界生灵或不致再受涂炭吧？在本年五月九日美国 ABC 广播电台广播说，政府已请到两百多关于火箭有经验的德国人予以自新的机会，并以做美国公民之资格奖励他们，使他们继续研究火箭。国家并预备以二万万五千万美金的巨款来做这工作。你想照 Wiener 的理论，这辈专家不尽是屠杀人民的刽子手吗？

(2) 为什么需要更多人知道科学呢？近世科学的进步如此迅速，已经使门外汉莫测高深，望洋兴叹。但惟其如此，一般人民尤其不能不具有点科学常识，如卫生常识、电气常识等等。而对于宇宙观的常识，也不能不人人具有，尤其是做社会或是国家领袖的人们不能不具有。领导一个多数民众的领袖，而不知天之高地之厚，生物进化之过程，真理之永久不可泯灭，而妄自尊大，为所欲为，以为一手可掩尽天下耳目，如希特勒其人，那就没有不使生灵涂炭天下鼎沸的。据地质学家说，人类在地球上不过五十万年，但自地球生成以迄今日，已达十万万年。地球生命中不过最后 1/2 000 之时间，才有人类。在地球历史上看，人类无非是一个方坠地的婴孩。地球本身是太阳系八大行星中比较小的行星，而在我们的宇宙里，即是银河里，太阳是 1 000 亿颗星当中的一颗，还不能算大的。而全世界有多少像我们的宇宙呢？这天文学家尚不能确定，只知道最近的一个宇宙——螺形星云离开我们八十五万光年。从威尔逊 100″天文镜中估计可以看到二百万这类宇宙。若是用 200″天文镜，估计可以看到八百万个。所以我们在宇宙间的地位是微乎其微。从这眼光来看，历史上的战争，自刘项之争巨鹿之战，以迄两次世界大战，岂非尽变成了蛮触之争？俗话所谓"螺蛳壳里做道场"呢？假使各国政治舞台上的人物，统看透了这点，世界何致再有战争呢？

(3) 什么叫发展更多门类的科学呢？今年年初作者在伦敦的时候，伦敦大学物理学教授 Prof. J. D. Bernal 说本年英国政府补助科学研究的款项，是物理科学四十万镑、生物科学四万镑、社会科学四千镑。他虽是物理学家，可是言下甚为生物科学、社会科学抱不平。英美的科学家往往批评纳粹时期的德国太注意 Wehrwissenschaft(国防科学)，李约瑟在他所著的《历史在我们这边》这部书里说道："德国科学的退步其故安在？一言以蔽之，曰国防科学而已。"英国政府给与科学研究的奖助金，物理科学的十倍于生物科学，百倍于社会科学,虽是物理科学的设备比较昂贵,但是大部分理由还是因为物理科学与国防有密切的关系。美国的情形更为显著。抗战胜利以后,美国军部津贴各大学研究与国防有关的问题,每年自数十万以至数百万美金不等。可知英美科学家之讥笑纳粹德国注重国防科学,亦是五十步笑百步而已。有若干科学与国防无关,如优生学、遗传学、社会学等,相形之下,不免被漠视了。有人说物理科学是基本科学,基本科学解决了,其余的科学可随之以进步。这是不错,但是人生最值得研究的还是人。若人类本身不改进,还是贪得无厌,争权夺利,物质条件无论如何优越,仍然不会有和平。原子核可被击破之理论发明以后,美国 Manhattan 计划集了几千个科学家的尽思竭虑,总算把原子弹造成了。近来遗传学上发现了包含遗传性的 Gene(基因),亦可以用 X 光来击破。若是人类的劣根性如贪污、残忍、凶恶等等的性情,亦是由基因来遗传的话,若是这类基因也可以各个击破,排除去了以后,人类细胞仍能生活,则我们人类就有统变成廉洁、仁爱、和善的民族的可能,那世界上还会有战争吗?基因的分裂是不是比原子核的分裂有一样重要性,而值得人们的注意呢?

总之,科学应该是平均发展的,不能以这门科学与国防有关,才去发展他。假使我们要提倡一个特种目标,亦须选择世界人类全体有益的才去提倡他。因为科学本是世界性的,国际性的。联合国教育科学文化会议去年十一月在法国巴黎开第一次大会,不久在墨西哥又要开第二次大会了。这个组织的约章里开宗明义就说"战争既发动于人心,故和平之壁垒,仍须建筑于人心。……仅以政府间政治经济与协商为基础之和平不能取得全世界人民一致永久而又真诚之拥护,故欲维持世界和平于不坠,必须植基于人类知识上及道德上之团结"云云。若是各国竞来提倡与国防有关之科学,同床异梦,尔诈我虞,我们如何能得到知识上及道德上之团结呢?(完)

[第 29 卷第 10 期(1947)第 289—291 页]

## 25. 原子能与和平：专题讨论一

（八月三十一日下午三至五时，在中国科学社会议室）

主持者：严济慈　记录者：蔡汝廉、周志灏　整理者：张孟闻

**严济慈：** 原子能与和平这个题目很大。为使座谈会进行有规律一些，希望每个人都能发表意见，但不要太长，也不要牵到题外去。凡愿意说话的，请在纸上签名，将依签名先后请起来说话。现在先请一位先生，就本题的大概论说一番。我指的是涂长望先生。

**涂长望：** 兄弟并不研究物理学，而是研究气象学的。因为去年代表中国科学工作者协会与气象学会参加了欧美几处的国际会议。现在将英美科学家对本问题的意见报告一下。去年在巴黎召开的联合国文教科学会议，其主题是“科学与人类福利”（Science and The Welfare of Mankind），会议时有许多重要讨论，其中之一即是原子弹与世界和平，由白拉凯忒教授主持；又一为原子能与和平，正与今日讨论专题相同，由沃立棻教授主持。现在先说沃立棻教授所主持的讨论会情形。沃立棻教授以为原子能出世以后，可以说是科学界的大革命，最近期间，可能是20—50年间，汽船、兵舰、飞机及其他的发动机，一切能量的发动，都可利用原子能。现时大家都知用铀，将来可以利用别的元素；任何元素只要能使之分裂，就都可以拿来利用。世界之所以有战争，大都因为是经济条件的不好，原料缺乏与贫富不均；倘使原子能可以利用，则原料欠缺、发动力不足等等都已解决。人类社会因为人力物资两皆节省，可以过得很富舒泰适的生活，就可以避免了战争。白拉凯忒教授的意见，在开场第一句就说“原子弹带来了世界和平”，但跟着说“也带来了人类的灾害”。现在世界上两个最大的国家——苏联与美国，因为主义不同，颇有冲突。美以为有了原子弹，可以使苏联低头就范。但事实上苏联一些不会软化，相反地，且更而与美国为难。这一来，使联合国间有显明的裂痕。作战时候，彼此间军事情报也互相交换；可是惟此原子弹制造的一点，英美加尚有些彼此交换，而与苏联则紧密得一些也没有交换。所以原子弹为世界和平带来了一重障碍。第二，替科学家本身也带来了灾害。原子弹的研究都在军事管制之下。凡参加研究者，必须宣誓保守秘密。而原子弹研究的关涉方面很多，生物学、化学、生物化学、物理学、数学，乃至天文学、气象学，都或多或少地受到影响而保留了几许秘密，于是原来科学界所本有的基本自由像发表与旅行等，都受了限制。苏联科学院举行240周年纪念时，英美两国的原子能学者都不能出国去参加盛典，甚至于言论也失去了自由。在英国的美籍原子学者，可以对朋友讨论一切杂事，但绝对不许说到原子

能。我在 Princeton 有个朋友，因为那里是原子能的研究中心，随处有警士把守，既不许带着我参观，而彼此间说话也很受拘束。科学家本身也受到了原子弹的灾害。在英国，剑桥大学的 Cavendish Laboratory 招收物理学研究生，英国人的政治水平相当高，又喜爱自由，所以难于招到学生。相反地，美国则投考物理学的人特别众多。这也可见两国国民的个性与看法的不同。总之，就上面所说来看，对于原子能与世界和平有两种不同的看法：一是有助于和平，一是侵害了自由。

**严济慈：**涂先生说得很多，我再来补充或加强几许。原子弹为原子能的一种应用方式，并非原子能的整体。原子弹究竟是帮忙和平还是威胁和平？日本在受原子弹爆炸后即时投降，这好像原子弹有助于战事之结束。然而我前年在 Cambridge 听美国人说，这两颗炸弹是丢给苏联看的。有两位老太太还说炸到日本境内，日本人很是可怜，因为原本是为了德国人制造这原子炸弹的。德国已经投降，用不到再造原子弹，造出来也不必对日本投掷。有一位教授因说，日本几次经过苏联向世界请求和平，几次给苏联隐没下去。然而美国已经秘密知道了这个消息。等到波茨坦会议时苏联还是不肯提出来，所以杜鲁门在回国途中的船上就发出投掷原子弹的命令。是苏联希望美国和日本打下去。美国可是终于丢出炸弹来，可见原子弹虽丢给日本受，原是丢给苏联看的。全世界科学家都说原子弹无秘密，无法防御，应公开，应由国际管理，美国科学家尤大声疾呼，竭力这样主张，这又是为什么呢？趁这个机会，我要说明现代式的焚书坑儒三件事实：(1) 1939 年美国还没有加入欧战，德国科学家发表了铀原子的分裂成功一文，美国实时与英法联合约定，以后关于此项资料，不许科学家随意发表。这是科学界里从所未有的事件。科学研究的成果，向来自由发表，自由流通。所以法国科学家 Joliot 等当日提出异议，反对这种封锁政策。这在 Smyth 的报告里就提到这件事。(2) 前年日本投降后，美国占领军当局，于十一月二十日毁灭了日本的原子轰击机(cyclotron)三架，事先并无通知，纯粹用军事方式强取毁灭投海。这是美国人十四年前发明的一种仪器，并不是一件武器。我并不赞同可以让日本人继续作原子弹之研究。但从科学界立场来说，这种处理方式，不能不说是一件严重的事实。(3) 德国科学家在战后分别被遣送到苏联英美各国，他们的姓名与住处都没有公开。这与日本人征用我国苦工，用后杀灭一样地是被作奴隶使用，不过这批科学家是智识奴隶，不是体力劳动奴隶而已，但其为奴隶则无异。这批智识奴隶不做出什么成绩来还好，至少保证了做到不杀害同胞。——“四海之内，皆兄弟也”，虽只是我国的成语，却是凡属人类的每个人所深切同感到的，科学家也当然一样感到。中外一律，原无分别。而原子能的研究却是一有泄漏，便有生命之危。我们回想起从前亚几米德研究浮力，在浴缸里忽然悟得，跳起来喊“我得之矣”，跑出去告诉别人的那种爽朗胸襟，现在渺不可得了。因为原子物理学家要是照样也明喊出来“我得之矣”而告诉了人，就可以被判死刑。就因为有生命之危，所以美国科学家不能不说原子弹并无秘密，主张国际管理。

就中国人的立场来说，从我们的文化史看来，我们主张和平，主张世界大同。就现状言，也决没有以原子武器与别人比赛的意思，所以在国际间应仗义执言。现在请国防部主管这一方面的专家来说一说他的意见。这位是葛正权先生，是物理学家，前任武汉大学教授，战时在航空委员会服务，现在国防部任职。

**葛正权**：兄弟在国防部第六厅管理国防科学研究之事，只能报告国内科学研究情况。昨天任叔永先生在大会中曾有报告，说到世界各国的国防科学研究费用，英国是占全国预算8%，美国6%，苏联不晓得占几多百分数，但知是三千四百万镑的约数。今年中国所花费在这上面的数目是四百亿，占国防部总预算1%，这是向来所没有的大数目。但是这四百亿要划分两部份：一是归部内的研究机构使用的，这包括了海陆空军总部、兵工署，以及通讯、军医及其他制造机构等等，总数是280亿；另外的120亿归国防科学委员会支配，在部长领导之下，专以联络文教机构各大学各研究院以辅助研究费用。但以事属新创，与各方面还没有取得很好联系，题目也没有指定，所以款额也没有很好分配。至于部内的研究，已经有86个题目，明年的研究专题有280个以上。也因为是新办的事业，前无经验，时时感到困难。譬如，第一项，题目就是难题，什么是切需的？什么是切于实用的？部内研究的题目是由部队与执行机构感到需要而提出来的，送到第六厅；再由第六厅分派到那一个机构去处理研究。规定每两个月要报告一次研究的进程，邀请审查，等到全部研究完成，再来一个总报告。这是国防科学在国内进行的情形。前无成规可以准绳，甚望各方与以协助。

至于原子能与人类福利、原子弹与和平这两个问题，个人所知中国在这方面的政治立场，连顾大使都在打电报请问。在联合国开会期间，因苏联与美国在这问题上冲突顶厉害。美国主张管制必需的材料，像铀矿之类，集中在联合国总机构手里，让各国调查视察，苏联则坚决反对这个主张。美国曾经再三地修改他的主张，而且听说愿意宣布原子弹制造的秘密，并且将可用器材分配给各国，只要大家公开。但是苏联不同意，他主张先公开了秘密再说。就中国立场来说，原子能应努力研究，否则即无进步。要人类福利大家有份，必须原子能尽量利用，美国现在的发动机已可利用原子能了，约合八万美金一吨，以与煤价八元一吨相比，当然此时还谈不到工业上来利用，但已可以竞争了。现在中兴煤每吨卖到一百多万，我国的电费很贵，这一方面的开展可比美国有希望。中国原子能方面的矿源，调查所得不多。外国则连国内矿藏的成分都已调查清楚了。英国对于我国西藏境内，调查得很多很详细。据所知，东北、内蒙与华南所藏铀矿不多，最有希望的是在西康一带。将来抢夺铀矿将与抢油田一般的激烈。政府于此，不能不多多留意。今天未曾准备说话，不周之处，希望原谅。

**李振翩：**本人于原子的物理为外行人，但有感想而已。一般人于原子能方面很少留意，但以原子弹为代表，以为原子弹就是原子能的一切，因而包有许多秘密的感觉。譬如广岛在受炸以后24天还有影响，可以使植物不生长。世界上战争多由秘密猜忌而来，同时又错估了敌人的力量。在这次战事里，德国估计苏联战斗力太低，日本也估计美国的战斗力太低，所以都失败了。中国在这次借别人武器打败了日本，以为将来也可以打得过别个国家。我以为科学家应随时警告人民，别国的武器已经革新到如何地步，我们应该怎样设法才能自救。一方面当然尤需要于研究。说到研究，政府给大学教授及研究人员的研究费用，最高额是每月25万，这真低得使人笑话。政府优给补助费，就说是补助费好了，何必美其名曰研究费呢？我们当然缺少资力来从事大规模的原子能研究；但此时不妨先尽量从情报方面下手；有了正确而迅速的情报，使人民大家感到国防之重要，科学研究之不容长此落后，时时有所警惕，当然比较现在要好得多了；至于研究，恐怕一时还谈不到。

**黄均庆：**本人在科学界为后辈，也无所建树，离校后在工商界任职。但平素对此问题留心，所以有心说来请教。原子能对人类福利有很大贡献，可以使生产大量增加。若说于世界和平有危害，这不能怪原子能，而应该归罪于用之不得其法。微生物的战争，一样可以产生人类绝灭的危机，不必是原子能的战争。实际上的危险却是在心理上，苏联恐惧孤立，因为世界上以共产主义立国的只此一个，所以不能放心于敌害。这须要于解除心理上的恐惧。美国的恐惧苏联，也是心理上敏感的缘故。在商业上与苏联商人来往，觉得其惰性甚大，往往一个普通契约，三五个月还不能签订，不如英美两国商人的爽快。可见苏联与美国的人民，各有短处。个人以为免除战争，应从心理着手。以联合国为基础，以人民为单位，组织全世界成一个国家，或是一个世界国会，以人数为单位，各地组织分会，要有新的政治哲学，将政治组织崭新重来过，使“贤者在位，能者在职”，仿佛柏拉图的理想国。政策之决定操在贤者，则世界上只有和平而无战争；而政策之执行则在能者，因为能者未必是好政治家，但司执行，而不能决定政策；必要贤者才能看得远大，而有好的决策。这样的联合起来，以经济合作方式来治理整个世界，有无相通；军队也只有一个属于联合国的，文教方面不鼓吹国家主义，而宣扬世界大同主义，人类社会就改良了。

**庄长恭：**本人刚于两周内从美国回来，于原子能方面是个外行。在美国时常与 Urey

教授相见，晓得在原子工厂内工作的人都非凡苦闷，因为不能自由。所以原子学家在美国就联合起来有个联盟运动，要求秘密公开，原子能国际管制，越少与政府发生关系越好，就因为要有更多的自由之故。

**卢于道：**原子能发明者是人，原子弹制造者也是人，而人类还是对它们怀着恐惧，可见还是人类本身太笨。科学家也一样地笨拙。科学家发明了原子能，制造了原子弹，应先想到自己是人，怎样才走着正路，不会错用了。可知科学家的工作尚偏于自然界。应该打从现在起，多多从人类本身着想。

**丁绪宝：**为和平，应该有原子能。就美国人说，为打仗，应该研究原子物理。但最要紧的还是平常物理基本科学。基本科学好，才可以临时动员人才，研究紧切需要的事物。中国国防科学，倘不从基本科学发动，这就是脱节了的科学智识。人生日用工业品之制造，固应努力于基本科学；打起仗来，也还是仰仗于基本科学，不能只要原子能物理。要基本科学普遍地好，才能提高；提高必须先有大量人才，才有特殊好的杰出人才。这就算是我对昨天沈克非先生演讲的补充。就原子能的发展看来，有许多年青的科学家造成功了不得的发明。爱因斯坦、费尔米、希波格，都是二十几岁时发明了惊人的成就。这些人就都是基本科学打得了好基础，所以有这等造就。所以基本科学一定要以顶好的教授来教。如果国家出钱办科学，也应为基本科学拿出大量的钱来，不能专为原子能的研究而忽略了基本科学。

**沈彤笙：**本人研究原子物理。刚才卢于道先生说人很重要。科学研究需要于天才与教育，而要许多钱，又是很苦。现在样样都贵，政府出钱兴办科学事业，应该请科学的人来办。因为不懂科学的人，尽管机关外样子摆得很好，而内容空虚，实际上办不成。刚才又有人说要注重基本科学，不要偏重于原子物理，但是离开了原子物理就没有基本科学，因为有许多问题非从原子解决不可。譬如橡皮的弹性，油之不溶于水性，此外若糖、酒、牛奶等……一般人以为原子能只是炸弹，实是错误。原子能在一般原子……

**陆禹言：**我以科学工作者立场来说话。科学家苦心孤诣的研究结果却为现代式的焚书坑儒之武人所专断统制，而且为残杀人类的帮凶同谋；原来为求真理，为建设社会福利；而反转来科学家却自食其果，在军阀下为共同杀人犯，而且照样失去了自由。所以，我以为，科学家对于这种情况，应决心不做帮凶。如果有生命危险，那就牺牲了也理所应然。因为枪毙了你，也只是一个人的生命，而原子弹的杀害却是二十万人为起数。以一个人抵上二十万人，科学家应该有这个觉悟，知所选择的。（听众大鼓掌）

**任鸿隽：**今天的题目是否太大了。每一个有关于原子能与和平的问题都可以谈得很多。今天所以有这个专题讨论，是希望有一个结论，预备对内对外都有所主张的。爱因斯坦在原子分裂理论上创了先，在制造原子炸弹时又有了份，感觉到自己闯了大祸，所以联合起原子学家成立了一个委员会对内对外天天作宣传，要大家明了原子能对世界人类之重要，可能是“祸至之无日”，也可能造大福于人群。在我们开年会前，还有说帖寄来，中国科学家在此聚会，应有一答复爱因斯坦的号召。所以讨论至此，应有结论。个人姑且就两个问题来说：

(一) 国内科学的倡导，应重视基本科学呢，还是应用科学？先注重于国防科学的研究，能否收效？这问题应有答案以告国人。

(二) 原子能的利用应在建设方面，而研究却应从根本着手，即从基本科学打定基础起。

**曹梁厦：**现在应该从第一个专题，讨论到第二个专题了，而且已经牵涉到第二个专题了。现在应当先下结论，就科学家的见地说来，原子能的研究不应该有秘密，科学家应该有其基本的自由权，言论、发表、旅行……等等的自由权。美国既有爱因斯坦等出来提倡这个解放运动，我们自应赞同，因为这是救人类，救自己本身的运动。中国自己应该注重原子能研究，从基本科学做起。

**严济慈：**曹先生的结论，我站在科学工作者立场，要加以补充。一、世界的科学界，特别是美国的，既已造成了一种运动，要使原子弹秘密公开，原料归联合国控制，我们一致拥护。这是救全人类的运动，不是少数几许人所能办到，所以应该各方尽力宣传，使人人都能了解。二、至于我们应该先从基本科学努力，但也应加倍努力于原子物理的研究，使我们能与世界科学界达到同一水平而不致遥远地落后。这里还有人继续发言研论下去的么？

**吴乾章：**涂长望先生说沃立菜教授以为原子能有助于人类生活的福利。人类生活的福利，扼要说来是衣、食、住、行、娱乐。这里面就是食最难解决，因为是生物生理学的事情，不像物理学那么简单。个人有个痴想：蓄电池通常有两种，一种是 Primary cell，一次用完了就废了，又一种是 Secondary cell，用完了再灌电，又可以用，可以如此永远用过去。不晓得能否设法将原子能转变为生理能，姑且叫做 Physioenergy，比如从物理能(physicoenergy)转变为生物能(bioenergy)，再转为生理能而让生物应用？如果可能，食物问题就解决了，天下的战争原因，就去了一大部分了。

**严济慈：**发明了而不能用，等于不发明。所以先得解决了这个统制秘密与自由问题。

**涂长望：**我以为在这次七团体年会里，我们可以发表宣言，主张(1) 反对原子能作战争武器应用;(2) 科学工作者全体表示决不参加杀人武器之研究。

**潘毅**：我们虽不参加研究杀人武器,但别人要用来杀害我们,我们应知所以解救之道。所以我主张我们也应知道此中秘密,也应研究原子武器。

**葛正权**：政府倘有意于提倡科学,应即时成立原子能研究所,将原子能整个地来作集体研究的总题目。

**张孟闻**：此时既无人发言,且将今日众人所论,试作结论于后,倘有异见,便请提出：(1) 原子能应利用到和平建设方面;(2) 加强我国原子能研究,并应从根本着手,即注意于基本科学之普遍进展;(3) 国家应着重于基本科学,另拨专款作原子能研究之用;(4) 科学家应有自身的责任感,对社会国家乃至人类有其正义感及道德责任的社会意识。

**刘咸**：原子能在中国尚无专家研究,对外宣言应予保留,所以结论所说,本人不赞成就此发表。但对内部不妨促请政府注意切实提倡科学,注重原子能的研究。等到我们自己有成绩出来时再对外发言不迟。向来也不会晓得国内科学团体对外发宣言的,此事应从长计虑。

**沈彤笙**：本人极端赞同刘同志的提议,大家起来举手,赞成,通过,好算作议案。

**张孟闻**：请注意,这是座谈会,是讨论,无须举手表决的。刘先生不晓得我们在抗战期间后方学术团体已经好几次打电报到国外去发表我们的主张了。如果刘先生手边有《科学》第二十九卷第一期,那里面的《文献集萃》,就收有好几篇国内科学团体对于原子能问题的意见书,而且早已电函国外了。至于你们两位的不赞同意见,今天照样记录下来,不会遗漏的。

**丁永乐**：原子能与和平,一般人皆可发表意见,爱因斯坦等要美国人人都明白,才天天要宣传。我们不能因为自己没有专门研究就连发言权也放弃了。我主张对世界发表我们的意见。

**严济慈**：今天讨论会就此结束,我们并无议决案,但将我们的结论交给明天七团体联合会议中提付讨论,算作我们这个讨论会的提议。

[第 29 卷第 10 期第 295—299 页]

## 26. 改进我国科学教育之途径：专题讨论二

（八月卅一日下午五至六时在中国科学社会议室）

主持者：曹梁厦　记录者：周志灏、蔡汝廉

**曹梁厦：** 今天的科学教育，不但要从大学教育上去改进，并且要在小学教育上就着手改进。现在请各位依次发言，不过为了时间限制，每人最好只讲十分钟。

**吴藻溪：** 本人以为在今天的情形下，谈不到改进，只有求生存。无论如何，现在的情况必须维持。沈克非医师的演讲中说起各方面的障碍太多，个人以为科学教育上也是如此，科学教育应该放松，不要加以控制，要任其自由发展。

**曹梁厦：** 社会环境和科学相矛盾的确实很多，所以社会上的科学教育更为重要。中国科学社已经联合物理学会举行过几次公开演讲，仿照英美的方式，以浅近的讲演，启发青年学生。这在开始时候是很困难的。这种公开演讲应该从大都市中着手，再推行到小城市去，同时可以利用视觉辅助（visual aid）用科学电影来推进科学教育。美国还有一种科学服务社（Science Service of America）用各种科学活动，印送小册子来推广科学教育。我们可以参考各国成法，拣好的来仿效，一定可以有成绩表现。今日中学毕业生甚至有连一次方程式都解不来的，大学化学系毕业生有连天平都不会用的。这一方面，实验也很重要。

**何尚平：** 方才曹先生讲的情形，说来的确伤心。今天各学校都是设备缺乏，所以不但是不会用天平，而且还没有见过天平。这不能单怪学生念死书，实在是实验太少，甚至没有实验。不过中小学的先生应该尽量想办法使学生明了，一把秤，一盆水，也可以使学生明了亚基米德原理的。我提议在这次联合年会发表宣言中，建议国家如何救科学教育，帮助科学教育。同时要求做教员的，不把个人的利益放在前面，应该先争取设备。

**薛鸿逵：** 我听了各位前辈的话，有几点感想：（一）很多受教育的人太不注重常识。有一本出名的儿童刊物上面，说起在美国摩天楼里的电梯，从底层到顶层，只要一秒钟，我替他算算，电梯的速度竟超过声速的三倍。（二）教育是填鸭式，不注重演绎推论，不注重启发性。曹梁厦先生最近在某学校入学考试物理试题中，出了一个要应用解析几何去解答的，有很多人交白卷。这证明学生不能消化所受的教育，不能够把各科门学识化通。（三）科学教育不发达，因为重视通俗科学的人太少。专家们都不屑以深入浅出的方法把学识介绍给大众。（四）单靠讲没有用，还需有设备。有说是百读不如一图，我以为百图不如一做。要自己动手，才有印象。（五）科学教育上缺少评论这一面，同时缺少供给新颖的科学教材的杂志，还有缺少适当的机关来解答各方面的疑问。

**项隆周：** 中国科学教育的水平太低，美国一个小学毕业生所得到科学常识，就可以敌得过中国的大学毕业生。科学教育要从基础着手，例如多设立标本。学校方面，董任坚先生愿意担任小学教育科学化的工作，希望专家们给予帮助。民众教育方面，民众教育馆除了几张报纸之外，没有其他东西，完全等于虚设，应该在经济情形许可时，多做些科学标本。

**徐学卓（?）：** 我主张建议政府当局，请将教育部全部学校教育经费，集中理工农医诸科，文法商由人民私人筹办。

**杨孝述：** 我有两点意思：第一，改进科学教育，要养成科学精神；第二，改进科学教育，要中学、小学、民众教育同时并重，不能偏废。原则上第一要养成科学思想，第二要养成科学习惯。学校教育方面，中国的学生都缺乏用手的机会，这是和外国学生最不同的地方。所以要改进，首先要在实验室作中心。小学生尚且可以作实物研习（Nature Study），中学生的仪器最好能在中国自作自给，大量生产。这样，学生能动手，才能够用手。实物研习也极重要，这是教员应该负的责任。日常生活方面，也应该注重科学，好像叮嘱儿童注意卫生，养成习惯。社会教育方面，最好莫如教育电影，我曾经托赵元任先生在美国调查教育电影的情形，他已经寄来目录多份。美国各州图书馆都有这种软片，和书本一样可以借出。所以社会教育第一是要多买多摄科学教育电影，拿来放映；第二常作循环演讲，到各地去传布知识；第三要设法使科学性杂志销路扩大。

**潘　毅：** 社会教育比学校教育来得重要。社会教育的推进，第一要深入浅出，第二要普遍。个人的主张，（1）向社会发动办一个科学博物馆，启发儿童的智力。（2）无线电是推进社会教育最有利的工具，因为无线电包罗万象，由此着手，可以得到多方面的知识。（3）无线电是最有趣的东西，而且可以立见功效。利用无线电工具可以推进社会科学教育。这一方面，朱其清先生已经联合无线电界同志组织业余无线电学会，对于科学教育很重要。

**王　琎：** 科学教育应该配合儿童的发展去做，要很早就培植起儿童对科学的兴趣，不使他间断，才有用处。生理、卫生、物理、化学都是教育的对象，但是不能灌输得太多，因为儿童的能力有限。所以要按照流程来教导，不要有应接不暇的情形。下一代的儿童应该养成一种趣味化，使科学成为他们本身的一部分。教员同时应该注重室外教育，要注重课外的协调，要养成儿童的观察力。有了观察，才有试验，才有结论。此外在学校里提倡科学俱乐部(Science Club),也是必要。科学不要变成公式化,不要破坏兴味。

**某　君:** 科学教育方面,中国的书本大部抄袭外国版本,而实验器材又少。我们现在着手在编四本书:即初中学生实验丛书,高中学生实验丛书,初中先生实验丛书,高中先生实验丛书。其中内容尽量使药品配合经济,器材简单或可以用他物代替,同时将用药量减低。一切都已配合成功,还要把可能失败的情形说明,使成功的多表现。

**曹梁厦:** 各位既然没有再发表意见的,现在时间也不早,个人就作一个结论。我们暂且不谈大学教育,因为这不在通俗教育范围之内。初步试验,可以参照青岛的情形:青岛过去在日本人的教育制度下,科学发展情形很好,值得参考的。科学教育我们不能忘记师资问题,有许多小学生发问,教员未必完全能回答。师资胜任的问题也很重要。初步的教育,应当注重其准确性。在训练手之外,还要求真理、求事实,真假应该辨别明白,这完全在乎师资上面。科学影片的放映,各机关订购的已经很多,我们可以去借用。总之只要我们干,自然可以前进。

[第 29 卷第 10 期第 299—300 页]

# 27. 七科学团体联合年会宣言

此次中国科学社、中华自然科学社、中国天文学会、中国气象学会、中国地理学会、中国动物学会及中国解剖学会等七科学团体，在上海举行联合年会，全体到会会员，对于国际间原子能研究问题及国内科学教育问题，愿提供下列之意见。

**（一）原子能问题**　吾人以为科学研究，应以增进人类福利为目的，原子能之研究亦非例外。原子核可以分裂之发现，适值民主与独裁国家进行生死奋斗之时，科学家乃将原子能用之于战争武器，原子能之不幸，亦科学研究之不幸也。今大战既已告终，民主国家正在努力合作，吾人主张此种研究，应为公开的、自由的，向世界和平及人类福利之前途迈进；不愿见此可为人类造幸福之发明作成残酷之武器，更不愿见因原子能武器竞赛，或保守原子弹制造秘密之故，破坏民主国之团结或危及科学研究之自由。为此，吾人对于爱因斯坦教授所倡导的原子能教育委员会，及美国原子科学家所组织的同盟，愿予以支持。

**（二）国内科学研究问题**　我国人民在原子能时代，仍在饥饿线上挣扎，其原因之一，乃由于科学的落后。盖科学发达之意义，原为提高人民之生活水准，其提高之程度应与科学发展的程度为正比例。吾人对于基本科学向来既不重视，一旦进入原子能时代，乃皇皇然欲输入一二原子能制造仪器，与当世科学先进国家并驾齐驱，是乃不可能之事。吾人以为欲谋我国科学之发展，宜先从根本上着手，如科学教育之图书仪器应尽量予以充实，实行研究及教育人才之科学家，其生活宜有保障。尤要者乃科学事业宜有确定之经费与长久之计划，不可如三峡水利工程之旋办旋止，庶几提倡科学不至如前日之船炮政策，徒供世界人士之讪笑，而科学乃可成为我建国利民之重要因素。

以上为此次七科学团体之共同意见，特宣言如上，祈社会人士垂察焉。

［第 29 卷第 10 期第 291 页］

# 28. 建国与科学

李晓舫

小小两枚原子弹，征服了顽强的敌寇，结束了空前的大战，使敌军五百万之众无用武之地。可见现代战争不决胜于疆场上，而决胜于实验室之中。

且慢谈这种具有宇宙间基本力量的新武器，我们军队的一切装配，自飞机大炮以至衣着，均仰给他人。政府诸公与有志青年筹划建国之时，究应如何觉悟国防与科学之关系，拼力以赴，以求第三次大战来到时得操胜算，而免于灭亡。

再就科学的生产而言，比较欧美先进国家，我们落后何只百年。一般人的生活尚沉滞在中世纪的情况之下，推原其故是愚与贫。贫穷是社会建设的一大障碍，牠使我们最大多数的人不能生活在水准线之上，一切精力与时间都用来与匮乏和饥寒相搏斗。救贫终是当前的急务。为着避免我们长为贫穷所困窘，受自然支配，靠天吃饭的可怜民族，不能不接受科学，从事经济建设，以谋工艺与农事的机器工业化。

再说到愚，我们有三万万以上的文盲，在推行民治与社会建设上终是一个极大的障碍。我国人民在知识方面的落后，仍是一个很严重的问题。存留在一般人脑筋里的保守、愚昧、盲从、顽固、迷信的风俗和污秽的习惯，与乎士大夫尚情而不尚理，畏力而不畏法的见解，都是科学的仇敌。新中国的健全公民要有民治思想与科学头脑。人民意识的改革是改变整个社会组织的必需条件。这一切都须待我们一切受过教育的人，全体动员，使科学教育深入民间，然后真正的社会建设才能建树起来。

最后，还有一点须特别说明的，即由科学而来的各种公共事业，是近代“社会化的道德”的产品。我们谈振兴实业几十年而无结果，其原因便是我们缺乏经营与使用公共事业的精神。得着友邦的助力，也许数年之间，我国不难走上工业化的道途。但是我们一般人若仍保持农村经济自足自给的传统，与乎极端的个人主义，视公物如私产，而不能拔除贪污之恶习，所谓工业化终是一场话说，不能见诸实际，我们终久在贫穷、愚昧、受人侵略之中，过着可怜的奴隶生活。

旧邦新造，机会难得，千载一时，稍纵即逝。我们若果想永久把握着胜利，需要于科学者至深且巨。事理需要科学研究，公务需要科学管理，工业需要改造，生活需要科学调整……固无论已，即国家教育尤须本科学精神，使广大的民众在知识水准上，普遍接受科学的领导，然后所谓工业化与民治化始克成功，而新中国方能屹然立于世界之上，不复为人所敢欺侮。有志之士曷兴乎来！建国大业非异人任也。

［第 29 卷第 12 期(1947)第 353—354 页］

# 29. 科学工作者在中国

张季言

自从原子时代开始以来，科学对于物质的控制，空间的征服，以及生命的探究，宇宙秘密的揭发，已显示了更大的威力，科学万能的口号，又增加了更多的保证。同时，中国科学在世界上比较落后的事实，更无法掩蔽了。

有人说，中国不是没有科学家，中国科学家发明的天才，何尝有逊于人？但有所发明而为世界科学史上公认有价值的，在国外成功的多，在国内成就的少。中国科学家在国外，过去曾有很多的重要发明，已不胜列举，即言最近，如钱三强夫妇在法国发现铀核分裂为四部分，李昌甫在英国发明细胞核结晶，便是实例，其他也不胜列举。而科学工作者在本国的国内却不能有重大的发明，为了国内既没有科学的设备，一切环境不允许，使在国内的科学家，感到无法工作，还要虑衣谋食，更不能安心工作。在国外的唯恐回国无所希望，也多不愿回国。笔者以为这情形，如果一往不返，则中国科学的前途，自然难以乐观的。

怎样使在中国的科学工作者，能安心工作，能有所发明，能将落后的中国科学拉起来？固然有赖于政府的整个计划来奖植扶掖，和社会群众力量来协助。但科学工作者本身，也需要有牺牲的精神和工作的勇气。

张昌绍在国内研究常山治疟，蓝天鹤在国内研究鸦胆子治痢，陈德良发明电子控制万钟齐时，这些事实，证明了科学工作者在中国，并不一定无法工作，也非不能发明；相反的，中国原有的地物蕴藏，自然生植，可供科学研究发明者，还不知有多少；有待于科学改进整理者，也不知有多少。扬子江水的利用，农业生产用科学方法去改进，不但是迫切需要，也便是科学在应用方面的表演，可与中国社会群众以有力的保证。这些都是科学工作者在中国应尽的努力，应负的使命，应取的出路，须以牺牲一切的精神，不畏艰难险阻而赴的。

所以，笔者以为在中国的科学工作者，不要灰心，不要自馁，一方面要凭自己冷静的理智头脑，埋头研究，为学术的光大而牺牲、努力；一方面要大声疾呼引起政府社会的注意，创造新工作环境。

［第 29 卷第 12 期第 354 页］

# 30. 科学社团的效能

张孟闻

第一次欧战德国的前期战争胜利，显著地表现了计划科学的功效。所以不等待战事完了，英国在 1916 年设立科学与实业研究部(Department of Scientific & Industrial Research)，美国在同年也设立了国家研究会议(National Research Council)。这趋势，在这次大战里尤其表现得彻底。苏联因为有国家建设的整套计划，依赖了原来准备好了的物资人力，才能在列宁格勒挡住了所向无敌的纳粹兵锋，而且打败了敌人，直追到敌人的巢窟——柏林。美国动员了上万的国内国外科学家，然后造成了原子弹，才为世界赢得了胜利和平。当紧急号召科学家共同为国家服务时候，科学社团的功能就显明地突出来了，——因为只有通过科学社团才能邀致到真正科学工作人物。罗斯福总统扩大了原来机构而成立科学研究发展局(Office of Scientific Research & Development)，特别任命蒲胥博士(Dr. Vannevar Bush)为局长是深切了解其意义的。英国与加拿大都有相当于这个机构的会议(Council)。就靠赖了这三国的科学家们的集团，又加上了外籍权威专家像爱因斯坦、费尔米……这些人，才能赢得了这次战争。原子弹之造成，正是科学家集团工作的功绩。同时，因为是毁灭城市杀伤人命的武器，也就是科学家集团工作的罪孽。正因为这后一个原因，美国的原子物理学家团结起来成立同盟，对原子能的武器运用，大声疾呼要求禁止。科学社团在这次战后，为了人类正义的感召、自身社会责任的重荷，而负担起政治意义的任务来，为人类的福利而奋斗而团结起来。原子科学家同盟而外，还有科学工作者协会的组织——这后者的中坚活跃分子，今天正主持着联合国教育科学文化会的会务，尤其是英美法三国的科学家们。

我们逆溯历史，顶早的科学社团是忠信兄弟会(Brethren of Sincerity)，是阿拉伯学人们在接受了希腊科学知识以后要想符合于可兰经训的一种商讨学会，成立在西历 983 年左右，离今日已有一千年光景了。那学会所留下来的 52 篇论文其中 17 篇关及自然科学，14 篇则为数学与论理的论文，讨论到潮汐之成因，日蚀月蚀地震等，乃至于声浪之发生。以后是 1560 年在意大利拿波里市所成立的天秘学会(Academia Secretorum Naturae)，包泰(Giambattista della Porta)是主要人物，他观察了许多物理现象，发见了光线的热力，也是第一个用玻片装到摄影机上去的人物。跟着是 1603 年的林萨学会(Academia dei Lincei)，加里利奥就是早期的会员之一。这以后是联谊学会(Accademia del

Cimen to)，成立于 1657 年的佛罗稜萨。这些学会都存在于意大利，可见文艺复兴的影响不小。英国的学会最早是 1662 年成立的皇家学会，起初叫做无是学院(Invisible College)，成立于 1645 年，会员有波以耳(R. Boyle)等，而且还有达文西等画家在内，原意是个交换意见知识的集会，有如我国成语所说“切磋琢磨”的性质，正和意大利的各个学会一样，等到查理二世捐款认可，才改称皇家学会。正式专门的学会像地质学会、天文学会等，迟到 1807、1820 年才分别成立起来。去年举行百年大会的化学会是 1841 年宣告成立的。至于德国的普鲁士皇家学会则成立于 1700 年，俄京之帝国研究院(即今之科学院)在 1735 年，法国的法兰西学院在 1795 年。虽然都由国家政府主持其事，但会社本身的性质终究是商讨学问聚会的场所。这功能一直传递下来，到中国组织起科学团体时候，还是一个交换智识、增进友谊的机构。民国三年成立的中国科学社，其宗旨是联络同志、研究学术，共图中国科学之发达。即使是这样的学会，事实上也跟着社会的变迁而移动。初期发展的科学社团包括了文哲与社会科学一起在内，其次才是单独自然科学的性质，后来又进展到各门科学独立起来，再后却又联合起来而有联合会议。不但显示了科学本身发展的历程，也明指出科学研究所受社会干涉的影响。因为每个学会，当其活动开展的时候，会员间所交换得益的不仅限于本门学科的知识，而且也必然地牵涉到各人的思想。当专家们向着专深而仄狭的途径前进时，必然地对本行以外的一切冷淡隔膜，然而多数不同行的专家聚集在一起时，更广阔的视野就在各个专家眼前展布开来，从而用同样科学研究的精神与思想方法去进求联系，追求解答，于是科学的社会意义就被提出来，而科学团体的社会功能，在这里就向前又迈进了一步。等到科学本身的问题直接牵涉到人类社会的祸福，有如结束这次战争的原子炸弹那样重要时候，对人类社会的道德正义之责任感，科学家们就格外迫切地实感到。

即使不从这等直接的影响来说，科学对人类社会所起的间接影响也巨大得“匪夷所思”了。如果我们没有加里利奥、牛顿、瓦特、法勒第、赖以尔、达尔文、巴斯德、波以耳、卢德福、爱因斯坦、爱迪生、马柯尼……今天的世界将是怎样一个世界？我们对文化的估价，以及思想的变迁，曾经理会到科学所施予的影响？当我们明白了这些之不可避免于受到科学发展的干涉时，那末为科学家所交换思想与情感场所的科学社团，对于人类社会化发展所尽的功能，不难想见。而这项功能的发动作用，尽还是潜移默化，不曾自觉地在推移着过来的，即是在交换智识感情之需要下发展过来的。

现在可是主观地在试着自己作把握了。首先即是第一次欧战的计划科学。以政府的力量，集合了许多科学家，来解决紧切急要的难题；接着，更大规模地在这次战争里，这些科学设计局(或类是这个组织)发挥了更壮实的功能,收获更辉煌的成效。然而就整个人类社会来看,其为祸为福却很有辩论。以原子炸弹来说,是祸多于福,而放射性同位素与其他原子能的福利效用,则造福于人群。问题是究竟谁来掌握这个机能。如果一直掌握在国家政府的权要手里,很可能落到跋扈好武的军人与自私自利豪富者的私人集团而为害于人类。这就为人类前途打起了丧钟,注定了噩运。魏纳教授的抗议与爱因斯坦所领导的美国原子科学家同盟不正是为这个向世界呼吁吗?最近,英国科学工作者协会在顿地举行年会,对国家科学事业预算,建议以民生福利为首,培植科学人才为次,国防军事为末。可是政府的决策却正巧颠倒过来,而且国防经费占 70%,遥远地领导在前,民生与培植人才的费用瞠乎其后。可见政要人员的见解与实际的科学工作者之间有很大的距离。我们并不说国防军事科学无关重要,但就整个人类福利与科学前途来说,其重点无宁是放置在民生与培植人才上面,即是与英国科学工作者协会具有同感。我们而且相信全世界的科学工作者也必具同感,而将来的世界,也必定往这一个方向开展。

从这一件事例来看,我们就希望科学家们自己来执掌决策,不要尽跟着政治军事乃至资本家们的后面作附和追随的角色。这一个转变地位的机捩,我们就系希望于科学社团上面。这些科学家们所聚集会商的机构,现在应随着时势的需要,从仅是商讨学问增进友谊的集团,而扩大到科学实施的政策,——不仅是有关国防的计划科学,而是为造福人类社会的科学政策。联合国教育科学文化委员会的英美法三国代表们与英美加三国的科学工作者协会的任务,正在这方面努力进展。我们祈望国内的科学社团,也负起这个大时代的新使命来。

[第 30 卷第 1 期(1948)第 1—2 页]

# 31. 今日自由之危机

陈立译

本文原著者阿笃士·赫胥黎(Aldous Huxley)为天演论作者多马士·赫胥黎之孙,即现任联合国教科文组织理事长裘理安·赫胥黎之兄弟。阿笃士为今日英国文坛上有名作家,论著亦多,实亦大思想家。联合国教科文组织拟草一全人类之人权宣言,以供联合国人权委员会之用,故曾向世界有名思想家征集意见,现已有六十名之答案,正待编辑发表中。本文亦即此类征稿之一,全文甚长,此其大意。——译者谨弁

今日的地球上约有22万万人口,其中3/4是食不得饱。假若我们能避免大屠杀的灾祸,则本世纪末年人口可增加到33万万。同时,又因土壤的侵蚀,今日地面上40万万英亩可耕之地又日渐失却其生产力量。再者,在高度工业化的国度中,矿产消耗所剩无多,或者几近完全消竭——可是人口日繁,消费日增,而且工业技术日益发达,亦可能供给较多的消耗,只是原料成问题。

人口过多的重大压力可以在多方面威胁自由。一则个人要工作得久些费力些,但所得还是少些。再则整个社会的经济情形如此危险,偶尔有些小小意外,例如潦旱,社会便会完全崩溃。在社会混乱中,没有个人自由,即有亦受限制。社会混乱如借中央有力机构恢复秩序,则独裁的危机又来了。在十九世纪,新大陆尚有便宜的食物来供给旧大陆的孳生大众,也有剩余土地供给被压迫的灾黎。可是今日新大陆的人口也大增加,剩余的无主土地没有了,而有些广大区域因土地使用的不得法,本来肥沃的也变瘠壤了。再过五十年,新大陆是否尚有余粮来供给住在旧大陆的30万万人口是大成问题的。

在这里,我们尚得加提一点,就是虽然全球的人口是在剧增,而在有些人口繁密地区,例如西欧(中国有些地区可能亦如此)人口已经停止繁殖,不久就会减少了。在西欧,人口数量的减少可能带着人口质地的退步(因为社会中特出的人才生殖率比较低的关系)。人口质地变低,则个人自由、团体合作、地方与职团的自治——这三个因素为真民主的精髓——是否仍可能,便有些成问题了。

全体战争毁灭了过去积储的财富与将来生产的资源,所以过剩的人口就越发不易维持,因而不但剥削了战败国多数男女的自由,也同样剥消了战胜国人民的自由。现在又因为恐惧而开始准备下一次战争,世界各处又都在集中政治与经济的权力了。征兵——军

事的奴役——又普遍地压上大众人民头上。这就是说，一个人可以随便在什么时候被剥夺去其宪法的自由，而被军法所限制。显然，在眼前，没有一个政府想发动战争，但同时又显然没有一个政府肯放弃战争的准备。这种准备就使他们对于征兵有所借口而实际得到更大的控制与统治。

宪法的人权条例自然可以保护大多数无权的平民被那些有钱有地位的人所欺侮，因此可以减少一点现在的灾害。但要个人自由得着完全的保障，便要完全革除目下的祸根。

联合国教科文组织现在是想减轻灾祸，但是它实在是可以进行那更有益更重要预防灾祸的工作——即根本撤消现在对于自由的阻碍。减少人口对于富源的压力本是纯粹科学与应用科学的问题，而废止战争则是科学工作者之为公民、为职团之一员而负着的伦理责任。

要使现在全球 22 万万人口都有充分的营养食物，现在的食物生产应该增加一倍。

每一个工业国家都在花费大宗款项在研究团体灭亡的工具上面。假若我们用相等的钱与科学头脑于食物的人工增产上面，似乎不难找到方法使欧亚两洲饥饿线上的人民很快得到足够的食物营养。

科学工作者有能力阻止世界的破产，也可以减少垄断自然而来的政治危机。只要全球的科学家再来一个曼哈坦计划（Manhatten Project，按即原子弹研究计划，亦即科学工作者大规模合作之模型），使现在工业文明所必需而今日日就枯竭的资源得着一些无在或缺的代替品（例如发展风力、太阳热力以代替煤、油与最危险的铀等燃料，以玻璃及胶塑物来代替铜、锡、镍与锌等金属之类）。

这一类的计划将使我们的工业文明移置于更稳妥的基础上，不像今日之专靠资源的消耗，它会打破那常足引起战争的资源独占的垄断，最后，它使个人自由有伸张的可能，少数人的统治权力可因而减少。

最后我们要论到科学工作者其个人与其为职团组织中之一员的道德问题。不管发明家与技术家的居心如何，应用科学事实上造成为资本家或中央国营的独占工业。为着军部与外交部，应用科学发明了投弹器、飞弹、饱和轰炸与气室，现在更在改良烧烤全人类的原子炸弹，与毁灭原子炸弹所不曾炙死的人用的毒菌与毒气。现在应该是科学家个人和集体考虑"正当生活"的伦理问题的时候了。

一个人虽然不为非作歹，但其职业的活动可以陷社会于不义甚至全是大恶，这是可以的么？更明确一些地说，一个科学家或技术家如其参加的工作结果可以使权力集中于少数执政者的手中而且使军队有工具去毁灭全体的无辜人民，他尚能问心无愧么？

就工作说，科学工作者能为和平而工作正与为战争工作一般容易——为着个人自由，协力合作与自治正如为着独占的国家主义或资本主义，全民军队化与独裁一样容易。困难不在工作的技术，而在哲学与道德，价值与判断，及根据这些判断而实行的决心——这一些的领域中。

[第30卷第2期(1948)第33—34页]

# 32. 科学家是怎样长成的?

## ——纪念葛利普先生逝世二週纪念作

杨钟健

## (一) 引　　论

说黄种人在人类进化程序上比白种人低,甚或举些似是而非的事实,说中国人脑量比外国人小,而断定中国人在科学成就上应该不如外国人。此等妄论,即明白的外国人亦不置信,中国人当然更不服气。此时代早已过去。黄种人,包括中国人在内,在智慧上,在能力上,一样的可与外国人(主要白种人)相同,一样的可胜任任何科学研究的工作。

我用不着远征古人,或外国非白种人的科学家,我只就我们这一代所亲自看见的许多地质学家、古生物学家,他们即能在很短期内,做出头等的科学贡献。活着的人,我不举例,以免有标榜之嫌。像死了的赵亚曾,在大学毕业后,短短五年之内,做出六七种古生物学专著,其中一部分,至现在还是在世界古生物学名著中不少逊色。又像死了的计荣森,也没有出过国,留过学,而所著的古生物学文章率多为标准作品。可惜其成名大著《泥盆珊瑚》未能及身完成。所以中国人能做科学的能力,绝对不容否认。地质学如此,其他科学亦然。在我们这一代中,都有不少的杰出人才。甚至于我们可说有许多中国科学家,其天分才具还在其外国同行同年之上。随便在任何科学门类中,都可找出例子。

但中国科学,虽然发展了三十多年,我们不能不承认两个重要缺点:

第一,我们虽然在各门科学中,出了不少杰出人才,但一般平均起来的水准,绝对不如人家。就拿地质来说,我国全国地质人才的总平均分数,无疑的远在他们之下。拿一个任何单独的机关来比,也是如此。机构不如人,组织不如人,合起来的成绩也不如人。虽然有少数杰出之士,只成了点缀太平的花瓶。谈起整个科学的进展来,还是一筹莫展。其他方面即如中国的官吏也如此。官场中诚不少一二竭诚奉公之士,然大多数甚不满人意。这当然不能说中国人不如外国人,这其间显然有其他原因。

第二,我国虽然在科学界出了不少杰出人才,但在每一科学部门中,养不出真正的权威,或者一代大师,像葛利普先生那样人才。我们需要头等的科学家,我们需要我们的每一门科学,均能像个样子进展,但我们尤需要每门科学,能出一二位大师。实在讲起来,我们现在的缺点,同我们缺乏真正的大师,有其因果关系。试想以一个像葛利普先生的外国大师，来到中国，不到数年立刻起了领导作用，使我国毫无根基的古生物学，有了根基。假使每一科学，真能有一二位大师，则其所起作用，必然可以弥补这里所说的缺点，至少可以减少这些缺点的严重性。何以我们养成不出若干科学家的大师，既不是中国人不如外国人，又不是这些有资格为大师的人不努力，当然尚有其他原因，可无庸置疑。

葛利普先生与其在中国科学界之功绩，知者甚多。光阴如流，葛先生逝世，忽届二年。而二年以来，中国之古生物学研究，因受环境影响始终不能步上按部就班、平庸推进之途，当然更谈不到发扬光大急起直追的善境。我因而联想到中国古生物学绝不能因葛先生之逝，而随之俱泯，又想到中国科学界之缺乏大师一类的领导人物，亦正如葛先生之在古生物学界。一个科学家是怎样养成的？一个科学界大师是怎样养成的？这些问题，需要合理的解答，从而可知我们的症结所在，才能予以革除，而步上真正的科学建设之途。今我所言，自然只能代表我一个人之意思。但刍荛之献，或者是国内科学界所乐于接受的。

## （二） 论我们何以总平均不如人

为探本溯源计，我们先讨论上所提及的第一问题。这个至少又牵涉到几个基本问题。试一申述：

第一，是大环境当求改进，自然总平均分数可以提高。譬如中国四万万五千万人，虽然有不少杰出人物，而平均起来，距人家相差甚远。理由是我们的人大多数还是文盲，连字也不认识，更谈不到基本的国民教育。我们中国人，尽管有些像《红楼梦》上妙玉一样的清洁，但社会卫生环境，和大多数人的一年换不了几回衣服，一年洗不了几回澡，当然卫生的标准，十分低落。科学界也是一样。我们至今不能树立良好的科学环境。就地质学来讲，我们仅有的几个大学地质系，设备多很简陋，有的连教员也请不到，书籍很少，实习的标本也没有。在如此情形下，如何能希望有大量的好学生培养出来！其有一二杰出者，真是靠个人的天分与努力，绝不是大学校教育的成功。出了学校大门，进了地质机关。而这些地质机关，有的也不比大学的设备高明多少，而官场习气，则比大学更甚。弄得有志之士，吃不到羊肉，染了一身膻臭。这些人或者是缺乏人领导，或者是限于图书，或者是限于室内设备，或者外出工作限于经费，都弄得只能做些普通的工作，他们的才具，本来有十分，然在如此境况下，只能发展一二分。于是乎有些流于失望悲观，对现状不满意。有的人责备他们，其实他们很冤枉。他们应该责备别人，才较为合理。所以科学工作的大环境不能改进，是不能希望一般的提高的。

第二，新精神的缺乏。现在因对于胜利后的美丽梦境，为冷酷的现实所打破，心境都是悲观的。这影响，当然及于青年科学家。换言之，即一般人缺乏一种新精神的鼓励，因而或多或少表现出萎靡不振的气象，因而成了因循苟且、得过且过、混一天算一天的景况。造成如此悲惨情形的原因，实不能单责环境，个人亦应负一部分责任。胡适之先生谓青年须要有梦境。就是要有一个未来的理想目标，努力以赴，不能单拘囿于现在不满意的现状。说得再具体一点，此梦境在学科学的人尤为需要。科学研究，最要紧要有大胆的假设，也就是一个梦。此假设之成立与否，需要从各方面来证实或否认。这末一来，兴趣立至，虽在不良环境中，也可有作为，至少可不至全无作为。这一点看似不重要，但在一个人的心境上，至为重大。一个人做工作的主动或被动，全在此一点。如有有兴趣的未来，大小梦境工作，可以发生兴趣，也就不难勇往直前，有居陋巷而不改其乐之乐。倘若无此梦境，则签到簿上签名，也为人家看；室内作文章，也为人家作；出外调查，也为了应付差事；全为被动，意境尽非，自然会兴致索然，也就不会有远大的成就。所以我所谓的精神，也就是梦境的精神，为我国科学界总平均分数提高的主要条件之一。

第三，乃是恒心的重要。天才的科学家，是很少的。即有，也只限于少数特殊之士，绝不能责于一般人。而且即就是天才科学家，聪明绝顶，也须要恒久的做去。如浅尝辄止，或半途改行，或分心他务，则至多也不过做一两篇好的文字，对科学有一些贡献，也还不能成一科学家，尤其不能成一够标准的科学家。科学工作，每一门类，浩如烟海，问题之多，无有止境。解决了一个问题，又有许多问题连续发生。科学家之工作为解决问题，而问题永远不完。科学家之工作兴趣，亦即在此。科学家而不能连续工作，只能算业余科学家，不能算真正科学家。真正科学之发达，自不能委之于业余工作的人。进一步言，虽资性平庸的人，如能继续不断的工作下去，人一己百，人十己千，积之既久，也可以成为大科学家。一人如此，集团亦然。譬如德国人的才具秉性不比其他国人士更高明，就因为德国人有一种锲而不舍的牛性，有打破沙锅问到底的奇癖，每遇一问题，必不怕麻烦，探本求源，悉心探讨，因而德国的科学水准，也显得特别高。所以聪明与天才，可以增加科学家的工作能力，但不是必须的资本。必须的资本，乃是日新又日新的持久精神。任何人有此决心，即可成为科学家。葛利普先生也具有德国人血液，也不是什么天才特殊的人，特殊的乃是他自出了学校四五十年，一直在地质古生物的问题上下工夫，直到临死也是如此。中国学地质学的人士，据粗略估计，自北京大学首有地质系毕业人才起，加上地质研究所毕业的人，在外国学地质的人，再加上以后各大学地质系毕业的人，总有一千之数。然目下在地质界实际做工作的人，至多不过上数的十之二。那十分之八的人那里去了？自然多数是改行，至少不能连续工作下去。倘使所有习地质的人，均能连续工作二十年至三十年，中国地质界的发达，又当是如何的场面？地质如此，其他科门，更可想而知。因为一般人视地质是在中国比较发达早而进步速的一门科学，其现象尚且如此，其他科学部门之许多不能连续工作现象，当然至少相同。

无良好的环境，少梦境的精神，没有持久的历史，自然比起来不如人家。因为这三点在一般的上轨道而科学发达的国家，都是不成问题的。我们反其道而行，当然落后。

## （三） 论科学大师的养成

上面所说的那三个主要条件，不但是养成科学家的必要条件，为科学要到基本水准的起码需要，也就是养成大师的先决因素。没有一个大师，不在科学工作优良条件滋养而成；也没有一个大师，没有他新奇的更伟大的梦境；也没有一个大师，不是皓首穷经，有假我数年，可以学易的精神。葛先生在美国时，于大学毕业后，即在其本国的良好的地质机关工作；到中国后，用地质调查所的材料，兼在北大教育，也有许多便利；可以说有良好的环境。他作学问，常有许多新奇理论，如关于人类起源，他主张系自中亚细亚而来，固然以后证其不可靠，然其大胆假定，则有助于理论与实际工作的推进，可以断言。他晚年倡脉动学说，也是一个美丽的梦境，直到他死，他还相信他的学说，过二三十年后，必可为世界地质家承认。他的持久精神，更不待说。我们在北平时，他常在家中请客。请客谈笑，饭后聊天，不到三句，就说地质或古生物方面的事，真是三句不离本行，平时可想而知。所以即以葛先生而言，乃是三者俱备的人。

但是葛先生不止是一个杰出的科学家，而为一门科学的一位大师。大师与杰出的科学家不同。杰出的科学家，只可对其所习科学，有了不起的贡献，而一门科学的大师，则具有继往开来的作用。他可以对所习的科学，有结束以前人工作的能力；对未来青年，有循循善诱的雅量；对一门科学有只手推动的功能。此等我们目前最需要的科学大师，在中国尚不多睹，比杰出的科学家尤少。一代大师，对于一门科学之命运有了不得的关系，比科学的平均成绩尤为重要。因为有了科学大师，平均分数虽低，而不久可望增加。如无大师，则连低的分数，也可降而为零，少数杰出人才，也自有其山穷水尽的时候。

但是科学大师的养成，除了上述三点以外，还要靠许多优越条件。有些靠科学家本身的素养，有些赖客观的必要设备，今只能归纳起来，就下列数端，一为申论：

第一，科学大师需要高尚的素养，本人必须意志纯洁，以发展科学为已任，无有其他功利杂念，更不容挂羊头卖狗肉之行为。在道德方面，至少要修养到一种境地，够做一君子风度的贤人。要态度谦和，处事虚心，对科学研究，以真理为依归，不固执成见。对同事能和好相处，有容人之量。但对是非关头，不能像好好先生，随便迁就，而肯据理力争。对新进青年，能有热诚指导的耐心，循循善诱。凡是一个伟大的科学家，也就是一个伟大的做人模范，不仅其学问可为人尊仰，风度也为人尊仰，所以才能称得大师。这些人之使人佩服，不只是靠他们的学问，更不靠他们的地位或威权，而是有一种潜在的自然感召力，使人心悦诚服。大师地位的造成，不是勉强得来，而是自然获得。地位到了，不受也不由你。地位不到，勉强求之，也是枉然。回忆多年前北平豆芽菜胡同的葛先生寓所，无形中成了北平一个文化中心。每日来人不断，有他的上司，有他的学生，有他的同事，有他的同行的地质学家、古生物学家；也有虽不同行，而同为科学工作者的生物学家、人类学家、地理学家等。无论什么人去，他总是满面春风。无论什么人请教，他总是悉心教训，有一种说教的精神。谈天也好，论学也好，全在一种和蔼可亲的空气下。这里没有阶级，没有主属，甚至于没有老幼。他从来不拒绝人的请求，他以助人为乐。他替人改文章，而文章上不一定有他的名字。总而言之，大师要以德服人之成分相当之多。所以一个伟大科学家，也就是人生到最高境界的一个完人。完人成分越高，大师的光芒越大。

第二，大师的养成，固然靠他的道德方面的素养，而他本身对科学的工作，究竟最为重要。谈到工作，就不能不有一种方便，大凡上述的科学的杰出人才，无不有成为大师可能，可以说是大师的候选人。然而细察科学界杰出之士，有的不久蔚为一代大师，有的虽也努力不倦，而往往终其生只为一科学家。这其间就要看方便为何人获得，何人可以成为大师的希望就特别大。我这里所谓方便，与上述的大环境不同。大环境可以同时好的，或同时坏的，而方便与否，则有时不尽相同。譬如在美国纽约自然历史博物馆，其做科学工作的大环境，同时很好，而只出了沃士朋和葛雷高两位大师(此只就古生物学言)。其理由就是因为这二位有了方便，而他人无之。我们知道一个大师的养成，需要许多优越条件。同是标本，一到实验室，他有首先研究的便利。有一个科学上很要紧的计划(譬如中国南方巨人化石的追寻)，别人虽知道，而无法推进，他有方法推进，使成事实(如由沃士朋的哺乳类发见于亚洲的理论，而组成的中亚科学考察团)。在实验室中研究，须要许多人协助，别人无之，而他有。须要许多便利，别人无之，而他有。据说沃士朋在世时，研究化石的屋子有五六个。每一个有一特殊问题，和其标本，也有人在其领导下工作，所以能以一人之力，做许多人之事。葛先生在美国时候的情形不提，单就他到中国后讲，在中国科学环境那样不景气的情形下，他因外国人的关系，身体不良于行的关系，和他已有的成就的关系，他得了在那时无人可与比拟的便利。他要书，单子一开，有人替他找出，为他送去。化石的修理，标本的编号，文章的抄打，都有人替他帮忙，而他家中还有女书记替他办理一切。一个专家，须要许多人帮忙，古今中外，莫不如此。倘使葛先生在中国，也照现在中国大多数科学家，名为做科学工作，而实际上以公务员的姿态，应付一切，更谈不到要求一切。则葛先生之为葛先生，至多也不过一年出几篇文章的科学家罢了，岂能蔚为一代大师。

第三，科学大师之世界性，也十分重要。本来科学无有国界，中国大科学家，也就是世界的大科学家。科学上的问题，都是真理的追求。然而此等真理追求，往往需要世界性的研究。此在中国，一时实在办不到。中国的自然科学家，能把在中国发见的一些标本，合理的记述出来，已算上乘。如要把全世界相关种类，作彻头彻尾的比较研究，能有新的理论与见解，实为数甚少。此非中国科学家不行，实在由于我们莫有充足的图书馆，没有随时可以借到的比较标本。就自然科学讲，世界上标本中心，不在欧洲，就在北美，他们每研究一门类，做必要的旅行，去考证他所要研究的材料，或借来研究，也容易办到。中国仅有的图书设备嫌不足，而标本的研究，尤为困难。在如此情形下，中国科学家有先天的困难，不能至少不易养成为大师。葛先生来华时，其学力即已成熟，他自己就是一活的书库，又把他私人的收藏带来，又加上地质调查所的书，所以他能继续工作下去。我自己有一个切身经验，也表示在中国做工作之不易。抗战期间在云南找获的卞氏兽，经我鉴定，断定为和南非同年代的三瘤兽相近的化石。那时此兽在系统上归于哺乳动物。就我的标本所保存的样子来看，也当然以之归于哺乳动物。同类化石中，可与此标本相比者，在中国可以说一个也无有，我更不知道战事期间英国关于此类化石的新见。等到了美国，才知道有新的事实，证明这一类化石，应归于爬行类中最近似哺乳动物的一类。本来是一个惊人的大发见，经我们一弄，至少外国人分了一半的功勋，岂不可惜。所以在中国做工作，实有先天的限制，很不易养成头等科学家。

以上所说的几个条件，有的要反求诸已，然有的又非一已力量所可达到。我国从事科学工作三十余年，到现在不能有几个像样的大师出现，实在不是我们能力不够，乃受许多客观条件的限制。

## （四）结　论

在现在国家这样情形下，谈科学家的养成，乃至科学大师的养成，毋宁为一种白天做梦。纯粹科学研究，尽管有人力竭声嘶，认为重要，尽管政府也以提倡科学作为施政口号，然不幸一切完全为冷酷的现实所打破，成为一种可笑的讽刺。目下大学的教授，在研究机关工作的公务员，一月收入，不足其一家之温饱。大学教授所领的一百万元的所谓研究费，一些机关人员所领的三十万元的办公费，谓其可以贴补日用，多割几斤肉吃则可以，若说可用以研究或办公，恐发此钱者自己也不肯相信。人类什么都可以平等，但是智力不能平等，造就也不能平等。而现在在中国苦学，成为科学界勇士也好，外国苦学成为科学家也好，他们半生辛辛苦苦，从事研究工作，为人类求真理，为社会增进文化，为国家争光荣的科学家，其待遇尚不及一银行之事务员，甚至不如一苦力之三轮车夫，如此情势，谈什么养成科学家！更希望什么科学大师！

就科学机关讲，现在任何研究机构，自中央研究院以至各省地质调查所、科学教育馆等都是苟且偷生尚可，发扬进展为难。仅有的费用，往往不够开销水电。以如此情形，要他们对研究科学的人，肯予以便利，肯帮忙，真是缘木求鱼。然而就研究的人言，个个感到不方便，进展为难，要求设备办不到，要求增加收入不可能。为了研究，不惜低声下气，向人叩头，然而所说的反响，仍是无有办法，自然谈不到进步，甚至消沉。就各研究机关的立场言，我开门营业，已是不易，还费了九牛二虎之力，汝等尚敢奢望其他！一方面觉得外界不但不帮忙，反有阻止发展之意；另一方面觉得我已尽最大努力，如何吃力不讨好，因而造成不协和的危险，当然也影响到科学整个的发达。此实今日中国科学界之大危机，凡稍留心者，类能道之。

旷观全世界科学之能真正为政府为社会为人民所重视，实无过于苏联。即以美国科学在目下之根基，尚不免仍为资本主义社会之附庸。我曾在某处听美国人讲演及国家政治世界大势，他们说“我们利用科学云云”。夫科学家而被用作利用品，其地位可知。我国从政人士，其能真正了解科学家之重要者，百不获一，我尝也听见有人亦有“利用专家”之言。在他们看来，科学家正同他们的流线型汽车、长短波收音机，甚至于某机器上一个螺丝钉，必要时用用，以图便利或消消遣而已。然即就此点言，在中国尚不及外国。外国人要利用他们，尚知予他们以必要之扶助。在中国则只知利用，连扶助都没有，甚或不惜摧残之，破坏之，岂不可痛！

但是我们亦不能完全悲观，而仍应鼓起勇气前进。纵观一部科学发达史，实可以说全在逆境中图生存、图发展。科学发达初期有不少冒性命危险，以身殉学之科学家。今日之情况，不见得比以前更坏。环境固可怕，但人亦可造环境。就连古生物学大师葛先生，也还是订书匠出身。中国科学家之出身，比之葛先生，均在其上。只要有勇气，不会无成就。以上所说的几个养成科学家的条件，和养成科学大师的条件，一方面固要靠环境方面之改良,一方面尤靠本身之努力。但尤所希望的,还是盼望今日能有几个具有远见的政治家与科学家,高瞩远瞻,能在社会培养出一个比较优良的环境。不要只利用他们,更不要把提倡科学,作为对科学的恩典或赏赐,而规规矩矩的导科学教育于正轨。使科学家均能尽力之所及,智之所能,在优良条件下工作。能如此,则不久可望整个科学的平均分数,可以提高,进而可与外国人相比,再进一步,也自然而然能产生的科学大师资格的人。对这些人,也更要爱护,更要使之能尽其所长。这是国家百年大计,不只是建国,而是建国的根基。试想以一个外国科学大师,来在中国,不到二十年,尚可以发生如此伟大作用。如中国真能有良好的科学环境,产生出一群头等科学家,又养成了不少科学家的大师,则中国科学,岂能不独立,岂能不发扬!我想现在应该没有人迷信,只请几个外国顾问,即可把中国弄好。一切靠我们自己。中国地质界以后不会再有第二个美国葛利普,应该有许多中国的葛利普。地质界如此,他科亦然。然而科学家如何养成,倒成了大问题。今于葛先生二週纪念,特为一论,所以纪念以往,用励来兹,知我非我,非所计矣。　三十七年一月二十四日南京

[第 30 卷第 3 期(1948)第 65—69 页]

# 33. 中国科学工作者协会上海分会成立大会献词

英国文化委员会科学组主任萨亦乐(Dr. R. A. Silow)

因为着了凉,我不能前来参加今天上午的中国科协上海分会成立大会,抱歉之至。不过我却愿趁这个机会,对中国科协在上海成立分会所显示团结中国科学家的热忱表示我和我的同事是怎样地高兴。

科协的母会在英国成立于1918年。它是第一次世界大战时,科学在我们所有的活动和设施当中表现了重要伟大成就的结果。这种成就同时也促成英国官方的科学和工业研究部的成立,不过就科协来说,这使科学家明白了他们必须自己有所动作来保卫自身的权益。

从那时起,英国科协就成为世界上最大科学家团体之一,拥有会员约16 000人。在早期发起人的公告上说到"科协的建立,主要是为了会员们的职业和经济权益;可是一开始大家就了解这协会应该用以努力推动科学研究和科学的普遍进展"。这公告显示着科协在很早就认识它的双重任务了。

首先他是一个职业团体,如工程师、律师、医师们所藉以保障他们经济权益和社会地位的团体相类似——例如医师公会。这是极端需要的,因为科学工作者本身,包括理论和实用双方,发展成为薪给阶级还是异常新近的事,就在不久以前,多数科学家还是独立的工作者——所谓独立,不单指他们在工作中的互无联系而且他们完全没有组织一个代表性的团体来申述他们的要求,同时还指他们之从事科学大半是为了文化修养的兴趣而并非靠它谋生而言。因此你们的协会应该正确关切科学职业上的设备情形与工作条件的具备。我只想到可说几分钟的话,所以不打算详述科协在经济生活方面所担负的效能,虽然这很重要。科协的第二种功能比较远为广大——这就是保证科学和科学家在社会生活和国家决策上有高尚地位责任。全世界都认识,不仅是工业界亟需科学化的组织,而且在我们整个社会组织里,从政府最高机构到一般人日常生活,都切需科学与科学方法的应用,以及使思想依科学的方式。随着会员的增加,近十年来英国科协的声望与势力不断增高,这项社会任务也普遍地为科学工作者所认识,这一点今天我要着意告诉你们的。正是中国要获得国际上应有的地位,在于把你们国内经济建立起秩序与机制来;作为科学家的我们相信这满可以办好的,不在沿用陈旧无效的制度,或带感情的强辩,而是靠合理的思想和有目标的计划;对这件事,倘使机会许可,我们可以大大帮忙。可是就科学家而言,你们应该团结所有的科学家在一起——不可让太多的人遗留在你们的组织外面。在这里，我想应该提醒你们一下——除非你们强调社会建设性的目标，并且清楚而合理地告诉他们，就不能征求到许多人入会，而这些人的帮助，又是你们所亟需的。你们应该确定，用私人接近或访问，使得加入你们团体的科学家，不仅是社会上的著名人物，而且有你们所尊敬的学术权威，这样在一般人心目中，无疑会觉得你们主要地并非为了一部分人的利益；你们的首要目的是在于国家的福利与进步要立刻而且广泛地应用科学方法来从事建设。英国科协的会员，还没有达到应有的人数，它只占我国合格的工作者15%。你们应该注意到这点，希望作得比我们更好。

你们影响国策的方式真是多极了。譬如英国科协所注意的范围就很广，包括科学家的技术教育和普通教育；引用科学来解决社会上的紧急问题，如公共卫生、营养、农业、燃料等等；科学的机关与其经费；用科学方法作民众教育，如像鼓励职工联盟大会(Trade Union Congress)成立了一个有科协人员参加的科学顾问委员会。与别的科学团体联合起来举行公开演讲并且出版了一个《科学工作者》的月刊。还成立了一个国会与科学委员会作为有关科学知识和利益的事务对政府的代表。

有一件最紧要的工作，相信你们也会同意，像你们这样的一个团体可以担任起来的就是调查你们的科学人力，这些人力在将来日子好转，我们大家多么希望着的这个就要到来的日子，真正可以放手于建设工作时是需要的。仅仅两月以前，我们英国政府劳工部，它是我们科学技术人力中央记录的可靠保持者，发起了一个英国55 000合格科学家特长和经验的调查。刚在几周以前我收到一张最广泛的表格，要我填写我的训练/经验和兴趣。这种询问不过是我们科学人力估计的第一步，也是英国正在进行中的科学训练加强进度的先决条件。你们当然听说过我们想在十年内把训练科学学生的设备扩充一倍。我确信你们也可以作一个极有价值的建设工作，就是发动一个你们全国所有可用的训练过的科学资源和将来训练时最迫切的需要的普查。只有在你们得到那种报告后，你们才能够得到力量，那样时才可以说“这些正是我们所需要的”。

我不想尽说；我所要说的只是，在这个国家中组织起科学事业来，你们从英国科协得到道义上的支持和成功的祝贺。你们的总干事涂长望博士已经知道他可以信赖英国科协的积极合作，可以向他们咨询，免得你们再碰到一些在英国我们早年遭遇过的困难。我希望在座诸位都能加入这个会，并且用你们的影响使你们的科学同侣都来参加这个为你们自己也为你们的国家服务的无限机会。在这篇贺词的结尾，我想无需我来提起，李约瑟博士(Dr. Joseph Needham)，他这样关心中国的科学和科学家权益的人，一定很愿意在这封信中把他的姓名与我和我的同事们的附在一起。

巫连思博士(Dr. H. V. Walters)代读(龙文澄译)

[第 30 卷第 3 期(1948)第 80—81 页]

# 34. 科学与政治

张孟闻

五月在中国是可纪念的一月，尤其值得我们纪念的是五四。五四运动所揭橥的民主与科学，到三十年后的现在还照样新鲜而泼刺。科学已经得到公认为建国的惟一法门，而民主尤其是政治的官道大路。谁也不敢自承为反民主与非科学的人物，即使他实践是反民主与非科学的。

在这里，民主与科学结合在一起了。这个结合，在这次战后特别流行。似乎先由美国原子物理学家联盟提出来，得到了英法加拿大的科学工作者协会的呼应以后就格外响亮起来。就最近两年英国科工协会年会的报告来看，1944 年是“科学与人类福利”，1947 年是“卖刀买犁”，到会与未到会的会员，乃至外国的友会会员，都一致希望科学为人类的福利而服务，不是为残杀人类的战争而效劳，当然更不是为少数特殊阶级的利益而奴役。这样地，将科学正式地连系到民主政治，而且连类而及于民主经济。掉句话说，科学工作者们主张科学为绝对大多数的人群服役，并不效忠于少数特殊人物。这就是科学的社会意义社会功能，也正就是科学的政治意义。这比之五四所提出来并列而无所连牵的两个空泛口号有更深一层的内涵，为五四时代人物所难于了解，而且从不曾领会到的意义存在着。现在试论科学与政治的关联，进而推论到科学的社会意义。

第一，科学不能从社会孤立起来，并不超绝于经济政治之外，而是受社会现状的支配，又转而影响社会，促动社会现状的变革。直到此刻，正还有不少科学家，关在学院的象牙塔里埋头研究自己本行的专业，以为与世无关。然而他们之所凭藉以作研究的各项设备，从实验场地以至零星琐屑，乃至于他们所恃以过活的薪津，无一不依靠社会的支持，经济的援助。所以，只就职业而论，也已经不是清高绝俗的隐士。现代的专家，是职业的专家，并非是业余的好事之徒，而是赖专业售世用以生活的俗世凡人。社会需要专家，拨出专款来供养专家，请他们各就所长，精益求精，以期有利于供养他们的社会集团。这些专家的养成，必须经过长时期的教养，也必需有特别设备的适宜环境，也都得依赖于社会的资助。倘使社会制度变更，不再供养资助，专家们若无适应转变的能力，就无法在新社会环境里生活下去。所以科学，即使是学院式狭义的专门理论科学，也并不能从社会孤立起来，而是要受社会现状所支配的。至于研究的结果，任凭是纯粹理论的发明，也间接甚或是直接影响到人类的命运。就大家所熟知的原子弹来说，不但是橡树岭造原子炸弹的专家罪孽深重;追溯史迹,费尔米、万德耐(Meitner)、Bohr、邵理欧——居礼以中子分裂铀的试验,都也是罪无可逭;查威克(J. Chadwick)发现中子,田勒克(P. A. M. Dirac)推论中子之存在,艾斯登 (F. W. Aston)发明质谱仪,爱因斯坦发表相对论,威尔逊(C. T. R. Wilson)创制云室,浦伦克(M. Plank)创导量子论,居礼夫妇发现镭,卢德福解释铀原素之 α、β、γ 射线,裴克雷(H. Becquerel) 发现铀有放射性、栾麦(W. C. Rontgen)发射 X 线,也是"责有攸归";再追索起来,孟得利叶夫(D. I. Mendeleeff)的元素周期表,甚至连纪元前倡议原子学说的希腊哲人 Democritus 亦难免牵连在内。一弹之成,祸延九族,过去学人在研究室里的辛劳收获,因为被后人误用了,罪案株连,也会变得劣绩昭彰,灾及窀穸,连地下也被现代人援证定罪,而受到了指摘。昔日种因,今日食果,所以说,实验室里的纯理论发明,其效果也影响到社会。尤其是原子炸弹,直使世界改观,人类惊愕。科学家从这里起始,感觉到大祸临头,人类可能毁灭在原子武器的战争里。必须天下一家,四海同风,大家为增进人类幸福,促成世界和平而努力,科学才不致为害而是有利于人群。这里显然地会影响到社会现状的变革。英美的科学家已经在计划参预政治了,许多人站起来说话,而 *Nature* 与 *Science* 两周刊尤其阐说得详多。

第二个问题跟着来的就是科学家是不是适宜于过问政治,与政治家是否先得有科学训练。后面这个问题,大致没有什么异议。可是科学家是否适宜于过问政治,却是意见纷纭:不仅学院派的科学家主张科学界人士远离政治;就是前进的科学家也颇持异见,以为政治事务繁重,第一流的科学家参与了政治活动就难于保持他底科学地位(如厉启教授,见本期页 148);也有人以为第一流的科学家并不就是第一流的政治家,而且专家更难免于偏见。所以华廷登以为科学家有两类,一类是技术专家,一类是科学地来思考的人士,——政治上所需要的就正是这后一类的科学家(本期页 146),而这类科学家的任务比之实验室里专家们的工作远为繁重。蝶螈卵与果蝇的实验比之贫民营养问题轻松简单得多了(华著《科学态度》pp.53 - 54)。霍布金斯(F. G. Hopkins)主张科学家在其适宜环境中工作,比去追究社会的涵义来得好(*Nature*, 1935, 136, p.813);而裴凯(J. R. Baker)说,如果科学家利用科学的优点来获取政权,那是将其天赋贱卖了(《科学生活》p.134)。其实这些都是尽量求好的看法。照现状来说,与其由不懂科学也无科学素养的政客们来替世界人类谋取政治的安全,无宁是请科学家们牺牲一部分研究的时间精力来协助政治,以解决人类社会的各种困难,譬如防疫,救饥与水旱之灾,当然更不用说阻止战争了;如果科学家全体洗手不涉国防军事,现代战争也就无法打起来。不但消极方面有这等好处,积极地带给人类以真正的和平幸福,譬如原子能就应用到治疗、增产与动力方面,经济情形就大量改善，国际情况不致现在那么紧张，人类文明(不光是物质享受的增加)当然格外壮盛地发扬起来。前段所述对原子物理的发展史迹有所贡献的科学家们立即改变为造福人类的和平天使了。当人与人、国与国和平相处以文化的发展作优胜的竞赛时，天国就实现在人间了。田纳西流域的实例，正说明了这一点。蒲胥(V. Bush)博士的集体工作与科学设计，也证明了科学家参预政治的优胜处，这里要紧的是胸无偏见。经过科学训练的人，即使是技术专家，其对事物的观察，总多少有些科学态度，比之于没有科学训练的政客官僚。两害相权取其轻，为全人类大体的幸福着想，即使第一流的科学家不见得便是第一流政治家，而且参预了政治又保不住他们的科学地位，也比之于躁急狂妄的政客们要高明许多。那就宁可让科学家多多过问政治为好。况且以近代物质建设的精细繁复，如果内行的科学家们只尽了技术工匠的责任，而不参与决策的大政方针，其结果很可能凿枘不通，甚至逆转大局，贻祸方来。

[第 30 卷第 5 期(1948)第 129—130、135 页]

# 35. 科学与民主

（为卅七年五四作）

陈　立

科学与民主的“与”字有两种不同的解释：一种指将两种没有关系的现象硬拉拢在一起来解，一种指两种本质有关的现象的联系解。过去是以为科学自科学，民主自民主，一个是纯粹学术性的，一个是实际政治性的，彼此便像风马牛不相及的。有些人更强调着学术与政治的独立性，泾渭分流，清浊不容淆混。五四时代认识了科学与民主的重要，可是这个“与”字只指一种偶然的凑合，大多数人是没有体会着其内在的联系的。他们面临着贫乱多年的中华，他们便开了两种不同的药剂给她吃。这样，一些热心人，便乱哄哄地，一些去找科学，一些去找民主，想拉些来治疗我国家的危症。这些人，分道扬镳寻找了若干年，正在着急乱冲的当儿，忽然撞了一个满怀。时到今日，他们便发现科学与民主原不是两回事，彼此原是一个根源上两条连理枝，这个“与”字，实在是指有机的联系。德先生和赛姑娘原不必藉人间的媒妁来勾结，他们本来就是一对相连的孪生 siamese twins。

姑先就表面的特征讲，科学与民主显然有相同的遗传或血缘。客观是科学的基本条件，它同时也就是民主的要素。所谓科学的客观，一方面是尽量用仪器来代替耳目的观察，另一方面便是个人的良知良能被公众的考验所代替。其实，后者较前者更基本，因为耳目被仪器来匡正，亦即所以使个人经验变成大众的公产。也许你所见到的是真理，但除非你的观察能被人重复，则这种知识仍不是科学的。实验即指标准化条件下的观察，亦即指任何人在此一条件下所皆能得着相同结果的观察。“能重演的”是科学预料的不可或缺的条件。所以科学不是个人的(personal)。超个人(impersonal)即所谓客观。换言之，社会化就是客观化。许多人将客观看作物观，这是误解了科学的精神的。

民主呢，我以为亦有同样的特征。民主必是法治。宪法应是大众意志的化身。既说大众，便是客观。此与上节所说，“社会化就是客观化”同一意思。我们说在宪政国里，人人在法律下是平等的。人人皆受法律的裁制，换句话说，就是谁也不受任何个人所统制。人人有同等的价值，在民主国度中，穷小子的一个“是”(一票)等于富豪的一个“是”(一票)。这是民主的精神，但也是科学的精神。科学是不屈服于权威的。如果一个小伙计观察得一个事实，这个事实可以经得起大众的核验的，例如伽里略的轻重物体同时降低的实验，则圣人与皇帝也不能说他不对。认事不认人，认真理不认权威，这便是科学的客观精神。但这也就是民主。“皇子犯法与庶民同罪”，这是民主的法治精神，但亦即是科学的客观精神，要在如此情形下，人人才有平等的价值，亦只有在如此情形下，我们大家才从权威下得解放，每一个人才能享受真正的自由。科学与民主都同样承认个人的价值。

向权威低头的不是科学精神，亦不是民主精神。独立的人格在科学与民主有同样的价值。可是有些人的看法不如此。他们以为民主固然是大多数人的政治，而科学则是少数天才的事业。譬如说，政见的不同可以用全民投票来选择，可是科学理论的争执，决不能借全民投票来解决。张三与爱因思坦争论相对论的得失，你可能相信张三么？这岂不是科学屈服于个人的权威下？这岂不推翻科学的民主性？但这只是似是而非的谬论，我们从另外的例证可以解释这貌似的矛盾。正如在一个民主国家里，一个法官对于法律的解释好像比一般人民有权威些。人民向法庭诉讼，法官如此如此地判断，他的意见可以高过于人民的意见。这不是法官有权，这是法律有权，法官的权威便建筑在法律，而不建筑在其个人的身份上。法官枉法，人民仍得控诉，这是法律的客观处。法官秉法的判断，人人都得服从，这是服从法律，亦即客观。爱因思坦的权威便同样建筑在真理上，而不是在其个人的身份上。如果张三发愤要与爱因思坦对于相对论争短长，他可以观察光线近日的屈折率，如果他发现其程度与爱因斯坦的计算不同，那么，他便可以指出相对论的错误，爱因思坦便亦只好低头于此无名小卒的张三之前了。权衡不操诸人而在真理。所谓客观，便作如此解。

孕育科学与民主的是同一种社会条件，相同的种子长成为两连理的大枝。谁曾见民主与科学背道而驰过？只要记得纳粹治下的反民主与反科学，我们便不难体认科学与民主的血缘接近。我们嚷着没有民主，我们那里又有什么科学？我们有电灯，有飞机，有无线电，我们好像享有科学了。但我们亦有议会，有民选的总统，有皇皇巨制的宪法，我们好像也够民主了。这其间的尺度，五十对五十，科学不够科学，民主不够民主，起伏相关，休戚与共，科学与民主在现象上，已经是不能划分的。目下号称最民主的国家，科学亦号称最发达的。可是近来这最民主的国家，民主被蚀(eclipsed)(因为我相信人民的力量是必会抬头的，故我相信反民主只是“日月之食”的一般现象)，科学也就蒙上一层阴影了。只要看原子能的研究如何为少数人所独占(听说这一方面的研究，事先都得军部批准)，科学与民主的关系便够显然了。没有政治的自由，就没有研究的自由。没有研究的自由，科学迟早会被窒息的。政治上失去了民主，科学便失去了灵魂。科学与民主真是相依为命的。

在不民主的作风下，科学的发展只是畸形的、病态的。正常的科学发展，只有在民主滋育下才可能。物理科学被重视，为的是要制造杀人的利器。人的科学被蔑视，因为人的价值被轻视。他们反民主，他们重视野蛮的力量，不愿这股蛮劲被文明所征服，所以他们嫉视人的科学。他们只想制造出庞大的力量，来供个人的驱使，去遂他们个人的野心。科学与民主的脱节无过乎此。将力量控制在个人手中是多么反民主的专制！我们要建立人民的科学，我们便要发展人的科学来控制物质的科学。这样，我们才能免掉杀害，免掉摧残，要有民有、民享与为人民的科学，我们才有真民主，我们才能有健全的科学。

[第 30 卷第 6 期(1948)第 161—162 页]

# 36. 工业与科学：座谈会记录

中国科学社、中国科学工作者协会上海分会联合举办

日期：三十七年五月廿日下午三时，地点：中国科学社

主持者：任鸿隽、卢于道　记录者：杨思会、茅祖本

整理者：茅祖本、张孟闻

**任鸿隽**　今天科学工作者协会上海分会与中国科学社发起这个座谈会，题目是工业与科学。到会的各位可以代表工业界和科学界。工业与科学的关系很重要，但互相交换意见的机会并不多。所以今天假这个座谈会来找个机会谈谈，使两者的关系更密切起来而从事合作，或者对两方都可获些利益。今天到会的人很多，各方的意见请充分发表，但以时间不多，请说得简短一点，以便留出时间来辩论，使各位提出的意见可以获得一个结论。

**吴学周**(中央研究院化学研究所长)　我在科学界已有二十年之久，但闭门造车，对于工业问题全是外行。科学与工业的关系很深，科学是去了解自然的知识过程，但如果仅仅止于了解，那仅是为科学而科学，要想利用自然知识便须有应用科学。纯粹科学和应用科学的界线原本不很分明，一般都是先从纯粹科学方面有了了解，然后才能应用。例如原子能，1805年已有了道尔顿的原子学说，当时并没有想到应用。到1890年后知道了放射，再后来知道了原子构造，有了人工放射，才达到了能的应用，才有原子弹的制造。所以起初只是纯粹科学的研究，但如果没有工业去推动它、发展它，研究的结果仍旧是不能应用的。这种发展，不是纯粹科学家可以单独促成，必须与工业相配合才成，所以科学与工业简直可以说是双胞胎。两者的关系是如此地密切重要，而在国内这两者的联系都很不够。这情形不仅是中国如此，外国也如此。因为纯粹科学的动机是为求知识而研究，而工业则是为应用而研究。而且科学与工业在研究设备的大小与人材的训练方面有它的不同地方。纯粹科学的研究有大学，有实验室，有研究所，是理论方面的讨究；工业界的研究室多是急于应用，专研究着某一个问题。后来英国组织了 Research Association，工业界也就有了科学理论方面的研究，补救了纯粹科学与工业不相联系的缺点。美国也有这种机构，洛克菲勒基金会也出钱办理这种事业，1936年又设立 National Research Council，于是科学与工业有了合作，也就有了大的成就。至于俄国，它的工业与科学向来都是落后的，共产党执政后才努力追上前去，认定了科学与工业的目标在建设自己的科学地位与建设国内的生

产事业。因此由国家出钱，成立了国家研究院，制定计划，确立制度，来统筹分配科学工业的推进工作。有关纯粹科学的送研究机关，有关应用的送交工业界研究，这样可以收到分工合作的效果。说到中国的困难，第一，政治和社会的不安，根本没有希望做得好。第二，中国的科学与工业都落后，因为政治动荡不安，所以没有希望发达。还有许多人以为外国已有了的东西，中国不必再做，并且以为与其真正去发展工业不如专去赚钱来得好，因为愈是研究愈不能赚钱。第三，科学与工业彼此无联系。我所谓联系，并不是说科学必须包办工业，也不是说工业必须自己作研究，只是彼此如有问题，应该随时保持接触，互相交换意见。现在工业界与科学界各自闭门自守，都是因为各有其困难，才弄得大家爱莫能助，但如果能加强联系，个人以为对于中国的工业与科学前途总是有好处。

**沈镇南**（台湾糖厂总经理） 就台湾糖业所需要于科学帮助的地方略加报告，可以见到工业需要于科学的帮助者极多。我参与台湾糖业工作已有二年，起初是修理战时被轰炸了的残破工厂，第二步是增加蔗田面积，因为在战争末期，日本为增产粮食而减少甘蔗种地的面积之故。两年来的努力，已经将糖产量恢复到以前的三分之一，约二十六万余吨，离我们的目标还很远，我们至少想达到以前的数字。不过现在的工作已不同于二年之前，从前是抢救，现在要减低成本，成本必须与各国的不相上下，才可生存。如成本太高则危机很大，所以目前必须解决的两个主题是如何减少成本与增加生产，这就需要科学界的帮忙了。第一是育种问题，以前台湾的甘蔗是爪哇来的良种，在台湾长了十多年，已经退化。以前日人所作育种工作很有成绩，但现在停顿了，急需继续做下去，如果几年内得不好的新品种将成为很严重的问题。第二是病虫害问题，病虫害也是种子退化的一个原因，所以必须防止病害与虫害。第三是以前日本人也没有解决了的水利问题。种植甘蔗最多的是台湾南部，但那区域春天多旱，每年十二月至翌年四五月无雨，春天无法下种，日本人曾在台南山头筑蓄水库，才使台南荒地可以下种，但蓄水库只是使部份土地可以每三年种一次稻，其余时间用来种甘蔗与番薯，而种甘蔗也需要相当的水才可使产量增高，台湾甘蔗产量不及爪哇，即是此故。蔗糖制造方面的过程简单，种植甘蔗原料供应方面的问题多，而且需耗也多，所以恢复生产及减低成本必须解决这些问题。现在我们接办的有日本糖业试验所，原在所里工作的日人已经遣回，必须自己来解决问题，而育种一类的纯粹科学问题尤须科学界人士来帮忙。这方面曾请中央研究院植物研究所李先闻先生去作遗传学的理论研究，给了我们很多帮助。病虫害方面亦请了中央研究院的魏景超先生来帮忙。水利方面，以前日本人只从源头想，在山头上筑蓄水库，现在我们想打地下水的主意。台湾一面是山，一面是水，山水下流，一部份流入地下，与夏威夷的地形相似。有计划地调查地质后可能开发地下水，夏威夷种植甘蔗就是用地下水的。去年地质学会在台湾开年会，这个问题我们曾向地质学会提出过，都认为应该先行调查一次。现在已有打水机运去，希望能有好的结果得到。我之所以提出以上问题是在解释工业需要科学的帮助甚多，正如吴先生所说工业之研究进入纯粹科学范围即须请科学家帮忙。故国内需要一联络机构，可以替工业界解决问题。如此分工合作，对科学有好处，对工业界也有很大的贡献。

**陈聘丞**（中华化学工业会理事长） 科学与工业的关系业经公认。我自民国十年左右即与北方工业开始发生关系，至今仍有接触，尤其是化学工业方面。我觉得这个问题不易谈出结果，国家如此混乱，不宜于正常研究及工业的发展。现在一般人只注意发财，例如近来烧碱价钱很高，就有人问碱厂的开办设计，其着眼点只是为了囤积赚钱，不是为振兴工业。办工业者本身没有科学头脑，但知道科学是可以利用来发财的。以前英国也很混乱，比不过德国，到第一次大战后才努力赶上去，美国亦复如此。至于中国只知享受人家的结果，而且也利用得很少，工业界人在发了财就不愿再讲科学。台湾用了科学人士来经营工厂，其情形就与内地大陆的不同。本土如上海的工厂很多，但没有几家是请科学人士作研究的。他们为何不看重科学？就因企业家只要达到了推销的目标就算成功，制造出品只想与外国货仿造差不多，就不再想进步。我们劝他们要讲求科学管理，他们反说没有科学方法也赚了钱发了财，你懂得科学怎么没有钱？所以要使他们重视科学家的权威（假使可以用这两个字的话），必须给他们看看科学家的颜色。但是有些厂家却不相信黑眼睛黑头发黄皮肤的科学人士，只相信白皮肤蓝眼睛黄头发的人，这也是一般社会心理。台湾的工厂美国人看后认为经破坏无用，但经中国人努力复工，已经像个样子了，可见国人能力之强。个人以为科学与工业必须合作，科举界虽有许多学会，但精神是散漫的，比不上外国，值得中国科学界细思。如果以团结合作力量使社会认识科学是有帮助能力的，他们自会求助于科学。民国十二年时，留学回国的化学人才只有教书一途，所以组织了中华化学工业会，原想学以致用，以战事而停顿。战后整顿该会，两年以来，化学图书馆也已有了点基础，出版物《化学世界》与《化学工业》亦有两种，目标在使事业与科学得以联合。还想组织化学服务部，前曾与范旭东先生谈及，以范先生逝世而未果，现仍希望能够成立，以谋解决工厂的困难。这方面科学界人先要通力合作使工业界认清科学对他们是有帮助的，庶几可以逐步获得发展。

**许长卿**（中国纺织机器公司总经理） 工业与科学联系得太少，诚为可怪之事。现代工业为新工业，尤其不能离开科学，但现在如此的没有联系原因是由于政府经济政策的不良。现在办工业，即须准备破产，甚至维持也不容易。无论轻重工业，莫不赔本，制造既要蚀本，只有挂一个工业招牌去囤货来赚钱。在这种情形下工业自然无法应用科学方法了。科学对于工业诚属重要，以我自己的机器厂而言，有数点就必须科学界的帮助：（一）原料问题，以前日本人主持此厂时都用日本材料，或竟是西洋材料，试验资料也用日本货，现在已经买不到，而且也不能再迁就日本式。但国内的原料既贵而废料又多，于是成本即高，而用废料还须加上工资，所耗更多，所以急待国内科学界来解决。（二）开支问题，以前本公司黄伯樵先生为总经理采用科学方法管理，开支节省很多，现在继续照办，当然比较省了不少耗费。所以工业离不开科学，而科学成果如不经工业应用，亦失去了很大的价值。陈先生说科学界的工作不能完全配合工业界的需要，例如有原料想找化验所化验，全凭私人关系才能找到地方，想找科学界人士合作又多不得其门而入。其间如何联系，只有充实中国科学社之实际研究，充实试验设备，或利用基金聘请专家以备解决工业界的困难问题。

**任鸿隽**　原料化验问题应该设法解决，但上海并无一专门机构做这项工作。从前外人曾在上海办过，不过内容也有问题。这是科学界应有的机构，尤其在上海，然而没有，我们深觉惭愧。科学社亦深感经费之困窘，无从措办。现在既经提出一个问题来，当可从这里展开讨论。

**陆学善**（北平研究院镭学研究所所长）　我为上面几位先生的话作个小结论，就是工业需要科学，科学需要工业，二者是一而二、二而一的东西。科学界研究学理，工业界利用科学的学理加上资本与技术从事生产工作。工业界希望科学界帮助，但不知道工业界是否可以帮助科学界？科学研究为消费工作，工业则为生产工作，也就是赚钱工作，赚钱是应该赚的，唯赚钱也得把眼光看得远一些才可赚大钱。许多科学界人士找不到工业界的职业，在大学学物理的只可到中学校教书，教出来学生到大学学物理，学好了又到中学去教书，这样循环不断地在周转，因为与工业关系少，工业界就不要，学化学的还有药厂要用，学物理的根本不会要。就我的研究所而言每月经常费只有四百万，那能成什么事？趁此我提醒工业界请把眼光看得远些。从前英国孟彻斯特一家工厂经理聘请物理家与化学家各一人，示以棉花与羊毛的纤维，棉花纤维团卷后有皱纹，羊毛的可不皱。他请这两位专家在十年里制造出不皱棉花纤维，后来经十四年才告成功。这十四年中，工厂供给一切费用，但十四年后就赚了大钱，就因为这家工厂能有折团不皱的棉织品。可见工业家要发大财亦须有科学的研究。至于中国可由科学界研究者甚多，如金属、纤维、塑胶都可用自己的方法去研究，其中就需要许多物理学家、化学家、数学家、生物学家、农业学家，有赖于工业界的资助以集中研究，而且要不限定其研究时间与研究方法。如中纺公司即可办理纤维研究的工作，这是从积极方面做去，有助于国民生计的开展，比管制调整等工作要好得多。至于工业与科学两界的互相责备，实均有其缺点，工业界怪科学界之不研究，其实科学界也确无设备无法研究。而且外国电影片可以源源而来，而科学界要一点研究仪器，不是先要国防部批准，就是要行政院行文，一磅 picric acid，一磅 sodium chloride，推来推去，迟迟不发，到今天还搁在海关里。所以今天的问题是如何发展科学，与如何去发展工业。

**陈维稷**（中纺公司总工程师） 工业不发达的原因，有外在的与内在的原因：（一）外在的原因，就是政治的原因，也就是民主与科学的问题，有了民主，工业与科学才能发达。（二）内在的原因：初期中国的办工厂者一种为买办阶级，一种为买办阶级所办的工厂中的工头学得一些技术后自己兴办的工厂。所以中国工业的路线并非自科学而来，其起点并无好的社会基础，更说不到社会意识了，而全是为了发财。第二个内在的原因是技术问题，第三便是领导人，若工厂领导人为一科学工作者，必可使研究方面发展，但是买办阶级，那就绝不会有发展的希望了，因为这批人认为学科学的都是书呆子，无助于工业。事实上在中国的确有此情，这是教育的失败，也是政治的导入歧路使然。学校没有科学的实验设备，毕业后不能应用于工业，因此工业界便不要那批毕业生，这也就阻滞了工业的发展，隔阂了科学与工业的沟通。所以现在必须先解决民主问题，民主问题不能解决，根本谈不到别的，英国美国是有了民主才发展工业。中国的民主还是渺茫得很。当前物价又突然高涨，像中纺外传赚钱，但原料须买外汇，外汇挂高，暗中实在还许是蚀本的，再加政治的不安定，现在又有日货的倾销威胁，中国的工业更成问题了。日本又在复兴，二十年前的问题又来了，所以大的问题不解决，根本不必谈工业与科学的枝节问题。附带在此报告的，去年中纺赚了一万多亿，曾提出 1/10 约一千余亿，由董事会分配予有关纺织之研究机关，又被经济部若干研究机关分去了一部份。所余不多，就无力自办一个像样的研究所了。

**陆学善** 我建议中纺公司成立纤维研究所，无论下多少本钱或有无结果。希望由中纺公司领导与民营工厂联合起来研究。

**张辅忠**（五洲药房经理兼五洲药厂厂长） 现在的 DDT，德国于 1905 年即开始研究，历经三十余年，到这会大战才正式应用起来。这说明了科学研究的成果无论下多少本钱，研究到相当时期，自会有用处的。工业必须经过此一研究过程，才有发展。唯工业界对此素不了解。现在中国的情形，都是外行人在办工业，发展尤其慢。科学界人士生活太苦，设备尤差，无法研究，工业界亦根本不能从事生产与研究工作，因为专门在解决原料、待遇、迁徙等等的问题，还办不了。实际上科学与工业都是欲合作而不能。今天科学社提出这个问题极有意义，科学是知识工作，工业则应用科学的知识，所以要科学界帮助，而科学也需要工业界的推动。

**蔡叔厚**(华孚实业公司总经理) 刚才听到许多对工业家的误解。我们今天讲的是为工业而工业的工业家，现在的确也有许多坚苦的民族工业家，我愿为他们声说，略加说明。科学与工业间的相互需要各位已讲得很多，不必再加赘述，现就本人所接触到的若干工厂情形报告一点。(一) 他们都知道工业必需科学，但找不到科学家给他们解决问题；(二) 现在是私有财产制度，办工业者素不愿公开他有关生产的一切以免妨碍他的生利工作，更不愿公布他的生产品的缺点，只是秘密的找科学家来求弥补，这便妨碍了科学的发展；(三) 美国工业均有大规模的研究机构，英苏亦如此，中国的工业委实太可怜了，工厂的原料日益短少，根本无力支持科学研究的消费机构。申新纱厂的纤维研究机构现已停顿，就是因为工厂横遭政府统制收购赚不到钱，只好紧缩。大厂如此，小厂更不用说。中国应该学苏联，由国家办理研究工作。试看现在一团兵三千人每月仅是给养即须好几百亿，假使少养两团兵，用来扶植科学，我相信必定有些成绩。所以战争必须停下来，我们应该要求停止内战，用养兵的钱来研究科学。

**陈维稷** 政府从不愿帮助科学，民间的力量又委实太小，我们唯有团结科学界与工业界，在坚苦中密切地携手共进。

**卢于道** 养兵的钱都是民脂民膏，这些钱应该分些出来用在研究科学、发展工业、积极方面的用途，才是为人民服务。

**潘际坰**(大公报记者) 我想说一点关于科学研究的趋势，(一) 科学研究现已自一二人小规模的研究室进至大规模的集体研究阶段。美国已经有了二千吨的大原子轰击机，原子能工厂用上成千成百的人，中国则连一个小型的轰击机也没有；(二) 科学的应用应该是为人民谋福利；(三) 自科学研究进到工业应用的过程常有 50—100 年的距离，中国必须工业化，唯先须有科学教育。今天到会的有许多是科学刊物主持人，科学教育在刊物以外尚可做别的工作，具有远见的报纸应该请科学人材担任科学专栏的编辑与专任的科学记者。

**吴学周** 刚才许多先生说工业界想找科学界帮助而找不到。因为科学界以本身研究只有少量若干专门药品，如协助工厂作分析工作即须备有各种而且大量的物品，在设备上实有问题。而且就现在的少许设备而言，如果研究工作者以其所有研究物品来帮助工厂作试验,即使勉强凑付,在用完后本身之研究工作即须停顿而无法进行。化学研究所、中国科学社及技术协会等都愿意帮助工业界,但都没有钱。所以科学界并非不想帮助工业界,工业界,照今天诸位所说,也有心要帮科学界的忙,双方互相责难,实在双方均有困难。在现状下只有在无办法中彼此找办法求得合作。

**陆学善** 我的意思也是认为科学界与工业界都很痛苦,主要的症结皆在政治。最近有 picric acid 自国外运来,非经政府机关批准才准进口,而玻璃丝袜却可以源源而来。我的意思是说,在毫无办法中工业界似尚较科学界稍有办法,所以工业界尚可联合起来做点科学工作。

**卢于道** 中国的科学需要民族工业来发展,中国的工业也需要科学来帮忙。不过现在中国所有的一点科学成绩,实在还说不上已经萌芽,只能说是像孵豆芽一样在硬孵出来。试看中国的科学工作者正在遭遇着怎样悲惨的遭遇。袁翰青先生近在三卷二期的《科学时代》一文中所告诉大家的一个令人痛心的故事,他的一位学生汪盛年廿八年考取英庚款赴美,去春受航委会聘请回国,满想能做一番建设工作,结果是请他坐办公室,后来请调至沈阳,结果发现所谓航空工业只不过是一个翻砂厂。失望之余终于在 6 月 19 日上吊自杀(参考本刊 26 卷 12 期,373—374 页)。这便是政府为中国的科学工作者所安排下的命运。任何科学工作者都热心想为国家做一番建设工作,但因国家不允许你那么作,便只好冷心下来。不过我们现在仍不妨做下去,我们相信,我们总有力量,也总有一天会造出一个好政府来!

**周建人**(科协会员) 一个民族想好好存在,科学与工业都是重要的,都是要发展的。中国的工业与科学历经这些年代而无发展,还是由于中国民族仍然是在被压迫之下。战前中国在帝国主义压迫之下,战后收回了租界,但帝国主义仍旧在压迫我们,像日货的又要倾销进来,关税的又要减低,甚至如雷诺的要来就来,要去就去,都是在压迫中国,中国货当然无法以廉价相竞争。现在最重要的是要求解放与独立,如果还是在半殖民地的地位,工业与科学决不会发达,世界上没有一个殖民地的地方,其民族工业与科学是发达的。刚才一位先生说在如此的形势之下根本无法讲科学与工业,说得非常对。中国人的才能不用怀疑,中国很古时即已有了发明,而所以不发展的原因就在于工业的不发达,从而科学也不能发展。科学是因工业需要而发展。现在工商界与科学界即使团结得很好,但仍须先使中国解放出来。中心的问题在此,此外都是枝节。日货来,要抵制,决不让它自由进来,美国扶植日本,我们首先反对,这些都是有关中国民族存在的问题。

**许长卿** 有几点想补充的:(一) 工业并非不欲与科学联合,因为科学亦有不能帮助工业的地方，这便是科学本身的科学教育的问题。目前开明的工业家必定聘请科学人材，但这些新毕业的人往往因为教育不好，欠缺实际的经验。（二）中国以前在压迫之下，工业尚可萌芽，此是工资便宜之故，现在已失去这个有利条件，如果再不从科学上设法，工业必将更形低落。提高关税固是办法，但如想争取国际市场只用关税壁垒也不行，所以只有发展科学，希望中国科学社能做科学界与工业界的桥梁，真正肩负起这个联系的工作来。

**张孟闻**（科协上海分会理事） 今天的会是中国科学工作者协会上海分会与中国科学社联合邀请的。我站在中国科学工作者协会的立场来说一点：科工协会以联系为宗旨，科协并非限于科学界，凡对科学事业有志趣者均可加入。科协希望所有科学工作者联合起来，一个孤立的科学工作者不易讲话，讲了也少有力量，我们可用科协来作我们的喉舌。北平袁翰青等三位教授被党政当局警告，科协曾提出严重抗议，说出了科学工作者所想说的话。现在是一个强权横行的世界，我们被压迫，被欺侮而不许开口。如果国内争取不到民主，我们更争不到国外的民主。所以今天的座谈会是在认识环境，我们应该团结起来，代表科学界与工业界起来讲话，把我们的苦难呼喊出来，争取我们的自由，加强我们的力量。于此我们希望工业界加入，常常聚会，增加二者之联系，共同争取一个民主社会。在民主的政治下，才有民族工业发展的机会。

**黄宗甄**（《科学时代》社主编） 刚才所提出的许多问题，其解决必须基于一个前提，就是必须有一个民主和平的社会才能谈到发展。另一个问题就是现在中国是否有民族工业？所有的工业全是豪门资本所独占，逃往香港的民族资本，宋子文还反对他们迁港，要他们迁去广东，但他们即使在香港也因日货的倾销而立不下脚。现在日货又来上海了，一如十年前的旧事重现，我们真不知抗战为何而战？就科学说，中央研究院是国内研究科学的最高机构了，上海中央研究院的院所原是日本人所造起来的，也许一二年后日本人又来要求偿还，或许美国人会代来索还，我们是不是能有所作为来对付呢？

**蒋祖榆**（科协会员） 今天中国工业的低落并不是像许先生所说，由于工资高的原因。中国的工资比美国低，主要的是国家的不独立不解放。而且人民购买力如此薄弱，亦是工业低落的原因。

**吴藻溪**（世界科学社总干事） （一）科学工业有消费与生产的不同，但这是资本主义社会的现象。新民主主义国家不分科学与工业，二者的区别不复存在。民主政治与科学与工业乃是一体的东西。（二）大家都认为当前环境困难，悲观的成份较多，但不妨往远处看，相信自己的力量，切实站在自己的岗位上做自己的事情，我们不要依赖美国的援助，我们应该努力于自力更生。

**夏康农**（幼稚师范教授） 科学界与工业界都有苦痛，互责亦互爱，科学与工业正如一个身体的各部，一有困难，便须合力奋斗。如果不能配合，便应发动去克服。除了单纯的鼓励向上外，还需要找寻共同的痛苦，利用座谈会来估计危机，来寻求避免的对策。刚才周建人先生已经提出过了。

**卢于道** 现在让我来试做结论。今天我们可以得出两个结论来：第一个是科学与工业需要互相联系；第二是两方面联合起来以克服共同的困难。中国科学社与科工协会都愿意借这个桥梁，只要有机会来做。

[第 30 卷第 7 期(1948)第 193—198 页]

# 37. 欧洲研究组织的新动向：本社座谈会记录

37 年 7 月 25 日下午 3—5 时在本社演讲室

主讲人：钱三强　记录者：王梅卿　整理者：张孟闻

**主席(任鸿隽)**：中国科学落后，在现今原子时代，我们似乎还没有研究原子物理的适当研究人与研究机构。现在钱三强先生偕同何泽慧夫人回国，两夫妇对铀原子核的三部与四部的分裂研究，在原子物理工作方面是一个重要发现。钱先生于 1937 年到法国研究原子核物理，现任法国法兰西学院原子核化学实验室的研究导师，在法国物理学方面也是领导的人物。今天科学社有机会请钱先生来此主讲"欧洲研究组织的新动向"，很是荣幸。我们知道研究与研究组织有极大的关系。我国科学研究的不发达，可能是因为研究组织不健全的关系。现在就请钱先生来讲。

**钱三强**：今天感到非常荣幸能参加中国历史最悠久的科学团体所举办的座谈会，借此与各位科学家相聚。今天座谈会的题目是"欧洲研究组织的新动向"。在过去十年中，本人大多的时间都留居在法国，所以今天所讲的也偏重于法国的动向。

法国在战前可称为富庶的小康国家，地理环境像我国的江浙等省，而科学历史却已很久长了，出过不少的伟大科学家。在科学系统而言，法国以数学为主系。数学家在工作条件上并不需要特别的设备；同时，法国的国民性又是比较着重个人的"天才"工作。因此，一般人的概念，以为研究工作仅仅是少数教授们的业余消遣，无须乎社会全力支持的，同时，也无须乎有系统的组织。

直到 1930 年左右，科学已进步到非有相当完备设备不能进行研究的地步，尤其深刻地感到科学应与工业有密切的联系。那时贝兰(Perrin)教授——巴黎大学之物理化学讲座及物理化学研究室主任，曾由研究 Brown's movement 证明分子的实在性，而获得诺贝尔奖金——即联合了几位各科有地位的教授，向政府请求研究基金，成立一个国家科学研究基金会。目的是补助科学研究者所需要的设备及给予有志青年从事科学研究的机会。起初，因为经费所限，补助的范围仅限于数理化等科。在这基金会中，设立了一个与教育系统平行的研究系统，其职位可分为：

(1) 研究生——相当于助教阶级，

(2) 研究员——相当于教员讲师阶级，

(3) 研究导师——相当于无讲座的教授阶级，

(4) 研究主任——相当于讲座教授或实验室主任阶级。

研究生的起初两年为试习时间,由大学毕业成绩优良而有志于科学研究者充任;两年试习期满后,经指导人员认为可继续工作,则进为正式研究生,在他人指导下作研究工作。研究生的成绩可以作为博士论文的材料。研究员的最低资格是有博士单位,这段时期是一个科学工作者最重要的时期。原则上研究员应该单独的作研究工作,同时还有辅助更年青的工作者的义务。以成绩而言,这段时期是产量最大的时期。大部分科学人员的前途是看这个时期的工作而定。这个阶级中有优秀成绩的表现者,同时并且已表示有指导其他人员工作的能力者,可以进做为研究导师。研究导师的职务是除自己工作外,尚需组成一门学问的研究核心。研究导师中更有成绩表现,而且具有办事的材干,可进做为研究主任。研究主任常常就是一研究所的所长,在学问而言,不但在本国有地位,在国际的尺度上,也常常是很立得住足的人物。

这个组织成立后,不过二三年,邵立欧·居里夫妇(Joliot-Curie)即因受到研究基金会的设备补助,而作出了中子的工作,邵立欧氏因此而得研究导师的地位。不一年,他们又发现了人工放射现象,而获诺贝尔奖金。这个辉煌的成绩,使智识界了解了研究组织的主要。因此,贝兰便更努力的向政府请求补助。这时正是法国组织人民阵线联合内阁的时候,一般的作风是对于有益社会的事业及其机构都大量补助,因此贝兰教授的呼吁便促成了新内阁中的"科学研究部"的产生。部长即请邵立欧·居里夫人担任,在法国以女子为阁员的,这还是第一次。一年后,邵立欧·居里夫人科学研究工作因部长职而受影响,她便辞去了部长职位,后来又将"研究部"改回为"研究会",主任仍由贝兰教授担任,但规模却扩大了不少。到第二次欧战前,它的经费已超过了一个大学的经费,范围亦扩到所有自然科学各部门,而且还及到了一部分人文科学。

法国沦陷后,傀儡组织,以为"科学基金会"是一个"反动"的组织,就派了一个矿物学教授 Jacob 去接收这个机构,作为结束的准备。不料 Jacob 接收时,发觉这实在是一个相当有效而健全的机构。因此,他建议保留了这个组织,而换了块招牌,称之为"国家科学研究中心"。但因为经费不增,而物价上涨,所以就不死不活地维持下来了。当时从事于工商业者,虽在物价高腾情况下,因"水涨船高",他们的生活就不大受物价威胁影响,社会上最受到影响的莫过于公教人员。这些公教人员,就是没有逃到英美去的法国科学工作者,大部份感到未来的责任,在艰难的情形下,仍坚守着自己的岗位,尽可能地使工作前进,同时还训练了一批后进青年。光复以后,才看出这时期工作的重要来。

法国光复时,贝兰教授已去世,临时政府即派邵立欧教授主持该中心,而且扩大职权而成为指导及组织全国纯粹科学研究的机构。其经费约相当于全国的高等教育经费，研究工作人员可以不限于法国国籍。它属于教育部，可是一个比较超然的组织，不受政治及政府人员更调的影响。在邵立欧教授指导下的两年“训政时期”，使该组织内部成了一个民主的及富有机动性的机构。他将科学分为若干部门；每部门中选了比较年青而已有良好成绩表现的科学家们组织成该部门的科学委员会；这些委员会目的在审查成绩，决定升迁，拟议该部门研究发展的计划；各部门委员会又推选出一二人，共同合组为主席团；研究中心的主任为主席团的主任，主席要为该中心的决策机构。

现在科学研究中心的主要工作，大概如下：

一、辅助已有的教育及研究的机构，使它能发展科学研究。辅助的方式为增购必要的设备、图书及增加科学研究人员的名额。

二、在整个研究计划下，创设已存在研究单位以外的新的研究室。例如：(一) 大分子研究室的设立，以往因限于经济关系，对于大分子的问题，许多科学家都各自为政地作些枝枝节节的小题目。现在研究中心鉴于近代科学之需要于合作有系统地合作，所以鼓励这部分科学家组成了一个联合研究大分子的研究室。这里面包括数学、物理、化学、生物等各科的人物。(二) 关于原子核的研究，在法国原子能委员会未成立以前，法国拥有镭学院之居里实验室，内有世界纪录产量的放射原质。此外尚有比较新的法兰西学院之原子核化学实验室，内有旋转加速器(Cyclotron)。研究中心为完备研究原子核的工具起见，更设立一原子综合实验室，装有高压加速器。在行政方面，使这三者发生极密切关系，因此研究工作极为方便。(三) 法国所特长的工作，使它充分的发展。例如磁学，除早期在英国俄人 Kapitza 设立的强大磁石外，法国磁学研究原占世界一重要位置。最近在 Cotton 教授指导下，我国之蔡柏林先生即以研究员的资格设计建造一个世界最强大的永久磁石。这不但对于磁学技术本身是一个重要的供献，并且对于放射学及宇宙线研究都有密切的关系。由这里所举的几个例，可以看出他们如何有计划地进行新的集体合作的研究部门。

三、与实用科学取得联系。——如国防科学、工业科学、医药科学等。

四、研究中心辅助性的工作及社会性的活动：

(a) 派送留英学者：若研究中心感到在全盘计划中某几部门缺乏专家，它即选派有准备的研究者到外国，专对此部门进行学习及研究工作。去的时候，研究中心已事先接洽工作地点及研究导师，回来的时候也不必想到是否有出路问题。这班留学者的工作早已被研究中心安排好了，使他将所学的东西，充分的利用及发展，同时又可以训练一批青年。这类有计划的派送留学生，使他们很快的就充实了所缺乏的部分。一次送留学者以后，即不必再在同行内送其它的人了。这班人完全尽了“移植”的工作。

(b) 交换教授及组织国内或国际的专门问题的讨论会：用这种方式，一方面输出法国的文化，一方面输入他国的文化，同时又提高了文化水准及青年工作者的研究兴趣。

(c) 增加传播智识的方便：编辑各科科学的文献辑要及负责印制文献的小照片(microfilm)以低价售给研究者，使之工作方便。另外还统买外国新品版的书籍杂志，除在大城设立图书中心外，还代发给各有关试验室。

(d) 训练研究青年：从大学或专门学校毕业走到研究途中，其起始因准备不充分，常常有许多智识上的不足及技术上的困难。现在研究中心与科学工作者协会合办研究预备班，以增加合理化及集体化的研究效率。比如照像技术、无线电的应用、吹玻璃、金工实习、近代力学所需要的数学等等，都有系统的由有经验的科学工作者给青年以切实的指导。这样可以省去了每试验室的人对新来者的义务。同时因为教的都是这几方面的专家，所以青年得到的智识更准确。

(e) 鼓励自制仪器：科学的分门别类越细，工作所需仪器也越复杂困难。仪器除普通及本国出者外，常常需要购自外国，或各试验室研究者各别的自制。研究中心为提倡自制及增加工作效率起见，特选某些试验室之某几位适当人员，使其专门负责自制或修理某些仪器。比如 Geiger-Muller 电子计数器已可以由原子核化学试验室制造，而且可供给其它试验室。又如我国的汪德昭先生即以研究员的资格，负责修理及监制灵敏之电流计，对于法国研究工作，便利不少。

(f) 鼓励研究者作有系统的学术讲学；研究工作人员若多年不教书，便不大有讲解的机会，同时因为工作日益专精，渐渐地对于普通的东西及有关科学的全部，有荒疏的趋势。研究中心有鉴于斯，鼓励研究者间断地作专门学术的讲学。这不单使研究者有回省的机会，同时也与(b)项一般提高了文化水准及青年工作者的研究兴趣，另方面亦使研究工作者与社会取得应有联系而获得了互相了解。

(g) 出版专门书籍及集体科学著作：有些著作的或翻译的专门书籍，书店不肯承印，即由研究中心代理承印。有时研究中心感觉某些科门尚无完善的书籍，他即拟定撰稿人物，请他们各就所专，写某一部分的文章，然后集体的出版。这类的书籍本身，应该比一个或少数人写的有价值。

除去这些工作外，研究中心最近又参加了全国的复兴计划，负责筹划复兴计划中的科学部门的工作。

经过两三年的“训政”以后，现在研究中心已开始走入“宪政”时期。从前各部门委员会的人员，是由研究中心的主任征询结果而聘请的，现在则由科学工作全体人员在研究主任到研究员中及教育界中的教授中选举出来。新的各部门委员选出后，再产生主席团。一切全国研究的大政方针，即由各科学界所选出，能够担负起科学研究责任的人来主持，教育部只就其主席团中选一适当人物聘为主任。这个机构，除去它的民主作风外，还可注意的是有机动性。它并无成法去限制它的活动范围，其目的是现代科学日新月异的进展中，如何使法国科学研究充分地走上一条合理化的集体发展的道路，选择它所应走的路，它有充份的自由及机动性。

法国之外，我要提起的是英国。英国研究组织正与法国走着同一路线，其目标为（一）增加科学工作者之研究机会及设备，（二）增加工作人员之合作机会，（三）促使政治当局了解科学之重要。在这次战争时期英国一个教授可能作为一个上尉，或只戴佩了一个肩章就去参加战时工作。英国战时有行动单位（Operation Unit）即由科学人员组成，派往前线或参谋总部观察军事设备或防御工作上有否可以科学方法来增强战斗效能，以达到科学辅助军事的境界。下面有三例可以证明科学对军事上的贡献：(a) 雷达的应用——英国在大战时不曾受到致命的损伤及破坏，实与应用雷达设备有莫大关系；(b) 磁性鱼雷——战时德国利用磁性鱼雷破坏英国舰队，行动单位的工作人员就在船底装上交流电圈，使磁性鱼雷不能发挥它的效用；(c) 战时在大西洋海面由美国载运军器及粮食之英国舰船常受德潜艇之袭击，为减少潜艇袭击的损害，数学家们曾运用他们的知识，算出损失最少的舰船行驶时间及排列方式：结果成效昭著。

鉴于英国科学家战时的辉煌成绩，战后政府仍旧尊重科学家的意见。近来在政府各层机构中都设有科学人员的职位，希望在和平建设时期，科学家亦如战时一样的，参加改进效率等问题，如最近的食粮问题，科学家正在协助政府谋得解决之道。虽然科学家的战时功绩那样大，但是政府人员总觉得科学人员应该是听命令作事的人，不应爬到发号施令的阶层。至于全国科学人员之合理化的组织，似乎尚不及法国来得集中，来得有计划。这可以由各国所走的政治路线之不同而去了解这不同方式的发展。英国是唯一的特殊能演进的国家，因此现在科学虽然在要求着一个民主的、全国性的、集体发展性的研究机构，而演进的国家必须要有一相当时间才能达到这个目标。

美苏两个巨大而两极端的国家，我们暂时不谈。西欧除英法外，比意等中间的国家也都感到这种新趋势，有追赶上去的必要，而已经有了类似的组织。全世界的科学工作人员皆深深了解我们现在科学的成就已不是个人的荣誉，而是集体合作的表现。科学既然受了全社会的支持，它的最后目的也应该为全社会谋福利。

**陆学善**：今天钱先生所讲的我想可分为三点来说明：(一) 有民主政权才能有大规模的科学研究;(二) 现代的科学研究已是一种有计划的集体工作;(三) 科学工作者的态度，除其本身兴趣外，应不忘其对社会的责任。

我们梦想着有一天，我们中国有一个科学研究中心，我们探讨真理，我们为全民谋福利。这样一个机会的到来，恐怕还遥远得很，坐着等待而能实现，除非是一个奇迹。这责任都在我们科学工作者的本身，挺起身来，争取一个合理的社会。

**卢于道**：由钱先生所讲，知道法国研究组织有全国性的单位研究大集体，但不知这与法国的复兴计划如何配合?

**钱三强**：法国现行的外援复兴计划本来对科学工作不曾注意，因为执政者是些纸上谈兵的政治界人物。后由科学研究中心及科学工作者协会发动促起其注意，执政者才知道要实现复兴计划，必须要有许多受过训练的科学及工业人才共同合作。为了使复兴计划不变为援助者的奴化计划，就必须科学与复兴计划相配合。现在科学研究中心已担负起来复兴计划中的科学部分的筹划工作。

**吴乾章**：据传外国研究工作甚为秘密，不知欧洲诸国是否如此? 是否欢迎留学者去求深造?

**钱三强**：在自然科学中可分为纯粹科学与应用科学二种，纯粹科学我们不如称之为基本科学。一般说来由研究基本科学所得之结果是绝对自由而公开的，如原子能之所以能应用乃是各国研究传布结果。基本科学是不能闭门自守的，它需要触类旁通。若基本科学之研究不能自由而公开的话则犹如众人聚居一室，紧闭窗户，结果是连他自己也会窒息而死。至于应用科学在工业与军事上有些小秘密是常常保留的。现在一般学者所争者为基本科学结果的发表自由。根据自然科学本身原则，基本科学的研究结果应该绝对自由。至于国防部应用科学之研究，各国都不欢迎不信任的人员去工作，但也并不绝对拒绝外人，要看研究者本身与其国籍而定。欧洲国家对于基本科学的研究是允许外国学者去学习的。

**张鸿年**：要发动大规模的研究工作，须立基于人才、基础、经济三项。关于人才，我们每年有不少研究人员或大学毕业生，及归国人才;关于基础有中国科学社这样一个历史悠久而有国际盛誉的学术机构，此外又有中央研究院、北平研究院;我们所缺的乃是经费。在中国确实是收罗人才容易，征募基金为难。中国科学社当联合科工、技协等学术团体向政府争取工作及研究基金，俾达到科学为国家、为社会之目的。

**陆学善**：说到经费，又使我感慨万端。我们现在研究仪器样样缺乏，竟是连一元美金的外汇也难于请得。

**钱三强：**国内的科学工作好像是一筹莫展，要打开一条路方法有的是。方法是要用人力来争取的。我们并不太穷，可是我们糟蹋钱的地方太多了。就以留学政策而论，若办得恰当，可得良善的收获。但是现在无计划的任青年学子到外国去，结果容易造成一批学不得其用的份子。若是把每年留学的外汇用到本国研究工作，或是送真正的学者去留学像法国日本一样，我想成效一定要远过于现行政策。一般来说，二三年的留学时间要得优良成就并不容易的事，但社会的习向使青年盲目的走上出洋的路，结果有些有志的得不到适宜的发展机会，有些就靠着一个学位及特殊的个人关系在某机关里挂一个职衔，就这样自误误人地过了一辈子。我们实在不需要每年派这么多的留学生，尽可以在国内造就或训练人才。我们并不是没有专家，我国的量子力学专家彭桓武氏，可算是胜任的研究指导人物，他现在回到云南大学，从前在爱尔兰教书时，法国就派学生专到他地方研究，最后结果使他的学生回到法国得博士学位。我们每年有不少人去学量子力学，为什么不到云南去学，反而到外国？不论是公费或是自费，普通一个留学生至少费用是一百美元一月。可是在国内的教授只合十元美金一月。若是少派一留学生而以这笔外汇供养五位教授，使他们安心工作，实能造就更多的人才。我不是绝对地说不送留学生，我们仍是要有计划地送留学学者。日本送留学生至今有六十年的历史，可是现在他们只是偶尔派送一二个学者去国外研究而已。中国的派送留学生亦有六十年的历史了，可是现在还要每年费大量的金钱大批送留学生。这种现象很值得我们来思索。

**张鸿年：**话是说回来了，我们再看一看在留学政策以外的外汇消耗吧，阔佬大官们，甚或是公子哥儿们在美国又要耗费多少外汇？或者甚至花一笔外汇来换一声妈咪。外汇都是由民脂民膏换来的。所以一定要争过来为人民谋福利。

**张孟闻：**我可以补充钱三强先生的说话，同时并以回答吴、张、陆诸位先生的意见。全国性的科学研究计划中心，在并世列强都已存在。在英国有科学与实业研究部(Department of Scientific & Industrial Research)与国会里的科学政策顾问会(Advisory Council on Scientific Policy)，最近又拟议建立国家研究发展局(National Research Development Corporation)；美国有科学研究发展局(Office of Scientific Research & Development)，是蒲胥博士(Dr. Vannevar Bush)所领导的；德国最近在美军占领区里成立了一个总括科学一切部门的 Plank Society，以纪念浦伦克教授，那位刚逝世不久的原子物理学权威，其范围足以比拟于战前德国威廉皇室研究院(Kaiser Wilhelm Gessellschaft)；苏联有其庞大无比的科学院(Academy of U. S. S. R.)而外，其著名的科学家且有被选为国家中央政府委员的，可以与其他党政人员一样有权力来决定国家政策方针；加拿大自去年(April 25, 1947)起也有国会与科学委员会(Canadian Parlimentary & Scientific Committee)主持国家科学工作计划。从这里看，只有中国的科学工作者处在最可怜的境遇里了。要是等待集款或请求政府来组织这么一个研究中心机构，真是“俟河之清，人寿几何”。我以为比较可以做得到而无需大款的即是由民间科学界自己推选代表，集合起来成为中国科学界的决策机构，拟定政策与计划，讲我们所要讲，做我们所能做得到的，而听不听与做得到几许，则看社会政治的环境了。

**黄宗甄：**要请教钱先生二个问题：(1) 东欧与北欧诸国之科学情形如何？(2) 法国之科学院有否像我国之中央研究院或北平研究院等之组织？

**钱三强：**北欧诸国，科学前进，但常常是某一门学科有特殊发展。东欧诸国的科学并不十分成熟，不如法国英国之科学已发达至成熟阶段，可是他们有意设研究机构，而指导人才不够。

法国科学院，我们应该译为科学博学院(Académie des Sciences)，它在教育上有支配性，但因为院士们多半都是年老德高的科学家，对于新的科学不常常注意。因此现在已有点变成元老院了。法国科学研究中心，正是因为科学博学院不能负起实际筹划全国科学研究的责任，所以应运而生。它是一个比较年青的机构，负责人也都是直接在作科学研究工作的人。

从我们上面所讲，就可看出，科学研究中心与我国的中央及北平研究院并不相同。这两个研究院只是一区域中的若干研究所的总合，并无筹划全国的研究经费职权，它们约相当于法国的法兰西学院(College de France)一类的组织，但是它们还没有讲学的机构。在某方面看来，我们的教育系统与研究系统有些人为的脱节地方。

[第 30 卷第 10 期(1948)第 289—294 页]

# 38. 科学与社会

任鸿隽

无论从那方面说起，科学在现世界中，是一个决定社会命运的大力量。因此，在这次大战以后，重待建设的世界中，科学与社会常常成为讨论的问题。据我们所知道的，关于这个问题的讨论，可以两种方式代表：一是此后的世界问题是不是专靠科学所能解决？二是此后的科学与社会应有甚么样的关系？本文拟就此两方面加以讨论。

关于第一个问题，我们可以洛克斐尔基金会董事长福斯狄克(Raymond B. Fosdick)的言论作代表。在1947年洛氏基金会的报告中，福斯狄克有以下几段话：

> 眼前的危机，是西方社会所曾经遭遇到的最严重的一个，我们一直知道智识的获得是危险的，因为它可以被用于错误的方向。但现代人们手中的智识是那样容易被误用——而且一经误用，就很容易把人类的希望和建设化为灰烬——故此挑战的冲击，使我们迷惑、恐惧、茫然不知所措。
>
> 目下的时期所以成为严重，正如汤比(Toynbee)教授所说的，将依了反应的性质而定我们生存的机运。过去的历史充满了国族和帝国残滓，是因为它们仅靠了物质的力量来适应他们当时的危机。我们眼前的反应，不能限于下层的力量。除非我们能真正伟大，把答案抬高放在智慧与道德的平面上，我们的命运不但将与历史上归于毁灭的国族相似，并将与一切生物种族，不论是鸟类或恐龙，专恃凶恶方法或自卫武器的同其运命。
>
> 要把我们的答案放在研究人类较高的平面上有一个困难，是我们美国人常把提高生活程度这件事看得太重。在这方面，我们是无比的成功的。我们的生产力及消费力比世界上任何国家都大。其结果，是我们的标准偏重于量的一方面。我们所有的一切比任何人都多——汽车、冰箱、无线电、铁路。从而我们理想中的世界，不是一个住满了聪明正直人类的世界，而是一个每家有汽车，每厨有鸡肉的世界。我们太容易假定物质生活弄好了，其他的价值会天然的跟着来。从我们的机器及工厂的装置线上会自然发生美满的生命。
>
> 另外一个困难，是我们对于物质科学的迷信。它们神圣不可侵犯，它们是生命的配给者。“科学能孕育伟大光明的文化”是到处奉为金科玉律的格言。即我们的大学也拜倒在二十世纪的方法崇拜之下，这些方法即是使物质世界的管制成为可能

的。……不消说,对于人文及社会科学,他们常常与以应得的尊敬。但事实告诉我们,在基金上、研究设备上及教授的地位上,人文与社会科学远不及物质科学的优越,而且这裂痕还天天在扩大。

这裂痕是应该减小,不应该扩大的。在这科学时代,我们免不了了解科学的责任,但我们所面对的最高问题,不是化学、物理、工程所能给我们答案的。它们在伦理上是中性的。……它们能给我们更多的马力,但只有呆子会说马力能发展一种方法使脱缰的技术受到统制。它们能帮助更多的人类得到康健与长寿,但它们很难发见新的人生目的,或人与人关系的艺术,或帮助获得和平与成功的政府所需要的社会道德。

我们眼前的问题与人类命运,不能在物质方面解决,而必须在道德上与社会平面上决定。物质的力量与金钱兵力的优势,可以维持我们于一时,但我们社会上爆发性的紧张,只有靠了道德及社会的智慧方有解除的希望;而这种智慧,非试验管发所能沉淀出来,也不是原子物理学的灿烂方法所能得到的。

以上所引福斯狄克的话,固然只是一人的言论,但我们深信它能代表许多忧深虑远的意见。记得第一次世界大战之后,人们对于西洋的科学文明起了疑问,也发表了不少同样的意见。其中的一个代表,直到现在还新鲜在人记忆中的,要算理朋主教(Bishop Ripon)的说教。他说,尽管人类对于克制他的环境有过远大的胜利,我们对于人类的前途仍感到极度不安,因为人类尚不知怎样克制自己。他以为科学家在庞大数目的发见中已失掉了方向的感觉,因此需要一个支配的哲学——人格。他甚至提议停止科学研究十年,以便人们用他的力量来发见人生的意义。当时东方的学者更有不少的人发出"西方文明破产要待东方文化来解救"的呼声(据我们所记得的,梁任公就是一个)。不过呼吁尽管热烈,世界的情形甚少改变,经过二十年之后,第二次世界大战发生了。而且第二次大战结束不久,第三次大战的新恐惧又笼罩着疮痍未复的世界。由此看来,福斯狄克的说话,不过是旧调重弹,没有甚么新的意义。但因此问题关系重大,我们不妨检讨一下。

福斯狄克君诊断眼前世界的危机,一是由于我们(特别是美国人)过分看重物质生活,一是由于我们过于迷信物质科学。但物质生活的增进,是由于科学研究的结果,所以我们可以说福氏所着重的还是科学这一点。关于第一点,我们没有多少讨论的地方。"人不能单靠面包而生活",是凡稍有文化的民族所共具的信条。设于物质生活之外,不能发见较高的活动与信仰,人生还有甚么意义?况且物质生活的追求,常常是一切竞争的起源。福氏所说"每家有汽车,每厨有鸡肉"的目的,即使靠了科学的进步而达到了,我想人们的希望又将为“每家有飞车，每厨有火鸡”了。这样，人与人、国与国之间，便不免了争夺相杀的惨剧。所以偏重物质生活的结果，既足以制造乱源，更不能成为人生的目的。

说到科学，——特别指物质科学，就不能与物质生活同日而语，这是我们与福斯狄克君分歧的出发点。物质科学是物质的研究，但它本身不是物质。物质生活是物质平面的事，科学研究——不论他研究的是甚么——却是智慧或道德平面的事。要说明这一点，不须繁征博引，我们只要记得研究科学的最高目的，并不在追求物质享受，而在追求真理。为了追求真理，科学家不但不暇顾及身体的享乐，甚至连性命安全也可以置之度外。发明磁电的法拉第拒绝某公司顾问的聘请，说“我没有时间去赚钱”。哥白尼与盖理略冒了当时教会火刑的迫害，发明太阳中心说与地动说的真理。其他为了发明真理而履危蹈险，艰苦卓绝的科学家，更不胜枚举。所以福氏所说物质的弊害，与真正的科学如风马牛之不相及，而除了最高的智慧与道德的平面，我们也无处位置这一班科学大师。

所可惜的，像这样高尚纯洁的科学家每每不为当时所认识，而他们的求真探理的精神，又往往为科学应用的辉煌结果所掩蔽，于是物质的弊害都成了科学的罪状。其实我们要挽救物质的危机，不但不应该停止研究，而且应当增加科学并发挥科学的真精神。我们试想，设如欧西人民都受了科学的洗礼，有了求真的精神，希特勒、莫索里尼等愚民的政策将无所施其技。我们也明白现今独裁的国家，何以要靠了隔离与宣传的作用来维持他们的政权。如其我们说科学愈发达，致世界战争愈剧烈，我们也可以说科学到了真正发达的时候，战争将归于消灭。这不是因为科学愈发达，大家势均力敌，不敢先于发难；而是因为知识愈增进，则见理愈明了，少数政客无所施其愚弄人民的伎俩而逞野心。战前的日本人民如其有充分的世界知识，也许不至发动侵华军事，造成世界的大劫运。我们以为“力的政治”不能达到消弭战争的目的，唯有诉诸人类的理智，方能使战争减少或消灭。而研究科学实为养成理智的最好方法。

因此，我们以为福斯狄克所说“迷信物质科学为解救当前世界危机的困难之一”，为不了解科学真义之言。福氏所谓物质科学，当系指工程技术(technology)而言。工程技术是应用科学的发明以谋增进人类的健康与快乐为目的的。这与纯理科学之以追求真理为目的相比较，已有卑之无甚高论之感。然即这个卑之无甚高论的主张，也不见得与人生目的有何冲突，唯有把工程技术用到毁灭人类的战争上，它才与人类的前途背道而驰。然这个责任，似乎不应该由科学家来担负。

其次，我们要讲科学与社会应该有甚么关系的问题。这个问题也是第一次世界大战后才为人所注意；尤其是英国的科学促进会(The British Association for the Advancement of Science)在1938年曾组织科学与社会关系组(Section on Science and its Relation to Society),专事研究这一问题。科学联盟国际评议会(International Council of Scientific Unions)也有一个科学与社会关系委员会(Committee on Science and its Social Relations),本年六月在巴黎的联教大楼开会,通过了几项工作计划及科学家应行共守的宪章纲要,征求世界科学家的同意(见《科学》第30卷第9期278页)。此外关于发表此问题的中外文字都不在少数。这可见这个问题的重要性,也可以说这是科学家最近的一种自觉。

科学与社会的关系,自有科学以来即已存在,何以直到最近几十年此问题才被人注意?这是因为(一)当科学方在萌芽,即盖理略、牛顿的时代,探求真理的倾向,过于利用厚生的作用,故其影响还不十分显著。(二)即在后来瓦特、喀尔文、马可尼时代,科学应用渐渐把工业及日常生活改变了,但其影响是属于进步的建设性的。其结果是增加了人们的乐观主义,无须怀疑到科学的利害问题。唯有到了二十世纪以后,西方的帝国主义已扩张势力到短兵相接的程度,社会上财富增加,阶级组织日益繁复,于是战争、经济恐慌等现象接踵而起。在这些生存竞争的过程中,科学都占了一个重要地位。科学家在这个时候,才回过头来检讨一下科学与社会的关系,不消说是当然,我们还不免有来何晚也之感。

要检讨科学与社会的关系,我们以为可从四方面加以观察。即:

(1)科学发明所发生的社会影响是甚么?

(2)科学发明是否有益的用于社会?

(3)科学发明的利益是否普遍地造福人群,或仅为少数人所独占?

(4)社会组织是否合于科学的发展?

以上四个问题,详细讨论将为此文篇幅所不许,我们只好单简地说说。关于第一个问题,我们要指出:科学发明所生的社会影响,属于理论的要比属于应用的为大且远。人们只知道飞机与无线电怎样变更了社会组织,但不要忘记了地动说与天演说怎样改变了我们的世界观与人生观。没有后者的改变,由中世纪进入近世纪将为不可能。科学家追求真理,不可松懈,更无所用其恐惧。关于第二个问题,我们得承认:科学发明在道德上是中性的,它们可以用来福利人群,也可以用来毁灭人类。最近的原子能发明是一个例。原子核武器,此刻正威胁人类文明的前途,但如应用在建设方面,将来可增加人类的幸福将不可以无量计。毒菌的发明也可以作如是观,因为毒菌用来作战虽然可怕,但研究毒菌使人类疾苦得到救治已经不少了。关于第三个问题,我们以为与其说是属于科学的,不如说是属于社会的更为确当。科学发明无论如何重要,只是一种原理,一种方法。要用来造福人群，还须经过社会组织的一个阶段。社会组织如其良好，受到科学利益的必然众多；反之，如其社会组织不良，科学上有利的发明，可能为少数人所独占或垄断。这在现代工业社会中是数见不鲜的事。我们要免除此种弊病，有两条路可走：一是科学家停止发明，这是反进步的办法，当然不可能；一是改良社会组织，这是可能的，但这权力不一定在科学家手里。眼前的问题是：科学家在这种情形之下，他的态度应该怎样？这个问题的答案关系很大，似乎不容易置答。不过我们不要忘记，科学是这一切问题的原动力。科学家既握有此种原动力在手中，只要善为利用，不怕社会不向善的方向前进！

最后一个问题，即社会组织是否合于科学发展的问题，可以说是社会对于科学的关系。追溯科学发展的历史，其初只是少数自然哲学家依着自己的兴趣，凭了新起的实验方法，向天然界探索秘奥。他们既不受社会的重视，也没有社会的目的。这可以说是科学的个人主义时代。但就在这个时代中，把科学的根基打下了。至十六世纪以后，科学的统系渐渐成立，科学的重要也渐渐为社会所承认，于是在学校中、学社中、私人团体中乃至政府机关中，都渐渐有科学研究的组织。这到十九世纪末以至二十世纪初年为止，可以说是科学的团体运动时代。在这个时代中，科学的研究机会固然加多，个人的天才发挥亦称尽致，故科学的成就，尤为辉煌可观。及至二十世纪开始以后，经过两次世界大战，科学的重要性愈加明显；同时因为科学的研究已到了精深博大的境界，所需要的研究设备又极其错综复杂，使所谓个人主义或团体运动的研究，几有望尘莫及之感。于是重视科学的国家，都拨出巨款，特设机构，来担负研究科学的责任。这可以说科学的国家主义时代。国家用全力来发展科学，科学的进展固然愈可预期。但我们不要忘记科学的国家主义，和其他国家主义一般，将不免狭隘、偏私、急功近利等种种毛病。这和科学的求真目的既不兼容，与大道为公，为世界人类求进步的原则亦复背驰。所以我们以为在计划科学成了流行政策的今日，私立学术团体及研究机关，有其重要的地位，因为它们可以保存一点自由空气，发展学术的天才。

卅七，九，一五。

［第 30 卷第 11 期(1948)第 321—324 页］

# 39. 科学家与社会进步

（三十七年十月九日在南京年会演讲）

萨亦乐(Dr. R. A. Silow)讲　林文节译

在这个简短的演讲里，今天早晨我想要陈述的是科学所能贡献于人类的将来福利与科学家在世界社会机构中的地位。

大西洋宪章应许保护并尊重个人的权利，以免于饥饿与匮乏。要实现这诺言，在这个国家里确是一个重头的工作。我们知道，在必需的物质条件不能满足以前，个人权利与其精神独立，都是空话。而今天世界上有成百万人要过起码的像样生活，却连最少限度的需要也无法接近。

饥饿与匮乏可以从这个世界上消灭掉的，只要经心运用我们现可应用的技术智识之丰藏。人类生活，就英美而言，因技术之广泛地应用，在过去三世纪来有了几乎不可信的改变，在这期间，生活程度特殊提高了。最近又加上了健康增进与社会供应之普及，与适宜营养食料之配备，用以应付日益增加的人口比率。

就个人交际的经验而知，中国今日切需物质的与社会的环境之改良。个人以为吾侪在西洋所享受之生活程度与社会供应，实食国家生产力旺盛之赐，而后者则有赖于技术方法的应用与工业的发达。在国家生产力没有增进以前，这些享受就不可能获得。这一个基本真理，在中国却并不普遍认识。这里切需物质生活之改善，而西洋物质生活之改善，盖在数世纪的技术发达之后。

即就英美社会已经改善以后而言，维持现状在社会组织说来亦已是很大的难题，虽然这比之全人类生活程度的提高显属微末小事。然而在人口密布的国家，如中国与印度，则是重大的课题。长期战争以后，在这些国家里，只是想将人类生活的必需程度，就是维持了异于禽兽的尊严程度，这个起步就已经成为问题了。

东方哲学重视抽象的精神生活，与西方注重于物质生活者异趣。就人生哲学而言，东方者或更有价值。但就个人观察所得，东方人于物质价值未尝不欣赏，而群众却不能满足于东方哲人所侈谈之抽象的精神食粮来过他们的生活。个人疑心东方的人生哲学，也许在某程度里，建筑于失败主义上面——一种被动的接受哲学，安于其现成的环境，因为在他们看来，要改良环境实非人力所能任。今天到会的科学家们集会里，当然不会有失败主义哲学存在的余地，而且你们所面对的世界，正像世界上其他科学家们一样，是可以解决一切的，动员所有国家的资源，以前所未有的规模，集体地来解决、处理。为世界繁荣着想，有如和平，是不可分割的，所以一国的繁荣，必得和所有国家的繁荣，联系到一起。

科学的发达与其应用，和这些问题紧相连结，——不仅技术的进展有恃于科学智识，更普泛的社会进步，也倚赖在科学上面。

科学是社会所需要的，关于世界关于宇宙之智识总汇，而且是一种方法经意地扩展着来应用着的智识。因了科学的发达，文化越来越靠着牠的应用来作自然界的主人，来维持大量人群过着高于初民的生活水准。可是也增加了人类的破坏力量，使战争成为更可怕，范围也更广。当应用到工业生产时，在某种社会制度里，很明显地招致了生产过剩的经济危机，连结着失业与人群的受难。

显然，今日最重要问题之一即是科学的正确应用。科学本身无善无恶——而是有组织的智识，社会可用之为善或作恶。所以"应用"实是一个社会的政治的问题。就眼前智识而言，要促成世界社会的进步，并无阻碍。凡使进步失败者，其咎不在科学，而在社会本身，与处理事件的方法。

这一个结论对中国特别重要。几星期前，我到过四川灌县看到了都江堰，不禁想到在这个国家里技术能才早已存在了；也许两千年前，中国的社会与技术都超轶于西洋诸国之上；可是西洋在后有了盛大的进步，而中国今日的情形，要是李冰活到现在，也不会感到异样。中国之从进步前线失败的缘故在哪里呢？

西洋历史的实例也许可以给我们几许指示。中世纪的欧洲，特别从十二世纪以来，有整系列的新技术发明介绍进来——风磨、采矿术之改良、水泵与重工业引用水力发动之机械(如开矿、铸冶与冶钢之鼓风炉)。这类新技术发展开来，新式的工业机构就应运而生。单独个人的业主制造其成品，有如乡间之农夫与市镇之手工业者已不能存在。更大更吃重的生产单位有需要于许多人的联合工作，于是单独的工人逐渐为多人合作的工厂所替代，——工厂与其设备为一人所有，其余则以劳力博取工资。

这个新侵入的资本主义制度并不容易与那时期的社会组织相适合。那时候的封建制度，政治实权掌握在乡村地主们与城市工艺同业公会的手里。这样的社会制度，限制了工人或成品自由市场的发展，也就限制了贸易。这老旧的公会式社会机构与进步的技术发达间之冲突，发生了说不清的悲剧。没有地产的农夫涌入了城市，遗留在乡间的就起了反抗。国际间的经济竞争变成为民族间的斗争，战争一个跟着一个起来。

资本主义之初起，就成为技术进步的主要推进力量，这是那个时期的进步分子，一直要等到政治实权握在手里之后，社会环境才对工业化的进展有利。封建主之倾覆在英国起始于1640年克伦威尔所领导的革命，法国则迟至1789年之大革命。此后工业就发展无阻，工业越来越机械化，于是就到了蒸汽机与铁路，再后则是内燃引擎，这两者使运输有革命性的变化。电力也发展起来，盛大地影响到运输与交通以及工业方面。大量生产方法也引入了，产量日益加多，使人民大众的生活水准稳定地上升。这些一定要等到社会的组织改组后才有实现可能——社会制度在某一时期适应了社会的需要，在新的条件下却为进一步发展的障碍，为了适应，就须为另一制度所替代。社会阻碍的恶性副产物又一次地显然增进了，近来我们已经看到在工业化的国家里有大量的失业工人，而制成品却有意地被毁坏，同时有成百万人生活在生存线水准之下。两次大战，烽火燃遍了整个地球，而第三次可能就迫在眼前。我在这节起始是问中国何以在物质进展上没有像在别国一样地共同参加进去。显然地，你们也像西洋的经验一样在等待公众哲学与社会机构的变动，这变动现在正在进行着，而我们相信将以急剧的进展来完成而不是以革命——进展已经很明显地急剧地开展着了。在这个简短演讲里，我们可以看到，中国面对的问题——社会机构之改组——不仅是中国的问题，也正是世界所面对的问题，而是举世共同面临着的国际性的问题。我们必须学会将世界整体地来思考，视世界如一家，将公共的利益与期望远较各别的竞争为重要。

你们国内的问题与其他国家不同。你们还没有达到西洋国家十九二十世纪的广大工业资本主义时期。在西洋，个人资本主义时期已经衰废了，——不论个人的政见与其偏见如何，这一点必须承认。所以你们若要与其他国家并驾齐驱，你们无须重蹈我们西洋的覆辙来改组社会。

国家进展的责任是不是你们科学家所担负的呢？回答这个问题，先得考究科学家的特性。当科学家面对一个问题时候，第一个反应就是将问题解开了繁复，减缩到最简单的型式。一个理论科学家，譬如数学家，准确地界划了他所要解答的问题。实验科学家，从事于复杂的事实问题而不是简单抽象的事项，则将问题的处境放到简单地位，那末他就可以将这一连串简单的问题，每个都得到他所希求的直率答案。有了这些答案，然后再归并总合起来，寻出他起头所要探究的繁杂问题原案。所以科学家在智力思考方面比之于常人更为出色当行。科学家固然随时可以解答了一些问题，但在研索期间，常常获得新的因素有待解释，也有在从前看来很明白了解的，而因为有了新因素却又要重加考察的，这就说明了科学家比之平常的人们是更趋向于一个明确的指归的。

所以科学家是惯于把握住事件的处境而将其简单化。这也许是说对科学有浓厚兴味者，其性情不适于繁复纷歧的政治生涯。可是从他善于归纳问题，将重要的因素与轻微的分别开来，客观地检讨自己的答案，科学家具备了这些长处实在可以对社会事业有其真实的贡献所在。他的处理方法，对没有人事联系的自然界很显明地成功了，而政客与经济家对社会事件的处理方法却同样显明地失败。也许在政治生涯里那些例须陪同的委员会议、妥协与偏急畸倾的演讲员并不是治理社会事件的最好法门。科学家在这方面当然不习惯当行，硁硁自守，不会深深地插身到那里面去，但是科学家可不能整个地脱离了政治的生活。他可以带了新的看法到政治论争中来，以他的科学的精确性，以他对事物用数量的计较习惯（不然，讨论起来就更为渺茫），以他的客观态度与理性来代替偏见与成见。这些对公众的努力确是真正的贡献。

科学家行为的道德规范，精神上的澄澈无蔽，是不是可以更广泛地应用到社会事件上来，更广大地渗入到全体人民里去呢？我可以举例证明其可以行得通。亚丹·斯密说过："个性之差别，譬如哲学家与普通送货员之间的不同，其源自天性者远不如源于习惯、礼俗与教育者来得多。"宓勒（James Stuart Mill）亦谓"各阶级人群间之差异，全缘于教育"。个人限于见闻，常以为其行为发自它而承认了它。一国的事故，必定牵涉到所有的国家，也就牵连到所有国家的权益利害。所以正像我与陶冶之不同，各民族别具异趣——英人善于自制，南欧人多情善感，都是社会模仿的结果。社会学家晓得民众所持的见解，其思想的方式与其对事物的反应，都由社会教育所决定。这些，都可由教育程序安排好了使之变动。极权国家，依赖了统筹的教育与群众宣传的规程养成了宗教的仇恨、种族的成见与民族的歧视，扇动了这些潜在的力量，而有明显的成功。

显然地，普通行为所发生的文化方式可以从国家的教育政策来决定。科学家于此可有其特殊的贡献。科学只有为整个社会的利益计算，而不为少数特选人士活动，才会推动社会的进步。科学的思考方法，各种问题之科学处理方式，一定要成为大众所接受的行为方式才行。

在民主制度里，社会的责任，平均地分担到每个公民身上。民主制度倘使要有效实施，技术性与政治性的一般水准必须普遍地提高。科学家以其公民的立场必须对社会更多尽力，而公民也必须有更多的科学智识。这广泛的觉醒对将来社会的发展有其深刻的影响。科学的进步是社会组织最重要改变的因素。技术进步了，在一个社会里的人与人之关系就有了改变，各别的社会与社会，国家与国家之间的关系也同样受到了改变。战争之间的工业生产品对社会经济组织长期贫乏之国家太多了，——于是招来了经济恐慌、市场竞争、战争。以促成社会进步之国家与国际间经济组织的改变可以先预备好，以应付技术进步所造成高度生产量的威势。这个情况大家了解时，那末必要的政治组织之改变就更容易圆滑地完成了。每个公民有责任促动其政府，使彻悟国际间之合作实为国内社会进步之主要条件。政党政策之号召不许在国内以国际摩擦为手段。在国际间引致嫌隙者终必招致战争,近年来事实昭彰,嫌隙既起,则战祸终难幸免。这个世界,不管你喜不喜欢它,已经太小了。不管你的伦理看法怎样,这事实你必得面对着天性。科学家就群体之比较研究而知习惯,偏爱与癖好辄由社会所诱发——就其显著者来举例,如各民族各阶级的食性不同,时尚与风趣之变动,消遣余闲的生活方式之各别。即情感生活亦因境缘们为本国的社会进步设计似地,必得为国际间的社会和谐设计。第一步我们必须履行的就是使国际关系接近到一个合作的友谊精神。

科学可以有意地用来改善人群的关系。只要将技术方面的智识实际上拿来应用,可以给予所有民族、人类以足够的必需品与安乐。这就得靠我们来促动政府,将这些智识为建设性的进步而实际施行。近来英伦举行了一个广播座谈会,论题是“我们这个时代的挑战”,裴纳尔(J. D. Bernal)强调地说这是在历史上的第一次,人类以其智识与其所具有的力量,来克服当前的难题(挑战)。他说这就是所以我们这时代的危机有别于过去者也。我们不能也不该将这个难题放在那些只着眼在过去时代的人物身上,而一定要由具有希望、智识、能力与勇气的人来对抗这些问题,而且解决了它们。他说,我们需要信心,不是去忍受苦难,而是颠覆了它,来建设一新。

我时常想,就科界学界人士所影响于公众事业而论,在中国的你们比我们在西洋的更有幸运。你们大学的校长有许多是出众的科学人士,而在英美,这些地位很难得是由科学家来承当的。这也许多少可以映照着在这个国家里科学家从事研究的机会较少,因而他们就愿意担任了行政的职务。这批人物极端需要你们的支持,借此我愿意加强提出,这是如何地重要,这时候需要你们科学家众口同声说出乐观的话来。事实上,你们有十个科学团体在这个联合年会里,显示你们的和合无间,而我尤希望你们注意考虑的就是你们两个主要团体——中国科学社与中华自然科学社——合而为一。倘使不愿意整个合为一体,那末你们对有关科学事项的向外推荐,最好有个规定合作的协议。我们在英伦尤其在战事期间,当有事项请政府机关加以考虑或见诸行动时,就办理文案的眼光看来,会员人数的重量极占重要。

在我侨居期间,我遇见了许多努力科学的人士,我个人认识了你们许多人,在你们之间有密切的友侣。我自己的出席,我以前李约瑟博士与其同事也曾亲预年会,是英国科学界对贵国科学进步兴盛所示真实的感兴之确实明证。今日躬逢盛会,这对我是个很大的快慰,敬祝年会与到会诸位的圆满成功。

[第 30 卷第 12 期(1948)第 353—356 页]

# 40. 科学家的社会责任

张孟闻

联合国会议最近通过了一个人权宣言，序言译文移载本期16页。在这以前，文教组织向各方名家征集意见，赫胥黎(Aldous Huxley)写了《今日自由之危机》(译文见本刊30卷2期，33—34页)。在那篇文章里，赫胥黎提出了一个问题：

> 一个人虽然不为非作歹，但其职业的活动可以陷社会于不义，甚至全是大恶，这是可以的吗？更明确一些说，一个科学家或技术家，如其参加的工作结果，可以使权力集中于少数执政者的手中，而且使军队有工具去毁灭全体无辜的人民，他尚能问心无愧吗？

在问题前段，他已经说了正面的话："现在应该是科学家个人和集团考虑'正当生活'的伦理问题时候了。"

这问题实际上早已存在，而且为中外一般人士普遍地认识，甚至是相当熟悉的，只是大家所想到的仅限于医药与武器一方面。中国的成语是"医生有割股之心"，而在古书中关于制盾、铸剑、造箭作兜的职业，例如孟子就借来作有无仁心的比喻了："矢人岂不仁于函人哉，矢人唯恐不伤人，函人唯恐伤人，故艺不可不慎也。"(《孟子·公孙丑上》)在西洋，也是在传统上古已有之的。据说，在希腊时候，那是一千七百年以前的事了，执业为医者都得先立誓明心，——因为医业之祖是希坡克雷斯，所以称为希坡克雷斯之誓(Hippocratic oath)。

这个希坡克雷斯之誓，今日从事于科学工作者应该每个人都记在心头上。去年10月16日英伦《自然》周刊通论以《人类的文化进步与精神进步》为题，号召所有世界男女，共同对恶势力作战。谓凡毁灭人类生命的及一切虚假教条，皆在反对之列，面对原子武器战争之世界，科学界应有伦理的观点，建立职业上的公约，在希坡克雷斯誓言之前集成队伍。

《自然》周刊的论点，自有其社会环境的立场，我们并不一定要采取他们的同样立场。但对于科学工作者之本身工作应有其社会伦理的道义责任，则无容异议；而且因此要建立起职业上的公约(professional code)，宣誓不助纣为虐以残杀人类，不作伤天害理之事，也整个同意。只是这里应该更推广一些，不为自己传统成见或教条主义所局限，而推展到一切有关人类社会的祸福大端上去。

从中国科学工作者的立场来说，科工协会南京分会的世界科协宪章的讨论总结值得赞许推扬。那结论是：

1. 科学与科工必须为人类服务。科工的任务在于运用科学的伟大力量于人类幸福的增进。

2. 科工必须反对劫持科学成果以致缩减人类幸福，尤须对运用科学以残害人类，造成惨酷灾祸的黑暗势力作殊死斗争。

3. 由于其知识前哨的地位，科协不能被目为普通职业团体，其对人民的关系更为亲切，责任更为重大(《科学工作者》创刊号，页 4)。

就眼前局势而论，中国的科学工作者已经面临着严重的考验。我们的科学工作环境本已绌劣，所能放在手边的工具设备本极简陋而缺乏，那末科学工作者们应否宝视这些器材设备为未来我们社会人民的福利工作而坚守着自己岗位，毫不动摇呢？“科学与科工必须为人类服务”，这服务就并不轻易。平津的教育界，这几天正在炮火中磨炼着，苦撑着。他们的生活极端苦难，而面临艰危，能够不惶惑沮丧，相反地却是互助团结，坚定严肃地工作下去。这是一个能够担当起时代责任重荷的示范。当然，那里面有不少科学工作者在做着支柱，做着榜样。正因为“由于其知识前哨的地位”，对社会责任有其敏感，也有其担当的准备，才能面对艰危，与“人民”更亲切地连结在一起，共同坚持起来。

其实，科学工作者本身也就是“人民”，人民的身份而且在为科学工作者之上，或说为其基础，没有不成为人民的科学工作者的。所以，从前哨的地位而言，是为了人民而应负更重大的责任。从其本质而言，也正是为了自己。科学工作者不可以超越于人民之上，而应是在人民之中，与人民共同生活，共同受难，共同享乐，——却尤须记得自己的重荷，为人民的前哨。

因为是前哨，其势较孤，其力较弱，所以必须自己先连结起来，而又须托基于人民大众之中。这样才站得稳实，立得坚定。哨兵，也必须彼此呼应，声息相通。能够了解到这里，科学家自然深感到自己工作的社会责任，——这即使在平时，也就会感觉到需要于职业的公约而在希坡克雷斯誓言之前集成队伍来。

郗尔教授(Prof. A. V. Hill)说：

> 科学家就政治权利与社会义务而论，一如其他公民，有其公民的身份，而不仅是科学家。就科学家身份而言，他们又有权利，也有此义务来过问他们对社会国家的福利之特殊贡献成效。……他们应拒绝一切利益与雇用，不论那是怎样诱人的好差使，如果那职司与人类福利密切有关而缺失伦理的必备条件者。……我特别要强调提出

来的是，如果工作成果的使用政策，科学家不能共同过问，应该拒绝与这批人物合作。(《科学与人类福利》，p.40)

所以，科学工作者的社会责任，在其工作中应该随时记住：不仅要有勇气担当艰危时期的前哨工作，也要有勇气能够在某种条件下拒绝工作。

卅七年十二月二十一日

[第31卷第1期(1949)第1—2页]

# 41. 一九四九年的中国科学家

曾昭抡

在八年抗战和四年内战当中，中国科学家是受到最大苦难的一群。他们在物质生活极端困窘，食不得饱，衣不得暖，居不得安，设备更谈不到的情形下，始终在孜孜不倦，不顾一切地勉力工作，产生出来宝贵的结果，成为中国科学史上可歌可泣的一章。对于忝居科学界的一位同行，没有比这事更使人感动的了。年来隐居海外，每当读到国内科学朋友们的专门论文，总觉得异常兴奋。这种坚忍不拔的精神，就是一种信号，表示中华民族可以永生。假如有一个比较有利的工作环境，中国科学前途，是非常光明的。

国内局面，到了一九四九年，无疑业已进入一个新阶段。旧的势必死去，新的将要诞生。多年来科学的厄运，可望有转机。对于一个产业落伍的中国，未来建设当中，科学家无疑将处于异常重要的地位。此时此日的中国科学家不但用不着怕大时代的降临，而且应该鼓起勇气迎上去，发挥自己一生伟大的抱负。我们不要消极去应变，而要积极提出主张，作为将来建设新中国的参考。

过去二十年中，中国科学家，不能说不努力。然而终久不能大有成就，主要是受了封建势力的障碍。所以对于封建势力的推翻，应该是我们大家所欢迎的。问题是推翻了以后怎样？所以今日的中国科学家应该积极提出建设性的主张来。

[第 31 卷第 2 期(1949)第 33—34 页]

# 42. 科学真理与政治教条

张孟闻

1948 年 11 月 27 日英国新闻处伦敦电：1940—1945 年任英国皇家学会会长之著名生物学家戴尔爵士(Sir Henry Dale)，近致函苏联科学院院长要求辞退其 1942 年被选为该学院荣誉会员之资格，谓其不能再与一假借科学名义鼓吹共产主义之机关有进一步之联系。1942 年时伦敦皇家学会曾选出苏联之杰出生物学家佛维洛夫(N. I. Vavilov)为会员，以尊崇其优生学方面之重大贡献，直至 1945 年皇家学会始悉佛维洛夫在列宁学院之位置早被革退，且已于 1941—1943 年间逝世。屡次公函该院询其逝世之时日地点，始终未获答复。该项主任位置现由赖生科(T. D. Lysenko)继任，后者所拥护之演化论，实将十九世纪初以迄今兹之一切演化说全部加以否认。由赖生科之声明，显然可见此非科学之宣言，武断之见解。吾人率以为科学举世同风，无国家疆界，亦无政治界域可资以自豪。然而此一见解已被斥为绅士的与资本主义的，须与苏联科学分别立论。该学院生物学研究所秘书著名之苏联神经生理学家沃伯利院士亦受黜革，以其未能预见八月间学院主席团命令，苏联之优生学研究与讲解限于此种政治造成之邪说也。自伽利略以来，科学真理屡遭外力压迫，企图破坏，而此等企图无一得免于失败，希特勒为最近之实例。戴尔爵士继称："余信足下与贵院同僚必受同样之压迫而工作，不胜寄予崇高之友情。余本人则有自由选择之权。倘余仍保持会员资格，则贵院所应负责所加于科学自由与其完整之损害而邀受宽恕时，予个人将为对我科学工作者同侣之巨大侮辱"。

同年 12 月 10 日华盛顿美联社电，卡内基研究院院长蒲胥博士(Dr. Vannevar Bush)于此亦有所申述。谓吾人殊难理解，整个生物科学若依照政治规范发展而不致成为怪诞者也——谓其为真理，无宁谓是野乘与迷信之集合体也(美新闻处 12 月 11 日晨稿)。

而爱伦堡(I. Ehrenberg)对于波兰符罗斯拉夫城所开的国际文化人保卫和平大会的观感云：

> 赫胥黎先生(Julian Huxley)处境的尴尬是容易理解的。他是联合国文教组织的主任，职务使他与贝文和马歇尔连在一起，而科学和人道方面应尽的义务又把他领到符罗斯拉夫城来。赫胥黎非但有内心冲突的痛苦，而且在大会上非常清楚地表现出来了。代表们说到美国帝国主义的威胁时，他鼓掌；另一些代表说美国帝国主义并不存在，他也鼓掌。他告诉我，他赞成查斯拉夫斯基的演说，但他自己发表演说时，又想

把战争宣传者与和平宣传者的争论转变为现实主义宣传者与形式主义宣传者的争论。赫胥黎先生要求修改决议草案，发言说一定在修正决议上签名；但当大会接受了他的建议时，他又突然生起病来，而且在表决前几小时离开了符罗斯拉夫城。我绝不怀疑赫胥黎先生的清白；但以后我在英国报纸上读到骄傲英国的无限制自由时，我要回想起赫胥黎先生尴尬的微笑，他不禁来到符罗斯拉夫城，而来到之后又只想如何离开。他是大会主席团的一员；可是离去之后，又连忙声明自己来到符罗斯拉夫城是由于误会。我并不尽责他；我怜悯他。（《时代周刊》285，p.34，1948 年 12 月 4 日）

塔斯社列宁格勒 1 月 13 日电，苏联科学院在 1949 年 1 月 10 日召开全体大会，决议剥夺亨利・戴尔名誉院士之资格，剥夺赫曼・缪勒与奥拉夫・白罗契通讯院士之资格。因彼等进行反对苏联的活动。首由科学院院长，谢尔该・瓦维洛夫宣布开会并请生物科学组代理书记，亚力山大・奥巴林发言。奥巴林谓戴尔不顾事实，故意抹煞生物学在历史上之事实，而不同意米邱林学说在苏联生物科学方面之胜利。现在戴尔宣称退出苏联科学院，可见其人并不因关心科学发展而进步，反而变为反民主势力中唯命是听的工具。此外美国遗传学演化学家缪勒反对米邱林生物学，参加科学方面公开的人种论者而没入于反动派队伍中，根据苏联科学院宪章第 24 条，剥夺以上二人苏联科学院所授予之资格。继之该院文学语言组书记梅斯纳仓宁诺夫报告挪威语言学家白罗契，一直在反动之《晨报》发表对苏联与人民民主国家造谣中伤之文字；且其人近年来未尝有任何关于语言学之著作，实已放弃科学而成为一形式主义者，根据科学院宪章第 24 条应剥夺白罗契科学院通讯院士之资格。以上三动议经全体掌声中一致通过。

胪列了这许多消息，我们看到了科学真理与教条主义的纠葛。英伦于今年 1 月 6 日广播中声称：苏联科学家被告知苏联的科学史必须遵从马列主义，其指导纲领由科学院院长物理学家瓦维洛夫在列宁格勒所召开之“祖国科学史”特别会议中提出。

佛维洛夫与赖生科的争论，五六年前就盛传过一时，结果是佛维洛夫被黜，说是他不能够了解苏联社会体系中的生物科学之哲学倾向与社会的需要。这事情究竟真相如何，一直不曾明了。但已经过去了这久长时日，现在忽然英美的科学家汇合了唱起对台戏来，使苏联科学院又一次地提出这个问题来，可见内中的纠葛，在科学真理之外，必然带上了政治的意义。无论是资本主义，甚至是帝国主义也好，或是共产主义、马列主义也好，但从政治主义的见解来解释科学真理的是非，总之是对科学的不够客观，也就是不够公平正直的解释。其结果必致偏颇而有失于中正诚实。这对科学发展的前途来说，是个危机。

科学本身的真正是非，只有依据客观的事实，实验的结果来下判断。就佛维洛夫与赖生科的生物遗传学这件事而论，与其以意气与字句乃至以行动处分来争胜，实不如拿出实验证据来得更为妥当切实，而且公平明白。在未经证实谁是谁非之先，靠政治力量或主义教条来强词夺理，不但无补于事实，而且贻笑于将来。在证明了一方是真理之后，则虚伪的一方将永远被当作讥笑的对象，而早先所争持的论辩，就永远传为笑柄了。

当前的世界，政治上划分鸿沟，俨然敌国。但科学界还是混然一体，并不能将真理来迁就政治主义。一切物质组成于原子，原子爆裂可以放出大量的能来，这是无论你是资本家也好，劳动者也好，也不论你信仰的是资本主义，共产主义或是三民主义，都得承认这个真确的事实。这是科学的真理，不能以政治主张来歪曲、曲解。然而不幸佛维洛夫与赖生科的争论，却纠缠到现在，而且明显地这问题还牵连到政治方面。就科学而论，这是不的牵累。如果照这个趋势下去，科学必定被牵到泥淖里去，将真是非蒙住了一般人民的眼光了。现在是人民世纪了，人民不会永远被蒙住的，正像科学的真理终于要被事实来证实一样。白鲁诺(G. Bruno)被处刑 350 年了，地球总于是太阳系的一个行星。然而对于科学的真理，在原子时代仍被纠缠于政治纠纷里面。人类社会进步的迂缓，于此可见。个人于此所以特地提出这一件事来的缘故，并非赶趁热闹，只是想借此提出一个愿望，即是还真理于科学，让事实来证明是非，不要将政治主张或宗教信仰以及其他人事纠纷涂抹上去。

38 年 1 月 20 日

［第 31 卷第 2 期(1949)第 34—35 页］

# 43. 数据与立论

薛葆鼎

科学的研究，必须从数据出发。数据又必须从观察或实验中，根据科学的方法以求取。凡是忠实于科学的人们，为了不自欺欺人，对于数据之寻求与处理，至少得抱有不敢或苟的态度，才能进而对比较确当的数据谨慎地加以解释，再从此尝试着去建立论据。

假定在全部研究过程中，步步小心，尚且不免于偏差与错误。倘使对于这种严谨的工作态度而有所玩忽，则所得数据根本上已成了问题，其所建立的论据，究有多少价值，自属可疑。

进一步论，即使数据是确当切实的了，对于数据的解释，仍然涉及严重的方法问题。同样的事实根据，仁者见仁，智者见智；这并不一定就是他们本人不想把数据解释得最臻完备，而是由于他们判断数据，处理数据的方法，各别地“其来也有自”乃至于各别地自然受到了种种限制。就研究条件言，学问的根柢，见识之高下，图书典籍仪器设备之充分与否，良好与否，固然由于遭际使然不会各人尽同。而就工作环境言，学术空气之自由蓬勃与否，研究环境之安定良好与否，实际需要之殷切急迫与否，以至社会生活之比较的在向上进步与否，有形无形中都在在给予科学工作者以无可避免的影响。完善地解释数据之难，特别在今天，例证特多。

专攻了一部门科学，精通其中一两项问题，已经十分不容易。如果由于这些种或那些种的限制而对于其他各部门的科学，未能相当地提高其常识，那么在解释数据时，便难免陷于偏面、狭小，甚至于过分主观。常人所说：只见树木，不见森林。这句话实在足供研究科学的人们以借镜。

有时也可听到说：某一项论据在原则上是对的，但是由于什么原因或者什么条件，因而其结果未见正确。其实，所谓结果不正确，便是所解释的数据与事实不符。也就是说，在原则上也已经不到了。再不然，这些所谓原则，不是被应用错了，便是其本身也有待于修正或改进。科学的真理只能在积极追索中去接近。墨守陈规也就是不相信科学。

三十七年十月十日于无锡

编者按：薛葆鼎先生此文纯从理论说话，读来也许使人误会以为是空论。实际上都是很踏实的见解，如果举实例来说明，一定更易了解。在二月六日科工沪分会的周年大会上，薛先生于专题讨论时特别提出了本文主题，而且引证了印度钢铁业的相当发展，然而就在钢铁厂附近的贫苦农民却用双手挖掘泥土来开垦，比钢铁业落后的中国农民更为辛苦的一个事实来做对照。在这里，数据与立论就得仔细考虑了。在此，特地征引了薛先生本人的话来作实证，借此说明本文之不是空论。未得薛先生本人同意，并愿附此声明歉意。

[第 31 卷第 3 期(1949)第 65—66 页]

# 44. 对于英国科学家之观感

王家楫

去年秋后,余受英国文化委员会之约,往英国参观各大学动物学系及其他与生物学有关之研究机关。在三个月中,遍历伦敦、剑桥、牛津、利物浦、伯明罕、朴利姆斯、爱丁堡、格拉斯哥诸处,得与彼国科学家多所接触。观其心力之集中,工作之顺利,以与吾国科学家比较,实有天壤之别。

当第二次世界大战时,英国一切建设,已经被炸毁坏者至今尚未完全恢复,科学之设备亦然。但到处实验室内所产生之成绩,以质量分量而言,较之战前,不特毫无逊色,且皆能欣欣向荣,继续发扬光大。其故何在?科学家除图书、仪器、标本、药品外,尚须两项必要条件:一为生活安定,一为思考自由。查英国学者所处之环境,即具有此两项条件。生活安定,心力自可集中;思考自由,工作乃能顺利。

英国战后物资缺乏,财政拮据,学者之收入亦不能优裕。大学工作人员,每年束脩170—250镑者约占50%,400—500镑者约占40%,750—1 000镑者只占10%。其中50%倘家中素无积蓄,仅够单身生活,否则婚后夫妇二人必须同时做事以弥补不足。不过英国政府管制粮食得宜,日用必需品之价格极少波动,调度金融合法,通货不致膨胀。所得薪金,未闻于数月乃至数日之中即贬损其值者。因此国家物资虽感缺乏,学者并无饥寒交迫之虞,财政虽感拮据,学者并无入不敷出之患。且其国内政局稳定,社会秩序井然,科学家埋头于实验室中,如在清静之乡,无须为生活担忧,自可集中心力,从事研究。

英国大学当开创之初,皆系私人所经营,现今则各大学经费,大半出诸国库。以最负盛名之牛津、剑桥而论,常年经费由政府筹拨者占70%以上。不过政府只尽资助之义务,绝对无权干预其行政。如功课之支配,校长之推举,及其他教职员之人选或迁升,皆取决于学校本身之理事会或评议会,校外人无从过问。大学之组织虽各有不同,而其享受自由幸福,使学术日即于辉煌之域,则全国如出一辙。近年英国虽亦有教育部之设立,但教育部权力所及,只限于中学小学,即对于中学小学成绩在水准以上者,亦唯闻奖励,不闻干涉;倘不合水准,乃从旁劝导,力促其改善。学者对于国家政策之举措,建设之兴革,皆得发表意见,评论是非。政府亦能坦率无私,虚心采纳,对于学者之指摘,有则改之,无则加勉。科学言论既如此自由,思考更无所障碍,不受任何势力之束缚,人人遂得发展其所长,以尽创作之能事。

反观吾国，抗战胜而不利，即继以内战。在十余年中，学者之生活，未尝有一日安定。且经济压迫，每况愈下，已有朝不保夕之虞。学者之思考更未见自由，明知国策失当，守口如瓶，不敢有所建议。所幸从事于科学工作者，意志坚决，穷而不休，困而不倦，时时能保守其岗位，就简陋之设备，勉力研究，发奋有为，至今倘产生不少可贵之结果。是中国科学家实未尝有负于国家。国家诚能安定其生活，保障其自由，其求知求胜之心，宁肯落人之后。

自中世纪以后，欧洲科学复兴，肇端于法国。但入后科学发达之速率，英国每过于法国。观科学史中各科出类拔萃之人物以英人为最多，如牛顿、法拉第、达尔文、赖耳等，举世莫不认为对于物理、化学、生物、地质创造能力最大之人，而皆出于英国。试一查英国历史，即可推究其学者之成功并非出于偶然。英国系岛国，与欧洲大陆有一水之隔。凡欧洲政局之变迁，国际之纠纷，颇少直接波及其本土，因此人民之生活时常较大陆上其他国家为安定。英国人民争取自由亦较他国为早。在西元 1215 年，即有大宪章之规定，以保障国民。至十八世纪初叶，法国学者伏尔泰氏(Voltaire)访英后，对于英国学者思想言论之自由与其在科学上之特殊贡献，相提并论，颂扬备至，自认非法国所及。可知英国科学家享受优越之环境，已非一朝一夕。二十世纪之中国，其科学家向处极端艰苦之境，能不痛心。

英国科学家本身，亦有一种美德。虚怀接物，十之八九；利人先于利己，处处愿匡人之不逮。因此合作精神，异常优洽。贵重仪器，一系或一校之中，颇少重复，彼此通用，毫无困难。范围较大之题目，往往由若干不同行之专家，各展所长，共同研讨，以得一致圆满之结果。观点即有出入，立论或致分歧，亦唯有平心静气，执疑问难，争端决不现诸形色，更不致党同伐异，以私情而害公理。现代科学研究，已由个别工作进入集体工作之阶段。集体工作，端赖合作，吾人不能不及时注意。况在吾国，一时设备既难求完善，材料亦不易搜罗，从事于科学工作者，更宜推己及人，以发挥其互助之能力，庶几前途一线光明，乃有烜耀发扬之一日。

[第 31 卷第 4 期(1949)第 97—98 页]

# 45. 科学与社会：座谈会记录

三十八年四月三日下午二时在中国科学社演讲厅

主持人：陆禹言　记录者：许义生、茅祖本、蔡汝南　整理者：张孟闻

**张孟闻**　今天是中国科学社和中国科学工作者协会上海分会联合举行的第一次座谈会。科学的发展与社会的进步密切相关，目前我国科学与社会的发展都远落人后，相互间亦缺乏联系。所以有举行今天这个座谈会的需要。中国科学社上海社友会负责人是何尚平先生，科工协会上海分会负责人是裘维裕先生。现在合起来由科工协会的计划科学委员会来主持。计划科学就是有计划地来发展科学的意思。科工协会上海分会的计划委员会分成理、工、农、医四组，准备每二周轮流举行分组的座谈会。这一回是理组，题目是"科学与社会"，由陆禹言先生主持。今天被邀请主讲的有吴有训、陈望道、任鸿隽、许君远四位先生，可以代表自然科学和社会科学两方面来讨论今天的题目。这题目略觉太广泛，但我们先从综合大题目谈起来，容易引起兴会。现在就请陆禹言先生开始主持这个座谈会。

**陆禹言**　诸位先生，今天我们要讨论的是科学和社会的关系。科学和社会必然地有联带的关系。科学原本是社会的产物，所以在某种社会条件下就必然产生了某程度的科学，但科学也反转来影响社会。两者实互相影响，互为因果。可是近代科学影响了社会，却远过于社会对科学的影响。因为科学发达得太快，遥远地走在社会前面，有些脱节了，然而领导了社会。不过科学发达得太快，社会是跟不上的。但是科学始终是社会的产物，单独上前，不会有大成就，必然地要跟着社会蜕变。有某种社会，就有某种科学。科学的种种发现并不是天才的、偶然的，必定有其社会环境的因素。科学家的环境也必定受社会的支配。今天讨论之前，我们必须先要明了科学的含义，一般说来，有两种看法：一种可以说是理想主义的，以为科学的终极目的是探求真理，从复杂的自然现象中找出法则与意义来。科学的目的就是科学本身，如果科学对社会有所影响的话，那也不过是科学的副产品。而且不论它的影响有利或有害，都不关科学本身之事。另一种主张以为科学的目的即是获得知识以征服自然。所以科学就是权力。如培根(Francis Bacon)所说，人类获得知识的路和获得权力的路是并驾齐驱的。这两种主张并非绝对冲突，而且科学与社会的关系，自始就存在。不过由第一种主张说来，科学是被动的，不自觉的；第二种主张则是主动的，有意的。这种不同的主张，我们等一会儿在讨论下来后，再来提结论，此时且慢下断语。就我国社会来说，有五千年的文化，但科学的发展，在中国不过五十年历史。为什么

具有五千年文化的国家，它的科学仍旧是不能独立发展呢？我们现在就要讨论：在理想的社会中，科学应该占什么地位？科学工作者应该占什么地位？并且要讨论，在理想的社会中，科学和科学工作者应该抱何种态度？现在我们先请物理学权威，同时也是个人的老师吴有训先生发表意见。

**吴有训** 今天讨论的主题，本人并无具体的意见。今天我是想来听的。现在既要我来先讲，也是抛砖引玉的意思。我时常有一种想法，以为中国学科学的人是很惭愧的，老实说，也是很可怜的，因为中国的科学还没有什么地位，也可以说，中国根本就没有科学。最老的科学会社就如中国科学社，就有提倡中国科学的义务，但也不能有很显著成就。我们实在很对不起国家，我们不能给中国以实在的科学。现在只可以说有几位有力的人是把科学给了中国的。但比起科学发达的国家来，中国几乎是没有科学的。关于科学与社会，就我的眼光看来，中国也可以说没有社会。中国人的哲学是以家作单位的。就传统来看，正统的圣贤之道，就是所谓正心、诚意、修身、齐家、治国、平天下，而最重的一环社会却没有。所以说，中国没有科学，也没有社会。这结果，大家以家庭为本位，以天下来齐家，用流行的话来说是要天下向家看齐。所以一人成仙，鸡犬升天。我们是一个无社会的国家。人家以社会为单位的国家，情形就完全不同。他们有社会，也就使科学有发展的机会，社会对得起科学，也对得起科学家；科学家也对得起社会，也对得起自己。可是从另一方面看来，中国也可以说是有社会的。我是农家出身的子弟，这农村却是有社会的。不但说得到社会，而且这些农村社会，不但对得起科学、科学家，也对得起所有的读书人。但是从科学方面来说，在中国却影响不到社会。传统方面以家为本位的人，既没有社会，社会是没有办法的，而且今天在这方面也无从讲起。科学的发展工作依陆先生说，有两种人，一种是埋头苦干，做他们自己的理想工作；另有一种则觉得社会有影响于科学，自己的工作也有影响于社会，有什么样的社会就有什么样的科学。我想这两种看法并不冲突，而是相成，可以并进的。真正从事科学的人，必须要经过一番埋头苦干，做实验室内的工作。科学的发明和发现本非都在预料之中，一定在发明或发现之后才随之而发生了社会的联系。居里夫妇发现镭锭后就有了社会问题，因为在医药上有了用处，可以请求专利。居里夫妇原本很穷，那时也并不富裕，他们考虑了很久，决定不要专利，以为研究科学，不应以专利自便，而应该送给社会。在他们以前，栾根 X 光的发现，也没有专利，对后来各种的发展，都给予了不少便利。原子能的发现也没有料到对社会有多少大的影响，但一经发现了之后，对于社会很显然有了极大的影响。所以科学的发明可以影响到社会，于是社会又反映过来，倒转影响到科学。刚才很惭愧被介绍我是中央大学前任校长，其实不必拿这个最无聊的东西来做幌子,这对我,尤其在大庭广众之前是很惭愧的。我觉得生平做得最错的事,就是这件事。决没有从事科学的人以此来做幌子的。至于陆先生说我和他有师生之谊也应抛却不论。我实在希望一辈胜于一辈,尤其科学总是往前进步的。短短数十年中,显著进步也已不小。诸位以前读书时在物理学方面有两个不灭定律,天经地义的不可摇动,那就是物质不灭律和能量不灭律。但最近几十年来已经化成为一个定律。那两个定律是化了好几个世纪才完成的。这也是科学影响社会,社会又影响了科学才造成的。现在这两个定律却可以互换,即是物质可以变能,能也可以变成物质,即是爱因斯坦那个公式: $E=mc^2$,于是变成了一物两面的东西。物理学中最基本重要的定律,也因了进步而改变了。所以科学是天天进步的。中国的科学必须一步一步,由后继者跟上去才可以有发展。至于什么样的中国社会才容许我们从事科学工作,这问题很大,今天有这个机会大家可以很好谈一谈。个人于此并无深切思虑研究过,只是抛砖引玉,请大家发挥意见。

**陆禹言** 吴先生很谦虚。但我们也该承认,中国的确没有科学,同时科学也的确没有和社会发生联系。关于科学的含义,刚才吴先生已经有了答覆。科学的发明有许多确非事先所能预料的;发明的时候,也没有想到对社会有多大影响。如果我们故意要发明一个东西来影响社会,这是很困难的,但作研究之前假使先有个计划,这效率也许更好。这就正是计划科学的意义,也就是这个座谈会的举行本意。所以关于计划科学必须从长讨论。现在请陈望道先生从社会科学方面来发表意见。

**陈望道** 我是研究中国语文的,以科学的方法来研究中国语文,许多年来都朝这个方向走。今天所提出来的问题,我很有兴趣来听,对我的研究也许会有很多的帮助。现在要我稍为说一点,也只是领教的意思,如果有错误,请各位教正。刚才主席所讲的"科学",其含义如一般地仅取狭义的,就是专指自然科学,社会科学或人文科学是不在其内的,或者竟是不视为科学的。二者之间有鸿沟分开,各方人士乃至政府看起来也截不相同,研究者的态度也不同。譬如研究自然科学的人以为和社会科学无关,研究社会科学者也以为与自然科学无关。就今天的题目看,似乎也将科学的涵义是就狭义来说的。然而社会科学之与社会发生关系,大家以为没有问题。例如社会科学的书籍有的被禁止,有的下令推销,这是从正反两方面看来都是和社会有关的。有的书禁止,便是认为足以扰乱社会;有的要推销,因为认为对他们的社会有利。今天的主题则是问自然科学是否与社会有关。许多年来以我学社会科学的人看来,常有一种想法,即以为自然科学总有好处,但最好用社会科学方面的绳子吊起来拖着走。从前的所谓绳子有三根,就是三纲五常的三纲。就是君为臣纲,父为子纲,夫为妇纲。我这里将"纲"字翻做白话,即是绳字。用绳子吊科学,也就是所谓“中学为体,西学为用”的中学。中学为体就是中国的古道德,忠孝仁爱,礼义廉耻,想用这些绳子拿来拖科学走。纲常吊住了科学,就是西学为用的办法。少时候,老师们教我们,声光化电,都好,都有用处,即一般觉得外国的火车电灯都好,都比中国好。但外国的道德,即社会科学,没有中国的好。所以才有这样的想法,有体用的办法想出来,但是我很佩服古人,因为他们已经觉得科学与社会有关。个人也认为自然科学和社会有关。现在我就个人所想到的来说一说。科学和社会的关系,刚才陆先生已经说明,是互相影响的。自历史中看科学的发展,初期都带有神秘和迷信的性质。这是封建时代的一般现象。从社会史看,封建时代的科学如医药、化学,都有这种性质。我幼时在浙江义乌故乡知道有一种很出名的药可治梅毒,很便宜,并且确能治好病,但这家握有秘方的决不肯随便传给别人。这家家境很穷,可是和我家庭很合得来。我幼时很喜欢弄弄物理化学之类,他们曾经想将秘方教给我,但他们的条件必须受教的人头上包了布插了香,对天罚誓不传给别人。我当时因为不高兴这一套迷信办法,所以没有答应。后来他们放弃了条件,还是传给我,才知道是用水银与沙土和别的几种东西混合用火烧炼,凝结成一小块。但是卖时又将原结成白色的东西和上别的药品,变了色香味,使别人不知道究竟是什么东西。我疑心这是化学过程中的变化功绩,但他们一定要做得如此古怪。这都是代表神秘性质,大概封建时代的科学(我故乡还是封建社会)均含有神秘性。从世界历史看,各国的科学初起,在封建时代大都如此。由此可知社会形态必影响科学的发展,某种社会形态就必有某种色彩的科学。所以资本主义时代的社会与社会主义极端主义的社会,其所发展的科学也必带有不同的色彩。

这从另一方面看来也有同样情形。刚才吴先生说到原子能科学。有人以为世界现有二大集团,一方以握有原子武器来威胁没有的另一方,这也是神秘的遗留。假使原子能科学家交换情报,使两方面科学发展到同样程度,或者科学家有决心不使单方面保有,而使两方面都有,则世界情况眼前就许会大不相同。如果科学家要想达到这个局面,必能可以做到。从这一方面看来,也可以看出自然科学和社会有其必然的关系。如果还有人说与社会没有关系的,那么他若非谦虚,就必是有错了。这两者个人以为是很有关系的。假定自然科学家认定其工作与社会有关,则对社会确实有很大的影响。要是关在实验室里不论研究什么,如果他不管其用途,这种态度,则个人认为危险很大。譬如有人研究炮的,在抗战时期他尽力造子弹,自是问心无愧。可是胜利后回到上海仍旧在做,而且还要加紧做,大量地做,就得要问一问,是否应该再做下去了。因为可能随处遇到喊一声举枪,而有子弹打来,这打自己的子弹就许正是他自己造的。所以这里便是专家应取的态度问题。

态度有两种：一种是只埋头做专家的专门工作，假使是一个掘坟墓的专家，无论掘坟是为埋死人或埋活人，甚至活埋自己，都要去做；一种是想到社会责任的，一个科学专家，在做工作时就应该先问自己工作对社会的关系，应该认识自己对社会的责任。就像刚才说的那个造子弹的专家，抗战时他可以说没有发生过这类问题，从没有问过子弹要不要造，但是现在却要发生了疑问。这就是科学家对社会的道义责任。我觉得如果科学家都同意特别关心于他和他的工作的社会关系，一面对社会有好处，同时对科学本身也是有好处的。自然科学在中国不很发展，个人想法，因为是不容易发展的缘故。我体会到中国许多年来科学之所以不容易发展，得出一个原则：就是阻力最大的科学，就最不易发展；阻力小的科学，就容易发展。例如某学科，其本身方面很努力，外力的阻碍很大，就不易发展；要是没有阻力就容易发展。这外力的加减，调句话说就是循历史的或反历史的。历史的力量在这里很可以看出来。我五十年来一直在学校里任职，战前有某校，规模很大，每一院系都有一幢楼占据了一个小山头，理化方面也很注重，但每系每月的经常费只有200元，科学的实验工作就很困难，因此也就不容易发展了。总之，我觉得自然科学和社会的关系是很密切的。我在专门学校只读过一年书，对自然科学晓得太少，今天很大胆地到此发言，希望向诸位请教。

**陆禹言**　刚才陈先生告诉我们科学和社会的关系，并且特别提醒科学家对社会的自觉性。科学家可能把社会影响到这方面来，或那方面去，最值得我们注意。现在请任鸿隽先生发表意见。

**任鸿隽**　科学和社会的关系可从各方面来看。刚才陈先生说的是一个方面，我也来说另一方面的话。科学与社会当然有深切的关系的，而我们的科学研究者则应该从计划入手，就是所谓计划科学。今天座谈会就是计划科学座谈会，当然注意到这一点的。我此刻先想做题外文章，就先问，现在是不是配讲这个问题的时候呢？我们知道谈计划科学应该先有科学，然后才可以谈社会关系。我看科学在中国根本不够，没有发生多大的影响。现在不是配合社会的问题，而是有没有科学的问题。问题在于计划如何使科学发展起来。这话也许过火，中国也有许多学校和科学研究机构，但以中国土地如此广大，人口如此众多，科学实在太不够，太不够！所以我认为应该谈如何使中国的科学发展起来。这个问题几十年来一直没有解决。第二个问题是讨论计划科学。一般都认为科学和社会有密切关系，所以不能不计划研究科学应该注意的方向。现在的科学研究已经和以前不同，以前是一个私人有了一个实验室，就可以做些成绩出来；现在的科学研究，不但专门高深，而且关系是多方面的，繁重复杂，决非一个人所可以做到，须要有大规模的配备，彼此联系配合起来，要许多人合作才可以做。这句话是不错的。但现在我们想一想，所谓研究学问，必须先有个人工作者，他对某一问题特别感觉兴趣才能做，而社会关系和工具等等，都是第二步。近来一般的理论，说计划就必定将社会放在先头，以为有了社会，有了计划才说得到个人。这种见解也许是本末倒置，轻重失宜。个人与社会在科学研究中孰为重要，这个问题是值得讨论的。第三个问题是科学的应用与根本理论研究的问题。究竟研究应该注重纯粹科学呢，还是应用科学呢？据我看目前的应用科学也是不够的，在工业和生产方面，科学并没有发挥效用。但这是现在的社会使其如此。等到社会安定后，应用科学因其有利于生产，可以从而获利，自会有人去做。因而纯粹基本科学的研究则以无利可图必需我们尽力去提倡。其次，应用科学的发展，其收效大小也得根据纯粹科学的成就，所以不能不注意根本的纯粹科学，至于应用科学自会因时而发展的。所以今天也可以讨论一下应用科学与纯粹科学的发展计划应以何者为先的问题。至于科学与社会的关系，既是很密切，关系方面又很多，任何一点也谈不完。新的发见，如果于农工业生产及医药方面有利，都对社会是有好处的，即时就有人注意。但也有坏处的，如陈先生所说的子弹，有时虽有用，但大体上是有害的。这问题比较容易解决，就从科学家从事科学的目的说起。科学家的目的是想给人类谋幸福。这一点应是没有疑问，所以科学的发展就应该朝那个方向走去。譬如改进农业，对工厂生产过程的改善等。但军火工业像制造枪炮就有了应不应该发展的问题了。对外作战时，对本国人民，全人类的一部分是有好处的。这一类事情政府在当时必会注意。然而个人以为对于全体人类的将来应朝哪个方向走则必须注意。如原子能研究者卢德福(Lord Rutherford)原本为研究原子问题，并非研究了为制造原子弹用。不过一到战时，英美的原子物理学家，唯恐敌人德国赶在前头先造成了原子弹，于是也聚精会神来赶做，终于抢到了先着。至于平时当然应该从医疗方面着想。科学家的态度似乎第一应从发见宇宙真理、秘奥而努力，第二是将研究出来的东西怎样地可以为人类谋取福利，这才于人类前途有利。至于武器则是制造祸患，科学家不要太注意。准此而行，人类必可获得更光明更良好的前途，同时也不怕科学不为人类造福。也不必怕科学太发达，科学家太多了。就中国论：(一) 中国不怕科学家太多，中国的科学家是不够，不是太多，是越多越好；(二) 中国科学的道路应该取哪个方向走；(三) 纯粹科学与应用科学哪一项需要提倡。我个人以为两者都重要，不过应用科学自会有利地发展，而纯粹科学却少人注意，所以应当多多提倡纯粹科学；(四) 科学应多为人类造福方面，即是向好的方面去研究。

**陆禹言**　任先生说科学与社会的关系很明白清楚，说科学家与社会可以互相控制，而将许多责任都放在我们身上。关于科学的控制，在中国或者可以做到，但在外国就不容易。外国的科学工作者一部分仅仅处在被雇用的地位，如果这件事情你不干，但是以出高俸资的办法，自会有人去做。不像中国的专家，一个人放了手就没有人能去接替。所以资财方面的条件也不能不加考虑。现在请《大公报》许君远先生从社会观点发表意见。

**许君远** 对于科学我是个外行。参加这个会正像小学生进考场一样。记得少时在北方看草台班戏，姜太公不会唱戏，在台上总是走路，有一个小孩叫起来说，再走两步就是渭水河里了。今天我很可能走进河里去，希望指正。我个人也以为科学能够增进人类幸福快乐，可以领导社会，影响社会。几年前刚从美国回来，第一感觉到的就是中国一切都不够科学化，戏院、街头、电车、办公室都是乱糟糟的，这就是没有科学化的管理。应用科学不能和社会配合，所以才使许多人居住行走都不安定。像美国的公共汽车，车上只有一个人管理，一上车，放一个镍币，一转柄，就进门了。人家用机器，我们却是挤来挤去的挤着付钱收钱。我是报纸工作者，美国报纸，从编辑到出版只花一个小时，而中国报纸是 24 小时，《大公报》此刻就编起，明早晨才出版。而《纽约时报》每天多至 64 页，《大公报》只有 2 张。因为他们送稿看样都用 Tube，我们却要人力来去的送，这完全是浪费人力。中国任何方面都不够，工业欠发达，农村也没有电气化。从事科学的人也没有看到当前的许多问题。任先生所说纯科学和应用科学两者比较那一项更重要的问题，其实都重要，只要政府拿出钱来养科学家，无论理工农医，社会自会受到影响。至于科学发展后的有利有害也很难说。例如枪炮，用来促进和平，打倒和平的障碍者，也可以说是有利的。支加哥大学人类学家赫钦士，当罗斯福提出制造原子弹计划时，大家不接受，独有支加哥大学接受。后来研究出来了却很后悔，因为结果不许公开。他当初也想不到原子弹对人类有这么大祸害，有这么大影响。不过我们又想到原子能可以用在医药上，却又是有利益的，所以这是两面都可以说的。所以科学只要努力，无论从哪个角度看，都可以是有利的。中国科学太落后，不是科学工作者本身之错，主要是由于政府与社会对科学工作者鼓励太少，从业员的生活也太苦，即使如居礼夫妇之艰困，而可以工作的地方也不可能。譬如报纸，假使有人研究改良中国文字使其科学化，可以打字即印，必可使出版加速，利益非常大。但研究可能无成，而必须先得养活他，让他可以安心研究。所以现在必须社会或是政府尽量奖励科学工作人员。就因为这方面的鼓励提倡太少，许多自国外回来的人到后来都改了行。这因为没有出路才转变过去的。这就很够使我们警惕。总之，中国社会的改良应该提倡奖励科学做起，而科学的发展必须要请政府与社会多多注意。

**陆禹言** 许先生感觉科学的不发达，社会有应负的责任，这也就是科学与社会关系的一个方面。近来各国都注意到计划科学，而于个人自由与计划的分界很有争论。吴化予先生在这一方面有很好的意见，现在请吴先生说话。

**吴学周** 科学和社会这是个大问题。说起来可以两面说话，就是社会科学化，科学社会化。前者是没有问题的，但后者却成问题。因为科学当然是社会的产物，外国科学之所以发达，可以说有许多地方是依赖商人的刺激鼓励。所以科学必须社会化了，才能有所发展。那末何以社会化会成问题呢？这就是刚才任叔永先生提出的意见，即是科学社会化，将影响科学家的自由。因为有些科学，大家以为不是切需，便下命令给科学家，要他研究别的科学。这样自不免影响到工作者的自由意志。其实有的科学必须在若干年后才发现其用途。如法拉第的研究，以及现在的原子能，直到后来才发现其广大的用途，而在当初却是以为没有甚么用的。现在中国的科学不发达，或甚至可以说没有科学，根本谈不到社会化。倘使谈组织，便要谈及自由问题。我个人的意见计划与个人自由，应同时留心，双方兼顾。其次是环境问题，也就是科学与社会的关系。不仅是科学，一切都有其环境因素。不过谈到环境，就不是科学家独力所能管制。譬如原子能的管制，就并非科学家所能单独办到，而是要各方合作。又如去年中国科学社举行的科学与工业座谈会，结果科学界与工业界相互责难，彼此皆感对方缺少帮助。其实工业界自己也无办法生存，因为成本价格涨过成品，工厂为求自身的生存已感困难，在反淘汰中唯有少做工反而优裕，当然更无余裕来照顾到研究了。只有把中国环境改好，工业界与科学界自然就会合作起来的。第三是我们自己的行为态度之不够科学化，这得归咎到教育。我以为科学教育，应该从小学教育说起。我们的教育，从来就专门只讲仁义道德那一套，似乎是不会再是男盗女娼了。这一套从几千年前一直传下来专把人事问题研究得太精，尧舜禹汤文武周孔，从孔孟到现在尽是这一套，就不免要出毛病，就是不科学。所以现在学生应从小就从事物着手，要多使他们了解物与物的关系，必须把现在的专谈人与人的关系的教科书，尧舜禹汤文武周公等等，统统取消，而多多去研究察鸟兽虫鱼，山水天地那些东西，只有这样才能使他们做科学家。

**陈调甫** 现在的世界分成了两个壁垒，政治社会连带地使科学也分成了两个壁垒，科学讲进步，所谓既日新，又日新，日日新，不墨守成法。但现在科学研究也分成了两种方式：一种是自由研究。个人自由的长处是可以自由发展，但其弊在于人力物力的重复浪费。尤其是在中国，人力已经这么不够，科学人才尤少，不应再有浪费。例如抗战期间，上海药厂的研究生产很发展，都各自分开从事，做的人多而成功很少，这完全是无谓的浪费，如果合作起来，必可以做得更好。第二种是计划研究，有计划，甚至是下命令研究某项问题，或者禁止研究某项问题。如德国希特勒曾集中科学家而编制为军队化，凡与战争无关者均禁止研究。然而失败了。以前德国的科学，譬如化学为全球第一，美国出版的《化学文摘》几全为德国人的论文，但自希特勒上台后，便突然减少，以至于没有。这两种方式，各有利弊，不必详论。今天要讨论的，就是最近的将来我们将被迫走到一个壁垒里去。假如一个新政权来向我们要全国的科学计划，而我们缴不出，那么很可能便由政府自己来草拟，要我们去接受。所以本人主张在此两大壁垒之间，必须自己有一个方式的计划，希望中国的科学能够在自由研究和强迫研究两个壁垒中做一个桥梁。在政治方面希望做桥梁，在科学方面也是如此，得要有准备。中国的科学很落后，希望青年科学家除了学问好之外，还要有苦干的精神；至于环境不好，不帮忙，这倒还好；将来可能强迫研究，而硬给你钱，然而没有选择的自由，才是可怕的事。科学家应以科学为其生命，政府帮忙时固然要干，不帮忙时也得拼命研究。要紧是要能耐苦干，努力干。刚才提到居里夫人，她是把生命和科学混合成一体的。本人看过电影片《居里夫人》，是与我实验室里青年化学家同去，是一个二十几岁的波兰青年。那一天和他父母同去。电影中的实验室很坏，巴黎大学讨论会后给他们的房子下雨漏水，天晴进风，也很坏。而居里自己背笨重东西进进出出，埋头苦干。苦干成功，世界认为权威，可以专利而大得其利，然而不要。这种精神，大可钦仰，永传千古，值得大书而特书。这与本题无关。但我国原有这等苦干的传统。《论语》云："一箪食，一瓢饮，回也不改其乐。"颜渊就有这样的苦干精神。说起来很痛心，在我的实验室里有人用我材料而实验得到八九分成功时，却偷出去卖给别人而去赚钱。这样地专在功利上打主意，比起居里来，真是不知差上几多。我们现在应该讲计划，不要让军事政治家来做，虽然幼稚也得做，因为没有人可代我们来做。本人与范旭东先生当初计划创办永利公司时，曾譬之为小孩子当家，但现在也办成功了。所以我希望现在的中国科学家也要这样学小孩子当家一样来苦干。

**何尚平** 科学家常常是政治家的工具，将来是否愿意做工具或更苛刻些说奴隶，即是否愿受人家支配呢，我想大概是不愿意的，这就是自由。科学的发明是偶然的，端赖自由，科学家应有绝对的自由，不能受人家的支配，不能由人家来指定研究。刚才吴学周先生提到从前教育专是人对人，现在应该移到人对物，或物对物，我很赞成这个意思。而且社会的向上求知之心很切，而看实物的机会很少，希望大家能对通俗科学多提倡。最近中国科学社举办通俗科学演讲，就是把科学推广到社会。但以上海这么一个大都市而无博物馆、动植物园，也是一个缺点，希望大家留意。

**陆禹言** 计划科学和自由研究是否能够并行，希望大家多多发意见。

**吴学周** 这个问题有个前提，就是必须我们科学工作者自己来，自然就容易解决。

**钱临照** 计划科学与个人自由可以并存,值得讨论。现在说起科学研究来有两大壁垒,对自由的解释也各有不同,但两者的研究方式都有政治作用在操纵。我们应该提出:无论计划或自由都必须脱离这两个政治壁垒才好,就是由我们研究科学的人自己来订拟计划。科学发展到现在这样的程度,个人小实验室一个小玻璃管的时代已经过去,现代科学研究非个人或几个人所可做得到,必须集体来做,每个人做其中一点,大家分工合作,以期获得预期的效果,这就是计划。科学上的发明没有一件东西事先都可预定的,但也可为了发明某一事物才去研究的,譬如原子弹。然而这在早期却有所承接,如卢德福、居里、贝克来尔等的研究原子,原从探索真理出发。科学的目的是为真理,不是为应用。而研究结果可以应用,像原子弹等,则是副产品。副产品有时其重要性可以超过主要产品,这在化工里就常有其例。谈到计划科学,使我想到去世不久的萨本栋先生。过去在南京中央研究院曾有数理化中心的计划,这可说是计划科学为一种,而且已经实行了一部分的。

**陆禹言** 计划科学无论是应用的,或理论的,都须要用 team work,而且需要计划,技术方面尤其需要。因为有了计划则可以就有利方面发展,而将有害的阻碍住了。不过计划不是为了几个人或团体的利益,应该为全人类幸福才计划的。至于纯粹科学,我以为应该也有计划。但个人的发展则应该尽量让它自由,不能指定了目的去发明,而应该不予干涉,供给它一切工具。刚才钱先生报告中央研究院原有数理化中心的计划,而现在的中央研究院分为物理研究所、化学研究所、数学研究所等实可考虑。因为事物在自然界存在并不是分物理、化学、生物之类的,而是混然一体的现象,所以对自然界的研究,也该通体合作,不是细切细分也。

**朱子清** 刚才有几位提到政治形势要影响科学,而且政治情形也渐渐在改变。如果科学家被询问而缴不出计划,那么必将由他们政治人物去计划,我们将被强迫去照着做。所以必须有个预拟。现在的两大壁垒都无绝对自由,如钟桂吕女士在美国因为研究原子能就不许她回来,永久留在美国,便是丧失了个人自由。另一方面的苏联,也许对一切工作限制得更厉害,这方面我们也没有什么消息。至于谈到我们做桥梁,各方面都不够,都不配。因为这桥梁载重量太大,非钢条不可,而我们不但修不起木桥,甚至草桥也难修起来,所以必得有计划。中国一定是要进步的,也许是螺旋式的前进。我们可以设想,有一个较好环境来发展科学。所以我们要计划,国家设立了专门机构,也可以说是计划科学的一部分,这部分也得使他发展。一面我们仍是提倡计划研究。不过我们的计划要有一个坚定的立场,科学是为真理而努力,不为某一方面某一部分的人,也不能脱离社会。所以必须有准备,可以让科学有发展的机会。将来我们很可能更不自由,我们应该有计划去说服别人，也许科学不致给人糟蹋，而能给人类以更多的帮助。虽然我们科学的基础薄弱，但仍然要站得定才好。

**裘维裕** 听了诸位高见后，可知现在科学研究必须集体的做，一个人做的时代已经过去，而集体却需要由政府来支持，须有人走到政治界里去。但跑进了政治舞台，自由便有了问题，譬如原子弹问题，研究者便失去了好多自由。所以个人认为科学工作者应该对政治有点兴趣，自已略为懂得一些政治，甚或打进政治圈里去。如果政治方面有了科学工作者，也许政治措施可会更合理些。第二，科学社会化，或社会科学化，必须切实去做。外国的东西搬到中国来，常是走了样，与原来的不同。譬如以科学管理方法著名的人一入政府，却糟到最彻底，因为他不懂科学，所以不切实际，得到了更坏的结果。科学的公式里常有 K，K 是常数，不变，所以不能都变，要是连 K 也变，则就无法得到结果了。教育也应于此留意，学校性质不同，应各就所长发展，不可求其一律无变。有的专于应用，有的长于社会科学，就各尽其能去发展，不可求计划的齐一，都变做一式。这就不切实际了。

**吴有训** 关于计划科学和自由，我认为不必多作空洞讨论，这些都太 sentimental。我觉得可以切切实实谈谈应该如何去做，不必多谈如何应付的问题。不必谈什么奴隶，或是什么计划来保卫自己，不应该从坏方面想，而应从好的方面想。个人在好的环境下应如何做，合起来又应如何做，这都是切实的问题，而且在任何环境下不犯法的。当然，在现时提出一整套计划来，决无实现可能，所以还是老老实实说我们应怎样做，能够怎么做，对将来又希望怎么样。其他问题，暂时不谈他好了。

**陆禹言** 计划科学委员会的座谈会原分理工农医四组，以后却是更具体的讨论。我们今天是理组第一次会，要谈的只是一些原则问题。今天只作广泛的讨论，以后将分门别类去谈实际的计划。

**任鸿隽** 现在推进科学的有效方法，就是要把科学当作国策。这是二次大战后一般科学发达的国家都是如此的，所以对科学特别注重，也都有计划科学的拟订机构。英美法加都有国家机构专作此事，而中国却没有，希望大家将此做一个目标，定出一个国策来。

**陆禹言** 主要的是经费。有的国家科学方面的预算占全国总预算 1%，这个数目才足以使科学发展。我们希望政府与社会以后都注意到这一方面。今天的座谈至此结束，谢谢诸位。

［第 31 卷第 5 期(1949)第 129—136 页］

# 46. 科学与社会

## ——为中国科学期刊协会年会作

张孟闻

原子弹在广岛投掷了以后，这消息立刻震动了整个世界。科学成果这样深切地影响当时人群的是第一次。一般人士对于科学，再不会歧视了，无宁说，从此予以密切的注意。科学期刊在战后上海能够广泛地展开，乃至成立了科学期刊协会，值兹第二届年会之日(按该会定今日举行第二届年会)，自有其社会的条件先存着的。社会对于科学的注意是一件事，而对科学的了解，又是一件事。科学新闻的发布，通常是新闻界的事，使其了解，则就是科学期刊的职责。就以原子弹为例，广岛投弹的消息由报人发布，但是要讲述其发展历史与其影响，及构造的大概，则应由科学期刊担负起来。在从前都由报人一手包办的。报人的报道易流于渲染失真；而科学家自己动手来写，又往往失之于艰涩难懂；就是写得能懂了，也还是枯寂无生趣。科学期刊的任务，就在于既能传真，又能生动，要使真实的科学内幕显豁浅露给社会大众，使其了然悟解而能感觉兴趣。换一句话说，就是使科学知识普及于大众。其地位是介于科学家与大众之间，使科学不成为神秘的事物，使大众真切了解科学的内涵，于是科学才成为大众所需要的知识。许多人很明白了解科学与日常生活密切相关，尤其是科学的应用方面，譬如水电设备、房屋建筑以及电讯交通、衣着饮食等等，但是学理研究也同样地与人生密切相关，则即使科学家也未必都能了然。现在且就这点来申说一番。

科学真义的普及，其意义远较应用科学成果的普及为远大。因为科学成果的应用只是技术上的简易手续，就像是原子弹的投掷或是汽车的驾驶乃至于收音机的开动，只是举手投足之劳。然而原子弹、汽车与收音机的构造与其发明经过以及构造原理，则需要相当准备的知识才能了解。这方面的了解，其重要实超过于应用。因为每一项事物的发明，都得经过不少次的失败与尝试，靠了前人智慧的累积，后继者才有成功的可能。将经过的事实清晰列举出来，不但每一项事物有其可歌可泣的艰苦辛酸的历史，而且可以使常人从这里透视了科学家的奋斗史迹。这史迹显示于人群以实绩：一切成就依赖于不断的努力奋斗，与愚昧、与贫困、与危险乃至于与专制独裁、豪富垄断等等一切恶势力奋斗。这里并无取巧幸得之事，也只有大公无私，豁达自由与坚毅操守才会有几许成就。所以今日文明世界所能享受的物质便利，都是食前哲积年累月辛苦奋斗之赐。从广泛地交换知识，忘我无私，科学家才可以免去了重走错路而便捷地走向成功。这就需要有公布成果的自由，公开讨论的自由，要有出版自由、言论与集会的自由，这就需要有民主的政治环境。倘使德奥科学家不宣布原子可以分裂的实验理论与其结果，则原子能的应用未必可实现于今日。同样的情形，如果科学家各将研究所得秘密起来，无论是自动的或被动的，则世界文明必将被迫延缓前进，假使不至于倒退的话。

靠藉这些自由的保持，科学才能向前迈进。而知识情报之准确性又必须经过科学的考验才得决定。权威的科学家也无法把持虚伪的理论强教别人遵守。在科学领域里，只有向真理认是非，决无对权威低头认作奴役的。

仅就上述两点——要求自由大公，排斥秘密自私；认清真实是非，不问权势威力——就已经非凡值得珍贵了，尤其在此时的中国社会。所以说：科学真义普及的价值远较应用科学成果的普及为远大，而且一样地与人生密切相关。

这是科学的精神训练。此外若科学方法的援用，科学方式的思维判断，也都是远较仅是应用科学成果的技术说明为重要。而科学期刊的重要作用，也正在这方面。因为科学成果的技术运用，不但在日常生活中像水电设备等等昭示了众人，而且电影、广播以及一般新闻杂志也多少揭示了大概。惟有前述科学精神的训练，也就是科学思维方法的广泛正确运用，则只有科学期刊才能担负起来。从解释科学原理起始，而推动到争取民主自由的方向，正是科学期刊的基本任务之一。只有使大众了解到这一点以后，才能认清科学成果应用之是否合理。再以原子弹来说罢：原子能的应用，应该放在炸弹里呢还是放在放射同位素的医药治疗上或是动力发生机上呢？如果应该放到增进人类福利，减少人类灾难上面，那么放在毁灭人类生命的武器上之原子能用途当然是错误而荒谬绝伦的。怎样去阻止这一方面的应用，也正是科学期刊的职责。科学期刊能够在这点上努力，则不仅使社会大众了解科学，而且进而使科学家也了解到自己工作对社会所担负道义责任。实际上这也教育某些科学家。

现时代的中国社会，就好方面说，比二十年前的美国远为进步，——没有人为了教达尔文的演化论而受社会的干涉；就坏方面说，远比科学发达的欧美国家落后，不但迷信神鬼，而且真理低头屈服于权势之前。但是科学已为一般大众所重视了。科学期刊就该针对这方面的缺点而担负起这时代的任务来，教社会大众明彻了解科学的真义——明辨是非，不问权势；要求自由，排弃专制。这任务是远超过于仅仅技术知识之普及的，我以为。

原子能时代的中国科学期刊，愿能为增进人类福利的争取而共同努力！

转载三十八年三月六日上海《大公报》

［第 31 卷第 5 期第 136—137 页］

# 47. 全国科学会议

张孟闻

六月十日，本社随同中国科学工作者协会、中华自然科学社、东北自然科学研究会向全国科学界人士发出248份请柬，邀请他们为“中华全国第一次科学会议”的筹备委员，预备于本年八九月间在北平召开大会。依照该会议的促进会所发通告，第一次全国科学会议的基本任务，拟议为：

1. 团结并发动全国科学工作者从事新中国的建设而服务于人民；

2. 检讨中国以往的科学工作以供今后改进的参考；

3. 确定中国科学的总方向，并制订纲领；

4. 计议成立全国科学界的联合组织。

上海在6月19日的《解放日报》上，披露了全部筹委的名单。同一天，促进会主干人之一潘菽先生，来到上海，写了一篇短文发表于《文汇报》的副刊“人民科学”上，介绍了这个会议的发起经过，直到眼前的情形。在那篇短文里，潘先生特别致意于科学工作者本身的觉醒与团结，所以说：“团结并发动全中国的科学工作者，这是今年全国科学会议最重要的任务。”就在同一天，6月19日，北平举行了第一次科学会议的筹备会成立大会，中共中委陈云、林伯渠与朱德总司令都应邀出席，而且都说了话，又都着重在团结与建设两点上，而朱德总司令还说到科学工作者不但自己要团结一致，“同时，要与工人农民团结起来，才能迅速地发展中国的建设事业”。上海方面的筹备委员经文管会高教处的邀约于6月24日会合于中央研究院，到了四十人以上，当场推定茅以升、张孟闻、吴觉农、颜福庆、黄宗甄五人为上海筹委的临时干事，广泛地征取意见与发动出席人选的推荐，而且通过上海市科学技术团体联合会，与各个团体间取得联系。无论就已发表的筹委名单来看，或从24日的上海集会来看，其中不但是包括了各科学部门各方面的人才，而且是“长幼咸集”，在列席的座次上，看到了白发苍苍的年老学者，也看到了勇迈健硕的英挺青年。要是就团结一点来看，起步已经做得不坏。我们希望更进一步，做到真正密切地团结在一起，而且要忘去了传统的士大夫偏见，要舍去了读书人身份，真正与工人农民团结起来，——因为只有这样，才能明白广大人民的迫切要求，才能脚踏实地建设起来，为广大人民所欢迎所拥护的科学建设政策，而迅速地发展成功，不致落空。科学的终究目标，应是解决人民生活的迫切需要，即是说，为人群增加福利与享受，而不是为压制与增加祸害。在本刊今年第一期里，我们已经说过："科学工作者本身也就是人民，没有不成为人民的科学工作者的。"那时，科学工作者在江南的处境非凡困难，所以我们就明白地宣称："科学工作者不仅要有勇气担当艰危时期的前哨工作，也要有勇气能够在某种条件下拒绝工作。"现在，拒绝工作的消极奋斗时期已经过去了，面临着的却是改造自己而要与勤劳大众集合在一起建设新中国的伟大新时代。这一回的全国科学会议，尤其显著地将这个责任与时机提示到每一个科学工作者的眼前。

全国科学会议所启示给我们的，不只是限于这一点而已。推绎起来，对整个科学界还有更明确而重要的意义存在。

第一，科学界解放了，这是真正地解放了。从科学的发展史迹来看，早期的资本主义社会确实助长了科学与技术的发展。然而到科学家成了豪门富家的智力劳佣以后，资本主义却成了科学发展的障碍。这因为科学只为少数特权资产阶级服役，他们只着眼在自身阶级的利益，决不为大多数人民的福利着想，也不为科学的命运关心。于是一切新的发明，无论其对大众多么有利，只要于资本家无利可图，就都被弃置放开了不管。史端恩(Bernhard J. Stern)引据了克勒喀(Clark)的报告，说是从伊莉萨白女皇时候得到了专利注册证后，没有一个因了改进的发明而请求过第二次的专利注册证。这似乎是极端的实例，然而以英国工厂与公司的众多竟没有一家请求发明改良注册证的，可见并非天壤间的奇事，无宁是资本主义社会的通常大例。煤气公司不愿意改用电灯、电力，电报公司就不想采用电话、有线电报与电话公司，不要无线电有所发展。一切新发明，可以将工业，尤其是公用企业向前推进时候，原来主持那些机构的资本家一定硬把住了原基础，原封不动。因为改动需要重新添置设备，而且原来的装置转变成过时的废物，就私人经济盘算说来，还是保守旧物为好，于是就以保守为第一要义。科学家即使有很好的新发明，他们也宁愿买了专利权过来，搁置了，抹杀了，而不让新发明重来见天日，来应用于社会。倍尔电话公司(Bell System)在1934年握有9 234项专利证，而有5 009项保守了不曾应用。实际考查起来，是不愿意别人利用新发明来竞争，又不愿意将已有的设备加以改装，所以宁愿买了这些专利权来而将新发明的应用机会抹杀下来。可是在中国的科学界，现在解放了，科学解放给科学工作者自己的手里了。既不受资本家的剥削，也不给别种特权阶层的人物压制或利用，而是由科学工作者自己来决定发展的纲领与其实施的政策。上海解放后的半个月，陈毅市长在6月12日科工协会上海分会的临时大会上，公开地明白地宣布过："上海解放了，科学也解放了，科学工作者也解放了，这就是说，以后科学的工作方向与其纲领，都由科学工作者自己来拟订。当然，科学工作的目标，要与人民政府协调，要与共产党的主张，为广大勤劳人民的福利而努力的那一个大目标不相违背。”全国科学会议的第一与第三项基本任务，如促进会所拟议的，正是明白地宣告科学界的解放与自由。这是中国历史上，也是科学发展史上的崭新一页。我们在创造历史，以会议与行动来写历史，科学工作者应把握住这个伟大时机而加紧切实努力。

第二，计划科学的实施。科学的最初萌芽，远在有史以前。那时，人类以其粗糙简陋的工具来创造环境，与自然界搏斗，以控制自然界的恶劣条件。考古学家、人类学家所指出来的旧石器时代、新石器时代、铜器时代、铁器时代等，都是指人类社会那时所用的工具而言。这些工具，都是人类智慧的累积，也正是科学智识的嬗进史迹。然而直到现在，这些工具进展到二十世纪的原子能时代了，也还是保守着零零碎碎，杂乱无章，自生自发的原始状态里。只有最近这次战争中所发明的原子弹与雷达设备，是整套有计划地产出来的。计划科学这个名词之广泛应用，也还是最近十年来的事。英伦在战时的科工协会年会，特别提出计划科学作为专题来讨论实施的方案。这刺激来自第一次大战的德国与第一次战后的苏联。第一次大战中，德国科学界与工艺界的一般水准，英国人承认比英国的要前进十年以上，所以有不少的专家，要到德国去学习了才感到安心，尤其是军工与化工方面的科学。第二次大战中，希特勒也是事先好好准备了，有计划地动员了科学家共同工作了好多年，才发动闪电战争。这是高度机械化的作战，要许多不同兵种配合所合作的立体战争。当起初的时候，确实是无战不胜，无敌不克。然而一碰到苏联，却是碰转头来了。这因为苏联也好久就讲究这一套——计划科学了。

苏联的计划科学，其早期的五年计划(1932—1938)，有下面的七项主题：

1. 物质的构造，与其天文学、物理学、化学物理及化学之关系；

2. 苏联境内天然资源之调查与其利用；

3. 苏联境内能力资源之调查与计划；

4. 由建设所引起分配、卫生、建筑材料等问题之解决；

5. 化学之引用于工农生产事业；

6. 生物演化之研究，及其所关系于农业所引致对于轻工业原料之影响；

7. 准备历史的与社会的理论向资本主义的观念作战，使残留在人民心中从前期社会遗下来的旧观念与偏见都廓清干净。

我们的基本任务第二第三项，也应借镜于过去德国苏联乃至英美的成就，依据了我们的历史轨迹，来拟订我们民族的科学的建设计划。克劳叟教授(J. G. Crowther) 在其《科学的社会关系》(*The Social Relations of Science*)一书中，开头第一章的结句说：“工具的发明是一种态度的成果，这态度基本是科学的。这是科学的，就广义来说，第一个伟大成就，而这就具有社会的效果，即是人类从兽类变成了人。”(原书页 3)可以跟着说一句，即是：“计划科学的实施，是科学的第二个伟大成就，也同样具有社会的效果，即是将散漫的各种人群变成了人的社会。”这样，就引到了——

第三，集体的配合工作。正如中国科工协会所号召的一样，“今后中国的科学工作和其他工作一样，一个先决条件是要团结力量”。“谁要单独凭一个人或少数人的力量来解决问题，就显然是一种狂妄的想法”。“凡同一部门的科学工作者必须加强团结，不同部门的科学工作者，互相之间也必须加强团结”。引一个实例来说，譬如农村机械化，就必须想到发电的力源，与输送电力的中间站，因为惟有电力广泛应用到乡间，有了廉价的电力供应，农村的机械化才能走上正路大道。这个工作就先得调查力源，无论是水力发电或燃料发电，必先要知道水力与燃料的天然资源。于是第一步是地质学家，其次是水利工程与矿冶工程专家，以后是公路铁路与馈电线路的铺通，在这过程里包括了土木、桥梁、房屋、水泥、炼钢……金属、非金属的工程，技术与设计，又是馈电站的间隔，城市乡村的关联，人口分布，河道山脉的贯通，跟着就是公众卫生、医药、教育，于是一切人类社会所有的问题都来了。所以任何一个简单的课题，势必牵连到许多问题在一起。

而且不仅是科学工作者的相互间的关联要团结在一起，也必须联合着工农勤劳大众在一起。因为任何建设工作，不能脱离勤劳大众。仍是依照前例来说，从力源到乡村学校的房屋建设乃至于饮水供给，无论事件的大小，都不能不求得工农大众的殷勤配合。苏联几个五年计划的成就，科学工作者的详密计划固然有其不磨的功绩，而如期完成，有如斯塔汉诺夫运动的首创者的劳动英雄，其大有贡献于建设，而且实际上大部分的工作，依赖在他们勤劳大众的衷心合作上，这也是不争的事实。当人民大众都意识到自己是所参预事业的主人时，其挚切于完成工作的热情，绝不下于资本家之于私营的企业。又因为其人数的广大众多，尤其需要于彼此配合，勠力同心一共工作。发动计划的思想者，从设计蓝图的工程师，一直到搬动砖石的工友，始终一贯，全体一心地来完成“新中国的建设而服务于人民”，那末全国科学会议的第一项基本任务，也必然会迅速圆满地实现。

第四，保卫科学成果的合理运用，这正是“服务于人民”的要旨。如果科学工作的成就，都为少数特殊阶级服役，那末不特科学没有自由，人民大众受尽苦难，而且势必使科学发展的前途窒息，最后就可能招致了全人类的灭亡。我们不止一次地强调提起了这个要题。本刊每卷开场，一定说到科学工作者的社会道义责任，去年论到科学与政治时(第 5 期)也再三致意于此。因为基本观念要没有先弄清楚，盲然地埋首沉没在工作室里，很容易使自己变成了被利用的工具。即使主观上没有为特殊权势阶级的帮忙走狗，然而客观形势上，已经无意间做了反人民革命的行为了。即以原子能专家而论，他们专心勠力，集体合作地所制造出来的成果原是为阻止法西斯横行，赶紧扑灭恶势力为事，结果却是“助纣作虐”，连原子能委员会主席李廉韬最近也受了误国的控诉，更不必说其他工作人员之受非美活动调查委员会的污蔑侵犯了。法国方面，因为主持人邵立欧·居里教授是个力主原子能正当和平运用，反对制造炸弹，独占秘密的学者，最近又主持了世界保卫和平大会，受到了国内外帝国主义者的叫嚣诬害，一直到所有在法国原子堆工作的人员起来宣言与邵立欧·居里共同进退，才将那嚣扰的噪声压下去。

也许有人以为战争可以促进科学的发展。第一次大战发明了坦克车，第二次大战招来原子弹，此外飞机火箭雷达等等不都是战争所促成的吗？外科手术的改进、D. D. T.的发明，乃至于青霉素等新药的制成，不是战争所招来的吗？然而依据过去事实所昭示，战争也许延误了科学的进步，却并不是催促进步。施蒂华(O. Stewart)就飞机速率比赛 Schneider 杯的优胜纪录来看，1914 年是每小时 86.6 哩，比之过去一年快上 41 哩。到 1920 年，这当中经过了四年大战的停顿，是每小时 107.8 哩，就是说进展了 21 哩。1926 年是 246.5 哩，这要进展了 135 哩；而 1931 年是加速了 394 哩，即是到了每小时 340 哩。可见战后比战时的进展要加速了 4 倍。而战时在航空方面所耗的是十亿金镑，战后同一时期所耗的只有二十五万镑。两个时期的大部分款项都耗费在设计制造各种新颖的模型上，然而和平时期因为绰有余裕，尽有功夫可以从事于更根本的研究，所以其结果就远为优胜。而且战时只求飞行快速，于飞行安全设备的考虑也不够周到。布拉格(W. H.& W. L. Bragg)在 1912—1914 年间发表了一连串有关于 X 射线的卓越论文，战时服役就一无成就可说，直到 1921 年才恢复工作，重新捡拾起来。就是以原子能的发展来说，卢德福于 1914 年已经有了很好的开展，又有波尔、莫斯莱(Moseley)他们的合作，真是一日千里，然而 1915 年莫斯莱在大战中丧亡，波尔离开，整个研究所以战事而停顿，努力于战争破坏工作的研究，于是迟顿下来了。这回的大战，倘使不是罗斯福的远见，爱因斯坦等的建议，也未必能有这么快的发展。战后最近三五年间，超声波的飞行速率与同位素的治癌研究，都有长足进步，却又是和平时期的成就。

我们且不说战争与和平时期对于科学发展的延缓与促进来加争辩，即就其对于人类为祸为福而论，已经很明显地无可争论了，——科学成果，就科学家立场来说，决不愿意其用之于残害人类，乃至于整个地毁灭人类生命的。相反地，应是用之以增进人类福利，服务于绝对大多数的勤劳人民。

中国科学工作者面对着这样的一个伟大新时代,应该肩起时代所付与的使命任务来为建设新中国而共同努力,集体地共同来完成它。因了全国科学会议的召开,启示了上述四点:科学界的真正解放,计划科学的实施,团结集体的合作,与保卫科学成果的合理运用。这与本刊过去时常所强调的主张相符合,愿于大会的筹备期间,再次提出来共同向这方面加紧努力,使大会圆满成功。

六月二十七日

[第 31 卷第 7 期(1949)第 193—196 页]

## 48. 新时代的科学教育：中国科学社主办升学讲座

三十八年七月二十一日上午九时在中国科学社演讲厅

主席：陈聘丞　主讲：茅以升

今天是升学讲座的第一讲，题目是“新时代的科学教育”。这个题目太大，而且也太重要，因此我深觉惶恐。现在只能凭个人所想到的和各位谈谈。

今天在座的都很关切升学问题。各位都是高中毕业青年，将来的大学教育是有关一生的极重要的一个问题，所以对于升学问题必须加以仔细的研究：如进那大学、读那一科，而现在正是紧要关头，因为各大学马上就要招考了。不过我首先要告诉各位，对于某科某系，不必过分重视。最重要的就是关于升学的观念，一般认为所谓升学，便是小学修完六年，中学修完六年，再升入大学修习四年，便算毕业了，这是错的！学问是无穷的，大学四年怎么能就把学问弄好而毕业呢？学问是一生一世学不完，毕不了业的，大学毕业之后还有研究院，研究院也不过三四年，仍旧不能把学问弄好。所以现在所谓升学的意义，就是有了中等教育的基础，以这个基础来从事高深学问的研究，并不是说进了大学就算数了。所以我要奉劝各位青年，绝不可以大学毕业以前便读书，大学毕业以后便不读书，毕业两个字是很不妥善的名词。教育是一种机会，我们随时随地都有机会，随时随地可以受教育，并不限于在大学门内，大学门外可以受教育，大学毕业以后也可以受教育。要紧的是能把握机会，利用机会，充分地来教育自己，终身利用机会来教育自己。教育自己的先决条件是什么呢？第一个条件是要有基本的准备。如识字便是最基本的准备，中学教育便是考大学的基本准备。有了这种基本的准备，才可以认识环境，把握机会。然后，第二个条件是要知道学习的方法。任何一件事物，我们想研究它，在学习过程中应该有正确的方法，才可以充分利用教育的机会。第三个条件是要有实践的精神。学问是最现实的，不容马虎，不可敷衍，必须实地去做，必须抱着求真的态度去学习，才可以教育自己。我们具备了上面三项条件，才可以充分地利用机会，教育自己。这三项也可以说是工具，必须随时随地把握住。

我们现在谈科学教育的目的。科学教育的目的就是要给你这三项工具，这也可以说是科学教育的目的，也即是科学教育的使命。为什么从科学教育中可以得到这三个工具呢？即是因为科学有其本身的价值。先说科学本身的目的，最最重要的就是求真理。所谓真理是每个人都懂的，每个人都讲求真理，但是真有主观的真，也有客观的真。而科学家所求的是客观的真，是不掺感情的真，是可以实验的真。譬如天文学上所说的行星，你能看见，他也能看见，而且不仅现在可以看见，将来也可以看见。又如数学上的 2＋2＝4，这是铁证，这里不容丝毫假借。再从世界的历史来看，真理两个字也是颠扑不破的。凡是求真理的一定成功，不求真理的一定失败。科学如果不是求真理的，人类一定没有秩序。所以科学的教育可以不仅限于求学，也可推及于做事，就是养成求真的精神，随时随地注重客观，不注重主观与感情。所以科学的目的是求真，科学教育的目的就是养成这种求真的态度。

这种求真的态度怎样才可以做到呢？这就是要用科学方法。科学方法分几段，第一步是观察。所谓观察是睁开眼睛看，看得非常仔细，非常清楚。观察后的第二步是分析，把不同性质的现象分开，然后第三步是归纳，把相同性质的现象，归成一类。这样把很乱的现象经过分析后归纳得有条有理，然后可以下一个判断，下一个结论，这结论便可成为一条定律。牛顿定律就是如此得来的。这些定律是从过去的事象中推衍出来的，现在可以应用，也可以应用到将来的变化上去，因为这是真的，现在与将来总是在一个真理之下变化的，而这个真理是永远不变的。这种应用科学方法所得到的定律，诸位在物理化学方面，读到很多，而且准确得令人惊奇。譬如天上的行星是一个一个发现的，但是也有从推算出来的，即是在它们还没有发现以前，就有科学家先下了判断，算出来应该还有那些行星，及其如何运动，后来果然一个一个发现了。又如化学方面的原子，也有推算出来的，也是经过化学家预计应该有若干原子，并且断定其原子重，后来果然不出所料。这种未卜先知，并不是玄妙的，而是的确根据科学方法推算出来的，所以事情的发生可以和预计相同。像这样的例子在科学家界不胜枚举，有了这些定律，我们可以预测许多事情。如工程师的设计在开始时，也只是一张图样，等到工程完成，一定和预计不差丝毫。又如造桥，也是先绘图，估计可以载重多少，等到造成以后，把这些重量加上去，决不致于倒坍。为什么可以有这样的把握，就是根据过去的事实观察、分析、归纳，完全合乎真理，所以得到的结论也是真理。这就是科学方法，没有一步是假的，所以得到的结论也是真的，科学方法根据现在推断到将来，所以可以使科学发展到现在的程度。受了科学教育就可以得到这种科学方法。

研究科学一定要有科学精神。科学的求真方法是实践，科学精神就是实践的精神。这种精神第一是忍耐。我们希望发现一件事实，或是发明一种东西，需要有长时期的研究，也就是需要有长时期的忍耐。历史上有的科学家一生从事研究一样东西，或者有了结果，或者至死没有成功，但他一直忍耐地做。这种忍耐精神，是从科学中学到的。第二是勇敢。科学是求真的，所以看到不对的，必须有勇气去说它、攻击它，也必须有勇气支持真理，追求真理。历史上常有科学家与宗教家冲突，这就是因为科学家不问多少，只问真假。只要是真的，即使只有一个人，也不怕去和多数人反抗。为了维护真理，不惜牺牲一切，甚至生命。科学家因为忍耐和勇敢而有了成就，所以，第三，科学家是乐观的。因为克服困难便是一种快乐，所以科学家是乐观的，从不悲观；即使一生一世没有结果，也不悲观；因为他知道这是必须经过长时间和许多人的研究才能完成的，总可以完成的。科学家因为靠了这种精神所以越有成就。科学家因为有了这种精神，所以在历史上创造了许多伟业。求真、科学方法、科学精神这三点便是科学教育的使命，广义的讲，也就是一切教育的使命。这三点是研究学问所必需的，不限于在上课的时候，做任何事情都离不了这三点——求真、科学方法、科学精神。具备了这三点，就可以随时随地教育自己，而这三点比科学自身还要重要。

下面要讲科学是什么？狭义的讲，科学可以分为自然科学和应用科学。其实都是用的同样的方法，同样的精神，只不过研究的对象不同而已。如果研究的对象是自然界，便是自然科学，如天文气象等；如果研究的目的是为人类服务，为人类谋福利的，便是应用科学。至于广义的讲，如果研究是以社会为对象的，便是社会科学；甚至，如果将科学方法应用到文艺、艺术方面去，也可以称为人文科学。总之，只要是用的科学方法，一切学问都可以称之为科学。不过我们今天所取的是狭义的说法，把科学限于自然科学与应用科学，即大学里的理科和工农医科。

现在讲自然科学与应用科学。自然科学是用科学的基础，诸位在中学读书，已经有了相当的自然科学的基础。自然科学以自然界为对象，自然科学家以自然界为研究的对象。自然科学家是不大注重功利的，他们只注重真理，他们把自然界的道理研究出来，这便是他们的使命。换句话说，他们是为科学而科学的。不过，这也只是说一时看不到他的研究的功利，对于未来，也许十年五十年后，可能发生很大的影响。如原子弹，很早就有人研究原子了，但是当初并没有想到原子弹，目的只是为了研究宇宙现象，却不料后来竟发生了这么大的影响。此外，如飞机及无线电的发明也不是一朝一夕研究出来的，而是由自然科学家经过多年的研究，到后来才把研究的结果加是应用，而自然科学家当初并没有想到后来会有飞机和无线电的发明的。由此可知，自然科学家是求的真理，而应用科学家便是把这个真理拿来应用，所以自然科学是应用科学的基础。

应用科学的目的是为人民服务，为人类服务，即是将科学的真理与发明应用到人民的生活上，提高生活，增进大众的享受。也就是说，把自然科学的真理应用到人类必需的事物上去。消极的讲，应用科学是要控制自然。譬如大水，这是自然现象，应用科学便要设法防御，使不发生水灾。又如瘟疫，应用科学便要设法防治，使其扑灭。积极的说，应用科学还要修改自然。如建筑铁路遇到大山，必须穿洞而过，这就是修改自然。最后，应用科学更要征服自然。这里最好的例子是时间。如以前走路是很慢的，现在的飞机和无线电便把时间缩短了。同时，也可把时间延长，如人的寿命，现在的医学可以使其延长，这也就是延长自然界的时间。所以应用科学的目的消极的讲是控制自然，积极的讲是修改自然、征服自然。由于应用科学家的努力，我们才有今日的近代文明，这直接是应用科学家的努力，间接是自然科学家的努力。近代文明的提高，人民生活的改良，这些都是科学家的贡献。所以学科学的人，不管是自然科学或应用科学，一定都有这个感觉，即是可以对人类有贡献，研究科学，可以看到自己的努力，改善了大众的生活，增进了大众的快乐。岂非也是自己的快乐吗?

学科学的人，除了研究和实践两种任务之外，还有两种附带的收益：第一是时间与时间性的观念。学科学的人都对时间，看得很清楚，晓得一秒钟的价值多大。天文学家计算星的速度，一秒钟，甚至一秒的几分之几，也不能忽视。还有时间性，如大水是有时间性的，什么时发水，科学家看得很清楚。这对于我们一般社会来讲，尤其在中国，是非常重要的。我们一般人都对时间观念一向不清楚。现在我们区分有产阶级和无产阶级，不妨也可以区分有时阶级和无时阶级，前者是一秒钟都不放弃的，后者是糊里糊涂过活的。学科学的人都知道时间，看重时间，看重时间性，这种观念一般人都很缺乏，应该在科学教育中培养。第二是节省精力，不浪费精力。科学家都知道节省无谓的消耗，选择最有效最经济的路走。有的人不知道利用简单的方法，以致浪费许多时间与精力，这就是不懂科学。科学教育就是要使人知道如何利用最少的时间与精力来达到我们的目标，这一点是从实验室中体验得来的。

研究科学还有一个崇高的理想，就是广泛的为人民服务。我们知道应用科学的发展到今天，和资本主义是相互为用的。资本主义帮助了应用科学的成功，同时应用科学也帮助了资本主义的发达，而结果就很自然的归趋到凡是应用科学对资本主义有利的，即得到发展，不利的即得到阻挠。就是说在资本主义下，应用科学没有发展的自由。我们常用的剃胡刀片，几天要换一片，但很早就有人发明了一种可以用一生而不必换的刀片，但是这种发明因为妨害了制造刀片的资本家的利益，他们于是就收买了这个发明的专利权，一直到现在还没有拿出来应用。又如留声片，五分钟就转完一片，但是很早就有人发明一种可以转一小时的，结果也被资本家收买了去，直到老唱片卖完，现在才把这个发明取出公诸于世，所以为全体的人民服务，应该是学科学的人的坚强信念。此外，更可以进一步达到一个更崇高的理想，就是使所有的人民都成为科学家，这也是学科学的人的一种责任。有的老百姓不识字，但他倒的确有科学脑筋，譬如烧菜的大司务，虽然不识字，但是他菜烧得非常好，不科学不可能如此好，又如中国过去虽有指南针、火药等等的发明，但因为对这类学问都是无系统无组织的，所以都没有成功为科学。我们如果能使社会上的人均成为科学家，均能求真，使整个社会科学化，整个国家科学化，这便是达到学科学的人最崇高的目的。这是一个很重大的任务。我们如果能把科学自由发展，普遍为人民服务，我们还可以进一步的使人民为科学服务。譬如以前我们只知道太阳系有八大行星，而现在则有九大行星，这个新行星就是冥王星，这是一个乡下农民发现的，这就是人民也可为科学服务了。所以由这种种方面看来，科学家的任务是非常重大的，而且是非常快乐的。我很希望各位将来进了理工农医各学院，均能学会科学方法和科学精神，在其他文法商学院读书的，也能研究科学方法和科学精神。这种科学方法和科学精神的成功，才是我们事业的真正的成功。（汝南、祖本记）

[第 31 卷第 8 期(1949)第 225—228 页]

## 49. 科学家与科学事业的前途

——1949 年 10 月 23 日在中国科学社 35 周年社庆大会席上演讲

韦　悫

各位社友：今天很高兴的来参加本社 35 周年纪念大会。我首先以社员的资格来讲几句话。——我不能说是一个自然科学工作者，但各位先生如果允许，那么我也可以算一个科学工作者。——本社 35 年来，的确经过了很艰苦的过程，才能维持到今天。社刚开始成立的时候，只有很少数的人发起，经过了三十多年，虽不能说已发展得很大，但和过去相比，规模已经很大了，而且事实上也的确做了很多工作，团结了科学界，出版了科学刊物，进行着科学研究。过去在困难的环境中进行工作，参与工作的同人们感到过去没有机会好好地发展。刚才和许多社友谈话，大家都抱着很大的希望，希望今后科学能够有光明的前途，和令人满意的发展。我在这里提供一点意见。

为什么过去科学不能发展，为什么科学家在岗位上努力很少得到帮助反而遇到许多困难？其实，不仅科学工作者有如此遭遇，在半封建半殖民地的社会中，做一切工作都是困难的。

中国一向注重知识分子，过去的知识分子，他们对社会的看法各有不同。我首先举出一种典型的代表半封建半殖民地社会中知识分子的态度。就是假定社会好了，国家好了，知识分子才可以出来做点事，假如国家不好，那么就离开社会，不参加一切的实际行动，想逃避现实，想不和当权者——即政府发生任何关系，希望国家有了好人出来以后，再来做事，这就是所谓“超然”态度。许多科学家同人也曾抱着这样的态度。但是只要你在大学教书，或是在研究所工作，就不能和当权者、社会上，以及各种派系脱离关系。为了求得帮助，不论是来自反动政府、帝国主义或者是个人，反正只求有了帮助就好。上面说的是第一条道路，也是半封建半殖民地社会中的一种典型态度。大家试考虑一下，要想在矛盾的生活中保持“超然”的态度是否可能呢？我们在革命发展的过程中证明了这种态度是根本不可能的。因此有些人就索性参加反动政治，以为可以利用势力去做点事，于是专去依赖权贵，结果必然走上反动的道路，成了人民的罪人，这是第二条路。第三种道路，就是在半封建半殖民地社会中，不论是研究生物也好，电机也好，从事社会教育也好，中等教育也好，首先必须要解决一个问题，就是要革命。不革命就不能建立新社会，只有先把社会改好，才能做工作。许多人所走的实际道路已证明了这一点，唯有走了革命的道路，然后科学家、教育家才有前途。至于革命，可采取各种办法：在斗争中，在条件许可下可以公开；不可能时，可以半公开或秘密进行。但最要紧的是革命，这样才能使科学有前途。第三条道路是最正确的道路，知识分子只有勇敢地来参加革命，才能发展大的事业。

今天，全国解放已在目前，这次政协在北京召开，任鸿隽先生在《社友》的一文中也讲到，有不少科学家参加了政协，都认为有办法，可以为科学做点事了。这种看法是对的，但是还嫌不够，而且可能还存在着怀疑和顾虑。现在又成立了科学院，几位副院长大家都是认识的，有的还是社友。科学院是领导全国科学事业的机构，将来科学院还要邀请许多科学家来参加。这就是有了机构，有了准备。只要科学是为人民大众的，就需要大家来参加，大家来负起责任。用这种眼光来讨论问题才是准确的。今天我们看一个团体或是一桩事业，再不能从这个团体的历史来看，必须从人民大众的利益来考虑，这样才可以打破许多派别和乡土关系。这不是团体本身的事情，而是全体人民的事情。这次政府开会，关于共同纲领是由许多人分组讨论而决定的，这种方式值得我们效法。

今天我在庆祝本社 35 周年的大会上提出这样的意见，首先是检讨过去的工作为什么不如意，不能发展，有什么缺点或错误，大家可以好好地考虑研究，把责任负担起来，一定可以得到满意的结果。今天我们已经有了光明的前途，一定可以把科学事业做好。但是，这并不是说把科学事业委托给某一个机构去做，或者是某一个机构要求政府解决经费的问题。这种看法是不对的。科学事业是属于大家的，必须由大家来解决。另一方面，今天的科学事业应该和经济建设配合起来，应该有重点，把自己的研究考虑一下，将重点放在新民主主义向社会主义共产主义的发展上面去。等到建设成功时，然后再进行遥远一些的问题，也未尝不可。总而言之，今天必须首先集中力量把现实问题解决。

以上意见还希望各位指正。（杨谋、左本记）

［第 31 卷第 12 期(1949)第 353—354 页］

# 50. 说“爱科学”

任鸿隽

在此次政治协商会议，通过的人民政府施政共同纲领中，规定了如下的一条：

提倡爱祖国，爱人民，爱劳动，爱科学，爱护公共财物，为中华人民共和国全体国民的公德。（《共同纲领》第五章第四十二条）

这条条文的规定，一方面固然是在提倡国民应有的道德，一方面也是针对国民道德所缺乏的，要提倡起来加以补救。它所列举的几件事，不消说都是绝对必要。不过我们觉得，如祖国、人民、劳动、公共财物，都是意义明白，我们要爱它的理由也极其明显。独有科学这一件东西，在许多人的心目中还不免多少是陌生的。天下没有对于不认识的东西发生爱情的理由。因此，我们觉得有提出说明一下的必要。

首先，我们要说明的，爱是属情感范畴的活动。属于知识范畴的活动，我们可以用外铄的方法来增进；如有所不知，我们可以教育方法使之知；有所不能，我们可以强迫方法使之能。属于情感范畴的活动，其发生与增进必是由于内发。所谓“你能牵马到水边，不能强迫它吃水”，因为在它的心中没有吃水的感觉故。所以我们要人民爱科学，必先使他们知道科学的可爱。要知道科学的可爱，须经过两个步骤：一、知道科学是甚么，二、由科学与生活的关系上发生出爱的情感来。

从理论上说，要知道科学是甚么，是比较艰难的事体。它需要有高深的科学研究与修养。但从生活关系上说，则凡号称现代文明的国民，无不与科学发生或多或少的关系。因此，对于科学也应该有或深或浅的认识。现在我们试举几个肤浅的例子来说明。

与一个人的生活上关系最重要的东西，还有过于粮食的吗？但如用了科学方法，即改良种子配合适宜土壤与化学肥料等方法来改进农作，可以增加生产到若干倍。据温斐尔(Gerald F. Winfield)的统计，一个中国农人每年的平均生产为 3 080 磅谷米，而一个美国农人的平均生产量为 44 000 磅谷米(见 1949 年 1 月 9 日《纽约时报》周刊)。这个十倍以上的差异，当然不是因为中国农民的工作能力不及美国人，而是因为美国农民用了科学方法与机器力量来增加生产，中国农民还不知道应用这些的原故。所以华莱士(Henry A. Wallace)在他的 *Soviet Asia Mission* 书中也说：“在中国，须要四五家农家在乡间生产以养活他们自己与在城里的一家人口，在美国只要一家农民在乡间工作便可养活他们自己与在城里的四五家人口。”根据这些统计，我们可以说，只要能充分利用科学的方法来增加农业生产，则免除饿馑的恐惧并非难事。这是科学与生活关系最重要的一点。

其次科学能免除人类的疾病，也是与生活关系的另一点。这两次世界大战以来，治疗医药的发明，如磺氨药类与青霉素等，已经减少了军队中的死亡率(在第一次大战中军队的死亡率为每1 000人14.1，第二次大战为每1 000人0.6)。但科学医药的贡献，不但在它的治疗而尤在它的预防与卫生，我们知道，为人类最大仇敌的传染病，如黑死病、黄热病、鼠疫、疟疾，在现今文明社会中已告绝迹了；而蔓延最广的肺病、伤寒病、脑膜炎、小儿麻痹症等，现在亦可以用防制病菌毒菌的方法，渐渐归于消除。所以在科学发达的国家中，人类的平均岁数，近四十年来已由49岁增至65岁，而印度人民的平均岁数仍不过35岁(中国尚未见有此种统计，但大约与印度不相上下)。我们试想，每一小儿出世时即具有66岁年龄的希望，与只有35岁希望的人相比较，其一生事业的计划当与人生乐趣的感觉，相差有多少呢？所以我以为只要从这两方面着想，科学对人生的重要关系，已经够明显了。此外如交通、工业、制造、享乐，无处不有科学发明的影响，亦无处不与生活有关。但比较以上两事而言，没有其重要与普通性，我们在此不细说了。

但是，人不能专靠面包而生活。当初步的物质生活需要满足之后，跟着来的是精神生活。精神生活最显著的一例，是智识的爱好，而科学实为新智识与正确智识的来源。因此，既爱智识，即不得不爱科学了。科学智识所以可贵，第一因为它是根据事实用逻辑方法推理所得的结果；第二这个推理的结果，还可以实验方法或新的事实加以证明。所以这种智识，不但确实可靠，远非玄想虚构或古人留传的意见所能比拟，而且本身具有内在的发展性，向未知的秘奥上逐渐发展，以期得到最后的真理。要说明此点，我们试举两事为例。如中世纪的天动地静说，在托勒密(Ptolemy)的体系中不失为一种智识。但它不是科学的智识，在当时天文的测算上不免发生困难。后来经过哥白尼、盖理略等的观测与证明，确定地球为八大行星之一，而后地球与诸天体的关系才得正确的说明，更引导我们向天空无限制的发展。现今帕洛玛山(Mt. Palomar)天文台二百英寸望远镜发见在几亿万光年辽远距离的星云，这岂是中世纪持天动地静说的人们所意想得到的？又如物质由原子构成的学说，在希腊的德谟克理达(Democritus)已经发明了。但它缺乏科学的根据，所以两千多年以来不会有甚么发展。直到十九世纪开始以后，多尔顿(John Dalton)成立了化学的原子说，物质由原子构造的理论，方才得到事实的证明。这个理论的发展，一直可推到现今的原子构造学、原子能研究以及原子弹的制造。科学智识的演进无已，不是很显然的吗？所以要满足人类爱好智识的欲望，科学是绝对不可少的。

再有一层，不管玄学家如何解说，科学是从原因求结果的学问。这种方法运用纯熟而成为一种习惯时，自然能影响我们思想的路径与处事的态度。如社会进化与经济组织，从前以为是玄秘渺茫不可捉摸的，现在也可以科学的方法加以解释与推测。在早的马尔萨斯人口论是一个例，近今的马克思社会唯物史观又是一例。所以科学对于人类前途的影响，可以说是彻头彻尾，方兴未艾。我们提倡“爱科学”是有最大理由的。

不过，话又得说回来，科学既是可爱，又应当爱。眼前的问题，便是如何使人知道爱。这需要科学的利用与科学的研究。我们希望政府于揭橥“爱科学”以后，更注意科学本身的发展，方不是徒托空言。（一九四九、十二、四）

[第 32 卷第 1 期(1950)第 1—2 页]

# 51. 上海科联的光荣

卢于道

上海科学技术团体联合会(简称上海科联)就要宣告结束,我们听到这个消息,非常兴奋。这是上海科联的光荣,亦是整个上海各科学技术团体的光荣!

上海科联成立于1949年6月5日,在上海解放后还不到十天。这当然不是十天之内所能筹备起来的。据事后所知,张孟闻、吴觉农、陆禹言、胡永畅、黄宗甄、宋名适诸位先生在解放以前就做了很多秘密团结的工作,最后一次解放前的会议是在永利公司假董事会的名义就侯德榜先生办公室里举行的。在争取科技工作人员的团结上,收到了很大的效果。因为有了这样事前的准备工作,所以能在这么短短十天之内就开起成立会来。在成立的那一天,参加者有26个单位,出席代表有七十余人,并且就在成立那一天,还有三个团体被通过作会员(见本刊31卷8期217页)。成立以后,继续有新会员加入,结果发展到最近,会员共有37个团体。当上海初解放的时候,科技团体以热烈的情绪,共同迎接这么一个新时代,有如该联合会成立宣言所云,是为了"加强各方面的联系,达成时代的使命!"当时有没有这个需要呢?那是绝对需要的!

自从上海科联成立以后,上海的科技界,以整齐的步伐,组织的形式,高度的政治觉悟,协助了革命事业。譬如去年八月里响应了劳军运动,譬如向毛主席朱总司令及三野陈司令员致敬,譬如响应上海的反封锁及六大任务等,这些工作,人民是看见的,并且亦永远记住的。

上海科联的光荣,不只表现在这些功绩上面,尤其光荣的还有在作风和态度方面,完全是崭新的。自从筹备那一天开始起,宣言里就说过:

> ……我们科学技术工作者,就必须扬弃旧日的个人主义作风,而紧密地与工农大众靠拢在一起,把我们的工作和工农大众的利益紧密地结合起来。我们应当有新的工作态度,我们更应当进行学习,了解建设的原则,了解社会进化的规律,使得科学与社会结合起来,并使得我们工作能够真正配合着时代的需要,而加速历史的进程!……我们科学技术工作者必须联合起来,团结起来,让我们同心协力地去担任时代所要求于我们的工作。鉴于这点,我们号召上海的科学技术工作者,以及各科学团体统一地联合在建设新民主中国的旗帜下,勇敢地合作地去接受并完成我们的神圣建国使命。

在这里很清楚地说明了，在刚从反动统治下解放出来的上海科技工作者，他们立即勇敢地要丢掉个人主义宗派主义的包裹，虚心地要学习社会科学，并号召上海科技界的联合与团结，以便担负建国的责任，担任人民要求的应尽义务，在新民主主义旗帜下，好好地为人民服务。这种态度和作风是科学的，是值得表扬的！

革命形势发展得这么快，在上海解放之后不久，那个时候集中在北京的全国民主党派民主人士所筹备的人民政治协商会议，在中国共产党领导之下，其筹备会就正式成立。在人民政治协商会议筹备会闭幕的那一天，许多科技界人士亦从全国各地集中在北京，成立了中华全国自然科学工作者代表大会的筹备会。这个号召，是号召着全国科技界工作者的联合与团结。在这个全国性团结号召之下，许多上海科联领导人士，如茅以升、侯德榜、张孟闻、吴学周、张昌绍、吴觉农、胡永畅、赵祖康、黄宗甄等等，皆热烈地拥护参加，于是全国科代就这么胜利地告成。虽然这些筹备委员（总共三百多人）不曾经过普选而产生，但是其为代表性人士是从来没有人怀疑过。这是一个伟大的成就，因为这是代表着全国各地科技界民主人士的大会师。亦由于这个缘故，获得了中共及其他民主党派人士的重视，获得了人民政协筹备会的重视，在人民政协正式大会里，科技界亦举出了代表，很光荣地参加了产生中央人民政府的任务。

自从全国科代在北京成立之后，全国各地就跟着成立科代分会，上海科代亦就在去年 9 月 4 日成立。从此以后，上海科技界热烈地从事于科代工作，原来的上海科联，亦热烈地参加，如协助科技工作者登记工作等，都是具体行动的表示。在这样的形势之下，今天科联的代表们，由于重视科技界的团结组织，准备集中精力，将全国科技界代表大会开好，所以毅然决然结束了自己，有如在他们成立宣言里已经说过：

……在我们这次成立大会中，已开始了上海市科学及技术工作者的大团结，以后全国各地必能有同样的组织产生，进而组织全国性的机构，努力为人民服务。

像这样的伟大目标，今天自动结束了自己组织，这是上海科技工作者大团结工作前进了一步，亦就是为了进一步团结及组织全国性科技工作者的机构造成顺利的条件。

现在上海科技工作者有了大团结的组织形式没有呢？除了工会里的组织之外，还不曾正式成立学术性的统一组织。全国性科技工作者学术性统一组织什么时候可以产生呢？要等待着代表大会里讨论。代表大会里的讨论将根据于什么方案呢？这还有待于全国代表提出方案。全国代表将根据于谁的意见拟成方案呢？这就要根据于各地科技工作者大众提出意见。为了这个缘故，我们就希望上海（以及各地）科技界合同协力，拟就方案，交给将来选出的代表，找到北京的代表大会去，作为讨论的一个依据。

上海科技界是会拟就这么一个全国性联合组织方案的，是会团结起来将全国科技工作者代表大会筹备得好的，并且全国科技工作者亦会团结起来组织起来的——这一切都是为了人民需要着科技工作。

为了这么伟大的目标，上海科联光荣地结束了自己，要集中精力把上海科代搞好，充分表现了筹备宣言里所说的新作风和新态度，这是上海科联的光荣，亦是上海各科技团体的光荣！

［第 32 卷第 2 期(1950)第 33—34 页］

# 52. 中国科学的新方向

竺可桢

中国之有近代科学，不过近四十年来的事。最早成立的科学研究机关，要算北京实业部的地质调查所，创始于1916年。六年以后中国科学社在南京建立了生物研究所。此时正值五四时代，北京大学号召全国提倡科学，科学研究才慢慢地在各大学里有了立足点。从此各专门学会如地质学会、物理学会等逐一成立。到了1928年创设了国立的研究院，即是中央研究院和北平研究院。从五四时代到现在卅多年间，中国在科学上虽亦造成了少数杰出人才，对科学做了个别的贡献。但一般而论，对于国计民生有多少补益，对于科学本身有多少建树，检讨起来，仍然不免失望的。

过去中国科学界贡献之不能更为美满，一部份固由于外在的原因。即是政府不能把握正确方针，把科学作为装饰品，使经费仅足维持工作人员的生活，科学研究徒有其名。加以日本帝国主义的实行侵略，使大学与研究中心迁移跋涉，不能安居，甚至轰炸焚烧，宝贵的仪器书籍因之而沦亡遗失。但内在的原因，即中国科学界本身存在的矛盾和缺点，亦有其重要性。最显著者为各单位的本位主义和科学工作人员的"为科学而科学"的错误见解。在我国科学界中本位主义的存在，甚为普遍。过去中央研究院和北平研究院之所以不能分工合作，即是一例。科学工作人员由于过去训练，多崇拜资本主义国家的个人主义。以为科学家的本分，在于寻求真理，只要本其所学，自由的选择一个题目，竭其能力来研究，便是尽了责任。殊不知科学研究的经费来源，是取自农工阶级劳力所获得的生产，本诸取之于人民用之于人民的原则，科学研究自不能不与农业工业与保健发生联系。过去科学工作人员各自为政、闭门造车的习惯，自有革除的必要。

为纠正过去的错误观念起见，为谋达到给人民谋福利起见，我们新中国发展科学的道路将朝那方向走呢？

第一，我们必得使理论与实际配合，使科学真能为农工大众服务。第二，我们必须群策群力用集体的力量来解决眼前最迫切而最重大的问题。第三，大量培植科学人才以预备建设未来的新中国。

为要达到上述目的，就非要有计划地来做不可。计划科学的发展和普及，世界各国中只有在苏联已收到极大的成效。这一个事实就是英美科学家也承认的。

英国伦敦大学物理学教授裴纳尔(J. D. Bernal)在1949年出版《需要的自由》

(*Freedom of Necessity*, Kegan Paul, London, 1949)这书里曾经明白指出。他说：

> 将来的科学要用整个社会的观点来计划，是绝对必需的一件事。这种计划在苏联已见其端倪。只有忠实地遵行马克思主义的理论，才能把帝俄时代本来浅薄科学基础，变成了伟大的、互相联系的和勃勃有生气的眼前苏联科学。在短短卅年当中，苏联已经从一个文盲遍地的国家，变成了随处统是科学工作者的国家。问题的重要性，并不仅仅去培养几个少数有天才的科学家，在科学的前哨上做点冲锋陷阵的工作，而是建立起来一个普遍通行的习惯，把一切关于工业、农业、卫生和国防所需要科学来解决的问题，从有计划的实验，和以统计数字为依据的基础上来解决。

我国现阶段的科学基础比十月革命以前帝俄时代的科学基础还要薄弱得多。在这时候就来讲计划科学，这是谈何容易的事。苏联科学院院长瓦维洛夫在他所著《三十年来的苏联科学》这篇文章里，曾经说："把我们的科学完全贡献给人民和国家来服务这一事，使科学的计划性变成绝对的需要。这是社会主义国家科学所具有的一个主要特点。不仅是科学的规模，如机构、人选和设备应有计划性的，甚至内容即是科学研究的问题也应有计划性的。"但瓦维洛夫同时也曾指出苏联科学向着计划这条路上走，到了苏联科学发展的第二个时期，即是苏维埃统治的第二个十年，才确定的。在十月革命后的第一个十年内，苏联科学的发展还是不平均的、无系统的。在最初几年苏联和外界的交通被资本主义国家封锁所隔绝，国外新的科学文献和设备统不能输入。苏联科学虽在这艰难困苦时期，却也有相当的成就。在苏联科学发展的第一个阶段，其计划性虽尚未十分显著，但已有了新的方向。值得我们注意的计有三点：

第一是苏联科学从最初即具有实用性，确定了科学为人民而服务的方针。

第二是利用集体工作的方法来解决问题。这种方法使得以前看起来极为复杂而费力的研究，得以进行。

第三是科学的普及工作，大规模的推动着。十月革命后十年之内，苏联科学工作人员，即是积极参加科学研究的人员，和革命前相比至少增加了十倍。

苏联科学近卅年来的宝贵经验，很值得作为我们发展科学新方向的参考。

目前中国和革命以前的苏联一样是个农业国家，而生产技术比较起来更要落后。要建设一个新中国，使生产逐渐增加，工业向前迈进，是非常艰巨困难的一桩事。人民政府已具决心将努力发展自然科学，以服务于工业、农业和国防的建设。一九五〇年度，虽在台湾尚未解放，经费十分困难的时候，科学研究经费已超出过去国民党当政承平时代的预算。中国科学院之建立，正所以配合时代，发挥科学工作为人民服务的积极功能，扫除过去中国科学工作者主观上的弱点。它将以自然科学为重点，在原有机构，即中央研究院与北平研究院之基础上，加以充实。以后工作将与政府农工教各部门取得密切联系，庶几可以达到利用厚生之道。

有人以为注重科学的实用性就可把基本理论科学研究完全放弃，使每个科学家统去做直接与生产有关的工作。这是错误的观念。若是计划科学的人们要每个物理学家、化学家到工厂去服务，要所有地质学家统去采矿，所有生物学家统去改良种子和牲畜，而把基本理论科学抛在一边，则不但科学将永无进步，即为生产着想，把眼光放远一点亦得不偿失。所谓理论去配合实际，科学去配合经济建设，决不是那么简单一回事。每门基本科学的范围至为广泛。譬如物理学，它和旁的基本科学，如化学、生物、地质统有关系，它和工业、农业、医药亦均有关系。物理学上一种重要发明，如同五十年前电子的发现，不但已经应用到旁的科学上去，也已应用到工农医药各种事业上去。反过来讲，一种工业之建设，如同钢铁事业，不但需要机械、电机、地质、矿冶的人才，而也需要物理学家、化学家、古生物学和心理学家的设计和帮助。从科学和建设事业这样错杂纷纭的关系看来，基本科学的研究仍是不可忽视的。

苏联科学院的基本研究工作，在近卅年来不但没有停止，反而大大发展，即是一个好的榜样。但是基本科学的研究决不能像过去各单位分道扬镳各行其是地那么去做。中央科学研究机构将与各大学、理、工、医、农学院，以及各专门学会的科学家互助商讨，成立各科专门委员会，检讨目前每一科目急需要解决，而可以解决的问题。凡一个研究机构所不能单独解决的问题，将与其他研究机构或大学合力解决之。要如此，方能一扫过去本位主义之弊。

在中国现阶段，要谋科学的发展，尚有最迫切最重要的一件事，即是科学人才的培养。东北全部解放不过一年有半，建设初兴，即感人材不足。无论工厂、矿山、学校，中级和高级技术人员均极度缺乏，普通工人与技术人员之比例均在百分之一以下。虽在关内到处罗致，人材仍患不足。将来台湾解放以后，全国各处建设同时并致，则所需科学技术人才自必更多。因此大量地建立新的大学与专科学校，为最近的将来必须举办之事。但以训练人才又必需师资，势必在大学多设研究所，方能使日后高等学校的教师不致缺乏。同时广泛地推行科学普及教育亦要着手。中央文教委员会已拟定计划，推行普遍的识字运动，以扫除文盲。大量地设立农工子弟速成学校，给农工子弟以科学技术的常识。人民政协共同纲领文化教育政策中规定“爱科学”为人民共和国全体国民的公德之一。所谓“爱科学”就是要人人本科学的眼光去做事，无论处理个人日常生活，或是承办国家大事，如同最近人民政府的赶修铁路，发行公债，或抢救灾民，统要从科学的角度上去看，用科学的方法去做。科学在中国好像一株被移植的果树，过去因没有适当的环境，所以滋生得不十分茂盛；现在已有了良好的气候、肥沃的土壤，在不久的将来，它必会树立起坚固的根，开灿烂的花，而结肥美的果实。

〔第 32 卷第 4 期(1950)第 97—99 页〕

## 53. 科学与政治斗争

### ——中国科协上海分会第三次年会开幕词

卢于道

今天在上海解放了八个月以后,在此举行第三届年会,这是非常有意义的。

处在今天我们要走上新民主主义伟大时代的时期,这是我们几千年来历史上所未有的,因此我们不能不:(1) 回想当初中国科协之成立,(2) 解放前的上海科协,(3) 解放后的上海科协,和(4) 今后的上海科协。

1. 中国科协之成立　回想当初中国科协在重庆沙坪坝中央大学成立的时候,那时正在抗战期中。在抗战期中,大家遇到很大的矛盾,那就是抗战需要民主,偏偏当时蒋政权那么不民主。在这样矛盾之下,于是大家就想到,如果科学工作者不从政治上作民主斗争,还有什么出路呢?

由于当时这种矛盾的发展,于是科学界民主人士,就聚在一起商谈科学工作者协会的组织了。

当时发起这个组织的时候,大家对于这么一个新组织的性质,曾提出了:(1) 本会是职业性为重,亦就是科学工作者本身福利性为重;(2) 加入本会者都称为是“工作者”,是与工人站在一起,而不陶醉在“科学家”的头衔里。这两种性质是含有民主斗争内容的。因为有这种性质,同时亦希望将科学与民主结合起来,所以与其他科学团体不同。亦由于这样的性质,不久便在国内获得了许多进步青年的热烈拥护,在国外获得了各资产阶级所统治的国家里科工协会的联盟。

2. 解放前的上海科协　抗战胜利以后,许多会员纷纷由四川回到江浙一带,科协总会由重庆移到南京,上海亦就成立了分会。抗战是胜利了,但是反动统治的恶劣,较之抗战期间为尤甚!在这样反动统治之下,会务工作的危险性亦随之而增,所以会务进行差不多只有四分之一的公开程度。在这样斗争情况之下,团结了一百多位会员,并获得了少数产业界人士的同情,这已经是不容易了。回想起来在解放前半年期中,每月举行一次理事会,大家都是战战兢兢躲躲藏藏,真感觉到今天解放的快乐!

当时大家行止虽然是躲躲藏藏,可是民主斗争工作是勇敢地进行,如《上海科协》刊物是按期出版的,对于压迫科学界的事如美国不许居里先生登岸,那是提出抗议的;解放前保卫工厂阻碍移厂(赴台湾)是发动了的,结果于是会友中像钟泉周先生就被反动派所谋害了！今天我们回想起来，心有余恸，同时亦使我们感觉到上海科协的光荣！我们要永远纪念钟泉周会友，并且要向他致敬！

3. 解放后的上海科协　在上海将解放前夕，我们科协总会由南京迁到解放了的北京，并且完成了两项任务：其一是派代表参加中国保卫和平代表团，1949 年 4 月 20 日赴捷京布拉格作和平斗争，这个任务是和其他人民团体、学术文化团体代表们共同胜利地完成了；其二是在北京和东北自然科学研究会、中华自然科学社、中国科学社在 1949 年 6 月共同促进了“科代”(即中华全国自然科学工作者第一次代表大会筹备会)的成立，这个任务亦光荣地完成了。

在完成了上述两项任务之外，全国各地，在新解放之后，如武汉、杭州、南京等地，由于进步科学界人士的热烈参加和赞助，有如雨后春笋，纷纷成立分会，会员增加了，会务发达了。我们要感谢人民领袖毛主席，我们要感谢中共，我们要感谢解放军，没有他们把我们从反动统治下解放出来，这些发展是不可能的。

在这样一个解放高潮之下，我们上海科协亦得到空前的发展，例如会员人数从解放前一百多人而增加到一千五百人，上海各区成立的支会有二十三个之多。

我们非但会员人数增加了，并且每个支会每个会员的工作情绪亦高涨，就如这次年会的筹备，就有一百五十位会员热烈参加工作。上海科协有这样的发展，这是给我们一个很大的振奋和鼓励。

4. 今后的上海科协　我们饮水思源，上海自然科学工作者有这样振奋的情绪，上海科协有这样的发展，完全是由于人民革命的胜利。可是正因为如此，我们不能不思索一下，在目前形势之下，我们应当担负起什么任务？我们怎样才能担负起新的任务？

我们科协组织，当然不是为科协而科协，亦不是为组织而组织，我们是应当担负起适当任务的。这就令我们再回想当初发起这个组织的任务了。

我们当初发起这个组织的时候，以及几年来的工作方向，已如上面说过，是科学工作者的民主斗争。这种斗争的对象是反动统治。在反动统治已被摧毁以后，我们工作的方向，除了彻底消灭反动残余之外，是不是有新的方向呢？我想应当是有的！

人民革命的形势，使我们每个人在国内已起了一个基本变化，那就是由被统治而转到了统治地位，这是表现在人民民主专政政府的成立。在这样形势之下，我们科协的工作，亦由四分之三地下而没有地下，由四分之一公开而全部公开，这亦是我们工作环境的一个转变。

在这样工作环境转变之下，我们深深感觉到过去的理论基础是不够了。

过去当我们科协初发起的时候，那时自然科学界弥漫着为科学而科学为真理而真理的想法，觉得纯粹理论科学研究是超脱尘世，超脱社会的。科协会员们就针对着这种错误的看法，说明科学工作不是超脱社会，而是和现实社会分不开的。这种斗争无疑地现在是胜利了。

在解放后的今天，我们已经看到马列主义科学所告诉我们的社会发展规律，我们要在这个宇宙观的观点之下，将我们的工作作为社会斗争的一部分，这亦就是说，是革命工作的一部分。这样的理论，是过去科学不超社会理论的进一步发展，亦是今后工作的基础和指针。

为了这个缘故，我们要武装我们的思想，要加强马列主义的学习，要加强政治的学习，要加强思想的改造。只有在这样学习之下，我们全体会员紧密地团结起来，我们科学工作的前途才是光明伟大的。

这是就国内而言。

同时我们不能不看到国际科协的情形。

就国际科协的情形而言，除了苏联没有科协组织，捷克对内无科协组织，对外有科协秘书处机构之外，在资本主义国家里，还有成万进步的优秀科学工作者，他们为科学真理而斗争，为和平民主而斗争。他们所组织的科协，以及这些科协所组织的国际联盟，他们听到中国革命的胜利，都是异常兴奋。由于这个缘故，他们已决定今年八月来北京举行国际科协年会。

这表示什么呢？这表示我们非但有国际朋友，并且这些国际朋友都非常重视我们，羡慕我们，同时他们亦给我们以极大的鼓励！我们当如何热烈地欢迎这些国际朋友，来到新中国举行盛大的年会。

在相反一方面，我们今天在此地举行着年会，而在港九的会友们却被港九政府所压迫迫害！对于港九的科协会友，我们要予以慰问，要向他们勇敢的斗争致敬。

这些事实很清楚地告诉我们，我们科学界的民主和平斗争，在国际方面有同业的友人，亦有政治的敌人！为了真理，我们还需要斗争；为了斗争，我们是还要加强团结与加强学习！

在这样形势之下，我们年会是有重大意义的！在这么重大意义之下，我们大家是要把年会开好的。

［第 32 卷第 4 期(1950)第 99—100 页］

# 54. 科学的新生

周谷城

科学的产生，在奴隶社会时代。奴隶社会以前的氏族社会，是没有科学的。不过氏族社会虽没有科学，自然界的逻辑却是被人类利用着的，尤其氏族社会的末期，新石器时代是如此。不过当时还没有文字，未能把自然界的逻辑写成原理原则而已。到了奴隶社会，情形就不同了。因着生产的进步，私有财产的发达，买卖的盛行，贵族的奴隶主与资本的奴隶主都争着驱使奴隶大量生产。在生产的过程之中，常有技术问题迫使人类寻求解答，于是站在奴隶主一方面的有闲阶级，为着奴隶主的利益，改进技术，解答问题，结果便有与科学相类似的东西出现。

中国自公元前十五世纪左右到公元左右，大约殷代初年到西汉末年，正相当于奴隶社会之成长、全盛及没落的时代。这一千余年中，生产的进步使农耕与畜牧渐渐分开了，也使农耕畜牧与手工业渐渐分开了。春秋战国及秦汉时代，更有商人阶级非常活跃，“势倾人主”。换句话说，更有资本奴隶主，其势力常能压倒贵族奴隶主而有余。他们为着私利发展生产，常驱使着成千成万的奴隶为他们工作，为他们生产。在生产过程之中，技术问题源源涌出，于是有闲阶级骑在奴隶劳动者背上，要求解答，结果便创造出一些与科学相类似的东西。先秦诸子有谈科学者，墨家学说中与科学有关的论著更多。秦汉时代，五行相生相克之理，虽说得不甚完全，然已足证知识分子正为着要解释自然现象在努力寻找可以为说明之根据的基本元素。印度奴隶经济在吠陀时代已很盛行。吠陀经典约成于公元前十五世纪到五世纪之间，这一千年左右的时间中，印度的科学知识也正为实际的需要所推动而成长，而发达。印度的科学知识叫做“明”，明的种类很多，有所谓四明、五明、十四明、十八明、三十二明等等。其中理论科学如数学如逻辑等都有专科，实用科学如畜牧、如农耕、如医药等也都有研究。希腊自公元前八世纪左右及以后的六七百年当中，是奴隶经济盛行的时代，尤其公元前四世纪末叶到一世纪末叶的几百年中所谓“希腊化”时代，学术空前发达，凡地理学、天文学、生物学、解剖学、数理学、物理学等，均已开端。晏拉多辛尼兹(Eratosthenes)几已悟到地为圆形，爱力泰古兹(Aristarchus)几已寻出地球与太阳自转与公转的道理，亚力山大市有希罗斐鲁兹(Herophilus)早在公元前三世纪时，已知血液循环之理，已知感觉缘于神经。同此时代，欧克里(Euclid)的数理学，亚几默德(Archimedes)的物理学亦早已独立成科。此外如埃及、如波斯、如巴比伦在奴隶经济时代，无不有与科学相当的东西出现。劳动过程中涌出问题,有闲阶级为之解答,并组成条理,奴隶主则享受其成果,并完全掌握之。因此,奴隶社会时代的科学完全为奴隶主服务。

罗马时代仍盛行奴隶经济,但科学的发达,在希腊时代即已达到了极限,再要发达,必须经济上有较高一级的发展。因此罗马时代,除与统治术直接有关的法律以外,科学没有什么进步。五世纪以后,日尔曼蛮族南下,基督主义盛行,则与科学有极大影响。前者把若干科学家驱往东罗马,后者则孕育若干经院派学者,抱残守缺于庵堂生活中。阿剌伯帝国兴起以后,尤其公元十世纪前后,其商业势力东抵太平洋,西抵大西洋,北达波罗的海,南达波斯湾,其时代颇与奴隶时代情形相似。首都报达方面,富商大贾经常云集。贵族奴隶主与资产奴隶主为着自身利益常把东西学者吸引于其间,一时天数史地等科学颇为发达,然亦只为奴隶主服务而已。

十五世纪左右,因着几百年封建秩序的稳定,农工商各业复兴,尤其商业已从领主与领主间的小买卖,随着所谓民族国家的成长,扩大到了全国的范围。十六十七十八世纪,富商大贾活跃于海外,更形成所谓重商主义。重商主义时代,富商大贾以海外贸易获利,求过于供,常自备原料工具等,请国内农民在家内为之生产。一时生产的要求极大,便逼出一大批的技术发明。如英国的打麻机、净棉机、纺纱机、织布机以及印花纹于布上的印花机,都是显著的实例。生产的要求既大,引起了技术的发明,技术的用途既宽,又推动了科学的发展。于是十六十七十八世纪科学便随经济的进步而发达起来。首有培根与笛卡儿做了先导,打了头阵。培根是1561—1626年间的人,据罗素氏说,他是第一个有科学头脑的哲学家。他以为中世纪的哲学家,忙于研究神学,都没有触及真知,于是首先反对被神学家利用了的亚里士多德的演绎法,自著《新机关》一书,阐明归纳法,以为求得真知的手段。自是便有霍布士及休谟一系列的经验派哲学家,与工商阶级的时代相适应。笛卡儿是1596—1650年间的人,据罗素氏说,他是柏拉图以后第一个谈得上“新”这个字的哲学家。柏拉图以后的哲学家,都只是好好的教师,都只能在教职上高人一等。只有笛卡儿,不是一个教师,而是一个有新发现、有新理解的学者。他能以自己的新发见告诉世人,不独教教学生而已。自是便有斯宾诺沙及莱布尼兹一系列的理性派哲学家,与工商阶级的时代相适应。哲学做了先锋,科学便接踵而起。十七十八世纪的时代,凡物理学、生物学、化学等都极有可观。如英人牛顿之于引力,德人莱布尼兹之于数理,意大利人高尔文尼(Galvani)与窝尔太(Volta)等之于物理,都是有名的科学家。英人哈威(Harvey)与瑞士人郝莱(Albrecht von Haller)等之于生理,法人蒲丰(Buffon)与瑞典人林纳(Linnaeus)等之于动植物,英人真纳(Jener)之于病理,也都是有名的科学家。至于英人朴理特勒

(Priestley)与法人拉服希尔(Lavoisier)等更奠定了十八世纪化学的基础。自然科学一方面系经济进步的条件所促成,另一方面却又成了推进资本主义生产的武器。其成果则为富商大贾及资本家所享受,在这时期,科学完全是为剥削阶级服务的。

中国汉唐宋明时代,亦即公元前后到十五世纪左右的一千余年间,在封建地主的高度剥削之下,生产技术一直没有什么改进。明清时代,情形稍稍变了,颇与西方重商主义时代情形相当。尤其自十五世纪初期,郑和出使海外,招来朝贡通商者凡三十余国,宜若可以促成重商主义为产业革命造出一个先行条件,从而可以发展科学。但事实不然,中国终以海外需要不大,刺激不起国内生产,同时西方重商主义国家如葡、西、荷、法、英等又继续东来,给我们以打击,于是中国的重商主义终无所成。不过随着西方商人之后而东来的,却有一种附产,即天主教徒等带来的科学,如天文、数学、地理、逻辑等即其实例。不幸东来的科学,只供宫廷玩好——例如清康熙帝,即是玩好科学的一人,于科学的发展推进,终无所补。直到近五十余年,国人又大谈科学,首有官僚地主张之洞辈主张"西学为用中学为体"。然主张自主张,西学之"用",终战不过中学之"体"。

近五十年来,虽有人提倡科学,而科学终不能发展,盖有原因。这原因总括说来,只有一个,即半封建半殖民地社会条件的拘束。分开来说,可以列成三项:一曰封建的势力阻碍着科学。封建势力所需要的东西,有特别的一套。言必称尧舜,学问则讲经史百家,文章则推左孟庄骚或学诗词歌赋,书法则主颜柳欧苏,凡此都是封建统治级所必需。实则张之洞所谓中学为体之体,也不外这些。我们可称之为封建的学问。贵族用此以作统治方术,封建地主凭此以挤入统治集团。这是最足以阻碍科学之发展的。近几十年以来,地主子弟投考大学偏重文法两科,还是这种心理的表理。以崇拜封建统治势力的心理,打入封建统治集团的欲望来学科学,如何能够有成!文法等科的学生常曰"我的天性不近数学",其实只是留恋封建势力的心理在作祟而已。学生以此种心理读书,父兄以此种心理送子弟入学,混文凭而已,混资格而已,科学云乎哉!二曰落后的产业用不着科学。留恋封建势力是阻碍科学发展的一面。另一方面,产业落后,生产事业不发达,也是阻碍科学之发展的。我们的中等学校,除普通科以外,原有农工商等职业科;我们的大学校,除文法等学院外,也有工农医等学院;我们留学外国归来的学生,除学文法等科而外,也不少科学技术专家。但因新式生产事业被封建势力拖住,被帝国主义压迫,未能发达,因之需要专门科学技术人材的地方很少。与帝国主义直接有关的事业又情愿到帝国主义国家去找学者,不相信自己的专家。这样一来,专门的科学技术人材因没有出路,对科学便失去了信心,何况更有封建势力在旁边引诱!于是已经学会了科学的,只好放弃;原来没有学会科学的，便趁早不学。几十年来，许多专家往官场中挤，许多专科技术学校开不起来，便由于此。三曰反动的统治摧残着科学。对科学教育不予提倡，让一般充满封建思想，拥护封建势力的腐化官僚主持科学教育。对科学研究予以打击，科学研究设备应有的经费移作他用，或予以削减，或根本不给一个钱；对科学人材加以压迫，近几十年来，有好多专门人材完全浪费，如要找到作事的机会则以任意奴役为条件。奴役的方法，往往被反动的统治阶级滥用，加到不屈不挠的学者头上，或要他们当花瓶，或要他们撑场面，尊重科学其名，摧毁科学其实。

在半封建半殖民地的社会，方在萌芽的科学固然没有发展的可能，但反转来看，在资本主义进到了帝国主义阶段的国家，已经成就了的科学，也没有继续发展的希望了。前者以封建势力的阻碍，生产事业的落后，使科学不能发展；后者则以私有制度的阻碍，生产物品的过剩，使科学不能发展。因为私有制度的存在，社会上尽管有广大的劳动人群是贫穷的，而商品的生产却已过剩了。生产过剩，就是资本主义世界的经济恐慌，就是资本家不能赚钱的厄运。资本家发觉自己的商品太多了，常常一船一船倾到海里，或用火来烧掉。这样时，还有改良技术的需要吗？还用得着科学吗？所以资本主义社会一入帝国主义阶段，过去有用的必需的科学，竟可转变而为无用的奢侈的东西。

资本主义国家，如希望科学“继续”发展，非采行社会主义的生产制不可。半封建半殖民地的国家，如希望科学“开始”发展，则唯有实行新民主主义才有可能。新民主主义的革命给予科学以新生。在实行新民主主义的今天，我们从事科学的人有其不能不担当的任务。这任务择要讲来，约可举出下三项：一曰转移科学的掌握。几千年以来，科学掌握在剥削阶级手里，一直在替他们服务：奴隶社会时代，科学是替奴隶主服务的；封建社会时代，科学是替地主阶级服务的；资本主义时代，科学是替资本家服务的；半封建半殖民地社会里，科学也遭人滥用，好好的科学竟成了为封建地主官僚买办及帝国主义者服务的东西。这必须科学工作者努力，把科学的使用权转移到人民手里，由人民掌握，为人民服务。二曰改造科学的内容。过去科学既掌握在剥削阶级手里，则其内容便不能与他们的利益相违反。人文科学、社会科学固然如此，即自然科学亦莫不然。过去支配整个自然科学界的，有一个基本观念，即永恒不变是也。这“不变”的观念是剥削阶级依据自己的既得利益而创造出来的。他们认定自己的既得利益不能变，阶级地位不能变，于是可以创出“天不变道亦不变”，“道统即政统”的理论来。阶级利益不能变，说是由于政统不能变；政统不能变，说是由于道统不能变；道统不能变，说是由于天或自然的不能变。以“不变”的基本观念压在自然科学头上，于是自然科学的发展前途便阻塞了。这必须科学工作者努力，把

“不变”的观念从自然科学界移开，莫让他阻塞着前路。三曰发展科学的教育。过去科学既是为剥削阶级服务的，则广大的劳动人群既不能享受科学的利益，也不能接触科学的生活。今后科学将为人民服务，则必须使人民有享受科学生活的能力。以科学生活供给广大的劳动人群，同时更让他们具备过科学生活的能力，这都是科学工作者的任务。在半封建半殖民地的社会里，广大劳动人群，过的是极贫苦的生活，今后必须以科学生活供给他们。必如是，科学才是为人民服务的。必如是，科学才有无限的前途。剥削阶级怕科学，爱好和平民主的人民不怕科学。生产技术的无限改进，对剥削阶级是不利的，对爱好和平民主的人民却是绝对必要。

[第 32 卷第 5 期(1950)第 129—131 页]

# 55. 新中国科学发展的途径

郑　集

关于中国科学的新方向，竺可桢先生已在本志将原则指示了我们，本篇就目前中国科学发展的几点比较具体的意见，提供参考。

科学在中国已经提倡了几十年，但一直到今天，我国的科学，仍然是外国搬来的花朵，并未在我们的国土上生根。不能生根的主要原因有二：一是受外国帝国主义的侵略，二是受国内半封建势力的影响。因为这两种恶势力的相互作祟，遂致国内政治紊乱，工业不振，而造成对科学研究的不利环境。客观的条件不良，当然科学不能得到正常的发展。现在国内的封建反动势力已经消灭，帝国主义已完全从我们国境内被赶出去，我们的科学面临着新的环境，应当检讨过去的错误，确定未来的方针，逐步实施，使我们国土上的科学今后能根深叶茂，独立地成长起来为全国人民服务。为要使得我们的科学能真实地独立繁荣，作者愿提供下列具体意见以供参考。

（一）今后科学的总方向应为理论与实际结合，研究与普及并重。这就是说我们科学的研究应与农、工、医实际配合，以达到发展生产、保持健康、解决人民大众生活上的实际问题为主。同时，我们的科学必须大众化，使人民大众都能分享科学的成果。目前中国的农业、工业及医药卫生上有许多问题急待解决，我们的科学研究必须与农、工、医部门加强联系，解决他们的实际问题，然后农业、工业、医药卫生才能发达。工业发展好了，特别是重工业要有了好基础，我们的科学才能生根，才能切实为人民服务。

主张科学研究加强与农、工、医实际结合，并不是偏重应用而抛弃理论。理论的研究还是要提倡的，因为理论是应用的根据，没有好的理论，就得不到好的应用，而且理论研究的成果，往往是引导科学及农业、工业和医学前进的向导。

（二）有计划的分工合作，进行研究。中国今后科学与工业的建设和研究应在有统一计划的方式中进展，我们的人力财力均极有限，所以更应当有重点的集中现有人力财力来研究我们整个国家急需解决的问题。科学院应负责会同各专家和生产机关在广征各方意见后，妥为拟定整个国家在某一段时间内的研究计划，并就国内人才设备实际情况，分工合作，按步进行，互相协助，解决问题。科学院不仅要负责计划，同时还要负责联系和推动科学院以外的各大学及工厂医院的研究单位，并应协助这些研究单位解决经济及器材的供应问题。在这样有计划，有联系推动的组织之下进行研究，一定会有很好的收获。

（三）自己训练人才。我国的科学人才，从詹天佑、严复起一直到现在，绝大多数是在外国训练出来的，因此我们的科学始终是舶来品，是折来的花，不会生根结实的。这种留学政策，造成了过去国内科学界的宗派思想，造成了国内科学的半殖民式状态，和政治上、经济上、教育上许许多多削足适履、画虎类狗的怪现象。为了要使科学在中国生根，独立繁荣，切实为广大人民服务，我们必须根本改变过去的留学政策。我们应当有重点的充实各大学校院的科学师资人才，图书设备、凡有适当师资设备的科系，均得招收研究生，并给研究生津贴，改善助教服务制度，使各系科助教有从事学习研究的时间，并得同时注册为研究生，研究生修业完结时，得由院校授以高级学位。

派遣人员到外国学习考察，并不完全取消，但必须是在解决某项问题有特别需要时才能派遣，而被派的人又必须是对该项问题有相当根基和经验，被派遣的人员，回国后必须负责解决某些要解决的问题。

能够这样办去，我们各大学校院的人才与研究设备必逐渐充实，而新兴人才亦必日益增多。

（四）自制科学器材。我国的科学研究及实习器材，在解放前，十九仰给于国外。不仅费时误事，而且使我国科学工作长久陷于半殖民地状态中。抗日战争期中，后方各地虽有许多小型药品仪器工厂，自行制造一部份的药品仪器，但日本投降后，外货来源通畅，本国各科学器材工厂因无法竞争，又多倒闭。目前国内尚有之公私营科学仪器制造厂，类多规模甚小，技术水准不高，虽能制造若干普通实验用仪器药品，但对于较精细的仪器及纯度较高的药品尚无出品，特别是比较繁复的仪器和芳香族有机药品。此种情况，实予科学研究以极大的阻碍。今后要使我国科学在国内树立坚固基础，我们必需急需提倡科学器材及医疗器具的制造，使国内能自己修理和制造精细仪器和药品。提倡的具体办法，约有数端：

(1) 设立公营规模较大的科学药品仪器制造厂；(2) 扩充已有公营科学仪器药品制造厂；(3) 奖励及资助各校院和已具相当规模的私营科学仪器厂；(4) 奖励提倡与科学仪器制造有关工业部门，并促其尽量供应科学仪器药品制造用的原料；(5) 各科学仪器药品厂的制品种类应各有重点，各有专精，切不可犯种种能做，样样不精的毛病。

（五）供给重要文献杂志。科学研究必须参考世界学人已发表的文献乃能吸取他人的经验长自己知识，故各种重要专门期刊，为从事科学研究人员必不可少之工具。国内各大学科学期刊较完整者为数极少，又无充足外汇作适当补充，更加帝国主义目前之技术封锁，科学研究人员对于求得参考资料极度困难，我们必须克服困难，使研究顺利。克服方法，约有数点：

(1) 由中央科学院联络各大学、各研究机关、各图书馆，编印全国科学期刊总目录，并订立全国科学文献交流办法(如照像、抄打、电印等办法)，使全国各机关的期刊图书可互相利用；(2) 由中央编译局设法翻印各国近年的重要科学期刊以低价出售与各大学和研究机关，使各大学及研究机关皆有必需的成套杂志；(3) 设法使现行刊物绕道香港或苏联运进国内，勿使已有期刊中断；(4) 尽量介绍苏联及近东各民主国家出版的科学刊物，并用中文做成摘要介绍与各大学及研究机关。这几点办法均极重要，而且应快办才好。

(六) 研究论文的集中发表。国内专门期刊种类虽不少，但除《中华医学杂志》《中国化学会志》及《中国生理学杂志》等几种外，余多历史短浅，且多不能按期发行，甚或中途停顿。这些刊物的停顿，和不能按期刊行的主要原因，不外乎经济困难和稿件缺乏两点。今后应鼓励各种科学研究报告就其不同性质分别在各专门杂志发表，政府的出版机构如出版总署应设法给与各专门杂志的资助和印刷发行的便利，使各专门科学杂志能顺利刊行，流通国内外，使我们的科学研究成果不仅能在国内有很好的交流，解决我们自身的生产问题，而且亦可供世界学人的参考。

(七) 科学社团应密切合作及联系。过去我国的科学社团差不多应有尽有，不免有使人才和力量分散的毛病，不但不能好好的使每个团体发展，而且还构成了或多或少的宗派关系。今后各性质相同的科学社团，应自动的合并起来，协同努力，共赴事功。全国的综合性科学社团应联合改组，成为一个伟大的综合性科学团体。至于如何改组则应由下次的科代会议与各科学社团协商决定，各专门学会应任其个别发展而成为这个综合性团体社员。这样分工合作，以推动科学的普及和研究，使我们的科学能如毛主席的指示："在普及的基础上提高，在提高的指导下普及。"则我们的科学就真的能够在我们国土上生根、开花、结实，为人民服务了。

[第 32 卷第 7 期(1950)第 193—194 页]

# 56. 怎样做好科学普及工作：座谈会纪录

一九五〇年六月四日下午二时在中国科学社演讲厅

记录者：张孟闻、茅左本　整理者：张孟闻

**胡永畅**(主席)：在政权已经被掌握在劳动人民手中的今天，生产技术就有提高的绝对必要，而生产技术的提高，必须将科学也掌握在劳动人民的手中才行，也只有在政权、科学与生产技术都提高了，生产才能发展。所以将科学知识传达到大众劳动人民，是个很急要的事情。现在全国建设高潮就将到临，这个高潮到临时，无论科学工作者或文教工作者，对于如何提高工农兵的思想和技术的问题，不但重要而且是很急迫的。今天在座的有总工会、农民协会、劳动局、教育局、科学馆的代表，也有科学工作者，尤其是刊物的写作者与编辑者，想借今天这个座谈会的机会，彼此交换意见，也交流些已经做过了的经验，初步的打好一个基础，然后再来一起努力，做好这个科学普及工作。现在先请上海市科学馆长赵元先生说话。

**赵元**(上海科学馆馆长)：各位先生：今天我来开会是想来听取各位先生的意见的，没有准备讲话。要我讲，实在也没有什么好讲。上海科学馆对科学普及工作做得很少，虽然很少，也总算是些经验。我现在将很少的经验说出来，给大家一个参考。

我觉得科学普及工作在中国，很急迫需要，因为还有许多人不明了科学是什么的。如以识字运动来作譬仿，我国四万万七千万人民都知道识字是应该，但识字运动搞得这么久了，其成效并不怎么好。这样看来，可见普及并不是容易的，尤其是科学普及更难，因为什么是科学，大家还不曾弄清楚。不过即使很难，只要路线对，一定就有成就，而且可以有惊人的成就。科学普及必须要大家的力量来做，既不是少数几个人所能做，也不是只要学科学的人来做就行，而是要由不搞科学的人大家来做，全体的人民共同来做，成就是可能出于意料之外的。

科学馆所做过的只是曾经举办了几次科学通俗演讲，也是微乎其微，每星期一次，或几个星期一次也不一定。这要是就上海来说，以听演讲人以及与科学馆有接触的人来讲比之于全上海人口差得很远，太远了。所以我觉得最要紧的是科学先要让大家接触，因此先得想法展览。也就因此，先想办一个展览部。最近与教育局商量，准备先办起一个展览会来，房子也有些眉目了，上海居住的民众将与科学有结合的机会，看见了展览着的许多东西才会有问题发生，引起兴趣。光是喊科学，天天叫喊需要科学或是科学重要啦，嗓子喊破了也未必有什么好成就的。所以使大众与科学接触，发生了兴趣，有了问题，然后发动群众的力量大家来解决，普及才可以做到一些，那成就才可能大。

第二，科学要面向工农兵，所以科学馆所选的地方是在工厂区域，附近有百余家工厂，交通方便，而且是在沪西靠近郊区，是沪西区农民进入市区的必由之路，所以对工人也好，对农民也好，对工农两方都容易结合。我想这也许可以使科学馆的工作有多一些的成效。科学馆工作人员一共只有 18 人，本来还要少，因为靠了别的单位精简下来，改送过来，科学馆的人员反而因此增加到 18 个人了。现在这 18 人大部分是将时间都放在做中等学校科学实验的辅导上面。现在我们设有实验站 7 个、总站 1 个，18 个人分配到这 8 个实验站，已经感觉到不易应付，很少能照顾到做普及工作。但我们还是努力注意，一有了空，必设法做些普及工作。近来每星期六下午必定举行一次通俗演讲，而且都加带上仪器表演，使大众对之有兴趣。通俗演讲曾因实验站工作的忙碌而停止了两周，经市民大众的要求而恢复，所以直到现在没有再中断过。

我们所做的普及工作就只如此，很少，而且很不行，又因为全靠自己想法，无可参考，所以这方面的工作，还在摸索中。去年在北京，文化部科学普及局也正在努力科学普及，以为上海科学馆有了几年历史，曾问及上海科学馆的经验。我们实在很少经验，因为在中学实验辅导工作上还忙不过来。就上海情形论，再设上 7 个实验站，增加到 14 个站，也还是不够的。这一方面的工作忙了，就已经不够应付，所以就没有多余的时间再搞别的工作了。就大众化方面来说，实在是以少量时力在摸索，实在困难，也没有什么可说。希望大家指教。

**王青**(劳动出版社)：今天本来是王若望同志来出席的，因为他没有空，所以要我来了。我代表劳动出版社来向今天在座的诸位提出一个请求。各位一致认为普及科学应该面向工农兵，上海工人就很迫切的希望得到科学家的协助。我们知道工人掌握了科学技术后，生产必可大大发展。在刚过去的一段时间里，即是工人于解放后，我们文教方面的工作，其重心放在政治上，如干部政治学习班，再进一步是一般文化的提高了。原来上海的工人有半数以上是文盲，现在要从肃清文盲而政治学习班，而引到文化提高，然而工人不会到此满足的。因为要求学文化，这学习是为了有政治认识；政治认识提高了，就要求技术的提高了。工人学文化的最后目的是生产，还是为了技术，技术最重要，掌握了技术才可以提高生产，所以今后工人的技术教育最重要。上海总工会所交给劳动出版社的任务是编课本，现在只编了政治的和文化的课本，而技术的课本，因为能力差，人又少，还是整个空白。我们这方面的能力既差，而工人在这一方面的需要却特别迫切，我们就无法应付。

现在的生产工厂里有技术班，只由工程师来教，和老师父带徒弟一样，就只将他们原来会的一套硬施出来。但是都没有课本，因此工人技术训练班还没有成立，所以很希望各位能编一些技术课本和科学读物，如《大公报》的“科学广场”里所刊载的形式，快报、快板、活报、对口相声一类最好，非常受欢迎。谨以一百万以上的工人的要求，请诸位给我们帮助！

**董俊明**(近郊农协)：农民对于科学知识的要求也很迫切。解放前，农民不懂科学的，当然我们也不存奢望，要他们在那时已经懂得科学了。解放后，学校设立起来，并通过了各种运动，提高了觉悟，也连带提高了文化水平，就需要于科学知识了。刚过去的一阵子，农民协会所注意的也是政治教育方面较多，现在已经不满足，更要提高了。郊区现在正闹虫灾，就希望有科学方法来一个突击工作，消灭了虫害。所以迫切的需要在科学上提高。从前是迷信，没有觉悟，现在政治觉悟提高，所要求的也提高了。而且农民对文化的提高也有迫切的要求，但过去在这方面的注意不够。直到现在还只有工人课本或是工农课本，而没有农民课本，工农课本也是有关工人的多，农民的几乎没有什么了。农民就问：为什么我们农民要读工人课本呢？他们向农协宣传部提出过很多次。现在而且还要提高一步，不但向会员要求通俗读物，而且需要生产知识。由此可见他们要求的迫切。而这个，正是我们要求科学工作者来帮忙的地方，要求给他们以科学通俗读本与生产知识有关的刊物。在农代大会以后，我们创办了《沪郊农民报》，5 日刊，五月二十八日创刊，反映了近郊农民的情况与要求。但稿子不多，尤其科学方面的特别缺乏。他们对科学工作者很有好感，关于杀虫和卫生等各方面的知识希望能通过《农民报》，使郊区农民都可以看到，上海的大报像《解放报》《大公报》，他们还不能看，因为程度还太高，对他们不适合。所以《农民报》出版后他们很兴奋，但是觉得《农民报》上的科学知识介绍得太少，同时也希望今天在座的同志们为我们农民编出课本及一般科学生产的通俗读物来，譬如，就破除迷信来说，捉虫罢，他们还有认为是天意的人，以为这是神意示罚，越打越多，有虫害病灾都不肯报告，认为天养活人，人不能养活人，天要使收成不好，要惩罚我们，只有听其不好。在上海近郊，还有这样落后迷信的农民，所以很希望各位多写些科学知识读物给我们农民。

**张志昂**(劳动局)：我简单的说一点。科学普及有前途，必须与劳动人民结合，尤其必须与劳动人民的实际生活结合。在上海，劳动人民主要的是工人，科学怎样普及，即是向工人怎样普及的问题。必须与他们的实际生活结合，普及工作才能做得好。劳动局也举办工厂安全卫生工作，如机器设备和卫生。据反映，有的厂里的工友，虽然厂房里的灰尘不得了的多，如中纺第一麻织厂，厂方给每人发了一个口罩，但工人都不愿意，因为从来没有这样习惯，用了几天就丢了。像这一类的事情很多，工人不注意，何以不习惯，何以不注意呢？因为没有经过教育。所以科学普及须针对工人所存在着的不科学的思想与习惯。将产业工人中间那些不科学的思想与习惯及时地进行教育。倘使光谈些道理或理论，他们不会听，就与实际无助。所以理论必须与实际结合，才会发生效力。譬如通过广播、工厂巡回展览，局部地逐步地在工人思想中建立起第一步科学知识的根源，然后可以达到在劳动人民思想中生根，那才可以使科学普及的工作有更大的前途。

**周左严**(教育局)：刚才听了各位先生的意见，都认为科学不论对工农都是重要的。前几天教育工作者开会，到有部队中的同志，据部队同志的报告，部队中非凡需要科学，希望教育工作者帮忙。我听了之后很感动，科学教育实在很重要。解放一年来的教育工作，主要的是在政治文化改造思想中进行，针对着实际的需要。其他社会教育，尤其是科学普及工作做得很少。但此后的情形已有进展，改造思想仍为重心，要继续去做，而此外要做的事情很多，一为业余教育，即识字运动；一为技术教育，即生产教育，将努力开展。而科学普及必然是一个重要的环节，而且要与识字运动实际结合。旅大的识字运动做了二三年，乃至四五年才能做好。倘使识字运动与科学普及内容结合，这在做普及教育工作者是相当重要的工作。如何结合，要从事科学普及教育工作者仔细研究。如刚才那位同志所说的农民没有农民课本，通常科学课本并非不可能编，而是教育工作者与科学工作者还没有注意到，或者是虽然注意到了而能力有所不及。

至于技术教育，是为了提高技术与生产，所以是以产业工人为主要对象。这一方面虽然已经有了工人夜校，但光是工人夜校是不够的，必须由所有的工人阶级自动地各方配合起来做才好。教育工作者应将这件事当作重心做，同时科学工作者也应该注意，如何去下厂，去了解实际需要，使理论与实际结合起来，这是一点。

个人想到，科学普及的工作过去也有做过的，而且也还做了许多，例如科学刊物就做得很有贡献，效果当然也有，但都跟不上实际的需要，尤其是农民方面。农民间的迷信仍然这么深，如何打破这些迷信就很重要。现在科学要面向工农兵，但一般通俗刊物的读者仍是知识分子。这是现实的情况，无可奈何。因为目前广大民众，尤其是农民还不识字，所以主要的是与识字运动结合。目前所面对的实际上是干部，科学普及首先就更要从培养干部做起，由干部接受了，然后把知识分传到工农兵广大群众中去。所以内容与形式也要与文化水平较低的配合起来。而且干部的文化水准，尤其是科学水准也不高，所以刊物文字一定要做到通俗合用，通俗合用了即发生力量。这在工作努力时值得注意的。

**严家显**(《大众农业》编辑)：我就自己底工作来说一些感想。说到科学普及，要达到圆满的目的，就要看工农兵能否接受，要是不能接受，就是没有达到普及目的。我在我的工作中，于解放前后写了一些通俗的东西。本人从事农业科学，又是农业教育工作者，又曾在农村中工作过六七年，在农村中接触了许多人，教育界与农工兵都有，在接触中常觉得他们不能接受，所以我觉得普及两个字是很难的，第一便是普及工作者在思想上是否有准备。我提出三点：

1. 态度：过去因为工作者自己书读得多一些，总是怪农民们水准太低，又怪他们为什么不来靠拢，而不想自己应该去靠拢他们。其实，说起接近也并非不容易，只因为你的谈吐，穿的衣服，都是和他们不接近的。我们去调查的时候，身上穿着洋装，挂着徽章，他们一看就以为是政府机关的，是“外乡的”，就不愿接近。如果谈起话来，对年纪大的叫声老伯伯，他就很高兴，不过不能开门见山的谈什么工作，或是调查虫害的，这样他会误会到别的方面去的。所以先要和他亲热一番，谈谈家常，兜了一个大圈子引到那个问题，让他们先开口问你，再作答问，等你已经取得了他们信任，他们就会滔滔不绝地告诉你许多，这样才能把科学知识灌输给他。

2. 理论与实际结合：我们的理论常与实际情况脱离。现在水稻将要插秧，但虫害很烈，我们 1949 年调查江湾农田 548 稻根中只有 20 个健全的，6 000 根中有 1 110 根以上死亡，病害剧烈到 60%；今年调查结果，虫害根株不多。那末今年虫害不烈吗？——不然，事实不是如此。江湾今年增加水稻面积很多、大家种，2/3 的面积是直接用谷子播的，不是移苗，过去带营工商业的也来改种水稻，因而根株害虫就难以计算了。倘使只讲理论，以为广大面积中虫害甚少，用不到除虫、铲螟块了，实际上却不是如此。

3. 眼手并用：只为文字，不去实做，当然隔膜了。眼手并用是在写以外，还得去看看，看了实况，就多得些实际经验。我曾作了些通俗演讲，总觉得格格不入，因为说话不够通俗。譬如我昨天对农民讲到地老虎，有大的与小的两种，大的一种三至四月成熟，成熟了后，不吃不动，就要“夏眠”。说到“夏眠”，他们就不懂了，什么是夏眠呢？于是告诉他们，和蚕的一眠二眠一样，蚕宝宝上山做茧以前，也要“眠”的。地道老虎的夏眠，要一直眠到九、十月，度过了一整夏，所以叫做夏眠。这样就懂了。“普及”两字要做到就不容易。必须从实践中去得到，才可以做到普及。

**毛启爽**（《电世界》编辑）：我对科学普及很外行。今天，科学普及的需要是无疑的，过去做过了没有呢，——做过的。但真的做到了吗？这就值得检讨，譬如办通俗科学刊物，这普及工作过去也做，只是从前办刊物都以知识分子为对象，而今天与以后的对象是工农兵了。但一下子就要将刊物转变了面对工农兵却有许多困难。仍以科学刊物来说，第一就是文字来源，作者还不能写作为工农兵看得懂接受得下去的文章。这一点很关重要，因为作家还是继续解放前所熟悉的词汇来写作，要立刻来改变，就极困难。比方说，电机工程师学会办了技工训练班，写好教材，主观上自以为已很通俗，但是给工人去读读看，就有了问题。一定要经过几次修正，然后才可到班上来用，就可为他们所了解。可是办一刊物必须有文字，文字先有作家，作家必先要了解大众所能接受的程度，这就不易。刚才教育局的一位同志说，现在要普及科学，仍以知识分子为对象，只是这对象应是知识干部，譬如以生产技术来说，工人固然需要，而干部所需要的也不下于产业工人。所以得先把刊物降低一步，适合干部读，干部可懂，再传达到工农兵大众中去。这是第一个步骤，这个步骤是需要的。这普及将干部作基础，内容、形式、词汇都要降低一步适合干部读，免去教导的方式，这是第一点。第二，文化建设高潮，将跟着眼前经济建设高潮到来，那就是科学生产技术的普遍需要。这样时，各方面都需要科学普及，只有科学工作者能应付这个需要，而人数太少，我向今天这个座谈会建议，先将科学知识分类，将切要的与可缓的分工，有轻重缓急之分。同时，过去科学团体是孤军奋斗的，现在可由政府辅导，就上海的科学工作者，各就所长，分别各任一事。现在华东文化部有科学普及处，可以通过政府与团体的分工合作，分为工人的和农人的，技术的、卫生的，依照客观条件分别轻重缓急的去办理，以免偏枯偏荣。第三，迎接经济建设高潮，要提高生产技术，就得将增产知识灌输给工人，工人当然很需要，可是反过来说，制造出来的成品给谁享受呢？当然是消费者，也就是生产工人以外的广大人民，而从生产到消费者手中要经过贩卖，这是三个环节：生产、贩卖、消费，这三环必须靠紧。光是向生产工人灌输科学也不够。如前些时限制用电，灯泡就成了问题，这也是一个普及问题。上海所能做的最小的灯泡是 15Wt.，但一般人民不懂，而且也只知道蜡烛光枝，这本是初有电灯时所用的名词，说这灯泡是几枝光，外国已于 30 年前就不用这个标准了，而上海人还只说几枝光。反轰炸时为了省电都用小灯泡，譬如说 5 枝光，商人为了迎合市面甚至造出 2 枝光 3 枝光的灯泡。这在外国也不曾造好而中国的技术是否突然有此奇迹呢？其实是造不出来的。所谓 2 枝光 3 枝光，全无标准。中国能做的最小的是 15Wt.，外国也只能做到 10Wt.。商人乱喊，完全借用了科学术语做幌子来骗骗无科学常识的人，实际上用 15 伏特的还有标准，至于 2 枝光 3 枝光，或少于 15Wt.的，是毫无标准，瞎乱骗人，小光灯泡甚至其用电可以等于 40Wt.的。后来工业部定了标准，刊登广告，不许厂家商家骗人，才将这事弄妥帖。当时有的上海厂家的确很规矩，向来能做 15—25Wt.的，例如奇异，但为了投当时的好尚，在灯泡上也印了 5CP(15Wt.)，这是说明 5 枝光即是 15Wt.，也有厂家在 15Wt.之后印上了一个 5 字，别无称号，任商家去解说。但有的小厂却拼命做 2 枝与 5 枝光的灯泡，而且当时也竟得到了工业部的批准，大量制造，上面注明是 5 枝光，有的还在括号内说是 15Wt.。这种事归根结蒂是一般人对这方面的内情不了解。后来，厂家觉悟了，在报上连续登了联合广告，过些时候，大家才知道，从前所谓 2 枝光 5 枝光，都是不科学的。这买小光灯泡的风气才压平了。这件事过后，上海人多半明了了，但外埠仍有人来买，而且指定要小枝光灯泡，工业部说没有，却又能在小铺子里竟买到了，反而问工业部为何不做。由此可知，这都是普及工作做得不够，消费者没有科学基础。所以要做科学普及工作一直要做到一般人民大众，就是三个环节，不可忘了一环节。因此我想，工农的科学知识很需要，但对上述这种情况即一般人民的普及工作也很重要。

**潘际坰**（《科学广场》编辑）：刚才有人提到《大公报》上“科学广场”里的“科学快报”，我得声明，快报并非都是我写的。在这里我要提出两个问题：第一，对科学普及的认识；第二，是如何搞好这个普及工作的问题。今天有些科学工作者对普及总觉得有点勉强迁就。因为做普及工作者，从前受过较高深的教育，其知识水平较高，他们来做普及工作总以为不如做研究更好，做普及就是迁就了。这种思想必须澄清。抱了这样想头来做科学普及工作，其信心就很成问题，其成就自然大受影响。我们必须明确认清，工农一定要创造出本阶级的技术人才与专家来。斯大林非常强调这一点。这一点，现在已证明为很有道理。今天如果科普工作者认为只是给工农兵一点知识，以为工农兵不能提得和他们一样的高，这在思想上是一个很大的错误。现在提高了工农兵的科学知识，在科学知识普及提高了以后，工农兵可以得到了自己的科学家，这些工农兵科学家的量与质将是我们今日所不能想象得到的。假使有人以为不能抛下自己的研究工作，认为自己抛下了研究工作，可能造成了难于补偿的损失。我们即使认定了这一点，那所损失的也只是一个人，损失有限，倘使来做科普工作，因而造就了大批的工农兵科学家。那末，这所获得，就国家看，就民族看，都是有益的。所以态度上，给工农兵灌输科学知识，如果以为这是一种赏赐，这是错误的。第二，如何搞好科普工作。这有如刚才教育局的同志所说的普及应与识字教育结合，同时并进，这话很对。这固然不错，但在另一方面，我提出一个意见，就是尽可能应用各种形式去发展科学普及教育，使其发生影响，也尽可能发动各方共同进行，如中央文化部有科学普及局，这里华东行政区有科学普及处，此外还有许多团体组织，像美术、文艺等局处和协会，这种机构可以尽量利用有利的条件，对科学普及大有帮忙，譬如通过同部的各处，戏剧、美术等部份，这是一个很好的安排。各部份共同来从事工作，这样做时，科普工作的后效一定很大。北京的情形很好，有一批作家搞民间文艺，老舍即曾写过一篇科学普及关于宣传维他命的相声非常好，当然他是一个名作家。现在报上所看到的这方面作品不多，华东,或小而言之上海,一般通俗科学作品没有什么开展。这样看来,普及工作不但要与识字运动同时展开,而且除了课本以外,还要利用电影、快报、戏剧、美术、幻灯等各种方式来做。

今天听到工会农会代表们的报告,工农大众对科学的迫切需要,科学普及的工作同志算来也相当多,但说来真是应该惶恐的,因为如果要搞好科学普及,首先在科学上要深刻专业化,不能犯错误。这还不够,同时,在不错以外,还有更高的要求,就是还要好好地利用普及形式,我特别强调要大胆地有勇气创造新形式。初次试用时不一定成功,但在试用中发现错误可以改正,重做,而再向前进,这样来做科普工作,必有光芒万丈的前进。

**王天一**(《科学大众》编辑):从前我们办一本刊物,几个人谈谈,搞了起来,能销到几千份,获得了几千个读者,就已经觉得满意,沾沾自喜了。刊物里的文字,大都是几个人关在门内,翻翻书,自己写自己的。所以像我今天也提不出经验来说。解放以后,形势变了,普及工作已经由政府担任起领导来了,这样子,旧的态度就得改变过来,要真正做到科学普及,而且要认真地配合着实际情况来做,不能再关起门来写文章了。现在就我在解放后所听到看到的作一些报告。1. 科学普及要与实际生活结合。正如刚才一位先生讲的,要现实,农民是最现实不过的,与实际生活不结合的东西,他们是不需要的,不感兴趣,也就听不进去。所以先要实地调查研究,要调查生活上真正需要的,就立刻可以做到有兴趣的了。如这一次科普处宣传灭虫,就是与实际结合而为农民们所深切关心的。2. 科学普及是群众性的工作。这工作,光靠科学工作者做是不够的,同时科学工作者也不要在知识分子中间兜圈子,要跳出自己的小圈子来;如果一时跳不出来,也总要用力试跳一跳看。听说像老解放区做卫生工作,就是不单靠少数医生,还要靠中小学师生,又要团结改造当地的中西医,接生婆来做,积极培养新式助产妇,团结卫生工作的干部,建立组织,如中西医研究会、医药合作社,而在乡、区、县都设卫生委员会。这样将卫生运动放到大众自己身上,大众来做,才搞得好。3. 科学普及是长期性的工作。如巡回车,那是短期的工作,车子到了一地放一下电影,举行了一个大会,当时轰轰烈烈,热闹了一场,车子走了以后又是烟消云散,就此完结了。但是普及工作却要长期的做,应该在当地生根。4. 配合经济生活条件。做科普工作要能掌握时间,结合生活方式,运用群众语言,考虑到工作的效果问题。同时又需了解到一般群众痛苦与困难,工作时就是同打他们成一片,而不是恩赐了。

以下说些个人在编辑通俗刊物中所经验到的一些问题和感想:脱离实际。以前最大的缺点就是脱离实际，与实际上的群众脱节。现在要科学面对工农兵了，实际上的客观情况也是如此，即干部都已需要于科学了，而且各地方还有读报小组。最近三野向我们订阅刊物600份，只是一个部队就需要那么多。这是很显然群众需要于科学，正是科学工作者被迫要摊牌的形势，我们必须认清这个形势。困难的是能够适合这个形势的作家还不多。一般的作家所写的既不能通俗，也不能接受群众意见，群众也不易接受他们作品。他们还是喜欢写专门论文，现在要他们来写通俗文字，极不容易。记得袁翰青先生说过，“一篇深入民间的故事或诗歌，其功绩不在一篇专精的原子论文之下”。所以眼前重要的是在发动更多的科学工作者大家来做这个科学普及工作。写通俗科学文字，有顶起码的两个要求：第一是看得懂，听得懂；第二是采取民间形式。北京曾将防鼠疫的一件科普工作编成秧歌剧演出，效果很好，是成功的尝试。此外，还有两个问题，不是科普工作者力所能及，但也一样要予以注意：1. 名词问题，实在难懂，不仅群众看不懂，有的名词连科学工作者也是看不懂的，应该设法如何使这些名词通俗化。2. 单位问题，如 cubic centimeter，译名有立方厘米、有公撮、有西西，还有竟是用 c. c.的。一个名词，一下子就有四种叫法，这对读者说来，负担未免太大。这些都是问题，要设法统一起来才好。

**吴宗济**(幻灯片工作者)：主席要我报告制作幻灯片的经验，实在很惭愧，因为并不是专门做幻灯片工作的人。过去，自己也做过些科学普及工作，但是孤立地做了一些，没有可说的。以后想好好地在这方面努力。普及科学的形式很多，幻灯片不过是也可以使用的一个形式，但它是比较好的工具。普及的工具，一般运用的有：快报、诗歌、图画、秧歌……以及图书刊物，或是老解放区里所常用的黑板报、墙报、油印报。上海的物质条件较好，幻灯片就很值得采取了。它的优点是：第一，可以代替拉洋片，许多人看，一个人说明，有声有色；第二，代替土电影，土电影太重，而且一来就得要成百人——500人罢，来共同工作，幻灯片十几个人就可以搞一组了，而功用相同；第三，目前最值得提倡，幻灯片的片子35mm阔，1.5吋高，1呎可以成16幅图，5呎就有80图，所以6—7呎就可以成功了一个完整的节目。成本便宜，复制容易，比起电影来相去很远。一本电影，通常要胶片七千至万呎，而万呎可做成幻灯片一千部；而且电影一个人导演，要多人表演，实做时又要隔音的地方，条件繁苛，又未必保险成功；幻灯片可以慢慢地一步一步做去，事省费少而保证成功；又一部电影的成本，估计要2—4亿元，而幻灯片一千部也无须像2亿那么一个大数，只要花上几万元尽够了。但是其功效当然也因费钱省事而受有限制：不能如电影那样地活动，有动作，也不能有“蒙太奇”(重映影)，也没有声音配合。幻灯也有它的好处，它可以用不同的图来说明，譬如以包扎伤口为例，可以用几个图来说明怎样受伤，怎样包扎，反复重复来予以说明；可以在某张片子上停顿下来，多看些时候，不像电影那样一忽就过去了；又，说明者可以在放映时立刻参加进去当时当地的情况，使幻灯片与实际紧密结合。以后，也许可以用有声幻灯片，即是用留声机片，使灯片与唱片结合在一起。

至于幻灯片供应的问题，这在眼前国内确有困难，因为国内厂家还没有能制造的。对于这个科普工具，谨提出两点可以做到的办法：第一，国内制造，这就是不要用现成的国外事物，拼凑起来算数，有如收音机之类，而是要像电灯泡、马达那样地真是能自己制造。但是电灯泡等的历史已相当久长，技工的技术熟练，而幻灯制作的历史尚短，人手又少，所以不易立时就可制作成功。这要先有研究，发动照明、玻璃等各种有关的人士共同来搞。第二，大量放松入口。幻灯器材过去是属于电影一类的货物，要特许才可以进口，因为当作娱乐品看待的，甚至是不许进口。这样时，进口就少，进口越少，价格越高，就不容买到，机关部队方面的工作就无法开展。要是当普通物品入口，就可大量进来，价格可以减低，也就可以将科普工作开展开来。

**梁永妙**(科学广播主持人)：今天到这里来听到几位先生说话，自己学习到很多。至于广播工作，虽然做了 10 个月，没有什么成绩可说，所收到听众方面的信也不多。因为过去广播的写稿是教导方式，从上而下的，未必为大众所乐意接受。要做好这个工作，应该先做调查，晓得他们实际所需要的是什么，还得向工农学习语言和实际有关的问题。先做到普及了，然后在普及上再求提高。听众们有时也有信来，我们也只能概念地去答复，去解释，这就是自己的不足，不够实际。又，在名词上也有问题，这方面要搞好，实有其必要的。这些事情原本是群众性的工作，只有几个人在做，所以内容方面也不免做得很枯燥、单调，必须由很多人来做才是。今天只就想到的来说一些，请各位指教。

**赵元**：刚才听了各位同志说话，科普工作要从实际结合出发，上海科学馆有些小小经验可以报告。去年我们曾经邀请浙江大学丁绪宝先生来上海作过一次关于物理的通俗演讲，那边附近驻有部队，所以就有部队来参加听讲。演讲的题目是水的浮力，结果反应并不好，失败了，这是因为没有与实际结合，部队对于水之浮力并不感觉到多大兴趣。自从这次教训后，今年 4 月间创办工人科学学习试验班时，就注意到这一点，不敢说是成功，但那效果却是好得出人意料之外。这是因为从工人的实际出发。我们挑小题目做，而且挑选了与科学最接近的一种工人，就是科学仪器制造厂所的工人。他们在工厂内做的是科学仪器，更多的是物理方面的工作，我们办时也只能办一样，就是办物理，所以就配合了他们的工作关系，先办物理方面的实验。举办以前，先向各厂要了出品目录，就他们自己出品，想出一套物理实验来，实验时用他们自己的出品，同时就可告诉他们在工厂所做的仪器是做什么用的，一边做实验，一边教他们，学的人也同时跟着做。一共15组，这是仿照苏联的办法来试行的。在实验中，又告诉他们什么地方重要，什么地方比较不重要，实用时应注意所在，什么地方应该改良等等，这样也就将那些厂的出品不合用，应该怎样才做得更好。他们懂得了这些后，要求拿回自己的出品，并借去别厂更好的出品做比较，回去重做过，就做得更好，已经改良了。试验班初办时，来的全是工人，后来厂内的职员也来参加。自4月10日开始，工人每次都到齐，但后来职员却不大到了。不过这本是工人的学习班，所以就工人来说，总是成功的。这因为从实际出发，所以有收获。此外的科学普及工作，也应该可以照样做，也应该可以收获很大。又，度量衡的名词与单位问题，中央人民政府正在召集会议，物理学会也在商量着做。今天早上，上海物理学会就做好了总结意见送到北京去了，大概不久必可确定。幻灯方面，国内已有制造的，在上海有常德路惠勒斯公司可以制造，但镜头不是自己造，——造镜头的还是国内，是华光公司造的。华光公司在江苏路763弄B33号。

**董俊明：**科学普及一定要用大众的语言来传达，譬如最近关于除虫的知识由专家来报告三化螟虫的为害与其防治方法。可是讲了半天，尽管说了半天，农民听了只觉得说得那么重要，可见是很关紧要的虫害，——但他们心中却焦急着钻心害虫害得他们好苦，怎没办法治它。今早上开了讨论会，干部告诉他们，三化螟虫就是钻心虫，才恍然大悟，觉得昨天听讲不够当心。这可见讲的人不够深入了解，所以空白讲了一场。这也可见，科学普及是个长时期的艰巨工作，不是轻易做得成。又譬如乡下种稻，你说撒秧便宜，我说插秧才好，时时争论，而且老是争论，你讲你的，我做我的。要农民跟着你做，一定要讲到他心里服帖才好，他佩服了你，就样样听你的话了。所以科学普及，不能做到似通非通才好，一定要做到精通地步。即使精通了，也得预备碰钉子，因为农民是顶保守的。

我们向来与科学团体少有联系，现在既然科学工作者有决心将科学知识面向工农兵，当然很好。以后要大家多多联系才好。到乡下去做科普工作，我以为电影不如幻灯，因为电影快，一瞥就过去看不清楚，不如幻灯片慢慢做来，清楚说明，还是慢慢来的好。

**严家显：**说到形式方面，我意思，漫画也很好，倘使在讲话时候能够当场表演画几笔出来，更好。当场作画，可以吸住众人的心，大家注意。我在乡村工作时，也会当场作画，颇有效果。所以我们作科普的人，还该学会一套画图的本领，——不必好，也不必细，就是这样粗疏的几笔漫画就行。譬如三化螟虫，在秧田里，它是钻心虫；收谷时，是白漂虫；割稻时，是稻根虫。名词固然要使用农民的话，能画图就更好。我现在试做一个样子看（严先生当场表演他的漫画，画蚱蜢与蚜虫，画得很好，很生动，当场也吸引了许多人）。

**胡永畅：**总结今天的说话是工农兵现在需要科学知识很迫切，而科学工作者也决心要想做好科学普及工作。这样，大家联系起来，一定能将科普工作搞好。但是科学普及工作要注意与实际生活连结，用各种形式，用大众能接受的语言词汇，然后才可以真正地深入大众去。谢谢今天到会的诸位，使得今天座谈会有丰满的收获。

[第 32 卷第 7 期(1950)第 195—201 页]

# 57. 科学界的大团结

曾昭抡

中国因受多年封建主义的压迫，帝国主义的侵略，迄今仍然是一个产业十分落后的国家。新中国的建设，首以经济建设为重，而经济建设的成功，充分运用自然科学的知识，实为主要因素之一。过去三十年来，中国科学家虽然作出了一些显著的成绩，但是人数实在太少，远不足以应付国家的需要。如果不幸而科学界本身团结得不很好，那对人民的利益是有妨碍的。最近中华全国第一次自然科学工作者代表会议在北京开会，其主要目标之一就是将科学界的团结工作做得更好些。这是一种很好的起头。但是团结工作是一种艰苦的长期的工作。这次做得很好，并不是表示以后就不必再做了，而是以后更要加紧地去做。

团结要做得好，首先大家要克服彼此心理间的距离。解放以后，大家都进步得多了，但是进步的程度并不相等。今日要团结做得更好，思想比较保守些的朋友们必需努力多求进步，而思想特别前进的，尤其应当谨言慎行，万不可以前进骄人。我们中间的每一个人，因为过去生长的环境不同，对于许多问题的看法很难一下子期望其一致。只有大家能抛弃成见，辨识真理，虚心接受别人的批评，才可以将团结工作做得很好。我们一方面要努力铲除过去存在的宗派主义，同时也必需防止新的宗派主义之兴起。对于科学界老前辈，我们不但要团结争取，而且要特别尊重，因为没有他们，就没有较年青一辈的科学家。对于青年朋友们，大家不但应该提携，而且应该尊重他们的意见。至于作为目前科学界主干的中年人，对于团结工作尤应负起主要的责任，在青年人与老一辈之间发生桥梁作用。

过去我们承袭资本主义国家不正确的看法，对于科学研究工作者特别推崇，对于其他科学工作者则不免多少抱一种鄙视的态度。从今天看来，这种观点是错误的。现代社会的特征之一，就是高度的分工合作。以自然科学界而论，对于研究工作者固然应当特别尊重，但是科学教育者，科学写作者，以及从事科学行政、组织及一般例行工作（如化学分析等）者，也是社会上不可少的人物。今天要将团结工作做好，大家需将自己的胸襟开阔起来。

［第 32 卷第 10 期（1950）第 189 页］

# 58. 团结与建设

张孟闻

今年8月17—24日，中华全国自然科学工作者代表会议在北京集会。整整八天里，会务围绕着一个中心目标进行着，这目标就是团结一切爱国的科学工作者为建设新中国而共同努力。

在会场里，有不少白发萧萧的前辈大师，也有不少的青年学人，而更多的是壮年中年的专门人才，这即使在主席团里也可以看到同样的情景。这些人来自全国各个地区，代表了中华全国自然科学工作者们对国家前途的关切热爱。不但是华东、华北、东北、西北、西南、中南地区各有许多代表，而且边僻地方的兄弟民族也有少数代表，他们的人数虽然不多，然而对大会的期望，其殷切可以说是超越了其余地区的代表们。因为他们特别感觉到本地区的科学落后，所以尤其希望大家注意到兄弟民族地区的科学工作之急应展开。

其实在中国的科学工作，任什么都急待展开。防灾、治水、筑坝、造林、采矿、冶金、发电、开厂、保健、制药，调查资源、建设国防、培植人才、增加生产……这数不尽的任务都有待于科学家的急赶急做。仅就医务一方面来说，全中国只有二万多一些的科学医生而要侍应四亿七千万的国人，平均起来，要两万多人才摊派到一个医生；如果一千个人应该有一个医生，眼前就缺少了45万个医生，这还不曾算上护士、药剂师啦。东北工矿技术人才的缺乏，致使一个大学刚毕业的，甚至还没有毕业的青年，就独当一面地主持起一部分事业来，如化验室或材料试验室之类，而技术工人与技术人员的比例尤相差得很远。倘使各地工矿都发展起来，专门科学人才之大量地不够应付需要，是非凡明白的事实。而且，即就眼前而论，已经没有足够供给的人才。今年夏末秋初，淮河流域还是大水成灾、救荒治水有待于水利与农业专家们的努力，然而这两方面的专家就很缺少。譬如以水利专家而言，我们晓得原在华东服务的一位学者，中央与东北都邀请他去任职，可是分身无术，听说现在是三处均摊，每处都得去干上几个月。山西省建立新的工业机构，中央也从华东调人过去策划筹备，然而华东也亟需专家负责，不能轻易放他们离开。农业大学邀请一批专家参观时，东北的代表说，要将这批专家一下子都开到东北去，东北的农业就好了。然而其他区域何尝不是这等急需呢。随便举了一两个实例，已经看到现时初步小规模建设之需要人才的急迫，而且是大量的不敷需要。诚如周恩来总理在科代大会中所说："我们国家大量需要科学家；现在不是科学家太多，而是科学家太少，真正太少了。即就目前工业方面来说，就有六万台机器没有转动，或是转动得‘不得当’。”

从这里可以看到，不论那一方面的科学家都需要，而且需要大量地增加，——理、工、农、医，现今的专家都是不够分配。短期内不能立刻培养出大批的人才来，这就要依靠在争取团结上来下功夫。一般地说来，自然科学工作者是对整个人类造福的；他们向自然界探求宝藏，替人类生活带来了物质的设备与享受；科学史上而且还出过不少为真理奋斗而受迫害的人物，如白鲁诺、伽利略，以至于今日的邵立欧·居里教授。他们可能被人利用，甚至被奴役而不自觉，如今日在资本主义国家里的原子科学家们。但是有良心的，尤其是有政治觉悟的科学家，就一定会坚强地站立起来，从自己岗位上来对抗危害人类幸福的敌人。可是最多的还是百事不管埋头在研究室里或技术工作里的专家，他们也许有些怪癖，或是脾气乃至于意气用事，因而不曾关心到国家民族急待建设有待于他们出力协助的切要。那末，到会的代表们以及一切觉悟了的科学家们就得耐心地做好团结工作，将今天中国人民翻了身，正是科学家大献身手的机会，为整个科学界乃至国家民族谋取幸福，好好干一番事业，建立起富强独立的中国之真实需要情况强调说明，争取他们来共同努力，实在是“当务之急”。

协助国家建设，在现时并非空论，绝不是从前的“洋务”“策论”，而是实事求是地真正插手实干。这一次科代大会，据个人计算，有提案568件、问题232个(据赵祖康先生记录大会的总结报告是：提案356件，问题195个。因为正式报告尚未公布，无从决定确数)。科学院、卫生部、农业部、工业部的首长们与政务院周总理都会出席大会报告，而那些提案与问题也多是政府主管部门就本身业务具体地提出问题与提案来，要求大会解答或协同办理的。可以说，这些都是与实际结合的。以上海的80个提案为例，59个是各别学会提出的，其他21个是各种同业公会所提出来的；总会方面有98%，是政府各部门提出来的；卫生部贺诚副部长的报告，在说明了卫生部工作方针与研究的重点问题以后，就希望物理学家、化学家、生物学家、工程学家协助该部解决仪器、成药、营养、培植药材、上下水道、工厂建筑等问题，特别说明“科学界各个部门都不是孤立的”，而要科学工作者的“合作协助”；农业部李书城部长就增产与防灾方面要求自然科学工作者向他们“提供伟大的贡献”；工业部刘鼎副部长先将主要工业调整时所需要的技术人员数字开出来，明示了人手不够，要求“有限的科学专家”有计划地按需要组织起来，“使生产与科学技术”结合起来，做到“人尽其才”的地步；科学院李四光副院长的报告，特别强调科学家“独立自主和创造的精神”，而归结到有计划地、统筹的、“在适当的配合之下，紧密的联系起来工作”。大会在听取了报告以后，各别式样地来组合小组，详细地分别研究讨论这些提案与问题，决定是：提案 81%送政府各部门处理，9%交科联全国委员会办理，2%各专门学会解答，8%保留；问题有 73 件解决了的，84 件告诉以解决的途径，其余留交全国委员会再从长讨论(数字也依据赵祖康先生的记录)。科学家在这里是真正献身手来解决实际问题，不仅是对书本空谈理论，而是使理论与实际真正地结合起来，直接做起来了。所以，这绝不是从前的洋务策论了。

为了更好来继续负担起这个任务，也为了团结更多的专家们来共同努力，大会通过了两个组织形式：中华全国自然科学专门学会联合会(简称“科联”)与中国科学技术普及协会(简称“科普”)，而且普选了这两个组织全国委员会的部分委员来推进这个工作。

中国自然科学工作者的今后任务很显然是在于团结起来一切爱国的科学工作者们，脚踏实地的建设起一个独立自由而富强的新中国来。这任务非但很迫切，而且极沉重，其前途是远大的，光辉灿烂的。愿大家记住周恩来总理勖勉我们的一句结语：“请求你们，全中国的自然科学工作者，为自己的子孙，也为全人类，打下了一个万年的基础！”愿大家珍重，大家努力!!

［第 32 卷第 10 期(1950)第 189—190 页］

# 59.《科学》三十五年的回顾

任鸿隽

中国科学社的《科学》杂志，从 1915 年(即民国四年)开始刊行，到 1950 年发行到 32 卷。从 1951 年起，这个有三十五年历史的杂志将停止刊行。许多朋友以我曾为《科学》发起人之一，要我就个人想到的几点，写出来请读者指正。

一、我首先要说的是：这次《科学》的停刊，并非出于消极的态度，而是出于积极的精神。本来发行学术杂志是一种艰难的事业，而在我国尤难，因为读者较少的缘故。我们为提倡科学而发行杂志，三十五年以来，社中同人苦心支持，已感到心力交瘁。但因国内尚无同性质的杂志出现，虽感负荷艰难，也不敢放下担子。现在好了，国内同性质的杂志出现的已不止一种了(如中国科学院的《科学通报》与中国科联的《自然科学》)，如《科学》仍然继续出下去，便是重复，便是浪费。所以《科学》的停刊，可以说是表示科学界的大团结。而且我们有理由相信，在人民政府的支持下，在全国科学界的通力合作下，将来的科学杂志比以前的更要办得好些。

二、说到《科学》的历史，我们不能不回想到它发起的时期。那时是 1914 年即第一次世界大战爆发的一年。当时我们看见世界各国生存竞争的剧烈，无论是战争或和平，设如没有科学，便休想在世界上立住脚。而环顾我们国内，则科学十分幼稚，不但多数人不知科学是甚么，就连一个专讲科学的杂志也没有。于是十几个还在外国留学的学生怵然于"国力之发展必与其学术思想之进步为平行线，而学术荒芜之国无幸焉"，就"相与攫讲习之余暇，抽日月所得，著为是报，将以激扬求是之心，引发致用之理"(引见《科学》第一卷第一期《发刊词》)，这样，《科学》就在 1915 年一月开始与世界相见了。记得在 1914 年秋天筹备《科学》出版的时期，我们除了预备各人担任的文稿外，每人每月还节省出学费 3 元至 5 元，作为《科学》的印刷费，到文稿和印刷费都积有三个月以上的准备后，我们委托上海的寰球中国学生会干事朱少屏君代我们付印与发行。这些虽是小事，但颇足代表当时发起人自我牺牲与倚赖自己的精神。

由 1915 年一月到 1950 年十二月，整整过了三十五年。在这卅五年中，刊行了《科学》三十二卷。中间所以缺少了三卷，有时是因为编辑部的迁移和印刷的困难，有时是因为时局的关系。印刷的困难，直到科学图书仪器公司成立才能解决；时局的关系，尤其以 1941 年珍珠港事变以后，《科学》由上海迁移到内地去印行，影响最大。但无论如何，《科学》总是排除万难，继续出版，以至完成三十二卷，这是靠了多年以来主持编辑与经理的各位社员的努力，以及一般社友的热心赞助，才能有此结果。在初期编辑中有杨铨、胡明复、赵元任诸人，经理中有朱少屏、胡明复、过探先诸人，勤劳独著；后来担任编辑与经理的有刘咸、卢于道、张孟闻诸人，皆是值得我们纪念不忘的。

三、说到《科学》的内容，我们先看第一卷第一期中的《例言》。《例言》的第一条说：

> 一文明之国，学必有会。会必有报，以发表其学术研究之进步与新理之发明。……同人方在求学时代，发明创造，虽病未能；转输贩运，未遑多让……他日学问进步，蔚为发表新知创作之机关，是同人之所希望者也。

这是说，《科学》的创始虽仅以“传播世界最新科学智识为帜志”，最后则期望它为发表自己“新知创作之机关”。作者在《科学》第一卷第六期《解惑》篇中曾有以下的几句话：

> 他日者，学术昌明，研究精进，安知不与他国之学术杂志同占学界上之要位。令讲学者引证曰“见某年《科学》某卷”，则吾人之愿毕矣。

这可见《科学》的目的，不但是传播新知以促进科学的研究，还要发表研究结果以建立学术的威权。这个目的虽然未必遽能达到，但《科学》编辑的内容则显然是从这条路径进展。我们试看《科学》首二三卷登载的文字，以鼓吹科学效用及解释科学原理的为多；到第三四卷以后，则渐渐登载国内科学家自己研究的结果；到最近几年来，则以英国的《自然》杂志(*Nature*)为模范，注重在发表专门研究的著作；这大约是读者所有目共见的。

关于《科学》的内容，我们有时听到一种批评，说它过于偏重理论，未能与实际相结合。这种批评，我们极愿接受，同时也可作如下的说明。第一，偏于理论，脱离实际，是我们二三十年来研究科学的普遍现象，《科学》是反映当时科学发展情形的，自然脱离不了这一般的现况。第二，所谓理论与实际，不知是指哪方面情形而言。若就一般的社会情况而言，当三十余年前一般人还不明了科学究竟是甚么东西的时候，我们不惮烦言地指陈科学的性质是怎样，科学智识和其他智识的差别在甚么地方，这些正是合乎实际的主张，不得以其是关于理论的文字而谓其脱离。第三，若理论与实际是指科学的原理与应用而言，则在《科学》发刊号的《例言》中，我们曾标举一个原则，说“为学之道，求真致用两方面当同时并重”。所谓求真，即是指学理；所谓致用，即是指实际。我们试检查一下《科学》第一卷的索引，关于算学、天文、物理、化学、地质、气象、生物、心理、教育及普通性质的文字约为 129 篇，而关于各种工程学、矿业、农业、卫生、建筑、实业的文字约为 118 篇，两种数目几乎相等。以后关于普通理论的文字逐年加多，专门技术的文字渐渐减少(请参阅《科学》第二卷以后各卷的索引)。这是因为各种专门学会渐渐成立了，而且各学会都有它的专门杂志，所以许多专门性质的文字便可不在《科学》上发表了。如其以关于应用科学文字的稀少，便指为脱离实际，我们以为是未加深思之言。我们须知，如讨论科学研究问题、科学教育问题、科学名词问题，甚至如科学方法问题，哪一样不是目前所切实需要的？科学的范围愈来愈广，实际的需要也随时而不同。主持科学界言论的威权者，应该放大眼光，顾虑周到，方能真正做到切合实际的工作。从前的《科学》如其对于此层未能做得尽善，尚望后来者共勉之。

四、读者如要问发行了三十二卷，除了成为我国历史最长久的学术杂志而外，究竟还有什么成就？这个话很难确实地答复。必不得已，我们不妨举几个小的数字与故事以代说明。

《科学》至 1950 年为止，出了三十二卷，以每卷十二期，每期六万字计算，应有三千余万字。每期除了科学消息、科学通讯等不计外，以长短论文八篇计算，应有论文三千余篇，假定平均每人作论文三篇，则有作者一千余人，通过《科学》而以所学所作与当世相见。这一点不能不算《科学》的小小贡献。至于这些文章对于学术上社会上所发生的影响，姑且不在话下。

《科学》的销路，自来就很有限，大概始终不曾超过三千份。但国内所有的中等以上学校、图书馆、学术机关、职业团体，订阅《科学》的相当普遍。不但如此，《科学》也会被用来与外国的学术机关交换刊物，并且得到外国学术团体的重视，拿来代表我们学术活动的一部分。就在眼前，作者的案头上还收到德国柏林《化学汇报》(*Chemische Zentralblatt*)的一封信，查问《科学》在 1941 年以后是否照常出版。据说，这个杂志一直在做《科学》论文的摘要。现在有几年不看见《科学》了，故此来信探问一下。

五、如上所述，《科学》的问世，不过出于一班书呆子想就个人能力所及对于国家社会奉呈一点贡献。他们做文章，做事务，不但不希望物质的报酬，有时还得自己贴补一点费用。例如在《科学》上投稿的，向来不收稿费，只以本文的复印本若干为酬。直到最近，因文人生活困苦才对投稿者略备稿费，但也微乎其微了。主持编辑的人除了一二特别聘请者之外，也是不受薪资。因为有了这些热心与牺牲，这个杂志才能维持到三十五年之久，这是我们应该纪念的。又《科学》自出版以后，不断地得到社会人士及学术机关、职业团体的赞助，使我们在精神上物质上均得到无限的鼓励与帮助，也是《科学》能够维持长久的一个原因。我们应借这个机会，向以前曾经支持本志的人们及团体致深切的谢意。

记得当《科学》举行第一周年纪念时，曾得许多社会贤达撰词致祝，殷殷属望。黄任之先生的一首诗(见《科学》第二卷第一期)命意尤为切至，请引之以终吾篇：

治学如治玉，觹理可别异。治学如治水，广川一源始。语精通鬼神，语大经天地。用之康世屯，守之为国粹。栖神自悦怡，沾焉非其至。秦火不西流，禹教颇旁暨。百家恣腾踔，拔帜以立帜。逐令青年俦，远揽彼邦懿。进化与争存，微茫责谁寄。报国以文章，虽小聊堪试。中原正丧乱，迟汝经纶试。

（按此诗作于1915年底，正是袁世凯的洪宪帝制闹得乌烟瘴气的时候，故有“中原正丧乱”之语。）

［第32卷增刊(1951)第1—3页］

# 60. 论人民科学的实践

张孟闻

## 全国性科学社团的建立

1948年1月,我们对科学社团的希望是:“从仅是商讨学问增进友谊的集团,而扩大到科学实施的政策,——不仅是有关国防的计划科学,而是为造福人类社会的科学政策。”那篇文章的末尾是:“我们所望国内的科学社团,也负起这个大时代的新使命来。”同年5月,论到科学与政治,也特别提到“科学不能从社会孤立起来,并不超绝于经济政治之外,而是受社会现状的支配,又转而影响社会,促动社会现状的变革”。

一年以后,1949年1月,讲到科学家的社会责任时,很巧地我们提出“人民”两个字来,而且加了引号,说“科学工作者应是在人民之中,与人民共同生活,共同受难,共同享乐,不可以超越于人民之上”。在四月渡江前夕,我们举行了两个座谈会,题目是“科学与社会”“急应救济的当前工业”。确实是与其他职业及不同身份的人民共同生活在一起,而勇敢地站起来说话的科学工作者。上海是在那一年的五月解放的,而在五月号里,我们已经将第二次座谈会的宣言刊布出来,团结科技工作者与民族工业家为保存生产机构而发出了号召。

现在,两年过去了,回想起当时的艰苦斗争,也还是相当兴奋。上海一解放,陈毅市长在6月12日的上海科协临时大会里就指出了科学家应走的途径:“科学属于人民,要为人民服务,替人类生活增进幸福,才是真正属于人民的科学”。“人民解放军的胜利,也就是科学的解放,从帝国主义者、反动派的手里解放出来,而成为真正的人民科学”(本刊31卷6期,224页)。跟着,上海就有了全国科学会议的筹委会议(6月24日),于是就有了全国自然科学会议。当时的科工协会曾经号召全国科学工作者为大团结而努力,说是:“谁要单凭一个人或少数人的力量来解决问题,就显然是一种狂妄的想法”(本刊31卷8期《新中国向我们召唤》,页255)。在8月14—18日全国自然科学筹备会议以后,9月21日又有人民政治协商会议的召开。我们在那时就提出了口号:“不是对战争罪犯说‘不要战争’,而是‘不许战争!’”10月23日,华东军政委员会主席在中国科学社三十五周年纪念会上宣读了贺词,更明确地指出了中国科学工作者应走的道路:“今后中国的科学,必须是这种能够满足中国人民的需要,必须是这种为中国人民谋利益的科学。今后中国的科学家,除了为人民服务的目的以外,不应再有其他目的。”

依靠了人民解放战争的胜利，科学家也解放了。而在1948年初我们对科学社团所提出的要求，也因了解放战争的胜利而得到实现。现在，摆在我们前面最显著的任务，就是怎样来尽量利用这么有利的条件，为中国人民谋取幸福。对社会制度的胜利斗争，解放军和共产党已经为我们奠好了基础，人民政府尤其为中国科学界铺平了道路。而中国的科学工作者，在已经有了科联科普两个全国性的大组织以后，要紧的就是怎样来发展各个工作者的才能，分头并进，殊途同归，有计划、有步骤地来替中国人民创造出和平幸福的生活环境来。换句话说，向自然界去争取有利条件，为人类的物质生活创造出更优美更完善的境地来。就眼前近距离的实例来说，譬如怎样治黄导淮，怎样选种除虫，使人民安居乐业，丰衣足食。一定要人人平安富庶了，才可以说到文化的建设。毛主席说过，“中国文化落后的时代已经过去了！”新中国将以前进文明的姿态出现在世界人民之前。而这个愿望之提前实现，就依靠自然科学工作者之努力争取。为了争取这个时期的赶前到来，我们必须先做好团结工作，立定了计划，逐步实施，随时改进，来达到这个目标。

## 首先作好团结工作

全国科联与科普的成立，就是团结一致的指标。这团结，必须做到和谐协调，有原则、有理性的团结。无论什么人，只要他不是反革命，即使少数人还保持着纯技术观点的，或甚至是自高自大的，也都是要争取团结来共同工作的对象。在做团结工作中，必须克服功臣思想，靠拢群众，向群众虚心学习，绝对不可有门户之见，更不可有优越感，以免脱离群众。如果“骄傲自满，向群众闹宗派”（胡世聪等：《李龙同志的群众观点和组织观点》，《学习》3卷11期，页33），那还搞什么团结呢？只有“站稳立场，是全心全意为民服务的，不是为个人或小集团服务”（赵鼎新：《群众路线问题学习总结》，《学习》3卷4期，页10），只为人民的科学事业着想的，才能够做好这个团结工作。倘使自以为前进分子，甚至于以为只有自己个人或与自己接近的几个人才能做事，充满了自信的优越感，高高在上地脱离了群众，那末，这样地来搞团结，其结果是越搞越糟，有如列宁所称为“左派幼稚病”，反而将团结工作搞坏了。斯大林同志对共产党员的教育是：“使布尔什维克增光的，不是骄傲，而是谦逊。”整风运动以及最近关于李龙同志功臣思想的讨论，都是针对这一点来作“针砭”之用。所以，搞好团结，有了广大群众的共同协力，这才是有力量，也只有这样，才能发挥出伟大的组织力量来。当然，我们说团结，并不是连反革命分子也团结在一起，正如本段起始所说，要有原则、有理性的团结，要分清界限，而不是无原则凭感情的团结。

## 其次是拟订工作计划

团结是为了工作,绝不是为了团结而团结,或仅是为了商讨学问增进友谊而团结。这是要为了造福人类社会而拟订科学研究计划与其实施的政策而团结起来的。拟订计划,绝不是"单凭一个人或少数人的力量"就可以解决问题的。作那样想的人是个人英雄主义者,正如两年前科工协会所说,这"显然是一种狂妄的想法"。"凡同一部门的科学工作者必须加强团结;不同部门的科学工作者,互相之间,也必须加强团结。……今后中国的每个科学工作者必须提高团结合作精神,重视集体工作,自己求进步,同时也帮助别人一起进步。……必须尊重群众,和群众结合"(同前引科工协会文件)。为了建设新中国,必须依靠群众,群策群力,各人从各别的岗位上尽各人的分儿,整个儿大事情才能搞得起来。一个人,决不可能是"生旦净丑文武昆乱不挡"的大天才,而且即使是大天才也没法将这么一件大建设的事凭唱独角戏可以干得起来的。最近还有这等实例,当理工科教师要求注重业务学习时会被讥笑为纯技术观点,或被讥笑为落后分子,甚至险险乎当作被斗争的对象。这就因为不同部门的科学工作者,互相之间,没有加强团结,互相没有重视集体工作,没有好好尊重群众,与群众相结合之故。这等没有尊重别人,过分尊重自己主观的想法的,最好能多多体会那些理工科教师们的感情,与其要求为人民服务的,与理智相协调的重视业务之基本态度。而且,按实来说,没有一个全心全意为人民服务的人会得轻视别人的业务的。正相反,他应当尊重群众,与群众相结合;重视别人的专业,尤应当搞好自己的专业。加里宁说:"你们将来到农业中去工作,如果善于运用马克思主义方法,那你们就应当也学会农业,也应当成为农业专家。不然,就根本谈不上在农业中运用马克思主义。"(《论共产主义教育》,1950 年莫斯科版,页 14)

## 然后逐步予以实施

搞好专业,搞好团结,只是为了争取和平幸福生活的胜利。在尊重业务,依靠群众的团结基础上来拟订好计划,然后要求实施。还是用加里宁的话:"有的人真正通晓马列主义,并善于在解决实际问题中来运用这一理论。""要想掌握马列主义,背熟这一理论的公式和结论是完全不够的,甚至通晓这一理论的实质也是不够的。为要真正掌握马列主义,还应该学会在解决各种实际问题时来运用这一理论,还要善于用积累起来的经验去丰富这一理论,善于综合经验,换言之,就是要善于发挥这一理论,并使之向前进展”(同前引书,页 46—47)。这也正就是毛主席《实践论》里所发挥的真理。《实践论》里说:

马克思主义的哲学认为十分重要的问题,在于拿了这种对于客观规律性的认识去能动地改造世界。……要完全地解决(理论的东西之是否符合于客观真理性)这个问题,只有把理性的认识再回到社会实践中去,应用理论于实践,看它是否能够达到预想的目的。许多自然科学理论之所以被称为真理,不但在于自然科学家们发现这些学说的时候,而且在于尔后的科学实践所证实的时候。马克思列宁主义之所以被称为真理,也不但在于马克思、恩格斯、列宁、斯大林等人科学地构成这些学说的时候,而且在于为尔后的科学实践所证实的时候。

又说:

人类认识的历史告诉我们,许多理论的真实性是不完全的,经过实践的检验而纠正了它们的不完全性。

所以拟订计划,固然是“博采众议”,但在实行起来时,因为客观条件的限制,或者是主观考虑与努力的不够,那方案的计划,在逐步实施中要随时能予以改进。仍然用《实践论》的话来说:

任何过程,不论是属于自然界的与属于社会的,由于内部的矛盾与斗争,都是向前推移,向前发展的,人们的认识运动也应跟着推移与发展。依社会运动来说,不但在于当自己的思想、理论、计划、方案有错误时须得善于改正,……而且在于当某一客观过程已经从某一发展阶段向另一发展阶段推移转变的时候,须得使自己及参加革命的一切人员在主观上也跟着推移转变,即是要使新的革命任务与新的工作方案的提出,适合于新的情况的变化。

我们要在实践方案计划时不断的随时改进,随时扬弃过时的陈旧的包袱,努力进取新的,适应时势的有利条件,各以专业,分力合作,靠了集体的力量与智慧和经验的累积,逐步前进,以达于完成。即是加里宁同志所说“善于综合经验,善于发挥这一理论,使之向前进展”。

## 当前的任务

我们的进展,就在使造福人类社会的科学政策能够完成。从 1947 年 1 月以来,我们一直在提出“科学家更应该负起责任来引导原子能向建设人类幸福的大道上走,而不使其为害人群。这就是说,现在应该用科学方法与科学精神来处理人类社会的事情,也即是用科学来领导政治，而不是让科学去盲从政治”(本刊 29 卷 1 期页 3)。现在的现实政治已经是科学的政治，在施政者主持政务，也成为政治科学。科学与政治已经打成一片，而不是分成两橛，更不是对立。这可由前引政府人物的说话来了解。眼前，战贩们骄横跋扈，孤意独行，正在片面媾和，武装德日法西斯匪徒们，不怕向全世界爱好和平的人民挑衅的时候，我们在这样有利条件下的中国科学工作者们，应该格外抓紧时机，好好团结在一起，一面严密地提高警惕，坚决镇压反革命，谨慎提防匪徒们的混进自己阵营中来潜伏破坏，一面要努力搞好团结，争取国防建设与生产技术的迈进，来改善我们的生活幸福。加里宁说得好：

> 共产主义就是利用先进技术的那些自愿、自觉、联合的工人所创造出来而较资本主义高更的生产率。(同前引书，页 93)

我们应该用科学方法与科学精神来处理我们自己的事情，使国力增强，民生富庶，让新中国以一个文明先进的姿态光芒万丈地出现于世界人民之前，对战争贩子喝出来“不许战争!”为了团结起来搞好这个建设新中国的任务，我再次地在这里引用周恩来总理的话(本刊 32 卷 10 期，页 290)：

> 请求你们，全中国的自然科学工作者，为自己的子孙，也为全人类，打下了一个万年的基础!

而在帝国主义阵营中的科学家们，直到今日，还是四顾茫茫，自己被牵着鼻子乱闯。今年 3 月英伦出版的《发现》月刊(*Discovery*) J. Bronowski 有文叙记其心绪云：

> 今日每一科学家都以科学的尾大不掉而惶惑。不论他在煤矿、药厂，或是机厂里工作，半夜醒来，扪心自问，究竟他所干的勾当是不是一件好事呢?

我们现在不必再做这样的傻事了，也不会以此噩梦来自己扰乱得寝食不安。正因为有此幸运，我们已经解放了，科学也解放了，是属于人民的科学了，就应格外努力，在工作竞赛中赶过了帝国主义御用的刽子手们! 愿我们大家珍重，共同努力来完成这个大时代的新使命，为实践属于人民科学的胜利任务而奋斗。

[第 32 卷增刊(1951)第 3—6 页]

# 61.《科学》永生！

杨钟健

《科学》杂志共出了三十二卷，第三十三卷起，因中华自然科学专门学会联合会成立另有新刊而停止。《科学》主编者要我说两句话，我想我只有四个字可说。就是“《科学》永生”。但需要解释一番。

首先我们回想三十多年以前，《科学》以新的姿态出版，连版式都是横行的。那时候国内科学的情况，可以由以下几个事实来说明：国内的专门科学会没有一个，国内的学术研究机构，除了地质调查所外也好像没有一个。那当然是五四以前，白话还认为是“卖浆引车”之流说的，不登于大雅之堂。中国科学社就在这样情况下成立，并创办了《科学》杂志。自出版以后，除抗战时期偶有中断外，一直连续下来，而且中间有五六年出得特别充实，每年页数在一千两百页上下。这自然成为我国极有科学价值的一个综合性杂志。

三十多年以来，是我国科学史上的一个重要时期，尤其是自五四以后，科学渐为人所注意，所谓需要“赛先生”与“德先生”的口号自此时发生。以后学术机构也多了，专门的学会也相继成立了。这三十多年，中国科学一步一步进展的情况，可以说很清楚的反映在这三十二卷的《科学》中，不但从文章反映出来，我相信更有不少的科学发展的宝贵记录。所以《科学》在过去三十多年的努力，是有他的光荣历史与崇高地位的。单就这一点讲，《科学》即就是从此不出，他也是永生的，没有人能够否认他三十多年来辛苦奋斗的历史与所获得来的光荣成绩。

但是我们也不能否认我们过去的缺点，这缺点就是帝国主义的毒流给我们带来的。我们免不了浓厚的学院气息，我们免不了买办式的盲目崇拜洋人的作风，我们免不了孤高自赏，脱离群众，没有做到更好的为人民服务。……

但是这些缺点都由于人民解放事业的成功，像其他历史残渣一样的一扫而空了。远在解放以前，《科学》即向着进步的方向在重压下努力改进。解放以后，更能配合政府政策，加以刷新，所以《科学》三十二卷的总成绩，是可以欣慰，可以纪念而将是永生的。

现在《科学》因为中华全国自然科学专门学会联合会成立，另行创办《自然科学》，未免重复，即拟停刊。单这最后一点，就说明了科学社重视过去的历史与努力于团结工作。中华全国自然科学专门学会联合会为全国专门学会唯一领导机关，今来接办过去一综合性科学团体的刊物，乃是顺理成章之事。从某一角度来看，三十多年的中国科学社，曾负起推动科学发展的任务，但因在初期，自然不可能分化为许多不同的专门学会。三十多年来的发展，中国科学的发展已进入了另一新阶段，许多基本学科已有了初步基础，成立了专门学会。目下为了使大家步调整齐、効力提高，把中国科学更提高一步，由一个科联来领导乃是必需的一个步骤。以前的团体，完成了光荣的历史任务；而新的发展，正是方兴未艾，真有无限的光明前途。所以今后综合性的科学杂志由科联来办，相信必更能发扬以前优点，在科联主持下，成为配合国家政策为人民服务的一个生力军。所以向前途看，《科学》杂志已经是永生的了。

有人或许以为《科学》停刊了，新出的是《自然科学》，《科学》岂不是死亡了吗？姑无论事业连续下去，就是表示《科学》的继续。即就是名称卷期全不继续，我认为《科学》还是永生的。凡是了解过去生物发展的人，都知道自寒武纪起五万万多年，有许多生物种类死亡了，可是除了笔石一门以外(这一门的地位很有问题，可能不能当作一门)全都继续到现在，作为每门的整体来看，并不会死亡，而相反的更发扬下去。更清楚的例证，莫过于爬行动物。爬行动物包括中生代盛极一时的恐龙，大多数是死亡了。但是我们不要忘记，在现在世界上称雄的鸟纲和哺乳纲，都是更发展的，更进一步的爬行动物。所以不但爬行动物并未死亡，我们也可以说恐龙等爬行动物也并未死亡，只要我们将爬行动物当作整体来看。回头说到科学界来，我们把科学界当作整体，当作钢铁似的团结体来看，谁能说《科学》是死亡了呢？

《科学》永生！

一九五一、一、廿五。北京

[第 32 卷增刊(1951)第 77 页]

# 62. 对于将来《科学》的希望

陈遵妫

中国历史最悠久的科学刊物，代表全国性的科学权威刊物，为全国科学家融会一炉的发表成绩的科学刊物，拥有广大爱好科学群众的刊物——《科学》——在它发行了三十二卷以后，宣告结束了！这是中国科学界上一件大事情。乍听之后，似乎有点可惜，倘若仔细一想，这是一件大可喜的事。

我们中国有四万万七千五百万的人口，而科学家有多少呢？他们在全国人口中的比例，可以说是微乎其微。以这些少数的人才，还分散力量，分门别户，立了许多会社；分散精力，出了多种性质雷同的刊物，这不是一种浪费人力和物力吗？中央人民政府成立以后，就号召成立了科联，这是一个英明的措施。所以我认为《科学》在光荣地完成它的历史任务以后，停刊不出，这是表明了中国科学界的大团结和统一。中国科学刊物，在集中力量以后，更可以向前迈进，有效地达到普及和提高中国科学的任务。这不是一件大可喜的事吗？

念旧之心，是人的常情。回忆去年中国天文学会决定《宇宙》月刊暂停的时候，我心中曾经非常的难过。眼望着中国科学要放美丽花果的时候，而我国唯一的天文刊物，能够度过抗战期间的难关，始终没有间断过，反而在这时候宣告停刊，岂不是笑话吗？倘若仔细一想，在过去反动政府统治之下，只好由科学家自己想办法来出版自己的刊物；在现在政府领导之下，只要我们内容充实，合乎标准，就可以得到补助而出版的。所以努力挣扎继续出版了十九年的《宇宙》月刊，在光荣地完成它的历史任务以后，暂行停刊，也是一件应该的事。况且它的一部分的任务，就是宣传通俗天文知识的任务，已由《大众天文》来担任，我们心中也觉得有所安慰。

《科学》也是一样。它在过去，确确实实是光荣地、圆满地、负责地完全成了它的任务。我觉得它在过去三十二卷中，是逐步改善和进步的。最初它是注重提倡科学和介绍国外科学，后来转为提高内容和重视科学的研究。最后，可以说是从抗日战争胜利以后，更积极地进了一步，内容渐有涉及政治思想的文字，这表示了已有一部分科学家的进步，渐渐打破从前的纯科学超阶级的思想。

《科学》结束，科联主持另辟新刊以后，在名义上，也许没有了！① 这不过是表面上形式

① 《科学》是中国历史最悠久的科学刊物，并且可以代表全国性的，所以我主张科联主持后，应该继续使用《科学》的名称。不过为团结起见，倘若有人反对，我绝不坚持己见。

的问题，而它的精神，我相信在科联主持之下，一定会永远的存在，并且还会发扬光大，更迅速地、更有效地继续完成《科学》所未完成的任务。我想负责《科学》编辑的人们，一定也有同感，心中一定也会觉得安慰和愉快。

至于将来在科联主持下的《科学》应该采取的方针，因为时代的改变和环境的不同，当然不能和从前的《科学》完全一样。譬如中国科学院已有《中国科学》和《科学通报》出版，将来科联主持下的刊物，应该配合这两种刊物，性质固然可以相似，内容重点最好略有不同，不要重复。应该和这两种刊物取得联系，个别分开重点，并肩前进，共同负起发扬我国科学的任务。

《科学》内容，本来分做通论、专著、研究简报、论文提要、书报评介、学术通讯、专载、传记、文献集萃、特载、消息等十一栏，我认为科联主持下的科学刊物，应该把重点放在通论、研究简报、论文提要和书报评介方面。因为科联是全国科学专家的大集团，它对于各门学科的问题或各门学科事业的发展方针，可以集思广益地、审慎地加以研讨而得到周全的完善的结论，所以通论应该列为重点之一。

科联是全国专门学会联合在一起，研究论文一定很多。详细文章，应该让各专门学会的刊物自行发表，或让《中国科学》去登载，科联主持下的科学刊物应该只登研究论文的简报提要。书刊评介是要求进步所不可缺的必需部分，这种互相批评互相检讨的制度，我们应该充分地利用它，1950 年 12 月号《科学》的《错误的地理观》一文，我相信一定纠正了不少科学家对于辩证法的歪曲解释。所以我认为书刊评介，也应该列为重点之一。

中国一般科学知识的水平还是很低，所以我们一方面需要普及而另一方面还要提高，在通俗和专门之间，实在还有相当的距离。我就中国天文界来说，因为人才仪器的缺乏和本质上的关系，很难有创作性的论文的表现，所以为提高天文知识起见，像《宇宙》那种中层阶级的天文刊物，实在是非常的重要。我想其他学科，可能也有同样的情形，所以我希望科联主持下的《科学》，应该照顾到这一点。

中国有几千年来的历史，难道它本身一点科学都没有吗？都不值得研究吗？现在国内一般科学刊物，对于我国古代科学的文字，很少记载。我国古代天文的记载，如日食、如哈雷彗，都是世界上最早的纪录，而国际天文协会要研究中国古代天文，反而委托日本人来越俎代庖，我认为这真是我们中华民族的奇耻大辱。日本建国较晚，它还拼命地争辩微积分发明的地位，以光耀他们的民族。所以我希望科联主持下的科学刊物，注意中国古代科学的论文，以打破崇拜帝国主义科学的奴隶思想，以鼓起我们的民族自尊心。

中国目前对于某一门科学或某一个问题，都缺少作个有系统的叙述，这种有系统的叙述,对于科学的普及和提高,都是非常需要,而且有重大的帮助。所以我希望科联主持下的科学刊物,能够注意到这一方面,就是多刊载有系统介绍性质的文字,或有计划地出版一整套的科学丛书。

以上是我对于科联提供的意见,是否有当,还是希望大家有以教之!

最后,我希望全国科学专家团结起来,在科联领导之下,继续《科学》的精神,迅速地、有效地来完成《科学》所未完成的任务。我由《科学》的结束,来为中国科学工作者大团结而欢呼!

[第 32 卷增刊(1951)第 78—79 页]

# 63.《科学》的过去与未来

郑 集

我同《科学》的文字关系已有二十三年，我虽然不如负责总编辑的朋友们花费那末多工夫去为它服务，但我总经常的热心的去扶植它，不知不觉的我同《科学》就发生了一种深厚的情感。《科学》在过去的卅二卷中完成了它光荣的任务，它在中国作了科学文化的开路先锋，不仅在普及方面尽了应尽的责任，同时对于提高方面亦发生了很大的作用。它的形式方面，自廿一卷起由刘咸教授主编以来，即面目一新，读者对象亦更明确。抗战期中，物质条件不备，纸张印刷略见逊色，但复员后，张孟闻教授主编以来则不仅恢复旧观而且更加一度改进，无论在编排方面，纸张印刷方面，均臻上乘。此后由"科联"主持出版的刊物，因为人力物力均较过去强大，吾人相信《科学》现在的优点必更将发扬光大，而服务的对象亦必更广大。希望过去《科学》的支持爱护者，继续为《科学》这块园地的耕耘而努力！为新中国的物质及文化建设而努力！

[第 32 卷增刊(1951)第 79 页]

# 64. “科联”主办后的《科学》杂志应取的方向

许逸超

中国科学社编辑部主编的《科学》杂志，自该社成立三十多年以来，从未间断出版，网罗了全国的科学工作者，尤其是造诣深邃的科学工作者为特约编辑，在中国科学界确实起了团结、提高乃至普及的作用，而且在一定的程度上，也能随时代而进步，这是肯定了的。但是编辑的经费，端赖主编人员日夜奔波筹措，其功绩固不可没，或亦因此不无多少的影响。今经该社理事会决定，自卅三卷(1951年)开始，因中华全国自然科学专门学会联合会主持，在北京编辑出版的新刊问世，即将综合性的《科学》停刊。从科学刊物来看，从此经费有着不在话下，而《科学》以三十二卷的历史，毅然中止，更是一种大公无我的表道。

当然，由于中国过去是个半封建、半殖民地的国家，反映到科学思想方面来的，特别是社会科学相当深刻，《科学》杂志的内容一如其它旧社会的刊物，免不了若干落后的斑点，这是无可讳言的。一个毕竟具有历史，成绩卓著的刊物，宣告结束停刊，就个人或少数人讲，也许使人感想万端，留恋既往，特别是在这新社会开始，旧社会遗下黑暗斑点甚多，亟待澄清的过渡时会。但就今日的国家本质并且长远的看来，却是中国科学发展上一件极值得祝贺与纪念的大事，因为从某些角度看，这显明是走向集体，合作大团结的标志，对其它色彩较浓，闹宗派、山头的社会学术团体，乃至个别的落后分子，不啻是个带头和示范作用。

将来在“科联”主持下，团结更广大，力量更集中，刊物内容当更充实，我以为最重要的，应当是立场问题，严格的说，要站在无产阶级的立场来撰述文章，办理事务，才能做到客观上无害于人民。否则尽管主观愿望很好，而实际的效果，将全部的或部分的相反。这是因为唯有立场正确坚定，观点、方法以至工作作风，乃能正确合适。不待言，无产阶级看问题，最客观、最接近真理，最符合辩证唯物主义。我们旧知识分子，一般的说是小资产阶级，个人主义相当浓厚，且不能与农工结合，下笔千言万语，很少联系实际。这些都是和工人阶级矛盾的部分，极应该去掉，才能说得上为人民服务。

[第32卷增刊(1951)第79—80页]

# 65.《科学》的新生

卢于道

中国科学社的《科学》自从1915年创刊以来，到第三十三卷，今天面临着蜕变了，因此愿意乘这个机会，发表一点意见。

1915年是在五四运动之前，如果说五四运动是新民主主义革命的开始，那末《科学》杂志出现的时候，是在旧民主主义革命运动中。从那以后，对于新民主主义革命，《科学》杂志虽不会自觉地出力，可是在旧民主主义革命的延续中，其本身的政治觉醒程度，亦有过一些进展。

如《中国科学社卅六年来的总结报告》所说，该杂志的进展可以分三阶段：

1915—1934……杨铨先生主编，以介绍纯科学知识为主。

1935—1942……刘咸先生主编，以倡导科学教育与研究为主。

1942—1950……张孟闻先生主编(作者亦编过二卷)，有了反法西斯及"科学的社会性"的自觉。

这些进展说明了《科学》杂志是随时在新陈代谢的。

当然像过去反动统治之下，思想意识未能豁然开朗，因此进展不大，这是可以理解的。解放后在毛泽东旗帜之下，思想意识豁然明朗，全国自然科学界团结起来，并且参加到革命的队伍里去，因此一切跟着人民翻身，将自然科学工作的作法亦从头作起，这是一个突变，是科学的突变，是人民所欢迎的突变。因此《科学》杂志，不再以渐进渐变方式为满足，毅然决然创造一个新生机会，这真是一件喜事，真是一件可贺的喜事。

让我们庆祝自然科学刊物跟着毛泽东时代而新生！让新生的刊物担负起时代的光荣任务，特别是在毛泽东旗帜下为新爱国主义而努力！

[第32卷增刊(1951)第80页]

## 66. 为《科学》转变而庆祝

陈聘丞

正是第一次世界大战将要爆发的时候，有几位在海外求学的科学信徒，感觉到科学与国势强弱的关系，发起了“中国科学社”，并创办了《科学》月刊，传达欧美的科学新知识，唤起国人对于科学的注意。这亦是爱国情绪之表现，原不是随兴所至，偶然发动的一回事。流光如矢，倏忽三十六年，《科学》已发刊到第三十二卷。就其形式、内容与思想而加以剖析，最初不过是单纯的科学介绍，进而至于科学教育与研究，至最近数年更进步而注意到科学工作与社会的联系，理论与实践的贯通。《科学》是跟着时代与社会的演进而逐步转变。这三十多年前进的过程中，《科学》所遭遇的困难可以不计，而《科学》月刊主持人的不屈不挠，持之以恒，使这个刊物不致中辍，确是值得纪念而表扬的。

全国解放，我们在新民主主义的政权领导之下，来做科学工作，我们安能不顾当前之形势改造一切。对于经济建设，应如何发扬科学的效能，把科学推广到群众中间，为人民增幸福，减苦痛，这是何等重大而艰难的任务。在我浅见看来，科学社的力量已不足以胜任如此艰巨的工作，亦不是少数科学信徒所可垄断包办的事。况世界一切事物，无时无刻不在那里转变。《科学》月刊的及时改变办法是势所必至，理有固然，早晚不能免的。因此我认为将《科学》月刊的工作移转于全国科学界大团结所产生的《科学》，而戛然停刊，由科联另行主持办理，确是合乎理合乎时代的一个变。任何事物，创始由我，成功不必自我。从此一举而科学为公的精神，可以垂诸不朽。孟闻先生主持《科学》月刊，煞费苦心，问我有何意见。我不能文，只能略说几句，为《科学》月刊的停刊，而窃认为是转变，表示欣慰，表示庆祝。

［第 32 卷增刊(1951)第 80 页］

# 67. 我们为什么要刊行这个季刊

任鸿隽

这个季刊是继续有三十五年历史的《科学》而刊行的，因此用不着再做什么发刊词。不过在目前国内科学界各科的通报、专报已经是风起云涌，应有尽有的时候，为什么要再来加上这样一个季刊呢？现在请就这方面说几句话，作为一个开场白。

1. 我们知道，科学的重要性是无时无地不存在的，促进科学的方法则不妨因时因地各制其宜。《科学》在 1951 年 5 月出了一次增刊号之后，就停了下来。在那次宣布停刊的文章中，我们曾说："这个《科学》的停刊，并非出于消极的态度，而是出于积极的精神。"这里所谓积极的精神，就是说在当时的情形下，我们觉得停刊有助于其他科学刊物的发展，我们就不妨停刊。从另一方面来说，如果在此后时期中《科学》仍有刊行的必要，我们就可以复刊。从 1951 年到现在，国内的科学事业大大地发展了，然而作为综合报导科学的刊物，还远远落后于当前的形势。因此，作为《科学》的继续而刊行的这个季刊，在精神上是前后一贯的，在适应形势的发展上是必要的。

2. 何以说《科学》的复刊在适应形势上是必要的呢？我们晓得以前的《科学》是一种综合性的科学刊物，对传达科学新知及倡导科学精神曾经在一定程度上起过应有的作用。我们不敢说，以前的《科学》在这方面有过什么重大的贡献。但在我们向科学进军的眼前，这种刊物之不可缺少却是显然的。在解放以前，由于科学界忽略了科学应用与专门技术的重要性，大家趋向于综合性杂志的刊行，以致这类杂志有超过专门性杂志的倾向。现在的情况恰恰与六、七年前相反，专门性的杂志已是五花八门，目不暇接，而综合性的杂志却不见有所增加。这拿来应付报导日新月异的科学发明和风起云涌的科学动态，显然是不够的。在这种情形下，添出一种综合性的科学刊物就有其必要了。

3. 说到科学进军，我们不能忘记目前政府"百家争鸣"的号召。这个号召自从 1955 年毛主席提出以来，各方面的人们争相引用，但这个口号对于科学工作者说来，有其特别重要的意义。因为它不但扫除了许多学术思想的障碍，也指出了我们研究学术的准则。我们晓得研究科学的目的，是要发现自然界事物的规律与真理，从而可以利用它来增加人类生活的幸福。可是自然界规律与真理的发现，须经过多数人的反复讨论和不少次数的重复试验才能确定。这种讨论大部分要经过刊物的发表，才能引起多数人的注意，成为科学界的共同问题，乃至成为国际间的共同问题。所以历来的科学历史家都以科学刊物的兴盛为科学发达的必要条件之一。正是因为有了刊物，科学发明才能迅速地传播，普遍地讨论，而后科学真理才能明确地成立，而为人类所利用。从这个角度来看，一切科学刊物应该满足两方面的要求：一是给科学工作者以发表论文的机会，一是供科学家以讨论问题的便利。这是研究科学者的最低要求，也是促进科学发展的必要条件。

复次，从响应百家争鸣和开展自由讨论来说，科学刊物必须多种多样便成了不可避免的结论。因为一个刊物不很容易同时刊布两方面不同的见解，即使主持笔政的人抱了完全科学态度，无偏无袒，兼容并收，而有时会为篇幅所限，不能不有“割爱”或“遗珠”之憾。所以科学刊物只要条件允许，自应以多为贵。我们明知能力有限，而不敢不勉竭绵薄，来为科学家增辟一个争鸣的园地，想也是向科学进军的队伍所欢迎的。

以上约略说明一个综合性的科学期刊在目下是如何需要。这个需要虽然存在已久，可是因为各人岗位工作的紧张，很难抽出时间来搞一个期刊的编辑工作。我们考虑再三，终于在各方支持下克服了这些困难，使这个刊物应时出世。先哲子夏有言：“日知其所亡，月无忘其所能，可谓好学也已矣。”我们爱好科学，必须日知所亡，就得介绍新知的发见；必须月无忘其所能，就得介绍已有的成就。我们抱定这两个目标来编辑这个刊物，希望对于发展我国科学赶上世界科学水平的规划，能有些微贡献，同时也希望朋友们读者们给以热烈的赞助和指教。

［第 33 卷第 1 期(1957)第 1 页］

# 68. 上海科协成立的重大意义

跟着全国科协成立之后，上海市的科学技术工作者在上海市委和上海市人委号召下，在1958年11月20—24日间，举行了一个盛大而重要的会议。会议的结果，宣布了上海市科学技术协会(简称上海科协)的成立，并通过了开展建国十周年科学技术献礼运动的决议。这是一个意义重大的事件，值得我们大大地欢欣鼓舞的。

我们说：这次上海科学技术会议的结果与上海科协的成立具有重大意义，主要是从以下几方面体会出来：

(1) 确定全党全民办科学。多少年来一般从事科学的人们都认为科学是少数人的特殊事业，精深奥妙，高不可攀。于是这些科学家也就喊出"为科学而科学"的口号，过着他们象牙塔中的生活。这种观念，在二十世纪社会主义社会中显然是不适合的了。就拿我们解放以后八年来的情形来说，一般的科学家、工程技术家，虽然作出了不少惊人的贡献，但科学仍有脱离群众及实际的现象，是无可讳言的。例如为发展科学而设立的科联、科普，或则对于会员入会的资格限制綦严，或则举行科学讲演而有"内行不愿听，外行听不懂"的情形，这能说科学是人民群众自己的事业吗？经过这次改组，科协成为"党领导下的，社会主义的科学技术团体，是党在动员广大科学技术工作者和广大群众进行技术革命和文化革命，建设社会主义和共产主义的一个有力的工具和助手"。可见党已经把发展科学的任务普遍地放在全民肩膀上了。将来我们科学事业的办法，必定是在党的领导下，依靠群众，发动群众，新与老相结合，土与洋相结合，小型与大型相结合，理论与实际相结合的形势下，鼓勇前进。这样，科学事业不用说便成了全党全民的事业，也只有这样，科学事业的发展才能得到可靠的保证。

(2) 科学必须为生产服务。在资本主义社会中，研究科学的目的主要不外两途：或由于个人的兴趣，要满足好奇的心理；或为资本家所利用，来攫取无厌的财富。这两者都对广大人民没有关系，甚至于有害的。在社会主义社会中，科学是为广大人民服务的。要为广大人民服务，就必须先为生产服务。一年以来，在我们革新技术增加生产的跃进中，我们农业的水稻已经创造了亩产几千斤，乃至万斤以上的奇迹；工业的产品，在量的方面质的方面皆有极大的增加兴改进。这仅仅是科学应用于生产方面的起点，将来在农业上必将沿着巩固和推广亩产的面积，工业方面必将沿着高度、大型、精密的指标继续前进，创出更多的奇迹。但在这些前进路程中，必定还有不少的新问题须待解决，这就有待于科学来为之帮助,所以科学为生产服务这一原则是绝对必要,而且正有更多的机会在等着我们的。

再有一点值得我们注意的,是党政当局宣布的“以钢为纲”,和“以任务带动科学”的办法。这个办法显示了科学与生产两者之间的一致性。换一句话说,当科学为生产服了务之后,生产也可以转过头来为科学服务。这种例子在科学史中几乎俯拾即是,如因为要了解几种金属在合金中组织的情形而发见合金的相律,即是一例。

或者有人要问,从生产关系上得到的科学发见,大概是属于应用方面的。科学上重要的发见,如法拉第发见的磁电感应之类,则在它的可能应用之前,这类发见如何能在生产中出现呢?关于这一点,我们的看法是这样:在二三百年前科学萌芽的时代,某些重要发见可以出于一二人的幸运机遇。在目前科学进步时代,科学上的发见必然是得于有计划的研究与多数人的合作。个人幸运的发见,即使不是绝对不可能,也不能作为重点而倚赖的了。因此,更可看见“以任务带科学”的办法是如何的正确而且必要的。

(3) 突破尖端科学的堡垒。尖端科学是指目前生产技术上、自然发明上,新兴的、急待研究的科学而言。所以尖端科学的研究,不但于生产服务是必要,于发展科学也是必要的。同时,突破了尖端科学堡垒,不但解决了我们的生产问题,也显示了我们科学技术家的积极干劲和创造天才。尖端科学的发展必定成为此后几年科学研究的突出重点,是不待言的了。不过要发展尖端科学,我们以为有两点值得注意:(甲) 对于某些科学应该注意它们理论的基础。如研究原子能就必须注意原子核的结构及其他粒子能量的转变;研究塑料化学就必须知道高分子的组织;研究电子计算机自动化组织等,更不可不深通物理学数学的原理等等。这些看似生产的问题而实际是科学上的尖锐问题,不从科学入手是不易得到解决的。(乙) 尖端科学虽然指的是少数几种科学,但我们须把它们的研究放在较为广大的基础上。刘季平同志在大会的总结报告上说得好:“生产技术和尖端科学是不可分离的,随着生产技术的发展,两者也是可以相互转化的。例如我国劳动人民在农业科学和医学科学上所取得的成就,其中就有所谓一般的生产技术问题,也有尖端科学问题。所以尖端科学也不神秘,劳动人民经过努力是完全可以掌握的。”他还鼓励大家进一步开展理论科学的研究,在科学上既要有“闯劲”,又要严肃地、实事求是地对待具体困难。这些都是对于我们向尖端科学进攻时最好的指示。我们相信,经过适当的努力后,中共中央和国务院提出的“苦战三年,基本改变我国科学面貌,争取在1962年完成12年科学规划,赶上世界先进的科学技术水平”号召,一定能够达到!

1959年是我们人民共和国建国的第十周年,也是上海解放的第十周年,同时是苦战三年的第二年，是对改变国家面貌和科学技术面貌具有重大意义的一年，让我们的科学技术家们加倍努力，作出灿烂辉煌的重要成就来向国庆节献礼罢！

任鸿隽 1958 年 12 月

[第 35 卷第 1 期(1959)第 1—2 页]

# 改革开放时期（1985—2015）

# 1. 复 刊 词

周光召

七十年前，在一批接受了近代先进科学教育的留学生的努力之下，《科学》作为我国近代第一份综合性科学刊物与国内外广大读者见面了。它一创刊就以新鲜的科学内容、新颖的排版风格吸引了读者。许多人从学生时代起就经常阅读，有的甚至将她珍藏了几十年，她在我国好几代科学读者中留下了不可磨灭的印象。七十年中，她一共出版了 36 卷，前 32 卷基本上是每月一期，这一本本《科学》杂志，是近代中国科学发展的一个记录，它为近代科学在中国的传播和发展作出了应有的贡献。新中国建立以后，由于形势发展的需要，她曾两次停刊，她原来担当的任务由别的刊物承担了。今年是她创刊七十周年，在许多当年的读者、作者和编者的倡议和支持下，《科学》又再次复刊。

七十年前《科学》创刊时，国内这样的杂志只有一份。而现在各种类型、各种程度的科学期刊犹如雨后春笋破土林立。所以，《科学》复刊后所承担的任务，应该与以前有所不同。比如，发表学术论文的任务已由《中国科学》《科学通报》和各种专业学报担当，复刊的《科学》原则上就不再发表学术论文了，而是向我国已经受过普通教育的人（包括正在或已经受过高等教育的人）综合地介绍现代科学的各个方面，帮助他们提高现代科学的素养。

现代科学发展的一个重要特点是走向综合。在自然科学与社会科学之间，在自然科学和社会科学的各分支学科之间都发生了横向交叉，这些交叉点又常常成为现代科学发展的生长点。从应用的角度来看，无论是大范围的经济发展，还是具体的某项技术攻关，迫切需要的都是综合的现代科学知识。人们从普通教育和高等教育受到的训练基本上是分门别类进行的，这无疑是必要的。但受教育状况与实际需要之间的差距说明受过科学教育的人还有个继续学习、改善自己知识结构的问题。复刊的《科学》将在改善知识结构、增进对现代科学的了解方面做广大读者的益友。它不仅在选题上注意综合性，即通常所说的文理结合、理工结合，而且在每个选题的介绍上也注意综合性，注意对读者作横向的多侧面的介绍。要对前沿的科学内容作这样的传播与普及，不是一件容易的事，需要编者把握现代科学的发展，也需要撰稿人对所论课题的全面透彻了解并作深入浅出的表达。出于历史的责任感，也出于对创办《科学》的前辈科学家的敬佩，现在的《科学》杂志编辑委员会和编辑部愿竭薄力来做这件事，希望得到社会上广大读者和作者的通力合作。

历史上，《科学》就是联系各学科、各地区科学家，联系科学家与广大科学读者的一条纽带，是无名小卒过河攀登科学高峰的一块跳板。我国著名数学家华罗庚先生，当他还是个默默无闻的乡村中学事务员的时候，《科学》上发表了他的一篇显露数学才华的文章，为熊庆来教授所赏识，一位数学人才从此脱颖而出。复刊的《科学》愿继承以往传统，为各学科各地区的学者之间，科学家与广大读者之间加强横向联系，提供一个渠道；促进更多的科学人才，特别是一些在边缘学科、新生长点领域学有见地的人才破土而出；促进基础研究面向实际，更好地为经济建设服务。

科学的发展有一个积累的过程，一个科学刊物要办好也有一个积累的过程。要有成效，贵在坚持。世界上科学发达的国家都有一、二本历史悠久的综合性科学刊物，不少也以《科学》为刊名。前辈学者们创刊《科学》时，不为名不为利，不拿稿费还要节衣缩食筹集印刷费用。他们以献身科学的精神来办《科学》，为的是祖国有了科学可以富强起来。前人的这种精神我们应当继承和发扬。只要我们坚持办刊，通过一批批编者、作者、读者的共同努力，随着我国科学事业的发展，再过三十年，在《科学》创刊一百年的时候，中国的《科学》一定能毫无愧色地在世界上跻身于历史悠久、影响广泛的科学刊物之列。

[第 37 卷第 1 期(1985)第 4—5 页]

## 2. 中国科学和技术发展的历史、现状和展望

周光召

今天能有机会向来自世界各地的朋友介绍中国科学技术发展的历史、现状和展望，感到十分荣幸。

### 历史的回顾

中国科学技术的发展经历了一个艰难曲折的发展过程。

15 世纪以前，中国的科学技术曾走在世界的前列。不论在数学、地理学、天文学、医学，还是在冶炼、陶器、建筑、农业上，都曾取得重要的成就。中国的指南针、造纸术、印刷术和火药四大发明更给人类文明作出过伟大的贡献。不幸的是，高度发达的封建制度和占统治地位的儒家思想严重地阻碍了新生产力的产生。这样，15 世纪以后，中国的经济和科学技术就越来越落后于西方。

19 世纪中叶西方商品的涌入，给中国带来了西方的侵略和文明。隆隆的大炮声唤醒了一部分中国人，他们认识到自己的落后，必须推翻满清皇朝和学习西方的科学技术。

到 19 世纪末，中国开始向西方各国派了大批留学生，这些留学生回国后，努力普及科学知识，兴办实业，出版科技刊物，并开始创办科学学会和研究所。耶鲁大学 1878 年土木系铁路工程专业毕业的第一名学生詹天佑，回国后完成了中国第一条自行勘探、自己设计和施工的京张铁路。1915 年中国留美学人发起成立了中国科学社，出版刊物《科学》，一直延续到今天，是中国最古老的科学刊物之一。随后建立了地质、生物和化学等研究所。到 1928 年分别成立了中央研究院和北平研究院。但是，在 1949 年以前，中国处于连续的国内战争和第二次世界大战之中，条件十分困难，尽管作了很大努力，进展甚微，到了 1949 年，两院仅有 20 多个研究所，专职研究人员 200 多人。这期间，在困难条件下，仍然取得了一些成果，如裴文中发现北京人化石，侯德榜创造了侯氏制碱法，李四光创立的地质力学等都受到了世界的重视。

所幸的是，在许多科学家和教育家的共同努力下，创办了几所学术水平较高的大学，如北大、清华、交通大学和协和医学院等，培养了一批现代科学技术的人才。他们中的很多人后来在国内外取得了重要的科技成绩，并且成为中国科学技术进一步发展的骨干。

1949年，中国的内战基本上结束，成立了中华人民共和国。大部分科技工作者留在大陆，一些人去了台湾。新中国的领导人周恩来、聂荣臻对科学技术工作给予了特别的重视和关注，中国的科学技术事业进入了一个新的发展时期。

同年，在原中央研究院和北平研究院的基础上组建了中国科学院。在和平和安定的环境下，科学家感到十分振奋，以最大的热忱投入了科学技术事业的发展工作。留在海外的科学家和留学生爱国热情高涨，纷纷回国参加祖国的建设事业，其中一些人，如李四光、赵忠尧和钱学森等，冲破了重重阻难，方始回到国内。

50年代开始了大规模培养科技人才和开拓研究领域的工作。如中国的核科学是在从法国回来的钱三强、从美国回来的赵忠尧和王淦昌、从英国回来的彭桓武等人的领导和推动下，从无到有，从小到大地发展起来的。到了50年代末，中国已经有了一支自己栽养出来的核科学和核技术队伍了。1956年，国家组织了一大批科学家，制订了在12年内重点发展包括核物理、半导体、生物物理、遗传学、计算数学、地球化学等16个学科的规划，并确定优先发展电子、自动化、半导体和计算机等新兴技术。经过科学家的努力，12年规划的任务多数都提前完成了。

1949年到1966年，中国科学技术的发展总的来讲是比较迅速的。到1965年，仅中国科学院就已拥有106个研究所，24 714名科技人员，分别是1949年建院时的5.3倍和110倍。中国大陆在当时被封锁的情况下，主要依靠自己的科技力量，解决了国民经济和国防建设中所有的科技重大问题。

1966年开始的政治动乱，给迅速发展的中国科学技术以毁灭性的打击。

1976年结束了政治动乱，1978年开始，国家再次重视科学技术和教育，并开始执行对外开放和改革的政策。科技人员以艰苦的努力和超人的毅力学习过去10年中世界科技发展的成果。到1987年，我国已向世界各国派出了56万科技人员，在外国同行的帮助和支持下，他们中的许多人已经学成回国，并担当了科研工作的骨干。他们正在继续拼搏，一步一步地靠近世界科学的前沿。

## 中国科学技术成就的简述

经历了近40年艰难曲折的奋斗，中国已经从科学技术极其落后的国家成为一个拥有一定科学技术力量的国家。从总体上看，我们和世界发达国家还有很大差距，但我们已建立了一批大学和研究所，培养了一大批优秀人才，在某些局部领域上，也取得了一些达到国际学术水平的成果。到1987年，全国的高、中级科技人员已达161.2万，分布在大学、科研所和国防系统之中。

将近40年来，中国科学技术在许多方面取得了成就，现简述如下：

1. 对我国自然资源和环境进行了大规模科学考察、勘探和综合研究，查明了大量重要的自然资源，为我国现代化建设提供了有力的保证；制订了各地区开发资源、保护生态环境和发展经济的战略和区域规划；对沙漠、盐碱地、红壤丘陵、水土流失等进行了卓有成效的治理；研究了青藏高原和黄土高原的形成机制、过程和规律及其对亚洲东部地区自然环境的影响；总结了陆相生油理论，并据此找到了大油田；提出了层控成矿学说，指导了金属矿床的找矿。

2. 农业方面：在全国范围开展了农业资源调查和农业区划，进行了各种类型地区生态农业以及中低产地改造的试验及示范。发展了远缘杂交技术和染色体工程，培养了高产优质的水稻、小麦、棉花、玉米、油菜、烟草等新品种，成功地控制了东亚飞蝗，开展了对病虫害的生物防治工作。从1949年到现在，中国的粮食产量由2亿吨提高到了4亿吨，以世界7%的可耕地养活了五分之一的世界人口。

3. 新技术方面：依靠自己的科技人员发展了核工业和航天工业。现在已能研制通信卫星和气象卫星，掌握了卫星回收和发射地球同步轨道卫星的技术，并具备了为客户发射卫星的能力。

近年来，计算机在各个领域得到了广泛的应用。为石油勘探和气象预报研制了亿次巨型机和千万次向量机。CAD图像识别和信息传输开始迅速发展，特别是在台湾的中国科学家在信息技术方面取得了令人注目的成就。

非线性光学晶体、稀土永磁材料和工程塑料等由中国科技人员自行开发的新材料已经形成了小批量商品，提供国内外市场。

4. 医疗保健和生物技术：中国医学工作者在癌病防治、中草药研究、计划生育、显微手术、大面积烧伤、针刺麻醉等方面都作出了重要贡献。用基因工程技术获得的乙型肝炎疫苗、人生长激素、干扰素、青霉素酰化酶等已完成实验室阶段，部分地进入中试。生物技术还在肝炎、出血热、肿瘤的诊断过程中得到应用。

5. 基础研究方面：中国生物学家和化学家在60年代中对牛胰岛素、70年代末对酵母丙氨酸转移核糖核酸进行了人工全合成。近年来，在固氮基因的表达和调控，生物大分子的空间结构及功能，小麦、水稻，特别是玉米的原生质体再生植株的培育上都取得了国际水平的成果。五次对称和八次对称准晶的发现，高温超导体的研究，太阳磁场望远镜等都获得了国际同行很高的评价。

我们得知,我们的台湾同事们在吴大猷教授的领导下,近几年有很大的发展,不久前台湾同行在高温超导上做出了新的成绩,值得我们特别高兴。

## 国际交流与合作

中国的科学技术是世界科学技术事业的一个组成部分,它的健康发展既依赖于我国科技人员的努力,又依赖于和世界科技界的合作和交流。

由于历史的原因,1949 年以后将近 30 年内,中国大陆和西方科学技术的联系被切断了。这种封闭的状态给中国科学技术的发展带来了特别的困难。在这段时间内,一些科学家勇敢地伸出了友谊之手,他们之中有法国的约里奥·居里、英国的李约瑟、澳大利亚的克里斯琴松、丹麦的尼尔斯·玻尔、日本的坂田昌一、朝永振一郎以及海外华人等。在 50 年代还有一大批苏联和东欧的科学家。这些科学家在最困难的时候帮助了中国科学技术的发展,对他们为中国所做的工作和友谊我们将永志不忘。

80 年代中国实行的开放政策为中国科技界开展国际合作和交流创造了有利的条件。到 1986 年底,我国已与 106 个国家和地区建立了合作交流关系,并与 50 个国家签订了政府间的科技合作协议。1986 年官方和民间的科技合作项目 1 万多项,往来人员 4 万多人次,参加 2 000 多个国际学术会议。

通过与世界各国同行发展合作和交流,促进了中国科学技术工作进一步面向世界,走向世界。科学是没有国界的,科学技术成果是人类共有的财富。我们的方针是更加开放,进一步增加各国科学家的交流和合作,发展各国科学家之间的友谊,共同为世界科学宝库增加知识的财富。

## 中国大陆的改革与展望

中国在计划经济体制下建立的科研机构,在集中力量完成国家任务、特别是国防科研方面发挥了良好作用,但存在一系列弊病,不适合社会进一步发展的要求。

科研机构和企业及大学之间缺乏有机联系,科研成果停留在实验室,不能很快转化为生产力,企业缺乏改进产品质量、更新品种的压力,因而没有成为促进科技发展的动力。

平均主义的分配方式(大锅饭)和普遍的就业保障(铁饭碗)使得研究机构出现人浮于

事，效率低下，不求上进。近亲繁殖的人事制度和官僚作风等严重地妨碍了中国科学技术的发展。

中国科技的进一步发展和体制改革又离不开中国的国情。对此，可以提出以下两点：

1. 人口多。中国人口在最近40年增加一倍多，到1987年已达10.08亿，占世界人口1/5。1987年的出生率在严格的计划生育控制下为0.21%，按此推算，到本世纪末，中国人口将再增加2亿，也就是说，在12年内中国增加的人口将相当于美国现有的人口。如此巨大人口的衣食住行、教育和医疗保健都是中国经济和科技面临的严重挑战。

2. 资源相对短缺。中国虽有960万平方公里土地，但有大量土地是沙漠、高寒和干旱地区，不适宜农牧业的发展。人均可耕地只有不到1.5亩(少于0.1公顷)，中国的森林覆盖面积估计为11.5%。石油、天然气等重要能源，铁、铜、磷等主要矿藏在中国也缺少。

由于人口众多，对土地森林资源进行了过度开发，开办了许多技术低的小企业，造成了生态破坏和环境污染，给进一步的发展带来沉重压力。

以上的国情决定了发展国民经济必须是中国科学技术的首要任务。中国的经济正由计划经济体制向计划指导下的市场经济体制过渡，中国的科学技术体制也必须随之进行改革。科技体制改革的基本点如下：

1. 对从事不同类型工作的研究机构实行不同的拨款办法和管理办法。建立国家自然科学基金会，采用同行评议的方法，支持基础研究工作的发展。由国家拨款建立了一批重点实验室，并支持对资源、环境、生态、基础数据等重大的攻关项目的研究。促使技术开发性的研究工作走向市场，和企业联合，通过技术转让和产品生产获取进一步发展的经费，为此，国家组织了"星火计划"和"火炬计划"。

2. 扩大研究所自主权力，减少国家的行政干预。引入市场机制和竞争机制，逐步取消大锅饭和铁饭碗。

3. 促使科研机构更加开放，面向全国，面向世界。促使科研人员流动，加强科研机构、大学和企业之间人员和信息的交流及横向的联合。

4. 在强调为国民经济服务的同时，继续重视基础研究，使基础研究、应用研究和开发研究保持合理的比例。

虽然旧体制的弊病和中国面临的发展经济和科技的迫切需求已为许多人所了解，但经济和科技体制改革是一件非常复杂和困难的事业。它要改变的是千百万人习以为常的价值观念、生活方式和工作习惯，这些是社会经济和科技赖以运转的机制和组织结构，它必然要带来阵痛，在新旧体制交替过程中出现的投机和不法行为加剧了痛苦的过程。当前中国科技人员面临物价上涨、待遇过低、生活和工作条件差等困难，经历着社会改革引起的激烈的振荡。但他们中的大多数仍然满怀信心地推动改革的进程。

最近3年来，以开放、流动、联合的方式建立了几十个开放实验室，通过同行评议，择优竞争，让全国优秀的科学家都能定期地在那里工作。几年的实践表明，这是一个比旧体制下研究所更有活力的进行基础研究的组织形式。

最近3年来，一批科学家从实验室中出来，以各种形式进入企业和市场，将技术成果商品化，也取得了初步的成效。一支科技企业家的队伍和他们兴办的公司正在中国大地上形成和兴起。他们必将成为新体制下的科技和市场、科技和产业之间的桥梁。

中国的改革必将成功，它是中国进一步发展的唯一希望。我们相信，不论有多少艰难险阻，会出现多少困难和曲折，中国的改革在中国人民的努力和世界人民的支持下，是一定能够成功的。

从中国的国情出发，在90年代，下列和国民经济密切相关的科学技术将考虑予以优先发展：

- 国土整治，资源的调查和合理利用，生态和环境保护，气象和灾害预报等；
- 用于农业的科学技术：如良种培育，病虫害防治，水土保持及耕作制度，农产品保存及加工等；
- 医疗保健；
- 传统工业的技术改造和自动化；
- 稀土、半导体、陶瓷、高分子、复合材料等新材料的研究开发和利用；
- 办公自动化，计算机和工业处理机，CAD，网络和通讯系统；

另有一些其他领域，在此不再一一列举。

为了面向21世纪，在国家有限财力的支持下，制订了高技术的研究和跟踪计划。确定在空间技术、激光技术、生物工程、智能计算机系统、计算机辅助生产、智能机器人、新材料和先进的反应堆技术等方面，对经严格选择的目标进行研究和跟踪。

中国科学院和高等院校担负着发展基础研究的主要责任。由于中国经济和财力情况，在未来10年内，不可能再搞耗资巨大的大科学项目。重点将放在发展迅速而投资较少的重要学科，如非线性数学和非线性科学、凝聚态物理、生命化学、生物大分子结构与功能、神经网络、全球气候变化等。

中国具有世界上最多的勤奋、好学、富有创造力的青年。他们是中国最宝贵的财富和希望。我们相信，新科技体制的建立将为他们创造一个更宽广的舞台，去发挥他们的聪明才智,使他们脱颖而出。下一代的青年将更加开放,他们将更好地学习世界各国先进的科学技术和管理知识,更善于把它和中国的经济建设和科技发展结合起来。近几百年来,中国对世界科学技术发展的贡献太少,我们希望在21世纪,中国的青年将为世界科学技术的发展做出无愧于他们祖先的重大贡献。

(这是作者在国际科学联合会理事会第22届全体大会开幕式上作的专题报告)

[第41卷第1期(1989)第3—6页]

# 3. 中国数学家的历史使命

程民德

中国的现代数学曾经走过曲折的道路。党的十一届三中全会为我们带来了科学的春天,中国数学界也很快复苏。通过十年的努力,数学科学已经取得了令人瞩目的进展。现在,国家的现代化建设对数学的发展提出了更高的要求,整个科学事业更期待现代数学的建树和突破。尽管我们还面临着许多困难,但是展望将来,我们充满信心。只要群策群力,我们不仅能够冲出亚洲,走向世界,而且在这次盛会上也许有必要给自己提出这样的任务"让数学率先赶上国际先进水平!"

## "率先赶上"是人民的希望、历史的责任

人民希望看到国家的强盛。在教育发达,科学繁荣,经济发展的建设过程中,教育、科研应当走在前面。作为基础科学之一的数学,也理应先行一步,为自然科学和社会科学提供必要的工具。应当看到,科学发展和经济发展是相辅相成、互相促进的,数学同样如此。当今世界各国的数学科学水平基本上是和该国的整体经济实力相当的。国内外许多数学工作者在评论当今数学发展的格局时指出:"美苏继续领先,西欧紧随其后,日本正在迎头赶上,中国则还是未知数。"

"未知数"的说法,反映了人们对中国数学的关注、期待、希望的心情。

首先,人们看到了中国数学的潜力。中国数学曾经有光辉灿烂的历史,只是到了近代才慢慢落伍。进入 20 世纪之时,中国数学落后于世界数学几乎有 300 年。五四运动前后,我国大学里开始设立数学系,中国现代数学才逐步走上世界舞台。经过几代人的艰苦努力,中国现代数学已在国际数学界占有一定的地位。老一辈的数学家赢得了良好的国际声誉。在 50 年代的中国数学发展高潮中,一批科研成果取得了国际领先地位。20 世纪的数学史上写下了许多炎黄子孙的姓名。在这里,特别要提到华罗庚教授。他不仅在数论、代数、函数论和应用数学等方面取得了许多国际领先的成果,还培养了一支优秀的科学研究骨干队伍,为我国数学事业的发展建立了不朽功勋。80 年代以来,中国数学又出现了迅速发展的新局面。我国占有优势的一些学科继续发展并取得引人注目的新成果。在过去比较薄弱甚至空白的数学领域中也印上了我国数学家的足迹。开放政策使我国一大

批数学家进入国际数学界，其中一部分已达到他们所从事的学科的前沿，可以和国际上的著名学者在平等的地位上进行交流与合作。在国内，数学最先建立学位制度，水平也比较好。我国第一批博士中，有三分之二是数学博士，在“六五”期间培养的博士中，数学博士占15.1%。近十年来，有一批中国数学家在国际上获奖，其中包括廖山涛教授获第三世界科学院奖。尤其值得注意的是一些20来岁的青年人正在崛起。可以说，在美国名牌大学数学系的优秀博士生名单中，几乎都有中国青年的名字。我们希望，一代年青的数学家会珍惜和发扬我国前辈数学家的优良传统，在世界数学科学领域中做出中华民族的更大贡献。

当代数学大师陈省身教授多次指出，中国数学发展大有前途。我们既不可夜郎自大，故步自封，也不可妄自菲薄，不求进取。只要大家努力，路子对头，数学科学完全可以率先赶上世界先进水平。我们愿意看到陈先生的这一愿望变成现实。

我们说数学能较其他学科“率先赶上”，还由于它自己本身的特点。数学对人类的贡献十分巨大，但对社会的需求却非常微小。一般说来，数学研究需要的投资少，见效快，它的研究是智力的角逐，主要依靠知识的积累和勤奋的思考。不仅如此，数学的应用还可以部分地弥补其他学科实验设备的不足。在我国财力尚不雄厚的现时，我国数学界理应在国际竞赛中较其他学科做出更突出的贡献。我们提出数学率先赶上国际先进水平，并非由于数学家特别聪明能干，而是自身学科特点所致，乃是历史赋予我们的责任。

以下的事实也说明，数学学科的投资效益是很高的。据国家自然科学基金会的统计，数学项目的基金数为全部基金总额的百分之一，不足数理学部基金的十分之一。但在1987年全国自然科学奖评出的奖励项目179项中，数理学部有38项，数学有15项，占全部得奖数的8%，占数理学部得奖数的40%，为各学科之首。去年数理学部评出优秀基金课题组255项，其中数学有96项，占全学部的38%。这表明给数学的资助可以获得较多的成果，资助效益明显高于其他学科。当然，那种认为数学只要一张纸、一支笔，不要资助也能研究的看法也是错误的，国内外学术交流、完善的图书设备、高速的电子计算机都是今日数学研究不可缺少的基本条件。我们希望不断增加对数学研究的资助，扩大对各项目的资助额，没有资助额的增长“率先赶上”就是一句空话。我们的意思是，尽管扩大对数学的资助，与其他学科相比，仍然是很少的。

这里，我们不妨和体育作一类比。我国体育项目第一个世界冠军来自乒乓球。乒乓球在50年代就有广泛的群众基础和一批比较优秀的选手。乒乓球项目的投资较少，易于普及，训练“国家队”的费用也远低于足球等项目。在这一客观基础之上再加上领导重视和乒乓球界的艰苦努力,乒乓球终于“率先赶上”国际先进水平,实现了“零的突破”。乒乓球的胜利,鼓舞了整个体育界,推动了万马奔腾的局面的出现。

我们认为数学学科在某些方面很像乒乓球项目。限于国家的财力,要使那些投资大、设备多的学科赶上国际水平困难很大。但要使数学“率先赶上”,则相对地说比较容易,只要不太大的投资,主要依靠数学界自身的努力就能实现。而一旦数学上去了,也就会带动我国整个科学的进步。当然,我们把数学和乒乓球相提并论,主要是说明在“率先赶上”这一点上的相似之处,用以自我鞭策,给自己压担子。数学是一门科学,科学赶超较体育赶超更有其特殊的困难。我们只是希望用“率先赶上”的口号激励自己,群策群力,真正把事业搞上去。

人们已看到了中国数学家的潜力,也估计了中国数学发展已具备了必要的财力条件,为什么仍然把中国数学当作“未知数”呢?这是因为,潜力有待于人们去挖掘和发挥,客观有利条件有待于主观努力去利用和发展。要真正使中国数学腾飞,必须有统一的认识、稳定的政策,精心组织,群策群力,经过坚持不懈的艰苦奋斗才能实现。

这里想提一点历史经验,以加深对今天的历史责任感。有人说,日本发展成经济大国只抓技术研究,少抓基础理论,对基础数学很少顾及。事实究竟如何呢?请看一段中日数学的对比。

中国的洋务运动和日本的明治维新(1868 年)都发生在 19 世纪 60 年代。在发展工业,采用西方技术上几乎同时。例如,1862 年日本始造蒸汽军舰,而中国的江南造船厂的前身也于 1865 年在上海设立,相距不过三年。但在对数学的重视和扶植上则差距极大。日本在 1873 年基本普及西方数学,而中国则迟至 1911 年辛亥革命之后。日本数学会成立于 1877 年,而中国数学会迟至 1935 年才成立。日本东京大学成立于 1877 年,北京大学到 1912 年始成立(其前身京师大学堂成立于 1898 年);日本学士院(科学院)成立于 1897 年,开始设博士学位,中国的北平研究院迟至 1928 年方成立,至于第一批博士竟到 1983 年才正式授予,落后于日本近一世纪。日本的高木贞治于 1898 年到德国跟大数学家希尔伯特学代数数论,回国后完成类域论,1920 年即成为世界第一流数学家,而中国在民国以前到国外留学研习数学而有科研成就者几无一人,五四运动(1919 年)前后才在中国本土设立数学系!

在今天的现代化建设进程中,把数学的发展放在什么位置仍然是一个严肃的问题。党的开放政策使中国数学在国际上得到广泛深入的交流,一批中青年数学精英已经脱颖而出,数学率先赶上国际水平的客观条件已经基本成熟。

在这里，我要提到陈省身教授对我国数学发展的独特贡献。早在1980年，他就提出：必须立足国内来发展中国数学。他组织双微会议，延请国际名家到会报告。他发起"数学研究生暑期教学中心"，聘请国内外第一流数学家任课，选派优秀学生出国深造。他还亲自上课，所编写的《微分几何讲义》荣获国家教材特等奖。1986年起，他担任南开数学研究所所长，每年举办活动，向国际先进水平看齐，影响极为深远。这些极为简略的介绍，足以表明陈省身教授为中国数学的起飞呕心沥血，业已准备了一些十分有利的条件，它是数学"率先赶上"的重要基础之一。

## 宏伟的现代化建设在呼唤高水平的现代数学

环顾世界，所有的经济大国和科技大国，必然也是数学强国。我们说让数学率先赶上世界先进水平，并不仅仅是为了在智力竞赛中夺金牌、争名次，更重要的是为宏伟的现代化建设服务。具体说来，就是为国民经济服务，为高技术服务，为决策科学服务。

1. 走独立自主发展工业的道路必须优先重视数学水平的提高。目前，我国的工业技术有些还仅停留在仿制研段，因此对数学的要求不高。如果照搬现成的经验和技术，确实用不到多少数学。但是若要消化这些新技术，实现从仿制到自行设计的转变，那就非用数学不可。很多生产线的技术关键往往在于给出一个数学模型。不少工艺流程的操作要领，其实是数学上的优化过程。某些进口设备用不好，说是没有买那个神乎其神的"软件"，拆穿了无非是一些数学困难。数学是一种软技术，看不见的技术。作为社会主义的大国，总不能单纯靠模仿，靠引进，如果老是知其然而不知其所以然，那是无法建立起自己完整的经济技术体系的。

2. 数学与高技术的结合是当代科学技术的重要特点之一。许多人享受着美好的现代文明，却并不知道许多高技术来源于数学成就。例如：没有时间序列的数学理论，就没有今日规模宏大的石油地震勘探工业；任何一架飞机或航天器，都要安装根据卡尔曼滤波理论设计的导航自动设备；为无数人造福，使医疗诊断技术发生革命的X射线分层照相技术，其主要理论基础是数学上的Radon变换，它的特性研究依赖于振动积分理论；波音767客机的翼形，雷诺汽车的外形，都是靠非线性偏微分方程的新的近似解法和计算几何方法得到的。

在这些高技术领域，数学家的参与是必不可少的。可惜在我国这种使工业与数学结合的机会实在太少了。这里值得注意的是数学家在国防建设中的贡献。例如：人造卫星的姿态控制研究，是数学家参与完成的，获得国家级科技进步奖；两弹的设计制造中数学家也起了重要作用；一项计算机上的数学实验使某武器的穿透能力从 3 厘米提高到 6 厘米；一批从科学院、高等院校转入国防科研部门的数学家获得了科研的特等奖。

我们觉得，数学家既然在高级国防技术上能发挥作用，也必然能在民用的高技术领域发挥作用。当前的科技政策为数学和工业部门以至整个国民经济的结合提供了更多的机会。中国数学要率先赶上世界先进水平，和高技术相结合是一个必然的趋势。数学研究一旦和我国的技术领域紧密结合，就会在中国本土扎下深根，以至形成自己的特色，发展自己的学派。

3. 数学是决策科学的主要支柱。现代化建设需要就投资、效益、管理等许多问题作出决策，这种决策单凭经验是不够的。运用数学方法的定量决策，已成为当今决策科学的主流。轻视决策科学中的数学方法在苏联有过严重的教训。康托洛维奇于 1938 年创立线性规划，但当时的苏联对它不予重视，而且横加批判指责，结果使 1941 年写成的讲义在 1959 年方获出版。与此相反，美国在 1945 年独立发现线性规划后立即推广，每年获得的效益一直在 10 亿美元以上。

在我国，这种轻视数学方法的倾向仍然存在。从 60 年代起，我们曾花很大的气力推广优选法、统筹方法和许多统计数学方法。当时虽然取得相当大的成绩，但往往不能巩固，不能长期坚持。我们希望，通过领导重视和提高我国管理人员的数学素养，不仅能广泛而持久地运用那些直接产生经济效益的数学方法，还能重视与推广在决策科学中使用更深入的数学工具，如信息科学、系统科学中的数学方法与计算技术等。

4. 良好的数学教育，是培养工程技术人员和科研人员的重要的一环。正如陈省身先生所说的："数学是一切科学的基础，数学的训练能激发人的创造力，提高思维的逻辑性。"许多学数学出身的人以后改行搞物理、力学、计算机、电机、工程技术、化学甚至人文科学，常常取得意想不到的成就。相反地，数学训练的不足会大大影响工程技术人员和科研人员的素质。例如我国派出的学计算机专业的留学生中，由于数学基础薄弱而失败的例子屡见不鲜，其中有些人在国内是第一流的学生，在国外各科专业成绩也都很好，之所以不能获得博士学位，完全是由于数学基础差，"后劲"不足。

综合以上四个方面，我们感到在国民经济、高技术工业、决策科学中使用数学方法的程度，乃是衡量一个国家现代化水平的一种标志。数学率先赶上国际先进水平，不仅表现在数学论文中发表的先进成果上，也反映在全民使用数学方法的广度和深度上。我们希望，在 21 世纪以前的十几年内，能够在这方面出现一个大的飞跃！

## 数学率先赶上世界先进水平，将为国家提供充分而又必要的智力储备

任何一个国家,都必须进行一定的智力储备。一旦出现科学上的突发性进展,就要进行必要的科学转移。基础理论研究就是这样的智力储备。应该指出,数学是所有智力储备中最重要的一种。“数学是一切科学的基础,数学的训练普遍的有用”。用少量投资进行数学人才储备,并且适时地组织数学家参与新的科学高地的争夺,是许多发达国家的一项基本的科学政策。美苏两个超级大国就是如此。如果说美国储备的相当一部分依靠高价收买从国外输入,那么苏联主要靠自己培养。苏联强大的数学智力储备是它成为超级大国的一项重要因素。

近十年来,我国数学智力储备曾发挥了重要作用,突出地表现在两次人才迁移。第一次是计算机科学系纷纷成立,计算机研究蓬勃发展,其主要成员来自数学系。第二次是管理工程系普遍设立,一大批数学工作者又迁移过去。在一些经济专业中,数学系毕业的学生成了主要骨干。这种迁移的趋势还将继续。信息科学、控制理论、生物工程、人口理论、语言系统都在要求高水平的数学工作者去参加。由此可见,有计划地培养一批训练有素的数学家作为科学突击队,应当成为科技领域中的一项国策。

一个国家,一个民族的科学文化素养中,数学的普及水平是一个基本的方面。如果广大的干部多懂一些数学,能够理解一些决策性研究、软科学中的数学方法,将会大大地提高决策和管理效益。数学智力对于适应现代物质生产,倡导精神文明也是十分重要的。即使是一个普通公民,也应该懂得一些日常生活中的数学知识,从而能应付经济生活中的数学问题,更好地理解投资风险、市场机会等常识。在亿万群众中进行这样的数学智力投资,会使我国人民的文化素质有一个明显的提高。

应该指出,由于人所共知的原因,我国人才出现了断裂层。当前,35～45 岁的数学工作者为数很少。到 21 世纪时,现在 50 岁以上的人才都将退休,数学智力储备将呈现空缺状态。所以我们应当适当多培养一些年轻数学家以保证必要的储备数目。

数学率先赶上国际先进水平,也是提高民族自信心,振奋民族精神的重要方面。如果说聂卫平在围棋上的胜利能使全国人民扬眉吐气,那么华罗庚等数学家的事迹更使千千万万青少年走上科学之路,激励他们攀登科学高峰。和体育一样,数学界也有中学生的国际奥林匹克竞赛。我国青少年在近几年的奥林匹克竞赛中连连获奖,对提高中学生学习

科学的积极性十分有益。可以设想，如果我国的数学在21世纪率先赶上世界先进水平，在我国本土上出现世界高水平数学奖的获得者，必将有益于提高我国人民的民族自豪感，带动整个科学的发展，其影响将是不可估量的。

## 团结奋斗，寄希望于青年

我国目前具有较高研究能力的数学家约500人，加上今后陆续学成回国的留学生，总数在1 000人上下。这是我们的骨干队伍。这支队伍在数量上不算大。据统计，美国的高级数学人才有10 000人，是我国的10倍。

从后备力量上看，我国现有数学学科的博士导师共170人，目前在校的数学博士生约200人。近几年内每年平均有70名博士毕业(美国每年毕业800名数学博士，其中200名转入博士后，最后约100名成为高水平的数学家)。

在这支队伍中，有一些十分出色的青年数学家，他们的年龄约在30～40岁。这些博士成长在一个十分特殊的环境里。十年动乱期间，百业凋零，科研中断，只有数学不受设备限制，可以自学成才。因而这段时间的高智力人才大量流入数学。他们在有初步基础之后，又适逢科学的春天，很快成为一批极富创造性的青年数学博士。另有一部分由于开放政策到了国外，以自己的才华获得了国际上第一流的数学家的熏陶，成长极快。这批在特定环境下成长的数学精英，我们应当十分珍惜，尽一切可能创造条件使他们更快地进入国际竞赛的“决赛圈”。

近几年来，国内数学家对数学整体的发展给予了极大的重视。基础面窄，方向分散，研究标准不高等偏向已获得一定改变。这方面的一个突出表现是首届数学重大项目9个课题的制定。这9个课题是：1. 计算机数学；2. 非线性分析；3. 动力系统；4. 偏微分方程数值解法及其在科学、工程上的应用；5. 整体微分几何及其物理应用；6. 复分析；7. 代数几何与代数数论：8. 最优化、辨识与控制；9. 粒子系统与随机分析。

这9个课题融合数学基础理论研究和应用基础研究为一体，体现了我国数学界在数学整体上追赶国际先进水平的强烈意识。由此也可对目前我国数学发展的主攻方向有个部分的了解。国家自然科学基金委员会为此拨出200万元专款。我们希望参加这些课题的同志共同努力，争取在若干领域内做出重大的建树。也希望继续开拓第二届、第三届数学重大项目。

数学要率先赶上国际先进水平，单靠数学家的努力是不够的，必须全国协同作战。当前一个突出的问题是数学研究和应用部门的联系渠道不够通畅。一些应用部门的同志对数学的重要性认识不足。由于某些体制上的原因,工程技术人员对数学的重视不够,很少提出有价值的课题,聘用数学家参加研究的愿望也不强烈,以致出现应用数学系、数理统计系的毕业生分配不畅的现象。美国每年取得博士学位的数学家中,有 24%到非数学部门工作。我国的博士基本上还是在数学系里教书或研究。这对发展我国数学和整个科学都是不利的。另一方面,我们也应看到我们在培养数学人才过程中存在的某些缺点,如过于偏重抽象理论,忽视实际工作能力、缺乏应用数学知识的经验等,都有待大力克服。

有鉴于此,大学以上的数学教育改革应该提到议事日程上来,有计划有目的地进行改革试验,为实现"率先赶上"的任务提供强有力的后备军。

21 世纪属于现在的年青人。赶上世界先进水平的期望在青年。对青年的扶持和帮助,除了在思想上重视之外,还必须从经费上加以支持。我们高兴地从国家自然科学基金委员会获悉,1987 年我们对 7 位 35 岁以下青年数学家资助了总共 14.5 万元的青年科研基金。现在还有 40 万元的重大项目基金可以资助与项目有关的新涌现出来的或新回国未及申请基金的优秀青年数学家。今后,国家对重点项目的资助还将继续。除了上述 9 个课题之外的重要课题,国家自然科学基金委员会也要给予资助。对青年数学家的支持还包括:扩大博士后研究岗位,在国家重要科技项目中增设数学研究职务,按实绩破格晋升,扩大国际交流等。

中小学的数学教育是一个严峻的问题。强大的青少年数学后备力量是中国数学腾飞的必要条件。科技领域和各行业人员的数学文化素养又是数学追赶国际先进水平的基础。我们希望,一方面提高中小学学生的普遍数学水平,一方面应办好业余数学学校或数学重点学校,以便能像青少年体育学校那样,向"国家队"输送人才。

这次学术讨论会,是我国数学发展中的一次盛会,任重而道远。我们既然把"率先赶上"的任务提出来,就要努力拼搏,尽一切力量去实现它。数学界的同行们,朋友们,特别是青年同志们,让我们同心协力,艰苦奋斗,用出色的成就去迎接 21 世纪,在世界数学事业中做出中国人应有的贡献!

(本文原为作者在"21 世纪中国数学展望学术讨论会"上的主题报告,由起草小组写出初稿,吸取了讨论会组织委员会成员及数学界同行的意见,最后由作者整理而成。题目是编者改加的。)

[第 41 卷第 1 期(1989)第 8—13 页]

# 4. 科学是什么?

廖正衡

## 科学的概念

什么是科学？这似乎是一个不言自明的问题。然而实际却是一个在国内外学术界至今还没有统一认识的颇有争议的问题。它是一个“没有绝对严格的内涵和外延”的“模糊概念",以致“至今还没有一个公认的结论”。

**1. 科学是知识**

这是18世纪以前人们的主要看法。例如在12世纪初期最早尝试给科学下定义的宇宙论者威廉,就认为科学是“以物质为基础的知识”。此外,从“科学”一词的词源上看,不论是英文的Science,还是德文的die Wissenschaft,都是源于拉丁文的Scientia,即“知识”一词。还有,在17世纪中叶的中国,当西方科学传入时是把Science译成为“格致”(“格物致知”),也是指研究事物而获得知识的意思。总之,大多是把科学看成是知识,即对事物正确的了解和认识,包括感性认识和理性认识。

**2. 科学是“分科之学”,专门的学问、知识**

这是19世纪人们的主要看法,当时随着科学研究对象的日益复杂和精细,科学研究任务的加重,笼统的科学已经分化为各个专门的学术领域,并形成了各自的研究对象、概念、理论、体系、结构和方法。例如日本明治维新后的学术界就是把Science译为“科学”。1893年我国维新派领袖康有为最早把日本的“科学”一词引进中国,以代替“格致”,并一直沿用至今。所以,我们现在所用的“科学”一词,实际是从日本引入的外来语。这也反映了19世纪末中日科技地位发生逆转之态势。在19世纪中叶,中国的科技水平还处于较高地位,日本还要假借于中国传播西方科学知识。例如1862年日本学者川本幸民把中国译自西方Chemistry的“化学”一词引进日本,代替他们长期使用的“舍密”一词,并沿用至今,然而到了19世纪末,中国却反转需要“师事日本”来传播西方科学知识。短短的30年,为什么会发生如此巨大的变化？值得深思。

**3. 科学是知识体系,是“关于自然、社会、思维的知识体系”**

这是20世纪中期人们的主要看法。这就不仅把科学看成是专门化的知识,而且更看成是系统化的知识。这样就把那些虽是知识,然而却是零星的、散乱的知识排除在科学之外，反映了20世纪以来科学发展日益精确化、严密化、理论化的态势，随之也就使人们对科学的认识深入了一步。然而，这些已经系统化了的知识，显然是指已经获得的知识，或已经得到实践检验过的知识，即现成的静态知识，还没有反映出那些正在探索中的、有待实践检验的知识，即动态知识。实际上，后者应当是更重要的科学活动。因为，正如保加利亚学者伏尔科夫所说，“科学的本质，不在于已经认识的真理，而在于探索真理”。

**4. 科学是发展着的知识体系**

这是20世纪70年代以来较为普遍的看法，认为科学不仅包括了研究的结果——静态的知识体系，而且还包括了研究的过程——动态的知识体系，或获得知识体系的活动。因此，科学可以认为是关于自然、社会和思维的发展着的知识体系，或人类探索客观世界现象、本质和规律的活动。为了“把科学作为人类活动来进行系统地探讨和论述”，我国学者刘大椿已在1985年完成了一部题为《科学活动论》的专著。根据他的观点来认识科学，我们就不能把科学知识理解得过死或过于绝对，以免束缚自己思维的驰骋和科学探索活动。实际上即使是教科书上那些已经得到实践检验过的、公认的、规范的知识体系，也都不过是含有绝对真理成分的相对真理，也还需要得到补充、修正和发展。我们应当以这种动态的科学观来学习、掌握和传播科学知识。

**5. 科学是发展着的知识体系和知识管理活动**

这是目前正在形成着的看法。主要是由于20世纪40年代以后科学活动已经发生了重大变化，科学已不再只是局限于由一个或几个科学家和只需少量经费就可以实现的小规模活动。

科学已经发展成为巨大规模的社会活动或知识管理活动。这一变化的显著标志是1942年美国开始着手实施的制造原子弹的“曼哈顿计划”。这一研究计划由著名科学家奥本海默主持，参加人员为15万，耗资达23亿美元，动用了全国1/3的电力，已经使科学成为空前规模的社会活动。这就不可避免地带来了知识的社会管理问题。这样，知识的探索活动和管理活动就不可分割地交织在一起了。此后，美国在1961年组织了更大规模的“阿波罗登月计划”，有120所大学、2万家公司、42万人参加，耗资达300亿美元，相当于“曼哈顿计划”的12倍。显然，这些科学活动，已同传统的小规模的科学活动有了重大差别。为此，1963年美国科学家普赖斯(D. Price)第一次提出了“大科学”(big science)的概念，以区别于传统的“小科学”(little science)。1988年我国学者赵红洲也著述了《大科学观》，对“大科学”做了较为系统的论述。然而如何依据大科学的观点来理解科学的含义？赵红洲教授尚未给出明确定义。这还是一个需要大家来共同探讨的研究课题。本文所定义的科学为“发展着的知识体系和知识管理活动”，只是笔者提出的一个尝试性看法。可以看出，依照新的“大科学”观，作为80年代以至未来的科学家，就不应仅仅是一个闭门读书、依靠个人钻研的工作者，同时还应当是一个善于协调人与人的关系，能够带动学术梯队或研究集体进行攻关研究的组织者。也就是说，既应当是一个科学研究家，又应当是一个科学社会活动家。否则就难以适应科学日益社会化和社会日益科学化的要求。

## 科学的价值

科学的价值，首先在于它是一种“观念上的财富”或精神财富。这主要表现为它是一种科学精神，即客观的、实事求是的、进取的、勇于创新的精神。它必然是同主观的、迷信的、盲从的、保守的、落后的思想针锋相对的，从而也就必然可以成为反对旧思想、旧文化的思想武器。

科学的价值，更重要的还在于它是“物质上的财富”，主要是表现为生产力的价值。人们对于这方面的认识也有个过程。在科学发展初期，科学家从事科学研究的主要目的还不是在于发展生产，而只是出于认识世界的好奇心、个人的兴趣和爱好，因此往往难以得到国家的资助。例如1654年德国物理学家盖里克(Guericke)为了证明真空存在而进行的著名的“马德堡半球”实验，只是由感兴趣的马德堡市市长个人掏腰包捐出4 000英镑进行的。当时，科学的生产力价值还没有明显体现出来。但是到了19世纪中叶以后，情况开始发生了重大变化。1856年德国化学家帕金(H. Perkin)首先在实验室发明了世界上第一个合成染料“苯胺紫”，并在1857年开始工业化生产，从此建立了合成染料工业。此后，他的德国老师霍夫曼(W. Hoffmann)也发明了合成染料“一品红”投入生产，并相继建立了一系列合成染料工厂，为德国化学工业积累了大量资金，创造出大量物质财富。此后，科学的生产力价值开始为世人所瞩目，各国政府开始投以较多经费资助发展科学事业。

科学之所以具有创造物质财富的生产力价值，从本体论上看，可以认为它也是一种资源，一种由生命物质(人类)和非生命物质(客观世界)相互作用而产生的特殊资源。因此它同煤炭或石油等物质资源一样，也可以被用来制造出产品，创造出物质财富。所不同的是，煤炭或石油是由低级生命物质(动植物)演化成的资源，而科学是由高级生命物质(人类)同非生命物质相互作用产生的资源。前者是物质资源,称为第一资源;后者是知识资源,称为第二资源。两种资源可以相互作用、相互补充。第一资源不足,可以由第二资源转化而获得。例如第一资源中本没有尼龙、塑料等一类合成材料,然而由于人们掌握了高分子化学聚合理论等第二资源,就可以从煤、水和空气等第一资源中制造出来。一个国家依此也可以发达、致富。例如日本国土狭小,是第一资源极为贫乏的国家,主要原料的自给率都接近于零,例如铁矿石为0.5%,石油为0.3%,铝土为0,棉花和羊毛也均为0等,绝大部分都依赖进口。然而由于日本的第二资源极其丰富,教育普及,科技水平和劳动生产率高,从而也能建成物质产品极其丰盛的世界经济大国。可见,科学在本质上也是一种资源,而且在一定意义上说还是一种更为重要的资源。这种资源的价值主要表现有以下五个特点:

**1. 使用价值的不灭性**

任何物质产品都会在使用和消费中遭到破坏以至消失,例如煤燃烧后变成水、二氧化碳和无机盐类等较为简单的物质,煤本身不存在了。然而知识产品却不同,可在使用和消费中保持不灭。一个人"把物质产品给了别人,自己就没有了",而"把知识产品给了别人,自己还会拥有"。

**2. 使用价值的再生性**

任何物质产品的使用价值,都是在生产过程中形成的,而不会在消费过程中产生。而知识产品的使用价值,却不仅可以在生产过程中产生和在消费过程中不灭,而且还可以在消费过程中再生或增殖。科学研究过程既是知识的消费过程,也是知识的生产过程。任何知识的"消费"过程,都是脑力劳动过程,都是知识的生产过程。所以,人们积累、增加知识的一个重要窍门就是要多使用知识,多"消费"知识。

**3. 使用价值的多层次性**

物质产品的使用价值是单层次性的。例如牙膏是用来清洁牙齿,衣服是用来保暖身体和美化生活,均居"日常生活用"的单一层次。但是,作为科学知识的产品则不然,同一种知识,对于不同知识结构层次的"消费者"来说,用场各不相同。例如同一种无线电知识,普通居民的"消费"仅在于用来开关电视机和调整天线之类,大学生的"消费"则可用来了解电视机的原理,工程师的"消费"常在于改进电视机的生产工艺,科学家的"消费"则可表现为用来探索最新的电视传播理论等,可谓是"仁者见仁,智者见智",其使用价值具有明显的"多层次性"。据此,有时还可出其不意地得到新的科学发现。例如17世纪英国生理学家哈维(W. Harvey),从哥白尼天体运行"日心说",联想到人体内血液循环运动的可能性，进而创立了具有划时代意义的“血液循环理论”。此后又经过200多年，20世纪著名物理学家卢瑟福(E. Rutherford)，又从宏观世界的现代天体运行理论联想到微观世界的原子结构图景，提出了“行星式”原子模型，为人类进一步揭示原子结构的奥秘做出了重大贡献。可以看出，多层次地考虑知识的使用价值，不墨守于狭小的应用范围，让思维在不同层次、不同领域里驰骋，往往会取得巨大成功。

**4. 使用价值的馈赠性**

科学知识在经过科学研究活动生产出来以后，不管再使用它多少次，生产出多少物质产品，也都无需再花费分文，而可以永远向人类馈赠物质礼物，体现出无偿的馈赠性。例如我们今天利用牛顿力学来生产汽车，使用法拉第电磁感应定律来制造电机，不管制造出多少汽车和电机，也都无需再花一分钱去从头研究这些规律，只要从书本上查出就可以无偿使用了。这就是说，科学这种生产力，只要偿还了由于发现它所耗费的代价，便会像自然力一样，一劳永逸地向社会馈赠，“表现为社会劳动所赠送的自然礼品”。由此可以说，科学确是一种取之不尽、用之不竭的“无价之宝”。

**5. 交换价值的补偿性**

一般商品，无论是经过多么复杂的物质生产劳动所制造的，只要其劳动产品是模式化的，其价值都可以从包含在商品内的社会平均劳动时间，或其线性的迭加关系而得到计量。然而科学的劳动产品，不仅是复杂劳动的产品，而且还是创造性的、非模式化的劳动产品。有时要花费几年或几十年的时间而仍然无所得；有时却又会意外地、突然地有所获，然而这宝贵的、突然的一瞬，又不知需要依赖于多少时间的长期探索的积累。因此，科学知识的价值，已经不能简单地用社会必要劳动时间来度量了。直到目前为止，社会上也还尚未找到准确确定其价值的尺度。如果只是习惯地用“已往的劳动价值论对科学价值的估价”，正如马克思所说，则“往往是偏低的”。因此，科学产品的交换价值往往需要适当地给予补偿。主要办法是：

(1) 对科学知识活载体价值的补偿。即恩格斯所说的对“有学识的劳动力”或“科学劳动力”的价值补偿。因为从“训练有学识的劳动者的费用”和“维持有学识劳动力再生产的基本费用”两部分费用看都比体力劳动者要高。为此，规定科学工作者的工资要比体力劳动者为高。例如日本的大学教授工资约为50—60万日元，工人工资则约为20—30万日元。此外，还可对科学工作者以科研津贴、高薪重聘、高额酬金等形式给予补偿。例如《第三次浪潮》的作者预测学家托夫勒(A. Toffeler)一小时的咨询费就高达500美元。日本学术界邀请学者的演讲费每小时约为30 000日元(约900元人民币)。日本资本家还对卓越的智囊人物采取“支票重赏”，即在一定范围内可以得到任何所需的生活物品，接近于“按需付酬”了。一位德裔美国专家查理·斯特曼斯(C. Stermans)被请到福特汽车公司去解决一项技术难题，他只用一支粉笔在一个关键设备上“划了三道”，就找到了症结所在，解决了问题。为此，福特公司付给他 10 000 美元的酬金，也就是说“划一道粉笔”的价值相当于是 3 330 多美元，科学知识价值之高，往往是难以估量的。

(2) 对科学知识硬载体价值的补偿。硬载体知识价值即“硬技术”的价值，主要包括科学转化为技术后技术本身的价值，以及科技知识物化后所实现的技术装备的价值。在实际交换中如果不计作为无偿馈赠的科学价值，则主要是补偿技术价值。目前各国主要是以专利形式进行补偿的，以此保障科技发明与创造，并激励社会科技能力不断得到发展。这种专利的价值补偿额可能很高。

(3) 对科学知识软载体价值的补偿。主要是对图书和情报等软载体知识的补偿，一般是通过稿费、版权、奖金等形式实现的，例如获得诺贝尔奖的一篇论文的奖金达十几万美元，有的专项科学奖金甚至高达几百万美元。尽管如此，目前社会对科学知识价值的估计和补偿，同其本身应有的价值相比还是远为不足的。英国著名生物学家赫胥黎(T. H. Huxley)说过，法国微生物学家巴斯德(L. Pasteur)所做的贡献，足以抵得上法国在普法战争中数十亿法郎的赔款，然而巴斯德本人仍然过着清贫的生活。

## 科学的地位

由于科学也是发展生产的一种资源，其使用价值又具有不灭性、再生性、馈赠性和多层次性，就使科学在经济建设和社会发展中占有着举足轻重的地位。

**1. 经济增长的主要因素**

美国经济学家丹尼森(E. F. Danielson)对于促进经济增长的因素曾经做过长期的系统研究。他的结论是，在决定经济增长的诸因素中“知识进展是最大的增长源泉”。科技知识进展情况的差异，也是战后美国、日本、西德、法国、意大利、荷兰、比利时、卢森堡、英国、瑞典等西方九国经济增长率不同的主要原因。日本学者实户寿雄的研究结果说明，科技进步的因素在国民经济增长中所做出的贡献度最高。例如日本在 1950—1962 年间国民经济增长率为 10.35%。其中各因素的贡献度分别为：资本占 28%，劳动力占 10%，科技进步占 62%。其他国家的情况也大致如此。

**表 1　促进国民经济增长诸因素的贡献度(1950—1962)**

| 国　别 | 国民经济增长率(%) | 其中各因素的贡献度(%) | | |
|---|---|---|---|---|
| | | 资本 | 劳动力 | 科技进步 |
| 日本 | 10.35 | 28.00 | 10.00 | 62.00 |
| 美国 | 3.32 | 13.00 | 27.10 | 59.90 |
| 法国 | 4.92 | 11.38 | 16.30 | 86.99 |
| 西德 | 7.26 | 14.05 | 20.50 | 65.43 |
| 英国 | 2.29 | 18.77 | 21.82 | 59.40 |
| 意大利 | 5.96 | 9.10 | 7.00 | 83.90 |

科技进步在国民经济增长中所起的决定性作用,随着现代科技日新月异的进步而日益明显。据估算,以每公斤产品的出厂价格计,如果钢材的价格为1,则轿车为5,彩电为30,计算机为1 000,集成电路为2 000。可以看出,由于科技知识凝结在物质产品中的质与量的不同,而使物质产品的价值出现了巨大差异。科技进步是国民经济增长的最大源泉,所以美国经济学家西蒙·库兹涅茨(S. Kurznets)说:“工业先进国家的主要资本不是物质设备,而是发明发现,其居民的才能和教育、组织和经验。”

**2. 社会进步的重要标志**

科学既然是决定社会经济增长的主要因素,也就在很大程度上决定着整个社会的发展,并成为社会进步的重要标志。从人类掌握科学知识的发展过程看,最早开发的是以力学为代表的知识,依此人类制出了省力的滚轮、灌溉的水车等工具,利用了水力和风力等大自然的机械能,使人类进入到了农业社会。后来人类又掌握了以热力学为代表的科学知识,依此人类制出了蒸汽机和火车头等生产工具,劳动生产率空前提高,并迎来了伟大的产业革命,推动人类跨入到近代工业社会。到了19世纪末20世纪初,人类又开发了以电磁学为代表的科学知识,依此人类制出了发电机和电动机以至无线电通讯设备等,获得了迄今为止大自然所馈赠给人类的最丰厚礼物,推动人类跨入到了现代工业社会。未来,人类将以掌握的电子学知识跨入信息社会或超工业社会。显然,从生产力发展角度看,科学已经成为社会发展的具有决定意义的重要因素。

**3. “超工业社会”的中心资源**

在即将到来或已经开始到来的“超工业社会”里,科学将会成为该社会的中心资源,或“最主要的产业”。科学的社会地位,将会被提升到前所未有的新高度。

这个新的“超工业社会”开始到来的标志出现在1956年。这一年,在美国历史以至整个人类历史上发生了一件不寻常的大事，在一个社会中第一次出现了从事科学、教育和管理等公务员工作的“白领工人”数目，超过了从事技工和领班工人工作的“蓝领工人”数目。此后的发展更是如此。1968 年美国蓝领工人为 2 750 万人，而白领工人则为 3 560 万人。1980 年美国蓝领工人为 3 110 万人，而白领工人则为 4 830 万人。白领工人的增长速度越来越快，特别是文化程度较高的职业更是如此。其中具备大学文化程度职业的增长率是劳动人口平均增长率的 2 倍，科学家是 3 倍，教师是 3 倍以上。他们成了“超工业社会的关键集团”，而其中“最大的集团是教师”。这就是说，从 1956 年开始，美国已经成为世界上第一公务员占就业总人数一半以上的国家。目前这个数字已经提高到 70%以上。这表明，在这个社会里人数最多的已不是农民，也不是工人，而是职员。可见，从就业人数比例来说，美国已不再是以工农为基础的社会，而是“已经成了白领社会”或“职员社会”。所以，著名未来学家奈斯比特(J. Naisbitt)说，“从农民到工人，再到职员，这就是美国的简史”。在 20 世纪初，美国农民还占总劳动力数的 1/3，而到了 80 年代就只占 3%，甚至还没有目前美国大学教职工的人数多。总之，这就在人类历史上第一次出现了这样一个社会：其中的大多数人不再是从事工农业的物质产品生产，而是在办公室里办公、学校里教课、研究室里进行科学研究，主要是在进行知识的生产和信息的处理等工作。因此，从生产力标准看来，这意味着社会开始发生了质变：旧的工业社会即将结束，新的工业社会行将来临。对于这个新的工业社会，美国科学家贝尔(D. Bell)把它称之为“后工业社会”(post-industrial society)，奈斯比特称之为“信息社会”(informational society)，托夫勒称之为“第三次浪潮”。而笔者则把它称之为“超工业社会”，似更贴切些。

这里的一个问题是，超工业社会中的大多数人都在生产知识和处理信息，那么谁来生产物质财富，以满足日益增长的物质需要？这就要靠高度发达的科学技术，靠知识和智慧去大幅度地提高劳动生产率，实现生产的高度机械化、自动化和无人化。日本学者铃木隆说，这就是以“机器人驱逐人”，实行“工厂无人化”。目前日本年产机器人已达 2 万台，仅松下电器公司就已拥有 7 000 台，预计 10 年后将增至 10 万台，将大大超过该公司现有 6.5 万名职工的总人数。这样，不仅使白领工人进一步超过蓝领工人，而且还会使作为“钢领工人”的机器人，大大超过白领工人与蓝领工人之和，从而就有可能仅仅依靠极少数工人生产出极其丰富的物质产品，不断满足全社会大多数人日益增长的需要。显然，在这个社会，经济的增长已不再是通过体力劳动来实现，而是通过知识增长来实现的。科学、知识、信息已经成为发展生产的主导资源或中心资源。一个国家拥有这种资源的多寡与优劣，将决定其贫富与强弱。日本之所以敢于自信“完全有资格成为名冠全球的新的资源大国”,并在国际竞争能力方面继续保持世界第一的可能性,也就在于他们已经或将要拥有优质和雄厚的科技资源。美国更是如此。美国人把科学技术视为美国真正的建国元勋。他们经过1870年以后的百年科技创造,已经成为人类有史以来生产力最高的民族。美国人认为,最为后人所推崇的,可能是我们作为科技民族的成功,而非我们的政治成就。因此,在这种社会中生产科学知识将成为最主要的产业。科学的发现、技术的发明、知识的传播、专利的出售等将成为社会经济收入的主导来源,从而有可能使科学技术不经过物化阶段而成为直接的社会生产力。这样,科学的价值将会得到前所未有的大幅度提高,直至发生突变,产生科学知识的价值革命。这时在工业社会初期所诞生的“劳动价值论"(labour theory of value)将会被“知识价值论”(knowledge theory of value)所取代。

**表2　前工业社会、工业社会、超工业社会特征比较**

| 特　征 | 工业社会阶段 | | |
|---|---|---|---|
| | 前工业社会 | 工业社会 | 超工业社会 |
| 代表性经济 | 农、林、牧、渔、矿业 | 加工业、制造业 | 教育、科学、保健、服务、信息 |
| 代表性职业 | 农民、矿工、非技术工人 | 半技术工人、工程师 | 教师、科学家、医生、职员 |
| 代表性技术 | 原料处理技术 | 制造技术 | 信息技术 |
| 竞争对象 | 自然界 | 商品 | 知识 |
| 代表性方法 | 直觉、经验方法 | 实验方法 | 理论方法 |
| 劳动力知识低限 | 文盲、半文盲、小学 | 中学 | 大学 |
| 知识价值 | 低值 | 平值 | 升值 |

**4. 知识分子地位提升的基础**

科学价值的大幅度提升,也就必然会使做为科学活载体的知识分子的社会地位得以大幅度提升。在超工业社会中知识分子成为“最主要工业”即“知识生产工业”的主要劳动者。由这些人所构成的新的知识界,以他们生产出的知识贡献于社会,直接创造出巨大的社会财富。他们的社会地位也日渐提高,终于导致这样的结果:科学家和工程师负起了新时代的骨干和领导作用。到那时,知识分子待遇偏低的“老大难”问题也就自然会得以顺利解决。教师的工作,也会自然成为真正令人羡慕的职业。目前许多发达国家已经开始做到了这一点。以笔者考察过的日本著名的京都大学1987年入学考试为例,报考教育专业者计515人而仅取60人,报考者是录取者的8.6倍,是最难考的专业;其次是法学(8.0倍)、医学(7.7倍)、理学(7.6倍)、文学(4.9倍)、药学(4.3倍)、农学(3.5倍)。其原因主要在于日本教师的社会待遇高,在一般公务员中居首位。据1988年日本政府出版的《日本的统计》表明,国家公务员的平均月俸以大学教职员为最高,达 34.8 万日元,其次为医疗工作者,为 34.6 万日元,海上人员 31.5 万日元,研究人员 30.3 万日元,公安人员 26.8 万日元,税务人员 25.3 万日元,行政人员 23.6 万日元。

总之,社会发展的一个必然的、不可阻挡的趋势,就是要使科学的价值、知识的地位越来越高。谁没有知识或缺少知识,谁就无权参加作为社会“最主要工业”的知识生产部门的工作,就会成为失业者、落伍者、失败者。

[第 42 卷第 2 期(1990)第 83—87 页]

# 5. Scientist 一词的社会承认

## ——纪念惠威尔提出 scientist 一词 150 周年

陈　光

1840 年,英国学者惠威尔(William Whewell)在他的《归纳科学哲学》一书中郑重地提出了一个新词: scientist(科学家)。他认为,非常需要给“科学培植者”一个总的称呼。鉴于已有的一些称呼都不甚妥切,因而他建议采用 scientist 这个新词。同年,有的刊物上也开始出现这个词,如 *Blackwood's Magazine*。整整 150 年过去了。今天,scientist 一词已广为人知,作为一种荣誉头衔,它受到人们的尊敬,同时为科学工作者们所梦想和追求。然而在惠威尔时代,围绕这个词的提出依据、涵义和使用等问题,社会上充满着争议甚至激烈斗争,以致于很长时间内都难以达到共识。直到本世纪 20 年代,在牛津出版的《现代英语惯用法词典》(H. W. Fowler, *A Dictionary of Modern English Usage*, 1926)中,仍坚持使用“the men of science”而不用“scientists”,再次提醒“科学家们有朝一日能够醒悟到他们对语言的责任”。为了了解社会对这一词的承认何以如此艰难,首先需要回溯有关的历史文化背景。

### science 词义的演变

science(科学)这个词,早在中世纪时就进入英文词汇里。然而,那时这词是与“知识”(knowledge)含义相当,并且依据与“知识”同义的法文而输入的。所谓“知识”,按中世纪经院学者的理解,指的是亚里斯多德知识理论所教导的,即经过三段论“论证”过的东西。凡是属于这样“论证”过的,都可以用一个形容词指称它,这个形容词即拉丁文 scientificus,它在研究亚里斯多德的拉丁学者头脑中具有特定意义。通过这一意义的“语义感染”,英文 science 很快就获得“精确的、系统化的知识”这个内涵。

scientificus 的英文对应词 scientific,指的是“与科学有关的”或“属于科学的”,但它在词源学上的意义是“产生科学的”。这个特性可以追溯到亚里斯多德《后分析篇》(*Posterior Analytics*)里的一个用语,它是在谈到“将产生知识的”三段论时提出的。这种三段论被公元 6 世纪的博厄修斯(Boethius)叫做“认识的三段论”;根据希腊文本的原意(“属于知识的”或“关于知识的论证”),他译为“scientificae demonstrationes”(科学论证),而关于“可论证知识”,他则用 scientificus 表示。后者在中世纪时被广泛接受,因为,亚里斯多德文本中常有“可论证知识”“直觉知识”的提法,注释家和翻译家们都希望能在译注时对它们加以区别,于是他们用 scientificus 这个词,以专门表示那种由可论证的证明中产生的特定知识类型。可是这个词较为自由,它在某些背景中是恰当的,而在另一些背景中远不如 scientialis(相当于英文 sciential,“产生知识的”)那样确切。简而言之,博厄修斯的用语 scientificus 被一代代袭用下来,不顾它的词源学,逐渐演变为经院学者们的一个专门术语,意指“属于可论证的知识或科学”。这个词就以这一涵义进入了拉丁系语言:意大利文 scientifico,法文 scientifique;直到 1600 年它才进入英文。应该指出的是:第一,那时“论证”并不是我们今天所理解的主要依靠实验检验,而是仅仅像欧几里得《几何原本》中数学的“证讫”那样的意思。这样的意思迟至 18 世纪末都没有变化。第二,科学上的语言在这几百年中已有许多变化。17 世纪强调力学和天文学,新时代科学出现在意大利和法国。意大利开始衰退时,英国崛起了,但英国新科学的研究局限于少数的伟大人物范围。18 世纪,法国领导着新科学,法国科学院和巴黎成为世界科学中心。这样,西欧科学地位的更迭(依次是意大利、法国、英国)反映在语言地位上的结果是拉丁文明显过时了,而法文成为重要的科学语言。

类似法文的情况,英文 scientific knowledge(科学知识)的出现,意味着要对笼统的“知识”作区分,即把“科学知识”(“属于科学”或“产生科学”的知识)与普通知识区别开来,显然,这反映了关于科学知识来源的哲学观点的转变,即由中世纪“科学”概念变为现代的概念。

在中世纪,科学是哲学的特殊分支,包括七门当时属于学问的学科:文法、逻辑学、修辞学、算术、音乐、几何学、天文学。当科学的领域扩展了,它们就分别归类在自然哲学、道德哲学和第一哲学(形而上学)的标题下。一般地说,“自然哲学”在当时相当于“自然科学”(但并不使用 natural science);况且根据亚里斯多德学说,“可论证的”知识是经过三段论证明的知识,而许多归属“自然哲学”的自然科学知识并不如此。13 世纪英国著名学者和科学实验的先驱者格罗塞泰特(R. Grosseteste)认为“可论证的知识”在自然科学中是不可能的,他因此寻求否定自然科学的“科学”称号:“自然哲学提出它的解释很可能不是从科学上的……。只是数学中才有科学与论证。”17 世纪英国哲学家洛克(Locke)也有类似的观念。作为最后一个持有类似观念的重要代表,19 世纪初德国哲学家黑格尔明确否定物理学的“科学”称号,他特别指名牛顿物理学,尽管牛顿为了使自然哲学进入科学行列,竭力把他的巨著《原理》按欧几里得《几何原本》模式进行构造。

如果说学者们在词的严格定义上煞费苦心的话,那么普通人则不在乎这些。18 世纪末19世纪初英国普通人的言谈中早已在新的意义上使用了science。普通言谈的science保持着关于知识和技能意义,即任何知识都由研究(study)获得,任何技能都由实践(practice)获得。凡是通过研究或实践获得的知识或技能,都是科学或科学上的。science的另外意义也开始流行,例如把由观察或实验获得的各种知识也叫做科学,并且用它来指称一些较老的学科,即组成"哲学"的那些学科。当然,这主要在大学的学者们当中流行,学者们对于知识分类和哲学与组成它的各门科学之间的关系有他们一套难懂的专门行话。在严肃的教室之外,存在着一种较自由、较松散的用法,即哲学与科学可以互换,例如把实验科学叫做实验哲学,道德哲学叫做道德科学,或反之。这种互换有时是互相包容的,如"植物哲学"包括植物学的科学原理、命名法、分类理论、叙述植物学、解剖学、化学、生理学、生态图志、植物病害甚至科学史,其结果是语言意义的界定更为灵活。从1800年到1850年,哲学与科学两个英文词语常常同义使用。但同时,由于受到法文的影响,一些英国人也逐渐倾向于把"哲学"用于指称神学和形而上学,而把"科学"用于指称知识领域的实验分支部门和物理的(physical)分支部门。关于"物理的"部门被明显归入科学,大约是在英国科学促进协会(BAAS)1831年创立之后,那时一些物理科学论文集的题名已开始由过去称为"哲学报告"改为"scientific memoirs"(科学研究论文)。

确实,"哲学"与"科学"的同义使用很难长久维持下去。首先是因为,在语言上不可能总把一个东西既称为哲学又称为科学而不引起混乱。此外,在知识等级排列上,不可能总把哲学与科学同列一类而忽视它们的差异。哲学生产思维,但科学生产有形利益;前者被认为是"开花不结果",而后者则"既开花又结果"。因而,science这个词在普通言谈中便逐渐突出了"自然的和物理的科学"(natural and physical science)这个占优势的意义,而其他意义的使用随之废弃了。

可以说,直到19世纪50年代,science的用法既有亚里斯多德式的(至少是其残存物),也有现代意义的。然而后来,随着物理科学实际威望的增长,认为"真正知识"只是物理科学才具有的观念也日益强烈,science一词就集中用于指称物理(自然)科学了。用法的这个变化激起了种种反应。终于,一些学者为纠正一切"语言不纯"而奋起抗争,例如1874年牛津大学教授拉斯金(J. Ruskin)发出的大声警告:

> 现代数学家、化学家和药剂师们当中,自称"scientific men"以与神学家、诗人和艺术家相对,已变成一种受容许的风尚。他们知道他们的地位是不相连的;但他们的荒谬想法中奇怪地是一种scientific想法,我们大学中不应该让它存在。有着道德科学、

历史科学、文法科学、音乐科学、绘画科学，所有这些都是无与伦比的人类理智的高领域，比起不论化学、电学或者地学，都要求更强的观察精确度。

拉斯金不能容忍“物理科学”同传统的人文学科平起平坐，斥之为荒谬的“scientific 想法”。1878 年，他在另一文章中把“scientific 研究模式”的说法斥之为“粗俗”，把拉丁文 scientia 这个词在新意义上的使用叫做“现代人的语言不纯”，认为它受到下述假定的影响，即“区别酸碱的知识比区别善恶的知识更值得尊敬”。

拉斯金反映了颇有影响的牛津派观点，具有典型意义。他 30 年代毕业于牛津，1870 年回牛津当教授，坚定地反对所有来自近代科学的“侵犯”。当牛津大学建立一个生理学实验室时，他愤然辞去他的教席(1884 年)，以示抗议。science 的牛津式用法，源自 13 世纪格罗塞泰特对亚里斯多德的解释。但是到了 19 世纪中叶，这个词的词义变化已如此之大，以致对于固守牛津式用法的传统已构成难以抵挡的潮流。根本原因在于，科学作为一种社会活动已日益强大，科学工作正在成为一种社会新职业，16—17 世纪以来的“业余爱好”传统已开始让位于职业化并日益专业化的新传统。从而，需要一个新词去称呼“men of science”就变得更紧迫了。

## Scientist，Physicist 的引进与创造

19 世纪上半叶，英国称呼那些“men of science”是不统一的。许多人仍被称为“哲学家”，但除了较年老的一代人外，“哲学家”在词义上已变得狭窄了，不一定包括自然哲学家在内。一个“man of science”，如果只是称之为“哲学家”是不能令其满意的，他要求加上形容词 experimental 或 natural，成为“实验哲学家”或“自然哲学家”，以区别于笼统但狭义的“哲学家”。直接搬用法文“philosophe”也不行，因为它在法国并不指称那些“men of science”(除非无神论者)。

第一次尝试用 scientists 来称呼“men of science”的，是 1834 年 3 月的《季度评论》(*Quarterly Review*)。那是在一篇关于萨默维尔女士(Mrs. Somerville)的书《论各门物理科学的联系》的评论中提出的。作者匿名，笔调诙谐，然而用意还是认真的：

诸科学的趋势长期以来已是一种分离和割裂的倾向了……。数学家转而远离化学家；化学家远离博物学家；数学家自行其是，把自己分为纯粹数学家和杂混数学家，并且立即分手；化学家也许是一个电化学的化学家；要是这样，他就把普通化学分析留给其他人；数学家与化学家之间被插进了“physicien”(我们没有英文名字称呼他)，

他研究热、湿度，以及诸如此类。因而科学，甚至只是物理科学，已丧失所有的统一踪迹。这种结果的一个奇特例证，也许可从我们缺少能集体地称呼物质世界知识的学者们的什么名字方面观察到。我们听说，这个困难已被英国科学促进协会的成员们在他们最近三个夏天的约克、牛津和剑桥的会议上非常沉重地感受到。没有一个能按照其从事活动本身去描绘这些 gentlemen（先生们）的总的专门名词。“哲学家”被认为是一个过于笼统也过于高傲的词，并且严格说来是受到科尔里奇先生（Mr. Coleridge）完全禁止的，无论以他的语文学家或者形而上学家的资格；savans（精于学问者）是相当自负的，而且是法文而不是英文；有些机灵的 gentleman（显然是作者自己——引者注）建议，与 artist（艺术家）相类比，他们可以构出 scientist 这个词，并且补充说，当我们有了诸如 sciolist（知识肤浅者）、economist（经济学家）、atheist（无神论者）这些词——而且这一般说来并不顺口——时，就不必顾虑擅用这类词尾；另一些人试图翻译类似德国协会的成员们描绘他们自己的专门名词，但找到一个显露 naturforscher（自然研究者）的英文对应词并不容易；关于这些 naturaecuriosi（对自然好奇者），审议过程中可能蕴涵了诸如 nature-poker（自然拨弄者）或 nature-peeper（自然窥看者）这类不够庄重的复合词的建议；但这些都被愤慨地拒绝了。

后来知道，这位匿名作者就是惠威尔。原来，《季度评论》的编辑洛克哈特（J. G. Lockhart）事先曾指示写一篇“不太重的文章”就萨默维尔女士的书进行评论，他自己则来解说惠威尔“生气勃勃”的贡献。6 年之后即 1840 年，惠威尔在他的《归纳科学哲学》一书中便严肃、郑重地说明新词的构词依据，再次提出 scientist 这个新词并建议翻译法文“物理学家”的英文新词：

词尾 ize（而不是 ise），ism，ist，都应用于各种来源的词。于是我们有了 pulverize（成粉末），colonize（开拓殖民地），witticism（妙语），heathenism（异教），journalist（报刊工作者），tobacconist（烟草商人）。从而我们可以在需要这类词时就构造它们。既然我们不能把 physician 用于一个物理学的培植者，我就称他为 physicist。我们非常需要一个总的描绘科学培植者的名词。我倾向于称之为 scientist。这样我们可以说，正如 artist 是一个音乐家、画家或诗人那样，scientist 是一个数学家、物理学家或博物学家。

从语言演变看，词尾 ist 确有它的古老根源。最初希腊字没有一个相当于拉丁文的 scientia，所以古代罗马字体不能容忍 scientistes 或 scientista 作为一种新型的混合词出现。为了适应社会对新词的需要，后人可以“假借”希腊文动词词尾的变化，例如动因名词便由动因词尾 -τηs 加上动词词干构成的动词去构造，如 σοφισ-τηs（智者 sophist）。因而英文

scientist 这个新词是拉丁文-希腊文的混合物，或者说是源自不规范的拉丁文。

但是依照古代语形，不只是- ist 这样一种。实际上，描绘“科学家”的字可以有多种选择，如 sciencer，sciencist，scient，scientman 或 scientific（类似于 academic，classic）。这些语形先前全都使用过，但惠威尔却挑选带- ist 的语形。他这样做，大概有几个考虑：第一，认为任何带- ist 的词都更蕴涵学术职业系统的意思，这可以通过这类暗含学术味的词尾与带有- er 词尾的词区别开来，比如“语文学家”philologist 与 philologer；因而他觉得 scientist 比 sciencer 更加合适些。第二，同语言类推法相比，更重要的原则是便于使用，特别是当任何新词都不能博得语言学家高兴时。对语言学家来说，语言的扩展，不管如何符合类推法，仍常常逃脱不了“语法错误”之类的谴责。例如惠威尔提出的混合词 tidology（潮汐学）就招致了一番嘲笑；类似的嘲笑也落到地质学家莱尔（Charles Lyell）头上，因为他构造过一个地质年代始新世与更新世的混合词。惠威尔想必很清楚他创造的新词 scientist 在语言哲学上的合法性将发生问题，但他以一种非教条主义的态度对待，一再提出它。后来人们还知道，惠威尔以很大勇气和创新精神，发明了至少 41 个新词，包括 anode（阳极），cathode（阴极），anion（阴离子），cation（阳离子）等科学名词。

physicist（物理学家）源自法文 physicien，最初法文意指那些“靠力、物质的观念和物质特性进行工作”的人。到 19 世纪中叶，这个英文新词就被一群科学实践者用于争取社会认同的表意词，这群人希望他们所专注的东西不与化学、天文学或其他任何公认的科学学科混淆。与旧的“自然哲学”不同，以 physicist 互相认同的这群人，他们全神贯注的是范围较狭窄、较专门化的“物理学”领域。可以说，physicist 同 scientist 一样，都是与时代需要相一致的新词。然而，这并不意味着物理学家们都乐意以此作称呼。在 1840 年惠威尔提出 scientist 不久，法拉第曾写了一封信给他，称赞它是一个“好的”新词。可是这只是一种礼貌而已，因为法拉第从未用过这个词，直到他生涯终结都一直自称为“实验哲学家”。关于 physicist，法拉第觉得“这个字无论对我的嘴或耳都是难以对付的，以致我想我决不可能会用它。一个字（法文 physicien）的对应词里有三个分离的 i 音是太多了”。物理学家开耳文（Kelvin）勋爵直到 1890 年还公开表示他宁愿选择 naturalist 而拒绝接受 physicist 这个“非英文的、令人讨厌和无意义的词尾变化”。

## Scientist 的遭遇

scientist 一词早在 19 世纪 50 年代即开始在美国流传。美国人“进口”各种词（包括

scientist),而不去关心它们是否有构造依据问题。

但在英国,scientist 的命运则不同。如果说它在美国是安适的话,那么它在英国就相当艰难了。反对它的理由是:第一,"构造的不规则性"。为什么不构造为 scient 或者 savant? 迟至 1894 年,《牛津大字典》在 scient 条目中还坚持这一指责。scientist 的三音节被认为"语官不纯"。"physicists 这词,四个咝音辅音字母像爆竹那样嘶嘶作响……"。第二,被错当"大西洋彼岸来的进口物"。多数英国人对"美国进口物"存在一种根深蒂固的偏见,因而美国人拥护 scientist 也妨碍了它在英国的承认。1874 年,牛津派学者拉斯金这样写道:"迄今为止,美国人说的或想的一切都是英国教给的。他们不是从英国学来的那些想法都是愚蠢可笑的想法;他们不是从英国学来的那些词,(都是)不体面的词。"英国皇家学会会员、语文学会主席埃利斯(A. Ellis)也持这一观点。他在一封发表于《学园》(*Academy*, 1874 年 9 月 19 日)的信中,断言 scientist 是"一种美国人文理不通的三音节词",为此,他要用双音节词 scient 取代它。但是在翻译德国物理学家赫尔姆霍茨(Helmholtz)作品时,埃利斯却用了更多音节的 physicist,而按照他想消除过量的音节这一愿望看,他应该使用 physist。第三,人们的"联想"也常常使事情复杂化。一个词的属性和一个事物的属性常被混为一谈。长久以来科学家社会地位的卑微,使得标示他的新词 scientist 也变得卑微。直到本世纪初,英国一些小心翼翼的学者对 scientist 仍然只在私下口语中使用,而在正式言谈或文字写作中继续使用"man of science"这一词组。从 1888 年到 1914 年,《牛津大字典》几个版本扉页总是刊登一行字:"感谢许多学者和 men of science 的帮助。"拒绝使用 scientists 一词。

尽管越来越多的公众使用 scientist,然而一些经常报道"科学家"的英国报刊并不因而停止对这个词的非难和辱骂。1878 年 3 月 6 日,英国《卫报》一篇评论把 scientist 说成是"非常可疑的"。1890 年 9 月 20 日,伦敦《每日新闻》说 scientist 是一个"卑鄙的美国用语",是"拙劣的、粗俗的大西洋彼岸俚语的产物"。1894 年 11 月 30 日,这个刊物还表示强烈附和《科学闲话》杂志的新指责。

《科学闲话》的编辑卡林顿(I. T. Carrington)以积极反对 scientist 闻名一时。1894 年他在该刊写道:

> scientist 的应用不是令人满意的,而且常常是缺少学识和填鸭式教学的现代体系生长出来的表达方式以及教育中总的混乱的产物。为什么不把 nomenclators(术语命名者)说成 nameists? 或把 sempstress(女裁缝)叫做 sewist,把 conchologist(贝壳学者)叫做 shellist? 所有这些词都能为 progressivists(进步学者们)所用,但都与

scientist 一样可恶。

卡林顿为获得一个“有权威的宣布”以造成强大舆论，曾征询 8 个社会名人的意见，有 7 人很快(在 1894 年 12 月间)答复他，其中 6 人是皇家学会会员，包括博物学家、进化论创立者之一华莱士(Wallace)，物理学家瑞利(Rayleigh)，生物学家赫胥黎(Thos. H. Huxley)，博物学家根舍(A. Gunther)。贵族(公爵)阿吉尔(K. G. Argyll)、下院议员卢伯克(B. T. Lubbock)、通俗作家艾伦(Grant Allen)3 人的答复是完全否定的。现在我们来看看 4 位科学家的复信。

**华莱士** 我料想“scientist”这个非常有用的美国术语现在已被采用，我昨天还看到阿姆斯特朗先生(Dr. Armstrong)在化学学会上使用它。既然我们有 biologist(生物学家)、zoologist(动物学家)、geologist(地质学家)、botanist(植物学家)、chemist(化学家)、physicist(物理学家)、physiologist(生理学家)和 specialist(专门家)，为什么我们不该使用 scientist? 据我看来，它已“留下不走”，像美国人说的那样，并且反对它也已经太迟。

**瑞利** 我不喜欢“scientist”这词，我自己也从未使用它；但我预见到避开它的困难，除非能提供一个替代物。开耳文(Kelvin)勋爵维护“naturalist”(博物学家)广泛意义的建议可提供一个解决办法。

**赫胥黎** 对任何一个尊重英语语言的人来说，我想“scientist”谅必是一个像“electrocution”(电刑处死)那样使人舒服的词。我诚挚地相信您不会允许《科学闲话》杂志的版面被它所玷污。

**根舍** “scientist”这词构造的非法性已在大约一周前的新闻报道中揭露了。我相信它已被证明是美国进口货。然而，在世纪的最后 25 年里当一群涉猎科学，特别是涉猎我们时代的重大问题的写作者已出现时，“scientist”一词可以保留作为这个阶层的一种恰当的专用名词。

从上引的 4 封信中不难看出：① 认为 scientist 这词是“美国腔”，几乎是一致的。特别是赫胥黎提到 electrocution 这个由 electricity(电)加上 execution(处死刑)的美国“混合词”，表明他认为 scientist 也是一个同样缺少学识的“美国腔”。② 在 19 世纪 90 年代，scientist 的使用已经难以阻挡；尤其是一伙涉猎当代重大科学问题的人已经出现，可能替代这词的只有 philosopher, naturalist 这类尚待重新界定意义的老词，选择余地很小。③ 关于 scientist 构词不规则问题虽仍有异议，但先例已经不少，况且其合法性即在于其效用性，反对的论据不再有力。总之，这个词的约定俗成，已使得它在社会中越来越稳固地存在下来。本世纪 20 年代后,科学界、学术界和新闻界都普遍承认了它。

从 scientist 的社会承认过程中,确实可以启发我们思考许多有关科学文化的问题。

第一,抵制一个重要字词,除了语言规则上的表层理由外,还有深藏的各种动机(尽管这些常常不被意识到)。在 scientist 这一案例中,抵制它的一个重要动机来自该词激起的想象,诸如使人联想到"拙劣的、不体面的美国腔",特别是使人联想到某种"靠科学谋生"的卑微阶层。这是因为,科学在英国传统上是 gentlemen 的自由的、消闲的智力活动,即使他们把大部分时间都献给了科学,他们也不必放弃自己的广泛文化权利。在这种"业余"传统下,为谋生(或金钱)而追求科学被认为是令人厌恶的。实际上的科学职业者和形式上的业余者都不愿意或不甚愿意接受"科学家"称号,认为接受它就意味着自己将加入"科学行业",将使自己从哲学的高尚地位跌入"为薪金而科学"的庸俗境地。这类传统观念在工业革命中提高的科学技术地位变迁中受到最严重的打击。scientist 一词的出现,一方面反映了各个科学分支的实践者们希望彼此联系和统一为科学共同体的要求,另方面也反映了"科学培植"活动已从业余者向职业者的转移。

第二,一个重要词既是社会文化的产物,又在社会文化变迁中起着作用。在 19 世纪,随着科学发展及其在知识体系中地位的上升,"科学"和"科学家"两个词的应用也扩大了。到 19 世纪末,science 一词已不仅用于"物理科学"和"生物科学",而且用于"社会科学"的表达方式。本来,"科学"的特征是它的实验和数学的方法,因而人们把一种"严密、标准的科学"称号授予"物理科学"。那时任何一门学科被说成"科学",还指它的"科学精神",诸如对权威的怀疑态度,描述现象的不动情感,假设构架可被验证,数据可靠性可被测定,其理论结果可作出预言等等。但是后来,"科学"一词被无限扩大到甚至背离其方法和精神的各种情况,甚至于成为权威专制的代名词。与此同时,scientist 一词也被某些自命为"一贯正确"的信仰偶像所滥用。"科学"和"科学家"作为字词,应有其特定内涵和外延,坚持这一点,也是今天回溯 scientist 一词历史时的一个意义。

[第 42 卷第 3 期(1990)第 171—175 页]

# 6. 杨振宁教授谈中国现代科学史研究

张奠宙

1990年我在美国纽约市立大学作访问研究(香港王宽诚基金会支持),课题是20世纪数学史。举世闻名的物理学家杨振宁教授在数学上亦有许多贡献。别的不说,他和米尔斯(Mills)提出的非交换规范场论和他1967年发现的杨—巴克斯特(Yang-Baxter)方程都已成为当今数学界的热门课题。可以说杨教授是20世纪数学和物理学发展的一位前驱者。于是我去信求访。承蒙杨先生首肯,遂有1990年10月19日下午的这次访谈。

金秋十月的长岛,碧空如洗。我驱车前往石溪的纽约州立大学的理论物理研究所。所长室位于数学大楼的顶层。放眼窗外,树木葱茏,红叶初现,美丽如画。室内一块大黑板,靠墙一排大书架,就中一张堆满文稿的书桌,我们隔桌对谈。话题是现代中国科学史研究。

**张**:十分荣幸能和您谈话。我过去研究线性算子理论,现在对现代数学史感兴趣。最近听说您对中国现代物理学史的研究十分关注,可否请您谈谈这方面的情况?

**杨**:我觉得自己有责任做一点中国现代的物理学史研究,介绍和评论一些当代中国物理学者的贡献。说起来,这还是受日本学者的启发。日本人对本国学者的科学贡献研究得很透彻,而且"寸土必争",著文论述。比如有一位日本物理学者长冈(Nagaoka)曾在1903年提出过一个原子模型,后来看来是错的,但还是有文章探讨,竭力从中发掘一些积极的东西。相比之下,我们在这方面做得不够。苏步青先生对日本人了解很深。他说,日本人的一个特点是认真,认真得连安装一颗螺丝钉,包装一件小商品,都精益求精,不遗余力。说起来,对本国学者取得的科研成就确实应该认真对待。中国前辈科学家在艰苦条件下取得的成果更应该珍视。正是在这种刺激下,我开始做一些工作。

**张**:我看过您和李炳安教授合写的《王淦昌与中微子》的文章①,这篇文章不是新闻报道式的介绍,而是依据大量历史文献和科学论据写成的科学论文。这只有内行的专家才

① 李炳安、杨振宁:《王淦昌先生与中微子》,见《王淦昌和他的科学贡献》,科学出版社,1987年。

能写得出。请您谈谈这篇文章。

**杨：**王淦昌先生对验证中微子存在的理论构想，确实极富创造性。大家知道，自从泡利(Pauli)于1930年前后提出中微子的假说后，关于中微子存在的实验久久未能取得成功。这是因为中微子不带电荷，不易用探测器发现，而且它几乎不与物质碰撞(比如可以自由穿过地球)，很难找到踪迹。到了1941年，正是中国抗战艰苦的年代，王淦昌从贵州湄潭(浙江大学避难地)向美国《物理评论》寄去一篇论文①。这篇文章建议用K电子俘获的办法寻找中微子。文中指出："当一个$\beta^+$类的放射元素不放射一个正电子，而是俘获一个K层电子时，反应后的元素的反冲能量和动量仅仅依赖于放射的中微子，……只要测量反应后元素的反冲能量和动量，就很容易找到放射出的中微子的质量和能量。"

王淦昌先生真是一语中的，给"山穷水尽疑无路"的中微子存在验证，带来了"柳暗花明又一村"的境界。文章发表后几个月，艾伦(J. S. Allen)就按王淦昌的建议做实验，可惜因实验精度不够，未能测得单能反冲。如果当时艾伦的实验能完全成功，一定会在当时造成相当的轰动。以后又有许多人按这一方法继续工作，直到1952年，戴维斯(R. Davis)终于用$^7$Be的K电子俘获实验证实了中微子的存在。可是现在人们提到中微子的存在实验时，往往只有戴维斯的工作，却把王淦昌的原始构想忽略了，所以我和李炳安一起写了这篇文章，以期引起世人的注意。

**张：**这种情形在数学界也是常有的。陈省身先生在与别人合作的一篇介绍王宪钟数学成就的文章中这样写道："王宪钟对自己的工作是如此谦虚，对自己的成就如此淡泊，以致他的高质量的创造性研究并非像应有的那样广为人知。时至今日，他多年前所作的最好的工作，已被广泛地吸收到许多著作和论文之中，人们一再引用这些著作，却忘记了原始论文的作者。"②此外，许宝騄先生在数理统计学上的历史性贡献，过去国内注意不多。后来钟开莱先生作了大力介绍和发扬，在国内影响很大。

**杨：**正因为如此，我想，整理和评价当代中国学者的科学贡献，应当是中国科技史研究的重点之一。特别是一些重要的历史性的贡献，应当恢复其历史本来面目，不可马虎。去年，李炳安和我所写的关于赵忠尧先生的文章就属这一类。文章用英文写成，发表在《国际现代物理杂志》上。③

---

① Wang Kan Chang. *Phys Rev*, 1942, 61: 97.

② Boothby W. M., Chern S. S., Wang S. P., "The Mathematical Work of H. C. Wang". *Bulletin of the Institute Mathematics Academia Sinica*, 1980, 8(213,I).

③ Li B.A., Yang C. N., C. Y. Chao, "Pair Creation and Pair Annihilation". *International Journal of Modern Physics A*, 1989, 4(17): 4325.

大家知道,1930 年前后是物理学的一个大变动时期。1928 年狄拉克提出量子电动力学,预测一切粒子都有反粒子,很多人不相信。直到 1932 年安德森(C. D. Anderson)发现正电子才加以证实。1933 年,布莱克特(Blackett)和奥基亚利尼(Occhialini)阐述了正负电子偶产生和湮没的过程,终于平息了对狄拉克理论的怀疑浪潮。但是,这两项重要工作都无例外地受到赵忠尧实验的启发。而电子偶产生和湮没的实验基础,更直接源于赵的两个成功实验。这可由当事人的回忆作证。发现正电子的安德森,1930 年正在赵先生实验室隔壁做博士论文。他在 1983 年的一篇历史回顾文章中还清楚地记得赵忠尧的工作曾引起他的极大兴趣和关注。1980 年,奥基亚利尼在对日本的早川(Hayakawa)的谈话中也高度评价赵的实验。可是奥基亚利尼在 1933 年文章中对赵忠尧实验的处理就不能令人满意了。

**张:可否请您稍为详细些介绍赵先生的实验?**

**杨:** 1929 年底,赵忠尧在美国的加州理工学院(帕萨迪纳城)作研究。他发现重元素(例如铅)对硬 $\gamma$ 射线有异常吸收现象。他的导师密立根(Millikan)起初不相信,所以迟到 1930 年 5 月 15 日才投寄发表,数月后在《美国国家科学院通报》上刊出①。同在 1930 年,英国的塔兰特(Tarrant)和德国的迈特纳(Meitner)与胡普费尔德(Hupfeld)也发现了相同现象。但据 1932 年的分析,以赵忠尧实验的数据最为准确。可是有些德国文献将“异常吸收”称为迈特纳—胡普费尔德效应。

紧接着赵忠尧做了更为困难的散辐射(scattered radiation)实验,发现与“异常吸收”相伴的还有“额外散辐射”,并指出它相当于 0.5 兆电子伏的光子。这表明,赵忠尧从实验上发现了电子偶的湮没!报告也在 1930 年发表②。

可是,布莱克特和奥基亚利尼在 1933 年文章中解释“反常吸收”和“额外散辐射”时,所引用的实验报告却首先是格雷(Gray)和塔兰特在 1932 年的论文,接着是迈特纳和胡普费尔德在 1931 年的论文,最后才是赵忠尧的论文,且误写为 1931 年。这就太不公平了。

事情还不仅如此。布莱克特和奥基亚利尼在文章中解释电子偶湮没过程时用到额外散辐射相当于 0.5 兆电子伏的数据。但是,格雷与塔兰特文中只有 0.92 兆电子伏的错误数据。迈特纳和胡普费尔德的论文根本没有提到“额外散辐射”。这样一来,错误的或根本无关的论文放在前面,唯一正确的赵忠尧论文却置于次要地位,这就失去了历史的真实,所以我们要写文章纠正这一令人遗憾的事,澄清事实,以正视听。

---

① Chao C. Y. *Proc Nat Acad of Sci*, 1930, 16: 431.
② Chao C. Y. *Phys Rev*, 1930, 36: 1519.

**张：** 赵忠尧先生还健在，他应当能回忆起当时情形。

**杨：** 赵先生今年 88 岁了。1986 年，我和李炳安还专程去访问过赵先生。1989 年，我们的论文发表后，听说赵先生已经知道了，非常高兴。

**张：** 恢复历史本来面目，并不是一件容易的事。历史上以讹转讹，弄假成真的事屡见不鲜。比如三次方程的求根公式都称为卡丹(Cardan)公式，其实是泰塔格利亚(Tartaglia)告诉卡丹的。不过，您是当代物理学的名人，您的话有份量，当会引起人们的重视。

**杨：** 究竟会怎样，也很难说，我只是尽我的责任而已。我想我也许可以做得更早些。奥本海默(J. R. Oppenheimer)对这段历史很清楚，如果他健在，我去问他，他的话会更有说服力。我想，这类事还得靠大家来做。这里又要提一件日本人的事。三四十年来，关于双介子假说，日本学者曾经再三强调日本的坂田(Sakata)早就讨论过。几十年的强调使得今天大家谈到双介子假说都将马沙克(Marshak)与坂田并提。我认为日本学者的做法值得我们注意。也就是说，事在人为，做和不做是大不一样的。

**张：** 这种现象是否说明科学界存在着对华裔科学家的歧视？

**杨：** 这倒不能一概而论。总的来说，中国和华裔科学家所取得的科学成就要比他们享有的荣誉要多，这有历史和社会的原因，当然也包括歧视在内。但应该看到，一般人引用文献时，总是喜欢多引自己熟悉的、认识的或者打过交道的学者的工作。这样，由于中国学者过去与国际交往较少，别人不熟悉就容易被忽略。所以，中国学者多参加国际交往，注意国际合作，还是很重要的。

这里也顺便提一点想法。如果赵忠尧、王淦昌先生取得博士学位之后，能在国外多留几年，和国际科学界多打一些交道，也许情况就不是现在这个样子。从 1930 年到 1937 年抗战这期间，物理学界发展极快，赵忠尧先生、王淦昌先生如能在外国继续工作几年，一定会有更多的发现，并取得更高的国际学术地位。

**张：** 您刚才多次提到日本对本国科学史的重视。中国数学史研究也落后日本好多年。您的书架上有三上义夫(Mikami Yoshio)用英文写的介绍中国古代数学的书①。而中国人自己写的这类英文著作至今似乎还没有。最近，我在哥伦比亚大学图书馆发现中国数学史名家李俨先生 1916 年和美国数学史权威史密斯(D. E. Smith)的通信。当时，他们曾计划合写一部英文的介绍中国数学史的书，可惜未能成功。但史密斯和三上义夫合著的介绍日本和中国数学史的书，早在 1914 年已在美国出版。因此，增加国际交往，发展国际合

① Mikami Y. *The development of Mathematics in China and Japan*. New York: Chelsea Publishing Company, 1961 Reprinted of 1913 edition.

作，对于中国科学史研究，也是十分重要的。提倡用英文发表论文，似也重要。

**杨：**现在中国和华裔的学者在国际科学界已经有了良好的声誉，比三四十年代的情形要好多了。因此，华裔科学家之间也应彼此支持，相互介绍推荐，以扩大影响。

**张：**最后我想问一个关于您父亲杨武之先生(张注：杨武之，名克纯，以字行，1896年生于合肥。1928年获美国芝加哥大学博士，为我国代数学专家。回国后历任清华大学数学系教授、系主任。1949年后去复旦大学任教授，1973年病故)的问题。我最近在写《中美数学交往(1850～1950)》一文，觉得美国数学界在代数方面是经杨武之对中国产生影响的。他受迪克森(Dickson)的指导在芝加哥大学取得博士学位，论文题目是"华林(Waring)问题的各种推广"。华罗庚早期论文也是关于华林问题，我猜想二者间必有联系，但却未见国内文字报道，您可否谈谈您的看法。

**杨：**华先生最早的论文确是受我父亲的影响而写的。我父亲一生从事数学教育工作，对培养现代数学人才，对清华、联大的数学系都有很多、很长久的贡献。他有过很好的学生，例如华罗庚和柯召。他和华罗庚的关系尤其十分密切。华先生在1930年到清华时，我已经8岁，能够记事了。抗战期间，于1938年，我们两家曾住在一个村庄(昆明西北郊的大塘子村)，过往很密。华先生曾有信给我父亲说："古人云生我者父母，知我者鲍叔，我之鲍叔即杨师也。"这封信我亲眼见过。

关于我父亲第一个发现华罗庚的《苏家驹之代数的五次方程式解法不能成立之理由》(编者注：见本刊15卷2期307页)，并推荐给系主任熊庆来，早年引导华罗庚先生走上数论道路，力争越级提升华先生为正教授等情况，均系确有其事。好在华先生在1980年10月4日曾有一信给香港《广角镜》月刊①，澄清了一些以讹传讹的传闻。因此，要弄清楚这段历史，应该是不困难的。

**张：**对我来说，这还是初次听到。由于华罗庚先生传奇式的经历在我国广为人知，所以搞清这一史实显得十分重要。我希望经过努力，不久会恢复其历史本来面目。

关于杨武之先生您还能提供一些其他资料吗?

---

① 香港《广角镜》月刊，1980(11)：31.该刊所载华罗庚先生1980年10月4日致该刊编辑的信，信的内容全文如下："来美后得阅贵刊关于我的报道(编者注：系指该刊1980年7月的第94期上所载甘满华的《大数学家华罗庚》一文)，十分感谢。事事有出处，语语有根据，实事求是，科学之道也。但传闻往往有错，以讹传讹。特别关于我去清华一段，目前我在美国一日一校，无暇详述，仅作一简单说明如下：1. 当时数学系主任熊庆来教授是法国留学回来的。2. 和我通信联系的是我的一位素不相识的小同乡唐培经教授(当时是教员)。3. 引我走上数论道路的是杨武之教授(即文中所提的Dickson教授的高足)。4. 破格提我为助教的是郑桐荪教授(陈省身教授的岳父)。5. 从英国回国，未经讲师、副教授而直接提我为正教授的又是杨武之教授。6. 熊庆来并没有到金坛去过。"

**杨：**我父亲于 1928 年在芝加哥大学获博士学位，导师是迪克森(L. E. Dickson)。迪克森在当时美国的数学界声望很高，有一个很大的学派。可惜这个学派已是强弩之末，随着英国哈迪(Hardy)和利特伍德(Litterwood)领导的解析数论兴起而逐渐衰落下去。所以我父亲的研究工作以后未能有大的发展。他共发表过论文三篇。最好的工作是任何正整数可表为 9 个棱锥数[pyramidal number：$P(n)=(1/6)(n^3-n), n>1$]之和。1952 年沃森(Watson)将 9 改进到 8，至今未闻再有进展。我用计算机对 $10^5$ 以内的正整数测算，似乎都能表为至多 5 个棱锥数之和，而且需要“5 个”的正整数的分布，随增大而变稀。当然，这只是猜测，不能算作证明。

我父亲 1934～1935 年间，曾去德国访问，力图改变研究方向，惜未成功。

我父亲 1929 年到清华，1949 年离开，担任系主任多年，可以说倾其毕生精力。但 1950 年清华拒绝续聘对他打击甚大。回想起来，也许因一偶然事件而获咎。那是 1948 年底，人民解放军已包围北京城，蒋介石派一架飞机，专接北大、清华校长胡适、梅贻琦等。那日碰巧我父亲遇到梅校长，梅说机上尚有一空位，问愿不愿随机走。那时父亲独身一人在北京(母亲、弟妹等均在昆明)，即应允搭机去了南京。以后他转民航机去昆明，并接家眷先回上海，待命回北京。但此后清华即拒聘，我父亲遂和清华分手。晚年他心绪不佳，受糖尿病折磨，1955 年大病几乎不起。他在复旦大学教书不久即休养在家，直至 1973 年过世。

我父亲是极聪明的人，兴趣能力都很广。例如围棋下得很好，与上海各高手都下过，我相信他 50 年代曾在上海前五名之列。我父亲做人纯正宽厚，他很喜欢他名字“克纯”中的“纯”字。

**张：**不知不觉已经快三个小时了。我不能打扰您更多的时间。今天的谈话不仅有助于物理学史和数学史研究，对整个现代中国科学史研究都有启发。非常感谢您。

[第 43 卷第 2 期(1991)第 83—86 页]

# 7. 怎样把中国建为数学大国

陈省身

## 引　言

先从我个人说起：我1926年入天津南开大学，1930年数学系毕业。那时我的老师姜立夫先生是极少数有博士学位的人。现在听说在台湾的数学博士在200人以上，全世界的中国数学博士当超过千人。在这样的基础上，如何使中国的数学发展，使在21世纪的数学史上，中国是一个重要的区域，自然值得我们深思。

今年一件值得庆祝的事，是中国在国际数学竞赛（International Mathematical Olympiad）获得第一（第二、三名依次为苏联及美国）。不但如此，中国总分超出第二名苏联甚远。参加者中，有四人得满分，其中两个是中国人。中国参加这竞赛不久，1988年得第二名，去年（1989年）也是第一名。

这项竞赛是高中程度，不包括微积分。但题目需要思考，我相信我是考不过这些小孩子的。因此有人觉得，好的数学家未必长于这种考试，竞赛胜利者也未必是将来的数学家。这个意见似是而非。数学竞赛大约是在百年前在匈牙利开始的，匈牙利产生了同它的人口不成比例的许多大数学家！

在最高深最活跃的数学方面，中国数学家亦有许多杰出的工作，无法尽举，简述若干如下：（一）1983年丘成桐教授因为卡拉比（Calabi）猜想及普通相对论的正质量猜想的证明，获得国际数学会议的菲尔兹（Fields）奖章，这是一个重要的国际数学奖。（二）美国数学会每年选择一个最活跃的专题，作为暑期节目（Summer Institute）的中心课题，集国际上这方面的专家，举行为期约三周的工作营。1988和1990的题目分别是"多复变函数"和"微分几何"。这两科目里中国数学家是突出的。微分几何会丘成桐是主持人之一。两会中作特约演讲者有萧荫堂、莫毅明、田刚、项武义、李伟光等。中国这方面的人数，超过百人。其中才智之士，即将脱颖而出者，不可胜数。举莫毅明教授为例，他现在是巴黎大学教授。巴黎是20世纪大数学家庞加莱（Henri Poincaré）的根据地。莫毅明班门弄斧，令人佩服。（三）项武义教授最近解决了球装（Sphere Packing）的问题。这问题有近400年的历史，是一项富有历史意义的工作。

这个单子还可继续写下去。近年来中国数学家的贡献，是不可忽视的。

数学是什么？数学家究竟做些什么？一个严格的定义会引我们进入一死胡同。大致说来，数学和其他科学一样，它的发展基于两个原因：(一) 奇怪的现象；(二) 数学结果的应用。一个例子是以下的“幻方”，其中的九个不同的数目，横加、直加，和沿两条对角线的和都是 15。可惜幻方只是一个奇迹，没有什么应用。另外的一个奇迹，圆周长 $L$ 对直径 $d$ 的比率，$L/d=\pi$，是一个常数。这个结果可是重要了！$\pi$ 这个数渗透了整个数学！

| | | |
|---|---|---|
| 4 | 3 | 8 |
| 9 | 5 | 1 |
| 2 | 7 | 6 |

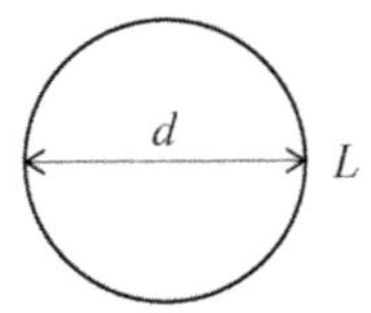


杨振宁先生讲过这样的故事：我们都知道，德国大数学家高斯(C. F. Gauss，1777—1855)在读小学的时候，老师出了一个题目：求 $1+2+3+\cdots+$某数的和。同学们都用死算，高斯却获得一个公式，可以立刻求得答案。方法是命

$$S=1+2+3+\cdots+n。$$

将各项倒过来写，则得

$$S=n+(n-1)+(n-2)+\cdots+1。$$

由此可见每列两个数的和都是 $n+1$。因有 $n$ 列，得

$$2S=n(n+1)\text{ 即 }S=n(n+1)/2。$$

振宁把这算法讲给他的孩子听，大家都了解和欣赏。但一年后问起这个问题，却都忘了。杨振宁、陈省身同比我们更聪敏的人不同的地方，是我们了解这个推论的美和力量，听过之后，永远不忘。

谈到数学的欣赏，让我再讲一个故事，当代有名的数论大家塞尔伯格(Atle Selberg，1917—)曾经说，他喜欢数学的一个动机，是以下的公式：

$$\frac{\pi}{4}=1-\frac{1}{3}+\frac{1}{5}-\cdots。$$

这个公式实在美极了；单数 1，3，5，…这样的组合可以给出 $\pi$。对于一个数学家来说，此公式正如一幅美丽的图画或风景。凡读过初等微积分的人大多应碰到这个公式。如果只因为考试而背诵它，这个人便不必读数学。

# 数学史上的几件大事

不管数学是什么,数学家在继续扩展它的范围。最奇妙的,是新数学得到不能想象的应用。数学工作的主要目的,是了解新数学的性质,尤其是它与传统数学不同的地方。结果把奥妙变为常识,复杂变为简单,数学便成为科学的有力而不可缺少的工具。

兹举数学在历史上的若干进展为例:

(一) 一本划时代的书是欧几里得(Euclid, 约 300BC)的《几何原本》。它把空间的几何性质,从一组公理出发,用逻辑推得。欧书范围其实不限于几何。这本书把数学建为一项系统的学问,不再是一堆汇集的问题。历史上有一段时间,欧书也用来练习推理,成为一本通俗的教科书。

(二) 欧书讨论的范围,限于平面上的直线、圆周和空间的相当图形。等到笛卡儿(Descartes, 1596—1650)引进解析的方法,便可研究平面上由任意方程

$$F(x,y)=0$$

所定的曲线。几何的范围扩大了! 但任意曲线或任意函数的研究要等牛顿(Newton, 1642—1727)和莱布尼兹(Leibniz, 1646—1716)的微积分的发现,才特别有效。这个时期另一个重要的数学家是费马(Fermat, 1601—1665)。他同时发现了许多解析几何和微积分的观念,可惜他在生前未曾发表。

(三) 微积分的一个基本新观念是无穷:无穷大或无穷小。由无穷便引到极限。澄清这些观念不是一件容易的事,费了数学家约 200 年的时间,它牵涉到实数系统、拓扑和数学的基础。一个关键的人物是康托尔(Cantor, 1845—1918)。他的点集论独创新意,高瞻远瞩,为数学立了基础。

(四) 数学上另一个基本概念是群。最早的问题是解代数方程,要把任意方程

$$X^n + a_1 x^{n-} + \cdots + a_n = 0$$

的根表为系数只含根号的函数。要回答这个问题,需要群的观念。最先认清这个关系的,是法国的年轻数学家伽罗华(Galois, 1811—1832)。群的观念从此深入到每个数学领域。

在几何方面有变换群。欧氏空间的全体运动组成一个群。其他还有投影变换群、等角变换群等等。这种群是无限的,他的元素组成一个空间。他们都是李群的特例。创始人李(Lie, 1842—1899)是挪威的数学家。李群是数学上一个基本的概念。

有限群的研究是很困难的。要了解它们的结构，数学家把它们分解为单群。但是单群并不"简单"：有许多极大的有限单群。当代领袖的代数学家说：有限的单群已经完全确定了。可是这个定理的证明，需要 2 000 页，也还没有人把它完全写下来。

（五）上面说过，解析几何推广图形的范围。最普通的一个情形，是在 $n$ 维空间 $R^n$ 内，讨论一组方程式

$$F_i(x_1, \cdots, x_n) = 0, i = 1, \cdots, m,$$

其中 $x_1, \cdots, x_n$ 是 $R^n$ 坐标。这是一个内容极为丰富的课题。如果 $F_i$ 是多项式，这是代数几何。高斯当年研究了 $n=3, m=1$ 的情形，即欧氏空间的曲面论。他的一篇论文是微分几何奠基的文章，他注重于曲面的参数表示。这个想法引到流形的基本观念，在近代数学占有中心的位置。

流形把空间的观念扩大了。在微分流形上可以用微积分的工具，实施种种运算。这个发展使微分几何成为数学的一个中心领域。

（六）请容许我谈一些同我个人工作有关的一个方面，即所谓纤维丛和连络。我们有种种特殊的空间，如欧氏空间、矢量空间、仿射空间等等。我们也有一般的拓扑空间。前者有深刻的性质，后者富于普遍性。纤维丛是把两者串连起来的一个观念。它是一个自然的发展，也十分有用。它有局部的性质和整体的性质。前者容易描写和度量，后者选出重要的性质。纤维丛的现象出现于数学的各部门和理论物理。

物理上有四种力：核力、电磁力、引力和弱力。现在大家公认：这四种力的能都是规范场。纤维丛的连络是规范场论的数学基础。

## 当前的数学界

20 世纪数学的一个现象，是职业数学家人数的大量增加。美国几个数学会的全体会员录列 56 000 多人，其中绝大多数是有博士学位的。

数学成为一个社会现象，大约发生于 100 年前。今年德国数学会庆祝成立 100 周年。前年则有美国数学会成立百年纪念。国际数学家会议的首次会于 1897 年在瑞士苏黎世举行，会期三天。第一个演讲者是法国的庞加莱，题目是"纯分析同数学物理的关系"（庞氏因病未能出席，演讲由人代读）。值得注意的是，这题目今天仍适用，但"分析"似应改为"几何"。国际数学会议每四年举行一次，今年八月在日本京都。1994 年将回到苏黎世开会。

另一个现象是计算机的侵入。计算机引发了许多新的课题。如 Recursive Functions,如 Complexity,如 Fractals 等等。它对于许多数学工作有用,也使若干问题改观。但究竟影响有多大,则是一个聚讼的问题。数学天地虽小,也是很热闹的。

计算机的立刻的影响,恐怕是数学教育。从前需要学习的某些方法,现在不再需要,至少应该改变。这种讨论对于数学的发展是健康的。

第二次世界大战以后,科学受到重视,数学研究也得到社会的支持。有些人可靠做研究生活。这个情形的一个效果,是使得数学工作者同相类的工作者有相类的待遇,因此能吸收有才能的新人进入工作的行列。

一个发展是研究所的成立。最早而最有名的是普林斯顿的 Institute for Advanced Study。这个故事值得一讲! 20 年代美国纽约的大百货公司 Macy 公司的老板巴姆伯吉(Louis Barmburger)决定捐一大笔款办理科学事业,问计于教育家弗莱克斯纳(W. Flexner)。F 先生的建议说:"你的捐款数目很大,但是不足以办一个第一流的试验科学研究所。如果侧重数学,则可能是第一流的。"B 先生听了他的话。恰好德国希特勒于 1933 取得政权,IAS 请到爱因斯坦、韦尔(Hermann Weyl)等教授。不出十年,普林斯顿成了世界数学研究的中心。

IAS 的主要节目,是网罗年轻有为的数学家,给他们优良的环境和工作机会。作者第一次在那里,是 1943—1945,完成了我一生最重要的工作。此恩令人难忘,以后我还去过三次(短期访问不计),都给我愉快的回忆。

继起的研究所有:巴黎的 Institutdes Hautes Etudes,英国沃里克的 Mathematics Institute,日本京都的 Mathematical Sciences Research Institute,波恩的 Max Planck Institut,以及巴西、墨西哥等地的研究所。最近成立的有苏联列宁格勒的研究所,和正在计划中的英国剑桥的牛顿研究所。这些研究所都有著名的常任研究人员、广泛的节目,也十分欢迎合格的访问数学家。

讲到研究所,自然应提到伯克利的 MSRI,因为我曾经起过若干作用。这是美国国家基金会支持的,是美国第一个政府办的数学研究所。在一个民主的国家,这种事要经过长期的酝酿。等到决定举办以后,它的地点更是大家争逐的目标。我同辛格(I. Singer)及穆尔(C. C. Moore)送进一份计划书以后,没有做过任何争取的努力。我可以想象伯克利计划的优点,获选并非偶然。1982 年成立以来,备受好评。

尽管大家鼓吹交流和合作,我相信数学研究主要靠个人。一个人的创见是努力和灵感的结晶,不是同一群人讨论的结论。数学是一个广泛而复杂的学问,自然需要吸收各方面的知识和观点。但更要紧的是要有个人的风格。

数学的研究与其他科学相比，有一个显著的不同的地方：它是向多方面发展的。当今的物理科学和生物科学往往有几个主题。但数学的研究方向比较可随个人自由选择。所以工作不必集中于几个大的中心，研究人员可较分散。一个有能力有决心的人，可以随不同的途径，完成他的志愿。

20 世纪是数学的一个黄金时代。

## 纯粹数学与应用数学

数学上一个极大的谜是：为什么数学会有用？

上面所讲的圆周率 $\pi$ 遍见于数学公式。因为要使每个二次方程式都有解，我们引进复数 $i=\sqrt{-1}$ 。没有复数就没有电学，就没有近代文明！

近来一种风气，是在数学机构上，加“应用”两字。其实纯粹数学与应用数学是很难划界的。再举一个例：代数拓扑中有所谓“结”论(knot theory)，问空间绳子的结，是否可不经剪断而解开。例如下图的梅花结就解不开。这个问题在分子生物学 DNA 的结构研究中，极为重要。所以生物学家需要学微分几何与代数拓扑。伯克利的琼斯(V. Jones)教授因为“结”论与算子代数的工作，获国际数学会的 1990 年菲尔兹奖。他引进了结的新的不变式，现称为“琼斯多项式”。

科学的发展需要数学。但是历史告诉我们，他们所需要的数学，往往为数学家所发展。这是数学家值得自豪的，也是一件十分神秘的事实。

我相信数学是有内容的，不完全是逻辑。20 世纪数学中的菩萨包括黎曼(Riemann)、庞加莱。大致说来，黎曼把数学建立在流形的观念上，庞加莱则发展高维的数学。流形不必光滑，非紧致的流形将有更多几何性质，若干无限维流形会有美丽的现象，这些都是可以期望的远景。

两千年的数学发展是连续的。这个现象当可继续。不过 21 世纪的数学将是一个新的天地。世变不可知，可引以自慰的是数学是一个坚固的结构。我想有人类就有数学！

## 结　　论

中国数学的发展已具有充分的条件，不妨考虑一下当前有些什么事可做：

(1) 要有信心。千万把自卑的心理放弃，要相信中国会产生许多国际第一流的数学家。也没有理由中国不能产生牛顿、高斯级的数学家。

法国文学家罗曼·罗兰(Romain Roland)写过一本书，记载中古时代德国音乐家在罗马的故事。罗马人笑他们，这种野蛮的人，如何懂音乐？没有多少年，德国出了巴赫(Bach)、贝多芬(Beethoven)。我做学生的时候，曾经看见日本人写的文章，说中国人只能习文史，不能念科学。这种荒谬的说法当时也可言之成理。

中国应建立若干基地，交流仍是必要的，但应求逐渐对等。

(2) 希望社会能认识中国成为数学大国是民族的光荣，而予以鼓励和支持。例如：不要把数学家看成"怪人"。中国没有出牛顿、高斯这样伟大的数学家是社会的、经济的现象。中国的大数学家，如刘徽、祖冲之、李治等都生逢乱世。我想治世时聪敏人都去求功名做官去了。这情形现在并没有改变。要提倡数学，必须给数学家适当的社会地位和待遇。

愿中国的青年和未来的数学家放大眼光展开壮志，把中国建为数学大国！

（本文原为作者在台湾成功大学、中兴大学的演讲，1990 年 11 月改定于美国加州。《数学进展》按《陈省身文选》编者张洪光同志的供稿刊出。本刊据《数学进展》20 卷 2 期转载。）

[第 43 卷第 4 期(1991)第 255—258 页]

# 8. 我在早期的一项研究工作

王淦昌

《科学》杂志1991年第2期刊登了《杨振宁教授谈中国现代科学史研究》的文章。我感谢杨振宁教授在几次谈话中提到我在1940年的一项工作——“关于探测中微子的一个建议”。从研究科学史的角度，可以说是一项重要的工作。从我个人来说，是一件遗憾的事情，由于条件不具备，很多研究工作做不下去，很可惜。

1930年，泡利(Pauli)为β衰变过程中能量和动量不守恒的问题提出了中微子的假说。他假设β衰变中，伴随着β粒子，还有中微子，中微子带走了部分能量和动量，于是β谱出现连续谱。那时，我正在德国柏林大学威廉皇帝化学研究所放射物理研究室，跟随女物理学家迈特纳(Meitner)做研究生。迈特纳教授提议我做的博士论文题目为《关于ThB+C+C$^{\#}$的β谱》。在此以前，我还做了RaE β谱的实验，也是迈特纳教授指导我做的。我用自制的盖革计数器测定RaE的β谱，写出了《关于RaE的连续β射线谱的上限》的论文，发表在德国《物理学期刊》第74卷。1933年，费米提出β衰变理论，认为中子衰变为质子、电子(β射线)和中微子，从理论上肯定了中微子的存在。但是，由于中微子不带电，其静止质量接近于零，这方面的实验十分困难，虽有不少物理学家做过这方面的实验，却一直没有找到中微子的踪迹。我认为，泡利的假设和费米的理论固属甚佳，若无实验验证中微子的存在，则两氏之作就成了空中楼阁，无实际意义，β放射的困难仍未解决。我一直关心着β衰变理论和验证中微子的实验。

1934年，我离开德国回国，到青岛山东大学物理系任教，讲授近世物理。1936年，应浙江大学竺可桢校长的聘请，到浙江大学物理系任教授。1937年“七·七”事变，抗日战争爆发。11月，日本侵略军在杭州湾北岸登陆。浙江大学被迫迁往杭州西南120公里的建德。12月24日，杭州沦陷，建德也不能安居，浙大又向江西迁移。经过江西吉安、泰和、广西宜山，最后于1940年到达贵州遵义。辗转跋涉3 000公里，在抗战流亡中坚持教学。为了抗战的需要，我特意开设了“军用物理”课，并继续科学研究工作。浙大订阅的一些国外杂志，也经常能收到。每次杂志来了，我都从第一页读到最后一页。不仅是近世物理，对化学、固体物理我也有兴趣。那时，王葆仁先生在浙大任化学系主任，遇到化学方面的问题，我就向他请教，我从他那里学到不少东西。我始终怀着极大的兴趣寻找新现象。1939年2月，我从杂志上读到汉恩(Otto Hahn)关于重核裂变的发现和迈特纳关于这种现象的解释，就在物理系的学术活动时介绍了这项新发现。当时钱人元在物理系任助教，听了我的报告十分感兴趣，立即搜集有关文献，他想用照相底片法寻求铀核裂变产物的径迹。由于实验条件差，未能如愿。后来，他写了一篇综述，适逢中国科学社征文，就寄到上海应征，结果与葛庭燧并列第二名。1940 年，我读到一篇德国的关于荧光粉的文章，引起了我的兴趣，在我国，我首次制出了荧光粉。我也想做些有助于抗战的研究，用中子轰击雷酸镉来引爆炸药。钱人元在极简陋的实验条件下，合成了少许雷酸镉，我们冒着敌机空袭的危险，进行实验，后来因为宜山局势紧张，浙大又北迁贵州，实验未能继续下去。

1940 年初，到了贵州遵义，虽然各方面条件无法和在杭州时的浙大相比，但总算有了一个比较安定的教学和研究环境，我集中阅读了近几年有关中微子问题的论文，看到不少物理学家做过这方面的实验，其中有一个实验引起了我的注意，就是 1939 年克兰(Crane)和赫尔彭(Helpern)对过程

$$Cl^{38} \longrightarrow A^{38} + e^{+} + v$$

中的反冲效应的研究。他们用一个云室测量 $Cl^{38}$ 放射出的 β 射线及反冲原子核的动量和能量，获得了中微子存在的证据，可是，反冲原子核的电离效应很小。我认为他们的方法不是最好。普通 β 衰变的末态有三体，三种东西分不清楚，很难测出中微子，需要用另外的方法来探测中微子。经过反复思考，我想到用 K 电子俘获的方法探测中微子。在 K 俘获过程中，β 衰变的末态只有二体，这样有可能探测到中微子。当一个 $\beta^{+}$ 类放射性原子不是放射一个正电子，而是俘获一个 K 层电子时，反应后的原子的反冲能量和动量仅仅取决于所放射出的中微子的动量，原子核外的电子的效应可以忽略不计了。于是，要想求得放射的中微子的质量和能量就比较简单，只要测量反应后原子的反冲能量和动量。

在那个时期，我觉得自己比较成熟了，敢想问题，也想得很多。在德国的时候，我太年轻，还是在学习。记得 1930 年，我参加柏林大学一次很有意义的“物理讨论”会，主讲人科斯特斯(Kösters)报告了博特(W. Bothe)和他的学生贝克尔(H. Becker)用放射性钋放出的 α 粒子轰击铍核，发现了很强的贯穿辐射。他们把这种辐射解释为 γ 辐射。我知道我的导师迈特纳早在 1922 年就对 γ 辐射与元素衰变的关系进行实验研究，对 γ 辐射的性质也作过一系列研究。所以科斯特斯的报告给我留下了深刻的印象。报告会后我脑子里一直在想这个问题，总觉得 γ 辐射能否具有那么强的贯穿能力值得怀疑。我想，博特在实验中用的探测器是计数器，如果改用云雾室做探测器，重复博特的实验，会弄清这种贯穿辐射的性质。我曾两次向迈特纳教授请求，用一个云雾室来研究博特他们发现的这种贯穿

辐射。迈特纳教授没有同意我的请求。后来(1931年)法国的约里奥-居里夫妇改做了这个实验,他们在铍源与测量装置之间放一块石蜡,发现计数器的计数大大增加。而他们的结论仍把这种现象称为γ辐射效应。1932年初,英国的查德威克(J. Chadwick)用不同的探测器——高压电离室、计数器和云雾室独立地进行了这个实验,证实这种贯穿辐射是中性粒子流,并且计算了这种粒子的质量,这就是中子的发现。查德威克因此获得了1935年度的诺贝尔物理学奖,许多人为约里奥-居里夫妇与中子的发现失之交臂表示惋惜。迈特纳教授也曾懊恼地对我说:“这是运气问题。”我并不后悔,当时我并没有坚持自己的主张,尽全力去争取导师的支持和实验条件。我把这件事作为一个教训记在心头。这次我感觉不同了,我对探测中微子的实验充满信心,我还建议我的学生许良英和我一起,从事这项研究。但是在战争时期,条件不具备,很多事情都做不下去。没有光电倍增管,也无法亲自做这个实验,只能让别人去做,我就把自己想出来的验证中微子存在的简单方法,写了一篇题为《关于探测中微子的一个建议》的短文,建议用 $Be^7$ 的K电子俘获过程来探测中微子的存在。先寄到《中国物理学报》,不知何故他们没有采用。1941年10月13日,我又把这篇短文寄到美国《物理评论》(*Physical Review*)。1942年1月,该刊把这篇短文发表了。几个月后,艾伦(J. S. Allen)就按照我的建议,做了 $Be^7$ 的K电子俘获实验,测量了 $Li^7$ 的反冲能量,取得了肯定的结果。他的实验报告发表在6月份的《物理评论》上,成为1942年国际物理学重要成就之一。但是,由于艾伦做实验用的样品较厚以及存在孔径效应,没有能观察到单能的 $Li^7$ 反冲。以后,赖特(B. T. Wright)在1947年、史密斯(P. B. Smith)和艾伦在1951年又做了类似的实验,仍没有发现单能反冲。直到1952年,罗德巴克(G. W. Rodeback)和艾伦做 $Ar^{37}$ K电子俘获实验,才第一次发现了单能的反冲核。$Cl^{37}$ 反冲能量的实验值与理论预言值完全符合。同一年,戴维斯(R. Davis)成功地做了 $Be^7$ 的K电子俘获实验。

我建议的实验,终于获得了成功。这个实验是外国人做出来的,很可惜,也很遗憾,不是在中国由我们自己做出来。但是我想,物理学的研究工作,除了钻研纯理论和做实验两个方面,还有第三个方面,那就是归纳、分析和判断杂志上所发表的实验方法、数据和结论。这种工作是为理论工作搭桥,是推动实验工作前进的。我也曾这样对我的学生们说过。在抗战时期,我们国家很穷,物质条件很困难,我们要钻研前沿问题,缺乏必要的设备条件,只能做这种搭桥的工作。我在这段时期做的一些工作,就是这种搭桥工作。

后来,由于原子反应堆的建成,在实验室里可以产生大量的中微子,因此,可利用中微子直接产生核反应,且能直接观测。这样,上面讲的反冲实验可以不必再研究了,但是,用反冲实验来验证中微子的存在本身还是很有趣味的。莱恩斯(Reines)等人就是用中微子直接打原子核而证明它的存在的。现在,研究中微子的质量,已经成为宇宙学、天文学的重要课题。

(本文由汤振华协助整理)

[第 44 卷第 1 期第 45—46 页]

# 9. 科学家面临的一个挑战

——介绍《论做一个科学家》

朱景德

科学中最为重要的实践是对深藏的"秘密"进行开创性、挑战性的深究。这一过程具有高度的不可预测性,这就意味着出现错误的必然性。在长期的实践活动中,科学界形成了一套比较完整的自我纠正、自我完善的机制,从而保证了科学成为一个极为成功的事业,成为"正确"的同义词。

为了维护科学的崇高声誉,为了对科学事业负责,每个科学工作者,无论是年轻的、还是高年资的,都面临着下列与科学的精神和行为规范有关的问题:何时宜对成果保守秘密?何时应与他人(包括竞争者在内)共享数据及实验材料?在同欲获商业利益的人共享资料时应注意什么问题?论文发表时,谁的名字应放在第一位?分配荣誉有什么基本准则?如何实行这些准则?在过去,绝大多数初学者都是通过边干边学,在科研实践中以非正式、非系统的方式向周围的人们,尤其是高年资科学家学习这方面知识。虽然已有不少论著提供有关这些精神和道德规范的指导,然而绝大多数年轻的科学工作者(研究生及博士后)乃至高年资科学工作者对这些论著一无所知,处理这些问题的方法、风格及态度都各行其是。

今天科学以瞬息万变的方式向前发展。快节奏、富有挑战性及对科学家之间合作和交流的高要求必然会影响到科学家的行为及价值观。目前,科学与社会间的相互依赖是前所未有的,社会有赖于科学与技术的发展而繁荣兴旺,科学则需要社会及公众给予信任和支持。这些都直接间接地促使人们对科学家的行为及职业道德予以热切而又严重的关注。近年来一些被揭露出来的科学研究中的劣行(misconduct)已使得社会各界深感忧虑:科学界那些约定俗成的非正式的有关自我教育及监督的机制能否使科学家,尤其是刚步入科研生涯的年轻科学家在享有科学自由的同时,维护科学的正直和尊严,胜任他们在科学和社会中的责任。一些激进者已尝试着通过立法去限制科学家所应有的"自由"。

为此,美国国家科学院的科学行为规范委员会于 1989 年完成了一篇题为《论做一个科学家》(On Being a Scientist)的报告,力图就科学研究方法学问题及科学家所面临的上述问题给予一个全面而又透彻的,历史的但又切中时弊的积极论述。虽然这份报告的目的是向刚开始科学生涯的年轻科学家提供一个行为规范的指导,但它对那些高年资的科学家亦有阅读和反思的价值。

在大家了解到一些令人遗憾的科研中的劣行的始末，及其对科学和社会所带来的危害之后，对这份报告的价值显然会有更准确的评价。

发现前人不曾发现的自然规律，解决前人没有解决过的问题是科学生涯中最令人向往的。为了促使开创者尽快地将他们的贡献转化为社会共有财富，给予他们以优先的荣誉和潜在的经济利益(专利等等)是已被广泛接受且行之有效的机制。然而，这也使人们有可能“过早”地，甚至通过新闻媒介这一非科学界常规的途径，宣布自己的“杰出发现”。这种举动的冒险程度因科学家们对实验数据的收集质量，或对数据的处理及判断的质量高低而定。虽然对科学方法的论述以及种种习用的行为规范已源远流长，但有意或无意地违犯这些规范的事件时有发生。幸而由于当代科学研究的高效和快节奏，对这些错误行为的发现和纠正也常常有效而且及时。1990 年，荷兰爱恩德霍芬技术大学以巴克(Buck)教授为首的科研组在美国《科学》杂志发表了一篇论文，宣布磷酸基团全部甲基化的与艾滋病毒基因组顺序互补的寡核苷酸可抑制该病毒在细胞中的复制。这位高年资的科学家可能是为了争得领先权，否定了其助手为应对这些化学合成的寡核苷酸的甲基化状况进行检验的建议。巴克还通过电视向公众声称，他们可能找到了治疗艾滋病的途径。这使事件更加扩大。结果，校方 3 人小组的调查证实了这类寡核苷酸的化学合成上存在着问题。不久，巴克被解除了化学系主任的职位。显然，倘若他能对实验结果做一些必要的重复的话，上述事件是有可能得以避免的。

与前述事例相比更令人遗憾的劣行涉及到明目张胆的作假以至剽窃。诺贝尔奖获得者巴尔的摩(David Baltimore)的一位日本助手 1977 年在《细胞》杂志上发表的一篇论文是一突出的案例。调查组委托美国联邦机构，采用先进的法医学手段，对实验记录的日期进行鉴定。这些结果及对试验结果的统计学处理都证实，该文章的 3 张表均有伪造之嫌，7 张图中的 6 张均有疑点。另一案例是对从事视觉神经生物学研究已 30 年之久的布里奇(Bridge)博士的指控。布里奇受委托对伦道(Rendo)博士的一篇论文进行评审。2 个月后，他以本人不适合评审该稿为理由，将稿件退回给中间人。之后，他以类似的内容在会议及杂志上发表了一篇论文。在事情发生后的协商中，布里奇口头同意在自己论文中承认伦道的领先权，但最后在论文发表时却有意否认了他在伦道论文发表之前阅读过该论文的事实。对此，伦道和中间人对布里奇进行指控。调查表明，布里奇违犯了同行评议时应对未发表的科学想法及数据予以保护的准则，不仅剽窃了伦道的想法，很可能还剽窃了伦道的实验结果。他不能提供支持其论文的原始数据，也无证据提示他有可能完成有关实验。

由于艾滋病及其病因研究的社会意义，对美国科学家加洛(Gallo)博士的有关研究的调查，更令人瞩目。1987年，出于促进和加速对艾滋病的研究、尽早提供该病的预防与治疗手段的目的，由美国和法国政府出面，达成了两国科学家分享对艾滋病毒证实的领先权和有关试剂盒的专利的协议。然而对加洛在该项工作中的贡献的质疑自1990年底又因新闻界的介入、政界的插手而旧事重提。经过数月的调查，虽无证据证实加洛有剽窃法国科学家分离出来的LAV病毒，将之改称为HTLV-3，作为艾滋病因而公布于世的动机和实践，但他1984年发表在美国《科学》的4篇关键文章缺乏原始实验记录的支持。另外，发展艾滋病检测试剂盒的繁殖病毒的H9细胞株被证实与来自盖兹达(Adi Gardar)博士的HUT78细胞株完全相同。这就引起有关加洛及其合作者是否有可能在应得荣誉的分配上明显不妥之嫌的调查。现在，对此案例调查仍在进行，而且由于美国国会的直接参与而更令人注目。

近两年被揭露于世的最为臭名昭著的案例均与印度科学家有关。加拿大两位科学家受邀作为印度某大学的博士答辩院外考官。他们发现，该生的博士论文中有部分内容竟与他们70年代初期所发表过的文章一样。进一步调查表明，该系有8位科学家曾用这两位科学家的工作结果在国际杂志中发表了一系列的文章。一位印度科学家用常见的英国蟹作为采集于喜玛拉雅山脉的蟹提供给他的英、美合作者。更骇人听闻的案例是由澳大利亚科学家所指控的印度旁遮普大学的格普塔(Gupta)教授在过去20年中对喜玛拉雅山脉的地理地质学研究的劣行。他很可能是以来自博物馆或它处的化石充作喜玛拉雅山区的化石。一方面他对发现化石的准确地理位置含糊其词，另一方面，用同一化石作为不同地理位置的样品在不同文章中描述。

这些案例的调查过程也向科学界提出了另外一些重要的问题：(1) 科学杂志在阻止有争议的论文发表中的作用；(2) 原始数据的保存及其所有权；(3) 研究机构在对这些劣行调查中的作用。由于科学研究的专业特点，科学家大都不愿把可能的劣行直接揭露出来；(4) 同行评议的质量保证。对布里奇的那篇有争议文章的复审表明：该文章有着严重的内在逻辑性不够、数据不全及解释有误的问题；(5) 对这些案例审查的背靠背方式，明显地违犯了美国司法对被告的必要权益保护的规定。如何妥善地解决这些问题仍是在热烈争论中的话题。

显然，《论做一个科学家》是在这些案例公布于世，并引起社会及科学界震动的前提下完成的。这项报告切中时弊，因而可作为进行科学研究人员行为与专业规范教育的读物。

一些美国科学家建议，以该报告为基础，在研究生及博士后研究人员中，以讨论及辩论的形式，进行上述问题的思考。笔者认为，在我国的科学界也有必要开展类似的讨论。

报告在努力探讨发生这些劣行的客观的及伦理学原因的同时，还再次向社会声明：与科学事业的光辉业绩和对社会的贡献相比，与广大科学家的卓有成效的工作和令人尊敬的正直和公正相比，这些劣行的数量是微乎其微的。正是由于科学家也是人，也有着人类共同的种种行为动机，出现一些这类错误是难免的。在保证科学行使其社会功能所需的自由的同时，如何避免这类错误将需要全社会的关心和理解。

[第44卷第2期(1992)第3—4页]

# 10. 不知天高地厚,只想多学方法技术

## ——我在美国的博士研究生实验

赵忠尧

1927年到美国后,我进入加州理工学院研究生部,师从密立根(R. A. Millikan)教授,进行实验物理研究。

第一年念基础课程,并顺利通过预试。由于导师密立根教授根据预试成绩向中华教育文化基金会的有力推荐,以后三年,我都申请到每年1 000美金的科研补助金,便把原来清华大学的半费补助金转给别的同学。

密立根教授起初给我一个利用光学干涉仪的论文题目。直接指导这项工作的研究员人很和气,他善意地告诉我:“这个题目需要的仪器已大都准备好,只需测量光学干涉仪上花纹的周年变化,两年内得出结果,就可以取得学位。”我感到这样的研究过分顺利,恐怕不能学到很多东西。我所以远涉重洋,是想尽量多学些科学方法和技术,而学位是次要的。我准备把这个意思告诉密立根教授,问他能否换一个可以学到更多东西的题目。周围的人听说我要找导师换题目,都有些为我担心。其实,密立根教授尽管感到意外,但还是给予照顾。过了一些日子,他给我换了一个“硬γ射线通过物质时的吸收系数”的题目,并说:“这个题目你考虑一下。”说是这么说,这次实际上是不容我多考虑的。偏偏我过分老实,还嫌测量吸收系数简单,竟回答说:“好,我考虑一下。”密立根教授一听,当场就发火了,说道:“这个题目很有意思,相当重要。我们看了你的成绩,觉得你做还比较合适。你要是不做,告诉我就是了,不必再考虑。”我连忙表示愿意接受这个题目。回想起来,密立根教授为我选择的这个题目,不仅能学到实验技术,物理上也是极有意义的。这一点,我日后才逐渐有深刻体会。

到加州的第二年,我便开始作硬γ射线吸收系数的测量。当时,人们认为γ射线通过物质时的吸收主要是自由电子的康普顿散射所引起的。用于计算吸收系数的克莱因—仁科(Klein-Nishina)公式当时刚刚问世。密立根教授让我通过实验测量,验证这一公式的正确性。我所用的γ射线是ThC″所放出的能量为2.65兆电子伏的硬γ射线。实验室工作紧张时,我们这些做实验的人常常是上午上课,下午准备仪器,晚上乘夜深人静,通宵取数据。为保证半小时左右取一次数,不得不靠闹钟来提醒。

当我将测量的结果与克莱因—仁科公式相比较时,发现硬γ射线只有在轻元素上的

散射才符合公式的预言。而当硬 γ 射线通过重元素，譬如铅时，所测得的吸收系数比公式的结果大了约 40%。1929 年底，我将结果整理成论文。由于实验结果与密立根教授预期的不相符，他不甚相信。文章交给他之后两三个月仍无回音，我心中甚为焦急。幸而替密立根教授代管研究生工作的鲍恩(I. S. Bowen)教授十分了解该实验从仪器设计到结果分析的全过程，他向密立根教授保证实验结果的可靠性，文章才得以于 1930 年 5 月在美国的《国家科学院院报》上发表。当我在加州作硬 γ 射线吸收系数测量时，英、德两国有几位物理学家也在进行这一测量。三处同时分别发现了硬 γ 射线在重元素上的这种反常吸收，并都认为可能是原子核的作用所引起的。

吸收系数的测量结束后，我想进一步研究硬 γ 射线与物质相互作用的机制，打算设计一个新的实验，观测重元素对硬 γ 射线的散射现象。与鲍恩教授商量时，他说："测量吸收系数，作为你的学位论文已经够了，结果也已经有了。不过，如果你要进一步研究，当然很好。"当时虽然离毕业只有大半年时间，由于有第一个实验的经验，我还是决心一试。我于 1930 年春天开始用高气压电离室和真空静电计进行测量。没想到，一开始就遇到了问题：那时，德国的豪夫曼(Hoffmann)教授发明了一种真空静电计。加州理工学院的工厂仿制了一批。这种静电计中有一根极细的白金丝，是用包银的白金丝拉制后，再将外面的银用酸腐蚀掉制成的。白金丝的上端通过一个焊接点和电离室的中心电极相连，下端连接一个会转动的悬挂金属片，指示电压的大小。可是接通电源后十几分钟，这个金属片还达不到稳定点。密立根教授对我和另外两个使用这种静电计的学生说："这种新产品我也没有用过，你们应设法解决这个问题。"起初，大家都以为是环境的振动引起指针的不稳定，想了各种办法防止振动，甚至把静电计的支架用弹簧挂住，放在四个网球支撑的平板上，但都枉然。后来我想到，指针达不到稳定值，可能是因为导电不良。于是我在焊接处滴了一点导电的碳制黑墨水，指针立即变得很灵活，总算解决了这一难题，从而开始测量电离电流。由于反常吸收只在重元素上被观测到，我决定选择铝与铅为轻、重元素的代表，比较在这两种元素上的散射强度。这个实验一直忙到当年 9 月才算结束，准备好久的暑期旅行因此取消。可测得的结果如此有趣，足以补偿放弃休息的损失。

我的这个实验结果首次发现，伴随着硬 γ 射线在重元素中的反常吸收，还存在一种特殊辐射。由于电离电流很弱，要将特殊辐射与本底分开很困难。康普顿散射主要在朝前方向，朝后的部分不仅强度弱，能量也低，因而在朝后方向观测到的特殊辐射信号最清楚。我不仅测得了这种特殊辐射的能量大约等于一个电子的质量，而且还测出它的角分布大致为各向同性。我将这一结果写成第二篇论文《硬 γ 射线的散射》，于 1930 年 10 月发表于美国的《物理评论》杂志。

说来有趣，直到我的论文结束时，密立根教授还记得我挑论文题目的事。在评议论文时，在教授们面前讲我的笑话，说："这个人不知天高地厚，我那时给他这个题目，他还说要考虑考虑。"惹得同事们善意地哈哈大笑。不过，他们对我的论文是满意的。后来，密立根教授在他 1946 年出版的专著《电子、质子、光子、中子、介子和宇宙线》中还多处引述我论文中的结果。

反常吸收和特殊辐射揭示一种新的相互作用机制。但是，当时还不能认识到这些现象的具体机理。与我同时在加州理工学院攻读博士的还有安德森(C. D. Anderson)，他对这些结果很感兴趣。我们也曾谈起，应当在云室中做一做这个实验，可惜后来这个想法未能实现。直到 1932 年，安德森在宇宙线的云室照片中发现了正电子径迹，人们才逐步认识到：三个实验组同时发现的反常吸收是由于部分硬 $\gamma$ 射线经过原子核附近时转化为正负电子对；而我首先发现的特殊辐射则是一对正负电子湮灭并转化为一对光子的湮灭辐射。

关于人们对我这部分工作的评价，还有一段曲折的经历。比较起来，我所作的第二个实验的难度比第一个大。因为散射的强度很弱，测量时需要极大的耐心与细心。由于我选用高压电离室和真空静电计进行测量，本底比较少，涨落也小，因而结果比较稳定和干净；但是在我的论文发表后的一两年内，其他人重复这一实验时，用盖革计数器进行测量，也没有用高压电离室，本底与涨落都比较大，得到相互矛盾与不确定的结果。这些矛盾，一度引起人们认识上的混乱。至于论文本身，可惜写得太简短，与它所包含的内容不甚相称；加上布莱克特(P. Blackett)与奥基亚里尼(G. Occhialini)在他们的论述《电子对湮灭》的著名论文中引述我的工作时，发生了不应有的错误。由于这种种历史的原因，我的这些工作一直没有得到应有的重视。从 1983 年起，杨振宁教授花了不少精力，收集整理资料，写成文章发表，帮助澄清这段历史。我十分感激杨先生为此所作的努力。

在美国的这段生活中，还有一件值得一提的事情。我从小身体瘦弱，缺少锻炼，所以体力不足，双手操作不灵。自己感到，无论为科学实验的需要，或为健康的需要，都必须加强体力活动。适值在美国市场上，破旧汽车非常便宜，即以 25 美元的代价购得一辆破旧汽车，在课余时间学习简单的汽车修理和驾驶。对于一辆破旧的汽车，自然说不上需要和消遣。凡休息日，我常常满身油污，仰卧于汽车下面，拆拆装装。我在修理汽车的过程中，不但锻炼了动手能力，还有在辛苦以后获得的欣慰。另一个意外的收获是，因此得到一个乐于助人的朋友豪伊特(A. Hoyt)。我们从谈汽车开始，谈到风俗人情、科学研究。说这是我在美国除了关于论文所受的指导以外最大的收获，一点也不夸大。可惜在我回国之后不久，他因病去世，这是我莫大的遗憾。

[去年本刊《杨振宁教授谈中国现代科学史研究》一文中，杨振宁教授谈到赵忠尧先生早年在美国的两项重要实验工作。为此本刊记者拜访了赵先生，请赵先生撰文回忆当年情景。赵先生欣然同意将他所撰《我的回忆》第二节"在美国留学时期(1927～1931年冬)"的新近修改稿交本刊发表。现发表于下，题目为本刊所加。]

[第44卷第4期(1992)第54—55页]

# 11. 近代科学进入中国的回顾与前瞻

杨振宁

到了21世纪中叶,中国极可能成为一个世界级的科技强国。

## 1400～1600年:中国落后于西方

古代许多重要的发明都起源于中国,这是人所共知的。其中最著名的是印刷术、火药、指南针和造纸。极力推崇这些重大发明的不是别人,正是欧洲近代科学启蒙时代的哲学家培根(Francis Bacon, 1561～1626),虽然他并不知道它们是源自中国的:

> 纵观今日社会,许多发明的作用和影响是显而易见的,尤其是印刷术、火药和磁铁。这些都是近代的发明,但是来源不详。这三种发明改变了整个世界面貌和一切事物。印刷术使文字改观,火药使战争改观,磁铁使航海术改观。可以说,没有一个王朝,没有一支宗教派别,没有任何伟人曾产生过比这些发明更大的力量和影响。①

科学史学家普遍同意,公元1400年以前,科技转让主要是由中国传向欧洲的,中国科技直到1400年前后比欧洲科技优秀,可见于李约瑟(Joseph Needham, 1900～)的巨著②中对明朝三保太监郑和(1371～1435)在1405至1433年间7次下西洋,远及非洲海岸的描述。根据中国史书记载,郑和远征航队的一些船只长达44丈4尺,是在南京建造的。曾有一些历史学家怀疑,当时能不能造这样大的船。但1957年在南京明代宝船厂遗址中发掘出的一根长11.07米,舵叶高6.035米的大舵杆,消除了这种怀疑*。

虽然中国古代技术如此进步,可是,到1600年中国科技却已远逊于欧洲。举一个例子:17世纪初,明朝政府要由葡萄牙人所占领的原属广东的澳门引进火炮技术。

到底中国在1400至1600年两个世纪里为什么如此落伍呢?

我并不想对这已有许多书籍和文章研究过的问题加以详细分析。概括讲来,1400年前好几个世纪,文艺复兴在欧洲崛起,产生了巨大的文化与知识的进展。在1400至1600

---

① 见 Francis Bacon, *The New Organon and Related Writings*. P.118 (Library Arts Press, 1960).

② 见 J. Needham and Collaborators, *Science and Civilization in China*. (Cambridge University Press, 1954).

年两百年间，几乎人类各项活动在欧洲都有了长足的进展。从长远的角度来看，事实上技术领域的进展可能相对是最不重要的。在艺术、建筑和文学方面的进展都有更大的影响，它们使欧洲文化迈入了新的时代。但是如果就影响来看，“自然哲学”的进展恐怕是最重要的，因为它为近代科学的萌芽准备了肥沃的土壤。只须列举这两百年间欧洲一些伟大思想家的名字已足够看出这些进展的气势与其长远的影响：

达·芬奇(da Vinci，1452～1519)、哥白尼(Copernicus，1473～1543)、马丁·路德(Martin Luther，1483～1546)、加尔文(Calvin，1509～1564)、纳皮尔(Napier，1550～1617)、培根(Bacon，1561～1626)、伽利略(Galileo，1564～1642)、开普勒(Kepler，1571～1630)、哈维(Harvey，1578～1657)、笛卡儿(Descartes，1596～1650)。

图1　李约瑟书中的示意图。郑和的大船比图中的船还要大

相反地，在中国，1400～1600年这两百年是一段知识停滞不前的时期。这时期中最著名的哲学家是王守仁(即王阳明，1472～1528)。他的学说，我认为没有对中国思想或中国社会产生什么真正的长远影响。比起上面列举的欧洲大思想家对后世的影响，王守仁的影响是望尘莫及的。他的部分思想可以被解释为反科学的。可是，即使是这一部分，在以后的几个世纪中亦没有产生多少影响。

## 1687年：近代科学在欧洲诞生

到17世纪初年，文艺复兴在欧洲已为近代科学的萌芽准备了肥沃的土壤。近代科学是人类的一种新活动、新精神、新方法，有人认为是新宗教。如果要给它的诞生一个确定的日期，我会选择1687年，即牛顿（Newton，1642～1727）发表他的《自然哲学的数学原理》（Principia，以下简称《数学原理》）的一年。《数学原理》使人类第一次对“世界系统”①（即太阳系）有了定量的了解，而太阳系的运转是任何一个古文明中一项最神奥的秘密。更重要的是这个了解是基于一种纯理论的思考体系，用准确的数学语言，既简单又净洁，既精密又包罗万象。可以说，在1687年诞生了的是一种革命性的新世界观：宇宙具有极准确的基本规律，而人类可以了解这些规律。

必须强调的是，虽然在《数学原理》发表了300多年后的今天，我们可以充分看到它的深远影响，但牛顿自己却不能在出版这本书时即对其长远意义有着同样的评价。当然他知道自己完成了一个极漂亮的工作，但他却不可能意识到自己的工作将会改变人类对物理和生物世界基本结构的理解，会永远地改变人类与环境的关系。

查看牛顿的手稿，就会发现其中掺杂着许多许多哲学、神学、炼金术等玄虚的思考。牛顿在这么众多纷扰的思考中竟能集中注意力完成他的科学工作，是一个奇迹。20世纪有名的经济学家凯因斯（J. M. Keynes，1883～1946）曾经说：

> 自18世纪起，牛顿便被认为是近代第一个，也是最伟大的科学家，一位理性论者，一位教导人们机械推理法的先驱。但是我不同意此看法。……牛顿不是理性时代的先行者，他是最后一个魔术师，最后一个巴比伦人和苏美尔人，一万年以前我们的远祖开始创建人类思维文化，发展了对周围世界的看法，牛顿是他们之中的最后一位伟人。②

## 1600～1900年：中国抗拒引入西方思想

查看《数学原理》，就会发现古希腊几何学在牛顿身上的深远影响。《数学原理》全书的结构完全是以欧几里得（Euclid，约公元前300年）的《初探》（Elements）为样本的：两本书都从定义（definitions）开始，然后是公理（axioms），牛顿称其为“普通的意见”（commonopinions），再是引理（Lemma），命题（propositions）和证明（proofs）等等。

欧几里得对牛顿的《数学原理》的影响是明显的，是人所共知的。不是那么为人所共知的是在《数学原理》发表约80年前，在1607年，利玛窦（Matteo Ricci，1552～1610）和徐光启（1562～1633）即已将欧几里得的《初探》的前一半翻译成中文，取名为《几何原本》。

---

① 《自然哲学的数学原理》第3卷的标题是“世界系统”。

② 见 J. M. Keynes, *Essays and Sketches in Biography*（Meridian Books, N. Y. 1956）.

利玛窦是一位意大利耶稣会传教士，亟欲在中国传播天主教教义。他于 1582 年抵澳门，1583 年到达广东的首府肇庆。1600 年，他在南京初会徐光启，1601 年 1 月起在北京定居*。他的计划是凭藉他的科学知识获得明朝朝廷的注意，从而扩大他在中国的传教事业。

徐光启是一位来自上海的大臣，也是一位大学者，1604 年进入翰林院。在这一年以前，他在南京受浸洗礼入了天主教。他和利玛窦翻译《几何原本》的前一半是他将欧洲科学引进中国的许多工作中的一项。此译文的初版至今仍能见于中国的一些图书馆。我听说梵蒂冈也仍存一本。

读了徐光启自己对其译作的描述，就会意识到他是多么清楚地明白欧几里得和中国学者在逻辑思考方面的基本分异。他这样描述欧几里得的思考系统："似至晦，实至明；似至繁，实至简；似至难，实至易。"他认为欧几里得的理论是"欲前后更置之不可得"，就是说在演绎推论中，各个步骤有一定的逻辑顺序。

图 2　1993 年 8 月 19 日作者摄于澳门大炮台(又名三巴炮台)。背景所见的远山是属于珠海的。抚今思昔，感慨良多。火药是中国人发明的，但是到了 17 世纪初，明朝政府为了抵抗清军却要自葡萄牙人占领了的澳门引进火炮技术

徐光启是一位重要的明朝高官。他担任过多种任务：政治、经济、国防、农业、天文、测量、治水等等。他一直强调数学在这些领域中的重要性和《几何原本》在数学中的重要性。他感到惋惜的是利玛窦和他未能完成全书的翻译："续成大业，未知何日？未知何时？书以俟焉。"

这一等就等了 250 年，直到 1857 年，李善兰(1811～1882)和伟烈亚力(A. Wylie，1815～1887)才译出《几何原本》中剩下的篇章。在这 250 年中，近代科学在欧洲诞生了，工业革命开始了，欧洲殖民扩张政策亦到达了其顶峰。人类的历史正加速演变，给世界所有民族带来了多种不同的命运。

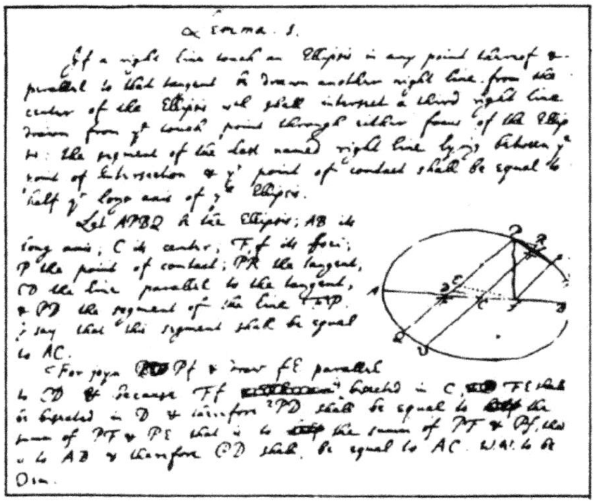

图 3　牛顿的《数学原理》手稿的一段。
请注意牛顿倚重几何推理方法

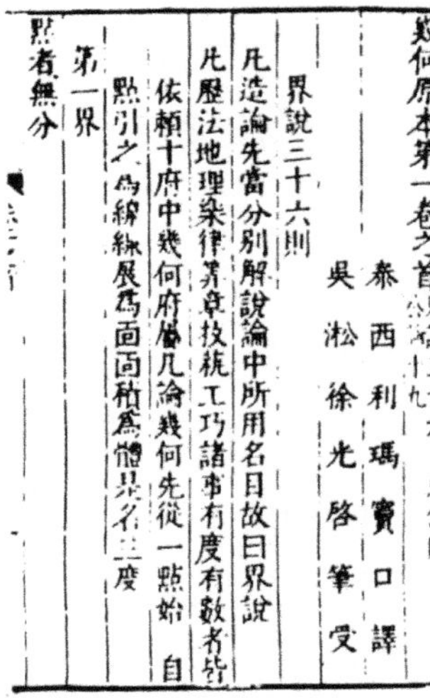

图 4　《天学初函》第 4 卷，第 1949 页

这些年间中国依然停滞不前。那些阻碍中国萌生近代科学的多种原因仍然存在：缺乏独立的中产阶层，学问就只是人文哲学的观念，教育制度里缺匮"自然哲学"这一项，束缚人们思想的科举制度，以及缺少准确的逻辑推论的传统，凡此种种都没有因为耶稣会传教士引入了少许西方思想而有所改变。

传教士东来之时，正是中土为满族人征服的时代。满族人建立了清朝政府以后，许多汉族学者强烈地表达了他们的愤怒和不合作态度。康熙(1662～1722 年在位)是清朝早年的一位皇帝，是一个非常精明聪敏的人。他对付当时夷夏之辨所采取的政策是务求将清廷纳入中国古代伟大的文化传统中。此一政策虽颇为成功，但汉族之反抗情绪仍然存在。在这样一个充满民族对抗与妥协的社会中，传教士们极力推行其基本政策——将中国官员变成天主教徒。可是天主教对汉文化来说，比满文化更要"夷"一些。所以传教士的活动之引起反抗是不可避免的。

杨光先(1597～1669)是一个典型的、强烈反对传教士和他们引进的所有科学知识的例子。他写过以下一段有名的文字：

宁可使中夏无好历法，不可使中夏有西洋人。

今天，我们会认为杨光先的见地既狭窄又愚昧。但是有清一代，他都有无数的景仰者。譬如在 1846 年，差不多是他死后 200 年，钱绮说杨光先是"正人心息邪说，孟子之后一人而已"。

另一阻碍西方科学在中国发展的原因，是刘钝①和席文(N. Sivin)②所强调的：传教士们没有将开普勒和牛顿的工作全部带入中国，以致他们介绍的天文学里有前后不相容之处，引导出了极大的混乱。直到19世纪中期，当李善兰和艾约瑟(Joseph Edkins, 1823～1905)翻译了一本19世纪的教科书，取名为《重学》以后，牛顿的力学才首次被引进中国。

传教士们在17世纪为中国打开的知识窗口没有留下真正长远的影响。它没有使近代科学在中国"本土化"[用撒布若(Sabra)教授的名词]。它只在这个古老而骄傲的，长久以来自以为是世界中心的民族中，引导出了一个理论，叫做"西学中源"，就是说西方的学问原来是自古中国传去的。在康熙的支持和怂恿下，这个理论直到19世纪中叶曾广泛地被中国数学家和天文学家们接受与支持。

**表1　西学中源理论举例(节录自本文注释所列刘钝的第三篇文章)**

| 领域 | 西　学 | 中　源 | 提倡者 |
|---|---|---|---|
| 天文 | 水晶球宇宙模型 | 《楚辞·天问》："圆则九重" | 王夫之 |
| | 行星运动 | "天道左旋"/"盈缩迟疾" | 王夫之/王锡阐 |
| | 诸曜异天 | 郗萌"宣夜说" | 阮元 |
| | 太阳高卑 | 《考灵曜》"地有回游" | 阮元 |
| | 地圆 | 《黄帝内经·素问》"地之为下"/曾子 | 梅文鼎/阮元 |
| | 地动 | 张衡地动仪 | 阮元 |
| | 蒙气差 | 要茇"地有游气" | 阮元 |
| | 寒暖五带 | 《周髀》"七衡六间" | 梅文鼎 |
| | 浑盖通宪仪、简平仪 | 盖天古法 | 梅文鼎 |
| 数学 | 数学理论 | 《易经》 | 玄烨 |
| | 代数学 | 东来法/天元术/四元术 | 玄烨/梅钰成/戴震、阮元 |
| | 几何学 | 《周髀》/勾股术 | 黄宗羲/梅文鼎 |
| | 三角学 | 《周髀》"用矩之道" | 玄烨/梅文鼎 |
| | 幂级数 | 祖冲之"缀术" | 阮元 |
| | 微积分 | 招差垛积 | 诸可宝 |

看到梅文鼎(1633～1721)和戴震(1724～1777)等极端聪明的大学者都全力支持并传布西学中源说，就令人体会到当深厚的文化出现斗争冲突的时候，要转移观点而接受外来文化中的优点是多么困难的事。

① 见刘钝《自然辩证法通讯》卷8第1期(1986年)第52页；卷11第3期(1989年)第55页；卷13第3期(1991年)第42页。

② 见 N. Sivin, *Science and Medicine in Chinese History in Heritage of China*, ed. P. S. Ropp, P. 164 (University of California Press, 1990).

## 1840～1900 年：引入现代科学举步维艰

1840 年是中国人不会忘记的年头。这一年，英国用炮艇强迫中国割地赔款，并开放商港以便利其贩卖鸦片的勾当，从而开始了这个古老而骄傲的民族被剥削凌辱的时代。也正是这些痛苦的年月最后迫使这个民族认识到过去的社会秩序不能继续下去，必须自西方引进新的思想，新的社会与政治体制和新的教育哲学。这些年月间，似乎每一次大灾难都会导致清廷尝试少许现代化的措施。然而，通常都会遇到极大的阻力，然后总是因为短期内不见成效而被放弃。例如，自 1872 年起每年皆送了 30 名男孩去美国康涅狄格州的哈特福德镇上小学和中学。① 可是在 1876 年，这项措施遭到了抨击，终使全体学生在 1881 年被召回国。

列强的凌辱所产生的精神创伤使中华民族有了复杂的自卑感：东方人是否天生不适宜于做现代科学工作呢？在 19 世纪末，当达尔文的进化论被用来佐证白种人的帝国主义侵略政策时，许多中国知识分子在灵魂深处曾为这样的问题所困扰。这不只发生在中国，在日本，长冈半太郎(1865～1950，后来成为第一个在国际上出名的日本物理学家)也早在 1883 年进入东京大学之前，便曾考虑过这个问题。他经过仔细研究，认识到中国古哲学家如庄子(约公元前 369～公元前 286 年)的深入的识见以后，才得出东方人同样有能力研究现代科学的结论。

另外还有一种说法是，中国语言是科学思想发展的主要障碍。这种理论曾被推至极端，以致有人曾建议中国语言必须被废除。自此可以看出中国知识分子当时极度绝望的心理状态。

## 1900～1950 年：急速引进现代科学

标志中国真正开始引进现代科学的有下列三项事件：

1898 年，京师大学堂(北京大学的前身)的成立；

1905 年，科举制度的废止；

1896 年到 1898 年间开始派遣学生东渡日本留学②。

① 见姚蜀平《中国留学运动初探》(预印本)。

② 见姚蜀平《中国留学运动初探》(预印本)。

到 1907 年，大约已有 1 万名中国学生在日本留学。几年后，留学浪潮蔓延至美国和欧洲。这些早期的留学生在出国前没有机会接触现代科学。到了外国以后，绝大多数没有攻读较高的学位。但是，就是这批学生才真正地开展了引进近代科学的工作：他们回国后，很多做了教师。而这些教师的学生们就有机会在出国前接触到一些近代科学知识。到这些学生们去外国留学时，他们便有能力学习前沿的科学，取得硕士与博士的学位。

首批的中国物理学博士大多是在美国取得学位的。

**表 2　最早取得物理学博士学位的中国人①**

| | |
|---|---|
| (a) 最早 4 位中国实验物理学博士和取得学位的学校 | |
| 李复几(1885～?) | 1907 年德国波恩大学 |
| 李耀邦(1884～?) | 1914 年美国芝加哥大学 |
| 胡刚复(1892～1966) | 1918 年美国哈佛大学 |
| 颜任光(1888～1968) | 1918 年美国芝加哥大学 |
| (b) 最早 3 位中国理论物理学博士和取得学位的学校 | |
| 王守竞(1904～1984) | 1927 年美国哥伦比亚大学 |
| 周培源(1902～1993) | 1928 年美国加州理工学院 |
| 吴大猷(1907～) | 1933 年美国密歇根大学 |

上面讲到，引进近代科学在中国是一个争辩了几百年才达到的决心。可是在下了决心以后，进度却是惊人地快速。最早的三位中国理论物理学博士，他们都是我父亲杨武之(1896～1973)的同代人。他们这一代在取得学位后都回国担任教职，其中周培源和吴大猷两位先生是我在昆明上大学和上研究院时(1938～1944 年)的老师。那几年我在昆明学到的物理已能达到当时世界水平。譬如说，我那时念的场论比后来我在芝加哥大学念的场论要高深，而当时美国最好的物理系就在芝加哥大学。可见两代先辈引进了足够的近代科学知识，令我这代人可以在出国前便进入了研究的前沿！

## 1950～2000 年：中国开始加入国际科技竞赛

上面讲到，这个世纪的头 50 年，近代科学的精神与内容都急速地渗入中国，在中国社会产生了巨大的和历史性的影响。但是在 20 世纪中叶以前，我们仍不能说近代科学在中

① 制作此表时，作者曾与张奠宙教授讨论，并从他发表于《二十一世纪》第 7 期第 72 页(香港中文大学，1991 年)的文章，以及从钱临照教授、孟大中教授两位的信件，取得不少有用的资料。

国已经“本土化”了(用撒布若教授的观念)。渗入的程度不够,可见于下列各因素:

涉及科学的人数仍然不多;

涉及科学的层面仍然不多;

缺乏工业基础支持研究与发展;

连年的战祸:军阀混战,抗日战争和国共内战等等,不能为研究工作提供一个稳定的社会、政治和经济环境。

随着1949年中华人民共和国的成立,这些因素都被一扫而清。“文化大革命”前的17年里(1949～1966年),中国的土地上有了惊人的发展。现代科学终于在中国“本土化”:数以百万计的科学家和工程师被训练出来,复杂的研究与发展架构被建设起来,巨大的科技成果完成了。

20世纪也目睹了中国人对自己的重新认识。上面说过,本世纪初,中国人对自己追求近代科学的能力有过怀疑。但是,今天中国人已相信近代科学并不只是白种人才能做的。这种信念的起因有很多因素,表3所列的种种成就当然是其一,但是还有其他的因素:日本利用科技发展惊人地成长为世界经济强国;东方人在各种科技领域中获得了许多灿烂的成就;在欧美院校里中国学生杰出的表现;这些都为这一影响深远的自我重新估价扮演了重要的角色。

**表3　中国与其他强国重要科技成就的时间比较**

| 第一次制成 | 年份 | | | | | |
|---|---|---|---|---|---|---|
| | 美　国 | 前苏联 | 英　国 | 法　国 | 日　本 | 中　国 |
| 反应堆 | 1942 | 1946 | 1947 | 1948 | — | 1956 |
| 原子弹 | 1945 | 1949 | 1952 | 1960 | — | 1964 |
| 氢弹 | 1952 | 1953 | 1957 | 1968 | — | 1967 |
| 卫星 | 1958 | 1957 | — | 1965 | 1970 | 1970 |
| 喷气机 | 1942 | 1945 | 1941 | 1946 | — | 1958 |
| M2飞机 | 1957 | 1957 | 1958 | 1959 | — | 1965 |
| 试制计算机 | 1946 | 1953 | 1949 | — | 1957 | 1958 |
| 计算机(商品) | 1951 | 1958 | 1952 | — | 1959 | 1966 |
| 半导体原件 | 1952 | 1956 | 1953 | — | 1954 | 1960 |
| 集成电路 | 1958 | 1968 | 1957 | — | 1960 | 1969 |

此表引自 N. Bloembergen, *Science in Contemporary China*, ed. L. A. Orleans(Stanford Univ. Press, 1980).

## 21 世 纪

概括说来，我们可以这样总结：1600～1900 年三个世纪里，儒家保守思想所产生的文化和知识方面的惯性抗拒了西方近代科学的引进。其中最后的 60 年里，先是英国，继而其他欧洲列强，然后日本和美国都先后以现代武器欺凌落后的中国人。割地赔款之外，更留下了灵魂深处的心理创伤。直到最后忍无可忍的关头，中国才在 1900 年真正开始引进西方近代科学。此后的进步却是惊人的神速，所以在 20 世纪的后半叶，可以说近代科学已在中国“本土化”了。

那么下一个世纪又会怎样呢？

要准确地预测未来的事情是不可能的。可是历史长流却必然有长远的因素。下面列举的中国社会特征。我相信将对下一世纪的中国科技发展起决定性的作用。

（甲）人口众多的中国拥有千百万极聪明的青年。只讲一下我个人的经验：我在中国念小学、中学和大学时，都曾有许多十分聪明的同学。如果能获得适当的机会，相信他们里面很多位都会在科技领域中崭然露头角。

（乙）儒家文化注重忠诚，注重家庭人伦关系，注重个人勤奋和忍耐，重视子女教育。这些文化特征曾经，而且将继续，培养出一代又一代勤奋而有纪律的青年。（与此相反，西方文化，尤其是当代美国文化，不幸太不看重纪律，影响了青年教育，产生了严重的社会与经济问题。）

（丙）儒家文化的保守性是中国三个世纪中抗拒吸取西方科学思想的最大原因，但是这种抗拒在今天已完全消失了，取而代之的是对科技重要性的全民共识。

（丁）自 1978 年起，中国经济猛进，每年都有超过 9%的增长。一些经济学家相信中国将在 2010 年左右变成世界上国民生产总值最大的国家①。即使这个推测过于乐观，中国也必会在那时成为世界工业强国之一。

也许有人会说中国将会有政治问题：领导更替的危机，意识形态的危机，贫富不均的危机，外交危机等等。不错，无可避免很多这类问题都会发生。但是试看一下 20 世纪的中国：两次大革命、军阀混战、日本入侵、朝鲜战争、灾难性的“文化大革命”等等，都是大危机。可是这些危机没有一个阻止了中国在这个世纪科技上的卓越飞跃。为什么？

---

① 见 *The Titan Stirs in the Economist*，November 28，1992。

因为做科学工作其实并不困难①。必要的条件只是上面所讲的四项,可以概括为才干、纪律、决心与经济支援。中国在这个世纪已经具备了前三项条件,到了下一个世纪将四者俱备。

所以我的结论是,到了21世纪中叶,中国极可能成为一个世界级的科技强国。

(本文原为作者1993年4月27日在香港大学演讲的讲稿。本刊据作者提供的文本发表。本刊发表时,经作者允许对*号句中史料数据作了校核。)

[第47卷第1期(1995)第11—17页]

① 徐光启的三似三实说(见上文)已经道破了科学研究其实不难的真谛。

# 12. “科学宣传”六议

卞毓麟

“知识就是力量”，培根(Francis Bacon, 1561～1626，英国哲学家)的这句名言，言简意赅，朗朗上口，我国公众早已熟知。

与此有关，培根还有一句名言：

“知识的力量不仅取决于其本身的价值大小，更取决于它是否被传播以及被传播的深度和广度。”

这番话流传得不如上一句广泛，却同样富含哲理。要想把“知识”变成公民的和国家的现实“力量”，就必须研究其在社会上“是否被传播以及被传播的深度和广度”。而要促进“知识”的“传播”，就必须认真地“宣传”。今天，科学技术上的竞争已成为国际间综合国力竞争的关键，因而更需要注意对现代科学技术的知识体系作切实的“宣传”。

有感于此，谨藉以“传播科学”为旗帜的《科学》创刊 80 周年之际，略陈“科学宣传”之管见。遂成六议如下。

## 一议：何为“科学宣传”

《科学》长我 30 岁。今重温斯刊之坎坷经历，何啻感慨万千。昔任鸿隽、杨杏佛、胡明复、赵元任、周仁等前辈学人于内战连年、外侮交加之际，毅然节省留学生活费用，创办《科学》，其高风自属可嘉，而“传播科学，提倡实业”之宗旨尤为可佩。“提倡实业”之语，或因时势之变迁而有小异，“传播科学”则恒为任何时代之必需。《科学》的 80 年，是传播科学的 80 年。也可以说，是为“科学宣传”作出卓越贡献的 80 年。

那么，什么是“科学宣传”呢？

我们先从一般的宣传谈起。“宣传”这是一个相当复杂的概念，不同的工具书所下的定义亦有颇大差异。就现代实用汉语而言，笔者以为《中国大百科全书・社会学》的说法比较可取：宣传是“利用大众传播工具，有组织、有系统地对一定数量的对象给予某种信息，使其态度、信念、意见和行为等按宣传者所希望的方向发生改变的过程。宣传的机理是用事先准备好的一套观念，去影响和改变对方原有的心理状态、意见与态度。宣传实际上是一种心理注入和心理控制的过程”。从社会学的角度，宣传常按其内容分为四类：政策宣传、商业宣传、教育宣传以及宗教宣传。

至于"科学宣传",如今在日常生活和科学学研究中,它都尚未成为一个定型的概念而被规范地理解和使用。它可以理解为最广义的"教育宣传"的一个组成部分。然而,基于科学技术在现代社会生活中的重要性,笔者以为,还可以把"科学宣传"这一概念从其他概念中独立出来,并给予如下注释性定义:

> 利用大众传媒,有目的、有系统地向传播对象(个体或群体)注入科学之内容(知识)、方法和意义等信息,使之按有利于科学和社会进步的方向转变其意识、信念、态度、行为等的过程。

因此,与通常使用的"科学普及"概念相比,在对象和内容上,"科学宣传"的涵义都更为广泛;与"科学传播"相比,在行为的主体和目的上,"科学宣传"的表述都更为鲜明,更含主动性。

既属"宣传"的范畴,科学宣传亦有五大要素:(1) 目的,即为了什么;(2) 内容,即讲什么;(3) 对象,即让谁听;(4) 主体,即谁来干;(5) 方法,即怎么做。

## 二议:科学宣传的目的

1994年初,从大洋彼岸传来消息:美国国家科学院将公共福利奖章授予天文学家、杰出的科普作家萨根(Carl Sagan),表彰"他在传播科学之神奇和重要性,激起无数人的科学想象力,以及用通俗的语言阐释艰深的科学概念方面所表现出来的非凡能力"。

一个国家的科学权威机构设置崇高的荣誉,奖励杰出的科学传播者、出色的科学宣传家,这是其科学界乃至整个社会,对科学宣传的重要性已形成共识,并置于应有高度的一种表现。反思我们,对于科学宣传是一项重要的社会事业,在科学界和全社会似乎都还缺乏充分的共识和认同。这里,涉及到对"科学宣传的目的"的认识问题。

科学宣传的目的是什么?

从科学自身看,有两条:促进科学当前的发展和培养后继科学人才;从整个社会看,也有两条:建设精神文明和建设物质文明。

在这几乎不言自明的答案中,笔者作为一名科学工作者最有感触的是第一条,即"促进科学当前的发展"。这一条与科学界关系最密切,但也最容易被埋头科研的人们所忽视。

科学事业要健康地发展,必须取得社会的理解、认同和支持。只有在这层意义上,培根所说的“知识的力量”才能得到充分的发挥。哥白尼的《天体运行论》早在1543年即已出版，然而其“日心说”的力量，却是历经一百多年，在这一学说被人们充分理解之后，才充分体现出来。为了宣传这一科学学说，求得科学的自身发展，好几代科学家前仆后继，不懈奋斗，布鲁诺上了火刑柱，伽利略遭受终身监禁，为释放“知识的力量”付出了沉重的代价，在科学和社会发展史上留下了可歌可泣的篇章！

当前，从事第一线研究的科学家们，对于经费拮据常深感切肤之痛。面对资源的市场经济配置，如何转变观念，求得科学的当前发展？笔者以为，在增强市场观念的同时，还应提高主动“宣传”科学的意识，促使社会公众(在科学面前，管理者、决策者也属于广义的“公众”)对科学有更全面、正确、深刻的了解。笔者曾将这一宣传过程比喻为“四部曲”：

||：首先，有效地宣传科学知识；

其次，争取人们的理解和同情；

然后，取得道义上和舆论上的支持；

最后，筹集充分的资金，发展自己的科学事业。：||

这是一个不断反复的过程，因此加上“反复记号”。这样做，具有提高公众科学素养和促进科学自身发展的双重作用。试想，平时不注意科学宣传，等到“化缘”的时候才匆匆念经：“我的工作很重要，请给予资助！”那究竟会有多大效果呢？须知，公众对科学的理解与支持程度，是建筑在相应的大众科学素质水平上的。更何况，科学家本来就有向公众传播科学的义不容辞责任，本来就应在促进社会两个文明建设的过程中求得科学自身的发展。

## 三议：科学宣传的内容

科学宣传的内容，大致有三个方面，即科学的知识、科学的方法、科学的意义(这里暂不谈科学家情操、道德等的宣传)。

科学“知识”，无疑是科学宣传的最基本内容，宣传科学的“意义”与“方法”也常常是通过“知识”的宣传来实现的。我们熟悉的“科学普及”一词，习惯上就常指科学“知识”的宣传。从我国的历史和现状来看，相对于后两项内容，科学知识的宣传还是做得比较多的。问题是如何跟上科学和社会发展的步伐，向深度和广度进军，做得更好、更有效。

现代科学技术的知识体系，宏大而精深，错综而严密。要想从中吸取力量，既需要对它作宏观的把握，也需要对它作微观的了解。因此，科学“知识”的宣传，也应从宏观和微观两个方面进行，并注意两者的结合。据笔者所闻，目前综合性的科学普及刊物不少处境艰难，亟需社会多予支持。显然，缺少综合性科学普及传媒的科学宣传，是跛足的科学宣传；综合性科学宣传的薄弱，则难通观现代科学技术发展的主流和全局。

科学的“方法”，主要是指科学的思维、逻辑以及过程。今天，我们大概还无法使社会上每个人都具有科学家那样渊博高深的知识，却有可能让每个人在自己的社会角色中学会科学的思维方法，像科学家那样研究、分析、处理问题，生活得更有效率，更富创造性。本来，每个正常人的大脑都具有创造的潜力，需要的是通过科学方法的宣传，去启发和开拓。强化科学方法的宣传，对于增强我们全民族的科学意识和素质，具有无可估量的深远意义。

科学的“意义”，主要是指科学的功能。这里有多方面的内涵：社会的、文化的乃至科学自身的。笔者以为，较诸前两个方面，我们在这方面的宣传尚显薄弱肤浅，也不够全面。例如，即使在知识界、科学界内部，也会听到诸如此类的说法：研究“恒星演化”“夸克禁闭”这些事儿，对人类切身利益没什么用；花那么多钱发射“行星探测器”是得不偿失，地球上的事都没管好，何必忙着管别的星球上的事，等等。诚然，一个人议论自己不熟悉的事难免会有所偏颇。但是，这类议论至少说明两个问题。一是议论者(即便是某行专家)都有一个不断接受科学宣传，不断提高自身科学素养和增强科学判断力的问题。这样才不容易在隔行的问题上出洋相。二是这些被议论的问题多属基础研究范畴，对它们的功能有一个正确宣传的问题。大厦之宏伟，离不开基础，然而基础却是被掩埋的。同样，基础研究的重要性，也常被科学大厦之宏伟所掩盖。基础研究的超前性，也使人们难以一眼窥透它的潜在力量。因此，基础研究领域的专家尤其要重视向社会公众宣传该领域的意义与价值。

作为一名天文工作者，笔者愿借此机会顺便谈论一下“行星探测器”的“意义”。即使从非常“实际”的目的而言，它也是十分“有用”的。例如，地球的气候状况十分复杂，风霜雨雪、旱涝沙雹、严寒酷暑，全是地球上的复杂气象条件造成的。海岸、陆地、大气对气候的影响，相互交织、彼此消长，人们至今尚未弄清其中的复杂关系。要是能有一些比较简单的全球性气象系统(比如只有海洋没有陆地，或只有陆地没有海洋，或整个大气的温度恒定等等)，那就比较容易弄清海洋、陆地、大气各自对全球气候的影响，再研究复杂的地球气候就会方便得多。大自然果真提供了这种方便：整个木星表面覆盖着液态的氢，火星只有很稀薄的大气而没有水源，金星则完全被几乎恒温的灼热大气所包围。

萨根有言：“我们的行星可能处在非稳定平衡状态中，小小的触动就可能引起不稳定，使地球朝火星或金星的恶劣环境转化。既然人类的活动会无意识地改变地球的气候，我们就急需理解气候变迁的原因和医治的办法。研究其他行星的气候，乃是了解我们自己这个星球的极好办法。”如此看来，“行星探测器”对我们人类不是极有实际用处的吗？

回想1992年，中国天文学会成立70周年之际，宋健同志曾题词，称天文学为“现代科学先驱，唯物哲学支柱”。这话是很深刻的。笔者一直深感天文学界同仁有必要集思广益，从方方面面系统地深入宣传一下“人类究竟为什么需要天文学？”

其他学科。又何尝不是如此！

## 四议：科学宣传的对象

科学宣传的对象当然是全方位的社会公众。但是，在不同的场合，针对不同的情况，具体的对象也会因时、因势、因地而异。

青少年、各行各业的业余爱好者是传统的科普宣传主要对象。对青少年的科学宣传是永恒的，今天的问题是必须研究适合当代青少年的宣传方法，对此后面还要议到。在对象问题上，与传统情况不同的是：市场经济大潮中涌现出了新的人群——企业家和经济管理者，对他们的科学宣传已提上日程。笔者在此仅以一个百年前的故事，说点感想。

1892年，美国芝加哥大学24岁的天文学家海尔(George Ellery Hale)获悉光学仪器家克拉克(Alvan Graham Clark)能提供口径1.01米的透镜，便打算用以建造一架世界上最大的折射望远镜。但他缺乏资金，于是就盯上了控制着整个芝加哥交通的金融家叶凯士(Charles Tyson Yerkes)。海尔彬彬有礼，娴于辞令，更有坚韧不拔的毅力。他一次次地游说，促使叶凯士一而再，再而三地解囊捐助。1897年，这具透镜重230千克、口径101厘米的巨型望远镜终于安装在上年刚落成的叶凯士天文台上，迄今它仍是世界折射望远镜之王。1917年，海尔又用另一位巨商胡克(J. D. Hooker)的资金建成了当时世界上最大的反射望远镜——口径254厘米的“胡克望远镜”。

这个故事表明，从科学的当前发展而言，向企业家等有影响人士锲而不舍地作有效的科学宣传是何其重要。其最后的实际效果，则决不限于科学领域。企业家、管理者、决策者等有影响人士对科学的了解越是全面、深入、透彻，对社会发展的影响就越是巨大。对于科学界来说，当前则有一个很具体的研究课题：如何才能通过有效的科学宣传，对社会各界的“有影响”人士施以更大的影响？

## 五议：科学宣传的主体

科学宣传这样重要，那么该由谁来干？

我国的“科学普及工作者”这一概念，与欧美的“科学传播者”概念大体相当。他们努力将科学知识普及到社会的各个角落，促进其转化为巨大的社会力量，是从事科学宣传的一支重要队伍。尽管在现阶段，我国科普工作者的社会地位还比较低，国家对科普事业的投入还十分有限，我国有志于传播科学火种的专业与业余的科普工作者仍然作出了很大成绩，这是很令人钦佩的。显然，需要有专门的科普工作队伍。笔者在此则想提出另一个问题：就广义的科学宣传而言，主角究竟应该是谁？

要选主角，首先就要看看，剧情和台词是什么？还要看看这台戏的原始素材在哪里？这就与“三议”的问题有关。既然唱词是“现代科学技术的知识形态"，主角就应从对此最有发言权的人群中去找。

试问，谁对科学最了解，最有感情？当然是站在科学发展最前沿的科学家。尤其是，关于当代科学技术的前沿知识和最新发展，首先只能由这些科学家来传布。在整个科学传播链中，科学家是无可替代的“第一发球员”。

当然，有了“发球员”还要有“二传手”，有了“主角”还要有“配角”。这样才能调动社会各方面的积极性，唱好科学宣传这台戏。

笔者在这里想强调的是，“科学普及太重要了，不能单由科普作家来担当”。《科学》45卷2期的同名拙作和本文(两者实为姊妹篇)，最初的写作动机均为吁请科学界对这一问题的注意，希望引起科学界同仁们的共鸣、讨论和批评。我们在潜心科研的同时，千万不要忘记：宣传科学，本是我们义不容辞的职责，我们对此理应不遗余力、当仁不让！

笔者盼望，中国也出现一批像萨根那样视宣传科学为己任的科学家，出现一批像萨根那样杰出的科学宣传家。

## 六议：科学宣传的方法

由于种种原因，有些科学界同行认为科学宣传“说了也没用”，所以对此“不感兴趣”，只道是“还是多干些实事为好”。殊不知完全“不感兴趣”是办不到的。君不见，每当申请基金、争取资助时，谁还能对宣传自己的研究课题和科研成果不感兴趣呢？至于说了有用还是没用,除了信心而外,重要的是方法问题。

说到“方法”,让我们再次回到宣传的本质上。什么是宣传？粗犷地说(这当然不是严格的定义),宣传就是：发挥“言者”的思想,转变“听者”的观念。如果听者与言者掌握同样的信息,对问题持同样的看法,那么“言”便成了无的放矢,没有必要了。

“假使有一种思想或信仰要使人接受,务必连续地发表”。这是我国社会学家孙本文于1946年在《社会心理学》一书中提出的六条宣传规则中的第一条。不论什么事,不能指望只说一遍,或区区几遍,就要听者言听计从。我们进行科学宣传,说一遍两遍效果不大,何不再说上十遍八遍？宣传不持之以恒,何以取得共识？倘若仅使三招两式,便道无用而偃旗息鼓,其本身就有悖于科学的精神。

孙本文提出的另外几条规则,对于研究宣传的方法,即“怎么做”的问题,也有相当参考价值。其最后一条是:“为得到久远的效果,务将宣传内容注入儿童,渗透到教育之内。”这一条对于科学宣传尤为重要。如何更有效地在儿童、青少年的教育中注入科学因素,实是一个不容再延宕的问题。我们高兴地看到,自邓小平同志提出“计算机的普及要从娃娃抓起”之后,已引起社会各方面的重视,有了良好的开端。我们的教育家和科学家们则要继续解决好“怎么做”的问题。推而广之,整个科学教育如何从儿童抓起,也都有一个“怎么做”的问题。这又进而涉及如何加强教育者本身的科学继续教育等问题。科学宣传乃是所有这些工作的组成部分,同时又可以说是它们的基础。

“怎么做”的答案,要在做的过程中完善。首先,是要去做,去实践,笔者的朋友位梦华是一位南北极考察专家。他曾发自内心地呼喊,为了极地考察,“谁肯提供一点钱,我就豁出一条命”。他为此热情地奔走宣传,还写过许多出色的文章。笔者衷心希望他取得更大的成功。如今,不少人一直盼望国家向自己的研究领域大幅度注入更多的经费,或者企业家们能慷慨解囊。是的,谁都希望这样的“机遇”频频到来。但是,为了造就更多的“机遇”,作为科学家群体中的一员,就必须锲而不舍地多做些,再多做些科学宣传工作。

“纵非如愿以偿,亦当尽力而行!”

创办《科学》的前辈学人正是这样做的,其继承者们也一定是这样想的。

笔者喜欢这句格言,并愿以此与科学界同仁及广大读者共勉。

[第47卷第1期第23—26页]

# 13. 八 十 自 述

彭桓武

（中国科学院理论物理所名誉所长、中国科学院院士彭桓武先生于1995年4月应邀访问上海复旦大学期间，作了两场长篇演讲，受到热烈欢迎。这是一个科学家的回顾，也是一位80老人对莘莘学子的期望。本刊特请蒋平教授整理，并经彭桓武院士审定，在此发表。）

## 治学与为人之道

治学与为人并没有一个统一的模式，各人有各人的做法，这里我仅以解剖自己的方式给大家提供一点参考，希望对大家有所帮助。先谈三个具有普遍意义的观点作为开场白。

第一，自然界的知识对人类是有用的。这一点虽然在中国古代不太重视，古籍中也少有记载，可在西方几百年前就十分明确基础科学的作用。例如英国皇家学会300年前的成立宣言中就强调了科学知识的作用。

第二，历史知识对人类的发展可资借鉴。历史的借鉴作用却是中国人历来所强调的。例如《史记》作者司马迁和《资治通鉴》作者司马光就都说过类似的话。今天我们说的“古为今用”也是同一个意思。历史是不能重复的，但历史知识有参考借鉴的价值。

第三，人与所有生物一样，存在着个体的差异。生物界里没有完全一样的东西，个体与个体之间总有不同之处。每个人所做的事情各不相同，而社会的发展需要人与人之间的通力协作。中国有句古语“天生我材必有用”，英国也有一句意义相近的古谚语：It takes all sorts of people to make the world。我们每个人都既有优点又有缺点，因此我们自己应认真分析自身的优、缺点，从而摆正自己在社会中的地位，扬长避短，才能对社会作出最大的贡献。而对领导者的用人之道来说也就应该知人善任，用人之长，避人之短，才能最大限度地提高效率，避免差错。

**治学**

我本人在这一生的学习中有这样一些特点。

首先是主动请教。记得上初三的时候，物理老师讲了个透镜公式 $1/f=(n-1)\cdot$

$(1/R_1 - 1/R_2)$。当时我以为所知道的物理公式都是由实验得出的，看到竟然有这么复杂的公式，甚觉莫名其妙，我便去问老师。我的物理老师是一位北大毕业的好老师。他并不直接回答我的问题，而是借给我一本北大用的英文版大学物理教科书，指着上面的一幅图对我说，解释就在这里。我一看就清楚了，原来这个公式也有实验基础，就是折射定律，其余都是数学推演，主要是用几何学，而且我自己也做出来了。这件事我一直铭记在心，因为我从中得到很深的教益。一是看到了理论的作用，实际上这是我一生中第一次接触物理理论。理论和实验一结合，即使是很复杂的问题也迎刃而解。二是我的英文就此在初三时期就过关了。再有，我看到了一个典型的启发式教育的积极效果。

后来我到英国留学，师从著名学者玻恩(Max Born)。在阅读一本专著时碰到一个散射公式，是用波动力学求解的。波函数写成入射波与散射波的和，而散射的强度需用波函数的二次式计算，但其中交叉项则被略去，然而这些被略去的项在数量级上同保留下来的项不相上下，似乎照理是不该略去的。我便带着这个疑惑去请教玻恩，他给了我一个很精彩的回答。测量散射波是不能在入射波经过的路途中进行的。入射波虽然通常用平面波描写，但实际上总是有一定宽度的，就同光束的宽度受光阑限制一样。在散射方向的测量处，已在入射波的宽度之外，其入射波的幅度应为零，自然也就不出现交叉项了。换句话说，略去交叉项恰恰是反映了物理的实在。他的回答告诉我做理论研究一定要使理论能正确地描写实际情形，就是说要妥善处理理论和实验的关系，这是做学问的一大关键所在。

以上两个例子都给了我很大的收获。但我想如果我不主动发问，即使有再好的老师，即使大师级的人物在身旁也是得不到那么大的收获的。因此我深刻体会到，主动请教是做学问的另一大关键。

其次是要处理好学习的深度与广度、简单和繁杂、近期安排与远期目标之间的关系，以便彼此间互相配合，相得益彰。

当年在清华读书的时候实行的是选课制。我在进清华之前已读过汤姆逊(Thomson)的《科学大纲》、达尔文的《物种起源》等许多商务印书馆出版的书，对于科学的体系已有了大概的了解，并且也能确定哪些课程简单一些，哪些课程复杂一点。于是我入学的时候就将四年的选课表统统拿来，根据繁简、深度和近期远期之间的关系统一选择安排四年所应修读的课程，制定出整整四年所应达到的目标。自然科学课程中我只选物理和化学深入学习，数学只是去旁听并不选课。另外选了一门比较轻松的课程社会学，本来还想选解剖课，因为我想对生物学来说解剖是至关重要的。不过后来没有做成。我觉得只要你深入地学好一门课，那末推而广之，再学相近的科目就也能达到相当深刻的程度。深与广是学习中相辅相成的两个侧面。大家知道，物理学比化学简单，化学又比生物简单，根据由简到繁循序渐进的原则我是先学物理再学化学。最有趣的是学心理学。我找了个高年资的同学一边散步一边聊天，一边谈心理学。他告诉我心理学有所谓三大学派，我便去借了三本书，一派一本，书看完了，心理学也就算学了。

再有就是学习需要兼容并蓄。这是蔡元培先生早年提倡过的。一方面不同的学科有不同的思维方式，我选学不同的学科就能学到各种思维方式，对之我都很尊重。在学社会学的时候我很尊重个体方法(case method)，这就是毛泽东所提倡的“解剖麻雀”的方法，而且后来还把这种方法用到学科学中来，对一位量子力学的创始人狄拉克(Dirac)的论文作系统阅读分析。另一方面同一学科有不同的学派，各有短长，我对各种学派都很尊重，这样我就能集各家之所长，并进而形成自己的风格。我曾经跟薛定谔学了四年波动力学，又花了五年跟玻恩学海森伯的矩阵力学，还自己系统读了狄拉克量子力学论文就是一个例子。当然在广泛包容的同时，作分类比较联系贯通也是必要的。

**工作**

在工作方面我比较重视如下几点。

1. 认真务实，强调正确反映实际情况，就像画画写生一样，力求真实。

2. 对工作中所涉及到的各种因素都要逐一分析、推敲其重要性，力求抓住关键，可以忽略的就略去不顾。

3. 多途径思考问题，各种途径要加以分析比较，选择最有希望的一条途径先工作，然后再沿第二条途径工作。这是一种搜索方法，在探索或搜索中不断地调整其优先权重。

4. 将大问题分成小问题研究解决。我曾请教过薛定谔如何做研究，他回答，Divide and Command，即分而制之。这样难点就化开了。其实这句话是古罗马的凯撒大帝说的。实践证明这个方法相当有效，不过要做到这一点，要能将大问题分解开来也是需要相当深厚的功力的。

5. 深刻认识矛盾的普遍性与特殊性的关系。这对从事理论物理研究的人来说尤为关键，做好了就能成为好的理论物理学家。理论是有普遍意义的，反映矛盾的普遍性；而实际问题又都是很具体的，表现矛盾的特殊性。从具体的实际情形出发形成研究课题，再用普遍的原则，例如第一性原理去处理。单就实验本身而言，分析实验是从特殊到一般，而设计实验则是从一般到特殊。这种普遍性与特殊性相结合的过程要反复多次才能深入，这也是符合认识逐渐深入的过程的。在研究具体问题的时候注意用普遍性的理论来指导。这样从一个研究对象转到另一个研究对象就不困难,因为总有共同性存在。记得当年我们开始研制氢弹的时候就是如此。当时根本不知道氢弹是个什么样子,谁也没见过,只能从普遍性着手,最终获得成功。这就可以看出认识论中的这一方法是多么有威力。又如我刚开始搞生物物理方面研究时,到上海找人讨教什么是生物物理,但众说纷纭,莫衷一是,连个明确的定义也没有。我便根据普遍性与特殊性的关系分析,生物物理是交叉学科,类似的有化学物理,也是交叉学科,而化学物理的涵义是早就清楚的,杂志都出了几十年了。我从化学物理中看出交叉学科应当有的共性,将它用到生物物理中来。我认为化学物理所以搞得好是因为物理学发展到了一定阶段建立了量子力学,从而从根本上沟通了物理和化学,给化学物理的发展开辟了极光明的道路。因此我认为目前还有待于物理学进一步深入发展到一个新的阶段才能同生物学紧密联系起来,也才能促进生物物理有大的发展。

**为人**

以下我想谈谈为人处世当中的一个重要问题,即人生目标的选择与向着目标前进的动力,实际上目标与动力本身也是密切相关的。

我这里讲的目标不是那种所谓宏伟的理想,伟大的抱负,而是人生旅途中在不太长的时间内可以达到的里程碑。因此根据实际情况及时调整目标很重要,这种自觉的调整往往会构成人生的重要转折。

所谓实际情况包括个人的主观条件,即自己的长处和短处,以及客观条件,包括自然的和社会的环境。

我自幼体弱,独立生活能力比较差,不能离开家乡到外地上学。于是只能上小学,小学完了也只好再上小学,甚至私塾。早先我上学时,班上一共 30 多个人,我排名 20 多,因为图画、唱歌、手工和体育 4 门课我都不行。虽然算术、语文、英文好,可一平均,成绩就被拉下来了。后来在哥哥帮助下到吉林的毓文中学跳级上初三。在那里没有我不行的课。那里重数、理、化,还能选读解析几何、旧制师范英文等课程。这正好发挥我的特长,一下子就跳到班上第一名。我腾飞了,成了龙头老大。如果仍在原来的学校里老是第二十几名,人被弄得灰溜溜的,也就不会有以后的发展了。因此这是一次对我的一生有深远影响的转折。第二次转折是升大学。我进了清华之后老老实实念了六年书,四年本科,两年研究生,同时身体也变好了。于是我就在七七事变之前离开清华,先到泰山避暑,然后转道上海、海防去昆明云南大学教书。看来这是我处理得相当成功的一次转折,以至从不夸奖我的父亲也说我办得好。不久由于西南联大到了昆明,增设了一个出国考场,我也就此考出去了。当时因为剑桥已有好几位中国学生，周培源先生便叫我去爱丁堡师从玻恩。回国后又到昆明教书，我觉得教书总是对社会对国家的贡献。

个人前进的动力有大有小，也有各种各样的动力，难以一概而论。在许多情形下为求生存就是最基本的动力。例如读本科时希望毕业后能做中学老师，读研究生时希望毕业后能到大学任教，这都是指望能有比较好的生活条件，不至为冻馁所困。而在求学的时候，往往动力来自兴趣，来自对自然奥秘的追求探索。在上初中之前我读了大量文、史方面的古书，实际上走的是旧文人史学研究的道路。初三起才接触物理，一下子就被吸引住了，以至"弃文就理"，对自然科学产生了浓厚兴趣，并转化为强大的动力，而且形成了专攻难题的爱好。记得那时数学试卷上有两类题，一类是普通题，每题 20 分，共 5 题；另一类为难题，共两道，每题 60 分。我总是只做难题，也能得 100 分。解出难题带给我巨大的乐趣，又反过来增强我探求自然的动力。当然最强大最根本、最具持久性的动力是与社会责任感密切联系在一起的。新中国成立后组建近代物理研究所，搞原子能，这样自己的工作就同国家的命运联系在一起。后来又发生苏联撤走专家事件，于是国家的安全、荣辱就化成了自我激励的动力，这就使自己的动力升华到了一个前所未有的高度，远远超过以前的动力。

回顾自己一生，我深深体会到，该干的一定得干，而且要尽心尽力地干好。工作越难成长愈多，工作越紧成长愈快。有时会碰到难得的机遇，一定要及时抓住这种天赐良机把工作做得更好。我的经验总结起来可归纳成 16 字诀：

主动继承，放开拓创，实事求是，后来居上。

最后摘录过去写的两首诗中的残联作为结束：

世乱驱人全气节，天般嘱我重斯文。(1939，爱丁堡)

不是工农兵协力，焉能数理化成功。(1964，罗布泊)

## 个人学术思想漫谈

今天我在这里同大家漫谈，以随想的形式回顾多年来在学术领域中我所接触到的几个问题，以及我自己做过的一些工作，讲一讲我的看法。

**关于广义相对论**

早在读大学本科的时候，我就开始了广义相对论方面的研究。我在四年级时的毕业论文就是做广义相对论，由周培源先生指导。后来周先生又招我做研究生，继续广义相对论方面的研究。不过周先生将题目交代给我之后就去了美国爱因斯坦那里，留下我独自在清华。由于研究院头两年要听许多课，我只做了一些数学方面的工作，不过直到我离开清华时都未发表，事实上当时国内局势也无法发表，大家都逃难去了。多年以后从国外回来才知道北欧有个克莱因(F. Klein)教授发表了类似的工作。当年周先生是按爱因斯坦的观点教我们的，当时我总觉得不舒服，以至于不知道广义相对论是个什么理论，是参考系理论呢还是时间、空间理论，抑或引力理论。其实周先生虽用爱因斯坦的观点教我们，但已对爱因斯坦的观点产生了疑问，酝酿提出新的解释。

直到70年代，周先生在庐山物理学年会期间正式提出与爱因斯坦不同的观点，将谐和条件作为物理条件。这是一个很大的变化，因为这样一来就没有广义相对论的弯曲时空，只有狭义相对论的闵可夫斯基时空或伽里略时空。参考系理论仍是通常的洛伦兹变换理论。周先生的观点告诉我们做研究要独立思考，实事求是，即使像广义相对论这样的著名学说，只要发现有问题仍然可以讨论。当然也不只是周先生一人对广义相对论提出质疑。前苏联的福克也持类似的观点，只是不如周先生那么明确。他们认为谐和条件是可以人为加上去的，而周先生认为必须用谐和条件，这是和爱因斯坦引力方程同样重要的，是引力理论的一部分。福克也认为广义相对论中没有参考系理论。从一个参考系到另一个参考系的变换可以用群论方法来数。六个转动，四个平动，组成十个参数的群。根据微分几何中的定理，n维空间可能允许的最大的群为$n(n+1)/2$，$n=4$时这个数目为10。因此必定有空间的曲率为常数。曲率若为零就是狭义相对论，若曲率不为零则可以有另一个空间。因此，作为参考系的理论，广义相对论的提法是不通的。在周先生的理论中时间空间就是狭义相对论的$g_{\mu\nu}$，是引力势，引力场有10个势。从而说明广义相对论只是引力理论。当年我第一次到英国时曾问过玻恩(Max Born)爱因斯坦为何要搞广义相对论，回答是狭义相对论建立起来以后就一定要推广牛顿的引力理论。标量势不行，光不能拐弯，与实验不符，而矢量势要排斥，不能相吸。如要相吸就必须搞到有10个分量的二级张量去。我注意到根据周老观点，狭义相对论的时空观是同量子力学、量子场论的时空观一致的，这就避免了彼此无共同语言的局面。另一方面周老的理论也不是完全否定爱因斯坦，另起炉灶，仍是爱因斯坦的引力场理论。只是10个引力势所满足的10个方程彼此并非完全独立，其中有4个恒等式，必须加上4个谐和条件作为物理条件方可定解。我觉得根据这个观点可以开展许多联系实际的问题的研究。研究爱因斯坦广义相对论的都是数学家，追求所谓严格解。可这些严格解一个也不同物理问题相对应，因为不知如何同物理相对应。然而根据周老的观点就可以做与物理相对应的问题。譬如对一个密度为常数的球的问题。按照爱因斯坦的引力方程，座标可以任意选择，只要应用史瓦西(Schwarzschild)座标即可求解。但史瓦西座标不知是什么意思。而按周老的观点，既然是狭义时空，座标是客观的。10个引力方程加上4个谐和条件，解14个方程才能得到唯一解。从这可以看出采用周老的观点接触实际问题是可能做出结果来的。这样就打开了理论联系实际之门。

**关于晶格动力学**

我到玻恩处的时候，已有一位师兄在那里，他在用量子力学做凝聚态研究方面很有名气。玻恩和他商量给我出个题目，就是计算金属原子热振动的频率，而且建议我用弗勒利赫(Froehlich)边界条件和微扰法做。我一看就发现一级微扰好做，既简单又漂亮。由于简谐运动是位移的二次函数，位移就是微扰变量，因而计算频率一定要做二级微扰，但二级微扰就相当困难。我采用另外的方法，即作一变换。在变换空间里恢复了晶格的周期性。当然动能、位能和算符都变了，但由于恢复了周期性的边界条件，因而采用正规的微扰理论做到二阶并不困难。不过由于当时的哈特里—福克(Hartree-Fock)近似不能得出关联能，因而振动频率做不准，只求得了弹性模量。所以我的博士论文可算只做了一半。但我以后一直关注这个问题。前些时我终于找到了可以计算关联能的框架。从1940年交博士论文直到现在90年代，这个问题在头脑里呆了半个多世纪。可见有的研究课题够你想一辈子的。关于周期性边界条件值得一提的是拉曼(Raman)和玻恩就此有过很激烈的争论。当时似乎是坚持这一边界条件的玻恩占了上风，因为理论的结果很好。拉曼从分子的观点出发认为任何实际的晶体都不存在周期性边界条件。我觉得两种观点都有可取之处，不应厚此薄彼，就像搞金属，量子力学可以采用布洛赫(Bloch)函数也可以采用旺尼尔(Wannier)函数一样。

后来我到爱尔兰的都柏林听海特勒(Heitler)讲量子化学课。我对量子化学一直有兴趣，因为我也学过不少化学。但我对量子化学也是一直不满意。因为量子化学是物理学家做的，而物理学家并不知道化学的真正要求所在。就拿化学反应中键能的变化来说，量子化学不管分子的大小，一概当成一个物理问题来计算电子的能量，直到原子内部K壳层的能量都一视同仁。于是一个电子的能量就高达上百电子伏，可化学键能不过在电子伏的数量级，在化学反应中键能变换的差别就更小了，还不到1电子伏，结果是每个电子能量都算出来相加，再总能量相减，变成大数相减，其误差便可想而知。再有，基函数选得如何连自己也不知道精确度怎样估计，又引进了误差因素。因此这样算出来的很多东西都是不可靠的。实际上这方面只要计算键能部分，计算差别，而内层电子的能量并不重要。因此我曾建议用键函数，而不用每个电子的波函数。当时想做的是$CH_4$，化学家称之为标准状态。只要算出 C—H 与 C—Cl 两个键即可算出五个分子,即 $CH_nCl_{4-n}$(n=0, 1, 2,3,4),还可以自洽核对,自然误差就小。求得键波函数,键—键相互作用还可扩展开去深入研究。这是我转到搞原子能之前最后一位研究生的工作,可惜并没有完成。前几年听说有人搞量子化学要采用双电子波函数,其实键函数就已是双电子波函数。

量子化学的缺点说明不能用单纯的物理观点搞化学问题,不同的问题应当有不同的观点。目前的量子化学其实只是物理。我认为应当将量子力学同物理化学结合起来,建立量子物理化学。例如电负性的问题,定义有好几个,这个问题搞清楚了就是量子物理化学。

我自己搞得比较深入的是场,电磁场、介子场。场是无穷个粒子的量子力学,有无穷个自由度。给定场,作傅里叶变换,系数即座标。无穷个粒子就有无穷个座标,因而引起发散的困难,我也为之花过很多精力。海特勒提出不必理会发散问题,保留项即为阻尼效应。我曾试用阻尼理论解决介子场的发散困难,不过没解决电磁场的发散困难,因为收敛不了,还是欠了账。我现在想用做关联能的方法再做一下。老一辈的物理学家,如狄拉克,大都不满意重整化理论,因为数学不干净,不严格。我也不满意。我现在想追求的是数学严格的方法。

**关于应用数学**

应用数学必须解决实际问题。我回国不久就开始发展原子能,需要做许多数学工作。反应堆,中子扩散中的方程类似热传导方程,更严格一些则为玻尔兹曼方程。但我做的第一个可与实验比较的问题却是在炼钢方面,是关于高温钢锭快速加热的问题。这是鞍钢为推广苏联的经验而提出来的,目标是钢锭从炉中取出后不让炉温下降就放进新钢锭,从而节省时间、提高生产率。因此必须研究适用于哪些钢种,钢锭的尺寸要多大等。当时组织了一个班子,除鞍钢、抚钢和北京钢铁研究院的人,还有我和北大的王竹溪教授以及钢铁学院的教授,一起进行实验。主要观察加热钢锭剖开后有无开裂、破坏。同时我们应用热传导、弹性力学的知识从理论上计算,可以考察某一参数(例如弹性模量,钢锭尺寸)在各种数值下的影响,而且不花钱。结果发现这个苏联经验适用于碳钢而特殊合金钢就不能采用。最后由有色金属局一纸命令下了结论,从而完成了任务。对我来说更重要的是我的计算同实验结果成系统性的相符,增强了我的自信心。接下来搞的一项实际工作才同原子能有关。在核工厂里造浓缩铀,要把许多叫做扩散基的设备连接起来。这是化工方面的事,我也懂一些。那种工厂里处理的都是可裂变的危险材料。如果处置不妥就会出链式反应事故。我去的任务就是要保证工厂不出事故。核工业的安全要做到亿万分之一的程度,要求是很高的。我到那里之后对各种设备逐一仔细查问工厂里的工程师,看哪个环节可能会出毛病。主要原料六氟化铀是气体,运输时要腐蚀机械,造成冷却水的泄漏,冷却水又会同气体起反应。诸如此类的问题举不胜举。我花了整整三天搞调查。一层一层地反复考虑各种各样的可能性。做这一类实际问题要求很广的知识面。普通物理、普通化学和普通工程学方面的知识都要用到。诸如应力、腐蚀、蚀孔口径与流量的关系、气体化学反应的速度等等。所有这些都要进行估算并提出监测办法,选择监控点的位置,哪里最容易出危险就应把监测点设有那里。最终形成一套规章制度。三天调查后我开了一个通宵的夜车拿出了方案。当然在这整个过程中都要用到应用数学。

**关于交叉学科**

我从核武器战线下来后觉得自己很合适搞交叉学科的研究,因为理与工两个方面我都有比较广的知识面,虽然哪一门都没有能很深入。交叉学科兼具普遍性与特殊性。我开始时选择了生物物理。为此我特地跑到上海生物研究所,请教什么是生物物理,但没有人能说出定义,在北京也一样。于是只好退一步转向搞化学物理。这门学科比较明确,在美国化学物理杂志都出了几十年了。我搞化学物理的目的是想弄清楚交叉学科的真正涵义以及如何进行交叉学科的研究。另一方面,研究化学物理也对生物物理有用,因为生物与物理都同化学密切相关。后来我理解到生物物理起码应包括生物凝聚态(这是我给起的名字,以前称生物聚集体)的凝聚态物理以及生物化学的化学物理,也许还包括系统控制和信息论。生物物理有许多特殊的规律。例如统计力学在生物凝聚态中就不一样,不是各态历经的。于是只能取能量面上的一部分求平均。因此统计依赖于取平均的区域,严格讲统计取决于在何处取平均。结果便是有个体差异,分类差异。生物就是有差异的。例如调查人群的血型可以预测下一代不同血型间的比例,不同区域的情况就不同。

化学反应最大的特点在于从普通化学里学到的那些反应是根本不存在的。实际上反应都有好几步,8 步,10 步,称作基本化学步骤。基本的意思是只牵涉少数几根化学键,两三个原子。普通化学是将许多反应加在一起算总账。许多基本反应平行地或串联式地发生,都是态—态反应,涉及到量子态。有时反应结果得出布居数反转,即可产生化学激光。这里不是热化学反应。反应物与生成物都不处于热平衡。问题牵涉到量子截面的大小,但截面分布并不符合玻尔兹曼因子,称之为出奇,也可称为负熵。因此,热化学中熵一类的问题就值得研究。因为都是非平衡态,如何有熵的定义。不过如果在某个步骤予以截断,使之处于平衡态,还是可以有熵的。总而言之,有许多有趣的问题需要严格的脑袋去思考。这一类反应往往表现出目的性,例如某个产物出来了就会抑制那个反应,便变成为毒物，这就表现出事后的目的性。

很显然，个体的差异性和目的性是生物物理的两大特点。但我的理解还是很粗浅。

回顾60多年来从事科学研究的经历，对象千变万化，工作一时告个段落，学术思想的演化则需要较长时间。纯粹科学与应用科学的共同发展，融真善美于一体，更需要群众集体的努力。我深感科学事业值得我们穷毕生的精力愉快地去追求、去探索，“精诚求实毕生愉，与善美真为侣”。马克思的名言，“只有那些不畏劳苦，沿着陡峭山路攀登的人，才有希望达到光辉的顶点”，应当永远成为鼓舞我们前进的强大动力。

［第48卷第1期第4—6页、第2期(1996)第4—6页］

# 14. 科学技术和它对社会的作用

周光召

“科学技术的发展趋势和它对社会的作用”这个题目很大，我在这里给大家讲一些基本的概念。

## 认识世界和改造世界

大家知道，科学技术最早来源于生产，而当其从生产中独立出来成为人类三大实践活动之一以后，科学就远远走在生产的前面。无论是所面对的空间范围和时间范围，还是所面对的物质层次和规律，科学研究都走在现实生产的前面。这一点在它的基础研究部分表现得特别明显，其中有些研究由于超越现实生产较远，以至于一时还无法预计其实际应用的价值。

对于科学的作用，恩格斯曾有一段名言：“在马克思看来，科学是一种在历史上起推动作用的、革命的力量。任何一门理论科学中的每一个新发现，即使它的实际应用甚至还无法预见，都使马克思感到衷心喜悦，但是当有了立即会对工业、对一般历史发展产生革命影响的发现的时候，他的喜悦就完全不同了。”①

100 多年来，特别是近 50 年来，科学技术的这种令人感到衷心喜悦的作用，发挥得更为充分。现代科学技术的进步极大地改变了世界的面貌和人类的生活，也促使人们加深对它的认识。对此，我国《关于加速科学技术进步的决定》中有很好的概括：科学技术是第一生产力，是经济和社会发展的推动力量，是国家强盛的决定性因素。

科学和技术既有联系又有区别。科学是人类在认识世界和改造世界过程中形成的正确反映客观世界的现象、内部结构和运动规律的系统理论知识。科学还提供认识世界和改造世界的态度和方法，提供科学的世界观和处世的科学精神。技术是在科学的指导下，总结实践经验得到的关于生产过程或其他实践过程中的设计、装备、方法、规范和管理等的系统知识。技术直接指导生产，是现实的生产力。科学指导技术，技术推动科学，两者相互促进，共同发展。

---

① 《马克思恩格斯全集》19 卷，北京：人民出版社，1962 年，第 375 页。

## 发展科学的动力

科学本身不仅要在学科前沿,而且更要在经济和社会发展中获得推动力量,才能不断向前发展。无数事实证明,"社会一旦有技术上的需要,则这种需要就会比十所大学更能把科学推向前进"①。科技界把主要的力量投入到促进国家发展和经济建设的主战场上去,这不仅是社会的需要,也是科学自身发展的需要。科教兴国、振兴中华的历史召唤,正鼓舞着全国科技界、教育界投身经济和社会发展的主战场,并努力在科学前沿拼搏,以赢得中国科技事业的再度辉煌。

在科学的发展中,国际合作和交流是非常重要的。因为科学技术没有国界,发展科技是人类共同的责任。开展国际合作和交流,努力学习和引进国外先进技术是必要的,但是学习和引进是为了创新,为了自立于世界民族之林。中国作为世界上人口最多的国家,应当为世界科技发展作出应有的贡献。科学家是有祖国的,中国科学家一定要努力让中国的国民经济建立在本国的知识产权基础上。

马克思指出:"科学分离出来成为与劳动相对立的、服务于资本的独立力量,一般说来属于生产条件与劳动相分离的范畴。并且正是科学的这种分离和独立(最初只是对资本有利)成为发展科学和知识的潜力的条件。"②所以,科学从生产中分离出来,成为独立的社会实践活动,是社会进步的要求。科学研究的时空范围和对物质结构的深入探索,都远远超出当今的生产实践,科学的超前发展不断开辟着新的生产领域。科学和经济的紧密结合是正确的、必需的,但把科学活动都归结为经济活动则是不正确的。

马克思还说过一段很重要的话:"对脑力劳动的产物——科学——的估价,总是比它的价值低得多,因为再生产科学所必要的劳动时间,同最初生产科学所需要的劳动时间是无法相比的,例如学生在一小时内就能学会二项式定理。"③从这段话里大家能够了解到,创新是非常不容易的,创新知识的价值远远超过模仿、引进的知识价值本身。创造新知识是一项艰苦的劳动,社会应当为此准备必需的物质和精神条件,要有配备先进仪器、聚集优秀人才的研究基地,要有足够的运行经费,要有促进创新的交流制度和学术气氛。

许多事实都表明,掌握知识产权的多少,决定着一个国家的竞争实力和在世界上的地

---

① 《马克思恩格斯选集》第 4 卷,北京:人民出版社,1972 年,第 505 页。
② 《马克思恩格斯全集》第 47 卷,北京:人民出版社,1979 年,第 598 页。
③ 《马克思恩格斯全集》第 26 卷,北京:人民出版社,1972 年,第 377 页。

位。而知识产权正是来自于科学技术知识的创新。

## 基础研究、应用研究和开发研究

科学研究工作，一般可分为基础研究、应用研究和开发研究三类，它们的特点和差别在哪里？

基础研究在各门学科的前沿上展开，以认识客观世界的物质结构、各种基本运动形态和运动规律为己任，不着眼于当前的应用，并基本上在实验室中进行。它的重大发现常常带来生产的革命性变化。

应用研究的目的，是为了进一步发展某门技术，提高生产效率，拓宽应用领域，以及合理使用和节约资源、保护环境和生态等。应用研究也要从认识规律出发，这样才能更好地解决生产中的实际问题。在应用研究中间，有一部分叫应用基础研究，指的就是认识客观现象中运动规律的研究。

应用基础研究的新发现，常常会开辟出新的生产力和新的生产方向。例如，100 年前在实验室里发现了放射性，再借助于本世纪的重大基础研究成果——相对论，就导致了原子武器的诞生和今天的原子能产业。又如，99 年前在实验室里发现了电子，再借助于本世纪的另一项重大基础研究成果——量子论，就导致了晶体管的诞生，产生了现在的整个电子工业。

技术开发从事生产的技术改造、工艺革新、产品更新等，是科技转化为生产力的主要环节。

应用研究和技术开发的成果不断推动生产进步，使生产过程合理，效率提高，产品更新，成本降低，它的发展受到社会需求的强烈推动。

现在的基本发展趋势是：科学的研究成果转化为生产力的周期越来越短，速度越来越快。由基础科学研究带来的新兴产业和产业革命将继续发生，由应用和开发研究带来的技术进步和产品更新将持续不断。在 21 世纪，科学研究的水平将决定一个国家的竞争实力和一个社会精神文明的水平。科学研究的成就有赖创新，而创新需要很高的理论水平。正如恩格斯所说的，一个民族想要站在科学的最高峰，就一刻也不能没有理论思维。

（原文此处为“若干基础科学的发展趋势”，该部分本刊下期另文发表。——本刊注）

## 人口、资源和环境问题的挑战

人口、资源、环境，这三大问题是世界性的问题，也是中国发展中面临的严峻问题。对中国来说，面对人口过多、资源相对不足、环境退化的挑战，采取可持续发展战略是唯一的选择。这就要控制人口增长，节约和合理使用资源，保护环境，消除贫困，普及教育，发展科学和文化，提倡文明、道德和适度消费等。要解决这些问题，大有科学技术的用武之地。因此，这三大问题，是国家发展面临的挑战，也是科学技术面临的挑战。

以资源问题为例。与全世界的人均值相比，目前我国的可耕地为 1/3，淡水为 1/4，森林为 1/6，草地为 1/3，矿产为 1/2。在资源相对不足的同时，我国的资源利用率也不高，如矿产资源全国平均开发利用总回收率仅为 30%～50%，比发达国家低 10%～20%。可见，充分发挥科学技术的作用，建立资源节约型国民经济体系是一项十分重要的任务。

从科学技术的已有水平和发展能力来看，人们可以期望：全球变化的不利趋势将得到控制；大气和河流将恢复自洁功能；通过大规模治理沙漠、荒漠和荒山，还将改变气候和改良生态。随着科学技术的发展和科学的人口、资源、环境意识的普及，绿色科技和绿色产品将占据统治地位，可持续发展将成为人们的共识，人类将以适度消费作为健康的生活方式。

科学技术作为推动社会进步的力量，既要面对现实的挑战，也要面对未来的挑战。信息科学和信息技术、生命科学和生物技术，是当前发展迅速的两大科学技术领域，它们对未来社会有什么影响？

## 信息科技与信息社会

信息科学和信息技术是当前发展最快、带动面最大的科学技术领域，它将从根本上改变社会的生产方式和生活方式。

### 信息社会的来临

最近世界上不少国家都在建设信息高速公路，我国的基干信息网络工程也在建设中。全球性信息网络将把国家、地区、单位和个人联成一个整体。它的出现预示着世界信息社会的来临。

实时观测和信息反馈系统，使集中调控、市场监视和灾害预警成为可能。信息网络并行工程，将实现设计、试制、生产、销售一体化：在设计过程中，不断反馈生产、销售部门的意见；设计完成后，再用灵境（虚拟现实）技术①，把所作的设计“逼真”地送到消费者面前，供其评价和选择；然后，改进设计，实现小批量、多品种的生产。在产品开发中实行并行工程，将大大缩短新产品上市的周期。至于，远距离电脑控制，全自动化、无人现场操作的生产，目前已在科学实验室和一部分工厂里实现。

一旦在社会生产中，这样普遍地实现以机器部分代替脑力劳动，将促进生产力的大发展，引发新的产业革命，其意义和影响将大于以机器代替体力劳动的第一次工业革命。

**信息社会中的家庭**

在信息社会中，家庭配备的综合事务处理工作站，将是高清晰度电视、高保真音响、数字电视电话、传真、电子邮件、电脑等诸多功能的集成，能通过信息网络与就职单位，以及学校、图书馆、博物馆、研究所、新闻库、电视库、商店等进行交互式联系，解决工作和生活中的各种问题。

这样，在家里就可以通过信息网络实现协同和调控，完成各种工作任务，集中办公已无必要。家庭将成为生活、学习、工作和娱乐的共同场所，从而再次成为社会最重要的基本单元。这时，在社会生产中的性别差异将大大缩小，妇女将获得更多的就业机会，儿童的家庭教育则变得更为重要。

**未来的掌上计算机**

现在的笔记本电脑，已可有几千万次的运算速度和 1 吉字节的存储量。未来的掌上计算机，将配备数字电话和全球定位系统，连通国际信息高速公路，对工作进行远距离实时控制。它具有多种功能，可以进行文件处理，信息传送、储存、分析和判断，语音识别和控制，以及实时翻译等工作。它还可以成为个人身份证、信用卡、会员证和各种票证；可以实施家庭电子管理和安全预警，电子订货、购物和结算；可以充当学习课本和辅导教师。同时，它又是微型的电视机、收音机和游戏机。加装各种传感器后，它还可以测量血压、脉搏等，对主人进行健康监护。

**信息社会的景况**

在信息社会中，社会生产过程和产品将实现数字化、网络化、集成化、智能化、移动化、个性化，参与式和交互式。灵境（虚拟现实）技术的出现，将极大地改变教育、训练、研究、

---

① 关于灵境技术，参见：汪成为《科学》48 卷第 3 期(1996)第 18 页、第 48 卷第 4 期(1996)第 11 页。

设计、模拟、实验的方式。第二产业将和第一产业一样，产品越来越丰富，而就业人数却越来越少。以知识和高新技术武装的、范围广阔的服务业，将成为主要的就业途径。而就业人员的知识水平和知识更新的速度，将成为最重要的竞争因素。终身学习和成人教育将是社会的重要职责。有人预测，那时知识将代替权力和资本成为最重要的社会力量。

上述展望表明，普及教育和科技知识，是消灭贫困和两极分化的根本出路，也是消灭城乡差别、脑力劳动和体力劳动差别的根本途径。这也显示了邓小平提出“科学技术是第一生产力”的深远意义。

## 生物技术与未来社会

生命科学的进展与人类生活有着密切关系，并将极大地改变农业、环境、医药、化工等领域的面貌。随着生物技术的进步，人类将实现农业生产工厂化、信息化，肥料有机化、农药生物化；高产、优质、抗逆性强的转基因植物，将成为重要的农作物品种和生产药物、化工原料的机器；基因工程药物和基因疗法将普遍使用，转基因异种器官移植将成为可能。

现在，已可用不同的转基因使花卉只生长花瓣、花蕊或者花叶。因此，用转基因方法可以高产、优质地获得人类需要的各种生物。将来，可以用转基因生物大批生产食物、药物，以及进行器官移植。将各种智能芯片植入人体，还可以帮助提高记忆力，或恢复视力、听力等。现在用于恢复视力的芯片已经发明，并已植入人体。

用转基因生物直接生产塑料和化工原料，可以从根本上改变化工厂的污染状况。生物酶通常在常温条件下进行催化，而化学催化剂多需要很高温度，还会带来污染等严重问题，因此生物酶比化学催化剂更有优越性。人体就是一个靠生物酶作用的大化工厂。一旦在社会生产的规模上实现用生物酶作催化剂发展化学工业，用生物清理垃圾和清除污染，用生物防治代替化学农药，用经微生物处理的有机肥代替化学肥料，必将极大地优化人类的生存环境。

大家知道，人的骨骼有自修复功能，那么机器的零件损坏了，能否自己识别、自己修复？在未来的社会里，这也将成为可能，会有许多具有自组织、自适应和自修复功能的仿生材料和器件出现。

生物技术也可以应用于电脑产业上，生物芯片和生物电脑能更好地模仿人脑的功能。随着生命科学对人脑功能研究与认识的深入，生物技术与信息技术会进一步地结合起来，更好地造福于人类。

## 科学技术与精神文明

科学技术不仅是生产力，而且是强大的精神力量。今天，在社会上弘扬科学精神，提倡科学态度和科学方法，对于建设精神文明具有重要的现实意义。

科学不仅提供关于客观世界运动和发展的规律性知识，还提供认识世界和改造世界的系统方法，并在社会生活中形成对待事物的科学态度和处世立身的科学精神。恩格斯指出，“科学和哲学结合的结果就是唯物主义”①。科学精神是彻底的唯物主义精神，它的要点可以概括如下：

(1) 科学追求的是对客观世界运动规律的认识，因此客观、求实是科学精神的首要要求。这表现在对待事物的态度上，就是严肃认真、一丝不苟、客观公正、实事求是。

(2) 科学认为世界的发展、变化是无穷尽的，认识的任务也是无穷尽的。因此，不断求知也是科学精神的要求。

(3) 科学要追求真理，不盲从潮流，不迷信权威，不把偶然性当做必然性，不把局部看作整体。对一切发现或发明，都要用严密的科学实验和严格的科学推理反复进行检验，不轻易相信所谓的新发现。科学的怀疑精神也是科学精神的组成部分。

(4) 科学认为具体的真理都是相对真理，都有适用的条件和范围，因而是可以突破的。新的发现将拓广原有的真理，使之适用于更大的范围和更少的条件。例如，相对论和量子论都推广了牛顿力学，并适用于更大的范围。创新精神是科学精神的重要组成部分。

(5) 科学又认为：相对真理不断逼近绝对真理，绝对真理是由相对真理构成的；在每一个具体真理适用的范围和条件之内，它是不能违反的；新发现对真理所作的拓广必须包含原有的真理内容。例如，相对论发展了牛顿力学，但当运动速度小时，相对论就自动趋近于牛顿力学。继承也是科学精神的组成部分。社会上曾流传过一些表演，明明违反经反复证明过的真理，却被渲染为“新发现”。这里，不讲继承，采用非科学的方法——表演，都是不符合科学精神的。

(6) 科学是有组织的社会群体活动，因此团队精神、民主作风、百家争鸣都是科学精神的组成部分。

(7) 科学已成为社会三大实践活动之一，不仅要认识客观规律，创造新技术和新知识，

---

① 《马克思恩格斯全集》第1卷，北京：人民出版社，1956年，第666页。

完成发现真理的飞跃;而且要参与社会变革,促进社会进步,完成从理性认识到变革实践的飞跃。关于这一点,毛泽东的《实践论》里有一段非常精辟的话:“通过实践而发现真理,又通过实践而证实真理和发展真理。从感性认识而能动地发展到理性认识,又从理性认识而能动地指导革命实践,改造主观世界和客观世界。实践,认识,再实践,再认识,这种形式,循环往复以至无穷,而实践和认识之每一循环之内容,都比较地进到了高一级的程度,这就是辩证唯物论的全部认识论,这就是辩证唯物论的知行统一观。”坚持这一知行统一观正是科学精神的精髓。

提倡科学精神,就要讲究科学方法。概括地说,科学方法就是毛泽东在《实践论》和《矛盾论》中阐述的方法论的具体化。

例如,关于求得真知的方法,《实践论》中给出了十六个字:“去粗取精,去伪存真,由此及彼,由表及里。”要从丰富的感觉材料中求得真知,就要在这十六个字上下工夫,将其具体化,用科学的方法对感觉材料进行改造制作,造成概念和理论的系统。

单就“去伪存真”这四个字而言,要做到就很不容易。因为,现实中存在有意地作伪,如动物有保护色,军事上有伪装、隐形、制造假相、散布虚假信息等。而且,缺乏必要的科学知识,不懂得科学的鉴别方法,碰到前面说的似是而非表演,就会被假象扰乱视线。须知,耳听为虚,眼见也未必为实。不用严格的科学方法验证,就很难做到“去伪存真”。

那末,什么是能“去伪存真”,作出正确判断的科学方法呢?通常,对于任何一项新公布的结果,自然科学都要通过可靠的仪器、在精密控制的条件下、进行可重复的可比性实验,收集足够的实验数据,用数学方法对实验结果进行严格的逻辑推理和误差分析,对比、分析和综合有关的其他实验结果,然后才作出判断。这就是科学的态度和科学的方法。

例如,研制一种新药,要知道它的治愈率有多高,一定要作双盲实验。即要找两组条件相当的人群,在受试者不知情的情况下,一组给药,一组给安慰剂,观察、记录服用效果,对比两组实验结果后,才能判断其是否真有疗效。否则,结果是不可靠的。

## 普及科学,破除迷信

从历史上看,辛亥革命之后,社会上的迷信活动一度曾十分猖獗。当时,上海有个灵学会,北京有个悟善社,分别出版《灵学杂志》和《灵学要志》,公然利用大众传媒宣传鬼神。一时间,算命、卜卦、画符、念咒、扶乩、炼丹、迎神、说鬼等,各显神通,横行国中。为此,在李大钊、陈独秀等先进知识分子带领下,《新青年》杂志高举科学和民主的旗帜,对封建迷信的浊流进行迎头痛击，迎来了新文化运动的高涨，迎来了科学技术知识体系在本世纪中国的首次社会性普及和传播。

一般来讲，在社会的变革时期，对历史的发展趋势缺乏了解的人们，面对人生的沉浮，或发横财，或遭破产，感到不能掌握自身的命运，会产生神秘感和不安定感。在精神空虚的时候，他们便会感于今生，期于来世，以求神拜佛来寻求心理安慰。可见，迷信活动的存在和泛滥，是有其社会根源的。从辛亥革命后的迷信猖獗，到时下迷信活动的沉渣泛起，都说明了这一点。对比两者的相似之处也说明，普及科学、破除迷信，从根本上清除迷信活动存在的基础，仍然是我们振兴中华大业中的一项重要的艰巨任务。

当前，要荡涤迷信活动的沉渣泛起，当然要对迷信诈骗行为进行法律制裁和舆论谴责。而根本措施则是普及教育和科学知识，加强精神文明建设。这是一项长期的系统工程，要坚持不懈地做下去。

（本文原为作者在“百名院士百场科技系列报告”北京首场报告会上，以“科学技术的发展趋势和它对社会的作用”为题所作演讲的一部分。本刊发表前，据录音记录稿作了文字上的整理，并经作者审阅定稿。）

［第 48 卷第 4 期(1996)第 4—8 页］

# 15. 关于“李约瑟难题”和近代科学源于希腊的对话

席泽宗

**甲**：有人认为“李约瑟难题”是中国科学界的最大难题，应把求解这个难题作为中国科学界的一项跨世纪的重大任务。你对这个问题怎么看？

**乙**：首先，我觉得“李约瑟难题”这个提法不妥。李约瑟提出的问题是：近代科学为什么没有在中国诞生，而诞生在欧洲？他陆陆续续作过一些解答，但最终的答案要在他的巨著《中国科学技术史》第七卷中表现，没有完成就于去年去世了。这个问题不是李约瑟首先提出的，只是由于他的关注而扩大了影响。最早提出者为我国《科学》创办人之一任鸿隽。任先生于1915年在《科学》的创刊号上，发表了《说中国无科学的原因》，篇幅长达6页(8～13页)。1922年冯友兰又在英文《国际伦理学杂志》32卷1期上发表《为什么中国没有科学？——对中国哲学的历史及其后果的一种解释》。在他们的影响下，外国人戴孝骞(H. H. Dubs, 1929年)等开始研究这一问题。1944年吴藻溪将德籍犹太历史学家魏特夫(Karl A. Wittfogel)的《中国为什么没有产生自然科学?》译成中文后，又引起了国人的讨论，陈立、钱宝琮、竺可桢等纷纷发表文章，此时在中国工作的李约瑟也参加了进来，他的文章发表在《科学》28卷(1945年)1期上。任鸿隽、冯友兰、魏特夫、竺可桢等所说的自然科学，即近代科学。因此，确切些说，“李约瑟难题”应该命名为“任鸿隽难题”。

其次，严格地说，历史上没有发生的事情，不是历史学家研究的对象；要研究，也很难得到一个公认的答案。例如，欧洲为什么始终没有成为一个统一的国家，而中国在秦朝就统一了？这个问题几乎没有人研究；研究了，对促进今天欧洲的一体化，恐怕也没有多大帮助。同样道理，我认为“李约瑟难题”可以研究，但不必大搞。

第三，近代科学没有在中国诞生和当今中国科学落后，这是两个问题，不能混为一谈。近代科学产生以后，中心已经发生过几次转移，原来根本没有科学的美国，而今执世界之牛耳。所以当今中国科学落后和近代科学没有在中国产生要分开来研究，时间、地点和条件是决定一切的，20世纪的中国不是明末清初的中国，要具体问题具体分析，不能把几百年的问题眉毛胡子一把抓。

**甲**：那末，我们今天就具体谈谈近代科学在欧洲产生的原因吧！许多人都认为近代科学产生在欧洲和他们吸收了希腊文化有关系，是不是这样？

**乙**：我觉得这些人的看法值得商榷。欧洲人吸收希腊文化是从12世纪开始的，它首先被经院哲学家们所接受，以致马丁·路德在进行宗教改革时，竟埋怨在教会的学校里尽讲亚里斯多德的著作而不讲《圣经》。与此相反，近代自然科学则是在反对古希腊科学的激烈斗争中诞生的。

近代自然科学，和整个近代史一样，从哪一年开始，在学术界有不同的看法。在一般的历史研究中，是以 1453 年君士坦丁堡的陷落(即东罗马帝国灭亡)为界；但在科学史中，则以 1543 年为界。这一年出版了哥白尼的《天体运行论》和维萨留斯的《人体结构》两部伟大著作，向以希腊托勒密和盖伦为代表的古希腊天文学和医学传统宣战，笼罩在天、地、人外面的中世纪面纱被完全揭开了，从此自然科学便大踏步地前进。

哥白尼的太阳中心说出现以后，在欧洲所受的阻力，远比传到中国以后所受阻力为大。在欧洲就连马丁·路德也反对，而中国的乾隆皇帝则赞成。1628 年法国思想家博旦(J. Bodin)说："没有一个有普通知识的人或学过一点物理学的人，会想象如此笨重庞大的地球竟能以太阳为中心上下运动。"博旦所说的知识就是希腊人的知识，所说的物理就是亚里斯多德的物理学。为了证实和宣传哥白尼学说，为了推翻亚里斯多德的物理学，伽利略写了两部不朽名著：《关于托勒密和哥白尼两大世界体系的对话》(1632 年出版)和《关于两门新科学(力学和弹性学)的对话》(1638 年出版)。这两本书都是以三个人的对话形式来否定亚里斯多德的物理学和天文学，其中亚里斯多德的代言人叫辛普利丘，意即头脑简单者，连起名字都带有讽刺挖苦的意味。

**甲**：亚里斯多德的物理学和天文学是错了，是近代科学革命的对象，对近代科学的诞生有阻碍作用，但他创建的逻辑学和发明的三段论法，则使人们的思维得以系统和精密，为近代科学的产生提供了必要的条件，而我们中国则没有。

**乙**：逻辑和语法一样，是从人们的思维活动中抽象出来的。正如许多人没有学过语法也会说话一样，中国古代没有写出逻辑学著作，不等于中国人不会逻辑思维。再者，逻辑的严密性并不能保证结论的正确性，阿奎那(Thomas Aquinas, 1224～1274 年)运用亚里斯多德逻辑学，对上帝的存在作出了五大证明，难道上帝真的存在吗？与此相反，作为近代科学开始的一系列新发现，却不是用逻辑推出来的。如果说，哥白尼的《天体运行论》还用了传统的方法，即逻辑的论证；维萨留斯则完全是用观察和实验的方法，得出和旧观念相反的结果。哈维(William Harvey, 1578～1657)对血液循环的发现，伽利略对木星卫星的发现，都与三段论法毫无关系。伽利略认为，在物理学中，基本原理必须来自观察和实验，逻辑和数学只是处理实验数据的工具和手段，而不是对先验目标的追求。这正是近代科学方法的精髓。再看看希腊人是怎么说的？柏拉图在他的《理想国》第七卷中说："一个真正的天文学家不必去思考昼夜长短、日月运动以及其他天体的任何事物，不这样做将是愚蠢的。在建立真理时，考虑这样多的事也是愚蠢的。天文学和几何学一样，如果我们要采取正确的方法研究问题，那就要把星空抛在一边。”接着他又引用他的老师苏格拉底的话说：“声学的老师们想比较他们仅仅能听到的声音的和谐，这种实验也和天文学观测一样，是白费力气的。”

**甲**：你举柏拉图和苏格拉底为例，说明希腊文化是近代科学的障碍，这是攻其一点，不计其余。众所周知，希腊学术到苏格拉底为之一变。他把哲学从自然界带到人间，他强调人类研究主体是人类社会，是伦理学，而不是物理学；他主张灵魂不灭，要用神学来解释自然界，用天意来解释历史。这是希腊文化的消极方面。在苏格拉底以前，则是一个英雄时代，从泰利斯到德谟克利特的自然哲学则是近代自然科学的源头。

**乙**：苏格拉底以前的哲学家们都没有留下什么著作，关于他们只有零散的材料。泰利斯（约前624～前547年）比孔子（前551～前479年）略早，相传他根据巴比伦的天文表预告过公元前585年的一次日食，但孔子在《春秋》中记录了37次日食，而且无一句占卜之语。泰利斯主张的水为万物之源，在中国的《管子》中说得更详细。德谟克利特（约前460～前370年）和中国墨子（约前476～前390年）同时，原子的观点在《墨经》中也有，而且《墨经》中的光学、力学和几何学知识远非德谟克利特所能比。如果说伊奥尼亚学派的这些自然知识可以促使近代自然科学产生的话，先秦诸子百家著作中的自然知识总和起来比他们还多，却不能产生，可见不是那么回事。

在苏格拉底以前，希腊还有一个活跃在意大利南部的毕达哥拉斯学派。这个学派实际上是一个维护奴隶制的宗教团体，其思想方法和近代科学毫无共同之点，只是因为他们认为数为万物之源，“十以内的数字具有无比的威力，是神、天和人生活中的第一原理和指南，……不了解数和数的性质，就不可能了解一切事物和它们相互之间的关系”，因而对数学和与数学有密切关系的天文学及音律学有一些贡献，但这些贡献是什么，现在很难说清楚。比如有名的毕达哥拉斯定理（即勾股定理），实际上早已为巴比伦人和中国人所知，有人说毕达哥拉斯的功绩是提出了对这个定理的证明；但是这个证明又遗失了，现在教科书中所采用的面积证明法，首见于欧几里得的《几何原本》，欧几里得并没有说他的根据是毕达哥拉斯。

**甲**：是的，希腊前期的自然哲学，只是一些零星的、天才的猜想，与近代以观察、实验、推理为基础的、系统的科学不属于同一范畴，也不可能直接产生近代科学，但希腊后期（亚历山大时期）却产生了欧几里得《几何原本》这样大部头的逻辑性很强的科学著作，总应该看作是近代科学的前驱吧?

**乙：**欧几里得(约前330～前275年)的《几何原本》是什么样子,很难说清楚。现在用的希腊文本是1808年在梵蒂冈图书馆发现的公元10世纪的一个手抄本,无法肯定它是1 400多年前的原物,也许就是当时为教欧几里得几何而编的一个手稿。除了这个版本之外,其余阿拉伯文、拉丁文译本都是根据公元4世纪末赛翁(Theon)的一个增订本,而这本书没有图,一部讲几何学的书没有图,是什么样子,很难想象。再者,作为近代数学标志的微积分,也并不是从欧几里得几何学发展出来的。牛顿、莱布尼茨和他们的先辈们为了适应当时运动学、弹道学、光学和天文学的需要,大胆地不顾欧几里得关于严密性的要求,发明了微积分。在微积分建立以后,反对微积分者正是那些受着欧几里得几何学束缚的人,关于这一点在1981年翻译出版的斯科特的《数学史》中有详细叙述。牛顿的《自然哲学数学原理》虽然是按《几何原本》的模式写的,但那只是形式,牛顿自己曾经说过,读了《几何原本》对他没有多大帮助。

**甲：**照你这样说法,希腊文化对近代科学就只有阻碍作用,没有一点积极意义了?

**乙：**当然不是,例如阿里斯塔克的太阳中心说,就对哥白尼有启发意义。他的一篇短文《论太阳和月亮的距离与大小》也很精彩,所得结果虽然误差很大,但这是人类第一次用比较严谨的方法来研究天体的距离和大小问题,难能可贵。我只是想说明,任何文化都有精华和糟粕两部分,都有其历史的局限性。在传统与现实之间,现实的需要和提供的条件才是科学发展的更重要的动力,正如马克思和恩格斯在《德意志意识形态》一书中所说:“甚至那些纯粹的自然科学也只是由于手工业、商业和人们的感性活动才达到自己的目的和获得材料的。”如果说单有希腊文化就能产生近代科学的话,为什么当时没有演变成近代科学,反而连自己的国家都保不住,都被灭亡了！9世纪开始,阿拉伯人又大量翻译、研究希腊著作,吸收希腊文化,但也没有形成近代科学。这又从另一方面说明,希腊文化不是近代科学产生的必要条件。

我的结论仍然是,席泽宗在《孔子与科学》一文中所说的话:近代科学产生在欧洲并得到迅速的发展是由当时当地的条件决定的,不必到1 400多年以前的希腊去找原因。自16世纪以来,中国科学开始落后,也要从当时当地找原因,不必把板子打在孔子、孟子身上。“七亿人民都当批判家”,批孔批孟,轰轰烈烈,搞了10年,不是也没有把生产和科学搞上去嘛！要紧的还是脚踏实地,抓住机遇,结合实际,努力工作,我们才能迎头赶上世界水平。

[第48卷第4期(1996)第32—34页]

# 16. 艺术与科学

李政道

被聘为中央工艺美术学院的名誉教授，我感到非常荣幸。1994年，黄胄先生和我一起组织“艺术与科学”研讨会，有许多艺术家和科学家参加，常沙娜院长、吴冠中、袁运甫和鲁晓波教授都是积极参加者。1995年，为庆祝《科技日报》发行10周年，我们又曾很高兴地聚在一起以“对称与非对称”为题作画。

在座的许多年轻艺术家可能没参加上述活动。我想常院长、袁教授和鲁教授会允许我在这里重申一个基本的思想，即科学和艺术是不可分割的，就像一枚硬币的两面。它们共同的基础是人类的创造力，它们追求的目标都是真理的普遍性。

艺术，例如诗歌、绘画、雕塑、音乐等，用创新的手法去唤起每个人的意识或潜意识中深藏着的已经存在的情感。情感越珍贵、唤起越强烈、反映越普遍，艺术就越优秀。

科学，例如天文学、物理学、化学、生物学等，对自然界的现象进行新的准确的抽象。科学家抽象的阐述越简单、应用越广泛，科学的创造就越深刻。尽管自然现象本身并不依赖于科学家而存在，但对自然现象的抽象和总结乃属人类智慧的结晶，这和艺术家的创造是一样的。

科学家追求的普遍性是一类特定的抽象和总结，适用于所有的自然现象，它的真理性植根于科学家以外的外部世界。艺术家追求的普遍真理性也是外在的，它植根于整个人类，没有时间和空间的界限。

## 复杂与简单

吴冠中教授最近的杰作——以“复杂与简单”为题的抽象画，就是一个很好的例子。1996年5月底在北京中国高等科技中心，混沌与分形的创始人费根鲍姆(M. Feigenbaum)、曼德勃罗(B. Mandelbrot)等与中国同行一起讨论的就是关于“复杂与简单”的科学课题。《科学》48卷6期即以这幅画作封面。吴教授作的配画诗，则概括了这幅画的神韵。我在与吴教授商榷后，改动了几个字，也书写了一首配画诗(见《科学》48卷6期7页)。

### 标度定律

在科学中，许多复杂结构遵从非常简单的数学公式。这里，让我们以海螺的形状为例。1917 年,汤姆森(D'Arcy Thomson)发现,海螺的螺旋结构可以用简单的数学公式来表示,这就是半径的对数线性地依赖于角度(即它们的变化是直线关系)。我们称这类关系为标度定律。只要知道结构的一小部分,就能从标度关系预言整体的结构。

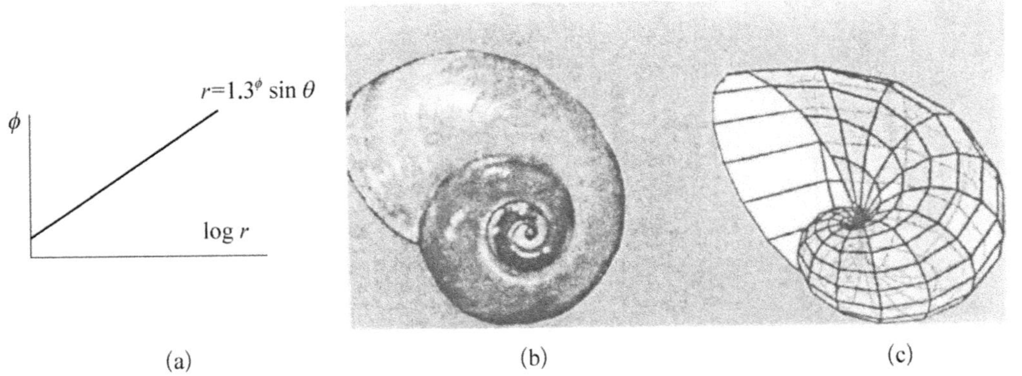


图 1　标度定律与海螺结构：(a) 标度定律；(b) 海螺的外形；(c) 按照标度公式由计算机画出的图形

**分形**

"分形"这一课题,是简单性产生复杂性的又一例证。由一组称为曼德勃罗集的复数,通过简单的数学结构可以得到一系列复杂的图形。相应的公式在数学上的构造为

$$C_n = C_{n-1}^2 + c,$$

其中 c 是一个任意的固定数,$C_n$是曼德勃罗数集的第 n 个元素。只要稍有耐心,任何人使用小计算器,就能由这个公式导出曼德勃罗数集,得到一组美妙的图形。从初始数 c 出发,完成如下步骤,即可导出曼德勃罗数集:

将 c 取平方再加 c,结果为 $C_1(=c^2+c)$;

将 $C_1$ 取平方再加 c,结果为 $C_2(=C_1^2+c)$;

将 $C_2$ 取平方再加 c,结果为 $C_3(=C_2^2+c)$;

继续上述步骤,第 n 个数 $C_n$是从前一个数 $C_{n-1}$得到的,$C_n=C_{n-1}^2+c$,余此类推。

如果我们取 c=0.1,则有 $C_1=0.11$,$C_2=0.112\,1$,$C_3=0.112\,566\,41$,……,每一步都使数 $C_n$略有增长。重复此过程无穷次,仍会得到一个有限数 $C_\infty$,它满足方程 $C_\infty=C_\infty^2+c$。对于 c=0.1,$C_\infty=0.112\,701\,665\cdots$。

如果取 c=1,则有 $C_1=2$,$C_2=5$,$C_3=26$,……,每一步都使数 $C_n$增大很多。重复此过程无穷次,将得到无穷大。在这种情况下,对于任一给定的大数 M,一定能找到一个足够大的重复次数 N,使 $C_N$大于 M。对于 c=1,若 M=100 000,则 N=5,因为 $C_5=458\,330$。

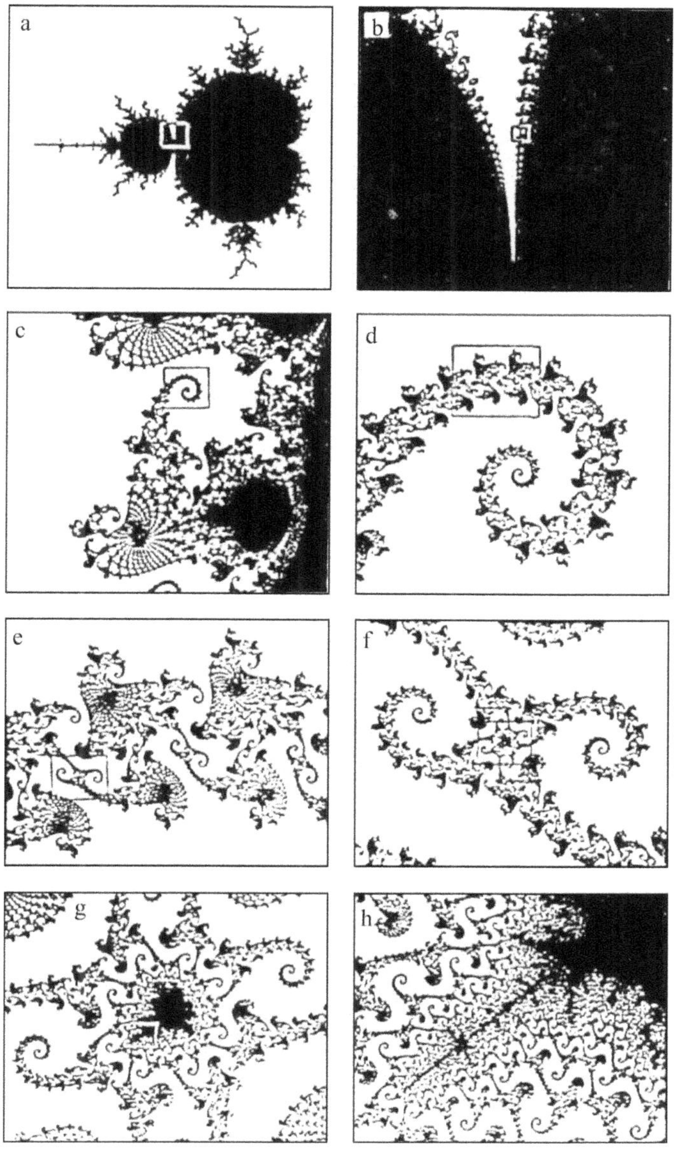

图 2　黑白的曼德勃罗图形。图 a 中，黑色区域内的每一点 c 都对应于属于 A 类的复数，其黑色区域边缘的发状结构是最有趣的部分；图 b 对应于图 a 中的小方块，其黑色区域内的每一点 c 都对应于 A 类的复数；图 c 对应于图 b 中的小方块，其黑色区域内的每一点 c 也都对应于 A 类的复数。这个模式在直到图 h 的整个系列中重复出现

这样，可将所有初始数 c 分为两类：使 $C_\infty$ 为有限的，属于 A 类，如 c=0.1 的情况；其他的，即让 $C_\infty$ 为无穷大的，属于 B 类，如 c=1 的情况。

为了得到一组复杂的黑白图形，需取 c 为任意复数。为了再得到彩色图形，需对每一个黑白图形指定一个数 M，取图中任一点 c，产生数集 $C_1$，$C_2$，…直到 $C_N$ 大于 M。将用颜色来代表 N 关联，结果就能得到一组美丽的图形。

为使科学家能准确地表达他们对自然界的抽象，数学方程式是必须的工具。不过，方程式只是工具，不能将它与科学的整体混淆。这就像旅行需要汽车，而汽车行驶的方向则要由人决定。在这个意义上，汽车在实现驾车人的特定意愿。然而，一辆汽车绝不可能代表驾车人的人生目标。

**道**

自古以来，中国的哲学就是基于一个概念，即所有的复杂性都是从简单性产生的。如老子所说："道生一，一生二，二生三，三生万物。"

大千世界的复杂性是怎样从简单性中来的？或者说，世界的千变万化，通过什么机制才能从简单的"道"中产生？这些问题促使我们讨论静和动的关系。

## 静　和　动

世界是由带负电和带正电的粒子构成的。通过它们之间的相互作用，形成原子、分子，气体、固体，地球、太阳……。这种负电荷和正电荷的对偶结构，或称"阴"和"阳"，可以用著名的"太极"符号恰当地表现出来。

然而，正如吴作人在他的作品"无尽无极"中表现的，世界是动态的。这幅画为中国高等科学技术中心(CCAST)的一次研讨会而作，很好地体现了如下意境：宇宙的全部动力学产生于似乎是静态的阴阳两极的对峙——似静欲动的太极结构蕴育着巨大的势能，这势能可以转换为整个宇宙的所有动能。

**北京正负电子对撞机**

北京正负电子对撞机(BEPC)使两个强束流相对加速。一束电子流，一束正电子(电子的反粒子)流，在达到每个粒子22亿电子伏能量时发生对撞。由此产生许多新的粒子激发态。BEPC的一个特别重要发现是1992年精确测定了τ介子的质量。这一结果肯定了普遍性原理存在于所有的基本粒子(包括强子和轻子两类)之中。每类粒子有三代，这些粒子是构造宇宙中所有物质的基本单元。对于τ介子质量的精确测定，被国际物理学界视为当年粒子物理的最重要发现。

受到BEPC成就的激励，常沙娜以敦煌石窟壁画的风格画了六座山峰，每个峰代表一代基本粒子。最重的轻子的峰用BEPC实验的数据表示。

**相对论性重离子对撞机和真空激发**

世界上目前正在建造的最大的高能加速器，是美国布鲁克黑文国家实验室(BNL)的相对论性重离子对撞机(RHIC)。这台使重离子发生对撞的加速器,耗资约10亿美元,将于1999年建成。建成后,它可以使加速到20万亿电子伏的金离子对撞,这个能量大约是BEPC对撞粒子能量的1万倍。在如此高的能量下,两个金核中的物质互相穿过,而将所带的相当一部分能量留下。人们以此来激发真空。

RHIC的概念、建造和物理计划,与我本人及我在BNL和CCAST的同事们的研究工作密切相关。真空是一个无物质的状态,它恐怕是最静态的实体。但是,由于相互作用不可能切断,真空中仍充满能量的涨落,其表观的静态性质掩盖了其复杂的动力学状态。

碰撞之前,在两个相向高速飞行的金核之间是通常的真空。碰撞之后,这两个核所带物质几乎仍沿原来方向运动,但留下所带能量的相当一部分。因此,在两个迅速背向飞离的原子核之间的区域,有很短的一段时间没有物质(与通常的真空一样),但却被激发了。这种激发的复杂性,同宇宙产生的最初瞬间,即一二百亿年前"大爆炸"时的情况相同。

图3 常沙娜的中国画《雷神引高能》。这两幅画将中国神话中的雷神比喻为能源。左边一幅,采用归纳模式,寓意高能以一种微妙的方式积累和收集;右边一幅,寓意雷神在剧烈的旋转运动中将巨大的能量抛出。两者的结合,描述了静与动的相互作用

为了称颂人类已有可能通过RHIC来探索宇宙的起源和真空的复杂性,李可染奉献了题为"核子重如牛对撞生新能"的画作。这幅中国画是表现静态与动态相辅相成的又一杰作。画中,两牛抵角相峙,似乎完全是一种静态;而这相峙之态蕴含的巨大能量,却又是显而易见的,大有演变成激烈角斗之势。

## 科学的发现和艺术的表达

除真空以外,什么都是由物质构成的。物理的、天文的、生物的、化学的物质体系,都

是由同样的有限种类的粒子、原子、分子构成的。科学的目的就是研究一切物质的基本原理,即“物理”。中文名词“物理”,乃物之理也,最初包罗所有的科学,不限于西方名词“physics”所指的范围。

“物理”一词,可从杜甫的诗句中找到。杜甫是自古以来最伟大的诗人之一,他于唐肃宗乾元元年所作的《曲江二首》中有如下诗句:

细推物理须行乐,何用浮名绊此身。

这一非凡的诗句,道出了一个科学家工作的真正精神。不可能找出比“细”和“推”更恰当的字眼,来刻画对物理的探索。由此可见,在辉煌的中国文明历史中,艺术和科学一直是不可分割地联系在一起的。

**新星和超新星的发现**

近世出土的中国古代甲骨文中,留有世界上第一次发现新星的观测记录。新星是一种爆发变星。它本来很暗,通常不易看见,爆发后的亮度却可在几天到一个月的短暂期间内突然增强几万倍,使人误以为是一颗“新星”,故得此误称并沿用至今。在一片于公元前13世纪的某一天刻写的甲骨文上,记载着位于心宿二附近的一次新星爆发。在这片甲骨文上,说到“新大星”时,所用的甲骨文“新”字中,包含着一个箭头,指向一个很奇怪的方向。这个古老生动、艺术形象的象形文字强调了科学发现的创新性,显示了科学发现和艺术表达的一致性。

在另一片于几天后刻写的甲骨文上,又记载了这颗星的亮度已经明显下降。新星爆发是因核的合成而发生的。在一颗恒星的整个演化过程中,可以数次变成新星;而变成超新星,却只有一次机会,那就是它“死亡”的时刻。超新星爆发是一种比新星爆发猛烈得多的天文事件,爆发时的亮度高达太阳亮度的百亿倍。它意味着这颗恒星的最后崩坍,或是变成星云遗迹,或是因其质量的不同而变成白矮星、中子星或黑洞。

超新星是罕见的天象,在宋史中有关于超新星的最早的完整记载。其中说到,在宋仁宗至和元年的一天,即公元1054年8月27日,大白天的天空中突然出现一个如鸡蛋大小的星体,其亮度缓慢地减弱,两年后,即于1056年4月变得难以观测。这颗超新星位于蟹状星云的区域,现在我们知道其中心确有一颗中子星(脉冲星)。宋史中对其亮度变化的详细记载与现代的天文知识完全相符。事实上,这是现存的第一个这样的科学记录。

**屈原如何推断地球必须是圆的**

另一个艺术与科学统一的杰出的例子是屈原的文章《天问》。在现存的屈原的十七卷作品中,它属于第三卷。这篇以气势磅礴的诗句写成的文章,完全可能是基于几何学分

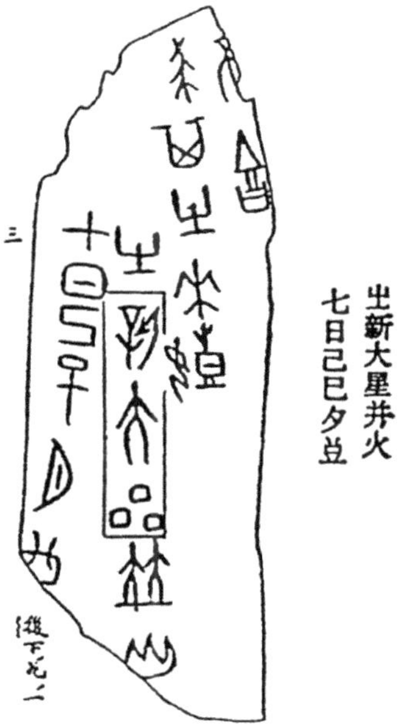


(a)　　　　(b)

图 4　记载公元前 13 世纪一次新星爆发的一片中国古代甲骨文，这是人类历史上最古老的新星观测记录。如图 a 所示的这片甲骨文目前收藏在中国台湾的“中央研究院”。其左边两行文字的释文见图 b，其大意为：七日（己巳）黄昏时有一颗新星出现在大火（即心宿二）附近。图 a 中加方框的三个甲骨文即“新大星”三字

析、应用了精确推理的最早的宇宙学论文之一。我在这里抄录其中的两段：

“九天之际，安放安属？隅隈多有，谁知其数？”

“东西南北，其修孰多？南北顺椭，其衍几何？”

诗中的“九天”指天球的九个方向：东方昊天，东南方阳天，南方赤天，西南方朱天，西方成天，西北方幽天，北方玄天，东北方鸾天，中央钧天。

在第一段中，屈原推理道：假定天空的形状是半球，若地是平的，天地交接处必将充满奇怪的边边角角。什么能够放在哪里？它又属于什么？宇宙这种非解析的几何形状太不合理，因而不可能存在。因此，地和天必不能互相交接。两者必须都是圆的，天像蛋壳，地像蛋黄（当然其间没有蛋白），各自都能独立地转动。

在第二段中，屈原推测，地的形状可能偏离完美的球形。东西为经，南北为纬。屈原问道，哪个方向更长？换句话说，赤道圆周比赤经圆周更长还是更短？然后，他又问道，如果沿赤道椭圆弧运动，它又应当有多长？

今天我们知道，地球的赤道半径（6 378.14 公里）略长于地球的极半径（6 356.755 公里）。而公元前 5 世纪的屈原，在推论出“地”必须是圆的之后，甚至还能继续想象出“地”是扁的椭球的可能性，堪称一个奇迹。这一几何、分析和对称性的绝妙运用，深刻地体现了艺术与科学的统一。

**璧、琮、璇玑和正极**

按中国的传统,玉璧代表天,玉琮代表地。《周礼》中就有“以苍璧礼天,以黄琮礼地”的说法。玉璧和玉琮,形状精美悦目,都是绝妙的艺术品。然而,人们却不知道它们的来源。这里,我想尝试地给出一种个人的新推测:也许璧和琮是某种更古老的天文仪器的艺术表现。

我们不妨设想,有一位生活在新石器时代的聪明祖先,他为美丽的夏季夜空所吸引,从入夜到拂晓,一直仰望着星星闪烁的清朗天穹,夜夜如此。当他发现天幕中所有的星星都缓缓绕着自己旋转时,自然会奇怪:什么宇宙之力能引起这样无限宏大的运动?而且,天空中有一个点是不动的,这又是为什么?

所有的转动都应当绕着一个不动的轴进行。天空中转动着的星星也一定绕着一个固定轴,即使我们看不见它。这个轴与半天球的交点决定了天空中的一个固定点(称为“正极”)。今天我们知道,这根轴就是地球的自转轴。我们的祖先虽不知道这些,但却聪明地领悟到,无论支配它的机制是什么,这一固定点具有根本的重要性,必须用仪器对它作精确定位。这就是我推测的璧和琮的来由。

璇玑是商代和商以前时期工艺品中的又一个谜,它很可能是新石器时代使用的一种真实仪器的艺术表现。按照西汉文献记载,璇玑是一种“径八尺,圆周二丈五尺”的圆盘,是“王者正天文之器”。自汉世以来,绝大多数人认为它是浑天仪的前身——璇玑玉衡中的一个部件。

最近我在想,一个新石器时代的中国天文学家,要把天空中的固定点准确定位到零点几度,可能设计一台怎样的科学仪器。

我想,他需要一个直径约八尺、中心有孔洞的大圆盘,盘的边缘刻有三个近似方形的凹槽。圆盘藉中心孔洞,套装在一个约十五尺长的直圆柱筒上端,柱筒截面的中心有一个孔。当天文学家在柱筒的下端通过盘边的凹槽观测天空时,可以看到每个槽中都嵌有一颗亮星。在庞阳教授的帮助下,我推测这三颗星很可能是大熊座(北斗)的 $\eta$ 星,以及天龙座的 $\eta$ 星和 $\lambda$ 星。随着夜色的推移,这三颗星在天幕上转动。为了使每个凹槽继续跟踪同一颗星(方形凹槽对此最有利),圆盘也需要作相应的转动。如果能精确地作这样的跟踪,就能从柱筒中心孔自动观测到天空中的固定点。

在盘的边缘有三个凹槽,这是决定圆心的充分必要条件。槽的位置,又取决于对需跟踪的三颗星的选择。为了得到最高的精确度,理想的设计是选择接近相等的间距。显然,盘越大、圆形越精确、圆柱筒越长,定位就越准确。在新石器时代的技术条件下,要以竹、木材料制作直圆筒,十五尺恐怕是极限长度了。为了使圆筒牢固与准直,还要在空心圆柱之外加上一个更结实的套筒,比如一个硬木制的用石头加固的方形套筒。这样,就成了一台仪器，我们不妨把它叫做“璇玑仪”。

如果天空的固定点——正极，恰处于某一颗星的附近，人们定位的好奇心会更加强烈。如今，正极靠近小熊座的 α 星。过去的情况却并非如此，只是在公元前 2700 年左右是个例外。在更古老的年代，天龙座的 α 星几乎与正极相重。前面提到的三颗星，即天龙座的 η 星、λ 星和大熊座的 η 星，在当时都是相对比较亮的星。巨大的“璇玑仪”很可能就是那个时期制造的。而天龙座的重要性也由此得到重视。

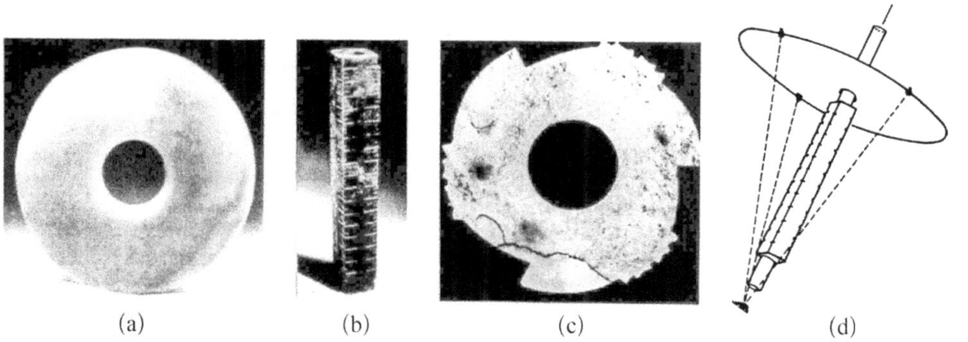


图 5　玉璧、玉琮、璇玑和古代天文仪器的复现。(a) 商代的玉璧，直径为 20.4 厘米；(b) 商代的玉琮，高为 47.2 厘米；(c) 商代的璇玑，直径为 33 厘米；(d) 李政道设计复现的古代“璇玑仪”，用于测定天空中固定点——正极，其中含有璧、琮和璇玑等部件

从新石器时代进化到商代，这一科学的成就又激发了艺术的创造力。巨大的“璇玑仪”的部件演变成象征性的精细抛光的玉制艺术品：刻意带了槽的玉片是商代的玉璇玑，不带槽的玉片是商玉璧，而圆柱筒和它的方形套筒则演化成商玉琮。

圆盘追踪于天，而方形套筒和圆柱筒则置于地。这就是璧表示天，琮表示地的原因。两者都是中华古代文明的杰出象征。作为玉雕，它是艺术；作为原始仪器，它是科学。艺术与科学如此紧密的联结，这正是中国文化固有的内涵。幸运的是，我们至今还保存着这些精美的商代玉器。通过这些艺术品，我们才得以一瞥祖先的科学成就。

在构思重建这一古代仪器的过程中，袁运甫教授的一幅关于汉镜与自由电子激光的画作给了我极大的鼓励。几年前，亚洲的第一束自由电子激光在中国成功地产生。1995 年，CCAST 组织了一次国际研讨会，庆祝这一成就。袁运甫教授奉献的杰作，用自由电子激光为桥梁，沟通了我国古代的成就和现代的功业。

## 对称与非对称

弘仁(1610～1664)的山水画是很有名的，他创建了几何山水画的中国学派。我们从他的作品中，不难找出一幅近似左右对称的山水画。这种几何山水画是对自然山水的抽象，能给人一种美的享受。但是，如果将画的一半与它的镜象组合，形成一幅完全对称的山水画，效果就会迥然不同。这种完全对称的画面，呆板而缺少生气，与充满活力的自然景观毫无共同之处，根本无美可言。

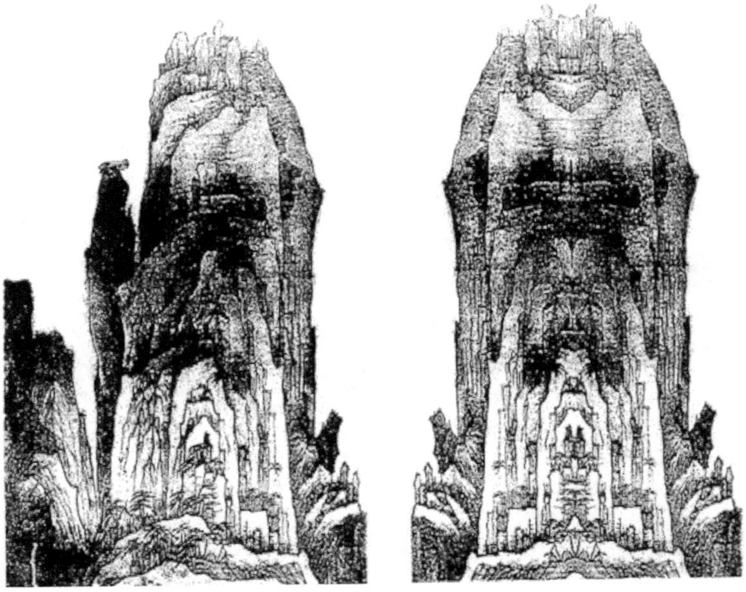

(a) (b)

图6 近似对称与完全对称的画面。(a) 弘仁的一幅几何山水画，画中对岩石的分层结构的刻画清晰可见，也显示出内在的近似左右对称；(b)将图a山水画的一半与其镜象组合而成的一幅完全对称的山水画，看上去有些阴森，像个黑势力的巢穴，完全对称的结果使原来那幅山水画中的魅力丧失殆尽

**中国窗棂的对称性**

对自然界中对称性的欣赏始终贯穿于人类的文明之中。各种规则的晶体，无论从宏观看还是从微观看，都是自然界中严格对称的突出例子。这激发了人类在装饰艺术中的相应尝试，例如中国的窗棂图案。

为准确地描写对称性，波利亚(George Polya)在1924年证明，一共有17种二维的格点对称模式——

平行四边形：p1，p2；

长方形：p1m，p1g，p2mm，p2mg，p2gg；

菱形：c1m，c2mm；

正方形：p4，p4mm，p4gm；

六边形：p3，p3m1，p31m，p6，p6mm。

其中，第一位上，字母 p 表示该模式的原胞，菱形由于历史原因例外地用 c 表示；第二位上，相应的数字表示原胞具有 1、2、3、4 或 6 重转动对称；第三和第四位上，m 表示镜象对称，g 表示滑移反射对称，若某对称性有不止一根对称轴，则相应的字符重复。

虽然，波利亚的证明到本世纪才确立，研究中国传统的窗棂图案是否已包含所有这 17 种模式，仍然是一件有趣的事。若果真如此，很可能中国古代的工匠已知道这一科学结论。

(a)

(b) (c)

图 7 三种中国窗棂图案。(a)具有 2 重转动对称(记为 p2)的图案。(b)具有 6 重转动对称(记为 p6)的图案。(c)具有 4 重转动对称(记为 p4)的图案，其 4 重转动的中心位于与垂线和水平线成 45°角的交叉路的交点上，镜象反射则对应于不通过转动对称中心的垂线与水平线。该图案中的镜象对称，是由两个古老的符号组成的，一个是顺时针向的中文古“万”字，一个是反时针向的中文古“万”字。该符号的形状似由四个希腊字母“Γ”成“十”字分布而成，其源出梵文，最早出现于公元前 4000 年左右今伊朗境内的陶器上，意为“致福”，后在世界的几种不同文化中都有反映。然而，在 20 世纪这一圣洁的符号却被纳粹玷污了。这两个符号都是 4 重转动对称的，但其自身均无镜象对称性

## 左右不对称

对称的世界是美妙的，而世界的丰富多彩又常在于它不那末对称。有时，对称性的某种破坏，那怕是微小的破坏，也会带来某种美妙的结果。

宇称守恒定律的否定，正是由于发现了基本粒子在其弱相互作用中有左右不对称性的变化。1994 年，我在西安博物馆看到，汉代竹简上将“左右”写为“左[illegible]”，颇受启发，有感而书：

汉代[illegible]系镜中左，近日反而写为右；

左右两字不对称，宇称守恒也不准。

“镜象对称与微小不对称”是1995年第二次“艺术与科学”研讨会的主题，常沙娜和吴冠中贡献的两幅画体现了“似对称而不对称”的美妙。艺术和科学，都是对称与不对称的巧妙组合。

## 真理的普遍性

我想，现在大家会同意我的意见，即艺术和科学是不可分割的。两者都在寻求真理的普遍性。普遍性一定植根于自然；而对它的探索则是人类创造性的最崇高表现。

中国古代文化有几方面与其他古代文化不同。唯有它是从新石器时代延续至今的；唯有它是基于自然与人类的和谐而不是任何专制者的口味。在大汶口发现的新石器时代的雕刻“日、月和山”，就是一个极好的例证。而鲁晓波的一幅画则是同一主题的现代演绎：日、月、山，这三个自然界的重要客体与人类的统一。画中，山峰上的两个天体，浑似一个人形。这一哲学和神话式的组合，似乎抒发了我们对自然的深厚感情。这幅画最恰当地体现了CCAST的“关于21世纪中国环境问题研讨会”的目的。

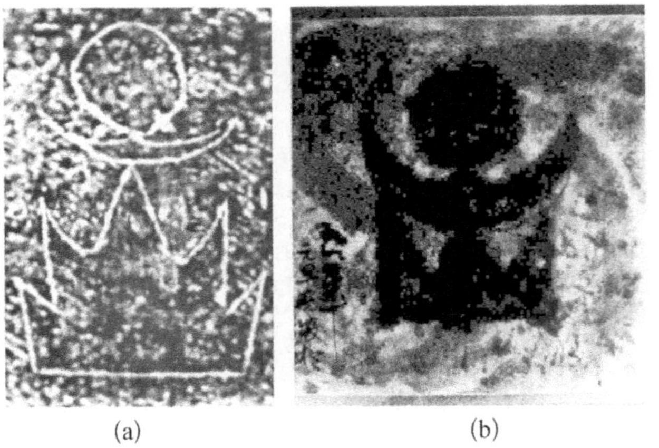

(a) (b)

图8 关于日、月、山的石刻与绘画。(a) 大汶口的新石器时代石刻；(b) 鲁晓波的画作

（本文原为作者1996年5月23日在北京中央工艺美术学院的演讲，本刊发表时据记录稿作了文字整理，并经作者审阅）

［第49卷第1期(1997)第3—10页］

# 17. 水—鱼—鱼市场

## ——关于基础、应用、开发三类研究的若干资料和思考

李政道

基础研究跟应用研究、开发研究的关系，可以比喻成水跟鱼、鱼市场的关系①。显然，没有水，就没有鱼；没有鱼，也就不会有鱼市场。在这方面，各个国家有不同的历史背景，有不同的发展道路。

下面，先看看日本是怎么做的。

## 日本的做法

日本的早期发展有两个特点，即注重基础科学研究和广泛制造廉价产品。这两个特点都与当时日本还比较穷有关。现在六七十岁的亚洲人，至今仍会有幼时的记忆：东洋货非常便宜但很不耐用。这正是当时日本为赚取外汇而向亚洲各国推销低劣产品的一种写照。至于当时日本注重基础研究的情况，了解的人恐怕就不多了。

成立于1917年的“理化学研究所”(RIKEN)，是日本重要的一个研究机构。其经费来自皇家、政府和民间组织，集中这三方面经费建立了一个民间科学基金。虽然理化所实际上是政府的机构，但经费的使用却可以完全自主。这在成立之初就已开始了。

理化所的第三任所长叫大河内正敏。那时，所里有三位重要的科学家：物理学家长冈半太郎、金属专家本多光太郎和生化学家铃木梅太郎。到了20年代，有位很著名的物理学家也加入了理化所，他叫仁科芳雄。后来，他培养出了两名诺贝尔奖获得者，汤川秀树和朝永振一郎。这两位的教育、研究，以及诺贝尔奖获奖工作，全都是在日本做的。这跟杨振宁和我不一样，我们的教育到大学阶段在中国完成，研究院的教育主要在美国完成，获诺贝尔奖的工作也是在美国做的。

二次大战后，驻日盟军司令麦克阿瑟反对理化所的发展，把它的回旋加速器沉入日本海，理化所就此关门。直到1958年，理化所才又开始重建。开始时规模很小，直到1966年

① 作者注：“水一鱼一鱼市场”这一比喻，是我在80年代中期(约1984年或1985年)与谷羽和柳怀祖两位先生的一次谈话时，第一次想出来并加以引用的。之后，在和记者交谈的场合，以及一些会议的讲话中，也常用这一比喻。

搬到东京附近的和光(Wako)后,才迅速发展起来。现在,理化所约有40个实验室,研究涉及核物理、固体物理、应用物理、基础工程学、无机化学、有机化学、生物化学、微生物学等学科。

理化所于1984年在筑波(Tsukuba)成立了一个中心,有6个实验室,做DNA等生物学领域的研究。1986年,又启动了前沿研究计划。1990年,在仙台成立光动力学(photo dynamics)中心。1991年,开始建造专门用于产生同步辐射的高能加速器Spring-8,1997年建成后将是世界上最大的同步辐射加速器,能量达8吉电子伏,花了差不多8亿美元。1997年,在美国成立了理化所-布鲁克黑文研究中心(RIKEN-BNL Research Center),我是研究中心的主任。

介绍这些情况是想说明:日本在早期比较穷困的时候,是比较注重基础研究的。这和其后来科学上的成功,以及工业上的发展,有极大的关系。为什么在国家穷的时候,要注重基础科学的研究呢?那是因为支持基础科学所需的经费比较低。为什么在穷的时候,要制造廉价产品呢?也是因为廉价产品的投入比较少。正是因为重视基础研究,才有后来应用科技和企业科技的繁荣。虽然当初在应用、开发方面作过一些很蹩脚的“东洋货”,但只是为了抢占市场,赚取外汇。国内有些报道以为日本是最近才开始重视基础研究的,这实际上是一种误解。

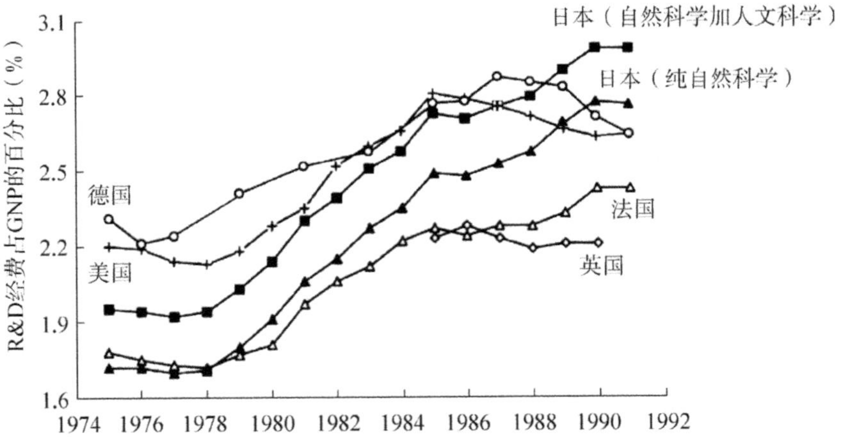


图1 1975～1991年美、日等国研究与开发经费(R&D)占国民生产总值(GNP)的比例

日本的科研机构分为工业(会社)、政府、大学和民间科研机构。工业科研机构指由通产省管理的研究机构,又可分为工业和民间工业两类。这里“工业”包括日本所有大的工业集团,像SONY等。通产省这个日本重要的内部机构,外人是很难深入了解的。五年

前，我自己的理论组做成一台当时全世界最快的专用超级计算机（现在正在做一台更快的万亿次浮点运算计算机，1997年年底可完成），通产省想知道我们是怎么做的，所以请我去日本做一个专题演讲。我也想借此机会研究研究他们的内部情况。

他们的方法是，对所有像汽车、电子等大的工业，通产省每年都有一个为期十年的长期规划。每年跟每个大工业总部都联系一下，每个月跟各大工业的局部也联系一下。政府是直接向工业界投资的。像第五代计算机，现在美国基本上不大投资发展，主要是日本在做。由于这方面的软件正在发展中，所以目前市场不大。政府要向工业界投资十年，等到赚了钱工业界再偿还政府的投资。日本的这一套手法是欧美各国都没有的。

理化所则属于政府研究机构。以1994财政年度（1994年4月到1995年3月）为例，理化所研究经费的90.9％由政府的科学技术厅提供，8.6％来自专利收入（该所历史悠久，有不少专利），其余的0.5％来自民间组织。

从1987年到1992年，日本政府投向政府研究机构和大学的科研经费总额分别为：8 799和11 437、8 680和11 792、9 147和12 404、9 305和13 251、10 015和13 740、11 156和14 759亿日元，可见两者相差不大。日本的基础、应用和开发研究的经费开支比例，1980年是14.5％、25.4％、60.1％，1981年是13.9％、25.7％、60.4％，1987年是14.0％、24.3％、61.7％，1992年是13.5％、24.4％、62.1％，等等。由此可以清楚地看到，日本在基础研究方面的投入比例是相当高的，而且是持续稳定的。最近20年来基本保持在这一水平。

最近5年，日本政府科学技术厅的经费仍然每年递增，而且增加速度比文部省还略快一些。整个加起来，基础、应用和开发研究经费的比例，基本上保持在15％、25％、60％的水平。这里还有一些有意思的数据。国家和大学的实验室在这三个方面的分布是不一样的：国家的，17％为基础研究，27％是应用，56％是开发；大学的，53％为基础，38％为应用，9％是开发。另外，1991年，日本的研究与开发（R&D）经费中，纯自然科学经费已占国民生产总值（GNP）的2.77％，包括人文方面则占3.00％，而美国也仅为2.65％。

总之，可以有这样一个结论：日本从20世纪初的发展早期到现在，都是很注重基础研究的，而且非常成功。日本的科技人才几乎全部在日本接受训练，几乎全部在日本工作，也造就出了许多世界一流人材。如汤川秀树、朝永振一郎，以及化学上的滕井和后来的福井等。

**表1 1980～1992年日本研究与开发经费及其分布情况(单位: 百万日元)**

| 年份 | 经费总额 | 工业(会社) | 政府研究机构 | 大学 | 民营研究机构 | 基础% | 应用% | 开发% |
|---|---|---|---|---|---|---|---|---|
| 1980 | 4 538 | | | | | 14.5 | 25.4 | 60.0 |
| 1981 | 5 207 | | | | | 13.9 | 25.7 | 60.4 |
| 1982 | 5 795 | | | | | 14.1 | 25.9 | 60.1 |
| 1983 | 6 409 | | | | | 14.0 | 25.4 | 60.6 |
| 1984 | 7 081 | | | | | 13.6 | 25.1 | 61.3 |
| 1985 | 8 018 | | | | | 12.9 | 25.0 | 62.2 |
| 1986 | 8 319 | | | | | 13.3 | 24.4 | 62.3 |
| 1987 | 8 914 | 6 494 | 880 | 1 144 | 396 | 14.0 | 24.3 | 61.7 |
| 1988 | 9 676 | 7 219 | 868 | 1 179 | 409 | 13.3 | 24.3 | 62.4 |
| 1989 | 10 827 | 8 234 | 915 | 1 240 | 438 | 12.8 | 23.9 | 63.2 |
| 1990 | 11 993 | 9 267 | 930 | 1 325 | 471 | 12.6 | 24.2 | 63.2 |
| 1991 | 12 617 | 9 743 | 1 001 | 1 374 | 499 | 12.9 | 24.7 | 62.4 |
| 1992 | 12 693 | 9 561 | 1 115 | 1 476 | 541 | 13.5 | 24.4 | 62.1 |

注：会社与政府通产省有密切关系；政府研究机构与大学的研究经费约相当。

## 美国的做法

美国政府对基础科研的支持，主要是在第二次世界大战之后。

在美国，国家科学院(NAS)、国家工程院(NAE)、医学研究所(IOM)以及国家研究理事会(NRC)等四个机构，并不是实质性的研究机构，而是政府在科技方面的顾问。

美国政府需要在科学和技术事务方面的独立顾问，为此，1863年林肯建立了国家科学院。美国国家科学院主要任务是当政府的顾问，接受政府的咨询，并为其提供一些建议。它主要通过组织顾问委员会来完成咨询。这种委员会是针对事项设立的，把报告写完，委员会就解散了。比如，要研究水利问题就组织一个水利问题委员会。也有一些相对永久性的委员会，不过都是针对比较大的项目。

主持这类咨询工作的科学家，由科学院或工程院等机构负责物色。人选不一定是院士，主要是有关领域中最有成绩、最得力的人，也有些是年轻人。当然，院士被选中的可能性要大些。

在美国，基础研究的经费，物理科学方面主要来自能源部(DOE)和国家科学基金会(NSF)，天文方面主要来自国家航天局(NASA)，生物、医学方面主要来自国家卫生研究院(NIH)……

物理科学是我最熟悉的。国家科学基金会 1998 财会年度(1997 年 10 月始,至 1998 年 9 月底)预算中,自然科学基金经费总数为 33.67 亿美元,其中研究项目支持经费占 56%,研究设备经费占 20%,教育和培训经费占 20%,行政和管理经费占 4%。能源部总的预算 1996 年是 164 亿美元,1997 年是 165 亿,其中用在基础研究上的是 25 亿美元,三年来基本持平。

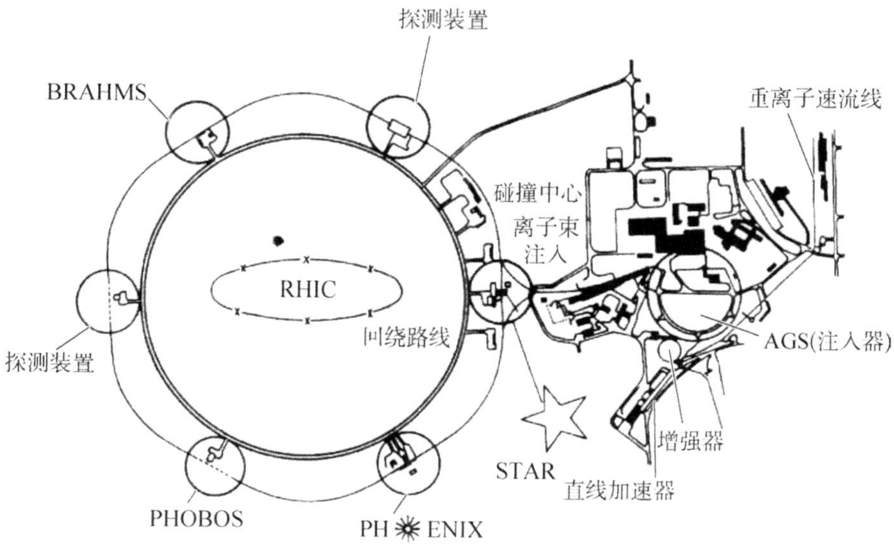


图 2 预计 1999 年于美国布鲁克黑文建成的相对论性重离子对撞机(RHIC)结构示意图

常看到国内的报道说,美国的基础研究都在大学。其实情况并非安全如此。美国大学的研究经费,主要来源于农业部(USDA)、国防部(DOD)、能源部、卫生部(HHS)、航天局、科学基金会等。能源部给所有大学的经费总额约 6 亿,而给政府直属研究机构的约为 19 亿,比大学多出许多;科学基金会每年的总数约 33 亿,其中大学占 20 亿。这两部分加起来,给大学的是 26 亿,给政府研究机构的是 32 亿。如进一步分析基础、应用和开发经费的分配比例,美国与日本也差不多,也保持在 15%、25%、60%左右。

美国大学的确在做基础研究,但是政府直属的研究机构也在做基础研究,而且经费数量都差不多,后者还略高一点。这和日本的情况是很相似的。

## 有益的启示

美国和日本有相当不同的历史和国情背景,因而科学技术的历史发展过程也不一样。

历史上的差别是：日本早期注重基础，美国早期根本不注重基础。

美国起步的时候，和西欧关系密切，工业技术已经有一定发展。加之美国占了大部分的北美洲，资源很丰富，所以没费多大劲，工业就发达起来了，也就没怎么重视基础研究。直到二次大战后，西欧受到战争的破坏，才促使美国重视基础科研。

日本则不然，它要从封建时代走向现代化，就必须要有一个合适的发展战略。从明治维新时期开始，日本就已在考虑这个战略。它的第一步就是注重基础研究和赚钱，一方面打基础，一方面以便宜的“东洋货”赚取外汇。

**表 2　1994 财政年度美国“科学与工程”联邦学术经费对前 20 所大学的资助情况**　（单位：百万美元）

| 研究机构 | 经费总额 | 农业部 | 国防部 | 能源部 | 卫生部 | 航天局 | 科学基金会 | 其他 |
|---|---|---|---|---|---|---|---|---|
| 约翰·霍布金斯大学 | 764.0 | 0.3 | 466.0 | 6.3 | 266.1 | 11.5 | 11.9 | 1.9 |
| 华盛顿大学 | 309.6 | 5.2 | 29.3 | 14.3 | 195.7 | 9.1 | 42.1 | 13.8 |
| 麻省理工学院 | 290.3 | 0.2 | 61.1 | 67.0 | 65.7 | 39.3 | 48.2 | 8.8 |
| 斯坦福大学 | 282.5 | 0 | 38.0 | 6.7 | 138.8 | 56.4 | 38.4 | 4.2 |
| 密歇根大学 | 263.2 | 0.6 | 23.1 | 7.1 | 168.7 | 10.8 | 40.4 | 12.5 |
| 威斯康星大学麦迪逊分校 | 238.4 | 22.6 | 19.8 | 18.3 | 117.6 | 12.8 | 44.5 | 2.8 |
| 加州大学洛杉矶分校 | 236.5 | 0.2 | 23.1 | 20.0 | 163.2 | 8.5 | 19.9 | 1.7 |
| 加州大学圣地亚哥分校 | 233.1 | 0.3 | 26.8 | 10.4 | 130.8 | 13.7 | 46.2 | 4.9 |
| 康乃尔大学 | 221.5 | 27.1 | 14.3 | 5.0 | 94.2 | 5.7 | 73.7 | 1.6 |
| 加州大学圣弗朗西斯科分校 | 217.5 | 0.2 | 2.7 | 3.2 | 205.9 | 1.4 | 3.3 | 0.7 |
| 哈佛大学 | 210.0 | 0.1 | 8.5 | 5.1 | 161.1 | 6.5 | 25.2 | 3.5 |
| 宾夕法尼亚大学 | 209.1 | 0.5 | 15.5 | 6.8 | 162.6 | 0.3 | 22.3 | 1.0 |
| 宾夕法尼亚州立大学 | 207.4 | 23.1 | 88.0 | 4.2 | 46.7 | 12.5 | 23.3 | 9.6 |
| 明尼苏达大学 | 205.0 | 20.7 | 8.3 | 6.0 | 128.7 | 2.4 | 30.6 | 8.1 |
| 耶鲁大学 | 200.8 | 0.7 | 7.4 | 10.9 | 167.1 | 0.9 | 13.3 | 0.4 |
| 哥伦比亚大学 | 197.6 | 0.3 | 11.2 | 7.8 | 139.5 | 6.1 | 31.9 | 0.9 |
| 科罗拉多大学 | 190.4 | 0.5 | 10.5 | 5.9 | 101.6 | 17.3 | 32.8 | 21.8 |
| 加州大学伯克利分校 | 180.8 | 23.7 | 10.7 | 4.8 | 66.9 | 24.8 | 47.3 | 2.6 |
| 南加州大学 | 166.2 | 0 | 40.2 | 2.2 | 98.6 | 4.0 | 18.2 | 3.1 |
| 杜克大学 | 165.5 | 0.6 | 7.9 | 5.3 | 133.4 | 0.5 | 15.3 | 2.3 |
| 以上 20 个机构经费总和 | 4 989 | 127 | 912.5 | 217.6 | 752.8 | 244.4 | 629 | 106 |
| 所有机构经费总和 | 13 739 | 939 | 1 889 | 616 | 6 890 | 740.1 | 2 042 | 623 |

虽然日本和美国的历史很不一样，近期的情形则差不多。两国的大学、政府机构和工业，因国情不同而有所差别，但总数的分布是很相近的。基础、应用和开发研究经费的比

例，近期也都基本上保持在15％、25％、60％左右。在基础研究经费方面，也都是大学和政府机构约各占一半。这一点是很重要的。有很多大型设备是没法放在大学里的，必须是政府所属的研究机构才办得到。比如，大规模的同步辐射光源，每台大约需要10亿美元，不可能在大学里有。两国的研究与发展经费占国民生产总值的比例都在2.5％以上，这也是有道理的。这些情况无疑可以给我们一些有益的启示。

中国的历史和美国与日本都不一样，应该走自己的路，应该实行有中国特色的战略。也就是要根据中国的历史、中国的发展和中国的国情，来制订科技发展战略。美国和日本从完全不同的历史，发展到差不多的状况，这里面有一些共同的规律性的东西。我们可以把人家的经验借过来，加以研究，为我所用。关键是要处理好基础、应用、开发三方面研究的关系。经费的投入大致保持一定比例，才能协调地发展。

至于基础、应用和开发这三类科学技术研究的发展，到底对后来产生什么影响？20世纪科技发展的历史，尤其是基础研究方面的进展对科技发展的巨大推动作用，也给了我们有益的启示。

19世纪末20世纪初，物理科学中有两个相当重要的基础研究发现。一个是迈克耳孙—莫雷实验。这个实验证明，光顺着地球运动和逆着地球运动的速度是完全一样的。另外一个是普朗克的一个公式。热的东西放光时，会有不同的波长，普朗克对波长的分布提出一个猜测公式，与实验很好地符合。这两个问题用经典的理论和方法是无法解决的。这两个发现虽然都很稀奇，但当时它们同日常生活并没有什么直接联系。

可是不久以后，即从第一个发现产生了狭义相对论，从第二个发现产生了量子力学。到1925年，人们对这两个领域(即狭义相对论和量子力学)已完全了解了。由此又发展出原子构造、分子构造、核能、激光、半导体、超导体、X光，以及超级计算机等理论和应用。1925年以后，几乎所有的物质文明，都是从这两个基础发现衍生出来的。

不光是应用，现在人们还在广泛地进行开发研究。前些日子，我住在新竹的清华大学，晚上睡不着觉，因为外面吵得要命。我问了一下，说是有激光跳舞。我不知道什么是“激光跳舞”，人家告诉我有绿的、黄的各色激光，这也可以说是目前一种开发研究的成果了。

中国的国情和美国、日本都不一样。

我们必须正视的现实是贫穷和落后。少数人会在贫穷和落后面前失去自尊、自信和希望，而更多的人则会在逆境中奋起。要摆脱贫困，实现人类的希望就离不开科学。这和小平先生的思想是一致的。我最近看见家宝先生写的文章，也看了路甬祥先生的文章。

他们两位的观点很确切,没有科学就摆脱不了贫困,也不会实现人类的希望。

## 对 21 世纪科技发展前景的展望

最后讲一下 21 世纪物理科学的前景。我认为物理科学的发展前景是很好的,因为目前的情况与 20 世纪初很相似。

20 世纪初的两大发现,导致两大科学疑问的提出,即光顺地球运动和逆地球运动时的速度为什么一样?如何解释热的东西发射的光谱?

现在同样也面临两个疑问:其一,目前的物理理论都是对称的,而实验却发现了不少对称性的破缺(今年是吴健雄先生做宇称不守恒实验的 40 周年纪念。她的文章是 40 年前的 2 月 15 日发表的,她于今年 2 月 16 日去世);其二,有一半基本粒子是至今一点都独立不出来的。我们已经知道,所有的中子、质子、原子、分子,都是由两类基本粒子组成的,一类是夸克,另一类是轻子。一共有 6 种夸克,6 种轻子。可是这 6 种夸克,每一个都不能单独自由行动,从来没有人观察到它们可以自由地存在。

关于理论上对称而实验上对称破缺这个问题,现在的认识是,这个对称的破缺来自于真空。什么是真空?真空是没有物质(粒子)的态,可它仍有作用,有作用就有能量的涨落。这种能量的涨落是可以破坏对称的。

为什么夸克走不出来呢?这和超导类似。超导是抗磁场的,假如有一块材料没变超导前有磁场通过,一变成超导,磁场就被排出来了。假如一个圆圈里面有磁场,这圆圈没变超导前,磁场可任意进出;而一旦变成超导,磁场就出不来了。在真空的涨落中,很可能有磁单极子和反磁单极子,它们是抗量子色动力学电场的。可以认为,真空是物理的相对论性凝聚态,它虽是没有物质(粒子)的态,但却是有作用的,也就有可能被激发。

根据相对论性重离子碰撞理论,两个高能量的金核(单个核子的能量为 100 吉电子伏)相互碰撞后,相互穿过对方,并在两核中间产生新的真空,这样的真空中夸克可以自由行动。这方面的研究正在进行,相对论性重离子对撞机设在布鲁克黑文,1999 年就可建成,总投资约 10 亿美元。

如果真空可以被激发,粒子的微观世界和宏观的真空就结合起来了。这将是一个新的发展。我们用对撞机来研究这个问题,是想人工模拟出一个状态,它和当初宇宙开始大爆炸的情景相似。大爆炸开始于一个激发的真空,人工制造出类似的状态,也许可测量得到大爆炸之初的若干特性。

宇宙中有一种叫作类星体的东西，人们知道它不是普通的星，但对它知之甚少。对它的能量来源，就一直未搞清楚。太阳的能源是核能，而一个类星体能量比太阳的能量要大得多，可以是太阳的 $10^{15}$ 倍，这绝对不可能来自核能。在宇宙中估计共有 100 万个类星体，其中正在仔细研究的有 1 000 个。

类星体最早发现于 1961 年，那年发现了两个。其中之一是 3C273。3C 代表英国剑桥第三射电源表，273 是其顺序号。这个类星体在 1982 年 2 月，一天之内能量增加了一倍。不仅能量大，而且可以在一天之内增加一倍，这是非常稀奇的。宇宙中还有很大能量的来源，至今仍是未知的。

宇宙中的另一个大问题是暗物质。从引力的计算，人们知道有暗物质存在，可是用光无法探测，用红外、紫外、X 光都无法探测到。

宇宙里 90%以上是暗物质。暗物质存在的证明很简单。拿任何一个星系来说，测量在距离该星系中心 $r$ 处的任何星(或尘埃、粒子等)的速度 $u$，令 $M(r)$ 是从星系中心至 $r$ 间的引力质量。从万有引力定律和圆周运动方程可得

$$\frac{GM(r)}{r^2}=\frac{u^2}{r},$$

$G$ 为引力常量。离星系非常远处，如果 $M(r)$ 不继续增加，$u$ 应该越来越小。可是事实上不然。拿 NGC3192 来说，$u$ 并不减小，就说明有很多引力质量在里面。NGC3192 并不是单独的例子，现在已测量的有 967 个星系，所有的都是这样，没有一个例外。这些暗物质是什么我们不知道。所以，在我们的宇宙中有 90%以上的物质我们不知道，有极大的能量来源我们不知道。

100 年前，英国物理学家汤姆孙(J. J. Thomson, 1856～1940)发现了电子。这极大地影响了 20 世纪的物理思想，即大的物质是由小的物质组成的，小的是由更小的组成的，找到最基本的粒子就知道最大的构造。这个思想不仅影响了物理学，还影响到 20 世纪生物学的发展。要了解生命就应研究它的基因，了解基因就可能会了解生命。但我们现在发现并不然。小的粒子，是在很广泛的真空里，而真空很复杂，是个凝聚态，是有构造的。也就是微观的粒子和宏观的真空是分不开的，两者必须同时处理。

以为知道了基本粒子，就知道了真空，这种观念是不对的。从这个简单化的观点出发，不会有暗物质，也不会有类星体这类的东西。我觉得，基因组也是这样，一个个地认识了基因，并不意味着解开了生命之谜。生命是宏观的。20 世纪的文明是微观的。我认为，

到了21世纪,微观和宏观会结合成一体。不光物理学如此,这也许还会影响到生物学和其他科技的发展。例如造计算机,是不是越小的集成电路就越好呢?可以把集成电路芯片越造越小,小到氢原子,可是我们对氢原子已完全了解,这里已不可能再有什么信息。可能21世纪计算机的芯片会是比较大的,是个凝聚态的单位,这里的信息才更多。

在基础科学的研究中,微观和宏观必须结合起来,这个结合对科学技术的应用和开发,可能会有极大的影响。20世纪的科学发明在19世纪末都是很难想象的!没有20世纪初基础科学的突破性发展,本世纪的科技应用和开发也就失去了基础。21世纪也许会有同样的发展。目前,微观和宏观的冲突已经非常尖锐,靠一个不能解决另一个,把它们联起来或许会有所突破。这种突破会影响我们的未来。

21世纪的物理科学,可能会在以下一些基本问题上取得突破性进展:激发真空;微观和宏观的物理的结合;模拟宇宙大爆炸之初的状态;了解暗物质,了解类星体的能源,了解CP不对称的原理等。什么是CP不对称呢?粒子和反粒子,左和右不对称,就是CP不对称。因为CP不对称,所以我们能够存在。我们都是质子和电子的,我们宇宙里没有很多的反质子和正电子。在大爆炸一开始它们应该是一样的,所以CP不对称也是一个很重要的问题。

(本文原为作者1997年5月25日在中国科学院举行的"21世纪科技发展战略学术研讨会"上的演讲,由施宝华作文字整理,文章的篇题及小标题为本刊所加,本刊据作者审阅改定稿发表。)

[第49卷第6期(1997)第3—8页]

# 18. 科学技术的时代特征和发展展望

路甬祥

邓小平指出："现代科学技术正经历着一场伟大的革命。现代科学技术不只是个别的科学理论上获得了发展，也不是有了一般意义上的进步和改革，而几乎各门科学技术领域都发生了深刻的变化，出现了新的飞跃，产生了并且正在继续产生一系列新兴的科学技术。"

研究科学技术的时代特征与发展趋势，有利于把握世界科学技术发展的态势，面向我国的国情和需求选择我们的工作重点，深化改革，加快发展，自主创新，加强合作，攀登高峰，促进转化，为支持我国经济和社会的持续发展提供源源不断的科学技术支撑。

## 未来科学技术发展的主要特征

从总体上看，未来科学技术发展将呈现以下主要特征：

(1) 科学技术发展和转化速度，将更为迅速，规模更为宏大。

科学技术知识的产生遵循指数递增规律，这是与人类对自然认识的客观进程相符合的。由于信息通讯技术的进步，知识的传播将以空前的速度，几乎无时空阻隔地迅速扩散。而且更由于经济发展和竞争的推动，由基础研究向应用开发的转移愈加迅速，科学与技术之间的结合愈加紧密，科学技术成果向现实生产力转化的速度将更加迅速，规模更为宏大。

(2) 科学技术发展，不仅继续向微观深入，而且走向宏观系统，走向复杂和综合。

学科研究的深入和分化，是几百年来科学发展的主流方向。在新的世纪，学科本身的进一步分化和继续向微观深入，仍然是发展的重要方向。但是，进入现代科学时期后，特别是近二三十年来，另一个新的方向已成为主流，而且已显现出更加旺盛的生命力。这就是向着宏观、交叉，向着复杂的综合集成或整体化趋势发展。一方面，向时空的极端方向，向跨学科，向认识自然界、人体和人类社会复杂综合系统规律进军；另一方面，在学科内部，一改过去从宏观到微观，从整体到局部，剥离、分解的方法，而向着综合和系统规律进军。如在生物学研究中，以前的主流是从种群到个体，到细胞，到分子……，呈一种"还原"趋向，现在则在问：一组原子何以构成有生命活性的生物大分子？分子如何形成功能分化的细胞？几十亿万个神经细胞在一起如何构成大脑，产生感觉，形成认知和思维？……这是一个由微观到宏观，由静态到动态，由局部到整体，由简单到复杂，由确定到不确定，由线性到非线性的新的科学思维模式和认知走向。有人认为，新的科学革命突破的方向之一，可能就是非线性和复杂性问题。

(3) 科学技术发展更加社会化、国际化。

如果说在上个世纪及本世纪初期，科学家们的个体科学活动还是发展科学的主要方式的话，那么在未来的新世纪里，随着科学技术内部的交叉和联系，以及与社会相互作用的进一步增强，科学技术社会化的趋势将更加突出。科学技术已是国家目标的重要部分，需要国家力量的推动和组织，是国家实现现代化的关键所在；科学技术已成为企业竞争力的基础，企业将成为技术创新的主体；而且还已成为全球和平与发展目标的重要因素，需要各国进步力量的联合推进，科学技术的国际性交流、合作与竞争，势必比本世纪更为壮观。当然，无论科学技术的社会化程度多高，科学家的创新思维和对科学前沿的不懈求索精神，将永远是科学技术进步不可替代的创造动力，而且将在社会化过程中得到更充分的发挥。

(4) 科学技术发展的社会影响将空前广泛，愈加深刻。

马克思主义创始人，早在研究第一次产业革命后资本主义发展规律时，就已指出："科学是一种在历史上起推动作用的、革命的力量。"①邓小平也指出，"当代的自然科学正以空前的规模和速度，应用于生产，使社会物质生产的各个领域面貌一新"②，"科学技术是第一生产力"③。这些科学论断，在本世纪的发展进程中，已经得到实践的验证，社会生活的各个方面，无不打上了科学技术的时代印记。展望未来，人类将进入全球化知识经济的新时代，科学技术将更加深刻、更加广泛地渗透到社会的经济、政治、军事、外交、文化、教育和日常生活的各个方面，影响并改变社会的生产、流通、组织结构，以及人类的生存和思维方式。

以上是对下世纪科学技术发展总趋势的展望。如果说对总的科学技术发展态势还能有所估计的话，那么对科学技术各门类的未来进展做出预测，其难度就要大得多。当今，科学技术发展的速度实在太快，不确定因素很多，以致难于对未来科学技术突破作出准确预测。下面仅从科学技术发展的大趋势，并联系我国实际，对一些重要的科学技术领域做一些展望。

---

① 《马克思恩格斯全集》第 19 卷，北京：人民出版社，1962 年，第 375 页。
② 《邓小平文选》第 2 卷，北京：人民出版社，1994 年第 2 版，第 87 页。
③ 《邓小平文选》第 3 卷，北京：人民出版社，1993 年，第 274 页。

## 数学科学与系统科学

数学科学是研究数量关系与空间形式，寻求最简单、最适用的表现模式的科学。21世纪数学科学仍将是整个科学（自然科学、社会科学与认知科学等）的基础和方法，数学科学的应用已经突破传统领域，正向人类一切知识门类和活动领域渗透。数学科学核心领域的拓展，数学的广泛应用以及与前沿科学的交叉，计算机技术与数学的相互影响，将形成未来发展的三大方面。

高维、多变量、非线性、大范围、随机和离散型结构等数学问题，将受到更多关注，可能形成纯粹数学新的发展势头，继续成为数学发展的基础和核心。

几乎所有的纯粹数学各个分支都将发展其应用，物质科学（physical science）、生命科学、经济与社会科学、地球科学和生态环境科学、认知与脑科学、信息科学等领域的许多挑战性命题，将刺激应用数学的发展；数学科学在工程技术、生产过程、医疗诊断等领域的运用，如数值计算、数值模拟、数值统计、数学分析与处理及图形变换等，将达到新的水平；数学方法作为一种普遍适用的科学方法，继续与各学科交叉结合，为各学科的发展作出贡献。

尤其是数学科学与计算机科学的相互作用，将推动科学计算、计算机应用科学的发展，计算方法的研究和科学可视化，计算机符号运算与机器证明，将取得新的进展。

数学科学是一门依靠科学家高度抽象思维、创造智慧和严谨逻辑的科学。需要进一步提高我国数学科学教育基础，完善公正有效的人才选拔机制，建立稳定的研究工作环境和良好的学术氛围，便捷的信息和国际交流合作条件，并合理地选择重点领域和方向。21世纪我国成为数学科学大国是完全可能的。

系统广泛存在于自然、社会、人体和思维之中。以系统的观点研究现实世界以形成系统的认识论、方法论和科学思维，这就是系统科学的任务。系统科学在21世纪将会有重大的进展，将改变科学世界的图景，革新传统的科学认识论和方法论，引起科学思维方式的革命。

信息论、运筹学、控制论，60～70年代兴起的突变论、耗散结构论、协同论、超循环论、微分动力体系、混沌理论等，为系统科学的发展提供了理论基础。然而，系统科学理论框架的构建尚未真正完成。

系统科学本来研究的重点是巨系统。其中，一类是简单巨系统，一类是复杂巨系统。

简单巨系统的组分虽然数量庞大，但种类不多，较少中间层次，相互关系简单。21世纪初有可能依靠集合论、协同论、耗散结构论，并结合动力学的确定性描述、概率论的不确定性描述，以及信息论、运筹学和控制论，对这类系统建立定量的，甚至形式化的描述，建立起简单巨系统的组织理论，乃至系统建构、控制、优化的一般性理论。

复杂巨系统则不仅组分巨大，而且种类繁多，并有许多层次交叉重叠，相互关系也极为复杂。生态系统、人体系统、脑与神经系统，社会和经济系统，地理与环境系统等，均属复杂巨系统。这类系统中，存在着物质的、精神的和社会的各种因素，描述和归纳极其困难，目前尚无类似协同论那样的理论可以借鉴，也还没有从微观到宏观的规范性处理方法。必须在认识论和方法学上有新的创造和突破，才可能建立起复杂巨系统科学的框架。然而，未来生命科学、脑和认知科学、生态与环境、全球经济和社会等重大课题，正期待着系统科学的发展和突破。

## 物质科学

研究物质基本结构、运动规律、相互作用及其变化的科学，也可称为物质科学。物理学、化学属基础物质科学；材料科学属应用物质科学，它不仅研究材料的结构和性态，也包括制备和应用。

21世纪，物质科学将向更微观尺度、多种相互作用、更极端物理条件、超快变化过程和更复杂的体系进军。从有序结构到无序结构、从无机到有机、从无生命体系到有生命体系，物质科学与生命科学的交叉和结合，将是学科的前沿；介于微观和宏观之间的表面、团簇、纳米物质，介于晶态同非晶态之间的准晶物质，将成为新的研究热点；从平衡态到非平衡态，从均衡过程到不均衡过程，从相互作用的随机性到可控性和选择性，将是研究的基本发展趋势；该领域研究的仪器和装备，也将向越来越高的时间、空间和组份分辨率，形成特殊条件和综合多功能的方向发展。

计算机技术将渗透到物质科学的各个领域，以及从探测、分析、设计到制备过程的各个阶段，并发展出新的学科分支。物质科学基础研究的突破，将为材料科学技术、信息科学技术、能源科学技术、生命科学技术的发展，提供新的物质技术基础。与环境相关的物质科学研究，诸如绿色反应、绿色工艺、绿色材料、可再生技术等越来越受到人们的重视。以物质科学新的成果创造的高技术，不仅将为物质科学本身，也将为其他学科的研究和发展，提供崭新的手段，甚至形成新的交叉学科。

## 天文学与空间科学

20世纪中叶以来，由于射电天文、空间天文和多光谱天文观测技术的发展，天文学进入了一个利用物理理论解释天文现象，利用天文观察验证和发展物理理论的新时代。大爆炸宇宙学、黑洞物理、引力透镜物理，将成为天文学和物理学(引力论)紧密结合的范例。

21世纪天文学家最感兴趣的事，将是研究宇宙中粒子的性状、相互作用和起源(如太阳中微子差缺问题等)，元素的起源，天体中分子的形成和生命的起源，以及行星系统、恒星、星系，乃至整个宇宙的起源、演化和归宿，并力图描绘宇宙演化的整体图景。其研究的意义已经超越天文学本身，而深入到物质科学、生命科学和哲学的一些最基本问题。

天文研究手段已进入了全波段时代，到下世纪初全球将建成不下10台口径8～15米级的天文望远镜，量子效率不低于80%的电荷耦合器件(CCD)将普遍使用，大多数望远镜将配有多光纤光谱仪，中国也将建成天体物理中心，将使用由我国科学家自己设计的大天区多光纤巡天望远镜(LAMOST)。射电天文也将从厘米波段拓展到毫米和亚毫米波段，光学/红外天文技术在追求更大集光能力和更高角分辨率上将会取得新的突破性进展。

利用空间技术，跨越大气层，发展空间天文探测，从人造卫星和空间站上观察宇宙，是天文学发展的另一特点，已形成新的分支——空间天文学。哈勃空间望远镜、伦琴X射线卫星(Röentgen Satellite，简称ROSAT)巡天、超级红外天文卫星——空间红外望远镜(Space Infrared Telescope Facility，简称SIRTF)、天体测量卫星，中国的空间太阳磁场望远镜，以及以探测宇宙反物质为目标的空间谱仪AMS等的运行，将形成空间天文学非常活跃的时代。

空间科学系指利用空间飞行器研究宇宙中物理、化学、生命现象和物质运动现象的一门综合性科学。

浩瀚的宇宙空间存在极其复杂的自然现象和在地球上难以获得的极端物理条件(如超低温、微重力、强辐射、高位、超真空等)，蕴藏着丰富的新资源(如月球上的氦3、钛铁矿等)，将成为人类研究与开发的新疆域。

利用遥感技术和地面台站网络的配合，获取全球性的、动态的统一图象，有可能系统地、整体地研究地球动力系统和生态环境的变化，形成空间地球科学。利用近地空间飞行器上的微重力环境，进行微重力流体物理、生命科学、材料科学和工艺的研究也具有重要的科学意义和应用价值。加强对太阳的观察和日地科学研究，对于认识近地空间环境，进一步深化对太阳地球系统相互作用的认识也具有重要意义。

美、俄、欧、日已经联合建立规模浩大的空间站，下一步目标将是在月球上建立实验站，并登上火星。空间科学的发展不仅反映国家的综合实力，也集中体现人类的探索精神和科学技术水平。中国作为空间技术大国之一，应选好重点目标，争取进入空间科学和空间技术应用先行者的行列。

## 地球科学与环境科学

地球科学研究的对象是人类繁衍生存的地球。这是一个自然和人类活动交织，并受地外星球，尤其是太阳活动影响的复杂体系。地球科学与资源环境、生态和灾害关系密切。由于自然力的作用和人类大规模的活动，森林的过度砍伐，水土流失，土地的荒漠化，河流湖泊严重污染，温室气体过度排放，酸雨频发，臭氧层破坏，全球气候变暖，生态失衡，物种灭绝，地球上的生态和环境变得愈来愈脆弱和严峻。环境科学愈来愈受到人们的重视。

地球科学与环境科学都是交叉性、综合性学科，而且都既有全球性、整体性的一般规律，又有局域性的特殊问题。

21世纪的地球科学，将继续从物质科学、生命科学、数学科学和计算机科学的交叉中吸取新的方法，进一步拓展和深化对气圈、水圈、生物圈、岩石圈各自演化规律及相互作用过程的认识；并综合物理、化学、生物学的相互作用，以及自然过程和社会发展相互作用的研究，发展自己的学科体系和内涵，开拓新的前沿领域。对日地空间、地球深部、高层大气、海洋和极地的研究，仍将是重要和活跃的领域；传统的定性、静态描述，将转向以演化过程为目标的精确的动力学分析。从而，将对气候系统动力学、环境和生态动力学、地球内部的流体动力学、成矿理论和板块飘移学说等，形成新的认识。遥感（RS）、地理信息系统（GIS）、全球定位系统（GPS）等空间技术和现代信息技术，将成为新的研究手段。

实现人与自然的协调，实现人类社会的可持续发展，将作为地球和环境科学的最根本目标。人们将建立起灾害与环境的科学监测与预报体系；开创自然和生态系统这一复杂巨系统的自组织理论和自然控制论的研究。中国的地球科学和环境科学研究，有着经济和社会发展提出的迫切需求，有自己的特色和优势，中国完全有可能成为地球科学与环境科学的强国。

## 生命科学与生物技术

本世纪50年代DNA双螺旋结构的发现，以及随后遗传信息传递“中心法则”的确立和DNA重组技术的问世，使人类开始从分子水平上了解生物遗传发育等行为，对生命活动规律的认识发生了质的飞跃。以生命科学成就为基础，以解决人类面临的人口、健康、食物、环境等重大问题为目标的生物工程技术及产业应运而生，并迅速发展。

21世纪，生命科学将成为最为活跃的学科，可能取得一系列重大突破，从而发展成为新的科学革命。相应地，生物工程产业将成为最重要的新兴产业。

当前，个别基因的分离、扩增、重组，以及体细胞克隆技术都已实现，某些蛋白质的结构和功能已经探明。对细胞膜内外物质和信息传递的部分机制、微生物光合作用的机制已有所了解。

科学技术界已从单个基因的测序，转到有计划、大规模地对人类、水稻、玉米等重要生物体的全基因图谱进行测序和诠释。美国的人类基因组计划，投资30亿美元，组织2 000多名科学家，拟用15年时间，搞清人类10万个基因中的全部30亿个核苷酸碱基对的全部序列。目前进展顺利，有可能提早完成。中国科学院国家基因研究中心，已在国际上首次得到水稻全部基因的物理图谱，将进行全基因图谱测序。随着水稻等重要农作物基因组计划的成功，以及基因工程技术的深入研究，将引发农业新的绿色革命，从根本上解决人类面临的粮食问题。

人类和一些重要动物基因组计划的完成，将有益于人类的健康，许多危害人类的疾病，如心血管疾病、癌症、肝炎、艾滋病、糖尿病，以及许多遗传性疾病将得到防治，人类的衰老过程将有可能得以延缓。进一步解开生物体遗传发育的调控机制，将使作物产量、质量和抗逆性得以优化。转基因动物的研究，将为生物制药和培育可供移植的器官，开辟广阔的天地，从而形成新的产业。脑科学和神经分子生物学的进展，不仅有助于脑的保健与开发、脑及神经医学的发展，还将对心理学与认知科学带来新的突破。

## 信 息 科 学

21世纪也将是信息的时代。信息科学技术将成为最活跃、与人们生活最密切相关的科学技术领域。

信息既非物质，也非能量，但它是构成我们世界的基本要素之一，是人类社会创造的知识的总和。信息资源有一个与物质资源、能量资源很不相同的特点，就是它可以被重复使用，可被同时共享，在使用过程中不仅可以不减少，有时还可产生新的增量。

信息科学技术，是研究信息的生产、采集、存贮、变换、传递、处理过程和广泛利用的新兴科学技术领域。以1946年第一台计算机诞生，以及40和50年代半导体、集成电路的发明为发端和支柱，又得到近来发展的信息压缩和网络化技术的推动，并以凝聚态物理、材料科学、微细加工技术，以及现代数学科学、计算机科学、信息论、控制论、人工智能，甚至人文、社会科学和艺术为基础，信息科学技术以它广泛的影响和巨大的生命力，在不足半个世纪的时间内风靡全球，成为科学技术发展史上业绩最辉煌，发展最迅疾，对人类影响最广泛最深刻的科学技术领域。

当代的计算机都是建立在微电子学基础上的。纳米科学技术的发展可能将使计算机建立在更微观集成、更高速的基础之上。如果把当前计算机芯片的大小比作一幅风景画，那么将来以原子和分子器件制作的计算机，就如这幅画中的单座建筑物。可以预期，随着微电子、光电子技术和纳电子学的进步，地理信息系统(GIS)、遥感(RS)和全球定位系统(GPS)、宽频带高速数字综合网络、信息压缩与高速传输、人工智能、平行处理、分布系统、多媒体技术和虚拟现实技术等信息科学技术前沿的进展，以及软件的开放化、标准化、工程化和智能化，将给21世纪的生产过程、流通过程、消费和生活方式，以及经济、社会和国家安全带来难以估量的变化。人类将全面进入信息时代。信息产业无疑将成为未来全球经济中最宏大、最具活力的产业。信息将成为知识经济社会中最重要的资源和竞争要素。

## 能源科学

能源是国民经济持续发展的基础，能源与资源环境的关系也最为密切。我国是世界上能源消费增长最快的国家，也是$SO_2$、$NO_x$、$CO_2$排放的大国，环境压力越来越大。我国的能源结构和能源资源的空间分布又很不理想。煤是我国主要的化石能源，油气探明可利用储量只够用50～60年，核能资源储量也很有限。我国单位国民产值的能耗约为中等收入国家的2.5倍。

解决我国能源问题的出路，在于依靠科技、优化结构、提高效率、控制污染。下面一些能源科学技术的主要研究方向，值得我们注意。

发展洁净煤技术,其中包括先进的选煤技术、高效的燃烧器、循环流化床技术、煤气化联合循环发电技术、煤的气化与液化技术、煤的成型和添加燃烧技术,电、热、气化学品联供流程等。这是世界上许多国家共同关注的技术。1986 年以来,美国已在这方面投资 60 多亿美元。

充分运用新的地质学成矿理论和物探层析技术,拓展我国油气储量,开发高效采油新技术,因为油气是十分宝贵的化石资源。

发展快中子堆,研究加速器驱动新反应堆的可能;开发水力资源,因地制宜地发展太阳能、风能、地热、潮汐、生物质能等可再生能源新技术,提高转化效率和并网水平。

研究和发展高效的能量传输、贮存、分配和调控技术,提高电网运行效率,发展多种形式的终端用户节能技术,提高工作机效率等。

发展高容量、高密度、高寿命、环境友善的高性能电池、燃料电池技术,跟踪研究磁约束及惯性约束可控聚合反应等。

## 认知科学与脑科学

认知科学是研究人类认知(cognition)和智力发展(mind)的本质和规律的科学。

认知科学与人的感觉、神经和脑的活动有关,从这一点上看它们都是物质运动的一种特殊形式;另一方面,它们又与人与自然和社会的信息交流有关,心理与认知过程又是一个社会化的过程。因此,认知科学是自然科学、社会科学、思维科学的交叉。

人脑有 $10^{11}$ 个多自由度的神经元,相互通过 $10^{15}$ 个突触相连接,分布在两毫米厚的大脑皮层上,人脑又通过神经细胞与全身相连接,接受感觉信息和决策、传递调控指令。研究人的感知、记忆、意识、感情、理智、智力是如何产生与发展的,这不但具有重大的科学价值、应用意义,也具有重大的哲学意义。这里,正是唯心主义和唯物主义争论的最后焦点。

认知科学和脑的研究,是多途径和跨学科的。既要继续在认知计算理论方面,探索脑的思维机理和方法,也要通过对语言文字和图象的理解和生成的研究,探索人类的认知规律。另一方面,核磁共振脑成象技术(FMRI)、正电子发射射线断层成象技术(PET)、高分辨率脑电技术(EEG)等各种脑认知成象设备的出现,为脑科学的实验研究提供了新的手段。通过神经细胞生物学的研究,将把脑研究推向分子水平。

认知科学,有可能成为 21 世纪的带头科学,并可能继生命科学之后成为另一个新崛起的高峰,以至成为新的科学革命的中心。这不仅在于它是异常困难的科学问题,而且还在于它的突破，将对人类智力的开发、脑医学和其他学科领域(如心理学、信息科学、教育学，以及生物电子学)的发展，带来巨大的影响。可以想象，由此也可能产生在社会、思维和物质之间关系上的新的科学哲学，以及超越牛顿时代以来辉煌成就的崭新科学方法和数学方法。

[第 50 卷第 2 期(1998)第 3—7 页]

# 19. 关于中国自然科学基础研究的若干思考

张存浩

"基础研究很重要。人类近现代文明进步史已充分证明,基础研究的每一个重大突破,往往都会对人们认识世界和改造世界的能力的提高,对科学技术的创新、高技术产业的形成和经济文化的进步产生巨大的不可估量的推动作用。"

"必须从社会和经济的长远发展需要出发,统观全局,突出重点,实行'有所为,有所不为'的方针,继续加强基础科学研究。"

"小平同志明确提出中国在世界高科技领域要占有一席之地,其意义极为深远。这个奋斗目标在我们这一代人手里一定要力争实现。"

这是江泽民总书记 1997 年 7 月对基础研究所作的批示。这三段话,指出了基础研究的重要性、方针和主要做法,以及奋斗目标。我国在高科技领域的"一席之地"是和基础研究紧密相关的。在国家关于科技发展布局的三个层次(基础研究、发展高新技术及其产业、面向经济建设主战场)中,基础研究是最基础和活跃的层次。在党中央、国务院号召下,科技部、教育部、中科院以及各省市都在抓基础研究。自然科学基金是支持基础研究的主渠道之一,也应不断地研究怎样能够加强这方面的工作,怎样适应新的形势。下面的介绍多以自然科学基金项目为例,但这是不能够概括全国的基础研究的,这也是在篇题中有"思考"一词的原因。

## 关于基础研究的重要性

基础研究的作用,有四个方面:人类文明进步的动力,科技与经济发展的源泉和后盾,新技术、新发明的先导,培养和造就高层次科技人才的摇篮。

历史上,基础研究一直是经济和技术发展的主要动力。牛顿力学开创了机械化的时代,法拉第—麦克斯韦的理论则奠定了电气化的基础。作为化学家,想说个化学发展史上的例子。1803 年道尔顿提出的原子学说本是一个简陋的假说,但它却促使化学结束了在黑暗中的千年摸索,促成了 19 至 20 世纪化学工业的大发展。尽管在这一假说提出一百多年之后,才有了原子存在的实验证据,但是基础理论的威力并不只在于它的严格和优美,更在于它指导实践的作用。温习这段科学史是有益的。

在20世纪,量子力学更是促成了几乎所有高技术(不限于材料和信息技术)领域里的革命。同样,今天的基础研究必将成为21世纪高新技术的源泉。类似的话,李政道教授曾经多次谈过。

现在看来,基因组学、细胞生物学以及脑与神经科学等学科的基础研究,加上数理化等基础学科的积极参与,必将促进21世纪生命科学和生物技术的大发展,彻底改变农业和医学的面貌。

在表面科学和超分子化学上建立起来的纳米材料和纳米电子学,必将把材料、能源和信息革命推向一个新高峰。纳米太阳能电池研究最近就有较大进展,纳米材料有潜力应用于燃料电池、蓄电池,纳米元件已可嵌接到亚微米微电子器件中。从亚微米电子学到纳米电子学有可能是一个平滑的过渡,而并非截然分开的两部分。

数学正对信息科学和技术的进步施加越来越大的影响,对生命科学乃至社会科学亦复如此。纯数学仍然是科学皇冠上的明珠,而数学应用的扩展也是一个了不起的趋势。大约五六年前,自然科学基金支持山东大学彭实戈,把倒向随机微分方程的纯基础研究发展到期权定价理论等金融数学方面。1997年斯坦福大学的肖尔斯(M. S. Scholes)得了诺贝尔经济学奖,得奖成果就是期权定价理论。肖尔斯的理论是线性的,而彭实戈的理论是非线性的,可以概括线性理论。这并不是说彭实戈的工作超过了诺贝尔奖的获奖工作,而是说一经支持和提倡,近年来国内金融数学的研究很红火,可以说是风起云涌。

复杂科学有可能成为一门广泛增加人类预见力的带头学科。据基沃思(G. Keyworth)说,美国圣塔菲研究所有70人,其中22%即15人是诺贝尔奖获得者。这样一个有强大研究阵容的研究所,其第一位的工作就是复杂性研究,同时还做一些其他应用数学的工作,比如自适应计算。

21世纪地球科学和其他学科的交叉,将大大提高人类对地球的科学认识,以及与其和谐共处的能力。我国地球科学家最近开了一个专业会议,讨论数字地球的概念,这是地球科学走向精确化的一个重要步骤。

对宇宙和基本粒子的深入研究,更可以使人类认识和改造自然的能力上升到崭新的高度。像哈勃望远镜这类大科学项目在这方面做了很多工作。最近,据欧洲核子中心(CERN)总主任史密斯(C. L. Smith)介绍,欧洲正在筹建的大型强子对撞机(LHC)有四个大探测器,其中一个就是针对天体物理,针对中子星的。在我国大科学工程中,也有世界上最大的多通道光谱望远镜计划。

对于传统产业的革新或改造，基础研究应该而且可以从科学技术上提供重要依据。这方面已有不少尝试。当然，这种尝试有一定的风险，成功的概率并不非常之高，现举两个自然科学基金支持的成功的例子。

一是“中能离子注入”育种方法，这种方法使水稻增产约25%，并增强其抗涝能力。一般水稻如果被水淹没过顶，它就会因呼吸受阻而死亡，由“中能离子注入”法培育的水稻被水淹没过顶好几天还可以很好地存活。这项成果是合肥等离子体物理研究所余增亮教授的研究结晶，已经在几百万亩水稻田推广了。

二是石油开采中的“三维叠前深度偏移理论”。我国很多石油储藏油层只有二三米厚，称为薄互层。在由刘光鼎院士于“八五”期间主持的薄互层油储地球物理项目取得很大进展的基础上，“九五”期间，年轻的博士后杨长春发展了“三维叠前深度偏移”方法。该方法是由测量地震波或者其他声波在地层的反射波，反演得到石油储存状况的信息。由此原理设计形成的一套应用软件，用来预测油层的深度，误差小于千分之二。利用这套软件多次找到了日产千吨级原油的丰产油井。

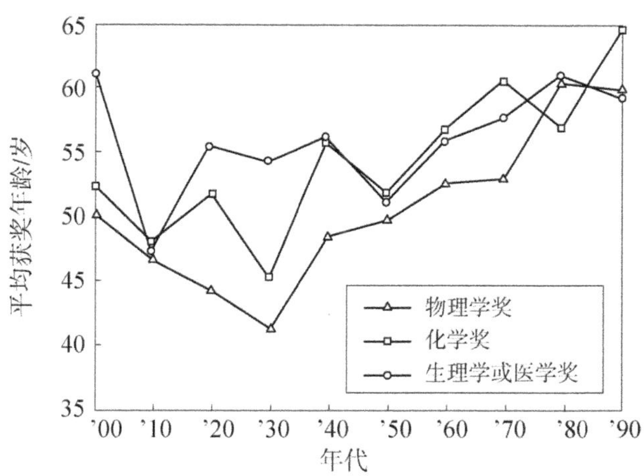


图1　诺贝尔奖获奖者获奖时平均年龄的统计结果：从1901年到1998年，每十年进行平均。从30年代到90年代，物理学奖的平均获奖年龄从41岁增长到60岁，长了19岁；化学奖的平均获奖年龄从45岁长到64岁，长了19岁；生理学或医学奖的平均获奖年龄也长了。上涨的趋势都非常明显

对于一些宏观的战略性课题，特别是科教兴国和可持续发展战略，基础研究也可以提出崭新的思路。这些课题包括全球变化、生物多样性、绿色生产和环境友好化学、复杂科学和生物复杂性、金融数学和金融管理等。有些环境友好化学已可在工业上运用，如采用低毒或者无毒的反应物来代替有毒的，有的行业已可不再用氰化钠、强酸，有的过程已可

做到零排放。

不久前来访的美国国家科学基金会的新主任科尔韦尔(R. Colwell)介绍了该会的三个优先资助领域,并希望就此和中国开展合作。这三个颇有参考意义的领域是:(1) 生物复杂性研究,即从生命体的分子和细胞层次,以及社会层次出发,深入了解各种生命形式之间、生物和环境之间(特别是生物与水、食物之间)的复杂相互关系。为使这种关系定量化,要进行大规模科学计算。(2) 学习过程的研究,其目标是强化科学教育和工程教育。近期欧美大学科学和工程系科的入学率一直在降低,所以他们想从认知科学和神经生物学入手,从根本上把这个问题弄清楚。(3) 持续地发展信息科学,使其功能延伸到——提供解决生物复杂性所需的超大规模科学计算;强化学习和创造性思维的过程,藉以提高人们的创新能力;对知识社会的各阶层提供支撑,以确保他们有效地参与不断发展中的知识经济和知识社会的各项活动(这实际上是个不断完善和提高劳动者素质的问题)。

基础研究还有一个最重要的功能,它是培养、造就我国急需的高层次科技人才的主要途径。不是所有人才都要通过基础研究来培养的,但高层次人才则特别需要基础研究的培养,这是世界上的成功经验。

我国的基础研究缺少原始性创新,并常在几乎同时起步的情况下被其他国家拉开距离,这些问题常常可以从在科技人才成长过程中对基础研究的作用重视不够中找到原因。我国十分需要一个通过基础研究培育高层次科技人才的软硬环境。要摆脱模仿,实现原始创新,基础研究的锻炼必不可少。对高层次科技人员来说,这种基础研究的锻炼和提高始自其硕士生、博士生学习期间,继之以博士后和后续科研期间,直至终生。

通过基础研究,科研人员接受严格、严密、严肃的思维方式和工作方式的训练,这种训练还往往是由言传身教而得到的,不能采用大规模生产的方式。我国的研究工作质量或者产品质量的些微差距,往往可以追溯到研究人员接受基础研究训练的好坏。此外,基础研究训练的质量往往影响人才成长速度和最终能达到的水平。当然,这不是绝对的。

我国对高层次人才的重视程度近20年来有了显著的提高,但是对即使是拔尖人才也还要通过竞争使他们不断前进这一点可能还认识不足。特别是一些边远地区,有的人认为当了院士,就不需要前进了。实际上不是这样,特别是年轻的院士,还有很大的前进的余地。例如,在物理化学方面,研究工作最出色的是加州大学伯克利分校化学系,李远哲就是从那里出来的,他们对获得诺贝尔奖的科学家也不惯纵,不断地引进新的人员来参与竞争。李远哲来后，引进了塞克利(R. J. Saykally)；塞克利来后，引进了纽马克(D. M. Neumark)；纽马克之后，又来了弗莱明(G. R. Fleming)。在为其提供300万美元实验室建设费的前提下，才从芝加哥引进弗莱明的。这样，通过竞争促使拔尖人才也不断前进，这就是高水平的基础研究。

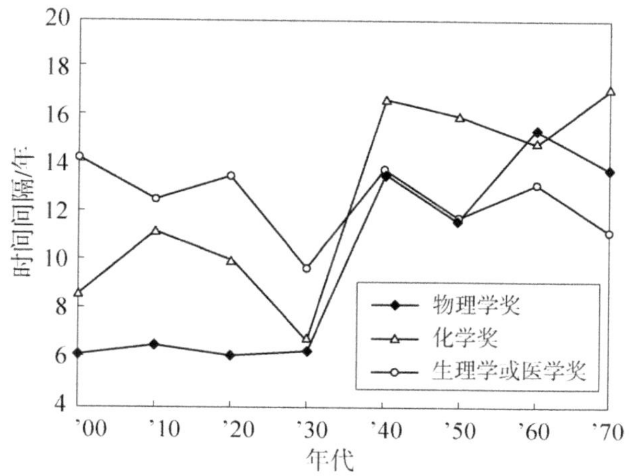


图2 从完成获奖成果到获得诺贝尔奖的平均时间间隔的统计结果：从1901年到1980年，每十年进行平均。30年代以前，物理学奖的平均时间间隔是6年，从40年代起变长了，现在已经到14年。化学奖、生理学或医学奖也有类似的情况

## 对我国基础研究发展思路的若干认识

### 邓小平理论对基础研究的发展具有重要指导意义

邓小平理论的精髓是“解放思想，实事求是”，这也正是发展基础研究的必然要求。四个世纪以前的文艺复兴运动把欧洲从长达千年的宗教统治、思想禁锢中解救出来，带来了艺术、文学、科学的全面繁荣。那时，实际上靠的也是“解放思想，实事求是”。几年前，我到佛罗伦萨的博物馆参观，发现在文艺复兴的变革年代，停滞了几百年的艺术风格在几十年之内发生了根本性的变化。画像中，圣母玛丽亚的目光原来是呆滞、忧伤的，很快就变成明亮、欢快的了。从此，布鲁诺、哥白尼、伽利略等前赴后继地站出来反对地心说，由此引起了一场真正意义上的革命，其中包括科技革命。既然作为资本主义启蒙运动的欧洲文艺复兴都可以创造灿烂的文明，那么有邓小平理论的指引和中国共产党的领导，经过几代人的努力，我们必然能够创造出更加光辉灿烂的文明。

实际上，在邓小平理论指引下，党和政府着手采取了强有力的措施，使我国的基础研究出现了勃勃生机，新人辈出。中国被SCI、EI等收录和引证的论文数逐年上升。上海第二医科大学的陈竺、中国医学科学院的强伯勤等带领的小组，在世界上首先提出“疾病基因组学”的概念，并在此前沿领域作出重要成果。

我国研制的非线性光学晶体LBO、BBO在世界上独领风骚，一些世界级的先进设备，几经选择最后还是要用中国科学院福建物质结构研究所研制的这两种晶体。LBO被用在美国劳伦斯·利弗莫尔(Lawrence Livermore)的世界上唯一的大型激光点火装置上，BBO则被用在世界上唯一具有工业规模的激光分离铀同位素装置上。中国科学院上海硅酸盐研究所研制的闪烁晶体锗酸铋、钨酸铅等，也在世界上名列前茅。

人工合成牛胰岛素是我国60年代的代表性成果。我国90年代的科研成果中，值得一提的是碳纳米管，在这方面年轻的同志做得比较好。中国科学院物理研究所解思深已做出几毫米长的纳米管(直径是纳米级的)，长度与直径相差几百万倍。清华大学范守善等制备出了纳米管限制的氮化镓量子线。中国科学技术大学钱逸泰等用低温溶剂热合成的方法，在低温、低压下合成出原来必须高温、高压下才能合成的金刚石、氮化镓、砷化铟等纳米材料。

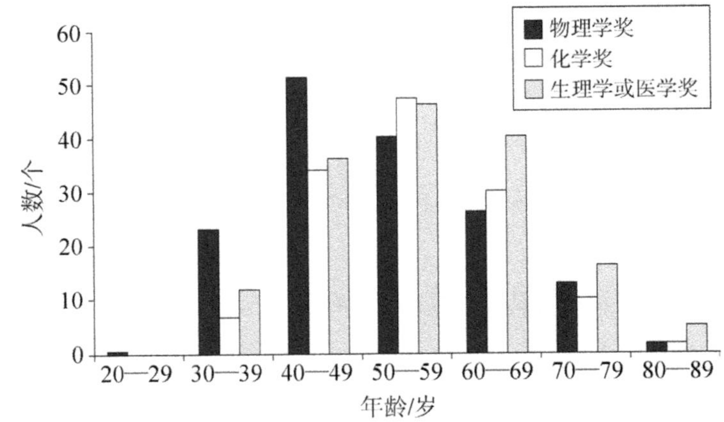


图3　诺贝尔奖在不同年龄段获奖人数的统计结果：从1901年到1998年，每十年进行平均

更为可贵的是，这些成果是在资金不足、实验室装备简陋的情况下，由中青年小组取得的。这些研究小组获得的资金只相当于面上项目基金的强度；工作不是在有名的国家重点实验室中进行，装备也较简陋；成员也都是中青年，没有重量级、院士级的专家领导。但是，近年来这批年轻的研究人员却不断取得创新成果，接二连三地在*Nature*、*Science*上发表论文。

本着“解放思想，实事求是”的思想，基础研究的运作要贯彻竞争、择优、交流、协作、开放的原则，大力提倡创新，鼓励前沿意识并正确对待跟踪。

**基础研究的国家目标**

关于基础研究的国家目标，有三个层次：应用基础研究一般应有明确的国家目标；纯基础研究开展到一定阶段，常常也可有明确的国家目标，应善于捕捉这些目标；广义地说，取得高水平成果、培养高层次科技人才也是一项重要的国家目标。这几种国家目标的工作可能也应适当安排，以达到一个恰当的比例。

国家重点基础研究规划提出的六个领域（农业、能源、信息、资源和环境、人口和健康、材料），规范了近期的国家目标。这些是国家急需的，主要的，但不是全部的国家目标。在该规划1998年第一批启动的项目中，约有一半是以六个领域的需求为主、学科的积累为辅提出的，而另一半由于学科积累非常强，由基础学科出发面向国家需求而提出。

例如，吴文俊首创的数学机械化和自动推理平台，不但能解微分方程、代数几何问题，能解决诸如信息安全等许多信息科学领域的问题，还可解决像数控机床这样的应用性很强的问题。光合作用项目，原来认为理论性强，其实它具有提高作物产量20%—30%的看得见的前景。上海的“创新药物的先导结构的发现和优化”项目，理论和实际结合得很好，对国家目标的捕捉也很好，所以也入选了。

**关于“统观全局，突出重点，有所为，有所不为”的方针**

在国家重点基础研究规划中，任务驱动的基础研究约有85%，而暂不考虑应用目的的基础研究约占15%。在自然科学基金资助的项目中，1998年前者约占60%，后者约占40%，随着情况的发展，这个比例还会有所调整。这样可以为实现未来中长期国家目标增加储备和增强后盾。

应从两方面贯彻“有所为，有所不为”的方针，一是择需、择重，二是择优。择需择重指的是事关国家经济、社会重要需求的要为，事关显著提高国家科技实力（包括高层次科技人才的培养）的要为。择优指的是特别优秀的项目要为，有我国特色，能形成我国优势的要为。

在过去的五年中，自然科学基金面上项目每年由2万—2.1万项中择优资助3 500项，成功率约为1/6。在国家重点基础研究规划中，1998年接受申请207项，首批批准启动15项，成功率小于8%，1999年也许会高一点。这类选择也是一种为与不为。

我国国力所不及的项目，我们不能为。比如，一些超大科学工程不能为，只能做超大科学工程中比较小的，太大的一个也做不了。但是，其中符合世界科学发展趋势，或成为世界热点的，可争取参加国际合作。CERN的大型强子对撞机（LHC）项目和丁肇中教授的阿尔法磁谱仪（AMS）项目，我国均以提供不到1%的经费，获得了参加实验工作和数据共享的权利。

**基础研究的评估**

基础研究需要努力提高质量和水平。对应用基础研究来说,要重视成果的质量及其成效或延伸可能性的统一。对纯基础研究来说,要重视论文质量和数量的统一。总的说来,公平竞争、公正评估是重要的环节。立项前要经过评审,立项后要经过中期和终结的评估。不但要进行项目评估,还要进行实验室评估。

我国已重视用SCI收录和引证数作为一种评估方法,但一般尚未使用影响因子加权的办法(就是每篇文章都要乘以期刊的影响因子再求和)。在评估纯基础和部分应用基础研究中,这种方法在当前各种评估办法中可能是相对较为准确的,值得推广。1998年,国家自然科学基金委员会拟试行以加权的做法来评价论文和研究成果。由于不同学科的影响因子不同,这个办法做起来并不简单。如生命科学,有些期刊的影响因子非常高(高达四十几),比 *Nature*、*Science* 的还高,而数学期刊的影响因子就不那么高,地球科学期刊的也特别低。能不能在学科之间再搞一个加权,采取各学科归一化的办法,来弥补不同学科之间的差异。比如,数学占一个份额,数学项目可以在这个份额里自己来比,不一定需要和物理学项目比。

**基础研究的环境**

要在邓小平理论和社会主义精神文明建设方针的指引下,营造适宜于孕育高水平基础研究的软环境。同时,根据社会主义初级阶段的国情,探讨我国基础研究的适当规模以及优化的投入方式,营造适宜于孕育高水平基础研究的硬环境。这两个环境,对我们基础研究水平的提高极为重要。当然,营造这两个环境是一个巨大的工程,无法在这里全面论述,在此介绍营造这些环境的一种手段——科学基金制的情况。

首先在发达国家成长起来的,以"政府拨款、宏观引导、自由申请、民主评审"为主要内容的科学基金制,半个多世纪以来,卓有成效地在全世界推动了基础研究的发展,现在已成为发达国家以及一些重要的发展中国家开展基础研究的一种主要运作模式。我国的经验也肯定了这种模式。"公平竞争、激励创新和科学民主"是科学基金制的三个好机制。基金评审是一种积极的学术交流和竞争形式,它的作用远远超过基金项目本身。

我国国家自然科学基金在推动基础研究的发展中,发挥了很大的作用。1996年发表论文数居前20名的高校中,科学基金资助项目论文9 896篇,占论文总数的73.3%;发表论文数居前20名的科研院所也都是基金资助的重点单位。

即将实施的国家重点基础研究规划通过终审的项目中,绝大多数在项目形成和发展过程中不同程度得到科学基金不同类型项目的资助,执行项目的骨干力量绝大多数为国家杰出青年基金获得者。1994 年以来，国家杰出青年科学基金已资助了 400 多名优秀青年学者。1997 年，国家自然科学奖获奖项目 51 项，其中 41 项得到不同类型的科学基金资助。科学基金采取了有效措施，为我国基础研究队伍提供了源源不断的新生力量。45 岁以下的基金面上项目负责人的比例，从 1986 年的 12.2%，上升到 1998 年的 59.1%。

美国国家科学基金会(NSF)的全部投入由基金制运作；美国国立卫生研究院(NIH)的投入，2/3 由基金制运作(extramural spending)，1/3 由院内研究所使用(intramural spending)。这两笔基金约占美国政府基础研究拨款的 70%以上。德国政府的基础研究投入中，以基金制运作的德意志研究联合会、从事纯基础研究的马普学会和从事应用基础研究的夫琅禾费学会，约各占 1/3。依此类比，我国通过科学基金对基础研究的投入，宜不少于基础研究总投入的 1/3。

## 基础研究的创新与诺贝尔奖

创新是人类进步的灵魂，也是一个民族进步的灵魂。就科技事业整体而言，我们欢迎一切创新，但基础研究的最重要标志还在于不可多得的原始性创新，这种创新常常能产生划时代的影响。

提到原始性创新，就不能回避诺贝尔奖。诺贝尔奖问世不到一个世纪，它在物理、化学、生理学或医学领域所代表的科学成就已推动社会生产和人类文明的巨大进步。在诺贝尔奖激励下产生的原始性创新成果，已经引发了 20 世纪的重大科学技术革命。整个 20 世纪，科技创新的大格局，如核能、半导体、合成物质和药物、DNA、神经科学等，无不受到诺贝尔奖的引导。

可以预言，在将要到来的 21 世纪，我国科教兴国的大业将会与即将诞生的或已有的诺贝尔奖所衍生的成果息息相关。当然，外国人取得诺贝尔奖的成果，也会有助于我国的科教兴国大业。但是，中国人也应该敢于向原始性创新的前沿阵地进军，敢于问鼎诺贝尔奖，这是进一步解放思想和扩大开放的标志。

对于这个问题，既不应老是甘居中游，也要冷静地考虑我们的实力。历经 20 年改革开放，我国的经济和科技实力都有了大幅度的提高，但就整体而言，我们还不应当贸然提出冲击诺贝尔奖的口号。这不仅因为现在我国的科技实力还相对较弱，而且就诺贝尔获奖者的年龄来看，近半个世纪以来逐步上升，从创新工作的完成到获得奖励的时间间隔也在不断拉大。这都说明，为了获取诺贝尔奖，需要越来越丰厚殷实的科学积累。此外，民族歧视的因素也会延缓我国实现诺贝尔奖“零”的突破的进程。

中国科学家曾经对诺贝尔奖作过很强的冲击。现代科学史上，吴有训、赵忠尧、王淦昌等杰出科学家的成就都非常接近诺贝尔奖；人工合成牛胰岛素等重大科学成果，也可以说是与诺贝尔奖擦肩而过。这当中，有民族歧视的因素，也有其他因素。

吴有训确实对康普顿效应作出过很大的贡献，但是在20年代将同一奖项颁给两个人还不普遍，再加上他是康普顿的学生，又是一个中国人，所以吃亏了。赵忠尧、王淦昌各有一个很好的建议没有被采纳，以致让别的研究组抢先了，如果听取了他们的意见，很可能做出获奖的成果。人工合成胰岛素没有获奖也不完全是因为民族歧视的缘故。

毋庸讳言，民族歧视因素的影响还是比较厉害的。在20世纪初叶，对美国也存在过这种民族歧视。例如，耶鲁大学的吉布斯(W. Gibbs)发现了相律，写下了不朽的统计力学著作，他在物理化学方面的成就，超过了一些欧洲的获得诺贝尔奖的同行的。1901年获奖的范托夫(J. H. Van't Hoff)是研究渗透压和动力学的，1903年获奖的阿伦尼乌斯(S .A. Arrhenius)是研究电解质溶液的，1909年获奖的奥斯特瓦尔德(F. W. Ostwald)是研究化学平衡的，他们的成就都比不上吉布斯，但却都得了诺贝尔奖，而吉布斯没有得到。到了20年代，对美国的这种歧视仍然存在。例如，伯克利的路易斯(G. N. Lewis)在美国化学界非常有名，被称为“化学热力学的一代宗师”，可是他也没有得奖。所以，争取诺贝尔奖既要有出色的原始性创新工作，还要有充分的科学积累，这些都需要经过一段时间努力，对此我们应有足够的思想准备。

不管怎样，在中国大地上产生的对诺贝尔奖的追求，总是与“科教兴国”的目标紧紧相连的。应该高兴地看到：我国已经启动了令科技界极为振奋的几个大科技规划；营造孕育高水平基础研究软硬环境的伟大工程实际上已经或即将开始；我国已经开始以较高的速度培养出数量可观的优秀中青年科学家，其力度还会进一步加大。这些都将有力地促进科教兴国战略的全面实施。

只要沿着这个方向前进，一个争取在2030年左右实现诺贝尔奖“零”的突破的规划将是现实可行的。在争取诺贝尔奖的同时，我国总体科技实力将会大大增强，我国科技界将会对经济和社会的持续发展作出更加巨大的贡献。

（本文原为作者1998年11月18日在'98上海科技论坛上的报告，本刊发表时作了一些文字处理，并经作者审阅定稿）

［第51卷第1期(1999)第19—24页］

# 20. 对科技发展的人文思考

龚育之

据说，对科技发展作人文思考，是一种“新思维”“高思维”①。在我看来，这种思维的老祖宗，正是马克思、恩格斯和马克思主义。

## 马克思主义与对科技发展的人文思考

马克思主义总是从人的观点来考察科学和工业发展（马克思、恩格斯在《神圣家族》中把自然科学看作是“人对自然界的理论关系”，把工业看作是“人对自然界的实践关系”）；总是从人和人的社会关系的框架内来考察人和自然的关系；总是从劳动与资本的对立上、从劳动异化和人的异化上来考察资本主义进程中科学技术和工业的发展。

马克思主义，就其世界观、历史观、价值观来说，是科学精神和人文精神的结合，代表着建立在科学基础上的人文精神，代表着充满人文关怀的科学精神。

马克思主义的科学社会主义，作为改造人类社会的革命理论和革命运动，从一个方面说，正是最充分地估计科学技术发展在人类社会发展、在劳动解放和社会解放、在人的解放、在所有人和每个人自由发展中的作用的社会主义。

所以，马克思主义决不是对科技发展不作人文思考的，与人文精神相冲突、相背离的什么“科学主义”。

## 新世纪对科技发展作人文思考的重大意义

当代科学技术日新月异地迅猛发展，新世纪可以预期的科学技术更加迅猛地发展，提供了百年前、几十年前人们难以想象的变革世界、开拓世界的崭新手段和无穷力量，极大极深地影响了人类生活和人类命运的各个方面，使人们对科技发展的人文思考更加关注，使对这个问题的研究有了新的重大意义。

人类面对诸多困境，这其实是20世纪已经提出的老问题；面对新世纪的来临，又以新

① 围绕最近出版的奈斯比特的《高科技·高思维——科技与人性意义的追寻》一书的宣传中，就作如是说。我不理解，原书名中的High Touch为什么译成“高思维”。我在这里是在通常意义上来使用这个词。

的形式或者新的尖锐性提了出来。

**战争武器问题**

科学技术制造的新式武器，使人类面对着可能被这种武器毁灭的危险。科学家能不思考？20世纪两次世界大战的残酷，令科学界和广大人们深深忧虑。当然，核冬天的预言可能言过其实，不过是核秋天。但是，核秋天也够受，何况新世纪毁灭性武器的发展，威力会越来越大，人类被自己所制造的武器毁灭的威胁是存在的。所以，要维护和平与发展，要为限制和禁止毁灭性武器而斗争。这是要使科技为人类造福而不是给人类招灾的斗争。要针对的是战争势力和侵略势力，而不是科学和"科学主义"。

**环境污染问题，生态破坏问题，资源枯竭问题，食物匮乏问题，人口爆炸问题**

在20世纪早已发出警告，新世纪将更形紧急，人在自然界中生存条件的许多方面，人与自然和谐共存的许多方面，有走向更形恶化的危险。可续发展，成为时代的强音。对人与自然关系的反思，成为新世纪对科技发展的人文思考的一大主题。

从人与自然关系的历史来看，人对自然的认识越来越发展，工业越来越发展，人对自然的主动地位越来越发展，这是人类进步的过程。在蒙昧时代，人在自然的压迫下能动性很小，最初的狩猎和采集对自然影响甚微。农业和土地开发，逐渐较多地影响和改变着自然。工业发展起来以后，人在自然面前，主人的地位，主导的能力，越来越强。然而，当人凭借科技和工业力量在急剧地改变着自然的时候，上述一系列问题日益显现和尖锐起来。人类对科技和工业发展不能不进行反思。这种反思，是人对自然的认识的新的前进。这里的关键是如何对待科技发展和工业文明的负效应。正是许多科学家在这方面先知先觉，向人们发出了警告和呼吁。呼吁有两种倾向：一种是向前看；一种是向后看。向后看，就是对科技和工业发展作消极评价，持否定态度，似乎科技和工业发展以前的人类状态，才是值得怀念的美好状态。向前看，则是清醒地研究我们面对的问题，相信这些问题总是能够在科技和工业的进一步发展中得到解决。

现在一些人颂扬天人合一，批评人定胜天，想从中国古老的天人合一思想中为21世纪找药方。在我看来，天人合一和人定胜天都要肯定，人定胜天的思想和实践，是天人关系的一个进步，是人类的自觉和自信。当然，人定胜天不是可以任意破坏自然，而是要在适应人类发展的需要、改造自然的同时，科学地保护自然求得人和自然的协调发展。要在更高的科学和工业的水平上取得人和自然的更加协调的发展。这是一个否定之否定的过程。不是回到过去，而是推进到更高阶段的将来；不是否定科学和工业发展，而是否定工业的盲目发展；不是回到人和自然关系的蒙昧状态，而是要开辟人和自然关系的更加自觉的新状态,依托于科学和工业的、更加健康、更加符合科学态度和精神的新发展状态。

还要看到,过去学者们提出的一些悲观的预言,并不都为实践所证明。所以,研究这类危机,也存在一个科学精神和科学态度问题①。可续发展思想的形成和传播,就体现了这样的科学精神和科学态度。《中国二十一世纪议程》也是如此。动员各方面的科学技术力量和社会公众力量,中国社会的全面发展和可续发展应该是能够实现的。实现这一发展目标,靠什么思想指导?还是要靠马克思主义在当代的发展,靠科学技术的进步。不能靠怀疑科学和反对"科学主义"。

**信息技术的挑战,基因工程的挑战**

当今时代被称为信息时代,21世纪被预测为生物学世纪。这些挑战,较之前面所讲的那些挑战,更深入地触及人们日常的生活,以至人类的自身,显现出高技术条件下社会生活中许多新的人际关系问题、伦理道德问题、人生价值和人性意义问题,等等。信息技术的发展,使地球变小了,人与人之间的交往更频繁、更紧密了,是不是也出现了可忧虑的人与人之间的更疏远、更隔绝?信息传播的密度和速度大大增加了,人们的知识增长更快了,暴力、色情宣传的影响面和影响力是不是也大大增加了?羊是克隆出来了,人怎么样?克隆出一个人来,是你儿,还是你弟?基因修复已经可以治病了,能不能用基因设计出标准美人、品牌儿童?诸如此类,不一而足。对这类科技发展作人文思考,无疑成为21世纪各种社会思潮的热门话题。

当代的马克思主义、当代中国的马克思主义,作为随着时代和科学的发展而发展的创造性学说,必须面对当代世界这许多尖锐问题,面对当代各类社会思潮围绕这些问题的诸多论点,在充分了解和吸取其中一切有益的思想和材料的基础上,作出自己的观察、思考、分析和判断。这是坚持和发展马克思主义的当代需要,也只有坚持和发展马克思主义才

① 《中国科学报》曾连载美国罗纳德·贝利在《未来学家》上发表的一篇文章:《对环境问题七大预测质疑》。作者认为,资源问题,环境问题,是值得重视的,但迄今尚无科学根据表明存在某种威胁全人类的全球危机。他用事实证明下列七大预测是错误的。第一个错误预测是,1968年人口预测学家保尔·埃利希在《人口炸弹》一书中预测"本世纪七十年代全世界将经历一场饥荒,将有几亿人饿死,即使现在采取一些紧急措施也无济于事"。预测的时间早已过去,事情并未发生。第二个错误预测是不可再生资源将用尽,罗马俱乐部1972年预测:1981年黄金将用尽,1985年水银将用尽,1987年锡将用尽,1990年锌将用尽,1992年石油将用尽,1993年铜、铅、天然气将用尽。预测的时间都已经过去,事实也并不如此。在这期间所有金属和矿产资源的平均价格降低了40%。第三个错误预测是污染将越来越严重。实际情况表明,经济增长达到一定水平以后,随着它的进一步增长会导致更少的污染而不是更多的污染。第四个错误预测是将出现新的冰期,第五个错误预测是南极臭氧洞将危及整个地球,第六个错误预测是美国上空将出现臭氧洞,第七个错误预测是全球变暖。文章的论据是否充分可靠,我不敢说,估计会有争论,但有些则已经被事实证明,无可争议。我的意思并不是要说这些悲观预测没有价值。提出问题,发出警告,是有其积极意义的。

能为科学地观察和分析这些问题提供理论的基础和框架。

## 马克思主义、科学主义和反对科学主义

这里还想专门谈一谈“科学主义”问题。近年来在中国，批评和反对“科学主义”或者“唯科学主义”（这是对 scientism 的不同译法），在一些人那里成为一种时尚、一种似乎已经没有异议的“公论”。对此，我以为还可以、还需要提出异议，加以讨论。

我这里所讨论的，不是从纯粹学术的意义上，从这种或那种哲学学说的流派特征上，来谈科学主义或人文主义的问题。我想要讨论的，是从社会政治思潮的领域提出的问题，主要是中国近代和现代的社会政治思潮中的所谓“科学主义”问题。我以为，在近代和现代的中国，提倡科学，提倡用科学精神和科学方法来研究社会发展和人生问题，提倡发展科学技术，强调科学技术是第一生产力，从根本上说，都属于推动中国社会向前发展的思潮，不管这些思潮及其代表人物在对科学的理解和诠释上有没有过一些不够成熟和不够全面的地方。我不赞成拿出一顶“科学主义”的帽子，对这些主张科学、提倡科学的思潮加以贬低和指责。

何谓“科学主义”？最常说到的定义有两个：一个是“科学万能论”，一个是“认为科学方法能够也应该运用于所有研究领域（如哲学、社会、人文）的原则”。

五四运动前后中国的新文化运动，提倡科学和民主（又称科学和人权），欢迎赛先生和德先生。能够说，这是把科学当作新的神来信仰、主张科学万能的“科学主义”吗？既然单独一个赛先生不够，还要一个德先生，说明五四健将们并不认为科学万能，至少还得要一个民主的社会制度。民主、人权是不是人文目标呢？五四新文化运动，不是什么“科学主义”，而是引进科学思想和更新人文观念（道德观念、政治观念、婚姻观念、家庭观念、文学观念、艺术观念）的新文化运动。

随后在中国思想界发生了一场“科学与人生观”的论战。论战的中心问题，是科学与人生观有没有关系，科学对人生观有没有意义。挑起论战的玄学派，批评“科学万能”，认为科学对于人生问题无能，要把科学排除在人生问题的探讨之外。起而应战的科学派，则针锋相对，认为科学方法也可以用于研究人生，并且探讨了如何建立科学的人生观。科学派的代表人物是丁文江和胡适。胡适还试图列出一系列基本观点来描绘他所主张的科学的人生观（艾思奇在 1950 年代批判胡适运动初起的时候说过，胡适这篇对科学的人生观的描述，是确能表明胡适有过自然科学唯物主义光彩的一篇文章）。当时这场论战，以科

学派的胜利而暂告结束。不管胡适和丁文江的科学观，有着多少可以和应该批评的地方①，我以为，这是中国思想界的一次进步，而没有理由把它评价为该谴责的“科学主义”统治的滥觞。

在科学与人生观论战中，参战的还有一方，就是唯物史观派，以陈独秀和瞿秋白为代表。他们支持科学派，又力图站到新的科学高度，在马克思主义唯物史观的基础上来阐明科学的世界观、历史观、人生观。这是中国思想界的又一个进步。特别是瞿秋白参战的几篇文章，显示了刚刚把马克思主义介绍到中国来的理论青年，面对中国思想界的争论，所作的努力和取得的成就。不管在后人看来，瞿秋白对马克思主义若干观点的论述，还有哪些显得有点稚嫩和简单的地方，从根本上说，他在重要的思想论战中介绍了辩证唯物主义和历史唯物主义，介绍了马克思主义的社会科学，其历史意义是应该充分肯定的，不必说他有什么“科学主义”倾向，给马克思主义带来了什么“科学主义”的流弊②。

国外传来一种论调，把胡适、丁文江称为“经验论的(唯)科学主义”，把陈独秀、瞿秋白称为“唯物论的(唯)科学主义”，由此引申下去，把认为对社会可以作科学研究的主张，把“社会科学”的称谓，都叫做“科学主义”。当然，称马克思主义为科学，这更是“科学主义”。毛泽东提倡民族的、科学的、大众的新文化，这也是“科学主义”。这样来评论和反对中国近代社会思潮中的“科学主义”，完全离开了中国历史发展的前进潮流，完全没有什么科学性。说一句笑话，主张对社会思潮的历史研究要有科学性，这不正好是该谴责的“科学主义”的表现吗！

近年来对“科学主义”的批评，与上述的对中国近代思潮的历史批判有关，还与别的一

---

① 他们的科学观，特别是丁文江的科学观，本来带有自然科学唯物主义性质，到哲学层次上却同实用主义和马赫主义搞到一起了。批判胡适运动的那个时候，马克思主义哲学工作者们大都对实用主义和马赫主义采取全盘否定的态度，所以那时丁文江、胡适在这场论战中的维护科学的光彩，也被抹掉了。上面所引的艾思奇那个分析，甚至被有些人认为是对胡适批判“不够彻底”的一个失误。现在人们当然不再采取这种简单的态度来对待实用主义和马赫主义、对待胡适和丁文江了。

② 2000 年 7 月从《光明日报》上读到一篇《“科玄论战”对中国文化哲学的影响》。其中提出，陈独秀、瞿秋白在这场论战中对科学主义思潮的支持、对唯物史观的科学化的理解、对形而上学的拒斥，构成了中国人接受马克思主义哲学的一种无法剔除的解释学背景。科学主义对马克思主义中国化的影响，主要积淀和浓缩在正统的马克思主义哲学教科书之中。这主要表现在有关价值论的问题长期处在传统的马克思主义教科书视野之外；“实践”范畴始终未能溢出认识论、知识论的范围；对辩证法的唯科学主义理解；以及在马克思主义哲学研究中，长期存在以自然主义和发生学的态度，纠缠在作为物质总体的自然界的“先在性”问题等等。正是这种哲学诠释的科学主义化，从而使得作为科学指导的理论长期落在实践的后面。这篇文章是基本上肯定陈、瞿宣传历史唯物主义的立场的。文章对传统哲学教科书的批评，有一些我也是赞成的。这个问题是哲学界近年讨论的一个焦点，见仁见智，十分热闹。对此我缺乏研究，不拟多论。我所不理解的是：如果说传统马克思主义哲学教科书中确有某些缺点，那么这些缺点自有其来源，更有份量的来源，没有理由要归咎于陈、瞿在科玄论战中支持了科学派的“科学主义”。拿出一顶“科学主义”的帽子来批评过去对马克思主义理解的缺陷，我觉得，无助于用历史的具体的科学的方法来分析这方面确实存在的缺陷，而只会引起对人文科学、对马克思主义的科学性的意义的没有根据的怀疑和动摇。

些因素(自然科学方法向社会科学研究的渗透,科技发展与人类困境的讨论)有关。

1987 年,我在中国科协促进自然科学和社会科学联盟委员会的一次座谈会中,对这种批评提出质疑,《科技日报》作了报道。我当时是这样说的:

当然,如何将自然科学的一般方法论用到社会科学的研究中去,是一门学问,需要联系本学科的实际加以研究。目前,有的文章在运用这些方法时,确有生搬硬套的问题,因此引起人们的议论是自然的。但是热心于将现代自然科学的一般方法论渗透到社会科学研究中去,方向还是对的,应予鼓励,不要简单地批这是"科学主义"。

1989 年,在纪念五四运动 70 周年的一次座谈中,我又提了这个质疑。我是这么说的:

科学精神是现代化在文化方面的一个基本要求。如果追求民主,可以叫做民主主义。那么,要求重视科学、发扬科学精神,叫做"科学主义"也无妨。近年来看到一些文章,批评和反对"科学主义",我不大理解。

是不赞成"科学万能"吗?"科学与人生观"论战中,梁启超就以欧战造成的破坏来说明"科学万能"论的破产。第二次世界大战的破坏更严重。但是,这些都是资本帝国主义制度的罪恶,不能归咎于科学,不能成为贬低科学的意义的理由。

是要强调科学技术发展破坏了生态环境、物质资源吗?认识环境问题、资源问题,这正是对发展问题采取科学态度的结果;解决环境问题、资源问题也不是靠抑制科学技术发展,而是有赖于科学技术更好地发展。

是不赞成运用自然科学的方法去研究社会和人文现象吗?马克思主义辩证法讲矛盾的特殊性,不同质的对象要用不同质的方法去研究,高级、复杂的运动形态不能归结为低级、简单的运动形态,同时又承认世界的物质的统一性,承认研究客观世界运动规律的科学方法的统一性。尽管不能不同意在运用自然科学方法去研究社会科学问题方面存在一些简单搬用、生吞活剥的毛病,但是决不应该因噎废食。向自然科学学习和借鉴科学方法、科学精神、科学概念,无疑是社会和人文研究进步的一种推动。

是反对把科学意识形态化吗?我们应当反对为了一时被认为是意识形态利益和需要的东西而抛弃或歪曲科学真理。认为无产阶级的意识形态自然而然地同科学吻合是过于理想化了。但是我以为我们共产党人,我们无产阶级的思想界,的确应当努力去建立真正是以科学为基础的、真正服从科学真理的、因而应当称之为科学的意识形态。

总之,我以为,我们现在仍然缺乏足够的科学知识,缺乏足够的科学精神,缺乏对科学知识、科学精神、科学方法的足够理解和重视，而不是多了个“科学主义”。

这个发言当时没有发表，后来收在我的一本书里。这个不赞成批评“科学主义”的意见，没有引起注意和讨论。

几个月前《中国文化报》上发表了何祚庥的长文，不久前《中华读书报》又发表了对何祚庥的访谈，题为《我为什么提倡科学主义》，两处都引用了我那句“也无妨”的话。《中华读书报》同一天还发表了何宏的文章《“科学主义”：我选择回避》，接着又发表了朱有志和方舟子的两篇文章，算是在一个偏远的圈子里有了一点讨论。何宏对于“几位名人乐滋滋地（把科学主义的帽子）拿来戴在头上”表示惊讶。其实，我哪里是什么乐滋滋，不过是对那种把“科学主义”当作一顶贬斥的帽子，戴到从胡适到马克思主义、到毛泽东思想、到各种主张发展科学来解决人类困境、主张借鉴自然科学方法去研究社会科学问题的人们的头上的做法，作了一个极而言之的反驳而已。我不赞成这样反对“科学主义”，并无意于举起科学主义的旗帜。要讲举旗帜，我们的旗帜，还是马克思主义。

在反对伪科学和迷信的斗争中，也遇到了所谓“科学主义”的问题。搞伪科学和迷信或者对反对伪科学和迷信表示不赞成的一些人，有一个论点，叫做“用科学来反对迷信，是科学主义”。其理论基础是文化相对主义，说科学也好、迷信也好、医学也好、巫术也好，各自都是一种文化，不同文化，没有真假、对错、优劣之分。此种高见实在难以苟同。当然，对各种社会文化或者反文化现象，都要作科学的、历史唯物主义的研究，而不能简单视之。这正是历史唯物主义优越于过去的唯物主义的地方。但是，总要比较、鉴别，那就要凭是否符合客观实际、能否经受实践检验来作判断。而这，在相对主义者看来，就是该反对的“科学主义”！这样来反对“科学主义”，不过是为伪科学和迷信提供庇护所。

## 有高度人文关怀的科学精神与有现代科学意识的人文精神的结合

关于人文精神的学术讨论诸多歧见，就得到人们较广泛反响的意见来说，是针对着这些年不少人物质欲望恶性膨胀，精神追求、道德理想出现滑坡而发的，也是针对许多年来人文社会科学相对说来不够受重视、甚至受到不应有的冷落和歧视的情况而发的。这些的确是应该认真注意和努力解决的问题。

邓小平理论讲科学技术是第一生产力，又特别强调科学精神的解放作用。倡导关于真理标准的大讨论，以实践作为检验真理的唯一标准，就是主张实事求是的科学精神，就是要求用科学态度对待马克思主义本身。所以邓小平理论讲科学，既把它当作伟大的物质力量，又把它当作伟大的精神力量，而不是只看到生产力。邓小平理论讲以经济建设为中心，又讲物质文明和精神文明两个文明都搞好才是有中国特色的社会主义。邓小平在科技工作会议上，同时讲了两篇话，一篇讲《改革科技体制是为了解放生产力》，一篇讲《一靠理想二靠纪律才能团结起来》，都是属于社会和人文的范畴。此事有偶然性，也可以说有一点必然性。邓小平理论重视科学技术，而科学，邓小平说，当然包括社会科学在内。现在中共中央也强调要把精神文明建设摆到更高的战略地位，要更加重视人文社会科学在战略上的重要性。精神文明包括两大方面，一个方面是科学、教育、文化，再一个方面是理想、道德、纪律。精神文明建设中两手齐抓，科学发展中自然科学和社会科学两科并重，从一定意义上也可以说是科学精神和人文精神的结合。

在反思迷信和伪科学盛行的教训的时候，许多同志指出，我们教育的缺失，不仅在于科学精神不足，而且在于人文精神不足。我赞成这个意见。

什么叫人文精神？人们说了许多，有些说得很有启发，有的说得玄玄乎乎。我无意在这里给人文精神作一个界说。我以为，通俗地说，用我们大家听得懂的语言来说，就其核心来说，我们讲世界观、人生观、价值观，就讲到了人文精神。人的意义，人生的追求、目的、理想、信念、道德、价值等等，这中间高尚的、善良的、健康的精神，就属于我们要发扬的人文精神。一些人精神空虚，就是由于这方面的失落、混乱和迷误而来的。生老病死，得失际遇，穷达祸福，顺利和挫折，机会和风险，在人生途中，在这些问题面前，如果没有科学的、通达的态度，没有高尚的、坦荡的情操，就容易被神秘主义和迷信所俘虏。

所以除了要讲世界观、方法论，这是解决认识问题；还要讲世界观、人生观，这是讲价值问题。

不应该把人文精神同科学精神对立起来，在批判什么“科学主义”的基础上来提倡人文精神。如果在这样的基础上来讲人文精神，那就容易流入神秘主义和反理性主义。

从1920年代科学与人生观论战，一直到今天，始终存在着把科学和科学精神排除在探讨人生观问题之外的思潮。在这种思潮看来，人生观问题似乎只能是宗教和玄学的事。①

探讨人生的意义和价值，树立追求真善美的人生观，当然不能只靠科学。文学和艺术，哲学和历史，伦理和道德，政治和社会，对人生观的影响甚大，但这些又都必须贯串科

---

① 《读书》1999年第12期发表了田洛的一篇《宗教、迷信和科学》，2000年第10期发表了荒川的一篇《宗教、迷信、科学、理性和吸烟》同前一篇讨论，涉及的就是这个问题。

学精神而不能违背科学精神。

而科学精神本身，也有深刻的人文意义。近代科学的诞生，把人从神权的奴役下解放出来，这不是充满着人文精神吗？自动化和信息化技术的发展，把人从繁重的单调的劳动下解放出来，控制论奠基人维纳（N. Wiener）的著作，书名就叫《把人当人来用》（*The Human Use of Human Beings*），希望改变把人当机器来用的状况，不也是充满着人文精神吗？

科学界的优良传统中的道德观念，既是一种宝贵的科学精神，同时也是一种宝贵的人文精神。古往今来，科学界的优秀分子，为真理、为科学、为人类进步而斗争，充满着献身精神，甚至不惜牺牲生命。他们在科学研究中孜孜不倦，锲而不舍，自甘淡泊，不求闻达，把精力倾注在事业中，而不是花费在享乐上。他们意识到自己从事的科学工作对于社会、人类的责任，积极地参加反对侵略战争、维护和平与人道、保护生态和环境的种种斗争。这都是科学精神和人文精神高度结合的体现。对科学精神中的人文精神重视不够，张扬不力，也是我们的科学教育、科学宣传中的一个弱点。

总之，我们提倡的人文精神应该是具有现代科学（自然科学和社会科学）意识的人文精神，我们提倡的科学精神应该是充满高度人文关怀的科学精神。

（本文原为作者在2000上海科技论坛上的综合报告，本刊发表经作者审阅同意）

［第53卷第1期(2001)第10—14页］

## 21. 谈谈自然科学和社会科学的“大交叉”

郝柏林

近来关于交叉科学的讨论越来越多，中国科学院和高等学校建立了多处交叉科学研究中心。人们谈论着“一级学科”的交叉、自然科学和社会科学的“大交叉”、社会科学和自然科学的“联盟”甚至“融合”。其实，学科交叉并非新话题。在 1984 年中国科学院拟议设立支持基础研究的“院内”科学基金时，笔者就参与起草过“大交叉”的申请指南。多年来，笔者对自然科学内部某些角落的交叉，有过一点实践，对“大交叉”时有所思。兹借数页《科学》杂志，叙述一些零星思考和随想。不过，在陈述己见之前，先作几点涉及通篇的说明，以免此后频加但书、中断行文。

交叉学科是根据客观需求在原有学科之间发展出来的新领域，而且必须靠以全部身心投入的一代甚至几代学者来创立。交叉学科的发展往往始自用一个学科的方法研究另一个学科的对象。看一下自然科学中公认的带有“双名”的交叉学科，如物理化学、化学物理、地球物理、生物物理和生物化学等等的发展道路，就更为清楚了。初创者们未必想到过建立什么交叉科学，却通过老实工作、解决问题达到融合出新的境界。

反过来说，靠宣传提倡、集体讨论和少数专家名流的即兴发挥，是制造不出来交叉科学的。仅仅是建立“某某科学”的动议，常常会给赝科学开方便之门，而无益于推动科学和文化的真正进步。

关于学科交叉的许多议论，基于类比和联想。类比永远是不完备的，联想往往只涉及表面和浅层的特征。巧妙类比和翩翩联想，有积极的启发作用和良好的教学效果，但是并不能取代对所涉问题的具体研究。“交叉”主要在于借鉴研究方法和思维方式，研究对象总是不同的，总有着特殊和具体的内涵，因而离不开具体问题的具体分析。

类比和联想往往和一些普适的概念相关。一些广为流传的名词，如开放系统、复杂系统、开放复杂巨系统、系统工程、耗散结构、超循环、混沌、分形等等，大都如此。普适性的概念不能解决具体问题，但可能在问题被分析解决之后起一些概括作用。它们在更大程度上说明许多研究结果并不新鲜，而只是普适性质的具体表现。用新名词“包装”不出来独创性的科学成果，更何况许多陈词滥调也早不新鲜。

作为理论物理工作者，应当努力避免清谈，不和“议论物理”同流。然而，在这篇短文中，笔者准备冒着陷入“议论”的危险，用从统计物理特别是非平衡统计、非线性系统和复杂系统研究中受到的一些启发，去观察某些社会现象或社会科学问题，主旨在于说明：不少社会和人文现象，乃是复杂系统普遍特性的表现。因此，自然科学中的一些概念和方法，可能对理解这类社会科学问题有所启示。

笔者还要特别申明，考古学、心理学、行为科学、认知科学等更介乎自然科学和社会科学之间。由于对这些专门学科完全没有研究，因而在这篇文章中不作评述。

## 复杂系统的特征

本文先从复杂系统的共同特性谈起，而不企图去定义复杂性、复杂行为、复杂系统这些概念①。复杂系统总是处于不可逆的演化过程中，连续的演化过程中有发生突变的可能性，复杂系统的长期行为是不可预测的。

复杂系统总是处于发展、演化(或进化)之中。“进化”和“演化”源于同一外来词，生物学中更多用进化，物理学或天文学中则更习惯说演化，指的都是系统结构和行为随时间的变化。复杂系统演化或发展的特点是不可逆性：一个复杂系统永远不会准确地回到它曾经处过的状态，否则它就是一个简单的周期系统。这是颇不同于物理学中的守恒、定态、各态历经、“与路径无关”等等概念的。在社会科学中，这就是历史的观点。

其实自然科学也是历史科学。一部普通物理学的目录，就是物理学史纲要。自然科学工作者考察社会现象时，更要把握发展演化的观点。

简单系统的行为只有在外界条件发生突变时，才会产生突变。复杂系统在演化过程中可能因为内部原因而发生状态突变。系统长期缓慢的演化行为由大量甚至无穷多种因素决定，而突变则可能由少数甚至单一因素的微小变化引起。平时被视而不见的某些细枝末节，在突变点附近往往会起决定性的作用。

复杂系统的长期行为是不可预测的，其主要原因正在于突变难以预测。这并不是否定人类认识世界、预测未来的能力。人们对短期和长期预测的要求颇为不同。短期预测涉及较详细的情节，即某种具体“轨道”；长期预测则着重总的趋势，即某种平均的变化。事实上，近若干年来非线性科学的发展在这两方面都大大提高了人类的预测能力。

① 郝柏林：《复杂性的刻画与“复杂性科学”》，《科学》第51卷第3期(1999)，第3页。

## 演化的描述

一个系统的状态可以用有限或无穷多个变量描述，演化就是这些变量随时间变化。粗略地说，众多变量可以分成两组：快变量和慢变量。一般说来，快变量受到慢变量的制约。例如，相对于个人而言，文化和语言是慢变量，而人生是快变量。即使是日后成为语言大师的婴儿也不可能发明出自己的语言，他只能用在摇篮中学到的语言去进行创造，写出千古名句，留下不朽作品。有的学者把快、慢变量的这种关系概括为“奴役原理”：快变量受慢变量“奴役”，有些夸大其词。其实，这就是求解复杂的、多变量的微分方程组时常用的一种近似处理方法：绝热消去法。假定慢变量的变化速率即微分是零，它们就成为常量、成为控制参数，相应的方程也不再是微分方程，方程组因而变小。其实系统变量和控制参数都是相对而言的，它们的差别主要在于发生可以觉察的变化的速率。

把时间“冻结”在某一刻，会看到系统的一个特定状态。时间不断变化，前后相继的状态给出过程。简单系统的不少性质只由当前所处的状态决定，而同达到这个状态的历史发展过程没有关系。复杂系统的特定状态往往与历史，即达到此状态的过程有关。有些系统的平均性质可以用两种方式得到：沿着演化的过程进行时间平均(轨道平均)；或对一切可能的状态分布求平均(系综平均)。这两种平均相等的前提，是时间足够长时演化过程会经历或接近一切可能的状态。这在物理学和一些数学分支中称为遍历假定或各态历经假定。

虽然遍历假定在物理学中也只在特定条件下对某些系统成立，有时仍可以借助它分析问题。在社会科学领域中，有些考虑也是基于类似假定的。例如，我国计划经济时期有过一种说法：每提 1 元工资，要准备 7 元商品。这些数字显然是一定调查统计的结果。笔者请教经济学家其中原委，曾经听到两种说法：有人说，1 元钱平均要流经 7 种商品才能“回笼”；也有人说，这是因为工人拿了 1 元钱工资以后，平均可能从 7 种商品中去选购所需。其实，在各态历经假设下，这两种说法是等价的。第一位经济学家使用时间平均，考察的是货币的商品轨道；第二位使用系综平均，考察货币在商品空间的分布规律。

无论如何，不随时间变化的恒定过程，乃至满足遍历假设的演化都过于特殊，即使在物理学里也并不普遍。然而，考察任何演化过程时都应当注意系统状态变化的某种回归性。转瞬即逝、永不再现的单次事件不能成为科学研究的对象。“似曾相识燕归来”也好，“螺旋式上升”也好，都是状态回归性的表现。准确重复是过于简单的回归性。一般的回归性是系统在演化中显现出同曾经经历过的某些状态的相似性，甚至一段过程同某段历史的类似性。然而，它们是不同的状态和过程。重大历史事件好像都会出现两次，第一次是悲剧，第二次是闹剧。一切预测，都是基于对回归性质的分析。

演化是状态的不断变换，而变换的本质却由变换下的不变或慢变的性质决定。这在线性数学中最为清楚。线性变换的本质由不变量决定。一个转动或平移变换的具体形式随坐标系而异，但变换矩阵的本征值不变，它们与坐标的取法没有关系。分析一般变换时也宜注意有没有不变量或慢变量。以 1980 年代我国的工资改革为例。那时工资总额基本上是不变量或慢变量。工资总额基本不变的工资改革，只能略动两头、保持中间，造成更平均主义的结果，很难像当时所期望的那样，“评出团结、评出干劲”来。我国的改革开放是社会经济结构乃至政治体制的变换，社会主义的本质应当保持为不变量或慢变量。

## 统计考虑的重要性

社会现象如此复杂，总可以找到个别的事例来支持几乎任何一种观点。如果“选点”不当，靠个别的“蹲点”经验来指导全局，就可能出偏差。一定规模的社会调查和统计分析总是必要的。统计的必要性来自数据的大量和知识的不完备。何时要用统计？“尺有所短，寸有所长”，这是没有定规的。举一反三，三思而行，三生万物，“三”有时候已经相当大。然而像人口分布、投入产出、商品供求、货币流通等众多问题，不进行一定规模的统计抽样，是难以作出正确判断的。

社会科学工作者懂得一些统计知识，社会科学的研究集体里吸收少量有统计训练的人员，可能颇有好处。有些简单的统计概念，其实很有用处。“等概率假设”就是一种重要的分析办法。如果对某事物的各种发展可能性根据现有知识作出分析判断之后，剩下的各种可能性已经没有更多知识，这时对一切可能状态作等概率假定，往往有一定意义。举一个不十分切题的例子。1992 年在柏林举行第 18 届国际统计物理大会期间，我们与海峡对岸争办 1995 年的下一届大会。当时在 1989 年春夏之交事件的影响下，反对呼声不可忽视。笔者在大会前夕的招待会上动员大陆与会代表分头与相识的国际委员会成员对话。当晚得知，13 位委员 1 人缺席，我们会有 5 票支持，3 票反对，剩下 4 位态度不明。假定双方各得一半票，我们仍操胜算。于是决定不与此 4 人谈话，免得适得其反。结果正如所料，我们以 7 比 5 赢得主办权，顺利地组织了第 19 届大会。

形式逻辑中有一个“充足理由律”，其实还可以补充一个“没有理由律”，就是在没有任何特殊理由时，借助“一般性考虑”寻求答案。这与“等概率假设”有异曲同工之妙。

## 线性和非线性

许多复杂行为来自系统内的非线性作用。这里先扼要介绍一下线性和非线性。线性是简单的比例关系；是水涨船高、多多益善；是互不相干的独立贡献；是1加1等于2。非线性是一波三折、过犹不及；是1加1不等于2。许多相互作用可以用线性模型很好地描述。形变正比于应力，摩擦力正比于速度，热流正比于温度差，基于线性考虑的理论取得过极大的成功，至今仍是大多数工程技术科学的基础。这里要特别讲一讲线性“力”和平方“势”的关系。

《孙子兵法》说，“勇怯势也，强弱形也”。司马迁在《报任少卿书》中也说过类似的话。“势”是潜在的力量，是尚未爆发的可能性；“力”是势的表现。可以用能量的语言刻画“势”，叫做“势能”或“位能”。静静地锁在高坝内的水，只有“势”而未发“力”。高坝脚下的细小流水，位能很低。在很短的位置变化中经历了很大落差的水流才会发挥出巨大的力量，推动水轮发电。可见，力的大小是由一定距离内势的改变量决定的。香港和深圳的发展速度，是与几十公里距离上“经济势”的落差相关的。

如果把势记做$V$，把势的改变量记做$\Delta V$，那么力就是由比值$\Delta V/\Delta x$或微分$\mathrm{d}V/\mathrm{d}x$决定的，这里$\Delta x$或$\mathrm{d}x$是距离差。这是本文用到的最深的数学，没有微分知识的读者可以把它们简单地当成比值。

怎样在线性理论的框架内描述势呢？这就是平方势。先看简单的例子。有许多系统“愿意”处在势能最低的稳定状态。可以把对应这个位势最低点的位置取作坐标原点$x=0$，同时取势能的最小值为$V(0)=0$。这里$x$不必是地理意义上的距离，而可以是任何适当的“位形坐标”。既然偏离$x=0$点时势能就要上升，可以非常一般地取$V(x)$比例于$x^2$。为什么取$x$的平方即2次方而不取其他方次呢？这恰好是前面提到的“没有理由律”或“一般性考虑”的实例。首先，只有取$x$的偶次方才能保证无论往$x$的哪一面偏离，能量都要上升。$x^2$和$x^4$都能起到阻止系统偏离$x=0$点的作用，但定性地说，$x^2$已经够了，加上$x^4$项必须要有具体理由。只用$x^4$项而不用$x^2$更要有特殊理由。增加特殊理由必定降低理论的普遍适用性。如果系统真的偏离了平衡点，那$\Delta V/\Delta x$或$\mathrm{d}V/\mathrm{d}x$就给出正比于$x$的线性力，不过力的方向指向$x=0$，要把系统推回原来的平衡点。因此，线性力和位势的关系是：力正比于$-\mathrm{d}V/\mathrm{d}x$，那负号表明力不是指向$x$增长的方向，而是指向平衡点。这样的平衡点是稳定的，小小偏离的后果总是自动回到原点。

上面这段话描写的其实就是经典自然科学和经典社会科学中的平衡论。

稳定平衡点附近的典型行为是回到平衡。普通物理学中有一个楞次(H. F. E. Lenz)定律，说线圈中的电流发生小扰动时、新出现的感应磁场方向总是要抵消扰动的作用。化学中的质量作用定律说，在达到了平衡的化学反应系统中增加某种反应物的浓度，反应体系总是向着抵消新增反应物浓度的方向移动。关于化学平衡的更为一般的勒夏特列(H. L. Le Chatelier)法则说，任何改变平衡的因素所引起的后果，都是抵消该因素的变化，本质上也是平衡点稳定性的表现。

经典经济学更是基于平衡论的。计划经济时代的许多政策都是要保证平衡：供需平衡、产销平衡、商品与货币平衡、总价格与总价值平衡、投入与产出平衡等等。某种商品价格上涨，就要增加供应，抵消上涨。最近几年青少年教育问题中常常提到的“逆反心理”，其实可以从平衡论理解。若强制改变儿童的心理平衡点，那反应必然是要抵消外加的强制作用。压而不服，正确的做法不是继续施压，而是设法改变位势的形状，移动平衡点，建立新的平衡。这就超出了线性理论的范围。

有一位记者曾经对笔者说过，老百姓习惯于线性思维，要提倡非线性思维。笔者认为不然，老百姓是很懂得非线性思维的。俗话说，某人心眼儿多，那就是非线性。一项新政策出台，人们要“一慢、二看、三通过”，也不是线性思维。相比之下，倒是有些领导总是习惯于线性思维，鼓励则一味鼓励，直到出现问题，限制则全面限制，直到僵化管死。要明白一点非线性“过犹不及”“一波三折”的道理。前些年我国的生猪生产多次摇摆。肉类供应紧张，于是“书记抓猪”，全面鼓励；不久又出现农民卖猪难，再设法限制。对“假日经济”的预期，也是看好则处处好，往往现实又与预期不符。用人们曾经熟悉的说法，要懂得“两点论”，不是两点成一线的简单线性，而是一张一弛、有紧有松的非线性曲线上的两点。

## 对称、有序和组织

什么是对称？对称乃是一定变换下的不变性。最对称的世界没有结构、组织和秩序。“非对称创造了现象”是老居里(P. Curie)的名言。现在人们观察所及的“宇宙”，是从“大爆炸”以来发生的一系列“对称破缺”的产物。从正物质和反物质的对称破缺，到轻重原子的产生、弱作用中的宇称不守恒，直至生物大分子中的左右对称破缺，每一个层次上都有对称的破缺和新性质的突现。

先看一个物理实例，观察夹在两块“无穷大”铜板之间的液体。说“无穷大”是为了避免边界带来的复杂化，实际上用相当大的铜板，观察其离开边界很远的中心区域就成了。用冰使顶板保持在恒定的低温，同时均匀地加热底板。采用热传导性能良好的铜板，是为了达到温度均匀分布，上下两板各自具有一定的温度。把上下两板间的温度差作为可以慢慢调节的控制参数，看看温度差逐渐增加时发生什么事情。

温度差很小时，热量从底向上传播，上冷下热的情形可以长期维持不变；温度差加大后，靠近底板的液体受热膨胀，出现往上飘浮的趋势，同时顶板附近的液体相对较冷，密度较大而倾向下沉。此处说“趋势”和“倾向”，是因为虽然出现了不稳定的形势，却还没有可见到的运动。原因在于所有靠近顶板的液体都有“权力”下沉，所有底板附近的液体都有“权力”上升，正因为大家都具有相同的地位，谁也动弹不得。在这种不稳定但对称的背景下，平时微不可察的细枝末节开始起作用。假定底板某处有一个几乎看不见的细小隆起，它就可以帮助那里的液体打破僵局，往上浮起。于是人人平等的局面被打破，迅速形成有上有下的对流运动。热对流是有高度组织性的运动，从上面观察，通常形成六角形的蜂窝状图案花纹。

上面关于热对流不稳定性的描写，包含许多有普遍意义的启示，后面的叙述中还将回顾。

人类早期文明的崛起，表现为出现层次化、中心化的社会结构。无论是尼罗河下游、幼发拉底和底格里斯两河流域、黄河下游和印度河流域都曾经历过类似的阶段。社会生活中小到交通规则，大到政府组织，都是对称破缺的表现。就个人而言，每个人都有“自由”在马路的任何部位行走。车辆和行人要靠右行驶，是一种对称破缺，它限制了个人“自由”，却导致了有组织的交通流。卢梭(J. J. Rousseau)的《社会契约论》分析人类从自然状态进入社会状态，虽然没有使用当时并不存在的“对称破缺”语言，讲的却是同一件事：每人要交出一部分个人“自由”，形成社会的法律、制度、法规等等，社会生活才能有组织地运行，个人才能获得法律保障下的自由。绝对民主、无政府主义是办不成事的。这决不是为独裁统治提供理论依据。恰恰相反，政府、法律都应体现由公民共同达成的契约，这才是民主的真谛。

“对称”是一种性质，它只能有无，而无所谓多少，这是发生“突变”的根本原因。引起对称破缺的基本原因在系统内部。导致破缺的具体的细小事件在远离发生破缺的条件时是无足轻重、可以忽略的，但在破缺点上却起着决定作用。

## 临界现象和自组织临界现象

突变是一种临界现象，它发生在某一个参数缓慢变化达到特定值的时刻。突变前后系统的状态有质的差异，会出现或消失某些对称和有序。这里考虑出现新的有序状态的情形。刻画新的有序或对称状态的一个或一组参数称为序参数。序参数从旧状态中的零值，连续变化或跃变到新状态中的非零值，这种变化情形最为有趣。任意小的非零值代表新的对称和有序。这个零与非零的差异、有和无的差异，决定临界现象的突变性。“不是西风压倒东风，就是东风压倒西风”。新相一旦出现，就决定了系统的性质。

物理系统中的相变，如气液相变或铁磁相变，是临界现象的经典实例。磁石在高温下并不吸铁，即不具有宏观磁性。这是因为它所包含的大量微观磁矩处于杂乱无章的热运动中，彼此的磁场互相抵消。温度降低到一定值，短程的磁性相互作用突然延伸到整块磁体，发生铁磁相变，出现宏观磁性。这些相变都是有序和无序两种因素较量的结果。热运动是无序之源，温度 T 愈高，无序程度也愈大。有序来自相互作用，可以用相互作用的能量 E 代表。于是，有序与无序两种趋势的消涨可以由比值 E/T 刻画。两种趋势的转变点也称为临界点，对于由温度变化引起的相变，这就是临界温度 $T_c$。

临界温度和哪些因素有关呢？首先是相互作用能量。相互作用很强时，可以在比较高的温度，即比较大的无序背景下实现有序状态。此时，相应的临界温度较高。相互作用很弱时，一定要在较低的温度才能实现有序。其次，有一个应当特别说明的因素。晶体中一个原子附近其他原子的数目称为配位数。配位数大时，一个原子的影响容易传送给较多的邻居。即使温度较高、噪声很大，导致有序的相互作用也较易占上风。从统计物理学的种种相变模型知道，对于同样的相互作用，配位数高的晶体可以在较高的温度出现有序相。这一观察对于社会现象颇有启发。

一位诗人曾经把人类社会生活概括成“网”。社会的配位数，即同每个网点相联结的网点数目可能相当大。当然，很难严格地定义这个配位数，但可以做一些合理的估计。例如，社会上每个人平均拥有的相识者数目可能成百上千，比一个晶体中原子的配位数要高得多。因此，革命并不需要社会的多数达成共识，相对少数的志同道合之士就可以在相当高的“噪声”背景下做出扭转乾坤的大事。试想，1921 年有 13 个人代表几十个人在上海开会，28 年后就完成重写中国历史的巨变。1949 年解放战争取得全面胜利时，革命力量总共有多少？全体共产党员和解放军指战员，加上支前农民和党的同情者，可能不及全国总人口的七分之一。反过来说,“四人帮”和他们的追随者究竟有多少?但这“一小撮”居然能在一段时间里搅得举国不宁。

这里提到的“七分之一”有一则故事。1980年,笔者作为中国科学院理论物理研究所五人小组成员,第一次去美国。参加了美国圣巴巴拉理论物理研究所的成立仪式之后,顺便访问一些大学。在纽约见到曾经对弱相互作用理论做出过重要贡献的马尔夏克(R. E. Marshak)。闲谈之中,何祚庥问,为什么美国在不少方面表现得生气勃勃。马尔夏克的回答颇为特别:“那是因为有七分之一的美国人在忘我地工作。”不久之后,笔者等人向李政道提及马尔夏克的观点,李政道也很同意。这“七分之一”所以能起活跃一个国家的作用,正是由于人类社会是配位数很高的系统。

上面提到的物理系统中的相变都是平衡态、“静态”的状态突变。静态平衡一般维持在系统“自由能”最小值附近。自由能是系统在一定限制条件下的宏观能量,例如保持体积和温度一定时的“能量”。

与此形成尖锐对比,动态平衡却可能保持在最不稳定的能量“极大值”附近。回想马戏团里的小丑,在幕间休息时出来玩鼻尖顶杆儿的游戏。倒立的长杆是不稳定的,如果小丑竖立不动,那杆子是要倒下来的。正是因为小丑不断运动,重杆才能晃而不倒。把一个钢球放在处于水平位置的洗衣搓板中,钢球必然静止在某一条沟槽里。这时如果把搓板沿水平方向周期性地晃动起来,就可能找到一定的周期运动方式,使小球连续地处在两槽之间的脊梁上。这两个例子都是由持续运动保持的、处于不稳定点附近的动态平衡。这些状态发生突变导致的临界现象可能对社会科学更有启发。

考察一个似静实动的模型。让细沙从一个漏斗孔中缓缓落到桌面上,形成渐渐长大的沙堆。这沙堆的锥面和桌面保持着一个看来不变的角度。然而,这是不稳定的动态平衡。新添加的某一粒沙子可能在勉强维持平衡的锥面上导致一次“雪崩”,使一撮沙子滑到堆底。过一会儿雪崩留下的小洼会被后续的沙流填平,然后在另一处发生或大或小的新的雪崩。搜集大量雪崩数据后可以发现它们的大小和间隔服从某些统计规律。沙堆模型启发了对所谓“自组织临界现象”的活跃研究领域。

社会生活中自组织临界现象的明显实例,是北京街道上的交通流。拥挤的各类车辆争道而行,在随时可能发生事故的临界状态附近自己组织成看似稳定的交通流。一旦发生一起事故,就使得或多或少的车辆无法行驶。只要把沙堆模型涉及的概念倒过来想,就可以看出两者的相似性。这里发生事故前看似稳定的交通流对应沙堆模型中似乎不动的锥面。因交通事故而停滞的车群对应滑落的雪崩。

无论平衡态的相变或非平衡的自组织临界现象，系统远离或接近临界的状态都有很大差别。这差别主要在于：远离临界点时，系统中局部的变化不向全局传播，而在临界点附近许多扰动都会导致全局性的后果。

## 相变和涨落

在慢变过程中多种因素都在同时起作用，系统的特殊性表现较多。突变往往由单个参数的微小改变引起，其他的大量参数在突变点上下并无明显区别。为什么是单个而不是一批参数共同起作用？还是前面提到的"没有理由律"或"一般性考虑"。两个参数同时变化而导致突变，要有特殊的条件。单个参数引起突变才是普遍现象。正是因为在突变点附近起作用的参数很少，突变的类型也就有限。突变往往可以根据参数的类型划分为若干普适类，本来不同的许多系统却在突变点附近表现出很大的相似性。

社会革命是一类明显的实例。恩格斯说过，"革命是一种与其说受平时决定社会发展的法则支配，不如说在更大程度上受物理定律支配的纯自然现象。或者更确切地说，这些法则在革命时期具有大得多的物理性质，必然性的物质力量表现得更强烈"①。读一下雨果(V. Hugo, 1802—1885)的《九三年》和里德(J. Reed, 1887—1920)的《震撼世界的十日》，不能不有类似的感叹。

即使是处在"平衡"态的复杂系统中，许多变量也会发生局部或短暂的起伏涨落。远离临界点时，涨落只是通常可以略而不计的小修正。然而，涨落在临界点附近却起着重要作用，往往可以决定系统在突变后的命运。

这样的实例不胜枚举。铁磁相变后宏观磁场的最终取向是偶然或次要因素决定的：地磁场、磁性杂质、甚至容器的缺陷，都可能起决定作用。一个光学谐振腔里最初可能有许多振动模式并存，微小的差异使得能量向某一个模式集中，最终选出一个优势的振动模式。

公正地提拔干部也是一个好例子。首先，在"零级近似"下所有的候选人都必须具备同样的基本条件：热爱祖国、热爱社会主义事业、有一定的工作能力和经验、能够联系群众等等，否则就根本进不了初步名单。然而，决定最后取舍的往往是一些次要的因素，某人言谈举止比较和蔼、某人考虑问题较为全面等等。

---

① 1851年2月13日恩格斯致马克思信。

大学入学统一考试的分数线也是一个临界线，它往往决定一个人的整个生活道路。远离临界线的群体，即考得特别好和特别差的人们，不必担心偶然因素的作用。只有在分数线附近才容易受小涨落影响。

远离临界点、靠近临界点和在临界点上的涨落行为在统计性质上有显著差别，主要是它们随时间或距离的衰减方式不同。突变可否预测，要看是长期预测还是短期预测。靠分析临界涨落，可以有一定的短期预测。

就长期行为而言，不可能做具体的预测。记得 1981 年 4 月，笔者在阿尔卑斯山北麓的一座德国古修道院里参加关于“有序和混沌”的科学讨论会。午餐时同来自东、西德两方的教授们闲话到统一问题。他们都认为这是极为遥远的事情，至少在 20 世纪里不会发生。结果，东西德的统一就发生在这场谈话之后不到 10 年。这正是社会历史发展中的突变。

突变不是瞬变，它也是有过程的。选取恰当的时间尺度，研究突变本身，对于揭示复杂系统的本质和内在矛盾，极为重要。历时数载的革命进程，往往可以表露几百年社会发展所积累的矛盾。

突变得以发生的重要条件，在于系统中出现了使原有状态不稳定、而使突变导致的新状态能够“放大”起来的机制，而不在于引发突变的具体事件。这对于正确认识和处理各种“突发事件”有重要意义。许多突发事件是自组织临界现象。关键在于消除或化解使系统发生不稳定的内在原因，而不在于寻找和对付可能引发突变的细小和偶然的事件。

## 对社会科学研究的一些希望

在结束本文之前，想对我国的社会科学研究和社会科学工作者提一些希望。社会科学的任务不是论证党中央政策的正确性，那是中央宣传部的责任。把社会现象作为客观对象，用科学方法加以研究，在这一点上社会科学和自然科学并无原则差别。由于社会科学与政治、经济的密切关系，在社会科学中发扬自然科学的精神是比较困难的，因为这需要坚持真理的勇气。然而，把一些技术性的事情做好，注意讲究一些基本的方法，对于我国社会科学的发展会很有好处。因此，在这里主要讲一点技术性和方法论的事情。

首先是引文。“言必有据”，正确的引文是基本要求。报刊上常常见到一种“外国人说”的写作模式：“外国人说，在这里修桥比登天还难”。每当读到这类妙文，笔者总希望看到出处，还真想去查阅一下原文，可是没有一次见到过引证。引用原始文献，还是从第二手资料转抄？这是下功夫做学问的事。最近见到一本关于我国现代新闻史的著作，初看后面引文不少；细看之下，才发现多数是后人的回忆和纪念文字，而对原始报刊引用甚少，这本书的价值在笔者心目中就降低了。当然，查阅原始文献的工作量极大，好书的价值包括了这类劳动。

提到“原始文献”，有一个“按第一次发表”，还是从后来修改过的版本引用的差别。翻开《列宁全集》俄文第 4 版，文章末尾印着“初次发表在某年某月某日《火花报》某版，此处按《火花报》原文排印”。恩格斯曾在《反杜林论》1885 年第 2 版序言中写道，“此外，我的良心也不允许我做任何修改。本书是部论战性的著作，我觉得，既然对方不能修改什么，那我这方面也理应不做任何修改。我只能要求有反驳杜林先生答词的权利”①。这是一种西方的“骑士风格”，在中国传统文化中比较缺乏。“为尊者讳”的陈规仍在起作用。当年出版郭沫若全集时，有人建议删去与鲁迅抵触的文字，郭老没有同意，并加注说明②。这样做就为后人保留了一件中国现代文学史上发生过的事实，对于科学地进行研究只有好处。文章是可以修改的，但重大改动应当在新版时注明。引用者最好能核查前后文字有无实质性差别，否则会得出不符合真正历史的“现代”结论。

历史档案的真实性和完整性是一件很严肃的事情。封建时代，皇帝本人原则上是不能观看记录其本人言行的《起居注》的。这一方面是告诫皇帝慎行，另一方面也是为历史留下原始记录。我国近代真实的社会、政治、历史档案相当稀少。不用说“千古之谜”，我们自己做过见证人的当代史就留有许多谜团。档案工作是社会科学的一种基本建设，希望能做得更多、更好、更真实。

西方主要国家的社会科学著作，甚至一些比较严肃的自然科学普及读物，大都有占据相当篇幅的引文和注释，书末还有索引。国内出版译文时，往往把注释全部或大部删除，把索引取消，使译本大为减色。更有甚者，有时还对正文加以删改而不做说明。笔者以为仅仅在译者序中申明，“删去了不适合我国读者的内容”是不够的，最好能在删除处加括弧注明“此处删去约二百字”，以便读者大致了解删改的规模。

再说索引。没有索引，是我国不少自然科学书籍的不科学的地方，这在社会科学出版物中就更为普遍。值得从第一页读到最后一页的科学著作本来并不多。靠目录和索引迅速查到所需要的内容，原是做学问的一种技巧。笔者曾在主编一套科学丛书时，在“著者

---

① 恩格斯：《反杜林论》，人民出版社，1970 年 12 月第 1 版，第 7 页。

② 郭沫若：《郭沫若全集 · 文学篇》，人民文学出版社，1992 年，第 12 卷第 21 页。感谢郭汉英、郭平英同志协助核实出处。

凡例”中要求每位作者在书末加索引，却不得不在责任编辑的反对下把“要求”改成“鼓励”。那反对的理由是“做索引太费事”。比起著书应付应费的心血，编写索引所需时间并不算多。何况计算机文字处理系统的发展，也减轻了此中手工劳动。

要讲究一点逻辑，要在可比条件下比较事物。只能“斤斤计较”，不能“斤尺较量”。只有“无量纲”或计量单位相同的数字才能被比较。前几年我国科技领导层中有过一种说法：我国 SCI 论文总数已达到国际第 12 位(最近已上升到第 8 位)，而我国人均产值却排在相当后面，这说明我国科技成果转化为生产力的比例很低。这是把“总数”同“人均”这两个不能直接比较的量拉扯到一起。正确的办法是，或者把各国人均 SCI 论文数同人均产值、人均支持强度比，或者把论文总数同国民经济总产值比较。无论怎样做，都可以看到我国科技战线在比较低的支持强度下，做出了相当好的成绩。再举一个例子。不久前庆祝深圳经济特区建立 20 年，有些报刊文章说，“深圳用 20 年走完了一些发达国家 50 年的道路”。一方面是这个穷而有志的大国的一小部分，处于香港和内地之间的特殊地理位置、在政府和内地支持下实行特殊政策的一片土地，另一方面是现已发达的“一些国家”。这又是把不可直接类比的事物拉到一起。

引用数字时要注意“有效值”，过高的数值精度，只表示作者心中无数，没有真正的数量级概念。现在电子计算器很普及，随便敲几下就得出很“精确”的数字。某位医生一共治疗过 87 位患者，疗效达到 94.73%。且不说“疗效”本来很难严格定义，这里的精确程度只有治疗过成千上万人以后才会有些意义。

不要滥用“权威”二字。科学只承认真理，不承认权威。特别要提一下不要用行政权威干预科学研究。这在自然科学和技术领域，已经屡次发生。

最后，想提一下社会科学能不能做实验、给证明。社会科学不能做实验，是过去的一种认识。在信息时代，社会生活的许多方面都在数字化，采集和处理数据正在成为许多部门的日常工作内容。这使得建立计算机模型和进行模拟实验，变成可行和必要的事情。事实上，对于社会生产投入产出的分析，对于人口结构的预测，对于股票市场运作的模拟等等，都早在实行之中。目前有些人对“经济物理”，甚至“社会物理”的宣传可能有夸大不实之处，但对社会现象的定量研究，确是自然科学和社会科学交叉的很好的切入点。

社会科学中要不要证明？英国剑桥大学三一学院的哲学教授拉斯列特(P. Laslett)自认为是约翰·洛克(J. Locke, 1632—1704)哲学讲席的现代继承人。笔者曾经有机会同他谈起带中国研究生的情况。他说，同中国学生工作很困难。这些学生总是喜欢说“我认为”，而不是“我证明”。

其实,社会科学同自然科学一样,是需要证实和排伪的,只不过做起来更为艰难。西方名牌大学的社会科学博士学位比自然科学博士更难获取。

20 年前,由当时的中国科学院院长卢嘉锡和中国社会科学院院长胡绳倡议,曾举行过一次两院共产党员研究员的座谈会。自然科学和社会科学交叉这样的大文章,不是靠座谈能完成的。希望从年轻到年长的几代学者都有人不断尝试在“大交叉”领域做些实事。

(本文为作者据 2002 年 10 月 18 日在中国社会科学院的报告整理,本刊分两期刊登)

[第 56 卷第 1 期第 3—6 页、第 2 期(2004)第 3—6 页]

# 22. 科学家的责任

周光召

我很高兴与大家一起讨论一些有关科学家和科学组织责任的话题。

毫无疑问，一个科学家的责任感是与他或她的个人价值观以及在历史、自然和社会发展过程中所形成的伦理道德观紧密相关的。在科学发展的历史长河中，科学家已经建立起了一个负责任的科学家所应遵守的有关科学态度、科学方法和科学精神的共识。在我看来，科学家的责任由以下三部分组成。第一，对科学自身健康发展的责任；第二，保护自然环境、生态系统和维护人与自然和谐的责任；第三，确保全人类的长远利益，促进社会进步，维护世界和平、繁荣和稳定的责任。

在生物进化的漫长历史中，人类是一个迟到者。几百万年前在与人类亲缘关系最近的生物分离后，人类与黑猩猩的 DNA 碱基对的差异已经很小。然而，人类在过去数万年中所取得的进步是巨大的，而黑猩猩在同一时期的变化却微乎其微。第一次工业革命后近五百年的时间里，人们的生活方式已经有了全新的改变。地球也被改造得不像自然界原初的模样。在这些变化中，有些是好的，有些是不好的。但总体来说，人类在曲折的道路上已经取得了重大的进步。

人类之所以能取得较为快速的进步，有赖于其独特的发现新事物的智慧和进行逻辑思维的能力。人类，也只有人类才能够理解和掌握控制自然运行的法则并成功地运用它们来改变世界，智慧创造知识。努力探求“真、善、美”，创造出了人类文化中的精华部分。在人类的文化宝库中，科学和艺术是知识体系中最具创造性和最活跃的部分，它们所体现出的价值观和伦理道德观深深地植根于人们探寻“真、善、美”的过程中。科学和艺术的发展能改进人类自身的价值观并促进人类向完美境界的不断进步。所以我相信，科学家的第一个责任是发展科学，探索自然的真与美，培养创造性，在为“真、善、美”而努力的社会中成为主导和典范。

科学的目标是去发现那些导致自然和社会发展变化的原因以及基本的动力学规律。人们的探索活动专注于自然或社会，或者两者都成为研究的目标。而作为探索活动的最终研究成果则不可避免地会对此后的自然和社会产生一定的有时甚至是重大的影响。因此，必须高度关注科学家对自然和社会所承担责任问题的重要性。

作为科学家，我们分享孕育着科学精神的核心价值观。这种价值观包括追求真理、客观求实、诚实、怀疑精神、公开、公平、思想自由、团队精神和社会责任感等。一个真正的科学家应该不带偏见，有自我批评精神，可信赖、笃信真理、准确、自主、友好和充满责任感。这些核心价值观已经帮助造就出一代又一代高产出的极富创造力的科学家。它们也帮助科学家预防和抵制一些发生在科学共同体内部的不正当行为。只要这些核心价值观在科学共同体内始终保持强势，科学和科学家就会被他们所服务的社会作为道德良心和诚实可靠的代表而备受尊重。

与此同时，我们与社会其他成员一起分享一系列公共的伦理道德准则，这些准则基于对人们的行善意志，而不论他们的国籍、宗教信仰和经济状况的不同。我们同时有责任保护自然环境和合理利用自然资源，以保持可持续发展。我们对自然和人类的责任随着科学和技术的进步而不断增加。

在科学和技术基础上不断成长起来的市场活力正驱动着一个复杂和快速变化的世界，面对这样一个世界，我们必须防止科学研究成果被滥用。即使从事最基础研究的科学家，也必须意识到他们的工作最终会对自然和社会产生重大影响。原子弹的制造和生物武器的发展非常鲜明地表明纯科学研究也会对自然和社会产生巨大的影响，而前者源于对原子核的研究，后者源于对某些细菌和病毒的研究。

科学家不能否认，恐怖分子或其他犯罪分子蓄意利用他们的发现来发展大规模杀伤武器，挑起军事战争和非法市场竞争，滥杀无辜和破坏环境，他们自己也有直接的责任。如果科学发现被滥用，那么，我们在原子能开发、空间技术、基因技术、克隆技术、纳米技术和网络技术方面所取得的成功就会演变成巨大的危险。新技术和它们对社会的影响，不管是有利的还是有害的，都会在稍后或立即显现出来。做出发明的科学家以他们个人的观察和猜测能够预测到这些影响，如果他愿意，甚至能帮助引导这种影响朝有利的或不利的方向发展。正如日本物理学家朝永振一郎在 1982 年所指出："在过去，科学家被允许将他的注意力集中在他自己的专业上；但现在不同，他必须仔细地检查他的研究成果对这个世界可能带来的后果，他必须承担告知和警告人们这一后果的责任，而不论这一后果是有利的还是有害的。他必须承担责任的原因是因为他比任何一般的人都事先更深入地知道他的发现所可能带来的后果。"

倘若受制于政治势力的影响或受获利原则的市场经济的利用，加之科学家渴望得到社会上和专业上认可的企图，科学就很难被认为是一项伦理的、道德的、进步的和无害的事业。

我们都知道科学充满着好奇和创造性。伟大的科学发现是不可预知的，它们是天才和灵感的结果。对科学发明而言，科学和科学家的自由是最基本的，而这一自由必须得到保护。

然而，随着科学、技术以及科学研究对人们的生活，或对涉及到邻国间、区域间，甚至不同种族间利益等全球问题可能带来有害影响意识的不断增强，要求我们重新思考自由从事科学研究的原则，并提出相关科学家和科学组织的责任问题。

由此，我们面临着一个真正两难的困境。作为文化发展的一部分，科学应该被允许自由地发展，而不应对其加以限制。但是我们能承受这样一种可能的后果吗？即一个出自自由的研究成果被滥用而导致具有更大潜在性的破坏。在当今世界，战争仍然是解决国家间纠纷以及那些野心家获取霸权和发不义之财的主要手段。我们不得不做出一些妥协以限制部分研究项目及其应用，而这些项目的应用有可能被滥用，尽管这些项目是经科学家和科学组织仔细核查和公开辩论过的。我们很高兴看到大多数科学家和科学组织支持被许多国家所接受的禁止克隆人但允许治疗性克隆研究的原则。为保存人类已有的成果和人类的进一步进化，我们应当学会在和平和相互尊重的环境下共存。我们必须遵从两位分别来自中国和德国的伟大的哲学家的思想的训导。中国的孔子说："己所不欲，勿施于人。"德国的康德说："每个人应该将他自己和别人总不只当作工具，而应该当作目的本身。"

许多科学家乐于从事与公众的沟通工作，但也有一些科学家将这一义务视为负担。但如果科学家想要做一些有益于社会的事业并保持公众的信任和尊重，那么关心和参与使科学知识得到更广泛的公众理解和使用的工作就显得十分重要。

科学家的任务不只局限于告知和教育社会，还应该使世界变得更少有危险、更少受到破坏、更安全，也比以往更繁荣。因此，对每一个科学家而言，其不断增加的一个责任就是准确和有效地说明新知识和新发现所可能带来的后果，从而对公众利益有所贡献。他们有义务引导媒体和社会以预防他们的发现被邪恶目的所滥用。同时，他们不应当只为自己的一己私利，在未经仔细核查和安全问题没有得到完全保障的情况下匆忙推出新产品和新技术。

如今，科学家起着保护环境和发展人类社会的重要作用，未来的世界可能遭受严重破坏，甚至由于科学研究成果被滥用而遭到完全毁灭，科学家和科学组织有义务充分意识到自己对人类所肩负的责任。

避免有害只是我们责任中的一小部分，我们的主要任务是做有益于人类的工作。联合国千年发展项目建立了到 2015 年世界所要达到的目标。第一个也许是最重要的目标是根除极端贫困和饥饿。与贫困作斗争、缩小贫富差距、缩小拥有新知识与缺乏新知识群体间的差距将主要依赖于教育的普及和科学技术知识向贫穷地区的广泛传播。

这个世界上所有的人并不能享受由新知识所带来的同等利益，人们获取必要的自然资源的机会也是不均等的。他们缺乏相关的如何实际合理地利用其资源的知识和能力。发达国家和发展中国家、不同地区，尤其是发展中国家不同阶层之间的差距如今已变得越来越大并在不断增加，这些已经在世界局部地区造成了新的严重的社会紧张关系，导致我们所看到的冲突和军事对峙。

贫困阶层正在为改善他们的生存状况而努力，他们从自然中榨取每一点能赖以生存的资源。边远地区的森林砍伐、沙漠化、土壤腐蚀引起的生态灾难和许多城市社会问题都由此而产生。另一方面，富裕阶层的人们似乎对他们已经较高的生活水平并不满足，通过日益增强的市场推动力，他们不断地追求更奢侈的日常生活，其结果是过分地消耗能源和浪费自然资源。这一现象现在甚至也发生在中国的富裕阶层中，而中国仅仅是一个 GDP 刚刚超过 1 000 美元的发展中国家，从现在北京、上海道路上日益增多的私人豪华轿车中可以看到这一点。像中国这样一个人口众多并在不断增长的发展中国家，这些过度消费将必然导致其环境的灾难性退化。帮助贫困阶层提高他们的生产率以及生活水准，教育富裕阶层在一个更美、更绿的环境中享受一种更少污染和浪费的健康生活是我们的当务之急。为遵循可持续发展的原则，节俭必须体现在所有生活方式和自然资源的日常管理之中，只有这样，自然提供给我们的不可估量的资产才能被保护好并传递给我们的子孙后代。当今掠夺式的生产消费模式必须得到改变以有益于我们未来的福祉和子孙后代的利益。

这是一项巨大的工作，其目标的实现只能依靠于改变我们现在的生活和生产方式。与此同时，我们必须提高人们的知识和总体文化质量水平。旨在加强科学大众化理解的公众教育、终身教育和法制道德教育对发展中国家和欠发达地区实现可持续发展及共同繁荣至关重要。科学家有大量的机会和社会其他成员一起来共同实现这一目标。

科学是没有国界的，同样，人类的一些主要活动如音乐、文学和其他形式的严肃艺术也是不可分割的。这些成就应该被全人类所有阶层的人们所共享。

不断增长的科学全球化趋势使得科学家之间的沟通更方便了。在一些对整个地球公民都有影响作用的全球性问题上，科学家群体通常比政治家有着更客观、更全面、更负责的观点。科学家依靠的不是权力、不是金钱，科学家依靠的是独立客观的观察与研究，是科学的分析和严谨的判断，进而达成在同行内经反复讨论和辩论过的共识。未来，许多国际争议将不可避免地涉及自然资源的合理分配和利用问题，如跨边界的淡水分配方案、全球环境保护问题、寻求控制全球气候变化趋势等。只有在平等、客观和科学的基础上充分交换意见，一个为各方所能接受的合理的解决方案才能被确定。所有国家的科学团体应该团结起来，为我们这一星球上居住者的共同及长远利益而一起努力工作。我认为这才是科学团体应该肩负起的有益于人类的最重要的责任。

（本文为作者于2004年5月在中国科学院上海交叉学科研究中心“科学的生态”圆桌会议上的英文发言稿，编辑作了翻译工作，并经作者审定同意发表）

［第56卷第4期(2004)第3—5页］

# 23. 发展中国家的科学和科学家

萨拉姆

我1926年生于章马吉亚纳，当时为英属印度的辖地，如今属于巴基斯坦。我的家庭出身很平凡，父亲先为教师，后在当地教育部门任职；母亲是家庭妇女。我有六个兄弟和一位姐姐。虽然家境并不宽裕，但父亲极为重视我的学业，望子成龙之心甚切。他非常希望我能在竞争激烈的印度公务员考试中脱颖而出，谋得一份好工作。不过，父亲的这一愿望因为战争等原因而落空了。但对我而言，没有成为公务员却是我今生几次重要的人生转折之一。

我还记得1936年前后上学时的一些事情，尤其是当时老师讲解自然界基本力时的情形。他首先提到的是大家熟悉的引力。然后他说：还有一种被称作电的基本力，这种力在我们家乡见不到，它"生活"在离我们东面100英里远的拉合尔。这位教师也曾听说过核力，但他告诉我们，核力仅仅存在于欧洲。听听，多么形象的描述！真可谓发展中国家科学教育的生动写照。

14岁那年，我以旁遮普大学历史上入学考试最高分的成绩，赢得了该国立大学的奖学金。当我从拉合尔骑自行车返家时，家乡人倾城而出迎接我。16岁时，我完成了自己的第一篇研究论文，并发表在一份数学刊物上。不过，应当说直到进入剑桥大学后，我才真正迷上了科学研究。

我很庆幸自己有机会获得奖学金，并进入剑桥大学深造。当时的情况是：战争中断了颇有影响力的印度公务员考试，但恰好旁遮普邦的行政长官用一笔战争时期未用完的经费设立了一项奖学金。该奖学金共有五个名额，用于资助到海外留学的印度学生。1946年，我在印度独立前夜挤上了一艘满载举家回国英国人的轮船。现在回想起来，如果那年我没有走的话，恐怕就再也不会有进入剑桥大学的机会了。因为在接下来的一年，随着印巴分治成为现实，这项刚刚设置的奖学金便也不了了之，结束了其短暂的历史使命。

在剑桥，我仅用两年时间即通过了数学荣誉学位考试，并获得第一名。这样，我还有一年带奖学金的学习机会。是用这一年时间继续深造数学，还是去修物理学课程？我的导师霍伊尔(F. Hoyle)对我说："如果你想成为一名物理学家，即使是理论物理学家，你也应当在卡文迪什实验室接受实验物理课程训练。否则，你将永远无法坦然面对实验物理学家。"于是，我进入了卡文迪什实验室。那时候，卢瑟福已经完成其关于原子结构的实验。对实验物理学家而言，卡文迪什实验室无疑是他们心目中的圣地，是当时世界物理研究的中心。不过，我却不大喜欢摆弄实验仪器。无疑，要想成为一名优秀的实验者，你必须得有足够的耐心去面对许多不在你掌控之中的事物。我觉得，虽然理论物理学家同样需要极大的耐心，但那主要是就其自身的创造、自身的理论建构乃至自身的执迷不悟而言的，与实验物理学家所需的耐心并不完全是一回事。

我在卡文迪什被要求做的第一个试验，是测量钠光谱两条 D 线波长的差异。我当时推断，如果通过实验能够得到一条直线的话，则可由此截取我想要的测量值。数学上讲，两点确定一直线。而且，如果在其上截取第三个读数并能用实验证明该值确在此直线上，则在数学上是充分的。也即是说，两点定一直线，第三点确认之。按此思路，我用了三天时间配置仪器，然后测得了三个数据并将其标注出来。那时候的卡文迪什，学生实验课的分数直接取决于他们的实验记录。我们当时的实验导师是威尔金森(D. Wilkinson)爵士。当我将实验结果交给他后，他看着我的直线问："你是学什么的?"我回答说："数学。"他盯着我说道："啊哈，我想是的！你觉得用三个点就能代表所有的读数了，是吗？因此就通过三个点画了一条直线。"面对他的问话，我当时真感到无地自容，恨不能立刻找个藏身之处。在此后余下的学期里，我尽量避免见到威尔金森爵士。直到今天，我对 1949 年物理成绩公布时的情景依然记忆犹新。那天，当我正在看挂在卡文迪什实验室的成绩公告板时，威尔金森爵士走到了我身后。他问我："你得的哪个等级?"我非常谦虚地答道："甲等。"随后，他用脚后跟在地上转了 360 度——画出一个完美的正圆，并对我说："你看，你对我的看法多不'公平'！"

1951 年，我回到拉合尔并在旁遮普大学任教。在此期间，我几乎与世界物理学界完全隔绝：极难看到新的专业期刊，完全找不到可以讨论交流的同行。最终，为了我所热爱的物理学，我不得不再走他乡。一直以来，我都痛切地感到，阻碍发展中国家年轻才俊成为优秀科学家的最大障碍，主要在于他们极度缺乏与够资格同行的交流。事实上，许多在工作于发达国家的科学家看来是理所当然的研究条件，对深受经费匮乏、交流机会稀缺之苦的发展中国家科学家而言，却只是一个不可企及的奢望。正是基于对这种状况的切肤之痛，我们在 1964 年创立了国际理论物理中心(ICTP)。该中心采用"特约研究员制"，即：邀请那些长期工作于发展中国家而有培养潜力的年轻科学家到中心进行三个月左右的研修，并尽可能为他们与同行和学科带头人的交流创造机会。我们对这些既有培养前途又与世界科学前沿接轨的年轻人充满期盼，希望他们在返回各自的国家后，能够担负起在其祖国彰显科学技术的力量和形象的重任。

1954 年，我回到剑桥大学，并担任圣约翰学院的讲师和研究员。三年后，成为帝国学院理论物理学教授。在这里，我成功地组建了当时世界上最好的理论物理小组之一。

1979 年，我的物理学生涯达到了巅峰。这一年，我与格拉肖(S. Glashow)和温伯格(S. Weinberg)因对电磁作用与基本粒子的弱相互作用(1978 年我构造了一个词"electroweak"，即"电弱"之意)统一理论的贡献，而分享了当年的诺贝尔物理学奖。我们的这一工作被认为是 20 世纪物理学的最重要成就之一。证明该理论预言的关键，是要在极高能量状态下找到某些新粒子存在的证据。为此，我们说服实验物理学家建造新的高能加速装置。理论上讲，这种装置应能创造类似于宇宙诞生初期前几分钟的状态。1983 年，鲁比亚(C. Rubbia)与范德梅尔(S. van der Meer)完成一项重要实验：发现了我们所预言的中间矢量玻色子。这些被称作 $W^+$、$W^-$ 和 $Z^0$ 的猜想中的粒子，在欧洲核子中心(CERN)加速器所模拟的宇宙初创状态下显现了踪影。尽管这只是转瞬即逝的短暂显现，但却足以证明统一场论是关于物质基本性质的精确描述。发现这些粒子的上述两位科学家，也因此而获 1984 年度的诺贝尔物理学奖。

我已经不止一次地表明，在发展中国家从事科学研究面临诸多困难与困扰。在此，我还要再次呼吁：发展中国家一定要加大对科学研究的投入力度；一定要切实提升科学共同体的地位；一定要充分认识到：科学家是一个国家最宝贵的财富，他们应当被给予更多的机会，并使其在国家科技进步方面发挥更大的作用。因此，改变当今由科技实力强弱而决定的不均衡、不平等的世界格局，应当成为发展中国家的心之所思，力之所向！

[本文选自 *One Hundred Reasons to Be a Scientist* 一书，由西南林学院人文社会科学系教授赵乐静翻译。感谢阿卜杜斯·萨拉姆国际理论物理中心(The Abdus Salam International Centre for Theoretical Physics)授权刊登]

[第 57 卷第 3 期(2005)第 5—6 页]

# 24. 成为科学家意味着什么

德迪韦

通常将科学家描绘为知识渊博之人，这种想法是有一定道理的。为了胜任科学研究，你至少得接受某一门科学的专项训练，数学、物理学、化学或者生物学。事实上，大多数时候，通常还需要学习更多学科的知识、接受多方面的锻炼。此外，你得对自己的专业领域有真切的了解，特别是应当清楚同行正在做什么。当然，成为科学家所应知道的远远不止这些。但是，“无所不知”并非成为科学家的充分条件——正如名画收藏者并不必然是艺术家一样。衡量科学家的真正标准，是看其能否产生新的知识，或者更准确而言，看其是否具有从事科学所需的理解力。因为，科学的使命正在于理解世界。

尽管如此，但并不是每个科学家都能成为牛顿、达尔文或爱因斯坦。我们中的大多数人缺乏洞悉宇宙奥秘的超凡才智，而只能做些为既有科学大厦添砖加瓦的工作。在这种日复一日的常规活动中，科学研究大多数时候只是在解决“小问题”。在这种情况下，一个人从事科学、成为科学家，主要是好奇心的驱使。当你面对陌生的事实、现象时，总会情不自禁地想去探其究竟。你让自己的想象力纵横驰骋，你让自己的思考层层递进；你汇集所有可能的线索，并挖掘记忆中的一切相关细节。就这样尝试着，对未知世界做出相对可信的解释，或称假说。这是科学活动中至关重要的创造环节，它在一定意义上与艺术相通。

不过，提出假设只是科学研究的第一步。接下来是以事实确证假说的艰苦过程。该假说是否与全部观察事实相符？特别是，如何在实验科学中最有效地检验其正确性？在极个别情况下，科学家所做的实验非但没有验证假说的正确性，而且其竭尽全力所做的却只证明了假说的荒谬与无效。

正是科学这种如同填字游戏、棋类游戏一般的特征，让科学家醉心其中、乐此不疲。的确，无论游戏还是科学，都可能使参与者获得超越活动本身的知识。就此而论，它们有着类似的智力价值和令参与者痴迷的愉悦感。当然，科学需要依据事实才能在有趣的同时获得真知。

科学的另一个特点是结果的不可预测性。科学是探索未知的事业。按此定义，也就意味着“人们无法预言某项研究必然会导致某一发现”；同时也很难断言这些发现是否“有用”和可能带来何种经济收益。然而，许多政治家和科研经费的管理者，却往往忽视或漠视这一明显的事实。这些人过分想当然地将“投入—产出”的经济考虑应用于科学，认为科学研究的结果是可预期算计的，是必须带来利润的。我认为，这种观点不但在逻辑上难以成立，更重要的是它忽略了科学的真正价值，即：科学对人类文明的贡献。

1935年秋，还在念医学院的我受邀进入我们生理学教授的实验室做助手。起初，我对科学及其特征并未有太多切身感受。正是在这里，我以大量时间练就了一套过硬的手上功夫。可以说，这种同时兼有手工技能和“智力体操”的技艺令我十分着迷。通过反复不断的实践，特别是在火热的实验室氛围熏陶下以及导师卓越实验能力的示范、影响下，我逐渐意识到：我已经深深地沉浸于科学这一最富创造性和最激动人心的事业之中了。

与我的许多科学同行不大一样，我最初并未被特定的研究领域和问题所吸引。这种貌似散漫的研究风格，却产生了意想不到的积极结果，它使我能相对自由地对新的发现做进一步的探索和思考，从而在一定程度上避免了先入为主的观念对新思想的扼杀抑或急功近利的“拔苗助长”。在我的研究生涯中，我最初介入胰岛素方面的探索多少有些偶然。不过开始之后，研究大约持续了12年之久。期间尽管二战及比利时的沦陷对研究有所影响，但这一阶段的工作于我而言却意义非凡。因为它不仅使我熟悉、把握了该领域的问题及关键，而且完成了确保我后来做出新发现所必需的训练。其中包括化学知识的更新及相关研究能力的提升——我以优异成绩从医学院毕业后，又去瑞典、美国学习了两年的生物化学。

接着，我进入了自己期待已久的“胰岛素作用机制”研究。在实验过程中，偶然观察到的所谓“隐蔽的酶”激起了我的好奇心，并因此将我引向了全然不同于原来路径的研究方向。结果，虽然我没有找出胰岛素的作用机理，但却发现了两种重要的细胞器，即溶酶体和过氧化氢小体，我成为了一名细胞生物学家！这段经历给我的启示是：无论你的研究目标是什么，你都必须以事实为依据。你或许没能在研究中得到预期的结果，但“意料之外”的发现，或许比你原本想要寻找的更有趣。

可能是运气好的原因，我在自己甚少关注的研究领域，却做出了革命性的发现。我对这些实验结果进行了审慎、长期的思考和检验。应当说，这些前所未有的发现大大加深了人类对生命的理解。感谢机遇的垂青，使我有幸对宇宙奥秘能有惊鸿一瞥。对我来说，这是从事科学的最好回报！

[本文选自*One Hundred Reasons to be a Scientist*一书，由西南林学院人文社会科学系教授赵乐静翻译。感谢阿卜杜斯·萨拉姆国际理论物理中心(The Abdus Salam International Centre for Theoretical Physics)授权刊登]

[第57卷第5期(2005)第1—2页]

# 25. 关于科学的定义

时东陆

我们首先必须定义“科学”这个名词。事实上“科学”一词应该是“现代科学”(modern science)的简称,因为科学的定义是近代和现代才真正产生的。在现代科学产生之前,科学还没有完整的定义,因而很难在没有定义的前提下讨论科学。所以,必须首先从历史的角度讨论科学的形成和定义。

## 现代科学的鼻祖笛卡儿

在讨论现代科学的时候,必须认识笛卡儿(R. Descartes, 1596—1650 年)的思想和他所创立的现代思维体系。可以认为,笛卡儿是现代科学的鼻祖。他是哲学家、数学家、作家①,父亲是最高法院的法官。1616 年,笛卡儿从大学毕业,获得律师证书。但是他从来没有做过律师的工作,毕业之后便出走各国,包括荷兰等地。他在《探求科学真理的指导法则》(Discourse on the Method of Rightly Conducting One's Reason and Seeking the Truth in the Sciences)一文中写道:“我完全放弃了法学研究。在那些法学理论里学不到什么真正的知识。我可以在书本上随意找到论据,甚至我自己就有答案。我年轻的时候喜好周游世界,广交朋友,丰富阅历。我在多彩的生活实践中锻炼自己,寻找真理,实在受益匪浅。”

在早期经历里,荷兰哲学家皮克曼(I. Beeckman)对笛卡儿起到了启蒙性的引导。与皮克曼的相遇使他对数学和物理发生了极大的兴趣。从此之后,他开始致力于运用数学揭开自然之谜。在一个梦里,他忽然发现了“奇妙科学的基石”。

笛卡儿从“我思故我在”的概念出发,认为思维是人存在的基础。但人是首先通过感觉才可以思维的。他进一步认为,人的感觉是不可靠的。因为对于同一经历或者事物,每个人的感觉不一样,尽管客观的事件是唯一的。比如对一种化学物质蜡油的感觉,每个人都不一样。既然无论谁的感觉和看法都是可疑的、不可靠的,那么仅仅对事物的感觉或看法决不可以作为知识系统的基础。

① Aiton E J. Descartes's theory of the tides. *Ann of Sci*, 1955, 11: 337 - 348.

笛卡儿由此提出，只有通过对自然现象的观察、分析，并经过所谓的“逻辑推理”所得出的结论才是可靠的、唯一的、泛普的，才有可能成为知识的一部分。所以，逻辑推理是知识的基础，一旦成为知识，便不可毁灭。但是，他同时指出知识的有限性，进而提出所谓的“质疑说”(skepticism)。对未知真理的逼近，就是对现有知识的不断质疑和对未知的探索。于是，质疑便成为从已知向未知推进的原动力。

17 世纪的欧洲还是罗马教皇统治的世界。在这之前，所有的“真理”都来自基督教的圣经，即所谓的“圣经真理(biblical truth)”。学术研究的论文里必须引用的文献也都来自于圣经。这种文献的传统在西方一直流传至今。今天的博士论文里引用文献的名称，许多正式的方法不是用“references”而是用“bibliography”。“bibliography”的意思就是沿袭古典学术文章中从圣经里引经据典的传统。所以，在当时的世界，除了圣经之外，没有其他的真理。

笛卡儿：17 世纪法国著名哲学家、数学家、物理学家。最大贡献是提倡理性与科学，反对经院哲学。认为可以怀疑一切，但“怀疑”本身不可怀疑，由此提出了著名的“我思故我在”原则。在数学上的主要成就是提出了解析几何学，在物理学上主张物质不灭、动量守恒。主要著作有《方法谈》《形而上学的沉思》《哲学原理》《探求科学真理的指导原则》等。笛卡儿的思想对近现代欧洲具有根本性的影响

笛卡儿的伟大就在于他首先挑战了真理的权威——基督教。他认为：“人类的意愿就是上帝的意愿，所以人类完全可以独立于上帝。”从他的哲学理论出发，他认为真理的发现可以有其他的途径，而不通过信仰。世界上有一种方法，即完全可以通过数学而找到自然的真理，而数学方法的基础就是逻辑推理。对于现代人来说，这已是不争的事实。但在 17 世纪，这种认识完全是思维的革命、科学的开始。他的这种意识即便在今天的社会仍然可以看到。

比如，自然科学与其他领域的最大区别就在于寻找真理的途径和方法。对于自然科学，求解或寻找真理的途径完全依赖于假设、证明、推理和实验。无论探索者来自于何种文化，运用某种语言，信仰什么宗教都与探索的途径和方式无关。比如，探索者仅仅需要运用数学语言和科学的方法而达到求证的目的，而没有必要向对方作任何其他的解释，比

如对数学命题的证明。无论任何人都必须接受正确的结论,因为真理是唯一的、可重复的、泛普的。

但是,在科学之外的“真理”却需要通过辩论、争论、说服甚至对抗才可以定论。比如政治、法律、宗教等等。这些领域会相当程度地受到文化、信仰、种族、地域的影响。比如政治理论若跨越文化和国界后便没有统一的真理,信仰和宗教更是如此。因而,这些领域里的许多基本概念的定义就不是唯一的、普遍的。许多科学之外的“真理”是通过宣传、说服、布道而实现的。如果有人认为自己掌握某种“真理”,他必须通过与持不同“真理”的人进行辩论和对众人宣讲自己的“真理”,从而说服别人接受他的“真理”。政治家的真理和成功完全在于他的雄辩和说服力,而科学绝对不需要这种“游说”和“辩论”。

所以,科学与信仰(believe)无关,科学与感觉(senses)无关,科学与看法(perception)无关。因为信仰、感觉、看法是因人而异的,而科学是唯一的、客观的。

## 现代科学的诞生

大约在笛卡儿去世前一个世纪,波兰人(一说德国人)哥白尼(1473—1543 年)①于 1543 年发表了他关于“日心说”的名著《天体运行论》。在这之前十多年,他已经对自己的发现得出了结论。事实上,在 1536 年,罗马教皇就写信给哥白尼,希望他能够在教会宣讲自己的理论和发现,但他始终对发表自己的理论犹豫不决。很多学者认为是由于他担心受到舆论尤其是教会的批判。

哥白尼的发现,对人类历史、文化、宗教尤其是科学的诞生产生了极为关键的影响。许多学者把他与达尔文并列,因为他们的理论在当时的社会非常富有争议,而且受到社会尤其是宗教极力的批判和打击。但是他们的探索与发现使人类的进程和对自然的认识发生了历史性的变革。

当时社会的认识完全接受基督教对自然的解释。世界万物包括人类都可以从圣经得到详细的描述。但是哥白尼理论的出现使得人们开始认为,自然的解释可以从哥白尼理论中得到更为精确的解答,从而大大地冲击了教会的影响和在思维上的统治地位。在哥白尼之前的时代,民间和社会对自然认知的主流方法是所谓的“玄学”(metaphysics)。这种方法显然不是科学,而是一些人们经验中的感应术和寓言。许多学者认为,哥白尼对宇

① Bausani A. “Copernicus and the Arabs (Italian)”. *Physis Riv Internaz Storia Sci*, 1983, 25(2): 279 - 292.

宙的解释历史性地打击了这些玄学。于是,自哥白尼起科学开始萌芽。

如果说笛卡儿创立了现代科学的哲学体系,那么伽利略就是物理学之父。伽利略1564年生于意大利的比萨,是与笛卡儿同时代的伟大科学家①。他的贡献分三个大部分:天文学、物理学和工程技术。在天文学里,他首先利用自己发明的天文望远镜观察木星,并发现木星的四个最大的卫星,以及它们围绕木星的旋转周期。这些发现更进一步地揭示了地心说(geocentric model)的错误。之后,在1610年,伽利略研究了金星,并且发现金星的所有阴晴周期。他的发现直接支持了哥白尼的日心说(heliocentric model)。正是因为金星围绕太阳旋转,所以永远可以被地球上的观察者看见。而过去的地心说认为金星在太阳和地球之间,金星围绕地球旋转。如果是这样,金星就会有阴晴圆缺的现象。

伽利略是欧洲第一个发现太阳黑子、也是第一个观察到月球上山脉和峡谷的科学家。他仔细观察了银河系,并指出那是一个完整的星系,不是过去被学术界认为的仅仅是一些星云。他于1612年首次发现海王星,但他没有注意到这是一个大行星,是后人在他的实验记录里看到的。海王星是一些他观察到的比较灰暗的天体之一。

对于科学研究而言,伽利略最为伟大的贡献,在于他通过个人的实验过程建立的一套极为系统、严谨、精确而且现代的科学方法。事实上,伽利略是物理学的奠基人。他有许多物理界十分重大而且经典的发现。比如,他对自由落体已经有了精确的观察和计算。他首先提出加速度的概念,并指出距离和时间的平方成正比。他还研究过钟摆的行为,通过测量得出钟摆的时间与幅度无关。他甚至试图测量光速,并认识了声音频率的概念。他的物理研究结果与笛卡儿、开普勒的科学发现并列,成为古典力学的先驱。

虽然他在天文学中的贡献最为著名,但事实上,他的物理学发现甚至为牛顿的古典物理和爱因斯坦的相对论奠定了重要的基础。所以爱因斯坦曾经说过:"伽利略是现代物理之父。"对于科学的产生,更为重要的是他系统性地建立了真正的科学实验和科学方法。所以,从科学发展的意义上,伽利略的出现是划时代的。他与笛卡儿相辅相成,起到了科学的奠基作用。正因为此,人们一般认为科学的产生是17世纪以后的事情。而17世纪以来人类对自然的探索和发现被定义为"现代科学"(modern science)。但是,这里的"现代"一词与18世纪末、19世纪初产生的所谓"现代主义"(modernism)中的"现代"又有含义上的区别。

十分有趣的是,许多当代科学家认为,如果把伽利略的研究工作送交现在的学术杂

① Agazzi E. Was Galileo a realist? *Physis Riv Internaz Storia Sci* (N.S.), 1994, 31(1): 273-296.

志，完全可以由当代的科学标准检验而得以发表。这说明，伽利略当时的科学实验和方法已经与今天的科学研究系统极为相似了。这意味着现代科学的诞生。必须指出的是，在伽利略和笛卡儿之前，人类对自然的探索已经开始。比如希腊时期的亚里士多德和笛卡儿之前的哥白尼。虽然他们所进行的探索具有深刻的科学含义，但是完整的科学系统还没有形成。更为具体地讲，许多科学的定义还没有建立。

举一个例子，“原子”的概念是公元前460年古希腊哲学家德谟克利特(Democritus)提出的。他认为物质无限可分，但是最小的单位是“原子”。原子在希腊文中有“不再可分”的意思。虽然这个概念明显地具有科学的含义，但这种认识还远远不是科学。原子的模型在现代科学里的概念和定义是20世纪初由丹麦物理学家玻尔建立的，并且要到量子力学产生之后在数学上才真正完善。所以，原子以及所有其他科学概念的定义只能是在现代科学建立之后才有特定的意义。

在笛卡儿与伽利略之后，现代科学开始形成。1660年英国成立了伦敦皇家学会(Royal Society of London)。不久，法国组建了巴黎科学院(Paris Academy of Science)。之后，类似的学术团体相继在欧洲各地(比如意大利、德国)建立起来。应该指出的是，今天的学术研究与笛卡儿之前有了本质的区别。更进一步说，现代科学的研究方式与古典时期有明显的不同。在古希腊、中世纪甚至在伽利略时期，对自然的探讨是一种个人的行为。每个人实验的方法、模型的建立以及理论的分析都没有统一的标准和规范。同时，哥白尼、伽利略的实验风格和研究方法都不是社会主流的思维意识。前面提到过，在17世纪之前，社会思维主要由教会控制，对真理的探索仅仅限于基督教和圣经，在社会上流行巫术和寓言。人们，尤其教会和社会(事实上教会就是社会)对于科学的探索方法以及结论抱有极大的怀疑甚至猛烈的抨击。

但是现代科学的研究方式是以学术机构和学术团体的形式进行的。当今社会的科学家，包括社会科学家必须归属于某一个学术机构，并且以所在学术机构的名义在学术团体的范围内进行学术活动，比如物理学会、化学学会等等。今天的科学研究已经无法像古典时期那样以个体的形式进行了。即便有人可以以个人的形式进行研究，也很难为学术界接受。这是因为，现代科学最为关键的也是最为明显的标志之一是实验方法上的规范和统一。正因为此，科学论文里首当其冲的是“实验方法”。必须对采集数据的方法进行严格的评判之后才有可能建立数据本身的可靠性，而个人的行为很难对这种实验方法进行统一的规范。

我们知道，在伽利略之后产生了伟大的牛顿古典物理体系和爱因斯坦的近代物理。在19世纪末又出现了生物学家达尔文。牛顿、达尔文、爱因斯坦的科学工作和方法已经不容置疑地归属于“现代科学”或“科学”的范畴。所以，称笛卡儿和伽利略为“科学之父”是名副其实的。

必须指出的是，现代科学的产生实际上是一种新型文化思维在西方的出现。科学的诞生在西方近代思想史上占有绝对重要的地位。现代科学产生之后，在思想界出现了对教会的批判。最有代表性的思潮是 18 世纪的“启蒙运动”。欧洲的思想家和哲学家开始猛烈抨击基督教的思想统治，并且提出“自由”的概念和尊重个人思想的价值。还有人提出改革基督教而清除宗教迷信。启蒙运动为后来的法国革命提供了思想的基础，因而是“自由、民主”的序曲。

18 世纪启蒙运动中最具有代表性的思想家是法国哲学家伏尔泰(Voltaire)①和苏格兰哲学家休谟(D. Hume)②。伏尔泰严厉批评基督教中的迷信成分，并且主张一种所谓的“自然信仰”。在他的思想影响下形成了“Unitarian Church”(神体一位会)。许多著名人士，如物理学家牛顿以及后来的美国总统杰弗逊、作家狄更斯、生物学家达尔文都是有名的“Unitarian”。休谟并不完全反对上帝的存在，但他极力批评教会里出现的那些所谓上帝“显灵”的现象。他认为这是一种十分可笑的迷信，因为“显灵”决不符合自然界的规律和法则，用这种方法来证明上帝的存在是不可信的。由于他们在思想界的深刻影响，欧洲随后产生了“无神论”。无神论曾经风行一时，对整个社会的思维产生了巨大的影响。这种无神论意识最后导致后来与教会更为背道而驰的尼采“超人”论。尼采的哲学与后来的弗洛伊德心理学成为现代社会思维的基础。

至此，经过 300 多年的努力，科学与宗教分庭抗礼，各分天下。因而我们说，科学不仅仅是一种学术，它首先是一种思想。

许多评论家指出，17 世纪以前的社会是由上帝主宰的。但是 17 世纪之后由于对宗教的质疑，人类开始自己决定一切。完全可以认为，人类的自我觉醒与现代科学的产生有着直接的关系，因为科学的思想无论从思维到方法都与宗教信仰格格不入。但是，西方世界并没有由于科学的诞生而放弃了宗教。有趣的是，西方社会到今天已经完全接受了科学，可科学中一个十分重要的发现“进化论”却没有被西方社会彻底认同。科学在西方的出现既是思想进步的历史，也是文化发展的历史。因为文化的核心就是思维。西方文化有三大组成部分：希腊经典、基督教、科学与民主。事实上科学与民主就是 17 世纪之后作为一种新的思想而叠加在传统宗教之上的新文化。

---

① Holmes R. “Voltaire’s Grin”. *New York Review of Books*. 1995－11－30.

② Flew A. *David Hume: Philosopher of Moral Science*. Oxford: Basil Black-well, 1986.

因此，我们可以下结论，科学是一种西方的现代文化。或者说，科学是一种西方的现代思维意识。说穿了，科学是一种思想。这种思想与世界上任何思想都具有明显的、本质的区别。科学的基础是数学，对象是宇宙，手段是假说、实验、推理和质疑，特征是唯一，目的是解译自然和社会。科学里没有权威，只有真理。

## 科学在严格意义上之定义

必须指出，自人类文明以来，产生了许多探索自然的方法，其中很多方法都可以解决实际的问题，但是这些都不属于科学。目前有许多对科学的误解，认为只要能够解决问题、达到目的的思维和方法都属于科学。但事实上，对于真理的探索，人类历史上曾经产生过许多截然不同的方法和理论，科学仅仅是其中一种罢了，且有其十分严谨的定义。因而我们不能把所有人类的理论与方法都归结于科学之中。

更应明确指出的是，我们无法把所有可探寻真理和自然的方法、理论都定义为科学。除了科学之外，其他的方法和理论也同样可以达到认知自然的目的。比如有些方法可治愈人类的疾病；还有一些方法可以找到地理位置、矿藏，制造出有用的产品，比如烧制陶器、冶炼金属、净化水源、种植农作物；有些方法甚至可以建造宏伟的建筑，比如金字塔和长城。这些都是人类长期以来总结出来的经验和方法，但它们都不属于现代科学的范畴，因为这些方法和理论都没有任何严格意义上的科学定义，它们更确切的应该被定义为技术方法而不是科学方法。

从科学方法本身出发，任何问题的讨论必须建立在基本概念的严格定义的基础之上，离开了这个基础，任何讨论都没有意义。假如争论的双方都各自有自己对某些概念的定义，那么讨论仍然是没有意义的。这里就会出现一个十分有趣的现象：定义的普遍性、严格性和唯一性。对于自然科学里面的定义，尤其是数学和物理，定义是唯一的、普遍的、严格的，所以是不容置疑的。

“科学概念”特指那些在近代和现代科学中已经确立的、公认的、在教科书里准确定义的概念。比如在自然科学里的概念：原子、电子、电压、重力、温度、流体、能带、导体等等。在社会科学和艺术理论里：市场、股票、阶级、民主、自由、智商、心理、思维、审美、蒙太奇、文艺复兴、历史、批判、现代派、抽象派等等。所有以上概念都在现代科学的范围里具有清楚的定义和公认的解释，而学术研究必须基于这些概念。例如，在用科学的方法解释自然现象的时候，必须运用以上概念和定义。除此之外，没有任何其他可能的方式。

举个例子，在讨论物理问题时，描述一种现象所用语言的科学词汇都具有明确的定义。现在用一段物理描述文字来说明这个道理①：

如果我们把一根金属导线的两端联结在电池的正负极，那么在导线的任何一点就会建立电场。如果电池可以提供10伏的电压，导线有5米长，那么导线上每一个点的电场为每米2伏特。这个电场会作用于导线内的电子。电子带有电荷，沿电场方向流动。由此，我们确定导线内产生了电流。

这一段电学性质的描述由许多基本物理概念组成，比如电压、电流、电子、电荷、导体等等。所有这些概念都有科学上精确的、唯一的、泛普的定义。离开这些定义便无法描述这个物理现象，因为所有这些定义都是在科学里建立的，这种描述属于科学的范畴。

我们再来看其他方法的描述，比如中医理论里的中药学②：

每一味药物都有性和味。寒凉与温热，是绝对不同的两类药性。寒与凉、温与热仅是程度上的差异。凉次于寒，温次于热。寒凉药多具有清热、泄火、解毒、滋阴等作用，用于热症。温热药多具有散寒、温里、助阳、救逆等作用。

在这一段中药药性的描述中有许多中医的概念，比如寒、凉、温、热、清热、解毒、滋阴、助阳。所有这些概念都是中医理论里面的概念，但是这些概念在现代科学里没有任何定义，说明它们不属于科学的范畴。前面已经指出，任何科学的讨论必须首先基于科学的定义，否则毫无科学意义。

另外，无论是古代还是现代，人类已经发现、发展了许多解决自然和社会问题的理论和方法。这些理论虽然本质相异，但可能都可以达到实际的目的。但是我们说，并不是能够达到目的、解决问题的理论和方法都是科学，因为科学从来没有被认为是唯一的真理。例如，对于“单纯性甲状腺肿”这种疾病，过去被人们认识到可以服用海带来有效地治疗，而达到这个目的并不需要现代科学的解释。因此，为解决同样的问题，有两种途径：其一是通过自然观察，比如对人体某些部位异常现象的认识。然后，根据经验建议患者适当食用海带，从而治愈疾病。其二是科学方法。首先进行仪器检查，然后根据检查结果运用现代医学理论（比如内分泌理论）对病灶进行分析。发现病人是患有“单纯性甲状腺肿”。这种疾病的定义和分析完全是建立在现代医学理论之上的。因为发现病人缺乏碘元素，所以可以通过服用一些相应药物进行治疗。

再举一个金属冶炼的例子。中世纪的铁匠可以打制锋利的长剑和坚硬的盔甲。他们

---

① Halliday D, Resnick R. *Fundamentals of Physics*. 2nd ed. New York: John Wiley, 1981, 503.

② 张恩勤主编：《中药学》，上海中医药大学出版社，1988年，第5页。

通过给金属加温，并知道当温度到达一定高度时（当时并没有温度的科学定义，也没有温度计。温度是依靠对金属颜色的观察来确定的）金属有延展性。当在某种温度以上对金属淬火时，可以把硬度成倍地提高。用此方法，铁匠们可以制造精美的刀剑和工具。但是他们不知道为什么金属淬火之后会提高硬度，更不知道马氏体、奥氏体，以及碳元素在金属中扩散的概念。因为这些概念是在现代科学中才有定义的。所以我们说古典的炼铁术不是科学，只是技术。

由此事例我们发现，人类找到了许多可行的方法。但是许多科学之外的途径只能解决问题，没有理论的分析，更没有清楚的定义。科学是一个严谨而完整的系统和思维方式，不仅有特定严格规范的科学方法，而且有系统的理论基础。对于中医和西医来说，问题会稍微复杂一些，因为中医和西医一样既有方法，也有理论。但是无论是方法还是理论，中医和西医都有本质的区别。

举一个中医与现代医学科学的例子来说明这个问题。比如对于炎症的治疗，现代医学首先引入病理学的概念：发炎。发炎的概念在现代医学里有定性和定量的定义，比如对于组织红肿范围的显微测定和对病毒或细菌的精确标识。这里，病毒和细菌既有实验基础，也有科学定义。在抗生素的研制过程中，有卫生部门和学术界明确规定的系统方法，比如动物实验，毒性和副作用的测量，以及最后临床观察都有严格、统一的规定。这种方法即称为科学方法。在发表实验结果时，实验的过程和结果必须按照公认的步骤详细列出并解释，在同行审评的基础上才得以发表。公认的定义是在学术界统一的认可，无一例外。

现代医学科学是建立在生物学、解剖学、病理学等现代科学的基础上的。现代医学里的概念比如细胞、胚胎、病毒、发炎、免疫、抗体等都有科学上严格的定义。而中医是根据中国古典的经络、阴阳、虚实、寒热的病理来诊断和下药的，所有这些概念都不是现代医学科学的概念，因而不能属于科学的范畴。正是因为中医不属于科学的范畴，所以中医的临床和理论都不被现代医学界接受。比如所有中医的结果都不可能在现代科学（西医）杂志上发表，也不可能在国际现代科学（西医）会议上宣讲。

必须指出的是，中医不过是与现代医学有本质区别的一种疾病理论和实验方法。中医是否可以治愈疾病，不是本文探讨的目的。本文也并不刻意来证明哪种方法是正确的或是错误的，而仅仅指出它们的本质不同。事实上中医和西医的不同，不仅仅是理论与方法上的不同，更具有深刻意义的是思维意识的不同和文化的不同。中医和西医完全来自两种截然有别的文化、社会、思想和哲学，尽管目的是一样的。

在当今中文的概念里,“科学”一词已经被赋予“正确”的含义。一个事物是否正确,可以说是否“科学”。如果说中医不是科学,很容易被理解为中医不“正确”。显然,这是一种字面上的误解。

## 科学是西方现代文化的一部分

科学对于非西方的世界仅仅有很短的历史。在科学传播到西方世界以外的地方时,这些文化和国家还没有对科学的认识和理解。所以事实上科学是西方文化的一个重要组成部分。科学的传播也就是西方文化的传播。

西方文明有三大组成部分①:(1)希腊经典与罗马政治;(2)基督教;(3)民主与科学。西方文明的政治体制来源于希腊的“共和”(republic)和罗马建立的“帝国”(empire)。同时,希腊还提供了“自由”的概念,而罗马产生了“法律”。于是西方世界奠定了“法律下的自由”这样一个奠基性的理念,是西方文明的重要基石之一。美国早期的领袖人物,比如华盛顿和林肯在建国的理念中彻头彻尾地贯彻了这样一种典型的西方文明中的概念。即使在今天的西方世界,我们可以在社会的各个层面感觉、意识的这种理念,即自由与法律。这是西方文明的基础部分。

基督文明是极为重要的西方文化支柱。基督的理念决定了整个西方社会的人文精神、价值理念、道德基础、伦理标准。因而,基督文明是西方文化中人文主义的基础。基督文明提供社会最高的精神境界,并要求所有追随者信服于至上的权威:耶稣。于是基督文明提供社会一种对尊严、道义、神圣的认识和理解,从而建立人类的宗教认同和精神世界。同时,所有西方文明的产物大多来自基督文明和教堂,比如音乐、艺术、绘画、学术、天文、哲学等等。连近代的科学也与基督和教堂息息相关,所有最伟大的科学先辈,比如哥白尼、伽利略都是神学经典的学问家。他们正是由于严谨的学术修养和对真理的执着追求才渐渐走入科学的。经典的神学家都具有精湛的数学训练、深奥的哲学功底、精练的语言能力(希伯来文、拉丁文和希腊文)和美学与音乐的熏陶。

第三个组成部分事实上是一种现代的西方理念。它包括自由、民主、科学,再加上市场经济。西方的现代启蒙运动来源于两个方面:1688 年英国的“辉煌革命”与 1789 年的“法国革命”。前者强调自由和宪法,而后者更要求民主与理性。但是对于“工业革命”,欧

① Kurth J. “Western Civilization, Our Tradition”. *The Intercollegiate Review*, 2004, 39: 5 - 13.

洲各国的反应却有明显的差别。对于英国和美国,现代启蒙更倾向于自由、宪法和市场调制的经济体制,而其他社会却产生了马克思主义并采纳了由政府主导的经济发展。但是,这两种理念都应该归纳于西方现代文明。

“西方文明”这个词的应用仅仅有一个世纪的历史。对于欧洲而言,西方文明在历史上被定义于“基督国家(christendom)”。所有以基督教为核心的西方国家都被称为“基督国家”,但是在“基督国家”内部,许多上层知识阶层放弃宗教,从而产生了所谓的“世俗社会”(secular society)。加上现代启蒙运动的发展,使得“基督国家”的概念显得不再适用了。当欧洲人寻找到新大陆之后,“欧洲文明”显然不能贴切地描述西方世界的文化。于是,“西方文明”这个词汇终于找到了自己的定义和位置,并在世界广泛地应用起来。

美国文化显然是建立于西方文明之上的,从而毫无疑问属于西方文化。通俗意义上的“欧美文化”就是“西方文化”。尽管美国文化与欧洲文化又有地域上的差异,但它们相辅相成,前赴后继,互为依托,融于一体,不可分割。由于早期的清教徒来自于基督教,这确定了美国文化在宗教上归属于“基督国家”。而大量的欧洲移民又决定了美国文化来自于欧洲文明,是西方文化的一部分。所谓的“美国纲领”包括自由理念、个性主义、民主体制、自由经济、政府宪法和法律系统。这种“美国纲领”与欧洲社会以及“西方文明”同源同路,如出一辙。

但是,美国对于“西方文明”有其独特的贡献、参与和导向。正是由于美国文化对西方文明的影响,“西方文明”的历史意义和现代定义发生了根本性的变化。美国对西方文明的巨大影响来自于上世纪百年中的三次世界大战。而美国在这三次战争中向“西方文明”注入新的概念和历史性的图解。第一次世界大战,由于美国的参与,战胜了德国帝国。这在理念上给予“西方文明”在世界社会中新的定义。第二次世界大战,美国出兵打击纳粹德国,又为“西方文明”注入更新的“人性”“自由”“民主”的理念。事实上,由于二战的胜利才在世界中产生了真正意义上的民主社会。第三次战争即与苏联的“冷战”。“冷战”的结束给世界新的格局和对民主社会更为清晰的图解。在这三次世界范围的战争中,美国不仅导致“西方文明”在 20 和 21 世纪的飞速发展,而且为西方文明寻找未来的方向。

由以上分析可以得出结论:科学是西方现代文明的重要组成部分,它是西方文化中在近代和现代思维体系上发生革命性变革最为重要的关键。因为思维是文化的核心,科学即是思维的基础,也是探索真理的方法。现代世界的思维已经把科学作为主流思维的方式。无论是对待自然还是社会的问题,科学的思想已经占有统治的地位。但是我们仍然可以看到西方现代文化中其他组成部分的重要作用和影响,比如基督教和希腊经典。因为它们是西方文明的经典和传统。

与中华文明做一个简单的比较，可以发现十分有趣的对照。中国文化思维的组成显然是儒、释、道。而孔孟与老庄的哲学一直在中国传统文化中占统治地位，这对等于西方的希腊哲学体系。但是一个文化除了思维体系还必须有方法论。对于西方文化，方法论就是科学，而中国的方法论即易经、阴阳说、中医理论、古天象、寓言等等。东西方社会在人类的历史上走过了几千年的时间，并且产生、发展了自己的思维体系与实验方法。它们风格各异、目的相同，从而构成了五彩缤纷的人类文明。我们必须从思想文化的历史出发，认识不同思维的本质，找到自己在自然界的位置。

［第59卷第3期(2007)第4—9页］

# 26. 也谈李约瑟难题

杨玉良

英国科学史专家李约瑟(J. Needham)在《中国科学技术史》中指出:“可以毫不费力地证明,中国(古代)的这些发明和发现远远超过同时代的欧洲,特别是15世纪之前更是如此。”学者估算,在公元1世纪,中国的汉朝和欧洲的罗马帝国处于同一发展水平,人均收入水平基本一致,而且直到1820年,中国仍是世界最大的经济体,GDP总量仍占世界份额的32.4%。因此,多数学者认为18世纪中叶英国工业革命的主要条件,中国早在14世纪的明朝初年就已几乎全部具备了。但工业革命毕竟没有在中国产生。英国发生工业革命以后,中国的经济在世界上迅速从领先转变为落后。

## 韦伯疑问和李约瑟难题

为何在宋代中国早已孕育了资本主义萌芽,而工业革命却没有首先在中国发生? 此即所谓的“韦伯(Max Weber)疑问”。众所周知,中国自16世纪以来的科学技术和经济发展情况相当不尽人意,李约瑟将这个疑问归纳为如下的两难问题: 为什么历史上中国科学技术一直遥遥领先于其他文明? 为什么到了现代中国科学技术不再领先于其他文明? 这就是著名的“李约瑟难题”。

问题一经提出,一直吸引着国内外不同领域学者从不同角度寻求解答。对这个看似矛盾的问题作出科学解释是非常重要的,它不只是一个历史研究问题,更重要的是有助于找出一条中国通往现代化的道路。

经济学家林毅夫认为,18世纪工业革命以后,技术发明的方式已经从工匠、农民在生产过程中偶然“试错”方式转为发明家有意识的“试错和改错”的实验方式。尤其是在15、16世纪的科学革命以后,发明家的实验进一步转化为在现代科学引领下的实验。所以,真正使得中国从长期领先转变为近代的落后的主要原因是科学革命没有发生在中国,却在15、16世纪时发生在欧洲。林先生将科学革命没有在中国发生的原因归于中国的科举制度,它使有天赋、充满好奇心的英才无心学习数学和进行可控的实验等,从而导致对自然现象的认知仅停留在依靠偶然观察的原始科学的阶段,不能质变为依靠数学和控制实验的现代科学。

我认为,林先生将中国近代落后的原因归于科学革命没有发生在中国的观点是很精辟的,但将科学革命未发生在中国的原因简单地归结为科举制度的观点值得商榷。很难使人相信,一个科举制度就会扼杀中国人依靠数学来对观察和实验进行理论化的能力。

近代精密的科学理论的诞生,首先需要有一个能够促使人们去探索自然的自然观,其次需要具备丰富的想象能力、出众的联想能力、高超的抽象能力、严密的逻辑推理和论证能力。这里,逻辑推理和论证的环节对于基于数学的现代科学理论的诞生,是极为重要和关键的。想象、联想和抽象能力对艺术的发展、传统的技术发明方式的进步非常重要。但是,若不再由此深入到严密的逻辑推理和论证,就难以将经验的发现上升为精确的现代科学理论。严密的逻辑推理和论证是精密科学所必不可少的,没有演绎逻辑学就不可能诞生以牛顿力学为代表的精密的近代科学。

本文拟从科学理论诞生所必须的精神基础和思想方法的角度,来探讨"李约瑟难题"。更重要的是要讨论,中国通往现代化的过程中,我们在精神和方法论的层面上还缺少什么。

## "分析"文化和"综合"文化

从世界范围来说,现今自然科学的起源来自古希腊,源于古希腊积极的自然观及其逻辑学。英国近代著名的哲学家、数学家和教育家怀特海德(A. N. Whitehead)说过:"希腊终归是欧洲的母亲。"

研究古代思想史可以发现,古代中国人和古希腊人在对自然界的看法上有着巨大的差别。

古希腊人认为自然界是有规律、有秩序的,更重要的是他们相信这种规律和秩序是可以为人们所认识、把握的。这种自然观在客观上会激励人们努力地探索自然。古希腊人这种对于自然的理性态度,对于科学革命在欧洲的诞生是极为重要的。事实上,现代科学的精神和传统就来源于"自然界是有规律的,是可以认识的"的基本理念。此理念虽有缺点,但只是技术层面上的,在根本性的层面上是重要的。

中国古代思想史上的主流自然观却认为自然界在本质上是不可认识的。在方法论方面,东方神秘主义思想不追求以严密和精准的方式来认识自然,而更多的是凭直觉。虽然道家思想中还稍稍有些科学的观念,但其基本上乃是保守的。它主张"清心寡欲""无为而治",面对自然界人们能做的只是"天人合一",顺应自然。若从积极的角度去诠释这种思想，它在当今有助于形成人与自然和谐发展的思想。遗憾的是，在历史上其基本取向却是追求“天意”“无为”和“出世”。这种消极保守的思想为古往今来的隐士们所崇尚。北京大学的章启群先生一针见血地指出：“《老子》的‘无为’思想实质上也包含了一种对自然、社会和人生无能为力的消极含义。”这种消极态度的直接后果就是严重阻碍了人们探索自然的热情和积极性。

古希腊的自然哲学家：左图为柏拉图（公元前 427—前 347 年）与亚里士多德（公元前 384—前 322 年），中图为正在演算几何的欧几里得（约公元前 330—前 275 年），右图为正在专心写作的毕达哥拉斯（约公元前 580—前 500 年）。以上三幅图均取自意大利画家拉斐尔 1509 年的画作《雅典学院》

古希腊人不仅认为自然界是有规律和有秩序的，并认为它们是数学的，乃至是几何学的。他们对以逻辑推演和论证为特征的数学极其重视。公元前 387 年，柏拉图创办了一个学院（academy），专门讲授逻辑方面的知识。该学院存在了九百多年，对普及希腊数理哲学精神起了巨大作用。学院门口有一块牌子，写着“不懂几何者不得入内”。可见古希腊人对数学和以数学为代表的数理哲学的崇敬程度。柏拉图的“一切事物皆可归于几何”的思想已成为近代科学的主要传统。

在 16 世纪，笛卡尔又一次明确了几何自然观。其后，爱因斯坦（黎曼几何与广义相对论）、杨振宁（纤维丛与规范场理论）、威滕（E. Witten）（现代微分几何与弦论）等均以各自的方式继承了柏拉图的几何自然观传统。可以毫不夸张地说，古希腊人对数学的重视是最为天才的举动，也是留给近代科学最为宝贵的精神财富，是近代科学的奠基石。公元 250 年左右，希腊的这种数理哲学思想由罗马传到欧洲。欧洲继承了希腊的科学遗产，促进了整个思想精神领域的改变。这种改变再与 16、17 世纪的资本主义生产方式相结合，创造出了改变人类历史进程的近代科学。难怪兰德尔（J. Randall）在《现代思想的形成》一书中指出：“科学起源于用数学解释自然这种信念，而且在很久以前这个信念就为经验证实了。”

与此相反，古代中国人不很讲究以严密、精准的方式，而是仅凭自身的直觉来认识自然。与古希腊的几何学比较就会发现，我们缺乏逻辑和数学的严密性。大家认为勾股定理是中国人最早发现的，公元前570年左右，古希腊的毕达哥拉斯也发现了勾股定理，更为关键的是当时毕达哥拉斯已经给出了勾股定理的几何学证明。即使这个证明不是最根本的，200年后欧几里得在他的《几何原本》里则给出了完全严格的几何证明，但中国却一直未能给出证明。

非平衡自组织和耗散结构理论创始人、诺贝尔化学奖得主普里戈金(I. Prigogine)在谈到21世纪首次索尔维会议在希腊召开的原因时说道：“我认为21世纪的首次会议在雅典召开是再恰当不过的，因为西方科学诞生于希腊。当然，埃及人、中国人以前也知道很多的事情。但埃及人、中国人的几何学主要是观察性的。他们没有发展出如同希腊人的理论和证明。”

我国学者顾准说过：“中国思想只有道德训条。中国没有逻辑学，没有哲学。有《周髀算经》，然而登不上台盘。犹如中国有许多好工艺却发展不到精密科学一样。”美国汉学家费正清认为：“中国科学未能发展同中国没有订出一个更完善的逻辑学有关。”中国的逻辑学发展没有走上形式化的道路，更没有将推理逻辑作为独立的研究对象。杨振宁也指出：“中华传统文化的一大特色是有归纳法，可是没有推演法。”在没有演绎逻辑学的情况下，中国的数学始终只停留在计算上。所以，一些数学家认为：中国没有数学(mathematics)，只有算学(arithmetic)，即中国的数学缺少严密的推理和论证。

古代中国人主要停留在依靠直觉和领悟(和西方的“启示”相类似)的方式来认识自然。基于此，可以说西方文化主要是以“分析”为特征，而东方文化则主要是以“综合”为特征的。“分析”文化以演绎逻辑为其主要的认识方法，而“综合”文化则以“悟”为主要的认识手段。

## 痛苦的承认

缺乏以严密逻辑推理和论证为特征的数学哲学精神，是无法催生出现代科学的。克莱因(M. Kleine)在《西方文化中的数学》一书中说道：

> 许多人把现代科学的兴起归功于大规模地引入实验，而且认为数学只不过是一种偶尔有用的工具。……实际上被他们完全颠倒了。文艺复兴时期的科学家是作为

数学家而从事对大自然的研究的。……对伽利略、笛卡尔、惠更斯、牛顿来说，演绎方法，这一科学研究中的数学方法，总是比实验方法所起的作用大得多。伽利略推崇科学原理，甚至当科学原理是由实验方法得出的也是如此，因为从这条原理中推导出来的大量定理，远远超过这条原理本身所提供的知识。而且他说，他很少做实验，即使做也主要是为了反驳那些不相信数学的人。

因为中国古代没有数学的自然观，缺乏严密的逻辑论证，所以尽管有过以四大发明为代表的诸多发明，却最终没有诞生像样的科学理论。直到16、17世纪前，中国的技术发明走在世界前列，而在科学思想和精神上，在演绎逻辑学的方法论上，则远远落后于希腊。

纵观人类思想史，几乎在同一时期，东西方的思想都发生了革命性飞跃。在柏拉图时代，即中国的先秦时代，东西方都产生了一大批光耀人间的杰出思想家。但其后中国的学者大多停留在对古代思想的解读、注释或满足施政需要的“学以致用”上，而思想的发展却不如人意，罕有“百家争鸣”的兴旺局面。

百家争鸣的核心是学术自由，争鸣就需要说理，需要严密的论证，逻辑学就会得到发展。不幸的是，作为秦朝政治指导思想的商鞅学派，将独裁和文化专制主义制度化。到了汉代，汉武帝在思想文化领域采纳董仲舒的“罢黜百家，独尊儒术”的主张之后，经学成为官方学说，儒学也已意识形态化。“天人感应”和“君权神授”的思想得到空前强化，“争鸣”已无可能，错对由皇上判定。从而，《墨经》中表现的逻辑学萌芽未能进一步发展，逻辑论证自然就逐渐退出历史舞台。北京大学的武际可教授不无感慨地指出：“集权制的第一个恶果，就是使中国不可能产生精密科学所需要的逻辑学，从而也就没有推理的数学。”

在应该产生工业革命和科学革命的时候，尽管中国已经具备了其他可能的条件，但因为缺少催人探索的自然观和逻辑论证的思想方法，使得当时的中国不适合近代科学的发展。正如杨振宁所说，“直到1949年新中国成立，近代科学才真正在中国这块土地上扎根”。所谓扎根，即指有适合其生长的土壤和环境。

当前对中华文化的讨论很多，我的观点是：或许在我们传统文化中最缺乏的是理性精神和演绎逻辑学方法。作为一个中国人，承认这点是痛苦的，但只有看到这点，才有助于建立我们新时代的创新文化。

## 此岸的出发，还不是彼岸的到达

有人根本不同意上述观点，斥之为“文化决定论”。他们认为，文化反映了一个民族的思维方式,“文化是一种习惯,因而难以更改”。由此必定得出一个悲观的结论,即若是文化决定,则中国就没有希望了。这种立论是有问题的,他们忘了所有的文化都在发展,更何况本土文化和外族文化的交融是任何一个民族的文化发展最为重要的方式之一。

任何一种文化都有其辉煌一面,也有不发达一面。中国文化具有巨大创造力,既非十全十美,也非一无是处。问题在于,不同文化在不同时期针对不同对象发挥的作用不同。在技术发明原始阶段,技术进步主要靠工匠和农民在生产过程中偶然的“试错和改错”,这时以“综合”和“悟”为基本认识特征的东方文化可以发挥很好的作用。当事物的内在联系错综复杂、人们对其中原理不甚清楚时,“悟”的认识方法是有效的。想象、联想和抽象就是“悟”的方法论内涵。

我们中国人的想象、联想和抽象能力并不缺乏。如朱熹的《观书有感》云:“半亩方塘一鉴开,天光云影共徘徊。问渠那得清如许,为有源头活水来。”它写的是渠(象),但讲的是哲理(意)。古代的《易·系辞》中说道:“子曰:‘书不尽言,言不尽意。’然则圣人之意,其不可见乎?子曰:‘圣人立象以尽意。’”足见古人对想象的重视。到了现代,诗人艾青也在《诗论》一书中说过:“想象是经验向未知的出发;想象是由此岸向彼岸的张帆远举,是经验的重新组织。”

我曾在报上看到两张照片,一张照片是中国汉代的牛的雕塑,实际上就是把一块大石头拿来,略加斧凿,就得到了意象的“牛”。另一张照片是意大利文艺复兴时期的人体雕塑“大卫”,人体结构和肌肉纹理精细而准确。照片下面的一句话是:“你看哪个更艺术?”

显然,与中国古代雕塑相比,意大利文艺复兴时期的雕塑是相当写实的、科学的,甚至可说是“数学的”。这些雕塑主要是解剖学成果,雕塑的肌肉和血管的纹理十分细致、精准。在现代,只要用电脑对健美的人体进行三维扫描后再转成雕塑就可基本达到类似效果。但是中国意象的“牛”无法通过对真牛进行三维扫描来得到。艺术应该高于现实。人们常说,如一幅画画得像照片,那必定是失败的;如一张照片照得像幅画,那倒是成功的。总之,中国传统文化在想象、联想和抽象的思想方法论方面是有辉煌成就的。

优秀的想象、联想和抽象能力,已足以创造出伟大的艺术。但对于精密科学而言,这还只是从此岸的“出发”,而不是彼岸的“到达”。要将“悟”的成果发展成科学理论,需要在抽象的前提下进行严密的逻辑推理和论证。科学革命没能在中国发生,除缺乏积极自然观外,认识方法论上的缺陷也是一个重要因素。

## 想象需要严密推理作支撑

在积极的自然观下，想象、联想和抽象是催生精密科学诞生初期阶段的重要思维方式。创新首先应该有想象、联想和抽象能力。摩根(A. Morgan)也说过："数学发明的动力不是理性，而是想象。"以严密逻辑为基本特征的数学尚且如此，其他就更毋庸置疑了。

恰如贝弗里奇(W. Beveridge)在《科学研究的艺术》一书中所指出的："想象力是重要的，其不仅引导我们发现新的事实，而且激发我们做出新的努力，因为它使我们能够看到有可能发生的结果。但梦想和猜测若无严密的推理作为支撑，也只是胡思乱想而已。"同时，他也指出："在探索知识的过程中，想象力虽说是灵感的源泉，但若不受训练，也有可能酿成危险；丰富的想象力必须用批评和判断来加以平衡。"对于科学研究来说，他的话是有道理的。

另一位近代美国哲学家奥斯本(A. Osborn)也曾经警告说："尽管想象力是创造力的必要条件，但并非所有的想象都有益处。存在许多'非创造性的想象'。"并非所有的想象力都是有用的，即使产生了创造性的想象和联想，仍然是不够的，后面还需要的是理性的逻辑推理能力。由于中国的传统文化中缺乏古希腊的理性精神和演绎逻辑思想，所以尽管产生了大量农业、畜牧和制造等方面的发明创造，但并未导致科学在中国的必然诞生。要克服胡思乱想，就要使自己必须具有判断力，具有足够的逻辑推理能力，来证明自己的想象和猜想的合理性；要使想象过渡成科学，必须运用的后续手段是理性、严密的逻辑推理。

有人曾经把科学家分成两类。一类是猜测型的，主要采用想象、联想和抽象的思维方法。但对一个问题进行猜测以后，必须设法证明它是否正确。猜测型科学家缺乏逻辑推理和证明能力，失败率极高，成功也多是依靠运气。另一类科学家是推理型的，不猜测，先收集足够多资料，再通过推理拿到一个很好的结果。这类科学家往往缺乏"想象"和"联想"。通常第二类科学家有很高的成功率，但一般只是在学科现有的范式下进行创造，很难取得重大突破。

最理想的状态应该是两者的结合，既有丰富想象和大胆推测，又有高超抽象和严密逻辑推理论证。只有这样，才能使丰富的想象力不仅仅停留在艺术创造的阶段，并推动想象转变成为严密的科学理论。

对具体研究工作而言，一般涉及两种研究方式，一是实证，二是抽象。抽象就是依据实证的研究结果，提取出带有共性的思想和理论来。我们做实证研究的很多，但却缺乏抽象。如在纳米科技和分子组装方面，我们主要利用现代技术手段来合成一些东西，利用高分辨率电子显微镜看到规则、漂亮的纳米结构图案。大部分论文的水平也很高，只是不少没有太多的科学思想。每当有人说中国的纳米研究已经走到世界前沿时，我总有些疑虑。我担心有关纳米技术和分子组装的基本科学理论很有可能并不在我们这里产生，因为我们没有足够地重视建立严密、系统的科学理论。

## 要改变对数学的态度

从想象、联想和抽象的思维结果向严密科学理论的过渡过程中，数学精神的贯穿是极为重要的。克莱因曾开宗明义地阐述道：

> 在西方文明中，数学一直是一种主要的文化力量。几乎每个人都知道，数学在工程设计中具有极其重要的实用价值。但是却很少有人懂得数学在科学推理中的重要性，以及它在重要的物理学理论中所起的核心作用。数学决定了大部分哲学思想的内容和研究方法，摧毁和构建了诸多宗教的教义，为政治学说和经济理论提供了依据，塑造了众多流派的绘画、音乐、建筑和文学风格，创立了逻辑学，而且为我们必须回答的人和宇宙的基本问题提供了最好的答案，这些就鲜为人知了。作为理性精神的化身，数学已经渗透到以前由权威、习惯、风俗所统治的领域，而且取代它们成为思想和行动的指南。最为重要的是，作为一种宝贵的，无可比拟的人类成就，数学在使人赏心悦目和提供审美价值方面，至少可以与其他任何一种文化门类相媲美。

西方的思想传统把数学作为一种思考问题的基本思维框架，一种思想方法。在我们的传统文化中，数学仅被看作是一种计算技巧。我们常常仅把数学看成数、理、化、生里面的一门学科而已，在教学上也更多地注意操作(解题)层面上的东西，忽视了数学本身是人类文化，是思维方法的重要部分，是几乎所有科学(包括人文与社会科学)的基本思维方式之一。

数学作为一种普遍的思维方式，培根(F. Bacon)早就有所强调。他说："数学是进入各个科学门户的钥匙，如果没有数学知识，就不可能知晓这个世界的一切。"很多科学家也认为：造物主就是数学家。很多理论物理学者更认为他们工作的原材料就是数学。

控制论的创立者维纳(N. Wiener)举了两个例子来说明数学的重要性。一个是氢氧混合燃烧，加氮气会对燃烧产生什么影响；另一个是传染病的传播。描述这两个事物的数学模型是相同的。因此，他得出一个结论："数学的优势在于数学抽象能使我们的注意力不再局限于特定的情况，而是关注解决问题的思路、方法和抽象形式的表达。它的一个好处是数学的描述可以毫无偏差的从一个领域到应用于另一个领域。"

恩格斯也说过："一个民族想要站在科学的最高峰，就一刻也不能没有理论思维。"他还说过，世界的同一性反映在描述不同事物方程式的极端相似性上。扩散方程和热传导方程是相同的，但描述的是两个完全不同的自然过程。

数学还有一个重要作用，是使人们忽略细枝末节，提炼出最为关键的问题，然后概括成一个数学的表达式，精确地描述研究结果。

为了将理性精神和逻辑推理方法纳入我们的文化，我们首先要改变对数学的态度。应真正认识到数学是一种精神，一种文化，是人类优秀文化的重要组成部分，不能只把它看作自然科学中一门特定知识。

即便在非自然科学领域，数学精神的作用也不容忽视。国学大师陈寅恪在招研究生时，首先要考查数学水平。他相信历史也应该像自然科学那样严密。别人考证到年代，他甚至希望能考证到年、月、日，然后具体到那一天的上午或下午。他做学问的严谨程度就是这样。事实上，在任何领域，研究者想要达到精确、严密和系统的理论化的境界，数学精神及其相应的方法都是不可或缺的。因此，我们应在数学教育中更重视数学精神，而不应只注重解题的技巧。

## 将数学作为一种思维框架

强化数学精神的教育在欧洲是有传统的，美国也十分强调这点。克林顿任美国总统时曾为一本叫《科学与国家利益》的小册子写过前言，他特意提到："如果我们这个民族想要在今天乃至明天迎接挑战，这个国家就必须坚持在科学、数学及工程领域中的世界领先地位。"他把数学单独列出来（这在欧美是一贯的），是因为注意到数学是科学的普遍思维框架。

依我个人的国外经验，西方发达国家从事科学研究的教授和学生的数学水准（主要指数学精神）普遍比我们好。我在复旦大学的诺贝尔奖设立100周年纪念会上讲道："一个令人焦虑的现象是，现在即使是理工科学生对数学教育的忽视也是如此之普遍，如果不及时注意，将会对我国未来的发展带来巨大的损失。数学是抽象的描述语言，但许多人却对其感到恐惧，甚至反感，这种情绪使得他们与严密的科学之间形成隔阂。这种隔阂是一道屏障，使他们无法欣赏到科学真正的内在之美，使他们在面对可称之为人类智慧结晶的科学成就时缺乏必要的科学鉴赏能力。即便是做出了一些成果，他们也难以获得高格的愉悦感，会趋于功利化，更多会想到成果导致的个人经济利益，或者是个人荣誉和奖励。”

至今，这个现象仍无明显改变。因此，如果我们能把数学作为一种思维框架和思考问题的方式，以此为出发点来考虑和教学的话，或许就能在很大程度上弥补我们传统文化的缺陷，弥补因从未受过古希腊数理哲学思想的熏陶所导致的数学精神的贫乏。

为什么要这样来考虑和教学呢？怀特海的一个观点很令人深思。他说：“在古代的学苑里，哲学家传授给弟子的是智慧，但在今天的大学里，我们教育的目的只是卑微到教学生某些专业、学科的一部分知识。”他认为这是现代教育的失败，我们看今天我们的教育，如果纯粹是应试、升学和就业的话，那我们的教育目标就卑微到了无以复加的地步。同时，他还指出：“凡是教的东西都一定要教得透彻，这个透彻不是什么都要告诉学生，而是你所要教的东西一定是你这个学科里最为精华的东西。”而要达到上述目标，他说：“一是使得概念转变成学生自己的概念，二是要告诉学生怎样使用这些概念。”

怀特海对教育还有一个惊人的说法：什么是教育，如果你忘掉了课堂上的内容，也忘掉了考试的内容，剩下的东西才是教育的真正结果。我想，他想要强调的是：教育更重要的是要教给学生真正的智慧，教给他们思考问题的方式和方法。因此，就数学教育而言，更为重要的是要将数学作为一种普遍思维框架来进行训练，要将其所代表的数学精神留在学生的头脑里。

## 建立崭新的创新文化

创造、创新属于心理学和美学的范畴，它们和教育学一样同属于哲学这个大厦的屋檐下，我对此懂得不多，是外行。但我想强调的是：我们的文化中，自古以来就不乏想象、联想和抽象的传统，但我们缺乏的是理性精神和演绎逻辑的思维方式。我在此要强调理性，因为理性精神是医治浮躁的良药。

季羡林老先生认为，西方的分析文化已经走到了尽头，它导致了今天全球生态的破坏，环境的严重污染。反之，东方的传统文化注重人与人，以及人与自然的和谐发展。显然，季老先生非常注重德国史学家斯宾格勒在《西方的没落》中的观点，认为 21 世纪是东方文化的世纪。

我认为，东方文化在新世纪中肯定具有巨大的发展潜力，但简单地回到传统文化，甚至盲目地去“读经”是没有出路的。事实上，当今的西方文化也开始向“综合化”过渡，近二三十年来诞生的一些学科领域，如模糊数学、模糊逻辑、混沌理论、系统科学、复杂性科学等，均是这个“综合化”趋势的具体体现。就发展方式而言，在现代的综合、系统和复杂性科学分支的发展过程中，在其系统理论的形成过程中，严密的演绎逻辑和数学精神也必将贯穿其中。

因此，我们不能妄自菲薄，但更不应该夜郎自大。我们应该承认我们的不足，应该虚心地学习人类一切优秀的文化和思想成果。因此，我们要认真地学习西方的“分析”文化，发扬我们自己的“综合”文化，从而建立崭新的创新文化，这才是真正的出路所在。崭新的 21 世纪才是崭新的中国文化的世纪。

（本文为作者 2007 年 12 月 14 日在中国传媒大学、2007 年 12 月 26 日在广州外语外贸大学、2007 年 12 月 28 日在湖南师范大学、2008 年 5 月 28 日在华东师范大学演讲内容的综合。本刊发表时略有删节，加了小标题，并经作者审阅）

［第 60 卷第 5 期(2008)第 20—25 页］

# 27. 科普：科学家的社会责任

姚诗煌

2002年，我受丁肇中教授邀请，前往位于日内瓦的欧洲核子研究中心（CERN）访问，认识了一位来自宝岛台湾的物理学家，他陪同我们参观了CERN地下巨大的粒子加速器，并将深奥的物理知识，解释得极其通俗、生动，令我甚为钦佩。他说，自己在台湾经常做科普讲演，能将物理学的最新知识，与大众共享，是物理学家的社会责任。

此话一直留在心里，并使我对台湾的科普多了一份关注。2010年5月，海峡两岸第三届科普论坛在台湾举行，我由此得到了一次实地考察台湾科普的机会，发现在对岸的科学界、教育界，有一大批热心于科普的学者。他们以无悔的奉献精神，勤勉地耕耘于科普园地，形成一股强大的民间力量，推动着科普的发展。与这里的科普由政府自上而下推动不同，对岸的科普主要是由民间力量自下而上地推动，而在其中起着先锋作用的，是一本创办40年的科普杂志——《科学月刊》。

令我惊喜的是，台湾的《科学月刊》，与我们手中这本上海出版的《科学》，无论创办经历、出版宗旨、内容风格，都有许多相似之处，完全称得上是一对"姐妹刊"，只是大陆的"科姐"，比起台湾的"月妹"，整整大了54岁。1915年1月，一份筹办于美国大学校园、封面印着中文"科学"和英文"SCIENCE"的杂志在上海发行问世。《科学》的创办者是一批身居异乡、心系祖国的炎黄子孙。他们出于社会责任感，立志引进西方人称为science的科学，来改变祖国国力衰微的面貌，所做的第一件事就是创办"以传播世界最新科学知识为帜志"的《科学》杂志，并组建了"中国科学社"。

半个多世纪后，同样在美国的大学校园，一批由对岸赴美留学的炎黄子孙，在爱国爱乡情怀的驱使下，决定创办一本介绍科学新知的刊物，以启迪台湾新一代对科学有兴趣的学子。1969年1月，《科学月刊》第一期正式出版。

两本科学杂志的创办人对科学普及的社会意义，都有着相同的认识。

《科学》在第一期的发刊词中说，科学不仅影响人类之智识，又与道德有不可离之关系。"今人一言及科学，若啻属于智识，而与道德之事无与焉者，此大误也"。

《科学月刊》在试刊号中说，月刊"要成为一项有效的社会公器，不但要普及科学，介绍新知，并且要启发民智，培养科学的态度，为健全的理想社会奠定基础"。

正是这种社会责任感，使得两岸的这两本科学杂志都在风雨之中，苦守园地，坚持不懈。这里的《科学》度过一段停刊期后，重新复出，以高级科普的形式继承和发扬中国科学社前辈的精神，五年后将迎来创刊一百周年。对岸的《科学月刊》，尽管遇到种种困顿，竟然四十年一路走过来，被称为台湾出版界的一个奇迹。

从 2009 年 8 月开始，台湾的科学界、教育界发起了庆祝《科学月刊》创刊 40 周年的系列活动，成立了活动筹备委员会，计划举办 200 多场各种活动，有纪念茶会、研讨会、两岸科普论坛和科学到民间、2010 科普阅读年等。其中，2010 科普阅读年活动以“一人一科普、全民读科普”为主题，推荐了 100 本科普书，内容涉及数学、天文、物理、化学、生物、地球科学、资讯、综合等八类。一本科普刊物创刊 40 周年的活动，为何能搞得如此热闹、影响广泛？台湾的同行告诉我说：因为这已不是一本科普刊物的庆典，而是社会的公共之事。《科学月刊》不仅普及了知识，更是激发了潜藏在人心的理想，对社会关怀的热情。

就在这次论坛上，我有幸认识了当年《科学月刊》的创始人之一林孝信教授。他介绍说，《科学月刊》一直以“理想、启蒙、奉献”的理念，作为共同的精神。《科学月刊》的创办就体现了这一理念，大量的科学家和留学生无私地投入到刊物的创办与长期经营中。创办刊物缺乏经费，大家不仅不拿薪水，有的连自己的存折都奉献出来。《科学月刊》创刊后有十年作者不拿稿费，近年又主动降低 60% 稿酬，作者和编辑都自称是科普的“志工”（志愿者）。40 年来，《科学月刊》始终没有摆脱过财务的困窘，但他们认为，亏本办刊物“也是一件很有意义的事”，“亏钱就是做好事，才是知识分子应该有的牺牲奉献”，“为科普无怨无悔”。这种精神，与当年《科学》的创办人甘当科学传播的“开路小工”，是何等相似。

《科学月刊》在创刊的时候，已经认识到：科普的意义绝不只是介绍科学知识，更重要的是“启蒙”作用。林孝信教授认为：18 世纪欧洲的启蒙运动本质上就是一种科学普及运动。科普从来是文明进步的一个推动力。为此，他们很赞赏大陆提倡科普要传播科学思想、科学方法和科学精神的做法，认为《科学月刊》也要朝此方向努力，尽管这方面的文章非常难写，但他们在不断地探索。他们相信，科普的重要性在于启蒙，而让年轻人得到科学启蒙的机会，永远是科学教育中最重要的一环。

正因为如此，《科学月刊》非常重视两岸科普界的交流，不仅将这次科普论坛列为《科学月刊》40 周年庆的重要活动，且各个大学、科教单位都对大陆的科普同行表示了热忱的欢迎，校长、馆长都亲自参加交流活动，新竹市的市长还在百忙中赶来。科普在台湾受此厚遇，显然与台湾岛内科普工作者长期努力得到的尊重有关。

大陆由上而下推动科普的做法也得到对岸同行的关注，2002 年颁布的《中华人民共和国科学技术普及法》（以下简称《科普法》），更令台湾同行羡慕不已。《科普法》在第三章

“社会责任”中特别提到,“科学技术工作者和教师应当发挥自身优势和专长,积极参与和支持科普活动”。参加科普创作活动是科学家不可推卸的社会责任。

尽管政府对科普相当重视,但在具体落实上,我们还有许多事需要务实地去做。科学家创作科普是科普传播链上的第一环,如果没有这一原创群体的热情参与和积极支持,科普将成为无源之水、无本之木。要在我们的社会文化和社会舆论中形成重视科普、尊重科普的风尚,需要整个科学家群体投入科普的社会责任感。在科学界、教育界热情投入科普的精神和责任感上,海峡对岸有许多值得我们学习的地方。

有意思的是,台湾本来不用“科普”一词,而称为“通俗科学”,1980 年代才从大陆引进了“科普”概念,他们觉得用“科学普及”的提法,比较贴切。相比之下,大陆却有人认为“科普”的概念已经过时,要用别的词来代替,还为此争论不休。由此感到,台湾科普界的“共同精神”除了“理想、启蒙、奉献”六个字外,还有很值得我们学习的两个字:务实。

[第 62 卷第 4 期(2010)第 2—3 页]

# 28. 科学的非科学功能

吴以义

如果我问一位学生,任何一位,科学之于我们有什么意义,大概都会得到一种颇为不屑的微笑。出于对我的无知和年龄的怜悯,他们大概会给我稍作解释:科学给我们带来了一个全新的世界。我们不可须臾或缺的手机电脑,我们吃的抗菌素和害虫吃的农药,都是科学给我们生活带来幸福的显例。但是如果我反驳说你的例子都是技术成果,而你把科学和技术混为一谈似乎在历史上和在定义上都缺乏根据,就像亚里士多德说的,这是把每一个女人都叫妈妈。你的自以为是的信心可能会稍许减退。让我们来作一个稍微细致一些的考察。

从历史上说,现代科学起源于 16 到 18 世纪初的科学革命,日心说的确立常被用来标志这一历史进程。这一大家都说是很伟大的事究竟有什么伟大呢?平心而论,是太阳绕地球转还是地球绕太阳转对我们有什么特别的意义呢?福尔摩斯就不知道谁绕谁转,不仍旧是比苏格兰场高明不知多少的大侦探吗?

至于技术的发明,倒是给社会带来了可以看得见的好处。但是常常被用来标记产业革命的蒸汽机,它的发明和当时的科学其实并没有明显的关系。事实上,关于热机的理论研究,还要再过六七十年才出现。

如果我们把科学定义为对自然的理解,而技术是对自然的利用,那么我们会看到,在历史上,这两者在很大程度上是相互独立地发展的;这两者之间的密切联系,粗略地说,直到一两百年前才真正出现。而且所谓的"密切联系"到底是怎么回事儿,还需要另外的细致说明。说实在的,给我们带来留声机、电灯泡的爱迪生到底能不能解麦克斯韦方程式,我们还真的说不上来呢。

那么,科学到底为我们提供了什么呢?科学帮助我们理解,帮助我们构建我们厕身其间的宇宙的图景,帮助我们了解我们周围的世界。它的成果,尤其是在其发展的初期,并不常常导致直接的物质利益。但是我们人之作为人,应当也不止于对物质利益的追求——如果仅仅满足于饱食、暖衣、逸居,于禽兽亦不远。

我们想要了解、进而理解我们厕身其间的环境。而在这种对理解的追求中,我们发展了后来被称为科学方法的认识模式,从观察到假说,到推理,到验证。从哥白尼提出日心说到牛顿力学再到这一图景的最终确立,我们证明了我们的理性有能力理解我们周围的世界,而理性的最终权威也由是确立。正是科学发展了现代思维方式:一种从现象出发,以理性为指导的思维方式;正是这种思维方式,在以后的两三百年中,在人类生活的各个领域里,屡战屡胜,屡试不爽。科学为我们提供的,是一种全新的认识模式,作为科学革命在科学领域之外的一个直接后续事件,启蒙运动把人类的认识水准提高到了一个前所未有的高度。

19 世纪中叶英国人想象之中科学向中国传播的情形
(选自英国漫画杂志 *Punch*, 1853 年 9 月 3 日)

国人对科学和技术的认识有其特定的历史背景。1642 年伽利略死牛顿生,时届科学发展之初,崇祯皇帝正和李自成酣战中原,没人在乎地球绕太阳转还是太阳绕地球转;到了 1879 年麦克斯韦死爱因斯坦生,同光朝的士人看见的是洋人的坚船利炮,是已经充分发展起来了的技术。和深藏不露的科学精神恰成对比的技术,这种物化了的力量,所向披靡,而国人穷于应付。作为技术的基础和前导的、与之密切结合的科学,对于未经准备的中国知识界来说,竟成了一种无法理解、无法消化的外在。即使像郭嵩焘、严复这样的先进分子,对于科学的这一层意义,尚觉隔膜,遑论当时仍把洋人视为异类的一般读书人了。

我们可以在狭义上谈论科学,这是一种知识,这是一个体系——本文标题中的第二个"科学"正是在这一意义上使用的。

但是科学还为我们提供了一种思维模式,一种判定的标准,一言以蔽之,一种理性的不可动摇的至上的权威,一种和现代化相匹配的文化。科学的这种功用,也就是本文标题中第一个"科学"的意义。从历史上看,这种功用更为深刻地影响了人类社会的发展。不理解这一点,就不能真正地理解科学,也不能真正地理解历史。

[第 64 卷第 4 期(2012)第 1—2 页]

# 29. 科学思维方式：结构和生成

林振义

思维方式是人类认识活动的前提，它以社会实践为基础，是在先前的实践和认识基础上形成的，是先前认识过程及其成果在头脑中最概括最抽象的积淀。科学是人类认识自然、探索自然的实践活动，从近代科学诞生以来成为一种独立的认识方式。从一定意义上说，我们这个时代人类智力所达到的高度，就是科学文化所达到的高度。近代科学不仅彻底而且不可逆转地改变了人类的生存方式，同样也极大地改变了人类的认识面貌。科学思维方式，简单地说，就是科学认识及其成果在人们头脑中最概括、最抽象的积淀。

## 关于科学思维方式的几种典型看法

科学认识及其成果在人们头脑中的积淀可以是多种多样的，由此产生了对科学思维方式的不同理解。综合文献来看，社会上对科学思维方式的看法，大致有四种。

一是认为科学思维方式就是正确的思维方式。这种观点认为，科学思维方式就是成功的认识活动所必需的正确的思维方式。科学的思维方式并不能保证思考的结果一定是正确的，但是一切正确的思想一定依赖着科学(正确)的思维方式。目前，我国普通高中的思想政治课程有一门选修课是《科学思维常识》，该课程旨在提升学生的科学思维素养，主要介绍形式逻辑、辩证逻辑思维方法、思维创新方法的基础知识。可以看出，这里“科学思维”中的“科学”是一个性质概念，指的是思维的“科学性”。“科学思维”就是“正确思维”，就是正确反映客观事物及其规律，能为社会实践服务的思维。思维方法的“科学性”，即思维方法的正确性。

二是认为科学思维方式就是辩证唯物主义和历史唯物主义的思维方法。这种观点认为，马克思主义是科学的世界观和方法论，科学思维方式就是以辩证唯物主义和历史唯物主义为根本思想武器，进行科学探索、科学实践、科学研究的思维方法。它要求用全面的、发展的、变化的观点看待问题、认识问题，用辩证的、系统的方法观察问题、分析问题，注重探寻规律、发现规律，形成规律性认识并用以指导实践，促进实践发展。“求实求真性、能动创造性、辩证系统性、历史时代性，是科学思维方式最鲜明的特点。”①

---

① 任理轩：《树立科学的思维方式》，《人民日报》2010-02-06(7)。

三是认为科学思维方式就是科学方法。这是一种比较普遍的看法。它主要认为，近代自然科学既包括自然科学各学科取得的具体成就，也包括统御自然科学各学科的思维方式，即理解和认识自然事物的法则。理性逻辑原则和实验原则是近代科学思维方式的最基本的特点。也有的认为，科学方法是一个多层次的体系，"包括科学研究的一般方法，诸如归纳、演绎，分析、综合等；也包括一些具体方法"，"最重要的科学方法，是马克思主义的唯物辩证法"。[①] 英国著名科学家和思想家皮尔逊(K. Pearson)的科学观曾经对我国五四时期的学者产生很大影响，他指出："整个科学的统一仅在于它的方法，不在于它的材料。"[②]皮尔逊的观点可以说是这种看法的有力注脚。

伽利略：被称为近代科学之父。实验观察和数学推理相结合，是从他的工作开始的

四是认为科学思维方式是由对世界和科学的总看法派生出来的思想框架和思考图式。这种看法来自于对科学认识活动的理论反思，认为科学思维方式"是一种思维意向和思想倾向"，"是科学诠释自然的程式，也是塑造科学理论的样式"，"它决定科学方法的格局、走向及其所要达到的结果(科学理论)的形式，是科学方法的综合特征和侧重点的集中体现"。[③] 在这种意义上，科学思维方式有很多种，比如"拟人说和目的论""机械论和决定论""还原论和原子论""活力论和有机论""整体论和约定论"等等。

以上关于科学思维方式的四种看法，显然与对"科学"一词的不同理解有关。第一种看法是在价值层面使用"科学"一词，实际上是把科学等同于"值得信赖的""好的""合理的""有用的""正确的"等含义，反映了社会上对科学的认同和推崇。科学研究和科学认识固然侧重逻辑思维，但逻辑是任何类型的正确思维都必备的形式要求。

第二种看法实际上指的是哲学层面的思维方式。说马克思主义是科学理论，是说它正确分析矛盾、揭示普遍规律，为人们观察和分析事物、认识和改造世界提供了深刻的世界观。正是在这个意义上，才说科学思维方式就是辩证唯物主义和历史唯物主义的思维方法。

第三种看法和第四种看法是在科学的本义上、在学理层面的理解。这种含义的科学思维方式，是本文的着力点。只是，第三种看法把科学思维方式局限为科学方法论，第四

① 任仲平：《大力提高全民族的科学文化素质——论科学知识、科学思 想、科学方法和科学精神》，《人民日报》2000-07-26(1)。

② 皮尔逊：《科学的规范》，李醒民译，华夏出版社，1999年，第15页。

③ 李醒民：《科学论：科学的三维世界》，中国人民大学出版社，2010年，第771页。

种看法则侧重科学本体论。笔者认为，对科学思维方式的理解还可以更宽泛一些。

## 从认知心理学的角度看科学思维方式的结构

思维方式是人的认识定势和认识运行模式的总和，它在逻辑上先于具体的认识活动，作为人们认识活动之前先存的意识状态具有明显的意向性特征，规定着认识活动的展开和运行模式。科学思维方式作为一种特殊类型的思维方式，同样包括着认识定势和认识运行模式，它在逻辑上先于科学认识活动，规定着科学认识活动的展开和运行。

为了更好地理解科学思维方式，可以先看看思维方式在认识活动中的作用。现代认知心理学把解决问题的思维过程区分为四个阶段：在问题表征阶段，思维主体从任务环境中选择特定的信息，用特定的方式实现对问题的理解和内部表征；在选择操作阶段，思维主体形成解题策略，根据解题策略选择能够改变问题状态的操作；在应用操作阶段，思维主体具体执行解题策略，以便把操作应用到问题的当前状态上，使状态的改变逐渐接近目标状态；在状态评价阶段，思维主体对操作和策略是否适宜、当前状态是否接近目标、问题是否已得到解决等作出评估。这四个阶段，显然都离不开思维方式的指引。人们的思维方式不同，在这些阶段中就会表现出不同的认知特征。比如，如果观念系统不同，思维主体看待问题和表述问题的方式也不同，就会从同样的任务环境中发现不同的问题，或对同样的问题得出不同的心理表征。即便对问题的表征相同，如果思维主体的思想工具不同，也会形成不同的解题策略，选择和应用不同的操作。在状态评价阶段，不同的价值准则会产生不同的可接受性标准。

根据思维方式在解题过程各个阶段的作用，可以看出它应当包括两种成分：(1) 观念知识成分。表现为对世界的一般性看法或清晰的世界图景，涉及存在物的结构、事物的联系方式或事物形成的方式和原因。思维主体据此提出并表征问题。(2) 方法评价成分。包括一些基本的思想工具和用于评价理论的方法论准则，该准则指出了目标状态应该满足什么样的条件，并指出如何使人们相信一个解答是正确的。思维主体据此具体地形成解题策略，选择和应用操作。这两类成分在内容方面的差异及其不同组合，构成了不同的思维方式。科学思维方式同样应当包括这两种成分。

以科学思维方式来指引认识活动，首先在于用“科学”之眼来理解和表征经验材料。经验材料具有什么样的结构、经验材料之间有什么样的联系，是由科学思维方式中的观念知识成分决定的。观念内容即本体论预设，主要是一些关于实在的结构和关系的断言，包括自然界的齐一性原理、实体原理和因果性原理，它们为科学认识的展开提供了基本的理论原型、概念工具和思维路向。知识内容即特定时代科学知识所提供的科学世界图景，代表了人类对自然界认识的基本成果，在某种程度上构成了人们的世界观。科学是发展着的，相应地，科学世界图景也是变化着的，带有时代的印记。近代科学的世界图景主要是机械论的，它把自然界视为一架巨大的能够时钟般运转的机器，用数学描述这架机器的运转规律，用机械作用寻求因果性解释。

以科学思维方式来指引认识活动，还在于用科学方法来处理经验材料，形成有效的解题策略。在近代科学早期，思想家们都对科学研究的方法论特别重视。培根(F. Bacon)想要“给人类的心灵和理智介绍一种更完善的用法”①，笛卡尔(R. Descartes)强调“方法，对于探求真理是(绝对)必要的”。② 伽利略以他对落体定律、摆和抛射体运动的实际研究，确立了定量实验与数学论证相结合的方法。以伽利略等人的科学研究为典范，后起的科学家们养成了一种思维习惯或技巧，这些技巧使他们能够掌握一些超出日常生活思维习惯与实际知识范围的事实。近代科学确立过程中常用到一些基本的思想工具，主要是实验、数学化和分析。科学史家萨顿(G. Sarton)指出：“在科学领域内，方法至为重要。一部科学史，在很大程度上就是一部工具史。”③科学(作为理论)是某种不断变化的东西，科学中存在的不变的东西就是方法。可以说，科学方法构成了科学思维方式的本质性成分。

科学方法还包括理论评价的准则。一个假说能否成为科学理论，首先要经得起融贯性评价，即它不能与该时期占主导地位的理论相矛盾，假说体系的内部结构在逻辑上也要相一致。同时，还要通过一系列的经验检验，包括理论推论要与对实在世界所作的检验观测相符合，理论要能够包容与研究题材相关的所有已知事实等等。通过理性证明和经验检验，是科学理论的基本价值规范。

从以上分析可以看出，科学思维方式概括了科学研究活动的基本认识特征，它不局限于方法论，也不能完全用本体论来取代，而是有着结构的规定性。认识和把握科学思维方式，应深入它的结构，注意把握它的丰富性和具体性。

## 在动态过程中把握科学思维方式的生成

科学思维方式是科学认识及其成果在人脑中的积淀，但这种积淀是如何形成的，又是

① 培根：《伟大的复兴・序》，北京大学哲学系外国哲学史教研室《西方哲学原著选读》(上卷)，商务印书馆，1981 年，第 345 页。

② 笛卡尔：《探求真理的指导原则》，商务印书馆，1991 年，第 13 页。

③ 萨顿：《科学的生命》，刘珺珺译，商务印书馆，1987 年，第 23 页。

如何发挥作用的，需要进行具体分析。

科学思维方式是科学思维所遵循的普遍形式，它来自科学研究和科学认识活动，以精确科学的研究为典范。科学思维方式形成以后，能够脱离具体的研究对象获得独立性，用以指引获得其他方面的系统认识，创造其他理论。在这个意义上，科学思维方式(the way of scientific thinking)实际上有两种具体的实现形式，即“科学中的思维方式”(the way of thinking in science)和“思维的科学方式”(the scientific way of thinking)。前者是科学共同体在科学认识活动中展示出来的思维方式，后者则是科学中的思维方式向研究题材之外的认识活动的扩展。而具体的科学认识活动，最初是由科学家个人完成的，具有私人性质，是“形成中的科学”(science-in-the-making)，经过科学共同体的互动批判成为“学院式科学”(science-as-an-institution)，获得主体间性，具备公众性质。“科学中的思维方式”是在科学共同体的互动中产生的，通过大众文化的影响，通过在其他领域的运用而成为“思维的科学方式”。

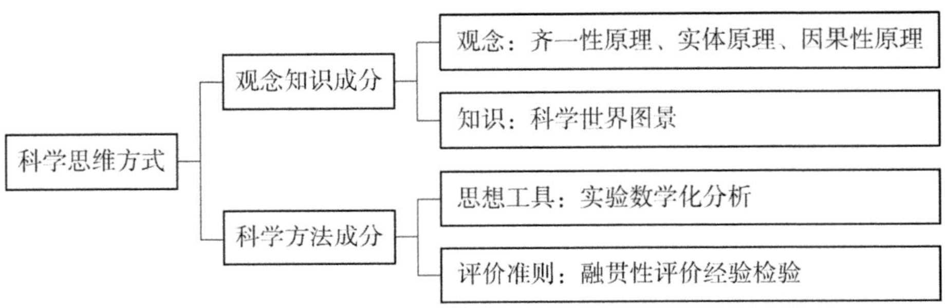


科学思维方式的内容成分

科学作为一种认识活动，是在特定思维方式的基础上进行的，这是科学家或者科学共同体主体能动性的根本表现。如具体的科学认识活动所表明的，在“私人科学”阶段，科学研究更多强调的是灵感的激起和释放，它不要求逻辑分析，也不适合进行逻辑分析。科学家们或依靠对事物的某种感受，或经由类比得到启发，或通过不经意间的试验发现，甚至加上了个人的兴趣或动机，这些都是规范的方法论所难以涵盖的。虽然思维活动是跃迁的，但并非不受科学思维方式的指引。实际上，科学家对问题的解答都暗含了他们对实在的结构和关系的看法，这表明科学家是不加批判地使用了他们文化中的基本概念。“私人科学”获得的认识成果还不能称之为科学，它的科学性是在向“公众科学”的转化过程中实现的。

科学是公众知识而不是私人知识，科学活动的本质在于它是“公众”的事业。对于个别科学家，也许他坚信结论的正确性，而在其他研究者看来，这一点需要得到逻辑上的证明或经验上的证实，需要实现知识的客观化和系统化。相关的一些要求，如知识的准确表述，科学共同体接受知识的标准等等，是科学中的思维方式的重要内容。科学社会学家默顿(R. K. Merton)指出："一个科学家可以作出一些观察，但他没有作出解释。如果这些观察不交流给其他研究者，那么它们对科学发展就没有意义。但是一旦它们被提交给别人寻求解释，一旦有了社会相互作用，就有了一种可能性(更多的思想相互接触，就有更大的可能性)，即这些观察可以被一个理论所统一并系统化。"①

"科学中的思维方式"是从事同样研究领域的科学家共同承诺的东西，它启发着科学家对研究对象的构造，规范着科学家进行具体研究所使用的思想工具，所以它是科学家主观认识活动过程中的客观性的方面。科学活动并不是在文化真空中进行的，"科学中的思维方式"势必影响到具体科学领域以外的人们。科学史家霍耳顿(G. Holton)指出："既然人类的头脑不是彼此隔绝的，既然科学作为概念体系的复合体通过人的头脑传播而存在，人们必定相互影响，科学必定影响整个社会的文化模式，反过来它又被社会所定型。""牛顿对18世纪欧洲思想的冲击，就远远超出了仅仅科学问题的范围。当我们研究科学上的长远影响时，事实充分证明，现在每个活着的人，不论他学过或未学过科学，在思想上都是哥白尼、伽利略、牛顿、法拉第、爱因斯坦和玻尔的后继者。我们的想象和思想工具，的确，正是通过他们及其同时代人很久以前在物理知识中作出的进步而大大发展起来的。"②科学在它的整个历史中，始终改造着人们的思想，而科学影响人们认识活动最集中的体现就是思维的科学方式。就此而言，"科学中的思维方式"是"思维的科学方式"的来源和范本。

科学对"思维的科学方式"的塑造，主要是科学的前提、方法和概念向其他领域的不断扩散，一般通过三种途径实现：(1) 科学知识建构了一幅世界图景，为人们把握经验世界提供了精确的概念工具；科学知识所暗含的本体论预设成为人们对自然的基本看法。(2) 科学知识被看作是唯一有效的知识，科学的认识模式成了其他认识活动的典范；力图达到"科学"的认识活动争相仿效科学方法。(3) 科学的价值和合理性标准成为理论"科学性"的基本判据。

## 关于理解和把握科学思维方式的相关问题

思维方式是分层次的，相比哲学思维方式而言，科学思维方式处于较为具体的层次。

---

① 默顿：《十七世纪英国的科学、技术与社会》，范岱年、吴忠、蒋效东译，四川人民出版社，1986年，第330页。

② 霍耳顿：《物理科学的理论和概念导论》(上册)，张大卫、戴念祖译，人民教育出版社，1982年，第300—301页。

而在科学内部也有学科的不同。把物理学、生物学等具体学科区分开的是各自的研究题材，这些学科的研究和认识活动都有各自的特点，形成了不同学科的思维方式。在科学史上，物理学和生物学分别在不同时期成为“显学”，在一定程度上决定了那个时代科学思维方式的内容。讨论科学思维方式，是把科学作为一个整体来看待的。作为一个知识整体，科学抽象或概括了各门具体科学的共同认识特征。比如存在暗含在任何学科中的预设，存在方法的统一，使用数学作为共同语言和解释方式，追求形式化等。科学思维方式中的观念知识成分和方法评价成分，就是这些共同认识特征的集中体现。

科学思维方式的认识原型是自然科学，具体地说是成为独立认识形式的近代科学特别是经典力学。由于自然科学的示范作用，许多其他领域的研究都尽力运用科学方法，乃至在形式和结构上模仿自然科学，出现了实验心理学、计量经济学以及社会学、人口学等的一些分支学科。这是“科学中的思维方式”转化为“思维的科学方式”的具体体现。但是，这并不意味着要以使用经典力学研究方法的多少，来判断一门具体学科的科学等级。比如，不能说物理学比生物学“更科学”。只要承诺相应的本体论预设，采用科学的思想工具，接受科学的理论评价准则，获得的理论认识就是科学的。

科学是不断发展的。近代科学诞生以来，它就在原有基础上不断发展着，并将继续发展。相应地，科学思维方式也在变动着。这是科学史上的事实。科学哲学家库恩(T. Kuhn)提出了“范式”的概念，洛考托什(I. Lakatos，亦作拉卡托斯)提出了“科学研究纲领”的概念，劳丹(L. Laudan)提出了“研究传统”的概念，从中都可以清楚看到科学思维方式的历史变动。实际上，在力学中，牛顿理论和爱因斯坦理论就代表了不同的思维方式，从前者到后者的发展就是思维方式的转换。这种改变非常深刻，以至于许多传统物理学家竟难以适应。当然，这样的转换并非科学史的常态，真正这类重大的转换是比较罕见的。这里的变动，主要是科学思维方式的观念知识成分的变动，具体而言主要是世界图景的改变。正如库恩指出的，范式的改变使科学家对他们所及的世界的看法改变了，“在(科学)革命之后，科学家们所面对的是一个不同的世界”①。

[第 65 卷第 3 期(2013)第 2—5 页]

① 库恩：《科学革命的结构》，金吾伦、胡新和译，北京大学出版社，2012 年，第 94 页。

# 30. 当代科学的社会危机

董光璧

20世纪的科学家对科学现状的感受，与19世纪末的科学家们的那种感觉大不相同。那时的物理学家们经受了从相信物理学大厦已经建成到惊呼物理学基础概念发生危机的巨变。20世纪的科学家们，由于量子论和相对论概念基础方面的持久不息的争论，一直感到科学大厦的基础不稳，但从未有人发出有关科学概念基础危机的呼吁。与科学知识基础平稳发展的感觉相反，科学的社会危机却如深潭激荡，猛似暴风骤雨。人类生存环境的恶化倾向、科学预测和技术评估的困难、科学与人文两种文化发展的不平衡挑战当代科学。

## 人与自然关系的异化

第一次世界大战之后，1930年代的世界的经济大萧条、1940年代更为残酷的法西斯侵略战争、1950年代的两个世界体系的冷战、1960年代的学生运动、1970年代的生态破坏、1980年代的苏联解体和东欧转向、1990年代的文化冲突，把个人、社会和环境三个层次的不安全展现在人类面前，地球的全面危机出现了。大规模的战乱、意识形态的对抗、周期性的经济危机、穷国和富国的不平等诸多全球性的问题，构成了作为"人类生存方式"的文化对人类的严重异化。人类为生存而创造的文化反而发展到威胁人类生存的地步。这就是文化对人类的异化，或者简称为"文化的异化"。

文化异化的最严酷的后果是人与自然关系的异化。在人类历史的长河中，人类通过科学认识自然并运用技术手段利用和改造自然，既局部地改善了环境同时也局部地甚至是大规模地破坏了环境。

自世界进入工业化，尤其是20世纪后半叶以来，由于人类的盲目无知，更由于剧烈竞争对资源和环境的大规模掠夺，全球规模的大气、海洋、陆地的污染以及环境生态的破坏，已经成为当代以及未来的最严重的问题之一。人与自然系统之间的不协调日益加深，人类对自然界的干扰与破坏，在程度、速度和广度方面，都是空前的。从区域性的土壤侵蚀、水土流失、荒漠化发展、生态变化、物种消失、人口密聚区的地面沉降、海水倒灌、区域地壳不稳定性增加、臭氧层破坏、大范围灾害性天气与气候的出现频率的增加和强度加剧与水资源减少，到可能出现的全球增暖、海平面上升，将严重影响社会的持续发展和繁荣，危及人类安全与生存。

人与自然关系的恶化与人类科学预测和技术评估能力的低下有关。

就科学预测而言，已有科学理论的预测功能是有限的，人类能够控制电子的运动和准确地发射人造地球卫星，但对于像气象、地震和全球变化这类与人类生存环境密切相关的问题显得无能为力。风云莫测的气候带给人类旱涝风雹之灾，地震和火山爆发毁坏家园，但科学还不能对它们的到来做出准确的预报。

就技术评估来说，评估手段落后于技术发展的速度。由于科学的技术应用有好坏两种后果，加之科学向技术转移的周期日益缩短，对于技术评估和科学预测及时性的要求更迫切了。在人们以"指数增长"来形容科学技术高速发展的今天，以科学为基础的技术的发展正以人们来不及预料其后果的速度前进。现在人们普遍担心，随着世界经济的高度或高速发展，人类将失去其赖以生存的自然条件。

## 技术评估的困难

技术评估始于1960年代后期。它不是为知识而知识的理想推动的，在很大程度上是由社会需要推动的。正像历史上制定历法推动了天文学的发展、热转化问题上的实际兴趣产生了热力学，以及现代生物医学的研究出于关心人类健康一样。当时的政府需要关于新技术的长远的、非预期后果的情报。它不限于特殊的工程，而是着眼于一般的技术或有关世界各国的广泛的问题，注视着遥远的未来。

社会影响分析是技术评估的最主要的任务，也是最困难的任务。目下的技术评估还主要采用德尔斐法(Delphi method)和趋势外推法(trend extrapolation)，以及由它们衍生出来的一些方法。依据历史和现状最可靠地预示未来的模型、技巧和途径等问题，人们至今尚未得到答案。种种的预测技术在有关未来的推理方面还面临着诸多的"陷阱"，已开列出的预测陷阱多达数十个，诸如虚假延续性的陷阱、忽视理论的陷阱、归纳确证的陷阱、主观直觉的陷阱、机械决定论的陷阱……。技术评估至今仍缺乏首尾一贯的理论，在很大程度上带有经验性。

技术评估的根本性困难可归为两类。第一类困难根源于预测对象的行为的不可重复性，第二类困难涉及价值标准问题。

传统的科学规范要求研究对象的过程能重复再现，而预测和评估的特殊性在于，它的对象是不能重现的世界的特殊部分的未来行为。科学研究的传统习惯是科学家依自己的认识确定科学的问题、方法、答案之适宜性和意义。因为预测和评估涉及科学知识的社会运用问题，所以要求有社会公众的参加和意见，不仅价值观念成为重要因素，而且还遇到价值选择的多重性问题。虽说使用者的共同价值观念并不比科学的事实和真理更缺少真实性，但仍然存在以现在的价值观念和不完备的知识做出影响未来之决定的合理性问题。虽然任何的技术不尽如人意的后果之责任不在科学，但就技术评估包含科学的预测来说，科学不把这种预测作为自己的目标，会有负于公众的厚望。

## 科学与人文的关系

科学预测和技术评估的困难的因素都与人类社会有关，需要自然科学、技术科学和社会科学联手来解决，甚至要更多地依靠社会科学。但社会科学与人文学科发展落后于自然科学，这种科学与人文两种文化发展的不平衡较少为人们注意。这种不平衡主要表现为科学与人文的分裂、东西方文化的隔阂和“地球村”的南穷北富，后两者在很大程度上也可以归为前者。

如果把知识比喻为一座“拱门”，那么在20世纪之前人文之柱高于科学之柱，而在20世纪之后则相反，科学之柱高于人文之柱。科学与人文的分裂和对立始于近代，随着科学技术的发展愈演愈烈。

20世纪科学文化与人文文化的分裂在英国剑桥大学两群教授中体现得十分鲜明，卢瑟福(Ernest Rutherford, 1871—1937)实验室中的原子分裂声回荡在世界各个角落，可是他却得不到剑桥大学文学、艺术、哲学教授群的仰慕和青睐。身在卡文迪什实验室(Cavendish Laboratory)的青年物理学家斯诺(Charles Percy Snow, 1905—1980)对科学与人文的这种分裂深有所感，产生了“人文的”与“科学的”两种文化的概念，后来写了《两种文化和科学革命》(*The Two Cultures and the Scientific Revolution*, 1959)。他论述了20世纪的学术文化已经形成“人文的”和“科学的”两个壁垒森严的世界，认为这种分裂和对抗倾向使西方人丧失了整体的文化观，致使20世纪的思想界不能对“过去”做出正确的解释，不能对“现在”做合理的判断，同时也不能对“未来”有所憧憬和展望。

自1960年代中叶以来，一种对科学公开敌视的情绪出现在经济发达的各国家。世界大战的残酷、机械文明的非人性、核武器的恐怖、地球生态环境的破坏，都被某些人文学者归罪于科学技术，作为他们主张削短科学之柱的理由。科学虽然在认识的意义上是不完备的，但科学知识的纯洁性是可以信赖的。技术虽然从它诞生起就是反自然的，但是人以头脑中的道德理想和理性认识的结合还是可以控制自己的创造物的。对待文化的异化，反理性的态度是不可取的。历史的经验表明,正确的方法是理性的重建。

科学与人文自人类的黎明时期就是结合在一起的,人们感觉到它们之间的分离倾向只是近400年来的事。实际上,总的来说,在人类历史的漫长道路上,两者是深沉而持久的侣伴,这是植根于宇宙的和谐和人脑的结构本性之中而且为人类幸福所必需的。对于科学与人文重新结合这种理性重建,某些科学家和人文学者的不屑一顾是他们眼光短浅的表现。东西方文化隔阂的消除只能通过这种重新结合的重建,也只有在这种重新结合中发展出一种新科学,才能解决穷国和富国之间的不平等。创建这种新科学是有史以来最大的"解放全人类"的道义责任。

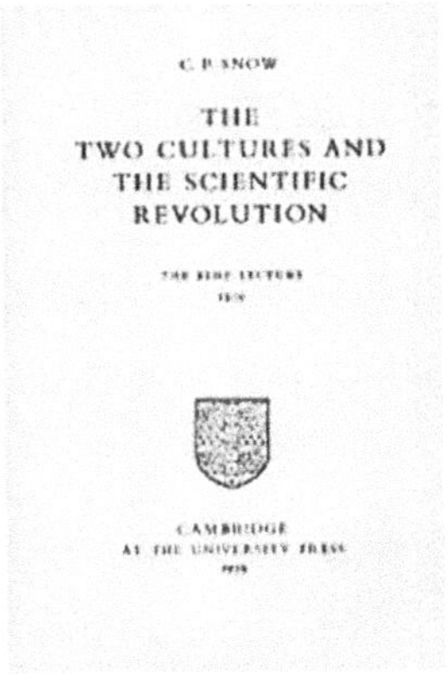


英文版《两种文化和科学革命》一书内封:斯诺早在1959年就提出两种文化的问题:科学文化与人文文化互不相容,导致社会前进的步伐被阻塞

科学与人文的关系的实质是真与善的关系。真与善的关系具体化为科学理性与道德理想的关系问题,是当代科学与人文关系的核心问题。尽管科学与道德是独立的,但在一定条件下两者总是相互影响的。当涉及历史的核心的动力时,科学需要以道德标准为基础;而在涉及规范的实现时,道德就不得不依赖科学了。事实和关系的科学陈述不能产生伦理的准则,科学理论的内容本身也导不出个人行为的道德基础,但是逻辑思维和经验知识却能使伦理准则合乎理性。人的道德理想能够不顾同理性的、逻辑的东西对立的非理性的、无意识的、感情的东西的阻碍,而被理性所实现。

科学与人文的最高精神境界是一致的。科学的历史表明,科学愈是不局限于直接的观察,愈是深入到自然界的规律中,它就更与人接近、更富有人性。物理学家爱因斯坦(Albert Einstein, 1879—1955)就是这样的科学道德权威的象征。

随着价值理性逐渐成为科学规范的重要成分,理性的道德疑难之消解,未来的新科学必将把合乎道德作为其为最高目标。社会科学家担负着比自然科学家更艰难的课题,社会科学的后进和暂时的不发达不应成为它被忽视的理由。把众多的社会技术尽快地提高到有科学根据的水平是整个科学界的愿望。科学和技术如此飞快进步,如果社会科学不及时跟上,人类自身的进化也可能导致恐龙灭种那样的灾难。

## 科学在解决自身危机中实现范式转换

科学是多样化的统一体系,科学的精神气质不应以其对象的不同而割裂。而且科学也不单是科学家们的事，对某一科学领域的发展做出令人满意的评价，并不总是需要对整个科学领域都很内行。那些并不奢望自己在科学上有所建树的人，他们的良心和见识对正确地评价科学上的成就也很重要。

今天的人类已不是生活在自然的怀抱中，而是挣扎在自然与文化之间的夹缝中。人既是自然的一部分，又是文化的一部分，是自然的人又是文化的人。是自然的人，因为人类是自然进化的偶然产物，作为自然进化结果之一的人类只能是自然界的组成部分，并且只能生活在这产生他的自然界中。是文化的人，因为人类创造了文化，而且这文化已经成为人类的生存方式。作为人类生存方式的文化，不论是以战争还是工业，以及其他什么方式造成的对自然界的损害，都是在破坏人类的生存基础。

罗马俱乐部最先明确揭示给人们的人口膨胀、食物不足、资源短缺、能源匮乏、生态破坏只是这种全球性危机的五大因素。现在已经到了急需重新认识人类对自己干扰自然界的行为，并采取行动的时候了，从地球的消极和积极的反馈中了解自然界对人类及其活动的承受限度，确定人类对自然界活动的准则，并科学地、完整地回答维护生物圈和整个地球环境的途径和方法问题，使自然界朝着有利于生物圈和人类社会的方向发展。

人类生存环境的恶化倾向对以造福人类为其理想目标的科学提出严峻的挑战，即对于科学能不能解决这些问题有两种态度：悲观的“增长极限”论和乐观的“无极限增长”论。罗马俱乐部最初的“世界模型”没有把科学这一最重要的要素纳入其中。要解决这诸多的问题，作为人类价值基础的道德无疑是首要的，但道德理想的实现还是要依赖科学。科学界要承担起这一拯救人类的道义责任。

自1970年代这些问题被广泛注意以来，科学家们为解决这些问题已经付出了巨大的心力。尽管科学预测和技术评估遇到很大的困难，尽管科学文化与人文文化发展不平衡，科学似乎在儒家“知其不可为而为之”的精神指导下，制定了全球变化国际研究计划，企图通过艰辛复杂的研究认识地球上包括气候在内的环境变化的规律和机理，以达到对未来地球环境的综合变化的预测。虽然还远没有找到解决所有这些问题的成熟的办法，但随着科学的发展今天的暂时无能为力必将成为过去。对于科学本身来讲，在这些问题的科学解决过程中，由于对象的复杂和心理的动力，可能导致引起科学整体变革的思想观念和方法论上的更新。

在改进人类的生存环境、提高预测和评估的科学性、融合两种文化的努力中，自然系统研究的兴起是科学对社会挑战的一种应战。在这种挑战与应战的发展中，科学正在通过其新的活动方式塑造自己，实现“总体范式”的转换。

[第66卷第3期(2014)第3—5页]

# 31. 近代科学得以产生的社会根源

方在庆

中国古代有着灿烂的文明,尤其以精湛的技术闻名于世。但自16世纪以来,中国人对世界文明做的贡献呈骤减趋势。最让国人感到遗憾的是,近代科学没有产生于中国。在中国衰落的同时,恰恰是西欧兴起的时候。两相对照,更显出其中的差距。“李约瑟难题”[Needham Puzzle,也称李约瑟问题(Needham Question)]集中代表了这种焦虑。通过考察近代科学在欧洲兴起的社会因素,我们发现,并不是任何文化土壤都能产生近代科学的。现代科学的孕育需要很多限定条件,也受到许多因素影响。它的产生是许多看似偶然的因素综合作用的结果。

近代科学在16、17世纪的西欧初现雏形,而孕育它的文化土壤必然出现在此前更早的时期,其中以文艺复兴和宗教改革的社会影响最为显著。

## 文 艺 复 兴

文艺复兴(意大利语Rinascimento,由ri-和nascere,即“重新”和“出生”构成)是14世纪中叶至17世纪初在欧洲发生的一场文化运动,以复兴古希腊、古罗马文化为依托,以宣言人文主义为核心,触及了文学、艺术、宗教、哲学等领域。文艺复兴的参与者们相信在古希腊和古罗马时期,西方文明存在一个黄金时代,但到中世纪时却基本上中断了。尽管中世纪在科学上并非一无是处,但在君士坦丁堡于1453年陷落后,大部分人都想方设法弄清楚古希腊人、古罗马人是如何想的,所以他们提出要“再生”、振兴这种昌明的文化。得益于印刷术的传入(十字军东征起到的少有的正面影响之一),加速了对古代文献的重新发现。大量古典文献著作被重新翻译之后得以出版,其中蕴含的科学知识也得以迅速传播,引起更多人的关注。科学一旦吸收了古人的营养,其后果是非常显著的。

在文艺复兴初期,科学方面还显得比较落后,重点是恢复古人的自然知识。从外表上看,它更像一场大规模的复古运动。但在复古的外衣下掩藏的是当时新兴市民阶层对新文化的诉求。它所反映的实际上是一种更加开放的眼界和思想。随着文艺复兴运动的全面展开直至高潮,复古已不是单纯意义上的复古,而是再创造,更好地体现了“再生”的价值。“古人世界的重新发现释放了新的能力,刺激了想象力,最后发现了新的真理,创造了新的形式，而不仅仅是恢复了过去已被淹没或歪曲的许多价值”①。

文艺复兴运动对近代科学的产生提供了如下的文化土壤。

第一，为近代科学的产生做了极为完整和系统的文献铺垫。在重新发现的古典文献中不乏有关“科学”的资料，严格意义上说应该是关于自然哲学方面的著作，比如对新柏拉图主义的重新发现，阿基米德(Archimedes，公元前 287—212)有关力学和几何学方面著作的重新发现，“原子论”学说的再发现等等。托勒玫(Ptolemy, 90—168)的《天文学大成》(*Almagest*，又译《至大论》)在 12 世纪被译成拉丁文，哥白尼(Nicolaus Copernicus, 1473—1543)就仔细研读了它的各个译本。如果没有对这些自然史料的再现和再解读，近代科学的产生可能还要延迟一段时间。

第二，对现世世界的关注，对人自身的关注与肯定。布尔克哈特(Jacob Burckhardt, 1818—1897)将意大利文艺复兴的成就概括为“发现世界和发现人”。这一点除了展现在文学作品中外，在艺术领域表现得更为突出明显。一方面，艺术作品的主题已不再拘泥于刻板的宗教故事，而是对人，对生活，对大自然的刻画。这不仅使人自身的美感与力量得以肯定，对改造世界萌生信心，同时也为后来真正意义上的科学家注重观察而不是思辨埋下了伏笔。另一方面，艺术的表现形式也发生了革新。为了追求逼真的效果，通过明暗对比，平衡大小和比例，透视法应运而生，使得其中涉及的数学方法和实验方法得到了很好的发展和深化。

第三，充满生机的文化氛围。文艺复兴是“人类历史上从来没有经历过的最伟大的，进步的变革”。在文艺复兴运动的带动下，人们追求新发现、新思想，敢于挑战亚里士多德的权威，为科学革命铺垫了一种期望冲破宗教束缚和传统经院学说的社会文化意识形态和气氛。哥白尼就受惠于此。1496 年，在文艺复兴的鼎盛时期，哥白尼来到了意大利的博洛尼亚大学(University Bologna)，在那里他推开了天文学的大门，全身心投入其中。当时正在南欧复兴的柏拉图主义强调数学、简单性和完美性，哥白尼的导师诺瓦拉(Domenico Maria Novara, 1454—1504)就是这一运动的弄潮儿。哥白尼早期提出的宇宙体系以其简单性、规律性和协调性受到欢迎。

文艺复兴时期，在天文学、地理学、医学、数学、制造及工程领域都发生了伟大的进步。最为显著的成就是哥白尼去世前不久在纽伦堡出版的《天体运行论》(*De revolutionibus orbium coelestium*)以及近代人体解剖学的创始人维萨里(Andreas Vesalius, 1514—1564)

① 布洛克：《西方人文主义传统》，董月山译，三联书店，1997 年，第 12 页。

出版于 1543 年的《人体的构造》(*De Humani Corporis Fabrica*)。《天体运行论》尽管从表面上看只是托勒玫体系的一种修正形式,仅将地球和太阳的作用进行了变换,但它提供了一整套严格的、并非简单的数学论证,挑战了统治欧洲人思想一千多年的托勒玫体系。

由此开创的革命性的理论和方法在 1630 年得到完全的释放。哈维(William Harvey, 1578—1657)完成于 1628 年的血液循环理论,以及伽利略(Galileo Galilei, 1564—1642)在 1630 年完成的《关于托勒玫和哥白尼两大世界体系的对话》(*Dialogue Concerning the Two Chief Systems of the World: Ptolemaic and Copernican*)标志着这一传统的成就顶峰以及一个新时代的开始。

## 宗教改革

较之文艺复兴运动对科学尚算直接的影响而言,科学在宗教改革(Reformation)中寻求发展就有点无心插柳的感觉。正如德国社会学家韦伯(Max Weber, 1864—1920)所言,"我们不得不承认,宗教改革的文化后果在很大程度上,……是改革家们未曾料到的,甚至是不想达到的。这些结果往往同他们本人所想要达到的目的相去甚远,甚至相反"①。

宗教改革发生在 16 世纪,是爆发于德意志,并迅速扩展至西欧、带有思想解放性质的一场社会运动。其直接后果是,从天主教内部分裂出了新教,产生了新教教义。但从它产生的影响范围来看,它绝不仅仅只是宗教的自我改善,还是一场社会革新运动。

新教教派反对罗马天主教会的荒淫陈腐、贪婪无厌,反对旧教教会仪式的陈规陋习和繁文缛节,否定教会和教皇的绝对权威,强调个人在宗教中的地位,认为个人可以直接与上帝对话,教徒可以对《圣经》有自己的理解。正是这些因素促使人们的观念发生了很大的变化,进而为科学的产生和发展铺平了道路。首先,上帝不再是至高无上的,信徒不需要教会作为媒介,就能够自行领悟,从而获得了独立思考的机会。其次,认识自然就是认识上帝,人类研究自然就是在与上帝交流,就是在赞美上帝。这为人们探索自然界提供了"正当"理由。最重要的是,政教分离,使人们摆脱了政治包袱,为人类自由地探索外部世界除去了体制障碍。

宗教改革是西方历史上最伟大的转折点之一。罗马天主教会不仅失去了在欧洲的许多地方的影响力,而且更重要的是,它丧失了在《圣经》解释上的至高无上的权威。到了启

① 韦伯:《新教伦理与资本主义精神》,于晓、陈维纲译,三联书店,1987 年,第 67 页。

蒙运动时期,无神论的世界观逐渐获得认可。宗教改革不仅彻底地改变了精神生活,而且还导致了全面的社会政治发展。它对社会生活的各个领域都产生深远的影响:婚姻与家庭、国家和社会、中小学校与大学、科学、商业与艺术[(教堂)音乐、文学和绘画]。正如罗素(Bertrand Russell, 1872—1970)所述:"宗教改革和反宗教改革在知识界中的后果,起初是不良的,但是终局都是有益的。"①改革者希望每一个教会成员都可以自己阅读圣经。互相竞争中的新教教会与旧教教会,都重视教育,兴办了许多新学校,增添了一些新课程,这对于人类科学文化知识的传播,无疑是大有裨益的。这也造就了一个有利于科学、技术与工程的文化氛围。尤其是新教中的加尔文教,强调勤奋和节俭,摒弃奢侈生活,将赚的钱继续用于投资,从而推动经济蓬勃发展。

当代科学社会学的奠基人默顿(Robert K. Merton, 1910—2003)就提出"清教主义—科学"这样的假说作为社会行为始料未及的后果的适当案例,并进行了详细的论证和检验。默顿主张,在17世纪英格兰科学的参与者当中,清教徒之所以占了很大比例,至少部分是因为一种特殊的清教伦理,它倾向于促进科学的发展。"由清教主义促成的正统价值体系于无意中增进了近代科学。清教的不加掩饰的功利主义、对世俗的兴趣,有条不紊坚持不懈的行动,彻底的经验论,自由研究的权利乃至责任,以及反传统主义,……所有这一切的综合都是与科学中同样的价值观念相一致的。"②清教主义改变了社会导向,使科学受到尊崇。

这样看来,尽管文艺复兴和宗教改革的出发点不一样,但最后却可能有异曲同工之妙。总的说来,意识形态的解放以及怀疑批判的精神是科学革命出现的先决条件。

## 社会壁垒的消除

美籍奥地利犹太裔学者齐尔泽尔(又译齐尔塞尔;Edgar Zilsel, 1891—1944)注意到,近代科学的兴起,恰好是在欧洲资本主义的早期发生的。因而,在他看来,从封建主义向早期资本主义的转变以及与之相伴的社会变迁便构成了科学兴起的必要条件。

齐尔泽尔把1300年到1600年这个时期的三个阶层的智识活动进行了区别:"大学学者、人文主义者和工匠。大学学者和人文主义者都受过理性训练。但是,他们的方法是由他们的职业状况决定的,与科学方法有着实质性的差别。教授和文人学士都对人文技艺

① 罗素:《西方哲学史》(下卷),商务印书馆,1976年,第511页。
② 默顿:《十七世纪英格兰的科学、技术与社会》,范岱年、吴忠、蒋效东译,商务印书馆,2000年,第187页。

与机械技艺加以区别,而且鄙视手工劳动、实验和解剖。这个时期的手艺人是因果性思维的先驱。某几类高级手工劳动者(艺术家—工程师、外科医师、航海仪器和乐器的制造者、勘测员、航海者、枪炮手)做实验、解剖,使用定量方法。航海者、勘测员和枪炮手们的测量仪器是后来的物理仪器的前身。不过,手艺人缺乏有方法的智识训练。因此,科学方法的两个组分被社会屏障所隔离:逻辑训练留给上层阶级的学者;实验、因果兴趣和定量方法则或多或少地留给平民工匠。”直到1600年左右,曾分属不同社会阶层的自然哲学和技艺手艺彼此之间的距离才开始消解,这些群体之间社会壁垒的消除也迫使科学家放弃了他们的傲慢态度,屈服于工匠向他们揭示的自然事实。“当实验方法随着技术的进步,终于克服了对手工劳动的社会偏见,并且被受过理性训练的学者采纳的时候,科学就诞生了。”①这便是科学史上著名的“齐尔泽尔论题”(Zilsel Thesis)。

尽管齐尔泽尔论点也存在缺点和诸多疑问,但他所提到的高级工匠在科学兴起中的重要作用,还是很有道理的。达·芬奇(Leonardo da Vinci, 1452—1519)就是一个很好的例子,他身上有着多个头衔:画家、雕塑家、发明家、数学家还有工程师等等。齐尔泽尔称这批多才多艺的高级工匠们为“艺术家—工程师”。“因为他们不仅绘制图画、铸造雕像、建筑教堂,而且还造出了悬吊、运河、水闸、火炮和要塞。他们发明了新的颜料,检测了透视的几何定律,还为工程学和炮术制造了新的测量工具”。在此过程中,工匠们的社会地位逐步提升,他们所用的方法也获得肯定。

达·芬奇曾说过这样的话:“尽管自然始于原因,终于经验,但我们的研究必须遵循相反的方向,即从经验开始,利用经验来探讨原因。”这段话恰好点中了后来以培根(Francis Bacon, 1561—1626)为代表的实验哲学的先知们所倡导的方法的核心。而被培根宣布为新的科学方法的“归纳法”的提出,很大程度上也得益于他对当时手工劳动者使用方法的关注与熟悉。尽管具有讽刺性的是,他本人并没有用他的科学方法做出任何发现,但他强调归纳法与经验的作用,无疑对当时的科学起到很大的推动作用。他所著的《新大西岛》(*Nova Atlantis*)中所描述的乌托邦式的教学和科研机构——“所罗门宫”极大地促进了学术协会、组织的建立。

## 科学组织机构的建立

起初,关于自然知识的探索研究都是研究者个人的兴趣使然,并没有额外的经济补

① Zilsel E., “The sociological roots of science”. *The American Journal of Sociology*, 1942, 47: 544 - 562.

助。而从事研究所需的材料、仪器等也是一笔不小的开销，可以说在没有任何经济支持的情况下，从事自然知识的研究可谓“奢侈”。所以从历史中不难发现，这批早期科学从业者，或者本人出身显贵，或者通过一些小发明吸引贵族的注意从而得到资助，或者像一些天文研究者那样，变身宫廷占星师，在宫廷的资助下进行自己的早期科学研究。科学家为了迎合王公贵族和官僚，也强调科学的实用性。不这样做，他们得不到社会认可。如果没有这种认可，对纯粹科学的追求从一开始就不可能。随着时间的推移，一些小发明成为贵族圈里“时髦”的话题，也是在这样的背景下，一些自然科学方面的志同道合者在贵族的支持下成立了一些私人团体，比如“山猫学院”（Accademia dei Lincei，又译“林琴学院”“林赛学会”“猞猁学会”“山猫学会”“山猫眼学会”等，以山猫眼在夜里发光而寓意启蒙）、“奇门托学院”（Accademia del Cimento，又译“实验学院”，Cimento 在意大利语中就是实验的意思）等。伽利略就是“山猫学院”的会员，在他的一些出版物里都有山猫学院的会徽标志。“奇门托学院”的座右铭是：Provando e Riprovando（“实验，再实验”），可见当时科学研究中采取的实验方法已得到了广泛认可和重视。但这些私人社团有一个致命缺陷：经济来源的不稳定。如果资助方失去兴趣，不再提供经济支持的话，这些学会社团将无力维持，历史上早期的自然科学性质的社团很多都因此在日后解散，并不长久。

到了 1640 年代，有一群英国科学家开始经常聚会，非正式地交换看法并且报告他们的实验情况及其结果。于是，在 1660 年 11 月 28 日，他们中的几位，其中有玻意耳（Robert Boyle, 1627—1691）和雷恩（Christopher Wren, 1632—1723），正式建立了“物理数学实验知识促进学院”（College for the Promoting of Physico-Mathematical Experimental Learning），报告新发现和实验中的见闻，玻意耳过去的助手胡克（Robert Hooker, 1635—1703）成了第一任实验主管。这个组织在 1662 年获得国王许可，得到了第一份特许证书，于是成为“伦敦皇家自然知识促进学会”（Royal Society of London for Improving Natural Knowledge），简称“皇家学会”（Royal Society）。1663 年又得到第二份特许证书。到了 1675 年，皇家学会成功地说服国王建立一个皇家天文台，也叫做格林尼治天文台（Royal Greenwich Observatory）。英国第一位皇家天文学家弗拉姆斯蒂德（John Flamsteed, 1646—1719）着手制作恒星位置详表和星图。哈雷（Edmond Halley, 1656—1742）继承弗拉姆斯蒂德任台长，在这里他发现了一种方法，可借助观测月亮来判断在海上的经度。

受英国皇家学会的影响，1666 年，在财政大臣柯尔贝尔（Jean-Baptiste Colbert, 1619—1683）的建议下，法王路易十四（Louis XIV, 1638—1715）支持成立了巴黎科学院。

最初只有 21 名院士，包括几何学家、天文学家、物理学家、解剖学家、植物学家和鸟类学家等，由国王支付薪俸。巴黎科学院还吸收了外国著名的科学家作为首批院士，例如荷兰科学家惠更斯(Christiaan Huygens, 1629—1695)，在此之前惠更斯已被英国皇家学会聘为第一个外国会员。

两个最重要的王室之所以在这里采取主动(法国王室甚至不惜高额的开支)，与人们对新科学的极大期望密切相关。对于作战和物质财富的增加而言，新科学似乎能够带来很大回报。

英国的皇家学会和法国的巴黎科学院为后来各国科学院的建立提供了范例，比如 18 世纪的普鲁士科学院(1700 年建立)、圣彼得堡科学院(1724 年建立)都是以它们为原型的。科学家们的科学研究成果需要交流并公之于世。在 17 世纪，最初采取的形式是科学家之间的信函交流。随着科学院的建立，最早的科学期刊《皇家学会哲学学报》(*Philosophical Transactions of the Royal Society*)由英国皇家学会秘书奥尔登伯格(Henry Oldenburg, 1615—1677)于 1665 年 3 月在伦敦创办，并且一直延续至今，是世界上连续办刊时间最长的学术期刊。

科学组织机构的建立，提高了科学家的社会地位，为他们提供了经济上的保障，从而也为科学的发展提供了一定的帮助。

## 西欧社会的开放性

前苏联物理学家、马克思主义科学史学家赫森(Boris M. Hessen, 1893—1936)在 1931 年曾提出了一个强纲领式的，非常粗糙的赫森论题(Hessen Thesis)。按照他的看法，16、17 世纪自然科学的辉煌成功取决于封建主义经济的瓦解，商业资本、国际海事关系和重工业(采矿业)的发展。① 这种说法太过绝对，很容易被反驳。但不可否认的是，随着机械钟的广泛使用，航海大发现以及印刷术的普及，欧洲社会在 1600 年前后所呈现出的前所未有的开放性，其直接后果是社会各个阶层迫切渴望获得新知识，带着巨大的热情投身到对未知领域的探索中。来自实际生产领域的问题，如采矿、防御工事和弹道学等为科学研究提供了动力。没有对这些实际问题的探讨，近代科学的出现是不可想象的。

在 15 世纪末，航海家发现了一条绕过非洲好望角、通往东方的海上贸易通道，这就可

---

① Hessen B., "The social and economic roots of Newton's 'Principia'"// Bukharin NI, et al. *Science at the crossroads*, London: Frank Cass Co Ltd, 1931: 152 - 177.

以取代意大利长期垄断的通往中东的陆上通道。1661年,英国人得到了印度的孟买,结果英国与印度的贸易大幅度增加。1492年,意大利人哥伦布(Christopher Columbus,约1451—1506)为欧洲人发现了大西洋彼岸的新世界。到了17世纪中叶,英国、法国、荷兰因此财运亨通。在欧洲内部,经济、政治和文化的重心从地中海地区转到了西欧北部,意大利和希腊已不再是西方世界的中心了。这些变化也对新的自然认识产生了影响,由于发现了新的地方、航线、市场和商品,某些地方的个人及群体财富迅速增加,这些地方的人们就更容易把科学断言视为比传统哲学更有效的发现真理的途径。

航海对天文、望远镜等的需求,绘图对数学的需求,建造坚船利炮对力学和数学的需求,国家间军事、经济竞争都急需把理论转化为技术,这些都对科学技术提出了新的市场需求。这也从另一方面促使了科学家与高级工匠的结合。水手日记、航海见闻更进一步冲击了传统的知识和信条,进一步激发了人们的好奇心,而且经济发展与殖民地给欧洲带来大量财富,为国家科学院的建立提供了经济支持,为科学革命奠定了物质基础。

## 结　语

近代科学早期的实质是什么?它是如何产生的?为什么它只在西方出现?西方社会有哪些特殊的思想特征和社会状态有助于产生这种难以预料但也很难说是偶然的结果?由于这一主题的极端复杂性,要想给出一个令人满意的答案,似乎是不可能的。科学思想史家夸雷(又译柯瓦雷;Alexandre Koyre, 1892—1964)就认为,不可能对科学思想的产生给出一种社会学的解释。但科学社会学家本—戴维(Joseph Ben-David, 1920—1986)却给我们的努力带来一丝希望。他认为,尽管科学思想领域基本上是自主的,不过科学社会学家还是可以试图理解是哪些特定的社会条件促进了科学事业或使之成为可能,但一定不要希冀通过社会环境反过来解释科学家的思想的产生。思想继承有其自身的逻辑,这种逻辑只有通过认真重构那些思想才能把握。但这些思想能否兴起,以及是否会落在肥沃的土壤里,社会分析却可以做到。①

近代早期科学仅仅产生于西欧,这一确定但却偶然的事实,掩盖了为其起源做出贡献的诸多外来要素。任何文明都不可能凭空生长,尤其是彻底改变了历史的近代科学文明,其来源就更为复杂和广泛,只有在一个开放的文明生态下,它才能健康发展。对于近代科

---

① Ben-David J., *The scientist's role in society: a comparative study*. Englewccd Cliffs NJ: Prentice-Hall, 1971: 45.

学，各式各样的影响因素可以说是科学"生长"所需的各种元素养分，缺了哪一个，科学都不会是如今的面貌。如果没有科学这枚"种子"或者"种子"缺乏活性，无论外界环境如何适宜，土壤如何肥沃，一切都只是空谈。这让笔者想起了爱因斯坦在谈到中国古代科学时所说的一句话："西方科学的发展是以两个伟大的成就为基础的：希腊哲学家发明形式逻辑体系(在欧几里得几何学中)，以及(在文艺复兴时期)发现通过系统实验可能找出因果关系。在我看来，中国的贤哲没有走上这两步，那是用不着惊奇的。令人惊奇的倒是，这些发现竟然被做出来了。"①

我们之所以追溯历史，也是为了更好地成就未来。作为科学史工作者，"我们应该把17—19世纪在西方发生的那些围绕着科学革命与近代科学的诞生而出现的事件，那些导致人们不再盲目相信天启和权威的缘由、变故和动力，那些有益于新世界诞生的思想和制度，尽可能忠实地展现给公众。"②

(刘杭、朱慧涓和黄佳做了不少辅助性工作，特此致谢。)

[第66卷第3期(2014)第6—11页]

---

① 爱因斯坦：《爱因斯坦文集》第一卷，许良英等编译，商务印书馆，2010年，第772页。
② 刘钝：《科学史与科学文化：祛魅和启蒙》，《科学文化评论》2013年第4期，第11页。

# 32. 科学精神　百年弘扬

——纪念《科学》创刊一百周年

白春礼

## 《科学》的历史回顾

中国科学社成立于1915年10月25日，由留学美国康奈尔大学的中国学生发起，前身是1914年为创办《科学》杂志而成立的科学社。

在创办《科学》的“缘起”上签名的九位留学生是：胡达(后改名胡明复)、赵元任、周仁、秉志、章元善、过探先、金邦正、杨铨、任鸿隽。他们也正是科学社的发起人。

中国科学社以“联络同志、研究学术，以共图中国科学之发达”为宗旨，是中国最早的现代科学学术团体，也是近代中国历史上第一个民间综合性科学团体，在中国现代科学文化的发展中贡献颇大、影响深远。历史将永远铭记科学社的九位发起人的名字。

1915年1月，首期《科学》月刊在上海出版发行，发刊词中申明“以传播世界最新科学知识为帜志”。据任鸿隽先生统计：“《科学》至1950年为止，出了三十二卷，以每卷十二期，每期六万字计算，应有三千余万字。”他估计，有一千多位作者通过《科学》发表了学术观点。这一时期的《科学》在传播科学理念、介绍科学知识与科学原理、及时传达西方最新科技动态、发掘整理中国古代科学成就、阐发科学精义及其效用等方面做出了重要贡献。

1985年，《科学》杂志复刊，由周光召先生任主编，并在北京京西宾馆举行了纪念《科学》杂志创刊七十周年座谈会。

在座谈会上，中国科学社老社员、土木工程学家、桥梁专家茅以升先生发问：中国科学社为什么能把《科学》办得这么好呢？接着，他自己给出了回答。一是《科学》杂志介绍基础科学到中国来，也就是引进了基础科学。二是参加了新文化运动。新文化运动于五四运动前提出了赛先生、德先生问题，《科学》参加了赛先生运动，提倡科学的运动；也较早地从事白话文运动、标点符号的运动，这也算一个重要的贡献。……还有一个重要工作是介绍科学名词、专用名词，直到现在我们通用的名词里头还有不少是从《科学》杂志开始的。三是提倡科普。这些都很好地总结了《科学》成功的原因。

从1915年创刊，到1985年复刊，再到2015年的今天，《科学》杂志在中国近代科学和文化发展史上，做出了众多历史性贡献。它们都是值得回顾、值得纪念、值得思考和研究的，其中不少今天仍然值得我们学习、值得借鉴和发扬光大。其中一项重要内容，就是《科学》对“科学精神”的百年弘扬。

## 对“科学精神”的百年弘扬

“科学”和“民主”是新文化运动高举的两面大旗。陈独秀先生曾经指出：政治之有共和，学术之有科学。蔡元培先生也认为：并世各国之富强，正与科学之发达以骈进。胡适先生更生动形象地谈道：在那个时代，有一个名词在国内几乎到了无上尊严的地位，无论懂与不懂，无论守旧和维新，人们都不敢公然对他表示轻视或戏侮的态度。那个名词就是“科学”。

追根溯源，国人“科学”观的发展演进经历了一个漫长的过程。

众所周知，以“四大发明”为代表的中国古代科学技术，曾经长期处于领先水平。因此，当近代科学在西方诞生并东渐中国以后，中国社会起初对它是俯视的，或言“西学中源”，或斥为“奇技淫巧”。等到近代科学发展成熟，西方列强用其物化成果——坚船利炮打开中国国门时，国人才认识到中西强弱差距，开始仰视西学，要“师夷长技以制夷”；但对科学的理解大多仍持“中体西用”立场，仍停留在“技”和“器”的层面。后来“洋务运动”失败，维新继起，科举废除，新学伊始，国人才逐渐开始关注科学的理论成果——知识，然而一般只将科学看作是“分科之学”。

直到民国初年，国人对科学的理解还相当肤浅和混乱，大多分不清科学与技术，甚至分不清科学与魔术，更谈不上对科学的本质和功能有清楚的认识。直至《科学》创刊，系统引进西方近代科学技术和广泛传播科学思想，才开始使国人把近代科学看作一个整体，当作一种思维方法、一种现代文化、一种精神文明，来认识、来传播、来建设、来发展。

1916 年 1 月，《科学》2 卷 1 期刊出了中国科学社社长任鸿隽的《科学精神论》，首次在中文文献中创用“科学精神”一词，并作系统论述：“科学精神者何？求真理是已。”自此，“科学精神”这个词在中国逐渐流传，到今天已成为一个常用词汇，并被赋予丰富的含义。

1922 年，中国科学社举行第 7 次年会，梁启超与会发表题为《科学精神与东西文化》的演讲。梁启超在演讲中说：“有系统之真知识，叫作科学；可以教人求得有系统之真知识的方法，叫作科学精神。”

“求真”是“科学”和“科学精神”必须遵循的铁律；而在中国，对这一真谛的认知和昭示，始于《科学》创刊号。《发刊词》首先指出“世界强国，其民权国力之发展，必与其学术思想之进步为平行线”，发出对“科学”与“民主”的深长呼唤。继而，从科学之有造于物质、有造于人生、有造于智识，及有助于提高人的道德水准四方面论述了其社会功能。最后，更直抒要“激扬求是之心，引发致用之理”，表达了传播科学、求真致善的“科学救国”理想。在创刊号《例言》中，更郑重申明“为学之道，求真致用两方面当同时并重”，宣示《科学》要奉行“求真致用”的办刊之道。

在一百年前的沉沉中国中，对科学的本质和功能有如此清醒、深刻的认识，的确十分难能可贵。这些文字，不啻在当时擂响了思想解放的时代战鼓，如黄钟大吕，启振国人；即使在一百年后的今天读来，也依然觉得那么直达本真、切中肯綮，那么澎湃慷慨、激动人心！

至此，《科学》在新文化运动倡导的“科学”，不仅指具体的科学技术、科学知识，而主要是指与封建迷信、蒙昧无知相对应的科学思想、科学精神，以及认识和判断事物的科学方法。人们开始强调要用“科学”的尺度衡量世界一切事物，崇尚理性，反对迷信和愚昧，认为只有具备“科学精神”的“一尊理性”，国人才能摆脱“无常识之思维、无理由之信仰”的束缚，成为新鲜活泼的一代新人。

综上所述，从“奇技淫巧”到“师夷长技”，从“西学中源”到“中体西用”，从“知识”层面的“分科之学”到“思维”层面的“精神文化”，正是有了这些认识上的不断飞跃，近代科学作为一种精神、一种文化、一种文明，才开始在中国落地、生根、开花、结果。这些新的价值观已远远超越纯“科学”概念的范畴，不仅引发了近现代中国社会的广泛深刻变革，而且成为百年来始终熠熠生辉、光芒四射的灯塔，激发和引导着无数先进国人乃至全民族不懈的精神追求与奋斗，在时至今日的国家现代化进程中持续发挥着巨大作用和深远影响。这一历史变革，虽不能说全是《科学》之功，但确可以说端赖《科学》开山发轫之力。

一百年前，《科学》致力于引进近代科学技术，传播现代科学观念，使国人对科学的认识和理解不仅从“器”和“技”的层面拓展至知识和理论层面，更使科学思想深入人心，新的思维方法和理性精神开始确立，科学的内涵拓展至意识领域和精神层面。

一百年来，《科学》始终坚持“以传播世界最新科学知识为帜志”，在自己传播科学的旗帜上不断注入“弘扬科学精神”的灵魂，为国家发展、社会进步和民族复兴提供科学精神和动力源泉。

一百年后的今天，透过历史的漫漫风尘，我们回顾《科学》在中国传播科学知识、弘扬科学精神的开山发轫之功，以及百年来在这方面持续努力所做出的重要贡献，不得不对《科学》的历史肃然起敬，对创办和带领《科学》与时俱进的诸位先贤们肃然起敬！

## 面向未来继续大力弘扬科学精神

回望过去，是为了更好地走向未来；缅怀先贤，是为了继承和发扬优良传统；纪念历史，是为了从中汲取智慧和力量。回顾过去，《科学》始终高举着“弘扬科学精神”的大旗，风雨百年，一路走来。面向未来，我们要继续高举“弘扬科学精神”的大旗，与时俱进，坚定前行。

今天的中国，与百年前相比，已经有了翻天覆地的变化和前所未有的进步。但要实现中华民族伟大复兴的中国梦，仍然需要我们的国家、我们的社会、我们的人民，继续高举着科学的大旗，继续大力弘扬科学精神，引领国家科学发展、社会文明进步、人民幸福安康。在这方面，我们依然任重而道远，科技界尤其责无旁贷。

立足现实，面向未来，我们需要大力倡导和弘扬以下八个方面的科学精神。

**一是对科学真知的不懈追求。**

实事求是、追求真理，是科学的本质，也是科学价值、科学精神、科学文化的核心。理性质疑、自由探索、不盲从权威、对真理不懈追求等，是人类进步的源泉，是科学家的崇高使命和责任。科学家要通过不断的科学探索和创新活动，重观察、重实验、重分析，以“求得有系统之真知识”，并进而“教人求得有系统之真知识的方法”。这种“科学的思维方式”，不仅是科学家必须具备的基本素质，也是新时代国民应当具备的思维能力。

**二是对经世致用的责任担当。**

科学从来就是推动社会文明进步和增进人类福祉的巨大引擎，需求牵引一直是科技发展的两大主动力之一。科学无国界，科学家有祖国。创新科技、服务国家、造福人类，应当成为我们共同的科技价值观。当前，我国正在进入全面建成小康社会的决战决胜阶段，经济发展进入新常态，创新驱动发展既是大势所趋，更是形势所迫，创新发展将成为未来我国经济社会发展必须坚持的首要基本理念。科技界要进一步增强责任感和紧迫感，既要“激扬求是之心”，更要“引发致用之理”，自觉肩负起创新驱动发展的神圣使命。

**三是对勇攀高峰的创新自信。**

创新是中华民族最鲜明的禀赋。我国古代有以四大发明为代表的辉煌科学技术成就；新中国成立后，我们在一穷二白的基础和艰苦卓绝的条件下，取得了“两弹一星”、人工全合成牛胰岛素（今年正值该成果诞生50周年）、新型抗疟药青蒿素（刚刚获得2015年诺贝尔生理学或医学奖）等世界领先水平的重大原创成果。近年来，我国在铁基超导、中微子、干细胞、量子通信、高性能计算、载人航天、高速铁路、移动通信、清洁能源等领域，取得了一大批重要原创成果。今天，我国科学技术正在从量的积累转向质的飞跃，从点的突破转向面的提升，实现以跟踪模仿为主向以并行领跑为主的根本转变。我们比以往任何时候都更加有决心、有条件、有能力建设世界科技强国，科学家要牢固树立追求卓越的创新自信、勇攀高峰的雄心壮志，努力为国家科技创新发展做出更大贡献。

**四是对协同创新的积极践行。**

就自身规律而言，随着科学技术深入发展，学科领域日益交叉融合，基础研究、应用研发和产业创新界限日益模糊，跨学科、跨领域、跨创新链环节的协同创新，正成为科学发展的新增长点，也是创新突破的重点领域。从人类社会发展要求来看，气候变化、能源资源短缺、粮食安全、网络信息安全、生态环境污染、自然灾害、传染性疾病和贫困等重要问题，事关人类共同安危，加强科技合作和协同创新，携手应对共同挑战，已经成为许多国家和地区，更是全球科技界的必然选择。合作和协同，成为科技创新和发展的大趋势，也是广大科技工作者必须践行的重要价值观。

**五是对科学文化的价值传承。**

科学文化深度渗透和影响着科学家的科学研究工作，影响着创新活动的质量和绩效。包括《科学》创办者在内的老一辈科学家，为中国现代科学文化的形成和发展筚路蓝缕、呕心沥血，奠定了良好基础和丰富的优秀传统。珍视和继承这些优秀传统，并注入新时代的科学与人文内涵，使其不断丰富发展和发扬光大，从而构建起符合科学规律、具有中国特色的现代科学文化，并加以传承，是当代科技工作者义不容辞的责任。

**六是对科学伦理的严遵恪守。**

科学伦理是科学精神的重要内涵，也是科研工作的高压线，得到包括科学界在内的全球、全社会的共识和关注。科学的价值观和合理性标准，也日益成为更多国人处理实际问题、参与公共事务的基本判据。值得警惕的是，受社会大环境影响，以学术诚信为基本规范的科学道德正面临严峻挑战，各种形式的学术不端屡屡触碰科学伦理的底线，科技界必须从严格制度规范和强化自律约束两个方面入手，加强科学道德建设，净化、优化学术环境和风气。

**七是对社会风尚的正确引领。**

科学文化代表先进文化的发展方向，在很大程度上是一国社会风尚的风向标和压舱石。科技界要着力营造风清气正的良好创新生态，引领民族文化和社会风尚健康发展。我们要有家国天下、创新为民的情怀；上下求索、追求真理的精神；实事求是、严谨认真的作风；板凳要坐十年冷的治学态度；淡泊名利、甘于奉献的品格；奖掖后学、甘为人梯的风范。今天的科学家，特别是中青年科学家要学习和继承中外历代优秀知识分子的高风亮节，修身养性，严格自律，戒急戒骄，去浮去躁，秉持求实致用初心，坚守学术道德底线，成为良好社会风尚的楷模。

**八是对科学普及的倾力投入。**

面向社会公众的科学传播与普及工作，有利于构建公民基本的科学知识结构和科学思维能力。从根本上说，是培育民族科学素养和科学精神，启发公民科学思维和创新意识，提升国家创新能力的崇高事业，功在当代，利在千秋。参与科普工作既是社会和时代的要求，也是科学家自身的社会责任与义务。在这项工作中，百年的《科学》应该再接再厉，继续有所作为；我们每一位科学家都应当身体力行，主动热情投入。

当前，党和政府正在深入实施创新驱动发展战略，大力倡导大众创业、万众创新，创新活动日益社会化、大众化、网络化，这一时代热潮已经引发创新活动组织方式和创新生态的显著改变。不仅如此，我们更应当看到，这将对全社会科学精神、科学文化带来巨大变革，极大激发蕴藏在人民群众中无穷的创造力，极大提升民族创新能力，影响重大，广泛而深远，中华民族将迎来新的"科学的春天"。我们科技工作者在为这一时代潮流振臂欢呼的同时，更要积极行动起来，致力于促进科技与大众创业、万众创新深度融合，为全社会、全民族创新创业当好先锋、多做贡献。

一百年，是纪念，更是新的起点；一百年，是传承，更期待新的创造！祝愿《科学》越办越好，祝愿中国的科学越来越好！

（本文根据作者在"中国科学社和《科学》一百周年纪念会暨上海市科协第十三届学术年会开幕式"上的主旨讲话整理而成。）

［第 67 卷第 6 期(2015)第 1—4 页］

# 33. “科学”辞源及其演变

吴国盛

中文“科学”一词是对英语 science 的翻译，用法也基本接近英语 science，即 science 首先默认指 natural science，中文的“科学”也默认指“自然科学”。这个用法与法语的 science 比较接近，但与德语的 wissenschaft 用法不太一样：德语的这个词虽然也译成“科学”，但它并不优先地、默认地指称“自然科学”。所以相比德语，英语的 science 含义比较狭窄，中文的“科学”则继承了这个特点。中国科学社的创始人任鸿隽(1886—1961)早就认识到这一点：“科学的定义，既已人人言殊，科学的范围，也是各国不同。德国的 wissenschaft，包括得有自然、人为各种学问，如天算、物理、化学、心理、生理以及政治、哲学、语言，各种在内。英文的 science，却偏重于自然科学一方面，如政治学、哲学、语言等平常是不算在科学以内的。”①

如果科学的溯源只追溯到英语 science 这里，那就太不够了。事实上，虽然早在中世纪晚期，英语里就已经有了词形上源自拉丁文 scientia 的 science 这个单词，但人们一般并不怎么使用它。科学史上的英国大科学家，从哈维(W. Harvey, 1578—1657)、玻意耳(R. Boyle, 1627—1691)、牛顿(I. Newton, 1643—1727)、卡文迪什(H. Cavendish, 1731—1810)，直到 19 世纪的道尔顿(J. Dalton, 1766—1844)，都没有自称也没有被认为是从事 science 研究的，更没有自认为或被称为 scientist(科学家)。这些后世被尊为伟大科学家的人，当时被称为“自然哲学家”(natural philosopher)或“哲学家”(philosopher)，从事的是哲学(philosophy)工作。比如，牛顿伟大著作的标题就是《自然哲学的数学原理》(*Mathematical Principles of Natural Philosophy*, 1687)，道尔顿的著作标题是《化学哲学的新体系》(*New System of Chemical Philosophy*, 1808)，英国皇家学会的会刊名字就叫《皇家学会哲学学报》(*Philosophical Transactions of the Royal Society*, 1665 年创刊出版)。

从 19 世纪开始，science 一词在英语世界被广泛采用。1831 年英国科学促进会(British Association for the Advancement of Science)成立，就是一个标志。这一方面可能与法国思想的影响有关。英国历史学家梅尔茨(J. T. Merz)说：“只是在大陆的思想和影响在我国占有地盘之后，科学这词才逐渐取代惯常所称的自然哲学或哲学。”②众所周知，

---

① 任鸿隽：《科学方法演讲》，《科学》第 4 卷第 11 期，第 1035—1036 页。
② 梅尔茨：《十九世纪欧洲思想史》第一卷，商务印书馆，1999 年，第 80—81 页。

在科学史上，18 世纪后期至 19 世纪前期是法国人独领风骚的时期，法国的科学名家层出不穷，星光灿烂。梅尔茨认为，法语的 science 一词从 17 世纪中期就有着像今天一样的用法，即特指“自然科学”。1666 年巴黎科学院（Academie des Sciences）创建，其中的 science 跟今天英语和法语中的 science 意义相同，均默认是“自然科学”。借着法国科学的巨大影响，法语“科学”（science）一词影响英语世界逐渐启用 science 一词以取代 natural philosophy（自然哲学），这是完全可能的。

science 一词在英语世界被广泛采用，另一方面可能与英文单词 scientist（科学家）一词的发明并逐渐被广泛采用有关。1833 年，在英国科学促进会于剑桥召开的会议上，英国科学史家和科学哲学家休厄尔（W. Whewell, 1794—1866）仿照 artist（艺术家）一词发明了 scientist 一词，用来指称新兴的像法拉第这样的职业科学家一族。他在 1840 年出版的《归纳科学的哲学》第 2 卷后面的格言 16 中写道：“由于我们不能把 physician（医生）用于物理学的耕作者，我就把他称作 physicist（物理学家）。我们非常需要一个名称来一般地描述一个科学的耕作者。我倾向于把他叫作 scientist（科学家）。这样一来，我们就可以说，正如 artist（艺术家）指的是音乐家、画家或诗人，scientist（科学家）则是指数学家、物理学家或博物学家。”虽然法拉第本人不喜欢这个词里面包含着的狭隘含义，而更愿意像他的前辈们那样自称“自然哲学家”；虽然直到 19 世纪后期还有像开尔文、赫胥黎这样的大科学家也不愿意被称为“科学家”，但是，19 世纪后半叶自然科学的专业化、职业化已成定局，自然科学从哲学母体中脱离出来独自前行，也是不可抗拒的历史潮流。scientist 的诞生恰逢其时，因此最终还是被人们接受。也正是随着 scientist 一词被接受，science 也开始被广泛采用，以替代之前的 natural philosophy。

如此看来，即使在英语世界，science 的广泛采用到今天也只有 150 年左右。这 150 年，正是“现代科学”完成建制化、独立发展的 150 年。这里所谓的“现代科学”，是指相对于希腊理性科学而言的现代实验科学、经验科学，相对于古代纯粹科学而言的现代应用科学、技术科学（techno-science），相对于“哲学”而言的狭义“科学”。science 一词所唤起的，恰恰就是分科化的、职业化的、实验的，并且有着潜在技术应用前景的科学。中文的“科学”一词由日本传入，默认指“自然科学”，隐含着“分科”的意思，似乎也具有一定的历史正当性。

但是，如果 science 的溯源只追到这里，那也就只止步于 150 年前，而没有考虑这种独立于理性科学、独立于哲学之外的经验科学、实验科学、技术科学是在何种背景下诞生的。事实上，语词的变迁总是滞后于观念上的变迁，语词只是固定了先前业已发生的观念变革。从 philosophy 中独立出来的 science，恰恰是从 science 和 philosophy 不分的那种思想传统中孕育出来的。这是一种什么样的思想传统呢？

或许可以把这种思想传统称为理知传统（rational-intellectual tradition）。从用语上说，代表这个理知传统的是希腊文的 episteme 和拉丁文的 scientia。拉丁文 scientia 是对希腊文 episteme 的直接翻译，它们的意思如果译成中文，可以差强人意地译成“知识”。但在现代汉语里，除了“知识分子”这个词还有点高度外，“知识”这个词已经被严重泛化、淡化了。包括日常经验知识在内，不管程度有多低，均可称为知识。但是，episteme 或 scientia 指的不是一般的“知识”，而是那些系统的、具有确定性和可靠性的知识。这个意义上的知识，用现代汉语来说，就是高端知识、典范知识，恰恰就是我们中国人今天归于“科学”的那些东西（比如为了颂扬某种“哲学”称其为“科学”）。这样一来，希腊文的 episteme 和拉丁文的 scientia 译成“科学”仿佛也很合适。

“科学”一词在现代汉语里也的确有广义的和狭义的两种用法。广义的用法，大略相当于高端知识、典范知识、真正意义上的知识，与 episteme 或 scientia 相当；狭义的科学，大略相当于英文的 science，即优先地指向现代科学（经验科学、实验科学、技术科学）。

广义的科学与狭义的科学不能等同，尽管有些人的确认为现代科学就是唯一的知识典范。然而，西方思想史的实情是，即使现代科学可以看成是现代的知识典范，它也肯定不是历史上唯一的知识典范，更不要说在许多哲学家看来，它根本就不是现代的知识典范。从这个意义上讲，把 episteme 和 scientia 译成“科学”容易引起混乱。

混乱的根源在于，现代汉语中“知识”和“科学”两个词并存，以及“科学”一词被优先地特指现代科学。当然，这个麻烦首先来自英语。跟现代汉语一样，英语里既有一个对应于“科学”的词 science，也有一个对应于“知识”的词 knowledge。它们其实都来自拉丁文 scientia。培根的那句名言“知识就是力量”，其拉丁文是 scientia potential est，英文译成 knowledge is power。拉丁文中的 scientia 通过英文被译成了中文“知识”。如果按照中文的字面意思来理解，“知识就是力量”仿佛是在表达中国式的“知识有用”的实用主义思想，但是，在西方语境下，这个短语的意思应该理解为，自希腊以来西方学人孜孜以求的那种高端知识，本身就是一种改造世界的物质力量和政治权力。

所幸的是，德语 wissenschaft 保留了 episteme 和 scientia 的完整意义，是这两个古典术语的现代忠实译名。它并不优先地指向“自然科学”，但也没有像汉语的“知识”那样被泛化、淡化到包括普通经验。相反，在德语学术语境中，经常会有“哲学何以成为严格意义上的科学”“化学还不是严格意义上的科学”之类的说法。

**西方“科学”词汇、科目变迁简表**

| 时 代 | 词 汇 | 主要分支科目 |
| --- | --- | --- |
| 希 腊 | episteme | 数学+哲学 |
| 中世纪 | scientia | 神学+数学+哲学 |
| 现 代 | wissenschaft(德) | 科学* +哲学 |

注：* 现代一栏中出现的“科学”，即汉语使用中狭义的“科学”。它在法国被称为 science，在德国称为 exacte wissenschaft(精确科学)，在英国先是称为 natural philosophy，后来，差不多到了 19 世纪，称为 science。由于语言习惯的这些差异，讲英语的人往往会说，科学过去是哲学的一部分，但后来从哲学中独立出来了；而讲德语的人往往会说，哲学是科学的一个组成部分；有些德国哲学家还会说，哲学是最接近真正科学、严格科学的那一部分。

episteme、scientia、wissenschaft 表达的是对事物系统的理性探究，是确定性、可靠性知识的体系。它们是西方思想传统中历史最悠久、影响最深远的“科学”传统。这个意义上的“科学”，在古代希腊，包括数学和哲学两大科目；在中世纪，加上了神学；在现代，又加上了现代科学，也即英语和法语 science 所指的东西。现代科学吸纳了数学，剔除了神学，并取代了自然哲学，成为“科学”家族中的新兴大户，但它仍然属于整个西方的广义科学传统即理知传统。

我们通过辞源考辨给出了西方科学的两个传统，一个是历史悠久的理知传统，一个是现代出现的数理实验科学、精确科学的传统。很显然，前一个传统是大传统，后一个是小传统；前一个是西方区别于非西方文化的大传统，后一个是西方现代区别于西方古代的小传统。毫无问题，后一个小传统仍然属于前一个大传统。为了理解来自西方的科学，我们需要理解这两个传统。

[第 67 卷第 6 期(2015)第 5—7 页]

www.ingramcontent.com/pod-product-compliance
Ingram Content Group UK Ltd.
Pitfield, Milton Keynes, MK11 3LW, UK
UKHW051459101026
15623UKWH00015B/1124

9 787547 874158